지적측량원론

지적측량원론

최 한 영 저

R I N C P L E S • O F • C A D A S T R A L

도서출판
구미서관

[머리말]

■ ■ ■

측량의 기원은 고대 이집트의 나일강가에서 경작하던 농경지에 홍수가 범람하여 유실된 토지 경계를 정리하기 위해 토지를 측정한 것이 측량의 시초라 할 수 있으나 과세목적을 위하여 경계를 표시하고 토지를 측량하였다. 그러나 지적측량은 국토의 기본 자료를 효율적으로 관리하기 위하여 토지에 관한 정보를 수집하여 등록?공시하고 정보를 제공할 수 있는 법률적인 토지단위인 일필지의 경계와 토지소유권의 한계 등을 정확하게 표시하는 측량으로 법률의 범위 내에서 국가가 시행하는 행정행위에 속하는 측량이라 할 수 있다. 지적측량의 목적은 토지의 효율적인 관리와 소유권의 보호에 기여할 수 있는 토지경계를 결정하는 측량과 건축물과 지상?지하시설물의 상호관계를 나타낼 수 있는 측량을 실시하여 실시간으로 정보를 제공할 수 있는 것이라 할 수 있다.

우리나라의 지적은 세금을 징수할 목적으로 삼국시대에서 조선시대까지 토지에 관한 장부를 만들어 사용하였지만 토지세수를 파악하는 것이 주요 목적으로 체계적으로 확립되지 못하였다. 그러나 체계적으로 정리하게 된 시기는 1910년 토지조사사업 및 임야조사사업을 완료되면서 부터라고 할 수 있다. 토지에 대한 관리와 사용은 과세설과 함께 등장되었으나 최근에는 첨단산업의 발달과 함께 토지의 경계를 기초로 건축물과 지상, 지표, 지하의 시설물을 연계하여 다양한 정보를 필요로 하는 국민들의 요구에 실시간으로 정보를 제공할 수 있게 되었다.

이 책의 저자는 20여년의 현장실무 경험과 10여년의 지적측량에 대한 강의 경험을 통해서 지적측량업무에서 필요한 내용의 자료를 수집하여 내용을 정리하였다. 특히, 지적측량업무는 다른 업무와는 다르게 영구적으로 보존하고 유지하여야 하는 영속성과 특수성이 있으나 지적측량에 대한 전문적인 서적이 없어 많은 어려움을 겪고 있으므로 시대별 측량장비의 변천과정과 업무처리방법에 대해 기술하여 지적측량의 현장업무 뿐만 아니라 지적측량성과 검사를 실시하는데 도움이 될 수 있도록 정리하였다.

이 책의 특징은 대학과정에서 학습을 하는 학생에서부터 실무를 하는 공무원과 직장인들이 이해하기 쉽고 편리하도록 설명하였고 또한 각 과정별로 분류하여 측량의 기초적인 내용과 실무에서 실시하는 측량업무에 대한 내용을 연계하여 지식을 습득할 수 있도록 구성하였다. 또한, 지적측량의 역사와 측지학의 개념을 정리하여 지적측량의 바탕이 되고 있는 각측량과 거리측량을 정리하고 조선시대의 각종 측량방법과 대한제국시대 그리고 측량을 체계적으로 확립한 토지조사사업당시의 측량에 대해 현대의 용어에 맞게 설명하여 이해를 돕고자 하였다.

그리고 지적측량의 효력과 신뢰성 및 지적기준점측량의 설치와 활용, 현장측량성과를 컴퓨터에 기록하는 전자평판측량으로 세부측량 수행하고 있다. 그러나 최근에는 첨단 기술에 해당하는 위성측량과 항공사진측량을 이용 정보취득 방법과 처리방법에 대해 정리하고 있다. 또한 가장 중요하다고 할 수 있는 측량사의 역할과 경계선의 위치를 설정하는데 필요한 기술적 및 법적 위치를 체계적으로 정리하여 독자들로 하여금 새로운 학문을 추구하는데 많은 도움이 되도록 정리하였다.

이 책은 최대한 독자 여러분들이 필요로 하는 내용으로 정리하고자 노력하였으나 미흡한 점이 있을 것으로 사료된다. 미비한 점에 대해서는 앞으로 많은 보완과 함께 여러분의 아낌없는 지도편달을 부탁드리며 이 책을 통하여 지적측량의 역사와 첨단측량에 대한 학문을 익히는데 많은 도움이 될 수 있기를 바랍니다.

끝으로 이 책을 집필하면서 인용할 수 있도록 많은 자료를 제공하여 주신 지적, 토지, 측량학분야 및 한국역사학, 수학분야 등 다양한 분야의 선?후배 동료들과 여러 학자님들께 깊은 감사를 드립니다. 또한, 이 책이 완성될 수 있도록 자료수집 및 교정을 도와주신 모든 분들과 이 책의 출판을 맡아 수고해 주신 구미서관 임해진 사장님과 기인수 상무님을 비롯한 편집부 관계자 여러분께도 진심으로 감사를 드립니다.

2012년 5월

저자 최 한 영 씀

[목차]

chapter 01 측량의 기초

chapter 03 거리측량

chapter 04 각 측량

chapter 05 지적측량

chapter 08 위성측량

chapter 09 항공사진측량

chapter 10 지적측량응용

제1장

측량의 기초

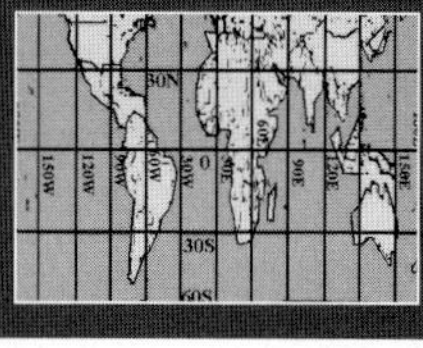

1.1 개요

측량(Survey)이란 지구표면 및 우주공간과 지하에 존재하는 점의 위치를 절대적 · 상대적인 위치 또는 지구의 형상을 결정하는 것을 말한다. 그 의미를 정리해보면 국어사전에서 측량은 "측량 기계를 사용하여 물건의 깊이, 높이, 길이, 넓이, 거리 등을 재어 헤아림" 또는 "땅 위의 각 점 상호의 위치를 결정하고 도면을 작성하는 일"이라고 규정하고 있다. 따라서 각 점의 위치를 결정하기 위해서는 그들 점 사이의 거리(Distance) · 방향(Direction) · 높이(Height)가 필요한데 이를 측량의 3요소라 한다. 측량은 실지를 측량하는 외업(Field Work)과 측정한 결과를 사용하여 계산 및 제도를 하는 내업(Office Work)으로 작업을 구분할 수 있다.

서양에서 측량은 포괄적이고 광범위한 조사와 지도나 지적도를 제작하기 위하여 측정(Measurement)하여 자료를 취득한다는 의미를 포함하고 있다. 그러나 동양에서는 측천양지(測天量地)의 준말로 그 의미는 하늘을 측정하고 땅을 헤아린다는 것이다. "하늘을 잰다."라 함은 해와 별이 뜨고 달이 기우는 원리를 파악하는 천문학을 의미하며 "땅을 헤아린다."라고 함은 토지의 크기를 측정하여 국토를 관리할 수 있는 기술을 의미한다. 측량은 "공간상에 존재하는 일정한 점들의 위치를 측정하고 그 특성을 조사하여 도면 및 수치로 표현하거나 도면상의 위치를 현지에 재현하는 것으로 측량용 사진의 촬영, 지도의 제작 및 각종 건설 사업에서 요구하는 도면작성 등을 포함한다."고 측량 · 수로 및 지적에 관한 법률에 규정되어 있다.

그러나 지적측량은 토지를 물리적 또는 수치적으로 재정립하여 국가나 공공기관에서 지상, 지표, 지하의 토지를 기반으로 하는 일필지의 토지경계를 확정하여 공적장부에 획일적으로 등록하고 공시하기 위한 측량이라고 할 수 있다. 또한, 지적측량은 토지등록의 기본단위인 필지를 구획하고 경계를 정확히 설정해야 하므로 고도의 기술이 필요하며 토지경계를 확정하기 위한 필요 정보의 수집, 지상에 토지경계 설정, 일필지의 정보 보존 및 관리, 토지행정 기초자료 제공, 경계의 법률적 보장 등과 같은 사항을 보조하는 역할을 하고 있다.

1.1.1 측량의 역사

측량의 기원은 인류문화의 발상지인 나일강, 티그리스, 유프라테스 강의 농경 정착지에서 찾아 볼 수 있는데 B.C 3,000년경의 바빌론(Babylon)과 고대 이집트(Egypt)의 나일(Nile)강가에서 경작하던 농경지에 홍수가 범람하여 토지의 경계가 유실됨에 따라 이를 정리하기 위한 목적으로 토지를 측정한 것이 측량의 시초라 할 수 있다. B.C 3,400년 전부터 거리측량이 정상적으로 수행되었음을 토지소유권에 관한 기록에서 찾아 볼 수 있다.

고대 이집트인들은 토지소유권을 가지고 있었으며 토지를 재산의 척도로 생각하고 과세목적을 위하여 경계를 표시하고 토지를 측량하였으며 수메르(Sumer)지방의 유적에서 발굴된 점토판(Clay Tablet)은 B.C 1,200년경 메소포타미아(Mesopotamia)에서의 토지 과세기록과 마을지도, 넓은 면적의 토지도면, 면적계산 그리고 토지소유권 및 경계 분쟁에 대한 법정 판결 등이 기록되어 있다. 고대 로마 사람들은 토지과세정책을 지원할 목적으로 AD 300년경부터는 로마에서 도시계획과 건설을 위하여 토지측량 기술의 혁신을 이룩하고 정기적으로 토지세를 부과하기 위한 과세기록을 작성한 토지측량의 증거가 남아 있다. 또한, 그리스의 에라토스테네스(Eratosthenes, 276~192 B.C)는 지구의 크기를 최초로 측정하였으며 프랑스의 피카르(Picard; 1620~1682년)는 네덜란드의 스넬리우스(Snellius; 1570~1626년)가 고안한 삼각측량법을 사용하여 위도 1°의 길이를 측정하였다.

그리고 1631년 Pierre Vernier(1580~1637년)는 Vernier를 발명하여 각도측량에 대한 획기적인 발전을 가져왔다. 카시니(D. Cassini; 1625~1712년)는 편장타원체(偏長楕圓體)를 기초로 프랑스의 삼각측량을 실시하였고 그의 아들 카시니(J. Cassini; 1666~1756년)는 프랑스 전 지역에 삼각망을 확장하고 삼각점의 위치를 평면직각좌표로 나타내는 투영법을 고안하여 지형도 제작을 시작하였다.

독일에서는 대수학자인 가우스(C.F. Gauss; 1777~1855년)가 측지사업에 참여하여 최소제곱법을 삼각측량에 응용하였다. 메르카토르 투영법은 람베르트(Lambert)가 기본적인 수식을 정리하였으며 1822년 가우스에 의해 삼각점 원점 변환을 위한 수식을 도입하였다. 1912년 크뤼거(Krüger)는 가우스의 이론을 발전시켜 지구 타원체로부터 평면에 등각투영을 전개하는 TM투영을 완성하여 1927년부터 독일을 비롯하여 세계 각국에 널리 적용하였다.

우리나라의 경우에는 단기고사(檀奇古史)에 박사(博士)가 토지를 측량하고 지도를 제작하였다는 기록이 있다. 고조선시대에는 촌락의 설치와 토지 분급 및 수확량의 파악을 위해 정전제(井田制)가 시행되었으며, 국토와 산야를 측량하여 조세율을 결정하였고, 오경박사 우문충(宇文忠)이 토지를 측량하여 지도를 제작하였다는 기록이 있다.

삼국시대의 백제에서는 내두좌평(內頭佐平)에게 국가의 재정을 담당하고 이의 소속하에 지적과 측량을 관리하는 산학박사(算學博士)가 있어 전문적인 기술 사무에 종사하도록 하였다. 토지의 면적은 두락제(斗落制) 또는 결부제(結負制)에 의하여 측량하였고 도적(圖籍)을 가지고 있었다. 또한, 산사(算師)를 두어 구장산술(九章算術)의 토지측량 방식인 지형을 당시 측량기술로 측량하기 쉬운 여러 형태로 구별하여 실시하였으며 화사(畵師)는 그림으로 지도나 지적도 등을 만들었다.

신라는 조부(調部)에서 토지세수를 파악하였고 국학에 산학박사를 두어 고도의 수학지식으로 토지측량과 면적측량에 관련된 사무를 담당하였으며, 토지에 대하여 면적과 소재, 위치 등을 명확히 밝히는 토지측량술이 발전하였다.

고구려에서 길이는 척(尺)단위를 사용했으며 면적단위는 경무법(頃畝法)을 사용하고 구장산술에 의한 방전장(方田章)과 구고장(句股章) 등의 면적 측량법을 사용하였다. 경무법은 중국에서 사용한 면적계산법으로 100보(步)가 1무, 100무(畝)가 1경(頃)이며 주부(主簿)라는 직책을 두어 전부(田簿)에 관한 사항을 담당하도록 하였다. 고려 태조는 즉위와 동시에 당나라의 토지제도인 균전제를 모방하여 토지의 정비에 착수하였으며 경종 때는 본격적인 전제 개혁에 착수하고 문종시대부터 전지(토지)측량을 실시하면서 토지제도를 정비하기 시작하였다.

조선시대는 고려시대의 측량방식을 그대로 사용하였으며 양전법은 고려 말에 사용한 전의 등급을 상, 중, 하의 3등급으로 나누어 척수도 각각 다르게 계산하는 수등이척제를 사용하였다. 조선 후기인 1893년 새로운 토지등록제도인 지계제도가 시행되어 근대적 토지공시제도를 도입하였으며 1894~1895년에는 판적국에 지적과를 설치하여 1/200만의 우리나라 전국지도와 평판측량으로 1/50,000 지도를 제작하였다.

1898년 7월 6일 전문 24조로 된 양지아문직원 및 처무규정을 공포하여 양전사업 담당기관인 양지아문을 설치하고 전국의 양지사무를 정리하였다. 1901년 10월 지계발행 및 양전사업의 전담기구인 지계아문이 설치되었으며 1904년 탁지부 양지국 관제가 공포되면서 양지국은 지계아문의 양전기능과 기구만을 계승하여 상설기구가 설치되었다. 1905년 측량기술원을 양성해서 대구, 평양, 전주 등에서 탁지부 양지과에 출장소를 설치하고 1908년 7월 탁지부 측량과에서 서울 지역을 소삼각측량으로 제작한 1/500 지적도인 "경기도한성부지도(京畿道漢城府地圖)" 29매를 작성하였다.

1909년 서울과 경기도 일부 및 대구 경북지역에 구소삼각점을 설치하고 삼각측량을 실시하여 그 성과와 경험을 바탕으로 토지조사의 순서, 방법, 경비, 예산 등을 확정하여 토지조사사업의 제1차 시행계획을 수립하였다. 1910년 3월 14일 토지조사국 관제를 공포하여 탁지부에 토지조사국을 설치하고 본격적으로 토지조사사업에 착수하였다. 그러나 1910년 10월 한일합방으로 토지조사국의 업무를 조선총독부 산하의 임시토지조사국을 설치하여 승계하고 전국적으로 토지조사사업을 추진하여 1918년 완료하였으며 지적도, 임야도 및 1/50,000의 지형도를 완성하였는데 우리나라 전 국토를 체계적으로 정리하였다. 1911년 8월부터 1916년 6월까지 13개소의 검기선을 설치하였으며, 청진 · 원산 · 목포 · 진남포 · 인천의 5개소에 험조장을 설치하였다.

1946년 착수된 미군에 의한 지도제작용 항공사진의 촬영과 우리나라의 1/5만 지도 및 1/25,000 시가도의 편집과 제작은 일본에 주둔하고 있던 미 극동사령부 소속의 제64공병 · 측지부대에 의하여 실시되었다. 1948년 8월 15일 대한민국 정부가 수립되면서 1961년 12월 31일까지 지적업무는 재무부 사세국에서 관장하였다. 독도측량은 1954년 해군 수로국에서 해도제작을 위한 수로측량이 실시되었고 1961년에는 국립건설연구소에 의하여 지도제작을 위한 간이지형현황측량을 실시하였으나 1962년 1월부터 재무부에 서울 · 대전 · 광주 · 부산사세청과 81개 세무서의 인력과 지적공부, 기구는 시 · 도 및 시 · 군에 이관되었다.

토지측량규정(1921년)을 근거로 1954년 11월 10일 지적측량규정이 제정되어 3차례 개정하였고 국토의 개발 및 이용 등을 위한 각종 시책이 활성화되면서 국토에 관한 정보를 통일적이고 체계적으로 실시하기 위해 국립건설연구소에 측지기능을 설치하고 1974년 국립지리원(현, 국토지리정보원)이 창설되었다. 국립지리원에서는 1975년부터 평면직각좌표 또는 경위도 좌표의 계산은 조정된 방향각과 거리에 의해 독립적으로 결정 되었으나 소삼각 2등점은 도해법에 의한 조정계산을 실시하였다. 소삼각점은 구소삼각점과 특별소삼각점, 일반 소삼각점 등이 혼재되어 있어 정확도가 상대적으로 낮고 국지적으로 불균형을 나타내고 있다.

삼각측량결과는 지적측량에 이용될 수 있도록 성과표로 작성되었으나 성과표가 작성되는 시점에서 동경원점에 경도 +10.405″의 보정이 필요한 사실이 공표된 관계로 계산된 성과표의 경위도 수치에 +10.405″를 보정하도록 단서조항이 명시되었다. 1975~1995년까지 완료된 삼변측량 방식에 의한 정밀1차 기준점측량의 관측값을 이용하여 자유망조정으로 실시하고 그 변동량이 20cm이하인 기존 1~2등 삼각점 11점을 고정한 전국 동시 BL망조정을 실시하여 정밀1차 기준점 1,155점의 측지성과를 1998년 고시하였다.

그리고 1986~1998년까지 삼변측량방식에 의한 정밀2차 기준점측량의 관측값을 사용하여 1998년에 고시된 정밀1차 기준점 성과를 이용한 블록망조정이 시행되었고 동시 블록망조정으로 실시한 정밀2차 기준점의 측지성과는 2000년에 고시되었다. 1976년 5월 7일 지적법시행령을 전문개정하고 종전의 지적측량규정과 지적측량사규정을 폐지함으로써 지적법령을 체계화하게 되었다. 2003년 12월 31일 개정된 지적법 제3조의 2에 "국가의 토지를 효율적으로 관리하기 위하여 지적재조사사업을 시행할 수 있다."로 규정하여 국토를 새로이 조사하도록 하였다. 또한, 2009년 6월 9일 제정된 측량 · 수로 및 지적에 관한 법률에서 위치는 세계측지계에 따라 측정한 지리학적 경위도와 높이로 표시하고 지도 제작 등을 위하여 필요한 경우에는 직각좌표와 높이, 극좌표와 높이, 지구중심 직교좌표 및 그 밖의 다른 좌표로 표시할 수 있도록 하고 있으며 측량의 원점은 대한민국 경위도원점 및 수준원점으로 하고 있다. 그리고 이 법에서는 측량기준점을 국가기준점, 공공기준점, 측량기준점으로 구분하고 있다.

1.1.2 측량의 분류

(1) 측량지역의 규모에 의한 분류

지표면이나 공간상의 위치를 결정하기 위한 방법에서 측량할 지역의 규모에 따라 분류하는 방법은 지표면상 측정거리와 평면상의 투영거리와의 차가 1/100만 이내인 범위를 측량할 경우 지구의 곡률여부에 따라 곡면측량과 평면측량으로 구분한다.

곡면측량은 대지측량 또는 측지학적측량이라고도 하며 측량지역이 광범위한 지역의 측량으로 지구표면을 곡면으로 간주하여 지구의 곡률반경과 지구의 형상을 고려하여 실시하는 정밀측량이다. 이 측량은 국가의 측지망을 구성하기 위한 측량에 많이 이용되며 측량의 정밀도가 1/100만일 경우 반경이 11km 이상 또는 면적이 약 400km^2 이상인 지역에서 적용된다. 또한, 지구상의 지리적 위치결정에 이용되는 측량으로 정밀삼각측량, 삼변측량, 천문측량 등에 활용된다.

평면측량은 지구의 곡률을 고려하지 않고 지표면을 평면으로 간주하고 점의 위치를 결정하는 측량으로 국지측량 또는 소지측량이라고도 한다. 이 측량은 평면직각좌표의 계산에 의한 평면거리를 이용하며 대상지역은 협소하고 지적측량과 같이 소규모 지역에서 활용된다. 또한, 측량의 정밀도가 1/100만일 경우 반경 11km 이내 또는 면적이 약 400km^2 이내인 지역에 적용하며 일반적으로 지적도, 임야도 및 각종 계획 등의 도면작성을 위한 측량이다. 평면측량과 곡면측량의 범위를 결정하는 방법은 지표면상 측정거리와 평면상의 투영거리와의 차가 1/100만을 기준으로 할 경우 그림 1-1과 같이 평면측량과 곡면측량으로 구분하는 범위를 정리한다.

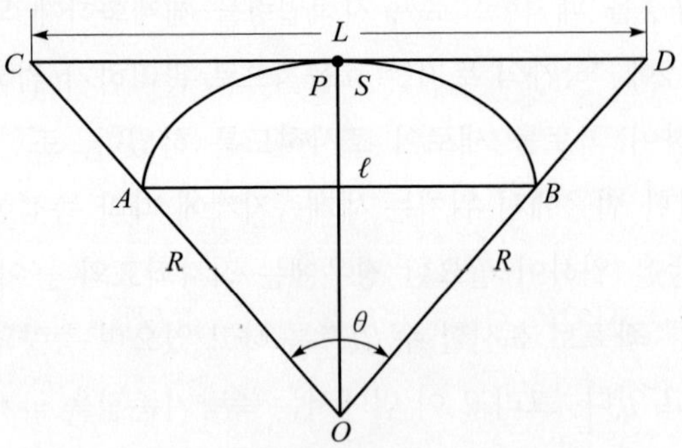

그림 1-1 평면측량의 한계

$R \cdot \theta = S$

$\ell = 2R \cdot \sin\frac{\theta}{2} = 2R(\frac{\theta}{2} - \frac{\theta^3}{48})$

$= R \cdot \theta(1 - \frac{\theta^2}{24})$

$R \cdot \theta = S$에서 $\theta = \frac{S}{R}$이므로

$\ell = S(1 - \frac{S^2}{24R^2})$가 되며 $S - \ell = \frac{-S^3}{24R^2}$이다.

여기서, L; 지평선, $APB(=S)$; 수평선, AB = ℓ; 현장, R; 지구의 곡률반경(6,370km), θ; 라디안이다.

직각삼각형 COP 및 DOP, $CP = DP = 2R \cdot \sin\frac{\theta}{2}$

$L = CP + DP = 2R \cdot \sin\frac{\theta}{2}$에서 $L = 2R(\frac{\theta}{2} + \frac{\theta^3}{24}) = R \cdot \theta(1 + \frac{\theta^2}{12}) = S(1 + \frac{S^2}{12R^2})$이며

$L - S = \frac{S^3}{12R^2}$이 된다.

여기서, 거리측정의 정도를 $\frac{1}{10^6}$까지 허용할 경우 $\frac{L-S}{S} = \frac{S^2}{12R^2}$이 되므로

$\frac{S^2}{12R^2} = \frac{1}{1,000,000}$에서 $S = \sqrt{\frac{12R^2}{1,000,000}} = \sqrt{\frac{12 \times 6,370^2}{1,000,000}} = 22.066$km의 허용오차가 계산된다.

즉, 지구반경(R) = 6,370km 이므로 거리 허용오차는 $\frac{1}{10^6}$에서 $\frac{L-S}{S} = \frac{1}{10^6}$이라 하면 $S = 22$km이다. 따라서 거리오차가 약 ± 2cm이면 정확도가 $\frac{1}{10^6}$의 측량으로 반경이 11km 이내, 면적은 약 400km²이내의 범위를 평면으로 볼 수 있다.

(2) 측량목적에 의한 분류

① 건축측량(Architect Surveying) : 건축물의 계획 및 설계의 자료를 얻고 공사시공 및 기준을 정하기 위한 측량이다.

② 광산측량(Mine Surveying) : 광산의 구역 및 광석의 매장량을 알고 심굴 및 운반의 계획

을 세우기 위한 측량이다.

③ 노선측량(Route Surveying) : 폭이 비교적 좁고 거리가 먼 측량을 말하며 철도, 도로, 수로 등에 사용하는 측량이다.

④ 농지측량(Farm Surveying) : 토지의 경계를 측정하여 면적을 계산하고 관개, 배수공사에 필요한 측량이다.

⑤ 삼림측량(Forest Surveying) : 임야의 사방공사, 산림 토목공사의 설계 및 시공을 하기 위한 측량이다.

⑥ 지적측량(Cadastral Surveying) : 토지의 위치, 경계, 면적, 지목 등을 공적장부에 등록하기 위한 측량이다.

⑦ 지형측량(Topographic Surveying) : 지구표면의 지형, 지모, 지물 등을 측정하여 지형도를 작성하기 위한 측량이다.

⑧ 천문측량(Astronomical Surveying) : 지구상의 점의 위치(경도, 위도)와 진북방향을 측정하고 천체 간의 상호위치관계를 측정하는 측량이다.

⑨ 터널측량(Tunnel Surveying) : 터널공사에 필요한 자료를 얻기 위한 측량으로 최근에 많이 이용되고 있다.

(3) 측량장비에 의한 분류

① 거리측량(Distance Surveying) : 거리는 길이라고도 하며 두 점간의 위치의 차이를 나타내는 가장 기초적인 양으로서 길이의 측정단위는 미터를 기준으로 하고 있다. 측량에서 거리는 수평거리로 한 점의 평면위치를 결정하려면 어떤 기준선부터 그 점까지의 수평각과 수평거리를 측정하여야 한다. 사용장비는 체인, 유리섬유테이프, 스틸테이프 등을 사용하여 거리를 직접 측정하는 측량이다.

② 측판측량(Table Surveying) : 지적측량기준점이나 결정된 측정점을 기준으로 측판을 사용, 현장에서 직접 도해하여 도면을 작성하는 측량으로 방향선과 거리를 측정하여 점의 위치를 결정한다. 사용장비는 측판, 측각, 앨리데이드, 구심기와 추 및 자침기가 있다.

③ 컴퍼스측량(Compass Surveying) : 컴퍼스를 가지고 방위각 또는 방위를 측정하고 체인 또는 테이프로 거리를 측정하여 점의 위치를 결정하는 측량이지만 현재는 사용되지 않는 측량이다.

④ 트랜싯측량 : 미국에서 보급 발달된 트랜싯(Transit)으로 망원경이 수평축을 자유로이 회전할 수 있고 측각기 중에서 가장 대표적인 기기로서 수평각 또는 연직각을 정확하게 측정

하고 직선을 연장하는데 사용되며 주로 도근측량에 많이 사용되었다.

⑤ 수준측량 : 수준원점 및 기존의 수준점을 기초로 새로운 수준점의 표고를 결정하는 측량을 말하며 지표상의 여러 점의 표고 또는 고저차를 구하는 측량으로 레벨(Level)을 이용한다.

⑥ 사진측량(Photogrammetry Surveying) : 촬영 당시 지상의 대상물이 사진으로 찍혀질 때의 촬영된 사진영상과 지상 대상물과의 기하학적인 투영관계를 기계적인 방법 또는 해석적인 방법으로 재현하여 지상 대상물의 위치, 크기, 형상 등을 결정하는 측량이다.

⑦ GPS측량 : Global Positioning System의 약어로 표기된 범지구 위치결정시스템으로 위성을 이용한 항법시스템이며 미 국방성에서 관리하였고 인공위성에서 전파를 수신하는 것으로 지상, 해상, 공중의 여러 장소에서 GPS 위성을 이용하여 위치를 결정하는 측량이다.

1.2 지구의 형상

지구의 형상이란 지구의 모양과 크기를 말하며 물리적 지표면 · 구 · 타원체 · 지오이드로 분류되며 거리와 방향을 측정하는 기술이 발전함에 따라 지구의 형상 및 해양과 육지 등 기복이 있는 자연 상태의 물리적 지표면은 호수와 산악, 해안, 하천 등으로 참모습에 가까워지고 있다. 측량학에서 지구의 형상은 매우 다양한 의미로 생각할 수 있는데, 지구의 모양이 정밀하게 알려지기 시작한 것은 스넬리우스(Snellius 1591~1626년)가 삼각측량법을 개발한 이후이다. 지구의 형상을 결정하는 측량의 대표적인 방법은 천문측량, 측지학적 측량, 중력측량 등이 있다.

1.2.1 지구표면

측지학에서 지구의 형상이라 함은 용도에 따라 여러 가지 의미가 있으나 실제로 바다나 육지로 구성되어있는 지표면을 시각적으로 느끼는 것을 말한다. 물리적지표면(Physical Surface)은 남북으로 약간 일그러진 회전타원체와 유사하나 구체적으로 살펴보면 산과 바다 및 하천 등과 같이 그 표면은 복잡하고 불규칙한 형상을 하고 있어 측량 및 도면제작의 기준면으로 사용할 수 없다. 지구의 형상을 그대로 사용할 수 없으므로 지구의 전체 또는 일부분의 물리적인 지표면의 형상을 표시하기 위해서 회전타원체로 정리하여 묘사하는데 그 묘사 방법은 축척에 의한 도형 또는 수치형식의 지형도로 표시한다.

1.2.2 구형

지구가 구형이라고 주장한 것은 고대 그리스시대부터이며 피타고라스(Pythagoras; B.C 540년)는 철학적인 사고로부터 지구를 물체의 가장 완전한 형태인 구형이라고 주장하였으며 고대 그리스의 철학자 아리스토텔레스(Aristoteles; B.C 384~322년)는 월식 때 달 표면에 생긴 지구의 그림자를 보고 구형설을 주장하였다. 해안에 서있는 사람의 눈은 표고가 약 2m이고, 배의 돛대는 높이가 약 30m 정도라고 가정하면 해안으로부터 5.5km를 지나는 거리에서 배가 사라지기 시작하여 22km를 전후로 해서 전혀 보이지 않게 된다. 또한, 인간이 미지의 세계를 탐험하기 시작하면서 동쪽이나 서쪽으로 가면 북극성의 고도가 일정하고, 남쪽이나 북쪽으로 가면 북극성의 고도가 변한다는 사실을 알게 되었다.

1.2.3 지구 측정

고대 그리스의 지리학자이며 천문학자이고 수학자인 에라토스테네스(Eratosthenes; B.C 275~194년)는 최초로 지구의 둘레를 측정하였다. 에라토스테네스는 B.C 220년경에 그림 1-2의 B점으로 북위 23.5° 부근에 위치한 시에네(Syene, 현; 아스완)에서 하지(夏至)날 정오에 태양이 천정에 온 상태에서 우물 속에 태양이 비치는 것을 보고 해시계에 의한 그림자의 경사각도를 계산한 결과가 7.2°임을 알게 되었다. 그러나 7.2°는 지구의 중심각도로 지구 전체 둘레의 각도는 360°이며 1/50에 해당되므로 지구둘레의 길이를 계산할 수 있다.

시에네(Siena)에서 알렉산드리아(Alexandria)까지의 거리측정방법으로 알렉산드리아에서 자오선을 따라 북쪽으로 대상(隊商; 상인집단)의 여행일수와 보폭의 거리를 계산한 결과 약 800km로 추산하였다. 이를 50배를 곱하여 계산한 지구둘레는 약 40,000km로 현재 실제지구의 둘레 40,074km에 비하여 약 1/100인 74km가 적게 측정된 것이다.

현재의 과학적인 측정결과와 74km 차이가 발생하는 이유는 지구의 둘레 측정에 기선으로 사용한 이집트의 시에네(현; 아스완)와 알렉산드리아가 사실은 같은 경도선상에 있지 않고, 또한 지구는 완전구형이 아니라는 점이 오차의 가장 큰 원인이 되었으며 계산식은 $7.2° : 800km = 360° : x$에서 $x = \frac{800 \times 360}{7.2} = 40{,}000km$와 같이 계산하였다.

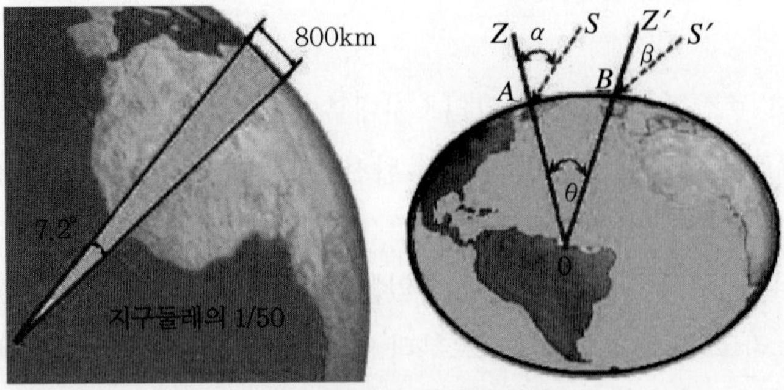

그림 1-2 최초 지구의 측정

에라토스테네스 외에 여러 천문학자들이 지구의 둘레에 관한 측정을 하였으며 18세기부터 과학적인 방법으로 지구의 크기나 모습이 측정되기 시작하였지만 측정원리는 에라토스테네스의 원리와 동일하였다. 즉, 지구의 둘레를 측정할 경우 멀리 떨어진 2개 지점의 거리를 삼각측량에 의하여 정확하게 계산하고 다시 그 2개의 지점에서 천문관측에 의하여 같은 천체의 위치를 동시에 관측하여야 하는 것이다.

그림 1-2에서 S, S' ; 천체 항성, Z, Z' ; 천정, α ; A점에서의 천체의 천정거리, β ; B점에서의 천체의 천정거리, θ ; A, B지점의 지구중심각이라고 하면 천체 S가 A점, B점 및 지구의 중심 O를 포함하는 평면상에 있다고 가정하고, 그 천체를 보는 방향은 A점에서 AS이며 B점에서 BS'가 된다. 또한, 천정의 방향은 A점에서 AZ, B점에서 BZ'라 하면 이 두 지점 A, B에서 본 천체의 천정거리의 차는 지구의 중심에서 A, B점을 본 각도와 일치하는 것으로 $\theta = \alpha - \beta$가 된다. 1672년 프랑스의 천문학자 피가르(Picard)는 지구 둘레의 길이를 삼각측량법으로 계산하기 위해 네덜란드의 한 지점을 기준으로 자오선의 길이를 측정하였다. 프랑스 파리 천문대장 카시니(Cassini)는 측량 결과를 토대로 지구의 양극의 길이는 짧고 적도의 길이는 긴 타원체라고 주장하였다.

러시아는 1957년 10월 4일 세계 최초의 인공위성 스푸트니크(Sputnik) 1호를 발사하고 1958년 1월 31일 미국이 익스플로러(Explorer) 1호를 발사함으로써 우주탐사를 수행하기 시작하였다. 그 후 30여 년간 많은 위성과 우주선을 성공적으로 발사하였고 프랑스, 중국, 일본, 한국 등이 계속하여 개발함으로써 과학탐구위성, 통신위성, 기상관측위성, 군사적 정찰위성, 행성탐사위성, 유인우주왕복선 등으로 발전하였다. 인공위성은 세계지도의 정확성을 확보하는데 중요한 역할을 하며 서로 멀리 떨어진 점에서 동시에 위성의 고도각을 측정하여 두 관측점사이의 기선거리를 계산할 수 있어 멀리 떨어진 대륙 사이의 거리도 단시간에 측정할 수 있게 되었다.

1.2.4 타원체

지구의 형태는 극을 연결하는 직경이 적도방향의 직경보다 약 42.6km가 짧은 회전타원체로 되어 있다. 또한 타원체는 기하학적이고 굴곡이 없는 매끈한 면으로 되었으며 지구의 반지름, 부피, 표면적, 반경, 편평도 측정과 표준중력, 삼각측량, 경위도결정, 지도제작의 기준으로 한다. 타원체의 종류에는 회전타원체, 지구타원체, 국제타원체, 준거타원체로 구분할 수 있다.

거리와 방향을 정확하게 관측할 수 있는 측량기술과 먼 거리를 짧은 시간 안에 이동할 수 있는 교통수단이 발달함에 따라서 구(球)라고 생각되었던 지구의 모습은 18세기 말경 삼각측량법에 의하여 지구의 크기를 정확하게 측정한 결과 양극이 납작하고 적도부근이 볼록한 구에 가까운 타원체임을 알게 되었다. 측량에서는 주로 타원체와 지오이드를 이용하고 있으며, 세부적으로는 회전타원체의 크기와 형상 결정, 회전타원체에 대한 지오이드 기복결정, 지오이드와 지형면의 관계 결정 등으로 구분된다.

지구타원체(Earth Ellipsoid)는 타원체면의 장축 또는 단축을 중심축으로 회전시켜 얻은 모형으로 지구를 수학적 방법으로 좌표를 표현하는데 기준이 되는 타원체이다. 19세기에 프랑스 · 독일 · 영국 · 터키 · 러시아 · 인도 · 미국 등 여러 나라에서 정밀한 삼각측량 망이 확장되면서 측량성과에 가장 적합한 타원체를 결정하였다. 또한, Huygens(1629~1695년)는 Newton이 주장한 것과는 다르게 지구의 전 질량이 지구의 중심에 집중되었다는 가정을 하고 지구의 편평률인 f = 1/578을 얻어 타원체임을 증명하였다. 영국의 Newton(1643~1727년)은 지구가 타원체라는 이론적인 증거를 장반경(a)과 단반경(b)을 이용하여 지구의 편평도(Flattening)를 $f = \frac{a-b}{a}$식으로 계산한 결과는 약 $\frac{1}{230}$정도이다. 지구타원체의 결정방법으로는 기하학적인 지상측량으로 결정하는 방법, 광범위한 지표면에서 중력 값을 측정하여 중력이론에 따라 결정하는 방법, 인공위성의 관측결과를 이용하여 결정하는 방법이 있다.

우리나라의 준거타원체는 독일의 측지학자 베셀(Bessel)이 1841년 발표한 값을 1910년대 토지조사사업 당시 채택하였으며 우리나라와 일본 동경원점의 위치가 실제지구의 모양과 가장 비슷하므로 측량을 실시할 때 지장을 초래하지 않도록 하기 위해 채택되어 현재까지 사용되고 있다.

회전타원체(Rotation Ellipsoid)는 일반적으로 지구의 모양으로 알려졌으며 한 타원의 주축을 중심으로 회전하여 생기는 입체타원체를 기하학적형상으로 수학적인 측량계산에 적용하기 용이하여 측량에 많이 활용된다.

지구타원체는 부피와 모양이 실제 지구와 가장 가까운 지구의 모형으로 규정한 타원체로 단반경과 장반경으로 타원을 그려서 양극을 잇는 축을 중심으로 회전시킨 타원체를 말한다. 측량지역의 지오이드에 가장 가까운 지구타원체로 측량의 결과를 이용하여 넓은 지역의 지도제작에 필요한 투영계산, 기준점측량, 경위도의 결정 등은 이 지구타원체를 기준으로 하며 어느 지역의 대지측량계의 기준이 되는 타원체로 기준타원체(Reference Ellipsoid)라고도 한다.

국제타원체(International Ellipsoid)는 각 국가마다 각각 다른 지구타원체를 사용함으로서 전세계적으로 일관된 대지측량값을 결정하기가 곤란하므로 헤이포드가 발표한 타원체(Hayford's International Reference Ellipsoid)값을 1924년 국제측지학연합(IAG) 및 지구물리학연합(IUGG) 총회에서 국제타원체로 공인하였다. 준거타원체(準據楕圓體)는 타원체와 지구의 접합은 지오이드와 타원체의 접평면, 즉 법선과 높이를 일치시키는 것으로 측지원점에 있어서 천문경위도와 원래 방위점에 대한 천문방위각을 관측하고 이것을 타원체면상의 원점경위도 및 원방위각이 지구에 적절하게 설정된 회전타원체를 기준으로 계산한다.

각 나라에서 삼각측량을 실시하여 국가나 지역 단위의 측지기준계를 만들 때 그 지역의 지오이드 형태와 가장 근사한 값을 가지는 지구타원체를 준거타원체로 선정하였다. 이는 측량하여 얻은 값과 이 측정값을 타원체 위로 투영한 변환값의 차이를 최소화하여야 하기 때문이었다.

최근에 사용되고 있는 준거타원체는 지구의 중심을 기준으로 한 하나의 지심좌표계로 표현되는 WGS84(World Geodetic System 1984)타원체로 각 국가 간의 좌표에 관한 정보 일치성을 고려하여 현재 세계적으로 통용되고 있으며 우리나라에서도 군사용 표준으로 채택하여 1996년 7월 1일 이후부터 사용하고 있다. WGS84 준거타원체의 3차원직교좌표원점은 지구질량중심이며 Z축은 지구의 극운동을 위한 남극과 북극의 협정된 선에 평행하며 국제시보국에서 정의한 지구 회전축과도 동일하다. 또한, X축은 WGS84 기준자오선면과 극선의 적도면과 교차되는 선으로 국제시보국에서 정의한 영점 자오선과 평행하다. Y축은 X축의 동쪽으로 90° 극선 적도면에서 측정된 지심지구 고정 직각좌표 체계로서 오른쪽 방향으로 완성된다.

GRS80(Geodetic Reference System 1980)타원체는 1979년 오스트레일리아의 수도 캔버라(Canberra)에서 국제측지학 및 지구물리학연합(IUGG; International Union of Geodesy and Geophysics)을 개최하여 지구에 관한 지구의 형상, 중력 정수, 각속도 등 지구의 물리학적인 정수 및 계산식으로부터 새로운 국제타원체로 추천하였다. GRS80은 타원체의 형상이나 축의 방향이 지구 중심을 원점으로 하고 현재 지구를 가장 잘 표현하고 있는 타원체로서 널리 이용되고 있다. 우리나라에서도 GRS80 타원체를 채택하고 있으며 WGS84와의 차이는 단반경이 약 0.1mm 정도이다. 현재 각 국가에서 사용하는 지구타원체의 종류와 기준은 각각 다르며 1986년 Clark가 발표한 타원체 값은 미국 · 캐나다 · 필리핀 등에서 사용하고, 1841년 Bessel이 발표한 타원체의 값은 한국 · 일본 · 칠레 등에서 사용하는데 (표 1.1)은 각국의 지구타원체의 장반경, 단반경, 편평률 및 사용 국가를 나타내고 있다.

표 1.1 각국의 타원체 제원

측정자	연 대	적도반경(a)	극반경(b)	편평률	사용지역
베셀	1841	6,377,397	6,356,079	1/299.15	칠레, 한국, 일본
클라크	1866	6,378,206	6,356,584	1/294.98	북미, 필리핀
	1880	6,378,249	6,356,515	1/293.47	프랑스, 아프리카
국제(Hayford)	1924	6,378,388	6,356,912	1/297.00	남미, 서유럽
크라소후스키	1940	6,378,245	6,356,863	1/298.30	러시아, 동유럽
GRS-80	1980	6,378,137	6,356,752	1/298.26	세계 공용
WGS-84	1984	6,378,137	6,356,752.3	1/298.257	세계 공용

- 준거타원체; Bessel 타원체값 이용
- 장반경(a) = 6,377,397m
- 단반경(b) = 6,356,079m
- 반경$(R) = \dfrac{2a+b}{3} = R\sqrt{MN} = 6{,}370{,}291\text{m}$
- 편평률$(f) = \dfrac{a-b}{a} = \dfrac{1}{299.15}$
- 제1이심률$(e_1^2) = \dfrac{a^2-b^2}{a^2}$
- 제2이심률$(e_2^2) = \dfrac{a^2-b^2}{b^2}$

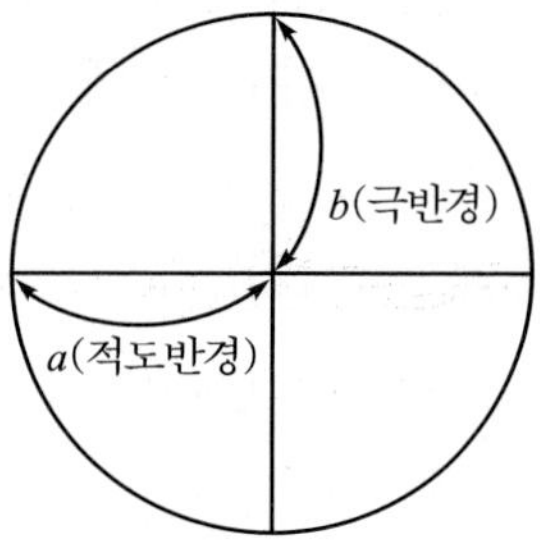

그림 1-3 준거타원체

(1) 이심률과 편평률

타원체는 그림 1-4에서 2점 F, F' 로부터 타원체상 임의의 점 P까지 거리의 합이 일정하다는 것이며, 이때 F, F' 를 타원의 초점이라 한다. 타원의 장반경을 a, 단반경을 b라고 할 때 P가 장축상의 점 A에 있으면 $FP+F'P = 2a$가 되고, 또한 P가 단축상의 점 B에 있으면 $FP = F'P$이므로 $FB = a$가 된다. 따라서 $OF = OF' = \sqrt{a^2-b^2}$ 이며, 이때 OF/a, OF/b를 각각 제1이심률(e)

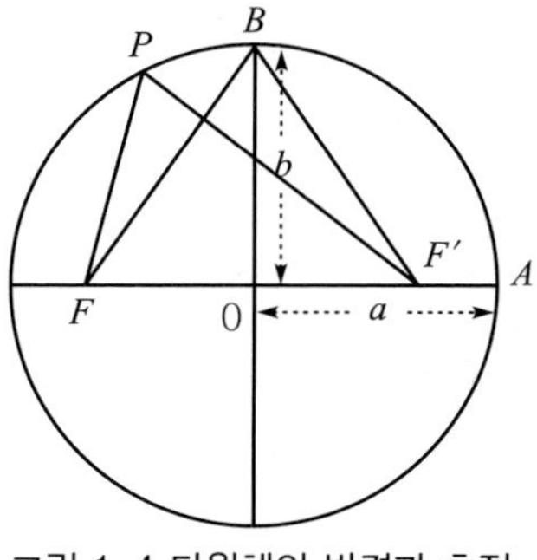

그림 1-4 타원체의 반경과 초점

및 제2이심률(e')이라 하며 일반적으로 이심률(Eccentricity)은 제1이심률을 말한다.

$OF = OF' = \sqrt{a^2-b^2}$식으로부터 이심률은 $(e_1^2) = \frac{a^2-b^2}{a^2}$, $(e_2^2) = \frac{a^2-b^2}{b^2}$와 같이 표현한다.

또한, 타원체가 구와 얼마나 근사한지를 나타내는 척도인 편평률(f ; flattening)을 사용하며 구인 경우 $a = b$이므로 편평률 $f = 0$가 되며 $b = 0$이면 $f = 1$로 평면이 된다.

$$f = \frac{a-b}{a} \tag{1.1}$$

식(1.1)로부터 편평률과 이심률의 관계는 $f = 1 - \sqrt{1-e^2}$와 같이 정리되며 따라서 타원체의 크기와 형상은 a, b, (f 또는 e)의 요소 중 2개를 알면 결정되는데, 일반적으로 측지학에서는 장반경(a)와 편평률 (f)로 지구타원체를 정의한다.

(2) 타원의 방정식

타원의 장축을 x축, 단축을 z축으로 하면 타원의 방정식은 $\frac{x^2}{a^2} + \frac{z^2}{b^2} = 1$이 되며 양변에 a^2b^2을 곱하여 미분하면 $b^2xdx + a^2zdz = 0$이 된다.

그러므로 $\frac{dz}{dx}$는 타원체상 임의 점의 접선 기울기를 나타내며 그림 1-5에서 위도(ø)인 P점의 접선 기울기는 $\tan(90° + ø)$ 이므로 $\frac{dz}{dx} = \tan(90° + ø) = -\cot ø$가 된다.

$b^2xdx + a^2zdz = 0$에서 z를 구하여 $z = \frac{\sin ø}{\cos ø} \cdot \frac{b^2}{a^2}x$을 정리하면

$$x^2 = \frac{a^4\cos^2 ø}{a^2\cos^2 ø + b^2\sin^2 ø} \tag{1.2}$$

$b^2 = a^2(1-e^2)$이므로 식(1.2)에 대입하고 정리하면

$x = \frac{a\cos ø}{\sqrt{(1-e^2\sin^2 ø)}}$ 이며

z 또한 x와 유사한 방법으로 계산할 수 있으며 그 결과는 $z = \frac{a(1-e^2)\sin ø}{\sqrt{(1-e^2\sin^2 ø)}}$와 같다.

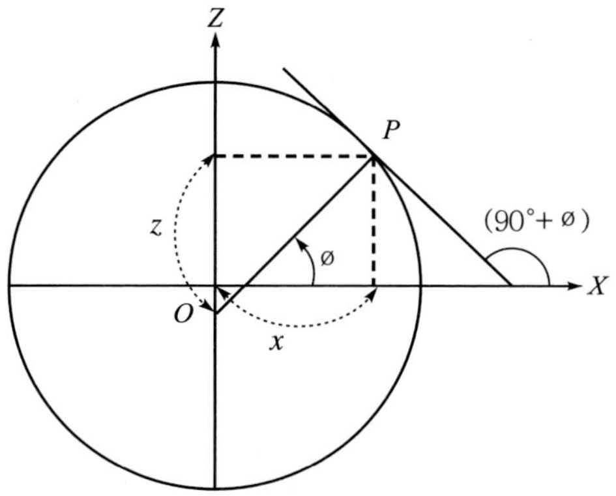

그림 1-5 타원의 방정식

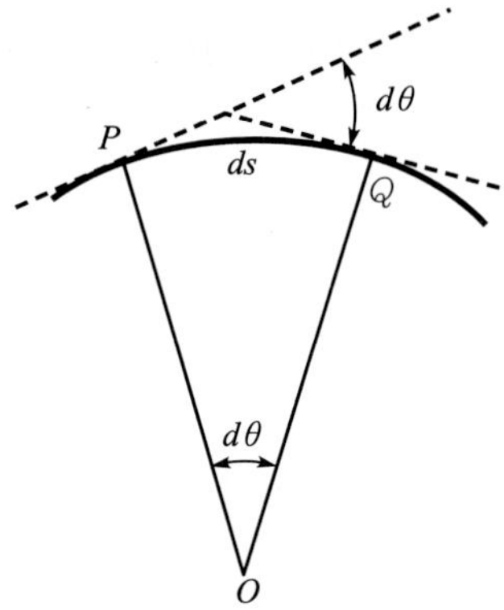

그림 1-6 곡선의 곡률반경

(3) 타원체의 곡률반경

반경이 일정한 구와는 다르게, 지구타원체의 곡률반경에는 여러 가지가 있으며 반경 r인 원호의 길이는 $ds = r \cdot d\theta$이므로 $r = \frac{ds}{d\theta}$이다. 여기서, $d\theta$는 원의 중심각이기도 하지만 원호의 양끝에서 접선이 이루는 각과 같다. 그림 1-6에서와 같이 일반 곡선인 경우, P와 Q의 접선이 이루는 각을 $d\theta$라 하면, ds가 작을 때에는 곡선은 원호에 가까우므로 Q를 P에 근접시키면 $\frac{ds}{d\theta}$는 원의 반경에 해당하고 P점의 곡률반경이라 한다. 즉, P에서의 곡선 곡률반경 r은 $r = \frac{ds}{d\theta}$, $\frac{1}{r}$은 곡선 방향의 변화율을 나타내며 이를 곡률이라 하며 직선은 곡률이 0이고 원은 곡률이 일정한 곡선이다.

(4) 자오선 곡률반경

지구의 지축을 포함하는 평면이 지구표면과 만나는 선을 자오선 또는 경선이라 하며, 이 자오선상에서 위도 1°의 길이는 적도부근에서 극에 가까워질수록 길어진다. 즉, 지구는 완전구체(Sphere)가 아니고 타원체이므로 자오선상의 곡률반경이 다르게 된다.

그림 1-7에서 점 P와 동일한 자오선상을 따라 ds만큼 떨어진 점 P'에서 각각 수직선을 내렸을 때 교점을 E라 하면 ds가 무한히 작게 될 때 선분 EP가 자오선 곡률반경이 된다. ds가 작을 때에는 현과 호의 길이의 차는 무시할 수 있으므로

$ds = \sqrt{dz^2 + dx^2} = dz\sqrt{1 + (\frac{dx}{dz})^2}$에서 $\frac{dx}{dz} = -\tan ø$ 이므로

$$ds = dz\sqrt{1 + \tan^2 ø} = \frac{dz}{\cos ø} \tag{1.3}$$

또한, 곡률반경으로부터 $M = \frac{ds}{d\theta} = \frac{ds}{d\phi} = \frac{1}{\cos\phi} \cdot \frac{dz}{d\phi}$에서 $\frac{dz}{d\phi}$을 계산하면

$\frac{dz}{d\phi} = \frac{a(1-e^2)\cos\phi}{\sqrt{(1-e^2\sin^2\phi)^3}}$가 된다.

따라서, $M = \frac{a(1-e^2)}{\sqrt{(1-e^2\sin^2 B)^3}}$으로 자오선 곡률반경을 다르게 표현하면 $M = \frac{a(1-e^2)}{w^3}$(단, $w = \sqrt{1-e^2\sin^2 B}$)이 된다.

또한, 독립적으로 계산하면 $M = a(1-e^2)(1+\frac{3}{2}e^2\sin^2 B + \frac{15}{8}e^4\sin^4 B + \frac{35}{16}e^6\sin^6 B + \cdots)$자오선 곡률반경은 위도 및 평면직각좌표의 종선(X)을 계산하는데 주로 사용된다.

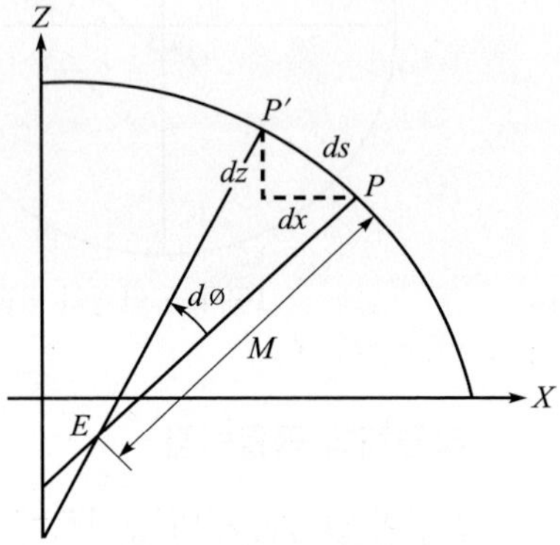

그림 1-7 자오선 곡률반경

(5) 묘유선 곡률반경

그림 1-8에서와 같이 타원체상의 점 P를 통과하는 평행권을 생각해 보면 위도 ø의 평행권상 모든 수직선은 극축과 일정한 각(90° − ø)을 이루며 극축의 한 점 I에서 만난다. 묘유선은 임의 점의 수직선을 포함하고 자오선에 직교하는 평면이 타원체면과 만났을 때의 교선으로서, P를 통과하는 묘유선상의 점 P'를 P에 근접시키면 평행권과 묘유선은 무한히 가까워지므로 P와 P'의 연직선도 극축의 I에서 만난다. 이때 선분 IP가 묘유선 곡률반경이 되며, 일반적으로 N으로 나타낸다.

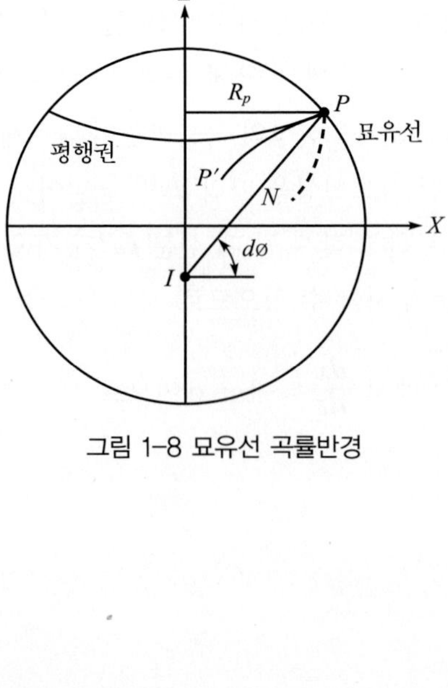

그림 1-8 묘유선 곡률반경

회전타원체의 평행권은 원으로 나타나며 그림 1-8에서 평행권의 반경 $Rp = N \cdot \cos ø$ 이고 또한 P의 X좌표와 같으므로 타원의 방정식 $x = \frac{a \cdot \cos ø}{\sqrt{(1-e^2\sin^2 ø)}}$ 로부터

$N \cdot \cos ø = \frac{a \cdot \cos ø}{\sqrt{1-e^2\sin^2 ø}}$ 에서 $N = \frac{a}{\sqrt{1-e^2\sin^2 B}}$ 으로 계산한다.

즉, 다르게 표현하면 $N = \frac{a}{w}(w = \sqrt{1-e^2 \cdot \sin^2 B})$가 되며 독립적으로 계산하면

$N = a(1 + \frac{1}{2}e^2\sin^2 B + \frac{3}{8}e^4\sin^4 B + \frac{5}{16}e^6\sin^6 B + \cdots)$이다.

$ø = 0°$ (적도)일 때 $N = a$가 되며 $ø = 90°$ 일 때 $N = M$, 그 이외에는 N이 M보다 크며 묘유선 곡률반경은 경도 및 평면직각좌표 횡선(Y)을 계산하는데 주로 사용된다.

(6) 평균 곡률반경

타원체상의 임의의 점에서 모든 방향(0° 에서 360°)에 대한 곡률반경의 평균값은 $R = \sqrt{MN}$ 또는 $R = \frac{a\sqrt{1-e^2}}{1-e^2\sin^2 B} = \frac{a\sqrt{1-e^2}}{w^2}$ 로 평균곡률반경(Radius of Mean Curvature)이라 하며 2개의 자오선과 묘유선 곡률반경의 기하평균이다. 지구의 형태는 국지적인 부분에서는 구체로 보고 투영하는 것이 편리하므로 지구표면상의 투영할 부분의 중앙점에서 타원체에 밀접한 구로 가정하고 반경을 평균곡률반경으로 사용하고 있다.

(7) 위도 평행권 반경

극축에 수직한 면과 타원체면과의 교선을 평행권(Parallel Circle)이라 하며 평행권은 적도면에 평행한 평면으로 지축에 수직한 원으로 표시되는데 이 평행권은 소원이다. 그림 1-9에서 위도평행권의 반경 $r = N \cdot \cos B$이며 여기서, r은 적도에서 타원체의 장반경 a에 일치하며 극에서는 0이 된다.

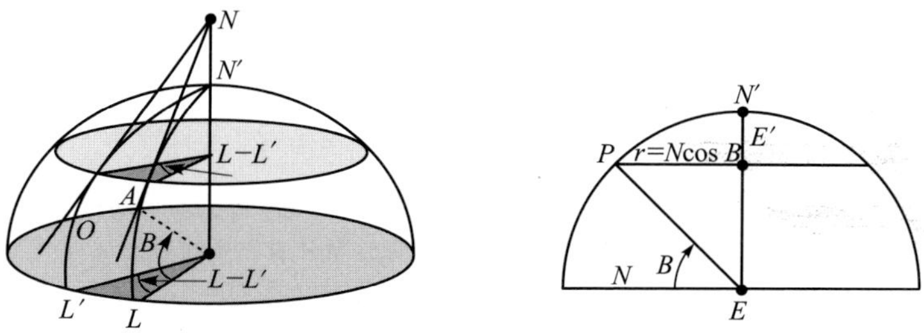

그림 1-9 위도 평행권 반경

1.2.5 지오이드

지오이드(Geoid)면은 정지된 평균해수면(Mean Sea Level)을 육지까지 연장하여 지구 전체를 둘러싸고 있다고 가상한 곡면으로 중력장이론에 따라 물리적으로 정의한다. 즉, 해면은 파도, 조석, 해류 등의 영향으로 끊임없이 움직이고 있지만 이들의 영향을 배제하고 정지된 해면으로 가정하여 육지 또한 지구의 질량분포가 변하지 않는다고 가정하여 도랑이나 골짜기 등으로 해수를 뒤덮어 편평한 형태로 만드는 가상적인 해면을 지오이드면이라 한다.

지오이드면은 물리학적인 면으로 굴곡이 있고 수준측량의 기준이 되며 위치에너지가 같다고 볼 수 있으며 물리적으로 결정한 지오이드 면은 육지의 비중이 바닷물의 비중보다 크기 때문에 육지 부분에서 타원체면보다 위쪽으로 올라가는 경향이 있고, 바다에서는 반대로 타원체면의 아래로 내려오며 최소제곱이론에 근거하여 제시한 인위적인 가상의 지구모형이다.

그러나 지구 내부의 밀도가 국지적으로 변화함에 그 지역의 중력도 변화하므로 불규칙한 모습을 하고 있다. 그림 1-10에서 지오이드 높이(Geoid Height)는 타원체면을 기준으로 하여 지오이드면까지의 높이를 말하고, 타원체면에서 물리적 지표면까지의 차이를 타원체 높이라 하며, 지오이드 높이와 정표고의 합계를 말한다. 우리가 일상적으로 사용하고 있는 정표고는 지오이드면과 물리적 지표면의 차이를 말하며 수식으로 표현할 경우는 정표고$(h) = H - G_h$, 지오이드 높이$(Nh) = H - h$, 타원체 높이$(H) = h + G_h$와 같다.

점의 위치에 대한 표고정보는 타원체고와 정표고가 있으며 일반적으로 표고라 하면 정표고를 말한다. 정표고는 수준측량의 기준이 되는 지오이드 면으로부터 직접적인 측량에 의하여 그 값을 구한 높이를 말하며 직접적인 측량에 의하여 그 값을 구한다.

타원체고(Ellipsoidal Height)는 정표고로부터 계산에 의하여 구할 수 있으며 기준면인 준거타원체면으로부터 높이를 말한다. 정표고와 타원체고의 차이인 지오이드의 높이를 알고 있을 경우 타원체고로부터 정표고를 계산할 수 있으며 지오이드고 또한 여러 개의 정표고 값으로부터 추출한 상수 값이라 할 수 있다. 지오이드면의 결정방법은 평균해수면에서의 중력과 동일한 위치에너

그림 1-10 지오이드 높이

지를 가진 가상의 면을 대양과 육지까지 연장한 지구의 모형으로 수학적 계산으로 결정할 수 없고, 지구의 물리적 특성인 중력을 측정하여 결정할 수 있다.

지오이드형상은 한 지점의 천문경위도와 측지경위도를 관측하여 연직선 편차를 계산하고 보정식을 이용하여 지오이드의 기복을 결정할 수 있는 천문측량 자료와 중력 자료를 이용하는 방법이 있으나 최근에는 위성자료를 이용하는 방법이 많이 활용되고 있다. 지오이드면은 수준측량으로 지표상 임의의 점의 높이를 측정할 때 이용되며 중력의 크기와 방향은 장소에 따라 조금씩 차이가 있으므로 완만한 굴곡을 갖게 되나 해발고도의 수심측정, 지하물질의 분포조사 등에 활용할 수 있는 기준면이 된다.

1.2.6 연직선편차

연직선편차는 준거타원체 표면에 세운 수직선과 지오이드가 교차하는 점을 지나는 연직선과의 교차각으로 그 점의 천문경위도와 측지경위도에 의하여 계산되는 남북성분 및 동서성분으로 정의되고 있다. 연직선 편차는 지하의 구조가 복잡한 지방에서는 매우 복잡하게 분포되므로 지하구조를 탐색하는데 필요하다. 중력퍼텐셜(Gravity Potential)이 일정한 값을 갖는 등퍼텐셜면 중에서 지구의 형상과 가까운 것을 지오이드라 하며 이들 등퍼텐셜면에 직교하는 방향을 중력방향으로 연직선이라 한다.

지오이드는 지구의 물리적 특성에 따른 모형으로 실제 지구의 모양과 거의 일치하며 그림 1-11과 같이 지오이드와 타원체는 서로 일치하지 않으며 적도면과 만나 이루는 각을 천문위도라 한다. 반면에 지구타원체의 법선이 적도면과 만드는 각은 측지위도라 하는데 경위도좌표에서 사용하는 위도 값의 차이를 연직선편차(Deflection of the Vertical)라 하며 이 차이가 최소가 될 때 가장 이상적인 지구타원체가 된다.

절대적 연직선편차를 결정하기 위해서는 그리니치 천문대를 기준으로 전 세계의 연직선편차를 측정하여 이들 연직선 편차를 평균하면 영(零)이 되도록 결정하면 될 것 같지만 각 국가마다 편차에 대한 해결방법을 찾기가 어려우므로 위성측량에 의한 세계측지계를 이용하여 결정하는 것이 좋은 방안이라 할 수 있다. 일반 삼각점에서 연직선편차를 관측하면 그 점에서 지오이드면과 준거타원체의 경사를 알 수 있어 기복결정이 가능하며 연직선 편차는 그림 1-12와 같이 남북성분과 동서성분으로 구분할 수 있으며 연직선편차의 자오선성분(경선성분; ξ)의 계산식은 아래와 같다.

$\xi = \phi' - \phi$

$\eta = (\lambda' - \lambda)\cos\phi$

여기서, η ; 연직선편차의 묘위선 성분(위선 성분), λ, ϕ ; 측지경위도, λ', ϕ' ; 천문경위도이다.

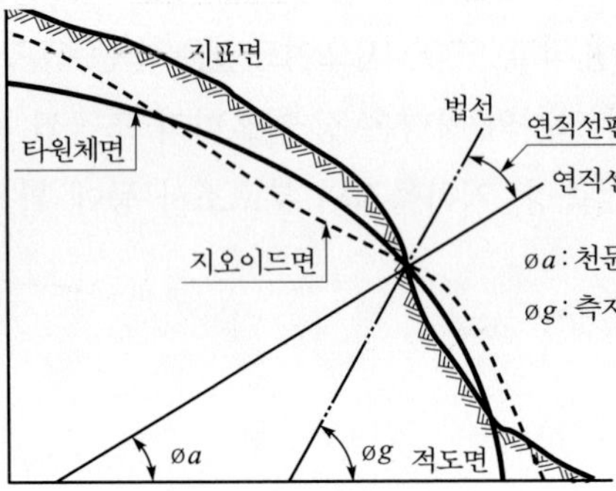

그림 1-11 연직선 편차

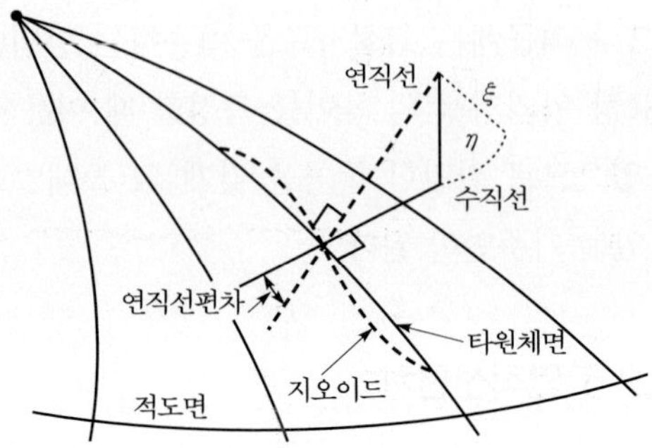

그림 1-12 연직선편차 성분

천문측량은 전국적으로 같은 밀도로 분포되도록 선점된 천문점(삼각점)에서 천문경위도 및 천문방위각관측을 실시하여 얻어진 성과를 기초로 측지망의 뒤틀림 바로잡기 및 지오이드형상 결정 등의 자료를 정비하기 위한 측량이다.

우리나라 측량원점은 1981년부터 1985년까지 국립지리원 구내에서 천문측량을 실시하여 그 경위도수치를 대한민국 경위도원점으로 고시하였다. 동경원점의 계열인 기존 삼각측량 및 세부측량의 성과를 사용하는 지적측량에서는 상징적인 의미를 갖고 있다. 일반 삼각점에서 연직선편차를 관측하면 그 점에서 지오이드면과 준거타원체면의 경사를 알 수 있어 기복결정이 가능하다. 우리나라 연직선편차 분포는 국립지리원(현; 국토지리정보원)에서 1974년부터 천문관측장비(Wild T-4)를 사용하여 천문측량으로 설치한 라플라스점의 성과와 비교하여 보면 연직선편차의 값은 자오선과 평행선 방향의 성분으로 구분된다. 우리나라의 편차량은 천문측량의 성과 31점과 1910년대의 측지성과를 기초로 결정된 연직선편차의 벡터도는 그림 1-13과 같이 화살표의 방향이 북서방향을 가리키고 있으며 화살표 방향의 일정성은 준거타원체와 지오이드 사이에 계통적인 어

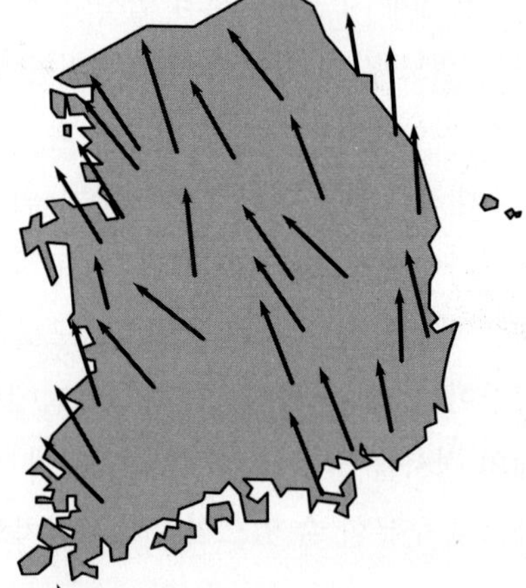
그림 1-13 연직선편차 분포

긋남이 있음을 나타내고 있는 것이라 할 수 있다.

이와 같이 계통적인 어긋남은 1910년대 우리나라 측지성과가 일본의 동경원점을 출발점으로 실시된 측지측량성과에서 비롯된 것이다. 우리나라의 1910년대 측지성과는 세계측지좌표계의 값과 비교하여 그 계통적인 어긋남을 보정하기 위한 위도방향의 보정량은 약 240m(−10".01)와 경도의 보정량은 약 350m(+11".25)정도의 평균값을 갖는다. 즉, 연직선 편차량이 크며 분포가 계통적이고 북서방향이 대부분으로 태백산맥을 경계로하여 서쪽이 최대 편차가 발생하며 북서쪽으로 약 420m의 차이를 발생시키는데 연직선과 법선은 지구타원체와 지오이드의 차이로 인해 일치하지 않는다.

1.3 지구의 운동

1.3.1 지구의 층상구조

지구의 층상구조는 구성된 물질과 성질에 따라 대기권, 수권, 일권, 내권으로 구분되며 이들은 각각 분리된 것이 아니라 서로 밀접한 순환관계를 이루고 지표와 지구 내부에서 여러 가지 변화를 일으킨다. 최근 지구의 대기권은 인공위성을 이용하여 상당한 높이까지 관측되고 있어서 대기권의 모습이 잘 알려져 있다. 일반적으로 대기권은 높이에 따른 기온의 분포에 따라 대류권, 성층권, 중간권, 열권 등으로 구분하며 그 사이의 경계면을 각각 대류권 계면, 성층권 계면, 중간권 계면이라고 한다.

대류권은 우리가 일반적으로 대기라고 생각하는 층으로 지구의 기후 형태에 의한 층을 말하며 신호가 전리층을 통과하고 대류권을 통과하게 되는데 전체 대기 질량의 약 80%를 차지하며, 위로 올라갈수록 온도가 낮아지므로 대류 현상이 일어난다. 대류권은 또한 수증기가 상승하여 구름이 생성되고, 비나 눈이 내리는 기상현상이 일어나면서 굴절오차의 원인이 되지만 대부분의 대류권 오차는 표준 보정식으로 소거 될 수 있다.

대류권 계면의 높이는 평균 12km이나 적도지방에서는 16~18km, 중위도 지방에서는 10~12km, 극지방에서는 6~8km 정도로 위도와 계절에 따라 변한다. 성층권은 대류권과 반대로 위로 올라갈수록 온도가 높아지므로 대류 현상이 일어나지 않기 때문에 안정된 층을 형성하고 높이 20~30km 사이에는 오존층이 존재하는데 이 오존층은 태양으로부터 오는 자외선을 흡수하여 지상의 생물들을 보호하는 역할을 하며 성층권 계면의 높이는 약 50km이다.

중간권은 위로 올라갈수록 온도가 내려가므로 대류 현상이 일어나지만 수증기가 공급되지 않으므로 기상 현상은 일어나지 않는다. 중간권 계면의 높이는 약 80km이며 온도가 대기권에서 가장 낮다. 오존층은 중간권과 열권에 있는 대기의 일부로 자외선, *X*선 등에 의해 전리되어 전리층을 형성하며, 전리층은 전자 밀도에 따라 구분한다.

열권은 중간권 계면으로부터 약 1,000km까지로 태양복사 에너지를 직접 흡수하기 때문에 높이가 증가할수록 온도가 높아진다. 열권의 희박한 대기는 낮에는 자외선을 흡수하므로 쉽게 가열되고 밤과 낮의 기온차가 심하여 낮에는 1,700°C, 밤에는 700°C 정도가 된다.

전리층(Ionosphere)은 지구표면의 50km주위에서 시작하여 전기적으로 충전된 입자들로 모인 전자와 이온들이 집단으로 포함된 약 1,000km의 두꺼운 층이다. 또한, 전리층은 전파를 흡수, 반사, 굴절시키므로 장거리 무선 통신에 영향을 미치고 밤과 낮, 계절, 태양의 활동 등에 따라 복잡하게 변화한다.

1.3.2 케플러의 법칙

케플러의 법칙(Kepler' s Laws)은 케플러가 브라헤지역의 행성 관측자료를 분석하여 유도한 행성의 운동에 관한 3가지 법칙을 말한다. 1609년 독일의 케플러는 행성이 태양을 초점으로 타원궤도로 공전한다는 제1법칙과 행성의 속도와 반경이 움직이는 면적은 항상 일정하다는 제2법칙을 발표하였으며 제1법칙과 제2법칙은 주로 화성을 관측하여 취득한 것이다. 1619년에는 각 혹성사이에서 행성의 공전주기(公轉週期)의 제곱은 공전궤도에서 긴 반지름의 세제곱에 비례한다는 제3법칙을 발표하였다. 지구의 운동은 공전(公轉)과 자전(自轉)으로 구분되는데 지구의 중심이 태양의 둘레를 회전하는 운동을 공전이라 하고 지구의 중심을 기준으로 지구 자신이 회전하는 운동을 자전이라 한다. 지구가 태양의 둘레를 따라 운동하고 있는 일정한 길을 "궤도(軌道)"라하며 지구의 궤도에 관하여서는 케플러의 제1법칙이 성립된다.

(1) 케플러의 제1법칙

케플러의 제1법칙은 지구의 궤도가 태양을 초점으로 하는 타원이지만 사실상 원(圓)에 가깝고 이심률(e)은 영(零)에 가까운 e = 0.01673이며, 장반경 a = 1.4950×10^8km로 지구 직경의 12,000배가 된다. 지구가 태양에서 가장 가까운 위치에 있을 때는 매년 1월 2일에서 4일경으로 그림 1-14의 *BA*점을 "최근(最近)"이라고 하며 그 거리는 약 1.4700×10^8km이다. 한편, 지구가 태양에서 가장 먼 위치에 있는 경우는 매년 7월 3일에서 5일경으로 그림 1-14의 *CD*점으로 "최원"이라 하는데 그 거리는 1.5201×10^8km이다.

(2) 케플러의 제2법칙

케플러의 제2법칙은 지구가 궤도를 운동하는 속도에 대한 설명으로 지구와 태양을 연결하는 선을 "동경(動徑)"이라 하며 일정한 시간 내에 일정한 면적을 그린다는 것이다. 그림 1-14에서 지구가 태양(S)의 둘레를 A, B, C, D의 궤도로 공전(公轉)한다고 가정(假定)하여 지구가 하루에 A에서 B로 움직였을 경우 동경은 부채꼴 ABS의 면적을 그린 결과가 되며 이와 같이 태양이 하루에 C에서 D까지 움직였다면 동경은 부채꼴 CDS의 면적을 그린 결과가 되는 것이다.

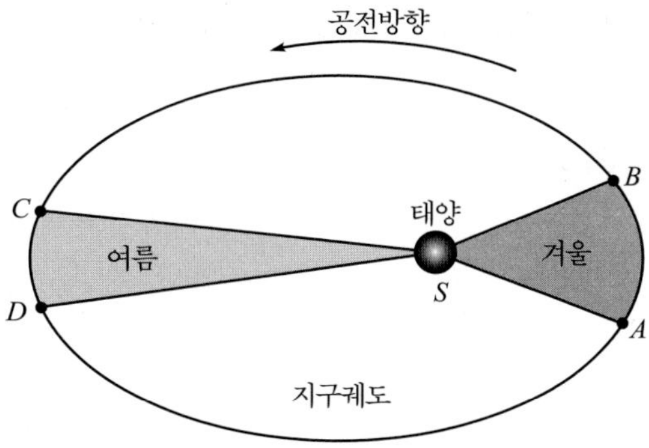

그림 1-14 케플러의 제2법칙

만약 AB의 위치가 CD보다 태양에 가까울 때에 부채꼴 ABS와 CDS와의 면적이 동일하게 하기 위해서는 AB는 CD보다 길이가 길지 않아야 지구가 태양에 가까워질수록 빠른 속도로 운동한다. 또한, 매년 1월 초에 지구는 하루에 태양의 둘레를 1.02° 만큼 공전하고 7월 초순에는 하루에 0.95° 만큼 공전하고 있는데 하루에 움직이는 직선거리는 1월이 7월보다 길다.

(3) 케플러의 제3법칙

케플러의 제3법칙은 지구의 공전(Revolution)에 대한 고유의 성질을 나타내는 것으로 태양 둘레의 혹성궤도(惑星軌道)의 장반경과 주기사이에 존재하는 관계를 나타낸다. 제3법칙은 "모든 혹성의 장반경의 3승(乘)과 주기의 제곱과는 정비례한다."는 것을 식으로 정리하면
$\frac{St^3}{Sr^2} = \frac{Vt^3}{Vr^2} = \frac{Et^3}{Er^2}$와 같이 나타난다.

여기서, St; 수성궤도의 장반경, Sr; 수성의 공전주기, Vt; 금성 궤도의 장반경
Vr; 금성의 공전주기, Et; 지구궤도의 장반경, Er; 지구의 공전주기이다.

지구궤도의 장반경은 천문단위라 하며 이 천문단위를 1이라고 할 경우는 수성(水星)궤도의 장반경은 0.387이고 지구의 공전주기는 1년이며 수성의 공전주기는 0.241년이다.
이때 $\frac{Et^3}{Er^2} = \frac{1^3}{1^2} = 1$이고 수성은 $\frac{St^3}{Sr^2} = \frac{(0.387)^3}{(0.241)^2} = \frac{0.058}{0.058} = 1$로 다른 혹성의 계산도 동일한 이론이 성립된다.

1.3.3 섭동과 공전운동

섭동(攝動)은 태양계의 모든 천체가 태양을 제외한 혹성의 인력으로 타원궤도에 미세한 변화를 일으키는 것을 말하는데 태양계는 태양 · 혹성 · 위성 · 혜성(彗星) 등 많은 천체로 이루어져 있다. 지구는 달이나 다른 혹성으로부터 인력을 받기 때문에 1삭망월(朔望月; 달이 초하루에서 다음 초하루까지, 보름날에서 다음 보름날까지의 시간)을 주기로 태양에서 바라본 황경이 6″정도 케플러의 법칙을 벗어난 운동을 하는 것을 섭동이라 한다. 또한, 지구는 다른 혹성의 섭동을 무시하고 지구질량 (1/81.43)중심이 있으므로 태양 둘레를 케플러의 법칙대로 운동하고 있다.

그러나 다른 혹성의 인력에 의해 지구의 공전운동이 케플러의 운동에서 벗어나는 섭동은 첫째, 다른 혹성과의 회합주기(會合週期)를 주로 하며 이는 목성에 의한 것이 가장 크고 다음이 화성이며, 기타 혹성의 섭동은 모두 합쳐도 황경에서 각도의 10~20″범위 이내에 포함된다. 둘째, 오랜 기간 동안에 조금씩 쌓인 섭동을 "장년섭동(長年攝動)"이라하며 장반경(a)은 전혀 장년섭동을 받지 않으며 이심률(e)은 최대 0.0677352 이내에서 변화하고 궤도면의 경사는 어떤 평균위치의 둘레를 최대한 3° 06′ 00″이내에서 변화하게 한다.

1.3.4 지구의 자전

지구의 자전은 지구나 공간에서 일정한 위치를 가진 지축(地軸)의 둘레에 균일한 속도로 회전하는 운동이다. 자전운동은 세차(歲差)와 장동이며 극운동으로 자전속도의 운동은 장년감속(長年減速), 연주변화(年周變化) 및 기타의 주기적 변화와 불규칙적인 운동을 하고 있다. 지축은 지구의 중심을 지나는 가상의 축으로 지구는 지축의 둘레를 서에서 동으로 자전운동을 하고 있어 지구에서는 모든 천체가 동쪽에서 나타나 서쪽에서 사라지는 것처럼 보인다.

지구가 춘분점을 1회전하는 주기는 평균태양일보다 조금 짧은데, 이는 지구에서 보는 태양이 천구 상에서 동쪽으로 하루에 약1° 씩 운동하기 때문이다. 지구의 자전축(自轉軸)은 공간에서 미세하게 변화하고 있는데 이 자전축이 움직이면 적도도 같이 움직이고, 황도 또한 다른 혹성으로부터의 섭동에 의하여 움직이므로, 황도와 적도와의 교차점인 춘분점도 조금씩은 이동하고 있다. 춘분점의 운동 중에서 오랜 기간에 걸쳐서 계속하여 움직이는 부분을 세차라 하고, 몇 개의 주기적 운동이 중첩한 것이라고 할 수 있는 진동을 "장동(章動)"이라 한다. 춘분점은 장동 때문에 진동하므로 이를 제거한 평균위치인 평균춘분점에 대하여 1회전하는 시간(23시 56분 4.09초)을 평균항성일이라고 한다.

(1) 세차와 장동

히파르쿠스(Hipparchus; B.C 125년)는 모든 별의 황경이 75년에 약 1° 증가하고 있으나 황위와 황도 경사에는 변화가 없다는 사실을 증명하였으며 티모카리스(Timocharis)와 아리스틸루스(Aristyllus)가 관측한 결과에 차이가 있다는 것을 확인하였다. 춘분점은 천구의 적도와 황도의 교점이므로 춘분점의 운동은 천구의 적도 및 여기에 수직인 천구의 극운동이라 할 수 있다. 황도의 북극과 천구의 북극 사이의 각은 황도와 적도의 경사각인 23.5°와 같고 이 각은 변하지 않기 때문에 천구의 북극은 황도의 북극을 중심으로 23.5°의 반경은 작은 원을 그리며 운동한다. 지구의 북극과 남극을 잇는 축이 자전축과 일치하지 않기 때문에 생기는 현상을 위도변화라 한다.

세차(Precession)는 주로 적도의 운동에 의하여 발생하고 장동은 적도의 진동적인 운동에 의하여 일어나고 있다. 세차는 천구상 모든 별의 시운동으로 좌표계의 원점이 되는 춘분점이 황도를 따라 1년에 50″씩 서쪽으로 이동한다고 간주한다. 황극과 천극의 각거리는 황도 경사각과 같으므로 천구의 북극은 황도의 북극을 중심으로 23.5° 인 원을 그리며 360° ÷50″/년= 26,000년을 주기로 회전한다. 이것은 지구의 자전축이 황도면의 수직방향 주위를 각반경과 주기를 가지고 회전하기 때문이며 이런 현상을 세차운동이라 한다.

17세기에 뉴턴은 이 운동이 태양과 달의 인력 때문에 지구의 자전축이 운동하는 것으로 주장하였다. 태양과 달의 인력이 타원체인 지구 적도 융기부분에 작용하면 자동중력 때문에 회전능률을 일으키게 되며 황도에 대하여 기울어진 자전축을 수직으로 세우려는 작용으로 자전축은 황도에 대하여 일정한 각도로 회전하게 된다.

황도경사에 주는 영향은 태양과 달의 적도면 상하에서 움직이므로 지구적도의 융기부에서 작용하는 회전능률 또한 주기적으로 변화하는 지구의 형상축이 자전축 주위를 약 15m 간격으로 불규칙하게 회전하며 자전축이 흔들리는 현상을 장동이라 한다. 장동의 작은 성분은 한 달이나 1년을 주기로 하지만 진폭 9″의 주기는 18.6년인 것으로 달의 궤도면과 황도면의 교점이 서쪽으로 이동하기 때문에 생기는 것이다. 지구의 장동 가운데 13~14개월 주기를 가지는 챈들러진동(Chandler Wobble)은 큰 지진 등에 의하여 탄성이 큰 지구의 자전축과 일치했던 위치에서 떨어져 나갔기 때문에 생기는 것이다. 또한, 계절에 따라 눈이나 공기, 물의 분포가 변하기 때문에 연주섭동이 일어나며 지구의 영상축의 운동은 지구자전축에 매년 0.0025초의 변화를 초래하여 지표상 위도가 0.5″범위 내에서 변하게 한다. 장동은 18.6년(6798.4일)에서 5일까지 여러가지 다양한 주기가 있다. 주기가 18.6년일 때 장동은 가장 큰 값을 갖는데 이는 황도의 극을 중심으로 달궤도 평면이 완전히 한바퀴 회전하는데 걸리는 기간이다.

그림 1-15는 물리적 현상이 18.6년이란 조수간만의 주기로 조수와 장동은 똑같이 태양과 달의 인력에 기인하는 것이어서 장동값으로 조수의 변화량을 파악하는 것이 가능하다. 그림 1-16은 일월세차(Lunisolar Precession)와 장동으로 인한 세차의 주기는 약 26,000년이며, 장동은 18.6년이고 달은 황도축을 중심으로 1회전하는 데는 18.6년이 걸린다. 세차 및 장동은 지구자전축의 운동과 관계가 있고 천구와 지구자진축 방향선의 교점은 친력극(CEP)을 나타내며 천구의 크기와 천체간의 거리는 실제와는 다르기 때문에 구면과 방향선의 교점만을 고려한다.

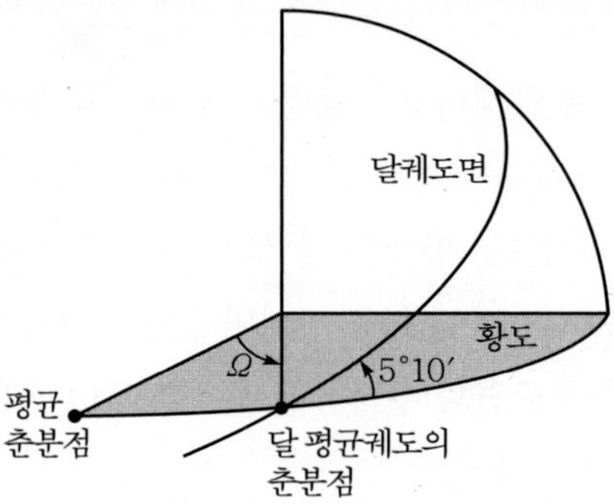

그림 1-15 달 궤도면의 회전운동

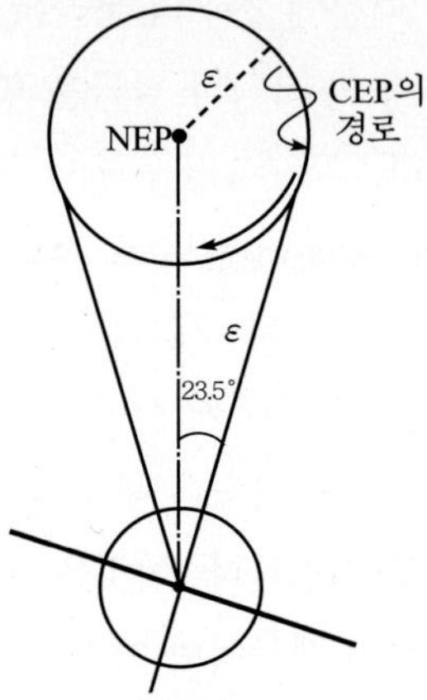

그림 1-16 일월세차와 장동

또한, 황도면과 적도면이 교차하여 춘분점(Vernal Equinox)의 방향선(γ)을 생성하며 적도면과 황도면이 이루는 각(ξ)을 황도경사각(Obliquity)이라 한다. 세차와 장동이 일어나는 이유는 지구에 작용하는 태양과 달의 인력이 끈임 없이 변화하므로 뉴턴의 만유인력의 법칙에서 두 물체 간에 작용하는 인력은 물체의 질량에 비례하며 거리의 제곱에 반비례한다.

지구와 달의 궤도운동으로 인하여 태양과 지구, 달의 거리의 변화는 주기적이고 지속적으로 변화하는데 그 결과로 발생하는 세차와 장동도 태양과 달의 궤도운동의 주기성을 반영하여 시간에 따라 주기적으로 변화한다. 가장 중요한 요소는 지구편평도, 달의 궤도평면과 황도가 불일치하며 장동에 대한 지구영향의 변화량은 오늘날 고정밀 계측시스템으로 관측이 가능하다.

(2) 자전속도

17세기 말에 그리니치 천문대장인 핼리(Halley)는 오래된 월식(月蝕)의 기록을 조사하다가 달의 지구에 대한 공전속도가 점차 빨라진다는 사실을 발견하였는데 이를 "달의 장년가속(長年加速)"이라고 한다. 1927년에 아메리카의 브라운(E.W. Brown 1866~1938년)은 달의 황경(黃

經)이 몇 개월 주기로 불규칙하게 변화하고 있다고 주장하였다. 1936년 스트이커는 지구자전속도가 1년을 주기로 변화하며 7월 중순에는 약 0.07초가 늦어지고 1월 중순에는 그와 반대로 약 0.06초가 빨라진다고 주장하였다.

프랑스의 라그랑즈(Lagrange, 1736~1813년)는 처음에 달의 장년가속을 관측오차에 의한 것과 지구의 자전속도에 의해 점차 늦어지는 현상이라고 하였으며 철학자 칸트(Kant)는 해양의 조석마찰(潮汐摩擦)로 자전속도가 점차 늦어지는 현상이라고 하였다. 그 후 여러 학자들은 칸트의 주장에 따라 일식 또는 월식의 기록을 조사하여 지구자전 속도 감소비율을 산출하여 하루의 길이가 100년간 0.001초씩 길어지는 현상으로 "지구자전속도의 장년감속(長年減速)"이라 하였다. 달의 인력에 의해서도 반월주기(半月週期)로 자전속도가 느리거나 빠른 것이 발생하는데 이론적으로는 진폭의 절반이 0.001초로 아메리카의 몰간에 의하여 확인되었다.

(3) 자전의 증거

지구의 자전운동은 북반구의 어떤 지점에서 멀리 던져진 물체는 본래의 방향보다 오른쪽으로 떨어지는 원리를 그림 1-17에서와 같이 물체가 *A*에서 출발하면 지구의 자전 때문에 동쪽으로 향하는 속도를 가지고 운동을 시작한다. 즉, 물체가 운동하는 동안에 본래의 낙하점 *B*도 동쪽으로 움직이는데 *B*가 *A*보다 위도가 높을 때에는 *B*는 *A*보다 자전축에 가깝기 때문에 *B*의 자전속도는 A의 자전 속도보다 작고 물체는 *B*의 동쪽(*A*에서 볼 때 *B*의 오른쪽)에 떨어진다.

또한, *B*가 *A*보다 위도가 낮을 때에는 위의 관계가 반대로 되어 물체는 *B*의 서쪽에 떨어져 *A*에서 볼 때 역시 본래의 방향보다 오른쪽으로 치우치는 현상을 코리올리(Coriolis)의 효과라고 한다. 1835년에 코리올리는 이러한 효과를 일으키게 하는 가상적인 가속도를 유도하였으며, 발사체의 속도는 $\overrightarrow{V}$, 지구의 각속도 벡터를 $\overrightarrow{w}$(단위는 radian/sec)라 하며 코리올리 가속도 $\overrightarrow{A}$는 $\overrightarrow{A}=2(\overrightarrow{V}\times\overrightarrow{w})$과 같이 나타낼 수 있다.

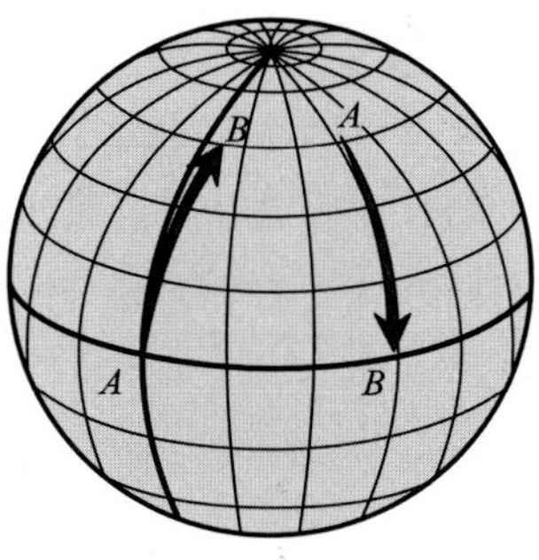

그림 1-17 코리올리 효과

1.4 투영법

투영법이란 지구타원체면 상의 위치와 형상을 평면에 옮기는 체계적인 방법으로 도법(圖法)이라고 한다. 투명한 지구본 안에 점으로 된 광원을 두고 그 광원에 의해 비춰진 경선과 위선의 그림자를 평면상에 그대로 옮긴 것을 투영의 한 예라고 할 수 있다.

투영(Projection)은 지도투영이라고 하며 어떠한 지점의 지상위치와 도상위치의 관계를 규정하는 방법을 말한다. 1568년 네덜란드의 지리학자이며 수학자, 지도 제작자인 메르카토르(Mercator)가 처음으로 원통투영에 의한 메르카토르투영을 고안함으로써 근대적 의미의 지도투영 역사가 시작되었다. 16세기 중반 메르카토르의 원통투영법의 발표로 수학적 방법의 투영법으로 발전하는 계기가 되었다. 그러나 수학이 발전하기 이전의 옛날에는 유리로 된 구(球)로 지구의(地球儀)를 만들어 빛을 보내면 육지의 모양이 평면에 그림자로 나타나는 원시적인 방법으로 투영이 시작되었다.

투영된 지도상의 위치와 형상의 이상적인 상태는 지구타원체상의 위치와 형상을 비교하여 각 점들 간의 거리비가 일정할 것(등거), 형상의 면적비가 일정할 것(등적), 임의의 두 선분이 이루는 각이 동일할 것(등각) 등의 3가지 조건을 동시에 만족할 경우이다. 그러나 동시에 3가지 조건을 만족시키는 투영은 없으며 타원체인 지구를 평면상에 표시하는데 반드시 한가지 이상의 왜곡(Distortion)이 발생하여 정확하게 전개하기란 불가능하다. 이것은 축구공의 표면을 절개하여 평면으로 펼친다고 가정하면 아무리 작게 절개하여도 완전한 평면으로 만들 수 없는 것과 같다.

1.4.1 투영법의 선택

투영은 고대 이집트와 그리스의 철학자들이 지구가 둥글다는 것을 알아내고, 이를 토대로 지구의 크기를 측정하여 기하학적인 투영법을 이용하여 지도와 해도를 만들기 시작하였다. 이집트의 천문학자 프톨레마이오스(Claudius Ptolemaeos)는 A.D 150년경 그의 저서 지리학에서 지구의는 원하는 만큼 크게 만들 수 없기 때문에 필요한 정보를 상세히 표시하는데 한계가 있으므로 대축척의 지도를 최소한의 왜곡으로 만들 수 있는 투영법의 필요성을 강조하였으나 르네상스시대 이전까지는 당시의 수학적 지식의 한계를 뛰어 넘지 못하였다.

지상에서 평면거리로 볼 수 있는 한계인 직경 약 22km 이내의 소규모 지역은 지표면을 평면으로 간주하고 측량성과를 이용하여 바로 평면지도를 제작할 수 있으므로 투영법을 적용하지 않아도 거리에 대한 오차를 1/100만 이하로 유지하면 되지만 이보다 넓은 지역의 지도를 작성하려면 반드시 적절한 투영법을 적용하여야 한다. 투영법을 선택할 때는 각 나라가 차지하는 위치와 모양, 면적, 거리, 방향 등의 조건을 고려하여 선정하는 것이 가장 이상적이다. 따라서 투영법을 선택할 때는 반드시 각, 거리, 면적 중 지도제작의 필요성과 목적에 적합여부를 결정하여야 한다. 예를 들면 측량분야 · 군사 · 우주과학 · 선박의 항해를 목적으로 할 때는 각(角)의 유지가 중요하므로 각(角)을 보존하여 형태를 같도록 유지할 수 있는 상사성이 필요하다. 지도를 주로 통계목적으로 사용할 때는 면적을 같게 유지하는 등적성(等積性)이 필요하며, 항공기의 운항에는 필요한 도상거리를 실제거리와 같게 하는 것이 중요하므로 등거성(等距性)을 유지해야 한다.

1.4.2 투영에 따른 왜곡

지도에서 경선과 위선이 직선으로 항상 직교하는 지도와 경위선이 곡선으로 된 지도에서 한반도의 형태와 크기를 비교해 보면 서로 일치하지 않음을 알 수 있다. 두 장의 지도에 나타난 한반도의 형태는 모두 실제의 한반도와 모양과 크기, 면적이 모두 다르다. 즉, 한 장의 지도에 상사투영법이나 등적투영법 혹은 등거리투영법 중 한 가지를 적용한다 하더라도 아시아 대륙이나 한반도 전체를 나타내는 넓은 지역의 지도는 형태, 거리, 면적을 모두 사실과 똑같이 유지하는 것은 불가능하다. 따라서 투영법을 적용하여 제작한 지도일 경우에도 축척과 면적, 거리가 다르게 나타나는 현상을 왜곡현상이라 하며 구면 위의 형상을 평면으로 나타내는 것이 필요하다.

만약 1/1억의 축척비율로 지구타원체와 닮음 꼴인 지구의를 만들어 지구의의 어디에서라도 측정한 거리에 1억이란 숫자를 곱한다면 실제거리와 거의 비슷한 숫자를 얻을 수 있다. 그러나 등거리투영법을 적용하여 1/1억 축척으로 제작한 세계전도에서 미국 뉴욕에서 서울까지 거리를 측정하여 축척분모를 곱한 숫자는 실제거리와 엄청난 차이를 보여준다. 이것은 투영법의 종류를 막론하고 일단 투영이 된 평면지도에서 측정한 각과 면적, 거리의 신뢰도는 대축척, 소면적으로 갈수록 높아지고, 소축척, 광대한 면적일수록 낮아진다는 사실을 대변해 주며 그림 1-18은 투영에 따른 왜곡현상을 유형별로 나타내고 있다.

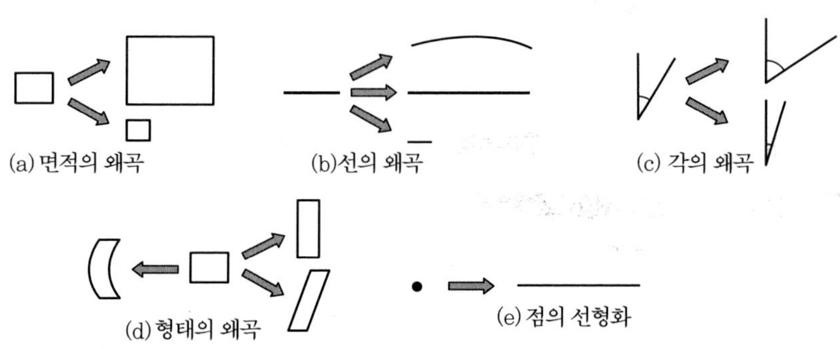

그림 1-18 투영에 따른 왜곡

1.4.3 투영법의 분류

투영법은 초기에는 기하학적(Graphical)인 방법으로 시작하였으나 17세기 이후 근대 수학의 발전과 더불어 수학적(Mathematical) 방법으로 대체되었다. 기하학적인 방법과 수학적 방법으로 나누는 기준은 투영을 실행하는 방법이 수학적 공식으로 유도한 모델인지 또는 기하학적인 제도방법에 의하는지를 기준으로 분류한다. 투영법은 투영요소, 투영면의 형태, 투영면의 위치, 투영축의 방향, 광원의 위치 등 여러 가지 분류기준에 따라 구분할 수 있다.

(1) 투영요소에 의한 분류

투영요소(Projection Property)에 의한 투영은 지구를 투영하여 얻은 결과인 평면지도가 실제의 모양과 비교하여 보존해야 할 특성으로 각, 면적, 거리 등의 요소를 말하며 이들을 이용하여 투영하는 방법은 등각투영, 등적투영, 등거리 투영 등으로 구분한다. 세계전도나 소축척 지도를 작성하는 경우에는 각, 면적, 거리 중에서 한 가지도 만족하기 어려우며, 지적도와 임야도, 1/5,000 지형도와 같은 대축척으로 작성한 경우에는 3가지 요소 모두를 비슷하게 유지할 수 있다.

1) 등각투영

등각투영(Conformal Projection)은 측량 및 측지분야에서 주로 사용되나 군사목적과 선박의 항해 등에도 이용되고 있으며 상사투영이라고 한다. 등각투영은 크기가 다른 두 개의 사물이 기하학적으로 모양이 같은 것을 닮음꼴이라 하며 서로 대응하는 각(角)이 같아야 한다. 즉, 투영 전과 후에 대응하는 각의 보존이 상사성을 유지하게 되며 등각투영이라고도 한다. 그림 1-19는 17세기 프랑스에서 발전된 원추투영법으로 상사성(相似性)을 유지한 등각투영의 지도이다.

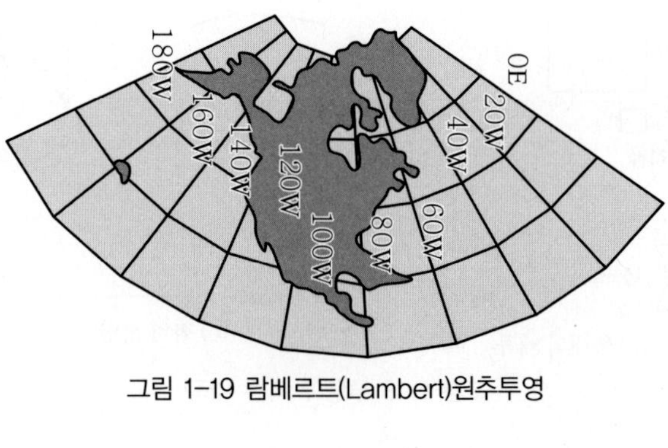

그림 1-19 람베르트(Lambert)원추투영

2) 등적투영

등적투영(Equivalent Projection)은 위도가 높은 지역으로 갈수록 자오선의 길이를 짧게 하는데 이는 형태와 거리는 무시하고 축척에 따른 면적을 수평면적과 동일하게 하기 위한 것이다. 예를 들면, 축척 1/10,000 지도에서 측정한 면적이 6cm²이라면 지상면적은 6×10^8= 600,000,000cm² = 60,000m²와 같이 지상면적을 지도에서 측정이 가능하도록 하는 방법이다.

등적투영은 투영 전 투영체의 면적이 투영 후에도 항상 일정한 비율로 이루어지는 투영으로 인구밀도나 1인당 GNP와 같은 각종 통계자료와 토지의 면적을 대비하거나 상관관계 등을 분석하는 용도로 많이 이용되었다. 이 투영법의 경우 형태와 거리를 무시하고 축척과 관련하여 면적을 사실과 같게 하는 것을 우선으로 하는 방법이다. 상사 원통투영에서는 고위도 지역으로 갈수록 같은 위선차에 대한 자오선의 길이가 점점 커지고 있으나 그림 1-20의 (a)와 같이 등적원통투영에서는 고위도 지역으로 갈수록 자오선의 길이를 짧게하여 도상면적과 지상면적을 같도록 유지하는 것을 보여준다. 그림 1-20의 (b)는 변형시킨 원통을 사용한 의사원통투영으로 같은 경선차에 대한 위선의 길이를 적도에서 크게 하고 극쪽으로 갈수록 짧아지게 하여 등적성을 유지한 투영법이라 할 수 있다.

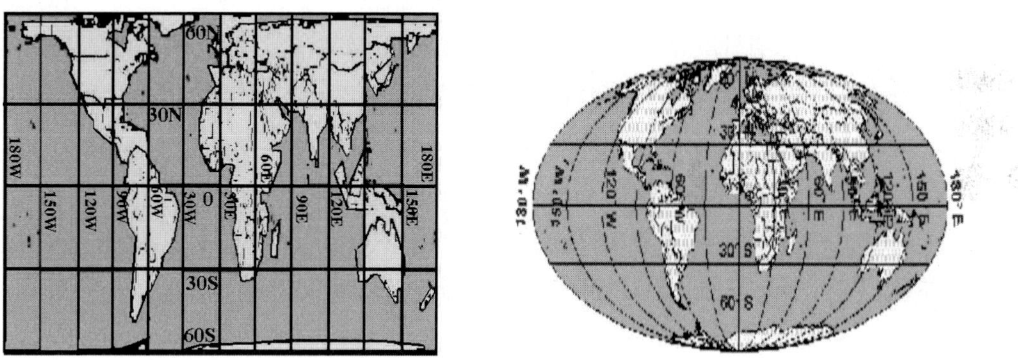

(a) 베어만 등적투영 (b) 몰와이드 등적투영도법

그림 1-20 등적투영

3) 등거리투영

등거리투영법(Equidistant Projection)은 형태와 면적보다 거리에 대한 정확성에 중점을 두는 방법으로 어떤 특정지점에서 다른 임의의 점간의 거리측정에 필요한 투영방법으로 등거투영이라고도 한다. 이 투영법이 적용된 축척 1/10,000 지도에서 도상거리 7cm를 측정하였다면 7×10^4 = 70,000cm = 70m와 같이 지상거리를 지도에서 측정이 가능한 방법이다.

그림 1-21과 같이 위선(평행선)간의 거리를 일정하게 유지하여 거리의 왜곡을 줄이고 있지만 형태나 면적은 보존하기 어려워 오스트레일리아, 칠레, 아르헨티나 등의 지역은 위선의 거리를 일정하게 유지하여 거리의 왜곡된 현상이 거의 없지만 적도 쪽으로 갈수록 왜곡이 심하게 나타나는 것을 알 수 있다. 그림 1-21은 남극을 투영중심으로 하여 평면등거리투영으로 작성한 지도이다.

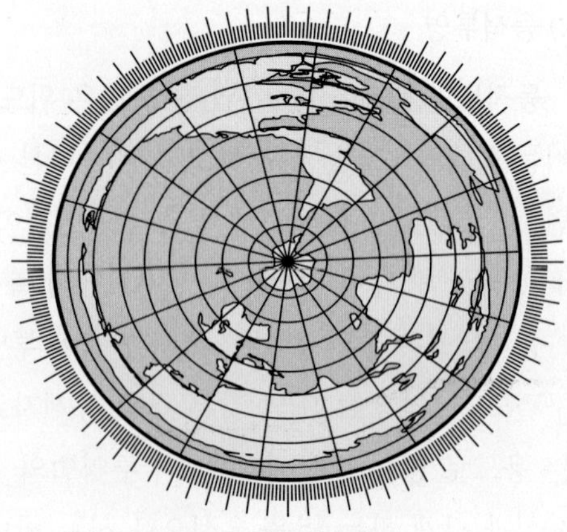

그림 1-21 등거리투영

(2) 투영면의 위치에 따른 분류

투영법은 광원을 투시하는 위치에 따라 정사투영(正射投影), 평사투영(平射投影), 심사투영(心射投影)으로 구분 되며 빛의 그림자를 이용하는 방법이다. 구면인 지구상에 존재하는 점의 위치는 투영을 거치면 2차원 평면 위에 같은 위치로 변환된다. 여기서, 2차원 평면을 투영면(投影面)이라 하고 투영면의 중앙인 투영중심을 지나는 경선을 중앙경선 또는 중앙자오선(Central Meridian)이라 하며 위선을 중앙평행선(Central Parallel) 또는 중앙위선이라 한다. 또한 투영면과 지구가 만나는 부분을 지나며 투영의 기준이 되는 선을 기준자오선(Standard Meridian) 또는 기준평행선(Standard Parallel)이라 한다.

그림 1-22의 (a)와 같이 투영면과 지구가 한 곳에서 접하는 경우로서 중앙경선 또는 중앙위선이 기준자오선 또는 기준평행선과 일치한다. 따라서 투영면과 지구가 접하는 부분이 투영중심이며 지도는 왜곡이 없이 실제와 똑같이 투영되고 바깥쪽으로 멀어질수록 왜곡의 정도가 심해진다. 투영중심에서 축척계수가 1이 되고 그 외의 지역에서는 1보다 커진다. 축척계수(Scale Factor)란 확대율이라고도 하며 지상거리를 축척비율로 곱하여 도상거리로 나눈 비율을 의미하며 식으로 나타내면 다음과 같다.

$$S = \frac{d_m}{d_e} \ (S;\ 축척계수,\ d_m;\ 도상거리,\ d_e;\ 지상거리)$$

위의 식에서 축척계수가 1보다 크면 지도상에서 측정한 거리가 지상거리보다 크고, 1보다 작으면 도상거리가 실제 지상에서 측정한 거리보다 짧다는 것을 의미한다. 따라서 투영면이 지면에 접하는 투영에서는 투영중심 이외의 부분에서는 항상 지상거리보다 도상거리가 더 크다. 이런 방법은 투영중심과 가까운 2~3° 지역 내에서 효과적으로 사용할 수 있는 투영법이다.

그림 1-22의 (b)에서는 투영면이 지구 내부를 자르고 들어간 상태로 투영중심에서 투영면과 지면이 만나는 부분까지의 축척계수가 1보다 작아서 도상거리가 실제거리보다 짧게 되고, 투영면을 지나 바깥쪽으로 갈수록 축척계수가 1보다 커져서 도상거리가 더 길어지게 된다. 이 방법은 경선 6° 정도를 하나의 투영지역(zone)으로 하는 UTM이나 미국과 같은 넓은 국토를 가진 나라에서 많이 이용되고 있다.

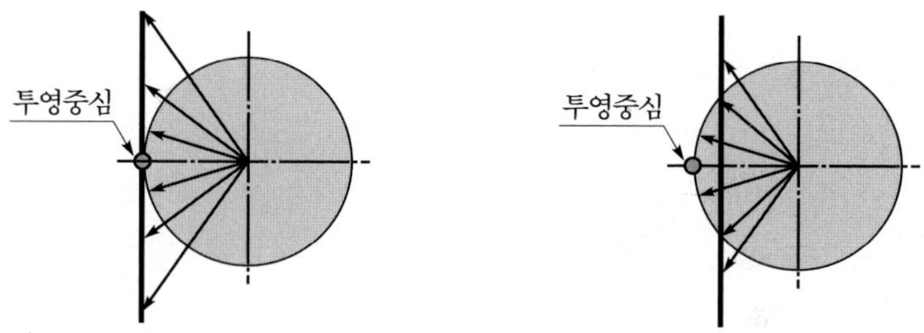

(a) 투영중심에서 축척계수 = 1　　(b) 투영중심에서 축척계수<1

그림 1-22 투영면의 위치와 축척계수

(3) 광원의 위치에 따른 분류

정사투영은 그림 1-23의 (a)처럼 광원(光源)이 무한대의 먼거리에서 입사광선이 평행선을 이루는 투영방법으로 원형이나 정방형 지역의 투영에 적합하나 가장자리부분의 왜곡이 아주 심한 특성으로 정밀한 지도에는 잘 사용되지 않는다.

평사투영은 그림 1-23의 (b)와 같이 투영면과 광원이 서로 지구의 반대쪽에 위치하는 투영법으로 남극지역을 투영하려면 북극점이 광원의 위치가 된다. 상사성(Conformality) 을 유지하는 특성이 있어서 극지방의 상사투영과 등거리투영에 자주 이용되며 등거리투영의 경우 투영중심인 극점을 지나는 방사선을 따라 거리의 왜곡이 최소가 된다.

심사투영(Gnomonic Projection)은 광원이 지구의 중심에 위치하는 투영방법으로 해시계 바늘의 그림자 끝부분이 어떤 시간선에 오면 그 선이 가리키는 시간이 현재 시각이 되고 심사투영으로 제작한 지도의 자오선은 정확히 일치한다. 심사투영은 그림 1-23의 (c)에서 보는 것처럼 투영중심에서 멀어질수록 왜곡의 정도가 급격히 증가한다. 이 투영법은 해시계와의 관계로 인하여 특정 위도의 시간을 측정하려는 용도로 과거에 많이 이용되었다.

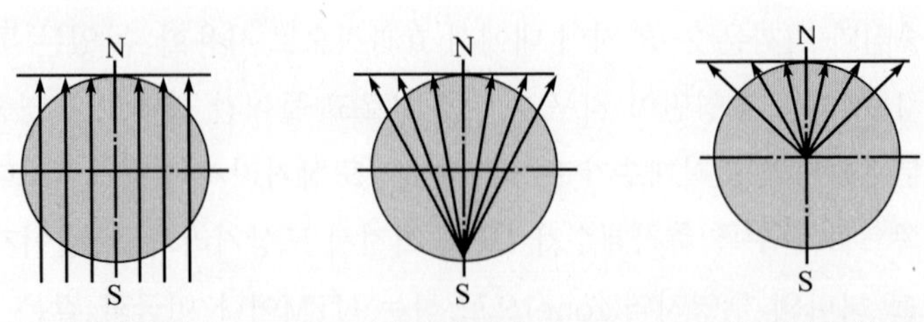

(a) 정사 투영 (b) 평사 투영 (c) 심사 투영

그림 1-23 광원의 위치에 따른 투영법

(4) 투영면의 형태에 따른 분류

투영이란 구면 형태의 지면에 있는 점의 위치를 2차원 평면 위에 옮기는 작업으로 타원체를 평면상에 투영하는 방법에 따라 원통투영, 원추투영 및 방위투영으로 구분할 수 있다.

1) 원통투영

원통투영(Cylindrical Projection)은 16세기 네덜란드의 메르카토르(Gerardus Mercator)가 처음으로 고안하였으며, 원통의 면과 지구의 적도가 지면과 접하도록 하여 원통의 한 쪽을 위에서 아래로 잘라 평면으로 만드는 방법이다. 일반적으로 원통투영은 투영축에 따라 원통축이 지축에 일치하는 정축원통투영과 원통축의 지축에 직교하는 횡축원통투영이 있으며 양축이 사교하는 사축원통투영으로 구분한다.

그림 1-24 (a)와 같은 투영을 적용하면 위선과 경선이 항상 직교하게 되어 상사성을 유지하는데 유리하지만 고위도 지역으로 갈수록 같은 위선차에 따른 거리가 길어져서 양극점이 선분화되는 단점이 있으며 적도에서 가까운 지역에서 왜곡이 최소이며, 남북으로 위도가 증가할수록 왜곡이 심하다. 따라서 적도 부근의 국가나 저위도 지역에서 위선을 따라 길다란 국토를 가진 나라에서 선호하는 방법이다. 또한, 고위도 지역에서 왜곡이 커지는 단점을 보완하기 위하여 위선 간의 거리를 고위도 지역으로 갈수록 짧게 하여 등적성이나 등거리성을 유지하는 투영 방법도 사용되고 있다.

횡축원통투영은 그림 1-24의 (c)와 같은 형태처럼 지구타원체를 원통 내부에 접하도록 위치시킨 상태에서 지구타원체 표면을 원통면에 투영시킨 후 원통면을 펼쳐서 평면지도를 만드는 방식이다.

대표적인 원통투영인 횡축 메르카토르투영법은 원통과 지구가 위선인 적도를 따라 접촉하도록 하는 것이 아니라 경선인 자오선을 따라 맞닿게 하여 원통투영에서 원통의 중심축을 90° 회전시킨 것이다. 국토의 모양이 우리나라와 같이 동서방향보다 남북방향이 긴 형태의 국가에서 많이 이용하는 방법이다. 이 방법은 투영의 중심이 되는 자오선으로 우리나라의 경도 125°, 127°, 129° 선에 해당하므로 가까운 지역에서 왜곡량이 적고 멀어질수록 왜곡량이 증가하는 단점이 있다.

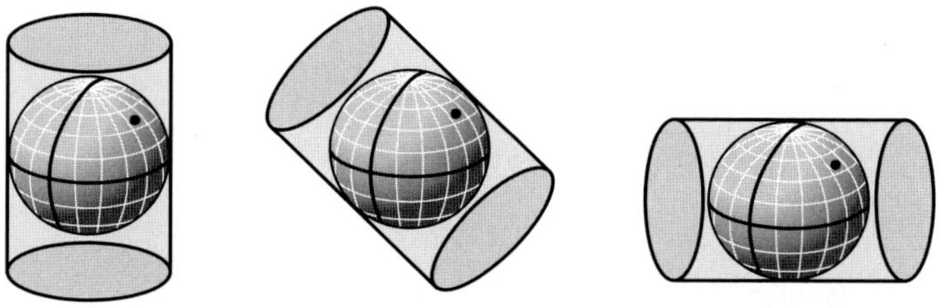

(a) 정축원통투영 (b) 사축원통투영 (c) 횡축원통투영

그림 1-24 원통투영

2) 원추투영

원추투영(Conical Projection)은 원추형의 평면을 지구의 특정 위도선과 맞닿도록 한 것으로 원추와 지구타원체가 접하는 부분은 동일한 거리로 정확하게 투영되지만 멀어질수록 왜곡이 심하므로 비교적 긴 형태를 가진 유럽과 북미지역의 국가에서 채택하고 있다. 원추투영의 종류는 람베르트 등각원추투영법(Lambert Conformal Conic Projection), 다원추투영법(Polyconic Projection) 및 본느투영법(Bonne Projection)등이 있다. 지구타원체에 그림 1-25와 같이 종이를 원뿔 형태로 말아 원추를 지구의 모형에 접하게 씌운 다음 지구중심에서 원추면에 투영하여 원뿔이 특정 평행선(Parallel, 위선)을 따라 지구와 접하게 한 다음 지면의 점들을 원뿔의 평면에 전개하여 지도를 만드는 방법이다. 위선은 동심원의 호로 투영되고 자오선은 펼쳐진 원추의 꼭짓점으로부터 균일한 간격의 각으로 방사상의 직선으로 투영된다. 이 투영은 남북방향으로 왜곡이 증대되는 단점을 보완하기 위해 사용한 것으로 특정 자오선을 기준자오선으로 무한한 수의 평행선에 접하는 무한한 수의 원추를 만들어 투영하는 방법이다. 이 방법은 상대적으로 소규모 지역에서 정확하므로 2개의 기준 평행선에서 축척계수가 1이 되는 방법을 많이 사용한다.

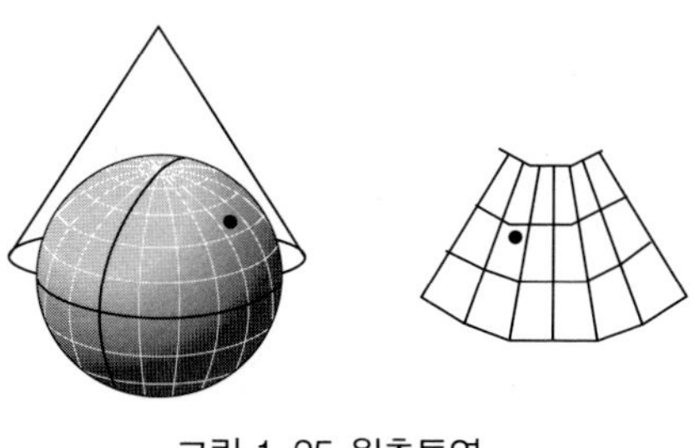

그림 1-25 원추투영

원추투영에서는 동심원을 이루는 평행선이 비동심원이 되며 축척계수가 각 평행선과 중앙자오선에서 1이 되며 기준자오선은 직선이고 다른 자오선은 곡선의 형태가 된다. 오늘날에는 일정한 위선차를 두고 원추의 꼭짓점 내각이 다른 몇 개의 원추를 씌우는 방법으로 사용하고 있다.

3) 방위투영

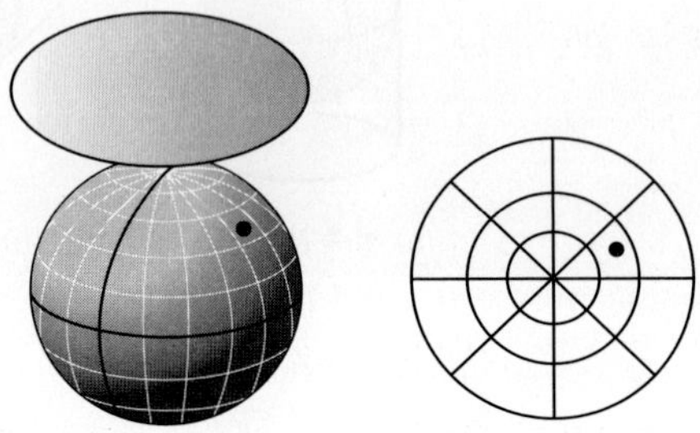

그림 1-26 방위투영

지구의 극지방을 중심으로 지도제작에 많이 이용되는 방위투영(Zenithal or Planar Projection)은 방위성을 보존하는데 편리하여 방위투영이라 하며, 투영면으로 원통이나 원뿔과 같은 형태가 아니라 평평한 평면을 이용하여 평면투영법(Planar Projection)이라고도 한다. 정축투영에서 투영중심의 축척계수가 1일 경우 투영중심이 남극이나 북극에 접하는 방식이며 축척계수가 1보다 작을 경우 특정평행선을 기준위선으로 하여 투영을 실시한다. 정축방위투영에서 평행선(위선)은 남극이나 북극을 중심으로 하는 동심원을 그리며, 자오선(경선)은 항상 평행선에 접하는 직선과 직교하는 법선이 된다.

원추투영이 기준위선(Standard Parallel)을 경계로 극방향과 적도방향으로 가면서 왜곡이 커지고 평면투영은 극점과 그 주위지역에서 왜곡이 적으며, 적도방향인 저위도 지역으로 가면서 왜곡의 정도가 급속히 커지는 단점으로 중위도 이하 지역에는 적용하기 어려운 투영방법이다.

1.4.4 횡원통 투영법

원통투영법의 하나인 횡원통 투영법은 지구의 경선에 원통을 접하여 중심으로부터 투영하는 방법으로 우리나라의 평면직각종횡선좌표로 경도 125°, 127°, 129°, 131° 선에 적용하고 있는 가우스상사 이중투영법에서도 사용하였다. 이 방법은 기준경선을 중앙에 놓고, 그 양쪽에 투영범위를 한정하는 것이 일반적이며 위선과 경선이 항상 직교하게 되어 상사성을 유지하는데 유리하다. 이 투영법을 적용하면 기준자오선에 가까운 지역에서 왜곡량이 적고 멀어질수록 왜곡량이 증가하는 단점이 있으며 적도와 가까운 지역에서 왜곡이 최소로 발생하며 남북으로 위도가 증가할수록 왜곡이 심해지므로 고위도 지역에서 왜곡이 커지는 단점을 보완하기 위하여 위선간의 거리를 고위도 지역으로 갈수록 짧게 하여 등적성이나 등거리성을 유지하는 투영방법도 사용되고 있으며 지형도, 대축척도, 측량좌표계용의 투영 등에 널리 사용된다.

(1) 등거리 횡원통투영

등거리 횡원통투영법은 1744년 처음 가시니(C'esar Francois Cassini)에 의하여 프랑스에서 삼각측량에 사용된 좌표방식으로 구면직각좌표 투영이라고도 한다.

프랑스지도는 이 투영방법에 의거 축척 1/86,400로 작성하여 근대적인 실측지형도가 제작되었으며 현대 프랑스 기본도의 기초가 되었다. 1809년 이후 솔드너(J.G. Soldner)에 의하여 바이에른(Bayern; 현 Bavaria)주의 지적측량에 사용되면서 가시니-솔드너 투영법(Cassini-Soldner's projection)이라 하였다. 이 투영법은 지구를 구로 보고 x, y를 각각 구면의 대원거리로 하며 지구의 반경은 등적 구의 반경 또는 측량지역 중앙의 중등곡률반경을 사용하며 프랑스, 독일, 영국 등의 과거 지형도에 많이 사용되었다. 1927년 이후 독일의 지적측량에서는 x와 y를 회전타원면상의 거리로 변환한 계산식을 사용하였다. 그림 1-27에서 지구를 구로 가정하고 반경을 R로 하면

$$x = R\alpha,\ y = Rd \qquad (1.4)$$

$$\tan\alpha = \tan\phi \cdot \sec\lambda$$

$$\mathrm{sid}\,d = \cos\phi \cdot \sec\lambda$$

여기서, x, y는 각각 구면의 대원거리이며 x축과 y축은 직교한다. 평면상의 $\bar{P}$의 좌표는 식 (1.5)와 같이 계산한다.

$$\bar{x} = x \quad \bar{y} = y \qquad (1.5)$$

측량에서 기지점(x_0, y_0)으로 부터 미지점(x, y)까지의 거리(S)와 종축방향으로 부터의 방향각 τ를 알면 $u = S \cdot \cos\tau$, $V = S \cdot \sin\tau$가 된다.

$$y = y_0 + V - \frac{u^2 y_0}{2R^2} - \frac{u^2 V}{6R^2}$$

$$x = x_0 + u + \frac{uy^2}{2R^2} - \frac{uv^2}{6R^2} \qquad (1.6)$$

또한, x_0, y_0에서 자오선 수차를 γ로 하면

$\tan\gamma = \frac{x_0^2 y_0^2}{R^2}(1 - \frac{y_0^2}{6R^2} + \frac{x_0^2}{3R^2})$이다.

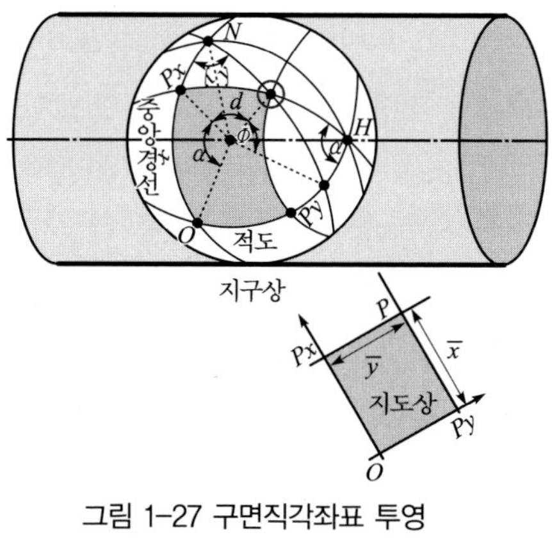

그림 1-27 구면직각좌표 투영

(2) 등각 횡원통투영법

횡원통투영법에서 등각이 되도록 y의 값을 정하는 것으로 정축원통투영법의 메르카토르 이론은 1569년 메르카토르(Gerardus Mercator)가 고안하고 람베르트(Lambert. J.H)가 횡원통에 응용하여 횡메르카토르투영(Transverse Mercator Projection)이라 하며 람베르트 등각원통투영이라고도 한다. 이 투영법은 지구를 구체로 취급하며 가우스의 상사이중투영의 기초가 된 것이다. 식(1.5)에서 x, y에 대하여 등각조건을 대입하면 $\bar{x} = x$이고 $\bar{y} = R\ln[\tan(\frac{\pi}{4}+\frac{d}{2})] = R\ln[\tan(\frac{\pi}{4}+\frac{y}{2R})] \doteqdot y+\frac{y^3}{6R^2}$가 된다.

(3) 가우스상사 이중투영

가우스상사이중투영법(Gauss Conformal Double Projection)은 람베르트(Lambert J.H)의 횡원통투영법에서 지구를 구체로 취급하는 것을 가우스가 동일한 방법으로 회전타원체면상의 점을 구면에 등각 횡원통투영을 실시하고 다시 구체에서 평면으로 실시하는 투영방법으로 가우스상사이중투영이라 한다. 곡면인 지구의 표면을 지도로 표현하는 경우 거리와 면적을 모두 원형과 동일하게 투영하는 것은 불가능하므로 목적에 적합한 1개의 조건이 만족되도록 한다.

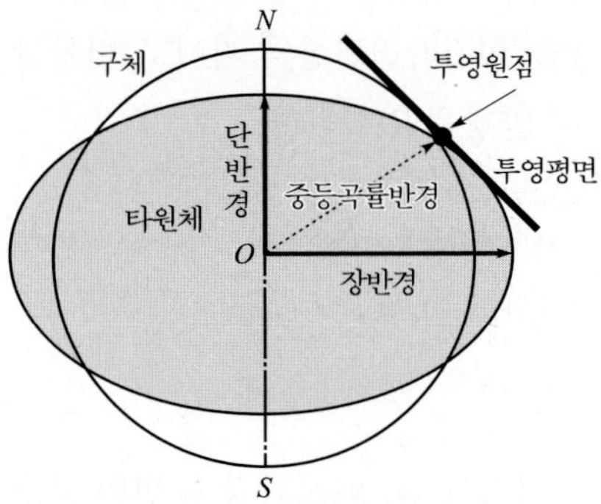

그림 1-28 가우스투영법의 원리

측량에서는 각이 중요하므로 모든 점에 대하여 거리와 면적에 다소의 차이가 있어도 각이 동일하게 되도록 투영하는 방법을 상사투영이라 한다. 그림 1-28과 같이 투영원점이 위치한 위도에서의 평균곡률반경을 적용한 가상구체를 매개로 타원체와 평면 사이에 두고, 타원체에서 구면으로 투영한 사상(寫像)을 다시 평면으로 투영하는 것이 특징이다. 횡축원통투영을 회전타원체에 적용시킨 최초의 투영방법으로 평가받고 있으며 오늘날 UTM좌표계에서 채택하고 있는 Gauss-Krüger투영법은 기준자오선상에서 축척이 동일하고 가우스-슈라이버 방법보다 정밀한 방법이며 세계적으로 대축척지도에 가장 많이 사용되고 있으며 현재 우리나라에서도 Gauss-Krüger투영법을 채택하고 있다.

1841년에 발표한 가우스상사이중투영법은 가우스의 상사투영이론을 슈라이버가 응용 · 발전시킨 방법과 횡축원통투영을 회전타원체에 적용시킨 방법으로 평가받고 있으며 독일 하노버일대의 측량에 적용되었다. 그러나 계산상 어려움이 많아 이를 보완한 것이 Gauss-Krüger 투영이고 현재 일본, 독일, 프랑스, 러시아의 지적측량 등에 적용되고 있다.

가우스상사이중투영법은 타원체 위의 상(像)을 구체 위로 투영한 다음 이를 다시 람베르트의 구면횡원통투영 공식을 적용하여 평면으로 옮기는 이중투영방법이다. 원점은 공통접점으로 2개의 자오선과 X축이 겹쳐 있는 것으로 기준자오선에서 절단된 타원체와 구면체의 관계는 그림 1-29와 같이 구면체의 O점에서 타원체면에 접하므로 O점에서의 중등곡률반경과 같다고 할 수 있다. 또한, 구면체와 기준자오선에서 접하는 원통면과의 관계는 그림 1-30과 같이 원통의 축 AB는 구면체의 중심 C를 지나고 원호 OPQ는 원통과 구면체가 접하는 선으로 중복되고 있으나 그 외의 점은 구면체에서 떨어져 있다. 구면체상의 점과 대응하는 원통면상의 점이 항상 중복되어 있는 원호 OPQ는 구체면에서는 기준자오선이며 원통면에서는 곡면에서 평면으로 된 때에 X축이 된다.

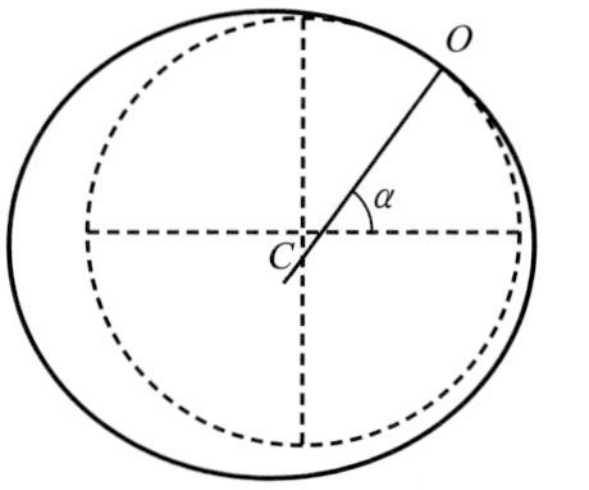

그림 1-29 타원과 구의 관계

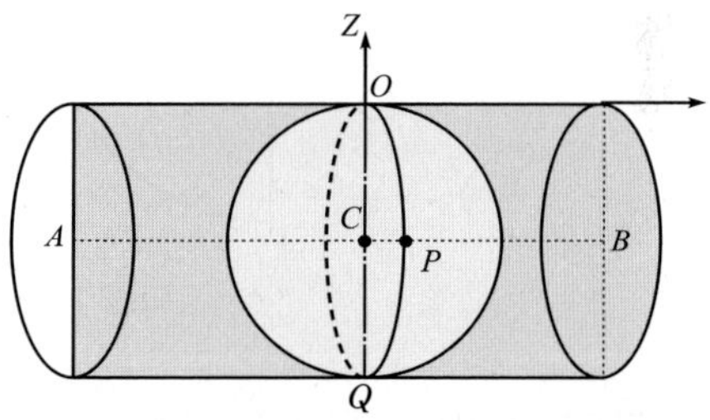

그림 1-30 기준자오선과 원통면의 관계

그림 1-31과 그림 1-32(a)에서 O의 평면은 가우스의 상사이중투영법에 의한 평면이며 원점에서의 축척계수(Scale Factor)가 $m_0=1$인 경우로서 가우스 상사투영법의 일반개념을 나타낸다. $m_0=1$인 경우는 원점에서 투영평면이 평균해면과 일치하며 그림 1-32(b)는 위에서 본 투영면으로 O평면이 가우스상사이중투영면이다.

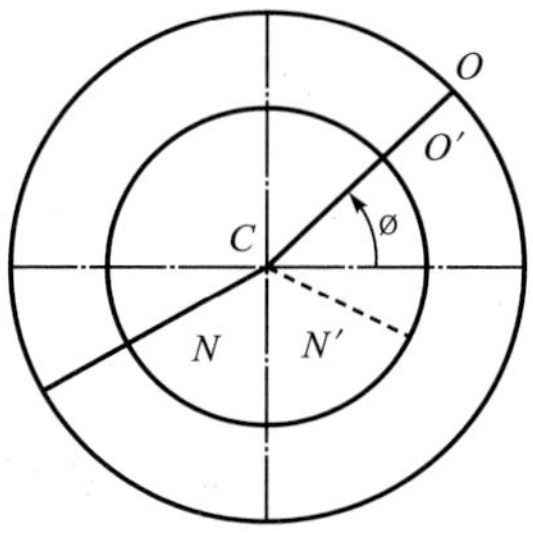

그림 1-31 원통면의 단면

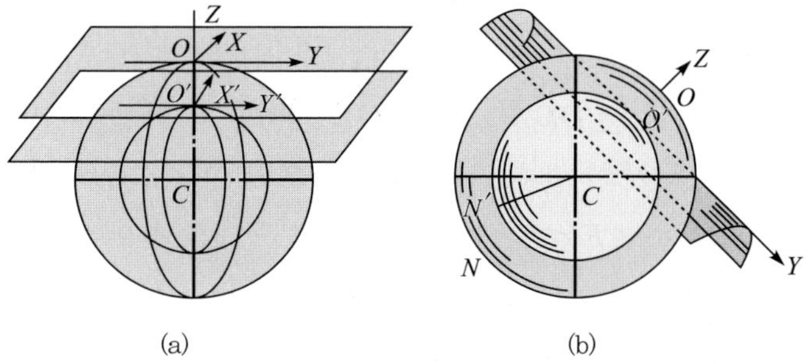

그림 1-32 평면 투영

(4) 구면에서 평면으로 상사투영

관측은 구면상에서의 각과 거리가 되며 구면상의 원자를 가지고 평면상의 좌표를 계산하는데 원자를 유도하여 평면상의 것으로 하여야 한다. 이 투영법에 의하여 구체에서 평면에 투영하는 것은 시점(Eye Point)을 구의 중심에 두고 구면상의 제원을 원통면에 투영하여 평면상에 전개하였을때 원통의 절선은 원점을 지나는 자오선이다.

그림 1-33에서 A, B, C를 원표면상에 있어서 서로 접근한 임의의 3점으로 하고 A', B', C'를 원표면에 대한 투영점으로 하면 그의 내각 α, β, γ는 상호 동일하고 $\frac{A'B'}{AB} = \frac{B'C'}{BC} = \frac{C'A'}{CA} = m$로 볼 수 있다.

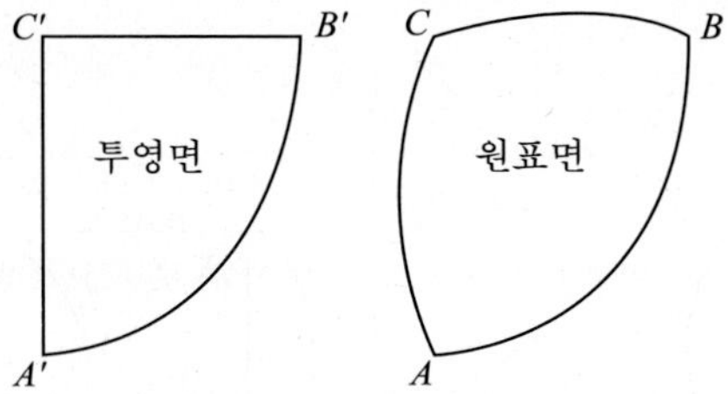

그림 1-33 원표면과 투영면

특히, 원표면을 반경 γ를 갖는 구표면, 투영표면을 평면으로 하고 3등 삼각점에서 상사투영법에 의한 구면과 평면직각좌표의 관계는 그림 1-34의 구면직각좌표(Spherical Rectangular Coordinates)에서 NN′를 원점(O)를 지나는 자오선으로 하고 N를 북극, N'를 남극 QQ'를 원자오선의 극으로 한다. 서로 인접하여 2개의 임의의 점 F 및 G를 지나는 자오선에 직교하는 대원을 $Q'FDQ$ 및 $Q'GEQ$로 하고 F점에서 NO의 원자오선에 평행하는 선을 FH로 한다. D점은 원자오선과 F점을 지나는 대원이 만나는 점이며 E점은 G를 지나는 대원이 원자오선과 만나는 점이 된다. 따라서 OD간의 거리는 ξ로, DE간 거리는 $d\xi$로 표시하고 DF간 거리는 η로, GH간 거리는 $d\eta$로 표시되므로 G점의 좌표는 $\xi+d\xi$, $\eta+d\eta$로 표시한다. 여기서 구면직각좌표의 성질상 $d\xi$는 DE를, $d\eta$는 HG를 의미한다. 이것을 평면상에 상사투영하면 그림 1-35와 같이 구면상 OE인 원자오선은 평면상 $O'E'$인 직선에, 구면상 DE는 평면상 $D'E'$로 되어 원도형과 상등하고 F는 F'에, G는 G'에 투영되는 것으로 볼때 상사의 성질에 의하여 $D'F'$와 $E'G'$는 평행하며 공통으로 $D'E'$ 선에 직교하는 직선으로 된다. 따라서 평면직각좌표에서 $O'D'$는 F'점의 종선으로서 이것을 x로 표시하고 $D'F'$는 그의 횡선으로서 이것을 y로 표시할 때 G'점의 평면직각좌표는 $x+dx$, $y+dy$로 된다. 단 dx는 $D'E'$를, dy는 $H'G'$를 의미한다. H'는

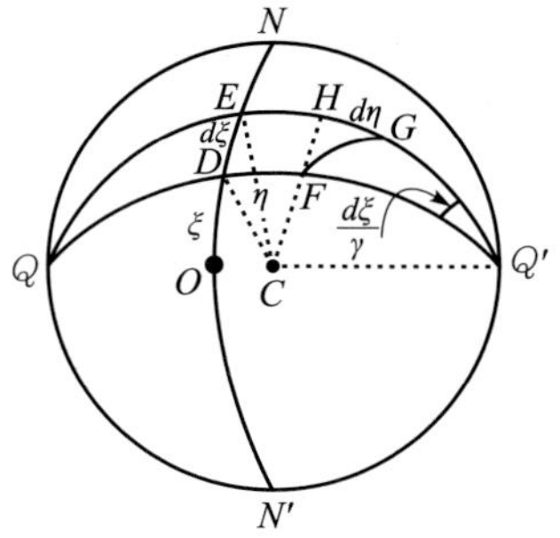

그림 1-34 구면직각좌표

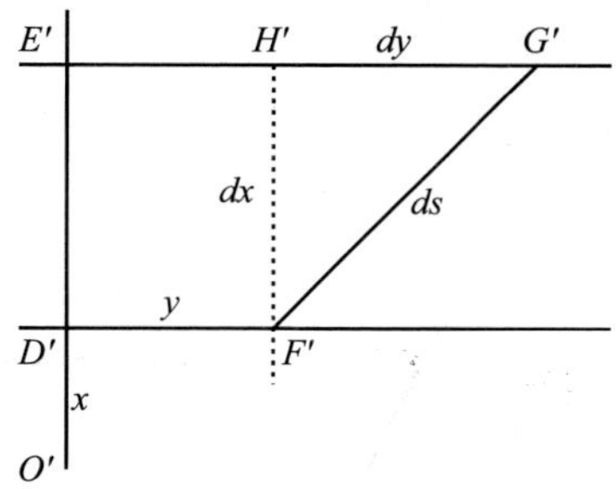

그림 1-35 평면상의 상사 투영

F'를 지나 $O'E'$에 평행하는 직선이 $E'G'$ 직선과 교차하는 1점이다.

구면직각좌표에 있어서 $OE = OD + d\varepsilon$, 평면직각좌표에 있어서 $O'E' = O'D' + dx$이며 양자는 서로 같고 $OD = O'D'$이므로 $d\xi = dx$, $x = \xi$이다. 즉, 두 좌표에서 종선은 투영으로 영향이 미치는 것이 없고 항상 서로 같다. 그러나 $D'F' = y$는 $DF = \eta$와 같지 않으므로 그의 투영본래의 성질인 미소한 $F'G'H'$는 원도형 FGH에 상사이므로 어떤 변화를 받는다. 즉 두 개의 삼각형에서 $\dfrac{F'H'}{FH} = \dfrac{H'G'}{HG} = m$을 만족하며 $\dfrac{dx}{FH} = \dfrac{dy}{d\eta} = m$가 된다.

여기서, FH인 직선을 고려하여 우측 그림의 C를 중심, $\widehat{QEQ'}$를 대원으로 한 반원을 그리면

$$\cos\alpha = \frac{\gamma'}{\gamma} \quad \alpha = \frac{\eta}{\gamma}$$

$$\therefore \gamma' = \gamma\cos\alpha = \gamma\cos\frac{\eta}{\gamma}$$

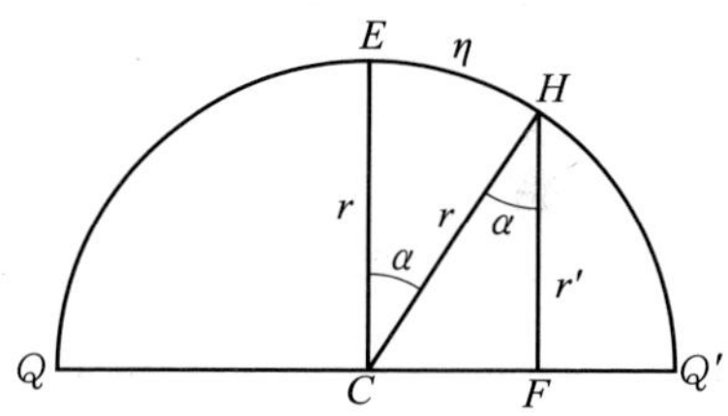

γ'는 작은 원의 반경으로

$$FH = \gamma' \times \angle DCE = \gamma'\frac{d\epsilon}{\gamma} = \gamma\cos\frac{\eta}{\gamma} \times \frac{dx}{\gamma} = dx \cdot \cos\frac{\eta}{\gamma}$$

그러므로 $m = \dfrac{dx}{dx\cos\dfrac{\eta}{\gamma}} = \dfrac{1}{\cos\dfrac{\eta}{\gamma}} = \dfrac{dy}{d\eta}$ (1.7)

또는 근사값으로 $\cos\dfrac{\eta}{\gamma} = 1 - 2\sin^2\dfrac{\eta}{2\gamma} \fallingdotseq 1 - 2 \times (\dfrac{\eta}{2\gamma})^2 = 1 - \dfrac{\eta^2}{2\gamma^2}$이다.

따라서 $1 : \cos\dfrac{\eta}{\gamma} = (1 - \dfrac{\eta^2}{2\gamma^2})^1 = 1 + \dfrac{\eta^2}{2\gamma^2}$

그러므로 식(1.7)을 정리하면

$$dy = (1+\frac{\eta^2}{2\gamma^2})d\eta \tag{1.8}$$

식(1.8)을 적분하면 $y = \int d\eta + \int \frac{\eta^2}{2\gamma^2}d\eta \ = \eta + \frac{1}{2\gamma^2} \cdot \frac{\eta^3}{3} + C$

$y = 0$일 때 $\eta = 0$에서 C = 0가 되므로

$$y = \eta + \frac{\eta^3}{6\gamma^2} \tag{1.9}$$

$$m = \frac{dy}{d\eta} = \frac{1}{\cos\frac{\eta}{\gamma}} = 1 + \frac{\eta^2}{2\gamma^2} = 1 + \frac{y^2}{2\gamma^2} \text{ 또는 } \frac{1}{m} = 1 - \frac{\eta^2}{2\gamma^2} \fallingdotseq 1 - \frac{y^2}{2\gamma^2} \tag{1.10}$$

식(1.8), (1.9), (1.10)은 구면과 평면의 2개의 표면에서 상사투영의 근사식이다.

1.4.5 우리나라 투영법

국가규모 측지기준망의 설치는 측지원점과 원방위각을 설치한 후 기선측량과 삼각측량을 실시하며 필요에 따라 라플라스점(Laplace Station)에서 방위각을 보정하여 정밀한 타원체상의 경위도좌표를 결정하는 방법으로 진행한다. 평면직각좌표는 투영원점을 기준으로 경위도좌표를 일정한 투영법을 적용하여 계산한다. 투영원점은 투영계산시 좌표계의 원점이 되는 점으로 1회 투영으로 전국을 해결할 수 있는 국가에서는 측지원점과 동일한 점을 사용할 수 있고 우리나라와 같이 가상의 점을 이용할 수도 있다. 측지원점은 천문측량에 의하여 지구상 위치를 경위도로 결정한 관측점으로 지구타원체의 법선과 지오이드의 법선이 일치하여 연직선편차가 없다.

천문경위도와 측지경위도의 불일치로 발생하는 연직선편차는 측량오차가 누적되는 원인이 된다. 1910년대 토지조사사업 당시 측지기준망은 삼각측량방법으로 설치하였으며 삼각망의 구성은 동경을 원점으로 하는 일본의 대삼각망을 한반도까지 확장하였다. 따라서 우리나라에는 지도투영을 위한 평면직각좌표계인 투영원점은 있지만 측지측량의 기준이 되는 측지원점은 설치되지 않았다.

우리나라의 대삼각측량은 독일의 베셀(Friedrich W. Bessel)이 계산한 지구타원체를 준거타원체로 채택하고 평면직각좌표의 계산은 독일의 수학자이며 측지학자, 천문학자인 가우스(Carl Friedrich Gauss)가 소개하고 슈라이버(Oskar Schreiber)가 개선한 가우스상사이중투영법을 적용하여 모든 삼각점의 평면직각좌표를 계산하였다. 또한, 원점에서 멀어 질수록 정확도가 낮으며 원점에서의 축척계수가 1이라함은 원점에서 투영평면이 평균해면과 일치함을 의미한다. 회전타원체에서 구체에 등각투영함에 있어서 지구전체를 구에 투영하는 경우는 위도만 변하므로 소

축척지도에 사용되고 지구의 일부를 구에 투영하는 경우는 국부적인 대축척도나 측량에 사용되며 위도와 경도가 변환된다. 동일한 정확도의 축척으로 국가 기본도와 지형도를 작성하기 위한 것으로 투영법은 지구가 구면이므로 지구표면의 일부를 평면에 투영하여 표시하는 것이지만 우리나라의 국가기본도와 1975년 시작된 정밀1차 기준점측량과 1986년 시작된 정밀2차 기준점측량에서는 가우스-크뤼거투영법을 사용하였다.

따라서 가우스상사 이중투영법과 가우스-크뤼거투영에 의한 상이점이 노출되어 두 투영법에 의한 문제점이 발생하고 있다. 가우스 상사이중투영에 의한 삼각점 좌표계산은 좌표원점에서 1회 시행되었으며, 계산된 좌표원점을 이용하여 인접하고 있는 삼각점의 좌표를 계산하였으므로 계산상의 오차도 많이 포함하게 되었다.

(1) 원점투영

우리나라의 원점은 동경 124°~130° 범위를 북위 38°상에서 경도 2°씩 3등분하여 3개의 구역으로 구분하였으며 동경 125°를 기준으로 동쪽으로 2°씩 이동하면서 중앙자오선을 결정하고 북위 38°선과의 교점을 원점으로 평면직각좌표상에 투영하였다. 또한 북위 38°와 동경 125°, 127°, 129°의 교차점을 가상원점으로 하여 각 원점에서 2°40′의 영역을 지정하여 원점의 동쪽과 서쪽으로 각각 20′씩 중복되게 투영하였다. 특정된 평면은 확정된 원점을 지나는 구체의 기준 자오선에 접하는 원통면으로 하고 원통의 표면을 원점의 남과 북으로 모선(母線)을 연장하여 절단하고 이 절단부를 호상의 접선이 직선이 될 때까지 늘려서 곡선을 평면상으로 투영하는데 지구타원체와 구체는 한 점에 접한다. 구체와 그 평면은 공통의 원점을 가지며 선에 접하는 것으로 원점은 3개의 공통 접점이며 2개의 자오선과 *X*축은 겹쳐 있게 되며 원점에서의 축척계수는 1이다. 축척계수 = 투영평면상거리/기준면상거리, 원점에서 멀어질수록 정확도가 낮아지며 횡원통투영법을 평면직각좌표(Plane Rectangular Coordinates)로 투영하는 방법은 준거타원체면에서 직접 평면에 투영하여 준거타원체면상의 도형과 대응하는 평면상의 도형과는 상사가 되도록 한다. 그림 1-36과 같이 평면상과 준거타원체면상과의 상응하는 점간의 길이의 차를 1/10,000 이하가 되도록 투영지역을 정하고 원점을 3개(경도 2°마다 원점을 설치)로 설정한다. 원점을 지나는 자오선을 평면직각좌표계의 *X*축으로 하고 원점을 지나 *X*축에 직각인 직선을 *Y*축으로 한다.

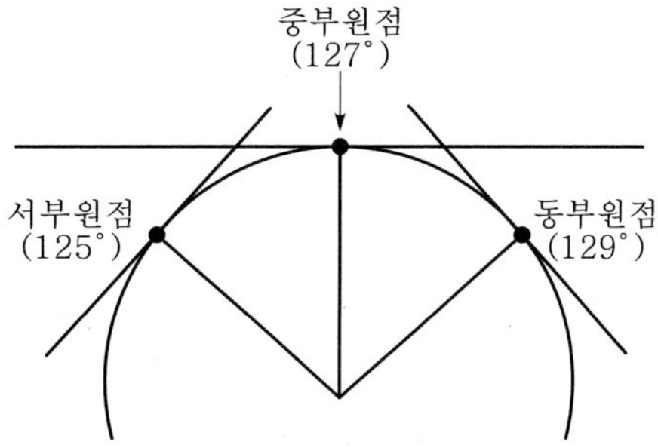

그림 1-36 횡원통투영

우리나라의 삼각점을 평면직각좌표로 투영하는 원리는 그림 1-37과 같이 지구를 구로 취급하고 투영원점을 지나는 자오선에 접하여 원통을 옆으로 덮어씌운 후 지구상의 점을 원통위에 투영시켜 전개한 것이 평면직각좌표이다. 그림 1-37(a)와 같이 지구상의 *A*, *B*가 원통상 *A′*, *B′* 에 투영할 경우 *A′ B′* 는 *AB*보다 크게 나타난다. 즉, 평면에 투영된 점간의 길이가 항상 길고 원점을 통하는 자오선에서 멀어질수록 길이의 증대율은 크게 된다. 따라서 원통을 펼치면 평면으로 되고 *A′*, *B′* 는 평면상에 투영된 점으로 우리나라 삼각점의 평면직각좌표계에서 사용하였다.

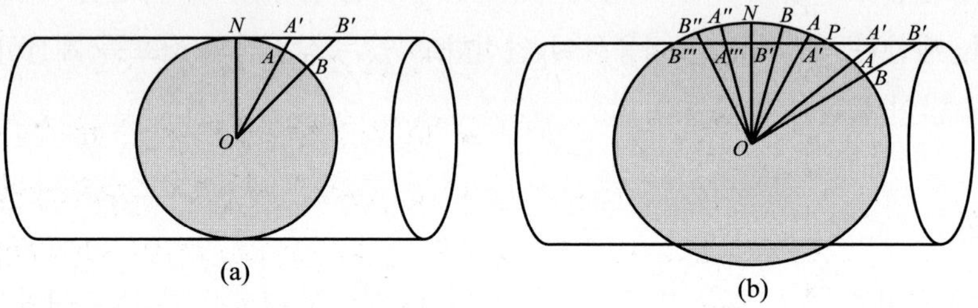

그림 1-37 투영의 원리

그림 1-37(b)와 같이 원통을 조금 축소한 경우를 보면 *P*점과 *N*점과의 사이에 있는 항상 *AB*가 *A′ B′* 보다 크게 나타나고 *P*점에서는 $\widehat{AB'}$ =*A′ B′* , *P*점의 외측에서는 증대함을 알 수 있다. 또한, 축척을 1/10,000로 원통을 축소하면 원점을 통하는 자오선 부근의 *N*점에서는 평면상의 거리가 1/10,000으로 축소하고 *N*점에서 약 90km인 *P*점에서는 평면상과 구면상의 거리가 같고 위치오차가 0이면 축척계수는 $\frac{\text{평면거리}}{\text{구면거리}} = 1$, *P*점에서 바깥쪽으로 약 40km지점이 되고 *N*점에서 약 130km인 지점에서는 1/10,000 증가하는데 위치오차가 1/10,000이면 $\frac{\text{평면거리}}{\text{구면거리}} =$ 1.0001에서 0.9999를 곱하여 1/10,000로 축소한다면 1/10,000의 투영오차의 범위가 동서 각각 130km까지 영향을 미치며, 1/10,000의 오차를 무시할 정도의 축척에서는 원점에서 동서 각각 약 130km까지는 투영오차를 무시하여 투영 평면상에서 계산할 수 있다. 그러나 1/10,000 이상의 정도를 필요로 할 때는 축척계수를 타원체상의 거리에 곱하면 투영평면상의 길이를 계산할 수 있고 투영평면상의 길이를 축척계수로 나누면 타원체면상의 정확한 거리를 계산할 수 있다.

(2) 타원체에서 구체에 투영

회전타원체의 등장위도(Isometric Latitude)와 경도를 *B*.*L*, 구의 등장위도와 경도를 *b*, *l*로 하고 회전타원체면에서 구면상에 등각투영할 때 회전타원체의 자오선 및 평행권이 구의 자오선 및 평행권에 대응하고 상대하는 기준자오선상에서 $L = L_o$, 및 $I = 0$로 하면 식(1.11)이 성립된다.

$$b+i\ell = \alpha[B+i(L-L_o)]+a \quad (1.11)$$

여기서, α와 a는 일정의 실수이며

$$b = \alpha B+a$$
$$\ell = \alpha(L-L_o) \quad (1.12)$$

그림 1-38은 회전타원체면상의 미소한 dS를 구면상에 투영한 경우를 나타내는 것으로 그림 1-38의 (a)는 구의 반경, (b)는 구면상의 위도이며 이 투영은 등각투영이므로 축척계수 m는 선에 대응하는 각 성분과 같다.

$$m = \frac{dS'}{dS} = \frac{Adb}{MdB} = \frac{A\cdot\cos bd\ell}{N\cdot\cos BdL} \quad (1.13)$$

식(1.12)로부터 $d\ell = \alpha dL$이므로

$$m = \alpha\frac{A\cdot\cos b}{N\cdot\cos B} \quad (1.14)$$

여기서, 정수 α, a 및 A를 결정한다.

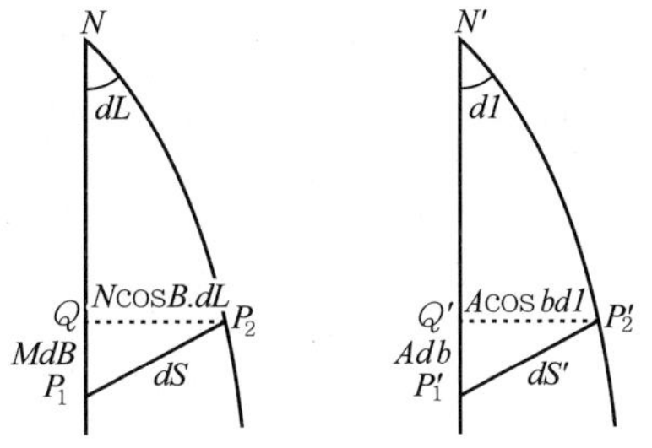

(a) 회전 타원체 (b) 구

그림 1-38 타원체와 구의 관계

투영하고자 하는 범위의 중심부에 원점을 잡고 그의 원점의 위도 0를 B_o로 하고 원점상을 기준자오선이 지나는 것으로 한다. 또한, 대응하는 구면상의 원점의 위도를 b_o로 한다. 이때 식(1.14)의 축척계수 m이 원점 부근에서 1이 되도록 다음 3개의 조건을 설정한다.

원점 p_o에 있어서

$$m = 1 \tag{1.15}$$

$$\frac{dm}{db} = 0 \tag{1.16}$$

$$\frac{d^2m}{db^2} = 0 \tag{1.17}$$

식(1.15)의 조건은 식(1.14)로부터

$$A \cos b_o = \frac{1}{a} N_o \cos B_o \tag{1.18}$$

$\frac{dm}{db}$을 식(1.14)로부터 계산하는데 식(1.13)을 고려하면

$$\frac{dm}{db} = -\alpha \frac{A\sin b}{N\cos B} + \alpha \frac{A\cos b}{(N\cos B)^2} M\sin B \cdot \frac{dB}{db}$$

$$= -m\tan b + m\frac{M\sin B}{N\cos B} \cdot \frac{N\cos B}{M\cos B} \cdot \frac{1}{\alpha} = -\frac{m}{\cos b}(\sin b - \frac{1}{\alpha}\sin B) \tag{1.19}$$

에서 식(1.16)으로부터

$$\sin b_o = \frac{1}{\alpha} \sin B_o \tag{1.20}$$

식(1.19)로부터 $\frac{d^2m}{db^2}$을 계산하면

$$\frac{d^2m}{db^2} = -(\frac{dm}{db} \cdot \frac{1}{\cos b} + m\frac{\sin b}{\cos^2 b})(\sin b - \frac{1}{\alpha}\sin B) - \frac{m}{\cos b}(\cos b - \frac{1}{\alpha}\cos B \cdot \frac{dB}{db})$$

$$= \frac{1}{m}(\frac{dm}{db})^2 + \frac{\sin b}{\cos b}(\frac{dm}{db}) - \frac{m}{\cos b}(\cos b - \frac{1}{\alpha^2} \cdot \frac{N\cos^2 B}{M\cos b}) \tag{1.21}$$

원점 P_o에서 식(1.16) 및 식(1.17)로부터

$$\frac{dm}{db} = 0 \text{ 및 } \frac{d^2m}{db^2} = 0 \text{ 이므로 } \cos b_o = \frac{1}{\alpha}\sqrt{\frac{N_o}{M_o}}\cos B_o \tag{1.22}$$

식(1.18), (1.20) 및 (1.22)를 정리하면

$$A \cos b_o = \frac{1}{\alpha}\sqrt{\frac{N_o}{M_o}}\cos B_o$$

$$\sin b_o = \frac{1}{\alpha}\sin B_o$$

$$\cos b_o = \frac{1}{\alpha}\sqrt{\frac{N_o}{M_o}}\cos B_o \tag{1.23}$$

식(1.23)에서 정수 A, α 및 b_o가 결정되며 식(1.23)의 제1식과 제3식으로부터 구의 반경은 식(1.24)가 된다.

$$A = \sqrt{M_o N_o} = \frac{a\sqrt{1-e^2}}{1-e^2\sin^2 B_o} \tag{1.24}$$

원점 p_o는 평균곡률반경과 같고 식(1.23)의 제2식과 제3식으로부터

$$\alpha^2 = \sin^2 B_o + \frac{N_o}{M_o}\cos^2 B_o = \sin^2 B_o + (1+e'^2\cos^2 B_o)\cos^2 B_o = 1+e'^2\cos^4 B_o \tag{1.25}$$

b_o는 식(1.23)의 제2식으로부터

$$b_o = \sin^{-1}\left(\frac{1}{\alpha}\sin B_o\right) \tag{1.26}$$

식(1.24), (1.25) 및 (1.26)가 원점의 위도 B_o가 주어질 때 투영하는 구의 반경 A, 정수 α 및 구상의 원점의 위도 b_o를 구하는 식이다. 역으로 구체상의 원점의 위도 b_o가 주어져 있는 경우에는 식(1.11)의 제2식으로부터

$$\cos^4 B_o = (1-\alpha^2\sin^2 b_o)^2 \tag{1.27}$$

식(1.27)로부터 $\cos^4 B_o = \dfrac{\alpha^2-1}{e'^2}$ (1.28)

식(1.27)과 (1.28)로부터 $\cos^4 B_o$를 소거하면

$e'^2\sin^4 b_o \cdot \alpha^4-(2e'^2\sin^2 b_o+1)\alpha^2+(e'^2+1)=0$로 되며

식(1.28)을 정리하면

$$\alpha^2 = \frac{2e'^2\sin^2 b_o + 1- \sqrt{1+e' 2\sin^2 2b_o}}{2e'^2\sin^4 b_o} \tag{1.29}$$

이렇게 구한 α로부터 Bo는 식(1.23)의 제2식에서

$$B_o = \sin^{-1}(\alpha\sin b_o) \tag{1.30}$$

로 되고 A는 식(1.24)에서 계산되며 정수 a는 식(1.12)로부터

$a = b_o-\alpha B_o$로 구한다. (1.31)

일반적으로 $a = -\ln k$로 하면

$$k = \frac{\tan(\frac{\pi}{4} + \frac{B_o}{2})(\frac{1-e\sin B_o}{1+e\sin B_o})^{\frac{e}{2}}}{\tan(\frac{\pi}{4} + \frac{b_o}{2})} \tag{1.32}$$

이상으로 구한 정수 A, α, a 혹은 k를 알고 회전타원체상의 점 $P(B.L)$는 식(1.11), 식(1.13)으로부터 구체상의 점 $p'(b,1)$에 다음과 같이 투영식으로 계산한다.

$$b = 2\tan^{-1}[\frac{1}{k}\tan\alpha(\frac{\pi}{4} + \frac{B}{2})(\frac{1-e\sin B}{1+e\sin B})^{\frac{\alpha e}{2}}] - \frac{\pi}{2} \tag{1.33}$$

$$\ell = \alpha(L-L_o) \tag{1.34}$$

(3) 구면에서 평면투영

그림 1-39에서 점 P_1'는 점 P'를 지나는 대원으로서 구면상의 원점 P_o'를 지나는 기준자오선과 수직으로 교차되는 교점이다. 구면삼각형 N', P_1', P'에 대하여 다음과 같이 성립한다.

$$\cos b = \frac{\sin y}{\sin \ell}$$

$$\sin b = \sin(b_o + x)\cos y$$

$$\cos b \cos \ell = \cos y \cos(b_o + x)$$

이므로 x 및 y는 다음과 같이 계산할 수 있다.

$$x = \tan^{-1}(\frac{\tan b}{\tan \ell}) - b_o \tag{1.35}$$

$$y = \sin^{-1}(\cos b \sin \ell) \tag{1.36}$$

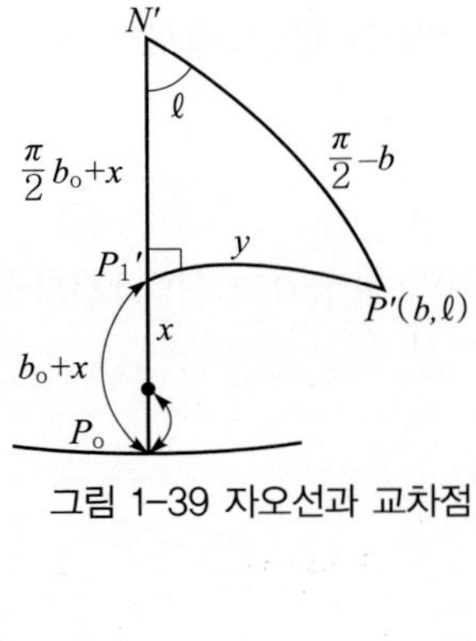

그림 1-39 자오선과 교차점

(4) 구면직각좌표와 평면직각좌표의 관계

구면에서 평면상에 투영하는 데는 먼저 양면에 있어서의 직각종횡선의 관계를 구하고 다음 평면직각종횡선 X, Y의 함수로서 거리의 보정 s/R 및 방향각 보정 $u-t$의 산식을 구해야 한다. 그림 1-40에서 NOS를 구면상에서의 원자오선으로 하고 0를 원점으로 한다.

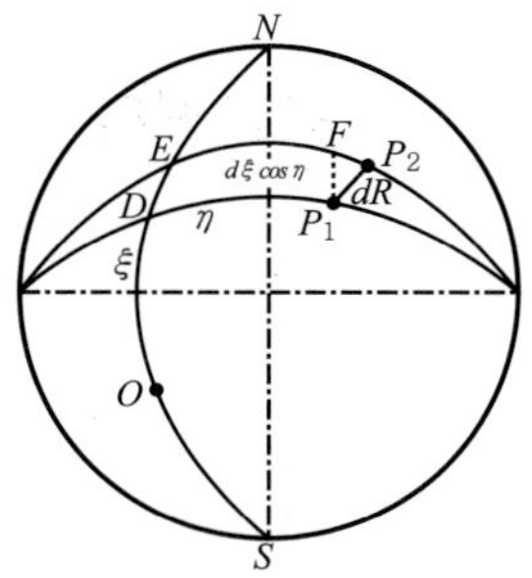

그림 1-40 구면직각좌표

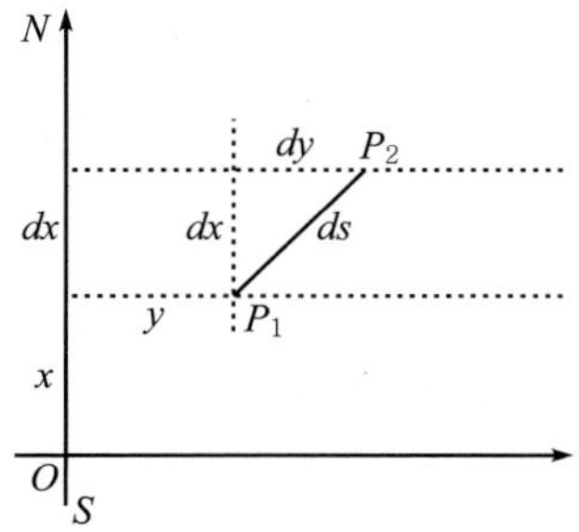

그림 1-41 평면직각좌표

P_1P_2를 매우 근접한 2점으로 가정하고 그의 거리를 dr로 하면

$$OD=\xi,\ DP_1=EF=\eta,\ FP_2=d\eta$$
$$P_1F=d\xi\cos\eta,\ DE=d\xi$$

미분삼각형 $P_1\ P_2F$에서 거리의 미분 dr은 식(1.37)과 같다.

$$dr^2=d\eta^2+\cos^2\eta d\xi^2 \tag{1.37}$$

그림 1-41에서 OP_1OP_2는 구면상의 OP_1P_2를 평면상에 투영한 점이며 미분삼각형 OP_1P_2F에서의 거리의 미분 ds는 식(1.38)과 같다.

$$ds^2=dx^2+dy^2 \tag{1.38}$$

m를 ds의 dr에 대한 증대율로 하면

$$m^2=\frac{dx^2}{dr^2}=\frac{dx^2+dy^2}{\cos^2\xi\cdot d\xi^2+d\eta^2} \tag{1.39}$$

$$m^2\cos^2\eta=\frac{dx^2+dy^2}{d\xi^2+\dfrac{d\eta^2}{\cos^2\eta}}=\frac{(dx+idy)(dx-idy)}{(d\xi+i\dfrac{d\eta}{\cos\eta})(d\xi-i\dfrac{d\eta}{\cos\eta})}=\frac{(dx+idy)(dx-idy)}{d(\xi+i\int\dfrac{d\eta}{\cos\eta})d(\xi-i\int\dfrac{d\eta}{\cos\eta})} \tag{1.40}$$

식(1.40)에서 $x + iy = f(\xi + i\int \frac{d\eta}{\cos\eta})$

$$x - iy = f(\xi - i\int \frac{d\eta}{\cos\eta}) \tag{1.41}$$

f는 함수형 일반을 나타내는 것으로 $f = 1$로 가정하면 식(1.42)와 같다.

$$X = \xi \qquad Y = \int \frac{d\eta}{\cos\eta} \tag{1.42}$$

즉, 평면상의 X는 구면상의 ξ와 그의 길이가 같다. 식(1.42)를 적분하면

$$Y = \log\tan(45° + \frac{y}{2}) = y + \frac{y^3}{6} + \frac{y^5}{24} + \cdots \tag{1.43}$$

즉, 식(1.35) 및 식(1.36)의 구면상의 좌표 x, y는 평면상의 좌표에 등각 투영된다.

$$X = Ax \tag{1.44}$$

$$Y = A\ \ln\tan(\frac{\pi}{4} + \frac{y}{2}) \tag{1.45}$$

그림 1-42에서 P점을 지나는 대원이 기준자오선과 만나는 점을 F라 하면 구면상 $PF = y$가 평면직각좌표의 y값에 해당하며 구면상 $PO' = x$가 평면직각좌표의 x에 해당한다.

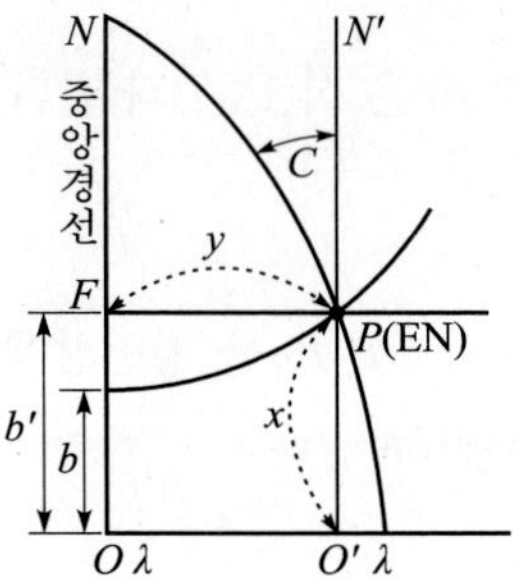

그림 1-42 대원과 기준자오선

(5) 증대율

가우스투영식은 상사투영법이므로 미분삼각형 P_1P_2F와 p_1p_2f에 대응하는 변의 비는 서로 같아야 한다. 즉, $\frac{FP_1}{fp_1} = \frac{FP_2}{fp_2} = \frac{P_1P_2}{p_1p_2} = \frac{1}{m}$

$$\therefore \frac{d\xi\cos\eta}{dx} = \frac{d\eta}{dy} = \frac{dr}{ds} = \frac{1}{m} \tag{1.46}$$

특히, $dx = d\xi$, $dy = \dfrac{d\eta}{\cos\eta}$이므로

$$m = \frac{ds}{dr} = \frac{1}{\cos\eta} \tag{1.47}$$

그러므로 $\dfrac{1}{\cos\eta} = [1-(\dfrac{\eta^2}{2}-\dfrac{\eta^4}{24}\times\dfrac{\eta^6}{720}+\cdots)]-1$

$$= 1+(\frac{\eta^2}{2}-\frac{\eta^4}{24}\times\frac{\eta^6}{720}+\cdots)+(\frac{\eta^4}{4}-\frac{\eta^6}{24}+\cdots)+(\frac{\eta^6}{8}+\cdots)$$

$$\therefore m = 1+\frac{\eta^2}{2}+\frac{5}{24}\eta^4+\frac{61}{720}\eta^6+\cdots \tag{1.48}$$

단 η는 반경을 1로 한 호장이다. 식(1.48)과 식(1.42), (1.43)과 같이 구면에서 평면에 투영함으로 중대율 m는 종선 ξ에는 관계가 없고 횡선 η가 증대함(원점에서 동서로 떨어짐)에 따라 차차로 증대됨을 알 수 있다.

1.4.6 횡메르카토르 투영법

1912년 가우스크뤼거(Gauss Krüger)가 회전타원면에서 직접 평면에 투영하는 횡축등각원통투영법을 발표한 것으로 횡메르카토르 투영법(Transverse Mercator Projection)을 말한다. 또한, 회전타원체에서 직접 평면에 횡축등각 원통투영법으로 투영하는 것으로 이중투영에서는 투영중심에서 떨어짐에 따라 중앙경선상에서도 선 확대율이 다르므로 지도상의 종축과 그것에 평행한 방향에서는 선 확대율을 일정하도록 하기 위해 회전타원면에서 직접평면에 등각투영을 실시한다.

1822년 처음 발표한 가우스상사투영법과 유사하여 가우스-크뤼거 투영법이라 하였으며 Krüger가 Postdam측지연구 보고서에 "타원체면의 평면에서의 등각사상"을 최초로 발표하고 1917년 측량계산법을 개선하였다. 1929년 독일의 전 국토에 채용된 이래 많은 국가에서 대 · 중축척의 지도나 측량좌표계용의 투영법으로 사용하고 있다. 원통이 지구타원체와 접할 때 표준선은 경선을 따라 나타나는데 이 표준경선은 지도의 중앙에 위치하게 된다.

미국과 영국에서는 측량과 군사적 목적에 널리 사용하고 있으며 가우스크루거 투영이나 기본지형도의 UTM투영(Universal Transverse Mercator Projection)은 이 투영법에 기초한 것이다. 1951년 이후 일본의 새로운 평면직각좌표계에서 채택된 것으로 중앙 경선상의 선 확대율(mo)은 0.9999로서 종축에서 약 90km 떨어진 곳에서 1이 되며, UTM좌표계에서 채택한 것은 중앙경선

상의 선 확대율(mo)이 0.9996으로서 종축에서 약 180km 떨어진 곳에서 1이 된다.

가우스 투영법의 특징은 첫째, 평면좌표의 *X*축에 1개의 차오선 즉, 주자오선의 투영이며, 또한 그 주자오선은 등거리투영이다. 둘째, 투영은 등각사상(투영)으로 원점을 적도상에 놓고 중앙경도선을 *Y*축, 적도를 *X*축으로 한 투영으로 중앙경도선으로부터 넓지 않은 범위에 한정하여 사용한다. 넓은 지역에 대해 지구를 분할하고 지구에 중앙경도선을 설정하여 투영하면 원점에서 축척계수는 0.9996이다. 원통투영의 일종으로 선박의 항해용 지도제작에 많이 이용되며 동서로 넓은 지역에서는 기준자오선을 적당한 간격마다 순차적으로 겹치지 않도록 할 수 있다. 동일한 정확도의 축척으로 국가 기본도와 지형도를 작성하기 위한 것이지만 지구가 구면이므로 지구표면의 일부를 평면에 투영하여 표시하는 것이다. 우리나라의 경우는 토지조사사업 당시 지적도 및 지형도를 가우스상사이중투영법을 이용하여 제작하였으며 1/25,000과 1/5,000의 지형도는 Gauss-Krüger 투영법을 사용하였다. 1910년대 토지조사사업 당시에는 가우스-슈라이법에 의해 계산하였으며 현재는 세계적으로 가우스 크루거법을 많이 사용하고 있다.

경위도좌표에서 평면직각좌표로의 좌표계산은 수학식에 의하며 그 반대로 평면직각좌표에서 경위도좌표로의 계산도 수학식에 의한다. Gauss Krüger투영법은 가우스 등각투영법에 해당하나 직접 평면에 투영되므로 원점에서의 증대율이 0.9999로 가우스상사이중투영법의 mo = 1과는 차이가 있다. 일반적으로 투영면을 정할 경우 원점의 경도와 위도 및 증대율의 값에 따라 표현한다. 이 원점에서의 증대율(mo)값에 따라 투영면이 지구상의 평균해면에 접하거나 평균해면 아래로 내려가거나 또는 일정한 표고를 갖는 지구상의 점에서 투영면을 결정한다.

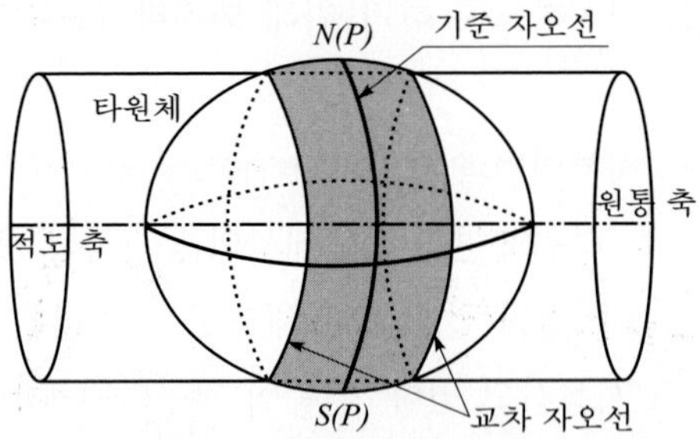

그림 1-43 TM 투영방법

원통의 축이 적도면 상에 있으면서 지구타원체 중심을 지나도록 하며, 원통의 표면이 임의의 경선과 접하거나, 어떤 경선을 남북 중심선으로 하여 지구타원체를 자르고 지나가도록 배치한 후 투영하는 방법이다. 축척은 직선으로 나타나는 이 중앙경선에서 1:1로 정확하고, 동서방향으로 멀어질수록 왜곡이 심하게 발생하므로 남북으로 길게 펼쳐진 지역에 주로 사용된다. 원통이 지구타원체를 자를 때, 원통과 지구타원체의 교선으로 표준경선 상에서는 선증대율(Scale Factor)은 1이며 표준경선 내부 지역에서는 선증대율이 1보다 작다.

원통을 펼쳐 평면으로 전개하였을 때 자오선과 평행선 모두 복합곡선으로 나타나며, 중앙경선에 대칭인 모습이다. 특정지역에 대한 TM 투영을 유일하게 정의하기 위해서는 (원점의 ***Eo***, ***No***, 원점의 λ_0, $\varnothing_0$ 중앙경선의 선증대율) 5개 인자가 결정되어야 한다. 투영법에서는 기준자오선을 ***X***축으로 한 투영면상으로 극 ***P***는 원점(***O***)으로부터 실제거리로 설정된 ***X***축상의 점***P***로 투영되고 임의의 자오선 투영은 반드시 ***P***점을 통과하며 자오선과 직교하는 평행권은 투영면상에서도 직교한다. 따라서 전체 경선은 점***P***로 수렴하는 곡선이고, 위선은 그것과 직교해서 퍼지는 곡선으로 투영된다. 이 때 ***A***점에서 ***A***를 통과하는 자오선이 ***X***축과 평행한 종선과 이루는 각(γ)을 자오선 수렴각(Meridian Convergence)이라하고, 종횡선을 기준으로 측정한 자오선의 방향각을 진북방향각(True Bearing)이라하며 진북방향각의 절대값은 자오선 수차와 동일하다.

횡단메르카토르 좌표계(Transverse Mercator, TM)는 임의의 지역에 대한 기준 지점을 좌표 원점으로 정하고 원점을 중심으로 TM투영한 평면상에서 원점을 지나는 자오선을 ***X***축, 동서방향의 위도선을 ***Y***축으로 하여 각 지점의 위치를 미터단위의 평면직각좌표계로 표시한다. 투영범위는 중앙경선에서 경도가 작은 범위(경도 2°)로 한정하고 동서로 넓은 지역에 대하여는 몇 개의 지구로 분할하여 지구마다 중앙선을 설치하여 투영한다.

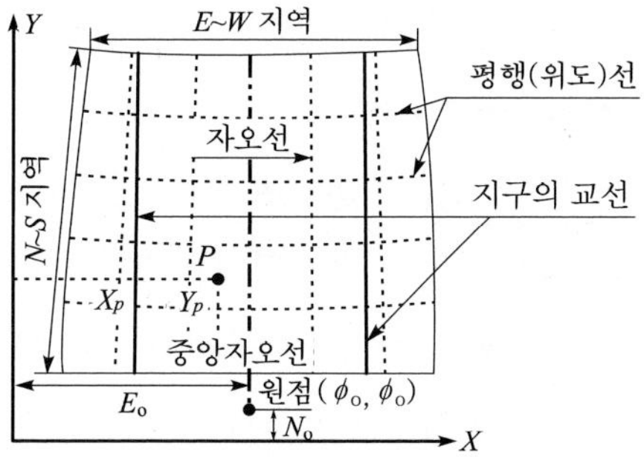

그림 1-44 TM 투영

또한, 지구내의 선왜곡의 값을 평균하기 위하여 중앙경선상을 실제의 길이보다 적게 투영하는 경우가 많으며 투영식은 타원체에서 평면의 등각투영 이론에서 계산된다. 이 투영법은 등각투영의 조건으로부터 투영식이 복소변수의 해석함수로 되는 것에 기하여 중앙경선이 평면상에서 종축으로 되고 Taylors 급수 해를 계산하면 투영식은 식(1.49)와 같이 결정한다.

$$x+iy=f(q+i\lambda)$$
$$q=\int_0^{\varnothing_0}\frac{M}{R\varnothing}d\varnothing=\ln[\tan(\frac{\pi}{4}+\frac{\varnothing}{2})(\frac{1-e\sin\varnothing}{1+e\sin\varnothing})^{\frac{e}{2}}] \tag{1.49}$$

식(1.49)와 같이 결정된 ***q***를 점장(등장)위도 또는 이성위도라 하며, ***f***는 등각성을 갖기 위하여 무한급수로 전개할 수 있다. λ가 미소한 범위에서 q에 대하여 f를 테일러급수(Taylors expansion)로 전개하면

$$x+iy=f(q)+\frac{i\lambda}{1!}\frac{df(q)}{dq^2}+\frac{(i\lambda)^2}{2!}\frac{d^2f(q)}{dq^2}+\frac{(i\lambda)^3}{3!}\frac{d^3f(q)}{dq^3}+\cdots \tag{1.50}$$

식(1.50)을 실수부와 허수부로 분리하면

$$x=f(q)-\frac{\lambda^2}{2}\frac{d^2f(q)}{dq^2}+\frac{\lambda^2}{24}\frac{d^4f(q)}{dq^4}$$

$$y=\lambda\frac{df(q)}{dq}-\frac{\lambda^3}{6}\frac{df(q)}{dq^3}+\frac{\lambda^5}{120}\frac{d^5f(q)}{dq^5} \tag{1.51}$$

초기 조건으로부터 $\lambda=0$일때 $y=0$이므로 x축상의 축척계수를 1로 하여 식(1.51)의 고차항을 축차미분으로 구한다.

$$x=f(q)=X\phi,\ \frac{df(q)}{dq}=\frac{dX\phi}{d\phi}\frac{d\phi}{dq} \tag{1.52}$$

자오선수차(γ)는

$$\tan\gamma=\frac{dx}{dy}=\frac{dx}{d\lambda}/\frac{dy}{d\lambda} \tag{1.53}$$

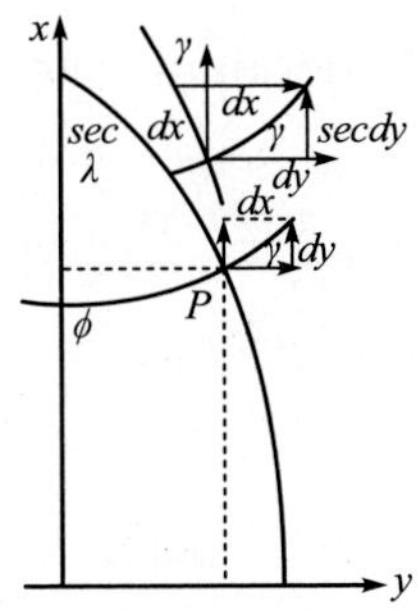

그림 1-45 가우스 크뤼거투영

이 결과를 다음식에 대입하면 γ의 계산식은 $\gamma=\tan\gamma-\frac{1}{3}\tan^3\gamma+\frac{1}{5}\tan^5\gamma+\cdots$와 같다.

이 투영법에서는 좌표의 주축(X축)이 기준자오선으로 되고 이 자오선에 직교하는 묘유선과 자오선에 평행하지 않은 작은 원이 경위선에 대신하여 투영면상의 직각 종횡선을 형성하게 된다. 우리나라의 TM 좌표 또는 평면직각좌표계에서의 좌표 기준점은 서부원점, 중부원점, 동부원점의 3개 원점을 사용하였는데, X축은 북쪽 방향이 양의 값을 나타내고, Y축은 동쪽 방향이 양의 값을 나타내므로 상호변환은 정확하게 수행될 수 있으며 TM투영법의 원점은 지역별로 다르게 된다. 보통 경도 2° 간격으로 투영하며 표준 TM투영에서는 원점이 적도상에 위치하나 우리나라에서는 이것을 변형하여 한반도의 중심에 해당하는 38° 상을 기준으로 하고 경도 125° E에서 원통면이 접하게 투영을 시켜서 이것의 원점을 서부원점으로 설정하였으며, 127° E, 129° E에서 동일하게 투영하여 그것의 원점을 각각 중부원점, 동부원점으로 설정하였다.

현재에는 독도를 같은 방법으로 투영하여 지도상에 표시하기 위하여 131° E와 38° N이 만나는 점을 동해원점으로 설정하였다. 평면직각좌표에서 음수값의 좌표가 나타나지 않도록 하기 위해

각 구역의 좌표원점에서 *X*좌표는 500,000mN이고 *Y*좌표는 200,000mE로 정하였다. 즉, 중부원점의 경우 동경127°를 기준으로 동쪽은 1,000m 단위로 201,000m, 202,000m과 같이 표기하며 서쪽은 199,000m, 198,000m 등으로 표기하고 38°를 기준으로 북쪽은 501,000m, 502,000m이고 남쪽은 499,000m, 498,000m으로 표기하도록 하였다. 예를 들면 그림 1-44와 같이 *X*좌표 198,000m은 중부원점 동경 127°를 기준으로 서쪽으로 2km, *Y*좌표 497,000m은 중부원점 북위 38°를 기준으로 남쪽으로 3km인 지점의 평면직각좌표값을 나타낸 것이다. 회전타원체에서 직접 평면에 횡축등각 원통투영법으로 투영하는 것으로써 이중투영에서는 투영중심이 떨어짐에 따라 중앙경선상에서도 선확대율이 다르므로 지도상의 종축과 그것에 평행한 방향에서는 선확대율을 일정하게 하기 위하여 회전타원면에서 직접평면에 등각투영을 실시한 것이다.

1.5 측량좌표계

지구상에 위치한 점의 위치를 나타내기 위한 좌표계에는 형태에 따라 평면좌표계와 곡면좌표계로 분류할 수 있으며 평면좌표계에는 평면직교좌표계, 평면극좌표계와 UPS좌표계로 구분하고 곡면좌표계는 경위도좌표계, 구면극좌표계, UTM좌표계, 삼차원지심좌표계로 구분한다. 측량분야에서는 점의 위치를 경위도로 표시하는 지리좌표계와 *X*, *Y*로 표시하는 평면직각좌표계, 위성측량에서 사용하는 3차원지심직각좌표계가 주로 사용되고 있다.

1.5.1 경위도좌표계

점위 위치를 표시하는 방법으로 지구상의 절대적 좌표인 경위도좌표계는 각 점의 위치를 타원체의 중심으로 부터 측정된 각도인 위도(Latitude)와 경도(Longitude)를 이용하여 표시하는 가장 일반적인 좌표계로 지리좌표계(Geographical Coordinate System) 또는 측지좌표계(Geodetic Coordinate System)라고도 한다.

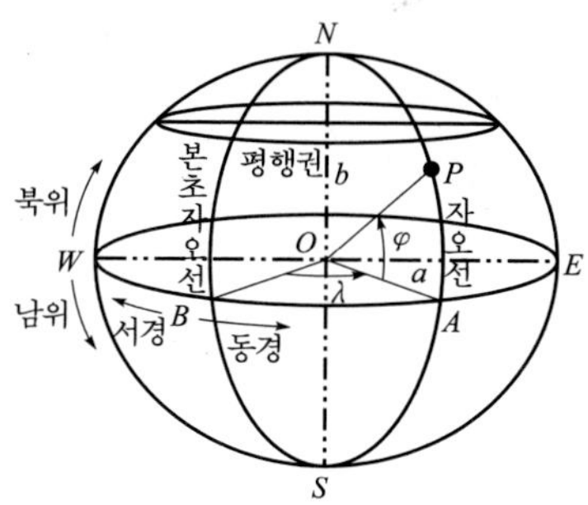

그림 1-46 경위도좌표계

(1) 경도

지구는 남극과 북극을 통과하는 축을 중심으로 회전하고 있으며 경도는 영국의 그리니치에 위치한 왕립천문대(Royal Observatory)를 지나는 본초자오선(Prime Meridian)을 기준(0°)으로 임의의 자오선까지의 각 거리를 말한다. 그림 1-46에서 경도를 적도상에 표시하면 P점의 자오선과 적도의 교점을 A점으로 할 경우 $\angle POA = \lambda$가 된다. 경도는 본초자오선으로부터 동쪽으로 관측한 각을 동경(E), 서쪽으로 관측한 각을 서경(W)이라 하며 동경과 서경이 만나는 경도선은 180°로 날짜변경선(International Date Line)이라 하고 경도는 0°에서 180°사이에 있다. 자오선은 북극과 남극을 지나는 큰 원의 두 극에서 끝나는 반원을 말하며 본초자오선과 적도의 교점이 경위도원점이다.

날짜변경선은 지구상에서 하루가 가장 먼저 시작되는 곳으로 뉴질랜드를 비롯한 태평양 상의 조그마한 섬들이 분포되어 있다. 그리고 우리나라는 동경 124°~132°사이에 위치하고 적도로부터 북위 33°~42°부근에 위치하고 있으나 우리나라의 표준경선은 135°를 사용하고 있으며 경도는 천문경도와 측지경도로 구분된다. 측지경도는 본초자오선과 타원체면상의 임의의 점을 지나는 자오선과 이루는 적도면상의 각을 말하며 천문경도는 본초자오선과 지오이드면상의 임의의 점을 지나는 자오선과 이루는 적도면상의 각을 말다.

1) 본초자오선의 결정

본초자오선으로 결정된 영국 그리니치 천문대는 찰스 2세가 육지측량부의 측량대장(Jonas Moore)에게 왕립천문대를 건설할 것을 지시하고 1675년 8월 10일 착수하였는데 이것이 오늘날의 그리니치 천문대이다. 그리니치는 영국 런던 외곽의 쾌적한 도시에 있으며 천문대의 설계는 당시 천문학교수였던 워렌(Christopher Wren; 1632~1723년)이 맡았는데 3층 건물로 계획하고 지하에는 작은 세탁소와 부엌을 갖춘 지하작업실 그리고 1층에는 만찬실, 연구실, 침실, 식당으로 구성되고 꼭대기에는 이 빌딩에서 가장 중요한 8각형의 Star Room으로 설계하였으며 예술적 가치가 있는 벽화도 그려져 있다.

Octagon Room(Great Star Room)은 긴 망원경을 사용하기 위한 높은 천정과 커다란 창문으로 이루어진 방으로 여러 가지 천문기구들과 각도와 가늠자가 새겨져 있고 망원경이 부착되어 있으며 천체의 고도측정은 4분의를 이용하였다. 1676년 7월 10일에 플램스티드(Flamsteed)는 2명의 보조인과 함께 근무를 시작하였으며 1676년 Thomas Tompion에 의해 만들어진 Year-going 계측기는 지구가 회전한다는 것을 증명한 최초의 기구로 Flamsteed는 이것을 이용하여 균시차(Equation of Time) 공식을 개발하였다.

최초의 자오선은 그리니치 천문대에 그었는데 이 당시에는 천문지도(별지도)를 작성하는 것이 목적이었으며 Flamsteed은 최초의 자오선에서 서쪽으로 Wren의 자오선을 그었으며 제2대 핼리(Edmond Halley; 1720~1742) 왕립 천문대장은 Flamsteed가 그은 벽에 Halley자오선을, 제3대 브래들리(James Bradley; 1742~1762)천문대장은 1749년 새로운 망원경을 설치하여 브래들리자오선(Bradley′s Mefidian)이라 정의하였다. 그 후로 브래들리 자오선은 영국 육지측량부에서 측량할 때 본초자오선으로 사용하였으며 오늘날 영국 육지측량부에서 작성된 모든 지도는 이 자오선을 사용하고 있다. 본초자오선은 1884년 10월 워싱턴에서 국제자오선회의(International Meridian Conference)에 참석한 25개 회원국 중에서 22개국이 영국의 그리니치 왕립천문대를 지나는 선을 본초자오선으로 채택한 후 다음과 같이 결정되었다.

① 세계의 중심 자오선으로 사용하기에 적합해야 한다.

② 그리니치 천문대를 지나는 선이 기준이 되어야 한다.

③ 모든 경도는 이 자오선으로부터 동쪽과 서쪽으로 180° 씩 나뉜다.

④ 모든 국가들은 하나의 세계시(Universal Day)로 통일한다.

⑤ 그리니치에서 자정이 되는 순간부터 24시간으로 나누는 태양시로 한다.

⑥ 선박과 항공기의 날짜는 세계 어디에서나 그리니치가 기준이 되며 10진 체계를 적용한다.

또한, 제10대(1933~1955년) 천문대장에 임명된 Sir Harold Spencer Jones는 천문대의 기존 건물과 수많은 장비들은 후세에 영구히 보존해야 된다고 주장하였다. 이에 따라 1934년 National Maritime Museum이 구 천문대 인근의 바닷가에 설립되었다. 제2차 세계대전(1939년 9월~1945년 8월) 기간에는 천문대의 관측업무와 시간차 실험이 일시적으로 Bradford-on-Avon으로 옮겨진 일도 있었으나 1946년 천문대의 업무가 서섹스주(Sussex) 허스트몬슈로 새보금자리를 마련하여 옮기고 1956년에는 국립해양박물관과 통합되었다.

그리니치 천문대는 1953년부터 Octagon Room을 일반에게 공개하였으며 지금은 박물관으로 활용하고 있다. 1970년대에는 카나리아제도의 라스팔마스로 옮겨 관측업무를 수행하였고, 1990년에 천문대 본부를 케임브리지로 옮겼다. 1998년 11월에는 캠브리지에 있던 천문대의 과학적 기능이 정부의 다른 기관으로 넘어가고 폐지됨에 따라 원래의 이름인 Royal Observatory Greenwich라는 이름은 지금의 그리니치로 돌아오게 되었다.

그림 1-47 본초자오선

2) 경도 결정방법

이탈리아의 탐험가 콜롬버스(Cristoforo Colombus; 1451~1506년)의 아메리카 대륙 발견 후 이탈리아의 상인이면서 항해가인 아메리고 베스푸치(Amerigo Vespucci; 1451~1512년)가 1499년 베네수엘라를 발견하고 그 경도를 측정하여 유명하게 되었다. 1473년 레기오몬타누스가 발행한 항해력(航海曆)에 의하면 독일의 뉘른베르크(Nuremburg)에서는 화성과 달의 합이 그 날 밤 24시에 일어난다고 추산되어 있으므로 뉘른베르크의 서쪽 24시에서 18시 30분을 빼면 5시 30분의 위치에 자리 잡고 있다고 계산하였다. 아메리고의 경도측정은 1499년 8월 23일 19시 30분에 달의 위치가 화성에서 동쪽 1°이고, 24시에는 동쪽 5° 30′을 관측함으로서 달과 화성과의 황경이 일치되는 것으로 18시 30분이었다는 사실을 역으로 계산하게 되었다. 여기서 5시 30분을 경도로 변환하면 1시간 = 15° 이므로 15° ×5.5 = 82° 30′ 이라는 경도차를 얻게 되었다.

경도의 결정방법에는 자오선법, 등고도법, 단고도법이 있으며 자오선법은 항성이 자오선을 통과하는 순간을 미세측정기인 미크로미터(micrometer)로 읽어 지방항성시를 결정하며 지방항성시(LST) = 적경(α) + 시간각(H)에서 천체가 남중할 때는 $H = 0$이므로 지방항성시가 항성의 적경과 같게 되는 것을 이용하는 방법이다.

등고도법은 동쪽과 서쪽 사이에 자오선을 두고 동일한 고도에 도착한 순간의 눈금을 읽어 이것을 평균하여 천체의 자오선 통과 시간을 알아내는 방법이다. 단고도법(單高度法)은 관측지점에서 항상 보이는 별을 주극성(週極星)이라고 하는데 이 주극성처럼 고도가 낮지 않은 임의 방향에 있는 천체의 고도와 그 관측 순간의 시각을 1개씩만 관측한 값을 채용하는 방법으로 천체 관측의 가장 간편한 방법이라 할 수 있다. 하지만 실지 관측에서는 고도와 시각의 그 어느 것이라도 관측오차를 작게 하기 위하여 연속적으로 반복하여 평균고도와 평균시각을 계산한다. 임의의 위치에 있는 별 또는 태양이 고도를 관측하고 천문력에서 얻은 천체의 적위와 관측점의 위도를 가정하여 천문삼각형으로 부터 경도를 결정하며 항성의 경우와 태양의 경우가 있다. 또한, 평균시각에는 시운동(視運動)의 곡률에 대한 $T(h_0) = T_0 + \varDelta T_0$에서 $\varDelta T_0 = (\frac{m_0}{15})(\cot t_0 - \sin t_0 \cdot \cos\phi \cdot \cos\delta \cdot \tan h_0 \cdot \sec h_0)$와 같이 보정하여 관측평균고도 h_0와 대응하는 시각 $T(h_0)$를 사용하며, t_0은 평균고도를 이용하여 계산한 시각이고 T_0는 평균시각 이다.

단고도법은 지방시 또는 경도를 알고 있을 경우에는 위도를 계산할 수 있으며 반대로 위도를 알고 있을 때에는 지방시 또는 경도를 결정할 수 있다. 한편 시각과 위도를 알고 있을 경우에는 방위각도 계산할 수 있기 때문에 관측 순간의 수평각을 측정함으로써 방위관측 목적도 이룰 수 있다. 따라서 관측지점의 경도 및 위도의 근사값을 미리 알아야 할 필요가 있는데 이는 1/50,000 지형도에서 1″정도까지는 추정할 수 있다.

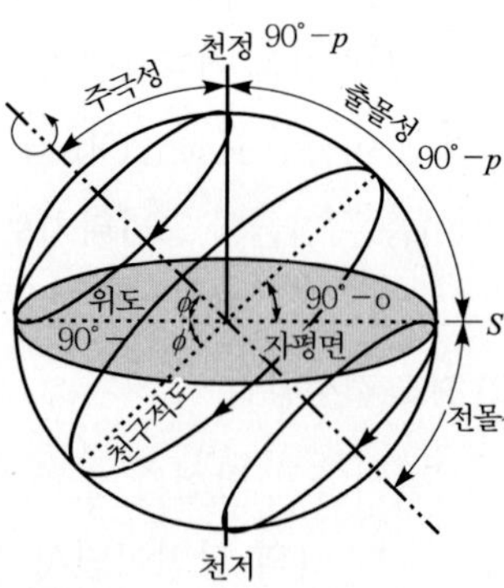

그림 1-48 주극성과 출몰성

3) 경도와 시간

어떤 지점의 자오선에서 태양의 시각은 그 자오선에 대한 지방시이며, 지방시(Local Solar Time)는 임의의 자오선에서의 항성시를 말하고 그리니치에 대한 태양의 시각을 그리니치시라 한다.

이 2개의 시각의 차는 그리니치를 본초자오선으로 하는 관측 지점 자오선의 경도를 시간으로 표시한 값과 같다. 그림 1-49에서 호 $A'BC$는 그리니치에서 태양시각, 호 $B'A'C$는 관측지의 자오선에서의 태양의 시각일 때, 호 $A'B'$ = 호 AB는 동경에 해당되며 경도를 시간으로 환산하면 $24^h = 360°$ 이므로 $15° = 1^h$, $1° = 4^m$, $1' = 4^s$가 된다.

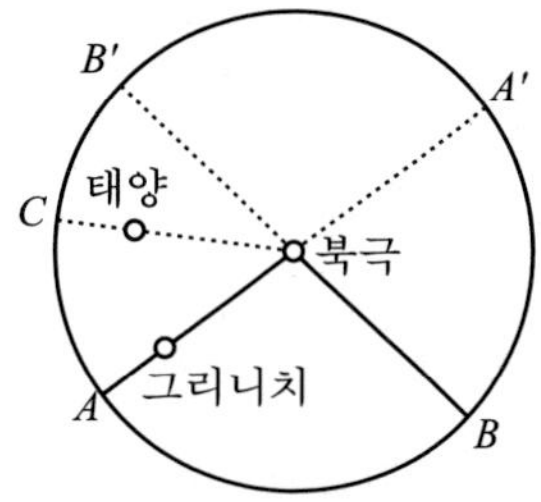

그림 1-49 경도와 시간

(2) 위도

위도(Latitude)는 어떤 지점에서 준거타원체의 법선이 적도면과 만나는 각으로 자오선에 따라 적도에서 최소각 거리를 말하며 남북으로 90°로 분리되었고 지표면 위의 한 점에서 세운 법선이 적도면과 이루는 각을 말한다. 즉, 적도면과 이루는 각으로 적도면에서 북쪽으로 측정할 때 북위, 남쪽으로 측정하는 각을 남위라 하고 그림 1-51에서와 같이 POA의 각을 말하며 위도는 적도에서 0°이고 북극의 위도는 북위 90°(90° N)으로, 남극의 위도는 남위 90°(90° S)로 표기한다.

1) 위도관측의 역사

위도관측의 역사는 1898년 10월에 국제측지학회 총회의 결정에 따라 북위 39° 08′에 위도관측소를 설치하고 1899년 6개국에서 동시에 위도의 관측을 시작하였다. 각각의 위도관측소에서 관측된 결과는 독일의 포츠담(Potsdam)에 설치된 중앙국에서 취합하여 알프레히트(Albrecht)를 중심으로 정리하여 매월 평균의 지구자전축의 위치를 산출하기로 된 것이다. 6개소의 위도관측소의 위치는 아래의 표 1.2와 같다.

1899년 이래 계속되고 있는 국제위도관측사업을 확대하여 1962년에 발족하였으며 국제위도관측사업은 북위 39° 08′ 선 위의 6개의 관측소, 즉 일본의 미즈사와(水澤), 러시아 촬주이, 이탈리아의 카를로 포르테(Carlo Forte), 미국의 게이서즈버그 · 신시너티 · 유카이어에서 위도변화를 관측하였다. 국제 극운동 관측사업으로 명칭이 변경된 후에는 5개 관측소가 있었으나 뒤에 남북 양반구의 20개 나라에 50여 천문대 및 관측소가 참가하여 협력하고 있다. 이들 관측소에

표 1.2 위도 관측소 설치장소

명칭	설치장소	위도	경도
미즈사와(水澤)	이와테현, 미즈사와시(일본)	북위 39° 08′	동경 141° 08′
촬주이	돌키스탄(러시아)	북위 39° 08′	동경 63° 29′
카를로 포르테	선.페트루섬(이탈리아)	북위 39° 08′ 08.941″	동경 8° 19′
게이서즈버그	아메리카 동부(미국)	북위 39° 08′ 13.202″	서경 77° 12′
신시너티	아메리카 중부(미국)	북위 39° 08′	동경 84° 25′
유카이어	아메리카 서부(미국)	북위 39° 08′ 12.096″	동경 123° 13′

서 얻어진 경 · 위도변화의 관측 결과는 일본의 이와테현(岩手縣) 미즈사와시의 위도관측소 중앙국에 송신 · 정리되어 배포 하였다.

러시아의 촬주이는 국영으로 모든 시설을 하였으며 신시너티는 선상(線上)에 천문대가 있었기 때문에 따로 천문대를 설치하지 않고 기존에 설치된 천문대에서 협력하도록 하였다. 위도관측 사업은 국제적으로 협조하여 제1차 세계대전(1914~1918년)으로 1915년 게이서즈버그, 1916년 신시너티가 관측을 중지하였으며 1919년 러시아의 혁명으로 촬주이가 폐쇄되었다. 1922년 일본은 미즈사와 위도관측소에 중앙국이 옮겨왔고 기무라 소장이 중앙국의 국장이 되면서 러시아의 촬주이 대신 동경 66° 53′ 의 카타브에서 위도관측이 새로 시작되었다. 또한 남반구에도 다시 관측소가 설치되어 남위 34° 55′ 선상인 오스트레일리아의 아데레드와 아르헨티나의 라플라타(Laplata)의 2개 관측소가 새로 설치되었다.

1913년 자바의 바타비아(Batavia)에 위도관측소가 설치되고, 1932년 적도부근의 게이서즈버그가 관측을 재개한 후부터는 북반구에 5개소, 적도부근에 1개소 남반구에 2개소, 합계 8개의 공동위도관측소가 전성시대를 이루게 되었다. 1936년 위도 관측 중앙국장의 직무는 이탈리아 나폴리 천문대의 칼네라 교수에게 넘어갔으나 8개의 관측소에서는 관측을 계속하였으며 제2차 세계대전(1939~1945년)으로 이탈리아의 카를로 포르테 관측소는 1943년 4월에 완전히 관측을 종료하였다.

1940년에는 남반구 오스트레일리아의 아데레드가 관측을 중지하고 태평양전쟁(1941~1945년)이 일어나자 바타비아 관측소가 관측을 중지하였으며 현지 관측을 계속하고 있는 것은 북반구 5개소(미즈사와, 키타프, 카를로 포르테, 게이서즈버그, 유카이어)와 남반구 1개소(라프라타) 등 모두 6개소인데 1898년부터 관측을 계속한 것은 일본의 미즈사와 위도관측소가 유일하다. 유카이어는 1946년 9월부터 11월까지 관측을 중단하였으며 1949년에 위도관측 중앙국은 이탈리아의 나폴리 천문대로부터 토리노 천문대로 옮기어 첵키니 교수가 국장의 직무를 맡았었다. 특히, 위도의 일주변화(日周變化)를 연구하기 위하여 하룻밤에 4시간씩 관측하던 것을 1955년부터는 6시간으로 늘려서 시보(時報)에 대한 극운동을 보정하여 매주의 결과를 속보(速報)하는 위도변화 속보사업이 발생하였으며 1962년 국제 극운동 관측사업이 발족하여 그 중앙국은 다시 일본의 미즈사와에 두게 되었다. 현재는 시각의 관측이 세계각지의 천문대에서 실시하는 천문관측 사업으로 되었으며, 위도관측 또한 국제 공동위도관측소 이외에 일반 천문대에서까지 실시하게 된 천문관측사업의 일부가 되고 있는 것이다.

2) 위도의 종류

위도는 정의하는 방법에 따라 천문위도, 측지위도, 지심위도, 화성위도로 구분한다.

천문위도(ϕ_a)는 그림 1-50에서와 같이 지구상의 어떤 지점의 연직선의 방향과 지구의 자전축과 이루는 각도의 여각(餘角; 직각에서 뺀 나머지의 각)으로 그 지점의 수평면에서의 천극(天極)의 고도이다. 천문위도의 측정은 연직선과 지구자전축이 기준이 되는데 연직축의 방향은 수준기를 이용하여 편리하고 간단하게 결정할 수 있지만 자전축의 방향은 천체의 위치를 관측하여 결정하므로 지구 자전축의 방향 결정은 북극성을 이용하고 있다.

측지위도(ϕ_g)는 어떤 지점에서 지구의 중심을 연결하는 선이 타원체의 법선과 적도면을 이루는 각으로 지리위도라고도 하며 지구상의 임의의 점에서 지오이드의 면에 직각으로 그은 연직선 적도면과 만나 이루는 각으로 지오이드면을 기준으로 한 위도를 말한다.

지심위도(ϕ_c)는 지구상의 임의의 점과 지구의 질량 중심점을 잇는 선이 적도면과 만나 이루는 각을 말하며, 측지위도와 지심위도의 관계는 $\tan\phi_g = \dfrac{y}{x}$에서 $\dfrac{y}{x}(1-e^2)\tan\phi_g$ 로부터 $\dfrac{y}{x}(1-e^2)\cdot\tan\phi_g = \dfrac{b^2}{a^2}\tan\phi_g$이 된다.

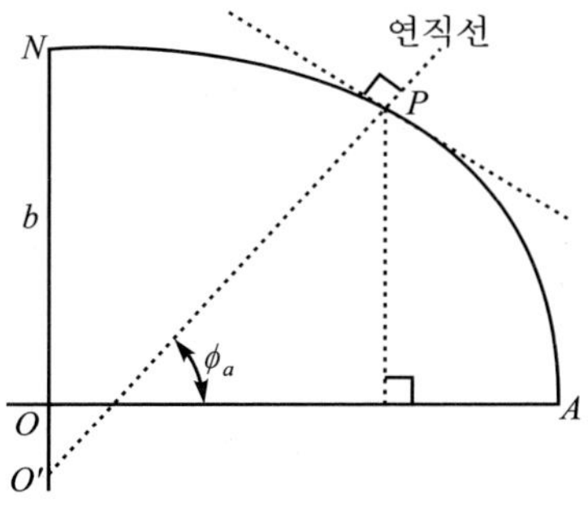

그림 1-50 천문위도

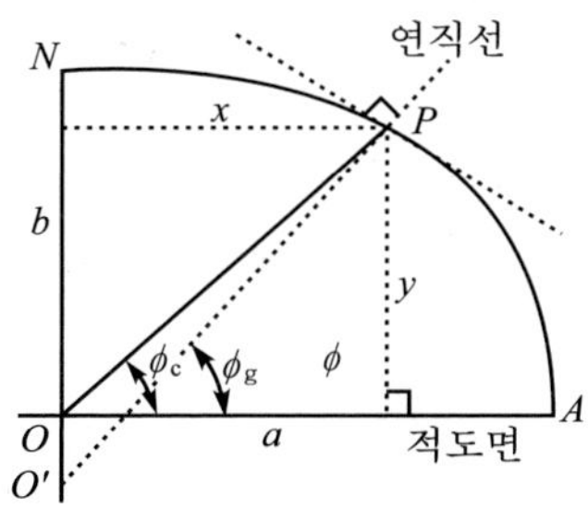

그림 1-51 측지위도와 지심위도

그러므로 지심위도(ϕ_c)와 측지위도(ϕ_g)의 관계는 $\tan\phi_g = \frac{b^2}{a^2}\tan\phi_c$이 되므로 측지위도를 이용하여 지심위도를 계산할 수 있다. 측지위도와 지심위도의 차이는 위도 45°에서 약 11′40″ 정도로 가장 크게 나타나며 적도와 극에서는 전혀 차이가 나타나지 않는다.

예제 1.1 측지위도 $\phi_g = 36°$일 경우 지심위도(ϕ_c)를 계산하시오.

풀이 $\tan\phi_c = \frac{b^2}{a^2}\tan\phi_g = \frac{6356078.963^2}{6377397.155^2}\times\tan 36°$

$= 35°49'03''.835$

예제 1.2 지심위도 $\phi_c = 35°49'03''.835$일 경우 측지위도(ϕ_g)를 계산하시오.
(단, $f = 0.003342773179$)

풀이 $\tan\phi_g = \frac{\tan\phi_c}{(1-f)^2} = \frac{\tan 35°49'03''.835}{(1-0.003342773179)^2}$

$= 36°00'00''$

화성위도(Reduced Latitude; ϕ_r)는 지구중심으로부터 장반경을 반경으로 하는 구의 점과 적도면의 법선이 만나는 점에서 지구중심을 연결한 직선이 적도면과 이루는 각을 말한다. 그림 1-52에서와 같이 P점에서 자오면 내의 지심 O점을 중심으로 장반경 a를 반경으로 하는 원을 그리고 P점을 통하여 OA에 수직인 직선이 원과 만나는 점을 P'로 하면 $\angle AOP' = \phi_r$로 화성위도가 된다.

지심위도와 화성위도의 관계를 살펴보면 화성위도(ϕ_r)는 그림 1-53에서 $x = a\cdot\cos\phi_r$을 타원의 방정식 $\frac{x^2}{a^2}+\frac{y^2}{b^2} = 1$에 대입하면 $y = b\cdot\sin\phi_r$이 되고

$\frac{y}{x} = \frac{b}{a}\tan\phi_r$, $\tan\phi = \frac{b^2}{a^2}\tan\phi$에서 $a\cdot\tan\phi_r = b\cdot\tan\phi_c$이다.

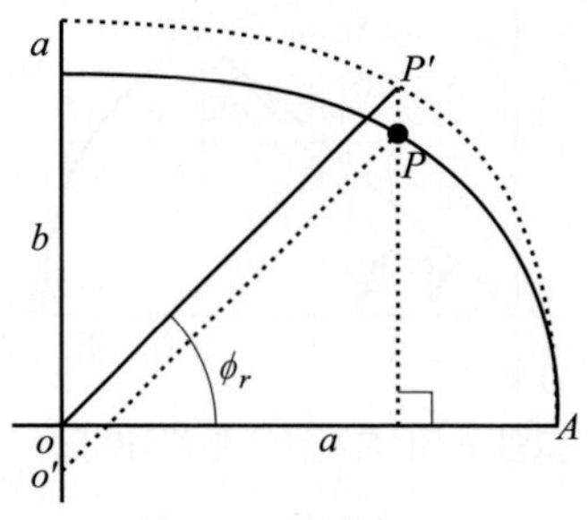

그림 1-52 화성위도

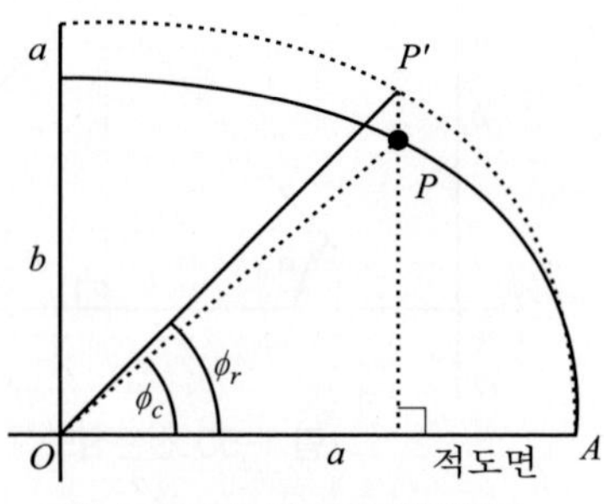

그림 1-53 지심위도와 화성위도

즉, $\tan \o_r = \frac{b}{a} \tan \o_c = \sqrt{1-e^2 \tan \o_c}$이다.

예제 1.3 측지위도 $\o_g$ = 36° 일 경우 화성위도($\o_r$)를 계산하시오.

풀이 $\tan \o_r = \frac{(1-f)^2 \tan \o_g}{(1-f)} = \frac{(1-0.00334277318)^2 \tan 36°}{(1-0.00334277318)} = 35° 54' 31''.746$

예제 1.4 지심위도 $\o_c$= 35° 49′ 03″.835일 경우 화성위도($\o_r$)를 계산하시오.

풀이 $\tan \o_c = \frac{\tan \o_c}{(1-f)} = \frac{\tan 35° 49' 03''.835}{(1-0.00334277318)} = 35° 54' 31''.746$

3) 위도 평행권과 대원

위도가 같은 지점을 연결한 원을 위도 평행권이라 하며 위도 평행권면은 적도면과 평행한 평면으로 그림 1-54에서 $QAA''PQ$의 원으로 소원이 되며 위도평행권과 구별되는 것으로 대원이 있다. 구면에서 그 중심 O를 지나는 평면으로 절단하였을 때 절단된 면에 나타나는 원을 대원이라 하며 대원은 구의 중심을 지나는 평면과의 교선이다. 또한, 하나의 구면 위의 대원은 두 점 사이의 최단거리이다.

원점자오선($NA''O''S$)상에서 임의의 자오선(NAS')상의 A점과 위도가 같은 점을 A''로 하고, A점을 지나는 대원이 원점자오선에 직각으로 만나는 점을 A'로 할 때 $Q'AA'P'Q'$가 대원이며 $QAA''PQ$가 위도평행권이다. 이 AA' 두 점간의 대원의 호의 길이는 구면직각좌표에서 평면직각좌표를 계산하는데 이용된다.

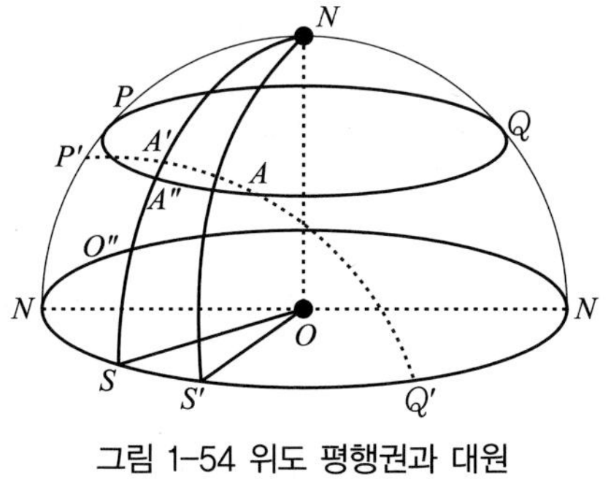

그림 1-54 위도 평행권과 대원

4) 주극성에 의한 위도 결정방법

천문위도는 관측지점에서의 연직선방향과 적도면의 사이각을 말하며 천극의 고도와 일치하므로 북극성에 의해 결정할 수 있으나 정확성을 요구하는 경우에는 별의 자오선 고도 또는 자오선 천정각거리를 관측하고 별의 적위를 이용하여 결정한다.

탈코트법은 1등 천문관측으로서 자오선상의 남쪽과 북쪽의 두 별이 거의 같은 천문각 거리에 있을 때, 측지의 위도는 두 별의 적위를 더하여 1/2을 곱한 것과 같다.

$$\phi = \delta_N - \theta = \delta_S + \theta, \quad \phi = \frac{1}{2}(\delta_S + \delta_N)$$

θ : X_N, X_S의 천정각거리, δ_S : 별의 X_S의 적위, δ_N : 별의 X_N의 적위, ϕ : 관측점 위도이다.

주자오선법은 별이 자오선을 통과전후 수 분 동안 각각의 별에 대하여 천정각의 거리를 여러번 관측하는 방법이다. 또한, 자오선상에 있지 않는 별의 고도에 의한 방법은 시(t)를 알고 있고 천체의 고도(h)관측과 역표를 통해 적위(δ)를 구하면 천문삼각형의 두변 $90° - \delta$, $90° - h$와 각(t)을 이용하여 천문 삼각법으로 다른 변 $90° - \phi$를 결정할 수 있어 위도(ϕ)를 최종적으로 계산한다. 자오선의 상통과 순간의 주극성의 고도를 관측할 때에 위도(ϕ), 고도(h), 극거리(p; 위도의 여각)라고 하면 $\phi = h - p$이다. 그런데 주극성은 상통과 및 하통과를 관측할 수 있으므로 위도의 계산식은 $\phi = h \pm p$가 된다.

그러나 관측한 그대로의 고도는 대기의 굴절에 대한 보정을 하여야 참고도가 되므로 그 보정을 γ라 하면 $\phi = h \pm p - r$가 되며 p는 상통과에 "–", 하통과에 "+"가 된다. 별의 자오선 통과관측을 하려면 측참(測站)에 경위의를 세우고 기계를 수평으로 하되, 수직분도반에 평행한 수준기는 그 기포가 중앙에 오도록 한다. 그리고 통과시각 약 5~10m 전에 망원경을 정위(正位)와 수평으로 180° 회전하여 수평을 잡은 후 별을 시준하여 한번 고도를 읽는 반위로 정측회에서 2번, 반측회에서 2번, 모두 4번을 읽어 평균하면서 시준선 · 수직분도반의 지표(指標) 및 수준기의 조정 불량으로 인한 오차를 없앨 수 있다. 이 고도의 평균에 천체력에서 찾아낸 별의 극거리(적위의 여각) p를 가감하고 또한 대기굴절에 의한 보정 r를 빼낸 것을 그 지점의 위도로 한다.

5) 위도측정방법

지구타원체를 동서방향의 위도선과 남북방향의 경도선을 도, 분, 초로 표시하며 투영법의 종류에 관계없이 임의의 위치점을 표현할 수 있다. 연직선과 준거타원체의 법선은 일반적으로 일치하지 않고 위도는 적도로 부터 북극 또는 남극으로의 각도로 표현되는 각측정 값이다. 지구상의 절대적 위치를 표시하는데 일반적으로 가장 널리 쓰이는 좌표계로 구면직각좌표와 측지학적좌표(경도, 위도)가 있다.

지적측량에 있어서는 필요한 경우에는 구하고자 하는 점의 경위도로서 평면직각종 · 횡선좌표를 계산하거나 반대로 평면직각종 · 횡선좌표를 경위도좌표로 좌표변환($X \cdot Y \leftrightarrow B \cdot L$)해야 할 경우가 있다. 그러나 현재 우리나라의 측지기준망은 일본 동경천문대를 원점으로 하는 일본의 대삼각망이 확장된 형태이므로 위의 원점에 기준한 전면적인 측지기준망을 설치하지 않은 성과는 상징적인 의미를 가지고 있다.

경도와 위도는 천문학적으로 천체를 관측하여 결정하지만 정확한 크로노미터가 발명되기 전이므로 경도측정은 매우 힘들고 또한 정확도가 낮다. 구면(球面)천문학에 의하면 y : 위도, h : 별의 남중고도, d : 별의 적위라고 하면 $y = 90° - h + d$일 때 적위(d)를 아는 어떤 별의 최고고도(h)를 바다 위에서 관측하면 그 점의 위도(y)를 알 수 있다. 그림 1-55는 이상의 위도측정의 원리를 설명한 것으로 예를 들면 아프리카의 서쪽 바다 위에서 시리우스별의 남중고도를 관측하여 $h = 52° 10'$을 얻었다면 항해력(航海曆)에서 시리우스별의 적위(d)는 "(남위)-16° 40′"이므로 그 지점의 위도는 $y = 90° - 52° 10' - 16° 40' = 21° 10'$ N이다. 그런데 천문측량에서는 태양이나 달 또는 다른 혹성들을 대상으로 하지만 태양계의 별들은 그 적위가 시시각각으로 변하므로 그를 이용하려면 정확한 항해용의 역서(曆書)가 반드시 있어야 한다.

단고도법에 의한 위도측정 방법은 천체의 위치로 적경(α) 및 적위(δ)와 관측지점의 지방시(t 또는 θ)를 미리 알 때에는 관측시의 천체의 시각(t)을 구할 수 있으므로 천체의 고도 $h = 90° - z$를 관측하면 위도(ϕ)를 구할 수 있다. 또한, 적위가 90°에 가까운 북극성을 관측하여 위도 $\phi = 90° - Z_d$를 결정하며 Z_d는 천정각 거리이다.

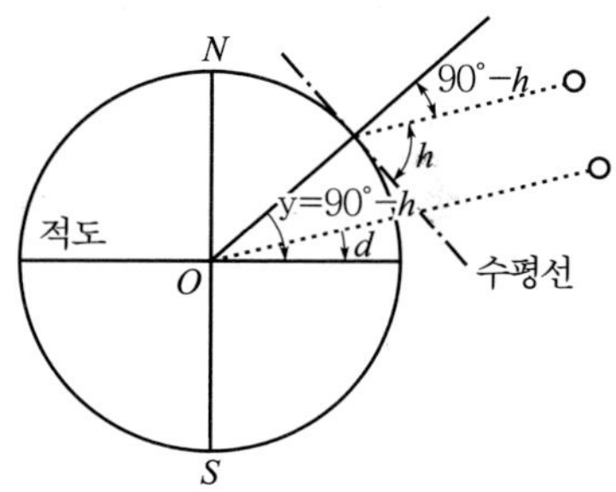

그림 1-55 위도측정원리

6) 위도와 극의 관계

적도에서는 천구의 양극이 지평선 위에 있으므로 극의 고도는 0°이고 북극에서는 천구의 북극이 천정에 있으므로 고도는 90°이며 위도(ϕ)인 지점에서 천구의 극고도는 ϕ와 같다.

그림 1-56은 관측지의 자오선의 단면으로 지평선(SN), 천정(Z), 적도면(OE), 북극(P)이라고 할 때에는 원호 $PN = EZ$이며, PN은 북극의 고도이고 EZ는 관측지의 위도이다. 그러므로 "극(極)의 고도는 관측지의 위도와 같다."는 관계가 이루어지므로 자오선상에 있는 천체의 고도, 관

측지의 위도 및 그 천체의 적위와의 관계는 다음과 같다.

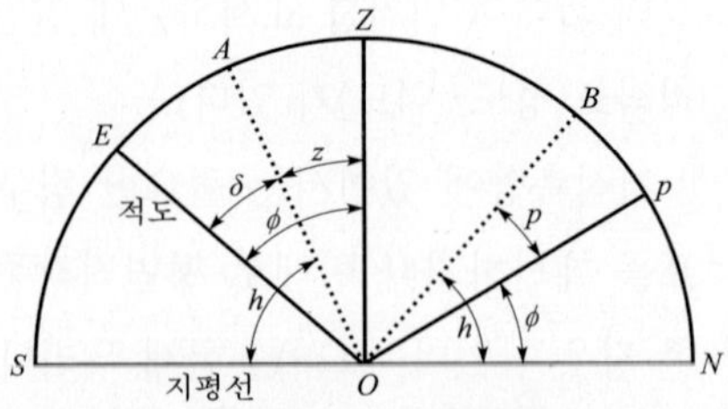

그림 1-56 위도와 극의 관계

A를 자오선상에 있는 천체라고 하면 천체가 천정의 남쪽에 있을 때에 해당하므로 관측점의 위도($EZ = ø$), 천체의 적위($EA = \delta$), 천체의 고도($SA = h$), 천체의 천정거리($ZA = z$)일 경우 $ZA = EZ - EA$이며, $z = ø - \delta$로 $h = 90° - (ø - \delta)$, $ø = 90° - (h + \delta)$가 된다. B를 자오선상에 있는 천체라고 하면 천체가 천정의 북쪽에 있을 때이므로 천체가 극에 가까운 B와 같은 위치에 있을 때 극상통과의 경우는 $PN = BN - BP$로 $ø = h - p$가 된다. 그러므로 P는 천체 B의 극의 아래쪽에 있을 때 즉, 극하통과의 경우는 $ø = h + p$가 된다.

(3) 경 · 위도와 거리의 관계

경도 1°는 적도에서 111.322km이며 1분은 약 1.85km, 1초는 약 31m이며 적도에서 위도 1°에 해당하는 지상거리는 110.569km이고 1분은 약 1.84km, 1초는 약 31m 정도가 되며 양극부근에서는 111.700km이다. 자오선은 극에서 수렴되기 때문에 적도에서 경도 1°의 거리는 변동되는데, 적도에서 약 111km이며, 점점 짧아져서 양극에 가까워 질수록 감소되어 양극에서는 0km가 된다.

표 1.3 위도별 경도의 길이

위도(°)	위도 1°의 길이(km)	경도 1°의 길이(km)	위도(°)	위도 1°의 길이(km)	경도 1°의 길이(km)
0	110.569	111.322	50	111.230	71.700
5	110.578	110.902	55	111.327	63.997
10	110.603	109.643	60	111.415	55.803
15	110.644	117.553	65	111.497	47.178
20	110.701	114.650	70	111.567	38.188
25	110.770	100.953	75	111.625	28.904
30	110.850	96.490	80	111.666	19.394
35	110.941	91.290	85	111.692	9.735
40	111.034	85.397	90	111.700	0.000
45	111.132	78.850			

1.5.2 평면직각좌표

평면직각좌표(Plane Rectangular Coordinate)는 어느 한 점을 좌표의 원점으로 하고 그 원점을 지나는 자오선을 X축, 동서방향을 Y축으로 하여 각 점의 직각좌표값을 X, Y로 표시하며 점의 위치를 이차원으로 나타내는 가장 대표적인 좌표계이다. 평면직각좌표에서 어떤 지점에서 다른 지점을 표시하는 방향은 그 지점에서 X축에 평행한 축의 북쪽을 기준으로 시계방향으로 측정한 각을 방위각이라고 한다. 측량에 사용하는 측량원자는 베셀(Bessel)이 발표한 1841년 값을 사용하고 투영방식은 가우스상사이중투영법을 사용하였다.

평면직각좌표계는 2차원평면상에서 X, Y로 점의 위치를 표현하는 방법이며 성격에 따라 2가지로 구분할 수 있다. 첫째는 동부, 중부, 서부의 통일좌표계처럼 지구를 회전타원체로 보고 투영법을 적용한 결과 구면의 좌표가 평면으로 변환된 것이다. 둘째는 소삼각측량지역처럼 소규모 지역 안에서 투영계산을 하지 않고 임의의 원점에서 북방향을 정하여 좌표계가 덮는 전 지역을 평면으로 가정하고 위치를 결정한 것이다. 두 방법 모두 구면인 지구를 평면화 한 것으로 기선이 길어지고, 원점에서 멀어질수록 거리오차가 누적되는 결함이 있다. 평면상 1점의 위치를 표시하는데 가장 대표적인 좌표계로 평면위에 한점 O를 원점으로 정하여 그림 1-57과 같이 O를 지나고 서로 직각으로 교차하는 두 직선 O_X, O_Y를 좌표축으로 한다. 평면상의 한점 P를 지나며 X, Y축에 평행한 두 직선이 X, Y축과 만나는 점 P_1 및 P_2의 좌표축상 길이 $OP_1 = \Delta y$, $OP_2 = \Delta x$로 나타낼 수 있다. 따라서 평면상 한점 P의 위치는 Δx 및 Δy에 의하여 좌표축으로부터 P의 위치를 평면상에서 구할 수 있다. 대축척 측량에서는 경위도를 그대로 사용하는 예는 거의 없고 이것에 의하여 계산된 평면직각좌표 X, Y에 의하는 경우가 대부분이다.

우리나라 3대 원점에서의 평면직각좌표체계를 중부원점을 기준으로 나타낸 것으로 각 원점 자오선은 투영원점(38°)에서 북쪽으로 갈수록 지구의 북극쪽으로 수렴한다. 따라서 38° 이북 지역으로 갈수록 각 원점별 자오선 사이는 좁아지며, 38° 이남 지역으로 갈수록 각 원점별 X축 사이는 넓어지고 원점사이의 Y값은 커진다. 원점을 중심으로 수평과 수직으로 직각하는 두 직선을 X축과 Y축으로 한 다음 좌표를 구하려는 점을 지나고 양축과 평행인 두 직선이 원점에서 X축과 Y축의 방향으로 떨어진 거리만큼을 각각 X, Y의 좌표값으로 하며, 측점 P_1, P_2의 좌표를 결정하는 방법은 다음과 같다.

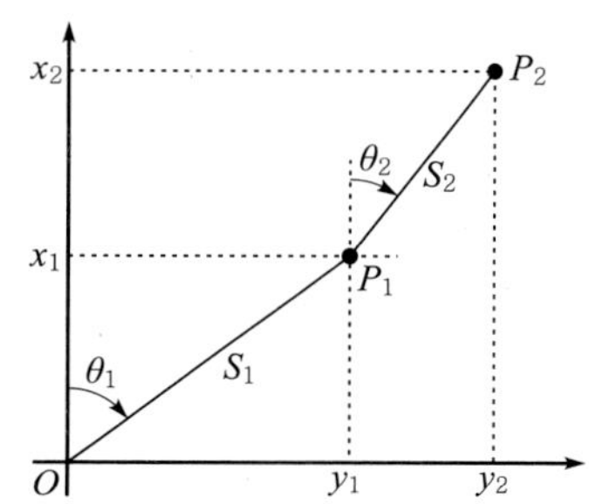

그림 1-57 평면직각좌표계

$x_1 = S_1 \cdot \cos\theta_1 \qquad X_{P1} = X_0 + x_1$

$y_1 = S_1 \cdot \sin\theta_1 \qquad Y_{P1} = Y_0 + y_1$

$x_2 = x_1 + S_2 \cdot \cos\theta_2 \qquad X_{P2} = X_0 + x_2$

$y_2 = y_1 + S_2 \cdot \sin\theta_2 \qquad Y_{P2} = Y_0 + y_2$

여기서, θ_1, θ_2; 방위각, S_1; O에서 P_1까지의 거리, S_2; P_1에서 P_2까지의 거리이다.

일반적으로 지적측량에서는 평면직각좌표를 사용한다고 알고 있으나 이는 측량성과를 지적공부에 등록하는 좌표계이며 현장에서는 평면극좌표계를 이용하고 있다. 평면직각좌표계는 주로 투영원점에 의한 좌표의 등록방법으로 위성기준점, 통합기준점, 삼각점, 지적삼각점, 지적삼각보조점, 지적도근점과 일필지의 경계점을 X, Y좌표로 등록하는 좌표체계라고 할 수 있다.

1.5.3 자오선수차

평면직각좌표계에서 서로 평행선인 도곽 혹은 도엽의 종선이 가리키는 방향을 지도의 북쪽, 즉 도북(圖北)이라 하고 수평각관측과 계산의 기준이 된다. 그러나 실제 지구의 북극이 가리키는 방향은 진북(眞北)이라 하며, 투영된 도면의 북쪽인 도북과의 차이는 필연적으로 발생한다. 이것은 지리좌표계의 모든 경선이 북극과 남극에서 한점으로 수렴하지만 평면직각좌표계에서는 평행선으로 표시되는 현상으로 그 차이를 자오선수차(Meridians of Aberration)라 하며 투영의 중심에서 멀어질수록 커지는 특성이 있다. 즉, 자오선수차는 도북과 진북의 차이를 말하며 원점의 동쪽에서는 자오선수차 만큼을 더해준 각이 진북방위각이 되며 원점의 서쪽에서는 그 값을 빼주어야 한다. 평면직각좌표계에서 진북방위각은 중앙자오선상에서만 측정이 가능하며 방위각(Azimuth)은 진북방향을 기준으로 하여 시계 방향으로 360° 로 측정한 각으로 지구의 북극을 기준으로 측정한 각을 말한다.

그러나 평면직각좌표계의 좌표를 역계산하여 얻은 방위각은 자오선수차가 포함된 각이므로 엄밀히 말해서 방위각이 아니라 방향각(Direction Angle)이라 할 수 있다. 또한 진북방향은 원점에서 멀어질수록 점점 커지는 자오선수차 만큼 왜곡되어 방위각 또한 다르게 나타난다. 방위각과 방향각은 원점의 자오선상에 있는 점에서는 일치하나 그 이외의 점에서는 일치하지 않으며 자오선수차를 발생하고 크기는 그 점이 원점에서 멀리 떨어짐에 따라 증가한다.

어떤 점에 있어서 X축에 평행한 방향을 기준하여 표시하는 자오선 방향의 수평각을 진북방향각이라 하며 진북방향각과 자오선수차는 절대값은 같고 부호만 반대이다. 진북방향각은 원점의 동쪽에서는 부(−), 서쪽에서는 정(+)부호를 갖는다. 그림 1-58에서 방위각을 α, 방향각을 T, 진북방향각을 γ로 하면 $\alpha = T-(\pm\gamma)$, $T = \alpha + (\pm\gamma)$, $\gamma = T - \alpha$이 된다.

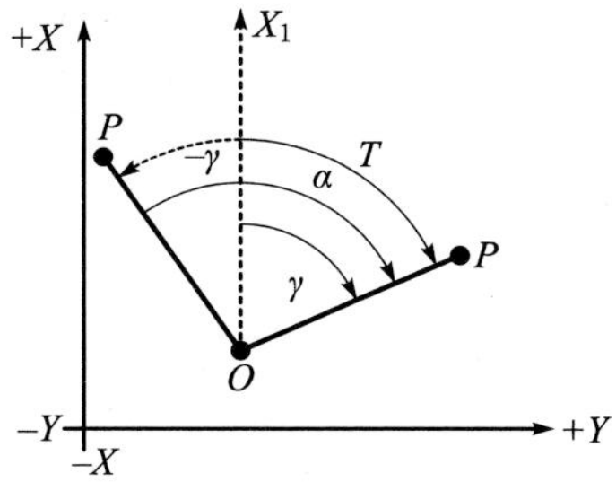

그림 1-58 방위각과 방향각

1.5.4 3차원직각좌표계

측량에서 위치는 평면직각좌표나 경위도좌표로서 수평위치를 나타내고 지점의 높이만을 결정하는 방법을 사용하여 왔으나 인공위성이나 관측용 천체를 관측하여 측량망 결합에 의한 3차원측량법이 새로운 측량기법으로 대두되고 있다. 3차원직각좌표계는 공간의 위치를 표시하는데 가장 기본적으로 사용되는 좌표계이지만 최근에는 위성좌표계를 각 국가마다 사용하고 있어 새로운 좌표체계로 활용되고 있다. 3차원직각좌표란 지구타원체의 중심을 원점으로 한 X축, Y축, Z축의 3개가 서로 직각을 이루는 축으로 구성되는 좌표계이다.

평면직각좌표계는 지역별로 원점의 설정이 다르지만 3차원직각좌표계에서는 세계적으로 공통되는 원점과 3축에 대한 정의를 사용하며 원점은 지구의 질량을 중심으로 한다. Z축은 지구의 자전축을 사용하고 X축은 원점에서 경도 0°와 적도가 만나는 점을 향하는 축이며, Y축은 X축에서 동쪽으로 직각이 되는 방향이다. 3차원직각좌표는 원래 인공위성의 위치의 표현과 궤도계산을 편리하게 할 목적으로 개발된 것이다. 3차원직각좌표로서 우리나라에서 많이 사용되는 좌표계는 크게 WGS84좌표계와 ITRF좌표계 2가지가 있으며, 이들은 비슷한 개념을 바탕으로 정의된 것이며, WGS84좌표계보다 더욱 정밀하게 측량된 성과를 바탕으로 설정된 것이 ITRF좌표계이며 우리나라의 세계측지계는 ITRF2002를 사용한다. 지구타원체로는 GRS80타원체를 사용하며 3차원직각좌표계와 지리좌표는 수학적으로 정확하게 상호변환 할 수 있으므로 ITRF2000좌표를 나타낼 때 3차원 직각좌표를 사용하기도 하고 경위도좌표로 나타내기도 한다.

1.5.5 구면직각좌표

구면직각좌표(Spherical Rectangular Coordinate)는 점의 위치를 구면상에서 직각좌표로 표시하는 방법으로 그림 1-59에서와 같이 지구를 구로 보고 좌표원점 O를 지나는 자오선(주자오선) NOS를 X축에 직각하는 대원을 Y축으로 하여 점의 위치를 표시한다. 즉, 1점 A의 위치는 A를 지나는 대원이 원자오선(NOS)과 만나는 교점을 A' 라할 때 자오선 호장 OA' 를 X좌표, 대원의 호장 AA' 를 Y좌표로 표시한다. 구면상 점의 위치를 나타내는 이 X와 Y는 각도 또는 길이로 표시된다. X는 원점으로부터 북에 있는 것을 정(+), 남에 있는 것은 부(−)로 하고 Y는 원점의 동쪽에 있는 것을 정(+), 서쪽에 있는 것을 부(−)로 한다.

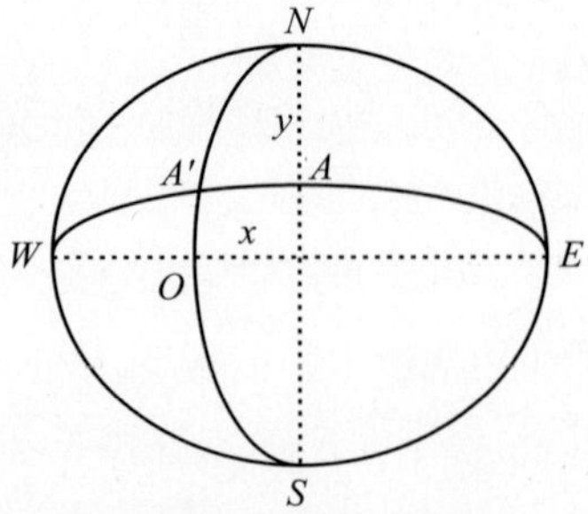

그림 1-59 구면직각좌표

1.5.6 평면극좌표

평면극좌표(Plane Polar Coordinate)는 원점에서 일정한 방향을 원방향으로 하고, 한 점의 위치를 원점에서 그 점까지를 잇는 직선의 길이와 원방향과 직선이 만드는 각으로 나타내는 방법으로 근대 유럽지역에서 18, 19세기경에 트랜싯을 사용하여 좌표를 결정한 방법이다. 점의 위치는 평면직각좌표 이외에 극좌표에 의하여 결정될 수 있으며 그림 1-60과 같이 O점을 기지점으로 하고 미지점인 P점의 좌표를 계산하기 위해서는 OP의 거리 r와 각(θ)의 값으로 표시한다. 즉, 평면직각좌표계를 평면극좌표계로 변환하는 공식은 아래와 같다.

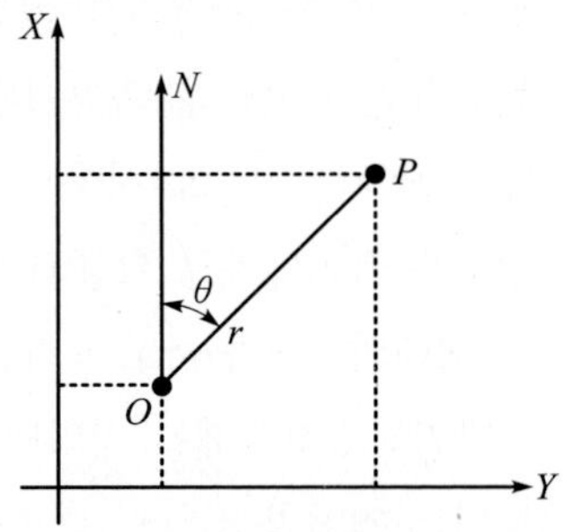

그림 1-60 평면극좌표

$$r = (X_O - X_P)^2 + (Y_O - Y_P)^2$$

$$V_o^P = \sqrt{\tan^{-1} \frac{(Y_P - Y_O)}{(X_P - X_O)}}$$

또한, 평면극좌표계를 평면직각좌표계로 변환하는 공식은 아래와 같다.

$$X_p = X_o + \gamma \cdot \cos\theta \quad Y_p = Y_o + \gamma \cdot \sin\theta$$

여기서, X_O, Y_O, X_P, Y_P는 O점과 P점의 XY좌표값, V_o^P; O에서 P를 본 방위각, γ; O에서 P까지의 거리, θ; 내각이다.

평면극좌표는 지적측량의 현장에서 많이 사용하는 방법이고 일반적인 측량에서 평면위치 결정을 위해서 사용하고 있다. 지적측량의 경우에는 각을 이용하여 위치를 결정하는 방법에서 많이 사용하고 삼각점, 지적기준점측량에서 활용하고 있으며 일필지측량에서 경위의를 사용하는 측량 방법으로 방사법이나 도선법을 이용하여 점의 위치를 결정하고, 경계복원측량의 경우에도 평면직각좌표를 역계산하여 현장에 복원할 경우 방위각과 거리를 이용하여 표시하는 방법도 여기에 해당된다. 그러나 최근에는 지적도면이 전산파일로 등록되면서 KLIS 데이터를 이용하여 전자평판측량에 의하고 있으므로 지적측량에서 세부측량은 모두 이 방법으로 실시하고 있다. 그러나 이를 지적공부에 등록할 경우에는 평면직각좌표로 계산하여 등록하고 있다.

1.5.7 UTM과 UPS좌표계

(1) UTM좌표

UTM좌표계(Universal Transverse Mercator Coordinates)는 지구타원체를 횡단메르카토르 투영법을 적용한 좌표계로서 적도를 횡축, 자오선을 종축으로 지구를 회전타원체로 보고 80°N~80°S의 투영범위를 경도 6°, 위도 8°씩 나누어 투영한 좌표계를 말한다. 또한 그림 1-61과 같이 지구 전체를 경도 6°씩으로 구분하여 60개 구역(Zone)으로 나누고 각 종대의 중앙자오선과 적도의 교점을 원점으로 하여 원통투영인 가우스-크뤼거투영법으로 상사투영한 등각투영이다. 각 구역은 180° W를 기준으로 동쪽으로 6° 간격으로 1부터 60까지의 번호를 붙인다. UTM의 경우 경도 6° 구역의 중앙자오선으로부터 동쪽 및 서쪽방향으로 각각 180,000m 정도 떨어진 두 경도선과 원통이 만나도록 하였다.

중앙자오선에서의 축척계수(k)가 0.9996이며 중앙자오선 양축에서 원통면과 만나는 두 경도선에서는 1.0000이며 양쪽으로 3°씩 떨어진 자오선에서는 1.0010으로서 6°구역 내에서 전체적인 축척의 정확도가 중앙자오선에서 원통면과 만나는 경우보다 높아짐을 알 수 있다. 일본과 미국의 TM평면좌표계에서는 0.9999를 좌표원점에서의 축척계수로 사용하고 있다.

UTM좌표계는 Transverse Mercator투영법이며 원점의 경도는 각 구역의 중앙자오선이 되며 단위는 미터를 사용하고 가정 위거는 0m(남반구10,000,000), 중앙자오선에서의 축척계수는 0.9996이며 구역번호는 180°W에서 174°W까지의 구간을 1로 시작하고 동으로 번호를 증가하여 174°E에서 180°E까지의 구간을 60으로 한다. UTM좌표는 제2차 세계대전 중 각국이 서로 다른 투영법을 사용하였는데 작전상의 불편을 초래하여 1950년대 북대서양조약기구(NATO)의 가맹국들 사이에 통일된 지도를 작성하기로 의견을 통일하고 2차 세계대전 말기 연합군의 군용거리좌표로 고안된 좌표계이다. 지구를 회전타원체로보고 N80°~S80°를 투영범위로 하여 각 구역내에서는 위도선은 남, 북위 80°까지만 포함시키며 8° 간격으로 20개의 구역으로 나누어 남쪽에서부터 영어 알파벳 C에서 X까지(단, I, O는 제외)로 표시한다.

우리나라 UTM좌표구역은 51, 52종대 및 S, T횡대에 속하며 우리나라에서는 1/50,000 군용 지도에 사용하고 있다. UTM좌표계는 각 존(Zone)의 중앙을 지나는 자오선으로 투영 중심을 지나는 선과 적도가 만나는 점을 원점(Origin)으로 하고 북반구에서는 원점의 좌표를 횡선 500,000m, 종선 0m로 하고, 남반구에서는 횡선 500,000m, 종선 10,000,000m로 한다. 또한 미터(m) 단위로 표시하며 각 구역마다 좌표원점의 값은 동서방향으로는 적도선상에서 각 구역의 중심자오선을 500,000mE로 한다. 남북방향의 좌표원점은 북반구에 대해서는 적도에서 0mN이고 80°N에서는 10,000,000mN이며 남반구에서는 80°S에서 0mN이고 적도에서는 10,000,000mN이다.

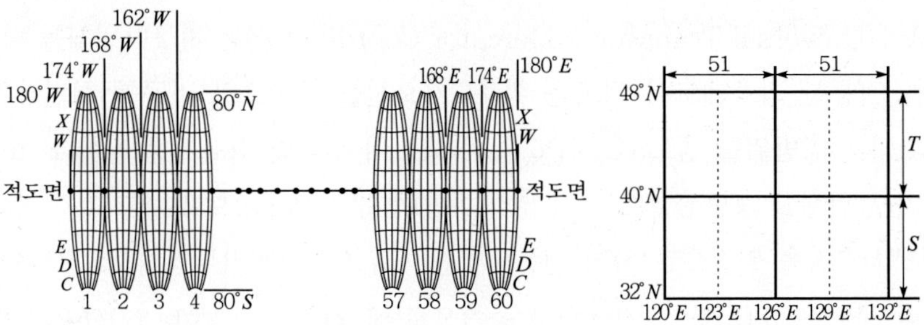

(a) UTM좌표계의 영향　　(b) 우리나라 UTM 구역

그림 1-61 UTM좌표

Transverse Mercator 투영의 요소는 그림 1-62와 같이 표시할 수 있으며 *P*는 북반구 중앙자오선의 동쪽에 위치하고 위도(ϕ), 경도(λ), 구점에서 중앙자오선에 내린 수직선이 교차하는 점의 위도(ϕ'), 투영한 원점(중앙자오선)의 경도(λ_0), 중앙자오선으로부터의 경도차($\Delta\lambda$), 타원의 장반경(a), 타원의 단반경(b)과 같이 기호로 표현할 수 있다.

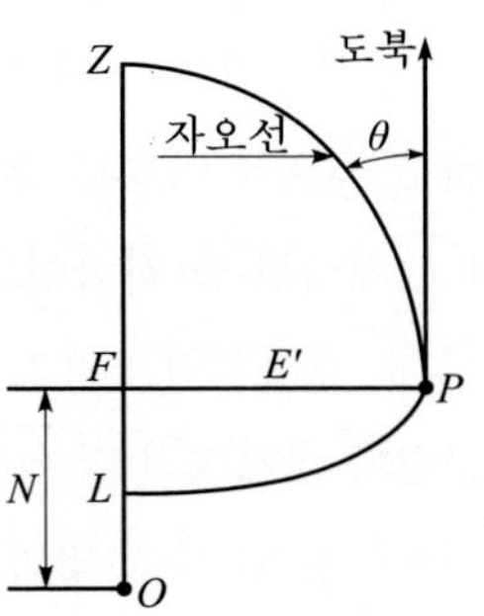

그림 1-62 TM 투영 요소

P; 미지점	***O***; 원점
OZ; 중앙자오선	***LP***; ***P***의 위도 평행권
LF; 곡률의 종좌표	***OF***; ***N*** 위거

OL; 적도로 부터의 자오선의 호

FP(=***E′***); 중앙자오선으로부터의 평면거리

θ; 자오선 수차로 ***P***점에서 진북과 도북이 이루는 각

F; ***P***로부터 중앙자오선에 내린 수직선이 교차하는 점

(2) UPS좌표

국제극심입체좌표(UPS; Universal Polar Stereo Graphic Coordinates)는 위도(남위, 북위) 80° 이상의 양극지역의 좌표를 표시하며 UTM좌표계가 고위도지역에서 심한 왜곡으로 위도 80° 이상의 지역을 표시하기 어렵기 때문에 고안되었다. 극지방의 투영에 적합한 방위평사투영법을 사용하고 양극을 원점으로 하는 평면직각좌표계라 할 수 있으며 UTM좌표의 상사투영법과 같은 특징을 갖는다. 그림 1-63과 같이 동서방향으로는 90°E 방향으로 증가하는 값을 나타내고 남북방향으로는 본초자오선을 따라 북극쪽으로 증가한 값을 갖으며 거리단위는 m를 사용하고 종선좌표를 *N*, 횡선좌표를 *E*로 표시한다. 원점의 좌표값은 횡좌표 200만mE, 종좌표 200만mN이며, 도북방향은 북극지방에서 북극을 지나는 180°자오선이며, 남극지방에서는 남극을 지나는 0°자오선이다.

좌표계의 범위는 북극의 경우 경도 0° 부근의 최하단 횡선이 100만mN, 원점이 200만mN, 경도 180° 부근의 최단 횡선이 300만mN이고 세로선은 90°W 부근이 100만mN, 원점이 200만mN, 90°E 부근이 300만mN이며 남극의 경우는 반대이다. 100만m 좌표구역은 UTM에서와 마찬가지로(100,000m×100,000m)구역으로 나누어 각각 두개의 영문 알파벳으로 구분하며 남극지방에서는 *A*와 *B*를 북극지방에서는 *Y*와 *Z*를 사용한다.

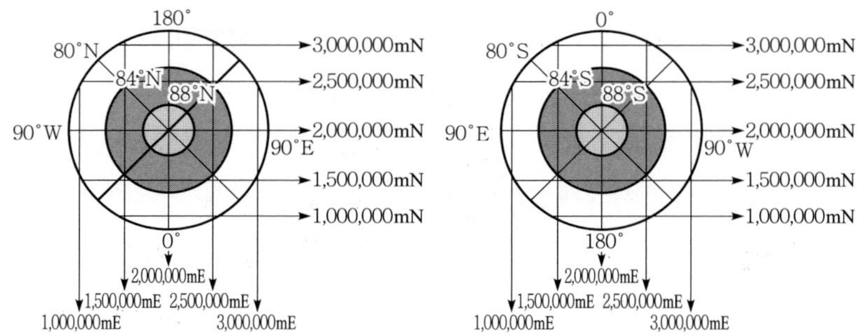

(a) 북극 (b) 남극

그림 1-63 UPS좌표계

1.5.8 위성좌표계

인공위성측위시스템은 GPS 위성의 경우WGS84와 ITRF가 있으며 글로나스에서는 PE좌표계로 지구중력장과 지구모형을 근거로 하여 만들어진 세계공통좌표계라 할 수 있다. 일반적으로 WGS84와 ITRF좌표계의 원점은 지구질량중심(Earth' s Center of Mass)으로 설정되어 있으며 이들은 각 나라마다 사용하고 있는 지역좌표시스템의 변환에 따른 문제점을 지니고 있으며 WGS84 좌표의 경우 측지좌표인 경위도, 높이(*B*, *L*, *H*)로 변환되며 경위도는 다시 평면직각좌표로 변환하여 사용하고 있다. GPS에 의하여 미지의 관측점 위치를 3차원적으로 결정하기 위해서 여러 개의 위성으로부터 송신되는 데이터를 수신해야만 한다. 국제지구기준좌표계(ITRF; International Terrestrial Reference Frame)는 국제지구회전관측사업(IERS; International Earth Rotation Service)에서 추천하는 통일좌표계로서 현재 각종 우주 및 측지좌표계로부터 ITRF계로의 변환 Parameter가 주어지고 있다. IERS에서는 새로운 좌표계를 발표할 때 마다 기존좌표계간의 차이도 함께 발표하고 있다. 최근 세계 각국은 새로운 측지 · 측량 기술의 발전 및 전자통신 기술의 발전으로 위치관측의 범위가 지역단위에서 전 지구적 규모로 확대되고 있다. 국제적인 지심좌표의 기준은 국제지구기준좌표계(ITRF)로 IERS에서 VLBI, LLR, SLR, GPS, DORIS 등의 관측 결과로부터 구한 측점좌표 및 이동속도를 바탕으로 매년 지축의 회전을 계산하고 이에 따른 정밀 지심좌표계를 ITRF88에서 ITRF2002까지 발표하였다. ITRF는 순수한 3차원직교좌표계이고, 경위도를 계산하기 위한 타원체의 적용이 필요할 경우에는 GRS80 타원체를 적용하고 있다.

1.5.9 천문좌표계

천체의 위치와 운동을 나타내기 위하여 관측자를 중심으로 반지름이 큰 구면을 가상한 것을 천구(Celestial Sphere)라 한다. 천구상에서 천체의 위치는 지구상의 한 점의 위치를 경도와 위도로 표시한 것과 같이 2개의 요소로 표시하는 좌표계이며 천체의 위치를 표시하기 위해서는 구면좌표계의 도입이 필요하고 구면좌표계로는 지평좌표계, 적도좌표계, 황도좌표계, 은하좌표계 등이 이용된다. 천구상에서 천체의 위치는 관측자를 중심으로 연직선과 지평면을 기준으로 하는 지평좌표, 좌표축과 수직인 적도면을 기준으로 하는 적도좌표, 지구공전 궤도면을 기준으로 하는 황도좌표, 은하계의 적도면을 기준으로 하는 은하좌표로 구분하고 있다.

(1) 지평좌표계

지평좌표(Horizontal Coordinate System)는 관측자를 중심으로 천체의 위치를 표시하는 좌표계로 관측자가 연직선과 지평면을 기준으로 어떤 천체의 위치를 나타내는 좌표계

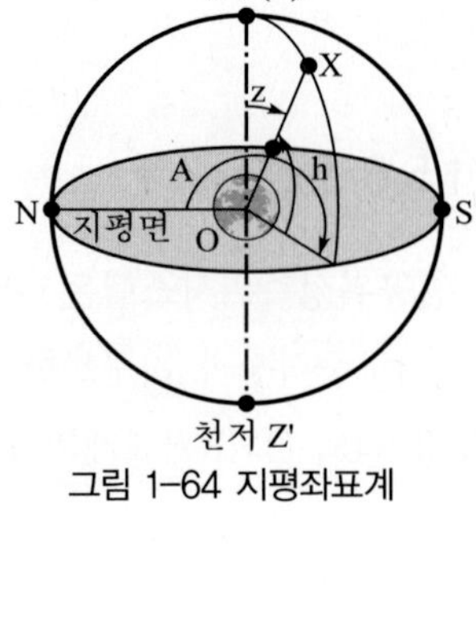

그림 1-64 지평좌표계

로 방위각좌표계 또는 고저각좌표계라고도 한다. 시각과 관측 장소만 알면 고저각과 방위각으로 천체의 위치를 알 수 있어 간단하지만 천체의 일주 운동으로 시간에 따라 방위각과 고도가 변하므로 천구상에 고정된 천체의 위치를 나타내는데 단점이 있다. 자오선의 북쪽으로부터 지평선을 따라 천체를 지나는 수직권까지 측정한 각 거리와 방위각 지평선으로부터 천체까지 수직권을 따라 잰 각 거리를 고저각이라 한다.

지평좌표는 천구의 일주운동 때문에 관측자를 중심으로 머리 위를 천정, 아래를 천저라고 하며, 천정과 천저를 잇는 축은 천구의 지평선과 수직을 이루는데 이 대원을 수직권(Vertical)이라 하고, 수직권 중에서 천구의 두 극을 통과하는 대원을 천구의 자오선(Celestial Meridian)이라 한다. 천구의 남극과 북극을 지나는 수직권이 지평선과 만나는 두 점 중에서 천구의 북극에 가까운 점을 북점, 천구의 남극에 가까운 점을 남점이라 한다. 또한, 그림 1-64와 같이 자오선이 지평선과 만나는 두 점 S, N을 각각 남점, 북점이라 하며 이들이 관측자에게는 지평선에서의 정남, 정북의 점이 된다. S, N에서 지평선 방향으로 각각 90°가 되는 점 E, W를 동점, 서점이라 하여 4개의 점은 관측방위의 기점이 된다.

이와 같이 천체의 위치를 방위각과 고도로 표시하는 좌표계를 지평좌표라 하며 고도(h)는 지평선에서 임의의 천체까지 수직권을 따라 잰 가장 짧은 각거리이며 0°(지평선)에서 90°(천정) 사이의 값을 말한다. 즉, 고도(h)는 천정으로부터 각거리 $\angle ZOX' = z = 90° - h$로 천체의 좌표를 ($A$, z)로 표시하는데 여기서 z는 천정거리(Zenith Distance)라고 한다. 방위각(A)은 북점으로부터 지평선을 따라 동점 쪽으로 천체(S)를 포함하는 수직권까지 잰 각거리로 0°에서 360°까지의 범위이다.

북극성의 위치를 지평좌표로 나타내면 방위각은 0°이고 고도는 그 지방의 위도와 같게 된다. 관측자의 머리위 수직상방과 천구가 만나는 점을 천정(Zenith)이라 하며 관측자의 발밑으로 연장한 수직선과 천구가 만나는 점을 천저(Nadir)라 한다. 천구의 중심 O에서 연직선방향이 천구와 만나는 두 점을 천정(Z)과 천저(Z')라 한다. 천구에서 Z와 Z'로부터 90°씩 떨어져 있는 큰 원 $NX'S$를 관측자(O)의 지평선이라 하며 지평선은 천구를 상하로 이등분하여 그 상반구만을 볼 수 있으며 천체 X를 지나는 수직권이 지평선과 만나는 교점을 X'라하면 천체 X의 위치는 $\angle SOX'$와 XOX'의 두 개의 각도로 표시할 수 있다. $\angle SOX' = A$를 방위각(Azimuth Angle), $XOX' = h$를 고도(Altitude)라고 하며 A, h는 X의 지평좌표계가 된다.

(2) 적도좌표계

적도좌표계(Equatorial Coordinates System)는 천구의 중심에 지구의 중심을 일치시킨 좌표계로 적경과 적위 또는 시간각과 적위로 나타내는 좌표계를 말하며 시간과 장소에 관계없이 좌표값이 일정하지만 특별한 시설이 없으면 천체의 위치를 정확히 찾기가 어려운 좌표계이다. 천문좌표계 중 가장 널리 이용되는 좌표계는 적경, 적위를 이용한 적도좌표계이다. 천구의 겉보기 운동으로 인해 모든 별은 하루에 한 번씩 하늘을 돌고 있으므로 관측자에게는 각 별의 방위각과 고도가 시각에 따라 항상 변한다.

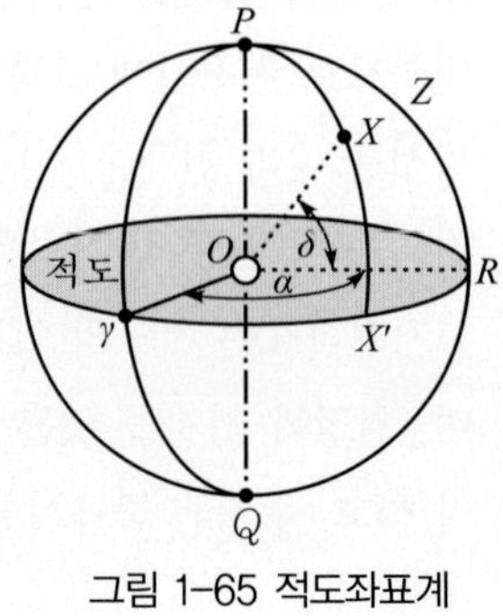

그림 1-65 적도좌표계

따라서 천구와 함께 회전하는 적도좌표계를 이용하여 시각에 관계없이 거의 변하지 않는 위치를 표시할 수 있으며 적도좌표계에서 천구의 북극과 남극을 지나는 대원을 시간권이라고 한다. 적경과 적위는 천문좌표체계의 대표적인 것으로서 천구상에 고정되고 천구를 따라 회전하는 체계이며 천구의 위치를 천구 적도와 춘분점을 기준으로 적위(δ)와 적경(α)으로 나타낸다. 일주운동의 중심인 지구의 자전축이 천구와 만나는 두 점을 각각 천구의 북극, 남극이라 하고, 천구의 북극 P와 남극 Q에서 각각 90° 떨어진 대원을 천구적도(Celestial Equator)라고 하며 극을 지난 대원을 시간권(Hour Circle)이라고 한다.

시간권은 천구의 적도에 수직인 대원이며 지평좌표계에서의 남점과 같은 역할을 하는 기준점으로는 적도와 황도의 교점의 하나인 춘분점(γ)을 사용한다. 그림 1-65에서와 같이 천체의 X를 지나는 시간권이 적도와 만나는 점을 X' 이라 하면 천체의 위치는 $\angle\gamma OX'$ 와 $\angle XOX'$ 로 표시된다. $\angle\gamma OX' = \alpha$를 적경(Right Ascension), $\angle XOX' = \delta$를 적위(Declination)라 하고 별의 위치는(α, δ)로 표시되며 춘분점을 지나는 시간권과 천체 R을 지나는 시간권이 만드는 각을 적경이라 하고, 적도면에서 천체 X까지의 각을 적위라고 한다. 예를 들면 하지점의 적도좌표는 적경 6시, 적위 +23.5°가 되며 춘분점이 천체와 함께 일주운동을 하므로 그 좌표값이 관측자의 위치나 시간에 관계없이 일정하며 천구상에서 별의 위치는 주로 적도 좌표계로 표시된다.

적경(Right Ascension; α)은 춘분점에서 동쪽으로 0시(0°)에서 24시(360°)까지로 표시하고 지구에서의 경도와 유사하며 각도 단위를 사용하지 않고 시간의 단위인 시, 분, 초단위를 사용한다. 적경의 범위는 본초 시간권으로부터 적도면을 따라 동쪽으로 잰 각 거리로 360°를 0h~24h로 표시하며 그리니치 항성시에서 천체의 시각을 뺀 값이다. 표 1.4는 적경과 적위 및 춘분점, 하지점, 추분점 및 동지점과의 관계를 나타내고 있다.적경의 원점은 춘분점이고 춘분점(Vernal Equinox Point)은 천구에 고정되어 있으며 천구의 적도와 황도에 의해 결정된다.

표 1.4 적경과 적위 및 춘분점과의 관계

구 분	춘분점	하지점	추분점	동지점
적경	0°	6°	12°	18°
적위	0°	+23.5°	0°	-23.5°

태양의 남중 고도는 1년을 주기로 +23.5° ~-23.5° 사이를 매일 조금씩 변화하며 위도 ø인 지점에서 태양의 적위가 δ인 날의 태양의 남중 고도 h= 90° - ø +δ이다. 위도 ø인 지방에서 항성의 적위가 δ일 때, 각 별들의 위치를 살펴보면 주극성은 항상 보이는 별로 δ≥ 90° - ø가 되고 출몰성은 뜨고 지는 별로 -(90° - ø)≤δ< 90° - ø가 된다. 또한 전몰성은 항상 보이지 않는 별로 δ< -(90° - ø)가 된다.

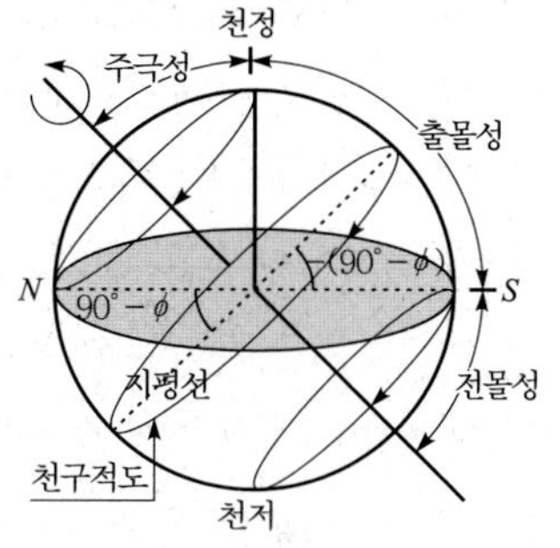

그림 1-66 주극성, 출몰성

춘분점은 천구의 적도와 황도가 만나는 점으로 기준점이 되며 천구의 북극과 남극을 지나는 대원을 시간권, 시간권 중에서 천정과 천저를 지나는 시간권을 자오선이라 한다. 또한, 천체의 관측을 위하여 별을 이용하여 얻은 시각을 항성시라 하고, 우리의 일상생활을 위하여 태양을 이용하여 얻은 시각을 태양시라 한다.

적위(Declination; δ)는 천구의 적도에서 북쪽 또는 남쪽으로 0°에서 ±90°까지로 표시하며 천구의 중심에서 천체를 통과하는 시간권을 따라 관측된 천체와 천구적도와의 사이각이다. 천구의 적도면에서 천구까지의 각거리는 양(+)의 값으로 표시하며 적도면에서 천저까지의 각거리는 음(-)의 값으로 표시한다. 천구적도면을 기준으로 시간각과 적위로 천체 위치를 표시하는 좌표계로 적도상에서 0°이고 적도로부터 남북으로 ±90°로 표시한다. 시간각(*H*)은 천정(*Z*)과 천구북극(*P*)을 지나는 천구의 관측자오선이 천구적도와 만나는 교점에서 천체의 시간권까지 천구적도면을 따라 서쪽으로 측정한 각거리를 말하며 적도좌표와 지평좌표의 관계는 표 1.5와 같다.

표 1.5 지평좌표와 적도좌표의 관계

구분	지평좌표		적도좌표	
	방위각	고도	적경	적위
기준선	지평선	수직권	천구적도	시간권
기준점	북점, 남점	지평면	춘분점	천구적도면
방향	시계방향	위로	반시계방향	위로
표기	0°~360°	0°~90°	0h~24h	0°~±90°

(3) 황도좌표

황도좌표계(Ecliptic Coordinates)는 태양계의 천체를 관측할 경우에 모든 천체의 궤도면이 지구의 궤도면과 거의 일치하여 황도 가까운 곳에 나타나기 때문에 편리하게 이용되며 황경과 황위를 기준으로 한다. 황도좌표는 적도 대신에 황도를 이용하여 만들어진 것이 황도좌표계인데 적경, 적위 대신에 황경, 황위를 사용한다. 1년 중 하늘에서 태양이 움직이는 겉보기 궤도를 황도라 하며, 지구궤도면이 천구와 만나는 대원이다.

그림 1-67과 같이 황경(Celestial Longitude)은 춘분점을 원점으로 하여 황도를 따라 동쪽으로 측정한 각거리로 0~360°의 값으로 표현된다. 적도면과 황도면의 경사각은 약 23°의 경사를 이루고 있으며 두 분점인 춘분점과 추분점에서 만난다. 황위(Celestial Latitude)는 황도면에서 떨어진 각거리로 관측점까지 이루는 값을 말하며 0~±90°의 값이다. 천구상의 두 극 중 황도를 기준으로 하는 극은 북황극(North Ecliptic Pole)과 남황극(South Ecliptic Pole)이다.

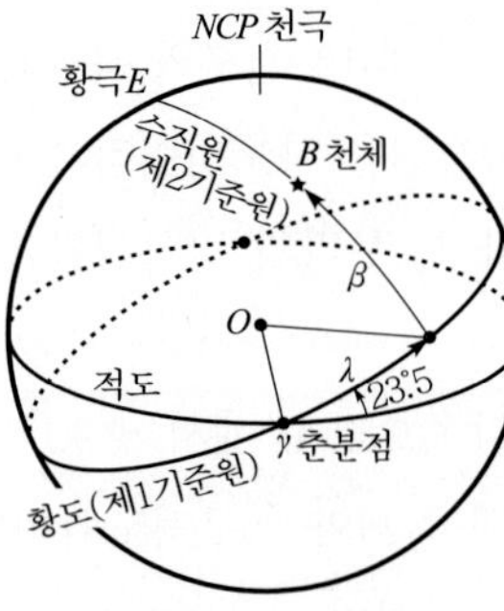

그림 1-67 황도좌표계

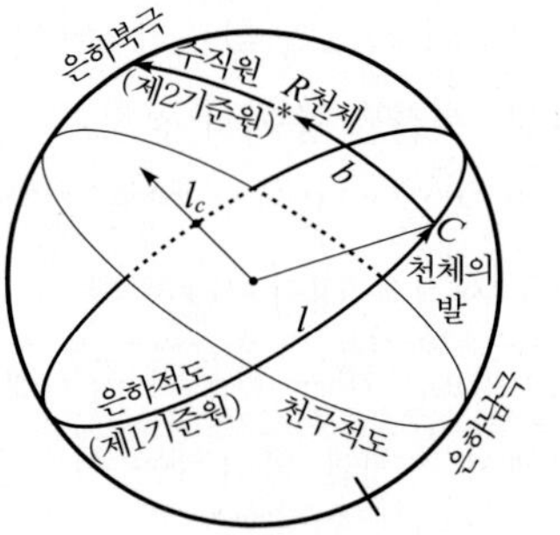

그림 1-68 은하좌표계

(4) 은하좌표계

은하좌표계(Galactic Coordinates)는 그림 1-68과 같이 은하계 내의 항성분포를 연구하기 위해 사용하는 좌표계로 주로 은경과 은위로 표시한다. 은하계 내의 천체의 위치나 은하계와 연관 있는 현상을 설명할 때 편리하며 은하의 중간평면을 기준평면으로 잡고 은하적도라 하며 은하적도의 두 극을 북은극(+), 남은극(−)이라 한다. 은경은 은하 중심방향으로부터 은하적도를 따라 동쪽으로 측정한 것으로 0°~360°의 값을 가지며 은위는 은하적도로부터 북은극 또는 남은극 쪽으로 측정한 각도로서 0°~±90°의 값을 가진다. 은하적도를 나타낸 대원은 천구적도에 대하여 63°만큼 기울어져 있으며 현재 사용되는 우리나라의 은하좌표계는 1958년 8월 제정된 것이다.

1.6 측지계

지구상의 위치를 물리적인 지구에 가장 적합하도록 구현하고자 적당한 차원의 수량적 좌표로 표현하기 위한 체계를 측지계라고 한다. 세계측지계는 세계에서 공통에 이용할 수 있는 위치의 기준이다. 지구상에서의 경도, 위도로 나타내기 위한 기준이 되는 좌표계 및 지구의 형상을 나타내는 타원체의 총칭으로써 세계 공통이 되는 측지기준계를 말한다. 각국의 측지기준계가 측량 기술의 제약 등으로 주로 자국만을 대상으로 구축된 것인데 비하여 세계측지계는 세계 각국에서 공통으로 이용할 수 있는 것을 목적으로 구축된 것이다. 측량법에서는 세계측지계란 지구를 편평한 회전타원체라고 상정해 실시하는 위치측정의 기준으로 회전타원체의 장반경은 6,378,137m, 편평율은 1/298.257222101로 회전타원체의 중심이 지구의 질량중심과 일치하여야 하며 단반경의 축은 지구의 자전축과 일치하여야 한다.

1.6.1 동경측지계

동경측지계는 베셀타원체를 채택하여 천문 관측에 의해 결정된 경위도 원점의 값과 원방위각을 기준으로서 구축되었다. 동경측지계는 1910년대부터 1/50,000지형도 제작을 위해 정비되어 2009년 12월 31일까지 사용하도록 측량법을 개정하였으나 지적측량과의 관계로 측량 · 수로 및 지적에 관한 법률을 제정하면서 모든 국토에 2010~2020년까지 병행하여 사용하고 2021년부터 세계측지계를 사용하도록 하고 있다. 동경측지계와 세계측지계 사이의 경도 · 위도의 차이는 경도 · 위도를 결정하기 위한 기준이 과거와 현재가 다르기 때문에 발생한 것으로 이 차이는 지구 전체를 통일적으로 측량하는 것이 불가능하므로 천문관측을 기본으로 나라마다 원점의 경도 · 위도를 정해 그것을 기준으로 측량을 실시하였다. 인공위성 등을 이용해 지구 전체를 통일적으로 측량할 수가 있게 된 현재는 세계적으로 통일된 기준이 되는 세계측지계에 근거해 경도 · 위도를 결정할 수가 있게 되었다.

우리나라에서는 TM좌표 또는 평면직각좌표계에서의 좌표기준점으로 서부원점(125° E, 38° N), 중부원점(127° E, 38° N), 동부원점(129° E, 38° N), 동해원점(131° E, 38° N)의 4개 원점을 사용한다. 여기서, X축은 북쪽 방향이 양의 값을 나타내고, Y축은 동쪽 방향이 양의 값을 나타낸다. Z축은 국제지구회전관측사업(IERS; International Earth Rotation Service)에 의해 정의된 관용극점, X축은 IERS에 의해 정의된 경도 0° 를 통과하며 Y축은 X축으로부터 직각으로 적도면과 만나는 연장선이며 좌표계의 구성 방향인 X, Z축의 나머지 한 방향이다. Scale은 중력적 상대론의 의미로 지구 중심이다. 경위도의 기준이 나라마다 다르면서도 세계 지도를 작성할 수 있는 것은 측지기준계의 차이에 의한 경도 · 위도의 차이가 나라마다 약 500m정도이므로 세계지도에 이용되는 지도의 축척은 일반적으로 1/1,000만 또는 그것보다 작기 때문에 지도상에서는 경도 · 위도의 차이는 0.1mm 이하가 되므로 지도상에서 표현되지 않기 때문이다.

1.6.2 세계측지계

세계측지계는 지구를 가장 근사한 준거 타원체로 지구상의 위치를 경도 · 위도 및 지구중심으로부터의 높이로 나타낸다. 또한, 지구중심을 원점으로 하는 3차원직각좌표계를 이용해 나타낼 수도 있다. 세계측지계인 ITRF2000 좌표계(International Terrestrial Reference Frame; 국제지구기준좌표계)와 GRS80(Geodetic Reference System 1980; 측지기준계1980)의 타원체를 사용하여 나타낸다. 우리나라의 표고는 현재와 동일하게 인천만 평균해면을 기준으로 하고 있으며 세계측지계의 수평위치는 우주측지기술인 VLBI나 GPS를 이용한 GPS상시관측소의 관측값을 근거로 전국의 삼각점을 새롭게 계산해서 실시한다.

세계측지계는 통일되게 하나로 되어 있지만 나라마다 채용하는 시기나 구축에 해당하는 상세한 방법 및 정밀도가 다르며 대표적으로 우리나라를 시작해 많은 국가가 육지부분에 채용하고 있는 ITRF계, WGS계, 러시아가 채용하고 있는 PE계의 3 종류가 있다. 전 세계의 경도 · 위도의 기준측지계는 육지와 해양을 합해 100개 이상의 기준이 있으며 1996년에 미국이 GPS를 민간이 이용할 수 있도록 하고 계속적인 서비스를 표명한 이후 GPS의 보급이 급속히 증가하고 있다.

우리나라도 국제적인 흐름에 맞추어 세계측지계로 전환하여 2010년부터 시행하고 있으며 세계측지계의 도입으로 측량에 관련된 내용은 물론 그 외의 분야에서도 변경 또는 기존자료의 정정이 필요하다. 동경측지계로부터 세계측지계로의 좌표변환 할 경우에는 상대적인 위치 관계나 면적 등의 지도의 내용은 바뀌지 않기 때문에 다시 작성할 필요는 없지만 필요에 따라서 도곽선수치의 수정 또는 도곽선의 변경이 필요하다. GIS DB에 저장되고 있는 기존의 지도 데이터의 경도 · 위도의 값, 또는 평면직각좌표계에 근거하는 좌표는 세계측지계에 근거한 값으로 변환할 필요가 있다. 또한 메타데이터의 변환은 재계산에 의해 구하기 때문에 기초 데이터의 상황에 의해 엄밀한 변환이 가능한 경우와 불가능한 경우가 있다.

1.7 지구의 시간

시(Time)는 천체의 춘분점과 자오선 및 적도와 적경에 의해 알 수 있으며 시각과 시간의 의미를 합친 개념을 말한다. 시각(Time Instant)은 어느 한 순간을 의미하고 시간(Time Interval)은 시각과 시각 사이의 간격을 말한다. 우리가 일상생활을 하는데 중요한 역할을 담당하고 있으며 과거에는 지상에 수직으로 서있는 막대나 해시계 등의 그림자를 이용하여 시를 관측하였는데 사용자의 편리나 천체의 위치에 따라 자오선을 기준으로 항성시, 태양시, 세계시로 분류할 수 있다. 일반적으로 시각(時刻), 시간(時間), 시(時)라는 3가지 말은 명확하게 구별하지 않고 혼동하여 사용하므로 시각과 시간과의 종합개념을 "시"(때)라고 하는데 실지는 "시"를 "시간"이라고 부르는 경우가 많다.

천체의 위치는 춘분점 및 적도 등에서 기산하며 춘분점이나 적도는 부동(不動)이 아니고 세차(歲差) 및 장동(章動) 등의 영향으로 항상 움직이고 있기 때문에 모든 천체의 위치는 일정한 시기에 준거(準據)하여야 하며 일정한 시기를 천문학에서는 "원기(元期)"라고 한다. 시간은 천체의 일주운동(日周運動)을 측정하는데 일주운동은 지구의 자전에 의하므로 시간은 지구의 자전속도를 측정하는 것이다. 지구는 태양의 둘레에서 하나의 혹성으로 케플러 운동을 하고 있으나 지구를 중심으로 태양이 케플러 운동을 하는 것처럼 보인다. 태양이 그리는 대원을 황도(黃道)라 하고 태양은 황도에서 엄밀하게 1″도 벗어나지 않고 운동하고 있다.

1.7.1 1년이란

(1) 베셀연초

태양년의 시작은 춘분(春分)인 3월 21일경 이며 춘분과 우리들의 일상생활에 이용되는 신정인 1월 1일과는 약 110일의 차(差)가 있기 때문에 태양의 평균 황경(黃經)이 290°가 된 때를 연초(年初)로 하는 경우를 "베셀연초"라고 한다. 베셀연초는 1월 1일경으로 천체력(天體曆)은 베셀연초로부터 태양년(太陽年)을 기산(起算)하는 것이 보통이다. 태양년은 우리가 일상생활에 사용하는 평균태양일과는 관계가 없기 때문에 평균태양일과 관계가 있는 해(年)를 말하며 365.25 평균태양일을 1년으로 하는"율리우스 년(Julius 年)"을 사용하고 있다. 율리우스 년의 기산점(起算點)은 대개 1900년 1월 1일 그리니치에서의 평균 정오로 하고 있다.

(2) 태양년

태양년이라 함은 태양이 황도상의 평균춘분점(平均春分點)에서 출발하여 다시 춘분점으로 돌아오는 시간으로 계절의 변화와 일치하기 때문에 보통 1년으로 하고 이는 "율리우스 년"을 사용하고 있다. 평균태양년은 시태양년을 장기간에 걸쳐 평균한 것으로서 태양년은 365일 5시 48분 46초로 365.2422 평균태양일이고 이는 366.2422 항성일에 해당하며 회귀년(回歸年)이라고 한다. 1회귀년(Tropical Year)이 1항성년 보다 짧은 원인은 지구의 세차 운동으로 춘분점이 동에서 서로 약 50″이동하기 때문이다.

황도는 다른 혹성의 섭동 때문에 약간 움직이며 적도 또한 그 평균위치가 세차 때문에 움직이므로 그 교차점인 평균춘분점도 천구상(天球上)을 천천히 이동하고 있는 것이다. 따라서 태양년은 태양이 공간에 대하여 1바퀴 공전하는 시간으로 항성년과도 다르며 평균태양일에 비하여 1년에 0.0053초가 짧다.

(3) 항성년

항성년(恒星年; Sidereal Year)은 혹성의 섭동(攝動) 때문에 극히 미세하게 변화하는 것으로, 그 변화량은 태양년에 비해 작으며 지구의 공전주기를 말한다. 태양이 황도를 한 바퀴 회전하는 시간을 1항성년이라 하며 1항성년은 365일 6시 9분 10초 = 366.2564 평균태양일인데 근지점은 해마다 섭동을 받아 이동하므로 근점년도 항성년과는 길이가 같지 않다. 지구의 자전은 뉴턴역학에 근거하는 방법이며 코리올리효과(Corioli′s Effect)와 후코진자(Foucault′s Pendulum)로 입증한다.

1.7.2 1일이란?

천체가 일주운동을 1회전하는데 필요로 하는 시간을 1일이라 하고 태양일(Solar Day)은 지구가 태양을 중심으로 한번 자전하는 시간으로 24시간을 말한다. 항성일(Sidereal Day)은 춘분점이 연속해서 같은 자오선을 두 번 통과하는데 걸리는 시간이며 적도좌표계의 춘분점이 관측 지점의 자오선상에 남중한 시각으로부터 다시 남중할 때까지의 시간을 말한다. 항성일은 지구가 항성을 기준으로 1회 자전하는데 걸리는 시간으로 평균 태양일(0.99727일)은 23시 56분 4초이다. 지구가 그 궤도 위를 연주운행(年周運行)하는 이른바 공전 때문에 태양은 다른 항성보다 조금씩 뒤떨어져 운행하는 것처럼 보이는 것이다. 따라서 태양일은 항성일보다는 시간으로 약 4분이 길며 이는 지구의 공전속도가 1일에 약 1°이기 때문이다.

1.7.3 시란?

(1) 태양시

태양시(Solar Time)는 어떤 자오선에서 순간의 태양 시각을 말하며 태양은 매년 3월 21일 경에는 춘분점을 통과하는데 그 순간은 항성시와 태양시가 정확히 일치하지만, 태양은 황도상을 날마다 약 1° 씩 서쪽에서 동쪽으로 이동하므로 결국 태양은 날마다 약 4분씩 춘분점보다 뒤늦게 자오선을 통과한다. 태양시는 우리의 일상생활에 사용하고 있는 시를 말하며, 그와 상대되는 진짜 태양에 의한 시간을 "진태양시(眞太陽時)" 또는 "시태양시(視太陽時)"라 하여 구별하고 있다.

1) 시태양시

시태양은 우리가 일상에서 쳐다볼 수 있는 해를 말하며 진태양 또는 시태양의 회전으로 이루어지는 시간을 시태양시(Apparent Solar Time)라고 하는데 자정을 하루의 기준점으로 한다. 시태양이 남중에서 다시 남중할 때까지의 시간을 일남중(日南中) 또는 일정중(日正中)이라고 하며 태양이 임의의 지방 자오선상에 남중한 시각을 12시라 한다. 태양의 연주운동은 각속도가 일정하지 않기 때문에 태양의 시간각은 정확하게 시간에 비례하지 않으므로 시태양의 하루 길이는 23시 59분 38초~24시 00분 30초 이다. 그 원인은 지구의 공전궤도가 타원궤도이기 때문에 케플러 제 2법칙에 따라 지구 공전속도가 변한다. 태양의 시간각에 12시간을 더해서 얻은 것(시태양시 = 태양의 시간각+12h)이 시태양시 이지만 하루의 길이가 일정하지 않으며 시태양의 하루 길이가 매일 달라지므로 통상적인 시간의 기준으로 사용할 수 없다.

2) 평균태양시

평균태양이 자오선을 기준으로 한 바퀴 회전하는데 걸리는 시간을 1평균 태양일이라 하며, 1 평균 태양일을 24등분한 것을 평균 태양시(Mean Solar Time or Local Mean Time; LMT)라 한다. 시간을 측정하려면 황도상을 진태양이 평균속도로 일정하게 회전하는 가상의 태양을 기준으로 하는데, 시 태양시의 불편을 없애기 위해 천구적도상을 1년간 일정한 평균각 속도로 동쪽으로 운행하는 가상적인 태양을 "평균태양" 혹은 "가상태양"이라고도 하며 일상생활에 사용하는 시간의 측정기준이다. 또한, 일정하지 않는 시태양일을 1년에 걸쳐 평균한 하루를 평균태양일이라 하고 그 평균태양일을 단위로 남중을 반복하여 일정하게 운동하는 태양을 가상하는 것을 평균태양시(Mean Solat Time)라 한다. 따라서 천문학에서는 시태양이 춘분점을 출발하여 다시 춘분점에 돌아올 때까지(1년)의 평균속도로써 적도상(赤道上)을 고르게 운행하는 가상의 태양인 평균태양을 고정하여 그를 기준으로 하는 시간을 평균태양시라고 하는데 평균태양시는 현재 전 세계에서 널리 사용하고 있는 시간으로 우리들의 시계면(時計面)이 가리키는 시간도 모두 평균태양시인 것이다.

지구에서 황도를 운행하는 시태양의 속도는 계절에 따라 빠르고 늦음이 있고 황도와 적도는 약 23° 27′ 의 경사각을 갖고 있으므로 시태양의 적경의 변화 또한 일정하지 않고 장동의 원인으로 춘분점도 약간씩 이동하므로 시태양의 운동으로 시간을 측정하기는 매우 어렵다. 평균태양의 시간각이 그 시각에서의 평균태양시이고 평균태양이 남중(南中)한 순간이 평균정오이며, 평균태양의 시각에 12h를 더한 것이 그 지방의 평균시가 되는 것이다. 가상적인 태양에 의한 평균태양의 시간각으로 우리가 사용하는 상용시이며 평균태양시(LMT)=진태양시+균시차가 되므로 경도차(Δt)로 나타낼 수 있다.

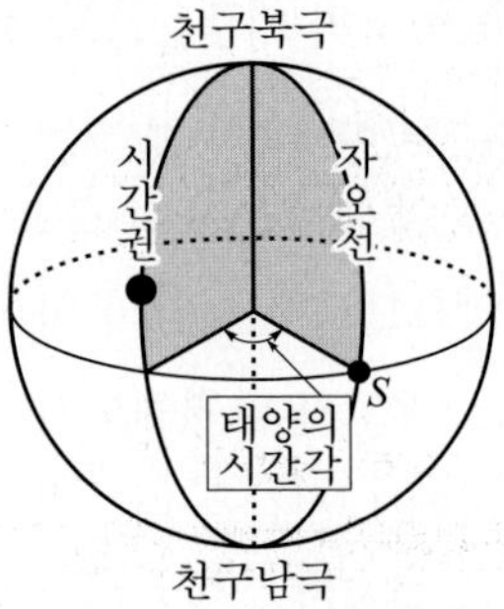

그림 1-69 태양시

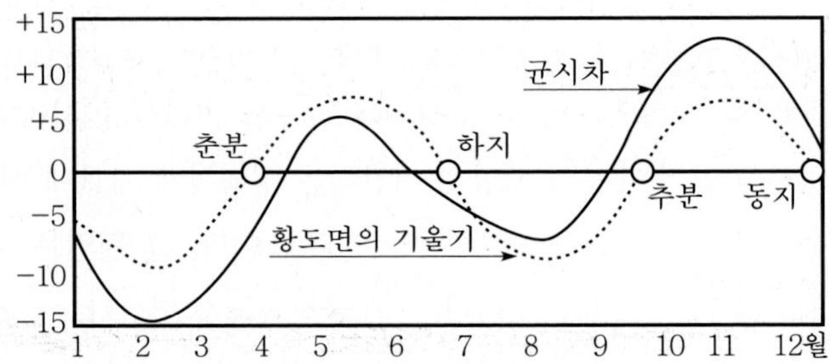

그림 1-70 균시차의 변화

3) 균시차

균시차(均時差)는 시태양시와 평균태양시의 차로 시차라고도 하며 평균태양과 시태양과의 적경의 차와 같다. 균시차가 발생하는 원인은 타원궤도에 따라 태양이 황도를 이동하는 속도가 일정하지 않아 발생하는 지구의 공전속도 변화와 적도에 대한 황도의 경사로 그림 1-70과 같이 계절에 따라 다르게 나타나는 현상이다. 천구의 적도면이 황도면에 대해서 약 23.5° 경사져 있으므로 1년 동안 균시차의 변화는 그림 1-70과 같이 시태양이 평균 태양보다 먼저 남중하면 "+"값이고 평균 태양이 시태양보다 먼저 남중하면 "−"값을 갖는다. 지구궤도 이심율과 황도경사로 인해 계절에 따라 달라지며 균시차의 변화량 -14^m19^s와 $+16^m24^s$사이에 변한다. 태양의 연주 운동은 그 각속도가 고르지 않기 때문에 태양의 시간각은 정확하게 시간에 비례하지 않으므로 시태양시는 고르지 못한 결점이 있다.

국제단위계의 보조단위는 평면각의 라디안과 입체각의 스테라디안이 있으며 평면각은 두 길이의 비율로 입체각은 넓이와 길이의 제곱과의 비율로 표현되므로 2가지 모두 기하학적인 량이고 무차원 량이다. 라디안(Radian)이란 반지름 각(Radial Angle)의 약어로 19세기 후반 수학자 토마스 뮤어와 물리학자 제임스가 처음으로 활자화한 것을 1873년 톰슨(Thomson)이 출제한 시험지에서 소개되었다. 라디안은 한 원의 원둘레에서 그 원의 반지름과 같은 길이의 호를 자르는 두 반지름 사이의 평면각으로 즉, 원의 반지름과 동일한 길이의 원 둘레에 대한 중심각의 크기를 1 라디안 또는 호도법에 의한 각도의 단위의 하나로서 호도(弧度)라고도 하며 기호는 rad로 나타낸다. 각도에서 360°는 2π rad 이고 반지름의 길이에 대한 원 둘레의 길이 비는 $\frac{2\pi r}{r} = 2\pi$이므로 반원의 각도 180°는 π rad 이다. 그러므로 동일한 각도를 60분법으로 나타냈을 때를 $x°$, 라디안으로 나타냈을 때를 θ rad 이라 하면, x와 θ사이에는 $\frac{x}{180} = \frac{\theta}{\pi}$인 관계가 성립한다.

또한, $\pi = 3.141592\cdots$를 원주율로 하면, 직각은 $\frac{\pi}{2}$rad가 되며 1라디안은 $180°/\pi \fallingdotseq 57.29577951°$가 된다. 라디안을 사용하여 중심각($\theta$), 반지름($r$)인 부채꼴의 호의 길이를 ℓ, 넓이를 S라 하면 $\ell = r\times\theta$, $S = \frac{1}{2}r^2\theta$인 관계가 있다. 이 식은 θ가 라디안으로 주어질 때에만 의미가 있다.

$$1° = \frac{x}{180}\text{rad},\ 1\text{rad} = \frac{180°}{\pi} = \frac{1\text{m}(\text{호의 길이})}{1\text{m}(\text{반경})}$$

$$1\text{rad} = \frac{180}{\pi} = 57.2958° = 206265''$$

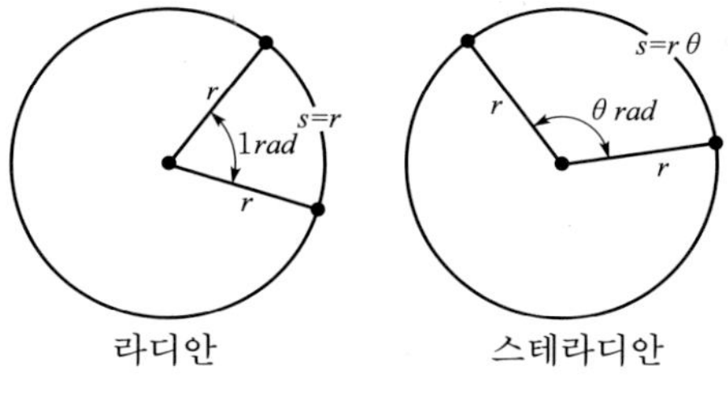

그림 1-74 라디안과 스테라디안

스테라디안(sr; steradian)은 공의 표면에서 그 공의 반경의 제곱과 같은 넓이를 가진 공의 표면에 대한 중심 입체각이며, 공의 전 표면적은 반지름의 제곱의 4π배 이므로 전체 공의 입체각은 4π sr이 된다. 1995년 CGPM에서 무차원 유도단위의 보기로 결정하였으나 라디안과 스테라디안은 유도단위의 표현에 사용할 수도 있고 생략할 수도 있다.

$$1Sr = \frac{1m^2(\text{구의일부표면적})}{1m^2(\text{구의반경의제곱})} = \frac{1m^2}{1m^2}$$

표 1.7 SI의 단위표기법

구분	명 칭	기 호	구분	명 칭	기 호	구분	명 칭	기 호
길 이	미 터	meter(m)	전 류	암 페 어	ampere(A)	광 도	칸 델 라	candela(cd)
질 량	킬로그램	kilogram(kg)	열역학적온도	켈 빈	kelvin(K)	보조단위	평 면 각	radin(rad)
시 간	초	second(s)	물 질 량	몰	mol(mol)		입 체 각	steradin(sr)

국제단위계의 명칭과 사용법은 과학기술의 발달에 따라 바뀌어 왔으며 CGPM에 의해서 결정되고 현재의 명칭과 부호는 표 1.7과 같이 사용한다.

국제단위계의 사용법은 언어에 따라 단위 명칭은 다를지라도, 단위기호는 국제적으로 공통이며 동일한 방법으로 사용하는데 본문의 활자체와는 관계없이, 단위 기호는 로마체(Roman)로 쓰며, 양의 기호는 이탤릭체(Italic)로 기재한다. 단위기호는 일반적으로 소문자이지만 단위의 명칭이 고유명사에서 유래된 것이며 기호의 첫 글자는 대문자이며 단위는 kg, s, K, Pa, GHz 등과 같이 기재한다. 어떤 양을 수치와 단위기호로 나타낼 때 그 사이를 한 칸씩 띄워야 하나 평면각의 도, 분, 초의 기호와 수치 사이는 띄우지 않는다. 또한, 접두어와 단위명칭 사이는 한 칸씩 띄우지 않고 연자 부호(hyphen) "-"를 사용하지 않는다. 국제단위계와 함께 사용되는 단위의 경우에는 표 1.8과 같이 사용되나 특히 리터의 기호 L은 글자 "l" (L의 소문자)과 숫자 "1"과의 혼동을 피하기 위하여 채택되었고 우리나라에서도 L을 사용하기로 하였으며 "ℓ, mℓ " 등과 같이 바른 표현방법은 표 1.8과 같다.

표 1.8 표현방법

바른 표현	잘못된 표현	바른 표현	잘못된 표현
kg	Kg	25° 23′ 27″	25 ° 23 ′ 27 ″
5 s	5sec, 5secs	3 Newtons	3 Newtons
35 mm	35mm	kilometer	kilo-meter
32 ℃	32℃		

1.9 초장기선간섭계

초장기선간섭계(超長基線干涉計)인 VLBI(Very Lang Baseline Interferometer)는 천체에서 복사되는 잡음 전파를 두 개의 안테나에 독립적으로 동시에 수신하여 전파가 도달하는 시간차(지연시간)를 정확히 관측함으로써 두 점 사이의 거리를 구하는 것이다. 이 지연시간(Delay Time)은 2개의 안테나를 연결하는 기선벡터와 별의 위치 및 지구자전 때문에 변화한다. 지연시간의 관측 정확도는 ±0.1ns(초)이며 이를 거리로 환산하면 ±3cm가 되므로 기선벡터도 ±수cm의 정확도를 구할 수 있다. 본래 천문학의 분야로써 전파를 발사하는 천체의 위치나 구조를 관측하는 기술로 고안되었으나 1960년대 말경부터 대규모 측량에 적용되었으며 VLBI는 분해능을 이용하여 수백에서 수 천km 떨어진 점들 사이의 위치관계를 구할 수 있다.

전파원으로부터 수십억 광년의 거리에서 전파를 발사하는 준성이 이용되며 외계 전파성(電波星)에서 방사하는 전파를 수신하여 지구상 수 천km 이상 떨어져있는 두 관측점 간의 거리를 수 mm의 정확도로 측정하는 우주측지기술 이다.

VLBI의 기본학문인 전파천문학은 1931년 미국의 전파기술자가 천체에서 방사되는 전파를 포착하는데 성공한 것이 그 발상으로 알려졌으며 2차대전 후 군사레이저의 목적으로 만들어진 대형 안테나가 전파 천문학자에 의해 활용됨으로써 전파 천문학이 탄생하여 첨단 기술도입으로 비약적으로 발전하였다. 초기에는 전파천문학 분야는 대형 안테나 시설 등을 정비하기 위한 예산이나 인재가 부족하여 군사용의 안테나를 이용하였고 그 후에는 위성통신용의 안테나를 활용하고 있다. 최근 전파·통신기술과 함께 전자공학, 디지털기술 등의 급속한 발전으로 VLBI 시스템이 크게 변화하고 있으며 현저히 향상된 전파 수신기 및 대용량 관측데이터의 초고속 전송과 정보처리 기술 그리고 초고속 정보통신망을 이용한 실시간관측 등이 현실화되고 있다.

국립지리원과 일본 이바라키(茨城)현 국립전파연구소의 2점을 관측점으로 하여 일본 국토지리원 보유의 이동형 VLBI관측체계를 수원으로 옮겨 설치하고 4회에 걸쳐 24시간 연속관측을 실시하였다. 이동식관측에 의한 지심 삼차원좌표 X, Y, Z 및 기선장의 결정 정확도는 5~6mm이다. 또한, 국립지리원은 VLBI관측성과를 기초로 하여 국립지리원 구내에 GPS기준점을 설치하고 24시간 GPS연속관측을 실시하고 있다.

연속관측은 당초 일본의 IGS(International GPS Services)관측국인 쯔꾸바 관측국(TSKB)과의 상대관측으로 동해의 지각변동을 검출하기 위한 관측이었으나 1997년의 IGS가입으로 IGS 글로벌관측국과 동아시아 지역의 GPS관측국을 연결한 IGS 서브 네트워크(Sub-network)관측의 일환으로 실시되고 있다. VLBI는 원래 준성의 위치와 미세구조를 조사하기 위한 목적으로 추진되었으나 1960년 말부터 대규모의 측량에 응용되었다. 측량 목적을 위해서는 전파강도가 강한 점원으로서 고유운동을 하며 부근에 다른 전파원이 없는 준성이 선택된다. 지구상의 수 백km에서 수 천km 떨어진 두 지점에 각기 안테나를 설치하고 목표로 삼은 준성에 향하게 한다. 준성은 지구로 부터 너무 멀리 떨어져 있으므로 전파는 평행하게 2개의 안테나에 도달한다고 가정할 수 있다. 즉, 지연 시간의 관측에는 준성으로부터 발사된 전파를 정확한 시간과 함께 자기테이프에 기록하고 두 기록의 상관관계로 부터 지연시간을 결정하게 된다. 지연시간은 대기와 전리층을 통과할 때의 전파의 산란 등이 관측 정확도에 영향을 준다.

그림 1-75와 같이 무한거리에 있는 준성(Guaser)에서 복사하는 잡음전파를 아주 멀리 떨어져 있는 전파망원경에서 독립된 안테나로 동시에 수신하여 전파가 도달하는 시간차(Delay Time)를 정확하게 측정하는 것이다. 따라서 지연시간의 보정값 준성의 적경과 적위 한 개 관측점을 원점으로 한 다른 관측점의 위치벡터 등을 미지수로 놓고 최소제곱법에 의해 결과값을 구한다. 1개의 전파원에 대하여 한 조의 간섭계로 미지량을 한 번에 관측하기 어려우므로 관측점의 수를 늘려 관측하는 방법과 전파원 준성의 수를 늘려 관측하는 방법이 사용되며 전파원으로 사용되는 천체준성은 3C273번호와 최근에 발견된 0Q172 등 약 200여개이다.

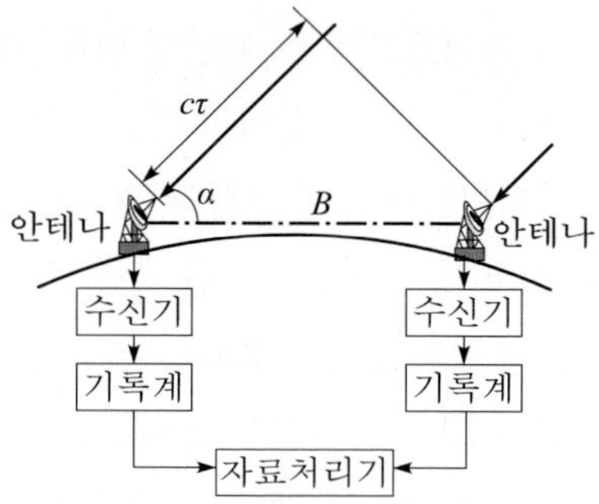

그림 1-75 초장기선간섭계의 원리

전파성을 출발한 전파는 평면파로 지구에 도착하면, 지구상 두 지점에서 전파를 수신하여 동일한 신호의 지연시간에 전파의 광속도를 곱하여 행로차(行路差)를 산출하며 행로차는 직각삼각형의 1변이 되고 천체방향의 각도를 알면 빗변인 기선 거리가 산출된다. 원자시계의 발달로 지연시간을 정확하게 측정할 수 있다. 지연시간의 측정정밀도를 전파원의 방향각으로 환산하여 수 십억 광년의 거리, 전파강도가 강한 점원, 부근에 다른 전파원이 없는 준성을 선택한다.

관측점의 수를 늘이거나 전파원의 준성의 수를 늘려서 관측하면 정확도가 높은 성과를 얻을수 있다. 일반적으로 지연시간은 전파산란 때문에 변하므로 지연시간 보정값, 준성의 적경과 적위(φ), 기선의 위치벡터를 미지수로 한 최소제곱법에 의해 거리를 결정한다. 따라서 VLBI는 높은 정확도를 가지며 정밀측량 지각변동의 관측 등을 목적으로 수 백km 이상에서 10,000km 정도까지 장거리측량에 널리 이용되고 있으며 국제협동관측에 의해 Plate운동, 지구회전, 극운동 등 넓은 분야에까지 이용되고 있다. 전파망원경은 가동식과 고정식이 있는데 가동식으로 가장 큰 것은 서독 맥스프랑크 연구소에 설치되어 있으며 직경이 100m로 80억광년 떨어진 천체를 관측할 수 있고 고정식은 코넬대학 소속아래 시보 전파천문대에 설치되어 있으며 직경이 305m이다. 망원경에 도착하는 시간차를 합성하여 간섭현상을 일으키는데 이러한 간섭현상을 이용하여 전파의 방향을 정할 수 있다. 준성으로 부터의 발사된 전자파를 정확하게 시각 자기테이프에 기록하여 두 기록의 상관관계로부터 지연시간을 결정한다. 관측된 지연시간이 부가되는 우연오차와 관측지점마다에 일정한 편기를 포함시키는 계통적인 정오차가 있다. 또한 물리모델이 불완전하여 생기는 오차와 준성의 위치와 구조에 기인하는 오차가 있으나 이는 많은 지점을 관측하고 충분한 관측시간을 취해 최소제곱법으로 보정이 가능하다.

1.9.1 위성에 의한 VLBI

광역적인 VLBI망과 GPS-VLBI망으로 잘 결합하여 전세계적인 VLBI망을 형성하면 Plate간의 극운동과 국지적인 자각변동도 검사할 수 있다. 준성대신에 위성(전파강도가 준성의 약 1,000배)을 사용하여 VLBI장비를 소형화 시켜 경제성을 도모하고, 이동관측을 가능하게 하여 정확도를 10^6정도로 높일 수 있다.

그림 1-76 일본의 VLBI

그림 1-77 중국의 VLBI

그림 1-78 우리나라의 VLBI

VLBI의 정확도는 기선거리와 무관하므로 수 천km 또는 대륙간에서도 ±cm의 정확도가 가능하다. 정확도는 준성을 어느 정도 선명하게 관측할 수 있는 분해능으로 좌우된다. 전자파의 파장은 길기 때문에 간섭계라는 특수망원경으로 수 천km 떨어진 전파망원경을 연결시켜 하나의 거대한 구경을 갖는 전파망원경의 기능을 갖는 효과를 내고 있다. 간섭계의 분해능은 전자파의 파장과 망원경간의 거리로 결정하며 전파의 방향과 강도를 화면으로 나타내어 천체의 화상을 재현한다. 화상을 재현할 경우 망원경의 수가 많을수록 정확도가 높은 화상을 얻게 된다. 대기권은 기온의 수직분포에 따라 대류권(Tropo Sphere), 성층권(Strato Sphere), 중층권(Meso Sphere) 및 열권(Theromo Sphere) 등의 대기권과 전파층이 있어 VLBI의 문제성을 특수 화상처리 방법으로 보완하여야 하며, 준성에서 오는 위상이 그대로 망원경까지 도달하는 것이 가장 이상적이다.

1.9.2 우리나라의 VLBI

우리나라의 경우 1995년 한 · 일 측지협력사업의 일환으로 국토지리정보원 내에 한 · 일 공동 VLBI측량을 실시하여 지각변동 조사 및 ITRF기준계에 의한 성과를 산출하였으며 위성통신 · 전파천문용 고감도수신기술 및 주파수표준기술 · 원자시계 등의 기술과 초정밀신호처리기술 등으로 결합되어 있다. 국토지리정보원은 측량환경의 시대적 변화에 맞춰 현재 장거리측량방법 중 가장 정확도가 높은 초정밀우주측지기술(VLBI)을 도입할 계획에 있으며 2000년 측지VLBI 도입을 위한 연구를 실시하여 VLBI도입을 위한 이론적 기반을 마련하였다. 세계측지계에 의한 국제측지망 연결과 한 · 일 지각변동 추이를 파악하였고, 성과를 IERS(International Earth Rotation Service)에 제공하고 VLBI관측점의 성과를 기초로 하여 대한민국 경위도원점을 ITRF2000로 결정하였다. 활용분야는 지구규모의 3차원의 위치결정에 적합한 순수기하학적 측량방식이며, GPS는 인공위성을 통한 지구중력장을 정의함과 동시에 지구중심의 결정 및 상대위치 결정에 탁월하다. 또한, 측지망의 골격 형성과 측지VLBI에 의하여 대한민국 경 · 위도 원점성과를 정의하며, 위성 측지기준점과 더불어 측지VLBI에 관측기술의 발전으로 초정밀도 측량이 가능하여 미세한 지각변동 관측, 지구회전운동과 대기 · 해양간의 관계 등의 지구과학 연구에 활용되고 있다.

1.10 측량원점

지구상 점의 수평위치는 경도와 위도로 표시함을 원칙으로 하며 전국에 통일된 축척 및 동일 정확도의 지형도를 제작하기 위해서는 국내의 적당한 지점에 정밀 천문측량에 의한 경위도 및 방위각을 관측하여 경위도 원점을 설치한다. 평면직각좌표원점은 지표면상의 점을 도면상의 위치로 표시하는 방법으로 통일원점과 우리나라 전국 각지에서 다년간 조석으로 관측한 결과를 평균하여 결정한 수준원점이 있다. 우리나라의 측량원점은 구한말에 경기도와 경북지역의 구소삼각측량을 시작으로 1910년대 토지조사사업 당시 일본의 삼각망인 대마도의 유명산(有名山)과 어악(御岳)의 1등삼각점 및 거제도와 절영도를 기준삼각망으로 대삼각본점을 설치하여 전국에 삼각점을 설치하였고 원점은 통일원점, 구소삼각원점, 특별소삼각원점이 있으며 평균해수면의 높이를 기준으로 수준원점을 설치하였다.

1.10.1 경위도원점

경위도원점은 지구의 위도와 경도를 이용하여 지구상의 절대적 위치를 표시하는 기준원점을 말하며 경도는 영국의 그리니치 천문대를 통과하는 본초자오선을 기준(0°)으로 동경(E)과 서경으로 구분한다. 우리가 일반적으로 활용하고 있는 측지경도는 본초자오선과 타원체면상의 임의의 점을 지나는 자오선과 이루는 적도면상의 각을 말한다. 또한 위도는 어떤 지점에서 준거타원체의 법선이 적도면과 만나는 각으로 자오선에 따라 적도에서 최소각 거리이며 남북으로 90°로 분리되었고 지표면 위의 한 점에서 세운 법선이 적도면과 이루는 각을 말한다.

(1) 동경 경위도 원점

1880년대 일본은 근대적 측지측량을 착수하게 됨에 따라 원점이 필요하게 되어 원점을 동경의 국토지리원 구내에 설치하고 1885년 관측을 완료하여 결과를 발표하였다. 동경원점의 관측결과는 ϕ_0 = 3° 39′ 17″.5148N, λ_0 = 139° 44′ 30″.0970E와 α_0(원점 → 녹야산) = 156° 25′ 28″.442이다. Geoid와 준거타원체가 일치하면 $\zeta_0 = 0$, $\eta_0 = 0$과 같이 연직선편차가 발생하지 않으며 원점에서의 측지방위각의 결정은 $\alpha_0 = A_0 - \eta_0 \tan\phi_0$와 같다. 그러나 관동 대지진에 의해 일본원점의 자오환이 파괴되어 원점위치가 없어지게 되었으며 단파산, 비차산 삼각점의 수평위치가 변화하였다. 이로 인해 복구측량이 실시되었으며 이때 파괴된 자오환 중심과 신설된 1등 삼각보점과의 방위각이 실측되었는데 경도는 당초 짓트만점 값을 채용하였지만 1918년 문부성고시에 의하여 현재 경도값인 대자오중심의 값으로 변경하였다. 그 당시 짓트만점의 경도를 대자오의 중심의 값으로 보정한 경도와 문부성고시에 의한 대자오의 중심의 경도와의 차가 +10.405″인 것으로 나타나 모든 삼각점의 경도에 +10.405″를 더하게 되었다. 동경원점은 1915~1917년까지의 양측에 의하여 경도차에 대한 원점의 경도를 수정하였다.

λ_0 = 139° 44′ 40″.502E으로 $-\Delta\lambda_0$ = +10″.405를 수정하여야 하나 성과표상 미수정으로 계산시에 적용하도록 하였으나 적용하지 않는 부분도 많았다. 우리나라에서는 지적조사 당시 이미 1892년에 확정된 일본의 동경원점을 이용하여 대마도를 거쳐 대삼각망을 구성하였다. 이 당시 삼각점의 설치는 일본의 삼각측량과 연결하기 위하여 대마도의 1등삼각 본점인 오다께와 아리아께야마에서 우리나라 남단의 절영도와 거제도의 삼각점을 연결하고 순차로 전 국토에 대한 대삼각측량을 실시하였다.

임시토지조사국에서 삼각점의 설치는 일본의 삼각측량과 연결하기 위해 1등삼각점인 대마도 어악(御嶽)과 유명산(有明山)에서 우리나라의 절영도와 거제도의 삼각점에 연결한 4각망 형태로서 이를 소위 대마도 연락망이라 하며 표 1.9는 대마도 연락망 삼각점을 계산한 성과이다.

표 1.9 우리나라 삼각망의 출발점 제원

명 칭	경 도(동경)	위 도(북위)	구면거리(m)
동경원점	139° 44′ 40.5020″	35° 39′ 17.5148″	
유명산	129° 16′ 02.148″	34° 12′ 04.331″	41,121.846
어악	129° 22′ 19.228″	34° 33′ 41.873″	
절영도	129° 03′ 16.2455″	35° 04′ 45.0656″	41,758.997
거제도	128° 41′ 34.1968″	34° 50′ 56.7549″	
동경원점 원방위각 : 156° 25′ 28.442″ (원점 녹야산)			

(a) 대삼각본점(절영도; 絕影島)　　(b) 대삼각본점(거제도; 巨濟島)

그림 1-79 대삼각본점

(2) 대한민국 경위도원점

대한민국 경위도원점은 국립지리원의 장기계획에 의해 1981년 8월~1985년 10월에 걸쳐 정밀천문측량을 완료하였으며 수원시 원천동 산 63번지 국립지리원 구내에 설치하게 되었다. 측량법의 규정에 의한 국립지리원 고시 제57호(1985.12.27)로 그 값을 정하였고 원점의 위치는 경기도 수원시 팔달구 원천동 111번지에 있는 국토지리정보원 내에 위치하고 있으며 정밀천문관측을 실시하여 천문학적인 경도, 위도, 방위각의 값을 결정하였다. 2001년 12월 19일 측량법이 개정(법률 제6532호)되어 측량의 기준으로 세계측지계를 채용하고 시행령의 개정에 따라 최신 우주측지기술을 이용하여 새로운 경도, 위도 및 방위각을 결정하였다. 이는 일본의 대삼각망이 확장된 형태이므로 위의 원점에 기준한 전면적인 측지기준망을 설치하지 않는 한 현재의 성과는 아직 상징적인 의미만을 가지고 있다. 경위도원점 관측은 국립지리원 구내에서 천문측량으로 실시되었으며 경위도원점 관측성과를 기초로 하여 확정된 경도 127° 03′ 05.″1451E, 위도 37° 16′ 31.″9034N, 원방위각 170° 58′ 18.″190 이다.

1975년 국토지리정보원에서 기존의 1, 2등삼각점을 기초로 삼변측량에 의한 정밀 1차 측지망사업을 시행하였다. 1986년 3, 4등 삼각점을 기초로 정밀 2차 측지망사업을 시행하였으며

1994년 정밀 1차 측지망사업을 완료(관측점수 963점, 관측변수 2,800점, 평균 변길이 10.8km)하였다. 우리나라의 최근에 설치된 경위도 원점은 2002년 1월 1일 관측하여 2003년 1월 1일 고시하였으며 대한민국 경위도원점의 변경 전, 후 성과는 표 1.10과 같다. 원 방위각은 진북을 기준하여 우회로 측정한 원방위 기준점에 이르는 방위각이며 그림 1-80은 국토지리정보원에 위치한 대한민국 경위도원점이다.

표 1.10 대한민국 경위도원점

구 분	동 경	북 위	원방위각	원방위각 위치
변경 전	127° 03′ 05.1453″ ±0.0950″	37° 16′ 31.9031″ ±0.063″	170° 58′ 18.190″ ±0.148″	동학산 2등삼각점
현 재	127° 03′ 14.8913″	37° 16′ 33.3659″	3° 17′ 32.195″	서울산업대학교내 위성측지기준점
원점소재지	국토지리정보원 내(수원시 팔달구 원천동 111번지)			

그림 1-80 경위도원점

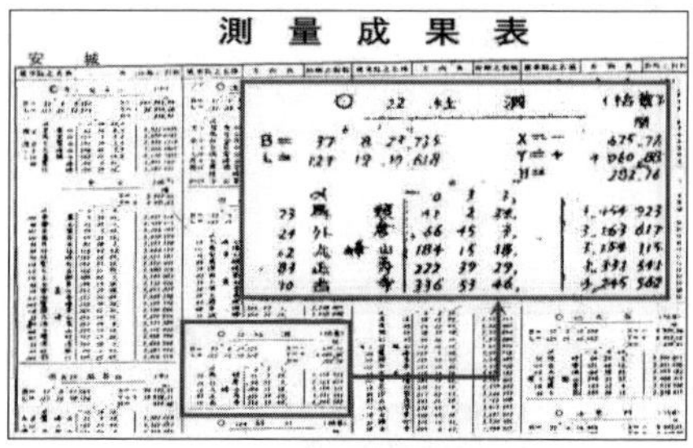

그림 1-81 측량성과표

1.10.2 수준원점

우리나라 국토의 높이의 기준이 되는 원점을 설치하기 위하여 험조장(驗潮場)을 설치하였는데 기간은 1910년 3월에서 1915년 11월까지 연안해역의 평균해수면을 결정하여 수준측량의 기초로 하기 위해 청진 · 원산 · 목포 · 진남포 · 인천 등 5개소에 험조장을 세우고 자동기록검조의(自記檢潮儀, 배율 1:20 및 1:50)를 설치하였다. 매일의 조위곡선을 얻어 기준선과 곡선에 의해 구획된 면적을 구적기로 계산하여 매일의 평균해수면을 계산하며, 1년분을 총 평균하여 1년 평균해수면을 계산하고 이를 전국의 수준측량의 표고기준으로 삼았으며 토지조사사업 당시 5개 검조소의 검조결과는 표 1.11과 같다.

우리나라 토지의 높이기준은 인천 앞바다의 평균해수면(표고 : 0m)을 기준으로 지상의 고정점에 설치한 위치는 인천광역시 남구 용현동 253번지 인하대학교 구내에 설치하고 관측장비는

표 1.11 5개 검조소의 검조결과

험조소	준공연월일	평균해면 (m)	수준기점 표고 (m)	구분체와 수준기점의 표고차(m)	수준기점의 위치
청진	1911. 7. 30	1.660	2.636	+0.976	검조소에서 동방80m 세관부지
원산	1911. 7. 31	1.863	1.931	+0.068	검조소에서 남동 60m 세관부지
목포	1912. 6. 26	3.229	2.155	-1.074	검조소 반대측 공지
진남포	1912. 12. 24	5.369	6.144	+0.774	억양기반도의 동남쪽 세관부지
인천	1914. 5. 29	7.007	5.477	-1.530	영국대사관 남서단 도로측 세관부지

Wild N3 수준의(정밀1등 수준의)를 사용하였다. 관측방법은 1917년 토지조사국에서 설치한 인천 수준기점에서 현재의 수준원점까지 3구간으로 구분하여 정밀수준측량방법으로 실시하고 1963년 12월 2일 설치하였다. 관측은 국토지리정보원에서 1964년 2월 28일~3월 11일에 인천수준기점으로부터 정밀 관측하였으며 국토 높이의 기준이 되는 대한민국수준원점을 설치하였다. 수준원점은 수정판의 원점수치로 하고 있으며 경위도의 위치는 37° 28′ 17″N, 126° 37′ 06″E이며 표고는 26.6871m 이다. 이를 기준으로 설치한 1등 수준점(1,029점)과 2등 수준점(4,084점)의 수는 현재 총 5,113점이 설치되어 있다.

그림 1-82 수준원점

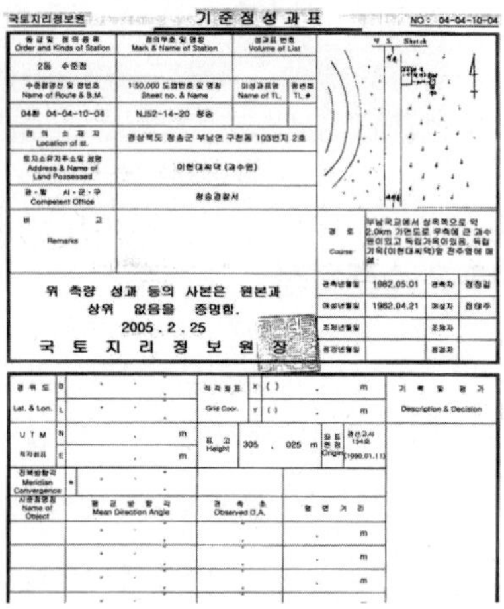

그림 1-83 수준점 성과표

1.10.3 좌표원점

지표면상의 점을 도면상의 위치로 표시하는데 널리 사용되며 남북축을 X축, 동서축을 Y축으로 하고 있다. 평면직각좌표원점은 방위각과 거리를 계산하여 결정하는 위치를 말하며 우리나라 삼각점의 위치표시에 사용되고 있는 평면직각좌표는 가우스상사이중투영(Gauss Double Projection)에 의한 좌표이다. 그러나 지적측량에서는 구한말에 실시한 구소삼각원점, 통일원점, 특별소삼각원점으로 분류할 수 있으며 삼각측량에서 변장의 기초인 기선은 전국에 13개소의 기선장을 설정하고 여기에서 측정된 기선을 대삼각망에 연결하여 정확한 계산을 실시하였으며 계산에 사용한 지구의 형상과 크기는 벳셀타원체 제원을 사용하였다.

원점을 중심으로 TM투영한 평면상에서 원점을 지나는 자오선을 X축, 동서방향의 위도선을 Y축으로 직교하는 원점으로 1910년 토지조사사업을 위하여 설치하였다. 평면직각좌표계에서의 좌표원점은 서부원점, 중부원점, 동부원점의 3개 원점을 사용하였다. 그러나 측량 · 수로 및 지적에 관한 법률에서는 평면직각좌표 투영원점으로 정의하고 그림 1-84와 같이 동부, 중부, 서부, 동해원점으로 정하였다. 이들 점들은 남북이 길고 동서가 짧은 우리나라의 지형을 고려하여 북위 38°를 기준으로 하고 동서로 각각 2°씩 교차하여 그은 직선의 북방향을 X축, 이에 직각된 방향을 Y축 방향으로 하였으며 위도 38°와 경도가 각각 2°씩 떨어져있는 131°, 129°, 127°, 125°의 교점이다. 지적도상 각 점간의 위치관계를 편리하게 결정할 수 있으며 모든 삼각점의 평면위치(X, Y)를 나타내는 기준이 된다.

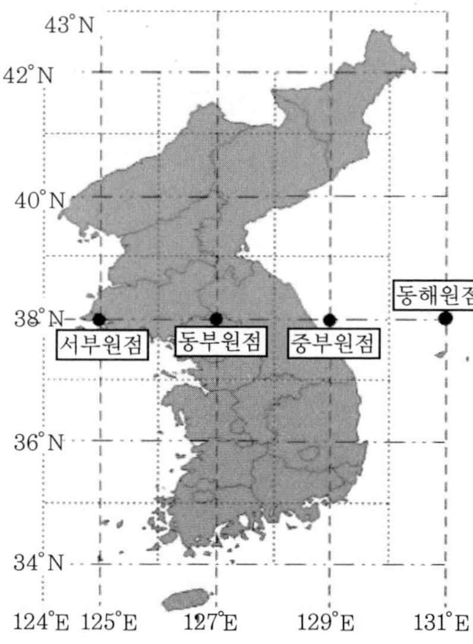

그림 1-84 통일원점 위치

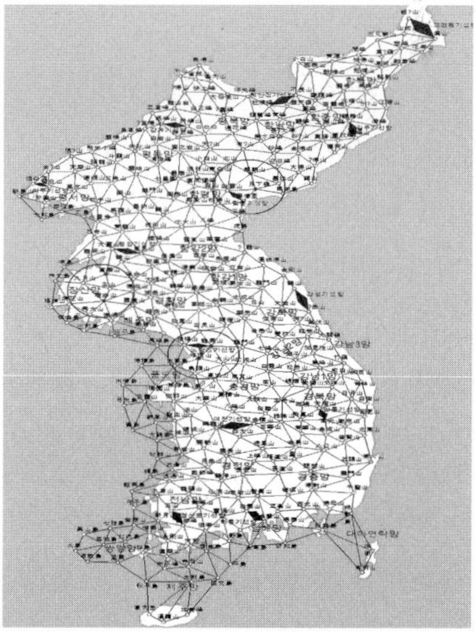

그림 1-85 대삼각 기선망

원점은 종선(*X*)에 50만m (제주 55만m), 횡선(*Y*) 20만m를 가산하여 사용하였으므로 백두산의 지역에는 1,000,000m정도 이며 부산지역은 0m에 가깝게 되어 있는 것이다. 그러나 측량 · 수로 및 지적에 관한 법률을 제정하면서 X축의 값을 600,000m로 규정하였다. 소삼각 측량지역과 같이 소규모 지역에서 투영계산을 하지 않고 임의의 원점에서 북방향을 정하여 좌표계가 덮는 전 지역을 평면으로 가정하고 위치를 결정한 것이다. 곡면인 지구를 평면화한 것으로 기선이 길수록 원점에서 멀어질수록 거리오차가 누적되는 결함이 있다.

(1) 동해원점

동해원점은 2003년 측량법의 규정에 의거 행정자치부는 동경원점에서 멀어질수록 측량 오차가 발생하는 문제점을 해소하기 위해 국제표준인 세계측지계를 적용한 위성기준점을 울릉도에 처음으로 설치하여 이를 동해원점으로 사용하기로 하였다. 동해원점은 북위 38° 선과 동경 131° 선의 교차점으로 우리나라 지적(地籍) 역사상 처음으로 일제강점기에 사용한 지적측량의 기준인 동경측지계가 아닌 국제적 기준인 세계측지계를 적용한 새로운 원점인 동해원점이 울릉도에 설치되었다. 세계측지계를 적용하면 울릉도 동해원점 표석의 지적도상 좌표는 북위 37° 28′ 57.4331″, 동경 130° 54′ 02.7496″가 된다. 동경원점을 적용한 좌표는 북위 37° 28′ 47.2005″, 동경 130° 54′ 01.1705″로 표시된다.

(2) 동부원점

동부원점은 거제도와 절영도의 경위도를 연결하여 평면직각좌표로 투영계산 하였다. 해당지역을 베셀 타원체상의 일부로 간주하고 동부원점에서 타원체의 구면상에 투영하여 두 점의 구면좌표를 구하고 다시 동부원점에 접하는 원통상에 투영하여 평면직각종횡선좌표를 구하였다. 동부원점 계열의 다른 삼각점들은 거제도와 절영도의 *X*, *Y*좌표에 의하여 삼각망평균계산으로 구한 변의 길이와 방위각으로 평면직각좌표 *X*, *Y*좌표를 구하였다. 그러나 거제도와 절영도가 투영원점에서 남쪽에 치우쳐 있어 별도로 그림 1-86과 같이 북위 40° 의 함평망에 해당하는 기린산(麒麟山)과 월하산(月下山) 대삼각점의 경위도에서 평면직각좌표를 계산하여 사용함으로써 오차의 누적을 방지하였다. 동부원점의 위치는 북위 38° 선과 동경 129° 선의 교차점이다.

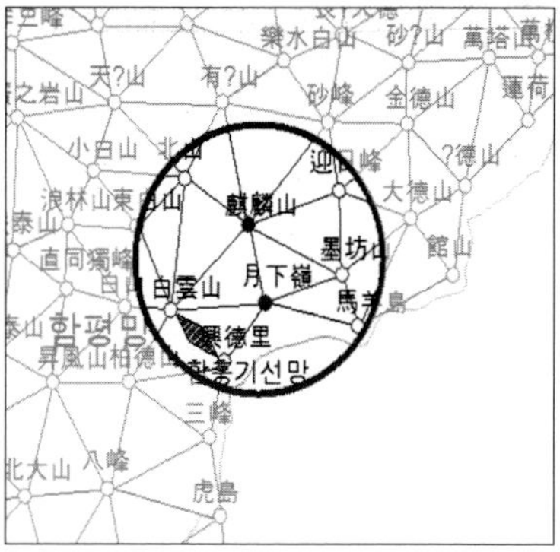

그림 1-86 동부원점

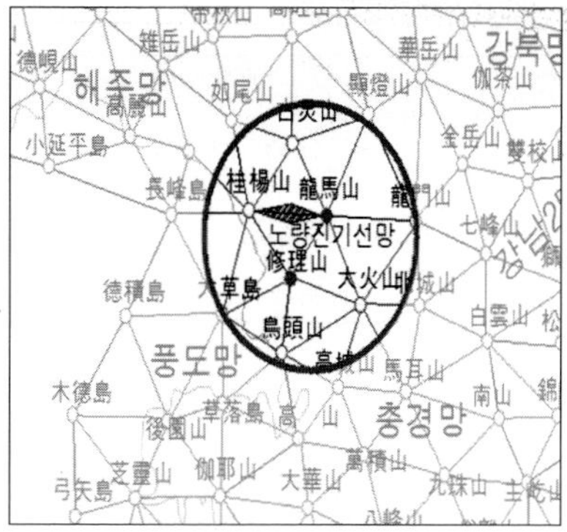

그림 1-87 중부원점

(3) 중부원점

중부원점은 그림 1-87에서와 같이 거제도와 절영도간의 거리를 1변으로 하여 대삼각 본점망을 편성해 감에 있어 충경망의 측량진행중 경도 127° 자오선 가까이 용마산(龍馬山)과 수리산(修理山) 대삼각본점의 경위도를 중부원점에 연결하여 평면직각좌표를 결정하였다. 즉, 좌표원점을 지나는 자오선 가까이 있는 삼각점의 경위도를 원점에 접한 구면상에 투영하여 구면경위도를 계산하고 다시 동일원점에 접한 원통상에 구면경위도를 투영하면 원점에 연결한 평면직각좌표로 계산된다. 중부원점의 위치는 북위 38° 선과 동경 127° 선의 교차점이다.

(4) 서부원점

서부원점은 삼각본점측량의 진행에 있어서 그림 1-88에서와 같이 대삼각 경황망 가운데 경도 125° 자오선 가까이 부흥산(富興山)과 등괘산(燈掛山) 대삼각본점의 경위도를 서부원점에 연결하여 평면직각좌표를 결정하였다. 투영법은 동부 및 중부원점에서의 투영법과 동일하고 서부원점의 위치는 북위 38° 선과 동경 125° 선의 교차점이며 현재 사용하고 있는 우리나라 평면직각좌표 투영원점의 위치는 표 1.12와 같다.

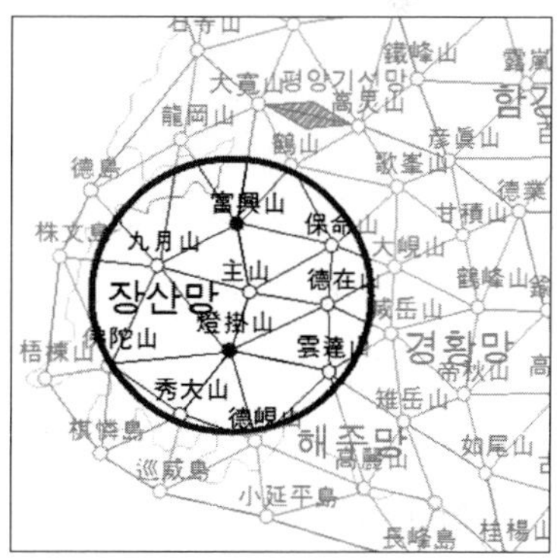

그림 1-88 서부원점

표 1.12 평면직각좌표 투영원점

원 점 명	경 도	위 도	비 고
서부원점	동경 125° 00′ 00.0″	북위 38° 00′ 00.0″	토지조사사업당시
중부원점	동경 127° 00′ 00.0″	북위 38° 00′ 00.0″	
동부원점	동경 129° 00′ 00.0″	북위 38° 00′ 00.0″	
동해원점	동경 131° 00′ 00.0″	북위 38° 00′ 00.0″	2003년 신설

토지조사사업 당시 위의 각 원점별로 기준이 되는 대삼각본점의 경위도에서 평면직각좌표와 자오선방향각을 산출한 값은 표 1.13과 같다. 이들 기준점의 평면직각종횡선좌표에 의하여 동일 원점지역내에 있는 삼각점의 평면직각종횡선좌표 계산에서 원점과 원점사이의 지역인 경도 126°, 128° 의 접속선 부근지역에 대하여는 그 좌우 각 20′ 의 범위내에 있는 삼각점들은 동서 쌍방원점에서 좌표를 산출하였다. 그리고 군단위의 세부측량을 실시할 경우에는 군내의 동일원점을 사용하도록 하였다.

(5) 원점 좌표계의 범위

평면직각좌표계를 설정하는 경우 지나치게 광대한 지역을 1개의 좌표계에 수용하는 것은 취급상 어려움이 있다. 따라서 어떤 조건을 기준으로 하여 1개의 좌표계에 포함하여 일정한 범위를 설정하는 것이 일반적이다. 그러나 가우스 상사이중투영상의 차이를 최소화할 목적으로 전국을 3개의 구역으로 나누고 그의 각각의 내부에 평면좌표 투영원점을 정하고 독립된 평면직각좌표계에 의하여 삼각점의 위치를 나타내고 있다. 각각의 원점사용 구역 내에서 지구표면을 완전한 평면으로 취급할 수는 없으므로 가우스의 등각투영법을 사용하여 평면상에서 좌표계산을 하였다. 그림 1-89와 같은 투영법으로 X, Y를 계산한 두 점간의 거리는 실지거리와 비교하면 원점 부근에서는 차이가 없으나 원점에서 멀어질 수록 차이가 크게 나타난다. 지상 각 점의 위치가 기준타원체상에 투영된 위치로 결정되는 결과 측량에서 사용되는 두 지점간의 거리는 타원체상에 투영된 점간거리가 된다. 그런데 각 점의 위치를 평면직각좌표로 표시하는 경우에 두 점간의 거리는 X, Y의 좌표차로부터 피타고라스 정리에 의하여 계산한 값이 된다.

그림 1-90과 같이 평면직각좌표로부터 계산한 거리(s)는 축척계수가 mo = 1인 원점을 제외하고는 일반적으로 타원체상에서 대응점 간의 거리(S)보다 길게 나타난다. 정도(精度) $\frac{s-S}{S}$는 지적측량에 사용되는 평면직각좌표계의 평면거리와 구면거리의 차를 ±1/10,000 이내로 하여 좌표계의 범위를 정하고 있으며 UTM좌표계에서는 ±4/10,000 이내로 하여 각 좌표계의 적용범위를 설정하고 있다. 가우스상사이중투영법에서는 1개의 원점으로 광대한 지역에 상사조건

표 1.13 경위도와 평면직각종횡선좌표

원점	위치	계산 본점	측지학종횡선(경위도)	평면직각종횡선(m)	자오선 방향각
동부	B : 38°0′0″ L : 129°0′0″	거제도	B : 34°50′56″.7549 L : 128°41′34.1968″	X : −349565.7784 Y : −28088.8515	+ 0°10′31″.8963
		절영도	B : 34°04′46″.0656 L : 127°03′16.2455″	X : −324053.5651 Y : + 4970.9519	− 0°01′52″.7873
		검산을 위해 거제도를 본점으로 절영도를 추산한 결과		X : −324053.566 Y : + 4970.950	− 0°01′52″.788
		기린산	B : 40°13′06″.869 L : 127°41′01″.936	X : +247105.1666 Y : −112018.3365	+ 0°50′59″.744
		월하산	B : 40°00′01″.240 L : 127°44′32″.291	X : +220803.0481 Y : −107387.6571	+ 0°48′30″.680
중부	B : 38°0′0″ L : 127°0′0″	수리산	B : 37°21′21″.486 L : 126°54′16″.676	X : −71469.4061 Y : −8448.0991	+ 0°03′28″.317
		용마산	B : 37°34′06″.076 L: 127°05′41″.804	X : −47900.0025 Y : +8386.9397	− 0°03′28″.401
서부	B : 38°0′0″ L : 125°0′0″	부흥산	B : 38°37′19″.194 L : 125°33′15″.068	X : +69181.5413 Y : +48255.8685	+ 0°20′45″.3360
		등괘산	B : 38°12′44″.584 L : 125°32′52″.222	X : +23713.6938 Y : +47973.4081	+ 0°20′20″.0253

을 만족시킬 수 없으므로 남북 1,000km, 동서 700km를 하나의 좌표계 한계로 보고 있지만 목적과 취급의 편리를 위하여 그의 구역을 이보다 좁게 하고 있다.

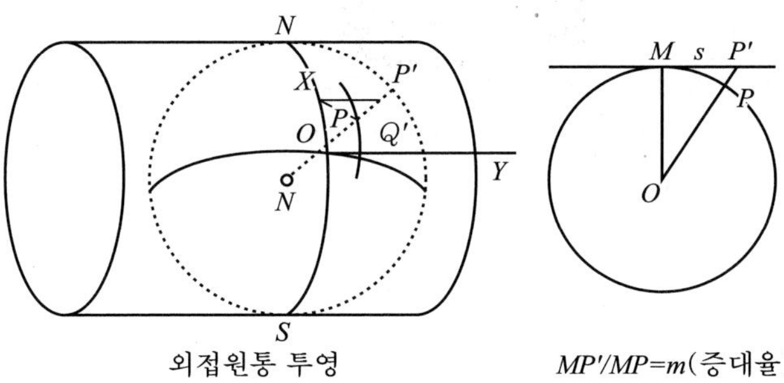

그림 1-89 외접 원통투영

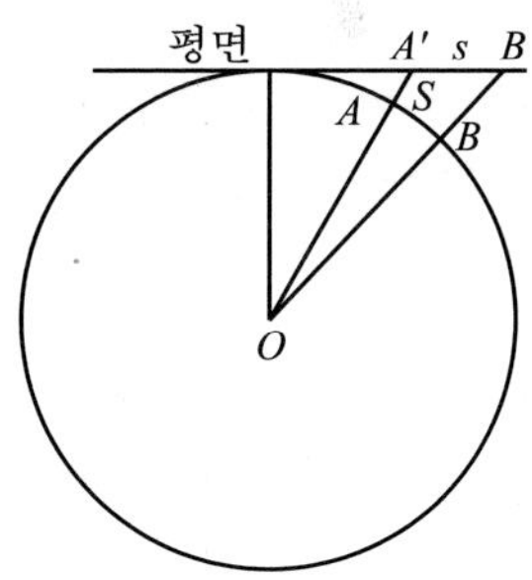

그림 1-90 증대율

(6) 기타 좌표원점

구소삼각측량은 바로 도근측량의 기초가 되는 것으로 대삼각측량을 기초로 시행하여야 하나 구한국정부는 정상적인 대삼각측량의 순서를 밟아서 소삼각측량을 시행하려면 많은 시간이 걸릴 것으로 예상하여 탁지부에 토지조사국을 개설하고 부평군(현, 인천광역시 부평구 부평시)지역에서 시험적으로 토지조사를 실시한 후 대삼각측량을 거치지 않고 독립적으로 일부지역에 한하여 소삼각측량을 실시하였다. 구소삼각측량은 토지조사 이전인 구한말에 실시한 측량으로 대삼각측량을 실시하지 아니하고 경인지역 및 대구 · 경북지역에서 부분적으로 시행하였다. 경인지역에 6개(망산, 계양, 조본, 가리, 등경, 고초) 대구지역에 5개(율곡, 현창, 구암, 금산, 소라)의 11개 원점이 있다.

측량지역의 원점은 대상지역의 중앙에 설치하고 원점의 수치는 종선(X)=0(間), 횡선(Y)=0(間)으로 하였다. 구소삼각점 지역은 종 · 횡 5,000방리(1방리는 1里×1里)를 1구역으로 하며 중앙부에 위치한 삼각점에서 북극성의 최대이각(Greatest Elongation)을 측정하여 진자오선과 방위각을 결정하였다. 1910년 대한제국에서 국지적으로 실시한 측량은 나중에 구소삼각점을 일반삼각측량과 계산상으로 연결하였다.

거리의 단위는 간(間)으로 하였고 종횡선수치에 정(+), 부(−)의 부호가 있으며 1975년 지적법의 개정으로부터 전부 (m)단위로 수정하였다. 조본원점 · 고초원점 · 율곡원점 · 현창원점 및 소라원점의 평면직각종횡선수치의 단위는 m로 하고, 망산원점 · 계양원점 · 가리원점 · 등경원점 · 구암원점 및 금산원점의 평면직각종횡선수치의 단위는 간(間)으로 등록되어 있다. 이 측량의 실시지역은 경기도의 시흥 · 교동 · 김포 · 양천 · 강화 · 진위 · 안산 · 양성 · 수원 · 용인 · 남양 · 통진 · 안성 · 죽산 · 광주 · 인천 · 양지 · 과천 · 부평과 경상북도의 대구 · 고령 · 청도 · 영천 · 현풍 · 자인 · 하양 · 경산의 27개 지역이다.

특별 소삼각점측량은 1910~1912년 임시토지조사국에서 시가지 지세를 급히 징수하여 재정수요를 충당할 목적으로 실시하였으며, 이를 후에 통일원점지역의 삼각점과 연결하는 방식을 취하였다. 특별소삼각측량 시행지역은 평양 · 의주 · 신의주 · 진남포 · 전주 · 마산 · 진주 · 나주 · 광주 · 목포 · 군산 · 원산 · 함흥 · 청진 · 경성 · 나남 · 회령 · 강경과 지형상 대삼각측량으로 연결할 수 없는 울릉도에 독립된 원점을 합하여 19개 지역으로 하였다.

특별소삼각점은 측량지역의 서남단에 위치하는 삼각점으로 하고 종선 1만m, 횡선 3만m로 가상의 수치를 이용하였다. 삼각점의 결정은 기선의 한쪽 점에서 북극점 또는 태양의 고도관측에 의하여 방위각을 결정하였다. 측량원점은 시행지역의 서남단 삼각점을 원점으로 하였으며 현재 특별 소삼각점의 성과표는 남아 있지 않고 측정단위는 미터단위를 사용하였으며 구과량을 고려하여 실시하였다. 이는 대삼각측량 미완료 지역에 대해 미리 소삼각측량을 실시하고 일반삼각점과 연결하는 방식을 취하였다. 원점은 해당 측량지역의 삼각점을 종횡선 원점으로 하여 가산하였다.

제2장 측량오차

2.1 오차

숙련된 측량기술자가 정밀한 최신형 기계를 이용하여 동일한 거리를 여러 차례 관측하였을 경우에도 일반적으로 약간의 차이가 나타나는 것을 오차(Error)라 하며 참값을 측정하는 것은 매우 어렵다고 할 수 있다. 측량에서 오차의 발생은 자연적인 현상이나 사용하는 기계의 성능, 관측자의 숙련도 및 관측방법에 따라 발생하는데 관측값에 포함된 오차의 크기는 알 수 없으며 정도에 따라 다르다. 측량결과 값은 항상 오차를 포함하고 있으며 오차는 참값과 관측값의 차이를 말한다. 지적측량은 현장에서 실시하는 작업과 사무실에서 실시하는 업무로 구분하며 측량의 범위와 형태, 관측데이터의 수집과 조정 및 분석으로 필요한 측량결과를 결정하는 과정을 말한다. 모든 측량에서 계산은 기계의 불완전성, 측량자의 실수, 자연환경의 영향을 받으므로 모든 측량수치는 엄밀한 의미에서 정확한 값을 얻을 수 없기 때문에 다양하게 발생되는 오차의 원인을 이해할 수 있어야 한다. 모든 측정값은 사용 장비와 현지작업과정 및 계산방법이 목적에 적합한 정확도를 유지할 수 있도록 선택하여야 하며, 측량 결과값의 정밀도는 통계학적 검정방법을 사용하여 증명할 수 있어야 한다.

측량에서 절대적 정확성(Absolute Certainty)을 확보하는 것은 거의 불가능 하지만 이론적인 절대적 정확성을 갖는 값을 참값(True Value)이라 하며 측량사가 얻을 수 있는 값은 참값에 대한 추정값(Estimate value)이다. 측정값의 편차를 허용하는 것은 자연적인 현상이며 측정값은 보통 참값과는 서로 다른 값으로 측정값과 참값과의 차이를 참오차 또는 측정오차라 하며 관측값을 X, 참값을 X_t라 하면 참오차(e) = 관측값 − 참값($X - X_t$)이다. 오차는 동일한 측정대상을 다르게 관측한 값과 그 오차를 비교하여 결정되는데, 그 값을 잔차(Residual)라 하고 추정값을 X' 라 할 경우 잔차(e) = 관측값－추정값($X-X'$)라 표시한다. 실무에서 보정량(Correction)은 추정오차로 조정하지 않고 여기에 반대 부호를 붙여 사용하며, 보정량 = 추정값 - 관측값($X-X'$)이다.

2.2 오차의 분류

거리측량에서 온도의 변화에 따른 테이프의 신축에 의하여 발생하는 오차, 지구표면의 곡률에 의한 오차, 타원체의 크기를 결정하는 방법과 투영방법을 선택하는 방향에 따라 발생하는 오차로 구분할 수 있지만 정확하게 원인을 파악하면 보정하여 소거할 수 있다. 측량에서 오차는 원인에 따라 기계적인 오차, 개인적인 오차, 자연적인 오차로 구분하고 일정한 크기와 방향으로 나타나는 정오차, 크기와 오차의 발생 원인을 알 수 없는 우연오차, 관측자의 숙련 정도에 따라 많은 차이가 발생하는 착오로 분류할 수 있다. 또한, 정도에 따라 확률오차. 통계오차, 평균제곱오차로 구분한다.

2.1.1 원인에 따른 분류

(1) 기계적인 오차

기계적인 오차는 기계조립의 불완전, 기계검정 및 조정의 결함 등으로 발생하는 오차로 줄자나 분도반의 눈금간격이 일정하지 못하거나 시준축오차, 수평축오차, 수직축오차가 불일치하여 발생하는 오차이다. 기계적 요소는 기계조립의 불완전, 원시 데이터의 수집을 위한 기계사용 이전에 시행해야 할 기계검정 및 조정의 결함 등에 의한다. 또한, 줄자나 분도반의 눈금간격이 일정하지 못하거나 기계의 서로 다른 성분들의 중심이 불일치한 것, 광학설계의 불량으로 일정량의 수차(收差)가 발생하는 경우와 부품제작의 물리적 한계성으로 각종 나사들의 불량 등이 있다. 여기서 수차는 한 점으로부터 나온 빛이 렌즈나 거울에 의해서 상을 만들 때, 광선이 완전히 한 점에 모이지 않아 상이 흐려지거나 비뚤어지거나 굽는 현상을 말한다.

(2) 개인적인 오차

개인적인 오차는 관측자의 시각과 청각에 의하여 일정한 오차가 관측값에 부여되는 것으로서 경위의 및 Tape의 눈금을 읽었을 때 항상 크게 또는 적게 읽는 습관에 의해 나타난 오차와 관측자의 개인적 습관에 의해 발생하는 계통적 영향의 부호는 계통오차의 결과를 변화시킨다. 인위적 오차는 자신의 시각, 청각 등의 개인별 환경의 다양성과 제한성으로 개인적 계통오차가 일정하게 나타나며 이의 반작용도 있게 된다. 관측자에 의하여 발생하는 오차의 종류와 크기는 관측이 실시되는 기간 동안의 물리적, 심리적, 환경적 조건에 따라 발생하게 된다. 측량장비의 발달로 자동화가 되어도 자체의 계통적 오차의 영향을 갖게 되며 측량에서는 측량자의 관측이 중요하다.

(3) 자연적인 오차

자연적 원인에 의한 오차로 온도에 의한 신축오차, 공기 중 빛의 굴절에 의한 오차를 기차(氣差)라 하며, 지구의 곡률에 의한 오차를 구차(球差)라 하고 각관측과 거리측정의 경우에 많은 영향을 미친다. 즉, 자연적인 원인에 의한 온도, 습도, 기압 등으로 각 측정과 줄자나 광파거리측정기 등으로 거리를 측정할 경우에 영향을 미친다.

2.1.2 성질에 따른 분류

(1) 정오차

정오차(Constant error)는 일정한 원인이 분명하게 나타나고 방향과 크기가 같은 일정 법칙에 따라 발생되는 오차로 누적되므로 누차(Systematic Error) 또는 계통오차라고도 한다. 정오차는 일정한 형식 또는 물리학적 자연법칙에 따라 발생하므로 부정확한 기계 장치의 근본적인 발생으로 개별적 오차나 부호에 따라 서로 다른 형태로 나타나므로 오차의 발생 원인을 파악할 경우에는 수학적으로 표현할 수 있다.

이러한 오차의 형태는 동일한 기계에 의해서 측량한 값과 정밀한 기계 또는 다른 절차로 측량한 결과를 비교함으로써 발견할 수 있으나 동일한 조건으로 반복관측을 실시하게 되면 동일한 형태로 중복되어 발생한다. 또한, 과거에는 줄자의 온도변화에 따른 신축, 기계의 수평축과 수직축 조정의 불완전, 또는 관측자가 항상 크거나 작게 읽어서 발생하는 것은 모두 정오차로 발생 원인을 알 수 있으므로 제거할 수 있다. 줄자로 거리측량을 할 경우 사용하는 줄자가 기준척에 비하여 짧거나 길면 그 차이값이 정오차가 되며 100m 줄자가 실제로 99.99m의 길이 일 경우 이 줄자로 측정한 값에는 0.01m의 정오차를 포함하게 되므로, 이 줄자로 측정된 모든 길이는 동일한 형태의 계통적 영향을 미친다. 정오차에는 개인적 정오차, 기계적 정오차, 온도에 의한 팽창 등에 의한 물리적 정오차가 있다.

정오차의 전파(Propagation of Systematic Errors)는 오차의 부호와 크기를 알 때 이들 오차의 함수 $y = f(x_1, x_2, x_3, \cdots, x_n)$이며 각각의 변수는 내재된 정오차로 ($\Delta x_1, \Delta x_2, \Delta x_3, \cdots, \Delta x_n$)을 가지므로 함수식은 편미분방정식으로 표시할 수 있으며 $x_1 = x_{10} + \Delta x_1$, $x_2 = x_{20} + \Delta$

x_2이고 x_{10}, x_{20}는 관측값을 나타낸다.

아래의 식은 1차함수의 선형인 경우로 비선형함수를 계산할 경우에는 Taylor 급수전개에 의한 선형화가 필요하므로 선형화한 값을 사용하며 정오차의 오차 전파법칙은 $\Delta y = f(x_1, x_2, x_3) - f(x_{10}, x_{20}, x_{30})$에서 $\Delta y = \frac{\sigma y}{\sigma x_1}\Delta x_1 + \frac{\sigma y}{\sigma x_2}\Delta x_2 + \cdots + \frac{\sigma y}{\sigma x_n}\Delta x_n$와 같다. 정오차에는 주로 시준축오차, 수평축오차, 수직축오차, 눈금오차, 시준축의 편심오차가 발생하는데 소거방법은 시준축오차의 경우 시준축과 수평축이 직각이 되지 않아 발생하는 오차로 망원경을 정 · 반으로 관측하여 평균하여 제거한다. 수평축오차는 수평축과 수직축이 직교하지 않아 발생하는 오차로 망원경을 정 · 반으로 관측하여 이를 평균함으로서 소거할 수 있다. 수직축오차는 수직축이 정확히 수직선에 있지 않아 발생하는 오차로 수직축과 기포관축을 직교함으로서 조정이 가능하다. 눈금오차는 눈금의 부정확으로 발생하는 오차로 관측횟수를 늘려 평균함으로서 소거가 가능하다. 시준축의 편심오차는 측점중심, 기계중심, 측표의 중심이 동일 선상에 있지 않을 때 편심거리와 편심각을 측정하여 편심량을 보정하면 소거가 가능하다.

(2) 우연오차

우연오차(Random Error)는 정오차와 같이 일정한 값이 아니고 오차의 부호와 크기가 불규칙적으로 발생하는 오차로 관측자가 아무리 주의하여도 소거할 수 없는 오차로 서로 상쇄되기도 하므로 상차(Compensating Error) 또는 부정오차라고도 한다. 우연오차는 정밀한 기계를 사용하여도 미세한 오차가 발생하지만 원인이 명확하지 않아 발생하는 오차로 발견되지 않는 착오 또는 보정되지 못한 정오차의 경우에도 측량계산에서 우연오차로 처리한다. 그러나 크기가 상당히 커서 이상값 검출과정에서 검출되는 경우도 있으며 기계적 고유의 부정확성이나, 사람이 정확히 측정하지 못하여 발생하게 된다. 우연오차는 매우 작고 독립적이며 확률법칙에 따르고 사전에 개별적으로 결정될 수 없으며 수정할 수도 없다. 즉, 바람에 의해 발생한 기계의 미세한 움직임과 공기의 오염과 건조 등에서 발생하는 광선의 불규칙한 굴절 또는 관측자의 눈 자체가 가진 문제점 등에서 발생하는 오차가 많다. 특히, 우연오차는 그 크기나 대수적인 부호를 예측할 수 없고 우연히 발생하여 피할 수 없으므로 이 오차를 계산하거나 소거할 수 있는 절대적인 방법은 없다. 예를 들면, 거리를 측정할 때 동일한 기계를 이용하여 동일한 방법으로 100번 반복 관측을 하였다면, 그 평균값은 측정한 상태를 100번 반복 계산하고 각각의 길이를 측정한 상태에서 추정오차를 계산해서 측정값으로 부터 평균값을 빼서 결정한다. 이론적으로는 기계와 기계사용자의 한계를 바르게 반영한 것이 우연오차의 크기라고 말할 수 있으므로 좋은 기계를 사용하고 올바른 계획에 의한 야외작업과 반복관측에 의해 소거 할 수 있다.

우연오차의 전파(Propagation of Random Errors)는 구하려고 하는 값이 결과 값을 어떻게 형성하느냐에 따라 각각의 측정값의 정확도가 다르게 표현된다. 기선을 분할 측정한 경우와 같이 측정값들이 조합되어 있는 경우 계산 결과의 표준오차는 개개의 표준오차에 대한 제곱합의 제곱근으로 표현된다. $x = x_1+x_2+ +x_3 \cdots +x_n$에서 $\sigma x = \sqrt{\sigma_1^2+\sigma_2^2+\sigma_n^2}$ 에서 x_1, x_2, x_n은 서로 독립되어 있으며 $y = f(x_1, x_2, x_{3,} \cdots, x_n)$에서 Taylor의 급수에 의해 전개하면 y의 전체 오차는 Taylor 급수로부터 고차항을 소거하면 분산에 대한 오차의 전파식은

$\sigma y^2 = (\frac{\sigma y}{\sigma x_1})^2 \cdot (\sigma x_1)^2 + (\frac{\sigma y}{\sigma x_2})^2 \cdot (\sigma x_2)^2 + \cdots + (\frac{\sigma y}{\sigma x_n})^2 \cdot (\sigma x_n)^2$이 된다.

여기서, σx_n; 표준편차 또는 표준오차이다.

우연오차의 소거방법은 망원경에 맺힌 상이 "+"자선과 불일치로 관측오차가 발생한 경우 접안경과 대물렌즈로 조정하여 소거가 가능하다. 기상 상태에 의해 발생하는 관측오차는 관측시기의 선택으로 소거가 가능하며 빛의 굴절오차는 공기 밀도가 불균일하여 발생하는 오차로 수평각을 관측할 경우에는 아침과 저녁 무렵에 관측하고 수직각은 정오에 관측함으로써 오차를 소거할 수 있다. 또한 관측오차는 관측자의 정신적, 육체적 피로에 의한 오차로 최상의 컨디션 유지 상태에서 관측하면 소거할 수 있다.

(3) 착오

착오(Mistake)는 대부분 판단 부족에서 발생하는 오차로 관측자의 단순한 부주의, 피로에 의해 관측 값을 기록할 때 숫자를 잘못 기재하는 경우, 줄자로 거리를 측정할 때 측정단수를 잘못 읽는 경우, 각 관측에서 시준점의 목표를 잘못 보았을 경우 등에 의한 오차로 과대오차라고도 한다. 즉, 각에서 75° 59′ 15″를 57° 59′ 51″로 잘못 읽었거나, 거리에서 151.25m를 115.25m로 잘못 기재해서 발생하는 오차로 다른 오차에 비하여 크게 나타나는 것으로 사실상 오차라고 보기 어렵다. 오차와 혼동될 수 있는 작은 값의 착오는 발견하기가 어렵고 여러 형태의 오차와 함께 오차이론에 따라 취급된다.

항공사진측량에서 과대오차는 대부분 측점착오, 소수점의 위치오류, 점번호 오류, 이기오류 등으로 인하여 발생하는데 조정결과값의 결정에 크게 영향을 미치게 된다. 이러한 과대오차는 손쉽게 발견되어 소거할 수 있는 경우도 있으나, 큰 과대오차도 포함되어 쉽게 검출되지 못하는 경우도 있다. 특히, 착오가 발생될 가능성이 있는 경우에는 관측과정과 관측방법을 계획할 때 이를 소거할 수 있도록 설계하여야 한다. 그리고 어떠한 부호와 크기 및 발생 빈도를 예측할 수 없으므로 현장작업을 할 때에는 항상 주의하여야 한다. 과대오차 소거방법으로는 시준점과

관측기록부 비교 및 장비의 작동과정의 변화를 확인하고 서로 다른 기준이나 지표를 이용하여 검정하며 대부분 쉽게 식별이 가능할 수 있을 정도로 상당히 큰 수로 나타나므로 소거가 편리하다. 모든 측량 작업의 체계적인 검정으로 제거할 수 있거나 재관측 등으로 소거할 수 있다. 최근에는 관측데이터가 자동으로 기록되는 전자야장(Electronic Field Note)이 사용되기 때문에 이러한 착오는 크게 줄어들고 있으나 완전히 없어지지는 않는다.

2.2.3 정도에 따른 분류

$y = \frac{h}{(\sqrt{\pi})} e^{-h^2 e^2}$ 식에서 관측의 정도는 h에 의해 결정되므로 정도가 높고 낮은 것은 h값의 크기에 따라 다르게 나타날 수 있으므로 h와 밀접한 관계에 있는 다른 수치로 관측정도를 비교하게 되며 정도를 나타내는 오차는 확률오차, 통계오차, 평균제곱오차의 3가지로 구분할 수 있다.

(1) 확률오차

관측오차 v_1, v_2를 크기의 순서로 정렬할 때 정확히 중앙에 있으면 정(+) 또는 부(−)오차의 절대 값으로 큰 오차의 수와 작은 오차의 수가 동수가 되는 가운데 위치에 있는 오차 r를 관측군의 확률오차라 한다. 그림 2-1을 적분학으로 조사하여 수학적으로 정리하면 오차곡선과 횡축이 겹치는 각각의 부분면적 ($PQRS$)와 ($PAS+QBR$)를 나타내고 오차 e_i가 $\pm r$의 사이에 있을 확률은 1/2 이며 공식으로 정리하면 식(2.1)과 같다.

$$\int_{-r}^{+r} y dv = \frac{h}{\sqrt{\pi}} \int_{-r}^{+r} e^{-h^2 e^2} dv = \frac{2h}{\sqrt{\pi}} \int_{0}^{r} e^{-h^2 e^2} dv = \frac{1}{2} \tag{2.1}$$

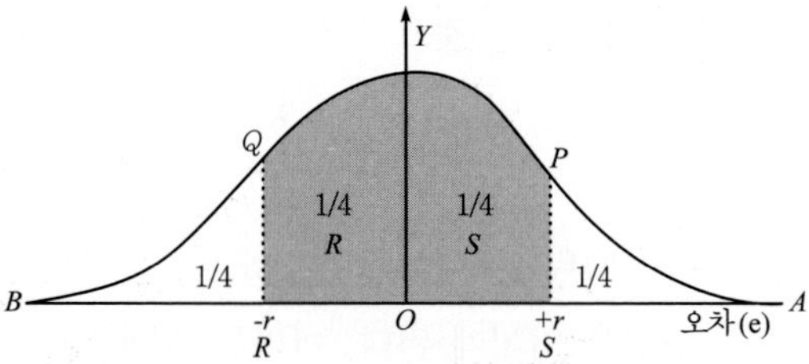

그림 2-1 확률오차

식(2.1)을 적분하면 확률오차(r)와 정도(h)의 관계는 식(2.2)와 같다.

$$hr = 0.47694 \tag{2.2}$$

식(2.2)에서 r과 h의 관계는 명확하므로 확률오차와 관측정도를 비교할 수 있다.

식(2.2)에서 r이 작아지면 그것에 반비례하여 h가 커지므로 r이 작으면 관측정도는 점점 양호하다는 것을 알 수 있다.

(2) 통계오차

관측오차 v_1, v_2, ⋯ v_n의 절대값의 평균을 그 관측의 통계오차라 하며 $[v]$를 v의 절대값의 합계로 할 경우 식(2.3)의 t가 통계오차이며 평균오차라고도 한다.

$$t = \frac{[|v|]}{n} \tag{2.3}$$

i와 h는 횡좌표 v_i와 (v_i+dv)와의 사이에 있는 오차의 개수를 ni라 하고, 오차곡선과 횡축사이에 포함된 오차의 총 합계를 n이라 할 경우 확률의 수학적 정의에 의해 ni와 n과의 관계는

$$\frac{n_i}{n} = f(v_i)dv \text{에서 } n_i = nf(v_i)dv \tag{2.4}$$

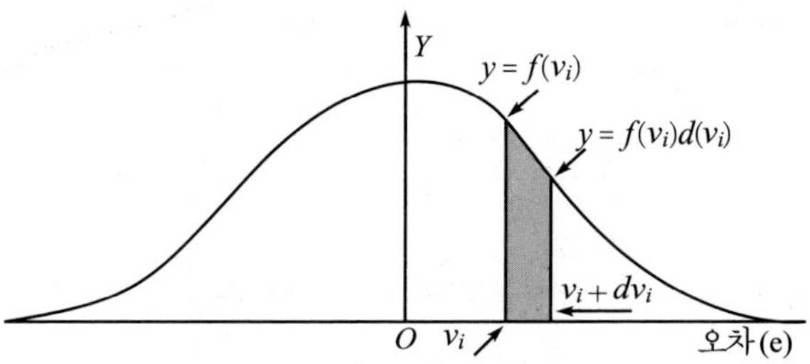

그림 2-2 통계오차

따라서 오차(v_i)의 합은 $n_i|v_i| = n|v_i|f(v_i)dv$가 되고 $\pm\infty$의 사이에 있는 오차의 합은

$n_1|v_1|+n_2|v_2|+\cdots = n[|v_1|f(v_1)dv+|v_2|f(v_2)dv\cdots]$가 된다.

이를 적분하면 $\int_{-\infty}^{+\infty}|v|f(v)dv$가 되며 이는 오차량의 평균값이 된다.

즉, 통계오차는 $t = \dfrac{n\int_{-\infty}^{+\infty}|v|f(v)dv}{n} = \int_{-\infty}^{+\infty}|v|f(v)dv = \dfrac{2h}{\sqrt{\pi}}\int_0^{\infty}|v|e^{-h^2v^2}dv$의 관계가 되므로 이를 다시 적분하면 식(2.5)가 된다.

$$t = \frac{1}{\sqrt{\pi}h} \tag{2.5}$$

여기서, $h = 0.47694\frac{1}{r}$을 식(2.5)에 대입하면 식(2.6)이 된다.

$$t = \frac{r}{0.47694\ \pi} = 1.1829r \tag{2.6}$$

식(2.6)에서 r을 계산하면 식(2.7)이 된다.

$$r = \frac{t}{1.1829}\sqrt{\ } 0.8453t \tag{2.7}$$

식(2.6)과 식(2.7)은 확률오차와 통계오차와의 관계를 명확히 하고, 통계오차 또는 정도 h에 반비례한다.

(3) 평균제곱오차

관측오차 $v_1, v_2, \cdots v_n$의 제곱의 합을 오차의 수로 나눈 평방근을 그 관측의 평균제곱오차라 하고 $[vv]$를 오차의 제곱의 총합이라 할 때, 식(2.8)의 m이 평균제곱오차가 된다.

$$m = \pm\sqrt{\frac{v_1^2+v_2^2+\cdots+v_n^2}{n}} = \pm\sqrt{\frac{[vv]}{n}} \tag{2.8}$$

그리고 m과 h관계는 통계오차와 같이 $n_i = nf(v_i)dv$로 하면, 오차량 ei의 제곱의 합은 $n_iv_i^2 = nv_i^2dv$이 되고, $\pm\infty$의 사이에 있는 오차량의 제곱의 합은 식(2.9)의 적분식이 된다.

$$n\int_{-\infty}^{+\infty} v^2f(v)dv \tag{2.9}$$

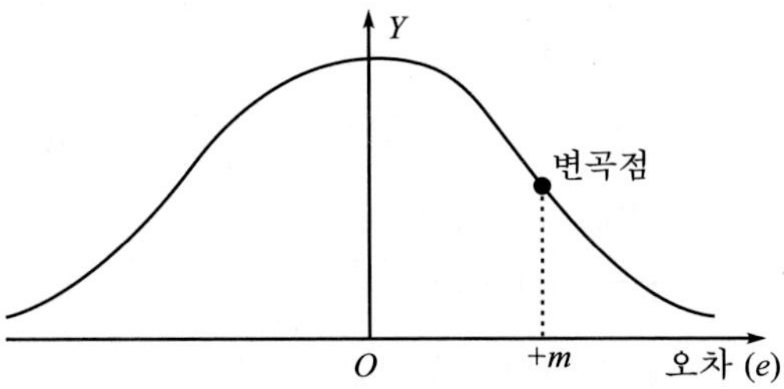

그림 2-3 평균제곱오차

$$\therefore m^2 = \frac{vv}{n} = \frac{n\int_{-\infty}^{+\infty} v^2f(v)dv}{n}$$
$$= \int_{-\infty}^{+\infty} v^2f(v)dv = \frac{2h}{\sqrt{\pi}}\int_{-\infty}^{+\infty} v^2e^{-h^2v^2dv}$$

여기서, 적분하면 $m = \pm\frac{1}{\sqrt{2}h}$과 같고 이 식은 m과 h의 관계를 명확히 나타낸다(계산방법은 식(2.54) 참조).

통계오차와 같이 h는 r의 관수를 나타낸 것으로 $m = \pm\frac{1}{\sqrt{2}h}$에 h를 대입하면 식(2.10) 및 식(2.11)과 같다.

$$m = \frac{r}{0.47694\sqrt{2}} = 1.4826r \tag{2.10}$$

$$r = \sqrt{2}\times 0.47694m = 0.6745m \tag{2.11}$$

식(2.11)은 평균제곱오차와 확률오차와의 관계를 나타내고 있으며 평균제곱오차 또는 확률오차를 구하는 수단으로 관측정도를 비교하는 것을 목적으로 많은 관측에 폭넓게 사용하고 있다. 오차곡선 상에서 평균제곱오차 m의 위치는 그 당해 곡선의 변곡점에 해당하며 오차의 이론은 진오차(v)와 정도(h)의 상호관계인 v의 개수라고 할 수 있는 만큼까지 대단히 많다는 가정에서 나온다. 또한, 각각의 실제 관측에서 알 수 있는 것은 관측값과 최확값의 차이 이므로 참오차와 잉여의 관계를 알아야 한다. 각종 오차는 측정군 안의 각 1회의 관측에 대한 정도를 나타내는 것으로 1회 관측의 평균제곱오차라고 한다.

2.3 확률

동전을 10회 던졌을 경우 앞면과 뒷면이 나오는 확률 또는 앞면이 몇 회, 뒷면이 몇 회 나올 지는 동전을 던진 후에 알 수 있지만 결과를 확인해도 신뢰도는 높지 않다. 이처럼 불확실한 것에 대해서 일어나는 확실한 비율을 정하는 것을 확률이라 한다. 일반적으로 어느 현상이 일어나는 경우를 행운이라고 하고 일어나지 않는 경우를 불행하다고 하는 모든 경우의 수를 n으로 하고, 행운의 경우를 a로 하면 불운의 경우는 $n-a$라고 가정할 수 있다. 또한, 모든 경우의 수를 n으로 하고 어느 현상이 일어나는 경우의 수를 a로 하면, $\frac{a}{n}$를 가지고 그 현상의 확률(p)이라 하면 $p = \frac{a}{n}$이다. 확률에는 3가지 현상으로 정리할 수 있는데 $p = 1$은 현상이 반드시 일어날 것을 나타내고 $p = 0$은 현상이 전혀 일어나지 않는 것을 나타낸다고 할 경우 $1-p$는 현상이 일어나지 않는 확률이다. 여기서, a는 일어나는 경우의 수이므로 일어나지 않는 경우의 수는 $n-a$로 일어나지 않는 확률을 q라 하면 $q = \frac{n-a}{n} = 1-\frac{a}{n} = 1-p$가 된다.

2.3.1 상반현상의 확률

약간의 현상이 있으면서 그 중에서 1개의 현상이 일어날 때 다른 현상이 절대 일어나지 않는다면 이들의 현상은 서로 상반(Reciprocal)된다고 한다. 상반되는 현상을 정리하면 몇 개는 상반현상 E_1, E_2, …가 일어나는 확률이 각각 p_1, p_2, …일 경우 E_1, E_2, …의 모두가 일어날 확률은 $p_1 + p_2 + \cdots$이다.

예제 2.1 어느 학교의 자치위원회는 부동산학과 3인, 지적학과 6인, 측량학과 4인이 있는데 그 중에서 위원장 1인을 각과의 인원에 비례해 선출할 경우 부동산학과와 지적학과에서 위원장이 될 수 있는 확률은?

풀이 총인원수 = 3+6+4 = 13인

부동산학과에서 선출될 확률은 $p_1 = \frac{3}{13}$, 지적학과에서 선출될 확률 $p_2 = \frac{6}{13}$이므로,

상반되는 현상의 정리를 통해서 알아보면 $p_1 + p_2 = \frac{3}{13} + \frac{6}{13} = \frac{9}{13}$이다.

2.3.2 중복현상의 확률

약간의 현상이 있고 그 중 어느 것이 일어나고 일어나지 않는지는 무관하며 다른 현상이 일어날 확률이 불변일 때의 현상을 독립적이라 하고 그렇지 않는 경우를 종속이라 하는데 이를 일괄적으로 중복현상이라 한다. 예를 들면, 주사위를 2회 흔드는데 1회에 3이 나오는 것과 2회에 3이 나오는 경우는 서로 독립적이라 한다. 그러나 1개의 봉지 안에 하얀색 구슬 3개와 검정색 구슬 5개가 있는데 2회를 던져 1개씩 구슬을 꺼낼 경우 1회에 하얀색 구슬이 나올 경우와 2회에 하얀색 구슬이 나올 경우는 서로 종속이라 한다. 그 이유는 1회에 하얀색 구슬이 나왔으면 봉지 안의 하얀색 구슬은 1개가 감소하므로 2회에 하얀색 구슬이 나올 확률은 2/7가 되고, 또한 1회에 검정색 구슬이 나왔으면 하얀색 구슬이 나올 확률은 3/7이 되므로 1회의 현상이 2회의 현상에 영향을 주고 있기 때문이다. 중복현상을 정리하면 중복현상이 E_1, E_2, E_3, $\cdots$, E_n일 경우 E_1이 일어날 확률은 p_1, E_1이 일어난 후 E_2가 일어날 확률을 p_2, E_1과 E_2가 일어난 후 E_3가 일어날 확률을 p_3이하 순차로 p_i가 되면 이들의 현상이 이 순서에 모두 일어날 확률은 $p_1 \times p_2 \times p_3 \times \cdots$이다.

2.3.3 확률곡선

오차의 3법칙에서 오차가 일어날 수 있는 확률은 오차의 크기에 따라 변화하는 것으로 오차와 관계되는 수를 알고 있으므로 v는 오차의 크기, y는 오차(e)에 나타나는 확률로 정리하면 식(2.12)와 같다.

$$y = f(v) \tag{2.12}$$

오차의 3법칙에 의하면 최대의 확률을 가진 위치의 오차는 영(0)이어야 하며 동일한 양으로 부호가 상반되는 오차는 똑같이 나타나야 하므로 $y = f(v)$의 곡선은 y축에 대해 대상이 된다. 또한, 오차의 절대값이 늘어남과 동시에 y는 감소하고, v가 대단히 크게 되면 y는 영에 가깝다는 원리로 곡선은 그림 2-4와 같다. 이것은 오차의 3법칙에서 추정되는 곡선인데 오차론에서는 이 곡선을 방정식으로 나타내는 대표적인 것은 가라스가 유도한 차식이 전해지며 이것이 식(2.12)와 관련된 수의 형이다.

$$y = C\, e^{-h^2 v^2} \tag{2.13}$$

식(2.13)에서 C와 h는 관측조건에서는 수치가 다르지만, 관측값을 데이터로 처리하면 당해 관측마다 정해지는 정수이다. 또한, v는 자연대수에 사용하는 v와 동일한 것으로 식(2.13)에 의해 나타난 그림 2-4와 같은 곡선을 확률곡선 또는 오차곡선이라 한다. 또한, 관측에서 오차가 이 곡선과 같은 분포를 나타낼 경우 정규분포라 한다.

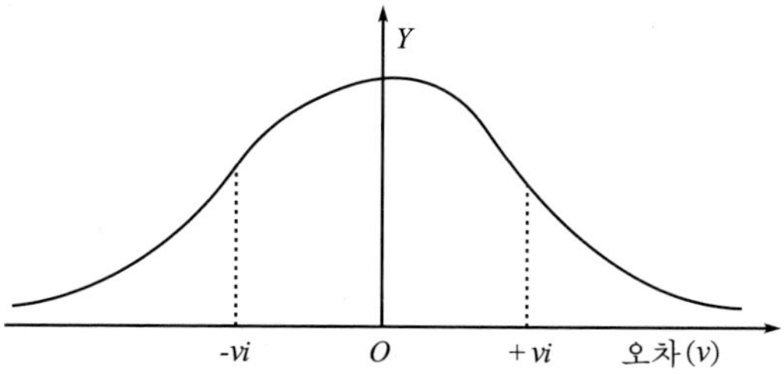

그림 2-4 확률곡선

2.3.4 관측의 정도

식(2.13)에서 $\int_{-\infty}^{+\infty} ydv$을 정리하면 오차가 $-\infty$에서 $+\infty$ 사이의 확률총합을 의미하고 모든 오차는 반드시 그 안에 포함되므로 총합은 1이 되고 $\int_{-\infty}^{+\infty} ydv = 2\int_{0}^{\infty} ydv = 1$과 같이 정리할 수 있다. 이 식을 적분연산으로 하면 $\frac{C}{h}\sqrt{\pi} = 1$이 되고 정수인 C는 식(2.14)와 같다.

$$C = \frac{h}{\sqrt{\pi}} \tag{2.14}$$

따라서 식(2.13)에 식(2.14)을 대입하면 식(2.15)와 같다.

$$y = \frac{h}{\sqrt{\pi}} e^{-h^2v^2} \tag{2.15}$$

여기서, h는 관측의 조건이 될 수 있는 사용기계, 측정방법, 관측자의 숙련 정도 등으로 정해지므로 관측의 조건이 정해져 있는 경우는 일정하다. 만약, 2개의 관측값에서 h의 값을 각각 h_1, h_2로 하면 오차곡선은 식(2.16)과 같다.

$$y = \frac{h_1}{\sqrt{\pi}} e^{-h^2v^2} \tag{2.16}$$

$$y = \frac{h_2}{\sqrt{\pi}} e^{-h^2v^2}$$

그림 2-5에서 2개의 곡선의 교점좌표는 식(2.17)과 같이 결정되는데 Y축과 곡선의 교점좌표는

식(2.16)에서 v를 0으로 하면 식(2.18)과 같이 정리할 수 있다.

$$\frac{h_1}{\sqrt{\pi}} e^{-h^2v^2} = \frac{h_2}{\sqrt{\pi}} e^{-h^2v^2} \text{이며 } \frac{h_1}{h_2} = e^{(h_1^2-v_2^2)v^2}$$

$$\log \frac{h_1}{h_2} = (h_1^2+h_2^2)v^2 \text{에서}$$

$$v = \pm\sqrt{\frac{1}{h_1^2+h_2^2 = \log\frac{h_1}{h_2}}} \qquad (2.17)$$

$$y_1 = \frac{h_1}{\sqrt{\pi}},\ y_2 = \frac{h_2}{\sqrt{\pi}} \qquad (2.18)$$

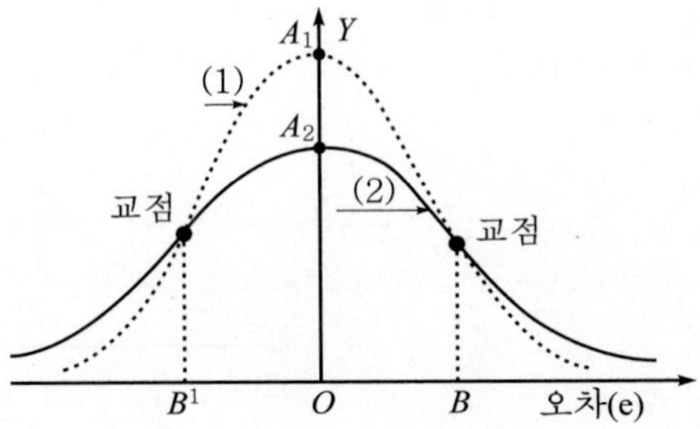

그림 2-5 곡선의 교점

식(2.18)에서 $y_1 = OA_1$, $y_2 = OA_2$이면, 식(2.17)의 $+v = OB$, $-v = OB'$가 되고, $OA_1 > OA_2$, $OB = OB'$가 됨을 알 수 있다. 이것은 $h_1 > h_2$이면 (1)곡선이 (2)곡선에 비해 작은 오차가 일어날 확률이 크고, 큰 오차가 일어날 확률은 적다는 것을 나타낸다. 즉, $h_1 > h_2$일 때는 (1)곡선의 정도가 높다는 것을 알 수 있고 h를 측정의 정도라 하면 h의 크기에 따라 정도를 파악할 수 있다.

2.3.5 오차의 3법칙

(1) 오차의 크기에서 절대값이 같은 정(+)오차와 부(−)오차가 발생할 확률은 서로 같다.

두 점간의 거리를 반복하여 많은 횟수를 측정한 결과 값이 "+0.1m"와 "−0.1m"의 오차가 발생하는 횟수와 확률은 같다. 즉, X축과 Y축에서 발생하는 오차와 확률의 관계를 나타내면 그림 2-6과 같이 오차곡선은 Y축에 대해 대칭의 형태로 나타낸다.

(2) 절대값이 작은 오차가 발생할 확률은 절대값이 큰 오차가 발생할 확률보다 크다.

어떤 값을 측정할 경우에는 참값을 취득할 수 있도록 유의하여 관측하게 됨으로 오차가 "0"이 되도록 관측값을 취득하는 횟수가 많은 것은 당연하다.

예를 들어 50m의 테이프로 30회를 측정하였을 때 정확하게 측정된 횟수가 15회일 경우 ±0.01m가 되도록 측정한 횟수는 15회 보다 적으며 ±0.02m가 되도록 측정한 횟수는 ±0.01m가 측정되는 횟수보

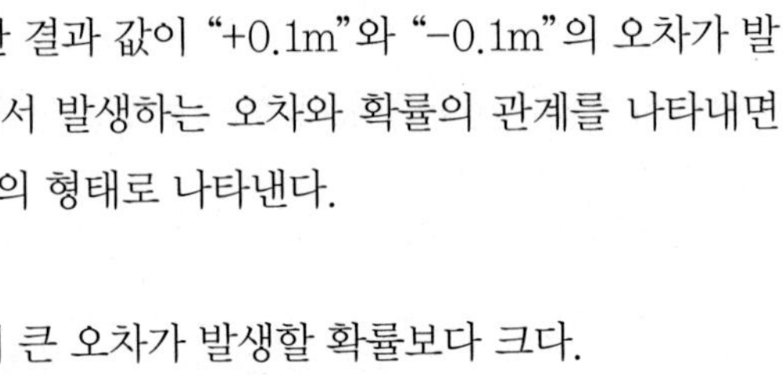

그림 2-6 오차곡선

다 적게 나타난다. 즉, 정확하게 측정된 확률은 가장 크게 나타나며 오차의 절대값이 큰 오차의 확률은 작게 나타난다. 그러므로 발생하는 오차의 크기와 확률의 관계는 그림 2-6과 같이 "±0.00m"인 곳이 정점이 되며 X축으로 갈수록 오차발생 확률은 작아진다.

(3) 오차의 크기와 확률은 양 끝단에서 "0"이다.

매우 큰 오차가 발생할 확률은 거의 없으며 오차가 "±0.50m"의 크기로 나타날 확률은 거의 없다고 보아야 하는데 주로 착오에서 발생하는 오차라고 할 수 있다. 그림 2-6과 같이 오차곡선은 미세하게 X축과 가깝게 진행되어 "0"이 된다.

2.4 오차곡선

2.4.1 오차곡선의 유도

측량성과를 결정하기 위해 2회 관측하였다면 평균값은 간단하게 계산할 수 있지만 여러 차례 반복하여 관측한 경우 잔차합을 영(0)으로 하는 것은 평균값을 가진다. 그러므로 1개의 양 X에 대해 실시한 n회의 측정값을 $x_1, x_2, \cdots, x_n$으로 하고 이들의 평균값을 x_0로 하면

$x_0 = \dfrac{x_1+x_2+\cdots+x_n}{n}$가 되므로 양변에 n을 더하고 이항 또는 분해하면

$nx_0 = x_1+x_2+\cdots+x_n$에서 $(x_1-x_0)+(x_2-x_0)+\cdots+(x_n-x_0) = 0$와 같이 정리할 수 있다.

이와 같이 평균값이 가진 특성을 명확하게 표현할 수 있는데 특정한 직선의 거리를 구하기 위해 3회 측정값이 730.4m, 730.5m, 730.9m일 경우 그 평균값은 730.6m로 잔차 합은(−0.2)+(−0.1)+(0.3) = 0이 된다. 관측값과 참값의 차를 v_1, v_2라 하면 이들은 각각 x_1, x_2와 관련 된 수이고 확률 y는 $y_1 = f(v_1)$, $y_2 = f(v_2)$가 된다. 이들 오차는 v안에서 v_i가 발생한 현상을 고려하면, v_1이 발생하는데 v_2가 발생하지 않는 것과 무관하며 v_1이 발생하는 현상과 v_2가 발생하는 현상은 서로 독립적이라는 것을 알 수 있다. 따라서 v는 v_1과 v_2가 동시에 발생할 확률 P는 반복되는 현상에 따라서 $P = y_1y_2 = f(v_1)f(v_2)$로 정리할 수 있다. 여기서, X의 최확값은 P가 최대값이어야 한다. 최대와 최소는 X의 모토(Motto)가 된 미지량이 된 경우의 변수 x_1, x_2에 관해 연산한 P의 미분계수가 각각 0과 같은 것을 필요로 하므로 미분하면

$$\frac{\partial P}{P\partial x_1} = \frac{\partial f(v_1)}{f(v_1)\partial x_1} + \frac{\partial f(v_2)}{f(v_2)\partial x_1} = 0 \tag{2.19}$$

$$\frac{\partial P}{P\partial x_2} = \frac{\partial f(v_1)}{f(v_1)\partial x_2} + \frac{\partial f(v_2)}{f(v_2)\partial x_2} = 0$$가 된다.

x_1, x_2에 관한 수를 미분하면 $\frac{\partial f(v)}{\partial v} = \phi(v) = \phi(v)f(v)$ (2.20)

여기서, 식(2.20)을 다시 정리하면 $\partial f(v) = \phi(v)f(v)\partial v$과 같다고 가정하고 식(2.19)를 정리하면 식(2.21)과 같다.

$$\phi(v_1)\frac{\partial v_1}{\partial x_1} + \phi(v_2)\frac{\partial v_2}{\partial v_1} = 0 \qquad (2.21)$$

$$\phi(v_1)\frac{\partial v_1}{\partial x_2} + \phi(v_2)\frac{\partial v_2}{\partial x_2} = 0$$

식(2.21)에서 보면 방정식의 수가 미지량의 수와 동일하므로 관수형인 ϕ를 알면 미지량(v_i)를 계산할 수 있는 2개의 미지량을 이용하는 방법이다. 그러나 2개 이상의 미지량에 적용할 경우 미지량 x_1, x_2 … x_n을 직접 1회씩 관측하고 그 관측값이 l_1, l_2 … l_n인 경우 오차가 $v_1 = l_1 - x$, $v_2 = l_2 - x$, $v_n = l_n - x$와 같을 경우에 이 식의 양변을 미분하면 모두 −1이 되고 서로 동일하다고 가정하면

$$\frac{dv_1}{dx_1} = \frac{dv_2}{dx_2} = \cdots = \frac{dv_n}{dx_n} = -1 \qquad (2.22)$$

식(2.21)에 대입하면 $\phi(v_1) + \phi(v_2) + \cdots + \phi(v_n) = 0$ (2.23)

여기서, 평균값은 최확값이고 잔차의 합은 0이므로 잔차를 δ로 나타내면 $\delta_1 + \delta_2 + \cdots + \delta_n = 0$이 되고 관측횟수($n$)가 최대가 될 경우 잔차 0과 오차($v$)에 일치할 것으로 가정하면

$$v_1 + v_2 + \cdots + v_n = 0 \qquad (2.24)$$

식(2.23)과 식(2.24)가 동시에 성립되기 위해서는 ϕ는 어느 형태이든 정수로 나타내는데 그 정수를 k로 나타내면

$$\phi(v_1) + \phi(v_2) + \cdots + \phi(v_n) = kv_1 + kv_2 + \cdots + kv_n \qquad (2.25)$$

식(2.20)에 의하면 $\phi(v) = \frac{\partial f(v)}{f(v)\partial v}$으로 식(2.25)에 대입하면

$$\frac{df(v_1)}{f(v_1)dv_1}+\frac{df(v_2)}{f(v_2)dv_2}+\cdots+\frac{df(n_n)}{f(v_n)dv_n}=kv_1+kv_2+\cdots+kv_n \tag{2.26}$$

식(2.26)의 측정회수(*n*)는 참값이므로 양변은 항상 동일하여야 하며 임의의 오차를 *v*로 하고 발생할 확률 y와의 관계를 $y=f(v)$로 하면

$$\frac{df(v)}{f(v)dv}=\frac{dy}{ydv}=kv\text{가 되므로 이를 다시 정리하면 }\frac{dy}{y}=kvdv \tag{2.27}$$

$$\text{이를 적분하면 } \log y=\frac{kv^2}{2}+\log C \tag{2.28}$$

식(2.28)을 진수로 정리하면 식(2.29)와 같다.

$$y=Ce^{\frac{kv^2}{2}} \tag{2.29}$$

2.4.2 $y = Ce^{-h^2v^2}$에서 C값

모든 오차는 반드시 최대오차 $+a$와 $-a$의 사이에 있으므로 식(2.30)이 성립된다.

$$\int_{-a}^{+a} f(v)dv = C\int_{-a}^{+a} e^{-h^2v^2}dv = 1 \tag{2.30}$$

특히, *a*의 값은 관측방법에 따라 다르므로 그 값을 판단하여 결정하는 것이 어려우므로 오차의 한계로 $-\infty$과 $+\infty$를 얻어야 하며 식(2.31)에서 시작한다.

$$C\int_{-\infty}^{+\infty} e^{-h^2v^2}dv = 1 \tag{2.31}$$

식(2.31)은 오차의 3법칙에서 "크기가 같고 부호가 서로 다른 오차의 확률은 서로 같다."는 원리를 근거로 식(2.32)와 같이 정리 할 수 있다.

$$C\int_{-a}^{+a} e^{-h^2v^2}d\Delta = 2C\int_{0}^{\infty} e^{-h^2v^2}dv = 1 \tag{2.32}$$

$$\text{특히, } hv=t\text{로 하면 } hdv=dt,\ dv=\frac{dt}{h} \tag{2.33}$$

$$\int_{0}^{\infty} e^{-t^2}dt=\frac{h}{2C} \tag{2.34}$$

오차곡선인 $y = Ce^{-h^2v^2}$를 평면직각좌표로 보고 v을 X축으로, 그 확률을 Y축으로 할 경우 Y축에 대칭한 곡선이 되고 3차원직각좌표에 비교하면 이 곡선은 Z축에 대칭이고 X축을 점근선(漸近線)으로 하는 XZ 평면상의 곡선으로 볼 수 있다. 또한, 동심원의 구획선을 그은 표적을 사용하면, Z축을 포함한 임의의 수직단면에서 Z축에 대칭한 동형의 곡선이 그려진다는 것은 랭파드의 실험에서 나타난 추정을 근거로 하면

$$\int_0^{\infty} e^{-t^2}dt = e^{-v^2}dv = \frac{1}{2}P \tag{2.35}$$

식(2.35)에서 좌변을 XZ 평면상의 것으로 하면 중변은 YZ 평면상의 것, P는 기하학적으로 하면 곡선이 횡축으로 둘러 쌓인 면적으로 식(2.36)과 같다.

$$\frac{1}{4}P^2 = \iint_P e^{-(t^2+v^2)dv\,dt} \tag{2.36}$$

여기서, P는 면적이므로 P^2는 체적이며 $\int_P$ 의 P와 변수의 범위로 식(2.35)와 같이 0～∞을 의미한다.

즉, 발사한 탄환이 표적에 맞은 탄환의 흔적에 근거하고 있지만 명중한 위치에 1개도 남김없이 겹쳐 쌓여 가는 결과는 1개의 산이 생기고 산의 체적은 이 P^2로 된다. 식(2.36)을 적분하기 위해 $v = tu$로 하면 $dv = tdu$이므로 식(2.37)과 같다.

$$\frac{1}{4}P^2 = \int_0^{\infty} du \int_0^{\infty} e^{-t^2(1+u^2)tdt} \tag{2.37}$$

$$\int_0^{\infty} e^{-t^2(1+u^2)tdt} = \left[-\frac{e^{-t^2(1+u^2)}}{2(1+u^2)}\right]_0^{\infty} = \frac{1}{2(1+u^2)} \tag{2.38}$$

$$\frac{1}{4}P^2 = \frac{1}{2}\int_0^{\infty} \frac{dv}{1+v^2} = \frac{1}{2}[\tan^{-1}v]_0^{\infty} = \frac{1}{2}(\tan^{-1}\infty - \tan^{-1}0) = \frac{\pi}{4} \tag{2.39}$$

따라서, $\frac{1}{2}P = \int_0^{\infty} e^{-t^2}dt = \frac{\sqrt{\pi}}{2}$ (2.40)

여기서, 식(2.40)과 식(2.34)를 이용하여 양방의 우변을 등호로 정리하면 식(2.41)과 같다.

$$\frac{\sqrt{\pi}}{2} = \frac{h}{2C} \tag{2.41}$$

식(2.41)에서 C의 값을 결정하기 위해서 정리하면

$$C = \frac{h}{\sqrt{\pi}} \tag{2.42}$$

따라서, 오차곡선(확률곡선)은 식(2.43)과 같이 표현된다.

$$f(v) = \frac{h}{\sqrt{\pi}} e^{-h^2v^2} \tag{2.43}$$

2.4.3 hr의 계산

(1) h의 성질

$e^{-h^2v^2}$이 실수가 되기 위해서는 지수인 h^2v^2가 추상(Abstraction)수로 하는데 여기서, 추상이란 사물과 사상의 성질을 빼고 파악하는 것으로 정수인 v와 h의 관계는 $\frac{1}{v}$와 같다고 하고 h가 $\frac{1}{v}$와 동일한 양이 되는 것은 최소제곱법에 적합하다.

(2) 계산식의 유도

확률오차에서

$$\frac{h}{\sqrt{\pi}} \int_{-\gamma}^{+\gamma} e^{-h^2v^2} dv = \frac{1}{2} \tag{2.44}$$

식 (2.44)의 좌변을 확률로 표시하며 그 확률을 P로 나타낼 때 $P = \frac{1}{2}$로 변수치환에 의해 식 (2.44)에서 그림 2-7과 같이 $t_1 = -hr$, $t_2 = +hr$로 되므로

$$\frac{h}{\sqrt{\pi}} \int_{-\gamma}^{+\gamma} e^{-h^2v^2} dv = \frac{2}{\sqrt{\pi}} \int_{0}^{hr} e^{-t^2} dt \tag{2.45}$$

$g(x) = e^x$ 일 때는

$g^n(x) = e^x, (n = 1, 2, 3 \cdots)$이고

$g'(0) = 1$, $g''(0) = 1 \cdots g(n)(0) = 1$ 또는 $g(n)(x)$인 경우의 e^x는 x의 모든 유한값에 대해 항상 유

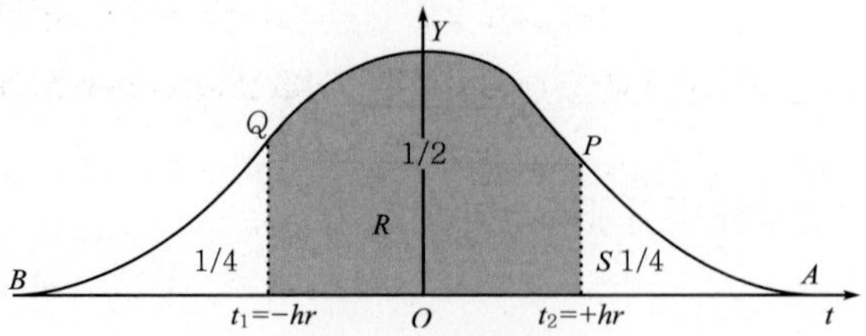

그림 2-7 확률곡선

한이므로 영국의 수학자인 매클로린 급수(Maclaurin 급수)의 정리에 의해 전개하면 식(2.46)과 같다.

$$e^x = 1+\frac{x}{1!}+\frac{x^2}{2!}+\frac{x^3}{3!}+\frac{x^4}{4!}+\cdots \tag{2.46}$$

여기서, 식(2.46)의 x를 $-t^2$로 바꾸어 정리하고 식(2.45)의 e^{-t^2}에 대입하여 적분하면

$$\frac{2}{\sqrt{\pi}}\int_0^{hr} e^{-t^2}dt = \frac{2}{\sqrt{\pi}}\int_0^{hr}(1-\frac{t^2}{1!}+\frac{t^4}{1\cdot 2}-\frac{t^6}{1\cdot 2\cdot 3}+\cdots)dt$$

$$= \frac{2}{\sqrt{\pi}}(hr-\frac{(hr)^3}{3}+\frac{1}{1\cdot 2}\cdot\frac{(hr)^5}{5}-\frac{1}{1\cdot 2\cdot 3}\frac{(hr)^7}{7}+\cdots) \tag{2.47}$$

식(2.47)의 우변을 식(2.44)의 우변과 동일하게 하면 식(2.48)과 같다.

$$\frac{2}{\sqrt{\pi}}hr(1-\frac{(hr)^2}{3}+\frac{(hr)^4}{10}-\frac{(hr)^6}{42}+\frac{(hr)^8}{216}-\frac{(hr)^{10}}{1080}+\cdots)=\frac{1}{2} \tag{2.48}$$

따라서 식(2.48)을 정리하면 식(2.49)와 같다.

$$hr = \frac{\sqrt{\pi}}{4(1-\frac{(hr)^2}{3}+\frac{(hr)^4}{10}-\frac{(hr)^6}{42}+\frac{(hr)^8}{216}-\frac{(hr)^{10}}{1080})} \tag{2.49}$$

(3) 계산 방법

식(2.49)는 양변(우변, 좌변)에 같은 미지량을 포함하는 급수가 되어 있으므로 1회마다 hr의 값을 수정하고 항을 1개씩 증가하면서 진행하는 방법이 좋다. 이 계산은 hr의 값을 콤마 아래 5자리까지 정확히 구하는 것을 목적으로 $\sqrt{\pi}=1.772454$로 시작하는데 반복하여 계산해도 5자리수에 변화가 없을 경우에는 계산을 끝내고 최후의 산출값(0.47694)을 가지고 hr의 값으로 결정한다.

2.4.4 $\frac{2h}{\sqrt{\pi}}\int_0^{\infty}|v|e^{-h^2v^2}dv$ 계산

오차의 합은 $2n\int_0^{\infty}|v|f(dv)$로 통계오차(t)를 계산하면

$$t=2\int_0^{\infty}|v|f(v)=\frac{2h}{\sqrt{\pi}}\int_0^{\infty}|v|e^{-h^2v^2}dv=\frac{2h}{\sqrt{\pi}}\int_0^{\infty}\frac{\eta}{h}e^{-\eta^2}\frac{d\eta}{h}$$

$$=\frac{2}{\sqrt{\pi}h}\int_0^{\infty}e^{-\eta^2}\eta d\eta=\frac{1}{\sqrt{\pi}h}[-e^{-\eta^2}]_0^{\infty}=\frac{1}{\sqrt{\pi}h}$$

이 경우 $hv=\eta$로 하면 $e^{-\eta^2}\eta d\eta$의 적분연산을 미분의 역으로 정리하는데 $\frac{d}{d\eta}(-e^{-\eta^2})$를 계산하는 것이 좋다. 즉, $y=-e^{-\eta^2}$로 하고 $y=e^x$일 경우 미분계수 $\frac{dy}{dx}=e^x$이다.

여기서, x를 $-\eta^2$로 하면 $x=-\eta^2$이므로 $dx=-2\eta d\eta$가 되며 $\frac{dx}{d\eta}=-2\eta$이고 $\frac{dy}{dx}\cdot\frac{dx}{d\eta}=\frac{dy}{d\eta}=-e^{-\eta^2}\times(-2\eta)=2e^{-\eta^2}\eta$로 계산하면 서로 일치한다는 것을 알 수 있으므로 간편한 방법으로 많이 이용된다.

2.4.5 $\frac{2h}{\sqrt{\pi}}\int_0^{\infty}v^2e^{-h^2v^2}dv$ 계산

$\pm\infty$의 사이에 있는 오차의 제곱의 합은

$$n\int_{-a}^{+a}v^2f(v)dv \tag{2.50}$$

평균제곱오차의 정의인 $\frac{\Sigma v^2}{n}=m^2$를 이용하면

$m^2=\frac{2h}{\sqrt{\pi}}\int_0^{\infty}e^{-h^2v^2}v^2dv$가 되며

$$m^2=\frac{2h}{\sqrt{\pi}}\int_0^{\infty}e^{-\eta^2}\frac{\eta^2}{h^2}\cdot\frac{d\eta}{h}=\frac{2}{h^2\sqrt{\pi}}\int_0^{\infty}e^{-\eta^2}\eta^2d\eta \quad (\text{여기서, } hv=\eta)$$

$$=\frac{2}{h^2\sqrt{\pi}}-\left\{\left[\frac{\eta}{2e\eta^2}\right]_0^{\infty}+\frac{1}{2}\int_0^{\infty}e^{-\eta^2}d\eta\right\} \tag{2.51}$$

식(2.51)에서 $hv=\eta$로 정리한 것은 부분 적분법을 사용하기 위해서 이며

$$-\left[\frac{\eta}{2e\eta^2}\right]_0^\infty = -\left[\frac{\eta}{2e\eta^2}\right]_{\eta=\infty} + 0 = -\left[\frac{\frac{d}{d\eta}(\eta)}{2\frac{d}{d\eta}(e\eta^2)}\right]_{\eta=\infty}$$

$$= -\left[\frac{1}{2e\eta^2 \cdot 2\eta}\right]_{\eta=\infty} = 0 \tag{2.52}$$

식(2.52)를 적분하면 식(2.53)과 같고

$$\int_0^\infty e^{-\eta^2} d\eta = \frac{\sqrt{\pi}}{2} \tag{2.53}$$

식(2.52)와 식(2.53)을 식(2.51)의 { } 내에 대입하면, m^2은 식(2.54)와 같다.

$$m^2 = \frac{2}{h^2\sqrt{\pi}} \cdot \frac{1}{2} \cdot \frac{\sqrt{\pi}}{2} = \frac{1}{2h^2} \tag{2.54}$$

$m^2 = \dfrac{2h}{\sqrt{\pi}} \displaystyle\int_0^\infty v^2 e^{-h^2v^2} dv = \dfrac{1}{2h^2}$이 되며 $m = \pm \dfrac{1}{\sqrt{2}h}$로 평균제곱오차 공식과 동일하다.

2.4.6 평균제곱오차 m의 위치

평균제곱오차의 위치는 오차곡선의 변곡점에 해당하는 것을 증명하므로 식(2.55)와 같다.

$$y = \frac{h}{\sqrt{\pi}} e^{-h^2v^2} \tag{2.55}$$

식(2.55)를 그림 2-8과 같이 표현하고 평균제곱오차(m)의 위치를 A_1으로 하면

$OA_1 = \dfrac{1}{h\sqrt{2}}$에서 알 수 있듯이 v는 횡좌표 값 이므로 식(2.55)에 대입하면 종좌표값 P_1A_1은 식(2.56)과 같다.

$$yA_1 = \frac{h}{\sqrt{\pi}} e^{-h^2 \frac{1}{2h^2}} = \frac{h}{\sqrt{\pi e}} \tag{2.56}$$

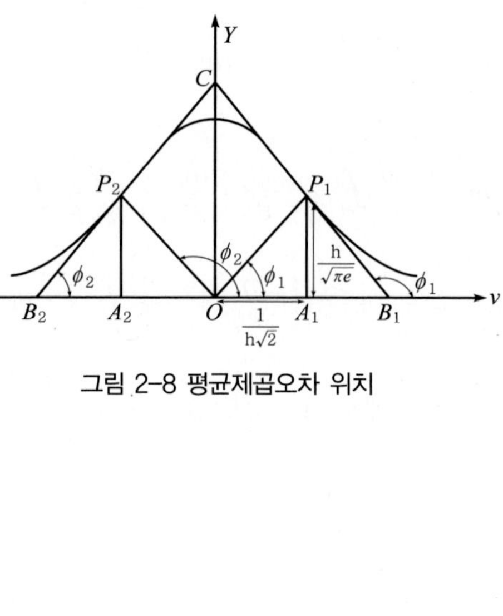

그림 2-8 평균제곱오차 위치

먼저, O점에서 이 곡선의 접선이 v축이 되는 각

의 정점을 알기 위해서 식(2.55)를 미분하면

$$\frac{dy}{dx} = \frac{h}{\sqrt{\pi}}e^{-h^2v^2} \cdot (-2h^2v) = -\frac{2h^3}{\sqrt{\pi}} \cdot e^{-h^2v^2} \cdot v \tag{2.57}$$

식(2.57)에서 $v = \frac{1}{k\sqrt{2}}$로 하면 $v = \frac{1}{h\sqrt{2}} = -\frac{2h^3}{\sqrt{\pi}}e^{-h^2\frac{1}{2h^2}} \cdot \frac{1}{h\sqrt{2}}$이 되고

$$= -\frac{2h^3}{\sqrt{\pi e}} \cdot \frac{1}{h\sqrt{2}} = -\frac{\sqrt{2h^2}}{\pi e}\tan \varnothing_1 \tag{2.58}$$

또한, $\angle P_1OA_1(=\varnothing_1)$를 그림 2-8과 같이 이용하면 식(2.59)와 같다.

$$\tan \varnothing_1 = \frac{\frac{h}{\sqrt{\pi e}}}{\frac{1}{h\sqrt{2}}} = \frac{\sqrt{2h^2}}{\pi e} \tag{2.59}$$

식(2.58)와 식(2.59)에서 $\tan \varnothing_1 = -\tan \varnothing_1$가 된다는 것을 알 수 있으므로

$$\varnothing_1 = 180^\circ - \varnothing_1 \tag{2.60}$$

$$\tan \varnothing_2 = \frac{\sqrt{2}h^2}{\sqrt{\pi e}}$$

$\therefore \tan \varnothing_2 = \tan \varnothing_1$에서 $\varnothing_2 = \varnothing_1$가 된다.

P_1를 지나는 접선 CB_1와 P_2O는 평행하므로 $CB_2//P_1O$가 된다.

여기서, 곡선과 접선이 된 직선의 방정식에 $\frac{1}{h\sqrt{2}}$에 작은 v와 큰 v를 대입하면, 곡선이 직선의 상하로 나누어지므로 P_1와 P_2는 변곡점이 된다는 것을 알 수 있다.

2.5 정밀도와 정확도

관측값의 오차 해석에서 가장 중요한 개념은 정확도(Accuracy)와 정밀도(Precision)의 차이를 이해하는 것이 중요하다. 정밀도는 관측값이 얼마나 정확하고 균일여부에 따라 전체 집단의 편차 크기에 좌우되며 정확도는 관측값과 참값의 차이의 크기에 따라 표시하는 척도이다. 측량에서는 흔히 정오차가 소거된 정밀도가 오차 표현방법으로 사용되고 있으며 오차와 측정량과의 비로서 표시한다. 측정값이 참값에 가까우면 정확도가 높다고 말하지만 높은 정밀도는 반드시 높은 정확도를 필요로 하지는 않는다. 임의의 측정값이 정밀도가 높고 또한 정확도가 높으려면 측정값에

계통오차가 아주 적거나, 없을 때에만 가능하다. 예를 들면, 광파거리측정기로 일정한 거리를 10회 측정하여 그 평균이 2,579.34m, 평균값의 추정오차가 ±0.03m로 산출되었다고 가정하고 추정표준오차가 작으면 그 평균값이 매우 정밀함을 의미하며 관측기계의 전자부품이 조정이 안된 경우에는 구성요소 때문에 동일한 오류가 계속 반복된다. 그 거리를 후에 더 정확한 기계로 측정하여 그 평균값이 2,579.863m이고, 추정오차가 ±0.005m로 더 정확한 측정임이 입증되었다고 할 때 측정값은 −0.52m 만큼의 오차가 있는 정확도가 낮은 측정값임을 알 수 있게 된다. 측량에서 높은 정밀도와 높은 정확도를 얻으려면 가능한 한 모든 과대오차를 소거하고 항상 기계검정과 조정을 하여 정오차를 모두 소거하고 좋은 기계의 사용과 현장작업을 정밀하게 수행하여 우연오차를 최소화 한다.

(1) 정밀도

정밀도(Precision)는 보통 유효숫자를 가지고 크기를 나타내며 측정값들이 얼마만큼 분산되어 있는가를 나타낸다. 표준편차는 정밀도를 나타내는 척도이며 측정값의 표준편차가 아주 작으면 정밀도가 높다고 말할 수 있으며 관측값의 편차(偏差)가 적으면 정밀도가 높고, 편차가 크면 정밀도가 낮다. 그림 2-9에서 표준편차가 클 때에는 우연오차의 분포곡선이 더 편평하다는 것을 알 수 있으며 반복 관측일 경우 각 관측값의 편차를 의미한다. 연속적인 확률변수(X)가 분포할 때 평균(μ)과 분산(σ^2)을 갖는 것을 정규분포라 하며 이 분포곡선이 확률곡선이다.

$$f(x) = \frac{1}{\sqrt{2\pi\sigma}} e^{-\frac{1}{2}(\frac{x-\mu}{\sigma})^2} \text{에서 } f(x) = \frac{1}{\sqrt{\pi}} e^{-h^2v^2} \text{이며, } h = \frac{1}{\sigma\sqrt{2}} \text{은 정밀도 } x-\mu = v \text{계수 이다.}$$

그림 2-9에서 $\sigma_1 < \sigma_2$가 된다는 것은 σ_1의 오차분포가 σ_2의 오차분포보다 적게 분산되어 있다는 것이므로 σ_1은 높은 정밀도를 나타내고 σ_2는 낮은 정밀도를 나타낸다. 예를 들어, A는 거리측정값의 표준편차가 ±0.05m이고, B는 표준편차 ±0.1m로 동일한 거리가 측정 되었다고 가정하면 A의 정밀도는 B보다 정밀하다는 의미이다.

정밀도의 특징은 5km마다 1m의 기대오차로 1/5,000으로 표현하는 방법과 측정장비에 대한 오차를 설명하는 것으로 1/5,000 ±5mm 등으로 표현할 수 있다. 그리고 다르게 표현하면 정위치가 될 수 있는 점선 주변에 대한 면적을 표현하는 타원오차 규모를 말하기도 한다. 또한, 기준망의 정밀도는 최

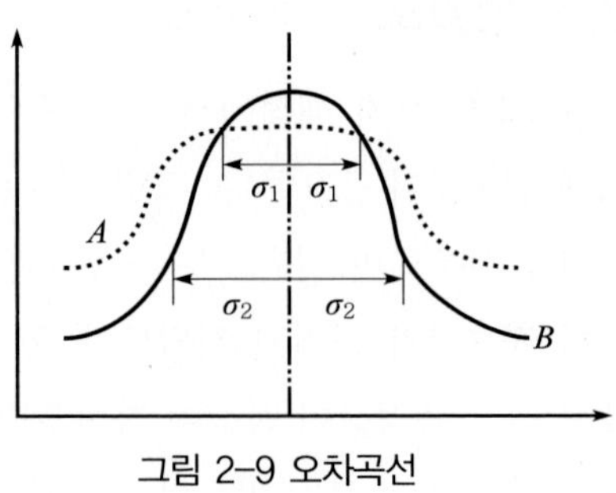

그림 2-9 오차곡선

종적인 상세사항이 요구되는 위치오차보다 더 커야 하며 지적측량에서는 보다 높은 정확성이 요구된다.

(2) 정확도

정확도(Accuracy)는 관측값(측정값)과 참값의 차를 말하며 측정값이 참값에 얼마나 가까운지를 나타내는 것으로 참값에 가까우면 정확도가 높다고 말한다. 정오차를 포함해서 정도를 나타내고 관측값과 차이를 표시하는 척도라 할 수 있다. 정확도가 높으려면 측정값에 계통오차가 아주 적거나, 없을 때에만 가능하며 정확도는 관측의 정교성이나 균질성과는 무관하며 정오차와 착오가 얼마나 소거되는가에 따라 관계가 있고 절대적인 오차의 크기로 나타난다. 정확도는 참값과 관측값의 편차(偏差)를 나타내는 것으로 우연오차뿐만 아니라 보정되지 않은 정오차 또는 착오에 의해 일어난 편의(Bais)에 의해 영향을 받는다. 그리고 평균제곱오차(MSE; Mean Square Error)인 M^2의 공식은 $M^2 = E[(X-\tau)^2]$으로 표현되며, 정확도의 척도를 나타내고 τ는 참값을 나타낸다. 편의(偏倚)는 $\beta = \mu-\tau$으로 평균제곱오차의 공식에 대입하고 기대값을 정리하면 $M^2 = \sigma^2+\beta^2$이 된다. σ가 증가하면 정밀도가 감소하고 β가 증가하면 정확도가 감소한다. σ가 감소하고 β가 증가하면 정밀도는 높으나 정확도는 낮아지므로 정밀도가 높다고 해서 정확도가 높다고는 말할 수 없다. 거리측량은 정확도에 따라 측량에 사용한 기구(器具)와 측정방법에 따라 다르며 거리측량의 정확도는 반복하여 측정한 값의 평균값과 계산된 평균제곱오차 또는 확률오차의 비율로 표시한다. 동일한 기구와 동일한 측정 방법이면 여러 차례 반복 측정하여 그 평균값을 구하면 그것이 최확값이 된다. 예를 들어, AB 구간을 n번 측정한 값을 L_1, L_2, L_3, ⋯, L_n이라고 하고 이들의 평균값을 L_0라고 하면

$$L_0 = \frac{L_1+L_2+L_3+\cdots+L_n}{n}$$ 이 된다.

여기서, L_0를 실제거리에 가까운 값, 실제거리를 L, 오차를 e라 하면, $L-L_0 = e$이므로 $\frac{e}{L}$를 계산하면 정도를 정확히 낼 수 있으나 L을 알 수 없다. 그러므로 오차 e의 값을 구할 수 없으므로 L_0에 대한 확률오차를 결정하여야 한다.

$V_1 = L_0-L_1$, $V_2 = L_0-L_2$, $V_3 = L_0-L_3\cdots$, $V_n = L_0-L_n$

V_1, V_2, V_3 ⋯ V_n을 잔차라 한다.

평균치의 평균제곱오차 $m_0 = \pm\sqrt{\frac{V_1^2+V_2^2+V_3^2+\cdots+V_n^2}{n(n-1)}} = \pm\sqrt{\frac{[V]^2}{n(n-1)}}$

확률오차 $r_0 = \pm 0.6745\sqrt{\frac{[V]^2}{n(n-1)}}$에서 $\frac{|r_0|}{L_0}$를 가지며 L_0의 정확도라 한다.

1회 측정의 평균제곱오차 $m = \pm\sqrt{\frac{(V)^2}{n-1}}$

1회 측정의 확률오차 $r = \pm 0.6745\sqrt{\frac{(V)^2}{n-1}}$

여기서, L_1, L_2, L_3의 정도는 $\frac{|r|}{L_0}$이 된다.

(3) 정밀도와 정확도의 차이점

정밀도는 어느 관측에 대한 관측값의 균질성을 묘사하고 정확도는 관측값이 얼마나 일치되는가를 표시하는 척도이다. $M^2 = \sigma^2+\beta^2$일 때 정밀도를 나타내는 σ는 표준오차에 의해, 정확도를 나타내는 M은 평균제곱근오차에 의해 구해진다. 만일 $M^2 = 0$이면 정밀도와 정확도는 동일한 의미로 사용될 수 있으며 이를 정도라고도 한다. 측량에서는 흔히 정오차가 소거된 정밀도가 오차표현방법으로 사용되고 있으며 오차와 측정량과의 비로서 분자를 1로 표시한다.

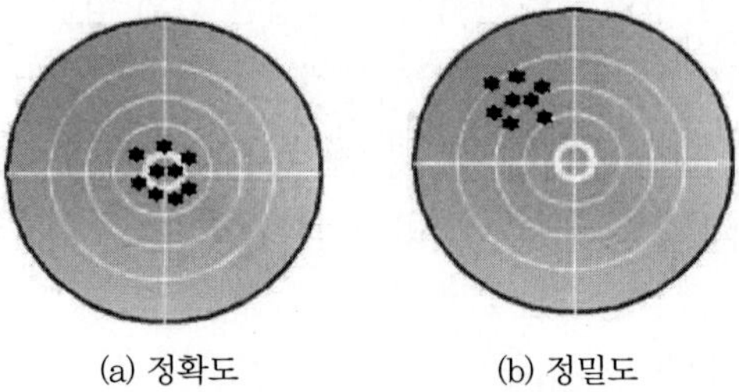

(a) 정확도 (b) 정밀도

그림 2-10 정확도와 정밀도

2.6 경중률

경중률은 측량자의 기능이나 관측기계의 성능, 또는 관측 시의 기상조건과 측량종목에 따라 주관적으로 결정하게 된다. 사용기구 및 측정자의 숙련 등에 의해서 동일한 정밀도를 관측하지 않을 경우 그 산술 값이 최확값이 되지 않을 경우에 어떤 계수를 붙여서 평균값을 취하는 값을 경중률이라 한다. 일반적으로 표준편차(α) 또는 분산(α^2)은 관측값의 정밀도를 말하며 표준편차 및 분산된 값이 적을수록 정밀도는 높아지며 분산된 값의 역수(Inverse)를 경중률로 이용할 수 있다. 측정값의 경중률이 커지면 정밀도가 높아지고 적어지면 그 반대의 현상이 되는 것을 식으로 나타내면 식(2.61)과 같다.

$$P = \frac{k}{\sigma^2} \tag{2.61}$$

여기서, $P = 1$일 경우 관측값의 경중률, σ^2; 분산, k; 비례값으로 표시하는 상수이다.

따라서 수개의 독립관측값의 표준편차가 σ_1, σ_2, σ_3일 때 상대적인 경중률(P)인 경우이다.

$$P = \frac{1}{\sigma_1^2},\ \frac{1}{\sigma_2^2},\ \frac{1}{\sigma_3^2} \tag{2.62}$$

또한, 측정값을 단위 경중률로 하고 다른 측정값을 상대적으로 비교하기 쉽도록 하기 위하여 k를 1로 하면, $P_1 = \frac{k}{\sigma_1^2} = 1$ 또는 $k = \sigma_1^2$이므로 $P_2 = \frac{k}{\sigma_1^2} = \frac{\sigma_1^2}{\sigma_2^2}$, $P_3 = \frac{\sigma_1^2}{\sigma_3^2}$으로 나타낼 수 있다.

경중률에 의한 평균값 $Z = \frac{-Pa\ Za + Pb\ Zb}{Pa + Pb} = \frac{\Sigma PZ}{\Sigma P}$($P$; 경중률)이다.

경중률과 표준오차와의 관계는 경중률은 분산(Variance)에 반비례하며 식(2.63)과 같다.

$$Pa = \frac{1}{\sigma Za_2},\ Pb = \frac{1}{\sigma Zb} \tag{2.63}$$

수준측량의 경중률 $P_1 = \frac{1}{S_1^2} = \frac{d}{\ell_1 S^2} = \frac{1}{\ell_1}$, $P_2 = \frac{1}{S_2^2} = \frac{d}{\ell_2 S^2} = \frac{1}{\ell_2}$, $P_n = \frac{1}{S_n^2} = \frac{d}{\ell_n S^2} = \frac{1}{\ell_n}$이 된다. 즉, 측선거리에 반비례하고 또한 기계설치 수에 반비례하며 각 관측에서의 경중률은 동일 조건이라면 반복관측 수에 비례한다.

$\alpha_1 = \frac{\Sigma\sigma_1}{n}$, $S\alpha_1^2 = (\frac{1}{n})S^2$이 되며 중량평균의 표준오차는 $\sigma_M = \sqrt{\frac{-\Sigma PX^2}{\Sigma Pn}}$,

표준편차는 $S_M = \sqrt{\frac{-\Sigma PV^2}{\Sigma P(n-1)}}$이다.

경중률이 일정한 경우에는 $M = \frac{P_1\ell_1 + P_2\ell_2 + \cdots P_n\ell_n}{P_1 + P_2 + \cdots P_n} = \frac{\Sigma P_n\ell_n}{\Sigma P_n}$에서

M; 최확값, P; 경중률, ℓ; 측정값, n; 측정횟수이다.

경중률이 다른 조건부 최확값은 $C_1 : C_2 : C_3 = \frac{1}{P_1} : \frac{1}{P_2} : \frac{1}{P_3}$에서

P : 측정횟수, C; 최확값을 얻기 위한 계수이다.

경중률이 다른 최확값의 경우에는 $M = \dfrac{P_1\ell_1 + P_2\ell_2 + P_3\ell_3 + \cdots P_n\ell_n}{P_1 + P_2 + P_3 + \cdots P_n}$ 이며

$\ell_1, \ell_2, \ell_3, \cdots, \ell_n$: 관측값, $P_1, P_2, P_3, \cdots, P_n$: 각 관측값의 비중이다.

경중률에 의한 관측값의 표준오차는

동일한 경중률인 경우에는 $\sigma = \sqrt{\dfrac{\Sigma X^2}{n}}$, $\sigma_n = \dfrac{\sigma_0}{\sqrt{P_n}}$ 이고

경중률이 다른 경우에는 $\sigma_0 = \sqrt{\dfrac{\Sigma PX^2}{n}}$ 이다.

또한, 단위경중률에 의한 표준편차 $S_0 = \sqrt{\dfrac{\Sigma PV^2}{n-1}}$ 로 경중률에 의한 평균값의 표준오차와 경중률 표준오차는 다음과 같이 구분된다.

경중률(P)의 표준오차 $\sigma_n = \dfrac{\sigma_0}{\sqrt{P_n}} = \sqrt{\dfrac{\Sigma PX^2}{P_n}}(\dfrac{1}{\sqrt{P_n}}) = \sqrt{\dfrac{\Sigma PX^2}{mP_n}}$

표준편차 $S_n = \sqrt{\dfrac{\Sigma PV^2}{P_n(n-1)}}$, 중량평균의 표준오차는 $\sigma M = \sqrt{\dfrac{\Sigma PX^2}{\Sigma P_n}}$ 이며

표준편차 $SM = \sqrt{\dfrac{\Sigma PV^2}{\Sigma P(n-1)}}$ 이다.

2.7 최소제곱법

최소제곱법 이론의 기초는 확률과 오차론의 기본 개념이 필요하다. 일반적으로 최소제곱법이 어렵다고 생각하는 경향이 있는데, 우리가 이미 알고 있는 방법 중 가장 간단하고 쉬운 것이 최소제곱법인 경우가 많다. 또한, 미분적분의 복잡한 연산도 없고 수학에서 배운 사칙만의 방법으로 쉽게 정확한 답을 구할 수 있다. 즉, 통계학적 추정의 문제에 있어서 계산과 최소제곱법의 평균이 얼마나 다르며 최종 결과가 어느 조건을 만족해야 하는지의 요구되는 조정값과 같은 추정의 문제와 같다고 할 수 있을 것이다. 최소제곱법은 관측값에 포함된 오차의 제곱을 최소로 하는 방법이라 할 수 있으며 1806년 르장드르가 혜성(彗星)의 궤도를 계산하기 위한 연구 논문에서 최초로 발표되었다. 1809년 가우스는 최소제곱법의 확률론적 기초에 대해 발표하고 1874년 최소제곱법의 원리를 발표하였으며 이 원리는 측지학, 천문학 및 기타 관측에서 조정할 경우에 많이 응용되었다. 1812년 라프라스와 1859년 체비쉐후, 1898년 마르고후 등에 의하여 이론적인 발전을 거듭하였다. 19세기말 핼머트(Hermert)는 천문학이나 측지학의 응용에 대하여 커다란 공헌을 하였

으며 20세기 중반까지는 미지의 파라메터(Parameter)의 수치값을 계산하는데 집중하였다고 할 수 있다. 최근에는 전자계산기나 컴퓨터의 발달로 수 십만의 미지수를 동시에 계산할 수 있도록 칼만(Kalman)의 필터링기법이 예측의 이론에 많이 활용되고 있다. 최소제곱법의 원리는 어느 량의 측정을 n회 반복해서 ℓ_1, ℓ_2, ⋯, ℓ_n의 측정값을 취득한 경우 X를 그 양의 참값, v를 오차라고 하면 다음과 같이 식이 성립한다.

$$\ell_1 - X = v_1$$

$$\ell_2 - X = v_2$$

⋯ ⋯ ⋯

$$\ell_n - X = v_n$$

일반적으로 X는 관측을 여러 차례 반복해서 실시하지 않으면 그것을 구하는 일이 어렵다. 거기에서, n회의 측정값에서 구해진 값 중에 X에 가장 가까운 값, 즉 최확값을 x라 하면 다음과 같은 식이 성립한다.

$$\ell_1 - x = \delta_1$$

$$\ell_2 - x = \delta_2$$

⋯ ⋯ ⋯

$$\ell_n - x = \delta_n$$

여기서, δ_n를 잔차라 하고 δ는 측정의 횟수를 많게 하면, 이론에서만 사용되는 오차(v)에 가까운 경향을 가지고 있다. 즉, 관측 횟수를 여러 차례 반복해서 실시할 경우에 오차가 발생하는 것으로 가정할 경우 v를 임의의 오차로 하면, v는 확률곡선의 식인 $y = Ce^{-h^2, v^2}$을 만족해야 한다. 즉, 오차 v_i가 일어나는 확률을 y_i로 두고 정리하면 다음과 같다.

$$y_1 = Ce^{-h^2, v_1^2}$$

$$y_2 = Ce^{-h^2, v_2^2}$$

⋯ ⋯ ⋯

$$y_n = Ce^{-h^2, v_n^2}$$

여기서, 위의 식을 정리해 보면, 그 각자가 독립이므로 이들 현상이 동시에 발생할 확률 P는 중복현상의 정리에 의해 식(2.64)가 된다.

$$P = y_1 \times y_2 \times \cdots \times y_n = C_e^{\,n - h^2(v_1^2 + v_2^2 + \cdots v_n^2)} \qquad (2.64)$$

식(2.64)에서 C, e, h는 정수이므로, P가 최대인 값(최확값)을 구하려면, P의 극대값을 구하면 된다. 그러므로 식(2.64)를 다시 정리하면

$P = \dfrac{C^n}{e^{h^2(v_1^2+v_2^2+\cdots v_n^2)}}$ 가 되며 우변의 분모를 작게 하면 P가 크게 되는 것에서 $v_1^2+v_2^2+\cdots v_n^2 = \min$ 이 성립된다.

또한, 관측한 수량의 최확값은 오차의 제곱의 합이 최소가 되도록 하는것을 최소제곱법이라 한다. 즉, n회의 관측마다 정도를 다르게 할 때는

$P= \dfrac{h_1, h_2, \cdots, h_n}{(\sqrt{\pi})^n} e^{-}(h_1^2 v_1^2 + h_2^2 v_2^2 + \cdots + h_n^2 v_n^2)$에 근거하여 P를 최대로 하기 위한 조건은 $h_1^2 v_1^2 + h_2^2 v_2^2 + \cdots + h_n^2 v_n^2 = \min$이 된다.

최소제곱법은 삼각측량에서 오차의 평균조정계산 성과의 정도가 높을수록 좋으므로 정도를 높이기 위한 이상적인 방법은 기계적인 오차와 개인오차를 제거한 뒤에도 남은 잔차로 우연오차와 오차가 일어날 확률이 가장 높은 곳에 수학적 · 통계학적으로 조정함으로써 측량의 정도를 높이는 엄밀조정법으로 망조정을 실시한다. 그러기 위해서는 최소제곱오차를 최소가 되도록 하고 조건(각조건, 변조건)을 조정할 수 있도록 방정식을 만들고 소구점은 주변 기지점의 성과와 부합되도록 해야 하며 때로는 두 소구점 이상을 동시에 구할 수 있는 동시조정을 실시한다. 다시 말해서, 엄밀법은 각조건과 변조건을 동시에 고려하여 조정하는 방법으로 방정식의 잉여 System의 해는 잔차의 제곱의 합을 최소화하는 것이다.

$\Sigma(v_i)^2 = (v_1)^2 + (v_2)^2 + \dfrac{n}{i=1} + v_n^2 =$ 최소 (단, v_1, v_2, v_3…는 방정식 1, 2, 3의 잔차임)

각조건 방정식에는 각에 관한 모든 미지의 조정값의 대수와 그 삼각형의 폐색오차의 합은 0이 되어야 한다.

2.8 양차

높이의 기준면은 일반적으로 평면이라 생각하지만 지구면이 타원체이므로 곡률이 발생하는 곡면으로 되어있으며 대기에서 발생하는 빛은 대기의 밀도변화에 따라 굴절하고 있다. 연직각을 측정할 경우에는 수평거리 D, 고도각이 α인 점의 높이 h는 $D \cdot \tan\alpha$로 계산하지만 관측거리가 길어지면 지표면은 구면으로 대기의 굴절을 고려하여야 한다. 이를 지구의 곡률에 의한 오차로 구차라 하며 빛의 굴절에 의한 오차를 기차라 하고 구차와 기차의 합을 양차(兩差)라 한다.

2.8.1 구차

지구표면은 구면이므로 수평선은 원호라고 할 수 있으며 넓은 지역에서는 수평면에 대한 높이와 지평면에 대한 높이의 차를 구차(球差)라고 한다. 그림 2-11에서 AD를 지구의 평균해수면이라 하고 점 D로 부터 DB만큼 높은 점 B를 A점으로부터 관측하여 AB 사이의 연직각을 측정하여 AB의 고저차를 계산하기 위해서는 지구의 중심을 O, 반경을 R, AD의 거리를 S, AD의 중심각을 θ, $\theta = \frac{S}{R}$라 하면 라디안으로 표시된다. A점에서 수평선은 AC이며 연직각 α에 대응하는 고저차는 BC이고, 지구의 곡면을 AD라 하면 실질적인 고저차 $BD = H$라 할 수 있으며 BC에 $CD = h$의 보정을 더하는것을 곡률보정이라 한다.

지구의 중심을 O, 반경 R, $\angle B = \beta$ 라 하면, ΔAOB에서 $\theta + 90° + \alpha + \beta = 180°$ 이고 $\beta = 180° - (90° + \alpha + \theta) = 90° - (\alpha + \theta)$가 된다.

ΔAOB에 싸인법칙을 적용하면 식(2.65)가 된다.

$$\frac{H}{S} = \frac{\sin(\alpha + \frac{\theta}{2})}{\sin\beta} = \frac{\sin\alpha \cdot \cos(\frac{\theta}{2}) + \cos\alpha \cdot \sin(\frac{\theta}{2})}{\cos(\alpha + \beta)} \tag{2.65}$$

실제 크기의 지구반경에 대해 비교할 경우 θ는 미세하므로 $\sin\frac{\theta}{2} = \frac{\theta}{2}$, $\cos\frac{\theta}{2} = 1$로 가정할 수 있다.

따라서,
$$\frac{H}{S} = \frac{\sin\alpha \times 1 + \frac{\theta}{2} \cdot \cos\alpha}{\cos\alpha} = \frac{\sin\alpha + \frac{\theta}{2}\cos\alpha}{\cos\alpha} = \tan\alpha + \frac{\theta}{2} \tag{2.66}$$

또한 AD는 곡면이므로 $\theta = \frac{S}{R}$를 식(2.66)에 대입하면

$$H = S \cdot \tan\alpha + \frac{S^2}{2R} \tag{2.67}$$

여기서, $AC \perp BC$, $AC = S$이므로 $S \cdot \tan\alpha = BC$이며, 식(2.67)에 대입하면 곡률보정 $hc = H - S \cdot \tan\alpha = \frac{S^2}{2R}$은 구차이다.

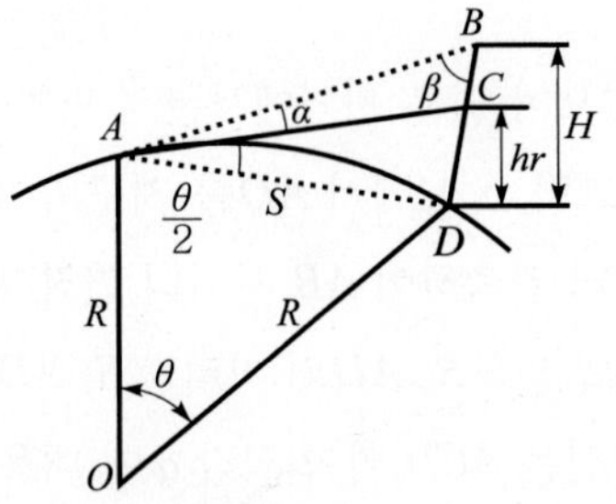

그림 2-11 구차

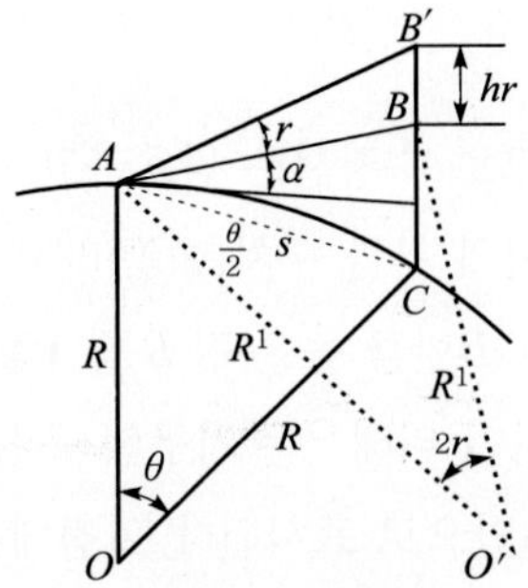

그림 2-12 기차

2.8.2 기차

지구를 둘러싸고 있는 공기의 층은 위로 올라갈수록 밀도가 희박해지고 대기를 통과하는 광선은 굴절되므로 고도각에 크게 영향을 끼친다. 따라서 이 고도각의 증대로 생기는 오차를 기차(氣差)라고 말한다. 그림 2-12의 B점으로부터 A점에 도달하는 광선은 그 경로의 공기 밀도에 의하여 그림의 점선과 같이 완곡하게 되어 C점을 측정한 것이다. 이것은 반경 R'의 원호에 가까운 것이라고 보면 B점을 보는 시준방향은 A점에서 그 원호의 접선방향으로 된다. 또한, 접선이 OB의 연장과 만나는 점C, 원호 $\widehat{AB}$의 곡률반경 $R' = \dfrac{R}{R}$라고 하면 $AB \fallingdotseq S$이므로 ΔABP에서 $\tan r = \dfrac{hr}{S}$에서 r은 미세한 각으로 $\tan r \fallingdotseq r$ 이며 식으로 나타내면 식(2.68)이 된다.

$$hr = S \cdot \tan r \fallingdotseq r \cdot S \tag{2.68}$$

대기의 굴절에 의한 기차 r은 $2r = \dfrac{S}{R'} = \dfrac{S}{\frac{R}{k}} = \dfrac{kS}{R}$이므로 $r = \dfrac{kS}{2R}$ (2.69)

식(2.69)를 식(2.68)에 대입하면 $hr = \dfrac{kS}{2R} \times S = \dfrac{kS^2}{2R}$이 된다.

여기서, $\dfrac{kS^2}{2R}$은 기차로 그림 2-12의 AB에 해당하며 k는 굴절계수로 보통 0.12~0.15로서 지역에 따라 일정하지 않으며

양차 $= \dfrac{S^2}{2R} - \dfrac{kS^2}{2R} = \dfrac{(1-k)S^2}{2R}$이다.

여기서, S; 2점사이의 수평거리, R; 지구의 반경($R \fallingdotseq$ 6370km), k; 굴절계수이다.

그림 2-12와 같이 B점에서 A점에 도달한 빛은 대기의 굴절에 의하여 AB와 같이 곡선으로 진행된다고 볼 수 있다. A에서 B를 관측한 Theodolite의 시준선은 AB'로 관측이 되므로 연직각보다 크게 나타나며 고저차는 BB' 만큼 더 크게 나타나기 때문에 "−"하여 보정하는 것을 기차 보정이라 한다. 기차 보정량을 hr, 굴절계수를 k라고 하면 $hr = -\frac{ks^2}{2R}$로 표시할 수 있다. 여기서 R = 6,370km, k = 0.12~0.15의 범위 내에 있으며 일반적으로 k = 0.13으로 하여도 된다. 양차는 곡률보정과 대기차 보정을 합한 값이며 공식은 $h = hc + hr = k(1-k)\frac{s^2}{2R}$가 된다. 또한 곡률보정은 대기차 보정의 약 8배 정도이며 기차나 구차 모두 거리의 제곱에 비례하여 커진다는 것을 알 수 있다.

2.8.3 양차의 소거

측량에서는 모든 거리를 지구타원체상으로 변환하여 사용하며 현장에서 측정한 거리에는 여러 가지 오차가 포함되어 있는데 그 중 구차와 기차를 총칭하여 양차(兩差)라 한다. 구차는 지구의 모양이 구형으로 그림 2-11처럼 거리를 측정할 때 관측점 A와 전시점 B가 하나의 수평선 위에 존재하지 않아서 발생한다. A점에서 B점의 고도(高度)를 알기 위하여 연직각을 관측할 때 A점에서 연직선 방향을 기준으로 기계를 설치하여 관측하므로 이 지역 지오이드에 접하는 방향으로 만들어진 수평면을 기준으로 고도각의 값을 얻게 되는데 점 B의 표고는 점 A와 B를 이은 직선을 기준으로 측정한 고도각으로 계산하여야 한다. 따라서 그림 2-11에서 보는 것처럼 점 A에서 읽은 관측 고도각은 오차각 만큼 덜 읽게 되는 결과를 가져오며, 그 만큼을 양(+)의 방향으로 보정해 주어야 한다. 그림 2-12는 기차에 대한 보정을 나타내는 것이며 기차는 표고가 높아짐에 따라 지구 대류권에 존재하는 공기의 밀도가 낮아지는 현상에서 발생하는 빛의 회절(回折)현상에 의하며, 빛의 진로는 직선이 아니라 통과하는 물질의 밀도가 높은 쪽을 향하여 휘는 회절현상으로 인하여 곡선의 형태를 가지게 되어 결국 공기 중에서는 밀도가 높은 지면을 향하여 휘게 된다는 것이다. 따라서 고도각을 보는 데오돌라이트의 망원경 방향이 실제 점 B 위에 있는 공중을 향하게 된다. 따라서 오차각 만큼을 음(−)의 방향으로 보정해 주어야 한다. 구차는 양의 보정값을 기차는 음의 보정값을 가지므로 서로 다른 부호를 가진다. 비교적 짧은 거리를 측정할 때는 부호가 서로 달라 상쇄되는 성질을 감안하여 양차의 보정을 생략할 수 있다. 그러나 삼변측량으로 측량기준점을 설치할 때는 반드시 양차에 의한 보정을 해주어야 보다 정확한 성과를 얻을 수 있다.

2.9 거리측량 오차

거리측정에 따른 오차는 현장에서 관측하는 동안에 기록되는 온도의 변화에 의한 온도보정, 측정 시의 장력이 줄자의 조정 시와 다른 경우의 장력보정, 측정 시의 줄자 지지대가 조정 당시와 다른 경우의 처짐보정, 관측거리의 양끝의 표고가 수평거리를 필요로 하는 표고와 다른 경우에는 경사거리를 측정하여 계산한다.

2.9.1 오차 발생원인

정오차의 발생원인은 주로 테이프의 길이가 표준 길이와 다를 경우에 많이 발생하고, 측정을 할 경우 일직선상에서 정확하게 실시되지 않았을 때 발생한다. 또한, 테이프가 바람에 흔들리거나 초목에 걸려서 직선이 되도록 당겨지지 못했을 때 발생하며 경사지를 측정할 경우에는 테이프가 수평이 되지 않을 때 발생한다. 그리고 강철 테이프를 사용할 경우에는 측점과 측점 사이의 간격이 너무 넓어서 자동으로 늘어날 경우와 거리 측정 시의 온도가 표준시와 다를 경우, 거리 측정 시의 장력(張力)이 표준장력과 다를 경우에 많이 발생한다.

우연오차의 발생원인은 명확하게 밝혀내는 것은 어렵지만 테이프의 눈금을 정확히 읽지 못할 경우, 테이프의 눈금을 정확히 지상에 옮기지 못하였을 경우에 발생한다. 또한, 측정당시의 온도가 일정하지 못할 경우, 테이프로 거리를 측정할 경우, 장력을 일정하게 유지하지 못하였을 경우에 많이 발생하고 눈금의 끝수를 정확히 읽을 수 없어 착오로 읽는 경우에도 발생한다. 거리오차 가운데 정오차는 측정회수에 비례하여 증가하므로 1회의 측정에서 생기는 정오차를 a라 하면 n회에서의 오차는 an이 되고, 우연오차는 측정회수의 제곱근에 비례하여 증가하므로 1회 측정의 우연오차를 b, 측정회수를 n이라 하면 우연오차는 $b\sqrt{n}$이 되므로 측정길이 전체에 따라 $r\sqrt{(an)^2+(b\sqrt{n})^2}$ 의 오차가 발생한다.

2.9.2 거리의 보정계산

(1) 자정수 보정

줄자에서는 공차이내의 오차가 발생하므로 오차의 크기와 방향을 알아야 보정할 수 있는 오차로 줄자 고유의 특성 값을 자정수라 한다. 예를 들면 50m－3.4mm, 15℃일 경우 줄자의 눈금은 10~50m까지의 눈금간격이 15℃에서 50－0.0034＝49.9966m라고 할 수 있다. 이는 높은 정밀도가 필요한 기선측량 등에서 측량을 실시하기 전에 사용할 줄자의 자정수를 계산하여 관측값에 보정하는 것이다.

자정수의 계산은 $\ell + \Delta\ell = L + \Delta L - s - \alpha(t - t_0)$에 의하며

여기서, $\ell + \Delta\ell$; 자정수, $L + \Delta L$; 비교기선장,

s; 측정거리, α ; 자의 팽창계수(0.000012/℃),

t; 측정 시의 온도, t_0; 표준온도(15℃)이다.

자정수를 보정하는 방법은 표준자와 사용한 자의 차로 자가 늘어난 경우와 줄어든 경우 측정값은 각각 그림 2-13과 같다.

측정치 d	오차(d-D)	보정(D-d)
실제보다 짧다	-0.1m	+0.1m
실제보다 길다	+0.1m	-0.1m

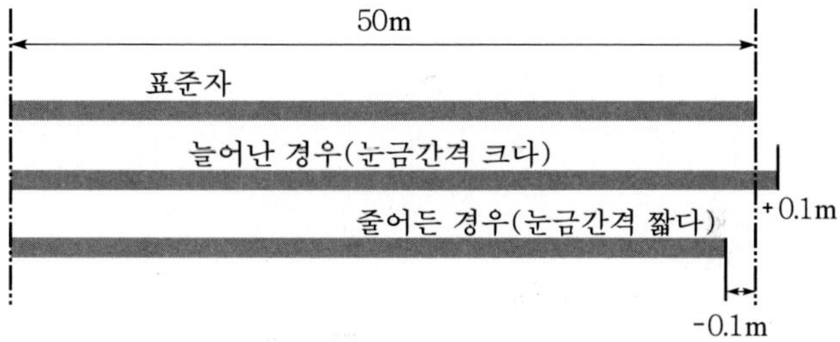

그림 2-13 줄자의 표준

이상의 관계로부터 특성값(자정수)을 $D-d$라고 정의하면 자정수 보정량은 식(2.70)으로 표시되며 보정량의 부호는 특성값($D-d$)의 부호와 같다.

$$C_L = \frac{\delta}{D} \cdot L \tag{2.70}$$

여기서, L; 측정거리, D; 특성값($D-d$)이다.

(2) 온도보정(C_t)

측정온도가 표준온도 이외에서 측정한 경우 테이프의 신축이 있을 수 있으므로 보정해야 하며 보정량의 부호는 (C_t)로 식(2.71)과 같다.

$$C_t = \alpha \cdot L(t - t_0) \tag{2.71}$$

$$\therefore \text{ 표준거리 } C_0 = C \pm C_t$$

여기서, C_t; 온도보정값, α ; 테이프의 선팽창계수(0.000012°C), L; 관측한 거리

t; 측정 시의 온도, t_0; 표준 온도(15℃)이다.

(3) 경사보정

그림 2-14와 같이 경사거리를 L_0, 고저차를 h라고 할 경우 경사보정량은 $C_g = -\frac{h^2}{2L_0}$의 식에 의하며 부호는 항상 마이너스(-) 이다.

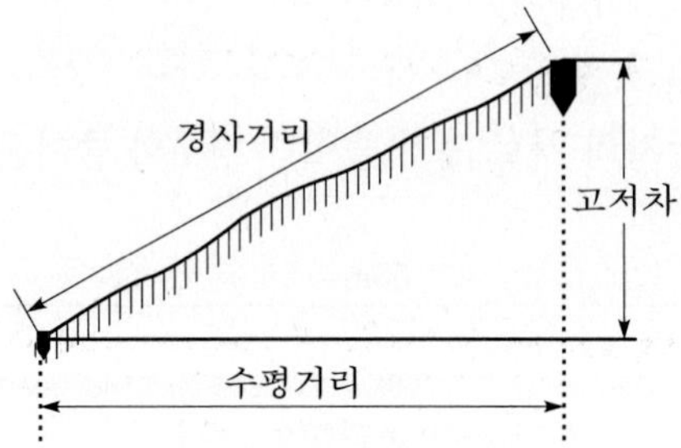

그림 2-14 경사보정

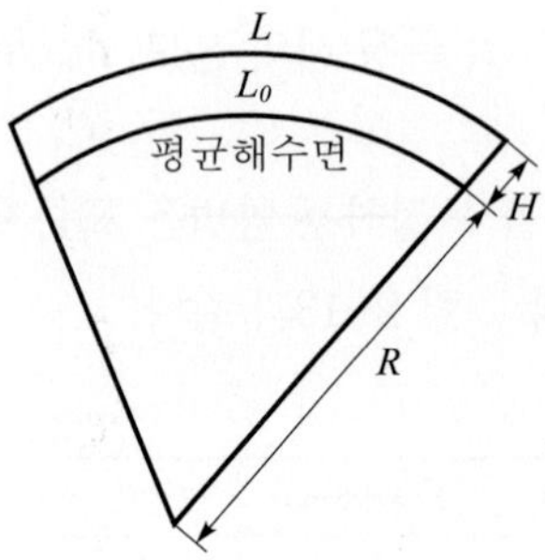

그림 2-15 평균해면상의 길이보정

(4) 평균해면상의 길이보정

기선은 평균해수면의 곡선에 따라 측정하므로 평균해수면상에 투영된 값을 보정하여야 하며 투영보정이라고도 한다. 그림 2-15와 같이 평균해수면으로부터 높이가 h인 곳에 기선을 설치할 경우 지구곡률반경(6,370km)을 R, 관측한 수평거리를 L, 평균해수면상에 투영한 거리를 L_0이라 하면 $\frac{L_0}{L} = \frac{R}{R+H}$가 되고 $L_0 = \frac{L \cdot R}{R+H} = \frac{L}{\frac{1+H}{R}} = L(1+\frac{H}{R})^{-1}$이다.

$$L_0 = L(1-\frac{H}{R}+\frac{H^2}{R^2}-\cdots)^{-1} = L(1-\frac{H}{R}) = L-\frac{L \cdot H}{R}$$

$$C_k = -\frac{L \cdot H}{R} \qquad (2.72)$$

여기서, C_k; 표고 보정량, R; 지구의 곡률 반경(약 6,370km),
H; 평균표고, L; 수평거리이다.

(5) 장력에 대한 보정

검정장력(10~15kg)과 측정 시 장력과의 차이 때문에 테이프가 신축하여 오차가 발생하는데 이 보정량을 장력보정이라고 한다. 관측 길이가 ℓ인 강철 Tape를 장력 P로 잡아당길 경우 늘어난 값을 C_p, A; 강철 Tape의 단면적(cm²), E; 테이프의 탄성계수(modulus of elasticity; 강철 테이프는 2.0×10^6~2.2×10^6kg/cm)², L; 측정길이, P_0; 표준장력(10kg), P; 측정 시의 장력이라 하면 보정식은 (2.73)과 같다.

$$C_P = \frac{(P-P_0)\cdot L}{A\cdot E} \tag{2.73}$$

예제 2.2 관측거리가 48.9995m, 관측 시의 잡아당긴 힘이 10kg일 경우 인장력에 대한 보정값은?
(단, 표준 잡아 당긴 힘 P_0 = 5kg, 강철 테이프의 단면적 A = 0.05532cm², 탄성계수 E = 2,100,000kg/cm² 이다.)

풀이 $C_P = \frac{(P-P_0)}{AE}\cdot \ell = \frac{(10-5)}{0.05532\times 2,100,000}\times 48.9995 = 0.002108$

$\ell_P = \ell + C_P = 48.9995 + 0.0021 = 49.0016\text{m}$

(6) 처짐에 대한 보정

강철 테이프의 양끝에 2개의 지지대를 설치하였을 경우 테이프의 무게로 중간에 처짐이 생겨 실제 길이보다 길게 측정된 경우 보정방법으로 식(2.74)와 같다.

$$C_s = -\frac{\ell}{24}\cdot\left(\frac{w\ell}{P}\right)^2 \tag{2.74}$$

여기서, P; 장력(kg), ℓ; AB 처짐곡선의 길이, w; 강철 테이프의 단위 길이당 무게(kg/cm²)이다.

(7) 축척보정

기준면상의 거리(s)를 평면직각 좌표상의 평면거리(S)로 보정하며 평면거리(S) = 구면거리(S) ×축척계수(s/S)로 계산하는데 거리보정계산의 일반식은 보정거리 = 측정거리+온도보정량+경사보정량+자정수보정량+투영보정량이다.

$$D = L + \alpha L(t-t_0) - \frac{h^2}{2L} \pm \frac{\Delta\ell}{\ell}\cdot L - \frac{L\cdot H}{R} \tag{2.75}$$

여기서, D; 보정후의 거리, h; 고저차, L; 측정거리, $\ell\pm\Delta\ell$; 자정수, α; 자의 팽창계수, R; 지구의 중등곡률반경, t; 측정 시 온도, H; 평균표고, t_0; 표준온도 이다.

제3장

거리측량

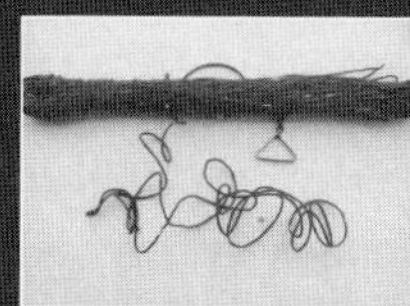

3.1 개요

거리는 두 점간의 위치의 차이를 나타내는 측정단위로 미터를 기준으로 하고 있으며 측량에서 거리는 수평거리(Horizontal Distance)를 말하고 길이라고도 하며 평면거리, 곡면거리, 공간거리로 구분할 수 있다. 지표상 한 점의 평면위치를 결정하기 위해서는 어떤 기준선부터 그 점까지의 수평각과 수평거리를 측정하여야 한다. 그러나 지적측량에서 지적삼각점측량, 지적삼각보조점측량, 도근점측량, 세부측량 등에서 사용하는 거리는 지구의 표면을 평면에다 투영했을 때의 거리인 평면상의 거리를 사용하지만 짧은 거리는 수평거리를 사용한다.

거리의 역사는 1790년 프랑스의 샤를 모리스 드 탈레랑(Charles Maurice de Talleyrand)의 제안에 의해 파리 과학아카데미가 정부의 위탁을 받고 새로운 단위인 미터법을 제작한 것이 최초이다. 이 단위는 북극에서 적도까지의 지구 자오선 길이(90°)의 1/1,000만을 1m, 각 모서리의 길이가 1/10m인 정육면체와 같은 부피의 4℃ 물의 질량을 1kg, 그 부피를 1ℓ로 하고, 배량(倍量; 곱하기 양)에는 그리스어, 분량(分量; 나누기 양)에는 라틴어에서 따온 접두어 등을 붙였다. 또한, 분량과 배량을 나타내기 위하여 단위의 명칭에 밀리미터, 센티미터, 데시미터(decimeter = 1m), 데카미터(decameter = 10m), 헥토미터(hectomete = 100m), 킬로미터(kilometer = 1,000m)와 같은 접두어를 사용하여 십진법이 되도록 하였다.

천문학자 드람불(Delambre)과 메시엥(Mechain)은 덩케르크(Dunkerque; 프랑스의 도시)와 바르셀로나(Barcelona)사이의 자오선 호의 길이를 측정하였다. 또한, 프랑스의 화학자인 앙투안 라브아지

1) 가루가 녹으면서 서로 밀착 · 고결(固結)하는 현상.

에(Antoine Laurent Lavoisier; 1743~1794년)는 부피에 필요한 물의 밀도를 측정하여 소결(燒結)[1] 시킨 백금의 미터 단면표준과 백금의 단위인 킬로그램 표준을 만들어 1799년 6월 22일 국가표준 법령을 공포하였으며 프랑스 파리의 공화국 문서보관소(Archives de la Republic)에 보관하였다. 미터법의 보급을 위해서, 프랑스에서는 1840년 강제로 집행하였으며 1875년 3월 1일 프랑스 정부는 "미터 외교회의"를 열어 20개국에서 정부대표자와 과학자들이 참가하여 17개국이 위원회의 제안 사항을 승인하였다. 1875년 5월 20일 "미터협약(Metre Convention)"은 현재 SI 단위계로 불리는 표준화를 위해 체결된 국제협약에서 만들어진 국제도량형총회(CGPM; Conference Generale des Poids et Mesures), 국제도량형국(BIPM; The Bureau International des Poids et Mesures), 국제도량형위원회(CIPM; Comité International des Poidset Mesures)가 있다.

1870년 8월 파리에서 미터법 국제위원회가 발족될 때는 백금(90%)과 이리듐(10%)의 합금으로 된 "1m"길이는 막대 모양의 미터원기(1미터 길이의 표준으로서 파리의 국제 도량형국에 보관된 자)를 제작하였다. 1899년 제1차 국제도량형총회에서 국제미터원기가 제정되었으며 1960년 제11차 국제도량형총회에서 국제적인 단위의 길이표준을 크립톤86(86Kr)의 원자가 방사하는 등적색 스펙트럼선 빛의 파장 165만배를 1m로 설정하였으나 긴 거리의 측정에는 부적합 하였다. 1983년 제17차 도량형총회에서 국제적인 단위의 길이표준을 크립톤 86의 원자가 방사하는 오렌지색의 스펙트럼선 파장으로 바꾸는 1m는 "빛이 진공상태에서 1/2억9,979만2,458초 동안 진행한 경로의 길이"로 변경하였다.

국제도량형총회는 6년에 한번 개최되며 업무는 국제도량형위원회가 관리하고 우리나라는 1959년 7월 28일 36번째로 가입하였으며 1960년 38개국이 가입하였다. 1967년 미터법을 채용한 국가는 약 70개국으로 학술적인 모든 단위는 대부분 미터법을 사용하고 있다. 2002년 도량형총회에서는 51개 회원국과 10개 준회원국이 참여하였고 2005년 현재 준회원국은 17개국이다. 우리나라는 1961년 5월 10일 제정한 계량법(법률 제615호)에서 미터법을 법정 계량단위로 하였으며 제49조의 규정에는 관습적으로 사용한 "척관법"과 "야아드, 파운드법"은 1964년 1월 1일 부터는 사용이 금지되고 미터법에 의한 계량단위만을 사용하도록 하고 다원적인 계량단위를 통일하도록 규정하고 있다. 계량법 제11조는 1962년 12월 31일 까지 미터법을 계량단위로 개정하여 실질적으로 법률로 규정하고 있으며 1963년 5월 31일부터 계량법 제5조 "길이의 계량단위는 미터로 한다고 규정하였다.

미터는 크립톤86 원자의 준위(準位) 2p10과 5d5 간(間)의 천이(遷移)에 대응하는 광의 진공하에서 파장의 1,650,763.73배와 같은 길이로 하고, 국제미터협약기구의 채결한 바에 따라 각령이 정하는 방법에 의하여 이를 현시한다."고 규정되어 있다. 또한, 제11조에 의해 1963년 5월 31일부터 "비법정 계량단위의 사용을 금지하고 이를 위반할 때에는 벌칙을 과하게 된다."고 규정하여 거래 및 증명에 미터법 외에는 사용하지 못하도록 하고 강력하게 법정 계량단위인 미터법을 사용하도록 하여 전국적으로 실시하도록 하였으나 건물과 토지는 제외되었다. 토지 또는 건물에 1983년 1월 1일부터 법정 계량단위를 사용하도록 한 이유는 다음과 같다.

① 과거 토지건물에 대해 등록할 경우에 사용하는 계량단위는 척관법인 "평"단위로 되어있어 토지대장, 건물대장, 등기부 등을 사용하도록 되어있다.
② 수출입하는 화물에 사용되는 계량단위는 교역상 부득이 한 것이나 수입한 물품이 국내에서 유통될 때에는 미터법 계량단위로 거래하도록 하였다.
③ 항공에 사용되는 계량단위는 국제적으로 통용되므로 1964년을 기점으로 미터법 계량단위를 사용하였다.
④ 정부기관이나 공공단체에서는 1963년 1월 1일부터 사용하면서 미터법 사용을 촉구하기 위해 홍보책자를 활용하였다.

척관법은 고대 중국에서 기원하여 주로 중국과 우리나라 및 일본에서 사용하였으며 명확한 기준이 없다. 그러나 미터법 계량단위는 프랑스에서 기원하여 세계 각국에서 사용하며 그 기준이 일정하게 공통되는 계량단위 이다.

표 3.1 유형별 계량단위

구분	척관법	야아드, 파운드법	미터법
길이	척(尺), 촌(寸), 분(分), 간(間), 장(丈), 정(町)	야아드, 피이드, 인치, 마일	미터, 센티미터, 밀리미터, 킬로미터
넓이	평(坪), 무(畝), 단(段), 정보(町步)	에카, 평방야아드	평방미터, 아아르, 헥타아르
무게	관(貫), 돈, 량(兩), 근(斤)	파운드, 온스, 그레인, 영톤, 미톤	킬로그램, 그램, 톤
부피	두(斗), 승(升), 합(合), 작(勺), 석(石)	갈론, 부셀, 페크, 핀트	리터, 데시리터, 킬로리터

3.2 거리측량 기구

거리측량은 보통 테이프(Tape)를 사용하여 거리를 직접 측정하는 것으로 체인(Chain), 헝겊 또는 유리섬유테이프(Glass Fiber Tape), 강철테이프(Steel Tape), 죽척(Bamboo Tape) 등을 사용하고 최근에는 전자파 및 광파측거기와 GNSS 위성측량수신기를 활용하고 있다.

3.2.1 자의 변천과정

프랑스가 주관하여 전 세계의 도량형제도를 통일적으로 실시하기 위하여 1874년에 만들어진 백금의 미터원기를 대한제국에서는 평식원(平式院)을 설치하고 미터법을 도입하였다. 그러나 대한제국은 형식적으로는 미터법을 도입하였지만 내용적인 측면에서는 도량형제도의 표준척인 곡척(曲尺)을 기본척으로 사용하였다. 따라서 섭씨 0~15° 사이일 때 미터 부원기의 두 표선사이의 거리를 1m로 하고 그 길이의 10/33인 30.30303cm를 기본 1척으로 규정하였다. 따라서 1척(尺) = 10촌(寸) = 100분(分) = 1장(丈) = 1m이며 1리(里) = 1,386척 = 420m, 1식(息) = 30리로 사용하였다. 그 당시 대한제국은 외국인 측량기사 거렴을 초빙하여 한성 일부지역을 실제로 측량을 실시하기도 하였지만 그것은 극히 일부이었다.

그러나 양전법이 제정되면서 일본 육군성 육지측량부는 1910년 6월부터 일본의 동경 원점을 기준으로 우리나라의 절영도와 거제도에 1등삼각점을 설치하고 전국토를 대상으로 대삼각측량을 실시하였다. 이때 일본은 양전법을 결부속파법에서 일본의 지적법인 정무보법(町畝步法)으로 변경하였다.[2] 즉, 양지척 = 곡척(曲尺) = 30.303cm, 1보(步=坪) = 곡척방(曲尺方)6척 = 3.305785m^{2}을 1무(畝)=30보(평) = 99m^2, 1단(段) = 10무 = 992m^2, 1정(町) = 10단 = 9,917m^{2}이다.

1910년부터 1918년까지 조선토지조사사업으로 우리나라 전국토를 측량하여 개인의 토지소유권 확립을 추진한다는 명목으로 일부 토지에 대해서는 국유화를 추진하였다. 지상거리를 측정하는 단위로 간(間)을 사용하였는데 1간의 1/10을 분(分), 1분의 1/10을 1리(厘)라 하였으며, 도상길이를 측정할 때는 척(尺)을 사용하였으며 1척의 1/10을 1분(分), 1분의 1/10을 1리(厘)라 하였다. 1간은 6척(1,818m)이고 1척은 0.303m로 하였으며 1963년 도량형제도를 국제적인 흐름에 따라 미터법으로 개혁하였으나 일시에 변경하는 것은 쉬운 일이 아니었다. 1975년 지적법 개정으로 토지의 면적단위를 척관법의 평은 토지대장등록지, 무는 임야대장등록지에서 세계공통법인 평방미터(m^2)로 환산하였다. 이 때 1평(坪) = 400/121m^2 = 3.305785m^{2}로 하였으며 정밀한 값이 필요할 때는 약 20~30cm 길이에 10분의 1mm 눈금이 있는 부척(副尺)이 사용되었다.

3.2.2 자의 종류

(1) 측쇄

1876년 1체인 거리는 웰링턴에서 멕케로우(McKerrow)가 제작하였으며 1877년 표준 야아드(yard)는 새로운 정부건물의 콘크리트 기초 위에 다른 1체인 거리의 기준을 만들기 위하여

2) 박홍수, 한,중 도량형제도사, 성균관대 출판부 ,1999, pp.641~644.

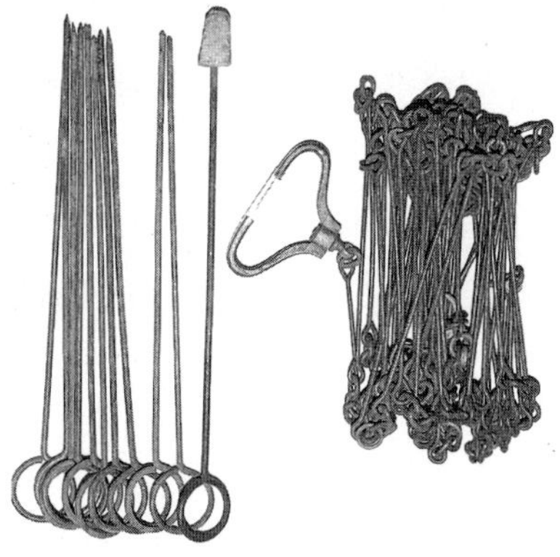

그림 3-1 측쇄

McKerrow와 Marchant가 런던에서 사용하면서부터 유래되었다. 측쇄(測鎖)는 영국에서 거리측정에 사용한 초기의 줄자로 , 100개의 금속 고리로 구성되었다. 100개의 고리는 하나의 체인으로 가로세로 10체인은 1에이커가 되었으며 1898년 S. Percy Smith 와 Marchant가 새로운 1체인 거리를 설정하였다. 다양한 지역적 기준들은 웰링톤(Wellington)주의 기준을 가지고 테이프를 이용하여 비교되었으나 대다수가 일정하지 않아 신뢰할 수가 없게 되었다.

우리나라의 경우 측쇄는 1910년 거리를 측정할 목적으로 제작되었으며 직경 3∼4mm 정도의 가는 강철선 여러 개를 모아 양쪽 끝을 둥근 모양으로 만들어 3개의 고리로 연결한 쇠사슬로서 길이 30cm 정도가 되는 놋쇠로 만든 10개의 측침(Pin)과 1개의 낙침(Drop Pin)이 1조(組)로 되어 있으며 1조(組)의 매듭에서 매듭까지를 1링크(Link)라 하며 길이는 20cm로 양끝에는 각각 1개의 손잡이(Handle)가 붙어있다.

토지조사사업 당시에는 전체 길이 10간(間)인 강철쇄에 1간 간격으로 황동제 지표(指標)를 붙여서 눈금을 표시한 십간쇄(十間鎖)로 양쪽 끝에서 측쇄를 잡아당겨 팽팽하게 해서 사용하였다. 그림 3-1과 같이 측쇄는 중량이 무거워서 휴대가 불편하고 팽팽하게 당기는 것이 어려워 평탄지 또는 도로측량에 많이 사용하였으며 낙침은 경사지의 거리를 측정할 때 사용되고 10개의 핀(Pin)은 평탄지의 장거리측정에 테이프를 옮겨가면서 측정할 경우 끝을 명확히 표시할 때 편리하여 과거에 많이 사용되었으나 무겁고 사용하기에 불편하므로 현재는 사용하지 않고 있다.

(2) 간승

간승(Measuring Rope)은 그림 3-2와 그림 3-3과 같이 일반적인 간승과 목통간승(間繩)이 있었으며 토지조사사업 당시 줄자가 소중했던 시대로 중요한 거리측정 도구의 하나이다. 굵은 마사(麻絲) 또는 금속선(金屬線)을 심지로 하고 외부는 가느다란 명주실로 조밀하게 감고 감물을 먹인 것으로 직경 3mm 정도, 길이 30~100m로 양끝에는 손잡이가 달린 목제의 원통 속에 감겨져 있다. 피복된 줄에는 0.5~1m의 간격으로 얇고 작은 황동판을 감아서 읽을 때에 편리하도록 하였으며 단면은 사각형 또는 원형에 가깝게 하여 쇠붙이를 붙인 눈금이 새겨져 거리를 표기하였으며 보관 및 이동은 편리하지만 길이가 짧아 장거리를 측정할 수 없으며 정밀한 측량에는 사용하지 않았다.

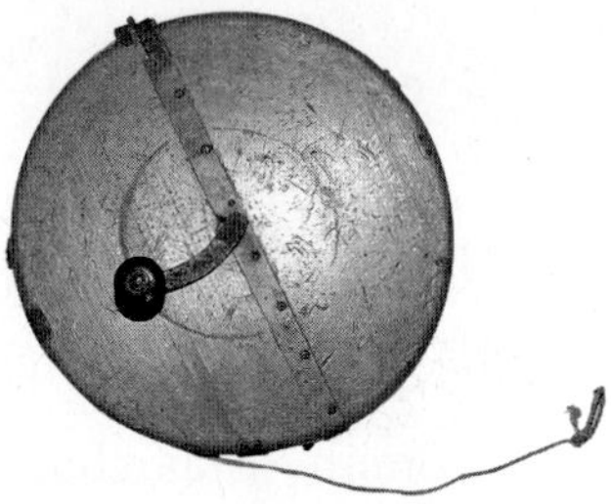

그림 3-2 목통간승

그림 3-3 간승

(3) 헝겊 테이프

헝겊 테이프(Cloth Tape)는 1950년대에 작성한 길이 33칸(間), 폭 15mm 정도의 마포(麻布) 안에 가는 동(銅), 또는 놋쇠줄을 넣고 표면에 페인트로 칠하여 자 눈금을 그린 것으로 최소 눈금은 1mm 이다. 헝겊 테이프(布卷尺)는 그림 3-4와 같이 가볍고 취급이 편리하지만 건습(乾濕) 및 장력(張力)에 대한 신축이 크고 사용할수록 점점 정확성이 떨어져 정확도가 낮아도 되는 일반적인 곳에서 사용되었으며 길이는 20m, 30m, 50m 등으로 구분되어 있다.

그림 3-4 헝겊 테이프

그림 3-5 유리섬유 테이프

(4) 유리섬유 테이프

1970년대에 사용되던 거리 측정도구로 유리섬유를 테이프의 길이 방향으로 말고 백색염화비닐수지로 피복한 표면에 눈금을 인쇄한 것으로 가볍고 취급이 편리하며 습도차에 따른 신축이 헝겊테이프에 비해 적다. 그림 3-5는 1980년대에 사용한 유리섬유의 합사(合絲)를 넣고 겉에 백색의 염화비닐을 섬유에 침투시켜 형체를 만든 후 특수 잉크를 사용하여 눈금을 인쇄한 줄자로 건습으로 인한 신축이 없고 간편하며 정도는 강철 테이프 보다는 약하지만 부러지지 않고 부드러우며 내수성이 강하다.

(5) 강철 테이프

강철 테이프(Steel Tape)는 거리측량용 기구 중에서 가장 정확하게 만들어져 정밀거리 측정에 사용되는 기구이다. 1960년대에 제작된 넓이 1mm 가량의 엷은 강철자에 눈금을 그린 것으로 둥근 가죽케이스 속에 들어 있으며 최소 눈금은 1mm, 길이는 10m, 20m, 30m, 50m, 100m, 200, 300m 등이 있다. 그림 3-6과 같이 강철로 된 테이프는 장력에 의한 신축이 적어서 정밀을 요하는 측량에 사용되나 온도에 의한 신축이 크고 매우 정밀하지만 녹슬기 쉽고 부러지기 쉬운 결점이 있으므로 사용 후에는 잘 손질을 해서 보관하여야 한다. 길이는 온도 변화에 따라서 신축(선팽창계수 α = 0.00001018)하나 신축량은 계산으로 보정할 수가 있기 때문에 정밀한 결과를 얻을 수가 있으며 손잡이가 붙어 있으며 주로 기선측정 및 다른 기구를 검사할 때 사용된다. 특히, 정밀한 측량에 사용할 때에는 측정시의 온도, 장력 등을 측정하여 보정해야 하며 그림 3-7과 같이 테이프용 온도계(Thermometer)와 그림 3-8과 같이 장력계에는 손잡이 핸들(Grip handle)과 스프링 저울 등이 사용된다.

스프링 저울은 테이프의 손잡이에 걸어서 사용하고 장력계(Spring Balance)는 강철테이프를 일정한 힘을 주어 인장하는 경우에 그 강도를 알기 위하여 테이프 손잡이에 부착하여 사용한다. 보통 강철테이프에 가하는 장력은 5~15kg이며, 20kg까지 가할 수 있다. 일반적으로 표

그림 3-6 강철 테이프

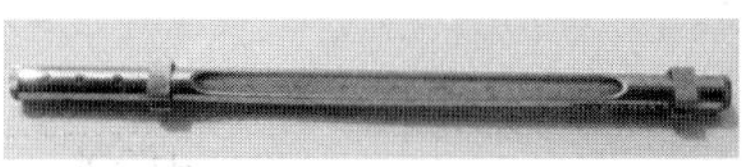
그림 3-7 테이프 측정용 온도계

그림 3-8 장력계

준장력은 15kg으로 한다. 테이프용 온도계는 1960년대 온도변화에 대한 테이프의 신축량을 계산하기 위하여 테이프 뒤에 온도계를 부착하고 거리를 측정할 때 테이프의 온도를 측정한다.

(6) 권척

권척은 거리의 측정에 사용되는 도구로 포권척(布卷尺)과 강권척(鋼卷尺)이 있으며 가죽 원통 케이스에 감아 넣어 휴대에 편리하고 장기간 사용이 가능하지만 건습이나 장력의 영향을 받아 길이가 늘어나 오차가 큰 것이 단점이다. 포권척은 시가지에서 비교적 짧은 거리를 측정할 경우에 사용되며 강한 마포(麻布) 속에 구리나 놋쇠의 가는 철선을 넣어 신축을 방지하고 방습을 위해서 외부에 밀랍을 바르며 1분(分) 간격으로 눈금을 표시한 줄자로 폭은 5분(分), 길이는 10간 정도이다. 강권척은 폭 1cm 가량의 엷은 강철 줄자에 눈금을 그린 것으로 가죽 원통의 속에 감아서 보관하였다. 신축의 정도가 적어 양거척, 죽제권척, 포권척 등 다른 거리측정용 기구의 정확도 여부를 검정하거나 필요로 하는 거리측량에 사용하며 최소 눈금은 1mm이고 길이는 10, 20, 30, 50, 100, 200, 300m 등이 있다. 보통자의 폭은 5~15mm, 두께는 0.2~0.4mm이며 표준온도는 15℃, 장력은 10kg 정도를 사용하였으며 온도에 의한 신축은 적으나 습도에 의한 신축이 크고 녹이 슬어 잘 부러지는 단점이 있다. 매우 정밀한 측정을 할 경우에는 온도에 따른 보정이 필요하며 측정은 구름이 낀 날이나 아침, 저녁이 좋고 대줄자보다 정확하고, 인바(Invar)척보다는 정확도가 낮다.

(7) 인바 테이프

인바 테이프(Invar Tape)에서 인바(Invar)는 인배리애블(Invariable)에서 유래하였으며 불변이란 의미로 온도와 습도에 대한 신축이 거의 없는 불변의 금속자로 프랑스의 만국 도량형국 기사 기욤(Guillaume)이 1896년 개발한 니켈(Nickel) 36%, 미량의 탄소를 함유한 강(鋼) 64%의 합금으로 만든 자로 기선측량에 사용하였다.

온도에 대한 팽창계수는 강(鋼)의 1/30 정도로 1℃에 대하여 0.000003~0.0000004 정도로 기선척으로 사용하는 인바척에는 테이프와 와이어(wire) 두 종류가 있다. 와이어의 직경은 1.65mm, 24m 테이프의 단면은 3mm×0.5mm이다. 1980년대 크롬강(12~18)으로 만든 폭이 12mm정도의 얇은 스테인레스(Stainless)에 mm단위로 눈금을 한 테이프로 10~50m의 길이를 많이 사용하였으나 100m, 200m, 300m 길이로 제작하였다. 인바척의 금속은 비교적 연하기 때문에 구부러지고 탄성이 없어 길이의 변화가 발생하고 테이프는 바람의 영향을 받으므로 일반적으로 인바 와이어를 사용하며 와이어에는 중간에 눈금이 없으며 양끝에는 우수리 자가 붙어있다. 인바 와이어로 거리를 측정할 때는 일정한 장력을 가하면 정확한 거리를 측정할 수 있다. 선팽창계수(α = 0.0000008)는 강철테이프의 1/10정도로 적으며 10~15kg의 장력을 표준으로 사용하고 있다.

삼각측량의 기선측정과 같은 중요한 측량에 많이 사용되며 습도에 의한 길이의 신축이 거의 없으나 녹이 슬기 쉽고 무게가 무거우며, 쉽게 꺽어져 부러지기 쉬우며, 취급할 때 손을 다치기 쉬운 결점 등이 있다. 1883년경 스웨덴 스톡홀름의 기술학교 교수 에데린이 스틸(Steel)제의 와이어를 고안하여 기선척으로 사용하여 그의 이름을 따서 에데린 기선척이라 한다.[3] 테이프 인바척은 주로 프랑스의 카펜터 회사에서 만들었고 진동의 양이 많아 정확도가 낮았으며, 와이어 인바척은 영국 버그(Ager Baugh)회사에서 만들었고, 미세한 바람에서도 측정이 가능하여 정확도가 높아 기선측량에 많이 사용하였다. 1910년 8월 대전기선에서 안동기선까지 토지조사측량을 위한 기선측량은 일본 육지측량부에서 공차(公借)한 25m 테이프는 프랑스의 카펜터(Firma Carpenter)회사 제품을 사용하였으며 그 후에는 토지조사국에서 구입한 에데린 기선척(Jaderlin's Baseline Tape)을 사용하였다. 최근에는 정밀 거리측량기인 광파측거기 등을 사용하면서 거의 사용하지 않고 있다.

(8) 대줄자

대줄자(Bamboo Chain)는 1910년대부터 1970년대까지 우리나라에서 사용된 대나무로 만든 자로 휴대하기 편하게 8자 형태로 둥글게 말아서 어깨에 메고 다니며 측량에 사용한 자로 죽제권척(竹製倦尺)이라고도 한다. 대줄자는 비교적 굵은 대(竹)를 폭 10~20mm, 두께 2~3mm의 크기로 쪼개어 다듬고 끝을 포개어 가는 구리로 묶어 연결하고 껍질이 붙지 않은 한쪽 면에 10cm 또는 1m 간격으로 눈금을 새긴 것으로 길이는 20~50m가 보통이다.

농경지 등에서 장거리를 측정하는 경우에는 전체 길이가 30간(54.5m) 또는 40간(72.7m)인 죽척에 눈금을 표시하여 사용하였다. 대줄자는 무게가 가볍고, 부피가 커서 온도나 습도에 의한 수축이 적고 장애물에 걸리는 일이 적어 신속하지만 부러지기 쉽고 휴대가 불편하며 이은 자리가 늦추어 지는 등의 단점이 있으나 가격이 저렴하여 삼림측량 등에서 많이 사용되었으며 1970년대 유리섬유 테이프가 수입되면서 현장에서 사라지게 되었다.

3) 리진호 역, 삼각측량작업결료보고, 2001, 도서출판 우물, pp. 60~61.

그림 3-9 대줄자

(9) Pole

Pole은 측점 위에 세우고 측점의 방향 또는 측점의 위치를 표시할 경우 사용되며 직경은 3cm 이고 길이는 2m, 3m, 4m, 5m 등이 있으며 측간(測桿)이라고도 한다. 재료는 가벼운 나무로 되어있으며 먼 거리에서도 잘 보이도록 20cm마다 적색과 백색을 번갈아 칠을 하였으며 하부는 뾰족하게 원뿔 모양으로 만들어 땅에 꽂기에 편리하도록 하였다. 측점을 표시하거나 측선을 연장하고 방향을 잡는데 또는 단거리를 개략적으로 측정할 경우에 사용된다.

(10) 표척

수준측량 또는 시거측량으로 연직 높이를 구하는데 사용되는 기구로서 단면이 널빤지 모양으로 길이는 1~5m이며 최소눈금이 5mm, 1cm로 새겨져 있으나 최근에는 합성수지 또는 알루미늄으로 된 것이 많다.

(11) 축척자

일반적으로 도상에서 사용하는 자로 축척별로 축소하여 도상에서 거리 및 면적을 측정할 경우에 사용되는 자로 많이 이용되고 있다. 초기에는 그림 3-10과 같이 대나무자에 눈금을 표시하여 사용하였으며 축척의 종류에 따라 1/500, 1/600, 1/1,000, 1/1,200, 1/3,000, 1/6,000 등으로 제작되었다. 또한 대한제국 및 토지조사사업당시에는 간 단위로 표시하여 사용하였으나 후에는 m단위로 표시하여 사용하였다. 1970년대 이후에는 니켈과 동으로 제작된 축척자가 많이 사용되었으나 플라스틱 제품이 생산되면서 그림 3-11과 같이 삼각형모양의 축척자가 제작되어 축척 1/100~1/600까지 눈금을 다양하게 표시하였다.

그림 3-10 축척자(1)

(a) 삼각스켈 (b) 동제 축척자

그림 3-11 축척자(2)

3.2.3 측량장비의 구조

도근점측량에 이용되는 장비는 Transit과 Theodolite를 사용하였으나 최근에는 T/S(Total Station)을 많이 사용하고 있다. 이들 장비는 수평각과 연직각의 측정이 모두 가능하며 Transit은 1910년대에 사용하는 장비이며 Theodolite는 1980년대에서 1990년대에 사용된 장비이고, T/S는 현재도 활발하게 사용되고 있는 장비이다. 이들 장비의 구조는 크게 상부와 하부로 구분할 수 있으며 상부는 주로 시준을 할 수 있는 부분으로 망원경, 수평축, 지구, 연직각눈금, 수평각 눈금을 읽을 수 있는 구조로 세분화 할 수 있으며 하부구조는 정준 할 수 있는 부분으로서 평행반과 정준나사로 세분된다. 망원경은 시준선을 정하기 위한 광학기계로서 수평 및 연직방향으로 수평축과 연직축으로 구분되어 자유로이 회전 시킬 수 있으며 수평각과 연직각을 측정할 수 있는 눈금판이 있다. 수준기(水準器)는 단면이 일정한 곡률의 원호가 되도록 만든 것으로 관속에 물보다 점성이 적은 알콜을 기포가 형성되도록 넣은 것으로 기포관(氣泡管)이라 한다.

기포의 위치를 알기 위해 관의 중앙에서부터 2mm 간격으로 눈금을 표시하여 하부의 조정나사로 조정하도록 되어있다. 십자선(十字線)은 접안경의 초점면에 설치된 것으로 망원경의 광축에 고정되어 대물경의 광심과 십자선의 중심을 연결하는 직선은 시준선이 되며 측정할 경우 기준이 된다. 십자선은 그림 3-12와 같이 4개의 나사로 고정되어 있으며 십자선 원을 위쪽으로 이동할 경우에는 아래쪽 나사를 잠그고 상·하·좌·우 모두 반대

그림 3-12 십자선 조정나사

쪽의 나사를 이용하여 조정할 수 있도록 되어있다.

십자선은 망원경을 통하여 확대되어 보이므로 과거에는 거미줄을 쪼개어 십자선으로 사용하였으나 최근에는 렌즈에 직접 조각하여 사용하고 있다. 십자선은 그림 3-13과 같이 장비사별로 각기 다른 여러 가지형태로 되어있다. 정준장치는 기계의 수평을 조정하는데 수준기를 보면서 조정하는 작업으로 연직축과 직각이 되도록 하는 장치이며 조정나사는 과거에는 4개가 있었으나 최근의 장비는 3개로 구성되어 있다. 측량용 망원경(Telescope)은 대물경, 접안경, 십자선으로 구성되어 있으며 시준점을 대물경으로 확인하고 접안경에 설치된 십자선에 일치하도록 하여 측정한다. 대물경(Objective)으로 시준한 점은 선명하도록 조정하고 정밀을 요하는 측량에서는 렌즈의 수차가 없어야하므로 굴절률이 다른 오목렌즈와 볼록렌즈를 합성한 렌즈를 이용하고 있다. 접안경(Eye-Piece)은 대물경에 의해 십자선 면에 맺히는 물체가 나타나는 현상을 접안경으로 확대하여 정확하게 일치시키는 작업을 한다.

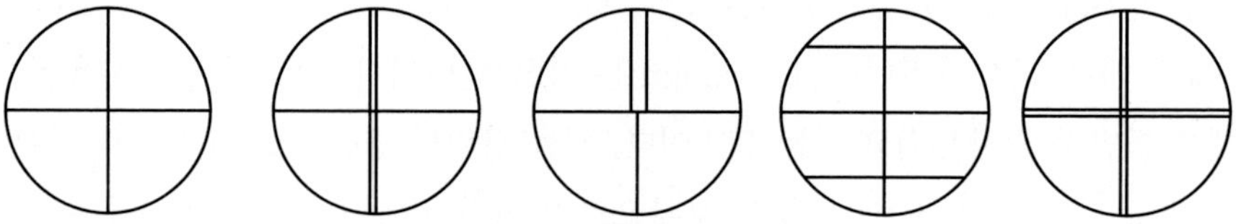

그림 3-13 십자선의 형태

(1) 기계 설치방법

기준점측량에서는 기계의 숙련된 조작과 신속하고 정확한 설치여부에 따라 측량의 능률과 정확도에 영향을 미치므로 다음의 작업순서를 이용하면 편리하다.

① 측점과 기계의 중심이 일치하도록 하고 개략적으로 수평이 되도록 삼각을 설치한다.

② 기계의 구심장치는 측점에서 2cm이내에서 이동이 가능하므로 개략적으로 2cm이내에서 삼각의 위치를 결정한다.

③ 정준장치가 있지만 기계를 너무 경사지게 세우면 수평을 조정하는데 많은 시간이 소요되므로 수평에 가깝게 설치하여야 하며 삼각의 끝은 정삼각형의 모양으로 설치한다.

④ 삼각을 설치할 때 높이는 관측자의 키 높이에 따라 설치하여야 관측할 경우 편리하다.

⑤ 측점에 삼각을 세우려면 먼저 2개의 다리를 고정하고 나머지 1개의 다리를 전후좌우로 이동한다.

⑥ 삼각의 위치가 정해지면 삼각을 움직이지 않도록 단단히 박고 삼각나사를 조여서 고정한다.

⑦ 정준나사를 모두 풀어 기계의 구심장치를 이용하여 기계의 중심과 측점이 동일한 연직선

상에 일치하게 한다.

⑧ 구심장치를 이동할 경우에는 두 손으로 가볍게 받쳐 들어 살짝 이동하되 구심이 일치할 경우에는 정준나사를 이용하여 완전하게 수평이 되도록 한다.

⑨ 정준나사가 잘 돌아가지 않을 경우에는 다른 한쪽 나사를 풀어 반시계 방향으로 약간 풀어 다시 조정한다.

(2) 관측

시준은 물체와 십자선의 교점이 일치하고 선명하게 보이도록 하는 것을 말한다. 접안경으로 시준할 경우 눈을 이동하면 십자선과 물체가 떨어져 보이는 경우가 있는데 이를 시차(視差)라고 한다. 시차의 원인은 영상면과 십자선면이 일치가 되지 않아 발생하는 것으로 시차를 소거하기 위해서는 망원경을 하얀색 벽을 향하게 하고 접안경의 조정나사를 조작하여 십자선이 선명하게 나타나도록 하고 다음은 대물경의 조정나사를 이용하여 물체가 선명하게 보이도록 하면 십자선과 물체의 영상이 일치되어 눈을 이동하여도 시차가 발생하지 않는다.

각 측정 시의 오차가 발생하는 원인은 수평분도원이 중심과 불일치한 경우, 수평분도원 및 수직분도원의 눈금이 일정하지 않은 경우, 망원경의 수평축(회전축)이 기계의 수직축과 직각을 이루지 않은 경우, 망원경 축(광축)이 회전수평축에 대하여 정상적이지 못한 경우, 망원경의 광축이 수평을 이루며 수직분도원의 눈금이 영(0)을 가리키지 않은 경우, 망원경 축과 수준기포관축이 평행하지 않은 경우, 각 관측 시 시준판의 자연조명으로 십자선 중심을 착오로 시준판의 조명부분을 시준하는 경우가 있다.

(3) 장비의 취급

① 기계를 상자에서 꺼낼 경우에는 반드시 두 손으로 꺼내야 하며 기계를 삼각에 장착할 경우에는 기계를 잡고 다른 손으로는 정준대의 하부를 회전시켜 장착한다.

② 경사진 지면에 기계를 설치할 경우에는 반드시 2개의 다리를 낮은 쪽에 설치하고 1개의 다리는 높은 곳에 설치하여 안정성을 고려하여야 한다.

③ 설치된 기계의 주위를 이동할 경우에는 다리 끝의 첨(尖)을 밟지 않도록 주의하고 모든 고정나사는 무리하게 힘을 주어 잠그지 않도록 하여야 한다.

④ 수평으로 회전할 경우에는 두 손으로 삼각을 잡고 서서히 회전하되 나사를 풀어서 회전하여야 한다.

⑤ 시준 할 경우에는 망원경 상단에 있는 가늠쇠를 이용하여 대략적으로 물체에 맞춘 후 접안

경으로 시준한다.

⑥ 조정나사를 조일 경우에는 다른 쪽 나사의 고정 상태를 확인한 후 실시하고 시준할 때는 가급적 두 눈을 뜬 상태에서 관측하도록 한다.

⑦ 기계의 사용이 끝났을 경우에는 부드러운 천으로 가볍게 닦고 망원경의 렌즈는 가는 모필로 먼지를 털어주고 사용하지 않는 경우에는 덮개를 닫는다.

⑧ 기계를 상자에 넣을 경우에는 모든 고정나사를 살며시 풀어 무리가 가지 않는 상태에서 조심히 넣고 작업 중에는 삼각을 모아 기계를 어깨에 기댄 상태로 이동한다.

⑨ 기계를 이동할 경우에는 망원경을 수직 상태로 하고 고정나사를 푼 상태에서 이동하며 승용차를 이용할 경우에는 상자에 넣어 충격이 가지 않도록 하여야 한다.

3.3 직접거리측량

3.3.1 평지의 거리측량

평지의 거리측량은 줄자를 사용하며 거리관측의 오차를 1/10,000 정도로 *A*점에서 *B*점까지 측정할 경우 방법은 *B*점에 폴을 세운 후수(後手)는 줄자 끝의 손잡이를 폴에 부착하고 줄자의 0m에 *A*점을 맞춘다. 전수(前手)는 줄자 끝의 손잡이에 인장계(引張計)를 부착하고 말뚝과 망치를 준비하여 *B*점에 도착하면 폴이 *AB*선상에 있도록 한다. 후수(後手)는 *A*점에 줄자의 0m를 일치되도록 하고 전수(前手)는 줄자의 끝단에서 약 5cm 앞쪽에 말뚝을 박아 그 말뚝 부근에 줄자를 올려놓고 인장계를 이용하여 10~15kg의 힘으로 잡아당겨서 측정한다.

3.3.2 경사지의 거리측량

경사지에서 수평거리를 측정하는 방법은 직접측량과 경사거리와 경사각에 의한 간접측량방법으로 구분할 수 있다. 그림 3-14와 같이 *AB*가 경사지로 되어 있을 경우 *AC*, *CD*, *DB* 등과 같이 구간을 나누어 각 구간의 수평거리의 합계를 결정한다.

직접관측법으로 *AC* 수평거리의 측정은 *C*점의 말뚝 윗면에 십자선을 긋고 그림 3-14와 같이 *C*점 위쪽에 폴을 세워 위쪽 고리에서 아래로 흔들어 그 하단이 *C*점으로 향하도록 하여 줄자를 수평으로 잡아당겨 *C*, *A*에 있는 눈금을 읽어 *AC*의 수평거리로 한다.

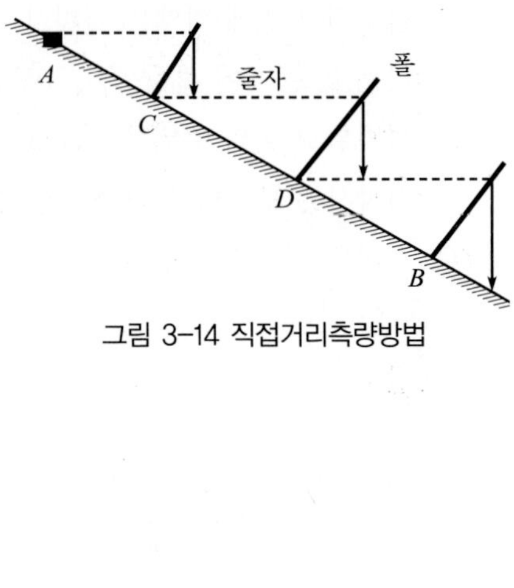

그림 3-14 직접거리측량방법

3.3.3 장애물이 있는 경우

거리측정을 할 경우 나무나 건물 등으로 측선의 상호간에 시통이 되지 않은 경우와 하천, 호수 등으로 직접 관측을 실시하지 못할 경우가 많다. 이러한 경우에 장애물을 넘어서 방향을 결정하고 또는 거리를 관측하는 방법으로 직각법과 정삼각형법, 직선을 표시하여 관측하는 방법이 있다.

직각법은 그림 3-15와 같이 직선에 장애물이 있어 *af*의 거리를 측정하지 못할 경우 일직선에서 직각으로 *bc*를 설정하고 *bc*에서 직각으로 *cd*를 설정한다. 또한, *cd*에서 직각으로 *de*를 설정하여 *e*점을 결정하고 *ef*의 거리를 측정할 수 있다. *be*는 *cd*의 거리와 동일하므로 측정이 가능하지만 최근에는 사용하지 않고 있다.

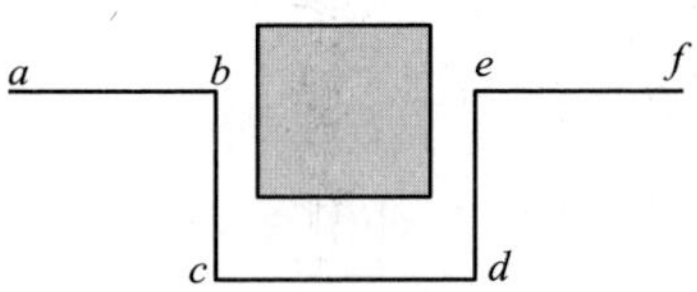

그림 3-15 직각법

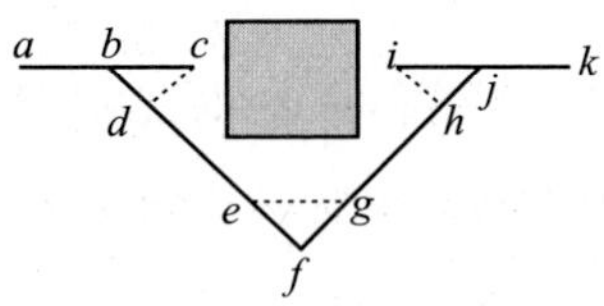

그림 3-16 정삼각형법

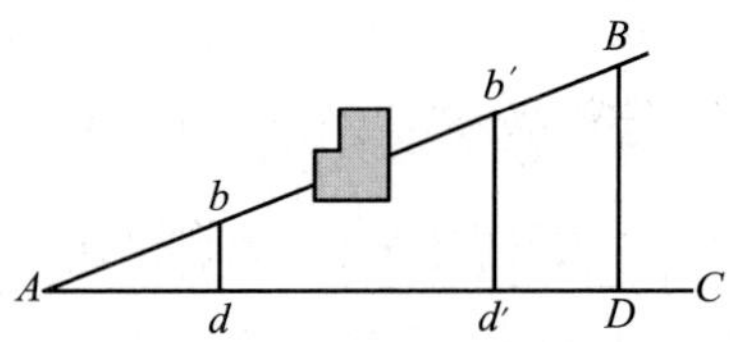

그림 3-17 직선 측설법

그림 3-16과 같이 연장하고자 하는 직선 *ab*의 연장선에 *c*점을 결정하고, *bc*와 같은 거리로 *d*점을 선정하여 *bd*의 연장선에 *f*점을 결정하여 *bf*의 거리를 측정한 후 *bf*선상에 *e*점을 정하여, *f*점과 *e*점에서 *fe*의 거리와 같은 거리로 *g*점을 결정하여 *fj*의 연장선에 *g*점을 정한다. *j*점에서도 동일한 방법으로 *i*점을 정하여 *ij*를 연장하면, *ab*의 연장선이 되므로 *bj*의 거리는 *bf* 또는 *fj*의 거리와 동일하므로 *ak*의 거리를 결정하는 방법이다. 직선을 표시하여 측정하는 방법은 그림 3-17과 같이 *AB*의 2점 사이에 높은 건물이 있어 보이지 않을 경우에는 따로 직선 *AC*를 그린 후 *B*점에서 직각으로 *D*점을 결정한다. *AD*선에 *d*와 *d′*를 결정한 후 $bd = \frac{Ad'}{AD} \cdot BD$와 $b'd' = \frac{Ad'}{AD} \cdot BD$가 되도록 *bb′*를 정하여 *AB*점을 결정하는 방법이다.

3.3.4 직선의 간접측정

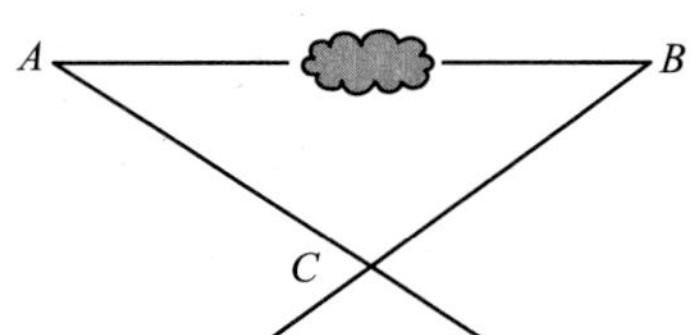

*AB*점의 중간에 장애물이 있어 간접적으로 거리를 관측하는 경우는 양 끝점에 접근이 가능한 경우와 한쪽 끝점만 접근이 가능한 경우, 그리고 양 끝점 모두 접근이 불가능한 경우에 측정하는 방법이 있다. 양 끝점에 접근 가능한 경우에는 그림과 같이 *AB*점이 보이도록 *C*점을

결정한 후 AB와 BC의 거리를 측정하고, AC와 BC의 거리를 각각 연장하여 AC와 BC의 거리가 비례하도록 CD, CE를 측정하여 D, E점을 결정하고 DE의 거리를 측정한다. 즉 $\triangle ABC \backsim \triangle CDE$에서 $AB = DE \times \dfrac{AD}{CD} = DE \times \dfrac{BC}{CE}$의 식으로 계산하여 결정하는 방법이다. 한쪽 끝 지점만 접근이 가능한 경우에는 그림 3-18(a)와 같이 장애물이 있어 한쪽 끝 지점을 직접 갈 수가 없는 경우에는 먼저 $AB \perp BC$가 되도록 한 후 C점을 결정한다. 다음 AC에 수직이 되도록 CD를 그어 CD와 AB의 교점을 D라 하면 $\triangle ABC \backsim \triangle BCD$이므로 $AB = \dfrac{BC^2}{BD}$으로 계산이 가능하고 BC와 BD의 거리를 측정하여 AB의 거리를 계산할 수 있다. 그림 3-18(b)와 같이 AB의 연장위에 임의의 점(a)를 정하고, Aa에 직각으로 ab의 선을 긋고, B점에서 직각으로 C점을 결정한 후 ab선 방향으로 직각으로 선을 그어 만나는 점을 d라고 하면, $\triangle ACB \backsim \triangle Cbd$가 되므로 $AB = BC \cdot \dfrac{cd}{bd}$로 AB의 거리를 계산할 수 있다.

그림 3-18(c)는 $AB \perp BC$, $BC \perp CD$라 하고, AD와 BC의 교차점을 E라 하면, $AB = \dfrac{BE \times CD}{CE}$에서 AB의 거리를 계산할 수 있다. 그림 3-18(d)는 AB의 거리를 직접 측정할 수 없을 때, AB의 연장선 위에 임의의 점(a)를 결정하여 ab를 임의의 방향으로 긋고, ab의 중간점을 C라 하고, $BC = Cf$가 되도록 f를 결정하여 bf의 연장선과 AC의 연장선의 교차점을 h로 하면, $\triangle ACB \equiv \triangle hCf$에서 $hf = AB$가 되므로 hf를 측정한다.

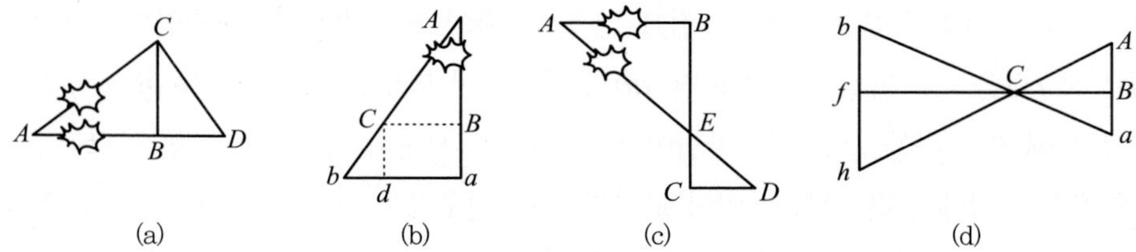

그림 3-18 한쪽 끝점만 접근 가능

양 끝점에 접근이 불가능한 경우에는 그림 3-19와 같이 하천이나 건물이 있어 양 끝점에 갈 수 없을 경우 AB의 거리를 측정하려면 임의의 점(C)을 결정한다. AC와 BC의 거리를 측정하여 $CA:CB = CD:CE$가 되도록 CA, CB위에 D와 E점을 결정하여 $\Delta CAB = \dfrac{CA}{CD} \cdot DE$ 또는 $AB = \dfrac{AC}{CE} \cdot DE$의 식을 이용하여 AB의 거리를 계산한다.

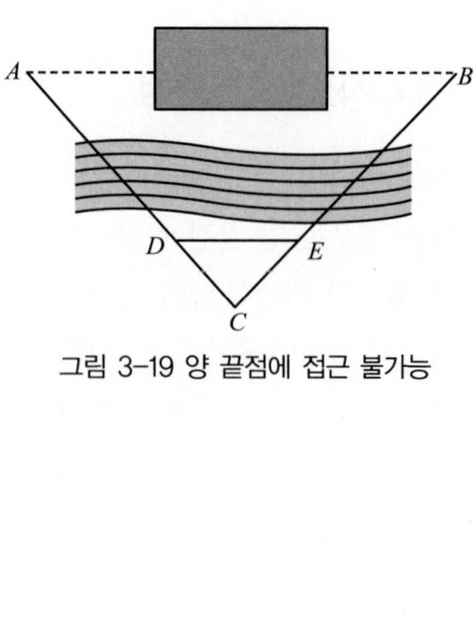

그림 3-19 양 끝점에 접근 불가능

3.3.5 줄자를 이용한 세부측량

거리측량기기만 사용하여 토지의 형상 및 세부측량을 하는 방법에는 방사법, 대각선법, 계선법(繫線法), 수선법 및 지거법이 있다. 방사법은 그림 3-20과 같이 측량지역의 내부 또는 외부의 적당한 곳에 한 점을 설치하여 이것을 정점으로 각 측점을 측정할 수 있을 때 편리한 방법이다. 즉, 한 점(O)으로부터 각 측점 A, B, C, D, E, F에 이르는 거리 a, b, c, d, e, f 및 a_1, b_1, c_1, d_1, e_1, f_1을 측정해서 A, B, C, D, E, F를 결정한다.

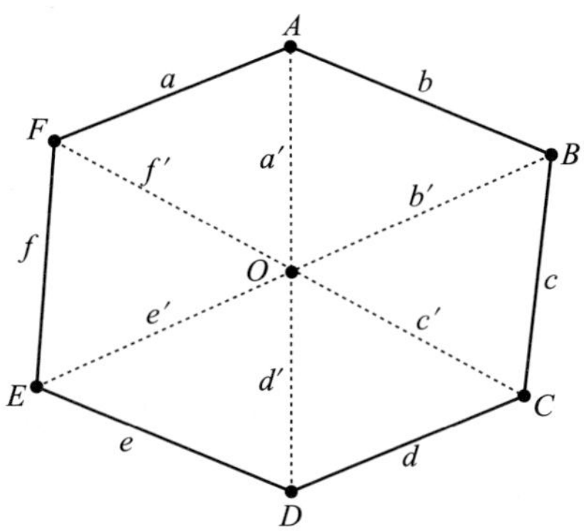

그림 3-20 방사법

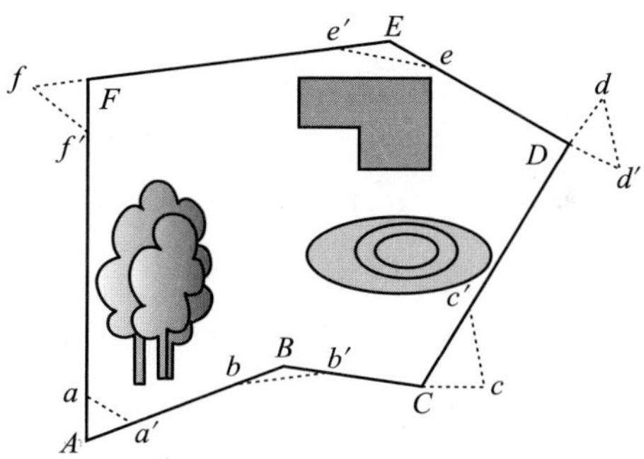

그림 3-21 Tie line method

측량구역 안에 건물 · 삼림 · 산 또는 저수지 등의 장애물이 있어 대각선을 측정할 수 없을때 두 측선의 연장선에 한점씩 잡아 두 점을 연결한 선을 계선법(Tie Line Method)이라 한다. 그림 3-21에서 각 측점의 타이라인은 aa', bb', cc', dd', ee', ff' 이고, 이 타이라인과 각 점의 작은 삼각형은 Tie Line Triangle을 만들어 3변의 길이를 측정함으로써 두 측선의 방향을 결정할 수 있다. 그런데 보통각 정점에 작은 삼각형을 그리면서 골조를 제도하는데, 부득이 두 측선이 만드는 각도가 필요할 경우에는 다음과 같다.

① 이등변 삼각형일 경우에는 $AB = AC$이면 $\sin\frac{A}{2} = \frac{BC}{2AB}$에서 $\angle A$를 계산하고

② 직각삼각형일 경우에는 $AC \perp BC$이면, $\sin A = \frac{\mathrm{BC}}{\mathrm{AB}}$, $\cos A = \frac{AC}{AB}$, $\tan A = \frac{BC}{AC}$

③ 일반삼각형일 경우에는 $\sin\frac{A}{2} = \sqrt{\frac{(s-b)(s-c)}{bc}}$ 또는 $\sin A = \frac{2}{bc} \cdot \sqrt{s(s-a)(s-b)(s-c)}$

단, $s = \frac{1}{2}(a+b+c)$으로 계산한다. 지형 · 지물 · 지역의 대소 등을 고려하여 가장 능률적이고 좋은 결과를 얻도록 여러 가지 방법을 이용해야 한다.

직각삼각형법(3,4,5법)은 그림 3-22와 같이 AB는 주어진 측선, C는 이 측선상의 임의의 한 점이라 할 때, C점에서 4m인 곳에 D점을 잡아, D와 C점에 테이프의 0m 및 8m인 점을 각각 고정시키고, 5m인 점을 잡아 두 변을 팽팽하게 당겨 E점을 결정하면, CE는 AB에 수직으로 $DE:DC:EC$ = 5:4:3이 된다.

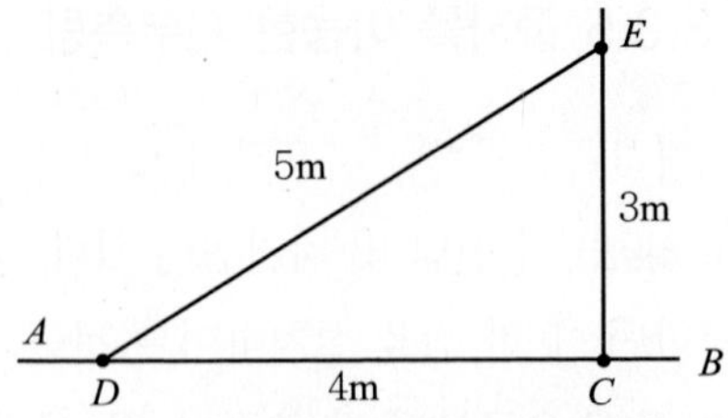

그림 3-22 직각삼각형법(3,4,5법)

3.3.6 지거측량

지거(支距)는 기준선을 정하여 기준선에서 좌우의 대상물까지의 수직거리를 말하며 옵셋(Offset)이라고도 한다. 지거측량 방법은 2명이 1팀이 되어 한명은 줄자의 0을 측정하려는 곳에 맞추고 다른 사람은 지거 테이프와 기준선이 직각이 되도록 줄자를 좌우로 움직여 최소값이 되면 팽팽하게 잡아당겨 기준선 및 지거의 줄자 눈금을 읽고 기재한다. 지거를 측정할 때는 측선상에 줄자를 잡아당겨 놓고 다른 줄자의 한 쪽 끝을 건물 등의 지거를 측정하는 A점에 유지시켜 줄자를 연장하여 측선을 향해서 잡아당기고 측선에 수직으로 지거 AB를 측정한다.

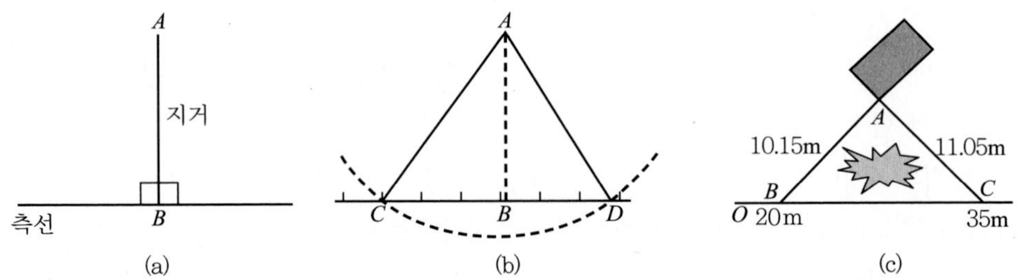

그림 3-23 지거측정방법

이때 수선의 발 B의 위치는 지거가 짧을 때는 그림 3-23의 (a)와 같이 목측(目測)하여 직각이 되도록 결정한다. 지거가 길 때는 그림 3-23의 (b)와 같이 줄자로 원호(圓弧)를 그리고 이것이 측선과 만나는 두 점 CD를 맺는 선분 CD의 중심점을 구하여 수선의 발의 위치 B점을 찾는다. 또 중요한 점의 위치를 결정할 때는 그림 3-23의 (c)처럼 3변의 길이를 측정하는데 AB, AC를 사지거(Diagonal Offset)라 한다.

(1) 지거측량방법

① 지거를 측정하려면 측선에 따라 기준이 될수 있는 선에 테이프를 고정시키고 추가거리의 순서에 따라 기준선 몇 m에서 좌로 몇 m라고 말하면, 기재하는 팀원은 복창하고 야장(Offset Book)에 기재한다.

② 경사가 완만한 곳에서는 지표면에 따라 거리를 측정하되 특히 경사를 고려해야 할 때에는 포울을 사용하여 줄자의 한 끝을 연직(鉛直)으로 올려 줄자를 수평으로 한다.

③ 지거가 기준선에 대하여 직각이 되도록 측정하는 정도는 지거의 길이, 축척이나 지물의 중요성 등을 고려하여 지물의 한쪽 끝에 pole을 세우고, 줄자의 한쪽 끝을 고정시켜 다른 끝을 측선 위에 좌우로 이동해서 최소값을 읽는다.

④ 지거의 길이는 축척의 정도에 따라 다르나 가급적 약 20m 이하가 좋으며 사용하고 있는 줄자보다 지거가 더 길면 작업이 비능률적이다.

⑤ 축척이 1/600일 경우 제도할 수 있는 한계를 0.2mm라면, 0.2×600mm = 120mm 이하는 읽을 필요가 없다.

⑥ 중요한 지물은 정확성을 위하여 그림 3-24와 같이 사지거로 측정하면 좋다.

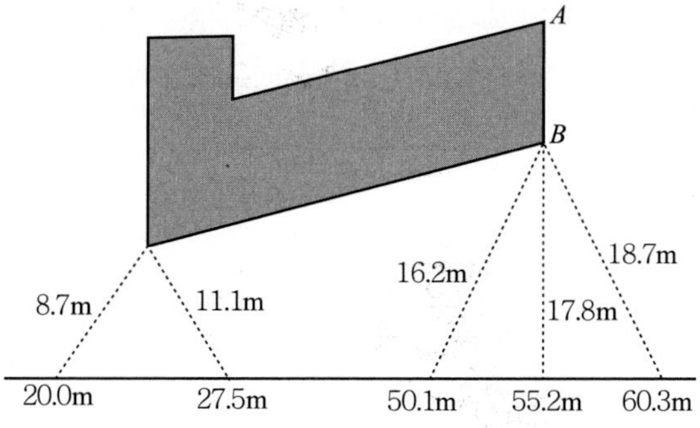

그림 3-24 사지거 측량방법

(2) 야장기재법

야장(Filed Note)은 측량의 결과를 기재하는 수첩으로 야장의 형식에는 사용자, 측량기기, 측량법 및 목적 등에 따라 다르다. 어떤 측량을 할 때에도 야장의 기재는 일정한 방식에 따라 기록하고 결과를 명확히 알 수 있어야 하며 점검이 용이하여 착오가 없도록 해야 한다. 일반적인 야장의 형식은 기록식(紀錄式), 약도식(略圖式), 종란식(縱欄式), 기록약도식(記錄略圖式)의 4종류로 구분할 수 있다.

약도식 야장(Sketch Book)은 측량 구역이 좁을 경우에 사용하는 방법이며, 현지의 약도를 그려 도상에 현지에서 관측한 결과를 기재하는 것으로 간단한 측량에 쓰이는 편리한 형식이다. 그림 3-25와 같이 측량 구역의 약도를 그려서 기준선 및 지거선의 거리를 기재하며 종란식 야장은 기준선을 따라 종(從)으로 기재하는 방법이며 약도식과 같이 명확하지는 않으나 넓은 지역에 적합하고 기재사항이 많아도 충분히 기재할 수 있다.

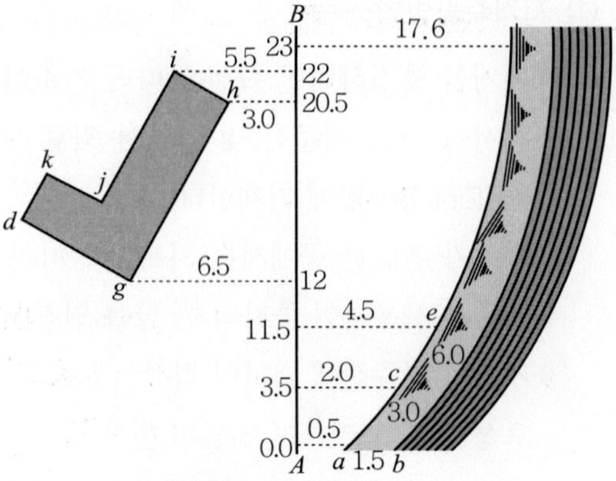

그림 3-25 약도식 야장

야장의 기재는 그림 3-26과 같이 지거야장의 중앙에 종으로 2개의 평행선을 약 2cm의 간격을 두어 그 사이의 측선상에서 잰 거리를 기재하고 평행선의 양쪽면에는 지거를 기재한다. 이 형식은 아래에서 위로 기재하여 올라가고 또 「,」를 찍어 어떤 측선이 앞 측선에서 우측으로 꺽어지거나 좌측으로 꺽어진 것을 표시한다.

기록식 야장은 직접 고저측량의 야장과 동일한 방법으로 기재하며 기록약도식 야장은 야장의 왼쪽 페이지에 기록을 하고 오른쪽 페이지에 약도를 그리는 형식이다.

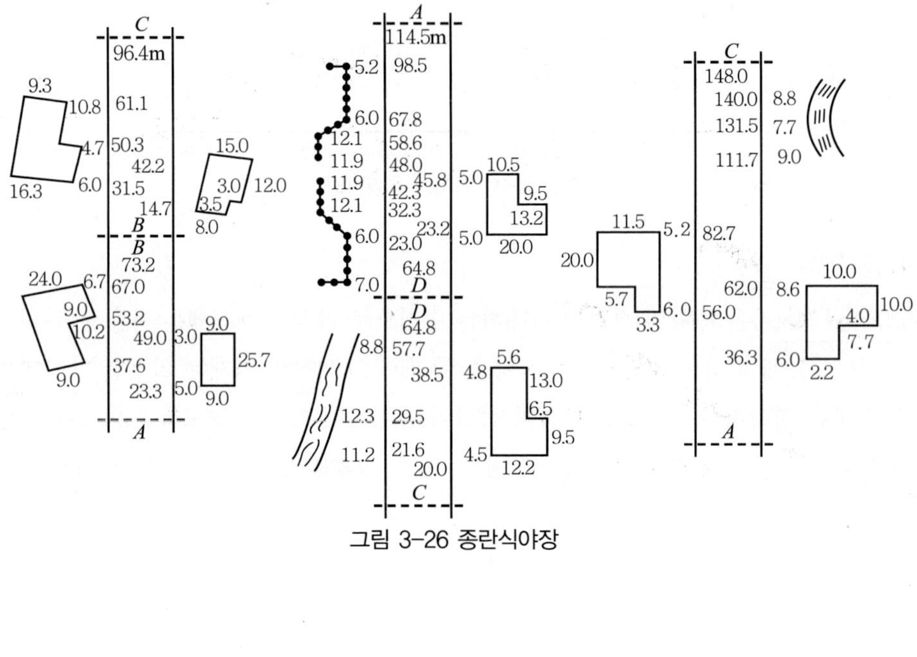
그림 3-26 종란식야장

3.4 전파거리측정기

우리나라에서는 거리측량을 실시할 경우 고대에는 새끼줄이나 먹줄 등을 이용하였고 일제 강점기에는 죽척을 비롯하여 체인, 쇠줄자, 인바줄자, 베줄자 등을 이용하였으며 1970년대부터는 유리섬유줄자를 비롯한 전파거리 측량기를 사용하였다. 전파와 광파를 총칭하여 전자파라고 말하며 전자파에 의한 거리측정장치를 전파거리측정기, 광파에 의한 거리측정 장치를 광파거리측정기(Light Wave Distance Measuring)라고 한다.

3.4.1 전파거리측정기의 종류

(1) 전파거리측정기

전파거리측정기(Electronic Wave Distance Measuring)는 적외선, 레이져 광선, 극초단파 등의 전자파를 이용하여 수 km 떨어진 두 지점간의 거리를 신속하고 정밀하게 측정할 수 있는 장비이다.

전파거리측정기는 1948년 스웨덴의 물리학자 베르그스트랜드(Erik Bergstand)가 처음으로 거리 측량의 목적이 아닌 빛의 속도를 결정하기 위하여 고안하였으며 스웨덴의 AGA사에 의해서 1953년에 지오디미터(Goedimeter)로 상업화 되었다. 초기에 지오디미터는 관측거리가 매우 짧았으나 그 후 연속진동 전류 수신방식인 헤테로다인 이론이 적용되면서 위상차 측정에 의한 장거리 관측이 가능하게 되었다. 그 후 스위스의 윌드(Wild), 컨(Kern), 서독의 자이쯔(Zeiss), 일본의 소끼아(SOKKIA), 톱콘(TOPCON) 등에서 생산하고 있다.

위상차 측정방식은 광파와 라디오파까지 이용되면서 1957년 남아프리카 와드레이(T.L. Wadley)에 의해 마이크로파를 이용한 전파거리측정기인 텔루로미터(Tellurometer)가 개발되었다. 1960년대부터 적외선 또는 헬륨, 네온과 같은 레이저를 이용한 단거리용 전파거리측정기가 개발되면서 데오돌라이트 위에 부착하여 거리와 각을 동시에 측량하기 시작하였다. 전자파는 파장, 주파수, 진폭 그리고 속도에 의해 그 물리적 특성이 결정된다. 여기서 주파수란 시간적으로 정현(sin)파 형태로 진동하는 파동의 경우 1초에 진동하는 횟수를 의미하며, 단위는 Hz이

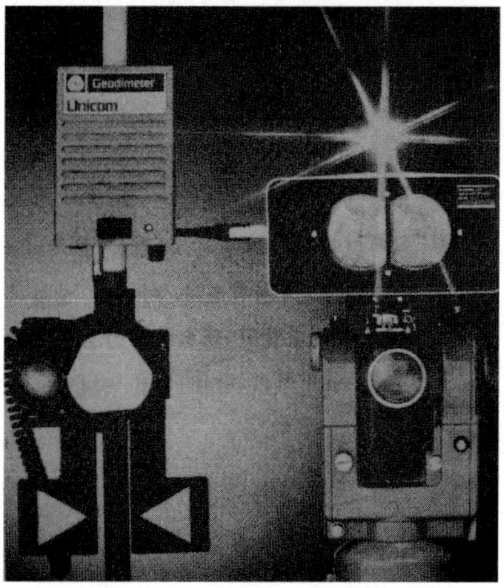

그림 3-27 지오디미터122(AGA)

다. 1초에 3번 진동하고 주파수는 3Hz이며 파장은 파동이 공간상을 진행할 때 동일시점에서 파도의 마루와 마루사이의 거리를 의미하며, 전파속도를 주파수로 나눈 양으로 길이의 단위(m)를 사용한다.

(2) 광파거리측정기

광파거리측정기(Light Wave)는 전파 대신에 빛을 사용하는 것으로써 강하게 변조된 빛을 측점에 설치한 기계로부터 발사하여 시준점에 설치한 반사경(Reflector)에서 반사되어 돌아오는 반사광의 위상차(位相嵯)를 측정하여 거리를 산출하는 방식이다. 우리나라에서는 1975년 EDM이 도입되어 현재까지 사용되고 있다. 우리나라에 도입된 EDM은 주로 일본, 유럽, 미국 등지에서 생산된 장비로 모델이 다양하다. 파장은 거리단위로 전자파의 파장이 30cm라면 30cm 줄자를 연속해서 거리를 측량하는 것과 같은 의미이다.

광파거리측정기는 수 미터에서 수 킬로미터까지로 거리측량에 사용되며 대부분의 광파측거기는 고주파인 가시광선(λ = 0.4～0.7㎛)또는 적외선(λ = 0.7～0.2㎛)을 반송파로 사용한다. 광파거리측정을 위해서는 광파거리측정기와 반사경이 필요하며 반사경에는 측량거리에 따라 1소자, 3소자, 9소자, 12소자 반사경을 상황에 맞게 선택한다. 단거리 관측에서는 굴절에 영향을 주는 습도, 온도, 기압 등에 영향을 별로 받지 않으며 관측 범위는 5～60km로 단거리, 중거리 측량에 사용하며 정확도는 ±(5mm+5ppm)이다.

3.4.2 측정원리

광파거리측정기는 광원의 빛 그 자체의 고유파장인 주파수를 사용하는 것이 아니고 빛에 정하여진 주파수를 가지는 강약이 큰 파동을 주어서 사용한다. 이것을 빛의 변조 또는 강도변조라고 하며 이 변조된 빛은 목표점에 설치된 반사경으로 향하여 연속적으로 발사되며 반사경에서 반사되어 거리측정기의 본체로 되돌아온다. EDM의 측정 원리는 두 점간의 전파 또는 광파가 측정점에 설치된 반사경에서 반사되어 되돌아 올 때까지의 위상차를 측정하여 거리측정기에 내장된 마이크로프로세서에 의하여 계산 거리를 측정하는 것이 기본원리이다.

1초에 발생하는 파의 반복수를 주파수라고 말하며 주파수의 단위에는 Hz(헬스)를 사용한다. 이러한 파에서 파장은 그림 3-28에서 표시한 것 같이 1주파(사이클)의 길이를 λ라고 말하며 동경의 회전각(θ)을 위상 또는 위상각 이라고 말한다. 발사된 변조광의 주파수를 f, 그 파장을 λ, 대기 중의 광속도를 c라고 하면 $\lambda = \frac{c}{f}$이다. 변조 주파수는 15Mhz(10^6hz)～150Khz(10^3hz)이며 대기 중의 광속도 c는 약 $3\times3\times10^8$m/s 이므로 변조광의 파장(λ)은 20~2,000m이다. 어떤 시각 t에 거리측정기로부터 발사되는 변조광을 $a\cdot\sin2\pi ft$이라고 하면 거리 D지점에 있는 반사경에 반사하여 되돌아오는 광선을 $\frac{t-2D}{C}$되는 시각에 발사한 광선으로 $a\cdot\sin2\pi f(t-\frac{2D}{C})$이다.

따라서 D의 거리를 왕복한 반사광과 발사광의 위상차식 $\theta = 2\pi\frac{2D}{C}f = 2\pi\frac{2D}{\lambda}$으로 왕복거리를 변조파로서 나눈 것이지만 위상차를 나타내고 있다. 즉, 15MHz의 변조광에서는 10m거리 이하에서는 위상차로부터 1cm정밀도로 측정하는 것이 되며 측정거리가 10mm 증가할 때마다 0°~360°의 위상차를 반복하며 광파거리측정기의 기본 공식은 $D = \frac{\lambda}{2}N+\frac{\lambda}{2}\cdot\frac{\phi}{2\pi}$이다.

이 식에서 계산해야 할 거리(D)는 변조광의 파장(λ)의 1/2(반파장) N개와 $\frac{\lambda}{2}$이내의 끝수 $\frac{\phi}{2\pi}$로 되어있다. 이 끝수는 2π를 1,000등분한 위상계를 사용하여 측정하였다면 정밀도는 0.36°이며 길이는 반파장인 $\frac{\lambda}{2}$를 10m로 할 경우 최소독취 정밀도는 1cm로 된다. 그림 3-28에서 실선은 발사파를 점선은 반사파를 나타내고 D_0; AB 사이의 거리, e; 기계정수, r; 반사경 정수, D; 측정거리, ϕ와 2ϕ; 위상차를 나타내고 있다. 또한, EDM의 원리로 측정되는 거리는 U; 반사광의 위상차, λ; 파장, m; 발신파장이다.

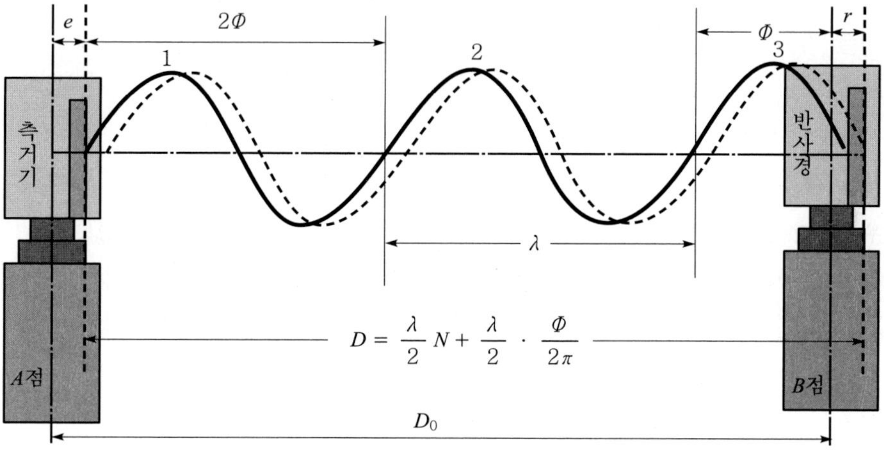

그림 3-28 광파거리측정기의 원리

표 3.2 주파수와 최소독취 정밀도의 관계

종류	변조주파수	파장(λ)	반파장($\frac{\lambda}{2}$)	최소독취정밀도
f_1	30MHz	10m	5m	5mm
f_2	15MHz	20m	10m	1cm
f_3	1,500KHz	200m	100m	10cm
f_4	150KHz	2,000m	1,000m	1m
f_5	75KHz	4,000m	2,000m	2m
f_6	30KHz	10,000m	5,000m	5m

3.4.3 거리측정

거리측정에 있어서 과거에는 쇠줄자와 유리섬유줄자 등을 사용하여 왔다. 삼변측량에서 점간거리의 관측은 광파거리측량기를 이용하여 관측하며 점간거리 측정은 각 측점에서 광파거리측량기를 이용하여 기상보정값(ppm)을 입력하고 5회 측정하여 평면거리를 계산한다.

준비는 현장으로 출발전에 사용설명서에서 표시하는 기능 점검이 필요하며 다른 거리측정기 반사프리즘을 사용할 경우에는 프리즘정수를 조사하여 보정방법을 확인한다. 거리측정기 전원은 내장식 닉켈카드늄 전지로 충전시간은 15시간이며 전원 배터리(Battery)의 전압은 충분한지 여부, 접합부에 이상 유무 등을 확인하여야 한다. 거리측정값에 보정하여야 할 기계정수는 거리측정기 본체정수와 반사프리즘 정수로 구분된다. 반사프리즘 정수는 프리즘의 유리두께, 유리의 굴절률 및 프리즘의 구심위치에 의하여 정해지며 거리측정기 본체정수는 광파의 발광위치, 반사파의 수광위치, 거리측정기의 구심위치 및 내부광도의 길이로 결정된다. 보통 정수는 기계 제작회사에 의하여 보정값이 주어지므로 반사프리즘을 사용할 때는 반드시 확인하여야 한다. 거리측량에서 프리즘은 3소자 이상을 사용하여 관측하며 삼각점간 거리측정은 점간거리가 3km 이상일 경우에는 가능하면 장거리관측이 용이한 장비를 사용하여 측정에 실패하는 경우가 발생하지 않도록 하며 작업순서는 아래와 같다.

① 기계의 설치와 반사경을 편심이 없도록 구심에 충분히 주의하고 반사경은 본체로 향하고 있는지 반사경의 이상 유무를 확인한다.

② 기계 높이와 반사경 높이 및 시준점의 높이는 동일하게 설치하는 것을 원칙으로 하고 표석상면으로부터 높이를 cm까지 측정한다.

③ 관측부에 관측월일, 측점명, 기후, 기계번호와 높이, 시준점 높이와 기온 및 기압을 측정하여 기재한다.

④ 거리측정기의 조작순서는 거리측정기 설명서에 따라 측정하되 측정값이 허용오차를 초과하는 경우에는 재 관측한다.

⑤ 온도 · 기압의 측정은 기계와 반사경을 설치한 지점에서 거리측정의 직전과 완료 직후에 실시한다.

⑥ 온도계는 지형지물에 의한 복사열의 영향이 적은 장소를 선택하여 직사광선을 피하고 온도를 측정할 경우에는 온도계에 직접 손이 닿지 않도록 한다.

⑦ 기압계는 강한 충격을 받지 않도록 하며 보통 수은 온도계와 아나로이드형 기압계를 사용한다.

거리측정부(광파거리측정기)

구 분 \ 방 향		경10 점 → 보1점	문11 점 → 보1점
기 계 명		GTS-313D	GTS-313D
기계번호		1234A	1234A
기 계 정 수 (E)		0.030m	0.030m
반사프리즘정수 (R)		− 0.030	− 0.030
기계고 (i)		1.20	1.53
시준고 (f)		1.54	1.50
온 도(t°)	측 정 점	10.0°C	10.0°C
	시 준 점	10.0	10.0
	평 균	10.0	10.0
기 압(mmHg)	측 정 점	736.5mmHg	732.0mmHg
	시 준 점	732.0	736.5
	평 균	734.3	734.3
거 리 측 정	1 회	724.643m	490.950m
	2 회	0.642	0.953
	3 회	0.639	0.952
	4 회	0.640	0.951
	5 회	742.641	0.950
	평 균	746.641	490.951
기 상 보 정 (C)		4.0ppm	4.0ppm
거리보정 (d) E + R + C		4.0	4.0
경 사 거 리 (D)		746.641	494.951
측 정 일 시		2012.10. 02. 10시 30분	2012.10. 02. 10시 30분
측 정 자		홍 길 동	홍 길 동

전파에 의한 거리측정법은 전자파가 2점 사이를 왕복하는 시간을 측정하여 계산하는 방법으로 각과 거리를 동시에 관측할 수 있다. 또한 수평거리와 수직거리 및 각도를 실시간으로 계산하여

모든 데이터를 종합적으로 관리할 수 있는 측량장비로 지적측량에서 기초점측량과 경계점좌표등록부 시행지역에서 많이 사용되고 있으며 관측방법은 다음과 같다.

① 측점에 세운 기계로부터 전자파를 발사하여 시준점에 세운 반사경에서 반사하여 되돌아오는 반사파의 위상과 발사파의 위상차를 이용하여 거리를 측정한다.

② 거리측량에서 프리즘은 측량의 정확도에 따라 3소자 또는 1소자를 사용할 수 있으며 우천시나 장애물이 있는 지역에서는 고려하여야 한다.

③ 광파기측량방법에 의한 지적삼각점의 관측에는 표준편차가 ±(5mm+5ppm) 이상인 정밀거리측정기를 사용하여야 한다.

④ 점간거리는 5회 측정하여 그 측정값의 최대값과 최소값의 교차가 평균값의 1/10만 이하인 때에는 그 평균값을 측정거리로 하고, 원점에 투영된 평면거리에 의하여 계산한다.

⑤ 삼각형의 내각은 세 변의 평면거리에 의하여 계산하며 기지각과의 차는 ±40초 이내로 한다.

3.4.4 관측오차

오늘날 이용되고 있는 모든 EDM의 측정장치는 EDM의 본체로부터 발신되는 광파가 측정점에 설치된 반사경(Reflector)에서 반사되어 되돌아올 때까지의 위상차를 측정하여 거리를 측정하는 방식을 사용한다. 이 위상차는 특수한 조건하에서 시간 또는 길이의 단위로 나타나는 주파수의 일부분으로 간주할 수 있다. 광의 발전과정에서 전파장치의 빔이 일정한 주기로 깜박이면서 생성되는 광의 위상은 광의속도로 전송장치에서 반사경으로 진행하여 수신 장치로 되돌아오는 것을 말하며 발생원인은 기계나 반사프리즘을 측점에 정확히 세우지 못한 경우와 기압, 온도, 습도 등을 정확히 측정하지 못한 경우이다. 또한, 위상차 측정 시 기계의 부정확성에서 발생하는 경우, 위상측정에 사용되는 광선의 영점이 기계의 이론적 중심과 불일치한 경우와 변조된 실체적인 주파수와 이론적 주파수가 다른 경우 및 빛의 굴절률 부정확성에서 발생하는 경우가 있다.

(1) 기상보정

기상보정은 공기 중을 통과하는 전자파는 기온 · 기압 · 온도 등의 영향을 받아서 전파속도가 변화하므로 기후를 측정하여 측정거리에 보정하는 것을 말한다. 기상보정은 외부의 영향을 받는 오차원인이 대부분으로 측정기구의 시스템에 의한 영향은 직접 관측할 수 있는 관측 변수와 직접 관측이 불가능한 관측변수로 결합이 되어 있다. 기상상태로 직접관측이 곤란한 변수는 지구상 대기의 난류에 의한 천체명도(天體明渡)의 급격한 변화, 강수(Precipitation), 아지랑이

(Haze), 안개(Fog) 등이다. 특정한 상태를 결정하는 관측가능 변수는 온도, 기압, 증기압 등으로 반송파의 파장에 따라 그 효과는 다양하다. 온도, 기압, 증기압의 변수로부터 굴절률이 계산되고 진공(C_v = 299,792.5km/sec) 상태에서 전자파의 전파속도와 보통의 대기상태(C_A)와 전파속도 사이에서의 비를 결정한다. 따라서 $n=\frac{C_v}{C_A}c$이며 항상 1보다 작은 굴절률을 알고 있을 경우 전자파의 일시적인 파급속도가 결정될 수 있다. 이것은 측정신호의 파급속도와 같으므로 측정신호는 기상상태에 따라 다양한 속도에서 같은 거리로 진행된다. 그렇지만 측정기구에 부착되어 있는 컴퓨터는 일정한 파의 속도를 이용하도록 미리 프로그램화 되어 있기 때문에 속도의 편차는 측정거리에 비례하여 신호를 생성하게 된다. 광파거리측정기는 일반적으로 그 기계의 고유굴절률(표준굴절률)이 정하여져 있으며 이것에 대응하는 빛의 속도를 사용하여 측정값을 표시하고 있다. 거리가 D인 구간의 빛이 왕복하는 시간을 T라고 하며 $D=\frac{T}{2}c$이며 진공중의 광속도 c_0와 굴절률 n인 대기중의 광속도 C와의 관계는 $C=\frac{c_0}{n}$와 같다.

또한, 진공중의 광속도로 대체하면 $D=\frac{T}{2}\cdot\frac{c_0}{n}$으로 n은 거리측정시의 기온, 기압, 온도로부터 구한 대기의 굴절률이 된다. 어떤 기상조건에 따른 굴절률을 n_s라 하고 이것에 대응하는 빛의 속도를 c_s라 하면 $c_s=\frac{c_0}{n_s}$, $c_0=n_s\cdot c_s$이다. 기상에 의한 광속도의 변화는 매질인 공기굴절률의 변화로서 취급되며 진공중의 광속도는 현재 국제적으로 299,792,458km(±1.2m)으로 결정되어 있으므로 거리측정기로부터 독취하는 거리는 $D=\frac{n_s}{n}\cdot D_s$와 같다.

여기서, D; 기상보정을 한 올바른 거리, D_s; 기상보정을 하지 않은 거리, $n_s(1+\Delta s)$; 광파거리측정기에 사용하고 있는 굴절률, $n=(1+\Delta n)$; 기상측정으로부터 구한 굴절률이며 변조파가 대기중을 통과하는 굴절률을 구하는 근사식은 식(3.3)과 같다.

$$n-1=\frac{ng-1}{1+\frac{t}{273.2}}\cdot\frac{p}{760}-\frac{0.055}{1+\frac{t}{273.2}}\ell\times10^{-6}$$

$$ng-1=(287.604+\frac{4.8864}{\lambda^2}+\frac{0.0680}{\lambda^4})\times10^{-6} \tag{3.3}$$

여기서, n; 기상측정으로부터 구한 굴절률, p; 기압(mmHg), ng; 속도에 대한 굴절률, ℓ; 습도(mmHg), t; 온도(°C), λ; 광파의 고유파장(μm)이다.

일반측량에서는 생략하여 계산할 수 있는 식(3.4)를 사용한다.

$$n-1 = \frac{ng-1}{1+\frac{t}{273.2}} \cdot \frac{p}{760} - 0.6\times10^{-6} \quad (3.4)$$

기상보정은 측정한 기온(℃ 단위)과 기압(mmHg 단위) 및 광파거리측정기의 고유파장을 사용하여 식(3.3) 및 식(3.4)로 $\Delta n = n-1$을 구하여 측정거리를 보정하여도 좋다. 광파거리측정기에 채용하는 표준굴절률은 장비를 만드는 각 회사마다 표준온도가 0℃, 11.5℃, 15℃ 등 각각 다르므로 거리측정기에 통용하는 기상보정식을 정하여 기상관측값에 기본을 두어서 도표로부터 간단하게 확인할 수 있다.

$$n_L = \frac{n_{gr}-1}{(1+\alpha t)} \cdot \frac{p}{760}$$

여기서, t ; 온도(℃), p ; 기압(mmHg), n_{gr} ; ℃와 760mmHg에서 반송주파수의 파장에 대한 굴절률, α ; 0.003661(1/℃) 1℃당 공기의 팽창계수이다.

이와 같은 보정값의 계산은 각 측정기구의 사용설명서에 기압과 온도에 따라 보정을 할 수 있는 환산표에 따르는 것이 편리하다.

(2) 영점보정

전파거리측정기의 거리측정은 일반적으로 프리즘 반사경이 많이 사용되고 있으나 기계중심점이나 반사경의 중심점은 지상의 측점과 일치하지 않아 발생하는 오차로 보정(Correction)을 하여야 한다. 영점오차는 광파거리측량기의 경우 2~30mm이나 일반적으로 기계마다 그 정확한 값이 주어져 있고 최신장비는 장비사마다 프리즘에 대한 보정값이 지정되어 대부분 자동적으로 보정되도록 되어 있다. 따라서 관측 장비의 보정값과 일치하는 프리즘인가를 확인한 후 정확한 값을 설정하여 관측을 실시하여야 한다. 보통 측정감도를 높이기 위해 프리즘의 수를 증가시키면 측정을 할 수 있다는 잘못된 인식을 하고 있으나 거리측정 기구는 가능한 폭이 넓어지지 않도록 만들기 때문에 프리즘의 수를 증가했다고 하더라도 측정용 광이 전부 반사경에 들어가는 것은 아니다. 정확한 값을 알 수 없거나 장시간 사용 후에 기계의 성능을 점검할 필요가 있을 때는 영점보정량을 새로이 결정하여야 한다. 광파거리측정기를 사용한 거리측정은 광파를 발사하여 시준점에서 반사되어 거리측정기로 되돌아와야 한다.

반사프리즘은 코너커브(Corner Curve) 또는 역지향적 프리즘이라고도 말하며 프리즘면에 대한 입사광선의 기울기가 ±20° 이내가 되어야 올바른 역반사 장치이다. 이 구조는 정육면체 또는 직육면체의 유리 한구석을 잘라낸 서로 직교하는 3개면과 절단면으로 된 4면체로 그림 3-29와 같이 절단면을 정면으로 하여 직교하는 3면에 도금하여 광선을 반사하도록 하였다. 프리즘의 반사경은 프리즘면에 대하여 경사각이 크면 감소하고 측정거리가 길어지면 광의 산란이 많아지므로 반사경을 설치하는 경우에는 측정장비와 정확히 수직이 되도록 설치하여야 한다. 프리즘이 많을수록 소광장치의 수광량이 많아지므로 측정거리를 연장할 수가 있으나 불필요한 광선도 많아지므로 측정범위에는 한계가 있다.

그림 3-29 3소자 프리즘

프리즘정수(Prism Constant)는 장비사에 따라 출고당시 정수가 지정되어 있으나 수정하여 사용 할 수가 있으며 프리즘은 자체의 고유정수가 있으므로 전파거리측정기와 맞는 프리즘을 사용하는 것이 좋다. 따라서 프리즘의 정수가 틀리거나 정확하게 조정되어 있지 않은 상태에서 측정하면 큰 측정오차가 생기게 된다. 또한, 프리즘의 굴절률(δ) = $-(n'a-b)$로 대기보다 높기 때문에 굴절률을 고려하여 결정하여야 하며 프리즘의 정수 n ; 대기의 굴절률이다. 광파에 의한 거리측정 기구에서 발산된 광은 프리즘 내부를 통하여 반사되는데, 내부의 길이를 공기중의 거리에 환산하면 2배가 길어진다.

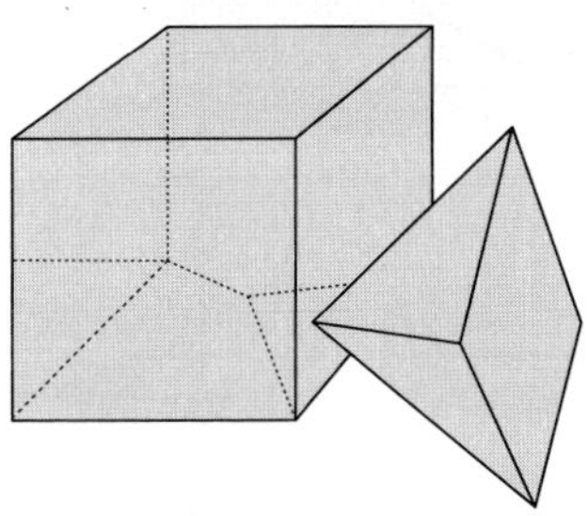

그림 3-30 프리즘의 구조

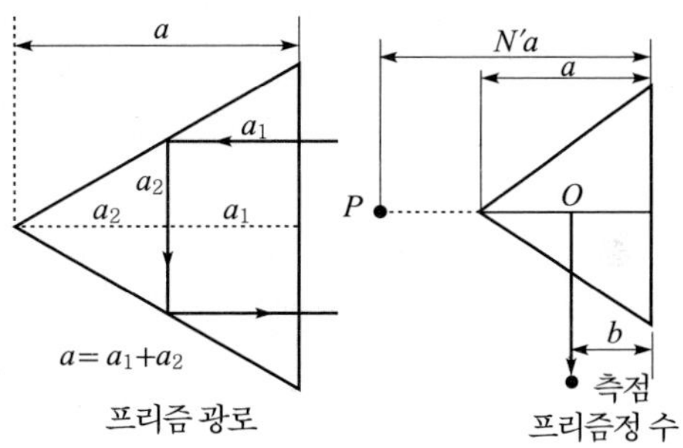

그림 3-31 프리즘 광로 및 정수

반사프리즘 내부에서 광로는 그림 3-31과 같이 $a = a_1 + a_2$이므로 프리즘 어디로부터 들어와도 $2a$이므로 유리내부에서 광선의 통과시간을 τ라 하고 그 광속도를 v라고 하면 $v'\tau = 2a$이다. 또한, 공기 및 유리의 굴절률을 n, n'라 하고 공기 중의 광속도를 v라고 하며 $\frac{v}{v'} = \frac{n'}{n}$이다.

여기서, $\pi \fallingdotseq 1$이므로 $v = n'v'$ 이고 $\therefore v\tau = n'v'\tau = 2n'a$이다.

$v'\tau = 2a$식과 $v\tau = n'v'\tau = 2n'a$식을 비교하면 광선의 통과에 관해서 유리 가운데의 거리는 공기 중의 $n'a$에 상당하다는 것을 알 수 있다. 그림 3-31에서 거리측정기는 측점의 바로 윗점

인 O까지의 거리가 아니고 P까지의 거리를 잰 것이므로 측정거리(D)에 대한 보정 (δ) = $-(n'a-b)$으로 된다. 반사프리즘의 치심위치는 일반적으로 그림 3-31과 같이 프리즘 내에 있으므로 δ은 마이너스 값이 된다. 프리즘을 세울 때는 프리즘면을 측점에 연직으로 세워야 하는데 그 이유는 입사각에 따른 오차는 광의 각에 따라 오차가 측량결과에 미치는 영향이 크기 때문이다.

(3) 투영보정

전파거리측정기로 측정하는 거리는 경사거리이므로 이것을 기준면상의 거리로 변환하는 것을 투영보정이라 한다. 투영보정(Project Correction)은 평균해면으로 지구를 둘러쌓는다고 가상하는 타원체의 표면을 기준면으로 하고 있으며 타원체의 반경은 원점에 있어서의 평균곡률반경을 사용하는 것이 보통이다. 우리나라는 가우스상사이중투영법을 사용하고 있으며, 이 투영을 실시하려면 우선 타원체상의 위도, 경도를 타원체와 등각인 구체상의 위도, 경도로 전환하고 이것을 사용하여 구체에 대한 횡원통투영을 실시하여야 한다.

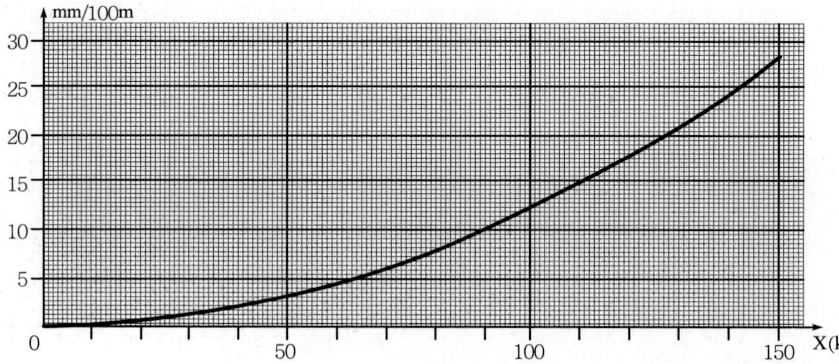

그림 3-32 지구곡률 보정표

좌표계산에 필요한 평면직각좌표상의 거리로 계산한 후 좌표계산을 하여야 하며 구체의 반경은 원점에서 평균 곡률반경을 사용하는 것이 보통이고 투영보정 공식은 식(3.5)와 같다.

$$D_p = D_0(1+C_p),\ C_p = +\frac{a^2}{2r^2} \tag{3.5}$$

여기서, a; 투영면체의 접선으로 큰 원주로부터 측정거리의 중간에서 km로 주어진 분산거리 a는 Y좌표 값과 같고, 축척계수(Scale Factor)는 1로 중앙자오선으로부터 1km단위로 동쪽까지의 거리 R = 6,377km이다.

3.4.5 기준면상 거리계산

거리측정은 측량에서 가장 기본적인 측량으로서 보통거리는 기준면상에서 대응하는 지점간의 최단거리로 정의된다. 지구표면은 바다와 산등성이가 있어 평탄하지 않으므로 각 점의 위치를 정하는 거리를 구면상의 거리로 표시하고 있다. 전파거리측정기에 의하여 측정한 거리는 경사거리이므로 기준면상의 거리로 변환하여야 하며 좌표계산에 필요한 평면직각좌표상의 거리를 계산하기 위한 중간단계로서 기준면상의 보정을 해야 한다. 평면거리를 계산하기 위해서는 연직각을 계산하고 표고를 계산하며 지적측량의 장거리측량에서는 평면거리를 사용하고 있다.

(1) 연직각에 의한 계산

그림 3-33에서 p_1, p_2의 측정길이를 D, P_1, P_2의 표고를 각각 h_1, h_2, 지구의 곡률반경을 R, 수평거리를 S라고 한다. P_1에서 천정각을 z_1, 기차를 γ라고 하면 sin법칙에 의해 식(3.6)이 된다.

$$\frac{R+h_2}{\sin 180^\circ-(z_1+\gamma)}=\frac{D}{\sin\theta} \qquad (3.6)$$

$$(R+h_2)\sin\theta = D\cdot\sin(z_1+\gamma)$$

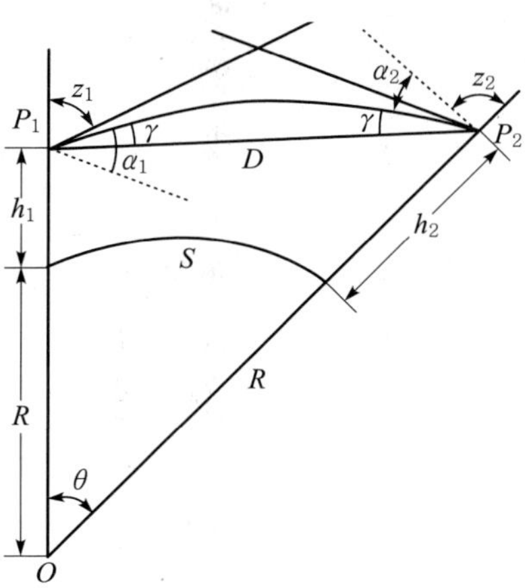

그림 3-33 거리계산 개념도

$\sin\theta = \sin\frac{S}{R} \fallingdotseq \frac{S}{R}-\frac{S^3}{6R^3}$이므로 식(3.6)에 대입하면

$$\text{좌변}=(R+h_2)\sin\theta=(R+h_2)\left(\frac{S}{R}-\frac{S^3}{6R^3}\right)$$

$$=R\left(1+\frac{h_2}{R}\right)\left(1-\frac{S^2}{6R^2}\right)=S\left(1+\frac{h_2}{R}\right)\left(1-\frac{S^2}{6R^2}\right)$$

P_1, P_2에서 마주보는 점의 고도각을 α_1, α_2라 하면 $z_1=90^\circ-\alpha_1$, $z_2=90^\circ-\alpha_2$ 이므로 위의 식에 대입하여

$$\text{우변}=D\cdot\sin(z_1+\gamma)$$

$$\text{좌변}=D\cdot\sin 90^\circ-(\alpha_i-\gamma)=D\cdot\cos(z_1+\gamma)$$

$$=D(\cos\alpha_1\cos\alpha_2+\sin\alpha_1\cos\gamma)\fallingdotseq D\cdot\cos\alpha_1(1+R\cdot\tan\alpha_1)$$

$$\therefore \cos\gamma\fallingdotseq 1,\ \sin\gamma\fallingdotseq 1$$

$$\therefore S\left(1+\frac{h_2}{R}\right)\left(1-\frac{D^2}{6R^2}\right)=D\cdot\cos\alpha_1(1+\mathrm{R}\cdot\tan\alpha_1)$$

$$S = D \cdot \cos\alpha_1(1+R \cdot \tan\alpha_1)(1+\frac{h_2}{R})-1(1-\frac{S^2}{6R^2})-1$$

$$\fallingdotseq D \cdot \cos\alpha_1(1+R \cdot \tan\alpha_1)(1-\frac{h_2}{R})(1-\frac{S^2}{6R^2})$$

$$\fallingdotseq D \cdot \cos\alpha_1 - \frac{Dh_2}{R}\cos\alpha_1 + \frac{D^3}{6R^2}\cos\alpha_1 + DR \cdot \sin\alpha_1$$

$$\fallingdotseq D \cdot \cos\alpha_1 - \frac{Dh_2}{R}(1-\frac{\alpha_1^2}{2})$$

$$\therefore S = D \cdot \cos\alpha_1 - \frac{Dh_2}{R} \qquad (3.7)$$

z_1 대신에 z_2를 관측한 경우에는 식(3.7)에서 α_1을 α_2 , h_2을 h_1에 대입하면

$$S = D \cdot \cos\alpha_2 - \frac{Dh_2}{R} \qquad (3.8)$$

여기서, R = 6,370km를 사용하여 식(3.7)과 식(3.8)을 합하면

$$2S = D(\cos\alpha_1+\cos\alpha_2) - \frac{D}{R}(h_1+h_2)$$

$$= 2D \cdot \cos\frac{1}{2}(\alpha_1+\alpha_2) \cdot \cos\frac{1}{2}(\alpha_1-\alpha_2) - \frac{D}{R}(h_1+h_2)$$

$$\fallingdotseq 2D \cdot \cos\frac{1}{2}(\alpha_1+\alpha_2) - \frac{D}{R}(h_1+h_2)$$

$$\therefore S = D \cdot \cos\frac{(\alpha_1+\alpha_2)}{2} - \frac{D}{2R}(h_1+h_2) \qquad (3.9)$$

식(3.9)는 정 · 반의 연직각을 사용하는 계산식이다.

(2) 표고에 의한 계산

그림 3-33의 ΔOP_1P_2에 cos제2법칙을 적용하면

$D^2 = (R+h_1)^2+(R+h_2)^2 -2(R+h_1)(R+h_2)\cos\theta$

위의 식에 $\cos\theta = \cos\frac{S}{R} \fallingdotseq 1-\frac{S^2}{2S^2}$을 대입하면

$$D^2 = (R+h_1)^2+(R+h_2)^2 -2(R+h_1)(R+h_2)(1-\frac{S^2}{2S^2})$$

$$= (R+h_1)-(R+h_2)^2 +(1+\frac{h_1}{R})(1+\frac{h_2}{R})S^2 = (h_1-h_2)^2 +S^2(1+\frac{h_1}{R})(1+\frac{h_2}{R})$$

$$\therefore S = D^2-(h_1-h_2)^2 (1+\frac{h_1}{R})^{-1}(1+\frac{h_2}{R})^{-1}$$

$$\fallingdotseq D^2[1-\frac{(h_1-h_2)^2}{D^2}]\cdot(1-\frac{h_1+h_2}{R}) \fallingdotseq D^2[1-\frac{(h_1-h_2)^2}{D^2}](1-\frac{h_1}{R})(1-\frac{h_2}{R})$$

$$\therefore S \fallingdotseq D^2[1-\frac{(h_1-h_2)^2}{D^2}](1-\frac{h_1+h_2}{R})$$

$$S = D - \frac{(h_1-h_2)^2}{2D^2} - \frac{D\cdot(h_1+h_2)^2}{2R} \tag{3.10}$$

(3) 평면거리

평면거리는 투영된 지도상에서 측정한 거리로서 기준면상 거리가 평면으로 투영된 거리를 말한다. 일정한 높이에서 측정한 경사거리는 고도각을 측정하여 수평거리로 환산하고 이 수평거리를 표고값에 의한 보정을 하여 준거타원체 위의 기준면상 거리로 환산한 후 다시 적절한 원점을 기준으로 투영한 거리가 평면거리이다. 측량에서는 경사거리, 수평거리, 연직거리, 평면거리, 기준면상 거리 등을 사용하고 있다. 경사거리는 지표면의 두 점간 거리를 지면의 형태에 따라 측정한 거리를 말하며 두 점간의 높낮이를 고려하지 않았기 때문에 다시 수평거리로 환산하여 사용하게 되는데 경사거리와 두 점간의 연직거리를 기하학적으로 계산하면 수평거리를 얻을 수 있다.

연직거리의 측정은 수준측량의 결과로 알 수 있지만 가까운 거리에서는 보통 경사거리에 두 점간의 기울기를 측정하여 삼각함수 값을 곱하거나 나누어 수평거리와 연직거리를 얻을 수 있다. 또한, 측지 · 측량분야에서는 모든 거리를 지구타원체상으로 변환하여 사용하므로 수평거리를 장거리 기선해석이 필요한 1등 삼각측량이나 삼변측량에 이용하기 위해서는 다시 타원체면으로 변환한 기준면상 거리로 환산하여 사용한다. 평면거리는 삼각점과 삼각점 사이의 경사거리를 관측하고 연직각과 표고를 이용하여 평면거리로 계산하여 사용한다. 측정거리의 계산은 측정한 온도, 기압을 이용하여 사용한 거리측정기에 정하여진 기상보정식을 기본으로 도표에 의하여 거리보정값을 구하여 측정길이를 계산한 후 기계정수, 반사경 정수를 보정하여 측정거리를 구한다.

연직각을 이용한 평면거리 계산은 $S = D\cdot\cos\frac{1}{2}(\alpha_1-\alpha_2)-\frac{h_1'+h_2'}{2R}$에서 $\cos\frac{1}{2}(\alpha_1+\alpha_2)$ 값은 두 점의 삼각점에서 관측한 연직각을 평균하여 cos값으로 구한다. 여기서, D는 경사거리, h_1'는 측점의 표고와 기계고를 합한 값, h_2'는 시준점의 표고와 시준고를 합한 값, 지구의 곡률반경(R)는 6,372,199.7m로 계산한다.

S; 기준면거리, i; 기계고, h_1, h_2; 표고, f; 시준고, α_1, α_2; 연직각(절대값), h_1', h_2'; 표고에 기계고를 합한 높이다.

표고를 이용한 평면거리계산은

$S = D - \dfrac{(h_1'+h_2')^2}{2D} - \dfrac{D \cdot (h_1'+h_2')}{2R}$ 이다.

평면거리(D_0)의 계산은 $S = D \cdot \cos\theta$

평면거리 $D_0 = s \times k$

여기서, 축척계수(k) = $1+\dfrac{(y_1+y_2)^2}{8R^2}$

y_1, y_2 :원점에서 삼각점까지 횡선거리(km)

$R = \sqrt{(R_1 \cdot R_2)} = 6,372,199.7\text{m}$이며

R_1; 자오선곡률반경

R_2; 묘유선곡률반경 이다.

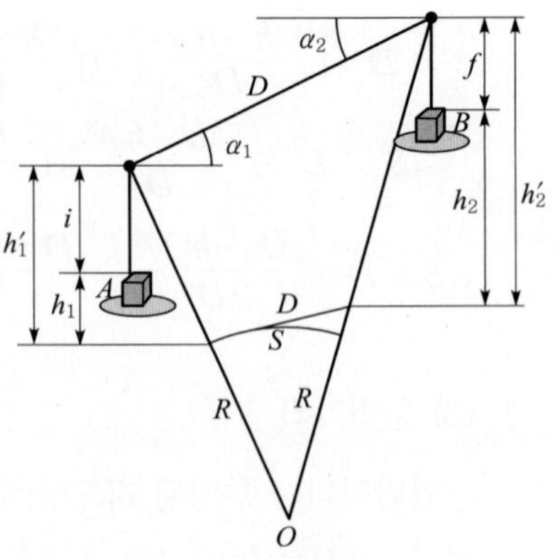

그림 3-34 평면거리계산

예제 3.1 삼각측량 결과 기준점 AB의 관측값이 다음과 같을 경우 기준면거리(S)를 계산하시오. (단, R = 6,372km, 경사거리(D) = 580.48m, 연직각(α_1) = 1°48′45″, α_2 = 1°49′00″, 표고 (H_A) = 550.60m이다.)

$$H_B = 550.60+580.48\times\sin\frac{(1°48'45''+1°49'00'')}{2} = 568.98\text{m}$$

$$S = D \cdot \cos\frac{1}{2}(\alpha_1+\alpha_2) - \frac{D \cdot (H_1'+H_2')}{2R}$$

$$= 580.48\times\cos\frac{(1°48'45''+1°49'00'')}{2} - \frac{0.58\times(550.60+568.98)}{2\times6372} = 580.138\text{m}$$

예제 3.2 지적측량 기준점을 결정하기 위해 측점 "무등"에서 "관악"까지 거리를 측정한 결과 3751.223m 이고 결과값이 아래와 같을 때 서식을 이용하여 두 점간의 평면 거리를 계산하시오.

$\alpha_1 = +2°53'42''$, $\alpha_2 = -2°54'03''$

$H_1 = 260.78\text{m}$, $H_2 = 449.35\text{m}$

$i = 1.51\text{m}$, $f = 2.51\text{m}$

$Y_1 = 20.55\text{km}$, $Y_2 = 22.47\text{km}$

평 면 거 리 계 산 부

약 도

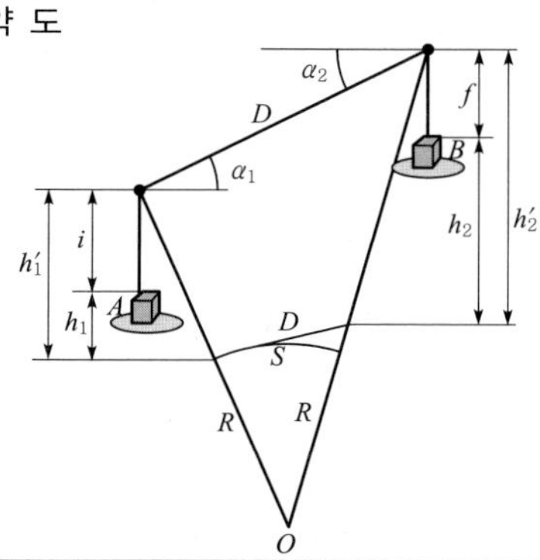

공식

- 연직각에 의한 계산 $S = D\cdot\cos\frac{1}{2}(\alpha_1+\alpha_2) - \frac{H_1'+H_2'}{2R}$
- 표고에 의한 계산 $S = D - \frac{(H_1'+H_2')^2}{2D} - \frac{D\cdot(H_1'+H_2')^2}{2R}$
- 평면거리 $D_0 = S\times k\ (k = 1+\frac{(y_1+y_2)^2}{8R^2})$

D: 경사거리 R: 곡률반경(6372199.7m)
S: 기준면거리 i: 기계고 f: 시준고
H_1, H_2 : 표고 α_1, α_2: 연직각(절대치) k : 축척계수
y_1, y_2 : 원점에서 삼각점까지 횡선거리(km)

연직각에 의한 계산		표고에 의한 계산	
방 향	무 등 점 → 관 악 점		
D	3751.223	D	3751.223
α_1	+2° 53′ 55″	$2D$	7502.446
α_2	− 2° 54′ 03″	H_1'	262.29
$1/2(\alpha_1+\alpha_2)$	2° 53′ 59″	H_2'	451.86
$\cos1/2(\alpha_1+\alpha_2)$	0.998719	$(H_1'-H_2')$	− 189.57
$D\cdot\cos1/2(\alpha_1+\alpha_2)$	3746.42	$(H_1'-H_2')^2$	35936.78
$H_1'=H_1+i_1$	262.29	$\frac{(H_1'-H_2')^2}{2D}$	4.79
$H_2'=H_2+i_2$	451.86	$D-\frac{(H_1'-H_2')^2}{2D}$	3746.433
R	6372199.7	R	6372199.7
$2R$	12744399.3	$2R$	12744399.3
$D\cdot\frac{(H_1'-H_2')^2}{2R}$	0.210	$\frac{D\cdot(H_1'-H_2')^2}{2R}$	0.210
S	3746.210	S	3746.223
Y_1	20.55	Y_1	20.55
Y_2	22.47	Y_2	22.47
$(Y_1+Y_2)^2$	850.720	$(Y_1+Y_2)^2$	1850.720
$8R^2$	324839427.7	$8R^2$	324839427.7
k	1.000006	k	1.000006
S×k	3746.23	S×k	3746.24
평균(D_0)	3746.24		
계산자	홍길동	검사자	홍길동

3.5 삼변측량

지구표면상에서 서로 떨어져 있는 점의 상호위치를 정확하게 결정하기 위해서 다양한 방법이 시도되어 왔으며, 오늘날 전자공학이 발전하면서 측량분야에서도 정밀측정 기술을 이용할 수 있게 되었다. 특히, 전파거리측량기에 의해 거리를 직접측정하고 그 관측 자료를 컴퓨터에 의하여 합리적으로 처리하는 삼변측량은 지적측량에서 매우 편리한 방법이다. 과거에는 측량에서 거리를 정확하게 측정한다는 것은 어려워 기준점의 위치를 결정하는데 삼각망의 내각을 측정하고 각규약, 망규약, 변규약에 의한 망조정을 한 후 별도로 엄밀한 방법으로 기선을 측정하고 이를 확장하여 sine 법칙을 적용, 모든 변장을 수학적으로 구하는 삼각측량 방법에 의존해 왔다. 특히, 1등삼각측량의 평균변장인 30km는 장거리 엄밀측량이 불가능하여 그 정밀도의 확인이 어려운 형편이었다. 그러나 전파거리측량기의 개발로 60km까지 거리측정이 가능해졌고, 초장기선간섭계(VLBI)로는 1,000~10,000km를 측정하여 오차가 ±15cm 정도까지 정밀 측정할 수 있게 되면서 삼변측량의 이용이 세계적으로 널리 활용되고 있다.

삼각측량은 각도를 측정하여 기선 또는 삼각점 간의 거리는 대부분 계산에 의하여 간접적으로 계산하여 결정하였다. 삼변측량 방법은 최근에 위성측량을 사용하고 있어 기후의 영향을 받지 않고 높은 정밀도의 측량을 할 수 있으며 컴퓨터의 발달에 따라 신속하고 정확하게 처리할 수 있다. 장거리를 관측할 경우 조표를 위한 관측탑이 필요 없고 신속하게 관측할 수 있으며 변의 수가 증가할수록 방위각 오차가 누적되므로 많은 방위각의 관측을 필요로 한다. 또한, 삼각측량에 비하여 신속하고 경제적인 방법이며 변장만으로 삼각망을 구성하며 조건식의 수가 적다. 측정된 거리는 반드시 기계오차에 대한 보정과 기상보정을 하여야 하며 경사거리가 관측되므로 평균해수면상의 평면거리로 환산하여 계산하여야 한다.

3.5.1 삼변측량의 각계산

삼변측량의 원리는 삼각형의 각 변장을 측정하여 각을 계산한 후 미지점의 위치를 결정하는 방법이다. 즉, 관측요소가 변의 길이와 삼각형의 내각을 구하기 위해 cosine법칙과 반각공식을 이용하여 변으로부터 각을 계산하고 계산된 각과 변을 이용하여 수평위치를 계산한다. 삼변측량은 코싸인 제2법칙, 반각공식을 이용하여 변으로부터 각을 구하고 구한 각과 변을 이용하여 수평위치를 구한 것이다. 그림 3-35에서와 같이 삼각형의 각 변을 a, b, c라 하고 그 대각을 $\angle A$, $\angle B$, $\angle C$라 하면 삼각법의 cosine법칙에 의하여 정현비례식을 적용하여 정리하면 각방정식은 $dA+dB+dC+w=0$이 되며 여기서 $w=A+B+C-180^\circ=0$이 되어야 한다. 각 변의 관측값을 a, b,

c라 하면 cosine 제2법칙에 의한 각의 계산은 $A = \cos^{-1}\dfrac{b^2+c^2-a^2}{2bc}$, $B = \cos^{-1}\dfrac{a^2+c^2-b^2}{2ac}$, $C = \cos^{-1}\dfrac{a^2+b^2-c^2}{2ab}$ 이다.

여기서, A, B, C는 관측변에 의하여 계산된 각이며 사변망은 코싸인 제2법칙이 성립되므로 이것을 편미분하여 최소값을 구하면 각 변장을 구하는 식은

$$A = \frac{1}{c \cdot \sin\angle C} - \frac{\cot\angle C}{a} - \frac{\cot\angle B}{a}$$

$$B = \frac{1}{a \cdot \sin\angle B} - \frac{\cot\angle A}{b} - \frac{\cot\angle C}{b}$$

$$C = \frac{1}{b \cdot \sin\angle A} - \frac{\cot\angle B}{c} - \frac{\cot\angle A}{c}$$ 이다.

여기서, $A+B+C+w = 0$이 되고 각 변의 오차량에 최소제곱법을 적용하면 $\delta_i = K \cdot G_i$ $(i = a,\ b,\ c)$ $K = \dfrac{-w}{Aa^2+Bb^2+Cc^2}$로 구할 수 있다.

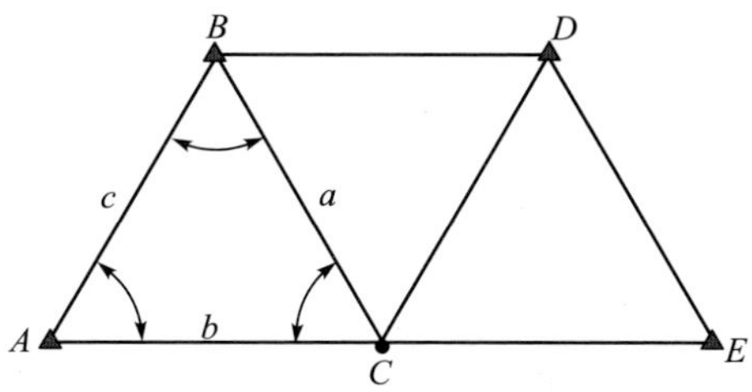

그림 3-35 단열삼변망

3.5.2 삼변측량의 조정방법

삼변망의 조정은 관측방정식에 의하는 방법과 조건방정식에 의하는 방법이 있다. 관측방정식에 의한 망조정은 조건방정식에 의한 망조정보다 훨씬 많은 방정식을 처리해야 하므로 모든 계산을 수계산에 의존했던 경우에는 거의 사용하지 않았던 방법이었으나 컴퓨터가 널리 보급된 오늘날에는 방정식 수립의 획일성으로 인하여 관측방정식에 의한 방법이 널리 이용되고 있다. 삼변측량에 의한 좌표계산은 기준점이 2개 이상인 경우로서 두 좌표로부터 방향각이 결정되기 때문에 좌표계산에는 편리하다. 삼변측량에서 고도의 정밀도가 요구되지 않을 경우에는 측정된 변장으로부터 cosine 제2법칙으로 삼각형의 내각을 구하고 계산에 의해 구해진 값으로 기존의 삼각망 조정계산법으로 조정하여 새로 설치한 점의 좌표를 구한다. 그러나 조정이나 좌표계산에서 높은

정밀도를 얻으려면 최소제곱법에 의하여 관측값을 조정하며 삼각측량에 대한 이런 형태의 관측방정식에 의한 조정에는 좌표조정법을 많이 사용한다.

또한 삼각점에 대한 가정 좌표를 구하기 위하여 조정에 들어가게 되고, 변의 길이는 조정된 각에 일치하도록 재조정되어야 하며 기지삼각변을 기초로 변을 산출하게 된다. 관측방정식은 측정거리에 보정량을 더한 것이 개략 계산된 변장에 보정량을 더한 것과 같다는 것으로 나타낼 수 있다. 삼변측량에 의한 좌표계산은 기지점이 1개일 경우는 좌표계산상 방위각을 별도로 관측해야 함에 비하여 기지점이 2개 이상일 경우는 두 좌표로부터 방위각이 계산되기 때문에 좌표계산에는 편리하다.

$$X_C = X_A + p \cdot \cos\theta + r \cdot \sin\theta = X_B - q \cdot \cos\theta + r \cdot \sin\theta$$

$$Y_C = Y_A + p \cdot \sin\theta - r \cdot \cos\theta = Y_B - q \cdot \sin\theta - r \cdot \cos\theta$$

여기서, p, q, r, θ는 다음과 같이 계산한다.

$$\cos\theta = \frac{X_B - X_A}{c} \qquad \sin\theta = \frac{Y_B - Y_A}{c}$$

$$p = \frac{1}{2} \cdot \frac{b^2 + c^2 - a^2}{c} \qquad q = \frac{1}{2} \cdot \frac{a^2 - b^2 + c^2}{c}$$

$$r = \sqrt{b^2 - p^2} = \sqrt{a^2 - q^2}$$

예제 3.3 그림과 같은 삼각형에서 광파거리측정기로 AP = 1850.45m BP = 2145.60m를 측정하였다. AP 및 BP방위각과 P점의 좌표를 계산하시오.(단, 방위각은 0.1″단위, 좌표 cm 단위 까지 계산)

점명	X	Y
A	45 4325.76m	17 2372.42m
B	45 1227.34m	17 1140.85m

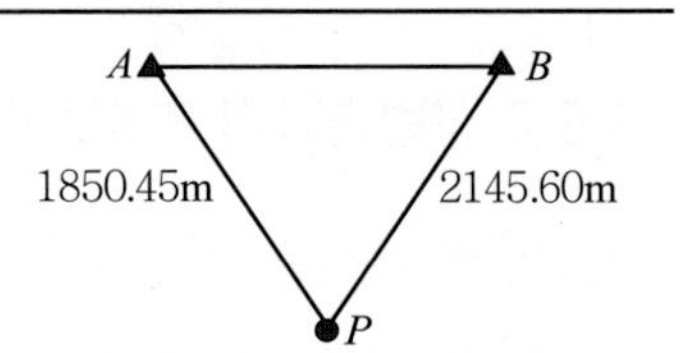

풀이

• 방위각계산

$$\Delta x = X_B - X_A = 451227.34 - 454325.76 = -3098.42$$

$$\Delta y = Y_B - Y_A = 171140.85 - 172372.42 = -1231.57$$

$$\theta = \tan^{-1}\frac{\Delta y}{\Delta x} = \frac{-1231.57}{-3098.42} = 21°40'37.2''$$

$$V_a^b = 21°40'37.2'' + 180° = 201°40'37.2''$$ (3상한이므로 $180° + \theta$)

• 거리계산

$$a = \sqrt{(451227.34-454325.76)^2+(171140.85-172372.42)^2} = 3334.21\text{m}$$

• 삼각형 내각 계산

$$\angle A = \cos^{-1}\frac{b^2+c^2-a^2}{2bc} = \cos^{-1}\left(\frac{1850.45^2+3334.21^2-2145.60^2}{2\times1850.45\times3334.21}\right) = 36°\ 21'\ 25.8''$$

$$\angle B = \cos^{-1}\frac{a^2+c^2-b^2}{2ac} = \cos^{-1}\left(\frac{2145.60^2+3334.21^2-1850.45^2}{2\times2145.60\times3334.21}\right) = 30°\ 44'\ 54.1''$$

$$\angle P = \cos^{-1}\frac{a^2+b^2-c^2}{2ab} = \cos^{-1}\left(\frac{1850.45^2+2145.60^2-3334.21^2}{2\times1850.45\times2145.60}\right) = 112°\ 53'\ 40.1''$$

검산$\angle A + \angle B + \angle P = 36°\ 21'\ 25.8'' + 30°\ 44'\ 54.1'' + 112°\ 53'\ 40.1'' = 180°$

방위각결정

AP의 방위각$(V_a^p) = 201°\ 40'\ 37.2'' - 36°\ 21'\ 25.8'' = 165°\ 19'\ 11.4''$

BP의 방위각$(V_b^p) = 21°\ 40'\ 37.2'' + 30°\ 44'\ 54.1'' = 52°\ 25'\ 31.3''$

좌표계산

• A점을 기준으로 소구점(P)의 좌표계산

$X_P = X_A + AP \cdot \cos V_a^p = 454325.76 + (1850.45 \times \cos 165°\ 19'\ 11.4'') = 45\ 2535.72\text{m}$

$Y_P = Y_A + AP \cdot \sin V_a^p = 172372.42 + (1850.45 \times \sin 165°\ 19'\ 11.4'') = 17\ 2841.37\text{m}$

• B점을 기준으로 소구점(P)의 좌표계산

$X_P = X_B + BP \cdot \cos V_b^p = 451227.34 + (2145.60 \times \cos 52°\ 25'\ 31.3'') = 45\ 2535.71\text{m}$

$Y_P = Y_B + BP \cdot \sin V_b^p = 171140.85 + (2145.60 \times \sin 52°\ 25'\ 31.3'') = 17\ 2841.37\text{m}$

P점의 결정좌표

$X = 45\ 2535.72\text{m}$

$Y = 17\ 2841.37\text{m}$

3.6 Total Station

Total Station이란 각도와 거리를 동시에 측정할 수 있는 기능이 함께 갖추어져 있고 데이터를 짧은 시간에 처리하거나 표시하여 결과를 출력하는 전자식측거 · 측각기이다. 전자식 데오돌라이트와 광파거리측정기가 물리적으로 통합되어 있으나 각각의 기능을 수행할 수 있으며 하나의 같은 결과를 얻을 수 있어 Total Station이라고 하였다. 기존의 기기는 각도, 거리, 높이를 측량할 때 각각 데오돌라이트, 광파측거기(EDM), 레벨 등을 사용하였으나 측량기기 제조기술이 발달하면서 고정도 측량의 요구, 인건비의 상승, 업무처리 기간의 단축이라는 시대적인 흐름에 따라 다양한 기능을 갖춘 기기가 개발되었다. 또한, 장비에 저장되어 있는 데이터는 컴퓨터에 직접 연결하여 필요한 측량계산을 시행할 수 있는 조작이 간편하고 성능이 우수한 Total Station이 많이 보급되고 있다.

오늘날 첨단 과학문명의 발달로 측량기기의 특성과 다양한 기능을 갖춘 수평거리, 연직거리, 좌표값 등 필요한 사항을 실시간으로 계산할 수 있으며 정밀도가 높은 성과를 현장에서 직접 얻을 수 있게 되었으며 각종 데이터의 입력과 출력을 함으로서 업무처리에 효율을 기할 수 있다. 또한, 관측 데이터들은 자동적으로 기록되어 야장이 필요 없으며 저장매체(RAM)에 자동으로 저장할 수 있는 토털스테이션이 개발되었다. 그러나 최신장비에 대한 이해부족과 기본적인 사용방법의 미숙으로 편리하고 간편한 기능들이 적절하게 사용되지 못하고 있으며 성능을 과대 평가함으로써 부정확한 관측결과를 얻게 되는 경우가 있다. 구조는 망원경의 상하 이동으로 생기는 연직각을 측정하는 연직각 검출부와 본체의 좌우 회전으로 생기는 수평 프리즘까지의 거리를 측정하는 거리 측정부, 본체의 수평을 측정하고 보정하는 틸팅 센서 등으로 되어 있다.

3.6.1 발달과정

타코메타(Tacheometer)는 스타디아(Stadia)에 의한 측거를 측정하는 기계에 200~300m의 단거리를 방사법으로 측량을 실시하여 수평각, 수평거리, 고저차를 측정할 경우에 사용한다. 전자기술의 진보에 따라 광파거리측정기가 소형화되었고 광학식 데오돌라이트와 타코메타의 등장으로 사용이 편리하게 되었으며, 광파거리측정기와 광학식 데오돌라이트가 하나의 기기로 조합되어 광학식타코메타 · 광파식데오돌라이트라고 하였다. 초기에는 수평거리와 고저차의 변환은 후에 별도로 계산하는 방식이었으나, Microprocessor의 진보에 따라 광파거리측정기에 계산기능이 내장되었다. 1970년 서독의 Carl Zeiss에 의해 측각부가 전자화 되었고, 데이터 기록 장치를 장치한 전자식 타코메타(Recording Tacheometer) Reg ELTA14가 개발된 것이 Total

Station의 원형이 되었다.

그 후 Geodimeter710(AGA, 스웨덴), Electronic Reduction Tacheometer TACHYMAT TCI(Wild, 스위스), Self Reducing Tacheometer ELTA4, ELTA2(Zeiss, 독일), Total Station HP-3820A(Hewlett-Packard, 미국) 등으로 전자기술의 진보에 따라서 소형 · 경량화로 오늘날의 Total Station으로 발전하였다. 토털스테이션은 우천이나 습기가 많은 지역에서도 오차가 미세하며 방수가 뛰어나고 현장에서도 조작이 간편하여 효과가 증가하고 있다. 전기 배터리의 수명도 16시간까지 각과 거리를 동시에 측정할 수 있도록 길어지고 LCD를 내장하여 편리하게 사용할 수 있으며 무게가 가벼워 작업시 장비의 운반이 편리하다. 측거 정밀도가 $\pm(3+2\text{ppm}\times \boldsymbol{D})$mm이고 거리측정 시간이 1.6초 정도 소요된다. Total Station은 광파거리측정기를 기초로 측각기능을 부가한 광파거리측정기 주체형, 전자식 Theodolite를 기초로 광파거리측정기를 조합한 전자식 Theodolite 주체형으로 분류한다. 광학식은 대표적인 것으로 Transit과 Theodolite가 있으며 분도반을 눈으로 직접 읽는 제품을 말하며, 전자식은 최신장비인 전자식 Theodolite 등과 같이 자체에서 관측데이터가 자동 계산이 되어 직접 LCD화면을 통하여 확인 할 수 있는 제품을 말한다.

3.6.2 기본구조

Total Station은 정도가 높고 단시간에 측정이 가능하며, 소형이고 가벼워 취급이 용이하고 각도측정을 위하여 Transit, Theodolite, Electronic Theodolite 등이 사용되었고, 거리측정에는 줄자 · 광파거리측정기(EDM), 높이측정에는 Auto Level, Tilting Level 등이 사용되었다. Total Station은 각도와 거리를 동시에 측정할 수 있는 측량기이며 관측 데이터의 저장방법은 야장에 수기하여 계산하는 방법과 메모리카드 또는 전자야장을 이용하여 관측 데이터를 저장하는 방법이 있다. 표시부는 액정화면으로 되어있으며 측정 데이터, 각 측정모드에 의해 변화하는 소프트키의 기능을 표시하고 화면 농도 및 조명의 밝기를 조절하며 표시화면에는 연직각(V), 우회 수평각(HR), 좌회 수평각(HL), 수평거리(HD), 연직거리(VD), 경사거리(SD), X좌표(N), Y좌표(E), Z좌표를 표시할 수 있다. 토털스테이션은 입력장치(전자야장, 메모리카드, 좌표독취기) · 제어장치(소프트웨어) · 출력장치(프린터, 플로터)로 구분할 수 있다.

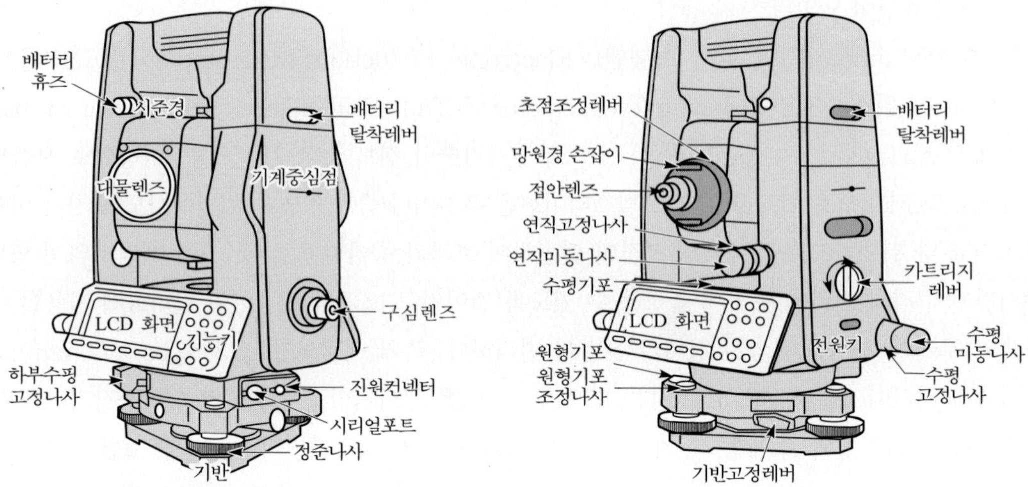

그림 3-36 Total Station 각부의 명칭

(1) 입력장치

전자야장은 Total Station 운용을 위한 소형컴퓨터라고 볼 수 있으며 구조면에서는 프로그램 부분과 자료저장 부분으로 구분할 수 있다. 또한 전자야장은 최신장비에 부착된 메모리카드의 이용으로 사용이 줄고 있으며 장비사마다 전자야장의 자료 저장방식을 달리하고 있기 때문에 장비사 상호간 호환성을 갖추고 있지 못하다. 메모리카드는 Total Station에 사용되는 보조기억장치로서 그 본체에 내장되어 관측성과를 저장시키는 장치로서 용량은 64KB에 약 1,000점에 대한 측점의 데이터를 입력할 수 있다. 메모리카드에 저장된 데이터는 컴퓨터에서 사용가능한 데이터로 변환하기 위하여 입력장치인 카드리더기가 필요하다. 컴퓨터는 Total System의 가장 중심이 되는 부분으로서 다양한 자료의 입출력과 소프트웨어에 의한 관측 자료를 처리, 저장하는 중앙처리장치이다. 이러한 자료의 전산처리 운용은 컴퓨터의 경우 DOS 프로그램이 기본적으로 필요하며 Booting이 완성되면 사용자가 운용하는 소프트웨어(CAD)에 의하여 작업을 수행한다. 따라서 Total System의 운용을 위하여 기초적인 자료의 입·출력 및 저장 등을 할 수 있는 초보적인 전산지식이 필요하게 되며 CAD시스템을 운용하기 위해서는 고해상도의 VGA 컬러 모니터와 수치계산 프로세서가 내장된 컴퓨터이어야 한다.

(2) 출력장치

Plotter는 도면을 작성하기 위한 출력장치의 종류와 지원하는 언어에 따라 여러가지 형태로 구분되어지며 소프트웨어 구입시 플로터의 기종 선정에서 고려하여야 한다. 그리고 도면을 출력할 경우 플로터 자체에 보조기억장치가 있는 경우에는 도면출력과 동시에 다른 작업을 처리할 수 있으며 지적도 작성을 위해서는 Drum식 보다는 Table식이 사용에 편리하고 정밀도가 높다.

(3) 제어장치

소프트웨어(CAD)는 Total System에서 S/W는 중요하며 현장에서 측정한 데이터를 컴퓨터를 이용하여 각종 계산을 실시하고 도면을 작성하는 도구로서 CAD System이 많이 이용되고 있다. CAD라 함은 Computer Aided Drafting/Design을 일컫는 말로 컴퓨터의 기억 및 연산 능력을 이용하여 제도 및 수정작업을 함으로써 최적의 설계를 수행하는 도구이며 주요 작업 기능은 데이터의 입력기능 · 편집기능 · 출력기능으로 구분할 수 있다.

3.6.3 기본원리

(1) 각관측

Total Station의 전자식 각도 측정원리는 발광부에서 발광된 광파가 Index Scale을 통해 수광된 광파의 파장에 의해 각도를 측정한다. 발광되는 광선은 일정하므로 광선이 통과되는 Index Scale의 부분에 따라 검출되는 각이 달라지고 연직각이나 수평각 측정이 가능하다. 각도 데이터를 취득하는 기능으로 시준, 고도각, 수평각, 정준, 구심과 종래의 데오돌라이트와 동일한 기능이 있다. 눈금판에서 각도를 측정할 때는 Transit이나 Theodolite와 같이 분도반의 한 지점을 읽어 각도를 검출하는 것이 아니라 그림 3-37과 같이 연직축을 기준으로 두 방향에서 검출된 각을 계산하여 출력하므로 각도에 대한 정도가 높고 편심오차를 소거할 수 있다.

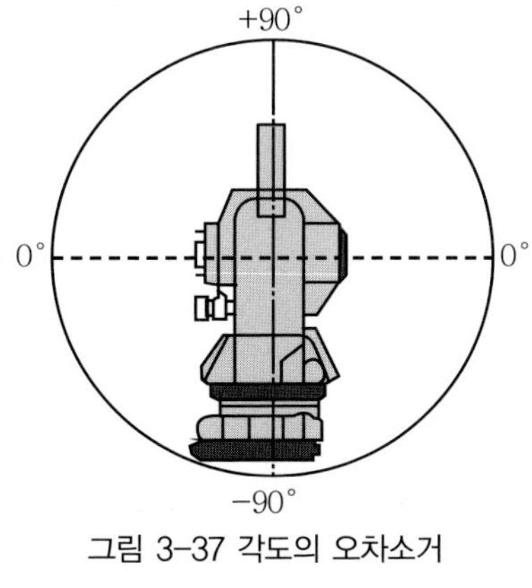

그림 3-37 각도의 오차소거

(2) 거리측정

Total Station은 목표점에 반사경을 설치하고 두 점간에 서로 크기가 다른 3개 파장의 빛을 왕복시켜 거리를 측정한다. Total Station은 광파를 이용한 거리측정장치로 광파는 전파보다 전천후 장애를 받기 쉬우나 정도가 높다. 거리측정은 발사광과 반사광과의 위상의 어긋남으로부터 광속도를 매개로 거리를 산출하는 것이므로 광파를 전기적인 신호로 변환할 필요가 있다. 광파에 의한 거리측정은 광파로 발광된 빛이 프리즘에 반사되어 수광된 빛의 위상차에 의해서 거리를 계산한다. 광원으로부터 발사된 광파는 "포로라이드"와 "켈셀"에 의하여 강도변조를 받은 다음 반투명 반사경에 반사되고 반사경에서 평행광선으로 되어 원거리에 있는 반사기에 도달하게 된다. 반사기는 복수의 "코너큐비크 프리즘"으로 되어 있으며, 반사기에 의한 반사광은 본체로 되돌아와서 광전증배관(光電增培管)에서 전기신호로 변환된다. 광전증배관의 감도는 발사회로로부터의 참조전압(參照電壓)에 의하여 발사신호와 동조되어 발사 및 입사 신호의 위상 비교가 된다. 실제로는 가변지연회로(可變遲延回路)를 이용하여 위상차를 제로로 하는 전기신호의 거리를 "디지털" 지시계에서 읽는다.

현재 대부분의 Total Station은 광원으로 있는 발광다이오드를 15MHZ 정도의 고주파로 변조하여 수신광에서부터 얻은 신호와 변조신호간의 위상을 측정하는 방식으로 되어 있다. 광파에 의한 거리측정기능은 기상 보정, 프리즘정수 보정, 온도의 섭씨 · 화씨의 기능과 사거리(SD)를 연직각(VD)에 의하여 수평거리(HD)로 변환하는 기능이 있다. 실제로 측정 가능한 것은 20m 범위에서 거리측정이 가능하며 20m 이상에서는 긴파장의 광파를 사용한다. 위상측정의 분해능은 10~4이고 파장은 2,000m, 200m, 20m의 3가지 파장을 사용하며 측정방식은 아래와 같다.

2,000m의 파장은 최소단위가 0.1m 이므로 234.1m까지 측정
200m의 파장은 최소단위가 0.01m 이므로 34.12m까지 측정
20m의 파장은 최소단위가 0.001m 이므로 4.123m까지 측정
3종류의 파장으로 측정한 거리를 계산하면 실제거리는 234.123m이다.

(3) 기상보정값 설정

기상보정은 빛이 대기를 통과할 때 기온 · 기압에 의해서 그 속도가 변화하므로 그 변화량은 기온 · 기압 또는 기상보정값을 설정하면 본체 내에서 자동적으로 보정된다. 기상보정을 할 때는 EDM광의 반사광량레벨, 기상보정값(ppm), 프리즘 정수보정값(psm)을 표시하므로 주위의

온도, 기압을 측정하여 기상보정을 실시 한다. ppm은 비율의 단위로 parts per million의 약칭이며 1/100만을 나타내며 미량의 정량분석에 사용하며 주로 부피 비율에 사용한다. 본체에는 15℃, 760mmHg가 기준(0ppm)으로 되어 있으며 설정한 값은 전원 Off후에도 기억이 되며 기상보정 계산식은 식(3.11)과 같다.

$$ka = (79.66 - \frac{106.033 \times P}{273.15 + t}) \times 10^{-6} \tag{3.11}$$

ka; 기상 보정값, ***P***; 기압(mmHg), ***t***; 기온(℃), 단위; meter

기상보정값(ppm)을 직접 입력하는 방법은 본체 주위의 기온 · 기압을 측정하여 기상보정표 또는 계산식에 의하며 각각의 장비사별로 프리즘상수가 설정된 경우와 설정되지 않는 경우가 있으므로 각 프리즘 상수에서 보정값을 설정하여야 한다. 사전에 기준거리를 설정하여 측정하면 측정거리와 기준거리와의 차이가 표시되며 기준거리 설정은 수평거리(***HD***), 연직거리(***VD***), 경사거리(***SD***) 중에서 측정하고자 하는 모드를 선택하여 측정한다.

3.6.4 Total Station의 기능

Total Station은 가시광선, 적외선, 레이저광선 및 극초단파 등의 전자파를 이용하여 거리를 관측하는 방법이다. 또한, 전파거리관측기(EDM; Electronic Distance Measurement Devices)와 마이크로컴퓨터의 조합에 의해 각과 거리를 동시에 관측하고 내장된 마이크로프로세서에 의하여 수평거리, 연직거리 등 필요한 사항들은 실시간으로 계산할 수 있다. 모든 데이터는 자동적으로 기록되어 야장이 필요 없으며 주 컴퓨터 등 다른 주변장치와 연결되어 후속 작업을 할 수 있는 측량방법이다. 또한, 각과 거리의 동시 관측과 마이크로컴퓨터를 사용하며 3차원 좌표측량, 다각측량, 후방교회법, REM측량(원격높이 측정)등 여러 가지 응용측량 방법이 있으며 관측 중 아지랑이 등의 기후에 대한 영향을 받을 경우 측정값의 변경을 막기 위해 본체에서 자동적으로 재 측정된다.

(1) 기본기능

Total Station을 기본적으로 제어하는 기능은 표시기능, 조작 · 입력기능, 자동전원 Off기능, 배터리 잔량 표시기능이 있다. 표시기능은 측정값과 계산결과 또는 기계의 동작상황 등이 LCD 화면에 표시되며 조작과 입력기능은 여러 가지의 측정을 선택하거나 계산을 위한 수치를 입력 및 설정하는 기능이 있다. 자동전원 Off기능은 전원을 켜고 관측을 실시하며 일정시간 조작을 하지 아니하고 멈추고 있으면 자동적으로 전원이 Off되어 불필요한 배터리의 소모를 방지하는 기능이 있다. 또한 배터리 잔량 표시기능은 Total Station은 항상 전원상태를 LCD화면에 표시하여 전원의 사용 가능한 시간을 알려주고 경고를 표시한다. 그리고 거리환산 이외에 부과된 응용계산 기능으로 좌표측정 기능은 Total Station에 표시된 수평각을 방향각으로 해서 측정점의 *X*, *Y*좌표를 계산하며, *Z*좌표는 연직각을 이용해서 계산을 한다. 미지점의 좌표는 기계점에 대한 위거 · 경거 및 고저차를 계산하여 설정된 좌표를 기준으로 측정점의 좌표가 계산되어 표시된다.

(2) 측량준비

① 관측 전에는 배터리의 양이 충분한가를 확인하고 작업시간을 고려하여 항상 여유분의 배터리를 준비 하도록 한다.

② 거리측정 시 현재 설정되어 있는 프리즘상수를 확인한 후 이상이 있으면 현재 사용하고자 하는 프리즘에 맞도록 상수를 지정하거나, 프리즘을 분해 조립하여 설정된 프리즘상수와 일치가 되도록 한 후에 거리측정을 실시한다. 특히, 도근점측량을 위하여 거리를 측정할 경우 잘못 지정된 프리즘 상수값으로 인하여 연결오차에 큰 오류를 범하게 되는 경우가 있다.

③ 지적삼각점측량에서와 같이 장거리를 측정하거나 기지점간의 거리확인을 위하여 두 점간의 거리를 측정할 시에는 측정가능거리를 벗어나지 않는 범위 이내에서 사용한다.

④ 고정밀 전자부품으로 만들어진 제품이므로 절대로 충격을 가하지 말아야 하며, 강한 충격을 가했거나 넘어졌을 경우에는 측정오차가 발생할 수 있으므로 반드시 점검 후 사용한다.

⑤ 난방된 차내에서 추운 실외로 갑자기 나가는 등 본체 및 프리즘에 급격한 온도변화를 주면 일시적으로 측거 범위가 짧아질 수 있으므로 사용할 때 환경에 적응되도록 한 후 사용한다.

(3) 기계점 좌표의 설정

좌표원점으로부터 기계점 좌표를 입력하면 프리즘이 설치된 점의 좌표를 계산하여 표시하는데 여기서 설정한 기계점의 좌표는 전원 Off후에도 기계에 저장되어 있다. 그림 3-38에서 *Z*값은 연직거리를 나타내고 있으며 미리 입력된 기계고, 반사경 및 기계점 좌표에서 목표점까지의 사거리, 방위각, 고도각을 관측하여 목표점의 3차원 좌표를 결정하는 방법으로 입력된 기계점 좌표와 목표점의 좌표에 의하여 방위각이 설정된다.

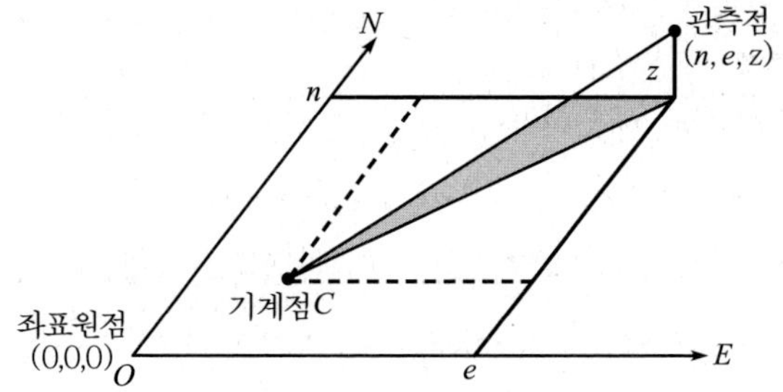

그림 3-38 기계점 좌표의 설정

(4) 기계고 및 프리즘고 입력

기계점 좌표 및 기계의 높이와 프리즘의 높이를 입력한 후 좌표 측정을 하면, 미지점의 좌표를 직접 구할 수 있다. 그리고 미지점의 좌표는 기계점 좌표(N_0, E_0, Z_0), 기계고(inst.HT), 프리즘고(*P.h*), 기계중심점에 대한 프리즘 중심의 좌표(*n*, *e*, *z*), 미지점의 좌표(N_1, E_1, Z_1)를 표시하며 식(3.12)로 정리하면 식 (3.12)와 같다.

$$N_1 = N_0 + n, \quad E_1 = E_0 + e, \quad Z_1 = Z_0 + \text{inst.HT} - \text{R.ht} \tag{3.12}$$

거리측정은 수평거리(*HD*), 연직거리(*VD*), 사거리(*SD*)를 자유로이 관측할 수 있으며 좌표점 및 표고의 관측이 가능하고 그림 3-39와 같이 기지점의 좌표에 기계를 세우고 미지점의 좌표를 구할 수 있다.

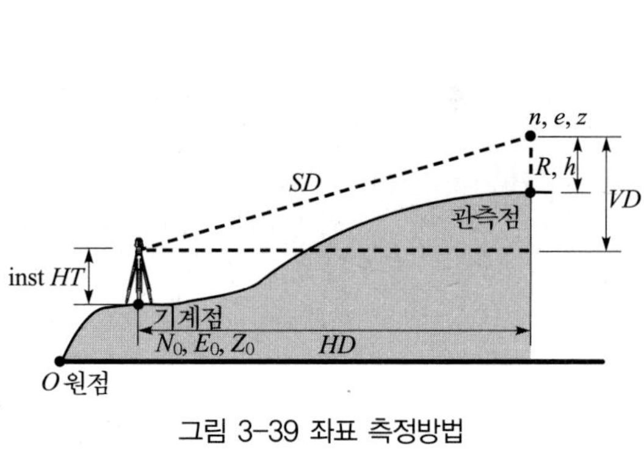

그림 3-39 좌표 측정방법

(5) 프리즘상수의 지정

Total Station은 일반적으로 장비자체에 프리즘 보정값이 지정되어 있으며 사용하는 프리즘에 따라 프리즘 정수에 의한 보정값을 설정한 후 사용하는 방법과 프리즘을 분해하여 프리즘 정수에 맞게 조립하여 사용하는 방법이 있다. 그러나 프리즘의 종류에 따라 분해할 수 없는 경우에는 Total Station에서 프리즘 정수를 수정한 후 사용하여야 한다. 일반적으로 TOPCON사의 제품은 프리즘상수가 0mm로 설정되어 있고, SOKKIA사의 제품은 프리즘상수가 -30mm으로 설정되어 있는 것이 특징이다.

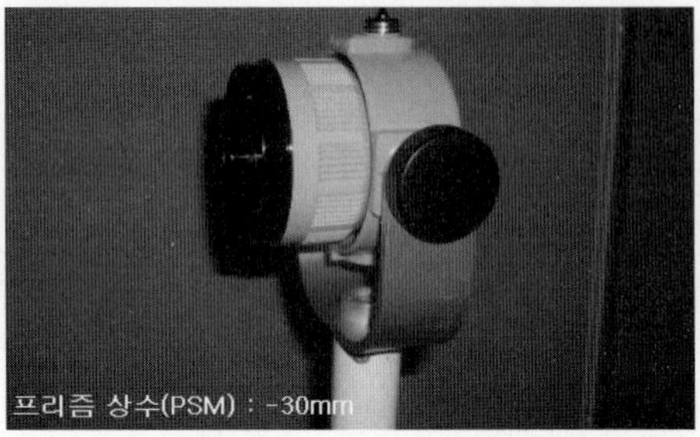

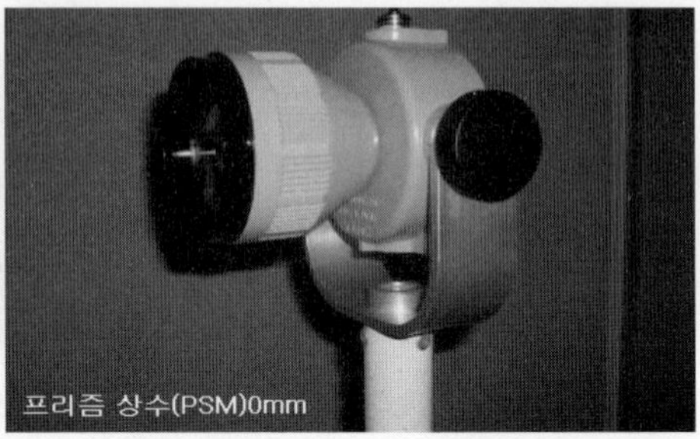

그림 3-40 프리즘 상수

(6) 거리측정

Total Station은 종류에 따라 발생하는 광량이 다르므로 측정할 수 있는 거리도 한계가 있다. 따라서 측정하고자 하는 거리에 맞게 적합한 기종을 선정하고 사용 당시의 기상 상태 등을 고려하여 측정하여야 하며 무리하지 않게 사용하도록 하여야 한다. 일반적으로 최신장비인 Total Station은 예전에 나온 광파거리측정기보다 측정할 수 있는 거리가 짧다.

(7) 좌표측정원리

Total Station에서는 측정한 사거리(SD)와 연직각(V)으로 수평거리(HD), 연직거리(VD)를 계산하며, 측정한 사거리를 수평거리로 전환한 후 수평거리와 측정된 수평각으로 좌표계산을 한다. 좌표계산은 측정한 경사거리를 수평거리로 변환하여 측정된 방위각과 연계하여 좌표를 계산한다.

$$HD = SD \times \sin\theta$$
$$VD = SD \times \cos\theta$$

θ; 연직각으로 천정에서부터의 측정각

측설(Stake Out)은 광파거리측정기에 있던 기능으로 Total Station에서는 수평거리, 연직거리의 입력으로 측설이 가능한 기능과 그림 3-41과 같이 대변측정(MLM; Missing Line

Measurement)으로 기계를 이동하지 않고 프리즘까지의 삼각형 2변 협각을 측정하여 프리즘 상호간의 수평거리, 경사거리, 연직거리를 연속적으로 측정하는 기능이다.

원격높이측정(REM; Remote Elevation Measurement)은 그림 3-42와 같이 직접 프리즘을 관측하고 연직상의 한 측점에 높이(송전선의 높이 등)를 측정하는 기능으로써 Total Station과 프리즘간의 거리를 측정하여 망원경을 상하로 움직여 측정점을 시준해 연직각에 의하여 높이를 계산하고 표시하는 기능으로 프리즘의 지면으로부터의 높이를 입력하여 표고를 구하는 방법과 임의의 연직점을 기준으로 높이를 구하는 방법이 있다. 또한, 축척의 제한 없이 다양한 크기의 각종 도면을 작성할 수 있으며 사용목적에 필요한 부분을 발췌 이용하거나 여러 도면을 한 도면으로 합성 시키는 등의 편집과 수정이 가능하다. 작업 중에 발생될 수 있는 도면의 훼손 및 오손의 우려 없이 항상 선명하게 도면을 수정 또는 보완할 수 있으며 도면의 제작이 간편하고 거의 무제한적인 생산이 가능하며 도면을 표준화하여 도면의 통일성 및 품질을 향상시킬 수 있다. 도면작업 시 파생되는 비도형 데이터를 사용하므로 정확한 데이터베이스를 구축할 수 있어 자료관리가 효율적이며 작업에 소요되는 시간이 절감되어 생산성 향상이 극대화 된다. 또한, 컴퓨터에 의한 과학적인 처리로 사용자의 요구에 신속한 대처 및 제공으로 신뢰성이 높아지며 좌표독취기를 이용한 도해지역의 각종 도면에 대한 좌표독취가 용이하며 자료에 대한 보완성이 뛰어나고 컴퓨터와 대화 형식으로 운영되므로 작업의 집중성이 높아진다.

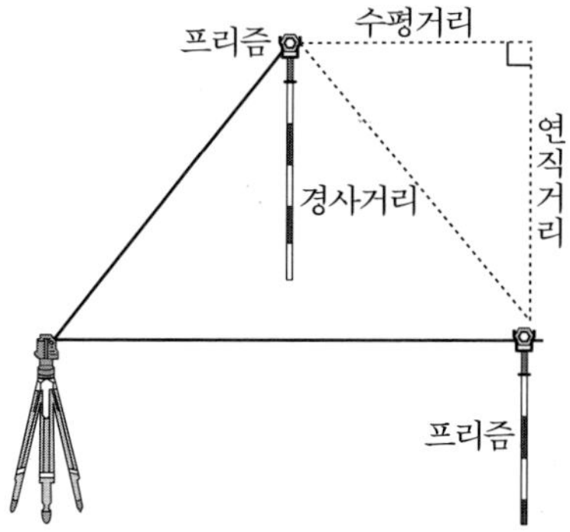

그림 3-41 대변측정(MLM)

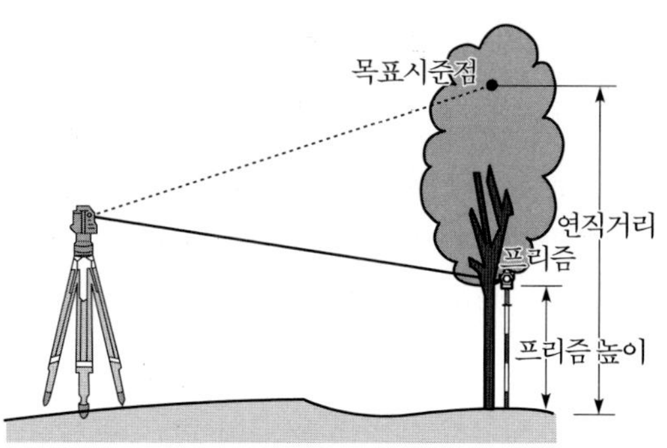

그림 3-42 원격높이측정

3.7 전자평판측량

토털시스템(Total System)이란 측량에서부터 도면작성까지 일괄적으로 행해지는 전산화시스템으로 측각 · 측거 · 좌표측정기능을 가지고 있는 Total Station과 데이터 저장장치인 전자야장과 데이터를 전산처리하기 위한 컴퓨터 및 각종 출력장치와 소프트웨어(Software)를 통칭하여 말한다. Total System은 모든 작업을 동일한 사람이 처리할 수 있어 일관성 있는 작업이 가능하므로 효율적이고 능률적인 작업 운영을 할 수 있다. 또한, 측정데이터의 신속한 계산, 등고선 및 삼각망 계산, 면적계산 및 지번입력, 각종 도면의 작성, 좌표독취기 작업을 할 수 있다. Total System을 운영하기 위해서는 최신장비인 Total Station자체에 내장된 메모리카드 또는 별도의 전자야장을 사용하여 관측을 실시한 후 입력된 데이터를 PC용 소프트웨어(CAD)를 이용하여 관측한 데이터를 계산처리하고 관측이 곤란한 지역은 항공사진측량이나 도면데이터를 이용하여 자료를 취득하고 계산을 실시한 후 프린터(Printer)와 자동제도기(Plotter)로 필요한 데이터 및 각종 도면을 작성한다. 작업이 완료되면 PC로 데이터관리를 하므로 모든 작업을 효율적이고 일관성 있게 처리하고 관리할 수 있다.

토털측량시스템은 KLIS의 수치데이터를 활용해서 토털스테이션과 전자평판(노트북)을 연결, 기준점이나 임의점에서 현지측량을 실시하여 경계복원측량, 분할측량, 면적조정 등 지적측량 업무를 현지에서 실시간으로 처리하고 취득한 데이터의 저장 및 응용을 유 · 무선 체계로 효율적으로 관리할 수 있는 시스템이다. 또한, 현장관측 데이터를 편집 작업을 거쳐 측량성과작성시스템과 연계하여 각종 도면을 출력할 수 있으며, 저장된 데이터를 이용하여 인접 필지에 대하여 현장관측에 사용할 수 있는 시스템이다.

오늘날 컴퓨터의 이용과 함께 지적업무는 많은 변화를 거치면서 양적 · 질적으로 발전하고 첨단과학문명의 발달로 인하여 측량기기에서도 다양한 기능을 갖춘 기종이 개발되어 외업이 보다 편리하며 간편하고 정밀도가 우수한 성과를 얻을 수 있게 되었다. 또한, 내업은 수작업에 의하던 것이 특정 프로그램의 개발로 자동화가 급속히 진행되고 있으며 기존의 업무처리방법을 개선하여 컴퓨터를 적극 활용하고 반복 작업이 많은 면적계산 · 도면작성 등의 내업에 활용함으로써 시간의 절약 및 정확도 향상은 물론 경지구획정리 확정측량 업무에 Total System을 적극 활용함으로써 효율성을 높이고 있다.

우리나라의 수치지적은 1975년 12월 31일 지적법을 전면 개정하면서 처음으로 도입 되었으며 지난 20년간(1976~1995년) 수치지적측량을 실시하여 등록한 면적은 867.4km^2(738,084필)로 전국토 면적의 0.9%로 미진한 실적이다. 초기의 Total System은 도입 비용이 상당히 많이 들었기 때문에 경제성 보다는 업무의 특수성에 의하여 사용되었다. 최근에는 하드웨어 및 소프트웨어가 급속히 발달하여 기능이 향상되고 가격이 저렴해지고 있으며, Total System에 사용되고 있는 컴퓨터용 CAD System의 활용은 경제성을 제공하고 보편화되었다.

(1) 특징

기존의 수작업에서 사용하던 자 · 오구 등과 같은 보조도구를 사용하지 않고 선의 연결 · 면적측정 · 지번 · 지목의 주기 · 각종 도면의 작성이 편리하다. 컴퓨터의 수치계산 기능을 이용하고, 정확한 기준에 의하여 도형을 처리함으로써 부정확한 내용을 미리 발견하여 제거할 수 있다. 도면을 여러 층으로 구분하여 제작함으로써 분업화가 가능하며, 필요에 따라 층을 조합하여 재활용할 수 있고 제도작업을 줄일 수 있다. 수치정보 또는 도면요소와 관련된 속성정보와 응용프로그램에서 직접 사용될 수 있는 데이터를 제공하며 자료관리 · 기술축적 · 3차원 표현 · 시뮬레이션(Simulation)에 의한 예측 등의 효과가 있으므로 경제적이다.

(2) 경지정리 확정측량

경지정리는 농경지를 일정크기로 구획하고 관개 · 배수시설 및 농로의 개선과 토지의 교환 · 분할 등을 추진하여 토지의 이용도를 극대화하고 생산량을 증대시키며, 농업인구의 노동력 감소에 대한 대책으로 영농방식을 기계화하기 위한 방안으로 추진하는 사업이다. 경지정리사업의 시행자는 농지개량조합법에 의하여 국가, 지방자치단체, 농지개량조합, 농어촌진흥공사, 토지소유자 등이 시행할 수 있다. 경지정리사업은 시행기관이 계획과 설계 · 시공 등을 담당하고 측량수행자는 지적확정측량을 소관청에서는 지적공부정리를 수행하고 시행기관이 필요로 하는 부속도서와 자료를 작성하도록 하고 있다. 측량방법은 농지개량사업에 따른 지적확정측량은 경위의측량방법 · 전파기 또는 광파기측량방법으로 실시하도록 규정하고 있지만 면적이 적거나 협장하여 지적공부 관리상 경위의측량방법, 전파기 또는 광파기측량방법으로 하는 것이 부적합하다고 인정되는 경우에는 소관청이 특별시장 · 광역시장 또는 도지사의 승인을 얻어 측판측량방법 또는 사진측량방법으로 실시할 수 있다.

경지정리 확정측량의 실시순서는 계획과 준비, 사업시행지구 조사, 기초점조사와 선점 및 조표, 기초측량(삼각 · 도근), 기초점 검사, 세부측량(지구계, 필계), 검사측량, 성과품 작성 순으로 구분할 수 있다. 도해적 방법에 의한 지적확정측량은 비교적 조밀한 기준점을 배치하고 측판측량에 의하여 세부측량을 실시하였으나 이때에는 도근점을 설치하고 축척 1/1,000의 지적도 도곽을 구획하여 도근점 좌표를 전개하고 인접 도엽의 도곽선과 접합하여 오차가 발생하지 않도록 하고 세부측량은 도근점에 의하여 교회법 · 방사법 · 도선법 · 지거법 · 비례법으로 실시하였다.

수치지적측량에 의한 경지구획정리 확정측량은 광파거리측정기를 이용하여 미지점에 대한 각과 거리의 기록, 좌표계산 등을 동시에 처리할 수 있는 Total Station과 전자야장을 Total System으로 연결하여 작업을 실시하고 계산성과와 도면을 출력할 수 있다. 이러한 수치측량 방법은 도곽의 개념이 없이 소수의 지적측량기준점에서 비교적 넓은 면적을 직접 측정할 수 있으며, 관측성과를 신속하게 컴퓨터에 전송하여 좌표조정 및 도면을 편집, 자동제도로 정확한 성과관리와 유지관리에 용이하며 세부측량은 도선법 또는 방사법에 의한다. 경지정리 확정측량에서는 외업과 내업에 Total System 방식을 도입 · 활용함으로써 많은 시간과 인력을 줄일 수 있으며, 특히 필계점의 조정 · 결선 · 면적측정 · 지번주기 등이 편리하도록 되어 있다. Total System을 활용하면 관측에서 도면작성까지의 작업을 효율적으로 처리할 수 있으며, 면적측정 및 도면작성에 소요되는 시간을 단축할 수 있고 면적측정부 및 도면의 작성과 출력이 간편하며 효율적이고 전국적으로 동일한 방법으로 업무를 처리하고 있다.

제4장 각 측량

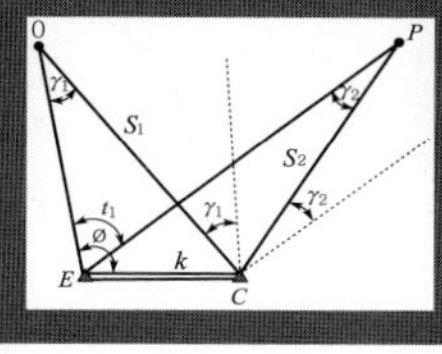

4.1 개요

일반적으로 측량이란 길이, 각도, 높이 등을 측정하여 지구상의 점과 우주 공간상의 점의 위치 (X, Y, Z)를 표시하는 좌표를 계산한다. 각도란 동일평면상에 두 개의 직선이 평행이 아닌 경우 교차점에서 이루는 사이를 측정한 각을 말한다. 각 관측방법에는 수평각 관측방법과 연직각 관측방법으로 구분할 수 있으나 측량에서는 오차를 내포하고 있으므로 높은 정확도를 위해 오차를 조정하는 것이 매우 중요하다. 수평각에 있어서 방향각은 임의의 방향을 기초로 한 우회각도로서 360°까지 헤아리는 것이고 방위각은 진북을 기준으로 우회각도를 말한다. 연직각은 수평선을 기준으로 어느 위치에 있느냐에 따라 올려본 각, 내려본 각으로 구분하고 극축을 기준으로 북극 또는 남극에서 측정한 각을 천정각(天頂角), 천저각(天底角)이라 한다.

4.1.1 각의 단위

각도의 측정단위는 도(度), 라디안(Radian), 그레이드(Grade)가 있으며 도(Degree)는 일반적으로 가장 많이 사용되고 있는 각도의 단위로 원둘레를 360등분하여 호(弧)에 대한 중심각을 1도(度), 1°를 60등분하여 1', 1'을 60등분한 각을 1″라 하며 도(度)의 단위는 10° 05'12″로 기재하고 60진법을 사용한다.

그레이드는 원둘레를 400등분하여 호(弧)에 대한 중심각을 1그레이드(Grade)라 하고 1그레이드를 100등분하여 1센티그레이드(c), 1센티그레이드(c)를 100등분한 것을 1센티센티그레이드(cc)라 하며 Grade 단위는 100g 10c 25cc로 기재하고 100진법으로 항공사진측량용 등에 많이 사용

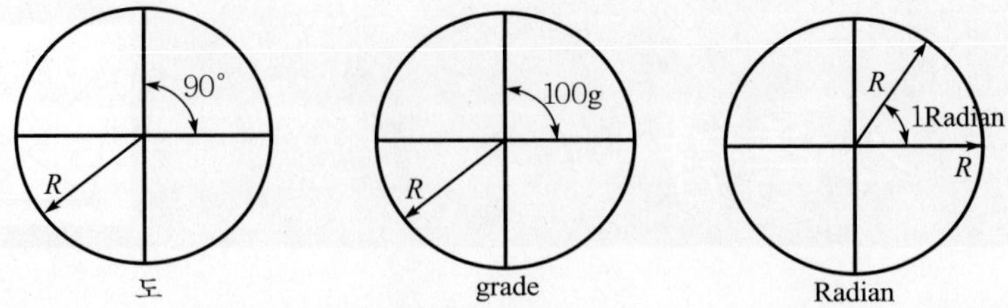

그림 4-1 각도 단위

되고 있다. 라디안은 19세기 후반 수학자인 토마스(Thomas) 뮤어와 물리학자인 제임스(T. James)에 의해 소개되었으며 1873년 톰슨(Thomson)이 출제한 시험지에서 활자화되었다. 라디안은 원의 반지름과 동일한 길이의 원 둘레에 대한 중심각의 크기를 라디안 또는 호도(弧度)라고도 하며 기호는 rad로 나타낸다. 또한, 국제단위계의 보조단위인 평면각으로 사용되고 있다.

호도를 사용하면 수학적인 취급이 편리하기 때문에 도(度)나 그레이드로 나타낸 수치를 호도법으로 환산할 수 있으며 반지름 r인 원에서 호AB의 길이가 r이라면 원둘레의 길이= $2\pi r$이며 1라디안은 $\rho^\circ \rho' \rho''$로 표시한다. $2\pi r$: ℓ = $2\pi r$: θ에서 $2\pi\ell = 2\pi r\theta$가 되고 $\ell = r\theta$이다. 이와 같이 중심각(θ)에 대한 호의 길이(ℓ)는 Radian 단위의 각(θ)에 반경(r)을 곱한 값과 같다. Radian은 일반적으로 가장 많이 사용하고 있는 Pole의 직경을 이용하여 각(θ)에 대해 알아보면 다음 예제와 같다.

예제 4.1 그림과 같이 100m 앞에 세워진 pole의 직경이 3㎝일 경우 pole의 각(θ)은?

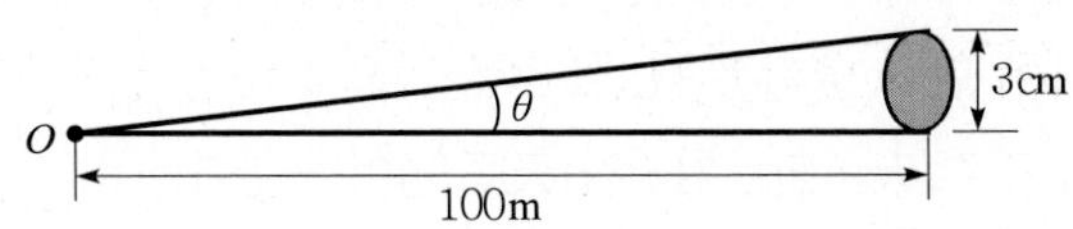

풀이 $\theta = \frac{\ell}{r} = \frac{3}{10,000} = 0.0003,\ \pi = 180^\circ = 180^\circ \times 60' = 180^\circ \times 60' \times 60'' = 648,000''$

$\pi : 648,000'' = 0.0003 : x''$

$x = \frac{648,000 \times 0.0003}{\pi} = 61.9''$

100m 앞에 있는 pole 두께의 각은 약 1′ 이 된다. 각도의 관계는 도(度)를 grad로 계산할 경우 360° = 400grad이며 $1^\circ = \frac{400}{360}$ = 1.111grad가 된다. 그리고 도(度)를 Radian으로 계산하면

$360^\circ = 2\pi$rad으로 $1^\circ = \frac{2\pi}{360}$ rad $= \frac{\pi}{180}$ = 0.017453 rad, $1'$ = 0.00029 rad 이고 $1''$ = 0.0000048481368 rad이다. Radian을 도(度)로 계산할 경우는 2πrad = 360° 이므로 π rad

$= 180°$에서 $1\text{rad} = \rho° = \dfrac{180°}{\pi} = 57°17'44.806''$이며

$\rho' = \dfrac{180° \times 60'}{\pi} = 3,437'$, $\rho'' = \dfrac{180° \times 60' \times 60''}{\pi} = 206264.8''$이다.

grad를 도(度)로 계산할 경우는 $400\text{grad} = 360°$에서 $1\text{grad} = \dfrac{360°}{400} = 0.9°$이다.

4.1.2 각측량 기구

(1) Transit

Transit은 미국에서 보급 발달한 것으로 망원경이 수평축을 자유로이 회전할 수 있는 측각기 중에서 가장 대표적인 기구로서 그림 4-2는 1845년 미국 W.&L.E. Gurley에서 제작하였으며 1910년대 토지조사당시 사용한 측량기기이다. 그림 4-3은 1937년 일본 Sokkia에서 제작한 것으로 망원경이 수평축의 주위를 자유로이 회전할 수 있고 그 외에도 이에 부속되어 있는 부속품에 의하여 시거측량, 수준측량, 스타디아측량, 자침에 의한 콤파스측량 등이 있으며 주로 도근점측량에 많이 사용되었다.

그림 4-2 1845년 Transit

그림 4-3 1937년 Transit

그림 4-4 1950년 Transit

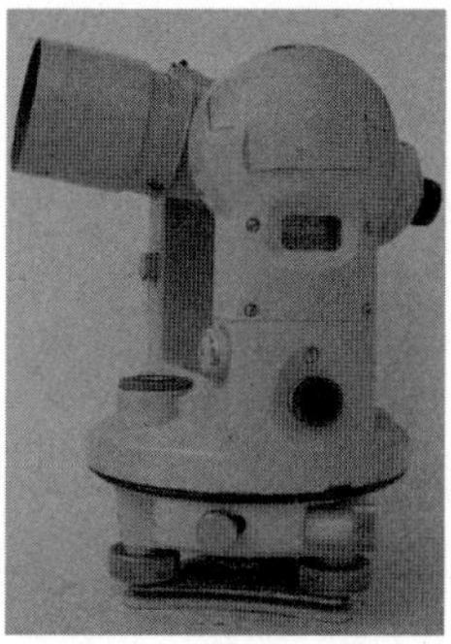
그림 4-5 1960년대 Transit

그림 4-4는 1950년대 영국의 Hilger & Watts사에서 제작한 각도측정 장비로 수평각 및 연직각을 분단위까지 측정할 수 있으며 그림 4-5는 1960년대 일본의 Fuji사에서 제작한 것으로 취급이 편리하도록 제작되었다.

(2) Theodolite

Theodolite는 Transit과 같은 목적으로 사용되는 측량기구로 경위의라고도 하며 초기에는 천체를 관측하여 지구상의 위도와 경도를 정확히 결정하기 위한 기구로 망원경은 수평축의 둘

레를 자유로이 회전할 수 없으나 정밀한 각 관측을 할 수 있다. 최근에는 Transit과 Theodolite에 대한 형식상의 구별은 없어져서 일반적으로 고정밀도의 Transit을 Theodolite 라고 한다. 스위스 WILD사(T16)에서 1960년대 제작하였으며 1980년대 일본의 TOPCON사 (AG20BP)에서 제작한 기구이며 광파 Theodolite는 1995년에 일본Topcon(GTS-201D)사에서 제작한 장비이다.

(3) Total Station

Total Station이란 각도와 거리를 동시에 측정할 수 있는 기능이 함께 갖추어져 있는 측량기로서 전자식 Theodolite와 광파측거기를 조합한 Microprocessor에서 데이터를 짧은 시간에 처리하거나 표시하고, 결과를 출력하는 전자식측거 · 측각기로 그림 4-6과 같다. Total Station은 데이터 저장장치인 전자야장(Note PC)으로 데이터를 전산처리 하기 위한 컴퓨터 및 각종 출력장치와 소프트웨어(Software)를 통칭하여 말한다.

그림 4-6 Total Station

4.2 평면삼각법

4.2.1 삼각함수

삼각함수(三角函數)는 평면좌표에서 X, Y의 좌표 값으로 나타내는 평면직각좌표계 또는 거리와 각도로 나타내는 평면극좌표계가 있는데 이 두 좌표계 사이의 좌표값 변환에 사용하는 함수를 말한다. 또한, 극좌표에서 거리와 각도를 가지고 연결한 선분은 삼각형의 빗변이 되고, 직각좌표계에서의 X, Y값으로 나타낸 각각의 선분은 나머지 두변을 이루어 직각삼각형이 된다. 피타고라스의 정리와 삼각함수의 역함수를 이용하면, 직각좌표계에서 극좌표계의 값으로 계산할 수 있으며 삼각함수는 직각좌표계와 극좌표계 사이의 좌표값 변환에 이용되고 있다. 예를 들면, 극좌표계에서 거리가 5m이고 각도가 30°인 임의의 점을 직각좌표계의 X, Y값으로 변환할 경우 삼각함수를 사용하면 편리하다. 직각좌표로 계산하는 방법은 $x = 5 \times \cos 30° = 4.33$m이고 $y = 5 \times \sin 30° = 2.5$m로 표현된다. 삼각함수가 활용되는 것은 기하학적으로 좌표계 변환에 대한 내용으로 지상측량이나 천문학적인 측량에서 거리의 계산에 활용되고 있다.

(1) 일반각의 삼각함수

일반각의 삼각함수는 직각삼각형의 두 변의 비율 즉, θ의 함수이며 30°와 60°는 서로 여각(두각의 합=90°)이라 하여 sin30°와 cos60°는 서로 여함수로 삼각함수에서 sin은 cos, tan는 cot, cosec는 sec와 같이 여함수의 관계를 갖는다.

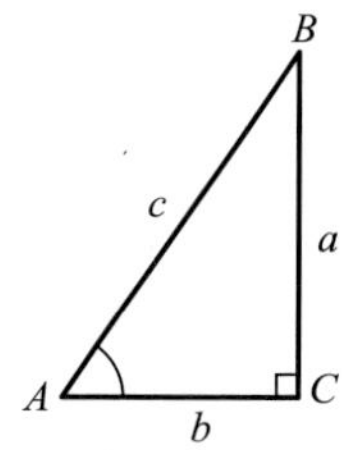

기본적인 내용을 정리하면 삼각함수 공식으로 cos 함수는 빗변으로 x(밑변) 값을 계산하고 sin 함수는 y(높이) 값을 계산하는 공식으로 표현되며 tan 함수의 경우는 sin/cos (높이/밑변)으로 빗변의 기울기량을 계산하는데 편리하게 사용된다. 그림에서 $\angle C$가 직각인 삼각형 ABC에서 $\angle A$, $\angle B$, $\angle C$와 마주보는 변의 길이를 a, b, c라고 할 때, 싸인(sine), 코싸인(cosine), 탄젠트(tangent)의 값을 계산하는 일반적인 공식은 다음과 같다.

$$\sin\theta = \frac{\text{높이}}{\text{빗변}} = \frac{3}{5} = 0.60, \quad \mathrm{cosec}\,\theta = \frac{\text{빗변}}{\text{높이}} = \frac{5}{3} = 1.67 = \frac{1}{\sin\theta}$$

$$\cos\theta = \frac{\text{밑변}}{\text{빗변}} = \frac{4}{5} = 0.80, \quad \sec\theta = \frac{\text{빗변}}{\text{밑변}} = \frac{5}{4} = 1.25 = \frac{1}{\cos\theta}$$

$$\tan\theta = \frac{\text{높이}}{\text{밑변}} = \frac{3}{4} = 0.75, \quad \cot\theta = \frac{\text{밑변}}{\text{높이}} = \frac{4}{3} = 1.33 = \frac{1}{\tan\theta}$$

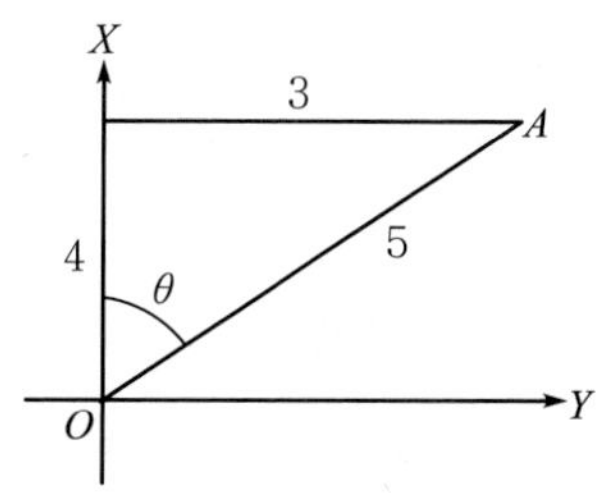

그림 4-7 일반각

(2) 특수각의 삼각함수

그림 4-8(a)와 같이 한 변의 길이가 2인 정삼각형 A, B, C에서 변 BC의 중간점을 M이라 하면, $\triangle ABM = \triangle ACM$에서 $AM^2 + BC^2 = AB^2$으로 $AM^2 + 1^2 = 2^2$가 된다. 여기서, $AM^2 = 2^2 - 1 = 3$, $AM = \sqrt{3}$ 이고, 60°의 삼각함수는 여각인 30°에 대응하는 여함수와 같다.

$$\sin 60° = \cos 30° = \frac{\sqrt{3}}{2}$$

$$\cos 60° = \sin 30° = \frac{1}{2}$$

$$\tan 60° = \cot 30° = \sqrt{3}$$

사이각이 45°인 경우에는 $a^2+b^2 = c^2$이며 그림 4-8(b)에서와 같이 a와 b가 1인 경우에는 $1^2+1^2 = c^2$에서 $c^2 = 2$ 이므로 $c = \sqrt{2}$ 가 된다.

$$\sin 45^\circ = \frac{1}{\sqrt{2}} = \frac{\sqrt{2}}{2}$$

$$\cos 45^\circ = \frac{1}{\sqrt{2}} = \frac{\sqrt{2}}{2}$$

$$\tan 45^\circ = 1$$

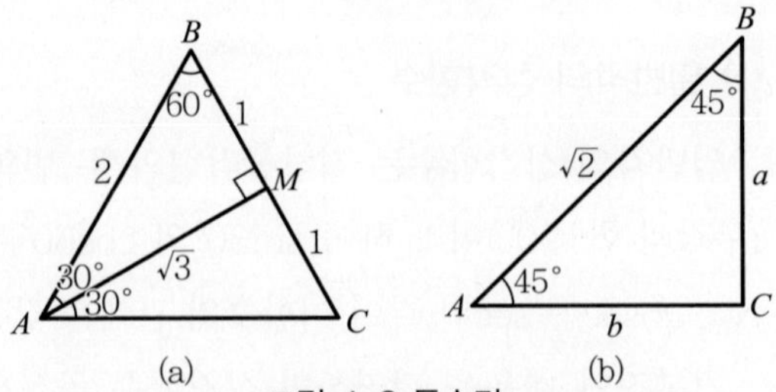

그림 4-8 특수각

표 4.1 특수각의 함수값

θ	0°	30°	45°	60°	90°
$\sin\theta$	0	$\frac{1}{2}$	$\frac{\sqrt{2}}{2}$	$\frac{\sqrt{3}}{2}$	1
$\cos\theta$	1	$\frac{\sqrt{3}}{2}$	$\frac{\sqrt{2}}{2}$	$\frac{1}{2}$	0
$\tan\theta$	0	$\frac{\sqrt{3}}{3}$	1	$\sqrt{3}$	∞
$\cot\theta$	∞	$\sqrt{3}$	1	$\frac{\sqrt{3}}{3}$	0

(3) 역삼각함수

측량에서는 삼각함수에 의한 각도를 계산하는 것은 매우 중요하며 삼각함수의 역수 값을 각도로 계산할 경우에는 직접 각을 계산할 수 없으므로 역수로 변경한 후에 계산하는 방법으로 역삼각함수라 한다. 역삼각함수는 $\sin^{-1}$, $\cos^{-1}$, $\tan^{-1}$ 등의 기호로 표시하지만 sin, cos, tan의 역수가 아니다. 역삼각함수의 값을 계산하기위한 방법으로는 $\mathrm{cosec}\,\theta = \frac{1}{\sin\theta}$, $\sec\theta = \frac{1}{\cos\theta}$, $\cot\theta = \frac{1}{\tan\theta}$와 같고 sin의 역수는 cosec로 sin 값을 계산한 후 $\frac{1}{x}$, cos의 역수는 sec로 cos 값을 계산한 후 $\frac{1}{x}$, tan의 역수는 cot로 tan 값을 계산한 후 $\frac{1}{x}$로 계산한다.

(4) 삼각함수의 부호

삼각함수의 부호를 측량에 적용하기 위해서는 상한에 대한 이해가 필요하며 상한은 4분원을 구분하여 표기한 것으로 반경 1인 원둘레상의 P가 시계방향으로 움직일 때 삼각함수의 부호를 나타내보면 그림 4-9와 같다. 삼각함수의 부호는 표 4.2와 같고, (Ⅰ)상한은 0°~90°까지, (Ⅱ)상한은 90°~180°까지, (Ⅲ)상한은 180°~270°까지, (Ⅳ)상한은 270°~360°까지를 말한다. 각이 Y축에서 "±" 할 때는 변하지만 **X**축에서 "±" 할 때는 변하지 않는다. 즉, $(90^\circ \pm\theta)$, $(270^\circ \pm$

θ)에서 변하며 각이 Y축에서 "±" 될 때는 변하지 않는다. 변환 후의 부호는 변환 전 삼각함수 기호에 대한 변환 전 각의 해당 상한 부호를 따른다. (단, $\theta < 90°$로 간주) 삼각함수 기호에 대한 변환법칙을 종합하면 삼각함수 기호의 변환과 "±" 부호의 변환으로 구분할 수 있다.

표 4.2 각 상한의 삼각함수 부호

상 한	sin, cosec	cos, sec	tan, cot
I	+	+	+
II	+	−	−
III	−	−	+
IV	−	+	−

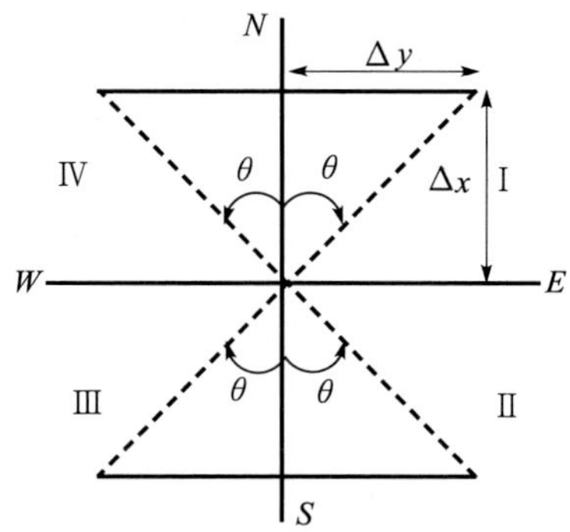

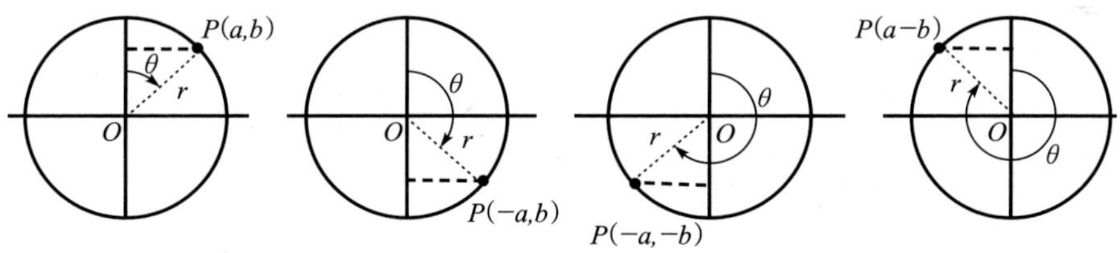

그림 4-9 삼각함수의 부호 설정

$\sin\theta = \dfrac{b}{1} = b,\quad \sin\theta = b,\quad \sin\theta = -b,\quad \sin\theta = -b$

$\cos\theta = \dfrac{a}{1} = a,\quad \cos\theta = -a,\quad \cos\theta = -a,\quad \cos\theta = a$

$\tan\theta = \dfrac{b}{a},\quad \tan\theta = \dfrac{b}{-a},\quad \tan\theta = \dfrac{-b}{a},\quad \tan\theta = \dfrac{-b}{a}$

(5) sin 법칙

싸인법칙(Law of Sines)은 평면상의 일반적인 삼각형에서 성립하는 삼각형의 세 각의 싸인 함수와 변의 관계에 대한 법칙으로 삼각형 ABC에서 각 A, B, C에 마주보는 변의 길이를 각각 a, b, c라고 한다. 그림 4-10(a), (b)에서 $\triangle ABC$의 외접원 반지름을 R이라 할 경우 B를 지나는 지름의 다른 끝점을 A'라하고 CA'로 연결하면 $\angle BA'C$는 $\angle A$와 같거나 $\angle A$의 보각(Supplementary Angle)과 같고 $\sin\angle BA'C = \sin\angle A$이다. 그런데 $BC = BA' \cdot \sin\angle BA'C$이므로 $a = 2R \cdot \sin\angle A$이며 $2R = \dfrac{a}{\sin\angle A}$이다.

A가 직각일 경우 $\sin\angle A = 1$, $a = 2R$로 성립하며 동일한 방법으로 $\dfrac{b}{\sin\angle B} = 2R$, $\dfrac{c}{\sin\angle C}=2R$을 이용하면 sin 법칙인 $\dfrac{a}{\sin\angle A} = \dfrac{b}{\sin\angle B} = \dfrac{c}{\sin\angle C} = 2R$를 유도할 수 있다. 다른 방법으로는 그림 4-10(c)를 이용하여 다음의 공식을 유도할 수 있다.

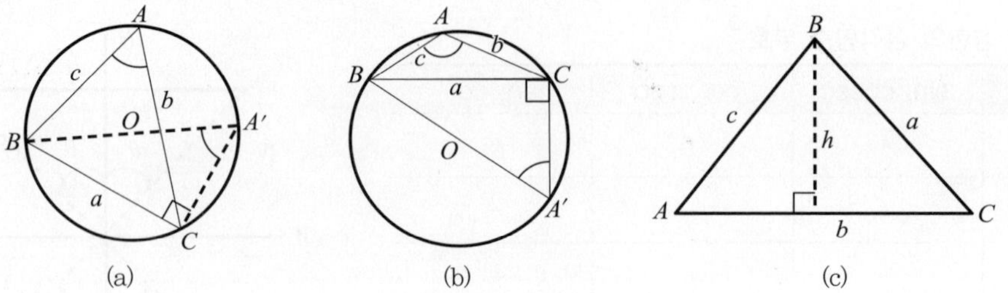

그림 4-10 Sin 법칙

$\triangle ABC$ 면적은 $\dfrac{1}{2}b \cdot h = \dfrac{1}{2}c \cdot b\sin\angle A = \dfrac{1}{2}a \cdot b\sin\angle C$로 나타낼 수 있으며 $\sin\angle A = \dfrac{h}{c}$ 및 $\sin\angle C = \dfrac{h}{a}$에서 $h = c \cdot \sin\angle A = a \cdot \sin\angle C$로 정리할 수 있다. 또한, 동일한 방법으로 $c \cdot \sin\angle A = a \cdot \sin\angle C$에서 $\dfrac{a}{\sin\angle A} = \dfrac{c}{\sin\angle C}$, $\dfrac{a}{\sin\angle A} = \dfrac{b}{\sin\angle B}$로 정리하면 $\dfrac{a}{\sin\angle A} = \dfrac{b}{\sin\angle B} = \dfrac{c}{\sin\angle C}$가 된다.

여기서, $a = \dfrac{b \cdot \sin\angle A}{\sin\angle B} = \dfrac{c \cdot \sin\angle A}{\sin\angle C}$, $b = \dfrac{a \cdot \sin\angle B}{\sin\angle A} = \dfrac{c \cdot \sin\angle B}{\sin\angle C}$,

$c = \dfrac{a \cdot \sin\angle C}{\sin\angle A} = \dfrac{b \cdot \sin\angle C}{\sin\angle B}$ 이다.

예제 4.2 그림과 같이 강 건너편에 2점 PQ의 거리를 구하기 위하여 기선 AB를 설치하여 AB = 300m, ∠PAQ = 60°, ∠QAB = 30°, ∠ABP = 45°, ∠PBQ = 75°를 측정하였다. PQ의 거리는?

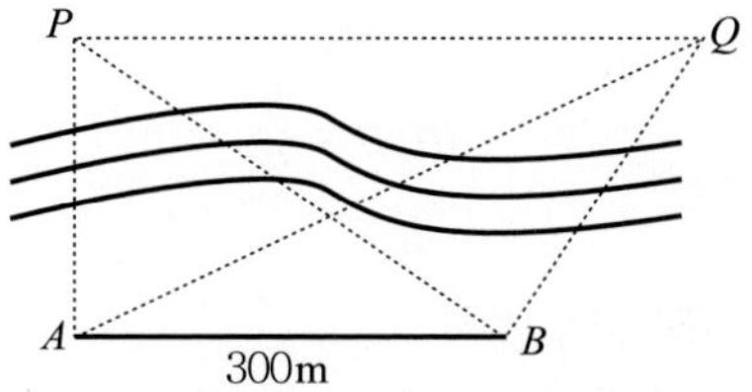

예제 4.3 A · B사이에 하천이 있으므로 거리를 직접 측정할 수가 없어 그림에서 표시하는 바와 같이 A점에서 AB에 직교하는 직선 AC = 100m를 설정하고 C점에서 ∠ACB = 60°를 실측하여 AB를 구하고자 한다. AB의 길이는?(cm단위까지 계산)

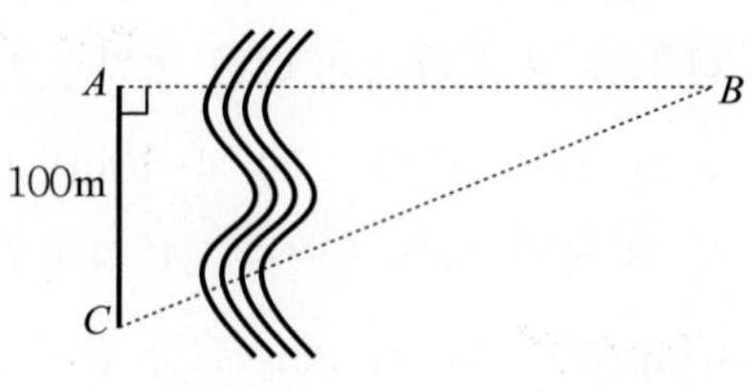

(6) cos 법칙

직각삼각형에 적용되는 피타고라스의 정리를 직각삼각형이 아닌 일반적인 삼각형에까지 확장시킨 법칙을 말하며 그림 4-11에서 $BC = BD+DC = AB \cdot \cos\angle B+AC \cdot \cos\angle C$가 되며, $a = b \cdot \cos\angle C+c \cdot \cos\angle B$이다. 만약, C가 둔각이면 D는 BC연장선 위에 있다. 그러므로 $BC= BD-CD = AB \cdot \cos\angle B-A \cdot \cos\angle(180-C) = AB \cdot \cos\angle B+AC \cdot \cos\angle C$이다.

또한, B가 둔각일 경우에도 동일하며 C점이 직각일 경우에는 $a = c \cdot \cos\angle B$, $\cos\angle C = 0$이 된다. B가 직각인 경우도 동일하게 성립되는데 이것을 cosine 제1법칙이라고 한다.

$$a = b \cdot \cos\angle C+c \cdot \cos\angle B$$
$$b = c \cdot \cos\angle A+a \cdot \cos\angle C$$
$$c = a \cdot \cos\angle B+b \cdot \cos\angle A$$

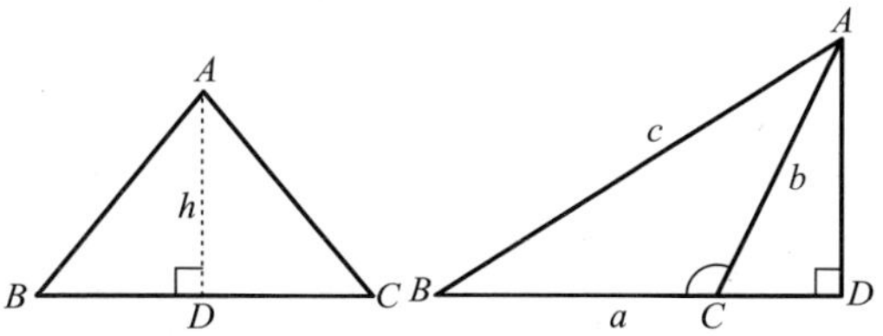

그림 4-11 삼각형의 둔각과 직각

위의 법칙을 연립방정식으로 $\cos\angle A$, $\cos\angle B$, $\cos\angle C$를 계산하면 cosine 제2법칙을 다음과 같이 정리할 수도 있다.

$$\cos\angle A = \frac{b^2+c^2-a^2}{2bc}, \qquad a^2= b^2+c^2-2bc\cos\angle A$$
$$\cos\angle B = \frac{c^2+a^2-b^2}{2ca}, \qquad b^2 = c^2+a^2-2ca\cos\angle B$$
$$\cos\angle C = \frac{a^2+b^2-c^2}{2ab}, \qquad c^2 = a^2+b^2-2ab\cos\angle C$$

그림 4-12와 같이 B에서 AC 또는 그 연장선에 직각으로 그은 선을 BD라고 하면 A가 예각 또는 둔각이므로 $BC^2 = AC^2+AB^2 \pm 2AC \cdot AD$가 된다. $\angle A$가 예각이면 $AD = AB \cdot \cos\angle A$, $\angle A$가 둔각이면 $AD = AB \cdot \cos\angle(180^\circ-A) = -AB \cdot \cos\angle A$ 이므로 $a^2 = b^2+c^2-2bc \cdot \cos\angle A$ 또는 $BC^2 = AC^2+AB^2-2AC \cdot AB \cdot \cos\angle A$가 된다.

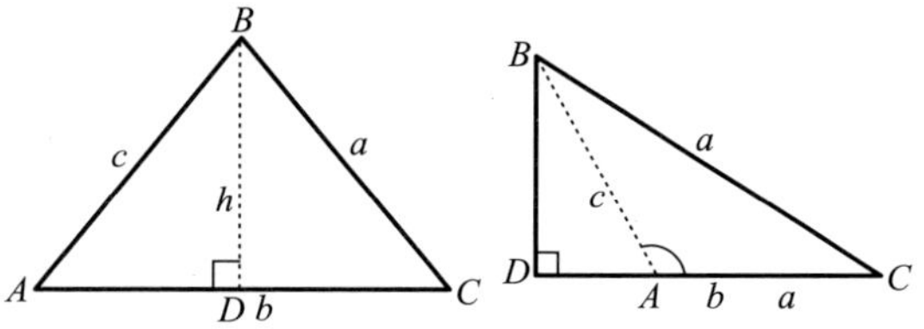

그림 4-12 예각과 둔각

4.2.2 구면삼각법

구면삼각형의 변과 각과의 관계를 삼각함수로 표현하는 방법으로 임의의 지역을 평면측량과 구면측량의 한계를 확인하여 측량여부를 결정하고자 관측한 길이 및 각도에 대한 차이를 검토할 필요가 있는 경우에 이용된다. 구면삼각형의 내각의 합은 180° 보다 크며 어느 한 점 *A*에서 *B*점을 시준한 방위각과 점 *B*에서 *A*점을 본 방위각의 차이는 180° 보다 크다. 구면상 *A*점과 *B*점간의 거리는 대원의 호의 길이가 된다. 구면삼각형의 세변의 길이는 대원호의 중심각과 같고 구면 삼각법에서는 변도 각(角)으로 생각하여 일반각과 같이 도(度), 분(分), 초(秒)를 사용한다. 구면상의 위치관계를 얻기 위해서 구면삼각공식의 가장 기본이 되는 Sin 법칙과 Cosine 법칙을 이용한다.

(1) 평면과 구면

그림 4-13과 같이 지상에 *AB*직선을 설정하고 그 양단인 *A* 및 *B*에서 각각 *AB*에 직각인 방향에 *AD* 및 *BC*를 결정한 후 거리를 동일하게 하여 *CD*를 연결하면 지구 표면이 *ABCD*가 구면사각형이지만 이들 선을 모두 대원호로 연장하면 대원의 극인 *P* 또는 P_1에서 만난다. 그러므로 *AB*의 중간점(*M*)과 *CD*의 중간점(*N*)을 연결하는 대원을 그리면 *P*를 통과한다.

여기서, $AB = \theta$, $AD = BC = ø$, $CD = x$, $MN = \mu$, $MC = \beta$라고 하면,

직각삼각형 *BCM*에서 $\cos\beta = \cos\frac{\theta}{2}\cos ø$ (4.1)

$$\tan M = \frac{\tan ø}{\sin\frac{\theta}{2}} \quad (4.2)$$

직각삼각형 *CMN*에서 $\sin\frac{x}{2} = \sin\beta \cdot \cos M$ (4.3)

$$\tan\mu = \sin M \cdot \tan\beta \quad (4.4)$$

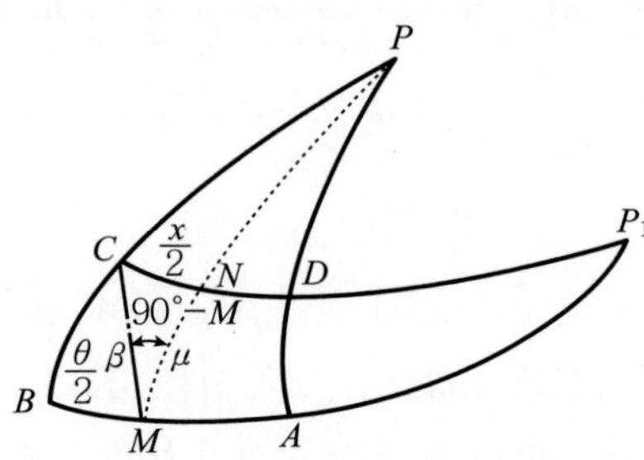

그림 4-13 평면과 구면의 관계

식(4.2)로부터 $\frac{\sin M}{\cos M} = \frac{\tan ø}{\sin\frac{\theta}{2}}$에서

$\frac{\sin^2 M}{\cos^2 M} = \frac{\tan^2 ø}{\sin^2\frac{\theta}{2}}$이 되고

$\frac{1}{\cos^2 M} = \frac{\tan^2 ø + \sin^2\frac{\theta}{2}}{\sin\frac{\theta}{2}}$에서

$$\cos M = \frac{\sin\theta}{\sqrt{\tan^2 ø + \sin^2\frac{\theta}{2}}} = \frac{\cos ø \cdot \sin\frac{\theta}{2}}{\sqrt{\sin^2\theta + \cos^2 ø \cdot \sin\frac{\theta}{2}}}$$

$$= \frac{\cos ø \cdot \sin\frac{\theta}{2}}{\sqrt{1-\cos^2 ø + \cos^2 ø - \cos^2 ø \cdot \cos^2\frac{\theta}{2}}} = \frac{\cos ø \cdot \sin\frac{\theta}{2}}{\sqrt{1-\cos^2 ø \cdot \cos^2\frac{\theta}{2}}} \tag{4.5}$$

식(4.1)로부터 $\sin\beta = \sqrt{1-\cos^2\beta} = \sqrt{1-\cos^2\frac{\theta}{2}\cos^2 ø}$ (4.6)

식(4.3)에 식(4.5) 및 식(4.6)을 대입하면

$$\sin\frac{x}{2} = \sqrt{1-\cos^2\frac{\theta}{2}\cos^2 ø} \times \frac{\cos ø \cdot \sin\frac{\theta}{2}}{\sqrt{1-\cos^2\frac{\theta}{2}\cos^2 ø}} = \cos ø \cdot \sin\frac{\theta}{2} \tag{4.7}$$

또한 식(4.2)로부터 $\frac{\sin^2 M}{\cos^2 M} = \frac{\tan^2 ø}{\sin^2\frac{\theta}{2}}$식을 변환하면

$\sin^2 M = \frac{\tan^2 ø}{\tan^2 ø + \sin^2\frac{\theta}{2}}$가 되며

$$\sin M = \frac{\tan ø}{\sqrt{\tan^2 ø + \sin^2\frac{\theta}{2}}} = \frac{\sin ø}{\sqrt{1-\cos^2\frac{\theta}{2} \cdot \cos^2 ø}}$$

$\tan\beta = \frac{\sin\beta}{\cos\beta}$이므로 식(4.1) 및 식(4.4)에 의하여 계산하면

$$\tan\beta = \frac{\sqrt{1-\cos^2\frac{\theta}{2} \cdot \cos^2 ø}}{\cos\frac{\theta}{2} \cdot \cos ø} \tag{4.8}$$

그러므로 식(4.4) 및 식(4.8)에 의하여 정리하면

$$\tan\mu = \frac{\sin ø}{\sqrt{1-\cos^2\frac{\theta}{2} \cdot \cos^2 ø}} \times \frac{\sqrt{1-\cos^2\frac{\theta}{2} \cdot \cos^2 ø}}{\cos\frac{\theta}{2} \cdot \cos ø}$$

$$\therefore \tan\mu = \tan ø \cdot \sec\frac{\theta}{2} \tag{4.9}$$

식(4.7) 및 식(4.9)에 의하여 **CD**와 **MN**의 길이를 계산하여 이를 평면으로 보고 계산한 값과 비교하면 $\sin\frac{x}{2} = \cos 1° \sin 30'$ 이므로 $x = 59' 59.452'' = 3599.452''$이다.

그러므로 지구의 반경은 6,370,289.5m를 사용할 경우 1″의 호장은 $\frac{\pi \times 6,370,289.5}{180 \times 60 \times 60} =$ 30.884035m이며, 이를 평면으로 보고 계산할 때에는 $CD = AB = BC = AD = 30.884035 \times 3,600'' = 111,182.54$m가 된다.

그러나 구면으로 계산할 때에는 **CD**호장(弧長) = 3599.452×30.884035m = 111,165.60m로 평면보다 111,182.54−111,165.60 = 16.94m가 작으며 그 차의 비율은 0.00015이다. 또한, 식(4.9)로 μ를 산출하면 $\tan\mu = \tan 1° \sec 30'$ 으로 $\mu = 1° 00' 00.137'' = 3600.137''$를 길이로 환산하면 111,186.77m로 평면으로 계산한 111,182.54m 보다 4.23m가 더 크며 그 차는 0.000038이다.

그림 4-14와 같이 4각형의 구역에서 평면과 구면으로 표시할 경우 길이 및 각도의 단위는 "+"일 경우 평면이 구면보다 길게 나타나고 "−"일 경우는 평면이 구면보다 짧게 나타난다. 그림 4-15와 같이 지구표면은 평면으로 보아도 소규모 지역의 모든 측량에서 실지와의 차는 매우 적게 나타나는 것을 알 수 있다.

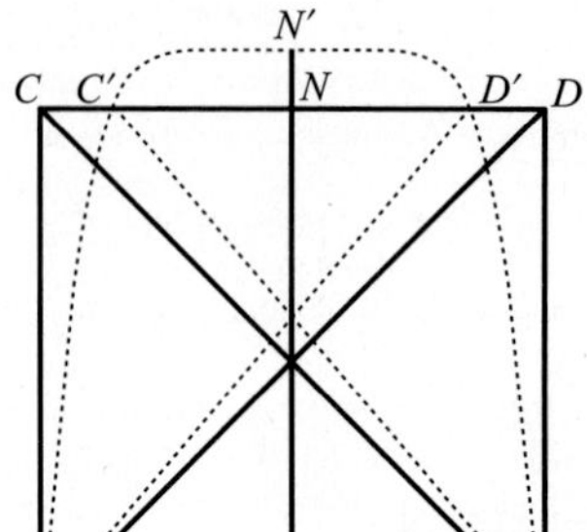

그림 4-14 평면과 구면의 차

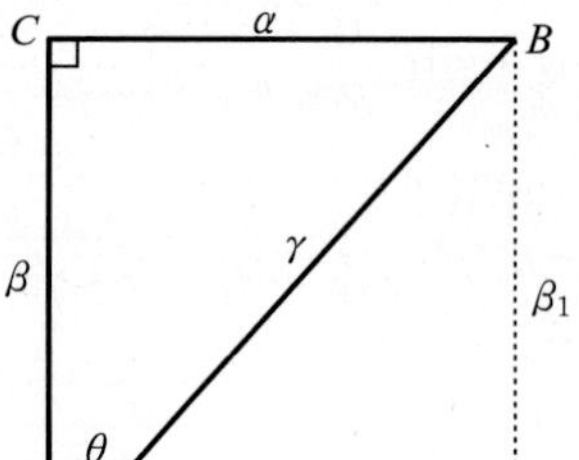

그림 4-15 종횡선 계산

그림 4-15에서 **AC**는 자오선, **AB**는 변의 길이, θ는 방위각으로 **B**에서 **AC**에 수선 **BC**를 그어 평면으로 계산하면 $AC = AB \cdot \cos\theta$ **AB**는 x값, $CB = AB \cdot \sin\theta$, **AB**는 y값이다. 즉, **AB**가 1°에서 111,182.54m일 경우, $\theta = 40°$이면 $AC = 111,182.54 \times \cos 40° = 85,170.70$m, $CB = 111,182.54 \times \sin 40° = 71,466.70$m가 된다. 이를 구면으로 계산하면 **CB**의 중심각(α), AC의 중심각(γ), **AB**의 중심각(β)라 하면 구면삼각형의 공식은 식(4.10) 및 식(4.11)과 같다.

$$\tan\beta = \tan\gamma \cdot \cos\theta \tag{4.10}$$

$$\sin\beta = \sin\gamma \cdot \sin\theta \tag{4.11}$$

식(4.10)에 따라 log tan1° = 8.2419215, log cos40° = 9.8842540, log tanβ = 8.1261755으로 β = 0° 45′ 57.88″로 여기에 1″에 대한 호장을 곱하면 85,174.46m로 평면으로 계산한 85,170.70m과의 차는 3.76m이다. 식(4.11)에서 α = 38′ 33.97″로 거리로 환산하면 71,464.43m, 평면길이 71,466.70m와의 차는 2.27m가 된다.

그림 4-15의 구면사각형 $ACBC'$를 평면이라고 할 경우 $AC = BC'$, $CB = AC'$이 성립되지만 구면일 경우 BC'를 위도차, AC'를 경도차라 하면 AC 및 BC'은 모두 AC'에 직각이므로 구면 직각삼각형 ABC'에서 A = 90° − θ가 된다. 즉, 구면직각삼각형으로 계산하고 이를 다시 평면 직각삼각형으로 계산하여 비교하면 구면에서는 BC' = 45′ 57.70″= 85,168.90m, 평면에서는 BC' =85,170.70m로 1.80m의 차이가 발생하고 구면에서는 AC' = 38′ 34.17″ = 71,470.87m이고 평면에서는 AC' = 71,466.70m로 4.17m의 차이가 발생한다. 또한, AB거리를 1°로 할 경우에도 2가지 계산의 차는 매우 미소하므로 일반측량에서는 고려할 필요가 없음을 알 수 있다. 임의의 다각형은 1점으로부터 각 점을 연결하므로 변의 수와 동일한 수의 삼각형으로 나눌 수 있다. 또한, 1점에 집결하는 각도의 합은 360°로 다각형의 내각의 합은 4직각(360°)과의 변수와 같은 2직각 보다도 모든 삼각형의 구과량의 총합을 초과하게 나타나므로 임의의 다각형의 구과량은 평면삼각형과 같이 그 면적에 의하여 쉽게 계산할 수 있다. 지구상에서 1°를 구획하는 사각형 약 111km²의 구과량은 62″=1′ 02″의 폐색차가 반드시 있으며 만약 이 다각형의 변수를 1,000변이라고 가정하면 각 각에 대한 구면량은 0.006″이므로 측량의 성과에는 영향을 미치지 않는다.

(2) 구과량 계산

구면삼각형의 내각의 합은 180°보다 크므로 180°를 초과하는 양을 구과량(球過量)이라 하며 구면으로 길이가 길어진다는 의미가 아니며 각도가 평면상의 각보다 초과된다는 의미이다. 측량은 측량지역의 규모에 따라 측지측량과 평면측량으로 구분되는데 대규모지역의 측지측량을 실시할 경우에 지구의 곡률을 고려하기 위해 구과량을 계산하여야 한다.

구과량(Spherical excess)은 타원체상에서 구를 반경으로 3개의 정점이 삼각형의 중심에 있는 평균곡률반경 $R = \sqrt{NM}$의 구면이 접하는 지구상에 투영되어 만들어 지는 구면상의 삼각형으로 취급하는 것이 보통이다. 변장 약 300km의 삼각형에서 타원체의 내각과 대응하는 구면상의 값과의 차는 0.1″로 실질적으로는 오차가 없는 것으로 취급할 수 있다. 타원체상의 삼각형은 일종의 구면삼각형을 만들며, 구면삼각형에서 세 내각의 합은 항상 180°보다 크다. 구면삼각형의 한 정점을 지나는 변은 대원으로 소규모 지역에서는 르장드르정리를 이용하고 대규모 지역에서는 슈라이버정리를 이용하여 우리나라 대삼각보점측량에서 구과량을 계산하였다. 구과량은 구면 삼각형의 면적에 비례하고 구(球)의 반경(半徑)의 제곱에 반비례하며 1개의 구면삼각형의 내각을 α, β, γ로 하면 $\epsilon = \alpha+\beta+\gamma-180° > 0$로 구과량을 계산하는 법칙에서 4개의 직각과 구과량과의 비율은 반구의 면적과 삼각형 면적의 비율과 같고 이것을 계산하면 다음과 같다.

A; 삼각형의 면적, R; 지구의 반경, ϵ; 구과량이라고 할 때에는 $\epsilon : 360° = A : 2\pi R^2$이므로 $\epsilon = \frac{A \times 180°}{\pi R^2}$가 된다.

일반적으로 삼각측량에서는 구과량(ϵ)이 미소하므로 구면삼각형의 면적(A)대신에 평면삼각형의 면적을 적용해도 좋다. 여기서, 각 변에 대한 중심각을 α, β, γ, 구의 반경이 R일 경우 $\alpha = \frac{a}{R}$, $\beta = \frac{b}{R}$, $\gamma = \frac{c}{R}$이므로 $R = 1$일 경우에는 $\alpha = a$, $\beta = b$, $\gamma = c$가 되어 각각 구면삼각형의 3변을 표현하며 또한 3변에 대한 중심각이 된다.

$1km^2$의 구과량은 지구의 반경 $R = 6,370,289.5m$를 초(″)단위로 하는 구과량을 계산하면 $\frac{\epsilon}{A} = \frac{180 \times 60 \times 60}{\pi R^2} = \frac{648,000}{\pi R^2}$의 식에 의거 평면상에서 $1km^2$의 구과량 계산결과는 다음과 같다.

$\log R = 3.8041592$ $\qquad \log \pi = 0.4971499$

$\log \pi R^2 = 8.1054683$ $\qquad \text{colog}\, \pi R^2 = \bar{9}.8945317$

$\log 648,000 = 5.8115750$ $\qquad \log \frac{\epsilon}{A} = \bar{3}.7061067$

$\frac{\epsilon}{A} = 0''.00508$은 $1km^2$에 대한 구과량이다. 구면삼각형의 계산은 변을 각으로 생각하여 일반각과 같이 도, 분, 초를 사용하며 구면상의 위치관계를 얻기 위해서 구면삼각공식을 이용하는데 가장 기본이 되는 sin 법칙과 cosine 법칙이 있다,

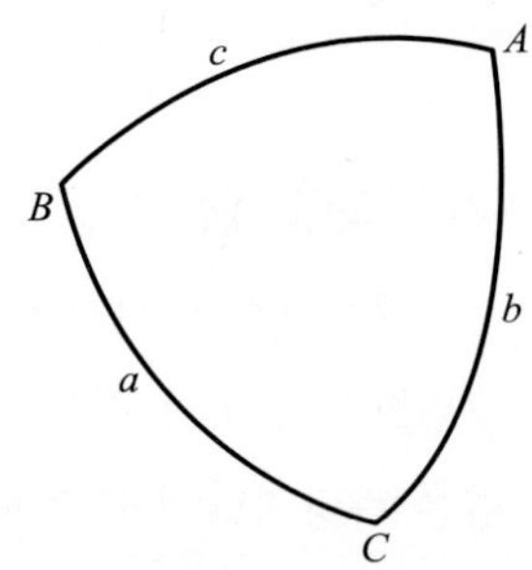

그림 4-16 구과량

(3) Legendre's 정리

구면삼각형의 취급은 평면삼각형의 계산에 비하여 매우 어려우므로 평면삼각법의 공식을 적용하여 변장을 구하는 Legendre's정리가 있다. 최근에는 컴퓨터의 발달로 계산의 복잡성에는 관계없이 정확하고 빠른 시간에 계산할 수 있다. 구면삼각형을 평면삼각형으로 계산할 경우에

는 각 변이 구면(球面)의 반경에 비해 미소한 구면삼각형은 평면삼각형 내각에서 각각 구과량의 $\frac{1}{3}$을 뺀 각으로 한다. 또한, 각 변의 길이는 구면삼각형을 평면삼각형으로 간주하여 구면삼각형 A, B, C의 변의 길이를 a, b, c라 하고 내각을 α, β, γ로 하여 르장드르의 정리를 이용하는데 A', B, C'로 환산할 때 내각을 α', β', γ'라 하면 $\alpha' = (\alpha - \frac{\epsilon}{3})$, $\beta' = (\beta - \frac{\epsilon}{3})$, $\gamma' = (\gamma - \frac{\epsilon}{3})$가 된다.

4.3 각 관측 방법

각 관측은 어떤 점에서 시준한 두 점 사이에 낀 각을 구하는 것을 말하며 공간을 기준으로 할 경우 평면각, 곡면각, 입체각으로 구분되며 수평 및 수직축을 기준으로 할 경우 수평각 및 연직각으로 구분된다. 수평각 관측방법은 지적측량에서 삼각점, 지적삼각점, 지적삼각보조점, 지적도근점 및 일필지 확정측량에서 많이 사용하고 있으며 측각방법과 각의 형태에 따라 분류할 수 있다. 관측방법에 따라 단각법, 배각법, 방향관측법으로 구분되고 각의 형태에 따라 교각법, 편각법, 방향법으로 구분하며 연직각은 수평을 기준으로 올려본 각, 내려본 각으로 구분하고 극축을 기준으로 천정각, 천저각으로 구분할 수 있다. 단각법의 경우는 농촌지역의 도근점측량에 이용되며 배각법은 시가지지역의 정밀측량, 방향각관측법은 지적삼각점측량 등에 많이 이용되고 있다.

4.3.1 수평각 관측

(1) 단각법

단각법(Single Measurement of Angle)은 단측법 또는 방위각법이라고도 하며 그림 4-17과 같이 관측기계를 사용하여 두 점 사이의 각을 1회 관측하여 나중 읽은 값에서 처음 읽은 값의 차를 이용해서 구하는 방법으로 수평각 관측방법 중에서 가장 간단한 방법이며 작업시간이 단축되는 반면에 정밀도는 낮은 관측방법으로 다음의 순서로 측정한다.

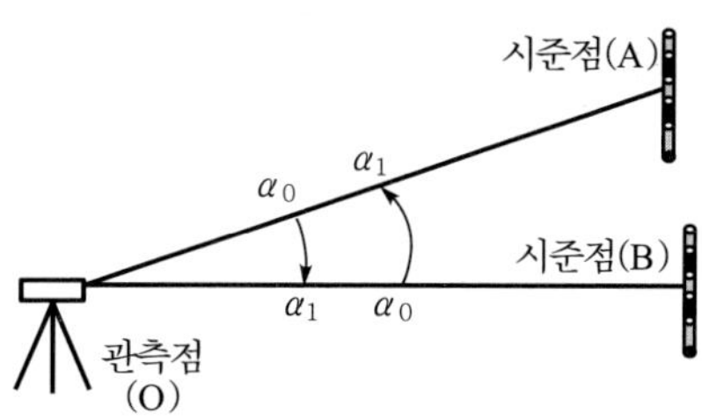

그림 4-17 단각 관측법

① $\angle AOB$를 측정하려면 O점에 기계를 세우고 고정나사를 이용하여 A점을 시준하고 목표물이 십자선("+") 가까이 오면 미동나사로 조정한다.

② A점의 눈금을 읽고 고정나사를 풀어 B점을 시준하여 목표물과 십자선이 일치되면 눈금을 읽어 측정값으로 한다.

③ ①~②에서 관측한 값은 정위관측이고 반위는 B점을 시준한 후 A점의 목표물에 일치시켜 읽으며 정위관측과는 반대로 실시하고 측정값은 $\alpha_1 - \alpha_0$를 의미한다.

방위각관측 및 거리측정부								
측점	시준점	방 위 각	고 도		측 정 거 리			수 평 거 리
			정 / 반	평 균	1회 / 2회	평 균	보정 거리	
			° ′ ″	° ′ ″	m	m	m	m
무20	보10	200° 42′ 12″			.	.	.	.
무20	무21	283° 00′ 38″			. .			
보11	1	151° 39′ 50″	85° 17′ 20″ 94° 43′ 00″	85° 17′ 10″	96 · 49 96 · 50	96 · 50		96 · 17
1	2	86° 20′ 20″	98° 38′ 30″ 81° 21′ 40″	98° 38′ 25″	154 · 20 54 · 18	154 · 19	·	152 · 44
2	3	175° 53′ 10″	91° 59′ 10″ 88° 00′ 50″	91° 59′ 10″	116 · 56 116 · 58	116 · 57	·	116 · 50
3	4	211° 28′ 30″	101° 03′ 20″ 78° 56′ 30″	101° 03′ 25″	155 · 05 155 · 05	155 · 05	·	152 · 17
4	5	96° 16′ 10″	87° 18′ 00″ 92° 42′ 20″	87° 17′ 50″	116 · 90 116 · 88	116 · 89	·	116 · 76
5	보22	123° 19′ 40″	94° 16′ 20″ 85° 43′ 40″	94° 16′ 20″	154 · 60 154 · 61	154 · 61	·	154 · 17
보22	소30	97° 27′ 20″				보정거리는 표준거리와 측정거리와의 차를 보정하여 기록한다.		
2012 .01 .16. 관측	관측자 : 홍길동		사용기계 : GTS-313D		날씨 : 맑음		풍력 : 연풍	

(2) 배각법

배각법(Repetition Method)은 반복법이라고도 말하며 관측기계를 사용하여 두 측점 간에 이루는 각을 관측하는데 각종 오차의 영향을 적게 하고 정밀한 측각이 필요할 때 이 방법을 사용하며 기계를 같은 방향으로 여러 번 반복하여 관측한 값의 평균값을 구하는 방법을 말한다. 배각법은 시가지지역의 도근점측량이나 삼각보조점 측량에 많이 이용되었으나 최근에는 경계점좌표등록부 시행지역 및 일필지 확정측량에 경위의 측량이 많이 이용되고 있는 방법이다. 배각법은 측정한 값의 처음과 마지막의 차이를 반복횟수로 나누어 관측각을 구하므로 오차가 적게 되며 배각법은 방향각법과 비교하여 읽기오차(β)의 영향을 적게 받는다. 내축과 외축을 이용하므로 연직축에 관한 오차발생의 우려가 있으며 배각법은 방향수가 적은 경우에는 편리하다. 삼각측량과 같이 많은 방향이 있는 경우에는 적합하지 않으며 일반적으로 수평각 관측방법에서 가장 많이 사용되는 방법이다. 그림 4-18과 같이 AOB의 각을 관측하는데 각의 정도를 높이기 위해 반복하여 관측하는 것으로 관측 순서는 다음와 같다.

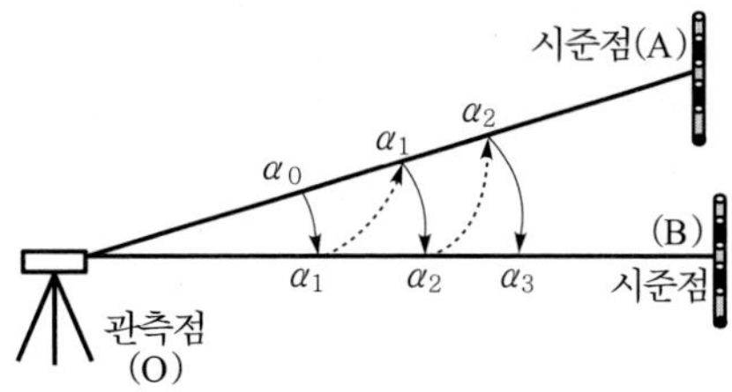

그림 4-18 배각관측법

① 관측점 O에 기계를 세우고 망원경의 눈금을 0° (α_0)에 맞추어 고정하고 시준점인 A점을 시준한다.

② A점을 시준한 후 고정하고 B점을 관측한 후 관측값(α_1)을 기재하고 눈금을 고정한다.

③ 다시 고정나사를 풀어 A점을 시준하고 B점에서 관측된 값(α_1)을 확인한 후 고정나사를 풀어 B점을 관측하면 2배각의 값(α_2)이 된다.

거리측정부

측점	시준점	배수	관측각	관측각조정 출발차	관측각조정 결과	평균각	고도 정/반	고도 평균	측정거리 1회/2회	측정거리 평균(m)	측정거리 보정거리	수평거리(m)
운학	수지	0	0°00′00″		0°00′00″							
		1	169°20′18″		169°20′18″	169°20′20″	90°21′30″	90°21′36″	153·71		·	
	1	3	148°01′00″		148°01′00″		89°38′18″		153·71	153·71		153·71
1	운학	0	0°00′00″		0°00′00″		88°09′12″		92·86			
	2	1	141°49′06″		141°49′06″	141°49′06″	91°50′42″	88°09′15″	92·84		·	
		3	65°27′18″		65°27′18″					92·85		92·85
2	1	0	0°00′00″		0°00′00″		89°11′18″		212·59			
	3	1	212°52′12″		212°52′12″	212°52′12″	90°48′42″	89°11′18″	212·55		·	
		3	278°36′36″		278°36′36″					212·57		212·57
3	2	0	0°00′00″	−6	0°00′00″		87°32′36″		174·13			
	4	1	196°42′54″	−6	196°42′48″	196°42′42″	92°27′30″	87°32′33″	174·11		·	
		3	230°08′36″	−6	230°08′30″					174·12		174·12
4	3	0	0°00′00″		0°00′00″		90°36′24″		115·20			
	5	1	87°29′30″		87°29′30″	87°29′30″	89°23′36″	90°36′24″	115·18		·	
		3	262°28′30″		262°28′30″					115·19		115·19
5	4	0	0°00′00″		0°00′00″		91°12′12″		129·12			
	용인	1	131°17′24″		131°17′24″	131°17′24″	88°47′48″	91°12′12″	129·12		·	
		3	33°52′12″		33°52′12″					129·12		129·12
용인	5	0	0°00′00″		0°00′00″				·			
	시흥	1	163°42′37″		163°42′37″	163°42′37″			·		·	
		3	131°07′15″		131°07′15″					·		·
2012.01.02.관측			관측자 : 홍길동			사용기계 : GTS-313			날씨 : 맑음		풍력 : 연풍	

④ 위의 방법을 반복하여 3배각의 관측값(α_3)을 3으로 나누어 평균한다.

⑤ $\angle AOB = \frac{\alpha_n - \alpha_0}{n}$(여기서, α_n; 나중 읽음값, α_0; 처음 읽음값, n; 관측횟수)

(3) 교각법

교각법(Method of Intersection)은 그림 4-19 및 그림 4-20과 같이 2개의 측선이 만드는 교각을 독립하여 측정하는 것을 말한다. 교각의 측정에는 주로 배각법을 사용하며 교각에는 하나의 폐합 다각형을 관측할 경우 내각을 측정하는 것을 내각법, 외각을 측정하는 것을 외각법이라고 한다. 도선측량에서 교각을 배각법에 의하여 측정하는 것은 높은 정도를 필요로 하는 시가지 지역에서 사용되며 보다 높은 정도를 요구하는 때는 교각을 좌회 또는 우회로 측정한다. 교각법은 반복하여 관측하므로 정도를 높일수 있으며 측점마다 독립해서 관측이 가능하므로 측점을 순서대로 관측할 필요가 없다. 또한, 한 측점의 관측이 잘못된 경우에도 다른 측점의 각에 영향을 주지 않는다. 내각법은 그림 4-19와 같이 내각을 좌측으로 회전 또는 우측으로 회전하여 측정하는데 일반적으로 관측 진행방향에 따라 우측으로 회전한 각을 측정한다.

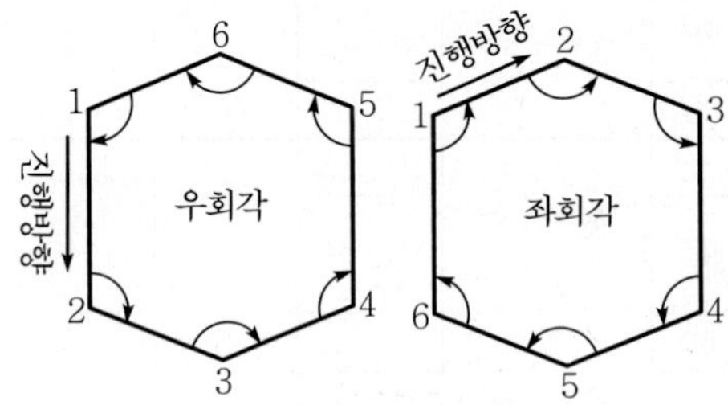

그림 4-19 내각법

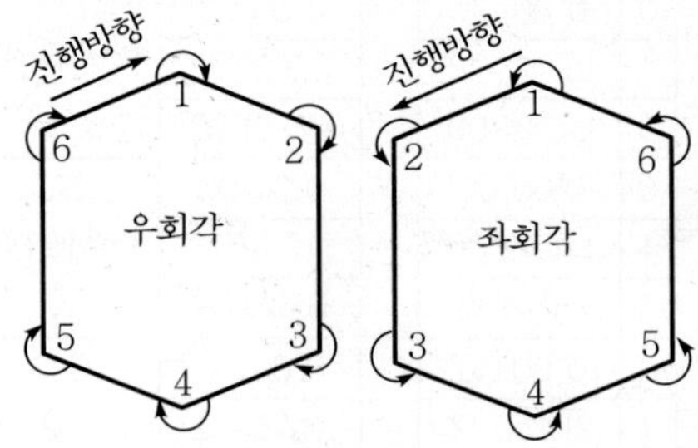

그림 4-20 외각법

외각법은 그림 4-20과 같이 외각을 우측으로 회전 또는 좌측으로 회전하여 측정하며 이것도 내각법과 같이 일반적으로 진행하는 방향을 따라 우측으로 회전한 각을 측정하는 것이 보통이다.

(4) 편각법

편각법(Deflection Angle Method)은 앞의 측선을 기준으로 하여 다음 측선의 방향과 이루는 내각을 측정하는 방법이다. 앞의 측선 연장선부터 우측으로 180°까지 측정하는 각을 (+), 좌측으로 180°까지 측정하는 각을 (−)로 표시하며 편각의 측정방

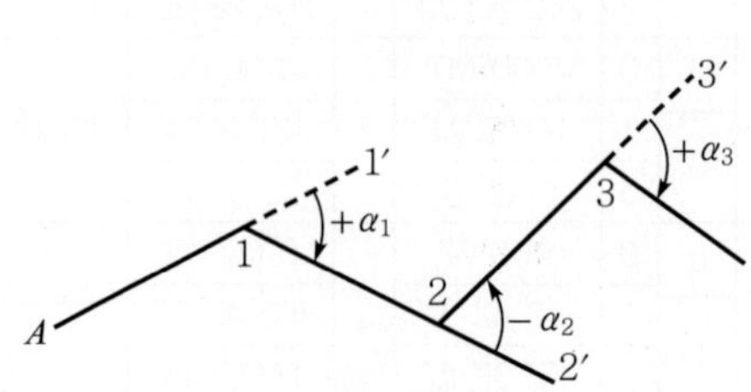

그림 4-21 편각법

법은 그림 4-21과 같이 측점 1,2,3...의 순서로 관측을 실시한다. 먼저 측점1에 기계를 세우고 수평각을 0°로 설정한 후 망원경을 반전하여 A를 후시로 관측한다. 다음 망원경을 정위로 한 때에는 망원경은 A-1에 측선의 연장선 1-1′ 방향으로 향하며 상부운동으로 측점 2를 전시는 각 α_2을 측정하며 편각은 $+\alpha_1$이 된다.

다음 기계를 측점 2에 옮겨 같은 방법으로 편각 $-\alpha_2$을 측정한다. 편각의 측정은 망원경을 반전하여 후시함으로 경위의의 제2조정이 완전하지 않으면 오차가 발생하여 낮은 정밀도로 나타난다. 즉, 망원경의 수평축과 시준선이 직교되지 않고 θ만한 오차가 있다면 측정한 편각에는 2θ의 오차가 생긴다.

(5) 방향각관측법

방향각관측법(Method of direction)은 어떤 시준방향을 기준으로 하고 각 시준방향의 협각을 관측하여 기준방향선에 결합한 경우 기준이 되는 방향(원방향)으로부터 각을 측정하여 각각의 각을 구하는 방법이다. 지적측량의 기준점측량에 많이 사용되며 관측에 있어서 윤곽도는 지적삼각점측량은 3대회(윤곽도 : 0°, 60°, 120°), 지적삼각보조점측량은 2대회(윤곽도 : 0°, 90°)에 의한다. 또한 방향각관측법은 측각의 정확도가 균일하게 되어 일반적으로 지적삼각점 관측시 널리 사용되고 있는 방법이며 특히 한 측점에서 많은 각을 측정할 필요가 있을 때에는 반복법에 비하여 관측시간을 절약할 수 있으므로 삼각측량에 많이 이용된다. 기준방향은 진북에 가까운 측점으로 여러 측점보다 높은점, 여러 점의 평균거리가 되는 점, 가능하면 북방향을 기준으로 결정하고 한 측점에서 여러 개의 각을 관측하는 경우에 기준이 되는 방향을 설정하여 각을 측정하는 방법이다.

방향각관측법은 기준이 되는 방향을 원방향 또는 제로(Zero)방향이라고도 한다. 원방향은 진북에 가장 가까운 왼쪽 끝점을 선정하고 지적측량에서 가장 많이 사용하며 대회관측법이라고 하며 대회관측은 정 · 반으로 관측한 값을 평균하여 사용하므로 정밀도가 높은 측량이다. 1대회란 망원경을 시계방향으로 회전하여 관측하는 정측회와 망원경을 180° 회전하여 반시계방향으로 관측하는 반측회를 말하며 방향각관측법에서 정 · 반측회로 관측하는 것은 경위의의 검정불량에 의한 오차를 소거하기 위한 것이다.

1) 관측방법

방향각관측법에서 대회관측법은 경계점좌표등록부 시행지역에서는 1대회, 지적삼각보조점

관측에서는 2대회, 지적삼각점관측에서는 3대회를 이용하는데 정밀도와 관련하여 대회의 횟수를 달리할 수도 있으며 작업순서는 아래와 같다.

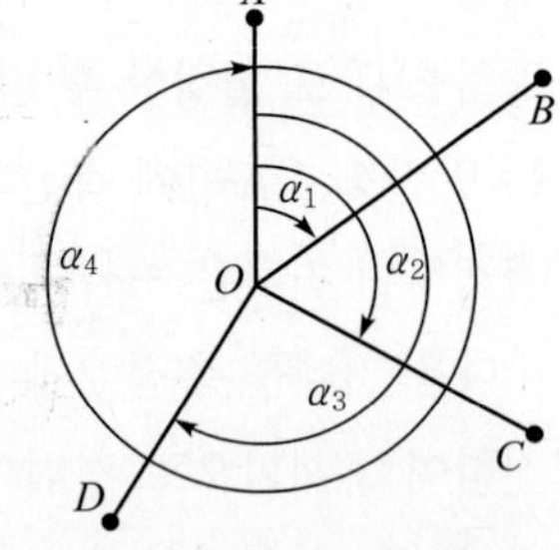

그림 4-22 방향각관측법

① 원방향인 A점은 B, C, D점을 관측할 때 기준이 되므로 OA를 기준방향으로 하며 고저차와 거리가 관측하기 좋은 방향이어야 한다.

② 기계를 O점에 세우고 망원경을 정위로 0°에 맞추어 고정하고 원방향인 A점을 시준한 후 A점을 기준으로 B, C, D의 순서로 시준하여 관측값을 기재한다.

③ D점까지 관측이 끝나면 계속 우회하여 원방향점인 A점을 시준하여 360°를 확인한 후 눈금을 읽어 기재한다. (360°가 되지 않았을 경우에는 폐색차이므로 폐색차 란에 기재한다.)

④ ①~③과 같이 관측한 사항을 정측회(正測回)라 한다.

⑤ 망원경을 반전하여 수평분도반의 눈금이 180° 근사값이 되면 망원경을 반위로 하여 원방향인 A점을 시준하고 눈금의 읽음 값을 기재한다.

⑥ 망원경을 정측회와는 반대방향인 좌회각으로 D, C, B 순으로 시준하여 관측값을 기재한다.

⑦ B점까지 관측이 끝나면 계속 좌회하여 원방향점인 A점을 시준하여 180°가 되는지 확인한 후 눈금을 읽어 기재한다.

⑧ ⑤~⑦과 같이 관측한 사항을 반측회라 하고 정측회와 반측회가 끝나는 경우를 1대회(對回)라고 한다.

⑨ 대회 윤곽도의 결정은 일반적으로 1회를 0°로하고 $\frac{180°}{n}$로 하여 결정하며(n; 는 대회수) 3대회의 경우 1대회는 0°로 하고 2대회는 $\frac{180°}{3}\times 1 = 60°$, 3대회는 $\frac{180°}{3}\times 2 = 120°$가 된다.

⑩ 정반으로 관측하는 이유는 경위의의 검정불량으로 인한 측각오차를 소거하려는데 있다.

⑪ 각 대회에서 정측회는 망원경을 우회하여 관측하고 반측회는 좌회하여 관측하는 이유는 경위의가 좌우의 축이 맞지 않았을 경우에 배분될 수 있도록 하려는 것이다.

2) 수평각 관측부 기재요령

① "측점명"에는 경위의를 세운 점의 번호와 명칭으로 1등, 2등, 3등, 4등, 지적삼각점, 지적삼각보조점이라 기재한다.(예를 들면 "남산 20"으로 기재한다.)

② "시간"란에는 관측시간을 기재하되 각 대회의 처음과 끝나는 시간의 분단위까지 기재한다.

③ "윤곽도"는 지적삼각점은 3대회(0°, 60°, 120°), 지적삼각보조점은 2대회(0°, 90°)로 기재한다.

④ "경위"는 망원경이 정위일 경우에는 "정", 반위일 경우에는 "반"으로 기재한다.

⑤ "순번"은 시준 점의 관측순서에 따라 정위에서는 1,2,3,1로 기재하고 반위일 경우에는 1,3,2,1의 순서로 기재한다.

⑥ "시준점"은 관악11을 기준방향으로 관악11, 관악12, 관악13, 관악11 등과 같이 순서대로 기재한다.

⑦ "방향각"은 실제 현장에서 관측한 값을 그대로 기재한다.

⑧ 조정의 "출발차"는 기계눈금의 오차를 조정하는 방법으로 윤곽도에서 0°, 60°, 120°의 값을 결정할 경우 초단위로 차이 값이 발생한다(각 시준점마다 오차량을 동일하게 배분한다).

⑨ 조정의 "폐색차"는 기계눈금의 오차를 조정하는 방법으로 기계의 관측 결과 값에서 차이 값으로 초단위로 차이가 발생하므로 배분은 다음의 식에 의한다.

제1각에서 ⇒ $\frac{e}{n}$, 제2각에서 ⇒ $\frac{2e}{n}$, 제n각에서 ⇒ $\frac{3e}{n}$(단, e; 폐색차, n; 각도수)

⑩ "결과"란에는 원방향을 0°로 기재하나 정측회일 경우 출발은 0°, 도착은 360°로 기재하고, 반측회일 경우에는 출발은 360°, 도착은 0°로 기재한다.(결과 각도는 측점조정을 마친 각도임에 주의)

⑪ 정측회에서 반측회로 정리할 경우에는 윤곽도란에서부터 결과란까지 굵은 실선으로 표시를 하고 대회를 달리할 경우에는 시간란에서 결과란까지 굵은 선으로 표시하여, 정측회와 반측회, 1대회와 2대회, 3대회를 구분할 수 있도록 한다.

⑫ 관측일자, 관측자, 사용기계, 날씨, 풍력 등은 관측 시간에 발생한 상태로 기재한다.

명칭	풍력속도(m/s)	현상	명칭	풍력속도(m/s)	현상
정온(靜穩)	0.1~0.14	연기가 바르게 오름	질풍(疾風)	6.0~9.90	작은 나뭇가지를 움직임
연풍(軟風)	1.5~3.40	바람의 감각이 있음	강풍(强風)	10.0~14.9	큰 나뭇가지를 움직임
화풍(和風)	3.5~5.90	나뭇잎을 움직임			

3) 수평각 개정계산부 기재요령

수평각 개정계산은 야외에서 관측한 수평각을 측점 조정한 후 관측방향각을 평균하여 평균각을 구하는 것으로 수평각관측부가 정리된 경우에는 수평각개정계산부를 기재한다.

① "측점명"은 경위의를 세운 점의 명칭과 번호를 기재한다(남산 20측점).

② "시준점"은 원방향 부터 순서대로 관악11, 관악12, 관악13과 같이 기재한다.

수평각 관측부								
측 점 명 남산 20점								
시간	윤곽도	경위	순번	시 준 점	방 향 각	조 정		
						출 발 차	폐 색 차	결 과
10:30	0°	정	1	관악11	0° 00′ 00″	″	″	0° 00′ 00″
			2	관악12	85° 35′ 19″			85° 35′ 19″
			3	관악13	195° 50′ 35″			195° 50′ 35″
			1	관악11	360° 00′ 00″			360° 00′ 00″
	180°	반	1	관악11	180° 00′ 01″	−1		360° 00′ 00″
			3	관악13	155° 50′ 36″	−1		195° 50′ 35″
			2	관악12	265° 35′ 20″	−1		85° 35′ 19″
			1	관악11	180° 00′ 01″	−1		0° 00′ 00″
	60°	정	1	관악11	360° 00′ 00″			0° 00′ 00″
			2	관악12	145° 35′ 18″			85° 35′ 18″
			3	관악13	255° 50′ 35″			195° 50′ 35″
			1	관악11	60° 00′ 00″			360° 00′ 00″
	240°	반	1	관악11	240° 00′ 01″	−1		360° 00′ 00″
			3	관악13	75° 50′ 39″	−1	−1	195° 50′ 37″
			2	관악12	325° 35′ 19″	−1	−2	85° 35′ 16″
			1	관악11	240° 00′ 03″	−1	−2	0° 00′ 00″
	120°	정	1	관악11	120° 00′ 00″	−1	−1	0° 00′ 00″
			2	관악12	205° 35′ 22″	−1	−2	85° 35′ 22″
			3	관악13	315° 50′ 35″	−1	−2	195° 50′ 35″
			1	관악11	120° 00′ 00″	−1	−2	120° 00′ 00″
	300°	반	1	관악11	300° 00′ 00″	−1	−2	0° 00′ 00″
			3	관악13	135° 50′ 34″		+2	195° 50′ 36″
			2	관악12	25° 35′ 18″		+2	85° 35′ 20″
			1	관악11	299° 59′ 57″		+3	360° 00′ 00″
2012. 10 . 2 관측		관 측 자 : 홍 길 동		사용기계 : GTS-313		날 씨 : 맑 음		풍력 : 화풍

③ "방향각"란의 모든 각도는 수평각계산부의 결과란 값을 기재한다.

④ "0° 의 정측회" 란에는 수평각계산부 결과란에 기재된 도, 분, 초의 값을 기재하고 반측회란에는 분, 초단위만 기재한다.

⑤ "평균값"란에는 윤곽도별 정측회란과 반측회란의 평균값을 기재하되 초단위이하 1자리 숫자까지 기재한다.

⑥ "중심각"란은 앞의 시준점과 뒤의 시준점의 평균값의 차이 값을 기재하되 초단위 이하 1자리 숫자까지 기재한다. (예; 195° 50′ 35.5″ − 85° 35′ 19.0″=110° 15′ 16.5″)

수평각개정 계산부									
측점명	시준점	방 향 각							중 심 각
		0°		60°		120°		평 균	
		정	반	정	반	정	반		
남산20	관악11	00° 00′ 00.0″	00′ 00.0″	00′ 00.0″	00′ 00.0″	00′ 00.0″	00′ 00.0″	00° 00′ 00.0″	85° 35′ 19.0″
	관악12	85° 35′ 19.0″	35′ 19″	35′ 18″	35′ 16″	35′ 22″	35′ 20″	85° 35′ 19.0″	64° 44′ 39.8″
	관악13	195° 50′ 35″	50′ 35″	50′ 35″	50′ 37″	50′ 35″	50′ 36″	195° 50′ 35.5″	49° 25′ 54.3″
	관악11	360° 00′ 00.0″	00′ 00.0″	00′ 00.0″	00′ 00.0″	00′ 00.0″	00′ 00.0″	360° 00′ 00.0″	

(6) 각 관측법

각관측법(Method of Angle)은 수평각관측방법 중에서 가장 정확한 값을 얻을 수 있는 방법으로 독립된 관측방법이다. 기선망측량 및 삼각측량 등에 사용되며 관측할 여러 개의 방향선 사이의 각을 차례로 방향각관측법으로 관측하여 최확값을 구한다. 각 관측방법은 고도의 정밀도를 요하는 측량에서 사용하는 관측방법으로 여러개의 시준점을 기준이 되는 원방향으로 관측하여

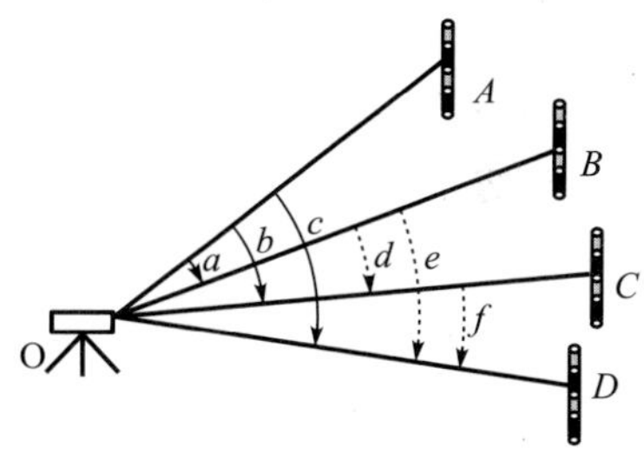

그림 4-23 각 관측법

얻어진 각을 최소제곱법에 의하여 계산하며 각관측법의 순서는 그림 4-23과 같이 O점에 기계를 세우고 $\angle AOB$, $\angle AOC$, $\angle AOD$를 독립하며 각각 n대회(기선망의 측량에서는 12대회, 대삼각망본점측량에서는 6대회)를 관측한다.

다음은 $\angle BOC$, $\angle BOD$를 같은 방법으로 관측한다. 즉, 1측점에서 관측할 방향수가 n방향인 때 총 관측각 수는 $\frac{1}{2}n(n-1)$로 구하고자 하는 각수$(n-1)$과의 차만큼 조건식이 생긴다. 그림 4-23과 같이 관측방향 $n = 4$인 경우 총 관측각의 수는 a, b, c, d, e, f 등 6개, 구하는 각수는 a, d, f의 3개 이다. 따라서 조건식은 $a+d = b$, $a+d+f = c$, $d+f = e$ 이다.

4.3.2 편심관측과 귀심계산

(1) 편심관측

편심관측은 표석과 측표 및 기계의 중심이 연직선으로 일치되어야 하나 삼각점의 중심에 기계를 세울 수 없을 경우 또는 시준점을 시준할 때 장애물 등으로 인하여 표척을 세우지 못 할 경우에도 부득이 측량을 실시해야 할 삼각점 또는 시준점의 가까운 거리(약 5.0m)에 이동하여 기

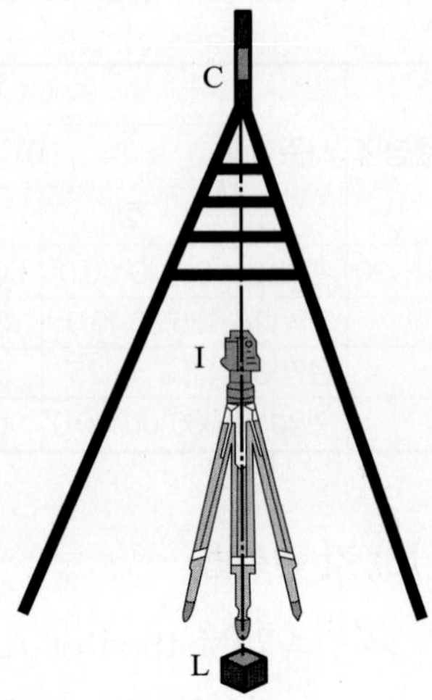

계를 세우거나 측표를 세워서 관측한 방법을 말한다. 이와 같이 관측한 값을 이용하여 정위치의 삼각점 또는 시준점의 위치를 계산하는 방법으로는 측점의 위치에서 이동하여 기계를 설치하여 관측하는 것을 측점편심, 시준점의 위치를 이동한 측표를 관측하는 방법을 점표편심관측으로 구분할 수 있다. 귀심계산은 측표, 표석, 기계가 일치한 조건에서 관측한 값으로 계산하는 것이며 귀심계산에 필요한 편심거리와 편심각을 편심요소라 한다.

편심관측방법은 표석(Land Mark)의 중심을 L, 기계(Instrument)의 중심을 I, 측표의 중심을 C로 표시하면 $I \neq L = C$, $I = L \neq C$, $I = C \neq L$, $I \neq C \neq L$와 같이 4가지로 구분할 수 있다. 측점편심은 그림 4-24와 같이 C는 중심삼각점, E는 편심측점, O, P는 시준점, k는 편심거리, s는 시준점과 중심삼각점간 거리라 하며

$$\sin\frac{\gamma_1}{k} = \sin\frac{ø}{S_1},\ \frac{\sin\gamma_2}{k} = \frac{\sin(ø - t_1)}{S_2}\text{이고 } \sin\gamma = \frac{k \cdot \sin ø}{s}\text{이며}$$

$$\gamma\text{가 아주 작을 경우에는 } \sin\gamma = \gamma \cdot \sin 1''\text{가 되므로 } \gamma'' = \frac{k \cdot \sin ø}{s \cdot \sin 1''}\text{에서}$$

$$\rho = \frac{1}{\sin 1''}\text{라 하면 } \gamma'' = \frac{k \cdot \sin ø}{S}\rho''\text{이다.}$$

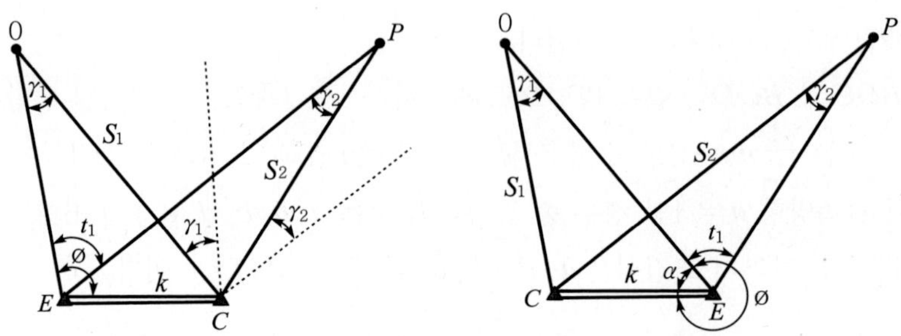

그림 4-24 편심거리

점표편심은 시준점(P)를 관측하지 못하고 C를 관측하였을 경우 $\sin\frac{\gamma_1}{k} = \sin\frac{\alpha}{S_1}$에서 $\sin\gamma = \frac{k \cdot \sin\alpha}{S}$이다.

$\gamma'' = \dfrac{k}{S}\sin\alpha \cdot \rho''$ 편심거리가 긴 경우 아래의 그림에서 s, e, α를 측정하여 γ 및 s'를 구할 필요가 있을 경우에는 sin법칙에 의거

$$\frac{\sin\gamma}{S} = \frac{\sin\alpha}{e} = \frac{\sin\gamma - \sin\alpha}{S-e} = \frac{\sin\gamma + \sin\alpha}{S+e}$$

$$\therefore \frac{\sin\gamma - \sin\alpha}{\sin\gamma + \sin\alpha} = \frac{s-e}{s+e}$$

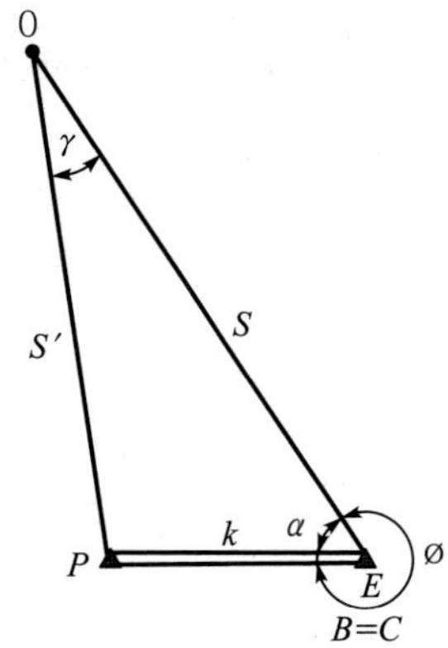

그림 4-25 점표편심

이것을 변형하면 $\dfrac{2\cos\frac{1}{2}(\gamma+\alpha)\cdot\sin\frac{1}{2}(\gamma-\alpha)}{2\sin\frac{1}{2}(\gamma+\alpha)\cdot\cos\frac{1}{2}(\gamma-\alpha)} = \dfrac{s-e}{s+e}$

$\tan\frac{1}{2}(\gamma-\alpha) = \dfrac{s-e}{s+e}\cdot\tan\frac{1}{2}(\gamma+\alpha)$

$\gamma+\alpha = 180° - \lambda$로 기지이고

여기서, $\frac{1}{2}(\gamma-\alpha)$가 구하여지므로 γ와 α는 계산 할 수 있다.

그러므로 $s' = s\cos\alpha + e\cos\gamma$가 된다.

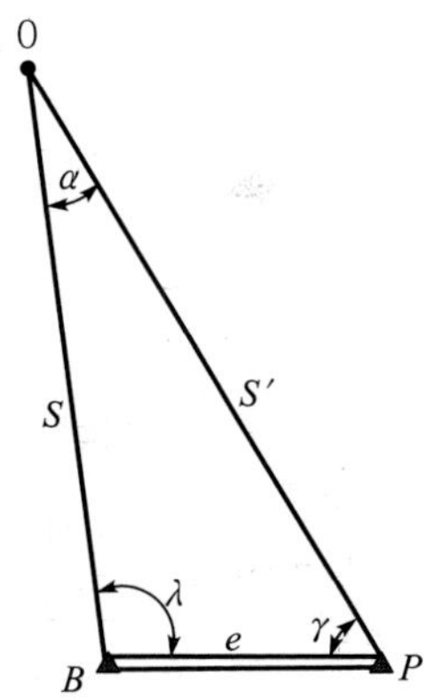

(2) 측점귀심

수평각 측점귀심은 중심삼각점 이외에 되도록 가까운 곳에 편심된 측점을 설치하고 기계를 설치하여 각도를 관측하고 삼각점의 중심점에서 관측한 것과 같은 값을 계산하는데 이를 수평각의 측점귀심이라 한다. 그림 4-26과 같이 중심삼각점과 편심점의 수평거리(편심거리) 및 편심점에서 중심점의 방위각을 측정하여야 한다.

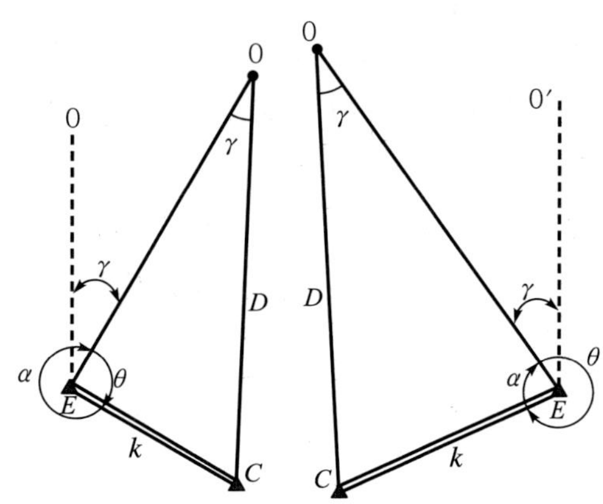

그림 4-26 수평각 측점귀심

여기서, C; 중심삼각점, E; 편심측점, k; 편심거리 (mm단위까지 2회 측정하여 평균), O; 시준점, D; 시준점과 삼각점간 거리, θ; OEC의 내각, α; $360° - \theta$, γ; 편심각이다.

편심각(γ)을 계산하려면 $\triangle OEC$에서 $\frac{\sin\gamma}{k} = \frac{\sin\alpha}{D}$이므로 $\sin\gamma = \frac{k \cdot \sin\alpha}{D}$이지만 대부분 편심각($\gamma$)은 미세한 각이므로 $\sin\gamma = \gamma\sin1''$로 할 수 있다.

그러므로 $\sin\gamma = \frac{k \cdot \sin\alpha}{D \cdot \sin1''}$, $\gamma'' = \sin^{-1}(\frac{k \cdot \sin\alpha}{D})$이 되며, $\frac{1}{\sin1''} = \rho''$라 할 수 있으며 $\gamma'' = \frac{k \cdot \sin\alpha}{D} \cdot \rho''$이 된다. ($\rho = \frac{180 \times 60 \times 60}{\pi} = 206264.8''$로 $\sin1''$값) 또한, 편심각은 초단위의 차이라 할 수 있으며 그림 4-27의 수평각 측점귀심계산부의 기재방법은 다음과 같다.

① "측점명"란에는 "관악 10"을 기재하고 "편심거리(k)"는 직접 2회 측정하여 평균한 값을 "θ값" 또는 관측한 값을 그대로 기재한다.

② "시준점"란에는 약도의 O, P, Q, R, S 등에 해당하는 명칭과 시준점 번호를 기재한다.

③ "관측방향각"란에는 수평각개정계산부 편심측정의 경우에 평균 각도를 그대로 기재한다.

④ "$360° - \theta$"은 상부 계산된 값을 그대로 기재하되 각 시준점마다 동일하게 기재한다.

⑤ "α"란에는 관측방향각과 $360° - \theta$를 합하여 기재하고 "$\frac{1}{D}$"란은 중심삼각점과 시준점간의 관측거리의 역수(逆數)를 기재한다.

⑥ "$\frac{1}{\sin1''}$"란에는 $\rho'' = \frac{180 \times 60 \times 60}{\pi} = 206265''$로 $\sin 1''$값의 역수를 기재하며 일반적으로 상수(常數)처럼 사용되며 "$\sin\alpha$"란은 "α"값에 sin한 값을 기재한다.

⑦ "γ"란은 공식 $\gamma'' = \frac{k \cdot \sin\alpha}{D \cdot \sin1''}$에서 곱하기로 표시하면 $\gamma'' = k \times \sin\alpha \times \frac{1}{D} \times \frac{1}{\sin1''}$로 계산하고 "$\gamma$"란은 γ''는 분, 초단위로 계산하여 기재한다.

⑧ "중심방향각"란은 "관측방향각"에 "γ"를 합하여 기재한다.

⑨ "C점에서 O점을 0°로한 중심방향각"란에는 경1의 경우는 관측방향각인 0°를 그대로 기재하고, 문2의 경우는 "문2의 중심방향각에서 경1의 중심방향각"을 뺀 값을 기재한다.

⑩ "중심각"란에는 "문2의 조정중심각에서 경1의 조정중심각"을 뺀 값을 기재한다.

예제 4.4 그림에서 K = 4.350m, D_1 = 3,573.38m, D_2 = 4,022.76m, θ = 275°28′30″, ∠OEP = 68°38′58″일 때 ∠OCP를 계산하시오.

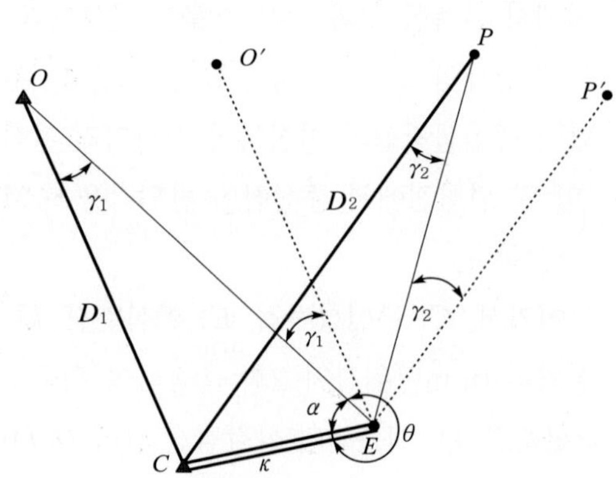

풀이 E점에서 CO에 나란히 EO'와 EP에 나란한 $\angle OCP = \angle O'EP'$ 그러므로 $\angle O'EP' = \angle OEP$가 된다. 편심각($\gamma_1$)을

계산하려면 $\triangle CEO$에서

$$\frac{\sin\gamma_1}{k} = \frac{\sin\alpha}{D_1}\text{이므로 } \gamma_1 = \sin^{-1}\frac{k\cdot\sin\alpha}{D_1}\text{이다.}$$

$$\alpha = 360° - \theta = 360° - 275°28'30'' = 84°31'30''$$

$$\gamma_1 = \sin^{-1}\frac{4.350\times\sin 84°31'30''}{3573.38} = 0°04'10''$$

$$\gamma_1'' = \frac{k\cdot\sin\alpha}{D_1}\cdot\rho'' = \frac{4.350\times\sin 84°31'30''}{3573.38}\times 206265 = 249.9'' = 0°04'10''$$

대부분 편심각(γ)은 미세하므로 $\sin\gamma = \gamma\sin 1''$로 할 수 있다.

여기서, $\frac{1}{\sin 1''} = \rho''$라 할 수 있으며

($\rho'' = \frac{180\times 60\times 60}{\pi} = 206{,}265''$로 $\sin 1''$값)

또한 편심각은 초(秒)단위의 차이라 할 수 있다.

$$\frac{\sin\gamma_2}{k} = \frac{\sin\alpha}{D_2}\text{에서}$$

$$\alpha = 84°31'30'' + 68°38'58'' = 153°10'28''$$

$$\gamma_2 = \sin^{-1}\frac{4.350\times\sin 153°10'28''}{4022.76} = 0°01'40.6''$$

$$\gamma_2'' = \frac{k\cdot\sin\alpha}{D_2}\cdot\rho'' = \frac{4.350\times\sin 153°10'28''}{4022.76}\times 206265 = 100.6'' = 0°01'40.6''$$

$$\angle OCP = \angle O'EP' = \angle OEP - \gamma_1 + \gamma_2$$

$$= 68°38'58'' - 0°04'10.0'' + 0°01'40.6'' = 68°36'28.6''$$

$\therefore$ $\angle OCP$ $68°36'28.6''$이다.

예제 4.5 다음 그림과 같이 관악 10점에서 수평각 및 거리를 관측한 결과를 서식에 의해 귀심계산을 하시오. (편심거리 k = 4.545m, θ = 237°22′35.5″, C : 중심삼각점, E : 편심각, 360°−β = 122°37′24.5″)

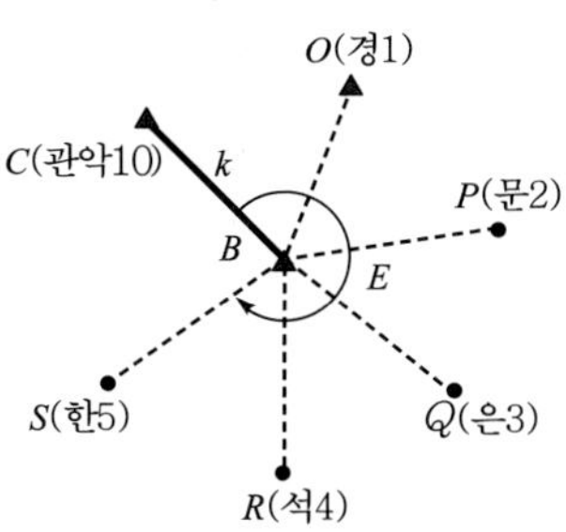

그림 4-27 측점 귀심

시 준 점	관측방향각	거 리(m)
O = 경1	0° 00′ 00.0″	3322.76
P = 문2	65° 45′ 43.5″	2536.43
Q = 은3	158° 13′ 16.8″	2818.10
R = 석4	243° 42′ 35.6″	2940.80
S = 한5	310° 23′ 22.6″	3026.55

[별지 제35호 서식]

수평각 측점귀심계산부

$\gamma'' = \dfrac{k \cdot \sin\alpha}{D \cdot \sin 1''}$

α : 관측방향각+(360° − θ)

K : 편심거리,

D : 삼각점간거리

측점명 관악 10점

k= 4 · 545m

	360° 00′ 00.0″
θ =	237° 22′ 35.5″
360° − θ =	122° 37′ 24.5″

시 준 점	O = 경1	P = 문2	Q = 은3	R = 석4	S = 한5
관측방향각	0° 00′ 00.0″	65° 40′ 43.5″	158° 13′ 16.8″	243° 42′ 35.6″	310° 23′ 22.6″
360°− θ	122° 37′ 24.5″	122° 37′ 24.5″	122° 37′ 24.5″	122° 37′ 24.5″	122° 37′ 24.5″
α	122° 37′ 24.5″	188° 23′ 08.0″	280° 50′ 41.3″	62° 00′ 00.1″	73° 00′ 47.1″
	(3322.76m)	(2536.43m)	(2818.10m)	(2940.80m)	(3026.55m)
1/D	0.000301	0.000394	0.000355	0.000340	0.000330
1/sin″	206264.8	206264.8	206264.8	206264.8	206264.8
K	4.545m	4.545m	4.545m	4.545m	4.545m
sin α	0.842232	−0.145834	0.982140	0.110313	0.956371
γ''	+237.7″	−53.9″	−398.8″	+35.2″	+295.9″
γ	+3′ 57.7″	−53.9″	−6′ 38.8″	+35.2″	+4′ 55.9″
중심방향각	0° 03′ 57.7″	65° 44′ 49.6″	158° 06′ 38.0″	243° 43′ 10.8″	310° 28′ 18.5″
C 점에서 O점을 0°로 한 중심방향각	0° 00′ 00.0″	65° 40′ 51.9″	158° 02′ 40.3″	243° 39′ 13.1″	310° 24′ 20.8″
중 심 각	65° 40′ 51.9″	92° 21′ 48.4″	85° 36′ 32.8″	49° 35′ 49.2″	
비 고	D : 중심삼각점과 시준점간 거리, γ'' : 초를 단위로 한 귀심 화수 (부호는 sin α 의 정, 부에 따라 붙임) γ : 분초를 환산한 귀심화수				

약 도

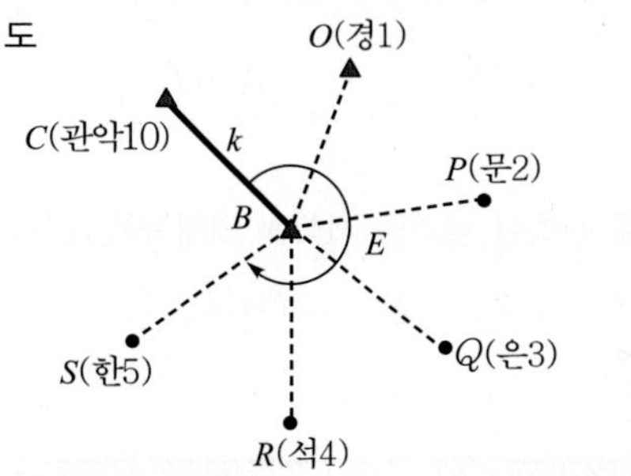

C : 중심삼각점

E : 편 심 측 점

K : 편 심 거 리

(3) 점표귀심

수평각의 점표귀심(覘標歸心) 계산은 수평각 측점귀심 계산과는 반대로 시준점에 세운 표척이 그림 4-28과 같이 점의 중심에서 벗어나 있을 경우에 시준점에서 가까운 거리에 잘 보이는 지물이나 시준점을 편심하여 점표의 중심을 시준한 것과 같은 값을 계산하고 수평각을 얻는 방법을 말한다. 그림 4-28과 같이 $\angle AOB$를 측정하여야 하나 장애물이 있어 B점을 관측하지 못하고 이동된 B' 점을 시준한 경우에는 관측각 $\angle AOB'$를 계산하여 $\angle AOB$의 각을 계산하는 방법이다.

OB의 거리는 계산거리이며 BB'의 거리가 적을 경우에는 약도에서 구한 거리를 사용하여도 관계없다. 그러나 $B'O$의 선상에 B점에서 BE의 거리를 지상에서 mm단위로 측정하거나 BB와 $\angle BB'O$에 의해 계산한 수치로 편심각 $\angle BOB'(\gamma) = \dfrac{BE}{BO \cdot \sin 1''}$을 구할 수 있다.

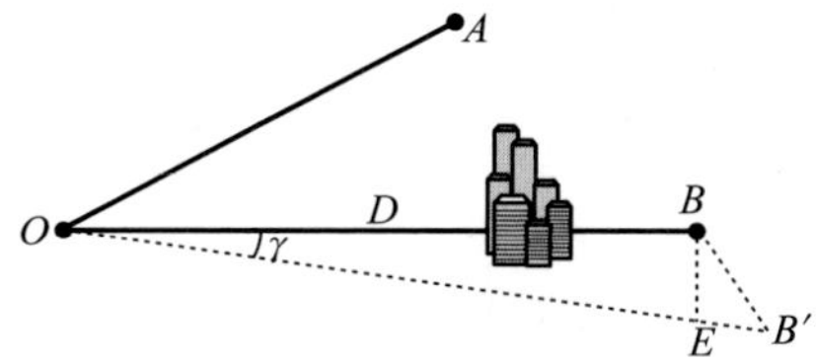

그림 4-28 점표귀심

하지만, γ각이 계산되면 중심방향선의 방향에 따라서 우측은 "−", 좌측은 "+" 부호를 붙이며 D는 기지점간 계산거리이고 BE는 측정거리이며 수평각 점표귀심계산부의 기재요령은 다음과 같다.

① "측점명"란에는 "관악 10"과 같이 기재하고 "편심거리(k)" 및 "삼각점간거리(D)"는 직접 측정한 값을 그대로 기재한다.

② "편심시준점"란에는 약도의 O', P', Q'에 해당하는 명칭과 편심시준점의 번호를 기재한다.

③ "관측방향각"란에는 수평각관측부의 측점조정결과 값의 각도를 그대로 기재하고 "$\dfrac{1}{D}$"란은 중심삼각점과 측점간의 관측거리의 역수(逆數)를 기재한다.

④ "$\dfrac{1}{\sin 1''} = \rho''$"란에는 $\rho'' = \dfrac{180 \times 60 \times 60}{\pi} = 206264.8''$로 $\sin 1''$값의 역수를 기재하며 일반적으로 상수(常數)처럼 사용된다.

⑤ "γ"란은 $\gamma'' = k \times \dfrac{1}{D} \times \dfrac{1}{\sin 1''}$로 계산하여 기재하고 "$\gamma$"란은 γ''를 분, 초단위로 환산하여 기재한다. 단, 편심방향관측이 중심방향선의 우측에 있는 경우에는 (−)부호를 좌측에 있는 경우에는 (+) 부호를 붙인다.

⑥ "중심방향각"란은 관측방향각에 γ를 합하여 기재한다.

[별지 제35호 서식]

수평각점표귀심계산부

$\gamma'' = \dfrac{k}{D \cdot \sin 1''}$

K : 편심거리

D : 삼각점간거리

측점명 관악산 점

k = 2·32m

= 2·46

= 3·64

D = 1613·80

= 1465·28

= 2207·06

편 심 시 준 점	O' =무등	P' =고초	Q' =월출
관측방향각	15°30′45.5″	60°10′18.3″	78°56′30.7″
K	2·32 m	2·46m	3·64m
1/D	0·000620	0·000682	0·000531
1/sin1″	206264·81	206264·81	206264·81
γ''	+296·7″	+346·0″	+398·7″
γ	+4′56·7″	+5′46·0″	+6′38·7″
중심방향각	15°35′42.2″	60°16′04.3″3	80°03′08.4″
비 고	γ : γ''를 분초로 환산하여 기입하고 편심방향관측이 중심방향선의 좌측에 있는 때에는 (+), 우측에 있는 때에는 (−)부호를 붙인다. k : 5m 이내일 것 D : 약치라도 가함		

약 도

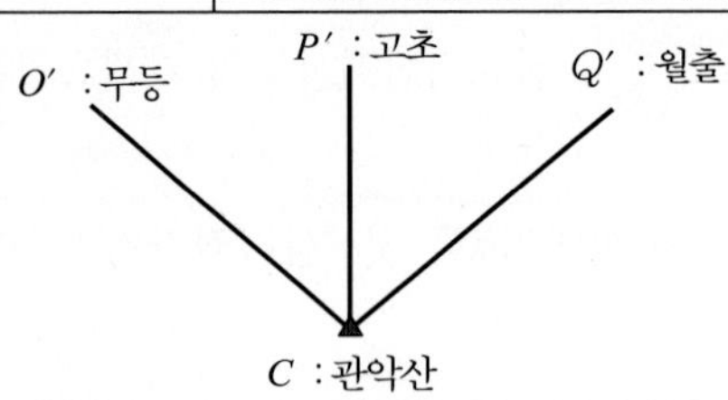

※중심방향선은 실지와 부합하도록 기입할 것

C = 측 점

O′, P′, Q′ = 편심시준점

4.3.3 연직각 관측

(1) 천정각과 천저각

그림 4-29와 같이 천정(天頂)이라 함은 관측자의 중력방향이 머리 위에서 천구면(天球面)에 닿는 점으로 천정을 기준으로 나타낸 각(Z)를 말한다. 천저(天底)라 함은 수직선이 관측자의 발밑에서 지구를 뚫고 천정의 반대쪽의 천구에 닿는 점 Z'를 말하는데 천저를 기준으로 나타낸 각을 말한다. 천정은 직접 볼 수 있어도 천저는 지구가 가로 막혀 이를 직접 볼 수 없으므로 천정거리는 천정각(天頂角)이라 하고 이는 관측자의 천정이 천체와 이루는 수직각으로서 천체의 천정각(Z)과 고저각(α)과는 여각의 관계로서 $\alpha = 90° - Z$이다. 여각은 2개 이상의 각을 합쳐 90°가 되었을 때에 그 서로를 일컫는 것으로 10°는 80°의 여각이고, 60°는 30°의 여각이라고 하며 천정거리는 천정이 0°이고 수평선은 90°이다.

(2) 올려본각과 내려본각

연직각의 측정은 망원경을 수평축 주위로 회전시켜 연직분도반에 의하여 측정하는 것이다. 연직각의 눈금은 0~360°가 표시되어 있지만 망원경이 수평일 경우 눈금이 90°와 270°를 나타내고 있다. 연직각의 관측은 수평각과 같이 망원경을 정반으로 관측하여 기계오차를 소거하며 정반위의 관측값을 평균한다. 연직각의 관측은 주로 삼각점의 표고를 계산하기 위하여 실시하고 연직각은 고저각이라고도 하며 그림 4-29와 같이 시준선과 수평선을 이루는 각을 말하는데 시준선이 수평선보다 위에 있으면 올려다본 각(+), 아래쪽에 있으면 내려다본 각(−)이라고 한다.

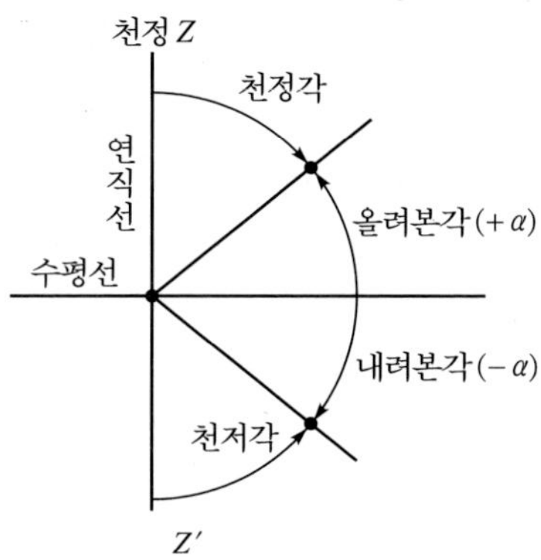

그림 4-29 연직각 관측방법

연직각은 언제나 시준목표를 기계고와 같은 높이로 하며 삼각측량에서는 편의상 점표의 복판에 하단 또는 측량기를 시준하고 계산에 의하여 기계고를 시준한 값으로 환산한다. 현재 제작되는 경위의는 종전의 기계와는 달리 연직분도는 수평분도와 같은 정도를 독정할 수 있게 되어 있는 것이 많으며 기계에 따라 천저를 0°로 하여 90°를 수평으로 하는 것이 많다. 연직각 관측은 수평각 관측과 마찬가지로 망원경을 정·반 관측하여 기계오차를 소거하고 기계의 설치 및 관측준비는 수평각 관측의 일반사항과 같으며 법규정에는 다음과 같다.

① 각 측점에서 정·반으로 2회 관측하여 정·반 관측값의 최대값과 최소값의 교차가 30초 이내인 때에는 그 평균값을 연직각으로 한다.

② 2개의 기지점에서 소구점의 표고를 계산한 결과 그 교차가 0.05m+0.05(S_1+S_2)m 이하인 때에는 그 평균값을 표고로 한다. 이 경우 S_1과 S_2는 기지점에서 소구점까지의 평면거리로서 킬로미터단위로 표시한 값을 말한다.

연 직 각 관 측 부						
측점명 무10 점						
시 분	시 준 점	윤 곽	경 위	관 측 각	연 직 각	평 균
10:30	소10	90	정	92° 35′ 04″	2° 35′ 04″	
		270	반	267° 24′ 56″	2° 35′ 04″	
		90	정	92° 35′ 06″	2° 35′ 06″	
11:00		270	반	267° 24′ 56″	2° 35′ 04″	2° 35′ 05″
기계고 i = 1.20m 시준고 f = 1.54m						
측점명 점						
시 분	시 준 점	윤 곽	경 위	관 측 각	연 직 각	평 균
14:30	무10	90	정	93° 20′ 30″	3° 20′ 30″	
		270	반	266° 39′ 30″	3° 20′ 30″	
		90	정	93° 20′ 32″	3° 20′ 32″	
15:00		270	반	266° 39′ 30″	3° 20′ 30″	3° 20′ 31″
기계고 i = 1.53m 시준고 f = 1.50m						
약 도 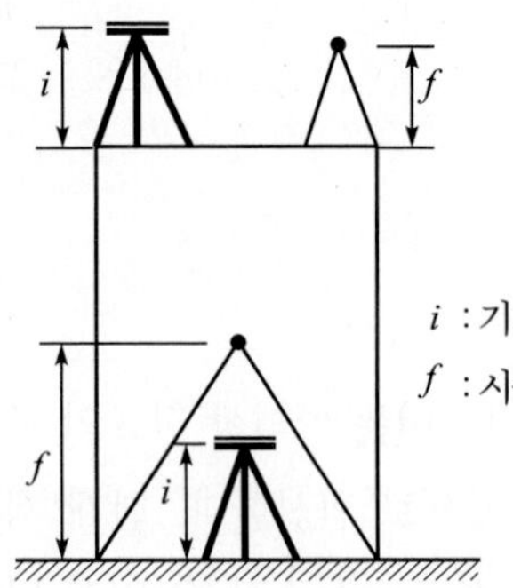			기재상 주의 1. 관측시간은 시작과 끝시간을 기재한다. 2. 윤곽은 정측회 또는 반측회에서 수평에 해당하는 각도를 기재한다. 3. 천저를 0°로 한 기계를 사용하는 때에는 특정한 그대로의 각을 기재하고 연직각은 다음 식에 의하여 산출한다. 정측회 = 관측 값 − 90° 반측회 = 270° − 관측 값 4. 올려본각 또는 내려본각의 부호는 최종평균란에만 기입한다.			
2011 .12 .02.관측	관측자 : 홍길동		사용기계 : GTS-3130D		날씨 : 맑음	풍력 : 정온

4.3.4 표고계산

삼각측량에서 표고계산은 광파측거기에 의하여 측정된 연직각과 거리를 사용하여 2점간의 고저차를 계산하고 구차와 기차를 보정하여 표고를 계산하는 것이다. 연직각의 측정은 그림 4-30과 같이 시준선 광도(光度)의 상하굴절이 수평각측정의 굴절에 비하여 크게 나타나고 고도측정에서 높은 정밀도를 기대할 수가 없으므로 그 방향으로부터 평균값을 채택하고 있다. 연직각의 측정은 2개의 기지점에서 미지점의 표고계산에 사용되며, 2개의 기지점의 선택기준은 거리가 짧을

수록 좋다. 그 이유는 기차$(hr) = -\frac{ks^2}{2R}$은 거리 s에 비례하여 증가하므로 표고계산에 영향을 미치기 때문이다. 또한 굴절계수(k)는 계절뿐 만 아니라 관측 중에도 시시각각 변화하므로 일정한 정수라 할 수 없다. 표고계산에서 양방향으로 관측하는 이유는 구차 및 기차를 합한 양차를 소거할 수 있으므로 정밀을 필요로 하는 지적측량에서는 양방향 관측방법을 채택하고 있다. 수평거리(L)는 2점(기지점)의 좌표가 결정되었을 경우에는 역계산으로 산출할 수 있지만 소구점(미지점)의 경우는 경사거리를 관측하여 수평거리로 계산하고, $\tan\frac{(\alpha_1-\alpha_2)}{2}$는 각점의 올려본 각과 내려본 각을 관측하여 평균한 후 tan 값으로 계산한다.

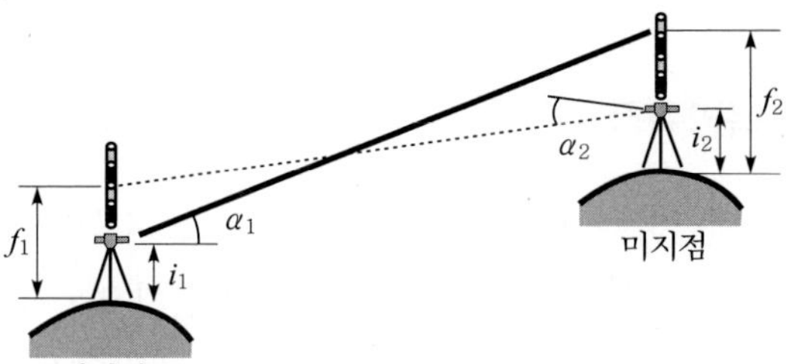

그림 4-30 연직각관측

수평거리는 $L = D \cdot \cos\alpha_1 = D \cdot \cos\alpha_2$로 계산되며 D는 경사거리, α_1, α_2는 연직각이다.

고저차는 기지점과 소구점의 기계고와 시준고의 차이를 평균한 값으로 $\frac{(i_1-i_2+f_1-f_2)}{2}$는 두 기지점에서 소구점의 표고를 산출하여 평균한 후 기재한다.

$$h = L \cdot \tan\frac{(\alpha_1-\alpha_2)}{2} + \frac{(i_1-i_2+f_1-f_2)}{2}$$ 이며 $H_2 = H_1 + h$가 된다.

여기서 주의할 사항은 α_2의 부호가 (−)이므로 $(\alpha_1-\alpha_2)$의 계산에서는 $+\alpha_2$가 된다.

소구점의 표고계산 $H_2 = H_1 + L \cdot \tan\frac{(\alpha_1-\alpha_2)}{2} + \frac{(i_1-i_2+f_1-f_2)}{2}$이다.

여기서, H_1; 기지점 표고, H_2; 소구점 표고, h; 고저차, L; 수평거리, i_1, i_2; 기계고, f_1, f_2; 시준고, 교차 = H_2-H_1, 공차 = $0.05\text{m}+0.05(S_1+S_2)\text{m}$이고, S_1, S_2는 두 기지점으로부터 소구점까지의 거리를 km단위로 한 수치이다.

4.4 방위각

지구는 타원체이므로 측량에서 지상에 설정하는 직선은 원호라고 할 수 있으며 적도 및 자오선은 대원이지만 위도의 평행권(平行圈)은 지구의 양극(兩極)에 가까워질수록 소원(小圓)이다. 일반적으로 방향각은 수평각에서 도면의 북쪽을 기준으로 우회한 각도로 360°까지 관측하는 것으로 도북방위각이라 하는데 지적측량에서는 도북을 기준으로 우회한 각도를 방위각이라 한다. 방위각은 직선에서 1점을 통과하는 자오선과 이루는 각도를 진북방위각이라고 한다. 또한, 방위각은 그 직선을 포함하는 대원이 어떤 기준대원과 이루는 각도를 말하는데, 기준대원(基準大圓)은 일반적으로 측량지역의 중앙을 통과하는 자오선을 채택하고 있는 것이다.

4.4.1 진북방위각과 도북방위각

자오선은 북극과 남극을 연결하는 유일한 선을 말하며 그림 4-31에서 O = 지구의 중심, P = 극, AB = 관측점이라고 하면, A에서 B를 관측한 진방위각은 자오선면 PAO와 A, B를 통과하는 대원면(大圓面) BAO가 이루는 각도이고, B에서 A를 관측한 진방위각은 평면 PBO와 평면 ABO가 이루는 각도이다. 만약, PAO 및 PBO가 평행이라면 평면 ABO가 자오선면과 만나서 이루는 각도는 서로 보각이 된다.

그러나 2개의 자오선면은 A와 B점의 경도차만큼 기울고 있으므로 망원경을 정위로 관측한 방위각은 망원경을 반위(反位)로 관측한 방위각과 서로 보각이 되지 않는다. 그러나 일반적인 방위각에서는 1개의 기준자오선면을 기준으로 하기 때문에 AB의 방위각과 BA의 방위각은 모두 A 또는 B를 통과하고, 기준자오선에 평행인 평면에서 이를 측량하므로 정 · 반 방위각이 서로 보각을 이룬다.

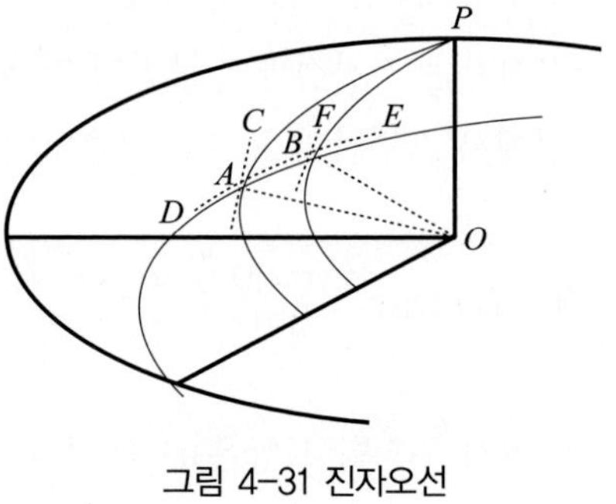

그림 4-31 진자오선

어느 지점으로부터 다른 지점을 표시하는 방향은 자오선의 북을 기준으로 측정하는 것을 방위각이라 하며, 좌표축의 X축에 평행한 방향의 북을 기준으로 하는 것을 방향각 이라고 한다. 방위각(Azimuth Method)은 측량에서 사용하는 방향의 기준에 따라서 그림 4-32와 같이 진북방위각, 도북방위각, 자북방위각의 3가지로 구분 하며 지적측량에서 사용한 방위각은 도북방위각을 의미한다.

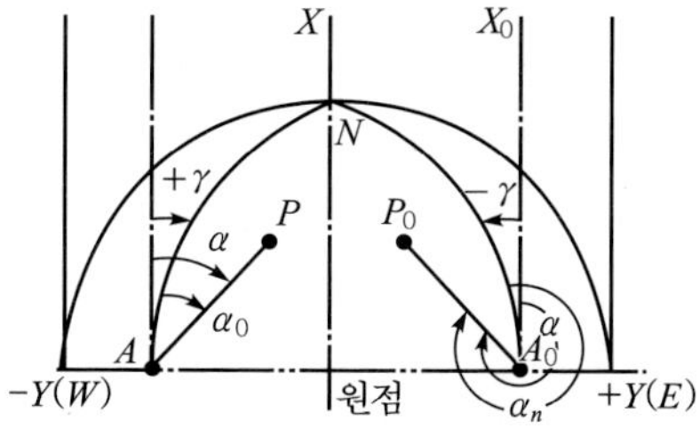

그림 4-32 진북과 도북방위각

(1) 진북방위각

진북방위각은 자오선의 북방향을 기준으로 시계방향으로 측정한 각을 말하며 일반적으로 측지측량에서 많이 이용된다. X축에 평행한 축을 기준으로 하여 표시할 때의 각도를 말하며 원점의 동쪽에서는 (−), 서쪽에서는 (+)로 표시한다. 진북방위각의 계산은 $\alpha_0 = \alpha - (\pm\gamma)$이며 도북방위각의 계산식은 $\alpha = \alpha_0 + (\pm\gamma)$이고 진북방위각과 도북방위각의 차이에 해당하는 자오선 수차의 계산은 $\pm\gamma = \alpha - \alpha_0$가 된다. 그림 4-32에서 α_0; 진북방위각, α; 도북방위각, γ; 자오선수차, N; 진북방향, X, X_0; 도북방향이다. 평면상에서는 방향각과 평면거리로 표시하며 방위각과 방향각은 원점의 자오선상의 지점에서는 일치하지만 그 이외의 지점에서는 불일치하므로 자오선수차 만큼의 차이가 발생하며 이 차이는 원점에서 멀어지면서 증가한다. 이와 같은 좌표원점에 있는 자오선 방향(X축)과 어떤 지점을 통과하는 자오선 방향의 양극을 연결하는 선상에서 교차하는 각을 자오선 수차라 한다.

(2) 도북방위각

도북방위각은 평면직각종횡선의 종축(X)의 북방향을 기준으로 시계방향으로 측정한 각을 말한다. 도북방위각은 우리나라 평면직각원점의 종선을 기준으로 구획된 지적도 도곽의 종선과 일치하며 원점상에서는 도북방위각과 진북방위각이 일치된다. 도북방위각의 각 원점에서 동쪽 또는 서쪽으로 멀어질수록 진북방위각과의 차가 크게 나타나는 현상을 자오선수차라 한다. 일반적으로 평면측량인 지적측량분야에서의 X축을 기준으로 측정한 각을 도북방위각으로 하며 이를 방위각으로 통용하고 있다.

지적측량에서 방위각 측정방법은 그림 4-33과 같이 측점 A(기지점)에 기계를 세우고 AC측선의 기지방위각을 정확하게 설정한 후 하부운동에 의하여 C점을 후시하고 측점 1을 전시하여 측정한 각은 A−1측선의 방위각(V_1)이다. 다음으로 고정나사를 풀고 측점 1에 기계를 세운 후 망원경을 반위하여 점 A를 후시하고 망원경을 정위로 한 후 고정나사를 풀어 측점 2를 전시하면 1-2측선의 방위각(V_2)이 되며 이와 같은 방법으로 순차 측정하여 각 측선의 방위각을 구하는 것이다.

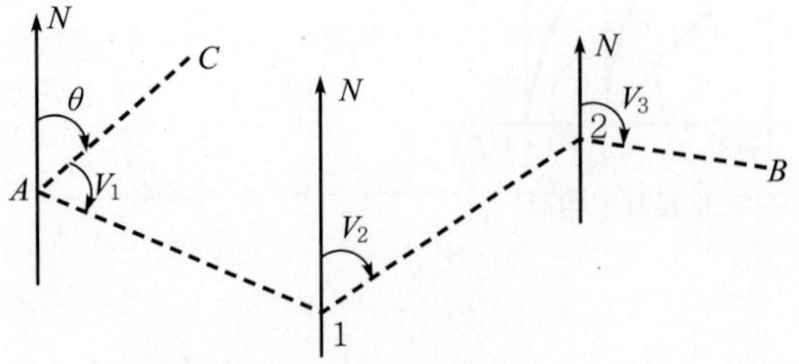

그림 4-33 도북방위각 관측

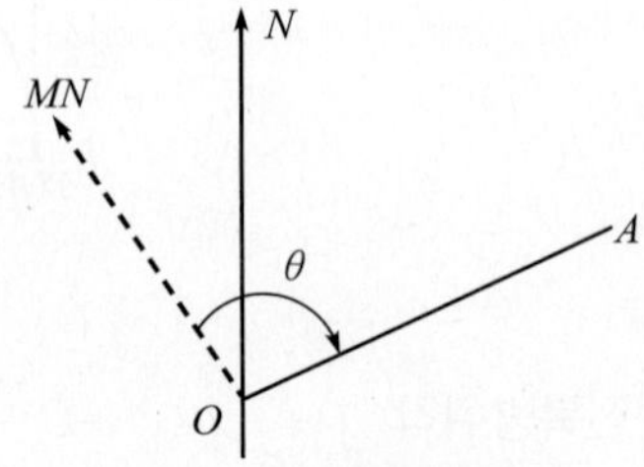

그림 4-34 자북방위각 관측

(3) 자북방위각

자북방위각은 나침반의 자침이 가리키는 북방향을 기준으로 시계방향으로 측정한 각을 말하며 우리나라에서 북극을 향해 맞추면 약간 서편에 기울어져 있어 서편차라 한다. 즉, 자북방위각은 진북의 서쪽으로 얼마간 기울어져 있으며 그 차이는 장소와 시기에 따라 다르게 나타나고 측정방법은 경위의에 장치된 자침반을 사용한다. 그림 4-34와 같이 ***O***점에 기계를 세우고 수평각을 0°로 설정한 후 자침(Magnetic Needle)의 끝을 ***MN***선에 일치시키고 고정나사를 잠근다. 이 경우 망원경은 자북과 일치시키고 고정나사를 풀어 측점 ***A***를 시준한 θ값은 0-***A*** 측선의 자북방위각이 된다.

4.4.2 방위각의 결정

천문측량은 천체를 관측하여 항공기나 선박의 항로를 결정하고 지구상의 경위도 및 진북방위각을 측정하여 토지의 정확한 절대위치를 결정한다. 또한, 지구의 형상과 크기를 측정하여 지구물리학 등의 기초자료를 제공하는데 사용되고 있다. 방위각의 결정은 주로 주극성을 관측하여 간단하게 구할 때는 북극성의 고도 및 수평각을 관측하여 결정한다. 천체는 자오선상을 통과할 때 고도가 높기 때문에 태양 또는 별의 고도를 연속 관측하여 진북을 찾을 수 있다.

(1) 북극성에 의한 방위각결정

그림 4-35에서와 같이 북극성은 천구의 북극에 위치한 별로 현재는 작은곰자리(α)를 말하며 위치는 적경 1h 48.4m, 적위 +89° 2′ 으로 천구북극에서 약 1° 떨어져 있으며 천구북극을 중심으로 작은 반지름으로 일주운동을 하고 있다. 회전반경이 매우 작아 정지해 있는 것처럼 보이

며 비교적 밝은 별로 옛날부터 항해자나 나그네의 길을 찾는데 방위의 기준이 되었다. 거리 약 800광년(빛의 초속 30만 km의 속도로 1년 동안 나아가는 거리), 분광형 F8로 반지름이 태양의 수 백배는 큰 항성이며 절대광도(絕對光度)는 태양의 수 만배의 큰 별이다. 그러나 지구의 세차 운동 때문에 자전축의 방향, 즉, 천구북극이 서서히 이동하므로 작은곰자리 α는 천구북극에서 점차 멀어지고, 1만 2000년 후에는 거문고자리 α인 직녀성(Vega)이 북극성이다.

북극성(北極星)의 통과 또는 이각의 시간은 천체력에서 구하거나 혹은 이를 공식에 비추어 계산하는 것이 보통이지만 그렇지 못할 경우는 천구상에서 큰 곰좌, 작은곰좌, 카시오페이아좌 등의 위치를 가지고도 개략적인 시각을 알 수 있으며 자오선 방향이나 방위각을 측정할 수 있다. 이 방법에는 이각관측과 통과관측의 경우가 있으며 방위각 계산은 윤곽도(輪郭度) 마다 비교하고 방위각의 결정에는 북극성의 최대이각(最大離角)을 이용하여 관측하는 것이 가장 정밀도가 높다.

북극성의 최대이각은 동경이 1h(15°)만큼 증가하면 50^m50^s 만큼 빠르고 감소해도 동일하게 늦어진다. 최대이각은 태양과 내행성과의 각거리가 최대로 되는 시각이며 지구에서 볼 때 태양의 동쪽으로 최대각거리에 있는 경우를 동방최대이각, 서쪽의 경우를 서방최대이각이라 한다. 북위가 10° 만큼 증가하면 0.9m 만큼 동방이각의 시각은 늦어지고 서방이각의 시각은 빨라진다. 북위가 감소하면 반대로 동방이각의 시각은 빨라지고 서방이각의 시각은 늦어진다.

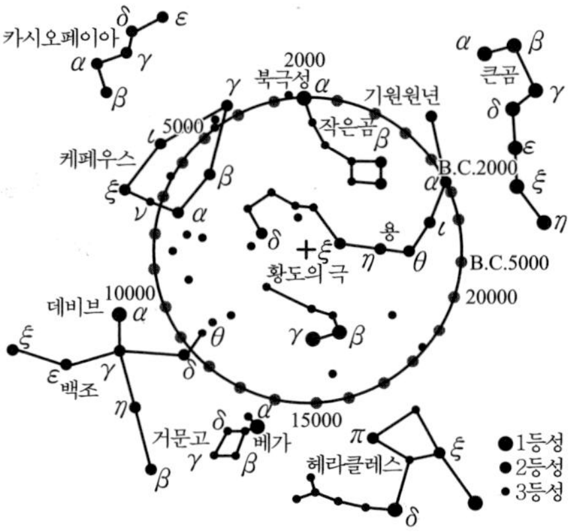

그림 4-35 별자리와 북극성

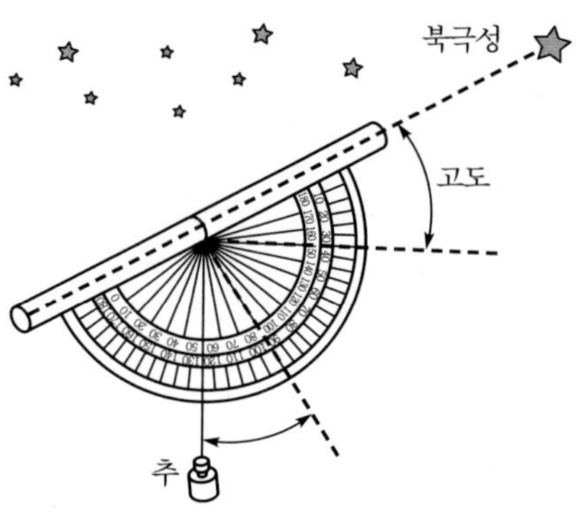

그림 4-36 북극성의 고도관측

북극성이 이각의 전후 각각 10분쯤은 그 방위각의 변화가 5″를 넘지 않기 때문에 이 때가 관측하기 편리하다. 이 관측은 경위의를 측점에 세워놓고 망원경 십자선으로 북극성의 운행을 뒤따라 가다가 수평운동은 그치고 수직운동만을 할 때에는 망원경을 아래로 회전한다. 이때 미리

300~400m 떨어진 곳에 설치된 방위표 등의 수평각을 정반으로 관측하여 평균값을 채택하고, 이에 $\sin A = \dfrac{\cos\delta}{\cos\phi}$ 에 의한 A의 값을 가감하므로 방위표의 진방위각으로 하는 방법이다. 예를 들면 방위표의 방향을 원방향(수평각 0°)으로 하고 북극성 서편이각을 관측할 경우 방위표는 북극성보다 서쪽에 있으며 그림 4-37과 같이 관측한 결과는

제1회 관측(망원경 정) 34° 16′ 20″

제2회 관측(망원경 반) 34° 16′ 40″

평 균 34° 16′ 30″

천체력에서 $\delta = 88°\ 52'\ 22.73''$

지도에서 $\phi = 60°$ N

$\log\cos\delta = 8.2937695$

$\log\cos\phi = 9.8080675$

$\log\cos A = 8.4857020$

$A = 1°\ 45'\ 12.45''$

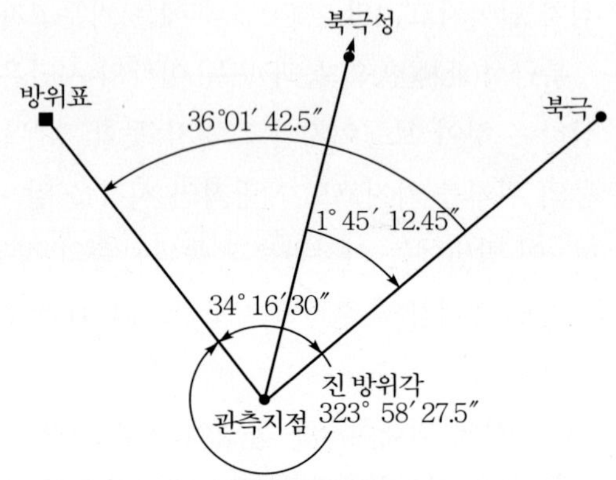

그림 4-37 북극성에 의한 방위각 결정

방위표의 방위각은 북점(北點)에서 서쪽으로 측정하면 A+34° 16′ 30″ = 36° 01′ 42.5″으로 진방위각 = 360° −36° 01′ 42.5″ = 323° 58′ 17.5″이다. 관측할 때에는 경위의를 설치하고 수평축의 수평에 주의하며 별과 방위표는 일반적으로 고저가 매우 심하므로 그 오차의 영향을 소거하기 위하여 정반관측을 실시하여야 한다.

(2) 주극성에 의한 방위각 결정

주극성(Circumpolar Stars)은 관측지점의 지평선 아래로 사라지는 일이 없고 계절에 관계없이 밤에 볼수 있는 별들을 말한다. 천체의 관측에 이용하는 별은 주극성(週極星)을 많이 사용하는데 일반적으로 "관측성"이라고 한다. 주극성의 수는 관측자의 위치에 따라 다르게 나타나며 주극성은 반시계방향에 동심원을 그리면서 회전하는 것처럼 보이며 주극성의 공동중심은 천구상의 북극 또는 남극이다.

이각관측 방법은 태양이 동쪽으로 가장 멀리 떨어져 있을 때를 동방최대이각이라 하며 일몰후(초저녁)의 서쪽 하늘에서 가장 잘 보인다. 반대로 서쪽으로 가장 멀리 떨어져 있을 때는 서방최대이각이라 하며 해가 뜰 때(새벽) 동쪽 하늘에서 가장 높게 보인다. 수성은 태양으로부터 최대이각은 18° ~28° 정도이며. 최대이각이 달라지는 것은 수성의 큰 궤도 이심률(타원궤도와 궤도경사) 때문이다. 금성은 원궤도를 가지므로 48° 정도가 되며 최대이각일 때 수성과 금성을 망

원경으로 보면 반달모양으로 보인다. 한편, 항성의 경우에는 주극성이 동쪽 또는 서쪽에서 그 방위각이 최대가 되었을 때, 그 각을 최대이각이라고도 한다. 이때는 시간에 대한 방위각의 변화비율이 작아 정밀측정을 할 수 있다. 주극성의 동이각 또는 서이각 순간의 방위각 A는 $\sin A = \frac{\cos\delta}{\cos\phi} = \frac{\sin P}{\cos\phi}$에서 ϕ는 위도, δ는 적위, P는 극거리이다. 주극성이 이각에 이르기 전·후 몇 분간은 거의 수직운동(垂直運動)만 하므로 관측에 시간적 여유가 생긴다.

또한 별의 적위 및 극거리는 천체력을 이용하며 태양계를 구성하는 행성중에 지구보다 안쪽 궤도에서 태양 주위를 돌고 있는 행성들로 수성과 금성이 내행성에 속한다. 지구에서 보아 태양의 중심 방향과 행성의 방향 사이의 각도를 이각이라고 한다. 내행성은 지구보다 궤도반경이 작기 때문에 지구에서 보았을 때 태양으로부터 특정각 이상 벗어나지 않게 되는데, 행성인 태양의 위치에 따라 동방이각 또는 서방이각이라고 하며 그 방향으로 가장 멀리 있는 경우를 최대동방이각 또는 최대서방이각이라고 한다.

수성의 경우는 최대이각이 28°이고, 금성은 48°의 최대이각을 가지며 2행성은 지구에서 관측하였을 때 최대이각 이상의 각도로 태양에서 벗어나지 못하므로 내행성은 일출이 있기 조금 전이나 일몰 후 얼마 지나지 않은 시간 내에서만 관측을 할 수 있다. 또한 태양과 내행성 및 지구가 일직선을 이루는 경우가 있는데, 태양과 지구 사이에서 내행성이 일직선을 이루었을 때를 내합 또는 삭이라고 하며, 지구에서 보았을 때 태양 반대편에서 일직선을 이룬 경우는 외합 혹은 망이라고 한다. 그리고 내행성이 내합의 위치에서 다시 내합의 위치로 돌아오기까지 걸리는 시간을 회합주기라고 하며 이는 그림 4-38을 참고한다.

주극성이 자오선을 상통과하는 시각 또는 최대이각시각을 산정하는 순서는 다음과 같다.

① 관측 주극성의 자오선 상통과 순간의 항성시는 그 별의 적경과 같은데 적경은 천체력에서 찾아낸다.

② 그 날의 그리니치 평균정각의 항성시를 천체력에서 얻어 이를 앞서의 그리니치 항성시에서 빼면, 별의 통과가 그리니치 정각보다 늦은 항성시간이 된다.

③ 항성시간을 평균태양시간으로 계산하면 별의 통과가 그리니치 정각으로부터 늦은 평균태양시간이 된다.

④ 그리니치 정각에 해당하는 지방 평균시 즉, 경도차를 동경일 때에는 더하고 서경일 때에는 빼내어 통과 순간의 지방평균시를 얻으며, 이

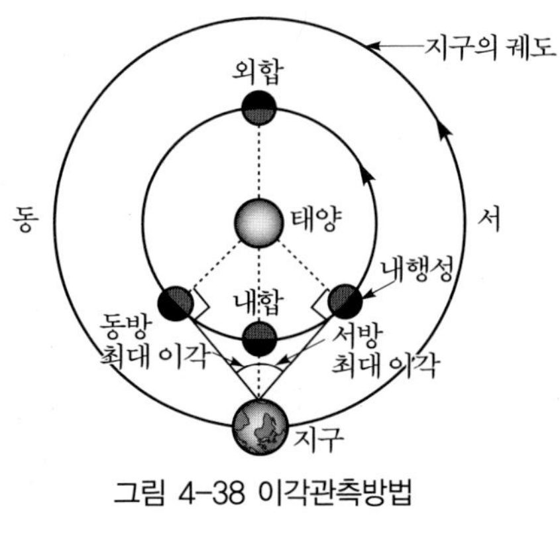

그림 4-38 이각관측방법

를 상용시(오전 · 오후로 나눈 시간)로 고쳐서 우리들이 보통 사용하는 시계면(時計面)에서 상통과의 시각을 얻는다.

⑤ 관측지의 위도와 별의 적위에 의하여 최대이각 순간의 시각 t를 $\cos t = \tan\phi \cdot \cot\delta$로서 산출하여 얻은 시각을 보정하여 평균시에 의한 값으로 환산한다.

⑥ 이 시각의 값을 ④에 의하여 얻은 통과 순간의 지방평균시에 더하여 서편이각에서의 지방평균시를 얻는데 통과순간의 지방상용시에 추가하면 서편이각에서의 지방상용시를 얻는다.

⑦ ④에서 얻은 통과순간의 지방평균시로부터 얻은 시각을 빼면 동이각에서의 지방상용시가 된다.

⑧ 하통과의 시각은 상통과의 시각에 $\left(12^h - \frac{3^m 56^s}{2}\right) = 11^h 58.02^s$를 가감하여 이를 얻는다.

(3) 방위표에 의한 방위각 결정

주극성의 이각을 관측하려면 미리 관측지점에서 약 300～400m 떨어진 곳에 말뚝을 박고, 말뚝 상단에 작은 못을 박아 방위표 중심으로 한다. 그리고 관측을 실시할 때에는 방위표(方位標)의 중심에 맞추어 표지등(標識燈)을 놓아서 시준에 사용하도록 한다. 표지등에는 여러 가지가 있지만, 간단한 것으로는 각 등의 유리에 수직방향으로 약 2mm의 가느다란 사이를 남기고 검은 종이를 발라서 불빛이 그 사이로 비치어 점표의 역할을 하게 하는데 방위표의 불빛 넓이는 각도로 약 1～2″정도가 가장 적합하다.

4.4.3 지적측량에서의 활용

(1) 구소삼각점의 북극성 관측

구소삼각점측량에서 방위각은 2등 삼각측량 지역 중앙의 삼각점에서 북극성의 최대방위각을 관측하여 방위각을 결정하였으며 구소삼각측량지역은 경인지역(19개 지역) 및 대구지역(8개 지역)의 27개 지역으로 다른 지역과 구별되었다. 2~4등 구소삼각점의 수는 경기지역의 821점, 경북지역에 798점으로 합계 1,619점이며 이 중 경기지역 40점, 경북지역 63점, 합계 103점은 통일원점 성과와 같이 기재되어 있다. 토지조사 이전에 실시한 측량으로 대삼각측량을 실시하지 아니하고 경인지역 및 대구 경북지역에서 부분적으로 시행하였으며 총 11개의 원점(망산, 계양, 조본, 가리, 등경, 고초, 율곡, 현창, 구암, 금산, 소라)이 있다.

원점의 수치는 $X = 0$, $Y = 0$으로 하였으며 거리의 단위는 간(間)으로 하였고 종횡선 수치에 정(+), 부(−)의 부호가 있으며 1975년 지적법의 개정으로부터 전부(m)단위로 수정하였다. 삼각점에서 북극성의 최대이각을 측정하여 진자오선과 방위각을 결정하였다. 구소삼각점지역은 종 · 횡 5,000리를 1구역으로 하며 중앙부에 위치한 삼각점에서 북극성의 최대이각(Elongation)을 측정하여 진자오선과 방위각을 결정하여 이 원점을 $X = 0$, $Y = 0$으로 하고, 단위는 간(間)으로 하였다.

(2) 방위각의 관측

방위각의 측정은 단각법에 해당하고 정도가 낮아 농촌지역이나 임야도시행지역에 적합한 측량방법이다. 반전법은 방위각을 관측함에 있어 후시의 경우에 망원경을 반위로 하여 관측하고 전시의 경우에는 망원경을 정위로 하여 관측하는 것을 말한다. 방위각법에 의하여 도선법을 시행하는 경우에는 기지방위각을 기준으로 순차적으로 각 측선의 방위각을 관측하는데 이는 평면측량에 해당되므로 도북방위각을 관측하는 것이다. 방위각의 측정은 반전법을 사용하므로 단측법에 해당하고 배각법의 정도보다 낮은 농촌지역이나 임야도 시행지역에 적합한 측량방법이다.

수평각은 중력방향과 직교하는 평면내에서 관측되는 각으로 기준선의 설정과 방법에 따라 방향각, 방위각, 방위 등으로 구분된다. 수평각은 대개의 경우 자오선을 기준으로 하는 것이 원칙이지만 측량의 편의상 진북자오선, 도북자오선, 자북자오선으로 기준을 한다. 방위각법의 계산에서 각은 분단위, 거리와 좌표는 cm단위까지 사용하며, 도선은 1등도선과 2등도선으로 구분한다. 방위각을 측정하는 방법은 도선의 측량방법에 많이 사용되며 그림 4-39를 이용하여 관측방법을 설명하면 다음과 같다.

① 그림 4-39와 같이 출발점 보7에 기계를 세우고 눈금은 보7→보1의 기지방위각(236° 30′)을 설정하고 망원경이 정위인 상태에서 보1점을 시준하여 기계를 표정한다.

② 다음은 기지점인 용인17을 시준하여 계산된 방위각(7° 51′)과 확인한다.

③ 확인 결과 기지방위각과 일치하면 1을 관측한 값(152° 54′)을 기재하는데 이 값이 보7→1 측선의 방위각이다. 경사가 1°를 초과하는 경우에는 고도각을 측정하여 차가 5분 이내 이면 평균값을 기재한다.

④ 점1에 기계를 세우고 망원경을 반위로 하여 보7점을 후시로 관측하고 정위 상태에서 전시로 점2를 관측한다.

⑤ 이상과 같은 방법으로 순차 측정하여 보2에 도착하면 보2 → 보3의 측점을 후시하고 다른 기지점 양38을 전시로 하여 방위각 348° 12′ 을 관측하여 기재한다.

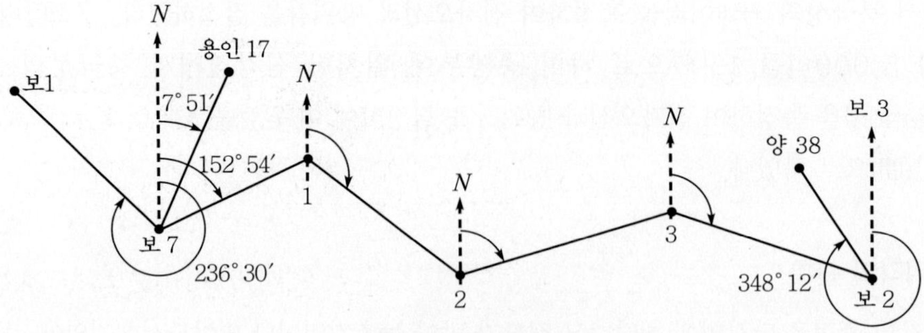

그림 4-39 관측방법

(3) 방위각의 계산

지적측량에서 방위각은 도북방위각을 사용하므로 지적도 도곽선 종선의 북방향으로 부터 시계방향으로 측정되는 각을 사용하고 있다. 최초로 측량을 실시하는 경우의 방위각은 천문측량에 의하여 결정하고 이를 기준으로 모든 변과 방위각을 계산에 의하여 결정한다. 그러나 지적삼각점측량의 경우에는 기존에 설치된 삼각점의 평면직각종횡선수치를 역계산(逆計算)한 방위각을 기준으로 하는 것이 원칙이므로 일반적으로 방위각을 결정하기 위한 천문측량을 실시할 필요성은 없으나 육지와 멀리 떨어진 섬지방이나 삼각망의 조정을 위해서 천문측량으로 결정한 방위각을 사용할 수도 있다.

내각을 이용한 방위각계산은 삼각형 ABC에서 AB의 방위각을 미리알고 있을 경우 AB의 방위각은 α, BA의 방위각은 $\alpha_1 = \alpha \pm 180°$가 되며 AB의 방위각(α)이 $\alpha < 180°$일 경우 "+", $\alpha > 180°$일 경우 "−"를 사용하므로 $\alpha_1 = \alpha \pm 180°$가 된다. 또한, AB의 방위각은 α이며 BA의 방위각은 α_1으로 AB의 역방위각이고 AC의 방위각 $\alpha_2 = \alpha + \angle BAC$가 되며 BC의 방위각 $\alpha_3 = \alpha_1 - \angle ABC$이고 AC 및 BC를 A'와 B'로 연장하면 $\alpha_3 - \alpha_2 = \angle B' \angle CA' = BCA$이다. 방위각 계산의 가장 간단한 법칙을 정리하면 기지방위각이 180°보다 클 경우에는 180°를 빼주면 역방위각을 구할 수 있다.

방위각을 알고 있는 변을 삼각형의 밑변으로 할 경우 나머지 변을 우측변과 좌측변으로 명칭을 붙이면 우측변의 방위각은 기지방위각(역방위각)에 우측아래 각을 더하여 구한다. 좌측변의 방위각은 기지방위각(역방위각)에 좌측 아래 각을 빼주면 된다. 우측변의 방위각과 좌측변의 방위각의 차이가 정각과 동일한지 계산하여 검산한다.

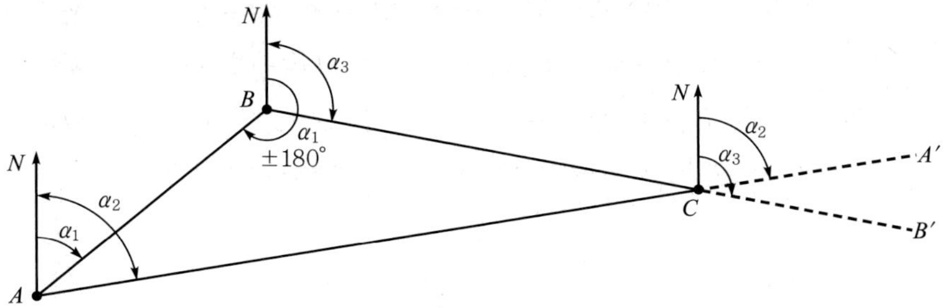

그림 4-40 방위각의 계산

방위 좌표를 이용한 방위각계산은 한 점의 X, Y좌표를 알고 구하고자 하는 점까지의 방위각과 거리를 알면 구하고자 하는 점의 X, Y좌표를 얻을 수 있다. 반면에 2점의 X, Y좌표를 알면 두 점간의 방위각과 거리를 알 수 있는데 이를 역계산이라 한다. 평면직각좌표의 종횡선수치를 이용하여 극좌표(極座標)인 방위각과 점간거리를 계산한다.

① 종선차의 계산(Δx) = $X_B - X_A$

② 횡선차의 계산(Δy) = $Y_B - Y_A$

③ 기울기(방위)는 $\tan\theta = \dfrac{\Delta y}{\Delta x}$, $\theta = \tan^{-1}\dfrac{\Delta y}{\Delta x}$

(4) 방위각오차의 보정

방위각법에 의하는 때는 각도의 측정결과가 허용범위 이내인 때에 그 오차의 배분은 $K_n = \dfrac{-e}{S} \times s$식에 따라 변의 수에 비례하여 각 측선의 방위각에 배분한다. (K_n은 각 측선의 순서대로 배분할 분단위의 각도, e는 분단위의 오차, S는 폐색변을 포함한 변의 수, s는 각 측선의 순서) 측각오차는 각 측선을 관측한 값으로 폐색변에서 계산한 기지값과의 차를 말하며 계산식은 측각오차 (e) = 관측방위각–기지방위각 이다. 측각오차의 배분은 관측한 각도의 측정결과가 허용범위 이내인 때에 그 오차의 배분은 변의 수에 비례하여 각 측선의 방위각에 배분한다.

(5) 종횡선차의 계산

각 측선의 2점 간 종선차(Δx) 및 횡선차(Δy)는 당해 측선의 수평거리(L)와 상한방위각(θ)으로 계산한다. 그림 4-41과 같이 A, B측선에 대한 종 · 횡선차는 $\Delta x = L \cdot \cos\theta$, $\Delta y = L \cdot \sin\theta$식으로 계산한다.

방위각에 대한 상한별 방위의 계산 및 종 · 횡선차의 부호는 그림 4-41과 같이 상한에 따라 각각 다르며 모든 계산에 있어서 방위각오차 배분을 제외하고는 오사오입(五捨五入)을 적용한다.

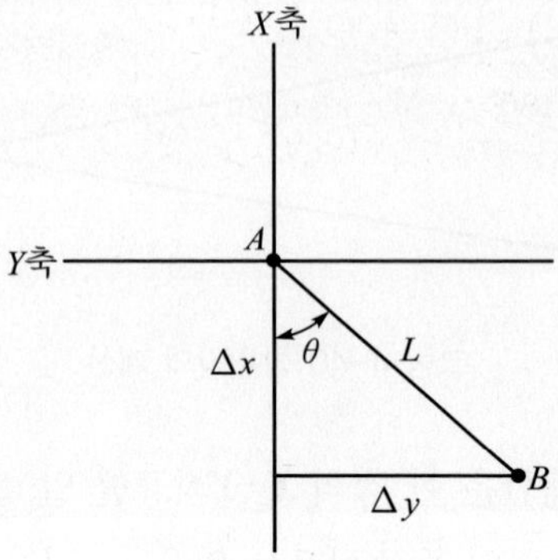

그림 4-41 종횡선차

제5장 지적측량

5.1 개요

지적측량은 국토의 기본 자료를 효율적으로 관리하기 위하여 토지의 표시사항에 해당하는 토지의 소재, 지번, 지목, 면적, 경계와 소유자 등의 토지에 관한 정보를 수집하여 등록 · 공시를 할 수 있는 측량으로 법률의 범위 내에서 국가가 시행하는 행정행위에 속하는 기속측량(羈束測量)이다. 즉, 토지에 관한 포괄적인 정보를 제공할 수 있는 다목적 지적측량과 법률적인 토지단위인 일필지의 경계와 토지소유권의 한계 등을 정확하게 표시하는 측량으로 지적공부에 등록할 경계와 좌표 또는 면적의 결정 및 등록된 사항을 지표상에 표시하기 위하여 실시하는 모든 측량을 지적측량이라고 할 수 있다.

지적측량의 가장 중요한 목적은 토지의 효율적인 관리와 소유권의 보호에 기여할 수 있는 토지경계를 결정하는 측량과 각 필지 경계의 위치와 면적을 결정하고 지적도와 실제 토지와의 동일성을 나타내는 측량이라 할 수 있다. 최근에는 일필지 내의 건축물과 지상 · 지하시설물의 상호관계를 나타낼 수 있는 측량을 실시하여 실시간으로 정보를 제공할 수 있는 것이 가장 중요한 목적이라 할 수 있다.

우리나라의 지적측량은 1960년대 중반까지 도해지적제도의 바탕위에 기초측량과 세부측량으로 구분하여 트랜싯과 평판측량기계에 대부분을 의존하면서 토지조사사업 당시의 측량기법으로 큰 변화가 없이 실시되었다. 이와 같은 현상은 지적측량의 대상이 분할, 신규등록, 등록전환의 범위를 벗어나지 못하면서 최초의 측량방법을 원칙처럼 실시하였기 때문이다. 그러나 1965년부터 농경지정리와 시가지 구획정리사업에 따른 확정측량의 시행으로 측량기술향상은 물론 지적제도가 구조적으로 개선되면서 종래의 데오돌라이트에 전파 및 광파에 의한 거리측정기가 부착되고 전산기에 의한 측량계산 및 면적측정 등 새로운 측량기법이 도입되었다. 1975년 개정지적법에서는 경계의 등록공시방법으로 정확한 측량기법인 수치지적측량을 도입한 것이 측량 역사상 획기적인 계기라 할 수 있다. 또한, 최근에는 장비의 발달로 측량방법도 광파 또는 전파측거기에 의한 기초점의 설치, 항공사진측량방법에 의한 기초점 설치, GNSS에 의한 기초점 설치와 세부측량에 전자평판과 GPS-RTK 측량을 시행하고 있으며 항공사진측량을 이용하여 지적재조사 사업에 적용하기 위한 실험사업을 실시하고 있는 실정이다.

5.1.1 실시기준

지적공부에 등록할 경계의 설정과 복원을 위한 경계에 관련하여 위치를 밝히는 모든 측량은 지적측량의 대상이 된다. 지적측량은 일필지를 만들거나 일필지의 경계 내에서 발생하는 토지에 대한 변화를 수행한다고 할 수 있으며 그 내용은 일필지의 경계확정을 위한 정보의 수집, 수집된 정보의 분석, 일필지의 경계확정, 경계의 등록, 경계선의 정보를 제공하는 것이다. 지적측량은 크게 지적기준점을 정하는 기초측량과 일필지의 경계와 면적을 정하는 세부측량으로 구분하며 세부측량은 지적공부에 등록하기 위한 측량, 검사하는 측량, 검사를 필요로 하지 않는 측량으로 구분할 수 있다.

기초측량에서 지적삼각점과 지적삼각보조점측량은 측량지역에 따라 지적삼각점이나 지적삼각보조점의 설치 또는 재설치가 필요한 경우, 지적도근점의 설치 또는 재설치를 위하여 지적삼각점이나 지적삼각보조점의 설치가 필요한 경우, 세부측량을 하기 위하여 지적삼각점 또는 지적삼각보조점의 설치가 필요한 경우에 실시한다. 그리고 지적도근점측량은 축척변경을 위한 측량을 하는 경우, 도시개발사업 등으로 인하여 지적확정측량을 하는 경우, "국토의 계획 및 이용에 관한 법률" 제7조 도시지역에서 세부측량을 하는 경우, 측량지역의 면적이 해당 지적도 1장에 해당하는 면적 이상인 경우, 세부측량을 하기 위하여 특히 필요한 경우에 실시한다.

지적삼각점측량은 위성기준점 · 통합기준점 · 삼각점 및 지적삼각점을 기초로 측량을 실시하며 측량장비의 사용에 따라 경위의측량방법 · 전파기 또는 광파기측량방법 · 위성측량방법 및 국토해양부장관이 승인한 측량방법에 의하고 계산방법은 평균계산법이나 망평균계산법으로 실시하도록 하고 있다. 지적삼각보조점측량은 지적삼각점측량에서 사용한 기초점과 지적삼각보조점을 기초로 측량을 실시하며 측량장비 또한 지적삼각점측량과 동일하고 계산 방법은 교회법 또는 다각망도선법에 의하도록 하고 있다. 지적도근점측량은 지적삼각보조점측량에서 지적기준점을 기초로 측량을 실시하며 측량장비 또한 지적삼각점측량과 동일하고 계산 방법은 도선법, 교회법 및 다각망도선법으로 실시하도록 규정하고 있다.

지적기준점측량의 절차는 계획의 수립 · 준비 및 현지답사 · 선점 및 조표 · 관측 및 계산과 성과표의 작성순서에 따른다. 세부측량은 위성기준점 · 통합기준점 · 지적기준점 및 경계점을 기초로 하여 경위의측량방법 · 평판측량방법 · 위성측량방법 및 전자평판측량 방법에 의한다. 또한, 위성측량의 방법 및 절차 등에 필요한 사항과 지적측량의 계산 및 결과작성에 사용하는 소프트웨어는 국토해양부장관이 결정하도록 하여 첨단장비가 빠르게 변화하고 있는 현실에 신속하게 대처하도록 하고 있다.

세부측량의 대상은 지적공부를 복구하는 경우, 토지의 신규등록, 등록전환, 분할, 축척을 변경하는 경우와 지적공부의 등록사항을 정정하는 경우 및 도시개발사업 등의 시행지역에서 토지의 이동이 있는 경우에 해당한다. 그러나 지적측량성과를 검사하지 않는 측량으로는 경계점을 지상에 복원하는 경우와 지상건축물 등의 현황을 지적도 및 임야도에 등록된 경계와 대비하여 표시하는데 필요한 경우에는 실시하지만 검사측량을 실시하지 않는 특수한 경우에 해당한다.

5.1.2 지적측량 의뢰

토지소유자 등 이해관계인은 지적측량을 할 필요가 있는 경우에는 지적측량수행자(지적측량업자, 대한지적공사)에게 지적측량을 의뢰하여야 하며 의뢰서에 사유를 증명하는 서류를 첨부하여 지적측량수행자에게 제출하고 지적측량수행자는 측량기간, 측량일자 및 측량 수수료를 기재한 지적측량 수행계획서를 지적소관청에 제출한다. 측량기간은 동(洞)지역의 경우 5일, 읍 · 면지역은 7일로 하고 측량검사기간은 동지역은 4일, 읍 · 면지역은 5일로 하되 지적기준점을 설치하여 측량 또는 측량검사를 하는 경우 지적기준점이 15점 이하인 경우에는 4일, 15점을 초과하는 경우에는 초과하는 4점마다 1일을 가산하도록 하고 있다. 지적측량 의뢰인과 지적측량수행자가 서로 합의하여 따로 기간을 정하는 경우에는 그 기간에 의하되, 전체 기간의 3/4은 측량기간, 1/4은 측량검사기간으로 한다.

5.1.3 지적측량의 성격

국가에서 시행하는 국가사무는 원칙적으로 지방자치법에 의거 지방자치단체장에게 위임하여 행하며 정부조직법에 의거 국가행정기관은 소관사무의 일부를 지방자치단체장에게 위임할 수 있게 하였다. 따라서 지방자치단체장은 호적 · 지적 · 주민등록 · 병사 · 경찰 · 통계 · 선거 등 광범위한 국가행정사무를 위임받아 처리하는 일선 국가기관이며 위임받은 기관은 범위 내에서 위임한 국가의 기관인 지위에 있게 되고 위임자의 전면적인 지휘 · 감독을 받도록 하고 있다. 지적사무도 기관 위임사무로써 지적법령에 도지사에게 위임된 토지이동사무를 국가기관인 소관청에서 담당하며 소관청 자체사무에 해당한다. 지적측량은 일반적 경계와 특수경계를 물리적 또는 수치적으로 재정립하며 국가나 공공기관에서 토지를 기반으로 하는 사업에 기초를 제공하는 것이다. 지적측량은 일필지의 토지경계를 확정하는데 필요한 사법적인 측량인 동시에 엄격히 통일된 규범 속에서 시행하는 기속측량에 해당된다.

지적측량의 가장 중요한 목적은 각 필지의 위치와 경계, 면적을 결정하고 지적도상에 나타난 토지와 현지와의 동일성을 나타내주는 것이며 토지 관리에 필요한 다양한 정보를 등록하여 제공하는 것이다. 그러므로 전체적인 토지의 형상보다는 법률적인 토지단위인 일필지의 경계와 토지 소유권의 한계를 정확하게 나타내는 기술적 요소 및 토지이용의 증대로 모든 국가의 지적측량이 다목적자료를 제공할 수 있는 측량으로 확대되어가고 있다. 지적측량도 나폴레옹의 토지개혁 당시의 세지적에서는 토지의 면적을 측정하여 결정하는 것에 비중을 두었으나 산업의 발달과 더불어 토지세의 의존에서 탈피하여 소유권의 보호측면에서 필요한 토지의 경계와 위치를 중요시하는 법적 효력을 갖는 지적측량의 성격을 강하게 지니는 법지적의 특징으로 나타나게 되었다. 세계 제2차 대전 이후 토지가 산업발달의 근간이 되면서 산업입지정책에 따라 생활환경의 조성과 거주지환경조성 등 국토를 효율적으로 이용하기 위한 계획적인 활용과 통제기능을 요구하게 되었다. 그러므로 다목적 역할을 할 수 있는 지적공부를 작성해야 하는 지적측량도 시대적 특성을 적합하게 일필지 경계로부터 지상 건축물의 위치와 지하시설물의 관계위치를 측량하여 지적공부에 등록하고 이를 다목적지적으로 활용하도록 하여야 한다.

지적측량은 토지에 관하여 지형 · 지물과 같은 자연적인 것 보다는 경계 · 지목 · 소유자 등과 같은 인위적인 내용을 작업하는 것으로 측량방법과 절차는 지적법령에 의해 결정된다고 할 수 있다. 토지표시사항 중 경계의 설정과 변경을 할 수 있는 토지이동과 이에 따르는 기초측량, 경계의 복원, 지적측량의 검사, 경계와의 관계위치를 설정하기 위한 측량들을 지적측량의 대상으로 하고 있다. 지적측량은 토지를 지적공부에 등록하기 위한 측량이므로 일반측량과는 다른 특징을 가지고 있으며 특수측량분야라 할 수 있다. 지적측량의 성과는 지적공부에 등록 공시되므로 영구적으로 보존 활용하고 새로운 기술이 개발되어도 법률이 정한 내용과 다른 방법으로는 측량성과를 결정할 수 없다.

지적측량은 국민을 상대로 하는 대중성과 법률로서 규정된 절차와 방법으로 물권공시의 안전을 위하여 측량성과의 효력이 유지되어야 하기 때문이다. 지적측량은 공공성과 공익성을 추구하는 공공행정의 일부이며 일관성 있는 행정을 수행하기 위해 행정주체인 국가는 지적측량성과를 등록하여 영구적이고 지속적인 효력을 발생할 수 있어야 하며 규제된 방법과 절차에 의하여 토지에 대한 물권이 미치는 범위인 일필지의 경계를 확정해야 하고, 지적측량은 기술적인 측면에서 경계복원의 능력을 가지며 공적기록인 지적공부에 의해서만 가능하다.

5.1.4 지적측량의 효력

지적측량은 행정주체인 국가가 법 규정을 구체적이고 사실적인 집행에 의하여 시행하는 공법행위 중 단독적 행정행위이며 이 행위가 성립된 경우 법률적인 효력은 구속력 · 공정력 · 확정력 · 강제력 등이 발생한다. 지적측량에 명백한 착오가 있어 소관청이 이를 인정한 경우라도 정정하기 위해서는 법률에 의거 취소절차에 따라야 하며 이미 발생한 구속력은 그대로 존재되고 특별한 경우로 효력발생이 불분명한 법률을 제외하고는 모든 지적측량은 완료와 동시에 구속력이 발생된다. 구속력으로 볼 수 있는 것은 지적측량의 내용에 대해 국가 자신이나 소유자 및 이해관계인을 기속하는 효력과 지적측량을 시행한 경우에는 소관청이나 소유자는 지적측량의 결과에 대해 법적인 효력이 발생하므로 지적공부에 등록된 내용을 존중하고 복종해야 하며 정당한 절차 없이 부정하거나 효력을 기피할 수 없다.

공정력으로 볼 수 있는 것은 지적측량을 실시한 결과에 착오가 발생하여 소관청과 측량자, 토지소유자 및 이해관계인이 인정하는 경우에도 그 효력이 절대 무효인 경우를 제외하고는 소관청, 감독청, 법원 등의 권한이 있는 기관에 의하여 쟁송 또는 직권에 의하여 그 내용이 취소되기 전까지는 적법성을 추정 받는 효력으로 당사자, 소관청, 국가기관과 제3자에 대해서도 그 효력을 발생한다.

확정력으로 볼 수 있는 것은 일단 유효하게 성립된 지적측량에 대해서는 일정한 기간이 경과한 뒤 상대방이나 기타 이해관계인이 그 효력을 다툴 수 없으며 소관청의 경우도 특별한 사유가 없는 한 그 성과를 변경할 수 없는 효력이다. 또한 확정력 중 그 행위의 효력을 다툴 수 없는 불가쟁력(不可爭力)은 행정소송절차상의 심사제도와의 관련 아래 쟁송수단이 인정되는지 여부에 따라 출처기간을 초과하였거나 심사가 완료된 때 그 처분의 성립에 각각 발생되는 형식적 확정력이라 할 수 있으며 불가변력(不可變力)은 측량의 성립과 동시에 발생하는 관습적 확정력이라 할 수 있다. 지적측량을 강제력으로 볼 수 있는 것은 소관청 자체의 자격으로 집행할 수 있는 강력한 효력의 의미로 집행력이라고도 한다. 지적측량은 권한을 가진 소관청이 시행하는 것이기 때문에 강제력이 있다고 볼 수 있으며 경계복원측량 등의 이의는 소송이 배제되며 지적위원회가 적부심사위원회를 소집하여 처리함으로써 행정소송에서의 처리와 같은 효력을 갖는 것으로 행정청 자체의 자격으로 집행할 수 있는 강력한 효력과 이를 집행할 수 있는 능력이라 할 수 있다.

5.1.5 지적측량의 신뢰

토지의 등록사항 중에서 일필지의 경계, 좌표, 면적은 국가 공권력과 지적측량에 의해 결정되므로 그 결정된 내용에 대해서는 물권의 객체로서 공법적 · 사법적 효력이 인정되어야 한다. 즉, 토지의 물권은 물리적으로 연속되어 있으므로 인위적으로 지표에 일정한 형태의 구획선을 설정하여 지적측량기법을 통해 지적공부에 등록함으로써 물권의 객체로 특정되고 독립성이 인정된다. 또한 법률적으로 보장될 때 물권의 양적 · 질적 표현이 확보되며 척도로서 토지의 위치를 결정하고 면적, 좌표, 경계를 나타내는 지적측량을 법률적으로 보장한다는 것은 물권제도의 공신력을 좌우하는 중요한 역할이라 할 수 있다.

지적측량의 신뢰는 기술적, 제도적으로 공신력을 잃어가고 있는 실정이며 기술적인 원인으로는 지적공부의 등록내용과 실지와의 지적불부합으로 원인은 토지조사 당시에 매설한 측량기준점의 통일성 결여, 이동측량에 따른 측량오차, 6.25동란으로 멸실된 지적기준점과 지적공부의 복구가 있으며 지적공부의 빈번한 사용으로 훼손되어 재작성 과정에서 기술상의 문제로 발생된 것으로 신뢰도를 저하시키는 원인이 되고 있다.

제도적인 원인으로는 현행 물권 공시제도가 이원화되어 있어 토지표시사항은 지적소관청이, 권리관계는 등기소가 담당하고 있다. 공시제도의 경우에도 지적측량에 의거 토지의 표시사항을 등록한 지적공부와 토지의 소유권을 등록한 부동산등기부로 구분 공시함으로써 행정절차가 복잡하다. 지적공부의 토지표시사항과 부동산등기부의 소유권에 대한 표시사항의 불일치가 빈번하여 물권 공시내용에 대한 불신의 원인이 되고 있다. 토지표시사항은 소관청인 국가가 직권으로 사실조사를 하며 등록하는 형식을 취하고 있지만 지적측량에 대한 불신요인도 있고 지적공부의 등록내용에 따라 화재발생시 손실보상제도가 마련되어 있지 못한 지적공부에 대한 법률적 보장은 부정적이다. 이러한 미비한 제도를 법률적으로 보장하기 위해서 도해지적을 경계점좌표로 등록하였으며 지적공부의 전산화작업을 통해 KLIS(Korea Land Information System)라는 한국토지정보시스템을 구축하였다. 아직까지는 아날로그(Analogue)도면을 그대로 전산화한 상태로 기존의 문제점에서 개선된 상태는 없다고 할 수 있다.

5.2 지적측량의 역사

양전은 상고시대부터 유래되었다고 하지만 오늘날 문헌에 기록이 남아 있지 않아 상세한 것은 알 수 없다. 토지조사사업 이전까지는 양전(量田)이라 하였으나 오늘날 지적측량을 의미하고 있다. 양전은 신라시대부터 고려시대 중기까지 경묘법을 채택하고 그 이후에는 결부법을 채택하여 토지의 실지면적과 수확량을 파악하는데 이용되었다. 양전은 세금징수의 기초조사가 목적이었으므로 세금징수의 여부, 세금 감면의 필요성 여부 등이 기준이 되었다. 양전은 세금제도에서 세율과 함께 과세의 대상인 토지의 현황을 파악하는데 이용되었으며 토지는 경작자의 사정, 또는 자연적 조건으로 그 상태가 변동되므로 먼저 경작의 정도에 따라 전종(田種; 지목)을 구분하였다. 18세기 초부터 서유럽에서의 측량 · 지도제작 사업은 수학, 물리학 등 자연과학의 급격한 발전으로 정확도가 현저하게 향상되었다. 일본은 1869년 민부성에 호적지도과를 설치하고 국가사업으로 측량 · 지도제작 분야에서 근대화를 이룩하였으며 1/200만 한국의 전국 지도를 제작하여 청일전쟁(1894~1895년)에 사용하였다. 그리고 3개의 임시측량반을 편성하여 삼각점을 매설하지 않고 평판측량으로 1/50,000 지도 54도엽을 1년 동안에 완성하였으나 함흥, 철원, 원주, 의주 등지에서 지방민의 완강한 반대로 1896년 사업을 중단하였다. 그러나 1개반은 그대로 남겨두고 1900년까지 우리나라의 1/20만 지도를 완성하여 지도제작과 국가정책간의 역학관계를 파악하였다.

5.2.1 토지조사사업당시

1910년 3월 일본은 구한국정부에서 추진하던 토지조사사업에 관심을 가지게 되었으며 1910년 9월에 임시토지조사국 관제를 공포하고 조선토지조사사업을 임시토지조사국에서 총괄하도록 하였다. 한국정부의 토지조사 계획은 우리나라의 총면적을 대략 22,043,404정보로 가정하였으며 그 중 1/8인 2,755,000정보를 대지 및 농경지로 추정하고 필지수는 13,775,000필지로 하며 일필지의 평균면적은 600평으로 가정하여 사업비는 당시의 화폐로 14,129,707원(圓)을 예상하고 사업기간은 1910년부터 1917년까지 약 8개년으로 하였다.

임시토지조사국 정원은 총재 1인, 부총재 1인(칙임관), 서기관 3인(주임관), 사무관 2인, 감사관 1인, 기사 4인, 서기, 기수 50인(판임관)이다. 총재는 총독부 정무총감이 겸임하고, 감사관, 서기, 기수는 필요에 따라 예산범위 내에서 증원할 수 있도록 하였다. 본격적인 토지조사사업에서 조사담당기관은 토지조사국이며 중앙에 본부를, 지방에는 지국과 출장소를 설치 하였다. 중앙의 관제는 총재관방, 조사부, 측량부를 두고 그 사무분장은 총재관청(총무)은 토지소유권의 쟁의조사에 관한 사항, 조사부는 토지의 강계(疆界), 소유자, 지목 및 등급의 조사와 대장작성, 측량부는 삼각측량, 도근측량, 세부측량, 일필지측량, 지도제작 등으로 하였다. 조사가 완료된 경우 지권이라는 문서를 작성하여 토지소유권을 지주에게 교부할 계획이었으며 토지조사국 개국 후 6개월 이내에 대 · 소삼각점측량 등의 측량기술자 및 조사사무원을 양성 하였다. 그리고 소삼각점측량이 완료된 토지에는 조사사무 및 도근측량을 착수하고 계속하여 일필지측량을 시행하기로 하였다.

대삼각점측량은 기술자의 양성을 마친 후 착수하여 이것이 성공적으로 끝나는 지역은 계속하여 소삼각점측량을 실시하고 뒤이어 조사사무, 도근측량, 일필지 측량을 단계적으로 진행하였다. 1910년 10월 구한국정부에서 추진하던 사업을 그대로 이어 받아 착수하게 된 사업으로 조선토지조사사업이라 하였다. 토지조사사업(1910~18년)은 토지외모조사와 함께 토지소유권조사 및 토지가격조사가 실시되었다. 토지소유권조사는 임야를 제외한 전국의 토지소재, 종류, 면적 및 소유자 등을 조사하여 토지조사부를 만들고 지적도에 위치 및 형상을 표시하여 토지소유자와 강계를 사정하여 지적(地積)을 명확히 하면서 토지분쟁을 해결하고 토지등록 제도를 설정하였다.

토지가격조사는 시가지의 경우 지목에 관계없이 모두 싯가에 의하여 지가를 결정하고 택지는 임대가격을 기준으로 하였으며 전, 답, 지소(池沼) 및 잡종지는 그 수익을 기초로 등급을 결정하면서 당시의 지세제도를 확립하였다.

대삼각점측량은 일본의 삼각점과 연결하기 위해 대마도의 1등 삼각점인 온 다께(御嶽)와 아리아께야마(有明山)에서 우리나라 남단의 절영도와 거제도의 삼각점을 연결하고 순차로 대삼각점측량을 실시하였다. 그리고 대삼각점측량이 완료된 지역에서는 소삼각점측량을 실시하고 도근측량과 조사업무 및 일필지측량 등을 순차적으로 진행하여 1915년 12월에 대삼각점측량을 완료하고 1916년 11월 모든 외업을 완료하였으며 1917년 12월에는 내업이 완료되면서 실질적인 모든 작업은 완료 되었으나 잔무정리로 1918년 3월 완료하였다.

당초 계획하였던 면적과 필지수는 각각 2,755,000정보 및 13,775,000필지였으나 면적은

표 5.1 구한국정부의 토지조사 계획

작업내용	착수~종료	사업량	공정
대삼각점측량	1911년 9월~1915년 7월	2,700점	1점당 15일
소삼각점측량	1911년 4월~1916년 7월	27,000점	1점당 3일
준비조사	1911년 6월~1917년 1월	13,775,000필	1일당 120필
지가조사	1911년 9월~1917년 4월	〃	1일당 20필
도근측량	1911년 9월~1917년 4월	〃	1일당 60필
일필지조사	1911년 12월~1917년 7월	〃	1일당 12필
조사내용검사	1912년 6월~1917년 10월	〃	1일당 50필
대장작성	1912년 10월~1918년 2월	〃	1일당 20필
측량검사	1912년 6월~1917년 10월	〃	1일당 100필
면적계산	1912년 8월~1917년 12월	〃	1일당 30필
제도	1912년 10월~1918년 2월	〃	1일당 40필

1,653,000정보(60%), 필지수는 2,644,949필지(19%)가 증가하여 총 면적은 4,408,000정보, 필지수는 16,419,949필지로 수정되었다. 1911년 일본 육군육지측량부의 군인, 군속, 기술자가 파견되었으며 측량에 사용된 장비 및 작업요령은 일본의 측량방법과 같이 실시하여 6년 동안에 220,762km²의 넓은 지역에 대한 측량을 완료하였다. 그리고 측지사업에서 실시한 결과는 기선이 13개소(연장 39,759.18m), 대삼각본점(400점), 대삼각보점(2,401점), 소삼각점(31,646점), 수준점은 2,823점(노선연장 6,629km), 험조장은 5개소를 설치하였다. 이와 같이 점차적으로 사업을 확대시켜 1915년 7월에 대삼각점측량을 완료하고, 1916년 7월에는 소삼각점측량을 완료하였으며, 1917년 7월 외업을 끝으로, 1918년 2월 모든 내업을 끝낸 후 3월까지 잔무처리 완료와 함께 토지조사국을 폐쇄하였다.

5.2.2 지형측량

지형측량은 삼각점 및 도근점을 기초로 작성된 지적도를 축도한 도면위에 일반적인 지형을 평판측량으로 실시하였다. 지형측량을 실시하여 전국적으로 제작된 지형도는 축척 1/50,000인 경우 경도 15′, 위도 10′으로 구획하고 도근점은 1,500~2,000m에 1점의 비율로 722도엽을 작성하였다. 1/25,000은 도시지역에서 많이 작성하였으며 도근점은 평균 1,000m로 설치하고 지형도는 14개 지방을 대상으로 143도엽을 작성하였다. 1/10,000 지형도는 인천, 부산, 진해, 마산, 통영, 옥도, 대야도 부근, 웅기, 나진 부근의 군사상 7개의 중요 지구로 51도엽을 작성하였다.

1/5,000은 서울 등 대도시지역에서 63도엽을 작성하였으며 이들은 삼각점에 의거 도해측량법으로 지물·지모를 그렸으며 대부분 1/25,000 지형도와 함께 작성하였다. 또한, 소축도 도면으로는 1/20만, 1/50만, 1/150만, 1/250만 등으로 전국 지도를 작성하였으며 1903년에는 진해 부근과 가덕도 근처의 8도엽에 대한 지도를 작성하였다. 등고선은 삼각점 및 도근점의 표고에 의해 1/50,000에서는 20m, 1/25,000에서는 10m, 1/10,000에서는 5m 간격의 주곡선을 그리고 그 사이에 계곡선을 넣었으며 세부지형측량에 의해 지형도를 제작한 결과는 표 5.2와 같다.

표 5.2 축척별 지형도 작성현황

축척	50,000	25,000	10,000	200,000	500,000	1,500,000
매수	724매	144매	54매	65매	13매	1매

5.2.3 해방 직후

1945년 12월 미군정법령 제33호로 "조선에 있는 일본인 재산권에 관한 건"을 공포하고 1945년 9월로 소급하여 모든 종류의 일본인 재산 및 수입에 관한 소유권을 미 군정청이 소유하였다. 1945년 11월 동양척식주식회사를 인수·개편하여 미 주둔군 사령부 직속에 1946년 2월 21일 미 군정법령 제52호에 의거 신한공사를 창립하였다. 그러나 1948년 3월 남조선과도정부 법령 제173호로 신한공사를 폐지하고 중앙토지행정처로 명칭을 변경하여 토지불하처분령을 공포하고 귀속 토지를 불하하였다.

신한공사는 남한의 34만 7천여 정보의 토지를 측량하여 55만여호의 소작인에게 경작하도록 하고 소작료를 징수하였다. 소작관계는 소작을 원하는 농민은 직접 서명한 소작계약서를 작성하여 소작조건과 소작료 납부에 관한 사항을 결정하였으며 소작료는 수확량의 30%를 원칙으로 하였다. 1947년 적산토지(일본인이 소유한 토지) 분할측량 및 분배농지측량에 대해 이리(현, 익산)에서 측량교육을 실시하였지만 기술자가 부족하고 양성할 시간도 없는 실정이 되어 토지조사국 당시 종사한 노인기술자까지 동원하였다.

중앙토지행정처는 토지분할에 관한 지적측량을 실시하기 위하여 1948년 세부·도근 자격시험제도를 두어 재무부 사세총감이 자격인증서를 발행한 것이 최초의 자격증이었다. 1945년 9월 일본육지측량부로부터 축척이 1/50,000인 우리나라 지도원판 722도엽의 동판을 인수하였으나 미 군정청이 1948년 8월 대한민국 정부수립과 동시에 우리나라로 이관하였다.

내무부 토목국에 조선총독부에서 사용하던 "조선 삼각점 및 수준점성과표"가 보존되어 있어 정부수립 후 기본적인 측량자료로 활용하였다. 우리나라는 측지사업의 중요성은 인식하였으나 측량기술과 장비의 부족으로 미군의 지원을 받은 군부대에서 측량업무를 수행하였다. 육군에서는 창설 이후 공병감실에서 관장하던 측지업무를 1949년 7월에 창설된 육군본부 직할 측지감실에서 관장토록 하였으며 8월에는 육군 제86 측지부대를 소규모로 편성하여 일본 육지측량부의 지도원판에 의한 지도의 수정 및 인쇄를 전담하였다.

5.2.4 지적법 제정당시

독도측량은 1954년에 해군 수로국에서 해도제작을 위한 수로측량이 실시되었고 1961년에는 국립건설연구소에 의하여 지도제작을 위한 간이지형현황측량이 실시되었다. 일제 강점기에 설치된 지적기준점은 1950년 6.25동란으로 약 2/3가 망실 또는 파손된 측지기준점의 복구, 재설을 위한 정비계획을 수립하여 1956년 1월 미 육군과 한·미 지도협정을 체결하면서 우리나라 측량사업에 새로운 기틀을 마련하였다. 1953년 8월 4일부터 1954년 3월 31일까지 분배농지측량 자격증인 지적측량기술자 자격승인서를 시한부로 발행하였으며 분배농지는 8개월 만에 완성하였다.

1958년 4월 국방부 산하기관에 지리연구소가 창설되면서 국가적 기관으로서의 측지기구가 설립되었으며 주요 기능 및 임무는 국가기본도의 제작, 삼각점 및 수준점의 조사, 복구 및 재설치와 지명의 조사, 정비 등 사업을 계획하고 수행하도록 하였다. 그러나 기술자의 부족과 시설장비의 미비로 전체적인 업무를 처리할 수 없으므로 3, 4등 삼각점의 정비사업은 육군측지부대에서 실시하고 그 성과만을 관리, 보존하였다. 그리고 국립지리연구소 내에 지명제정위원회를 두어 국토 전역에 걸쳐 지명의 유래 등에 대한 조사 및 사업을 계획하고 실시하여 완료된 성과는 현재 국토지리정보원에 보관되어 있다. 국방부지리연구소의 편제는 일반직 4명, 장교 및 군속 57명, 사병 23명으로 소장 밑에 서무과, 측량과, 지도과를 두고 자문위원회를 두었으며 당시의 측지기준점표지 상황은 표 5.3과 같다.

표 5.3 측지기준점의 표지상황(1960년 말)

구 분	1등	2등	3등	4등	계
설치총점수	189	1102	3045	11753	16089
망실점수	131	756	2272	8770	11929
비 율 (%)	69	69	75	75	74

토지조사사업 당시의 지적공부는 1950년 6.25동란으로 대장과 도면이 소실되었으며 특히 경기도와 강원지역의 피해가 심하였다. 정부에서는 국민의 재산권보호와 지적행정의 확립을 위하여 1970년대 까지 지적공부 복구를 위해 많은 노력을 해왔지만 기본 자료가 불충분하고 토지소유자의 실종으로 실적이 부진하여 복구가 완료된 지적공부의 경우에도 부정확한 내용이 많아 토지분쟁의 원인이 되었다. 지적공부 복구방법은 정부문서 기록보존소에 있는 세부측량원도를 이용하여 사정 당시의 경계선을 복구하였고 토지표시사항에 해당되는 지번 · 지목 · 면적 · 소유자 등에 관하여는 읍 · 면 · 등기소에 비치되어 있는 각종 장부기록 내용 및 증명서 등을 근거로 시행하였다.

그리고 토지경계를 새로이 측량하여 소유신고 절차에 따라 일정기간의 공시기간을 두어 이의가 없을 때에는 이를 사정하여 멸실 전의 권리상태로 복구하였다. 그러나 토지표시의 등록사항은 세부측량원도와 실지측량 및 조사를 시행하여 결정하였기 때문에 대부분 사실과 부합되어 분쟁이 없었으나 소유권은 등기부와 함께 소실된 토지는 소유권자의 행방불명 또는 증빙서는 있으나 권리이동에 대한 내용을 확인할 수 없는 토지가 많아 분쟁의 발생이 많았다. 6.25동란 때에 소실된 대장 필수는 4,010,105필이고 99.8%인 3,961,839필은 복구하였으나 수복지역은 756,346필에서 95%인 718,130필을 복구하였지만 증빙서류가 부족하여 성과가 부실하였다. 1952년 10월 15일 대법원 고시 제44호로 시달된 "북위 38도선 이북수복지구 회복등기 실시 요령"에 의해 등기부 멸실 직전의 등기부 등본 또는 토지대장 등본을 첨부해 회복등기를 하도록 하였다.

5.2.5 1960대 이후

1957년 토지과세기준조사법에 의하여 재무부주관의 5개년 개혁으로 조사사업이 실시되어 1961년 전쟁지역을 제외한 일반지역을 먼저 완료하였다. 토지과세기준조사를 실시하는 과정에서 이동지조사는 측량을 수반하는 이동지와 측량을 요하지 않는 전필 이동지로 분류되었으며 지적측량을 요하지 않는 이동지는 지적법과 지방세법의 토지이동에 대한 신고 및 신청의 의무규정에 의하였다.

토지과세기준법의 설정은 무신고이동지의 정리가 실시되어야 하므로 토지과세기준법에 의해 관할시장, 군수가 직권으로 무신고이동지를 정리하되 측량수수료 부담은 국가 또는 지방자치단체 부담으로 1961년까지 전필이동지, 분할이동지, 신규등록 등 약 238만 필지의 무신고이동지를 정리하였다. 토지과세기준 조사는 1960년 1월 1일 토지대장에 등재된 과세지로 비과세지와 면세지를 제외한 전, 답은 등급에 의한 기준수확량을 대, 염전, 광천지, 지소, 잡종지, 사사지 등에는 임대가격을 결정하였다. 토지조사업무를 추진하기 위한 직제와 정원은 이동지정리의 규정에 의해 위임된 토지과세기준 조사와 자산평가 사무관장에 관한 건에 의해 토지조사 업무를 담당하였다. 1960년대부터 이후 농지개량을 위한 경지정리와 토지구획정리 시행에 의한 택지조성, 산업기지건설을 위한 공업단지 경지정리측량, 야산개발측량 등이 활발하게 실시되었다. 1910년 토지조사사업 및 임야조사사업에서는 제주도와 울릉도 그리고 주민들이 거주하는 큰 섬만을 측량하여 등록하고 주민이 살지 않는 작은 섬은 측량 대상에서 제외하였다. 그 이유는 경제적 가치가 없고 측량을 실시하려면 막대한 경비와 많은 기간이 소요되기 때문이었다.

1972년 4월 30일 내무부에서는 섬에 대한 관심과 이용도가 높아지면서 미등록 된 섬 822개와 정확한 위치에 있지 않은 섬 456개를 조사하여 총 1,278개의 섬을 등록하였다. 정확한 위치에 있지 않은 456개 섬은 지적공부에 등록되어 있으나 토지 및 임야조사 당시 실측을 하지 않고 측량사가 스케치하여 등록하였기 때문이다. 등록방법은 미등록 섬의 경우 항공사진측량에 의하였으며 정확한 위치에 등록되지 않는 섬은 정확한 위치에 정정하여 등록하였다. 작업은 대한지적공사 전산실에서 자동도화기를 이용하여 작성하였으며 이 당시에 조사한 섬의 등록현황은 표 5.4와 같다.

표 5.4 섬의 등록 현황(단위 : 개)

구분	합계	등록한 섬			미등록	비율(%)		구분	합계	등록한 섬			미등록	비율(%)	
		소계	정 위치	비정 위치		B/A	C/A			소계	정 위치	비정 위치		B/A	C/A
합계	3,205	2,383	1,927	456	822	74.4	25.6	전북	59	36	21	15	23	61.0	39.0
부산	9	4	4	-	5	44.4	55.6	전남	1,906	1,329	1,186	143	577	69.7	39.0
경기	242	223	102	121	19	92.1	7.9	경북	28	7	7	-	21	25.0	75.0
강원	29	5	5		24	17.2	82.8	경남	457	422	396	26	35	92.3	7.7
충남	414	329	191	138	85	79.5	20.5	제주	61	28	15	13	33	45.9	54.1

등록기간은 1978년 5월 1일부터 12월 20일까지 예산 7,000만 원이 소요되었으며 결과 당초 조사하였을 때보다 상당수가 증가하였다. 기등록 된 섬 1,975개(당초 1,927개)와 정위치에 등록되지 않는 섬 599개(당초 456개), 미 등록된 섬 870개(당초 822개) 등 총 3,444개(당초 3,205개)에 이르렀으며 북한의 518개 섬을 합하면 한반도의 섬은 3,962개가 된다.

1980년 5월 12일부터 22일간에 걸쳐 실시된 국립지리원의 독도측량은 독도 대축척지형도 제작을 목적으로 실시된 항공사진측량으로 당시에 획기적인 측량이었다. 국립지리원은 천문측량(Wild T-4사용)에 의한 기준점 성과와 간이조위관측에 의한 수준기점의 성과를 기초로 지상기준점측량을 실시하고 축척 1/30,000 및 1/8,000로 촬영된 항공사진을 도화하여 1/5,000 및 1/1,000 대축척 지형도를 제작 하였다. 독도 지형도제작에 사용된 평면직각좌표는 북위 38° 동경 131° 의 교점을 원점으로 한 평면직각좌표이다.

5.3 측량사의 역할과 책임

측량사의 권한과 임무 그리고 역할과 책임 등에 대하여 국내 지적분야에서 구체적으로 정리된 내용이 거의 없는 실정이다. 1991년 5월 23일 중국 북경에서 열린 FIG 제60차 상임위원회의 정관 개정에서는 "측량사란 과학적인 측량실무에 있어서 학문적 자격과 기술적 경험을 갖춘 자로서 토지과세, 토지관리, 해양, 건축, 토지행정, 토지정책의 효율적인 처리를 위한 목적과 이에 관련된 지형정보업무처리의 개선과 개발 목적에 관련된 일이 측량사의 업무이다."라고 규정하고 있다. 최근에는 국토개발 및 토지이용 개발과 소유권 등의 활성화에 따라 측량업무가 증가되고 측량업무에 종사하는 기술자 또한 증가하고 있으나 측량업무를 집행하는 측량사에 관한 법적 권한과 법률상 역할, 측량사의 전문성, 측량의 효과 등에 대해 명확하게 정리된 내용이 없다. 측량사는 측량업무를 처리하는 일이 대부분이며 측량사의 도덕성과 성실성 등에 대한 비판적 민원이 많으므로 측량사의 책임과 역할이 강조되어야 한다. 측량사는 국민의 재산에 대한 권리와 규제를 다루는 역할을 하는 오랜 전통을 갖고 있으나 자격증은 기술적 측면에서는 평가 절하되어 왔으며 자산형태의 발전, 경계분쟁의 안정, 계약체결은 부동산전문가, 법률전문가 등이 처리하고 있으며 측량사는 필지의 위치 확정에 전념하는 것으로 역할이 낮아지고 있다.

5.3.1 측량사의 역할

측량사는 새로운 경계점을 수립할 수 있지만 확정할 수 있는 기능은 없으며 공부에 등록된 구필지의 경계점을 정확한 위치에 복원할 수 있으나 틀린 측량을 수정할 수 있는 권한은 없다. 그리고 측량에 대한 착오가 발생하는 경우에는 의견을 진술할 수 있으며 의뢰인은 측량사의 자격과 전문직업의 명성에 대한 지식을 갖추어야 한다. 측량사는 망실된 경계선 권원(權原)의 조사는 예리한 관찰, 근면한 연구, 선량한 판단, 신장비의 사용에 대한 독창성을 가져야 한다. 측량사는 굴곡이나 경계선의 위치에 대한 증거를 보존하여야 하며 개인적 윤리를 가져야 하는 전문직업인으로서 모든 상황에서 적절하고 당사자 사이에서 중재인으로서 기능을 하며 경계측량을 실시할 경우 고의 또는 개인적인 영향을 미쳐서는 안 된다. 또한 측량사는 사적인 업무로 새로운 경계선을 수립할 수 없으며 법적인 권한을 표시하는 것 외에는 현존하는 경계선을 법적으로 결정할 수 없다. 경계를 변경시키는 것은 경계가 최초로 있는 곳에 법적증거력을 주는 것이며 인접하는 토지 소유자가 경계선을 결정하기 위하여 각각 소송을 제기하는 때와 같은 효력을 갖는다.

측량사는 토지소유자 사이의 비공식적 동의에 기초하여 경계선의 위치를 설정하는데 중대한 기술적 및 법적 위치에 있으므로 분쟁이 있는 경계에서 표식, 나무, 과거측량 및 선행자에 의하여 만들어진 경계선에 대한 의견을 제시할 수 있다. 대부분의 법정에서는 자격 또는 증거력 확보에 따른 측량사로서 증거에 의한 증명을 할 수 있으며 토지의 경계분쟁에서 측량사는 전문가의 자격을 갖는 증인으로 소송에서 중요한 의견을 제시할 수 있고 문서작성에 필요한 심문이나 신청에 대해 증명할 수 있으므로 대부분의 법원은 측량사를 전문적 증인으로 인정하고 있다. 측량사는 망실된 경계점을 설정하거나 참고자료의 조사로 경계에 있는 나무와 시내, 벼랑, 늪, 호수 및 당초 측량의 집행에서 측량사에 의하여 측정되는 대상을 포함한 자연적 특징에 대한 참고물을 표시한다. 지적 2014에서는 토지측량사가 모든 법적 토지의 객체를 정확한 위치에 두는 역할을 할 것이며, 측량사는 개인 토지 필지만을 다루지는 않을 것이다. 토지측량사는 법적 토지객체의 결정 및 정의에 관련되는 처리과정과 사법적 처리과정을 알아야 하며 토지가치의 원칙을 이해하여야만 하고 그들은 모든 물리적 · 법적 측면에서 토지를 문서화하는 토지행정제도를 다룰 수 있어야 한다. 그리고 시민, 기업, 소관청 및 정치적 의사결정자에게 토지정보를 제공할 수 있어야 하며 지적 2014에서의 임무와 관련하여 측량사에게 요구되는 기술은 더욱 확대되고 있다.

측량사는 소유권의 위치를 결정하는 최초이며 측량전문직업 내에서 부동산권리를 결정하고 권리에 관계된 법적문제에 관하여 토지소유자의 조언자 역할을 할 수 있다. 측량에 관계되는 법률의 조사는 측량사가 증거의 수집자이며 측정과 계산의 전문가이고 도면과 측량으로 확인되는 여러 가지 다른 부담을 미리 준비하는 자이다. 업무집행에서 전문기술의 특수한 영역은 법률상으로 인정하며 증거의 수집과 의뢰인이 충고에 근거되어 손해를 입는다면 책임이 부과된다. 측량사의 임무는 확실한 측량집행에 적합하게 지상에 권원경계선의 위치를 설정하는 것이며 증거의 규정과 그들의 효과를 이해하도록 잘 훈련되어야 한다.

지적기술자는 국가기술자격증을 취득하고 소관청의 지적직 공무원이나 측량수행자로서 지적측량 업무에 종사하면서 권한이 부여되고 있는 것은 특정분야의 전문적인 기술과 통일적이고 체계적인 성과를 얻는 반면 책임성을 갖게하기 위한 것이라고 할 수 있다. 지적기술자로서 전문적인 직무의식과 윤리의식이 높아져야 할 것이며 법률은 소유자의 의도에 관여하지 않으며, 도면, 증서, 현재 표식 등으로 입증된 측량사의 행위에 의하여 표현된다. 측량사가 토지경계를 재 측량하는 목적은 인접부동산 소유자 사이의 논쟁을 해결하기 위한 것이다. 그러므로 경험 있는 측량사는 법률의 심판보다 문제의 결정을 할 수 있는 좋은 위치에 있으므로 경계분쟁에서 타협하도록 토지소유자를 설득할 수 있어야 하며 새로운 경계선을 측량하고 토지 소유자는 경계선에 관한 기록내용에 대해 승인 하여야 한다. 토지측량사의 윤리규범에서 목적과 핵심은 의뢰인에게 있는 그대로 작업을 성실하고 공평하게 수행해야 하며 지켜야 할 윤리규범은 다음과 같다.

① 측량사는 금전적 가치를 다른 가치 이상으로 보아서는 안 되며 전문직업인으로 다른 측량사를 나쁘게 말하는 것과 공적인 안목에서 전문직업을 낮추어서는 안 된다.

② 측량사는 윤리적 행위의 표준에 따라야 하며 자만하지 않아야 하고 특별한 문제를 해결하기 위해서는 외부의 충고가 필요한 것을 수용할 수 있어야 한다.

③ 측량사는 자신의 실수를 인정할 수 있어야 하고 다른 측량사와 정보 및 경험을 교환하되 협조하는 자세를 가져야하며 측량지식을 향상시키고, 전문직업의 효과를 증대할 의무를 갖는다.

④ 측량사의 전문직업적 개발과 향상을 위한 기회를 제공할 수 있어야 하며 높은 도덕수준으로 윤리규범을 갖추어야 한다.

5.3.2 지적측량의 책임

측량사의 책임은 문서화된 권원경계선을 지상의 위치에 설정하는 것이며 상충되는 소유경계선은 차후의 이해관계이다. 측량사는 위치를 설정하고 그가 측량하는 필지에 대한 모든 부동산의 부담을 확인하는데 책임을 지며 새로 등록한 필지는 측량이나 문서 및 도면 등에 의하여 새로운 경계선을 위치설정 및 확인할 수 있도록 하여야 한다. 측량사는 전문직업인으로 정직하게 의무를 수행하도록 책임을 다하되 작업에서 태만할 경우 의뢰인이 받는 손해에 대한 책임을 가진다. 측량의뢰인이 손해를 입는 경우가 있을지라도 측량사는 태만이 없는 경우에는 의뢰인이 손해를 청구할 수 없다는 것을 의미하는 것은 아니며 태만한 측량사의 행위 또는 행동은 측량공동체에 확인되는 표준으로 증명되기 전까지는 진실한 것으로 추정하여야 한다. 측량사가 도면에 정리한 모든 정보에 대해서는 모든 책임을 져야하고 측량사는 자신의 행위에 대한 법적 의무가 있으며 타인의 권리를 침해하지 않아야 하고 일필지측량을 실시하여야 한다.

(1) 형사책임

형사상 책임은 사실행위에 대한 비난 또는 비난 가능성을 말하며 행위자가 법률규범의 기대에 반하여 위법행위를 행한 경우에 비난을 피할 수 없다. 따라서 형사책임은 고의에 대한 책임을 원칙으로 하며 고의성이 있는 경우에 범죄의 구성요건에 해당된다. 그러므로 지적측량은 공적기록인 지적공부에 의하여 실시하는 업무의 특성으로 공문서 취급에 따른 위법행위는 형사책임의 대상이 된다. 형사책임의 대상은 지적공부 및 지적측량부의 위조 또는 변조, 지적공부 및 지적측량부 허위작성, 지적측량 이외의 다른 목적으로 사용, 지적측량 수수료의 횡령, 지적측량 업무의 수행에 따른 부당이득 취득, 지적측량의 수행에 따른 청탁을 받고 부당이득 취득, 경계표의 손괴 또는 이동, 지적기술자격이 없는 자가 측량을 하는 경우, 지적측량 업무의 집행 방해 또는 거부 행위 등이다.

(2) 민사책임

민사책임은 권리 내지 이익을 위법하게 침해한 가해자가 피해자에게 사법상 책임지는 것으로 지적측량에 따른 민사책임은 피해자가 지적측량자의 고의 또는 과실을 입증해야 하고 그로 인한 손해는 행위자와 피해자 간에 인과관계가 발생하고 지적측량자는 그 행위에 대해 민사상 손해배상의 책임을 져야 한다. 실정법으로는 불법행위가 인정되어 지적측량자를 고용한 지적측량수행자 및 국가는 손해보상책임을 져야하며 지적측량수행자 또는 국가에게도 고용자에 대한

구상권 행사를 인정하고 있다. 민사책임의 대상은 부정한 방법으로 지적기술자격을 취득, 무능력, 형 집행, 징계 등의 사유로 지적측량 종사가 금지된 지적기술자가 지적측량을 한 때, 고의 또는 중과실로 지적측량을 잘못한 경우, 지적기술자로서 명예를 훼손하거나 품위를 실추시킨 경우이다. 또한, 기타 지적관계법령의 규정을 위반한 경우로 지적측량과정에서 고의 또는 과실로 토지 내의 수목제거, 시설물 파손, 지적측량 착오로 인한 타인의 재산피해 행위 등이다.

(3) 징계책임

징계책임은 어떤 업무에 대하여 그 업무의 담당자로서 직무에 관계된 법령의 규정을 위반한 책임과 신분관계에 따른 책임으로 관계규정을 위반한 자에게 신분상의 징계를 함으로써 확보된다. 징계는 그 신분에 관한 규정에 위배되는 행위를 한 경우이며 측량수행자로서 속임수, 위력(威力), 그 밖의 방법으로 측량업 또는 업무와 관련된 입찰의 공정성을 해친 자는 3년 이하의 징역 또는 3천만 원 이하의 벌금에 처하도록 하고 있다. 측량기준점표지를 이전 또는 파손하거나 그 효용을 해치는 행위를 한 자, 고의로 측량성과 또는 성과를 사실과 다르게 한 자, 측량성과를 국외로 반출한 자, 측량업의 등록을 부정한 방법으로 등록을 하고 측량업을 한 자, 성능검사를 부정하게 한 성능검사대행자, 성능검사대행자의 등록을 부정한 방법으로 하고 성능검사업무를 한 자는 2년 이하의 징역 또는 2천만 원이하의 벌금에 처하도록 규정하고 있다. 또한, 무단으로 측량성과 또는 측량기록을 복제한 자, 측량기술자가 아님에도 불구하고 측량을 한 자, 업무상 알게 된 비밀을 누설한 측량기술자, 둘 이상의 측량업자에게 소속된 측량기술자, 다른 사람에게 측량업등록증 또는 측량업등록수첩을 빌려주거나 자기의 성명 또는 상호를 사용하여 측량 업무를 하게 한 자, 지적측량수수료 외의 대가를 받은 지적측량기술자와 신규등록, 등록전환, 분할, 합병, 지목변경, 바다로 된 토지의 등록말소, 축척변경, 등록사항의 정정 신청, 도시개발사업 등 시행지역의 토지이동 신청을 한 자와 다른 사람에게 자기의 성능검사대행자 등록증을 빌려 주거나 빌려서 사용하거나 다른 사람의 성명 또는 상호를 사용하여 성능검사 대행업무를 수행한 자는 1년 이하의 징역 또는 1천만 원 이하의 벌금에 처하도록 규정하고 있다.

5.3.3 지적측량법률

일제 강점기에 시행되었던 지적관계 법령은 광복 후 준용되다가 1950년에 지적법을 1954년에 지적측량규정, 1960년 지적법을 전면 개정하면서 법령체계를 갖추었다. 1907년 5월 16일 대구시가지 측량규정을 제정하여 도근측량은 삼각측량점을 기초로 경위도선법에 의해 시행하고 계산법 및 전개법은 직각종횡선을 이용한다. 조선지세령에서 "지세"의 "지"에 대한 내용은 "지적"에 대한 규정이다. 토지조사측량은 1919년 3월에 완료되었고 토지조사측량 규정은 1921년에 완료되었으며, 임야조사측량은 1932년에 완료하였으나 1935년에 제정된 것은 일제가 시행한 후 법 제정의 관례에 의한 것이다.

조선지세령은 토지조사법, 토지조사령을 모체로 제정된 것이며 임야와 토지측량규정이 따로 되어 있는 것은 당초에 사업을 별도로 시행하였고 임야조사령과 토지조사령이 별도로 있었기 때문이다. 토지측량규정을 근거로 1954년 11월 10일(대통령령 제951호) 지적측량규정이 제정되어 세 차례에 걸쳐 개정을 하였고 1975년 지적법령이 전면 개정되었다. 1961년 12월 30일 각령 제336호 지적측량규정 중 개정의 건이 공포되어 지적업무를 세무서로부터 시 · 군으로 이관하고 주무부가 재무부로부터 내무부로 되었다. 1963년 4월 1일 각령 제1242호로 구를 설치한 대구시를 삽입하고 주무부가 내무부로 이관된데 따른 미비점을 보완하였다. 제3차는 1970년 5월 16일 대통령령 제5015호로 읍, 면에 비치하는 지적서류의 명칭을 토지원부와 임야원부에서 토지대장 부본, 임야대장 부본으로 변경하고 한문으로 된 법조문을 한글로 변경하였다.

지적법은 부산으로 피난한 상태에서 국회가 1950년 12월 1일 법률 제165호로 제정 · 공포된 것이 광복 후 최초의 지적에 관한 법률이다. 최초의 지적법이라고 하지만 그동안 시행하여 왔던 지세령에서 지세에 관한 사항을 제외하고 그대로 사용한 것이며 지적측량기술 분야와 지적측량사 자격규정이 누락되었다. 특이 사항으로는 제37조에 관한 사항으로 토지조사 때 도로 · 구거 · 하천 등은 조사 대상에서 제외하므로써 면적의 차이가 많아지고 국토 전체 면적도 정확하게 등록되지 않았다. 1950년 11월 25일 국회 산업위원회에서 최초의 독립된 지적법을 심의, 검토, 수정할 때 우리 국토의 전면적이 나타나 있지 않은 것을 발견하고 "새로이 지적공부에 등록되어야 할 토지의 이동정리는 본법 시행으로 부터 3년 이내에 하여야 한다."는 규정을 넣었다. 1970년대에 대부분 토지조사 측량이 종료되면서 전 국토의 면적이 확정되었다. 지적법이 제정된 후 1975년 지적법이 개정되어 법률로서의 체제를 갖추었으며 제정 내용으로는 용어의 정의, 토지대장과 임야대장의 카드화, 한자로 된 지번의 아라비아 숫자로 전환, 면적은 척관법에서 미터법으로 전환하고 지적공부에 소유자의 주민등록번호를 기재하도록 하였으며 수치측량과 전파기, 광파기 및 사진측량을 실시할 수 있는 규정과 지적측량자에 대한 조항을 신설하였다.

지적법시행령은 본법이 국회를 통과한 4개월 후인 1951년 4월 1일 대통령령 제495호로 제정되었고 제1차 개정은 1961년 12월 30일 각령 제335호 지적법 시행령 중 개정령으로 지적공부업무를 세무서에서 서울과 시, 군으로 이관한다는 내용이며 제2차 개정은 1962년 4월 27일 각령 694호로 지목변경 사항을 개정한 것이다. 1960년 12월 31일 각령 제176호로 제정되었으며 그 내용은 지적측량사 자격을 규정한 것으로 상치측량사(공무원), 대행측량사(지적협회)로 구분하고 이들은 지적공부를 무료로 등사 · 열람할 수 있으며, 필기, 실무, 구술로 전형하고 시험과목은 세부, 기초, 확정측량과로 하여 시험에 합격한 자는 등록하도록 하였다. 1961년 8월 22일 대통령령 제3189호 지적측량사규정 중 개정의 건으로 지적측량사 전형위원, 징계위원, 지적측량심의위원에 수당과 여비를 지급하고(공무원이면서 위원은 제외) 주무 관서를 세무서에서 시 · 군으로 하였다.

지적측량사규정 시행규칙은 1961년 2월 7일 재무부령 제194호로 제정된 후 전형을 받을 수 있는 자는 대학을 졸업한 자로 재학 중 측량과목을 이수한 자, 1961년 8월 4일 재무부령 210호로 측량을 이수하고 1년 이상 지적측량 실무경험을 가진 자로 개정되었다. 당시 대학에서 측량을 이수할 수 있는 과는 토목공학과 · 농업토목학과 · 임학과 · 채광학과 · 천문학과 · 지구물리학과 · 물리학과 · 수학과 · 지학과 · 지리학과 · 지질학과 등이었다. 고등학교를 졸업한 자로는 재학 중 측량을 이수하고 지적측량에 1년 이상 실무경험이 있는 자로 하였으나 고등학교에서 측량을 이수하고 1~4년 동안 지적에 종사한 자는 거의 없었다. 국가공무원으로서 그 소속관서에 4년 이상 실무경험을 가진 자, 내무부장관이 인정하는 측량기술자 양성기관에서 6월 이상의 과정을 이수하고 지적측량에 관하여 1년 이상의 실무경험이 있는 자, 측량법시행령에 의한 측량사 · 측량사보, 지적측량에 7년 이상 실무경험이 있는 자, 7년 이상 경험자로 하였다.

5.4 지적기술교육

5.4.1 단군조선

토지수량을 계량하는 제도가 단군조선시대에는 구체적 기록은 없으나 그를 추측케 하는 기사는 삼국유사, 규원사화, 단기고사 등에 있다. 규원사화 태시기(太始記)에는 "토지이랑을 두고 다투었다는 것과 밭과 도랑을 파고 밭두렁을 만들어 농사짓기를 권하였다"는 기록이 있으며, 또한 고실씨(高失氏)가 청구국(靑丘國)에 나가서 산천과 토지의 바탕을 보고 전답을 개간하였다고 기록되어있다. 규원사화의 내용과 같이 도랑을 파고 밭두렁을 만들었으며 밭두렁으로 다투었다는 사실 등은 당시 토지개간이 활발해지고 그에 따른 토지의 구획설정을 중요시 하였다는 것을 알 수 있다.

단기고사에는 제14대 고불(古弗) 58년 전토와 산야를 측량하여 조세율을 개정한 내용과 제36대 매륵(買勒) 25년 오경박사(五經博士) 우문충(宇文忠)이 토지를 측량하여 지도를 제작한 내용이 있다. 단기고사에는 제11대 도해(道奚)56년에 송화 강변에 기계공장을 설치하고 황용선(黃龍船), 양수기(揚水機), 자행선(自行船), 차경기구(車輕氣球), 자발전차(自發電車), 천문경(天文鏡), 소담경(昭膽鏡), 구석편(驅石鞭), 자명종, 경중누기(輕重漏器), 연적(涓滴), 발전동춘기(發電動春機),

색금(索琴), 천리상응기(千里相應器), 목유마(木流馬), 진천뇌(震天雷), 어풍승천기(御風昇天機), 흡기잠수선(吸氣潛水船), 측천기(測天機), 양해기(量海機), 양청계(量晴計), 측우기(測雨機), 측한계(測寒計), 측서계(測暑計), 양우계(量雨計), 측풍계(測風計) 등 각종기기(器機)가 발명되어 사용된 기록을 보면 토지의 개수(個數)를 파악하는 데는 상당한 수준의 기술방식과 산식을 사용하였을 것으로 추측되고 있다. 동서양에 관계없이 인류문명의 발달로 보아 고대에는 수(數)를 표시하거나 의사를 나타내는데 결승(結繩; 새끼)의 매듭으로 나타내기도 하고 대나무(竹)에 산법이나 뜻을 표시하였으며 결승으로 토지를 측량하고 대나무에 그의 내용을 기록하였을 것으로 추측하고 있다.

5.4.2 삼국시대

고구려는 제17대 소수림왕 2년(372년)에 국학제도를 실시하면서 태학(太學)이라는 교육기관을 설립하고 양반자제를 교육한 것이 우리나라 최초의 교육관계 기록이라 할 수 있다. 태학은 상류층의 자제를 교육하는 관학인 반면에 문무일치 교육 위주로 평민층의 자제에게 경전과 궁술을 교습시키기 위하여 평양천도 이후 전국 각처에 경당(扃堂)이라는 사학기관을 설치하였다.

고구려에서는 조·용·조의 세제가 실시되고 유리왕 37년 익사한 왕자의 시신을 건진 제회에게 금 10근과 토지 10경을 주었다는 기록이 삼국사기에 있는 점으로 보아 경무법에 의한 토지계량 질서가 행해지고 이들 토지계량법은 태학이나 경당 등 교육기관에서 박사 등 전문직에 의하여 산학(육장, 구장산술) 등을 체계적으로 교육받아 실제의 토지측량에 활용되었을 것으로 추측된다. 고대의 산학이론은 당시 사람들에게는 난해하였다고 여겨져 체계적인 교육 없이는 측량방법을 터득할 수 없었으므로 측량전문인의 양성이 필요했을 것이며 이들은 대부분 태학이나 경당에서 교육되었다고 볼 수 있다. 고구려에서도 기술직은 주로 평민출신이 담당한 것으로 보아 경당에서 보다 많은 측량기술자가 배출된 것으로 추측할 수 있다.

신라에서는 제28대 진덕여왕 5년(651년)에 최고 교육기관인 국학에 대사(大舍) 2명을 두었으며 제31대 신문왕 2년(682년) "국학을 예부(禮部)에 속하게 하고 경(卿) 이하 박사, 조교, 기타 사무관 등을 두어 제도의 정비를 기하면서 교육의 내실을 기하였다."고 기록되어 있다. 국학의 교과목은 논어, 효경, 예기, 주역, 좌전, 모시, 상서, 문선 등이었으며 지적업무와 관련된 분야는 산학에 관한 수의과(隨意科)를 두고 산학박사 또는 조교에게 가르치도록 하였는데 이때 산학 교과목은 철경, 삼개, 구장, 육장 등 산학 4개 과목이었으며 지방의 5소경에는 관립 교육기관으로 학원이 있었다. 신라는 조세징수 및 토지측량 등 경제적 업무를 맡아 수행할 산관의 양성이 필요하므로 토지 관리자 및 측량사에게 산학(算學)을 교육하였다. 국학에 설치한 산학의 산(算)은 육례의 하나로 귀족들이 교양으로 중요시하였기 때문에 국학생은 교양으로 기본산학, 산학생은 전문적 기술학으로서의 산학을 가르쳤을 것으로 추측한다. 산학은 곡식의 출납과 회계, 토지측량과 조세의 징수, 녹봉의 지급, 술수와 역산 등의 업무를 맡아 수행할 전문적 실무능력을 갖춘 인력을 양성, 공급하는 잡학의 한 분야라 할 수 있으며 국학에서 산학교육을 받은 자가 지적업무에 종사하게 됨에 따라 지속적으로 양성하였을 것으로 추측되고 있다.

5.4.3 고려시대

고려시대에는 관학인 국자감, 주학, 향학 이외에도 사학이 많았으며 고려 태조13년(930년) 서경에 학원을 세우고 6부의 생도를 교육하였으며 성종시대에는 주로 국자감에서 교육을 실시하였다. 정두사오층석탑조성형지기의 내용에서와 같이 광종6년(955년)과 7년에 이미 양전사 송량경, 예언 등과 하전 봉휴, 산사 천달 등이 토지조사측량에 종사한 것으로 보아 국자감 또는 주학, 향학의 교육실시 이전부터 경학 등에서 산학교육 등 토지조사 측량교육을 실시한 것으로 파악된다. 한편 광종9년(958년)에는 당나라제도를 모방하여 과거제도를 마련하고 제술과(진사과), 명경과(明經科) 및 의(醫), 복(卜)과를 두었으며 성종6년(987년)에는 12목에 경학박사를 보내어 지방학생들을 교육하게 하다가 성종11년(992년)에는 지방의 주군에 주학(州學)을 세워 교육하도록 하였다. 또한, 가락국기에 조문선이 성종10년(991년)에 김해부 수로왕의 왕위전을 측량하였는데 조문선도 학원이나 원봉성, 한림원, 광문원 등의 출신으로 산학을 공부하여 토지측량사가 된 것으로 추측할 수 있다. 그리고 고려 태조 때의 학원을 성종11년(992년)에 국자감(國子監)으로 개편하고 국자학, 대학, 사문학(四門學), 율학, 서학, 산학(算學; 산술에 관한 학문) 등 전문학과를 두었고 국학박사, 대학박사, 사문박사, 조교 등이 교육하였다. 문종 때는 국자감에 산학박사(종 9품) 2명을 두었고 국자감의 학생수는 국자학, 대학, 사문학에 각각 300명으로 하였으나 많을 때에는 600명까지 될 때도 있었다고 한다. 국자감의 학과는 과목에 따라 1년에서 3년까지 수업하였으며 산학의 수업기간도 사정에 따라 1~3년 정도였을 것으로 추측된다. 또한, 최충은 벼슬을 그만둔 후 후진양성을 위하여 사숙(私塾; 개인 교육기관)으로 9재(九齋)를 개설하였는데 당시 관학의 부실로 과거지망생이 많이 모여들자 학반을 9개로 나누어 9재라는 명칭으로 하였다. 수도 개성에는 최충의 9재와 같이 11명의 유신들이 각각 사립학교를 설립하였는데 이를 최충의 문헌공도와 함께 12도(徒)라고 하였다. 11개의 공도는 정배걸의 홍문공도, 노단의 광헌공도, 김상빈의 남산도, 김무체의 서원도, 은정의 문충공도, 김의진의 양신공도, 황영의 정경공도, 유감의 충평공도, 문정의 정헌공도, 서석의 서시랑도, 실명

씨의 귀산도 등이다. 이들은 최충의 문헌공도와 더불어 권위 있는 사학으로서 모두 과거응시 후보자인 거자(擧子; 응시자)와 전문인을 양성하는 교육에 힘쓰고 있었다.

고려에서는 인종 6년(1128년)에 각 주 · 현에 교육기관으로서 향학(鄕學; 향교)을 세우고 지방의 인재를 교육하였다. 그리고 인종14년(1136년)에는 과거제도를 정비하여 제술과와 명경과 이외에 명법(明法), 명산(明算), 명서(明書), 의업(醫業), 주금(呪噤), 지리(地理), 하론(何論)과를 두고 각 과의 시험과목을 정하였다. 명법과는 율(律)과 령(令)을, 명산과는 구장산술, 철술(綴術; 수학서), 삼개(三開; 신라 및 고려시대 산학제도의 교과서인 산술서), 사가(謝家) 등을 시험과목으로 하였다. 명산과는 주로 산학이 시험과목이었으며 고려 산학은 구장산술이 중심이었고 신라시대의 육장이 고려시대에는 사가로 명칭이 바뀌었다. 위의 과거시험 과목 중 제술과와 명경과를 합격한 자는 고급관리로 임용되었으며 명법과 이하는 잡과라 하고 이 잡과는 일종의 기술자를 채용하였다. 이러한 내용으로 보아 국자감, 주학, 향학, 구재(문헌공도) 기타 사학(11도)에서 본격적으로 많은 인재가 전국적으로 일정기간 산학 등 교육을 받고 실무자로서 측량업무에 종사한 것으로 추측되고 있다. 원종2년(1261년) 동서학당을 처음 설치한 후 별감을 두고 교육하였으며 그 후 개경의 각부에 학당이 추가로 설치되어 5부 학당이 되었다.

5.4.4 조선시대 교육

1895년 민영환은 서울에 시립홍화학교를 세우고 1900년대 양지속성과를 개설하여 측량교육을 시행한 것이 한국 최초의 사학 측량교육이다. 양지아문직원 및 처무규정 제9조에 따라 외국인 크림(Raymond Edward Leo Krumm;거렴)을 수기사로 초빙하여 영어교육을 담당하게 하고 1898년 11월 4일 영어학교 학생 15명과 일어 학생 5명을 합쳐 20명으로 측량교육을 시작하였다. 1899년 4월 21일 양지아문견습생 규칙을 공포하였으나 교육의 실시는 11월 하순부터 1900년 3월말까지 4개월동안 시행하였다. 그림 5-1은 외국인 크림수기사를 초빙할 당시 작성한 계약서로 한글과 영문계약서가 있는데 한글 계약서이다.

1905년 본국 양지과에 측량기술견습소를 1906년에 대구와 평양출장소, 1907년에 전주출장소를 설치하고 각 출장소는 독자적으로 기수 견습생을 모집하였으며 처음에는 세부측량을 교육하여 졸업생은 기수 또는 고원으로 채용하였다. 기수를 선발하여 도근측량을 교육한 결과 광무 9년부터 양성한 기술자의 수는 총원 420명이 되었다.

1907년 12월 양지과수업규정을 제정하고 우수한 자를 선발하여 도근 및 소삼각측량술 강습을 실시하고 연습이라는 명목으로 한국인 견습생에게 소삼각측량, 도근측량, 세부측량을 실시한 것이

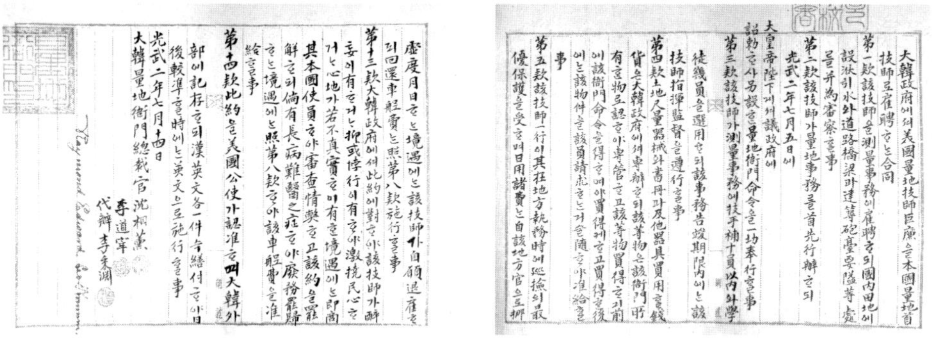

그림 5-1 외국인 크럼(Raymond Edward Leo Krumm) 수기사 초빙 계약서

구소삼각측량으로 교육기관에서 집행한 것이다.

대구출장소의 경우는 1906년 5월 1일 대구 시가지 측량을 제1기 수료생으로 하여금 1907년 1월 18일부터 착수하여 시행하였으며 1908년 1월 현직 기수 중에서 도근측량 실습생 35명을 선발하여 6월에 시험을 집행하고 29명에게 합격증서를 주었다.

평양출장소의 경우는 1906년 10월 3일 개소하면서 그날부터 견습생 32명의 강습을 개시하여 1907년 5월 6일 수업증서를 교부하고 그 중 21명을 기수로 임명하였다. 제2기는 5월부터 실시하였으며 기수견습생들에게 실습을 위하여 평양시가지 삼각측량에 종사하도록 하였다. 제3기는 1907년 12월 9일 견습생 25명을 채용하여 1908년 6월 17명을 기수로 임명하였으며 1908년 1월부터 현임기수 중 25명을 선발하여 도근측량실습을 하였다.

전주출장소는 1907년 7월 20일 개소하면서 견습생 30명을 채용하였으나 그 중 18명만이 시험에 합격하여 수업증서를 수여하고 기수로 임명하였으며 1908년 6월 기수 18명에게 도근측량 교육을 실시하였다. 대한제국에서는 측량기술견습소를 수료한 기술자를 1907년 11월 30일자로 기수 판임관 8급 15명, 판임관 9급 32명을 발령하였다.

측량기술견습소에서 교재는 그림 5-2와 같이 토지측량술이라는 교재를 사용하였으며 토지측량술은 탁지부 임시재산정리국 측량과에서 편찬하였는데 세부내용은 그림 5-2와 같이 제1편 총론, 제2편 세부측량, 제3편 도근측량으로 나누어 기술되었으며 1908년 9월 25일 용산인쇄국에서 발행하였다

유길준은 1908년 서울 수진궁에 사립측량학교를 설립하였고 대한측량총관회를 창설하여 평의장이 되면서 교육부와 검사부를 설치하여 세부실습과 도근실습 교육을 실시하였으며 검사부에서는 1909년 측량교육 측량기술자격증인 검열증을 발급하고 측량수수료를 만들었다. 홍사단의 수진측량학교는 유길준이 수진궁을 빌려 사립측량학교를 세우고 학생 300명으로 1908년 5월 25일

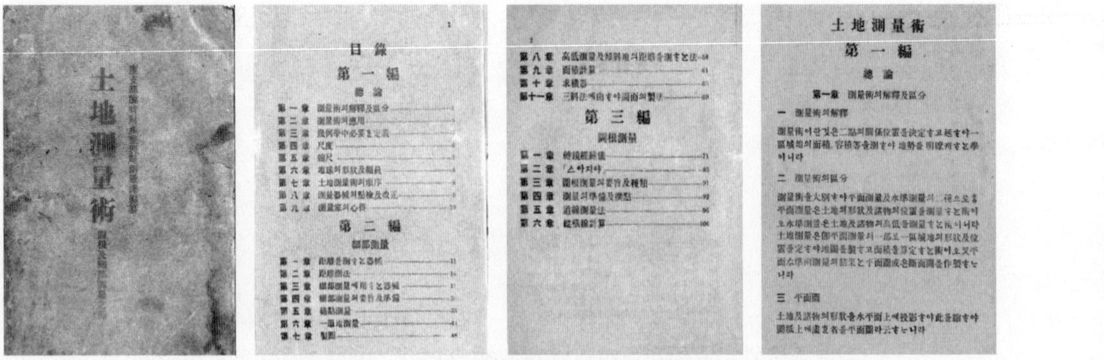

그림 5-2 토지측량술 교재 표지 및 목차와 내용

개학하였다. 1909년 2월 수진측량학교에서 낸 광고에 의하면 측량총관회와 연합하여 2회 학원생을 모집하여 9개월 동안 교육을 실시하였으며 과목은 산술, 기하, 대수, 삼각이고 제2기는 3개월로 세부와 도근이며 이외에 3개월 속성과도 모집하였다.

측량기술견습소는 1909년 사실상 폐지되면서 학부에서는 측량기구양성소를 특별히 설치하기로 협의하고 장소는 관립외국어학교와 관립한성고등학교로 하였으며 수업기간은 1년으로 정하였다. 양성목적은 10년 내에 국내의 모든 토지를 측량할 예정이었으며 양성소를 설립한다는 공고는 융희 4년 3월 22일 학부대신 이용직이 학부고시 제7호로 "관립한성외국어학교에 임시토지조사기술원 양성소를 관립한성고등학교에 임시토지조사사무원 양성소를 부설한다."고 관보에 고시하였다.

관립한성고등학교 부설양성소에서는 토지조사사업에 종사할 기술원을 양성하기 위하여 1910년 5월 12일부터 학과목으로 수신, 수학, 물리, 영어, 측량, 제도 및 실습을 두었는데 동대문 밖을 왕래하면서 실지 연습을 행하였다. 1911년 2월에 관립한성고등학교에서는 기술원 100명, 사무원 50명을 두고 기간을 기술원은 1년, 사무원은 4개월로 측량교육에 중점을 두었다. 1911년 5월 임시토지조사국에 국원양성소를 부설하여 같은해 6월 관립학교와 농업학교의 양성을 폐지하고 양성중인 생도를 수용하여 수업을 하였으며 3월에 250명을 모집한 것이 관립학교 측량교육의 마지막이라 할 수 있다.

5.4.5 토지조사사업 당시

1911년 6월 15일 임시토지조사국에서 최초로 기술원 생도 500명을 한국인에 한하여 모집하였으며 수업기간은 8개월~1년으로 채용하여 2개월간 수업을 실시한 후 가망이 있으면 재학중 수당 일액 10전을 지급하고 관립고등학교 2학년 수준의 국어, 산술, 조선어와 한문시험에 합격하여야 하며 시험자격 연령은 18~26세에 한하였으며 임시토지조사국 양성소, 공립대구농림학교, 평양도립농학교에서 시험을 보았다. 1911년부터 1918년 6월까지 전체 9회에 걸쳐 사무원 599명, 기술원 1,899명, 적산수 635명으로 제도 직종별로 국원을 양성하였으며 양성소의 교육과목은 사무원과 기술원이 각기 달랐다.

(1) 정리과 견습생 강습

1913년 2월 20일 임시토지조사국 훈령 제3호로 정리과 견습생 채용 및 강습규정을 제정하였는데 그 내용은 고등소학교를 졸업하고 신체건강하며 품행이 방정한 일본인을 채용(한국인 제외)하고 2개월의 강습을 받는데, 1일 20전의 수당을 지급하고 수료 후 고원 전형위원회의 전형을 거쳐 일당 30전 이상을 지급한다. 강습과목은 한문, 산술(주산), 습자, 조선어 이며 수료 후 시험을 보아 100점 만점에 평균 60점 미만이거나 1과목이 40점 미만이면 불합격으로 처리하였다.

(2) 현장기술교육

정규교육을 마친 졸업생들은 실제측량을 실시하면서도 현장교육을 받았으며 대삼각본점 측량주임은 강사를 겸하여 작업 도중에 종사원에게 실지강습을 하였으며, 겨울에는 주로 내업을 위주로 하였으므로 각반 간부를 강사로 하여 적정한 시간에 소삼감측량에 필요한 강습을 실시하고 임시토지조사국 측지과에서는 정규교육 이외에 현장교육을 시행하였다. 또한, 조사서무와 측량사무가 병합되어 측량과에서 담당하면서 실시한 지적측량 강습은 많은 인원을 교육하였으며 한국인 서기 114명, 기수 2명, 고원 17명에 대하여 1913년 3월부터 세부측도의 강습을 열어 3월에서 4월까지 2달 동안 산술, 대수, 기하, 측도 등 때에 맞추어 속성으로 강습을 하였다.

(3) 제도수 및 적산수의 양성

토지조사사업의 내업에 속하는 제도와 적산작업은 다른 실지조사 또는 측량작업과 크게 그 성격이 다르다. 1910년 11월 제도와 견습생을 모집하여 양성하면서 1911년 제도수 · 적산수 견습생 채용규칙을 제정하여 필요할 때마다 교육을 실시하고 1917년 4월까지 11회 교육을 실시하여 제도수 562명 적산수 635명(남 593, 여 42) 총 1,197명을 수료시켰다. 제도에 대한 견습을 수료한 자는 제도수 또는 적산수인 기술고원으로 채용한 후 기술의 숙련에 따라 기수보, 기수로 임명하였다. 제도수와 적산수 양성의 효과는 한국 남녀 청소년에게 안정된 직업을 갖도록 하였다. 이들은 조사국 사업 중 가장 세밀하고 인내를 필요로 하는 작업으로 전국 24만 필에 가까운 업무를 완성하였다.

(4) 장부조제 및 지가산출 작업원 양성

1914년 토지조사부, 토지대장, 지세명기장의 조세사무가 급증하면서 제도 · 적산은 지식과 기술이 필요하지 않기 때문에 한국 청년에게 모집시험을 실시하여 일시 고원으로 채용함으로써 단기간에 현지실습으로 적합한 자를 선발하는 방법을 채택하였다. 개국 당시 고원은 일본인 25명, 한국인 4명으로 총 29명에 불과하였으나 토지조사사업이 확장됨에 따라 1914년 8월부터 1915년 6월까지 5회에 걸쳐 447명의 인원을 양성하였다. 고원은 다른 관리와 달리 매우 이동이 많아 1918년 7월 말 현재 누계는 일본인 1,886명, 한국인 5,706명, 총 7,592명으로 완성하였다.

(5) 이동지 정리를 위한 교육

1915년 6월 11일 국훈령 제 19호 "임시토지조사국 측량 및 이동지정리 강습규정"이 제정되었다. 토지조사기간 중이라도 업무가 완료된 부 · 군에는 장부를 인계하였는데, 토지이동업무를 수행하기 위하여 고원 서기에게 시행에 앞서 삼각측량과 도근측량의 대의(개론), 세부측량, 측량기계의 점검, 검정과 사용법, 제도와 적산, 토지이동정리, 토지조사의 대의(개론), 실습 등의 교육을 실시하였다.

(6) 경성 수학원

1924년 4월 경성부 명치정(현, 명동) 미우라 자택에서 경성수학원을 개교하여 수학과 영어 두 과목을 시작하였는데 중등교육을 받을 수 있는 자를 위하여 1년 반의 단기간 과정으로 병설하여 측량과목을 강습하였다. 측량교육은 1924년 경성수학원 때부터 시작하였고 1926년 경성공학원으로 변경하여 토목과에서 실시하였으며 1945년 8월 교육을 한양공업학교로 개칭하였으나 1948년 현재 한양 공과대학의 교과 과정 중 측량과 측지학은 토목과 10시간, 건축공학과에 1시간, 측량학 연습은 토목과에 10시간으로 되어있다.

5.4.6 현대의 지적교육

지적의 발달은 오늘날 교육의 질에 좌우된다고 할 수 있으며 우리나라에 지적제도가 설립된 후 1960년대 말까지 지적기능 인력의 양성은 현상유지를 할 수 있을 정도로 운영되었다. 따라서 측량방법은 1910년대나 1920년 당시 방법과 동일하였으며 1970년대 이후는 과거의 지적제도로부터 탈피하여 보다 효율적으로 개선, 발전시키기 위하여 새로운 노력을 시도하였다. 교육이란 일반적인 교양, 지식, 기능 등을 종합적으로 습득시키는 과정을 의미하며, 훈련이란 어떤 직책을 수행함에 있어 필요로 하는 전문적 지식이나 직무방법 등을 개발하는 과정을 의미한다.

지적기술자를 양성하는 교육은 국내의 대학이나 전문대학의 교과 과정을 통해 이루어지고 있으며, 점차적으로 국제화 되는 경향이 있어 최근에는 외국에서도 지적측량, 토지정보, 토지관리 등의 전문 교육에 관심을 기울이고 있다. 우리나라 대학의 지적학과 학부과정 교육은 장래 지적분야에서 변화하는 사회적 수요에 부응하여 지적기술 분야와 행정관리, 경제, 법률적 측면에서 가능한 한 넓은 학문적 기초 습득에 역점을 두고 있으며, 전문대학 지적과 교육은 학부과정과는 달리 교육기간이 짧기 때문에 주로 지적측량 및 제도 등 전문적인 기술습득에 역점을 두어 운영하고 있다.

지적기술자의 훈련은 지적직 공무원과 대한 지적공사에 소속된 직원을 대상으로 하고 있으며 직무수행에 필요한 지식, 기술과 대민 활동의 기본자세 및 의식 등을 습득시키는데 목적을 두고 있다. 지적기술자의 훈련기관은 각 지방 공무원교육원 및 지방행정 연수원과 대한지적공사 연수원이 있다. 지방공무원 교육원 및 지방행정 연수원에서는 지적직 공무원을 대상으로 일정기간 훈련이 실시되며, 대한지적공사 연수원에서는 지적공사 직원의 직무훈련 과정과 공무원의 수탁교육 과정으로 나누어 일정기간 훈련을 실시하고 있다.

(1) 학교 교육

1) 고등학교

1995년 내무부와 지적공사에서 한국교육개발원에 실업계고교 지적과 교재편찬 연구용역을 의뢰하여 지적기능 인력 양성 방안으로 서울특별시에 휘경공업공등학교, 경기도의 광명공업고등학교와 화광공업고등학교, 인천의 부평공업고등학교, 대구의 경상공업고등학교, 전라남도의 여수공업고등학교와 나주공업고등학교, 충청남도 천안농업고등학교, 강원도의 강릉농업고등학교, 전라북도의 전주공업고등학교, 경상남도 김해의 건설고등학교 등 11개 공업고등학교에 지적과를 설치하여 1996년 지적일반, 측량일반, 지적제도, 지적법규, 지적전산 등 5과목을 개발 완료하였다.

또한, 1997년 지적측량, 지적실무, 지적측량응용, 지적전산응용 등 4과목을 추가로 개발 완료하였으며 1996년도 개발된 5과목은 1997년에는 교과서를 무상으로 지원하였으나 1999년 예산절감 차원에서 지원을 중단 하였다. 2000~2002년에는 지적과 교과서를 인쇄하여 판매하도록 하고 2001년 6월 13일 지적과 교과서의 저작권을 완료하였으나 2003~2011년까지 지적과 교과서를 무상으로 지원하였다. 그러나 2004년까지 5개 고등학교가 폐과를 하였으며 2005년 강릉공고가 폐과하고 2009년 경상공업고등학교와 2011년 천안농업고등학교에서 2011년도 말에는 휘경공업고등학교와 나주공업고등학교가 폐과되었으며 유일하게 전라남도에 있는 여수공업고등학교만이 존재하고 있다. 기능 인력은 실업계 고교에서는 지적과, 토목과, 농업토목과 등 유사 학교에서 지적기능사를 취득하고 있다.

2) 대학교

대학교 및 전문대학에서 배출되는 지적기술 인력은 매년 약 500명 정도이며, 현재 지적이라는 학과 명칭으로 지적교육이 이루어지고 있는 곳은 청주대학교, 목포대학교, 경일대학교로 총 3개 대학교가 있다. 강원대학교는 1978년에 지적학과가 창설되어 전국에서 가장 먼저 지적교육이 실시되었으나 1984년에 토지행정과로 학과 명칭을 변경하였고 1996년에 다시 부동산학과로 학과명칭을 변경하여 현재에 이르고 있으며 지적교육보다는 부동산교육에 치중하여 현재 운용되고 있다.

청주대학교는 1979년에 지적학과를 창성하여 현재까지 유지하고 있는데 1998년 정부의 정책으로 학부제의 시행에 의해 복지지적학부 지적학 전공으로 명칭을 변경하였고 2002년에 복지토지정보학부 지적학 전공으로 명칭을 변경하여 현재에 이르고 있다. 목포대학교는 1985년에 지적학과를 창설하여 현재까지도 지적이라는 명칭을 사용하면서 지적교육이 이루어지고 있다. 목포대학교의 경우에도 학부제의 시행에 따라 1999년 사회과학부 지적학 전공으로 명칭을 변경하여 현재에까지 이르고 있다, 서울시립대학교는 1997년 지적정보학과를 창설하여 수도권에서는 처음으로 지적교육이 이루어졌으나 2007년 공간정보학과로 학과 명칭을 변경하여 지적보다는 지리정보, GPS, RS 등이 주로 교육되고 있으며, 지적은 일부분만 교육되고 있다.

경일대학교는 2000년에 도시정보지적학과를 창설하여 2005년에 토지 및 건물분야에 대한 각종 정보를 조사 · 등록 · 공시할 수 있는 지적전문가와 부동산전문가를 양성하기 위해 부동산지적학과를 신설하여 현재까지 지적교육을 실시하고 있다.

목포대학교는 국토의 효율적인 이용과 관리를 위해 부동산 및 지적에 관한 전문지식을 습득 ·

표 5.5 4년제 대학의 지적 관련 학과 현황

대학명	설치년도	학과명	학과명 변경내용	현행학과(전공)명
강원대학교	1978	지적학과	1984년 토지행정학과 1996년 부동산학과	부동산학과
청주대학교	1979	지적학과	1998년 복지지적학부 지적학전공 2002년 복지토지전공학부 지적학전공	지적학정공
목포대학교	1985	지적학과	1999년 사회과학부 지적학전공	지적학전공
서울시립대학교	1997	지적정보학과	2007년 공간정보공학부	공간정보공학부
영동대학교	1999	도시지적공학부	2003년 도시부동산학과	도시부동산학과
경일대학교	2000	도시정보지적공학과	2005년 부동산지적학과	부동산지적학과

이해하도록 하고 지적공무원과 부동산관련 업무의 전문 인력을 양성하고 있으며, 청주대학교 복지토지정보학부 지적학전공은 공공부문과 민간부문에서 토지와 관련하여 제기되는 각종 문제를 파악하고 실무능력을 갖춘 인재를 양성하였으나 학부과정의 기초이론을 바탕으로 사회현상의 분석과 기술심화를 위하여 조사 및 정보화 시대의 시대적 요청에 부응하여 지적 분야를 토지정보체계로 전환하기 위한 교육을 목표로 하고 있다.

대학원 석사과정의 지적학 교육은 청주대학교 일반대학원의 지적학 전공을 최초로 목포대학교, 명지대학교, 경일대학교, 한성대학교 순으로 개설되었고 박사과정의 지적학관련 전공은 경일대학교와 목포대학교가 있다.

(2) 지적연수원 교육

조선지적협회는 1939년 지적측량기술원양성강습소를 설치하고 기술자 확보와 전국 세무관서에 종사할 기술자 교육을 실시하였으며 강습소의 위치는 서울에 두고 1939년 5월부터 교육을 시작하여 교육기간을 6개월로 하였다. 3개월은 세부, 도근측량에 대한 이론교육을 실시하고 나머지 3개월은 경기도 양주에서 실습교육을 실시하였으나 1981년에 용인시 처인구 운학동에 부지를 구입하여 현재까지 운영되고 있다. 1940년부터 3회에 걸쳐 지적관리 교육을 시행한 것과 광복 후 재무부 사세국에서 전국 도근측량 교육을 이리(현, 익산)에서 실시한 것이 광복 후 최초의 공무원 교육이었다.

1943년 9월 함흥 세무감독국에서는 회의실에서 지적직 관리와 조선지적협회의 직원들에게 2주 동안 지적사무연수교육을 실시하였다. 조선지적협회가 대한지적협회로 변경되고 일반 분배농지 및 이동지측량 업무가 폭주하면서 측량기술의 질적 향상을 위하여 1953년 지적기술자 강습회가 개최되었고 1957년에 임시지적원양성소가 설치되어 교육기간 6개월의 신규 양성반을 1년에

20명씩 모집하여 1958년까지 2년에 걸쳐 29명이 수료하였다. 1953년 조선지적협회 이사회에서는 '지적기술자강습회 개최에 관한 건' 을 의결하여 첫 해에 51명, 1954년에 36명, 1955년에 29명 계 116명을 강습하였다. 1953년 5월 22일부터 6월 27일까지 35일간 재무부 사세국 지원하에 서울시 종로구 청진동 19번지에서 제 1회 지적측량강습회가 열렸으며 세부측량반과 도근측량반이 있었으며 학생은 세부반 42명, 도근반 9명으로 관 · 협 혼성반이었다. 1956년 12월 이사회에서는 '기술원 양성에 관한 건' 을 의결하여 제1회는 1957년 6월 25일부터 11월 16일까지 4개월 21일이고 수료인원은 18명이었다. 내무부에서는 1961년 7월 24일부터 8월 30일까지 3회에 걸쳐 지적측량기술공무원 훈련 교육을 시행하였다. 훈련 목적은 지적측량기술과 실무훈련을 실시하여 일관성 있는 임무를 수행할 수 있도록 자질을 향상시키고 타지방 지적업무에 참고하게 하기 위한 것이다. 1961년 12월 28일 이사회에서는 지적측량기술자의 양성과 지적측량사의 자질향상 및 고급기술 연마를 위하여 종래의 임시지적기술원 양성소 설치규정을 폐지하였다. 그 대신 지적측량기술원 양성소 규정을 제정하였으며 양성소는 본회 사무소 내에 부설하도록 하고, 1962년 1월 1일 시행 정관에서는 종래의 임시지적기술원 양성소를 개편하여 본회에 지적측량 양성소를 설치토록 하였다. 1962년 지적인력이 부족하자 많은 지적인력을 양성하여 지적행정의 운영과 개선을 조성하고자 하였다.

그림 5-3은 지적기술 강습회의 학습을 마친 제1회 수료생이고, 그림 5-4는 지적직 공무원의 기술교육을 시작하여 제1회 수료기념으로 촬영한 사진이다. 지적기술교육은 대한지적협회에서 실시하였고 기술교육 기관은 임시지적기술원양성소를 개편하여 지적측량사 양성소를 설치하였다. 1965년 확정측량반에서는 경북 금릉군 농소면 농경지확정측량을 본회에서 수수료를 받고 류기성 지도하에 이대규가 주관하여 실습 겸 시행한 것이 지적교육사상 최초의 일이다. 또한, 1965년에는 농업 근대화사업으로 이루어지는 광범위한 토지개량사업 시행에 대비하여 경지정리 확정측량을 실시하였다.

그림 5-3 제1회 지적기술강습회수료

그림 5-4 제1회 지적기술공무원교육기념

1968년에는 서울특별시 당국의 요청에 의하여 서울특별시 각 구청의 지적직 공무원들에게 세부측량기술을 단기간에 재교육시킨 것을 시초로 본격적인 공무원 교육이 시작되면서 수탁교육이 시작되었다. 1969년 지적측량기술원 양성과 훈련에 관한 사항은 본회 업무과(기술지도계)에서 관장하였다. 1970년 1월 8일에는 내무부장관으로부터 기술자 배가 양성을 위한 문교부 인가를 얻은 교육기관에 위촉토록 지방국장에게 지시하고 부설 양성기관을 통한 신규양성, 지적측량사 전형시험을 실시 할 것 등과 같은 지시가 있었다. 내무부장관의 지시에 따라 효과적인 기술자 교육을 위하여 내무부 당국자로부터 현실적인 지적직 공무원의 수탁교육에 대한 요구가 있었다. 1971년 1월 1일 직제규정에서는 본회의 업무부장이 지적측량기술원 양성과 훈련에 관한 사항을 완화하고 7월 14일에는 지적측량기술원 양성소 소칙을 개정하여 양성소 소장을 대한지적협회장으로 변경하고 신규양성의 선발요건을 완화하였다. 1972년 7월 1일 지적측량기술원 양성소 관계규정을 정관에서 분리 직제규정에 1972년 8월 1일부터 시행토록 하였다. 1975년 12월 31일자로 지적법이 전면 개정되면서 지적측량 대행법인의 지정요건과 편제의 개편 및 정부시책에 따라 지적측량 기술원 양성소의 명칭을 1976년 1월 20일자로 서울특별시 교육위원회의 변경 인가를 받아 지적측량기술원 양성학원으로 개칭하였으며 1977년 지적기술연수원으로 개편된 후는 인가를 받지 아니하였다.

1977년 7월 1일 정관이 개정되어 대한지적협회를 대한지적공사로 개칭하였으며 이 당시 연구 · 교육사항에 지하시설물 및 사적지 등의 측량업무, 토지 및 건물에 관련된 국외의 측량 및 도면작성, 지적기술자 및 지적기능자의 교육훈련, 지적제도 및 지적측량기기술의 연구개발 등이 신설되었다. 1979년 7월 10일 내무부장관이 지적기술연수원을 공무원교육훈련법에 의거 연구기관으로 지정한 이후에도 지역적인 여건 등으로 각 지방교육원에서도 실시되고 있다. 1999년 전산기초, 전산전문과정을 교육하고 세부 · 기준점 · 확정측량반도 전산중심으로 실시하기 시작하였다. 1990년대는 GPS, GIS, LIS와 외국의 지적제도 등 국제기술과 연계되는 과목이 재조사를 위한 지적재조사반을 운영하였으며 최근에는 항공사진측량과 지상라이다 등의 최신기술교육과 직원들의 교양을 함양하기 위한 대인능력관계 및 멘토링 교육을 실시하고 있다. 지적연수원의 변천과정을 살펴보면 1939년 5월 1일 조선지적협회에서 지적측량기술원양성강습소를 설립하고 1953년 5월 21일 대한지적협회 지적측량강습소로 변경, 지적측량에 대한 학과 교육은 서울시 종로구 청진동 19번지 건물 서울지서 3층에서 1953년 5월 22일부터 1976년 10월 18일 지적회관으로 이전하여 교육을 실시할 때 까지 23년간 실시되었다. 1957년에 임시지적기술원양성소, 1962년 1월 1일에는 지적측량기술원양성소, 1977년 7월 1일 대한지적공사 지적기술연수원으로 명칭을 변경하였다.

그림 5-5는 지적연수원의 전신인 일영실습장에서 지적도근점측량교육을 받는 교육생의 모습이다. 1979년 7월 10일 지적기술연수원이 내무부장관으로부터 지적직 공무원의 특별연수기관으로 지정 받았고 1994년 4월 1일 대한지적공사연수원으로 명칭을 변경하고 본사 개발연구부의 업무를 인수받아 지적기술연구소를 신설하였다. 또한 1996년 8월 2일 교육부장관으로부터 실업계 고등학교 지적과 교사의 연수기관으로 선정되어 지적학에 대한 강의가 제도화되었다. 1998년 11월 1일 지적기술연구소와 연수원을 통합하여 지적기술교육연구원으로 명칭을 변경하였다. 2004년 1월 20일에는 지적기술연수원으로 명칭변경, 2005년 10월 11일에는 지적연수원으로 명칭을 변경하여 오늘에 이르고 있다. 대한지적공사연수원을 중심으로 지적기술인력 재교육이 활발하게 이루어져 지적직 공무원 및 지적공사 직원을 대상으로 재교육을 실시 하였다. 1980년대 들어와 새로운 지적 업무의 개발, 지적행정 기구의 확대, 과학적인 측량과 토지관리를 위한 기술이 도입되고 지적재조사의 노력 등이 이루어지고 있다. 2012년 현재 지적연수원에서 이루어지고 있는 교육은 전반적으로 직급별로 요구되는 계층별 기본필수 교과과정을 편성하고, 조직관리와 관련된 스킬을 배우는 교육으로 교육내용과 대상자의 수준에 따라 경영관리 스킬교과과정을 편성하고 있으며 미래의 변화에 대응 할 수 있는 신기술 교과과정으로 항공사진측량에 필요한 수치사진측량, 위성측량, 3D모델생성과정 등을 편성하여 운영하고 있다.

그림 5-6은 현재 지적연수원 건너편에 지적삼각보조점이 있는 동산에서 1980년대에 각관측 실습을 하고 있는 광경이다.

그림 5-5 일영에서 지적도근측량교육

그림 5-6 지적삼각보조점측량실습

(3) 북한의 측량교육

1946년 3월 5일 토지개혁법을 공포하여 토지에 따라 1필지의 토지가 2인 또는 3인이상 분할하여 분배되는 토지가 발생하여 정확한 면적을 파악하지 못하였으며 1947년 1월 1일부터 분배토지 조사측량(분할) 및 지압조사작업을 시작하면서 측량사 총동원령을 내렸다. 동원 대상자는 임시

토지조사국 당시 종사한자, 일제 강점기 당시 세무서 또는 지적협회 측량기사, 만주에서 측지측량에 종사한 자를 동원하여 각 군 인민위원회장(군수)을 위원장으로 하고 그 아래 총 책임자를 두고 기사, 산정수, 측부, 사무원 2~3명을 배치하였다. 1947년 10월 30일까지 분할측량 및 지압조사를 마치고 11~12월 2개월간 토지집계표 작성을 하도록 하고 집계표 작성작업에는 군청내에서 주산이 능한 사람을 동원, 주야로 작업하여 완성하였다. 또한 1948년 1월 1일부터는 군인민위원회 내에 농산과 토지계가 신설되어 지적업무를 전담하도록 하여 토지 및 농민에 관한 것을 관장하도록 하였다 토지개혁에 따른 분할측량은 측량기술자격증 소지자가 담당하였으며 동시에 각 리 · 동 단위로 실시하여 재 작성하였다. 1949년 1월 1일부터 지적연수원과 같은 교육기관이 평안남도 대동군 대평리에 있었으며 명칭은 농림기술간부학교로 토지과, 농산과, 토목과, 경리과 4개 학과가 있었고 1개의 학과의 학생수는 30명이고 교육과정은 6개월이었다. 교과 과목은 삼각측량, 도근측량, 세부측량, 천문학, 토목측량, 정치학을 교육하였다.

북한의 자격증은 정자격, 준자격으로 나누어져 있으며 정자격 소지자는 검사측량 또는 개인영업을 할 수 있었다. 준자격 소지자는 측량만 할 수 있으며 측량수수료는 관에서 수입인지를, 개인측량사는 전액을 개인 수입으로 하고 있었다. 북한에서는 지적측량을 실시 하였으나 지적정리를 할 수 있는 측량사가 많지 못한 관계로 토지대장 및 지적도 정리를 못하고 토지조사를 한 지압조사부 및 금융기관에 있던 지적약도를 정리하였다. 지압조사부라함은 토지대장상의 지번, 지목, 경작자의 주소, 성명이 등재되어 있는 것을 말한다. 지압조사부에 농민의 경작사항과 대인, 대지별 출입경작까지 각 동 · 리별로 작성, 비치함으로써 지세(현물세)는 물론 토지집계표에 인구 및 가구수까지 조사하여 매년 집계하였다. 1950년 북한 농림성에서는 내각지시 제2호를 발표하여 토지개혁에 따른 분할측량과 공부정리를 하는 것이다. 이 사업은 방대하여 시 · 군 농림과 토지계 직원만으로는 할 수 없고 정부예산이 부족하여 무상 분배받은 토지 소유자는 정부가 정한 측량비용을 지정측량사에게 납부하고 분할측량을 실시하였다.

지정측량사는 국가로부터 받은 기술자격증 소지자가 규정에 의해 측량수수료를 받는 이원화 제도로 자격증 사본을 첨부하여 지정측량사, 허가신청서를 해당 시 · 군 인민위원회장에게 제출하면 도위원장(도지사)에게 보고 하고 도는 농림성에게 보고하여 허가가 되면 도지사에게 송부한 허가서는 다시 도인민위원회로 송부하여 교부하고 있다. 허가된 명칭은 함경남도 인민위원회 지적측량사로 간판을 붙이고 영업을 할 수 있도록 하고 있다. 지정측량사는 그때그때 업무계획서를 작성하여 시 · 군에 제출하면 시 · 군에서는 측량 위임장과 출장증명서를 발급하여 동장과 농민위원장, 토지개혁위원장에게 협조하라는 공문을 발송한다. 측량을 나갈 때는 시장 · 군수의 위임장 · 출장증명서와 국가기술자격증, 측량사증명서를 넣은 주머니를 목에 걸고 다니도록 하여 검문 검색에서도 제외되고 군사동원에도 면제되었다. 한국지방연구원에서 1997년 6월 13일 개최한 통인관련 제3차 포럼에서 대외경제정책연구원 조명철박사는 "북한에도 지적도, 토지등록대장이 있으며 통일 후 이용이 가능할 것이다"라고 밝히고 있다. 그러나 북한에서의 토지대장이란 토지 소유 또는 이용을 법적으로 확인하는 제반 기초자료들을 정리하여 기록한 문건으로 토지문건이라고도 한다. 북한의 토지등록대장은 우리나라의 토지대장과 임야대장, 북한의 지적도는 우리나라의 지적도와 임야도에 유사한 공부라 할 것이다. 따라서, 북한에서는 현재 우리나라와 같은 지적공부는 사용하지 않고 있으나 이와 유사한 토지등록대장, 지정도, 토지경력서 등을 작성하여 활용하고 있다.

북한에서 가장 대표적인 측량관련 교육기관으로는 김일성종합대학교가 있으며 자연과학계학부 측지지도학과에서 고급인력을 양성하여 각 기관에 배치하고 있다. 또한 평양건설대학과 청진광산금속대학에서도 기술측량학과가 있으며 중 · 고등학교에서는 제도 및 기하에 대하여 주 1시간씩 수업을 하고 있다.

표 5.6 측량관련 교육기관

학 교	학 부	위 치	비 고
김일성종합대학	자연과학계학부 지리학과, 측지지도학과	평양시	교원수 102명
평양건설대학	건설 및 도시경영학과, 기술측량학과	평양시	
사리원지질대학	지질학과, 지구물리탐사학과	황해북도 사리원	전국 각지의 지질탐사대, 측량대, 지질연구소 등 배치
사리원농업대학	토지건설 및 보호학과	〃	
청진광산금속대학	기술측량학과	함경북도 청진시	
건설건재대학	건축학과, 설계학부	평양시	각 건설사업소, 설계사업소, 건축연구사 등 배치
단천탐사단과대학	지질학과, 시추학과	함경북도 단천시	탐사부분 기사양성, 각 탐사대 배치
수리동력대학	토목학부, 수리학부	함흥시	간척지, 사업소 등 배치
해주농업대학	토지건설 및 보호학과	황해남도 해주시	
원산농업대학	토지건설 및 보호학과	강원도 원산시	
석탄공업대학	지질학과	평안남도 평성시	탐사대, 과학원 배치

※참고자료 윤웅, 북한의 지리여행, 문예산책, 1995.1.

5.5 국제측량사연맹

국제측량사연맹의 선언서는 국제적 관점에서의 사회적 경제적 발전을 위한 토지정보시스템으로서의 지적의 중요성을 강조하며 지적을 설립하고 유지하기 위해서 필요한 법적, 조직 체계에 관한 기술적인 문제들에 관한 예를 제공한다. 선언서는 지적을 관리하고 운영하는데 측량사들의 다른 여러가지 역할 중 일부를 기술하고 모든 국가와 법제도상에서 공통된 지적을 추천하지는 않는다. 지적이란 통상적으로 토지의 권리, 제한 사항, 의무 등을 포함하는 필지 중심적이고 현대적인 토지정보이다. 지적제도는 재정적인 목적(조세), 법적인 목적(양도), 토지의 관리와 토지의 사용(행정적인 목적)을 도와주거나 지속적인 개발이나 환경 보호를 가능하게 해준다.

5.5.1 국제측량사연맹

국제측량사연맹(Federation Internationale des Geometres ; FIG)은 1878년 7월 18일 프랑스 파리에서 프랑스 · 벨기에 · 독일 · 이태리 · 스위스 · 영국 · 스페인 등 7개국의 국가측량사위원회가 측량분야의 발전을 목적으로 비정부단체(Non-Government Organization)의 국제기구로 설립하였다. 목적은 국제측량사연맹(FIG)과 각국 측량단체간의 정보교환, 회원단체간의 상호협력, 각국 측량사간 지위향상에 관한 정보교환, 측량사에 유용한 연구 성과의 보급 및 장려금 지급, 새로운 측량기술에 관한 교육훈련, 각국 측량사간의 교류 증진이다. 국제측량사연맹은 본회의에서 운영되며 정회원단체의 대표단과 투표권이 없는 단체인 준회원단체, 사무국, 분과위원장, 스폰서, 학술단체 등이 정기적으로 FIG 상임위원회 또는 총회 기간동안 모인다. 본 회의에서는 각종 정책을 토론하고 승인하며 정책은 1년에 2회 소집되는 사무국에 의하여 실행된다. FIG 사무국은 4년 기간으로 정회원 단체가 맡으며 회장과 5명의 부회장이 있으며 부회장은 총회의장 3명을 임명하고 다른 2명의 부회장은 이전 및 차기 개최국에서 각각 1명씩 임명되어 이전회의 및 차기회의에 대한 행정을 책임지고 있다. 국제측량사 연맹에서는 자문위원회(The Advisory Committee of Commission Officers : ACCO)로 본회의와 사무국의 보조업무를 수행하고 있으며 특별위원회(Task Force)는 부정기적으로 운영되며 기존의 사업계획을 검토하고 새로운 전략을 수립하는 업무를 수행하고 있다.

또한, FIG 상시사무소는 1999년 1월 1일부터 FIG 일상업무를 담당하도록 하고 있으며 상시기구는 FIG 상시사무소, 국제지적 및 토지등록사무소, 국제측량사연맹 다국어사전위원회, 국제측량역사기구를 설치하여 운영하고 있다.

주요활동은 국제측량사연맹의 설립목적을 효율적으로 달성하기 위하여 총회와 상임위원회를 정기적으로 개최하고 국제측량사연맹이 주관하는 정기회의 개최(4년), 총회 및 분과위원회 개최시 장비전시회 개최, 측량 관련 국제기구와의 교류, 회원단체 및 회원에 연구 장려금 지급, 특별위원회 구성 · 연구 활동 및 연구결과의 보급, 각종 문헌의 발간 및 보급과 같은 활동을 적극적으로 수행하고 있다. 국제측량사연맹 사무국은 총회개최 국가의 측량사 단체에 개설되어 4년간 국제측량사연맹 활동을 전담하게 되는데 회장 1명, 부회장 5명, 사무국, 국제지적 및 토지등록사무소와 9개 기술 분과위원회 등으로 구성되어 있다. 기술분과 위원회는 제1 분과위원회는 측량기준 및 법규, 제2 분과위원회는 전문교육, 제3 분과위원회는 공간정보관리, 제4 분과위원회는 수로측량, 제5 분과위원회는 위치결정 및 측량, 제6 분과위원회는 토목측량, 제7 분과위원회는 지적 및 토지관리, 제8 분과위원회는 공간계획 및 개발, 제9 분과위원회는 부동산 평가 및 관리로 구분되어 있다.

(1) FIG 상시사무소

그림 5-7 국제측량사연맹 상시사무소

FIG의 일상적인 업무는 덴마크 코펜하겐 측량사회관 1층에 위치한 FIG 상시사무소(FIG Permanent Office)에 의하여 처리되고 있다. FIG 상시사무소는 자료관리, 출판, 월간지 발행 등을 포함한 모든 FIG 행정업무를 책임지고 있으며 FIG 홈페이지도 관리하고 있다. 상시사무소의 설립 및 위치에 관한 사항은 1997년 싱가포르에서 개최된 제64차 상임위원회에서 결정되었고 그림 5-7은 FIG 상시 사무소로 코펜하겐에 위치하고 있으며 1999년 1월 1일 첫 업무를 시작하였다.

(2) 국제지적등록사무소

국제지적등록사무소(Office International du Cadastre et du Regime Forcier; OICRF)는 1958년 국제측량사연맹에서 설치한 영구적인 상설기관으로써 네덜란드의 아펠드룬(Apeldoorn)에 위치하고 있다. 국제지적등록 사무소는 네덜란드의 지적 · 공공등기청에서 운영되고 있으며 국제측량사 연맹의 정회원 국가에 관계없이 전 세계의 지적 및 토지행정 기타 관련분야에 관한 서적 · 논문 · 자료 등을 통합보관 관리하는 연구사무소이다. 국제지적등록사무소의 역할은 지적과 토지등록제도에 대한 서적 · 논문 · 자료를 보관관리, 지적과 토지등록제도에 대해 수정 · 보완 또는 새로이 도입하는 국가에 대한 지원, 지적과 토지등록제도에 대한 정보를 제공하는 것이다.

5.5.2 한국측량사총연맹

한국측량사총연맹은 1981년 5월 31일 대한지적공사와 대한측량협회가 공동으로 설립하여 서울특별시 영등포구 여의도동 45번지에 사무소를 두고 국제측량사연맹은 68개 국가 73개 회원단체가 정회원으로 등록하였으며 우리나라는 1981년 스위스 몽트에서 개최된 제16차 총회에서 46번째로 국제측량사총연맹의 정회원으로 등록 · 가입하였다. 1878년에 설립된 국제측량사연맹의 정관에 의하면 “측량사란 도시나 지역에서 지상 또는 지하의 재산에 대한 토지표시와 경계를 결정하며 그 가격을 정하는 전문인이며 이들은 재산을 등록하고 이와 관련된 소유권문제를 해결하며 도시와 지역의 토지개발을 위하여 연구계획하고 책임을 지는 사람으로서 이상에서의 기술적 · 법률적 · 경제적 · 사회적 문제를 취급한다.”라고 규정되어 있었다. 그러나 1991년 5월 23일 FIG 제60차 상임위원회가 열린 중국 북경에서 채택된 정관 개정에서는 “측량사란 과학적인 측량실무에 있어서 학문적 자격과 기술적 경험을 갖춘 자로서 토지과세, 토지관리, 해양, 건축, 토지행정, 토지정책의 효율적인 처리를 위한 목적과 이에 관련된 지형정보업무처리의 개선과 개발 목적에 관련된 측량사의 업무이다.”라고 규정하고 있다.

우리나라는 국제측량사연맹에 1981년에 가입, 세계 각국의 측량단체와 정보교환으로 우리나라 지적제도의 방향을 설정하고 측량사 간의 유용한 정보교환으로 측량사의 지위향상 및 각국의 측량 관련 전문가를 초청하여 강연회를 주최한다. 주요활동은 국외측량 도면제작관련 기관과 정보교환 및 각국의 측량사간의 교류로 새로운 측량기술의 도입 및 행정적, 제도적 측면에서 지적 및 측량기술 진흥, 국내외 지적과 측량 관련 정보 교류 및 소개, 국내외 지적 및 측량 관련 학회, 단체 및 교육기관과 유대강화, 지적 및 측량기술 진흥을 위한 회의 주최와 주선, 지적 및 측량기술 관련 자료수집과 조사연구, 각종 간행물 발간, FIG회의 참가로 한국측량사의 국제적 교류 증진 등이다. 1878년 7월 18일 제1차 국제측량사연맹총회는 프랑스 파리에서 개최하고 1910년 벨기에 브뤼셀에서 제2차 총회를 개최하였으며 1927년 제3차 총회 이후 4년마다 총회를 실시하였으며 상임위원회는 1년에 한 번씩 개최하였다. 그러나 1939~1945년까지 세계 제2차 대전으로 중단되었으나 1946년부터 다시 개최하였으며 1999년 제66차 상임위원회가 남아프리카의 프리토리아에서 개최되었고 2001년에는 우리나라 서울 워커힐 호텔에서 상임위원회가 개최되었으며 2002년에는 제22차 총회 및 제69차 상임위원회가 미국에서 개최되었다.

5.6 검사측량제도

지적사무는 측량·수로 및 지적에 관한 법률에 의하여 국가기관으로서 시장, 군수에게 위임되어 있고 지방자치법상 시장, 군수, 구청장 등의 기초자치단체에서 수행하고 있으며 지적소관청이라 한다. 지적측량은 토지에 관한 소유권이 미치는 한계를 나타내기 위한 측량으로서 각 필지의 경계 또는 좌표와 면적을 정하기 위하여 실시하는 측량이다. 지적측량은 기술적 정확도가 소유권과 직접적인 관계가 있으므로 권리적 측면에서 소관청의 검사 및 관리 업무도 매우 중요한 특성을 가지고 있다. 현재 지적측량은 법적인 경계등록을 목적으로 지적측량수행자가 실시하는 지적측량 중 경계 및 현황측량을 제외하고 토지이동에 따른 측량은 측량부, 측량결과도, 면적측정부 관련 인·허가 서류 등을 소관청에 제출하여 그 성과의 정확성에 대해 지적제도의 공공성과 법률관계의 안정성을 보장하고 국민의 재산권보호에 기여하는 것이 검사의 목적이라고도 할 수 있다.

지적측량은 국가기술자격법에 의한 지적기술자와 지적기능자가 아니면 측량할 수 없도록 규정하여 기술적이고 전문성이 유지될 수 있도록 되어있다. 또한, 지적측량검사는 측량·수로 및 지적에 관한 법률이 정하는 지적측량 수행자가 토지이동측량을 완료하고 측량성과검사 요청이 있을 경우 소관청은 이 측량성과를 일정 기간 내(동지역 4일, 읍 지역은 5일 등)에 검사를 완료하여 토지이동 정리를 하여야 한다.

지적측량성과의 검사방법 및 검사절차는 측량·수로 및 지적에 관한 법률에서 규정하고 있으며 지적사무 중에서 지적측량사무는 중앙행정기관인 국토해양부장관이 정한 지적측량수행을 목적으로 설립한 특수법인 대한지적공사에서 수행하고 있다. 그러나 우리나라 지적측량제도의 대행측량이 2002년 5월 30일 헌법재판소의 위헌판결(1개 단체의 독점)로 2003년부터는 개인측량사 또는 영리법인에게도 지적측량을 실시하게 되었다(사건번호: 2000헌마81). 2000년 정부의 규제완화 정책으로 수행기관의 복수제가 허용되면서 지적측량성과 검사의 정확성 여부는 토지소유자의 재산권 이익이 좌우되고 등록사항과 사실관계의 부합여부가 좌우되며 부동산물권 공시제도의 신뢰성이 결정된다고 할 수 있다.

지적측량 성과는 현지에서 측량을 시행하여 성과를 확인하는 것이 원칙이나 현재의 행정조직에서는 부족한 인력으로 실지의 측량을 하지 않더라도 잘못이 없다고 인정되는 경우 또는 제출된 측량결과도로서 확인 가능한 경우에 한하여 현지 측량검사를 생략할 수 있도록 규정하고 있다. 이러한 지적측량성과는 국민의 토지소유권을 확정·공시하는 유일한 근거서류로 이용되는 것으로 법원의 확정판결서와 같은 효력을 갖는다고 할 수 있다. 외국의 경우에는 지적측량성과 검사의 가장 이상적인 방향은 지적조사를 통해 지적불부합지를 최소화 하고 이에 따른 지적측량 성과의 정확성을 높여 오류 발생을 줄이고 있다. 우리나라는 지적재조사가 실행되어야 측량성과의 일관성유지라는 근본적인 문제를 해결 할 수 있으며 성과 검사를 보다 다양한 방법으로 실행 할 수 있을 것이다.

5.6.1 검사측량 대상

조선총독부는 토지조사사업이 완료되기 이전인 1914년 3월부터 임시토지조사국에서 사업이 완료되는 부 · 군 · 도에 토지대장, 지적도 등을 인계하여 지세업무를 수행, 식민지 통치 재정에 기여토록 하였다. 서울특별시에서는 1914년 4월 25일부터 토지대장 및 지적도 실시에 따라 토지조사사업과정에서 소유권이 이전되거나 지목변경, 일필지의 일부가 도로, 구거, 하천, 철도선로로 편입되어 분필이 불가피한 토지를 소유자 신청에 의하여 측량을 실시하였다. 그리고 측량검사는 부 · 군 · 도 소속 공무원이 직접측량을 실시한 관계로 결재과정에서 상급자의 검토사항은 분할측량원도에서 행정구역명칭, 원도 도곽의 크기와 종횡선수치의 기재의 적정여부, 삼각점 및 도근점 전개의 적정여부, 지번부여의 적정여부, 측판점 이동 및 기하적 묘화의 적정성 등을 확인하였다. 그러나 1995년부터 소관청에서 수행하고 있는 확정측량검사를 시 · 도지사에게 부여하였으며 경계복원측량이나 현황측량은 검사를 실시하지 않고 있어 측량에 따른 재산권 분쟁이 발생하고 있다. 지적측량성과 검사제도가 지적업무를 관장하는 중앙행정기관인 국토해양부령으로 규정하고 있으며 지적측량성과검사는 기준점측량검사와 토지이동에 따른 검사, 지적확정측량검사로 크게 분류할 수 있다. 기적기준점측량검사에서 도근측량검사는 1등도선만 검사하고 기타는 생략하되 계산부는 전량 검사하고 지적삼각점측량, 지적삼각보조점측량과 지적도근점측량 중 범위가 큰 것은 조선총독부에서 직접 검사하도록 하였다.

최근에는 지적삼각점측량은 시 · 도에서 검사를 실시하고 지적삼각보조점과 지적도근점 측량은 지적소관청에서 검사측량을 실시하고 있으나 각측량이나 거리측량은 위성측량에 의거 실시한 측량으로 장비에 따라 검사제도 또한 변형되고 있으며 검사를 생략하는 경우가 많다.

토지이동에 따른 검사는 지적복구, 신규등록, 등록전환, 분할, 해면성말소, 축척변경, 등록사항정정측량이며 신규등록은 토지를 지적공부에 새로이 등록하는 것을 말한다. 이동측량은 신규등록, 등록전환, 분할, 지적공부복구 및 등록사항정정, 축척변경으로 현지측량검사와 전산파일검사를 실시하고 있다. 이동측량의 경우 소관청에서 검사를 실시하여 지적공부를 정리하는 과정에서 과거와 같이 종이로 작성된 지적도와 임야도에 성과를 정리하는 것이 아닌 KLIS에 의한 전산화된 도형데이터를 이용하여 성과정리를 수행하고 있다. 지적확정측량은 도시개발사업 · 농어촌정비사업 및 토지개발사업 등으로 인하여 토지의 이동이 있는 때에는 그 사업시행자가 소관청에 그 이동을 신청하여야 한다. 지적확정측량은 현지측량검사와 전산파일검사를 실시하고 있으나 경계복원측량, 지적현황측량은 현지측량검사와 전산파일검사를 실시하지 않고 있다.

5.6.2 검사측량제도의 연혁

(1) 조선지적협회 이전

1914년 4월 25일 조선 경성부관내 토지대장 및 지적도를 작성하기 위해 실시한 측량으로 일본인은 토지조사사업의 완료 이전인 1915년 5월 12일 지세령 시행규칙(조선총독부령 제 51호)을 개정하여 토지이동 측량을 허용하는 것이 지적측량 신청제도의 최초라고 할 수 있다. 이 당시 토지소유자가 일정한 요금을 부담하여 군수 등에게 토지분할측량을 신청하면 국가기술직원이 국비로 출장하여 측량을 실시하고 정리하였으나 이는 현지측량에서 지적공부 정리 등 일련의 행정행위 과정이 부 · 군 공무원의 단독행위로 이루어지는 체계로 1923년까지 지속되었다.

지적측량 수행방법은 조선총독부에서 부 · 군 · 도별로 사업이 완료되면 지적부책을 인도하는 동시에 지적업무 담당자를 대상으로 토지측량강습회를 통하여 지적측량업무와 공부정리를 수행하도록 하였다. 1923년 7월 19일 조선총독부 내첩(조선총독부 재무국 세을 제673호)으로 기업자가 측량종사원을 부 · 군에 위탁 및 기업자가 측량하는 경우 또는 도 지정측량사가 일반적인 이동측량을 할 경우 지적(임야)도의 열람 및 등사를 허용하였다. 그리고 7월 19일 기업자 측량제도를 통첩(조선총독부 재무국 세을 제674호)하고 필요한 측량원도 용지와 지적산정부 용지는 도 및 부 · 군 · 도에서 배포하도록 하였다. 또한, 각 도지사에게 지적측량자 지정에 관한 통첩(조선총독부 세을 제675호)을 송부하여 시행하면서 이제까지의 공무원 직접측량제가 기업가 및 개인 지정측량사 제도로 변경되었다. 1923년 10월 30일에는 "광대한 지역에 걸치는 분할지 또는 토지의 이동측량에 관한 건"을 시달하여 도로, 구거, 철도 등을 개설하거나 매립할 경우 군수 또는 도지사에게 측량 신청이 있어도 신지번이 50필 이상 초과할 경우 1923년 7월 20일자로 이미 시달한 내용과 같이 기업자측량으로 처리하였다.

1931년 6월 5일부터는 총독부 재무국내에 역둔토 협회를 설립하여 그곳에서 역둔토 등 국유지 이동측량을 전담하였다. 이때 기업자는 측량경험과 기능을 갖춘 측량기술자를 채용하여 실무에 종사하도록 하였고 지정측량자는 총독부 기사 2년, 기수 10년 이상 종사한 자를 도지사가 지정하였으나 소정의 자격증 교부 대신 도보에 공고하는 것으로 갈음하였는데 이것은 행정적으로 자격을 인정한데 불과하였다. 그리고 이 지정측량 보조자의 측량자격은 학술 및 실지시험과 기능을 구비한 자로 하였으며 역둔토협회에서 현지측량을 종료하면 지적업무담당 공무원이 이동측량원도 및 신청서 등을 제출받아 사안에 따라 현지검사를 정밀하게 실시한 후 성과가 불량할 경우에는 재측량 과정을 거처 지적공부를 정리하였다. 또한 지정측량사는 측량성과가 불량하여 재측량을 실시하였으나 이동정리를 할 수 없을 때, 승인 없이 보조자가 측량할 때, 관할관청의 명령 불복종, 과다 수수료 징수 시에는 지정을 취소하는 등 측량기술자 관리감독을 엄격하게 실시하여 측량성과 신뢰성 제고에 노력하였다. 그리고 특이 사항은 위탁측량자, 토지기업자, 도 지정측량자가 한 측량은 부·군·도에서 검사를 실시하고, 부·군·도에서 측량한 것과 부·군·도가 측량검사를 실시한 것은 도에서 다시 검사하도록 1923년 12월 30일 (조선총독부 재무국 세을 제1840호)"지반측량의 검사에 관한 건"으로 현재와 같이 소관청 검사 및 시·도 발췌검사체계는 이 당시에 이원화체계가 확립되었다고 할 수 있다.

광대한 지역에 긍하는 이동지정리에 관한 건

수신 : 각도지사, 문서번호 : 세을 제674호
일자 : 1923. 7. 20, 발 신 : 조선총독부 재무국장

근시 토지기업의 발흥에 반하여 토지의 이동 역시 빈번하기에 이르러 특히 도로의 개착, 수리사업을 위한 구거신설, 철도선로의 부서리, 수면의 매축 간척 등 광대한 구역에 걸친 토지의 이동이 증가하여 그 정리의 당부 및 지속은 사업의 진행, 토지경제 및 과세상에 지대한 영향을 미치리라고 생각되는데 금후 서상의 우려가 없게 하기 위하여 대요 좌기 방법에 의하여 토지기업자와 상당한 협의를 마쳐 토지의 이동정리를 정확하고 또 신속하게 할 것을 조치하시기 바라 통첩함.

1. 토지측량 및 지적산정은 토지기업자와 좌의 3방법에 의하여 협정진행시킬 것.
   (1) 도로소관청, 수리조합, 철도회사 기타 토지기업자로 하여금 이동지의 측량에 종사할 직원의 선정을 도부군도에 위탁시키고 또한 도부군도 직접 지도 감독밑에 측량에 종사하게 할 것.
   (2) 토지기업자가 직접 이동지의 측량을 행할 경우에는 측량에 종사하는 직원은 지적측량 경험자로써 종사시키고 실측 및 지적산정의 작업 중 적의 도부군도직원이 실지입회하여 측량, 지적산정 등에 대하여 지시를 하는 등 양자의 연락을 도모하여 주루가 없기를 기할 것.
   (3) 토지기업자가 지적측량자에게 위촉하여 이동측량을 행할 경우에는 도부군도에서 실측 및 지적산정의 작업 중 적의 지도감독을 할 것.
2. 전항(2)에 의하여 측량, 지적산정을 한 이동지신고에 대하여서는 부·군·도는 그 신고총지번수의 약 2/3 이상을 측량종사자를 달리할 때 마다 적의 점검하여 그 정확함을 인정한 때에는 기타의 지번의 검사를 생략할 수 있음
3. 토지측량 및 지적산정은 별책 토지측량규정, 도제정의 측량사무취급수속 등에 준거시킬 것.
4. 토지기업자가 측량원도 및 지적산정부의 정리를 마친 때에는 이를 부·군·도에 제출케 할 것
5. 측량을 할 토지의 강계점에는 미리 표항을 건설하고 도로, 구거, 철도선로의 용지의 연선(신강계선)과 각지번의 강계선이 교차하는 점에는 표항을 건설시키어 공사 준공후라 하더라도 존치케 할 것

6. 토지기업자의 이동측량종사원에 대하여선ㄴ 지적측량에 관한 경험의 유무를 조사하여 그 기능을 구비한 자에 한하여 허용할 것 도부군도에서는 시의(때)에 따라 토지기업자가 고용하는 이동지측량종사원의 토지측량의 강습 등을 행하며 기능의 통일을 도모할 것
7. 측량원도지 및 지적산정부용지는 부군도가 지정하는 용지를 사용시킬 것. 전항의 용지는 편의상 도부군도에서 교부함도 무방함.

지반측량의 검사에 관한 건

수신 : 각 도지사, 문서번호 : 세을 제1,840호
일자 : 1923. 12.30, 발신 : 조선총독부 재무국장

지세, 시가지세 및 지적사무취급수속 제37조의2의 규정에 의한 위탁측량자, 토지기업자 또는 도지정 지적측량자가 부군도의 지시에 기하여 행하는 지반측량에 대하여서는 부 · 군 · 도에서 그 검사를 집행하여 측량의 정확을 기할 필요가 있음은 물론이지만 종래 자칫하면 이 검사를 등한히 하며 혹은 쓸데없이 형식에 구애되거나 또는 정실에 흘러 관용에 실하는 것 같은 사례도 있었기 금후는 대략 좌기에 의하여 검사를 여행하기로 시조하시기 바라 통첩함.
추이 부군도가 측량을 한 것 또는 부군도가 측량의 검사를 행한 것에 대하여 도가 검사를 할 경우에도 본문의 취지에 의하여 시행하시기 첨신함.

1. 측량의 검사는 측판측량법을 사용하고 방향 및 거리에 대하여 이를 행할 것. 단, 실지의 형상 및 상황에 의하여서는 방향 또는 거리의 하나에만 의할 수 있음.
2. 측량에 대하여서는 좌의 사항을 검사할 것.
   (1) 신고서류에 기재한 사항은 적당한가. 아닌가.
   (2) 소도작제 및 그 구역 및 측량원도의 정리에 당을 얻지 못한 것이 없는가. 아닌가.
   (3) 신규측량지, 분할지, 기타 측량을 행한 토지에 대한 형상, 위치 및 측량의 정도에 부당한 것이 없는가. 아닌가.
   (4) 강계선의 측정에 오류가 없는가. 아닌가.
   (5) 도근측량을 한 것에 대하여서는 도근점의 전개 및 도근점과 기지강계선과의 관계위치에 부정이 없는가. 아닌가.
   (6) 지적의 산정에 오류가 없는가. 아닌가.
   전항의 검사를 행함과 동시에 실지조사의 당부를 아울러 검사할 것
3. 측량검사는 개소는 미리 측량원도상에서 선정하고 다시 실지에 임하여 적당히 취사할 것.
4. 측량검사는 측량을 행한 당시의 현상에 의하여 이를 행할 것.
5. 측량의 검사는 좌의 방법에 의할 것.
   (1) 삼각점, 도근점, 정확한 기지강계점 또는 이들 제점에 의하여 측정된 점에 측판을 표정하고 당해지역의 기지강계점 및 신강계점의 주요한 것에 대하여 각각 약 반수를 점시하여 그 방향 및 거리에 잘못이 없느냐를 검측할 것.
   (2) 검사지가 수지번 연속할 경우에는 전호에 의하여 기지강계점 및 신강계점의 약1/4을 점시하여 그 방향 및 거리를 검측할 것.
   (3) 도로, 철도, 구거의 신설 또는 개수로 인한 이동지에 대하여서는 약 10지번에 1개소의 비율로써 측판을 표정하여 주요한 신강계점3점 이상을 점시하고 그 방향 및 거리를 검측하여 오류가 없음을 인정한 때에는 기타의 신강계점은 도로, 철도, 구거의 좌우에서 도상 약 2촌 이내의 범위 내에 있는 정확한 기지점으로부터 도로, 철도, 구거에 이르는 거리의 검측을 할 것.

(4) 이동지의 강계가 단순한 것에 대하여서는 이동지 혹은 그 부근의 삼각점, 도근점 또는 정확한 기지강계점과 그 신강계점과의 거리의 검측에 그칠 수 있음.

(5) 주용하지 않은 강계점에 대하여서는 실지와 도상에서 오류가 없느냐 아니냐를 개측 함에 그칠 수 있음.

전항에 의하여 검측한 이외의 강계점에서 그 측정에 의심이 있다고 인정할 때에는 전항에 준하여 그 강계점을 검측할 것.

6. 측량의 검사는 측량원도에 의하여 이를 행하고 검측을 한 개소는 도상에 엷은 연필의 기하적을 존치하며 거리검측을 한 것은 그 실거리를 도상에 게기할 것. 검사의 결과 오측이 있는 것을 발견한 때에는 당해지 전부를 측량원도 상에서 개측하여 그 정위치, 정강계선등을 연필로 명료하게 묘화하여 둘것.
7. 측량검사의 결과 발견한 오류로서 관계지주의 정정신청서를 필요로 하는 것이 있을 때에는 이를 받기로 조치할 것.
8. 측량검사는 측량종사자를 달리할 때마다 그 종사자에 관한 측량지번수의 약1/30이상에 달하기까지를 검사를 행할 것. 단, 검사의 중도에서 개측을 요하는 지번수가 총지번수의 1/10을 넘는다고 인정한 때에는 검사를 중지하고 전부에 걸쳐 개측을 시킬 것. 전항의 검사는 1개소에 편하지 말고 되도록 각소에서 이를 행할 것.
9. 측량검사는 될 수록 측량종사자의 실측 중에 검사를 하고, 측량 후에 이를 검사할 때에는 필요에 응하여 관계지주, 당해 측량종사자를 실지에 입회시키어 검측할 것.
10. 측량검사와 동시에 실지조사의 당부를 검사한 때에는 그 사적을 밝히고 적당하지 않은 것은 이를 정정을 할 것.
11. 측량의 검사를 끝낸 측량원도에는 그 여백에 검사한 토지의 지번 및 지번수와 아울러 검사재료의 지를 게기하고 일부 및 관씨명을 기재한 후 이에 날인 할 것.

(2) 조선지적협회 전담

1938년 3월 31일 기업자측량제도와 도 지정측량제도를 폐지하고 1938년 4월 1일에는 재단법인 조선지적협회가 지적측량업무를 시작하였으며 현지측량은 관할 세무서에 설치한 출장소 소속 기사 또는 기수가 담당하였다. 1938년 4월 2일 조선총독부 재무국장은 지적협회의 이동측량에 대한 검사 및 연락에 관한 건을 발령하여 지적협회 업무가 정상 가동되고 그 소속직원의 기능이 향상될 때까지 당분간 검사를 완화하도록 지시하였다.

평판측량검사는 시가지측량은 가급적 검사하되 지형상 측량하기 곤란한 지역은 검사를 생략하였으나 지적협회에서 측량을 실시하는 것은 검사측량을 실시하여 검사결과 성과가 불량한 것은 재측량을 실시 하도록 하였다. 과거 기업자측량제 및 도 지정측량제를 실시할 때에는 토지분할 신고시 지세령시행규칙 제12조의 규정에 의하여 토지분할 신고서를 제출하는 경우에는 측량도를 첨부하였으나 조선지적협회에 위탁 대행제도를 실시하여 측량원도를 제출하는 것으로 측량도 첨부를 생략하였다. 이와 같이 대행제도 실시로 업무의 간소화가 이루어졌으나 1939년 조선지적협회가 설립되면서 지적측량기술자가 부족하여 1939년 4월 지적측량기술원을 개설하고 기술원을 양성하게 되었으며 세무관서에 종사할 측량검사 직원도 충당하였다. 1938년 5월 9일에는 도근측량의 검사방법을 구체적으로 지시하였는데, 실시면적이 100정보 이상 또는 특수한 지역일 때는 도근망 배치계획도를 제출시켜 주요 노선을 직접 사핵(현지를 그대로 묘화)하여 검사하도록 하였다.

(3) 미군정과 재무부

1945년 8 월 15일 일본의 지배로부터 해방된 9월 7일부터 미군정에 놓이게 되었다. 미국은 이를 위하여 조선에 있는 미 군정청을 설치하고 미군 총사령관 맥아더는 영어로 된 포고 제1호 "조선인민에게 고함(To the Korean People)"로 북위38도 이남의 주민은 본관과 본관의 권한 아래 발포된 명령에 즉각 복종하여야 하며 "앞으로 공포되는 포고, 정령, 규칙, 고시, 지시, 조례는 본관 및 본관의 권한 아래서 발포하고 주민이 이행할 사항을 명시함"이라고 선포하였다.

그리고 1948년 3월 22일 신한공사를 개편하여 중앙토지행정처를 신설한 미군정당국은 일본인이 소유했던 귀속농지 등 일체의 귀속재산을 정리 또는 매각을 위한 재무부 사세국 주관으로 지적측량자격인증서를 발행하여 그 임무를 수행하도록 하였다. 또한 8월 15일 대한민국 정부가 수립되고 국가발전 및 개발을 위하여 정부에서 농지개혁, 철도개발, 하천, 관개수리 등을 활발히 추진하면서 토지이동이 증가되자 기술 인력확보가 시급하였다. 1949년 6월 21일 농지개혁법이 제정되어 분배농지 측량이 실시되면서 지방 사세청장은 비상대책으로 한정적인 자격증인 지적측량기술자 자격 승인서를 교부하였으며 교통부의 철도업무에 따른 지적측량을 위하여 재무부장관은 별도의 전형을 거쳐 자격증을 수여 하였다. 이와 같은 제도의 시행에도 불구하고 부족한 기술 인력의 확보가 시급함을 인식한 정부는 1949년 4월 29일 지적협회 업무개시에 관한 건을 발령하여 식민지 시대의 조선지적협회를 대한지적협회로 재편성 발족하여 5월 1일부터 업무를 재개토록 재무부에 지시하였다. 1950년 12월 1일 지적법이 제정될 때까지 효력을 유지하고 광복 후 미 군정당국이 잠정적으로 지적측량업무를 국가직영제로 전환하였기 때문에 조선지적협회는 휴면상태가 되었다. 그래서 미 군정청은 도에서 지적기수를 임명하여 지적측량행정을 집행하는 동시에 세무서단위로 지정측량사제도를 운영하였으며 지정을 받은 지정측량사는 모두 조선지적협회에서 기수로 근무하고 있는 사람으로 별도로 시험을 보지 않았다. 1950년대에는 지세령 및 조선임야대장규칙을 통폐합하고 1950년 12월 1일(법률 제165호) 지적법, 1951년 4월 1일 지적법시행령, 1954년 11월 12일 지적측량규정을 제정 · 공포하여 지적측량이 법적으로 보장되었다. 그러나 지적측량사에 대한 규정은 없고 세무에 종사하는 공무원은 토지의 검사, 토지의 측량을 한다는 조항만 있었다. 세무서에서 지적측량검사는 일제 식민지시대 방법론에 의존하였으나 측량검사제도의 필요성은 매우 중요하였다

(4) 측량사규정

1960년 12월 31일 지적측량사규정(국무원령 제176호) 및 1961년 2월 7일(재무부령 제194호) 동 시행규칙을 제정 · 공포하였다. 주요 내용은 국가공무원으로 지적측량업무에 종사하는 자를 상치측량사, 지적측량을 위탁받아 행하는 자를 대행측량사로 구분하였고 지적측량사의 종류를 세부측량과, 기초측량과, 확정측량과로 실시하고 이 자격이 있어야 지적공부의 열람 및 등사를 허용하도록 지적협회에 관한 사항을 규정하였다. 1961년 지적측량사제도는 최초로 전형을 실시하였는데 서류전형과 실제전형으로 구분하여 지적직공무원은 기사보 이상과 지적협회 정합격자는 서류전형으로 대처하고 그 이외에는 실제시험을 보았다. 그 당시 대한지적협회에서는 일제강점기 시대 업무개시 후 계속 자격 없이 지적측량을 하다가 행정적으로 2, 3년 계속 합격한자를 정합격자, 첫해 합격자는 준 합격자로 인정하면서 자격제도가 확립된 것이다.

그림 5-8은 1960년대 자격제도가 확립되면서 세부 · 확정, 기초측량자격을 취득하기 위해서 전국에서 모여 시험을 치르고 있는 모습을 담은 광경이다. 그림 5-9는 1972년 내무부에서 주관하여 실시하였던 지적 자격시험을 치르고 있는 모습이다. 그리고 지적측량사규정에는 지적협회설립을 규정하여 대행제도 도입 근거를 마련하고, 지적측량심의회라는 2심제 심의기구를 설립하여 지적측량사의 지적측량에 대한 적부를 심사하는 제도를 창설하여 지적측량에 다른 토지소유자의 권익을 보장받도록 하였다. 또한, 재무부에는 지적측량사 징계위원회를 구성토록 하여 3회 이상 부정확한 측량을 집행한 경우 징계조치하여 지적측량사의 자질과 품위를 유지하도록 하였다. 1961년 12월 2일 정부는 국가정책 조정차원에서 국세와 지방세를 조정하여 국세를 지방세로 전환하면서 농지세에 관한 사무가 재무부에서 내무부로 이관되었다. 그러므로 조세대장으로서 세무서에서 비치하였던 지적공부가 시 · 군 · 구로 이관되고 지적업무 총괄은 내무부가 주관하게 되어 세지적의 행정체계가 법지적의 행정체계로 전환되어 국민의 재산권보호가 강화되는 계기가 되었다. 1970년대는 지적행정은 시 · 군 · 구에서 실시하는 업무로 전국적

그림 5-8 1960년대 자격시험광경

그림 5-9 1972년 자격시험 모습

통일성이 없음을 인식한 정부에서는 내무부장관 지시각서 제1호, 시행지시 제5호로 지적사무 개선지침이 발령되고 지적사무처리규정이 제정되면서 지적측량검사제도가 정부수립 후 처음으로 내무부 예규로 도입된 주요 내용은 다음과 같다.

① 신규 및 분할측량은 전부 검사하되 지상위치변동이 적은 농촌지역에서 기술능력, 난이도 등을 참작하여 지적업무 담당공무원이 선택적으로 검사를 생략할 수 있다.

② 일반세부측량검사는 소속 기관에서 주관하고 도에서는 감독기관에서 검사 시행한 것을 발췌 확인 한다.

③ 기초, 확정측량은 도에서 주관하되 소속기관에 검사 요구할 수 있다.

④ 측량검사 시 검사수첩에 의거 보고하고 일선기관은 검사실적을 도에 보고한다. 이와 같은 규정은 총독부의 측량검사 훈령과 유사하며 조문을 집대성한 것에 불과하고 해방 후 20여 년 만에 독립정부의 법규체계에 맞추어 하위 절차규정을 만든 것이 특색이라고 할 수 있다.

(5) 국가기술자격제도

1973년 12월 31일(법률 제2672호)로 국가기술자격법이 제정되고 1975년부터 시행되면서 기술자격은 기술계와 기능계로 구분하고 기술계는 국토개발기술사(지적), 지적기사 1급, 2급으로, 기능계는 지적기능장 · 지적기능사 1급, 2급으로 구분하였다. 그러면서 지적측량사 세부, 기초, 확정을 가진 자는 지적기사 1급으로 그 외에 2개 과정이나 1개 과정을 가진 자는 지적기사 2급으로 전환되었다. 기술자격시험은 1979년까지 내무부장관 주관하에 시행되었으며 1982년 3월 18일부터 한국직업훈련공단으로, 1998년 1월 1일부터는 한국산업기술공단으로 개칭되었다. 그리고 1992년 3월 1일부터 국토개발기술사(지적)를 지적기술사로 개칭하고 지적기능장은 그 동안 지원자가 없어 폐지되었다.

지적법이 법규체계를 갖춘 것은 1975년 지적법 개정 당시부터 이며 지적측량의 단체위임을 규정하고 대행법인의 요건을 하나의 재단법인으로 지정하여 지적측량의 독점사업을 법적으로 인정하는 계기가 되었다. 또한, 지적법규에 지적측량검사제도가 도입된 것은 이때 제정된 지적법시행규칙 제 27조에 규정하고 세부사항은 지적사무처리지침에서 규정하여 지적측량검사의 법적 보장성을 인정받았다고 할 수 있다. 1986년 11월 5일 지적법시행규칙이 개정되면서 지적공부의 정리를 요하지 않는 경계복원측량 등이 검사대상에서 제외되었다. 그러나 과거 지적측량사규정에 의거 자격을 취득한 경우, 수년의 실무경험이 있어야 가능하였으며, 현재 이들은 대다수 공무원 6급 이상으로 재직하고 있어서 행정조직 위계 및 생리상 검사현장 투입이 사실상 불가능하고 당장 현장 요원화에 필요한 7~8급 공무원은 임용전 전문대나 대학교 재학 중에 국가기술자격법에 의거 의무검정으로 자격을 취득하였기 때문에 현장 기술경험이 거의 전무한 실정으로 일선 소관청에서 실질적인 검사가 이루어지지 않고 있다.

5.6.3 측량성과 검사방법

지적측량검사 방법은 크게 현지측량검사와 도상검사로 구분할 수 있으며 현지측량검사는 현지에 출장하여 측량자가 실시한 측량방법과 다른 방법으로 하는 것으로 지적삼각측량 및 지적삼각보조측량은 신설된 각 점을 검사하고 지적도근측량은 주요 도선별로 검사한다. 세부측량은 새로이 결정된 경계를 측량장비 등을 이용하여 검사하며 이 경우 측량성과 검사 시에 확인된 지역으로서 도상검사는 측량결과도 만으로 그 측량성과가 정확하다고 인정되는 경우 현지측량검사를 생략하고 도상검사를 할 수 있도록 지적측량처리규정에 명시되어 있다.

지적측량수행자는 지적측량을 한 때에는 측량부 · 측량결과도 · 면적측정부 등 측량성과에 관한 자료를 소관청에 제출하여 그 성과의 정확성에 관한 검사를 받아야 한다. 시 · 도지사 또는 소관청은 측량성과를 검사하여 그 측량성과가 정확하다고 인정되는 경우에는 측량부 · 측량결과도 · 면적측정부 및 측량성과도에 측량성과검사필 인을 각각 날인하고 검사결과 측량성과가 부정확하다고 판단되는 경우에는 지적측량수행자가 제출한 측량성과를 보완하도록 조치하고, 측량성과검사정리부에 그 사유를 기재한다. 시 · 도지사는 지적공부를 정리한 측량성과에 대하여 연 1회 이상 표본검사를 실시 하여야 하며, 그 결과 소관청의 검사사항이 법령 등에 위배된다고 판단되는 경우에는 필요한 조치를 하여야 한다. 세부측량을 실시하기 전에 기초측량을 한 경우에는 미리 지적측량기준점성과에 대한 검사를 받은 후에 세부측량을 하여야 한다. 지적삼각측량성과 및 경위의 측량방법으로 실시한 지적확정측량성과는 시 · 도지사, 기타 지적공부 정리를 목적으로 실시한 측량성과는 소관청, 경계복원측량 및 지적현황측량성과는 지적측량 수행자 자체검사를 실시하고 있다.

(1) 현지검사

현지검사는 소관청 담당자가 측량의 수행 없이 현지 출장하여 현실지목 · 경계점표지의 점간거리 · 측정점위치설명도의 정확 여부 등을 검사하는 방법이다. 현행 법규정에서는 현지측량을 원칙으로 하나 측량결과도 만으로 그 측량성과가 정확하다고 인정되는 경우에는 현지측량검사를 생략할 수 있도록 규정하고 있다. 따라서 현재의 검사기구나 검사인원으로는 현지측량검사를 생략하는 경우가 많아서 실질적인 측량성과에 대한 검증은 어렵다고 할 수 있다.

(2) 도상검사

지적측량수행자가 측량을 수행한 후 작성한 측량관련 공부(지적측량준비도, 지적측량결과도, 면적측정부) 및 인 · 허가관련 서류 등에 대한 검사를 실시하여야 한다. 측량준비도 검사는 용도지역, 도곽수치, 토지소재지 및 기타 기재사항 등을 검사하고 측량결과도 검사는 측량 날짜, 입회인 날인, 기초점 전개의 정확성 여부, 측정점위치설명도 적정여부, 분할 및 등록전환의 경우, 도시계획 구역일 경우 관련 도시계획선 등 저촉여부 등을 검사한다. 또한, 인 · 허가관련 서류는 인 · 허가 사항일 경우 및 인 · 허가 사항과의 일치 여부, 준공사항 등을 검사한다.

(3) 면적검사

면적측정의 대상은 세부측량을 하는 때에 필지마다 면적을 측정하여야 하는 경우는 지적공부의 복구 · 신규등록 · 등록전환 · 분할 및 축척변경을 하는 경우, 면적 또는 경계를 정정하는 경우, 도시개발사업 등으로 인한 토지의 이동에 의하여 토지의 표시를 새로이 결정하는 경우와 지적현황측량에 의하여 면적측정이 수반되는 경우이다. 면적측정부 검사는 도곽 신축량 및 보정계수의 적정여부 등을 검사하여야 한다. 면적측정검사는 필지별로 하도록 되어 있으며, 소관청은 검사결과 정확하다고 인정되는 경우에는 검사필 인을 날인하여야 하고 만약 부정확하다고 판단된 경우에는 보완하거나 반려하도록 되어 있다.

(4) 전산파일 검사

현재 사용 중인 KLIS(Korea Land Information System)의 토지이동업무 중에서 측량이 수반되는 업무인 경우에 작성되는 전산측량파일을 이용한 측량성과 검사로 구분할 수 있다. 검사방법은 과거에는 종이로 된 지적도 · 임야도를 이용하여 소관청에서 등사승인부에 승인을 받아 대행기관인 지적공사에서 측량에 필요한 범위만큼 등사를 실시하고 성과검사 후 성과정리 또한 도면에 직접 실시하였다. 그러나 현재는 KLIS의 구축 후 전산화 도면을 이용하여 도면데이터를 추출하여 측량준비도를 작성하고 KLIS 상의 지적공부관리시스템을 이용하여 측량성과 검사 및 도면 정리를 수행하고 있다.

5.6.4 측량성과 검사 내용

대행법인이 지적공부정리를 위한 지적측량을 한때에는 측량부, 측량결과도, 면적측정부 등 측량성과에 관한 자료를 소관청에 제출하여 그 성과의 정확성에 관한 검사를 받아야 하고 소관청은 그 정확성이 인정되면 측량성과도를 대행법인에게 교부하도록 하였다. 측량성과의 검사내용은 기준점측량을 위한 기초측량과 해당 토지의 경계와 면적을 구하기 위한 세부측량으로 구분하여 측량성과를 검사할 수 있다. 기초측량 검사내용은 기지점사용의 적정여부, 지적측량기준점설치망구성의 적정여부, 관측각 및 거리측정의 정확여부, 계산의 정확여부, 지적측량기준점좌표전개의 정확여부, 지적측량기준점성과와 기지경계선과의 부합여부를 확인하여야 한다.

세부측량 확인사항은 측량준비도 및 측량결과도 작성의 적정여부, 기지점과 지상경계와의 적합여부, 경계점간 계산거리와 실측거리의 적합여부, 면적측정의 정확여부, 관련 법령의 저촉여부 등이며 각종 인 · 허가 등의 내용과 다르게 토지의 형질이 변경되어 그 토지의 이용 현황에 따라 측량성과를 결정한 경우는 검사 확인 사항에서 제외한다.

지적측량성과의 인정은 측량수행자의 측량성과와 소관청의 검사성과와의 연결오차가 지적삼각점은 0.2m 이내, 지적삼각 보조점은 0.25m 이내, 도근점은 수치지적부 시행지역 0.15m 이내, 기타지역 0.25m 이내로 한다. 또한, 경계점은 수치지적부 시행지역 0.10m 이내, 기타지역 10분의 3Mmm 이내(M은 축척분모)인 때에는 성과에 관하여 다른 입증을 할 수 있는 경우를 제외하고 그 측량성과에 잘못이 없는 것으로 인정하도록 규정하고 있다.

5.6.5 측량검사의 현황

(1) 도면작성 및 신축량

지적측량은 토지를 지적공부에 등록하거나 지적공부에 등록된 경계점을 지상에 복원할 목적으로 각 필지의 경계와 면적을 정하는 측량으로 도해지적도나 임야도에 의하여 시행하여야 한다. 그런데 이 도면이 부실하여 도곽선상에서 0.5mm 이상의 신축량이 있을 경우 거리를 보정하여 도곽선의 신축에 따라 거리를 가감해야 하고 면적을 측정하는 경우에도 도곽선의 신축에 따라 보정계수를 적용하여 면적을 산출하도록 되어 있다. 그러나 현실적으로 도면의 작성과정이 지적도 작성당시부터 관리 소홀로 신축량 조정의 한계를 나타내고 있는 실정이었고 KLIS 데이터를 이용하면서 보정작업을 실시하지 않고 있으며 현재는 전산파일에 의거 검사를 실시하고 있다.

초기 지적도의 재질은 한지를 이첩한 켄트지로 알루미늄켄트지와 폴리에스터켄트지를 접착하지 않고 사용하였다. 최초로 지적도면을 재작성한 것은 1964년경으로 이 당시의 재질은 켄트지를 사용하였다. 1967년 실질적으로 알루미늄켄트지를 사용하였으나 법규정에서는 1970년 지적사무처리규정에 의하여 사용하도록 하였다. 1972년 토지구획정리사업을 실시하면서 완료지역은 토지구획정리사업시행자의 의뢰에 의하여 모두 알루미늄켄트지로 작성하였다. 1980년대에는 지적도면 재작성 당시 모두 알루미늄켄트지를 계속 사용하였고 1982년의 지적사무처리지침에 합성수지제를 사용할 수 있다는 규정에 의거 1992년 서울시에서 폴리에스터 필름용지를 사용하여 지적도를 작성하였으나 두꺼운 필름용지로 교체하였다. 지적도면은 1913년부터 임시토지조사국에서 작성하였는데 1917년 이첩은 용역을 맡기되 작업은 조사국 청사내에서 시행하고 검사를 철저히 하였다. 이 작업을 실시함에 있어서 그 성과의 정확성을 기하기 위하여 당초에 실시한 등사작업은 점사법에 의하였으나 그 후 직접자사법으로 고치고 또는 종래 수기법에 의했던 정식작업은 활판인쇄에 붙이도록 하였으며 압인기를 고안하여 지번, 지목을 기계로 인쇄하였다. 1964년부터 1967년도까지 대한지적협회에서 직접자사법에 의거 재 작성하였으나 1977년 11월 일본 T.C.C사의 컴퓨터시스템기종으로 자동제도기를 대한지적공사에서 도입하면서 1978년 4월부터는 자동제도기로 지적측량업무 품셈화 정책에 따라 무료로 작성하였다.

자동제도기로 도면의 경계점을 좌표독취기로 독취할 경우 0.01m 단위로 독취할 수 있었으며 종이테이프를 천공하여 자료를 작성한 후 종이테이프 해독기에 의하여 주 컴퓨터에 입력하고 최소제곱법에 의거 신축보정계산 등을 거친 후 자료를 자동제도기로 출력하여 새로운 도면을 작성하였다. 1913년 일제강점기 토지조사령에 의거 작성된 한지 이첩켄트지의 지적도 신축량은 종선과 횡선 모두 ±1.5mm이며, 1964년 폐쇄된 한지 이첩켄트지 도면의 신축량과 알루미늄켄트지로 작성된 도면의 신축량은 ±2.0~±3.5mm로 1964년부터 1982년까지 폐쇄된 도면은 도면 재 작성 전에 보정이 절대적으로 필요하였다. 1983년 이후 재 작성된 폴리에스터켄트지 도면은 신축량이 기준치 이하로 대부분 보정을 실시하지 않았다.

(2) 지적측량성과 검사현황

우리나라의 지적제도는 장 · 단점과 개선사항도 많지만 개선사항 중 시급한 사항이 지적측량성과 검사제도라 할 수 있다. 국토해양부 지적통계연보에 의하면 2010년 12월 31일을 기준으로 전국 지적직 공무원의 정원은 3,519명이며 현재 인원은 3,448명으로 파악되며 정확한 지적측량 검사를 위해서는 전시, 후시, 기계수 등 적어도 3명으로 구성된 1개 팀이 필요한데 각 소관청별 검사 인력은 매우 부족한 실정이다. 대한지적공사에서는 지적직공무원의 기술력 향상을 위해 매년 수탁교육을 실시하고 있으며 지적직공무원은 2009년 직무기술교육을 574명,

2010년 461명, 2011년 429명으로 한해 평균 약 488명이 대한지적공사 지적연수원에서 지적과 관련된 교육을 받고 있다. 하지만 지적측량검사에 대한 교육은 2005~2008년까지 평균 75.5명으로 전체인력 3,277명의 약 2.3%에 불과하다. 이러한 지적검사측량의 교육의 부족은 검사자의 기술력 부족으로 이어지며 검사측량교육을 받았다고 하더라도 실무경력이 없는 공무원으로서는 지적측량성과 검사에 부담을 느낄 수밖에 없다.

5.6.6 지적측량성과검사의 문제점

(1) 법률적인 측면

세부측량은 새로이 결정된 경계를 검사하며 측량성과 검사 시에 확인된 지역으로서 측량결과도로 그 측량성과가 정확하다고 인정되는 경우에는 현지측량검사를 생략할 수 있지만 측량결과도로 확인이 곤란한 경우 현지검사를 하여야 한다. 하지만 법률규정이 명확하지 않아 현지검사를 생략하고 도상검사로 대처하는 경우가 많아 문제가 되고 있다. 이러한 법률적 규정과 소관청과의 관계를 고려하여 측량수행자가 모든 손해배상을 지급하고 있으며 검사자는 신분상ㆍ재정상의 책임은 대부분 지지 않고 있어 책임의식이 부족한 실정이다. 2004년부터 지적측량업무의 일부가 개방되어 개방업무시장은 일반 업체들과 대한지적공사의 자유경쟁 구도를 형성하고 있다. 일반 업체의 증가는 기술적인 문제점을 야기하고 있으며 그 중에서 대두되는 것이 책임에 관한 문제이다.

지적측량업자는 폐업하거나 휴업하는 경우, 등록사항이 변경된 경우, 지적측량업자의 지위를 승계한 경우에는 시ㆍ도지사에게 신고하도록 되어 있지만, 일반지적측량업체가 자발적으로 신고하지 않으면 실태파악이 곤란한 실정이다. 이러한 현행 제도에서 일반 지적측량업체가 경영상의 문제로 폐업을 할 경우 책임소지에 관한 문제는 심각해질 것으로 보인다. 왜냐하면 지적측량은 성격상 과실이 있더라도 바로 나타나기 보다는 수년 후에 발생하는 경우가 많으므로 민원인의 피해 발생이 우려되며 이러한 피해를 막기 위해서는 법적, 제도적인 책임 문제를 명확하게 개선하여야 할 것이다.

(2) 행정적인 측면

1994년도에 공시지가 업무가 지적부서로 이관되어 지가업무에 지적이 배치됨으로서 지적측량검사, 지적정리 등을 담당하는 부서는 상대적으로 인원이 줄었으며, 일반적으로 지적을 7~10인 정도의 지적직공무원이 실무를 담당하고 있는데 이 중에는 지적관련 민원 담당 부서에 2인 정도,

개별공시지가를 담당하는 부서에 2인 정도, 그리고 지적측량성과검사 및 이동지정리 등을 담당하는데 2~4인 정도의 인원이 근무하고 있다. 그러므로 측량검사업무는 기존의 지목변경, 토지이동지정리, 측량에 따른 결의정리, 진정 · 소송수행업무, 시책사업 등 당면업무, 각종보고, 일반행정업무 등에 따른 업무폭주로 전체 담당 업무의 극히 일부분을 차지하고 있어 가장 기본적으로 중시 되어야할 지적업무인 측량검사에서 인력이 부족한 실정이다. 소관청의 인력 부족은 소관청 담당 공무원이 현장을 실지측량검사를 하지 아니하고 도상검사를 할 경우 측량 수행자의 설명에 많은 시간을 소요하고 있으므로 대한지적공사에 그대로 영향을 미치게 된다. 현장검사측량을 실시하는 경우에도 소관청의 인력 부족으로 단독으로 처리가 불가능하므로 많은 시간적 손실을 의미하며 성과 검사의 의미도 찾기 힘든 실정이다.

(3) 기술적인 측면

현재 지적직 공무원 대부분은 자격증만 취득하고 측량업무에 근무한 경험이 없는 상태에서 공무원에 임용되는 경우가 대부분으로 지적측량실무 기술이 매우 부족한 실정이다. 하지만 지적측량수행자는 지적측량업무의 숙련자이므로 측량한 성과를 기술적으로 미숙련자인 지적직 공무원이 측량하여 검사한다는 것은 현실적으로 모순된 현상이다. 도해지역에서 측량의 기술적인 문제는 수치지역과는 달리 절대적인 측량 기준점에 의한 측량이 아닌 상대적인 기준이라고 할 수 있는 현장 기지를 사핵하여 측량하게 되므로 많은 측량 경험과 숙련도를 필요로 하게 된다. 그러나 지적직 공무원은 현장 경험이 거의 없고 지적측량 검사관련 기술 교육 또한 전체 인력의 약 2.3%에 한해 교육을 받고 있는 실정이므로 지적직공무원이 검사를 한다는 것은 현실성이 떨어질 수밖에 없다. 또한 최근에는 위성측량(GPS)방법으로 기초측량을 하는 사례가 대부분이지만 GPS에 대한 측량성과는 기준점의 정확여부에 따라 많은 차이가 발생함으로 기존 성과의 판단을 신중히 하여야 함에도 검사자의 기술력 부재로 측량자의 자의적인 해석에 무방비한 상황에서 검사부에 도장만 날인하는 경우가 있다. 측량장비의 사용에 대한 문제로 지적측량의 성과를 검사하기위해서는 기본적으로 Total Station GTS-313, 노트북(CF- 30), Prism & Prism Pole, Wooden Tripod(GTS-313삼각대), 전자평판 등의 장비가 필요하다. 하지만 각 소관청(시 · 군 · 구)별 장비 구입현황은 전체의 1/3분에도 못 미치는 수준이며 이러한 장비나 기타 최신장비를 갖추었다고 하더라도 그 사용 방법 및 조작의 미숙으로 인해 근본적으로 실지검사측량의 수행을 어렵게 하고 있다.

(4) 경계확정 소송

우리나라에서 경계확정소송은 판례에 의하여 운영되고 있으나 많은 문제점이 해소되지 않는 현재와 같은 지적제도에서 물리적 등록방법에 필요한 사항인 지적측량이 민간에 개방되면 동일 토지에 대하여 분할, 간척지 등록 등 국가기관의 검사측량대상이 아닌 경계측량, 현황측량에서 여러 측량단체의 상이한 측량성과가 제기되고 있지만 국가검사시스템이 없는 현행 지적법령에서 지적소관청은 치유불능상태가 되어 소송으로 이어져서 판례에 의존하고 있는 우리나라 법원의 경계소송사무는 큰 혼란에 봉착할 것이다. 지적측량은 자유경쟁체제를 도입하면서 일반적으로 경계확정의 소에 관하여는 인접하는 토지의 경계선이 분명하지 못할 경우에 법원의 판결에 의하여 이에 대한 확정을 구하는 소송이라고 정의되고 있다. 경계확정 소송의 목적은 권리의 객체인 토지의 경계가 불분명할 경우에 재판으로 그 경계를 설정함으로써 분쟁을 제거하는데 있으며 토지소유권은 원칙적으로 특정된 필지의 토지마다 성립되어 그 전부에 미치므로 인접지 사이의 경계 불분명으로 그 토지에 관한 소유권이 부정될 이유가 없다할 것이고, 법원에서 사실상의 경계선을 명백하게 그어준다고 하여 이에 따라 토지소유권의 범위에 어떠한 영향을 직접적으로 가져 오는것도 아니라고 한다. 즉, 상린지에 대한 당사자들의 소유권은 단순히 주장의 의미로서만 받아들일 수 있다고 하겠다. 지적측량의 개방과 관련하여 소를 전담하고 있는 법원으로서는 현행법상 이에 관한 명문규정을 두는 것이 지적측량행정기관에서 발생되는 문제 해결을 위해 절대적으로 필요하다고 할 수 있다.

5.6.7 외국의 지적측량검사제도

외국의 지적측량검사제도가 없는 이유는 각 국가별 사정에 따라 지적제도의 운영형태가 다르지만 각 국가 별로 지적조사사업이 진행 중이거나 완료 단계에 있어 지적 불부합지가 적고 측량성과에 대한 오류가 적어 검사제도의 필요가 없으며 네덜란드의 경우 공증인 제도가 있어 반드시 검사제도가 필요 없기 때문이다. 대만과 같은 국가 직영제 형태로 국가에서 실시하는 지적측량에서는 국가에서 책임지고 있기 때문에 별도의 검사제도가 필요 없다. 일본은 지적측량 시장이 완전 개방되어 있는 경우 측량성과 검사 및 오류에 대한 책임을 전적으로 개별측량업체가 지고 있기 때문에 국가에서 별도로 측량성과검사를 할 필요가 없다.

(1) 독일

독일은 연방 국가이기 때문에 각 주는 독자적인 국가의 성격을 지닌 공공기관으로 자치 헌법, 의회, 지방자치정부, 국가의 행정기구 및 독립된 재판권을 가지고 있는데 과거에는 지적사무를 연방정부의 고유사무로 운영하였으나 제2차 세계대전이후 각 주 정부에서 독자적으로 지적법을 제정하여 운영하고 있다. 또한, 지적제도가 각 주별로 다르기 때문에 독일 전체의 지적 사무를 조정 · 협의할 수 있도록 각 주를 대표하는 지적공무원들로 구성된 협의 기구를 설치하여 운영하고 있지만 연방정부의 조정 · 통제 기능은 미약한 상태이다. 독일에서는 지적측량과 측지측량이 형식적으로는 통합되어 있으나 실제로는 분리되어 운영되고 있다. 독일의 지적측량 담당기관은 지적사무소(Cadastral Offices)와 공공측량사(Licensed official surveyors)가 있다.

독일의 16개 주정부 중 10개 주정부에서 내무부의 지적국 또는 측량국 등에서 지적업무를 관장하고 있으며 나머지 주정부는 재정부, 경제기술부, 건설측량부 등에서 관장하고 있다. 그리고 주마다 3~4개소의 관구에 주 측량사무소를 설치하고 주 측량사무소의 하부기관으로서 시 · 군 단위에 지적사무소를 설치하고 있다. 시 · 도 단위는 니더작센주의 경우 내무부의 지적국에서 주 전체의 지적사무를 총괄하여 관장하고 있으며, 관구 단위에 측량 사무소와 군 단의에 지적사무를 설치하고 측지측량은 측량사와 측량기능사가 담당하고 있다.

니더작센주의 경우 내무부의 측량국에서 주 전체의 측지측량사무를 총괄하여 관장하고 있는데, 측량국 (내)에는 측량 관리과, 정보기술과, 측지기준과, 지형지도과, 공간정보과 등이 설치되어 있다. 그러나 바이에른 주의 경우에는 측량사에 관한 자격제도가 없어 모든 측량을 공무원이 직접 수행하고 있다. 독일 지적조사는 각 주별로 시행되어 소요기간이나 연대 또한 주별로 상이하다.

특징은 지적조사라는 용어를 사용하지 않고 지적전산화사업으로 추진하고 모든 토지 소유자는 토지경계표지의 설치가 의무화되어 경계표지 등의 관리가 잘 되어 있고 분쟁의 발생이 극히 적은 편이다. 각 주마다 측량을 담당하는 부서가 다르며, 보통은 내무성에서 담당하지만 어떤 주에서는 재무, 무역, 상공 또는 건설성이 담당하기도 한다. 대부분의 주에서는 측량 및 지적부서가 최고 측량 및 지적국(주 정부부서), 상급측량 및 지적국, 하급측량 및 지적사무소등 삼층 구조를 가지고 있으며 지적 · 등기제도는 우리나라처럼 이원화 되어 있다.

지적측량은 국가직영과 개인영업 허가제를 병행하고 있으나 국가의 검사제도는 없다. 토지측량과 부동산 대장의 정리는 주 정부의 업무로 규정되어 있으며 지적측량을 전담하여 시행할 수 있는 지적측량사의 자격은 대학 4년, 석사 2년의 교육과정을 마치고 2년 이상 지적사무소에서 실습과정을 거쳐 합격하여야 취득할 수 있도록 엄격하게 관리하고 있다. 이와 같이 자격을 취득하여야만 지적사무소나 개인사무소를 개설할 수 있고 독일의 경우 6:4 비율로 공공측량사와 개인측량사가 구성되어 있으며 각 주별로 독립적인 측량제도를 시행하고 지적직공무원이 많은 주에서는 국가 직영제로 운영하고 있으며 각 주별 사정에 따라 측량 및 검사를 달리 하고 있다.

(2) 대만

대만은 우리나라와 같이 일본의 식민지 지배 하에서 지적제도가 창설 되었으며 1895년 청일전쟁 후 1945년까지 일본의 식민지로 있었다. 1887년 7월 지적규칙과 토지조사규칙을 제정·공포하고 같은 해 9월 토지조사국제를 공포하여 임시대만토지조사국을 설치한 후 1888년부터 토지조사에 착수하여 외업은 1902년 9월, 내업은 1903년 2월에 각각 완료하고 1904년 3월에는 대만 토지조사국은 폐지되었다. 1909년 10월 임야조사규칙을 공포하여 토지조사에서 제외된 토지를 대상으로 1914년까지 임야조사를 완료하면서 전국적으로 통일성 있고 표준화된 지적제도가 창설되었다. 1930년 6월 토지법을 제정·공포하여 지적사무와 부동산등기 사무를 일원화하여 단일기관에서 수행하고 있다. 지적사무는 국민정부가 남경(南京)에 도읍을 정한 후 중앙의 지적행정기구는 내정부 토지사(土地司)에서 담당하게 되었다. 1949년 4월 지정부를 줄여 지정서로 고쳐 내정부(內政部)에 예속시켰으나 9월에 지정서를 지정사(地政司)로 바꾸어 지적과(地籍科)·지권과(地權科)·지가과(地價科)·지용과(地用科)·방역과(方域科) 등을 설치하고 토지행정 전반에 관한 사항을 담당하였다.

지적 행정조직은 중앙에서는 내정부에서 담당하고 대북시·고웅시 및 대만성은 지정처에서 현·시는 지정과에서 향·진·구는 지정사무소에서 각각 지적사무를 수행하는 4단계의 지적행정체계로 운영하고 있다. 대만의 지적도는 일본인이 측량하여 제작한 것으로 원본은 세계 제2차대전으로 모두 훼손 되었다. 현재 지정사무소에서 비치하고 있는 지적도는 장기간의 사용으로 마멸 훼손되고 도면의 신축으로 인한 오차와 자연적인 지형의 변화, 인위적인 경계의 변경 등으로 실제면적과 불부합으로 나타났었다.

따라서 경계분쟁과 불공평한 과세로 인한 민원이 계속되어 관리하기 곤란하여 지적조사사업을 추진하게 되었다. 1973~1975년까지 시험사업을 실시한 후 제1차 13개년 장기계획을 수립하고 1976~1980년까지 제1기 5개년계획과 1981~1984년까지 제2기 4개년계획 및 1985~1988년까지 제3기 4개년계획으로 나누어 지적도의 마멸·오손과 불부합이 심한 도시지역을 우선 실시하였다. 1990년부터 제2차 9개년의 장기계획을 수립하고 1993년까지 제1기 4개년계획과 1994~1997년까지 제2기 4개년계획 및 1998년 제3기 1개년계획을 수립하여 추진하였다. 지적조사 사업에 수치측량방법을 채택하여 실시하면서 토지의 경계선을 새로이 확정하고 그 성과를 영구적으로 보관할 수 있는 완벽한 자료를 확보함으로써 경계분쟁으로 인한 소송을 크게 감소시키는 효과를 가져왔다.

측량성과검사제도의 토지중획규획총대(土地重劃規劃總隊)는 경지정리, 시가지구획정리 등 대단위 특수사업에 따른 지적측량업무와 구획정리지구의 선정, 구획정리 전후의 지가조사, 구획정리지구 내의 도로·구거·교량 등 공공시설물의 계획 설계, 토지개량물의 조사·평가·이전·보상 등의 업무를 수행하고 있다. 그리고 측량총대는 삼각점과 도근점 등 측량기준점의 유지관리와 일필지측량·도시계획에 의한 공공시설 예정지의 분할측량·미등록지의 신규등록측량업무 등을 담당하고 지적측량 제도는 국가직영 체제이며 측량에 대한 착오로 국민에게 재산상 손해를 끼쳤을 때에는 국가가 배상의 책임을 진다. 등기는 사실심사주의를 채택하고 있어 허위·착오·오류 등을 원인으로 부실 등기가 실행되었을 경우에는 등기기관인 지정사무소에서 배상책임을 지도록 운영하고 있다. 대만처럼 국가에서 지적측량을 직접 실시하고 그 성과에 대한 책임을 지는 국가직영 형태의 검사제도를 실행한다면 사실상 지적측량성과 검사제도는 필요 없다고 할 수 있다.

(3) 네덜란드

네덜란드는 19세기 초 나폴레옹 제국시대에 프랑스 영토의 일부분이었기 때문에 프랑스 법령에 의거 약 160여년 전에 근대적 지적제도가 창설되었다. 최초의 지적조사는 프랑스의 주관 하에 토지에 대한 과세를 목적으로 1811년에 착수하여 1832년에 토지대장과 지적도를 작성하면서 세지적제도로 출발하였다. 네덜란드의 지적제도는 창설 당시에 등기와 통합된 상태로 출발하였기 때문에 지적은 지적과 등기를 포함하는 개념이며 주로 토지에 대한 과세를 하기 위한 기초 자료의 제공과 소유권에 대한 법적인 보호를 목적으로 소유자와 사용자를 조사하여 등록하는 세지적제도로 출발하였다. 도시계획·토지정비·토지행정 및 관리 등 여러 분야에서 토지정보가 필요하게 되어 전산화를 추진하면서 정보지적제도로 발전하여 지적분야에서 선박과 항공기의 등기업무도 담당하고 있다.

네덜란드의 지적정보시스템은 1975~1985년까지 AKR(Automat Isering Kadastrale Registratie) 이라고 불리는 지적도에 등록된 도형정보에 대한 전산화 시범사업을 추진하고 1988년부터 도면 데이터베이스의 구축에 착수하여 2000년에 완료하였다. 1995년에는 지적업무의 전산화로 인하여 중앙의 지적 및 공공등기청과 시·도 단위의 15개 지방 지적청간을 온라인 네트워크로 연결하여 각 지방 지적청에서 변경 등록한 정보를 실시간으로 중앙의 데이터베이스에 저장하여 항상 최신 정보를 유지·관리하도록 운영하고 있다.

네덜란드의 지적사무는 창설당시에는 재무부에서 관장하였으나 1973년에 주택·공간계획 및 환경부(Ministry of Housing spatial Planning and Environment)로 이관하여 외청 형태인 지적 및 공공 등기청에서 담당하고 있다. 지적사무는 중앙의 경우 주택 · 공간계획 및 환경부의 지도 감독 하에 암스테르담의 동쪽으로 약 120km에 위치한 아펠도른(Apeldoorn)의 지적 및 공공 등기 청에서, 지방은 15개 시 · 도별로 지방 지적 청을 설치하여 관장하고 있다. 그러나 시 · 군 이하의 지방에서는 지적사무를 수행하는 하부조직이 없어 중앙과 시 · 도 단위의 2단계 지적행정체계로 운영하고 있다. 1994년 5월 1일 지적조직법을 개정하여 지적 및 공공 등기 청은 주택 · 공간계획 및 환경부의 외청으로 완전히 독립하였다. 따라서 지적 및 공공 등기 청은 정책입안 · 인사관리 · 예산편성의 자율성을 보장받고 책임경영을 할 수 있으며, 특히 예산의 편성과 집행은 100% 자체수입으로 충당하도록 운영하는 독립된 기관의 형태인 책임운영기관으로 발전하고 있다.

네덜란드의 측량 검사제도는 소극적지적제도(Negative Cadastre)를 채택하고 있어 지적공부에 등록된 내용에 대하여 국가가 책임을 지지 않고 있으며 공증제도를 두어 권리를 양도 · 양수한 계약증서 자체를 등록하는 증서등록제도(Deed Registration)를 채택하여 공증인의 공증을 받은 문서는 법의 보호를 받고 있으며 문서의 진위여부에 대한 책임은 공증인에게 있다. 네덜란드도 대만과 마찬가지로 국가직영제로 운영되고 있지만 공무원의 부담을 줄이기 위해 고객과 국가의 사이에 공증인을 두는 제도를 채택하고 있다.

(4) 일본

일본의 측량제도는 국토청의 지적조사측량, 법무성의 토지가옥조사사가 실시하는 측량, 일반공공측량 등으로 구별하는데 측량을 하는 일반단체로서 토지가옥조사 협회와 국토조사협회, 일본 측량협회 등이 있고 지적측량을 하는 단체는 토지가옥조사협회와 국토조사협회가 있는데, 이들은 모두 일반단체로서 사단법인이다. 지적측량은 부동산거래의 안정성을 도모하고, 국가 또는 공공단체가 행하는 토지건물에 관한 각종 행정자료의 명확성을 기하며 등기신청을 수반하고 있어 업무의 범위가 광범위하다. 토지재조사측량은 매 필지에 대해 소유자, 지번, 지목의 조사 또는 경계 및 지적면적에 관한 측량을 실시, 그 성과를 지적 문서나 장부로 작성하여 등기소 지적공부로서 보관 · 이용하고 있다.

토지가옥조사협회는 토지, 건물 등 부동산등기에 필요한 지적측량을 전담하고 있으며 법무국 또는 지방법무국 단위로 토지가옥조사협회가 있고 중앙에 토지가옥조사 연합회가 있다. 연합회는 회비와 기부금수입으로 운영하고 임원으로는 회장 1인, 부회장 3인 이내, 이사 15인 이상 30인 이내로 구성되어 있다. 국토조사측량협회는 국토재조사측량을 전담하여 국토조사사업을 추진하고 국토조사관련측량에 대한 조사연구, 국토조사관련 교육 및 도서발간업무를 하고 있다.

국토재조사측량은 국토조사 측량협회에서 실시되고 있지만 특별시, 도, 시, 군, 구 에서는 지역 단위별로 업무의 효율성을 제고하기 위하여 일정자격을 소지하고 있는 일반 측량기관에 용역을 주어 실시되고 있으며, 측량협회는 측지측량을 전담하여 측량성과 및 측량기기 검정, 측량기술자 양성을 위한 교육 및 도서발간, 측량 관련 연구 자료의 수집 및 교환을 주된 업무로 하고 있다.

지적측량 검사제도는 1960년 부동산 등기법의 개정에 의해 부동산등기제도와 대장제도가 통합하여 일원화 작업을 실시하여 1970년도 등기에 대장이 통합되었다. 담당기구는 지적업무와 관련한 부동산등기와 사법서사 및 토지가옥조사사는 법무성 부동산 등기과에서 담당하고 있다. 하지만 등기소에서 시행하는 모든 측량 업무는 토지가옥조사사가 담당하기에 토지가옥조사사의 지적측량성과는 국가에서 검사를 하지 않고 있어 측량오류에 대한 책임은 전적으로 토지가옥조사사가 지고 있다. 일본은 등기와 지적을 일원화 하고 지적측량에 대해서는 국가가 아닌 토지가옥조사사가 측량을 하고 오류가 발생할 경우 거기에 대한 보상 책임을 측량 시행자인 토지가옥조사사가 전적으로 지는 성과 책임제로 운영한다. 이는 시장 개방에 따른 경쟁체제에서 국가가 측량성과에 대한 배상 책임을 진다면 그 경비 부담이 크기 때문이다.

(5) 프랑스

프랑스에서는 측지측량과 지적측량이 분리되어 있으며 측지측량은 측량법과 측량법시행령으로 규정되고 있으며 지적측량은 민법과 지적법 및 지적법 시행령에 의해 규정되고 있다. 지적법은 지적조사, 지적수정, 지적개조, 경계확정위원회, 측량도면의 작성 등에 관한 사항을 규정하고 있다. 프랑스에서 측지측량은 건설 · 교통 · 주택에서 담당하고 있고 일반측량사들이 수행하고 있다. 또한 지적측량은 경제 · 재무 · 산업부의 세무 국에서 담당하고 있으며 지적측량사가 수행하고 있다. 이러한 개인측량사는 분할 · 경계복원 · 현황측량 등 대민 업무에 관계되는 소규모 측량만을 수행하며 지적조사사업 · 구획정리사업 · 경지정리사업 · 지적전산화사업 · 지적도전산화업무 등 규모가 큰 정책적인 사업은 지적공무원이 직접 수행하며 지적측량 성과검사 업무를 엄격하게 수행하고 있다. 프랑스는 1930년 지적법을 개정하여 지적조사를 지속적으로 추진하였으며, 1941년 개정된 지적법에 의해 현행 지적제도가 확립되었다. 프랑스에서는 경계분쟁의 해결방안으로 경계표지 등의 관리가 비교적 잘되어 있고 불부합지가 거의 존재하지 않아 크게 분쟁발생이 거의 없다고 할 수 있다.

프랑스의 지적측량 검사제도는 국가 직영과 개인영업허가제를 병행하고 있지만 측량검사제도는 국가가 운영하고 있다. 토지공시제도의 등기절차는 공증, 등록, 등기의 3단계로 이루어진다. 프랑스는 지적측량의 일부를 대행하는 제도를 운영하고 있으나 각 개인별로 사무실을 개설하여 지적측량업무를 대행하고 있으며 지적직 공무원들은 엄격하게 지적측량 성과검사를 수행하고 있다. 각 지적측량 대행 사무소에는 2~3명의 측량사가 합동으로 근무하면서 경쟁적으로 우수한 측량장비와 기동력을 확보하여 대민 서비스를 제공하고 있으며 측량수수료도 국가의 승인을 받고 있다.

5.6.8 지적측량 감리제도

우리나라의 감리제도의 시행은 정부기관에서 발주하는 공사에 대하여 건설기술관리법에 의해 감리하는 방법과 민간인 주도의 건축공사에 대하여 건축법 및 주택건설촉진법에 의해 감리가 시행되고 있다. 감리제도의 정의는 건설기술관리법상에 건설공사에 대하여 감리전문회사가 설계도서, 기타 관계서류의 내용대로 시공되는지의 여부를 확인하고, 품질관리, 시공관리, 공사관리 및 안전관리 등에 대한 기술지도를 하며, 발주자의 위탁에 의하여 관계법령에 따라 발주자로서의 감독권한을 대행하는 책임 감리로 정의하고 있다. 건축법에서는 자기 책임 하에 건축법이 정하는 바에 의하여 건축물, 건축설비, 또는 공작물이 설계도서 내용대로 시공되는지의 여부를 확인하고 감독하는 행위를 공사감리라고 정의하고 있다. 감리의 필요성은 기술적인 전문성에 대하여 능동적으로 대처하여 목표달성을 극대화 하는데 필요하기 때문이다.

우리나라는 1963년 최초로 건축사법상의 감리제도가 도입되어 시공의 적법성과 설계도서대로 이행여부를 확인하기 위하여 민간 및 공공건축공사에 처음 도입되었으나 설계자에 의한 설계중심의 자문감리 성격으로 운영되었다. 1987년도에 건설기술관리법을 제정하여 감독과 감리여부의 구분 및 감리의 권한을 강화하여 종래 종속적, 중복적 감독, 감리관계에서 공사품질향상을 위한 시공감리 기능강화를 모색하는 방향으로 변모하고 있다. 이와 같은 감리제도는 지적측량개방에 따른 지적측량제도에 도입의 필요성이 있다.

지적소관청은 인적, 재정적, 기계적, 기술적인 측면에서 극한상황에 직면하고 있으므로 지적법상의 왜곡된 지적측량의 적부기관인 지적위원회 기능도 사법적 기능이 없는 상태에 있으므로 국민의 재산권보호를 위해 지적기술사제도를 활용하면 가능할 것이다. 그리고 지적기술사를 대표로 감리법인을 설립하고 감리 대상은 지적측량 대상토지의 법률가액의 일정 금액이상 또는 필지수 및 기초측량이 필요한 세부측량 등 측량의 난이도에 의하여 결정할 수도 있다. 지적측량 시장의 개방에 따른 소규모 지적측량업자의 난립으로 지적측량수행자간 성과 다툼이 발생될 우려가 크므로 이론과 실무능력을 갖춘 지적기술자(기술사, 기사)를 책임감리자로 지정하는 것이다. 즉, 현장에서 지적측량업무 전반에 대하여 처음부터 끝까지 감리를 실시하여 측량오류를 사전에 방지하고 측량결과에 대하여 감리자가 전적으로 책임지도록 하며, 측량오류에 따른 보상제도를 체계화하여 측량자나 지적공무원이 측량민원 발생에 따른 신분상 불안감을 갖지 않고 일을 할 수 있도록 하는 것이 감리제도 도입의 목적이라 할 수 있다.

검사제도의 문제 해결을 위해서는 독립된 지적측량성과 검사기관에서 측량성과를 검사하는 것이 객관성을 확보하기 위해서 가장 적합하다. 중앙에는 전국적인 조직을 갖춘 감리법인을 설치(감리공사)하고 지방에는 각 시 · 도 단위의 감리공사의 지사 및 시 · 군 · 구 단위의 출장소를 설치하면 측량 수수료 이외에 감리비용이 별도로 발생할 수 있다. 지적측량 감리제도는 지적측량의 정확도가 향상되기 때문에 장기적인 안목에서는 지적측량 수행자들에게 도움이 될 수 있으며, 측량오류를 사전에 발견하여 후일 민사소송이나 배상책임 등을 피할 수 있으므로 지적측량의 정확도에 대해서는 비교적 안심할 수 있는 장점도 있지만 현시점에서 수수료의 인상 문제와 감리과정에서 감리자와 측량자간의 갈등이나 분쟁 등이 발생할 수 있다.

제6장

지적기준점측량

6.1 개요

1898년 양지아문을 시초로 하는 우리나라의 토지관리는 일제 강점기시대에 조선총독부에 임시 토지조사국이 설치되고 측량을 실시하여 공부에 등록하면서 토지관리가 본격적으로 시작되었다. 1910년대 삼각측량은 정밀한 방법으로 대규모망을 구성하고 이를 기준으로 점차 소규모망을 구성하여 도근측량과 일필지측량의 기초가 되도록 하였다. 삼각측량은 동경원점을 기준으로 일본의 1등 삼각망에 거제도와 절영도를 연결하는 1등 삼각점 본점측량을 실시한 후에 대삼각망을 결합하는 방식을 채택하였다.

현재 지적측량성과의 기준은 동경원점이며 우리나라의 실질적인 원점은 거제도와 절영도의 두 삼각점이라고 할 수 있다. 1936년 일본은 중국대륙 진출을 위한 측량을 추진하면서 "조선토지측량표령"을 공포하여 측량체제와 기준을 정비하고 1등 삼각측량과 1등 수준측량을 착수하게 되었으며 해방 직후에는 내무부 토목국에서 일제강점기에 설치된 삼각점성과표를 기초로 측량 및 지도를 제작하였다. 6.25 동란 후 군용지도의 수요가 증가하면서 측량 및 지도제작 기술이 발전하게 되었고 1957년 국방부 산하 지리연구소를 창설하여 국가적 기관으로서 국가기본도의 제작, 삼각점 및 수준점의 조사 · 복구 및 지명의 조사와 정비가 본격적으로 시작되었다. 1960년대는 국토개발 및 건설에 필요한 지도를 공급할 목적으로 내무부 국립건설연구소에서 측지업무를 담당하였으며 1970년대는 국토건설계획에 필요한 정보를 체계적으로 정비하기 위해 1974년 국립지리원(현, 국토지리정보원)을 창설하였다. 국립지리원에서는 1975년부터 본격적으로 측량기준점 정비 사업을 시행하게 되었으나 당시의 장비체계로는 계산능력의 한계가 있어 평면직각좌표 또는 경위도좌표를 독립적으로 계산하였다.

1910년 삼각측량결과는 지적측량에 이용될 수 있도록 성과표로 작성되었으나 동경원점에 경도 +10.405″의 보정이 필요한 사실이 공표된 관계로 계산된 성과표의 경위도 수치에 +10.405″를 보정해야 한다는 단서조항이 명시되었다. 1970년대부터 국토의 종합적인 개발과 이용계획을 위한 각종 정부시책에 따라 국립지리원은 6.25 동란 등으로 70% 이상 망실된 삼각점의 시급한 복구 필요성을 인식하고 정확도가 높은 측지성과로 새로 정비하기 위해 1975년부터 추진하였다.

정밀측지망 측량은 1, 2등 삼각점으로 망을 구성하여 실시되는 정밀1차 기준점측량과 3, 4등 삼각점으로 망을 구성하여 실시되는 정밀2차 기준점측량으로 구분하여 실시되었고 위치결정의 정확도 향상과 작업능률 제고를 위하여 광파거리측정기를 사용한 삼변측량방식이 도입되었다. 1975~1995년에 완료된 정밀1차 기준점측량의 관측값을 사용하여 자유망조정으로 변동량이 20cm 이하인 기존 1~2등 삼각점 11점을 고정한 전국 동시 BL망조정을 실시하여 1998년 1,155점의 측량성과를 고시하였다. 정밀1차 기준점측량에서 실시한 1등 삼각점의 평균변장은 10km, 관측기계는 광파거리측량기(5mm±1ppm이상) 0.2″독 데오돌라이트를 사용하였으며 거리관측조합은 3세트로 실시하고 세트내의 교차는 10mm, 세트간 교차는 20mm로 규정하였다. 또한, 각 측정방법은 방향관측법, 대회수는 6대회, 배각차는 8″, 관측차는 5″, 조정계산 방법은 BL망 또는 XY망 조정, 고도상수차는 10″, 수직각관측은 1대회 2방향으로 실시하였다.

1986~1998년까지 삼변측량방식에 의한 정밀2차 기준점측량의 관측값을 1998년에 고시된 정밀1차 기준점 성과를 고정한 블록망조정이 시행되었으며 동시 블록망조정에 의한 정밀2차 기준점의 측지성과는 2000년 고시하였다. 1995년 이후 정확도 향상과 세계측지좌표계에 준거한 새로운 국가기준점체계 구축을 위한 측지자료 축척을 위하여 정밀1차 및 2차 기준점측량에 GPS측량이 도입되었다. 정밀1차 기준점측량에서 실시한 2등 삼각점의 평균변장은 3km, 관측기계는 광파거리측량기(5mm±2ppm 이상) 1″독 데오돌라이트를 사용하였으며 거리관측조합은 3세트로 실시하고 세트내의 교차는 10mm, 세트간 교차는 35mm로 규정하였다. 또한, 각 측정방법은 방향관측법, 대회수는 3대회, 배각차는 12″, 관측차는 7″, 조정계산방법은 XY망 조정, 고도상수차는 10″, 수직각관측은 1대회 2방향으로 실시하였다. 삼변측량방식에 의한 정밀1차 기준점의 정확도는 망조정의 수평위치오차가 7.9cm, 상대정확도는 1/100,000이며 각관측 정확도는 1″.89 이다. 2009년에 제정된 측량 · 수로 및 지적에 관한 법률에서는 측량기준점을 국가기준점, 공공기준점, 지적기준점으로 구분하고 있다.

6.2 측량기준점

측량기준점을 정한 자는 측량기준점표지를 설치하고 관리하여야 하며 설치한 자는 그 종류와 설치 장소를 국토해양부장관과 관계 시 · 도지사, 시장 · 군수 또는 구청장(자치구의 구청장) 및 측량기준점표지를 설치한 부지의 소유자 또는 점유자에게 통지하여야 한다. 시 · 도지사 또는 지적소관청은 지적기준점표지를 설치한 경우에는 그 사실을 고시하여야 하며 특별자치도지사, 시장 · 군수 또는 구청장은 매년 관할 구역에 있는 측량기준점표지의 현황을 조사하고 그 결과를 시 · 도지사를 거쳐 국토해양부장관에게 보고하도록 법률로 규정하고 있다. 측량기준점표지의 설치자가 측량기준점표지의 설치 사실을 통지할 때는 측량성과를 함께 통지하여야 하며 측량기준점표지를 파손하거나 그 효용을 해칠 우려가 있는 행위를 하려는 자는 그 측량기준점표지를 설치한 자에게 이전을 신청하도록 하였다. 또한, 파손 또는 훼손자의 신청을 받은 측량기준점표지의 설치자는 측량기준점표지를 이전하여야 하며, 그 측량기준점표지를 이전하지 아니한 경우에는 그 사유를 신청인에게 알려야 한다. 측량기준점표지의 이전에 소요되는 비용은 신청인이 부담하도록 하고 있다.

(1) 국가기준점

국가기준점은 측량의 정확도를 확보하고 효율성을 높이기 위하여 국토해양부장관이 전 국토를 대상으로 주요지점 마다 정한 측량의 기본이 되는 측량기준점으로 위성기준점 · 수준점 · 중력점 · 통합기준점 · 삼각점 · 지자기점 · 수로기준점 · 영해기준점으로 구분하고 있다.

위성기준점은 그림 6-1과 같으며 지리학적 경위도, 직각좌표 및 지구중심 직교좌표의 측정 기준으로 사용하기 위하여 대한민국 경위도원점을 기초로 정한 기준점을 말하며 수준점은 그림 6-3의 (c)와 같이 설치하며 높이 측정의 기준으로 사용하기 위하여 대한민국 수준원점을 기초로 정한 기준점을 말한다. 중력점은 그림 6-3의 (e)와 같이 설치하고 중력 측정의 기준으로 사용하기 위하여 정한 기준점이며 통합기준점은 그림 6-2와 같이 상세하게 법률에 규정되어 있으며 지리학적 경위도, 직각좌표, 지구중심 직교좌표, 높이 및 중력 측정의 기준으로 사용하기 위하여 위성기준점, 수준점 및 중력점을 기초로 정한 기준점이다.

삼각점은 그림 6-3의 (b)와 같이 설치하며 지리학적 경위도, 직각좌표 및 지구중심 직교좌표 측정의 기준으로 사용하기 위하여 위성기준점 및 통합기준점을 기초로 정한 기준점이며 지자기점은 그림 6-3의 (a)와 같이 설치하고 지구자기 측정의 기준으로 사용하기 위하여 정한 기준점을 말한다. 그리고 수로기준점은 수로조사 시 해양에서의 수평위치와 높이, 수심 측정 및 해안선 결정 기준으로 사용하기 위하여 위성기준점과 기본수준면을 기초로 정한 기준점으로서 수로측량기준점, 기본수준점, 해안선기준점으로 구분하며 영해기준점은 그림 6-3의 (d)와 같이 설치하며 우리나라의 영해를 획정하기 위하여 정한 기준점을 말한다.

그림 6-1 위성기준점

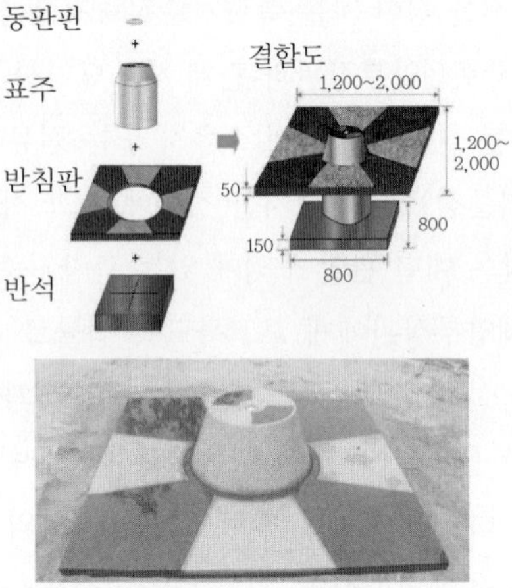

그림 6-2 통합기준점

(a) 지자기점

(b) 삼각점

(c) 수준점

(d) 영해기준점

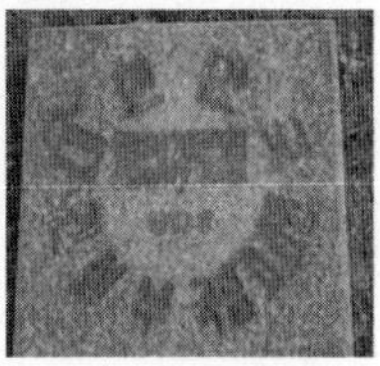

(e) 중력기준점

그림 6-3 국가기준점

(2) 공공기준점

공공측량시행자가 공공측량을 정확하고 효율적으로 시행하기 위하여 국가기준점을 기준으로 하여 따로 정하는 측량기준점으로 공공삼각점과 공공수준점으로 구분한다. 공공삼각점은 공공측량 시 수평위치의 기준으로 사용하기 위하여 국가기준점을 기초로 하여 정한 기준점이라 하며 공공수준점은 공공측량 시 높이의 기준으로 사용하기 위하여 국가기준점을 기초로 하여 정한 기준점을 말한다.

(a) 도시기준원점

(b) 도시기준점

(c) 수자원공사기준점

(d) 한국전력공사기준점

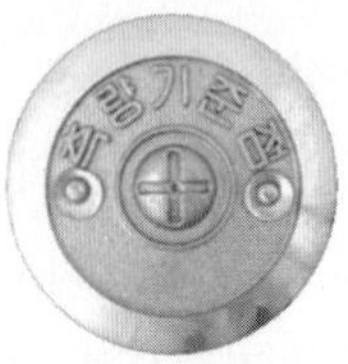

(e) 측량기준점

그림 6-4 공공기준점

(3) 지적기준점

지적기준점은 특별시장 · 광역시장 · 도지사 또는 특별자치도지사(시 · 도지사)나 지적소관청이 지적측량을 정확하고 효율적으로 시행하기 위하여 국가기준점을 기준으로 지적삼각점, 지적삼각보조점, 지적도근점으로 구분하고 있다. 지적삼각점은 그림 6-5의 (b)와 같이 설치되어 있으며 지적측량 시 수평위치 측량의 기준으로 사용하기 위하여 국가기준점을 기준으로 하여 정한 기준점을 말한다. 지적삼각보조점은 그림 6-5의 (c)와 같이 편리하게 설치하고 있으며 지적측량 시 수평위치 측량의 기준으로 사용하기 위하여 국가기준점과 지적삼각점을 기준으로 정한 기준점이며 지적도근점은 그림 6-5의 (d)와 같이 설치하고 지적측량 시 수평위치측량 기준으로 사용하기 위하여 국가기준점, 지적삼각점, 지적삼각보조점 및 다른 지적도근점을 기초로 하여 정한 기준점을 말한다.

(a) 대삼각점 (b) 지적삼각점 (c) 지적삼각보조점 (d) 지적도근점

그림 6-5 지적기준점

지적기준점을 정하기 위한 기초측량은 경위의측량, 전파기 또는 광파기측량, 사진측량 및 위성측량 등의 방법에 따르며 지적삼각점측량 · 지적삼각보조점측량의 실시기준은 측량지역의 지형상 지적삼각점이나 지적삼각보조점 및 지적도근점의 설치 또는 재설치가 필요한 경우에 실시한다. 측량방법은 지적기준점측량은 위성기준점, 통합기준점, 삼각점 및 지적삼각점을 기초로 하여 경위의측량방법, 전파기 또는 광파기측량방법, 위성측량방법 및 국토해양부장관이 승인한 측량방법으로 실시한다. 그리고 계산은 지적삼각점의 경우 평균계산법이나 망평균계산법에 의하며 지적삼각보조점은 교회법 또는 다각망도선법에 의하며 지적도근점측량은 도선법, 교회법 및 다각망도선법에 의한다.

기준점측량의 절차는 계획의 수립, 준비 및 현지답사, 선점 및 조표, 관측 및 계산과 성과표 작성의 순서로 실시하며 지적측량의 계산 및 결과 작성에 사용하는 소프트웨어는 국토해양부장관이 정하도록 하고 있다. 기초측량의 검사항목에는 기지점사용 및 지적측량기준점 설치 망구성의 적정여부, 관측각 및 거리측정과 계산의 정확여부, 지적측량기준점좌표전개의 정확여부 및 지적측량기준점성과와 기지경계선과의 부합여부 등이다. 그리고 지적측량성과의 검사방법에서 측량성과를 검사하는 때에는 측량자가 실시한 측량방법과 다른 방법으로 한다. 지적삼각점측량 및 지적삼각보조점측량은 신설된 점을, 지적도근점측량은 주요 도선별로 지적도근점을 검사하며 후방교회법으로 검사할 수 있다.

지적삼각보조점 및 지적도근점성과표에 기록 · 관리하는 사항은 번호 및 위치의 약도, 좌표, 소재지와 측량연월일, 도선등급 및 도선명, 표지의 재질, 도면번호, 조사연월일, 조사자의 직위 · 성명 및 조사내용이다. 조사내용은 지적삼각보조점 및 지적도근점표지의 망실유무, 사고원인, 경계의 부합여부 등을 기재한다. 경계와 부합되지 아니하는 때에는 그 사유를 기재한다.

지적삼각보조점표지를 설치한 경우에는 지적도근점에 준하여 지적도근점성과표에 기록 · 관리하여야 한다. 지적기준점표지의 설치에 대한 고시는 기준점의 명칭 및 번호, 직각좌표계의 원점명, 좌표 및 표고, 경도와 위도, 설치일, 소재지 및 표지의 재질, 측량성과 보관 장소에 관한 사항을 관보에 게재하는 방법으로 한다. 지적삼각보조점과 지적도근점표지의 설치에 대한 고시는 지적소관청의 공보 또는 인터넷 홈페이지에 게재할 수 있다. 시 · 도지사나 지적소관청은 지적기준점성과와 그 측량기록을 보관하고 일반인이 열람할 수 있도록 하여야 한다. 지적기준점성과의 등본이나 그 측량기록의 사본을 발급받으려는 자는 시 · 도지사나 지적소관청에 그 발급을 신청하고 지적측량기준점성과 또는 그 측량부를 열람하거나 등본을 발급받으려는 자는 지적삼각점성과에 대해서는 특별시장 · 광역시장 · 도지사 또는 특별자치도지사에게 신청하고, 지적삼각보조점성과 및 지적도근점성과는 지적소관청에 신청하여야 한다. 지적측량기준점성과 또는 그 측량부의 열람이나 등본 발급 신청을 받은 해당 기관은 이를 열람하게 하거나 지적측량기준점성과 등본을 발급하도록 하고 있다.

(4) 새로운 국가기준점체계

현행 국가기준점체계는 Bessel타원체를 준거타원체로 사용하고 있어 지구의 크기 및 형상이 지구물리학적으로 규명된 것과 달라 국제적으로 권장되고 있는 세계측지계와 많은 차이가 발생하고 있다. 또한, 우주측지기술의 실용화로 높은 정확도의 측량을 필요로 하고 있으나 현행 체계로는 효과적으로 대응할 수 없으므로 높은 정확도의 세계적 위치의 기준에 적합한 새로운 국가기준점체계 확립을 위해 2010~2020년으로 계획하여 추진하고 있다. 새로운 국가기준점체계는 세계측지좌표계를 사용하고 있어 원활한 사용을 위하여 현행 국가기준점성과와 병용할 수 있도록 하는 경과 조치를 마련하였다.

오늘날 국민생활의 사회 · 경제활동 등 다양한 분야에서 다양한 위치정보가 사용되고 있고 목적에 따라서는 매우 높은 정확도의 세계적인 위치정보를 필요로 하고 있다. 새로운 국가기준점체계는 최첨단 측량기술인 우주측지기술을 도입 · 활용하여 높은 정확도의 세계적 위치정보 기반시설의 구축을 지향하고 있는 국가기준점체계 이므로 새로운 국가기준점체계가 실현되면 GPS기준점 및 국가기준점 활용에 따른 측량비용 절감, 안정성 향상에 의한 사회적비용 절감 및 국제협력의 장에서 유리한 환경조성 등을 이룩할 수 있을 것이다. 새로운 국가기준점체계는 준거타원체상의 지리학적 경위도(수평위치)와 평균해수면으로부터의 높이(수직위치)로 표시하며 타원체는 GRS80 타원체, 좌표계는 ITRF 좌표계, 높이 측량의 원점은 대한민국 수준원점 기준(준거)타원체로 국가기준점망의 수평위치는 GPS기준점 · 삼각점망으로 구성하고 수직위치는 수준점(높은 정확도), GPS기준점 · 삼각점(낮은 정확도)으로 구성하고 있다.

측량방법에서 수평위치의 결정은 VLBI(Very Lang Baseline Interferometer)과 GPS에 의한 3차원측량, 광파거리측정기에 의한 거리측량, 트랜싯에 의한 각 관측으로 실시하고 수직위치의 결정은 레벨 및 수준표척에 의한 수준측량, GPS에 의한 3차원 측량을 실시한다. 국가기준점성과 계산은 수평위치의 경우 VLBI · GPS의 관측값을 사용한 전국 3차원 망조정에 의하여 골격을 형성하고 삼각점의 위치를 결정하며 수직위치는 1 등 수준측량의 관측값을 사용하여 전국망조정에 의하여 골격을 형성한다.

(5) 지적측량기준점

소관청은 타인의 토지 · 건축물 또는 구조물에 지적측량기준점 표지를 설치 · 관리할 수 있으며 지적측량의 편의를 위하여 대한지적공사에 지적측량기준점 표지의 설치 및 그 측량 성과의 관리를 위탁할 수 있다. 소관청 또는 공사가 관리하는 지적측량기준점 표지가 망실되거나 훼손된 때에는 소관청 또는 공사가 각각 이를 재설치 하거나 보수하여야 한다. 소관청이 토지소유자나 공사시행자의 신청에 의하여 지적측량기준점 표지를 이전하거나 상태를 변경하는 때에는 미리 이로인한 이전 · 재설치 또는 보수비용을 신청인으로부터 징수하여야 한다. 사유지에 지적측량기준점 표지가 설치된 경우 토지소유자가 토지의 이용 등을 위하여 지적측량기준점 표지의 이전을 요구하는 때에는 이전 비용은 징수하지 않는다. 공사가 지적측량기준점 표지를 설치한 경우 그 지적측량기준점 성과를 소관청이 인정한 때에는 지적측량기준점으로 보고 공사가 관리한다.

소관청은 지적측량기준점 표지(지적삼각점 표지 및 지적위성기준점 표지를 제외)의 관리를 대한지적공사에 위탁하고자 하는 때에는 그 지적측량기준점 표지의 측량부 및 성과표의 사본을 공사에 송부하여야 한다. 지적측량기준점 표지의 관리를 위탁받은 공사는 지적측량기준점 표지가 망실되거나 훼손될 것으로 예상되는 때에는 지체없이 소관청에 통보하여야 한다. 지적측량기준점 표지를 이전하고자 하는 자는 지적측량기준점 표지 이전신청서를 소관청에 제출하여야 하며, 이전신청을 받은 소관청은 현지조사 및 경비부담 등을 검토하여 그 결과를 신청인에게 통지하여야 한다. 공사는 지적측량기준점 표지를 설치한 때에는 지적측량기준점 표지의 측량부 및 성과표의 사본을 소관청에 송부하여야 한다. 소관청은 공사와 합동으로 연 1회 이상 지적측량기준점 표지의 이상 유무를 조사하여 망실되거나 훼손된 지적측량기준점 표지를 계속 보존할 필요가 없는 때에는 폐기할 수 있다.

6.3 기선측량

삼각측량에서 최소한 삼각형의 기지변이 있어야 계산이 가능하므로 1변을 알기 위하여 실시하는 측량을 기선측량이라 한다. 기선의 경사와 높이는 기선과 가장 가까운 해면의 높이를 기초로 독일의 갈레사에서 제작한 18인치(46cm) 수준의를 사용하고 왕복 2회 관측하여 평균값을 사용하며 측정 및 계산은 mm단위로 하였다. 해면 높이는 간이 험조장을 해안에 설치하고 1개월 이상을 측정하여 계산하고 기선장의 측정은 인바르사 선조 기선척을 사용하여 측량을 실시할 때 마다 온도를 수정하여 테이프의 평균거리를 구한 후 mm이하 2자리까지 계산하고 허용오차는 기선 전체 길이에 1/50만 이내로 하였다. 기선의 전체길이를 평균해수면의 변화에 따라 계산하기 위하여 그 지방의 위도 및 기선의 지각(지구의 표면을 구성하는 층)을 천문측량을 실시하여 구하되 관측기계는 독일의 칼반베르히 회사에서 제작한 13cm경위의를 사용하여 측량을 실시하였다.

6.3.1 기선의 설치

기선측량의 실시는 1910년 6월에 최초로 대전기선의 위치를 선정하면서부터 시작하여 1913년 10월 함경북도 고건원기선까지 모두 완료되었다. 기선측량은 기선척의 길이에 해당하는 25m지점마다 나무말목을 설치하고 약 400m마다 기선의 중간점을 두어 나무말목으로 표시하였다. 기선의 수는 13개로 측량기술상의 적당한 장소에 설치한 것이었으며 가장 긴 것은 4,625.4777m이며 가장 짧은 것은 2,000.41516m이다. 기선의 위치는 평탄하고 견고한 지반을 선정하고 길이는 2~5km이며 대삼각본점의 1변의 크기는 약 30km까지 확대하였으며 확대할 삼각망은 꼭지각(頂角)이 33° 32′에 가깝게 구성한 2등변 삼각형으로 하였다. 기선측량에서 기선로(路)의 넓이는 3m로 하였으며 초목과 암석은 제거하고 하천이나 구거 등은 매몰하거나 교량을 설치하였다. 기선의 양끝에는 화강암으로 만든 반석과 황동제의 점침(點針)을 반석의 중앙에 고정하고 수준의로 고저측량을 실시 하였다. 기선측량은 1개의 기선척을 오전과 오후로 구분하여 2회 측정하였으며 측정자의 위치도 개인오차의 제거를 위해 바꾸어서 측정하였다. 기선의 위치는 표 6.1과 같고 위치선정은 대삼각본점측량원이 선정하도록 하였으며 적절한 지형이 없는 경우에는 적당한 곳을 선정하였다.

표 6.1 기선위치와 길이

설치연도	기선위치	기선길이(m)	설치연도	기선위치	기선길이(m)	설치연도	기선위치	기선길이(m)
1910년 8월	대전	2500.39410	1911년 11월	평양	4625.47770	1912년 10월	길주	4226.45669
1910년 11월	노량진	3075.97442	1912년 5월	영산포	3400.89002	1913년 5월	강계	2524.33613
1911년 4월	안동	2000.41516	1912년 7월	간성	3126.11155	1913년 7월	혜산진	2175.31361
1911년 6월	하동	2000.84321	1912년 9월	함흥	4000.91794	1913년 9월	고건원	3400.81838
1911년 10월	의주	2701.23491						

1910년 8월 대전기선부터 토지조사측량을 위한 기선측량을 할 때 일본 육지측량부에서 빌린 25m 에데린 기선척을 사용하였으며 1911년 3월 하순 안동기선부터 시작하여 하동 및 의주기선을 설치, 12월 하순에 평양기선을 설치하고 안동기선은 경북 안동읍에서 109m 떨어진 낙동강 연안의 모래땅에 견고하게 설치하였다. 1911년 6월 하동(河東)기선은 경남 하동읍에서 가깝고 섬진강 강가(河畔)에 있으나 지반이 낮아 홍수 범람의 염려가 있었지만 작업을 완료하였고 1911년 10월 의주(義州)기선은 경의선 백마정거장에서 남쪽으로 약 4km 떨어진 밭에 위치하고 있으며 지반은 단단함과 연함이 적절하게 섞여 있는 곳으로 100m의 임시 교량공사와 3개소의 매립 공사로 가장 단시일에 완료하였다.

평양기선은 평양시의 동쪽 약 20정(60간 = 109.1m), 대동강과 떨어져 시가지와 평행하며 선정당시의 전체길이는 2,600m이지만 실측에 임하여 2,000m를 연장하여 설치하였다. 그리고 중앙 이북은 구릉(丘陵)과 소류(小流) 등으로 매립 또는 굴착공사를 하였다. 그러나 선로 중 경사가 가장 큰 곳도 기선척 양단의 차 9분(粉; 약 90cm)에 그칠 수 있었고 길이는 이상적인 기선이 되었다.

영산포기선은 전남 영산포로부터 동북 약 10정(町; 약 1km)으로 광주광역시로 갈 수 있는 도로변에 접한 평야의 보리밭 및 잔디로 되어 있고 지반은 전기선 모두 양호하지만 기선장의 북쪽 수백미터에 영산강의 본류가 있고 크고 작은 하천의 합류 지점으로 매년 6, 7월 현장 일대의 지역에 하수가 범람하여 장(丈 = 10尺 = 약3m)의 높이로 넘칠 경우도 있었다.

그림 6-6 영산포기선(동단)

간성(杆城)기선은 강원도 간성읍에서 약 4km 떨어져 있고 동쪽은 동해 연안과 가깝고 서쪽은 금강산맥이 끝나는 곳으로 지세는 극히 좁고 험하여 본기선의 서단은 600m의 밭을 지나고 논 또는 작은 하천으로 기선장이 적합하지 않지만 다른 적당한 장소가 없었다.

함흥(咸興)기선은 함경남도 함흥 읍내로부터 서쪽으로 약 400m 지점에 청진강 및 그 지류가 있고 앞에는 평야가 있으며 도로는 완비되었고 교통이 양호하고 전체기선 4,000m 이내에 논과 약 25m의 작은 하천을 제외하고는 대부분 밭으로 지질이 양호하였다.

길주(吉州)기선은 함경북도 길주읍에서 남쪽으로 약 4km의 평야에 위치하고 지표면에서 4~5치(寸 = 3cm) 이하는 크고 작은 단석(團石; 화강암을 쪼아서 둥글게 깎아 만든 돌)이 많아 말목을 박는데 다른 공사의 약 2배의 노력이 필요하였다.

강계(江界)기선은 평안북도 강계읍 남문 밖에 위치하고 있으며 일부분을 제외하고는 논이지만 지질은 대부분 모래땅으로 단석이 많아 제방을 쌓아야 하고 임시교량을 설치하는 공사로 다른 지역에서 볼 수 없을 정도로 복잡하였다.

혜산진(惠山鎭)기선은 함경남도 갑산군 시가지역의 서남쪽으로 압록강 연안의 밭이며 지질이 매우 견고하였다. 고건원(古乾原)기선은 함경북도 경원군(慶源郡) 고건원의 밭과 황무지가 걸쳐있는 양단(兩端)을 통한 완경사로 공사기일도 적게 소요되고 날씨도 좋아 예정기일 안에 완료할 수 있었다.

1912년 3월 중순 영산포기선을 시작으로 간성과 함흥 두 기선을 완료하고 11월 상순에 길주기선을 완료하였다. 1913년 4월 중순에 조사국을 출발하여 강계기선부터 작업을 시작하여 계속해서 혜산진으로 옮겨 고건원을 최후로 10월 상순에 기선측량의 모든 작업을 완료하였다. 본 기선은 토지조사사업당시 전국에 설치한 13개기선(휴전선이남 6개, 이북 7개)중 하나인 간성기선으로 동단점에서부터 서단점까지 일직선에 폭 3m의 기선을 설치하고 프랑스 가벤사 제품인 25m의 선조 기선척을 이용하여 오전, 오후 2회에 걸쳐 직접실측(1/100mm까지 측정계산) 하였다. 그리고 그 수치를 sin법칙에 의거 확대하여 대삼각망의 측량성과를 검측, 확인하는데 사용된 것으로 강원도에서 1997년 4월 23일 반석 및 주석(서단점은 새로 제작)을 발굴하여 1997년 5월 9일 복구하였다.

그림 6-7 간성기선 동단복구

동단위치는 강원도 고성군 간성읍 교동리에 있으며 복구측량은 1912년 5월 13일~1912년 7월 15일이며 성과는 B: 38° 22′ 50.348″, L: 128° 26′ 55.602″, X = + 42,391.76m, Y = − 48,158.22m, H = 8.37m이다. 서단위치는 강원도 고성군 간성읍 해상리에 위치하고 있으며 성과는 B:38° 23′ 03.417″, L:128° 24′ 47.859″, X = +42,813.82m, Y = − 51,255.80m, H = 24.93m이고 서단과 동단의 길이는 3126.11155m이다.

6.3.2 기선측량기구

사용된 측기는 인바테이프(Invar Tape), 만능데오돌라이트, 태양시 · 항성시 클리노미터, Y레벨(18inch) 등이다. 기선측량은 인바기선척을 사용하였으며 신축이 거의 없는 금속자로 기선측량에 사용한다. 인바는 invariable에서 온 것으로 불변금속이란 의미로 니켈(36%)과 강(鋼; 64%)의 합금으로 습도에 대한 신축이 매우 적은 특성이 있다. 이 금속은 프랑스의 만국도량형국(萬國度量衡局)의 기사 기욤(Guillaume)이 개발한 것으로 그 후 각국에서 사용하였다. 기선척(基線尺)에는 테이프와 와이어(Wire)가 있는데 테이프는 바람에 대한 진동의 양이 크지만 와이어는 다소의 바람에도 측정이 가능하며 20kg 정도의 장력에는 거의 신축이 없다.

와이어를 기선척으로 사용한 것은 1883년 스웨덴의 스톡홀름의 기술학교 교수 에데린(J.aderin)이 강철와이어를 고안한 것을 최초로 에데린 기선척이라고도 한다. 유럽에서는 24m를 사용하지만 일본에서는 25m를 사용하였으며 두께는 약 0.5mm, 폭은 8mm, 전체길이는 10m, 15m, 20m, 50m 등이 있다. 이 자의 직경은 약 1.7mm 정도로 자의 양단은 약 10cm 정도의 프리즘형으로 제작되었고 그 표면에 0~8cm의 사이에 1mm간격으로 눈금이 새겨져 있으며 자의 양단에 10kg의 장력을 가하면서 25m가 되도록 만들었다. 기선척은 주로 프랑스의 카펜터(Firma Carpenter)회사에서 제작되었으며 와이어 기선척은 영국 Ager Baugh회사에서 제작하였으나 모두 팽창계수는 강(鋼)의 1/30로 1℃에 대하여 0.000003~0.0000004 정도가 되었다.

기선측량은 기선척을 사용하여 20회 이상 측정하고 이때의 기압과 온도, 경사, 편심보정 등을 하였으며 작업은 수 개월이 소요되었고 보정사항으로는 온도보정, 기압보정, 경사보정, 평면거리보정 등이 있다.

6.3.3 측량준비작업

기선은 대삼각본점 측량원이 선정하며 양 끝에는 대삼각보점과 같은 모양의 점표(覘標)를 설치하고 기선측량이 끝난 후 대삼각본점 표석을 매설하였다. 측량원은 기선로(基線路)의 개통부터 시작할 선로 폭은 3m, 경사 1/25을 초과하지 않게 토공을 시행하며 초목, 암석, 울타리 등의 측량에 장애가 되는 것은 모두 제거하였다. 기선로에 구거, 하류(河流) 또는 습지 등이 있을 경우 매립하고 임시교량을 설치한 후 공사계획도를 작성하여 25m마다 말목을 설치하고 약 400m 마다 말목을 박아 표시하였다.

기선의 길이 측정은 강권척을 사용하고 경사는 Level을 사용하여 측정하였다. 기선 양 끝점의 점표 아래에는 사방 1.5m, 깊이 1.7m의 구덩이를 파고 그 바닥의 중앙에는 사방 30cm 두께 9cm의 화강암 반석을 매설하여 콘크리트나 진흙으로 매설하였다. 또한, 반석의 중앙에 구멍을 뚫어 황동침으로 만든 중심간(中心桿)은 시멘트를 반죽하여 고정하고 동시에 구덩이 위에는 나무로 만든 가대(架臺; 버팀목)를 만들어 그 중앙에는 사방 30cm, 두께 7cm의 궤판(机板)을 설치한다. 이 준비가 끝나면 측량을 실시하는데 기선의 방향을 기선로의 말목 위에 가장 정확히 표시하는 방법으로 각 중간점에 높이 1m의 버팀목을 만들어 그 중앙에 해당하는 대상 중 임의의 위치에 13cm 경위의를 세워 기선 양끝 마형가상에 정준한다. 그리고 수직간(垂直桿)이라고 하는 기계의 두첨(頭尖)을 6대회 측정하는데 구덩이 아래의 중심을 마형가상의 궤판으로 옮길 때는 13cm 경위의를 사용하여 측정하였다. 이와 같이 측정한 관측각과 강권척으로 측정한 거리에 의거 그 경위의의 중심이 기선의 참값에 대한 차이를 계산하고 그 위치에 경위의를 세워 측정하여 계산한 후 차이가 없을 때는 각 중간점의 위치를 결정한 후 기선 끝점부터 순차 각 중간점에 경위의를 세워 각 25m마다 깊이 3자(尺) 직경 3치(= 9cm)의 말목을 박고 말목 위에는 머리가 넓고 둥근 못을 박으며 못머리(鋲頭)에 기선 참값의 중심을 표시한다. 다른 끝점에 도착하면 끝나고 각 못머리의 높이는 수준의를 사용하여 측정하였다.

6.3.4 전체길이 측정

기선의 전체 길이 측정은 12명의 측량자가 동시에 2시간 이상 계속하여 각각 담당한 임무를 수행할 수 있도록 인원을 그림 6-8과 같이 배치하여 측량시작부터 질서정연하게 작업을 실시하여야 한다. 각 측량원의 배치는 기선척 후단 및 전단 측정자 각 1명, 온도 측정자 1명, 길이 및 온도 기록자 1명, 풍속도 측정자 및 기록자 각 1명, 높이측정자 및 기록자 1명, 삼각설치 및 높이 검측자 1명, 전후 양단 현추(懸錘)자 2명, 삼각철수자 1명, 삼각운반자 1명, 총괄지위자 1명으로 13명이 소요되었다.[4)]

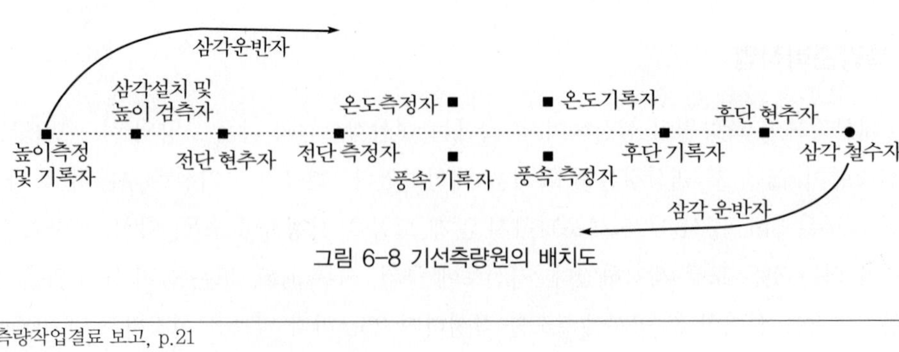

그림 6-8 기선측량원의 배치도

4) 삼각측량작업결료 보고, p.21

각각의 측량원은 측량을 시작하기 약 1시간 30분전에 측량지역에 집합하여 사용할 기선척을 약 1시간동안 밖에 내놓고 바깥 공기와 햇볕에 정리한 후 그림 6-8과 같이 배열하고 후단 측정자는 전체 측량의 지휘자로부터 측량준비의 지시를 받아 다음 순서로 작업을 실시하도록 하였다.

① 전단 측정자는 최전단에 있는 각가(脚架)의 축간(軸桿)을 빼어 이를 마형가상에 설치한다.

② 기록자는 끝점의 구덩이 밑에 내려가 점침의 덮개를 벗기고 그 정부(正否)를 검사하며 1 소척(小尺)을 그 배후에 정확하게 설치한다.

③ 후시측정자는 끝점의 오른쪽 6m의 위치에 13cm 경위의를 정치하고 먼저 점침을 시준한 후 마형가상에 설치한 연직축과 수평축을 시준하고 전시측정자에게 기선방향으로 이동하게 하여 끝점의 중심에 오도록 한다. 다음에 망원경을 회전하고 축간의 각선을 시준하여 점침을 한 후 편차를 확인하여 중심에 오도록 한다.

④ 마형가상(馬形架上)의 중심위치가 결정되면 전시 측정자는 높이를 직접 측정하여 야장에 기재한다.

⑤ 각가(脚架)의 운반자와 정리자는 전방 7개의 각가를 각 말목위에 정치하고 그 추구(錘救)를 원두병(圓頭鋲) 위에 내려 중심을 일치시킨다.

⑥ 각가의 높이 측정자는 수준을 수평으로 하고 높이를 직접 측정하여 야장에 기재한다.

⑦ 이상의 준비 조작이 끝나면 후시 측정자는 곧 본 측량자에게 지시한다.

⑧ 전시측정자는 자(尺)의 전단을 잡고 후시측정자는 자의 후단을 잡아 끝점을 기점으로 측량 제일부의 위치로 옮긴다.

⑨ 현추자 2명은 전후 양 끝으로 나누어 각 측정자의 명에 따라 현추장치기를 이동하여 방향 및 고저를 정하고 적당한 위치에 설치한다.

⑩ 전단 측정자는 정준한 위치가 정해진 것을 확인한 후 후단 측정자에게 알리면 후단 측정자는 듣는 동시에 자를 측정하고 다음은 그 위치를 바꾸어 5회를 측정하여 읽고 야장에 기재한다.

⑪ 자의 측정이 끝나면 온도측정자 및 풍속 측정자는 각기 시계(視界)를 측정하여 야장에 기재한다.

일반적으로 온도는 오전에는 저온에서 고온으로 올라가고 오후에는 고온에서 저온으로 오전에 측정한 값은 수은이 올라갈 때 측정한 온도로 감응이 둔한 기선척보다 높으며 자의 길이는 실물보다 길고 기선의 전체 길이는 참값보다도 짧게 나타나는 길이를 ℓ'라고 한다. 그러나 오후는 이와 반대로 얼마간 참값보다는 길게 나타나는 길이를 ℓ''라 한다. 그 참값을 L라 하면 다음 관계식을 얻는다.

오전 측정 길이 = $L-\ell'$

오후 측정 길이 = $L+\ell''$

합계 = $2L-(\ell'-\ell'')$

산술평균 = $L-\frac{1}{2}(\ell'-\ell'')$

거리(L)를 계산하기 위해서는 위의 식에서 $\frac{1}{2}(\ell'-\ell'')$을 영(零)이 되도록 하였으며 이 항목이 영이 되기 위해서는 $\ell'-\ell''$가 되어야 한다. 그러나 기선측량에서 오전과 오후의 온도의 차이가 급격한 변화가 없을 때는 ℓ'와 ℓ''와는 동일하게 간주할 수 있다. 따라서 $\frac{1}{2}(\ell'-\ell'')$은 영으로 돌아오면서 오전 · 오후 2회의 계산 평균은 L의 값으로 하며 측정은 꼭 오전 · 오후 모두 온도가 동일한 때를 선택하며 오전 · 오후 측정한 결과는 꼭 비교하여 그 측선 길이가 측량 당시의 온도 감응에 적합여부를 확인하여야 한다. 기선척은 사용을 거듭할 때마다 여러 가지 부주의로 오류가 발생하면서 하동기선 이후 기선척은 1조(組)에 4본(本)을 사용하였으나 그 중 1본을 기본척으로 결정하고 측량을 시작할 때 반드시 다른 3본과 비교하여 그 이상 유무를 검사하여 그 결과로 자의 길이를 정하였다. 기선장에 부속한 보장측정용(補長測定用) 4m 자는 복잡한 과정을 피하기 위하여 노량진 기선 이후에는 사용하지 않았으며 기선을 선정할 때부터 그 길이를 맞도록 정하였다.

6.3.5 기선장의 계산

계산방법으로는 구직선(求直線)계산, 경사보정수계산, 온도보정수계산, 기선척 전체길이계산, 중등해면상 화성수계산, 천체측량계산, 전체길이 평균계산 등의 7가지로 계산하였으며 대부분 육지측량부 방식으로 계산하였다.

① 곡선의 계산방법은 아래 그림에서 곡선의 1점 C를 기선 중간점으로 가정하고 기계를 세울 장소 A와 B는 기선의 끝점 또는 기선의 중간점이 된다. 그리고 BC의 거리는 a, AC의 거리를 b로 하여 AB의 거리를 이용하여 거리 d를 계산한다.

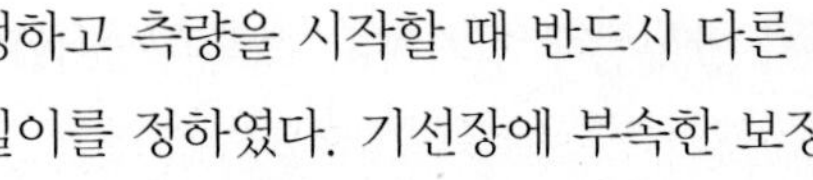

$$\frac{1}{2}(A+B) = \frac{1}{2}(C\sim180)$$

$$\frac{1}{2}(A-B) = \frac{\frac{1}{2}(A+B)(a-b)}{a+b}$$

위의 두 식에서 A와 B의 각으로 $d = \frac{A}{\rho}b$ 또는 $d = \frac{B}{\rho}a$와 같이 d를 계산한다.

② 경사보정수의 계산은 아래 그림에서 $AB = AD = 25\text{m}$, $CB = h$, $CD = c$(보정값)일 경우

$c = \frac{h^2}{50} - \frac{\frac{h^2}{50} \cdot h^2}{2,500}$ 식에 의하여 보정표를 작성하여 사용한다.

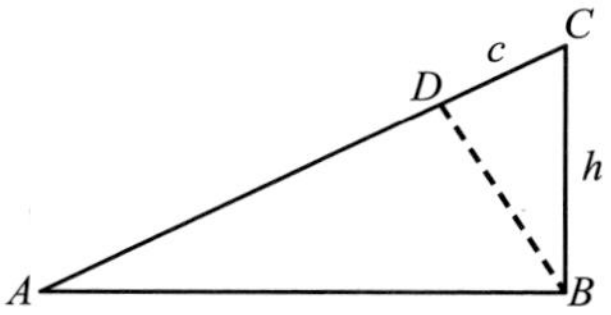

③ 온도 보정수는 각 기선척이 늘어난 계산식에 의거($\ell_t - \ell_{15}$)하여 온도 15°, 장력 10kg으로 실시할 경우 육지측량부에서 빌려온 기선척 4본(本)의 온도 보정수는

$\ell_k = \ell_0(1 + 0.000000302t + 0.00000000286t^2)$와 같다.

그리고 기선척 n본수에 대한 보정수는 $(\ell_t - \ell_{15})_n = 755[10(t)_n + 0.0947(t^2)_n - 171.3 \times n] \times 10$이다.

④ 기선척 전체길이 계산에서 기선의 전체길이는 1본의 기선척으로 오전과 오후 2회로 나누어 측정하여 각각의 식에 의거 계산하고 그 계산 평균값을 채택하여 기선의 길이로 한다.

기선의 전체길이 = 기선척 길이×기선척본수+거리보정수+온도보정수

여기서, 거리의 보정수는 기선척에 대한 각부 단수의 총합이다.

⑤ 평균해수면상 조정수 계산에서 토지의 표면은 지구의 중심을 이탈함에 따라 확대하기 때문에 평균해수면으로부터 높이를 달리하는 각지역의 기선장은 일정한 지표면상에 계산하여야 한다. 조사국에서는 이 표면을 중등해수면으로 정하여 계산한 기선장은 중등해수면상으로 계산하며 식은 다음과 같다.

$$\ell_m = \ell - \frac{\ell h}{R} + \frac{\ell h^2}{R^2} \cdots\cdots + \frac{\ell h^n}{R^n}$$

ℓ_m; 화성수, ℓ; 기선 일부의 길이, h; 중간의 해발고(海拔高), R; 기선(基線)의 방향에 일치한 지구 곡률반경으로 식은 다음과 같다.

$$R = \frac{R_1 \cdot R_2}{R_1 \sin^2 T \pm R_2 \cos^2 T}$$

여기서, R_1; 자오선, R_2; 이와 직각되는 직립(直立) 재면(載面)의 곡률반경, T; 기선의 지각(指角)이다. 지각은 천체관측으로 구하며 R_1, R_2는 다음 식으로 계산한다.

$$R_1 = \frac{a(1-e^2)}{\sqrt{(1-e^2\sin^2ø)^3}},\ R_2 = \frac{a}{\sqrt{1-e^2\sin^2ø}}$$

여기서, a; 지형의 장반경, e; 타원율, $ø$; 기타의 위도로 천체관측으로 계산한 값이다. 다만, a와 e는 베셀의 값을 사용하였으며 해발고는 각 기선장의 최근 해안에 간이 험조장을 설치하고 간조와 만조를 실측하여 이를 기점으로 측정한 것이다.

⑥ 천체측량의 계산에서 지각과 위도는 기선측량에서 제외된 미지수로 각기선 중앙에서 천문측량을 실시하여 이를 계산한다. 지각 및 위도관측의 준비는 먼저 크로노미터의 기차를 태양 또는 항성의 등고도법(等高度法)에 의하여 측량하였으며 태양 관측의 경우 식은 다음과 같다.

$$S_t = \left\{\frac{tg\,ø}{\sin t} - \frac{tg\ s}{tg\ t}\right\} t \cdot \frac{\Delta S}{15} - \Delta T = E - \left\{\frac{1''}{2}(T' + T'') - \delta t\right\}$$

여기서, ΔT; 크로노미터의 기차(器差), E; 진정오(眞正午)의 시차(時差), T' 및 T'' ; 오전 및 오후 관측시의 시계면(時計面)의 시, $ø$; 위도, t; 오전 · 오후 관측시의 간격의 1/2, 즉, $1/2(T'' - T')$는 진정오에 태양의 적위, δt; 태양 적위로 매시간의 변화이다.

항성을 관측한 경우의 시는 $\Delta H = \alpha - \frac{1}{2}(H' + H'')$이며 ΔH는 크로노미터의 기차, α는 항성의 적경, H'는 동쪽 방향 관측시의 시계면의 시, H''는 서쪽 방향 관측시의 시계면의 시이다.

위의 공식으로부터 크로노미터의 기차를 정확하게 파악한 후 지각(指角)을 관측한다. 이 측정에 사용하는 지각은 1초 이상의 정도가 요하지 않기 때문에 임의 시각에서 요극성(繞極星)의 지각을 측정하는데 그 항성과 기선의 한쪽 끝의 방향각을 측정하여 더하거나 빼서 그 기선의 지각으로 한다.

요극성 지각의 계산식은 $tg\,\alpha = \frac{\cot\delta \cdot \sec ø \cdot \sin t'}{1 - \cot g \cdot tg\,ø \cdot \cot t'}$이고,

$A = \alpha + (m-s) - \frac{d}{4}\{(w+e)-(w+e)\}tg\,ø + 9219\cot Ae$는 기선 지각을 계산하는 식이다.

여기서, α; 요극성의 지각, δ; 요극성의 적위, $ø$; 기타의 위도, t'; 각, A; 기선의 지각, m; 기선 한쪽 단을 경위의로 측정한 각, s; 요극성을 경위의로 측정한 각, d; 수준의 1분획의 값, w 및 e; 수준기 분획의 측정수, $Ae = \sec ø \cdot \cot\delta$가 된다.

다음 위도는 다루곳드법에 의하여 측정하는데 그 식은 다음과 같다.

$$\phi = \frac{1}{2}(\delta j+\delta n)+\frac{1}{2}(mg-mn)+\frac{1}{2}(\ell j+\ell n)+\frac{1}{2}(\gamma j+\gamma n)$$

여기서, ϕ; 구하는 위도, δj, δn; 자오선 통과의 남방 및 북방에 있어 거의 같은 고도의 항성의 적위, mg 및 mn; 관측값, ℓj, ℓn; 관측 값의 수준차, γj, γn; 굴절차이다.

⑦ 기선장의 평균 계산은 오전 · 오후 두 측량의 결과에 이상의 각 개정수를 가산하여 모든 계산이 끝나면 각 기선척에서 취득한 값에 대하여 평균계산을 실시하며 식은 다음과 같다.

$$L = \frac{\ell_1+\ell_2\cdots\cdots+\ell_n}{n} \pm h$$

$$h = 0.6745\sqrt{\frac{-[\delta\delta]}{n(n-1)}}$$

여기서, L; 기선장의 평균값, ℓ_1, ℓ_2, $\cdots\cdots\ell_n$; 각각 기선척으로 측정한 기선 길이, n; 측량의 회수, h; 확률오차, $[\delta\delta]$; $L-\ell_1$, $L-\ell_2\cdots\cdots$ $L-\ell_{2n}$의 방수(方數)의 합이다. 평균계산으로 얻은 각 기선의 길이는 기선장소의 부(部)에 기재하였으며 기선의 확률오차와 그 기선 길이에 대한 비는 표 6.2과 같다.

표 6.2 확률오차와 기선길이의 비

기선명	확률오차	비율	기선명	확률오차	비율	기선명	확률오차	비율
대전	h = ±0.7201	1/347만	평양	h = ±1.2082	1/383만	길주	h = ±1.6022	1/246만
노량진	h = ±0.9727	1/316만	영산포	h = ±0.2860	1/1,194만	강계	h = ±2.0183	1/125만
안동	h = ±0.5506	1/363만	간성	h = ±0.4979	1/628만	혜산진	h = ±0.3598	1/604만
하동	h = ±1.2275	1/363만	함흥	h = ±0.4600	1/870만	고건원	h = ±0.2369	1/1,436만
의주	h = ±1.5763	1/171만						

기선측량에서 기선의 길이는 2.0~4.6km이고 정도는 1/100mm 이상이며 기선측량의 허용오차는 기선전장에 대해 1/500,000 이내로 규정하였으나 토지조사국에서 시행한 기선측량의 성과는 매우 양호하였다. 고건원기선이 가장 정밀하였는데 1/14,360,000 이며, 가장 부정확한 기선은 강계기선으로 1/1,250,000 이었으며 기선척은 400회씩 비교 검정하였다.

6.4 삼각측량

삼각측량이란 지구의 표면상에 있는 여러 지점을 삼각형으로 연결하여 삼각형 내각을 관측하고 길이를 직접 또는 간접적으로 측정하여 상호관계위치를 결정하기 위한 기초측량이다. 측량의 범위에 따라서 평면삼각측량과 대지삼각측량으로 구분되며 대지삼각측량은 천문측량과 삼각측량에 의하고 경도와 위도 및 평균해수면상의 고도를 관측하여 지구상 점의 위치, 지구의 크기, 지구의 형상을 결정하는 측량이다. 평면삼각측량은 지구의 표면을 평면으로 간주할 수 있는 거리의 한계를 약 22km 이내와 면적의 한계를 400km^2 이내의 범위에서 실시하는 측량으로 주로 지적측량에서 많이 사용하고 있다. 우리나라의 경우는 삼각측량의 정밀도를 높이기 위하여 삼각점을 4등급으로 구분하였으며, 대삼각본점망의 경우는 1변의 길이가 평균 30km가 되도록 하여 400점을 설치하였고 대삼각보점망의 경우는 1변의 길이가 평균 10km가 되도록 하여 2,401점을 설치하여 대삼각망을 구성하였다.

6.4.1 삼각점의 설치

삼각측량은 3개의 각과 거리를 기본으로 지상의 점의 위치를 결정하는 방법으로 하고 있지만 수학적으로 계산하기 위해서는 1개의 변을 알아야 다른 변을 구할 수 있다. 삼각측량은 일필지 측량의 기초로 도근점의 위치를 정확하게 결정하기 위하여 독일의 천문학자인 베셀(Friedrich Wilhelm Bessel; 1784.7.22~1846.3.17)이 발표한 제원의 값을 이용한 타원체에 최소제곱법을 적용하여 계산하였다. 측량은 삼각형의 밑변과 그 사이각을 알면 다른 각과 변의 길이를 계산할 수 있으므로 이것을 점차 확대하여 다른 삼각형에 미치도록 설치하고 각 점을 하나의 삼각망으로 연접하여 광대한 지역을 측량하는 것이다. 수 백 방리의 삼각망에서도 당초의 1변의 변장을 알면 기타는 각의 관측에 의하여 계산할 수 있으며 기지변을 기선이라고 하고 그 측정을 기선측량이라고 한다.

삼각측량을 나누어 대삼각점측량과 소삼각점측량이라 하며 대삼각점측량은 대삼각본점측량과 보점측량으로 한다. 삼각측량의 기본원리는 삼각형의 세 각을 관측하여 아래 그림과 같이 1개의 기지변을 이용하여 다른 두 개의 변을 계산하고 미지점의 위치를 계산하는 측량방법이다.

α, β, γ 각을 관측하고 AB(c)의 변 길이를 알고 있으므로 sine법칙인 $\frac{a}{\sin\alpha} = \frac{b}{\sin\beta} = \frac{c}{\sin\gamma}$를 이용하여 a, b의 변 길이를 아래와 같이 계산할 수 있다.

$$b = \frac{\sin\beta \cdot c}{\sin\gamma},\ a = \frac{\sin\alpha \cdot c}{\sin\gamma}$$

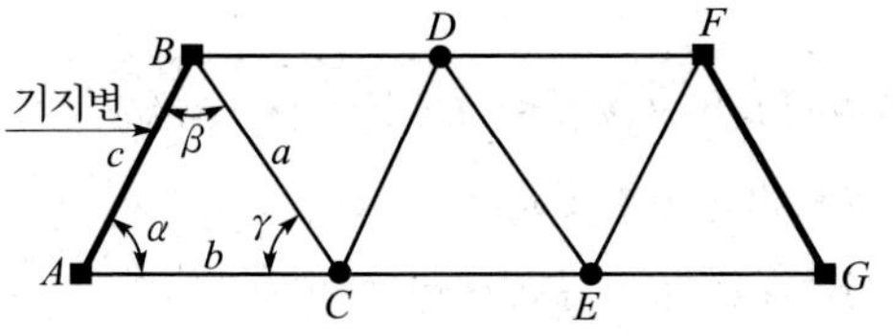

삼각측량의 특징은 거리측정보다 각 관측이 더 중요하며 정밀한 각 관측 장비를 필요로 한다. 내각의 크기는 최소한 30° 이상 120° 이하가 되어야 하며 삼각망은 최소한 한 점 이상의 기지점에 고정되고 출발변의 방위각을 알아야 한다. 측지삼각측량에서는 구면삼각형의 지식을 필요로 하며 기선설치에 어려움이 많고 조정을 위한 조건식이 많다. 조정계산에 시간이 많이 소요되며 관측거리에 한계가 있다.

6.4.2 삼각망의 구성

토지조사사업 당시 소삼각 1등점망의 평균 변길이는 5km, 소삼각 2등점은 2.5km로 하였으며 섬지역 및 대도시에서는 시가지세를 급히 징수하기 위해 특별소삼각점 31,646점을 설치하였다. 삼각점측량에서 망의 구성은 그림 6-9와 같이 유심다각망 · 삽입망 · 사각망 · 삼각쇄 · 정밀삼각망이 있다.

유심다각망은 그림 6-9의 (a)와 같이 측량지역이 거의 원형일 경우에 사용되는 망으로 넓은 지역의 측량에 적합한 방법으로 1개의 기선에서 확대하는 것이기 때문에 기선이 확고 해야만 성과의 정밀도를 보장할 수 있다. 이는 삼각형의 기하학적 성질과 중심각 조건을 만족하는 각조건과 변조건에 대한 조정을 실시한다. 사각망은 그림 6-9의 (b)와 같은 형태이며 이론적으로는 가장 이상적인 조직이지만 그 계산방식이 복잡하며 기선이 확고해야 한다. 이는 높은 정밀도를 필요로 하는 측량이나 기선의 확대 등에 많이 이용되는 방법으로 사각형의 기하학적 성질을 이용하여 각조건과 변조건에 대한 조정을 실시한다. 삽입망은 그림 6-9의 (c)와 같이 양쪽에 기선을 두는 것 외에 그 협각도 기지점이 되므로 관측결과의 평균계산이 가장 합리적이어서 기지경계점과의 부합되는 것을 목표로 하는 지적삼각점측량에 가장 적합한 형태이다. 삼각쇄는 그림 6-9의 (d)와 같은 형태로 출발점에서 도착점을 직접 관측할 수 없으며 대부분이 원거리이므로 양쪽에 기선을 둔 망으로서 동일 측점수에 비해 도달거리가 길기 때문에 도로, 하천과 같이 노선이 긴 형상의 지형, 지물측량에 용이하며 이는 방향각조건을 만족하는 각조건과 변조건에 대한 조정을 실시한다. 삼각쇄는 기지변에 폐색을 시켜 삼각점의 좌표를 계산하는 방법으로서 안전성이 있다. 정밀삼각

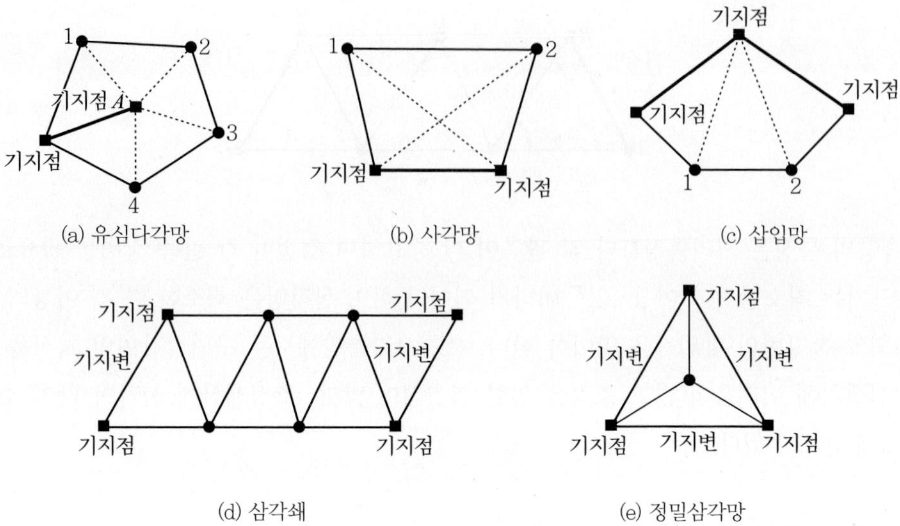

그림 6-9 삼각망의 구성

망은 그림 6-9의 (e)와 같고 소구점을 중앙에 두고 주변에 기지점을 두는 망방식으로서 정밀조정을 필요로 할 때에 적합한 망이다. 삼각망 조정 조건에서 측점조정은 각 관측을 측점에서 실시하면 둘레각의 합이 360°가 되는 조건을 측점규약이라고 하며 이 규약에 따라 조정하는 것을 말한다. 도형조정은 삼각망의 모양이 폐합된 형태로 망을 구성하는 삼각형 내각의 합이 180°가 되어야 한다는 조건에서 발생하는 도형규약으로 이 규약에 따라 조정하는 것을 도형조정이라고 하며 이 조정에는 각도조정과 변조정이 있다.

각도조정은 삼각조정과 망조정이 있으며 각 삼각형 내각의 합이 180°가 되어야 하나 관측오차와 구과량 때문에 일치하지 않아 발생하는 오차를 조정하는 것을 삼각조정이라고 하고, 삼각형이 2개 이상으로 망을 구성하는 경우에 조정하는 오차를 망조정이라 한다. 변조정은 기선을 기초로 하여 계산하는 변장이 계산경로에 관계없이 반드시 동일한 값이 되도록 하는 조정이다. 지적삼각망 형성의 조건은 하나의 측점 주위에 있는 모든 각의 합은 360°가 되어야 하며 삼각망 중 임의의 한 변의 길이는 계산 순서에 관계없이 어느 변에서 계산하여도 동일하여야 한다. 또한, 삼각망 중 각 삼각형 내각의 합은 180°가 되어야 한다.

6.4.3 대삼각본점측량

대삼각점측량의 목적은 토지측량의 기초인 대삼각점의 위치를 정밀한 방법으로 측정하고 측지학상의 종횡선 및 방위각은 대마도(쓰시마)를 거쳐 1등 삼각본점에 연결하여 계산하였다. 대삼각본점의 평균법은 각 및 변방정식을 사용하고 최소방수법에 의하며 대삼각보점의 평균법은 가우스가 상사투영식을 사용하여 평면직각종횡선으로 계산하였다. 대삼각본점으로 경도 126° 및 128°의 좌우 20′ 이내에 있는 각 점은 양측원점에 대한 평면직각종횡선을 계산하며 보점은 10분 이내로 한다. 평면직각종횡선은 각 원점으로부터 계산한 값에 종선에는 500,000m(제주도 550,000m), 횡선에는 200,000m를 더하도록 하였다. 대삼각점측량은 기선측량, 기선망측량, 본점측량 및 보점측량을 말하며 삼각측량은 삼각망 또는 삼각쇄에 의하여 시행하며 기선의 양단 및 각 삼각점의 중심에는 각 등급에 따라 표석을 매설하여 영구보존하도록 하였다. 대삼각점에는 모두 소재지의 명칭을 부여하고 점표에는 "OO대삼각본(보)점"이라 기재한 표찰을 복판의 우측 모서리에 부착하도록 하였다.

대삼각본점측량은 거리 약 30km마다 1점의 비율로 삼각점을 선정하여 삼각망으로 구성하고 명칭은 대삼각점과 소삼각 1등점은 소재지명, 2등점은 번호로 표시하였다. 1등 삼각점은 일본과의 연결을 위하여 남부지방부터 선점하여 1등 삼각본점의 관측과 기선측량 6개소를 예정하고 1등 삼각본점망이 형성되면 그에 따른 다른 점은 개략적으로 하였다. 그러므로 조선총독부에서 실시한 측량은 일본의 3등 삼각측량 이하의 측량에 해당하는 것으로 평가하였으며 대삼각본점을 답사하여 1등 삼각점 9점을 선정하고 이 당시 나주 기선망의 선정과 영산포 기선의 탐사도 실시하였다. 1938년 1등 삼각점의 선점과 의안기선이 설정되었으며 육지측량부의 협력으로 관동군 측량대가 관측한 결과 전체길이는 5.8km이다.

기선의 관측에는 1938년 10월 15일~11월 8일까지 육지측량부에서 4명, 관동군 측량대에서 3명, 그 밖에 측수 13명 등 모두 20명의 인원이 동원되었으며 6개의 인바(invar)기선척을 사용하였다. 1939년 광주기선의 설정에서 관측은 관측자 7명, 보조수 6명 등 계 13명의 인원이 동원되었으며 5월 5일에 착수하여 6월 7일에 완료되었다. 또한 1등 삼각점의 관측은 1941년에 시작되어 청진, 경흥, 무산 및 명천의 일부 지역에 대한 선점(10점), 조표(3점) 및 관측(7점) 등의 작업이 실시되었으며 그 작업에서는 대삼각점을 1등 삼각본점으로 하였다. 1942년에는 육지측량부와 관동군측량대의 공동 작업에 의하여 우리나라와 만주의 국경에 1등 삼각점 3점을 관측하였으며 1등 삼각측량은 2년 동안에 완료되었고 모두 10점을 관측하였다. 그러나 일본은 조선총독부의 대삼각점의 성과를 병용하여 동경원점과 만주원점을 연결하였으며 한반도를 경유하였다.

대삼각본점측량은 정확한 측량기계를 사용하여 엄밀관측법 및 계산법을 채택하고 임시조사국 사업의 목적에 맞게 측량 기준점을 설치한 것이다. 업무수행의 순서는 적당한 위치에 기선을 설치하고 확대하기 위하여 4~8개의 증대점을 선정하여 확대변장을 기선으로 대삼각본점망을 구성하고 위치가 결정되면 조표에 착수하여 조표가 끝나는 부분부터 관측을 시작하고 1망(網)의 관측이 완료된 것부터 계산에 착수하여 점차 다른 망으로 확대하였다. 전국에 13개소의 기선을 설치하고 대마도 연결망을 거쳐 구성한 대삼각점을 평균점간거리 30km로 23개의 삼각망으로 구분하여 대삼각본점측량은 기선의 최종 확대변을 기초로 경도 20′, 위도 15′의 방안 내에 1점이 배치되도록 전국을 23개 삼각망으로 나누어 실시하였다. 이 측량에 사용된 기계는 데오돌라이트 0.5초독을 사용하였으며 관측은 기선망에서 12대회, 대삼각본점망에서는 6대회의 방향관측을 실시하고 블록별 망조정을 시행하였다. 또한, 폐합오차는 기선망에서는 2″이내, 대삼각본점망에서는 5″이내로 하였다. 삼각망의 계산에서 각은 초이하 2자리, 변은 대수 7자리까지 계산하고, 경위도는 초이하 3자리, 자오선방향각은 초이하 2자리까지, 평면직각좌표(X, Y)는 cm단위까지 계산하였다. 1910년 6월~1914년 10월 경상남도로 시작하여 총수 400점을 측정하였다.

그림 6-10 대삼각본점망도

대삼각본점측량은 기선망과 대삼각본점망의 두 종류로 구분하며, 기선망은 기선을 확대하여 대삼각의 1변이 되는 삼각망이다. 초기에는 우리나라 중앙에 기본점을 두고 남과 북으로 계산을 확대할 방침이었으나 시간과 경비관계로 일본의 1등 삼각점을 연결하여 대마도(對馬島)의 1등삼각점 온다케(御岳: 어악)와 아리아께야마(有明山)의 삼각점에서 해상 99.3km가 떨어진 절영도(絕影島)와 거제도(巨濟島)에 대삼각망을 구성하여 그림 6-10과 같이 남쪽에서 북쪽으로 진행하는 순서로 계산하였다. 계산은 Legendre 정리에 의하여 구과량을 계산한 후 평면각으로 환산하여 대수 7자리까지 적용하였다.

(1) 선점

선점(選點)은 측량을 시작하기 전에 실시하는 작업으로 모든 측량의 기본이 되는 삼각점을 선정하는 것이다. 선점작업에 사용하는 주된 기계는 조준의 · 측판 · 측각 · 방광나침(方匡羅針; 현, 나침반), 망원경 및 쌍안경이다. 거리가 멀어 시통이 명확하지 않으면 벨트럼씨의 회조기(回照器)를 사용하였다. 삼각점의 위치를 선정하였을 때는 말목을 박아 점표 중심 위치를 표시하고 각 방향에 말목을 세워 조표를 실시하면서 업무를 시작하였다.

기선망은 중표기로 홍상백하(紅上白下), 본점은 대표기로 홍상백하의 큰 깃발을 세워 시통이 잘되게 하고 1점마다 규정된 용지를 사용하여 그 소재, 시통방향, 선정자, 순로(順路) 등을 각 란에 기재하고 조표 · 매설 · 관측작업이 끝날때마다 해당사항을 기재하여 대삼각보점측량에 참고자료로 활용하였다. 선점도의 축척은 1/50만 기선망으로 하며 기선은 되도록 평탄하고 견고한 지반을 골라 그 길이는 2~5km로 하며 기선망은 기선으로 구성된 각 삼각형으로 이등변삼각형으로 하고 그 꼭지각을 33° 32′ 에 가깝도록 구성하였다. 본점간의 간격은 약 30km로 하며 되도록 이등변삼각형으로 배치하고 본점의 선점은 경도 20′ , 위도 15′ 의 방안 내에서 1점의 비율로 배치하였다. 장애 때문에 관측이 곤란할 경우에도 그 둔각은 120° 이내, 예각은 30° 이상으로 하며 삼각점의 위치를 결정한 때는 표찰을 붙이고 점망에 편리하게 번호를 붙이도록 하였다.

선점번호는 선점순서에 따라 붙여 각 측량원에 대하여 정해놓은 일정한 관자를 붙여 구별하며 접합부의 선점은 인접 측량원과 협의하여 약도를 붙이어 관계 측량원에게 통지하되 선점을 완료한 때에는 선점망도를 작성하도록 하였다.

기선망의 증대(增大)삼각형은 대부분은 2등변 삼각형이 되었으며 꼭지각은 33° 25′ 이 되도록 구성하였다. 대삼각본점의 1변이 30km로 규정되었지만 산악지대 등으로 규정된 기선길이를 얻기가 쉽지 않아 각각 다른 형상으로 본점 삼각형의 1변을 계산하였다. 대삼각본점은 조선 전국토 14,000여 방리(方里 = 118.3×118.3리 = 46.5×46.5km)를 베셀이 산정한 타원체의 일부라 가정하고 기선 확대변을 기초로 위도 15′ ×경도 20′ 의 방안(方眼) 안에 삼각점 1개를 설정하는 비율로 확대하였다. 이를 23부로 나누고 1망(網)은 300방리(46km^2)의 소구역부터 1,200방리(186km^2)의 대규모 구역까지 영향을 미친다. 당초의 계획은 대삼각본점을 조선 중앙에 설치하여 직접 측지학상의 위치를 결정하였지만 경비 및 시간관계상 허용할 수 없어 일본 대삼각망에 연결하였으며 그림 6-11에서는 조선시대 삼각점 망을 구성하였던 것을 알 수 있다.

1910년 부산에서 대구까지의 간선으로 중경(中慶)망과 경충(京忠)망을 선점하고 대전기선망, 노량진기선망 및 충남, 경북 일부를 선점하였으며 안동기선망 및 경북 일부를 선점한 총수는 74점이다. 1911년 기초가 점차 명확하게 되면서 경전(慶全) · 전남망과 하동 · 영산포의 기선망에는 73점을 선점하고 경황(京黃) · 장산(長山)망의 50점을 선점하였으며 의주기선망과 평서망(平西網), 강서망을 선점하였는데 총합계 184점을 완료하였다. 1912년 관측 작업을 진행하기 위해 풍도망(豊島網), 함남망, 강북망과 간선기선망, 함평망과 함흥기선망을 선점한 합계는

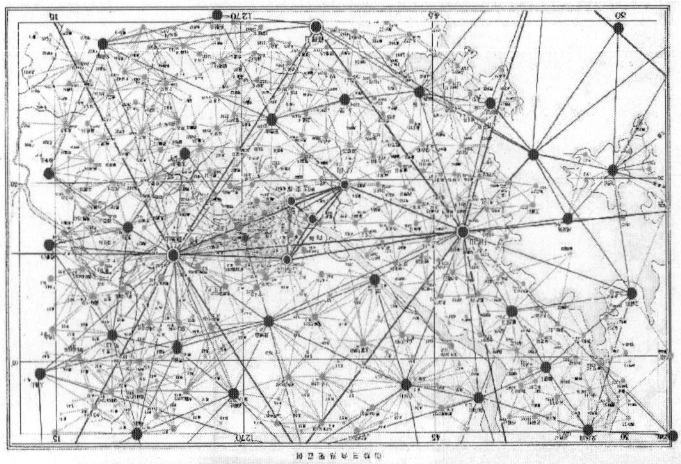

그림 6-11 조선 삼각점배치도*(자료출처 : 한국지적 백년사, 2008)*

109점으로 대부분의 선점이 완료되었다. 1913년에 함남망의 일부 및 함북망과 고건원 기선망 등을 선점하여 합계 31점을 완료하면서 대삼각본점과 기선망의 선점을 완료하였다.

작업이 점차 북쪽으로 진행함에 따라 지형은 점차 변하여 함경북도의 도계와 유명한 백두산맥은 산봉우리가 멀고 밀림이 울창하여 작업에 많은 어려움이 있었다. 기선망의 명칭과 점수는 표 6.3과 같고 대삼각본점망의 명칭 및 기지점, 신설점의 수는 표 6.4와 같이 선점총수 400점이며 그 중 기선증대점 78점, 대삼각본점 322점이다.

(2) 조표

조표(造標)는 각 삼각점으로부터 시통이 잘되고 표척은 쉽게 찾을 수 있어야 하며 중심 위치는 편차가 발생하지 않도록 견고하게 설치하여 점표(覘標)는 세부측도(細部測圖)가 끝날 때까지 유지되도록 하고 보존기간은 3년으로 표석의 중심에 위치를 표시하였다. 조표에 필요한 목재는 보존기간 내에는 부식되지 않은 나무를 선정하고 점표는 임시토지조사국 규정에 기선망 및 대삼각본점 상호의 거리를 참작하여 기선망 삼각점은 방추체형(方錐體刑: 피라밋 형태)으로 덮개널판은 5단으로 한다. 추체(錐體)와 지주(支柱)의 위치는 사방 2.5m로 하여 방추체 꼭지점

표 6.3 13개의 기선망

망명칭	점수	망명칭	점수	망명칭	점수	망명칭	점수	망명칭	점수
대전	6	함흥	4	영산포	6	안동	6	길주	6
하동	6	고건원	8	간성	6	평양	6	*	*
의주	6	노량진	4	혜산진	6	강계	8	계 13	78

표 6.4 대삼각본점망

망명칭	기지점	신설점	계	망명칭		기지점	신설점	계
대마연락	2	2	4	남해		7	6	13
경충	2	20	22	전남		5	20	25
중경	3	21	24	제주		5	11	16
경북	6	14	20	평동		5	22	27
쌍양	6	8	14	함강	제1	6	7	13
경황	3	24	27		제2	7	6	13
평서	3	23	26	강남	제1	7	8	15
장산	5	8	13		제2	7	2	9
해주	7	6	13		제3	4	1	5
강북	4	14	18	함평		11	14	25
풍도	10	12	22	평북		8	11	19
함남	3	18	21	함북		0	23	23
경전	8	13	21	함중		12	8	20

까지의 높이는 5m로 하며 본점의 점표는 방추체형으로 하고 덮개널판은 7단으로 하되 추체지주의 위치는 사방 약 2.5m로 하고 덮개널판을 8단으로 하였다.

조표를 끝낸 경우에는 표석의 상면으로부터 최하단까지의 높이를 cm단위까지 측정하고 시통에 장애가 되는 수목은 벌채하여 관측에 지장이 없도록 하였다. 기선망의 점표는 두간(頭桿)의 하반부를 검은색, 기타를 흰색으로 하며 본점 점표는 두간(頭桿)의 하반부와 상부의 덮개널판 3단에 검은 색, 기타는 백색으로 칠하였다. 바다를 배경으로 설치된 점표는 덮개널판 모두를 검은 색으로 칠하는 것도 있으며 칠감(塗料)은 콜타르 및 페인트를 사용하였다. 표석은 사방 5치(寸), 길이 2자4치의 주석과 사방 1자(30cm), 두께 3치(9cm)의 반석으로 구성하되 쇼도시마(小頭島; 일본의 행정구역)에서 생산되는 화강암이며 주석의 위쪽 약 5치(15cm)를 지상에 노출시킨 부분의 1측면에 "대삼각점"의 4자를 새긴다.

주석 및 반석의 윗면은 십자(十字)를 파고 십자의 교점에 판 작은 구멍을 바닥에 있는 표의 중심과 일치하도록 매설하되 방법은 먼저 점표의 중심에 길이 1m, 폭 0.8m, 길이 0.7m의 구덩이를 파고 지상 약 1m 높이에 지지하는 경사막대의 목재를 수평으로 못질하고 그 중앙에 사방 약 0.2m의 목판에 박는다. 그러나 강한 바람으로 점표가 흔들릴 때

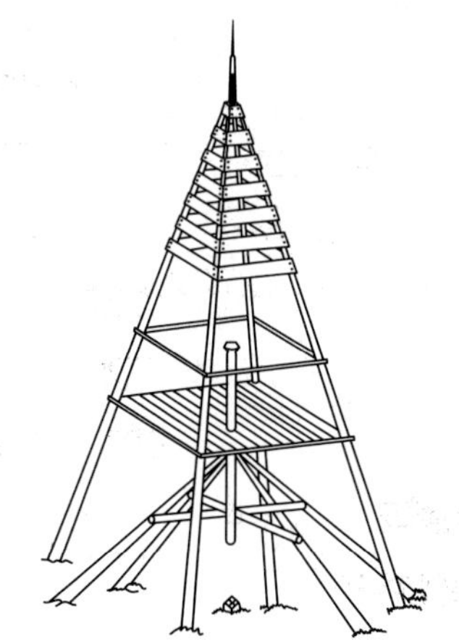

그림 6-12 1910년 대삼각본점 점표

는 경사로 된 막대를 피하여 말목 측면에 못을 박고 말목 머리에 목재를 수평으로 걸치는 틀(架)을 만들어 못을 박는다. 그리고 직간에 서로 교차하는 위치에 수직기(垂直器)를 설치하고 점표의 심정(心釘)을 목판위에 투영하고 투영점에 작은 구멍을 파서 수구(垂球; 추)를 수직으로 내린다. 그리고 구덩이 바닥은 수평이 되도록 단단하게 한 후 독립 기포수준기로 반석을 수평으로 설치하고 반석 윗면에 새긴 십자의 교점을 추의 끝단과 일치시킨다. 다음으로 주위의 흙으로 충분히 다진 후 반석 위에 세우고 목재 척으로 양쪽 측면에서 주석 높이를 측정하여 평균값을 기재하고 사방에 흙을 넣고 다져 자연지면 보다 높도록 한다. 조선에는 점표재료로 사용할 나무가 부족하여 일본의 통삼나무나 삼나무판을 사용하고 북쪽의 삼림지대에서는 지주와 심주(心柱)를 현지에서 조달하였다. 점표 설치는 배치된 조수는 선점작업과 동시 진행하였으며 1910년 60점, 1911년 195점, 1912년 109점, 1913년에는 32점을 설치하고 1914년에는 남은 4점을 설치하여 관측 종료와 동시에 매설이 완료되었다.

(3) 관측

관측은 기선망 및 본점은 모두 독일의 칼반베르히 회사에서 제작한 21cm경위의를 사용하여 초이하 5자리까지를 측정하였으며 보점은 17.5cm경위의를 사용하여 초단위까지 측정하였다. 경위의는 최초 수평윤곽의 기본분획을 측정하고 측미경의 보정오차 검사 및 각종 점검을 실시한 후 관측을 시작하도록 하였다. 기선망 및 본점의 점표관측은 주로 낮에 시준하면서 회조기를 사용하였으나 야간에는 회광등을 사용하여 실시하였으며 보점은 낮에 점표를 직접 시준하도록 하였다. 조선토지조사사업보고서에 별도의 측량원점을 설치하지 않고 일본 대마도에 있는 1등삼각점을 이용하여 절영도와 거제도에 대삼각점측량을 실시할 때 대마도연락망으로 중간에 육지가 없는 관계로 구점(求點)의 위치 파악이 곤란하여 일광회조기(日光回照器)를 사용하여 관측하였으며 울릉도는 육지측량부에서 직접 관측할 당시 회조기를 사용하였다.

회조기는 태양광선을 반사시키는 신호기구로 대삼각점측량 등 원거리 관측을 위하여 목표점에 설치하는 반사경을 구비한 각 측량의 보조장치이다. 독일인 수학자인 동시에 측지학자인 가우스가 1810년대에 교회의 유리창에 태양이 반사되어 의외로 멀리까지 가는 것에 착안하여 사방 10cm의 거울을 사용하여 창안하였다. 회조기를 사용하는 방법은 망원경이 목표지점을 향하도록 하여 대좌(臺座)[5]를 고정하고 회조거울을 이용하여 태양광을 시준통으로 보낸다.

그림 6-13의 왼쪽부분은 태양의 일주(日周)운동과 일치하도록 막대기 등으로 두들겨 조금씩 조정하는 장치이며 평면 반사경의 중앙부에 열려 있는 작은 구멍을 내다보고 그 반사경 앞에 설치된

시준통의 십자선과 시준 방향이 목표점과 일치하도록 그 방향을 회전하면서 조정할 수 있다. 회조기를 사용하면 기상조건이 좋을 때에는 고성능 데오돌라이트로 60~70km의 거리에 대한 각관측이 가능하며 1910년 6월 최초의 대마도 연락 사각망측량에서 아리아케산(有明山)과 절영도 간의 거리가 99.3km이지만 회조기를 이용하여 관측하면서 좋은 성과를 거두었다고 한다.

그 후 스스로 빛을 보내는 회광기(回光器)를 발명하여 사용하였으며 대삼각본점 측량이 완료된 후에는 원거리 관측이 필요가 없게 되면서 지적측량분야에서는 사용되지 않았으나 측지분야에서는 1등 삼각점 측량시 회조기를 사용하였다. 그림 6-14에서 소개하는 사진은 미국 NOAA(National Oceanic & Atmospheric Adminstration)에서 소개하는 자료로 1878년경 미국 서부개척 시 측량사들이 회조기를 사용하는 모습이며 오른쪽에 있는 작은 사각형은 시준 방향으로 태양빛을 모으기 위한 별도의 거울로 보인다.

그림 6-15는 회조기로 빛을 반사시키는 모습이며 그림 6-16은 회광등을 이용하는 모습이다. 기선 및 본점의 귀심원자는 편심거리 1mm이상을 취하고, 1cm 이하일 때에는 분도기를 사용하여 30분까지를 측정하며, 3dm(30cm)까지는 등각삼각법으로 30초까지 계산하고 그 이상은 경위의를 사용하여 수평윤곽을 변환하여 2대회의 관측에 의해 1초까지를 측정하도록 하였다.

보점의 귀심원자는 편심거리 5mm 이상을 취하며, 3cm 이하일 때에는 분도기를 사용하여 30분까지를 취하고, 그 이상 4dm(40cm)까지는 등각삼각법에 의하여 1분까지를 계산하며, 그 이상은 경위의를 사용하고 수평윤곽을 변환하여 2대회의 관측에 의하며 1초까지를 측정하도록 하였다. 이 기계는 망원경의 길이 45.4cm, 경위의 직경은 4.1cm, 접안경의 직경은 4mm, 확대율은 35~40배이며 수평분도반에는 매 5분의 분획은 측미경(側微鏡)의 보조로 5초의 1/10까지 측정할 수 있었으며 수준기 1분획의 값은 5~17초인 것을 사용하였다.

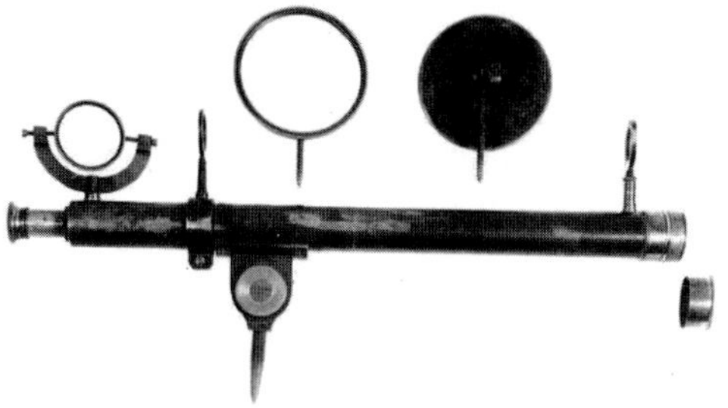

그림 6-13 회조기의 구조

그림 6-14 회조기 설치 모습

5) 보통 나무를 이용하여 관측대를 만들어 놓고 그 위에 측량기계를 올려서 사용하였다.

그림 6-15 회조기로 반사시키는 모습

그림 6-16 회광등 설치 모습

표석을 매설할 때에는 반석상면으로부터 주석상면까지의 높이를 mm단위까지 측정하며 표석매설은 보존에 주의하고 통로부근에 있을 때에는 그 주위에 방충석으로 보호하였다. 관측은 각 관측법에 의하여 방향수 및 신구망의 연결을 고려하고 윤곽도에 적합하게 각도를 측정하며 관측각은 수기로 기재하되 복창(復誦)한 후 야장에 기재하였다. 기선망 관측의 정도는 12대회의 방향관측으로 측정한 평균값과 같도록 하고 본점의 관측은 6대회의 방향관측으로부터 측정한 평균값과 같도록 하였다. 신구망(新舊網)연결은 반드시 구(舊)망의 2방향에 연결하고 삼각형의 관측 폐색오차는 기선망은 2초 이내, 본점망은 5초 이내로 제한하였으며 윤곽도에 따른 공식은 다음과 같다.

$$nC_2 = \frac{m(n-1)}{nC_2} = 1\text{각을 관측할 회수}$$

$$Q = \frac{180}{P} = 1\text{각의 윤곽도를 변환할 간격}$$

$$R = \frac{Q}{n \text{ 또는 } n-1} = \text{각각의 윤곽도를 변환시킬 간격}$$

여기서, n; 방향수(우수는 $n-1$, 기수는 n), m; 시준수(기준망 12대회, 본점망 6대회),
$m(n-1)$; 관측의 총수, $n-1$; 방향관측의 각수이다.

관측에서 가장 중요한 관측시각은 오전은 해뜰 때부터 약 10시까지이고 오후는 3시부터 황혼이 끝날 때까지이지만 비가 온 후 수증기가 많을 때는 관측을 실시하지 않았다. 측지학상 종횡선은 육지측량부의 측정에 관계된 대마도의 삼각점으로부터 연결한 측량은 우메지(梅津)기사와 나카무라(中村) 기수가 담당하여 1910년 6월에 착수하고 대마도의 아리아케산(有名山)과 온다케(御獄)의 1등 삼각점을 이용하여 경상남도 절영도 및 거제도에 신설할 대삼각본점의 4점으로부터 형성되는 삼각망 사이를 왕복하여 각 점 12대회의 각 관측을 시행하여 1910년 8월에 완료하였다.

1910년 8월부터 관측을 시작하여 1911년 1월 노량진기선망과 대전기선망 간의 본점을 합하여 19점을 완료하고 대전기선망 및 충남 · 경북의 일부를 합쳐 17점을 관측하였으며 경북망의 일부 8점, 12월에는 경기 · 충남 · 경북에 걸쳐 4점을 완료하였다. 1911년 6~12월까지 경황망(京黃網) 및 평양기선망의 일부를 관측한 24점과 하동기선망 및 경전선의 일부 27점을 완료하였고 문경북망의 일부와 경황선의 일부를 합하여 26점을 완성하였다. 또한, 평서망(平西網) 13점의 관측과 강남망 14점, 평양기선망 3점, 평서망 남부 7점의 관측을 완성하면서 1912년에는 총합계 114점이다. 1913년 3월부터 영산포기선망 전남 · 장산 · 해주 · 풍도 각 망의 일부 또는 전부에 걸쳐 47점, 쌍량(雙良) · 제주 · 남해의 각 망과 전남선의 일부 37점, 의주기선망 및 함흥망 31점, 강남 · 강북망의 31점, 함남북망의 일부 10점을 완료하여 총합계 156점을 완료하였다.

1914년 최종 작업으로 함남 · 함북망 16점, 평북, 함남, 함북망의 일부 14점, 혜산진 기선망과 함중(咸中; 함경도 중부), 함남(咸南; 함경도 남부)망의 일부 23점을 완성하여 관측 총수 56점으로 모든 작업을 예정기간에 완료하였으며 1910년 6월부터 1914년 10월까지 총점수 454점 중 54점은 전년도와 접합하여 완성하였다.

(4) 계산

대마도 연락망은 육지측량부 1등 삼각점에 연결하였고 관측기계는 다르나 계산방법은 육지측량부에 의거 계산하였다. 그 결과는 매우 양호하여 평균계산 결과 오차가 가장 큰 것이라도 1초의 9/100에 달하며 계산한 삼각점의 측지학상의 종횡선과 거리는 41,758.98269m이다. 대삼각보점 및 소삼각점은 독일의 천문대장 겸 수학교수인 가우스(Carl Friedrich Gaus; 1777~1855)가 초기에 사용한 것으로 상사이중투영법에 의거 타원체로부터 구면상에 투영하고 다시 평면상에 투영해서 평면직각종횡선의 평균계산을 실시하여 각 대삼각본점의 평면직각수치에 사용하기 위해 미리 계산을 실시하였다. 기선망과 본점 삼각망의 계산은 육지측량부의 계산식에 준거한 것으로 토지조사국 사업의 목적과 요구의 완만에 따라 생략한 것이 있으며 착오를 적게 하기 위하여 모두 부계산자를 두고 정부 2통의 계산부를 작성하였으며 실시방법은 다음과 같다.

① 관측각 발췌표(拔萃表)는 관측 성과를 기재한 것으로 특정 시준점을 원방향으로 하고 다른 시준점의 방향을 관측하여 얻은 초수의 평균을 초단위까지 올려 그 방향번호와 개정수의

부호를 붙여 측참(側站)평균에 사용하는 개략값이다. 그래서 따로 구획을 만들어 여기에 번호, 연월일, 윤곽, 망원경 좌우의 위치 및 관측의 초단위 만을 기재하였다. 기타 관측자 성명, 기계번호, 관측점의 위치 및 귀심화수(歸心化數), 주석상면으로부터의 기계고, 시준점의 명칭, 종류 및 그 귀심화수, 측참평균의 법, 방정식 및 개정수, 개정을 시행한 각 시준점의 방향각을 기재 하였다.

② 측참평균은 최소방수법(最小方數法; 현, 최소제곱법)에 기초한 각도 발췌표에 적은 방향각의 개략 값을 사용할 개정수를 구하는 것으로 계산은 초 이하 3자리까지 계산하고 여러 가지 개정을 시행한 결과는 초 이하 2자리까지 하도록 하였다.

③ 삼각형 계산 및 구과량(球過量)의 계산을 귀심화수계산, 경위도 계산과 그 결과는 서로 필요하므로 동시에 실시하였으며 삼각형의 개략적인 계산값은 기지변의 길이 및 측참평균에 의하여 얻은 관측각을 사용하여 르장드르 정리에 따라 싸인법칙으로 7자리대수표를 사용하여 변의 길이를 계산하였다. 르장드르(Adrien Marie Le Gendre; 1752~1833년)는 프랑스의 수학자로 타원적분 및 오일러적분 등의 적분학과 1806년 최소제곱법을 발표하였다.

④ 경위도 계산은 구과량 계산 및 종횡선의 정산의 개정수를 구하기 위하여 계산하는 것으로 5자리 대수표를 사용하며 계산식에 의한 경우 2개의 기지점으로부터 별도로 초이하 1자리까지 계산하여 그 평균값을 선정하도록 하였다.

⑤ 귀심화수는 편심거리(ℓ) 및 관측의 영(零)방향에 대한 각(ø)과 삼각형의 개략적인 변(S)에 의하여 계산하되 5자리대수표를 사용하며 초 이하 2자리까지를 계산하여 측참평균을 끝낸 관측의 결과를 더하였다.

⑥ 삼각망의 평균계산은 측참평균에서 얻은 결과를 사용하여 각방정식 및 변방정식의 규약에 따라 최소방수법에 의하여 각 삼각점의 평균각을 구하는 것으로 기선망과 삼각망 평균의 2종류로 나눈다. 기선망의 평균은 먼저 제1 증대(增大)에 속한 삼각형을 사용하여 각 방정식과 변방정식을 마련하여 순차 제2, 제3, 제4 증대에 속하는 규약방정식을 설정하였다.

⑦ 삼각형의 정산은 평균각을 사용하여 삼각형을 구성하고 그 삼각형의 합은 반드시 180°를 초과한 수는 구과량으로 르장드르의 정의에 의하여 화성각(化成角)이 된다. 그 각과 기지변으로 싸인법칙에 의하여 각 변장을 계산하고 그 값이 2개 이상인 것은 평균을 사용하며 따로 그 각과 변으로 구과량을 계산하여 점검하고 변장은 대수 7자리, 구과량은 초 이하 2자리까지 계산하였다.

⑧ 평면직각종횡선의 계산은 $x_2 = \alpha_1 + S \cdot \cot t$, $y_2 = y_1 + S \cdot \sin t$ 공식에 의하며 x_1, y_1은 기지점의 종횡선 x_2, y_2는 구점의 종횡선, S는 두 점 사이의 평면상의 거리, t'는 기지점으로

구한 평면상의 방향각으로 하였다. 정산(精算)을 하려면 x_2, y_2의 개략적인 값으로 최초의 S와 T_1(타원체상의 거리와 방향각)을 사용하여 계산하고 y_2+y_1을 인수하여 미리 작성한 표로부터 개정수 log(S:s)를 구하고 log5로부터 이를 감하여 평면상의 거리로 하였다. 정산은 7자리 대수표를 사용하고 종횡선은 미터이하 2자리까지 하고 개략적인 계산은 타원체로부터 평면상으로 개정하여 계산하였다. 대삼각본점은 경도 126°와 128°의 좌우 20′ 이내에 있는 각점은 양측의 원점에 대한 평면직각종횡선을 계산하며 세부측량에서 두 원점의 중앙부는 각 군(郡)을 경계로 하고 어느 한 쪽의 종횡선에 의하여 도근을 결정하였다.

⑨ 경위도의 정산은 삼각형의 평균을 끝낸 것으로부터 그 평균 방향각 및 거리를 갖고 7자리 대수표를 이용하여 계산하며 경위도는 초 이하 3자리, 자오선 방위각은 초 이하 2자리에 멈추고 2개의 기지점으로부터 각각 계산하며 차이가 있을 경우에는 그 평균을 사용하도록 하였다.

⑩ 각 삼각망 마다 계산을 완료한 것은 후속 측량의 편리를 제공하기 위하여 성과표를 작성하되 기재 사항은 경도와 위도, 자오선 방향각, 평면직각종횡선, 평균방향각과 관측방향각, 거리의 대수이다.

기선망 및 본점의 관측각은 각관측법에 의하여 얻은 각을 측참평균법에 의하여 계산하고 보점은 방향관측에 의하여 얻은 각 시준점의 각도에 기지점의 1개를 영방향으로 한 각도로 환산한다. 삼각형의 계산은 르장드르의 정리에 따라 정현 비례식에 의하되 기지의 1변 및 각을 사용하며 7자리대수표에 의하여 점차 다른 변을 구하고, 개략적인 경위도를 사용하여 구과량을 계산하여 평면상의 각에 환산하며 구과량의 계산은 기선망 및 본점에서는 대수 5자리, 보점은 대수 4자리를 사용하도록 하였다.

대삼각점의 귀심계산은 5자리 대수표를 사용하고 기선망 및 본점은 초이하 2자리, 보점은 초이하 1자리까지를 계산하도록 하였다. 대삼각점의 개략적경위도는 기선망 및 본점에서는 5자리표를 사용하여 초까지 계산하고 보점은 선점도에 의하여 계산하도록 규정하였다.

평면직각종횡선의 개략적 계산은 기선망, 본점 및 보점 모두 dm까지 계산하도록 하였으며 기선망 및 본점의 삼각형은 각 밑변의 계산은 7자리 대수표를 사용하여 비륜방정식으로 평균을 계산하고, 각은 초이하 2자리, 변은 대수 7자리까지를 계산하고 경위도는 초이하 3자리, 자오선방향각은 초이하 2자리, 평면직각종횡선은 cm 단위까지 계산하도록 하였다. 계산을 완료한 경우에는 선점도, 점지기, 관측부 및 계산부를 정리하고 따로 성과표를 작성하여 함께 전달하도록 규정하였다.

6.4.4 대삼각보점측량

(1) 선점

대삼각보점의 선점방법은 기지점에서 나침자오선에 의하여 측판을 표정하고 도해법에 의하여 위치를 결정하는 것으로 보점간의 간격은 약 10km로 하고 되도록 이등변삼각형으로 하여 경도 6′40″, 위도 5′의 방안 내에 1점의 비율로 2,401점을 배치하였다. 장애 때문에 관측이 곤란할 경우에도 그 둔각은 120°이내, 예각은 30° 이상으로 하며 삼각점의 위치를 결정한 때는 표찰을 붙이고 점망에 편리하게 번호를 붙이도록 하였다. 또한 주위의 본점만으로 기초하여 결정한 삼각점을 제1차점 이라하고 제1차점 이상의 것을 기초로 결정한 삼각점을 제2차점 이라하며 기지점의 등급이 내려감에 따라 제3차, 제4차점이라고 하는데 특별한 경우를 제외하고는 제5차 이내로 하였다. 제2차점 이하인 경우에도 지형이 좋지 않을 때는 2점 동차평균을 하여 시통의 단절을 피하였으며 선점할 때 평균 계획을 고려하여 작업은 신속하게 진행하고 완전한 선점망도를 작성하였다.

(2) 조표

삼각점의 위치가 결정되면 백상홍하(白上紅下)의 중표기(中標旗)를 세워 멀리서 볼 수 있도록 하고 말목을 박고 점표의 위치를 표시하고 삼각점에는 선점자의 관자(冠字)[6]번호와 그 지방의 명칭으로 점명을 부여하였다. 선점이 완료되면 규정용지를 사용하여 각 점마다 점지기(點之記)를 작성하는 것은 대삼각본점과 동일하며 점표는 방추체형으로 통상 덮개널판을 5단(段)으로 하지만 제1차점 또는 섬과 같이 멀리 떨어져 있는 경우에는 덮개널판을 크게 하여 점시를 쉽게 하였다.

추체지주(錐體支柱)의 위치는 사방 약 2.4m, 지상부터 방추체 꼭대기까지의 높이를 약 5m로 하였으며 도료(塗料)는 흰 페인트 및 콜타르(Coaltar)를 사용하고 두간(頭桿)의 하단은 검은색, 기타는 흰색으로 칠하였다. 함경남북도의 경계는 삼림지대로 산정상이 편평하여 보통 점표로는 시통이 불가능 하므로 벌목하여 후속 작업을 할 때 시통이 편리하도록 하고 좌판(기계를 올려 놓을 수 있는 판) 높이는 16m 이하의 높은 측표(測標)를 세웠다.

표석은 사방 길이 66cm의 주석과 사방 27cm, 두께 9cm의 반석으로 구성되며 쇼도시마(小頭島; 행정구역)에서 생산된 화강암을 주석으로 하고 약 15cm를 지상에 노출되도록 한 부분의

6) 삼각측량원 관자. 1911. 3. 3, 임시토지조사국 결정

측면에 대삼각점의 4자를 새기고 반석과 주석의 위쪽에 십자(十字)를 파서 십자 교점을 점표의 중심과 일치하도록 묻고 매설방법은 대삼각본점과 동일하다.

(3) 관측

측량에 사용된 관측기계는 독일 칼반베루히 회사에서 제작한 17.5cm 경위의로 수평분획은 측미경의 보조에 의거 5/10초까지 측정할 수 있다. 1911년 측량을 시작할 당시에는 기계를 구입하지 못해 옷드헨나루에서 제작한 17.5cm의 경위의로 수평각 10초, 수직 20초의 눈금으로 정도가 낮아 관측회수를 늘려 사용하고 거리 · 방향 · 높이로부터 점표의 시준이 불가능한 경우에는 회조기를 사용하였다. 측량은 방향관측에 의하고 칼반베루히에서 제작한 17.5cm 경위의는 6대회를 실시하고 정도가 낮은 옷드헨나루 경위의는 9대회를 관측하여 평균값을 채택하고 공차가 7″이상일 때는 재 측량을 실시하였다. 윤곽도는 0°, 30°, 60°, 90°, 120°, 150°로 실시하고 옷드헨나루 경위의는 0°부터 20° 마다 나누어 윤곽도를 정한 후 왼쪽 끝 시준점에서 오른쪽으로 순차적으로 관측하여 오른쪽 끝 시준점 관측을 끝내면 망원경을 반전하여 180°회전하고 다시 오른쪽 끝에서 왼쪽으로 순차적으로 관측하여 왼쪽 끝 시준점의 관측을 완료하면 1대회로 하였다. 다음 윤곽도를 이용하는 방법으로 반복하여 6대회까지 관측하고 관측점은 5점 이내로 하고 측정각은 초단위로 하였다. 1910년 6월 대삼각본점측량과 동시에 선점을 시작하고 도우고우 기수는 경상남도 남부의 선점 및 조표를 실시하였다. 오카모토 감사원은 대구에 거주하면서 경상남북, 충청남북, 전라북도에 걸쳐 선점 · 조표 · 매설작업을 실시하였다. 또한, 히토미(人見)기수, 다니구치(谷口) 고원(雇員)에게 조표를 완료한 지역을 관측하도록 하였으며 작업성적은 선점 360점, 조표 324점, 관측 47점이다. 1911년 측량원 2개반을 편성하고 감사관 도우고우(東鄕秀太郎), 감사관 다나카(田中一郎)가 반장에 취임하여 기수 가지(加地稲未一) 이하 측량원 6명이 3월 경성을 출발하여 8월 경기 · 강원 · 충청남북도에서 이마아조는 대구에서 경남과 충북도에 1910년도에 조표가 끝난 구역을 관측한 작업성적은 선점 573명, 조표 432점, 관측 667점이 되었다. 1912년도는 세이(勢榮三)가 감사원 2명, 측량원 11명으로 3~7월까지 전라북도 전체와 경남, 충남 일부와 1911년도 나머지 점을 새로 선점, 조표, 관측하였으며 1912년 작업 성적은 선점 596점, 조표 751점, 관측 714점이다. 1913년의 작업 성적은 선점 567점, 조표 589명, 관측 610점으로 경기, 강원, 황해, 평안남북도의 5도의 외업을 모두 완료하였다. 1914년 작업은 선점 및 조표 각 305점, 관측 340점이었으며 1910년 부터 1914년 12월 외업 완성까지 모든 성과는 2,401점이다.

(4) 계산

삼각계산은 7자리 대수표를 사용하여 경위도는 초 이하 3자리까지, 방향각은 초 이하 1위까지 그리고 평면직각좌표는 cm까지 계산하였다. 각 점 관측의 결과에 대삼각본점의 성과를 기준으로 평면직각종횡선을 평균 계산하여 최확값의 방향각과 거리를 계산한 후 측지학상의 종횡선을 계산하였다. 1910년도부터 관측 진척에 따라 선점, 조표에 주력하였으며 관측에 종사한 자는 2명으로 성과가 저조 하였다. 1911년에는 기술원이 증가되었지만 외업량이 늘어나 내업의 기간은 매우 적었으며 1910년 계산 성과는 118점이다. 1912년부터는 소삼각점측량을 실시하기 위해 신속하게 계산하여야 하였으므로 내업원 1~2명에게 별도로 계산에 전념하도록 하여 562점의 계산을 완료하였으며 1913년 작업상황은 전년도와 동일하고 계산자의 기능이 숙련되면서 착오가 적어 591점을 완료하였다. 1914년에는 외업이 감소하여 내업원으로 종사하도록 하여 641점을 완료하였으며 1915년에는 계산반에 편성되었고 나카무라(中村丈吉) 반장과 측량원의 일부로 나머지 489점을 완료하여 누계 2,401점을 모두 완료하였다. 1911년도 풍도망(豊島網)에 속하는 보점 106점은 당시 동망(同網)의 본점계산이 미완료 되어 소삼각계산에 필요한 여건을 제공하기 위하여 가계산을 1916년 완료하였으며 평균계산은 모두 부산자(副算者)를 두어 정 · 부 2가지로 계산부를 작성하였다.

① 관측기록부로부터 규정한 각 윤곽에 따라 관측각도를 기재하여 그 평균 초 이하 1자리까지 계산하였으나 관측점 또는 시준점이 편심된 경우에는 귀심화수(歸心化數)를 계산하여 그 평균각에 더한 것을 관측결과로 하고 관측결과는 모두 기지점에 기초하여 관측방위각을 개정한 것이며 귀심화수는 편심 10mm 이하일 경우에는 생략하였다.

② 삼각형의 구과량의 계산과 귀심화수 계산은 대삼각본점과 동일하며 특별한 경우를 제외하고는 관측지에서 시행하면 종횡선 방위각과 거리를 개략적으로 계산하여 후속측량에 제공하였다.

③ 종횡선의 평균계산은 가우스상사투영식에 의하여 삼각점을 최초 타원체로부터 구체상에 투영하고 다시 구체상으로부터 평면상에 투영한 후에 실시하는 것으로 계산은 7자리와 5자리 대수표를 병행하여 사용하였다. 계산의 평면직각종횡선은 원(原) 자오선상의 좌우 10분 이내에 있는 각 점의 종횡선은 그 양측 원점에 대한 값을 계산하고 환산법은 본점 종횡선계산과 동일하고 소구값에 영향을 미치지 않는 범위는 생략하였다.

④ 삼각형의 계산은 평균방향각과 기지변을 사용하여 르장드르 방법에 따라 수차가 다른 변장의 대수는 7자리까지 계산하고 그 값이 2개 이상 있을 때는 그 평균을 채택하였다.

⑤ 경위도 계산은 6자리 대수표를 사용하여 초 이하 3자리, 자오선 방향각은 초 이하 1자리로

하고 2개의 기지점에서 각각 계산한 경위도는 끝자리(末位)에 5이내, 자오선방위각은 끝자리에 3자리이내로 하며 그 이상은 다른 기지점으로부터 새로 계산하여 그 평균을 사용하였다.

⑥ 성과표 기재요건은 본점 성과표와 동일하며 계산은 미리 준비한 성과표에 1점의 계산을 완료할 때 마다 그 성과를 기재하여 계산 종료와 동시에 기재를 마무리 하였다.

(5) 측량인원 및 경비

대삼각보점측량은 1910년 6월부터 착수하였지만 한일합병 이전으로 조사국 사업의 기초가 명확하지 않았으며 기술자는 종전 육지측량부 또는 대만 임시토지조사국에서 사업의 경험이 있는 측량자가 담당하였다. 1910년 8월 강습을 끝내고 9월 측량원 1개반을 편성하였으나 작업이 확대되어 1911년 1개반을 증설하였다. 1912년 세이 감사관이 대체되어 전자를 제4반, 후자를 제3반이라 하였다. 임시토지조사국은 대삼각보점반으로 이후 감사원 측량원은 작업속도에 따라 교체 및 증감이 있었지만 성과는 항상 동일하였다. 측량원 1명에 측량조수 1~2명이며 일본인과 조선인의 상용측부 4~6명으로 임시인부는 작업현지에서 고용하였다. 1910년 6월~1914년 12월까지 측량 외업에 종사한 자는 반장 3명, 감사원 8명, 측량원 27명, 조선인 기수 8명, 연인원 24,950명으로 내업 연인원은 20,985명이다.

6.4.5 소삼각점 측량

소삼각점측량의 목적은 대삼각점에 의한 많은 삼각점을 설정하여 도근측량의 기초로 하고 있다. 소삼각점측량은 일반소삼각점측량과 구소삼각점측량, 특별소삼각점측량으로 구분할 수 있으며 대삼각점을 기준으로 도근측량의 기초가 되는 것으로 대삼각점측량에 기초하여 실시하여야 하나 구한국정부는 대삼각점측량을 시행할 기술이 없었다. 그래서 대만과 오키나와 등에서 사용한 측량법 중 최양법(最良法)의 측량규정을 참고하여 독립적으로 일부지역에 한해 소삼각점측량을 실시한 것을 "구소삼각점측량"이라 하였다. 2등 이하의 삼각측량은 점간거리가 평균 10km이하로 평면직각좌표로 계산하였으며 가우스 상사이중투영법을 사용하였다.

(1) 보통소삼각점측량

대삼각점측량을 기초로 정상적으로 시행한 소삼각점측량을 보통소삼각점측량이라 하며 1등점과 2등점측량으로 구분되고 삼각점의 위치는 대삼각점에 의하여 각 측지원점에 대한 평면직각종횡선을 결정하는 것으로 경도126° 및 128°의 좌우 각 5분 이내에 있는 삼각점은 양측의 원점에 따르는 종횡선을 계산한 것이다.

1) 선점

1등 삼각점의 점간거리는 평균 5km, 2등 삼각점의 점간거리는 평균 2.5km(특히 지정하는 지역은 1.5km)로 하고 되도록 각각을 60°에 가깝게 하며 선점은 1등점은 사방 5km의 방안 내에 1점, 2등점은 사방 2.5km의 방안 내에 1점의 비율로 배치한다. 보통소삼각점은 5km방안 내에 1등점은 1개, 2등점을 3개의 비율로 배점하여 1등점은 주위의 기지점만으로 결정한 것을 제1차점이라 하며 기지점과 제1차점으로 결정한 것을 제2차점으로 하고 순차적으로 등급을 낮게 하여 제4차점까지 하며 2등점은 기지점과 1등점으로 결정한다. 지형상 부득이한 경우에는 삼각형의 내각은 25~130° 이하가 되도록 하며 삼각점의 위치를 결정한 때에는 표항을 박고 1등점(중표기) 홍상백하, 2등점(소표기) 백상홍하의 표기를 세운다. 접합부의 선점은 인접측량원과 협의하여 위치가 결정되면 약도를 첨부하여 관계측량원에게 통지하였다.

1등점은 기지 3점 이상으로 결정하고 차수는 1~4차까지 하며 2등점은 1등점 또는 대삼각점 3점에 의하여 결정하였다. 선점에 사용하는 기계는 평판, 삼각, 조준의, 방광나침(方筐羅針), 쌍안경, 망원경 등을 이용한다. 보통 소삼각점은 미리 측판에 전개한 기지점에 나침을 표정하고 도해식에 의거 교회법을 사용하여 3방향 이상의 교차로 그 위치를 결정한다. 선점을 완료한 때에는 선점도 및 점지기를 작성하며 축척 1/10만의 선점도에는 각 삼각점의 명칭 · 번호 · 점명 · 소재 · 약도 및 도부군 및 산악, 임야등의 경계선, 해안선, 섬지역, 유명한 저수지, 하천, 소호 등을 선점과 동시에 기재하도록 하였다.

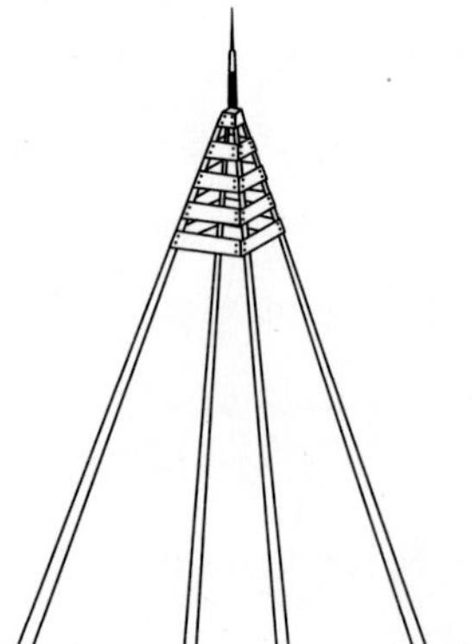
그림 6-17 대삼각보점 점표

2) 조표

조표는 삼통나무와 삼판(杉板)을 사용하여 수목이 있는 지방은 긴나무로 삼통나무를 대체하고 점표는 기선 양 끝점과 2등점은 삼각추체형으로 널판을 3단으로 하여 점표는 그 보존기한을 2년으로 정하고 목재는 될수록 삼재(이깔나무)를 선정하여 사용하였다.

점표는 기선 양 끝점과 1등점의 점표는 4각 추체형, 기타는 3각 추체형으로 한다. 2등점은 점표의 덮개널판, 점판과 두간의 상반부는 백색 페인트로 하반부는 검은색으로 칠하였다. 2등점의 점표는 수직간에 십자형의 점판 2조를 정착한 곶자형을 삼각 또는 지선을 사용하여 지상에 세우고 또는 수상에 부착하며 점표의 복판, 점판 및 두간의 상반부는 백색 페인트로 두간의 하반부는 검은색으로 색칠하였다. 2등 이하의 삼각측량은 점간거리가 평균 10km 이하로 평면직각좌표에 의하여 계산하였으며 가우스 이중투영법이 사용되었으며 3등점은 2등점을 기지점으로 상호의 거리 1,400간 내외로 하고. 4등점은 축척 1/600 도면을 작성할 지역에 한하여 2등점을 기지점으로 2, 3등 삼각형 내에 설정하는 것으로 상호의 거리는 700간 내외로하며 축척은 1/3만을 사용하였다.

3) 매설

표석은 사방 약 3치(9cm), 길이 2자의 주석과 사방 8치(24cm), 두께 2치 5푼(7cm)의 반석으로 형성되며 쇼도시마(小豆島)에서 생산된 화강암으로 주석과 반석의 상단에 십자를 새겨 그 교점을 중심으로 점표의 중심에 일치하도록 묻었다. 주석 위쪽의 지상에 노출된 측면에 "소삼각점"의 4자를 새기고 보통삼각점은 그 뒷면에 1등은 '一' 자 2등은 ・(이), ㅁ(로), 八(하) …까지의 히라가나를 1자씩 새겼으며 매설을 할 때 인접한 각 점에는 같은 문자의 표석을 사용하도록 규정하였다.

매설방법은 대삼각점측량의 경우와 같이 주석 높이와 주석 윗면으로부터 덮개널판 또는 점판 밑변에 이르는 높이를 측정하여 점지기에 기재하였다. 표석을 매설할 경우에는 바닥을 충분히 다지고 점표의 중심 밑에 반석의 중심을 일치시키며 수평으로 정치하여 주위를 다진 후 반석위에 주석을 세워 그 정면을 남방에 향하게 한 후에 견고하게 매설하였다. 점표 높이는 표석의 상면으로부터 복판 또는 점판의 최하단을 cm 단위까지 정확하게 측정하고 사방 8치~1자, 두께 2치7푼~3치(9cm)의 반석을 배치하며 그 위에 사방 3~5치(15cm), 길이 2자(60.6cm)~2자4치(72.7cm)의 표석을 설치하고 반석과 표석의 상부 중앙에 "+"자를 파서 점의 위치를 표시하였다. 점의 시통과 관측을 편리하게 하기 위하여 대삼각점과 소삼각 1등점에는 방추체(方錐體), 소삼각 2등점에는 곶(串)자형의 점표를 세웠다.

4) 관측

측량은 독일 칼반베히르에서 제작한 13.5cm의 20초독 데오돌라이트를 사용하고 수평각 관측은 10초독 경위의를 사용하여 방향관측법에 의하여 10초까지 측정하며 1등점 관측은 4대회로 하되 1대회의 시준은 5방향 이내로 하고 2등점은 3대회로 하고 1대회는 7방향 이내로 하였으며 보통 소삼각 1등점은 정・반 관측하여 평균값을 사용하고 공차는 40초로 하였다.

관측에서 망원경은 최초 좌측에서 우측으로 회전하고 다음 망원경을 반전하여 우측에서 좌측으로 회전하여 관측하였으며 수평윤곽은 대회마다 변경하되 윤곽도의 분획은 1등점의 관측은 0°, 45°, 90°, 135°로 하고 2등점의 관측은 0°, 60°, 120°로 하였다. 영 방향은 명확히 시준할 수 있는 위치와 고저차가 심하지 않은 기지점을 선택하고 각을 읽을 때는 기록에 편리하도록 말의 속도와 발음에 주의하고 기록을 마친 때는 복창하도록 하여 읽음 값을 확인하도록 하였다.

시준점 및 관측점은 표석의 중심에 일치하도록 하되 불가능할 경우에는 편심거리 및 편심각을 측정하여 귀심계산으로 관측각에 개정을 시행하되 편심거리 2cm 이하에서는 계산을 생략하고 1방향각의 공차는 30초, 1측회의 폐색 공차는 20초, 1등점의 삼각형 내각의 공차는 10초로 한다. 계산은 6자리대수표를 사용하여 경위도는 초이하 3자리까지, 방향각은 초이하 2자리까지이고 평면직교좌표는 cm까지 계산, 높이는 5자리 대수표를 사용하여 cm단위까지 계산하였다.

수직각 관측은 망원경의 양위치에서 2회씩 실시하며 시준점은 복판 또는 점판의 최하단으로 1등점 이상의 삼각점에서는 정 · 반으로 관측한다. 수직각의 공차는 40″, 기계고는 표석의 상면으로부터 cm까지 측정하고 기선측량에 사용한 주된 기계는 준비작업용으로 독일 칼반베히르에서 제작한 13cm 경위의 · 수준의, 강권척 · 온도계 · 시계 등이다. 1910년 기무라조(木村組)는 측량원 6명, 시로이시조는 5명으로 5~11월 까지 경기도내 수원 외 10군을 완성하고 대구출장소는 기수 오노(大野庄三郎)가 측량원 5명으로 12월에 경상북도의 하양 외 6군을 완성하였다. 1910년의 작업성적은 선점 1,746점, 조표 1,257점, 관측 1,123점이며 1911년의 작업성과는 선점 5,795점, 조표 5,304점, 관측 3,652점이다. 1912년도 작업성과는 선점 7,385점, 조표 8,030점, 관측 8,532점이며 1913년의 작업성과는 선점 6,468점, 조표 6,803점, 관측 6,837점으로 특별소삼각점 23점의 선점, 조표, 관측을 포함한다. 1914년도에는 선점 및 조표 5,961점, 관측 7,211점이었으며 1915년의 작업성과는 선점, 조표, 관측을 실시한 것이 모두 3,644점이다.

5) 계산

계산은 구소삼각, 보통소삼각, 특별소삼각점측량은 각각 다르며 구소삼각과 특별소삼각은 측지 업무의 요구를 충족시키고 변장, 방위각, 종횡선을 계산하며 보통소삼각은 이외에 지형측량에 필요한 경위도 및 높이를 계산하여 구소삼각점의 값을 계산하였다. 관측각은 방향관측에 따라 얻은 각에 의하여 초 단위까지 계산하되 방향각은 기지점의 1개를 영 방향으로 한 각도로 환산하였다. 삼각형의 개략적인 관측각에 의해 계산하여 각 변을 대수 5자리까지 계산하며 2등점의 1각은 보각을 사용하였다.

1등점의 계산은 6자리대수표를 사용하고 종횡선 평균법에 의하여 방향각은 초단위, 평면직각종횡선은 cm단위로 계산하였다. 2등점의 계산은 6자리대수표를 사용하고 3개의 기지점으로부터 도해평균법에 의하여 평면직각종횡선 및 각 변장은 cm단위까지 계산하였다. 평균한 방향각 및 변에 의하여 경위도를 초이하 3자리까지 계산하였으며 높이계산은 5자리대수표를 사용하여 기차 및 구차를 고려하고 기지 2점에 의하여 삼각점의 표고를 dm까지 산정하도록 하였다. 또한 2점으로부터 구하는 높이의 교차의 한계는 대삼각점 및 소삼각 1등점에 있어서는 0.5m이하 2등점은 0.8m 이하로 하고 계산을 완료한 경우에는 선점도, 점지기, 관측부 및 계산부를 정리하고 따로 성과표를 작성하여 함께 이를 송부하도록 하였다.

기지점 계산은 대삼각보점성과표에 의하여 수평각관측부 기재의 관측각의 평균으로 1등점과 2등점 삼각형을 구성하여 5자리대수표를 사용하여 개략적으로 변을 계산하고 편심은 다시 귀심화수를 계산하여 야장의 평균각을 개정고 영(零)방향이 되는 기지점의 방향각을 표준각으로 더하여 소구점 방향각을 계산하였다. 그 방향각과 변장을 이용하여 기지 2점에서 각각 평면직각종횡선을 계산하였으며 각도는 초단위까지 계산하고 구과량은 계산하지 않았다. 2등점은 내각의 합을 180°로 하고 꼭지각(頂角)은 보각(補角)을 사용하고 1등점 평균계산은 육지측량부 3등 삼각점평균법에 의하여 계산하고 등급이 높은 점부터 순차로 계산하며 2등점은 도해법에 의하여 평균을 계산하였으며 1, 2등점 모두 5자리와 6자리 대수표를 병용하여 사용하도록 하였다. 1등점 평균계산은 각 기지점의 종횡선 x_1, y_1과 소구점의 근진(近進)종횡선 x_2, y_2로 보점평균계산과 동일한 식으로 소구점부터 기지점의 평면상의 방향각(θ)를 초단위까지 오차방정식의 계수(α, β)를 끝자리 1자리까지 계산하며 t_1-T_1은 다음 식에 의하여 계산하는 방향개정표로부터 적출(摘出)한다. $t_1-T_1 = t_2-T_2 = m(x_2-x_1)(y_2-y_1)$에서 m은 상수이며 $\frac{\rho''}{4A^2}$식에 의하여 계산한 수치는 4.1083이 된다.

여기서, A; 위도의 중등곡율 반경, T_1; 기지점에서 소구점까지 관측각의 초수, T_2; 소구점의 각 방향각에 가산한 결과의 초수이다. T_1, T_2에 $t-T$를 가감하면 기지점으로부터 계산한 결과인 t_1, 소구점으로부터 계산한 결과 t_2를 계산한 각방향의 θ각 초수 총합을 빼고 그 나머지 수는 기지점의 방향수로 t_2에 더하여 t_2'라 하고 t_2'와 t_1'합의 1/3을 기지점으로 부터 소구점 방향각의 값을 t라 한다. 그리고 그 개정수를 (A), (B), (C) …으로 하고 소구점 근진(近進)종횡선의 개정값을 Ⅰ, Ⅱ로 하여 오차방정식을 편성한다. 중량 ρ는 상대하는 방향의 기지점과 소구점으로부터 관측하는 것으로 한다. 소구점으로부터 기지점의 관측을 결(缺)하는 것을 1/3로 하고 기지점에서 소구점의 관측을 결정한 것을 2/3로 한다.

$$A = \alpha_1 \text{Ⅰ} + \beta_1 \text{Ⅱ} + \theta_1 - t_1 \qquad \rho = 1$$

$$B = \alpha_2 \text{Ⅰ} + \beta_2 \text{Ⅱ} + \theta_2 - t_2 \qquad \rho = 1$$

$$C = \alpha_3 \text{I} + \beta_3 \text{II} + \theta_3 - t_3 \qquad \rho = 1$$
$$N = \alpha_n \text{I} + \beta_n \text{II} + \theta_n - t_n \qquad \rho = 1$$
$$A + B + C + N \cdots = [\alpha] \text{I} + [\beta] \text{II} \qquad \rho = \frac{2}{3}v$$

위의 식에서 v는 소구점부터 여점에 대한 방향수로 $[\alpha]$, $[\beta]$는 α와 β의 총합이며 최소방정식에 의한 방정식으로 Ⅰ, Ⅱ의 값을 계산하고 그 값을 근진(近進) 종횡선 x_2, y_2을 더하여 소수 2자리까지 계산한 것이 소구점의 평균직각종횡선이며 x_1, y_1의하여 평면각(θ)을 초단위, 평면거리 S를 대수 6자리까지 계산하였다. 또한, 타원체상의 거리 S는 y_1+y_2를 인수로 하여 log$S$:s의 표로부터 계산하여 S에서 빼고 Ⅰ, Ⅱ의 값을 오차방정식에 대입하여 (1), (2), (3)…의 값을 계산하고 개치방향각(概値方向角) t를 더하여 t_0라 하고 t_0에 대한 점검용으로 1은 종횡선으로부터 계산하며 1은 각 평균부터 계산한 것으로 차이가 5초 이상 되는 것은 검산하도록 하였다. 그래서 θ° 각부터 t_1-T_1를 빼거나 더한 것을 타원체상의 여점으로 하여 소구점에 대한 방위각 또는 소구점부터 여점에 대한 방위각 T_1과 T_2로 하고 T_2의 총합부터 소구점 관측각의 총합 T_2를 감하여 평균방향수로 제한한 소구점의 관측오차를 관측각 T_1에 가용한 것은 소구점의 관측방향각이다. 그리고 평균각 T_1, T_2와 기지변으로 각 변의 길이를 계산하고 이것을 종횡선부터 계산한 변장으로 점검에 제공하는 것으로 대수 끝자리가 5이상의 차이가 있는 것은 검산을 실시하도록 하였다.

2등점 평균계산은 거리가 적어 지구를 구체로 보고 가우스의 투영법에 기초하여 슈라이버(Schreiber)계산법에 도해법을 응용하여 평면직각종횡선과 변장을 계산한다. 아래의 그림과 같은 도면에서 A, B, C; 3개의 기지점, P; 소구점, V_a, V_b, V_c; 최양필의 방향개정수, S_a, S_b, S_c; 평면기지점과 소구점의 거리, g_a, g_b, g_c; 시오삼각형 a, b, c의 변, h_a, h_b, h_c; 소구점 P에서 시오삼각형의 변에 이르는 수선장, n_a, n_b, n_c; 관측의 중량이다.

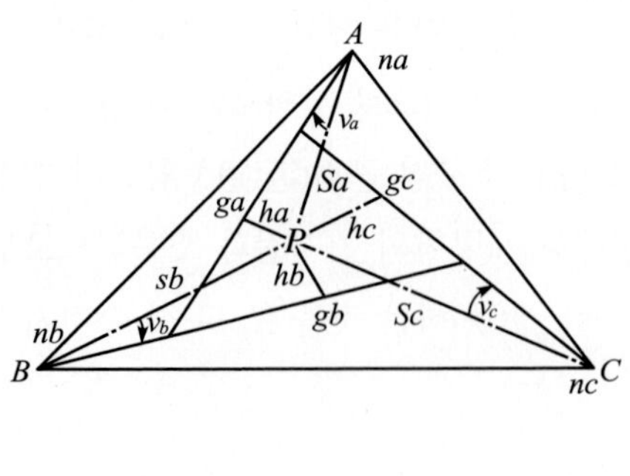

최소방수법의 원리에 의하여 소구점 P는 관측방향각의 오차의 평방의 합, $W = n_a v_a^2 + n_b v_b^2 + n_c v_c^2$을 최소화 함과 동시에 $2\Delta = g_a h_a + g_b h_b + g_c h_c$가 되며 이들 식으로부터 계산하면 식(6.1)과 같다.

$$h_a : h_b : h_c = \frac{g_a}{\frac{n_a}{S_a}} : \frac{g_b}{\frac{n_b}{S_b}} : \frac{g_c}{\frac{n_c}{S_c}} \qquad (6.1)$$

식(6.1)에서 $P_a = \frac{n_a}{S_a^2}$, $P_b = \frac{n_b}{S_b^2}$, $P_c = \frac{n_c}{S_c^2}$

$m_a = \frac{g_a}{P_a}$, $m_b = \frac{g_b}{P_b}$, $m_c = \frac{g_c}{P_c}$을 대입하면

식(6.1)은 $h_a : h_b : h_c = m_a : m_b : m_c \qquad (6.2)$

시오삼각형의 변은 식(6.2)를 이용하여 계산한 m_a, m_b, m_c의 거리에 있는 평행선이며 시오삼각형과 상사의 위치에 있는 삼각형 a', b', c'를 계산할 수 있다. 이 상사의 중심은 소구점 P로 m_a, m_b, m_c 비율이므로 도해지(圖解紙)에 사용하는 경우 삼각형 a', b', c'의 표시를 지상에 적용할 경우 임의의 상수에 제곱한 후 이 이론을 도해지에 적용함에 일어나는 특단의 경우에 대하여 P점을 결정하였다. 제1 시오삼각형의 두 변이 평행하는 경우 변 bc가 변 ac와 평행하면 $g_a = g_b = \infty$로 소구점 p는

ab변상에 있어 $Pb : \overline{Pc} = h_a : h_b = \frac{\frac{1}{n_a}}{S_b^2} : \frac{\frac{1}{n_b}}{S_b^2}$이 되는 관계식의 비율에 변 ab를 비례 배분하여 소구점(P)을 결정한다.

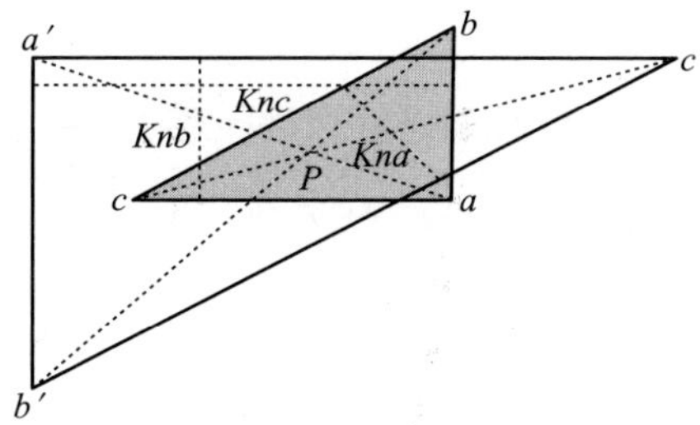

제2시오삼각형의 한 각이 매우 심한 예각(銳角)으로 협변(夾邊)과 같다고 가정하고 결정하는 경우 두 변 bc, ac가 처음부터 같은 협각 $\varnothing$가 미소할 경우에는 $g_a = g_b = \frac{g_c}{\varnothing}\rho''$로 식(6.1)은

$h_a : h_b : h_c = \frac{1}{K\frac{n_a}{S_a^2}} : \frac{1}{K\frac{n_b}{S_b^2}} : \frac{1}{K\frac{n_c}{S_c^2}}$로 소구점 P를 결정하였으며 K는 도면작성에 편리하도록 하는 임의의 상수이다.

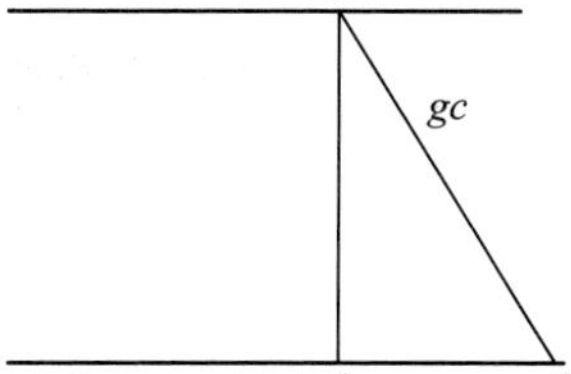

두 변이 약간 커서 교회점 도해지 면외(面外)에 있는 경우 시오삼각형의 1항 C점이 도해지 밖에 있을 때는 도면에서 변bc, ac에 등변이 되는 a'를 취하고 두 변 bc, ac의 협각이라 하면

$$g_h = \frac{\overline{b_a}}{2\sin\frac{1}{2}\varnothing},\ g_c = \frac{\overline{b_a}}{2\sin\frac{1}{2}\varnothing} + \overline{aa'}$$ 이며 $\overline{aa'} = g_c$이다.

식(6.1)에서 $h_a : h_b : h_c = \dfrac{\overline{b_a}}{K\dfrac{n_a \sin\frac{1}{2}\varnothing}{S_a^2}} : \dfrac{ba' + \sin\frac{1}{2}\varnothing\,\overline{aa'}}{K\dfrac{n_b \sin\frac{1}{2}\varnothing}{S_b^2}} : \dfrac{\overline{ab}}{K\dfrac{n_c}{S_c^2}}$ 로부터 소구점(P)의 위치를 상사법으로 결정한다.

보통소삼각점의 계산은 1911년 외업을 완성하고 계산한 기지점은 513점을 완성하였으며 1912년부터는 측지업무의 진척과 함께 특별소삼각점을 합하여 3,215점을 결정하고 1913년 계산원의 기능이 숙달되고 인원도 추가하여 6,328점을 완성하였으며 1914년도 이후는 8,256점의 성과를 결정하였다. 1914년 대삼각점측량에 관한 내외업은 거의 종료하였고 소삼각의 외업은 1915년 소삼각 계산에 집중하여 나머지 10,841점을 완성하였다.

1913년 이후 지형측량과 동시에 경위도 및 높이계산을 병행하여 1915년에 대부분 완료하였다. 1916년 6월 나머지 경위도계산 1,980점과 높이계산 3,020점을 완료하였다. 도해지는 제1쪽이 계산란이고 제2쪽은 종이의 중심을 종횡선의 개략적인 값에 상당하는 소구점의 위치로 정하고 그 윤측(輪側)에 0°∼360°까지의 각도를 그릴 수 있는 1모(耗)의 방안지에 도해의 축척은 1/10로 한다.

6) 계산 순서

먼저 중심은 기지점으로부터 측량한 방향선을 만들었으나 각에서 분단위 이하는 목측으로 실시하고 다음에 기지점 x_1, y_1소구점 x_2, y_2를 종횡선으로부터 y_2+y_1, x_2+x_1을 계산한다. 또한 평면개정각 t_1-T_1을 계산하여 평면방위각 t_1을 계산하고 종선오차$\{x_2+(y_2-y_1)\cot t_1-x_1\}$ 및 횡선오차$(y_1\dfrac{X_2-X_1}{\cot t_1}-y_2)$는 시오삼각형의 변과 축이 만나는 점을 통과하는 방향선에 평행선을 연장하여 1점에 교차하는 것은 거의 없으며 대개 삼각형 a, b, c를 형성하는데 이를 시오삼각형이라 한다. 그리고 $\log S$를 인수로 하여 $\dfrac{1}{S_2}$로 하고 관측의 중량 n을 곱하여 방향선의 중량 P값을 계산하고 시오삼각형의 대응변을 나누어 얻은 수를 m이라 한다.

시오삼각형의 상응변(相應邊)의 거리가 m과 같은 3변이 있는 삼각형 a', b', c'를 만들면 그 대응점의 연결선 aa', bb', cc'의 교점 P를 소구점의 위치로 하였다. 그리고 P점의 종횡선 Sx, Sy를 계산하고 종횡선 x_2, y_2를 더하여 평균 종횡선 X, Y를 계산하며 평균종횡선을 사용하여 평균각과 거리를 계산하였다. 종횡선의 점검에는 $\dfrac{x_2+[PSx]/[P]}{[PSy]/[P]}$를 사용하여 도해평균에서 계산한 종횡선과의 차를 cm이내로 하였으며 식에서 Sx, Sy는 소구점 P로부터 시오삼각형의 변에 내린 좌표이고, P는 방향선의 중량이며 각의 점검은 $V = h\frac{k}{S}$를 계산하고 $t - \theta$와의 차가 1초 이내이면 가능하도록 하였다. 식에서 V를 초단위로 나타내기 위해 k는 h를 cm단위, S는 미터단위를 사용하여 $k = \frac{\rho''}{100} = 2063''$가 되고 $\frac{k}{S}$는 log$S$를 인수로 하여 표를 이용하여 계산하였다. 그러나 h의 부호는 기지점에서 볼 때 h와 직교하는 변의 왼쪽이면 (-), 오른 쪽이면 (+)로 하고 t를 계산한 평면 각 θ는 평균평면각으로 중등오차는 $M = \sqrt{\frac{phh}{(n-2)[p]}}$ 로서 p는 방향선의 중량, n은 기지점의 수이다. 경위도계산은 평균방향각과 거리로 기지점으로부터 계산하며 계산방법과 서식은 육지측량부 3등 삼각점 경위도계산법에 의한 6자리 대수표를 사용하여 1등점과 2등점은 경위도는 초 이하 3자리까지, 자오선방향각은 초단위까지 2개의 기지점으로부터 별도로 계산하여 차이가 있을 경우에는 그 평균값을 사용하였다. 구소삼각점은 주위의 보통 소삼각점을 기지점으로 하고 경위도와 자오선방향각의 계산식은 다음과 같다.

$$B_2 = B_1 b - d \tag{6.3}$$

$$\log b = \log(1) + \log S + \log \cos T_1 + \log a$$

$$\log c = \log(2) + \log S + \log \sin(B_1 + b)$$

$$\log d = \log(3) + \log c + \log t$$

$$\log t = \log c + \log \ \tan(B_1 + b)$$

$$L_2 = L_1 + \ell \tag{6.4}$$

$$\log \ell = \log c - \log \cos(B_1 + b) + \log y$$

$$T_2 = 180° + T_1 + t \tag{6.5}$$

위의 식에서 B_1, L_1; 기지점의 위도와 경도이고 B_2, L_2; 소구점의 위도와 경도, T_1; 기지점으로부터 방위각이며 평균방향각에 자오선 방향각을 더한 것, T_2; 소구점 방위각, S; 변장, (1)과 log a는 B_1을 인수로 (2) (3)과 log y는 $B_1 + b$를 인수로 하여 소삼각경위도 계산표로 계산한다.

7) 측량인원 및 경비

측량원은 임시토지조사국 양지과와 대구 · 평양출장소에서 양성한 조선인 기수가 많았다. 1911년 보통 소삼각점 측량반을 편성할 때 3개반 중 제5반과 제6반의 대부분은 구소삼각점 측량원으로 충당하였고 제7반 측량원의 대부분은 삼각과 간부가 단기로 강습하여 일본인을 임명하였다. 1912년 측량원을 보강하고 1913년 각반은 종래의 성과를 근거로 균일하게 일본인과 조선인을 혼합하여 측량원을 각 반에 편성하면서 성과가 좋았으며 1개반의 인원은 반장 1명과 감사원 2명, 측량원 10~15명으로 일본인과 조선인의 고용인부 2~3명이고 임시인부는 외업에서 고용하였다.

측량 시작 인원은 반장 경험이 있는 자 6명, 감사원 18명, 측량원 77명 이었으며 일본인 41명과 조선인 36명으로 외업 연인원 합계는 64,144명이었다. 내업은 외업의 결과를 조사국에서 계산하고 정리하는 것으로 외업 종사자는 차기 출장까지 전담하였고 내업반에서 종사한 자를 합하여 내업 연인원은 65,749명이고 총점수 31,646점이다.

(2) 특별소삼각점측량

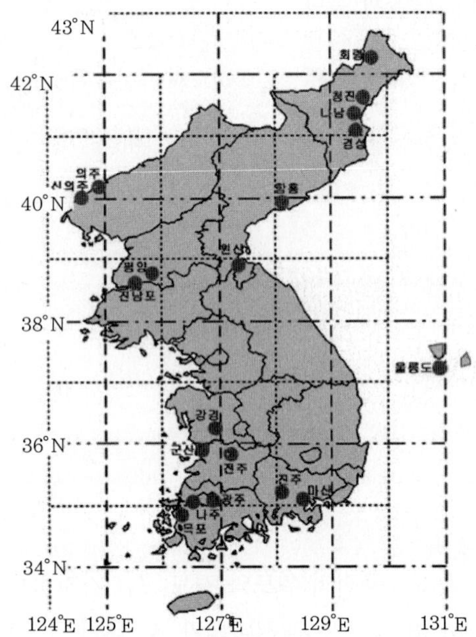

그림 6-18 특별삼각원점 위치

1912년 임시토지조사국에서 시가지세를 시급하게 징수하여 재정수요를 충당할 목적으로 대삼각점측량을 생략하고 대삼각점측량 미완료 지역과 멀리 떨어져 있는 섬으로 대삼각점과 연결할 수 없는 소규모 지역에서 소삼각점측량을 실시하여 기선과 1, 2등 삼각점을 설치한 것을 특별소삼각점측량이라 하였다. 1912년부터 일제강점기와 동시에 전국적인 기본측량이 실시되면서 대삼각점측량이 미완료된 평양, 의주, 신의주, 진남포, 전주, 강경, 원산, 함흥, 청진, 경성, 나남, 회령, 마산, 진주, 광주, 나주, 목포, 군산 등 18개 지역과 울릉도에 그림 6-18과 같이 독립적으로 기선을 설치하고 특별소삼각점측량을 실시하여 후에 대삼각망과 연계하였다. 원점의 위치는 현재 성과표에 나타나지 않고 측정단위는 미터 단위를 사용하였으며 구과량을 고려하여 실시하였다.

1) 선점

특별소삼각점측량 지역의 1등점 망형을 설정하고 각 점의 거리는 2~4km로 하였으며 이를 기지점으로 1등점 사이에 2등점을 선정하여 각 점의 거리를 1.5~2km로 선정하고 축척 1/1,200을 사용하는 기선은 망 내의 적당한 위치에 선정하고 길이는 0.4~1km로 선점하였다.

울릉도는 1912년 강원도 지방 대삼각점측량 시행 때 거리가 너무 멀고 기타 여러 가지 원인으로 그 위치를 결정할 수 없어 독립 특별소삼각점측량을 실시하기로 결정하여 기수 이케(池磯次)와 고원 1명이 6월 경성을 출발하여 섬에서 특별소삼각점 23점을 선점, 조표, 관측을 완료하였다.

2) 관측

특별소삼각점측량은 주로 시가지측량으로 제1반장 기사 다카세키(高關八百千郎)가 감독, 기수 무라야마가 감사원, 기수 이시바시(石橋勇士), 기수 이케(池磯次), 기수시다(志田和市)를 각 주임으로 하고 각 1명의 고원을 배치하여 실시하였다. 1912년 5월 경성을 출발하여 평양의 측량실시와 함께 같은 달에 그 지역을 완성하였다. 이시바시 기수는 의주 · 신의주 · 진남포 · 개성 · 전주 · 강경 등 6개 지역, 이케 기수는 원산 · 함흥 · 청진 · 금성 · 나남 · 회령 등 6개 지역, 시다 기수는 마산 · 진주 · 광주 · 나주 · 목포 · 군산 등의 6개 시가지 지역의 측량을 실시하였다. 특별소삼각점은 기선의 서남단 한쪽 끝점에서 등고도법에 의하여 태양을 관측하여 방위각을 결정하였다. 또한, 수평각 관측은 1, 2등 모두 3대회로 하고, 1점을 정하는 방향선은 반드시 3방향 이상으로 하고 수직각 관측은 망원경 좌우에서 각각 2회씩 하고 각각의 삼각형 내각의 합은 30~120°로 하였다. 특별소삼각 1등점은 정 · 반 관측하여 평균값을 사용하고 공차는 40초로 하였으며 1대회 폐합공차는 20초, 1방향의 각 회의 공차는 30초, 삼각형내각 합의 폐합차는 1등점은 10초로 하였다. 특별소삼각점측량은 독일 칼반베히르에서 제작한 13.5cm 경위의를 사용하였으며 기계의 제원은 수평 10초, 수직 20초의 눈금으로 측량규정의 정도에 적합하였다.

3) 계산

계산은 기선계산과 특별소삼각점 계산으로 구분하였으며 기선의 서남쪽의 끝점의 종횡선을 원점으로 하고 가상으로 종선(남북)값을 10,000m, 횡선(동서)값을 30,000m로 원점을 정하여 시작하였다. 기선계산은 소삼각점 측량과 동일하며 공차는 $0.05\sqrt{\frac{\text{전체길이}}{100}}$ 이며 특별소삼각점 계산은 6자리 대수표를 사용하고 경위도는 초이하 3자리, 방향각은 초이하 2자리, 평면직교좌표는 cm단위까지 계산하고 높이는 5자리 대수표를 사용하여 계산하였다. 제1차로 결정할 점 이외의 점은 2점의 종횡선으로 계산하여 그 평균을 사용하고 평균계산에는 규정용지를 사용하여 계산하도록 하였다. 하지만, 각도는 초단위, 거리와 종횡선은 cm단위, 6자리 대수표까지 계산하고 삼각형의 내각은 다음 산식에 의한다.

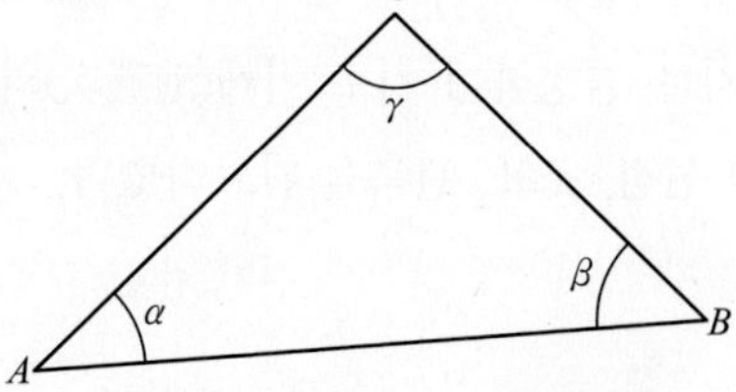

$$\alpha+\beta+\gamma = 180^\circ \pm v,\ (\alpha\pm\frac{v}{3})+(\beta\pm\frac{v}{3})+(\gamma\pm\frac{v}{3}) = 180^\circ$$

단, 2등점의 그 정각(頂角)은 보각(補角)을 사용함으로서 계산하지 않았으며 AB변의 방위각은 $\tan(AB) = \frac{y_b-y_a}{x_b-x_a}$이고 AB, AC, BC의 변장은 다음과 같다.

$$AB = \frac{y_b-y_a}{\sin(AB)} = \frac{x_b-x_a}{\cos(AB)},\ AC = \frac{AB}{\sin\gamma}\cdot\sin\beta,\ BC = \frac{AB}{\sin\gamma}\cdot\sin\alpha$$

AB, BC의 방위각은 $V_A^C = V_A^B-\alpha,\ V_B^C = V_B^A+\beta = V_A^B+180^\circ+\beta$이다.

AB점에서 소구점(C)의 종횡선을 계산하여 평균을 사용하며 식은 다음과 같다.

A점에서 $Y_1 = Y_a+AC\cdot\sin V_A^C$ $\quad X_1 = X_a+AC\cdot\cos V_A^C$

B점에서 $Y_2 = Y_b+BC\cdot\sin V_B^C$ $\quad X_2 = X_b+BC\cdot\cos V_B^C$

$$Y = \frac{Y_1+Y_2}{2},\ X = \frac{X_1+X_2}{2}$$

그림 6-19는 1927년 전라북도 지정측량자 태전신태랑(態田信太郎)이 작성한 군산시가지의 특별삼각측량부로 변장계산부, 좌표계산부, 삼각점성과표, 망의 약도 등이 수록되어 있다. 1912년도 작업 성적은 선점 7,385점, 조표 8,030점, 관측 8,532점으로 그 중 특별소삼각점은 선점, 조표, 관측을 실시한 것은 200점이었다.

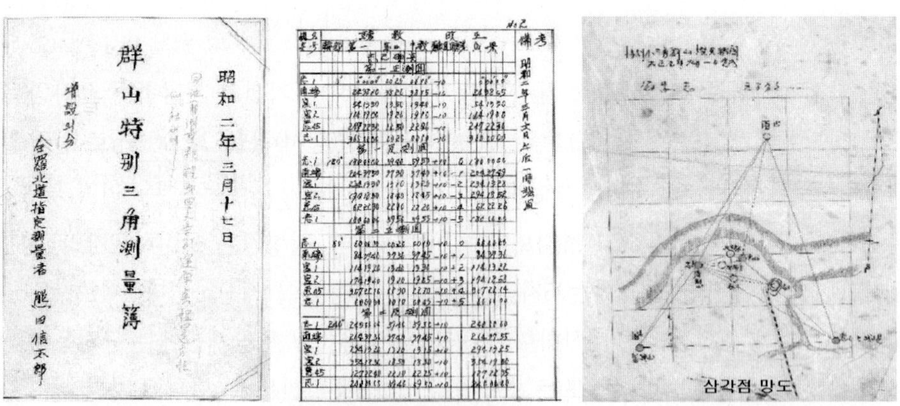

(a) 측량부표지 (b) 특별소삼각점 계산부 (c) 삼각점 망도

그림 6-19 특별소삼각점 측량부

특별소삼각측량 실시규정

1912. 3.13 임시토지조사국 결정

1. 대삼각측량 미제의 지역에 있어서 특히 소삼각측량을 실시할 때에는 삼각측량실시규정에 의하는 외에 본 규정에 준거할 것임.
2. 측량은 소요지역을 엄복하는 것처럼 소삼각 1등점의 망형을 설치하고 그 각점의 거리는 약 2,000 내지 4,000m로 하며, 그 사이에 2등점을 설치하고 각점의 거리를 1,500 내지 2,000m로 할 것.
3. 기선은 삼각망내 편의한곳에 1개를 설치하고 그 길이는 대개 400m 내지 1,000m로 할 것.
4. 기선의 측정은 강뉴척을 사용하여 왕복 2측의 중수를 채용함. 단. 왕복의 교차는 좌의 제한을 넘지 말 것.

$$0.05\text{m} \times \frac{\text{전장m}}{100}$$

5. 기선의 방위각은 태양 또는 북극성의 자오선통과를 관측하여 직접 결정할 것.
6. 기선의 서남방 일단점을 종횡선의 원점으로 하고 종선(남북선)치를 10,000m, 횡선(동서선)치를 30,000m 라고 정할 것.
7. 각 삼각형의 각각은 30도 이상 120도 이하임을 요함.
8. 관측은 1.2등점 모두 3대회로 하고 1점을 정하는 방향선은 반드시 3방향이상으로 할 것.
9. 삼각점의 계산은 기선으로부터 시작하여 축차 각2점의 종횡선에 의하여 산정할 것.
10. 평균계산에는 특별한 용지를 사용하여 기타는 모두 규정의 용지를 사용할 것.

[참고] 삼각점 번호의 관자(冠字)는 주임자(主任者)의 성(姓)의 1자(字)를 사용하도록 1912년 3월 15일 토지조사국에서 결정함

★작은 화살의 방향은 계산의 순서를 표시함.
삼각점 종횡선계산식
삼각점의 내각은 다음식에 의하여 개정함.

$$\alpha+\beta+\gamma = 180° \pm v$$

$$(\alpha\pm\frac{v}{3})+(\beta\pm\frac{v}{3})+(\gamma\pm\frac{v}{3}) = 180°$$

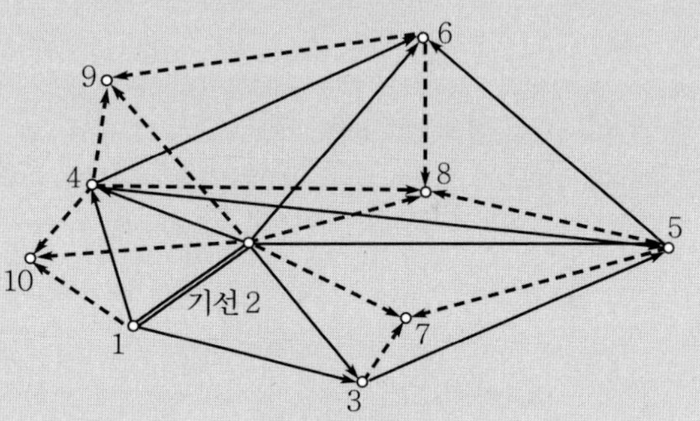

특별소삼각점의 약도

AB변의 방위각은 다음과 같음.

$$\tan(AB)+\frac{y_b-y_a}{x_b-x_a}$$

AB, AC, BC의 변장은 다음과 같음.

$$AB = \frac{y_b-y_a}{\sin(AB)} = \frac{x_b-x_a}{\cos(AB)} \quad AC = \frac{AB}{\sin y}\sin\beta \quad BC = \frac{AB}{\sin y}\sin\alpha$$

AB, BC의 방위각은 다음과 같음

$$(AC) = (AB) - \alpha$$

$$(BC) = (BA) + \beta = AB + 180° + \beta$$

AB 2점에 의하여 구점C의 종횡선을 산출하면

A에 있어서 $y_1 = y_a +$ AC.sin(AC) $\quad x_1 = x_a +$ AC.cos(AC)

B에 있어서 $y_2 = y_b +$ BC.cos(BC) $\quad x_2 = x_b +$ BC.cos(BC)

$$y = \frac{y_1+y_2}{2}$$

$$x = \frac{x_1+x_2}{3}$$

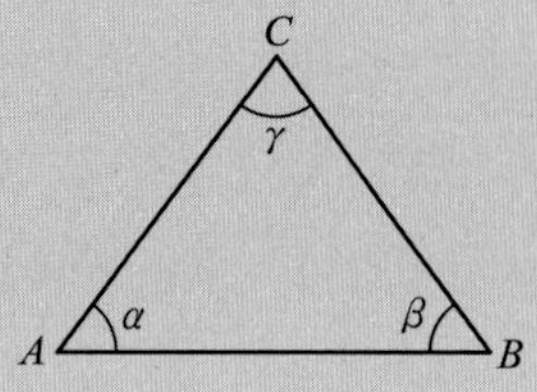

청진시가지 확장구역 특별소삼각점 측량에 관한 심득

1914. 3.9 임시토지 조사국 결정

1. 특별소삼각점은 평균 2km 내지 2.5km의 거리에 1점을 배치할 것.
2. 관측은 20초독경위의를 사용하여 3대회의(안경의 양위치에도 0도, 60도, 120도의 윤곽도를 사용함)로 하고 1점을 정하는 방향선은 반드시 3방향 이상으로 할 것.
3. 각대회의 정 또는 반에 있어서의 교차는 40초를 초과하지 말 것
4. 삼각형 내각과 2직각과의 차는 30초를 초과하지 말 것.
5. 전항의 차는 이를 각각에 배분할 것.
6. 삼각형의 계산은 기지 소삼각점에 연락하여 각 2점의 종횡선에 의하여 산정할 것.
7. 측량부는 삼각과의 특별소삼각점측량 용지를 사용할 것.

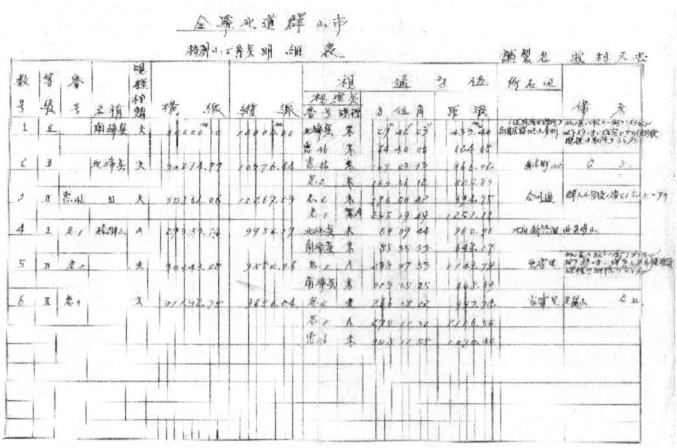

그림 6-20 특별소삼각점 성과표

(3) 구소삼각점측량

구한국정부에서 시행한 측량으로 도근측량 및 일필지측량을 실시하기 위한 측량이며 소삼각점측량은 반드시 대삼각점측량을 실시하여 기초로 하도록 하였다. 그러나 처음 시행한 측량으로 규모가 큰 대삼각점측량부터 소삼각점측량 순서로 실시할 경우 많은 기간이 소요될 것으로 예상되었고 당시에는 대삼각점측량을 시행할 기술이 없어 토지조사국에서 부평군(현, 부평구)지역에서 시험적으로 토지조사를 실시한 후 일부지역에 독립적으로 소삼각점 측량을 실시한 것이 구소삼각점측량이다. 구한국정부의 규정에는 삼각측량을 1~4등급으로 구분하여 계획하였으나 1등 삼각점은 대삼각점측량에 해당되고 2, 3, 4등은 소삼각점측량에 해당하는데 1등 삼각점측량은 시행하지 못하였다. 구소삼각점은 토지조사사업 이전에 한국정부에서 당시 양전업무를 실시하고 국내 27개 지역에 대하여 독립적으로 삼각측량을 실시한 지역으로 대삼각점측량을 실시하지 아니하고 경인지역 및 대구 경북지역에서 부분적으로 시행하였으며 총 11개의 원점(망산, 계양, 조본, 가리, 등경, 고초, 율곡, 현창, 구암, 금산, 소라)이 있다.

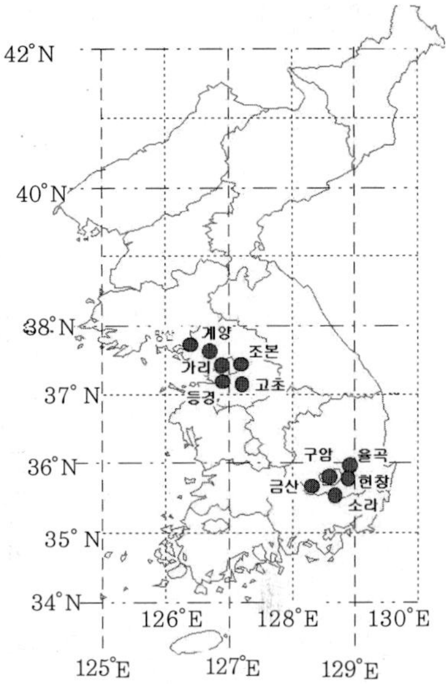

그림 6-21 구소삼각원점 위치

측량지역의 원점은 대상지역의 중앙에 설치하고 원점의 수치는 $X = 0$, $Y = 0$으로 하며 거리 단위는 간(間)으로 하였고 종횡선 수치에 정(+), 부(−)의 부호가 있으며 1975년 지적법의 개정으로 모두 미터단위로 수정하였다. 구소삼각점지역은 5,000방리(약 800km^2)를 1구역으로 하며 중앙에 위치한 삼각점에서 북극성의 최대이각(Greatest Elongation)을 측정하여 진자오선과 방위각을 결정하였으며 천문측량을 바탕으로 하였다. 구한국정부에서 실시한 2~4등의 구소삼각점 수는 경기지역 821점, 경북지역 798점, 합계 1,619점이며 그 중에서 경기지역 40점, 경북지역 63점 합계 103점은 통일원점의 성과와 병기되었으며 위치와 사용지역은 표 6.5와 같다. 구소삼각점측량은 1907년 구한국 탁지부 양지과에서 경성 · 평양 두 시가지를 시작으로 1월 관제개정의 결과 양지과는 임시재원조사국 양지과로 되었다.

1907년 12월 13일 칙령 제41호로 탁지부 관제를 개정하면서 임시재원조사국을 별도 설치하여 8월 다시 임시재산정리국으로 변경되었고 1910년 3월 토지조사국 업무시작과 동시에 경성과 대구 · 평양 · 전주 각 출장소에서 필요에 따라 1지구마다 시행하였다. 개국 이전의 성과는 선점 · 조표 · 관측 각 647점이고 면적은 170방리(方里=27.04km²)로 전국토의 12/1,000에 해당하였다. 구소삼각점은 1910년도 이전 경성과 대구 부근에서 시행한 것과 함께 1911년 조치원 부근을 마무리하여 점수 2,493점은 전기 총점수 중에 포함한다. 그 면적은 940방리로 전 면적에 대하여 1/15에 불과하며 구 한국정부는 대삼각점측량은 생략하고 특정구역에 대한 소삼각점측량을 실시하였다.

표 6.5 구소삼각점의 위치

원점	위 도	경 도	삼각점 수	위 치
망산	북위 37°43′07″ 060	동경 126°22′24″ 596	77	인천 강화
계양	북위 37°33′01″ 126	동경 126°42′49″ 685	99	인천 서구
조본	북위 37°26′35″ 262	동경 127°14′07″ 397	169	경기 광주
가리	북위 37°25′30″ 532	동경 126°51′59″ 430	85	경기 광명
등경	북위 37°11′52″ 885	동경 126°51′32″ 845	220	경기 남양
고초	북위 37°09′03″ 530	동경 127°14′41″ 585	171	경기 용인
율곡	북위 35°57′21″ 322	동경 128°57′30″ 916	193	경북 영주
현창	북위 35°51′46″ 967	동경 128°46′03″ 947	121	경북 경산
구암	북위 35°51′30″ 878	동경 128°35′46″ 186	171	대구 남구
금산	북위 35°43′46″ 532	동경 128°17′26″ 070	126	경북 고령
소라	북위 35°39′58″ 199	동경 128°43′36″ 841	196	경북 청도

1) 선점

구소삼각의 각 기선 위치의 간격은 12,000간(間) 내외로 하고 평탄하며 넓고 단단한 지점을 선정하여 죽제권척(竹製券尺) 또는 측쇄(側鎖)로 측정하고 전체길이는 900간(1,636m)내외로 하되 부득이 한 경우에는 450간 이상으로 하였다. 2등삼각측량은 1구역의 면적을 약 50방리

그림 6-22 구소삼각점(구암)안내판

자료출처 : 한국지적 백년사, 2008

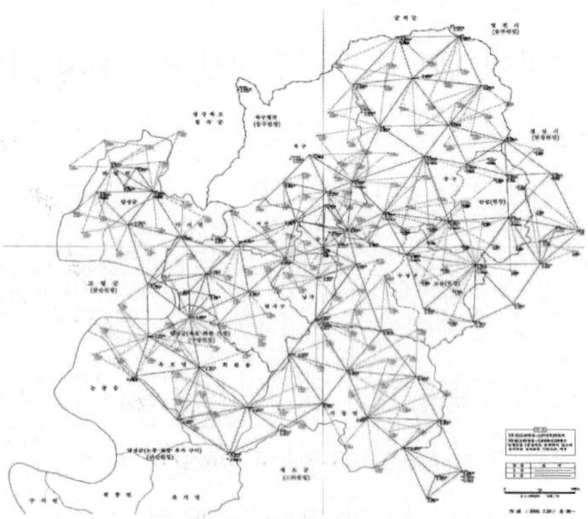

그림 6-23 구소삼각망 재현도(대구시)

자료출처 : 한국지적 백년사, 2008

(=7.8km²)로 하고 축척은 1/60,000을 사용하며 2등삼각점은 삼각쇄 또는 망의 형상으로 하여 각점 상호의 거리는 2,750간(5,000m) 내외로 하고 망은 3차수 이내로 확장하되 부득이 한 경우 4차까지 할 수 있도록 하였다.

2) 조표

삼각형을 선정하였을 때는 조표의 위치를 표시하기 위해 말목을 박고 구소삼각 2등점은 홍상백하(紅上白下), 구소삼각 3, 4등점은 백상홍하(白上紅下)의 표기를 세우고 선점한 자의 관자와 삼각점 번호를 붙인다. 구소삼각 3, 4등점은 십자형을 조립한 판(板)을 2단으로 못박은 곶자형(串字形)의 간점판(桿覘版)으로 하며 추체지주의 위치는 사방 약 2km로 하고 지상에서 조표 꼭대기까지의 높이는 약 4m로 하였으며 거리단위는 간(間)으로 하였다.

3) 관측

구소삼각점측량에서 관측기계는 독일 옷드헨나루사에서 제작한 17.5cm 경위의를 사용하였으며 기계의 제원은 수평 10초, 수직 20초의 눈금으로 측량규정에 적합하도록 하였다. 구소삼각점은 2등 삼각측량 1구역의 중앙부 삼각점은 자오선이 통과하는 북극성을 관측하여 방위각을 결정하고 수평각 관측은 방향각관측법에 의하며 측정은 10초까지로 하였다. 3, 4등 수직각은 망원경의 좌우의 양 위치에서 각각 2회씩 관측하되 시준점은 덮개널판 또는 점판의 제일 하단으로 한다. 구소삼각의 2등점은 정반 관측하여 평균값을 사용하고 독수차의 공차는 40″로 하였다. 또한, 구소삼각점측량의 기선망에서는 4대회, 2등 삼각쇄망은 3대회, 3, 4등 삼각점은 2대회로 하고 1대회의 좌우 폐합공차는 20초, 1방향각의 공차는 30초, 삼각형 내각의 합의 폐합차는 30초로 하였다.

4) 계산

계산은 기선전체길이계산, 기선삼각망 평균계산, 귀심계산, 극성(極星)의 최대방위각 계산, 삼각쇄 또는 망의 각과 변의 계산, 종횡선의 계산으로 구분하며 계산은 6자리 대수표를 사용하고 경위도는 초이하 3자리, 방향각은 초이하 2자리, 평면직각좌표는 cm까지 계산하였으며 높이는 5자리 대수표를 사용하였다. 수직각관측을 끝냈을 때는 목제척으로 주석 윗면으로부터 망원경의 회전축까지 높이를 측정하였다. 기선전체 길이의 계산은 기선 각 측선거리로 2점간의 거리는 경사거리로 직접수준측량에 의하여 측정한 2점의 고도로 $d = \sqrt{L^2-h^2}$식으로 수평거리를 계산하였다.(L; 인접 두 말목간의 측정거리, h^2; 두 말목 머리의 높이차, d; 수평거리) 강권척의 거리에 있는 표준온도와 팽창율을 조회하여 측정온도에 따라 수평거리를 환산하여 보정하였으며 그 환산은 각 측정의 거리 및 온도에 따라 일일이 환산하는 것이 적합하지만 계산이 복잡하고 편의상 기선의 총 수평거리와 각 측정온도의 평균값으로 실시한다. 즉, S; 기선수평거리, T; 평균온도(섭씨 16°), t; 표준온도, e; 팽창율, B; 기선거리로 $B = S[1+(T-t)\times e]$식으로 계산하며 공차는 $0.003\sqrt{\text{전체길이}}$ m로 한다. 소삼각기선망 평균계산은 대삼각기선망의 평균계산과 동일하며 소삼각점 측량에서 필요한 것으로 지표면을 평면으로 간주하고 구과량을 고려하지 않았다. 기선망 삼각형의 변을 계산하기 전에 삼각형의 내각의 합은 180° 라는 규약의 방정식과 망 1변의 길이를 순서에 따라 계산하여도 항상 일치하는 규약의 변방정식을 편성하여 최소방수법(最小方數法)에 따라 각 관측값의 평균계산을 실시하고 7자리 대수표를 사용하였다. AB기선을 밑변으로 하는 $ACBD$ 기선망은 ABC, ABD, ACD, BCD의 각 삼각형의 각방향을 1, 2, 3, 4…로 하였으며 각 삼각형 오차는 W_1, W_2, W_3, W_4로 하고 v_1, v_2, v_3, v_4…을 각 방향 오차로 할 때

$$ABC \text{ 삼각형은 } A+B+C-(180°+w_1) = (v_3-v_2)+(v_6-v_4)+(v_3-v_7)+W_1 = 0 \quad (6.6)$$

$$ABD \text{ 삼각형은 } A+B+D-(180°+w_2) = (v_2-v_1)+(v_9-v_8)+(v_3-v_{12})+W_{11} = 0 \quad (6.7)$$

$$ACD \text{ 삼각형은 } A+C+D-(180°+w_3) = (v_3-v_1)+(v_5-v_4)+(v_{12}-v_{11})+W_3 = 0 \quad (6.8)$$

$$BCD \text{ 삼각형은 } B+C+D-(180°+w_4) = (v_6-v_5)+(v_9-v_7)+(v_{11}-v_{10})+W_3 = 0 \quad (6.9)$$

가 된다. 단, 4방정식 중 각도가 적은 식(6.6)은 단순히 점검용 또는 싸인법칙에 의하여

$$1 = \frac{\sin(1,\ 2)\cdot\sin(4,\ 5)\cdot\sin(7,\ 9)}{\sin(1,\ 3)\cdot\sin(5,\ 6)\cdot\sin(8,\ 9)}$$ 가 되며 변방정식을 대수식으로 정리하면 각 방정식은

$$[\log\sin(1,\ 2)+\log\sin(4,\ 5)+\log\sin(7,\ 9)]-[\log\sin(1,\ 3)+\log\sin(5,\ 6)+\log\sin(8,\ 9)] = 0$$

각 방향의 오차는 초단위로 나타나며 각 방향각의 10초 표차를 ℓ_1, ℓ_2, ℓ_3, ℓ_4…로 할 때는 다음과 같다.

$$\{(v_2-v_1)\ell_1+(v_5-v_4)\ell_2+(v_9-v_7)\ell_3\}-\{(v_3-v_1)\ell_4+(v_6-v_5)\ell_5+(v_9-v_8)\ell_6\}+W_1 = 0 \quad (6.10)$$

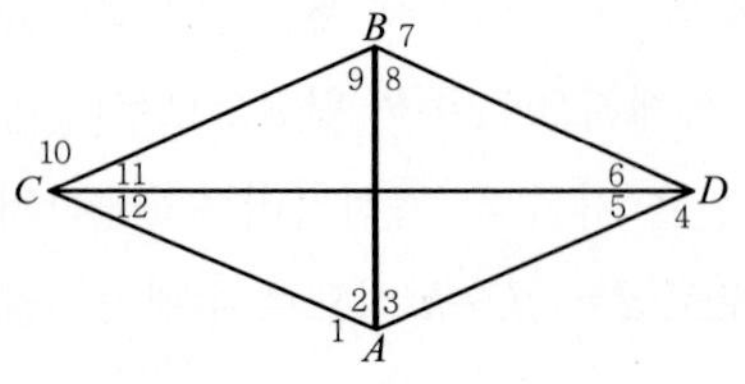

식(6.6), 식(6.7), 식(6.8), 식(6.9) 중에서 식(6.8)과 식(6.10)을 비륜방정식에 의하여 법방정식을 편성하고 그 값을 비륜방정식의 동수(同數)로 적용하여 각 방면의 개정수를 얻는다. 이를 관측각에 더하여 평균각을 얻고 그 평균각

과 실측기선 AB를 1변으로 하는 삼각형으로부터 sin법칙으로 순차 증대(增大)하여 변장을 계산하였다.

귀심화수계산식은 대삼각점과 같고 이 측량에는 귀심원자를 기재하며 귀심계산수부에 6자리 대수로 초 이하 1자리까지 계산하고 방향개정용지의 귀심수의 란에 기재하였다. 북극성의 최대방위각계산은 자오선 제목이 있는 용지를 사용하여 A를 최대방위각으로 하여 δ를 적위로 하고 ϕ는 과거 지도의 개략 위도를 사용하여 $\sin A = \dfrac{\cos\delta}{\cos\phi}$식으로 계산하였다. 2등과 3등 삼각망의 각계산은 기선망 평균계산과 같은 원리에 기초하여 최소방수법의 응용에 의하지 않을 수 없지만 그 계산이 복잡하고 이 측량에 기대하는 정도는 약근계산법(略近計算法)을 사용하였다. 이 방법은 먼저 각규약을 만족하는 관측각을 평균한 후 변규약을 만족하고 평균각을 평균하여 제2개정각을 계산하는 것으로 그림에 의한 각규약은 다음과 같다.

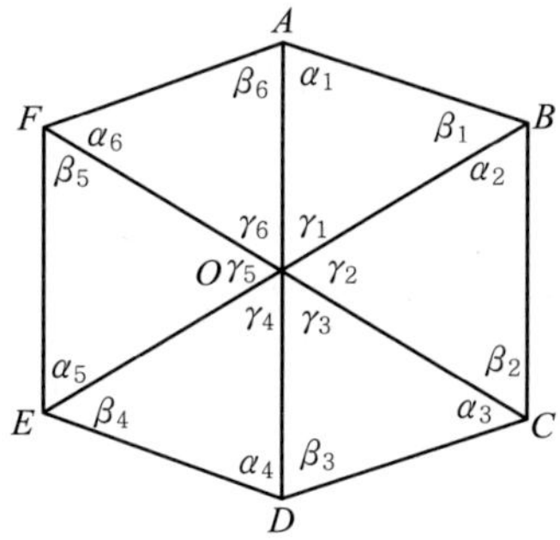

$\alpha_1+\beta_1+\gamma_1-180° = e_1$ $\qquad$ $\alpha_2+\beta_2+\gamma_2-180° = e_2$

$\alpha_3+\beta_3+\gamma_3-180° = e_3$ $\qquad$ $\alpha_4+\beta_4+\gamma_4-180° = e_4$

$\alpha_5+\beta_5+\gamma_5-180° = e_5$ $\qquad$ $\alpha_6+\beta_6+\gamma_6-180° = e_6$

$$\gamma_1+\gamma_2+\gamma_3+\gamma_4+\gamma_5+\gamma_6-360° = f \qquad [\text{I}]$$

최소방수법에 의하면 e_1, e_2, e_3, …의 각 오차는 각각의 삼각형 α, β, γ 각에 배분하며 이를 개정수 (1), (2), (3)…으로 하고 f 오차는 0의 주위의 각에 배분하며 개정수를 식[Ⅱ]로 하면 위식에

$3(1)+(\text{II}) = e_1 = 0$ $\qquad$ $3(2)+(\text{II}) = e_2 = 0$

$3(3)+(\text{II}) = e_3 = 0$ $\qquad$ $3(4)+(\text{II}) = e_4 = 0$

$3(5)+(\text{II}) = e_5 = 0$ $\qquad$ $3(6)+(\text{II}) = e_6 = 0$

$$6(\text{II})+(1)+(2)+(3)+(4)+(5)+(6)+f = 0 \qquad [\text{II}]$$

식[Ⅱ]를 이용하여 정리하면

$$(1) = \frac{-e_1-(\text{II})}{3}$$

$(2) = \dfrac{-e_2 - (\mathrm{II})}{3}$

$(3) = \dfrac{-e_3 - (\mathrm{II})}{3}$

$(4) = \dfrac{-e_4 - (\mathrm{II})}{3}$

$(5) = \dfrac{-e_5 - (\mathrm{II})}{3}$

$(6) = \dfrac{-e_6 - (\mathrm{II})}{3}$ 에서

$$6(\mathrm{II}) + \frac{-e_1 - (\mathrm{II})}{3} + \frac{-e_2 - (\mathrm{II})}{3} + \frac{-e_3 - (\mathrm{II})}{3} + \frac{-e_4 - (\mathrm{II})}{3} + \frac{-e_5 - (\mathrm{II})}{3} + \frac{-e_6 - (\mathrm{II})}{3} + f = 0$$

이와 같이 각 규약에 의한 오차의 평균계산을 제1개정이라 하고 이에 의한 관측각을 개정한 결과를 제1개정각으로 다시 변규약을 계산한다.

$\dfrac{\sin\alpha_1 \cdot \sin\alpha_2 \cdot \sin\alpha_3 \cdot \sin\alpha_4 \cdot \sin\alpha_5 \cdot \sin\alpha_6}{\sin\beta_1 \cdot \sin\beta_2 \cdot \sin\beta_3 \cdot \sin\beta_4 \cdot \sin\beta_5 \cdot \sin\beta_6}$ 에서 변규약식을 대수로 정리하면

$(\log\sin\alpha_1 + og\ \sin\alpha_2 + \cdots) - (\log\sin\beta_1 + og\ \sin\beta_2 + \cdots) = 0$

Σ를 동류항(同類項)의 총합으로 나타내는 기호는

$$\Sigma\log\sin\alpha - \Sigma\log\sin\beta \tag{6.11}$$

식(6.11)은 각 방향에 따른 오차로 0이 될 수 없으며 제1개정에 의하여 O의 둘레에 있는 γ각의 합은 360도가 되어야 하지만 기지 OA변과 계산된 OA변이 불일치되는 경우는 A는 OA선과 일치하지 않으므로 제2개정수는 α각으로부터 감(−)하여 각 β각에 더하지 않는다. 이 개정수를 x라 하면 $\Sigma\log\sin(\alpha-x) - \Sigma\log\sin(\beta-x) = 0$이 되며 x는 극히 적은 각으로 초단위로 표시하며 $\Delta\alpha$, $\Delta\beta$는 α와 β각에 대한 sin1″의 대수값이고

$$\log\sin(\alpha-x) = \log\sin\alpha - \Delta\alpha\times x$$
$$\log\sin(\beta+x) = \log\sin\beta - \Delta\beta\times x \tag{6.12}$$

식(6.12)를 정리하면 $\Sigma\log\sin(\alpha-x) = \Sigma\log\sin\alpha - \Sigma\Delta\alpha\times x$

$\Sigma\log\sin(\beta+x) = \Sigma\log\sin\beta - \Sigma\Delta\beta\times x$

식(6.12)를 식(6.11)에 대입하면

$$\Sigma\log \sin\alpha - \Sigma\Delta\alpha \times x - \log \sin\beta - \Sigma\Delta\beta \times x \tag{6.13}$$

식(6.13)에 의한 미지수는 α로 계산할 수 있으며

$$X'' = \frac{\Sigma\log \sin\alpha - \Sigma\log \sin\beta}{\Sigma\Delta\alpha - \Sigma\Delta\beta} \tag{6.14}$$

X''의 값은 제2개정수로 이를 α각을 빼고 β각에 더하여 제2개정각으로 약근계산법의 목적인 각이다. 기지 2변이 있는 삼각쇄 또는 다른 망의 계산은 망의 약도와 기지를 기재하여 오차방정식 용지에 계산하고 제1개정은 각 방정식란에 제2개정은 변방정식란에 계산하였다. 개정수는 오차배분과 변장계산이라고 기재한 용지의 제1개정, 제2개정의 각란에 기재하고 제2개정각을 계산하여 기지변으로 sin법칙에 의하여 변장을 계산하고 7자리 대수표를 사용하여 각 도는 초 이하 1자리, 변장은 7자리까지로 하였다.

종횡선의 원점은 면적 약 50방리를 1구역으로 하여 측지의 중앙에서 방위각 관측을 시행한 점은 2등 삼각점으로 하며 7자리 대수표를 사용하여 종횡선 계산용지의 원점부터 제1차로 결정할 점 이외에 각 점은 모두 2방향부터 평균각과 평균거리로 대삼각보점 종횡선 계산과 동일한 식인 $y_2 = y_1 + S \cdot \sin T_1$, $x_2 = x_1 + S \cdot \sin T_1$에 의하여 소수 이하 3자리까지를 계산하고 그 평균을 사용하였다.

구소삼각원점을 사용하는 지역 중 조본원점 · 고초원점 · 율곡원점 · 현창원점 및 소라원점의 평면직각종횡선수치의 단위는 미터로 하였다. 구소삼각원점을 사용하는 지역 중 망산원점 · 계양원점 · 가리원점 · 등경원점 · 구암원점 및 금산원점의 평면직각종횡선수치의 단위는 간(間)으로 하고, 각각의 원점에 대한 평면직각종횡선수치는 0으로 하였으며 계산은 외업 용지에 바로 시행한 것으로 총점수 2,493점 중에서 개국 이전에 완성한 것이 647점, 1910년에 1,069점을 완료하고 1911년에 나머지 777점의 계산을 완료하였다.

(4) Laplace 점

라플라스점은 기존에 설치된 1, 2등 삼각점에서 천문측량을 실시하여 삼각망내 사방 50km ~100km마다 라플라스점을 설치하고 그 점에서 삼각측량에 의해 계산된 측지 방위각과 천문측량에 의해 관측된 값들을 Laplace 방정식에 적용하여 계산한 측지 방위각을 비교하여 그 차이를 조정함으로써 보다 정확한 위치결정이 가능하며 삼각망의 비틀림을 바로 잡을 수 있는 점

이다. 라플라스점의 기능은 삼각점의 규정, 수평각 관측의 점검, 삼각망 평균계산의 조건식 등을 점검하였으며 삼각점의 계산은 Wellington소재의 본청직원이 수행하면서 시작되었으며 최종 조정은 최종 기선길이와 Laplace관측이 가능하게된 1949년에 이루어졌다. 또한 Auckland, Otago와 Southland 지방에서 1등점과 함께 관측된 2등망은 처음으로 조정되었으며 Wellington과 Taranaki에서 오래 전에 관측된 2등망의 후속이었으며 그 후 몇 년간 수 많은 예전의 삼각점은 새로운 측지망에 적합하도록 재계산하였다.

천문측량에 의해 얻어진 천문방위각(A_a), 천문경도(λ_a), 측지경도(λ_g), 측지위도(ϕ)를 알면 타원체면상 계산에 필요한 측지 방위각 A_g를 구할 수 있으며, Laplace점을 선정하여 기준점 관측값과 천문관측값의 차이를 조정하여 위치결정오차를 적게할 수 있다. 측지방위각과 천문방위각의 관계식은 $A_g = A_a-(\lambda_a-\lambda_g)\sin\phi$ 를 이용하여 Laplace점에서의 천문방위각 관측방정식을 구성하면 식(6.15)와 같다.

$$V\gamma_{ij} = (\alpha ijo-\alpha ij)+\sin\phi i\delta\lambda i+d\alpha ij \quad (6.15)$$

여기서, αijo : i 와 j 점을 연결하는 측선의 방위각 근사값, αij : 측지방위각

$d\alpha ij = a_1\delta\phi i+a_2\delta\lambda i+a_3\delta\phi j+a_4\delta\lambda j$ 식(6.15)를 정리하여 일반적으로 표시하면

$$V\gamma_{ij} = a_1\delta\phi i-(a_2-\sin\phi i)\delta\lambda i+a_3\delta\phi j-a_4\delta\lambda j+\alpha ijo-\alpha ij+(\lambda_a-\lambda_g)\sin\phi i \quad (6.16)$$

6.5 지적삼각점측량

지적삼각점측량은 과거에는 기지변을 기초로 내각을 측정하여 거리를 계산하는 방법으로 실시하였으나 최근에는 장비의 발달로 광파기, TS(Total Station), GPS(Global Positioning System) 등의 장비를 이용하여 직접적으로 거리를 측정하는 삼변측량방식이 널리 활용되고 있다. 또한 지적삼각점측량의 정밀도를 유지할 수 있는 지적삼각보조점측량을 포함하고 있으나 현행 법률에서 지적측량기준점의 종류에 위성기준점, 지적삼각점, 지적삼각보조점, 도근점으로 구분하여 규정하고 있다. 지적삼각점측량은 데오돌라이트 및 전파기 또는 광파기에 의하되 계산은 평균계산법 또는 망평균계산법에 의하도록 규정하고 있다. 또한 지적삼각점측량은 측량지역의 지형관계를 고려하되 측량에 의하여 설치한 삼각점과 지적삼각점을 기초로 필요한 곳에 새로운 지적삼각점을 신설하거나 재설치 한다. 그리고 이들을 포함하는 삼각망을 기하학적인 조건에 맞게 구성하여 각을 관측하고 1개 이상의 변을 측정하여 삼각함수 등의 공식으로 각

을 조정한 후 변을 계산하여 새로운 점들의 수평위치를 정하는 측량이다. 지적삼각점의 설치는 측량지역의 지형관계상 지적삼각점 또는 지적삼각보조점의 설치 또는 재설치를 필요로 하는 경우와 지적도근점의 설치 또는 재설치와 지적삼각점 · 지적삼각보조점 또는 위성기준점의 설치를 필요로 하는 경우, 세부측량의 시행상 필요로 하는 경우에 실시한다.

(1) 계획준비

삼각점 및 지적삼각점을 기초로 하여 축척 1/50,000 또는 1/25,000 지형도에서 작업계획의 수립 및 문제점을 파악하고 삼각점성과를 열람하여 준비를 철저히 한다. 측량은 충분한 자료 · 시간적 여유 및 최소의 경비로 능률적이고 완전하게 할 수 있도록 사전에 치밀한 계획과 준비를 하여야 한다.

(2) 현지답사

삼각점의 위치를 전개한 지형도를 휴대하고 망실된 경우에는 반석을 찾을 수 있는 장비를 준비하여야 한다. 또한, 작업계획에 의하여 선정된 대상 지역 주위의 삼각점 또는 지적삼각점을 현지답사로 확인하고 수목, 고층건물, 스모그현상 등으로 시통에 장애 여부를 조사, 선점하여 계획망도를 점검한다.

(3) 선점

지적삼각점의 선점은 측량의 목적과 정밀도, 정확도 등을 고려하여 지적삼각점을 배치할 위치를 선정하여야 한다. 선점 시의 유의할 사항으로는 삼각점 상호 간에 시통이 잘되는 곳, 지반이 견고하고 측점의 이동 염려가 없으며 장비의 설치가 편리한 곳, 교통의 장애를 받지 않는 곳, 삼각형의 내각을 모두 관측할 수 있도록 하여야 한다. 또한 신설삼각점은 3개 이상의 기지삼각점과 연결되도록 하여야 하고 후속측량에 편리하며 영구적으로 보존할 수 있는 위치를 선정하고 삼각형의 형상은 정삼각형에 가깝게 하며 30° ~120° 의 범위가 되도록 하여야 한다.

(4) 매설

표석은 반석과 주석의 2개 부분으로 구성되었으며, 반석은 주석이 망실되거나 그 효용을 다할 수 없을 때에 대비하여 설치하고 영구히 보존할 수 있도록 하여야 한다.

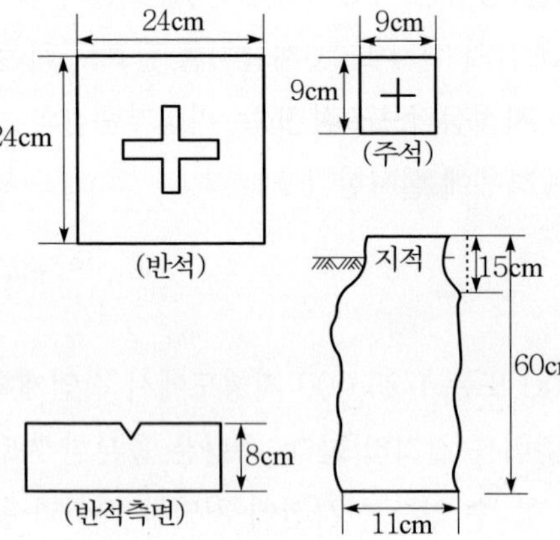

그림 6-24 지적측량기준점 표지규격

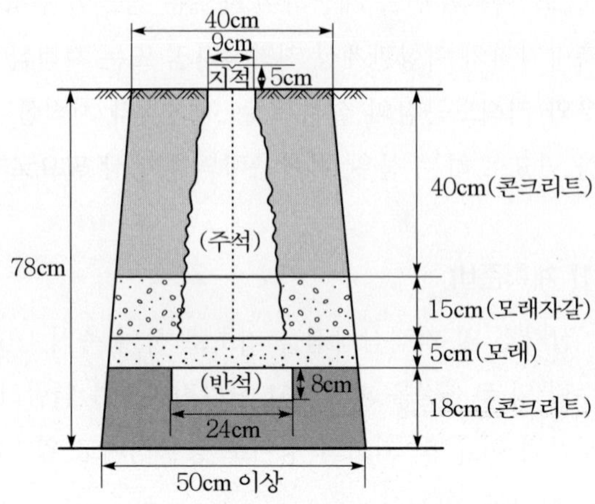

그림 6-25 지적기준점 매설방법

(5) 조표

조표는 점표를 세우는 것을 말하며 영구적인 조표와 일시적인 조표로 구분하여 설치할 수 있다. 과거 삼각측량을 실시할 경우에는 매우 중요한 역할을 하였지만 최근에는 GNSS 측량 등 위성측량과 삼변측량방식으로 실시하기 때문에 조표보다는 직접 반사경을 설치하거나 장비를 설치하여 관측을 실시함으로 조표에 대해서는 중요시 하지않고 있으나 각관측을 실시할 경우에는 정확하게 설치하여야 한다. 그림 6-26에서 P : 측표중심, B : 기계중심점, C : 표석중심이다.

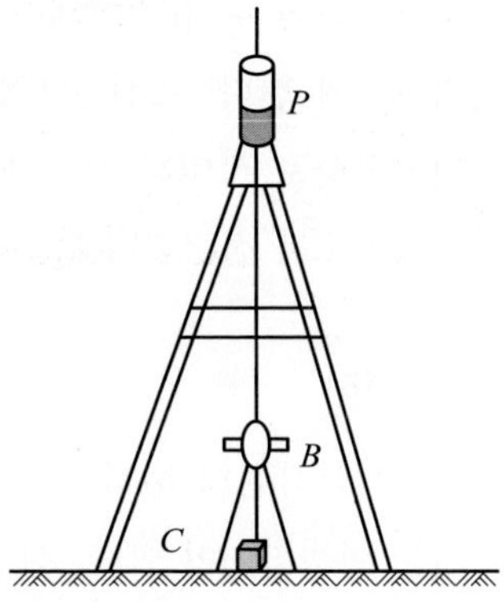

그림 6-26 영구조표

(6) 각 관측

수평각관측을 경위의측량방법으로 실시하여 지적삼각점을 관측할 경우에는 10초독 이상의 경위의를 사용하고 관측은 3대회(윤곽도는 0°, 60°, 120°)의 방향관측법으로 실시하며 수평각의 측각공차는 1방향각은 30초 이내로 하고 1측회의 폐색차는 ±30초 이내, 삼각형 내각 관측값의 합과 180°와의 차는 ±30초 이내, 기지각과의 차는 ±40초 이내로 한다. 지적삼각점을 각 관측을 실시하여 계산할 경우에는 sin법칙을 이용하여 계산하는데 주로 망조정 계산방법 등에서 활용하고 있으므로 삼각측량의 기본원리라고 할 수 있다.

그림 6-27에서 $\triangle ABC$의 외접원 반지름을 R이라 할 경우 이 원에서 B를 지나는 지름의 다른

끝점을 A' 라하고 CA' 로 연결하면 $\angle BA'C$는 $\angle A$와 같거나 $\angle A$의 보각(Supplementary Angle)과 같고 $\sin\angle BA'C = \sin\angle A$이다. 그런데 $BC = BA' \cdot \sin\angle BA'C$이므로 $a = 2R \cdot \sin\angle A$이며 $2R = \dfrac{a}{\sin\angle A}$이다. 즉, A가 직각일 경우 $\sin\angle A = 1$, $a = 2R$로 성립한다. 이와 동일한 방법으로 $\dfrac{b}{\sin\angle B} = 2R$, $\dfrac{c}{\sin\angle C} = 2R$을 이용하면 sin 법칙인 $\dfrac{a}{\sin\angle A} = \dfrac{b}{\sin\angle B} = \dfrac{c}{\sin\angle C} = 2R$을 유도할 수 있다. 다른 방법으로는 다음과 같이 그림 6-28을 이용하여 다음의 공식을 유도할 수 있다.

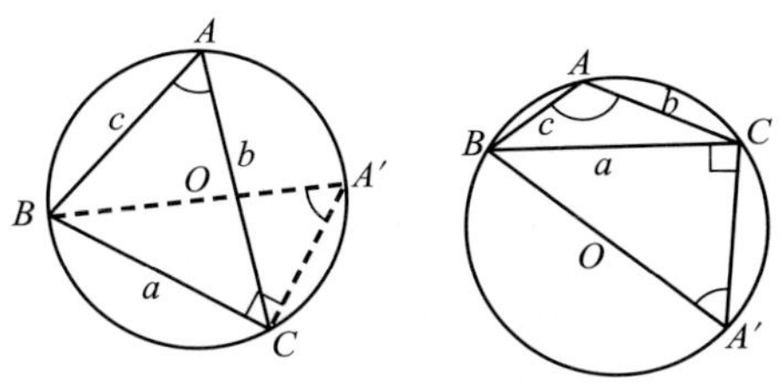

그림 6-27 Sin 법칙(1)

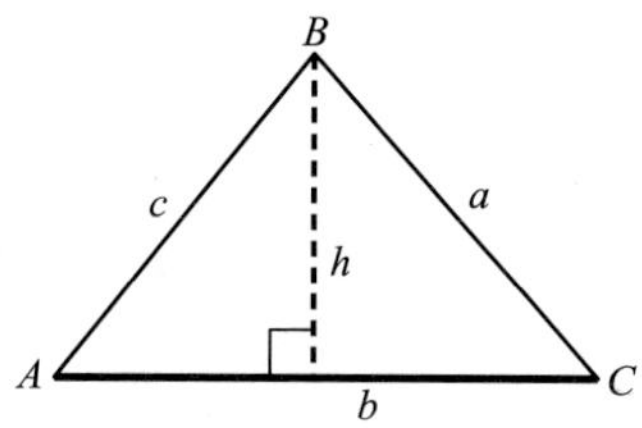

그림 6-28 Sin 법칙(2)

$\triangle ABC$의 면적은 $\dfrac{1}{2}b \cdot h = \dfrac{1}{2}c \cdot b\sin\angle A = \dfrac{1}{2}a \cdot b\sin\angle C$로 나타낼 수 있으며

$\sin\angle A\dfrac{h}{c}$ 및 $\sin\angle C\dfrac{h}{a}$에서 $h = c \cdot \sin\angle A = a \cdot \sin\angle C$로 정리할 수 있다.
또한, 동일한 방법으로 $c \cdot \sin\angle A = a \cdot \sin\angle C$에서 $\dfrac{a}{\sin\angle A} = \dfrac{b}{\sin\angle B} = \dfrac{c}{\sin\angle C}$로 정리하면 $\dfrac{a}{\sin\angle A} = \dfrac{b}{\sin\angle B} = \dfrac{c}{\sin\angle C}$가 된다.

여기서, $a = \dfrac{b \cdot \sin\angle A}{\sin\angle B} = \dfrac{c \cdot \sin\angle A}{\sin\angle C}$, $b = \dfrac{a \cdot \sin\angle B}{\sin\angle A} = \dfrac{c \cdot \sin\angle B}{\sin\angle C}$

$c = \dfrac{a \cdot \sin\angle C}{\sin\angle A} = \dfrac{b \cdot \sin\angle C}{\sin\angle B}$이다.

전파기 또는 광파기 측량방법으로 지적삼각점의 관측을 실시할 경우에는 전파 또는 광파측거기는 표준편차가 ±(5mm+5ppm) 이상인 정밀측거기를 사용하고 점간거리는 5회 측정하여 그 측정값의 최대값과 최소값의 교차가 평균값의 1/10만 이하인 때에는 그 평균값을 측정거리로 하고, 원점에 투영된 평면거리에 의하여 계산하며 삼각형의 내각은 3변의 평면거리에 의하여 계산한다.

삼변측량을 실시한 경우에는 각을 계산하여야 점의 위치를 결정할 수 있으므로 cos법칙을 활용하는데 그림 6-29에서 $BC = BD + DC = AB \cdot \cos\angle B + AC \cdot \cos\angle C$가 되며, $a = b \cdot \cos$

$\angle C + c \cdot \cos\angle B$가 된다. 만약 C가 둔각이면 D는 BC연장선 위에 있으므로 $BC = BD - CD = AB \cdot \cos\angle B - AC \cdot \cos\angle(180-C) = AB \cdot \cos\angle B + AC \cdot \cos\angle C$이다.

또한, B가 둔각일 경우에도 동일하며 C점이 직각일 경우에는 $a = c \cdot \cos\angle B$, $\cos\angle C = 0$가 된다. B가 직각인 경우도 동일하게 성립되는 것을 cosine 제1법칙이라고 한다.

$$a = b \cdot \cos\angle C + c \cdot \cos\angle B$$
$$b = c \cdot \cos\angle A + a \cdot \cos\angle C$$
$$c = \mathrm{a} \cdot \cos\angle B + b \cdot \cos\angle A$$

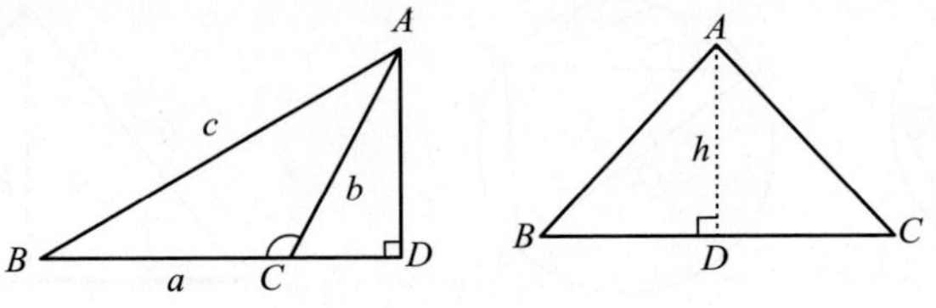

그림 6-29 삼각형의 둔각과 직각

위의 법칙을 연립방정식으로 $\cos\angle A$, $\cos\angle B$, $\cos\angle C$를 계산할 경우 cosine 제2법칙은 다음과 같다.

$$\cos\angle A = \frac{b^2 + c^2 - a^2}{2bc} \qquad a^2 = b^2 + c^2 - 2bc \cos\angle A$$
$$\cos\angle B = \frac{c^2 + a^2 - b^2}{2ca} \qquad b^2 = c^2 + a^2 - 2ca \cos\angle B$$
$$\cos\angle C = \frac{a^2 + b^2 - c^2}{2ab} \qquad c^2 = a^2 + b^2 - 2ab \cos\angle C$$

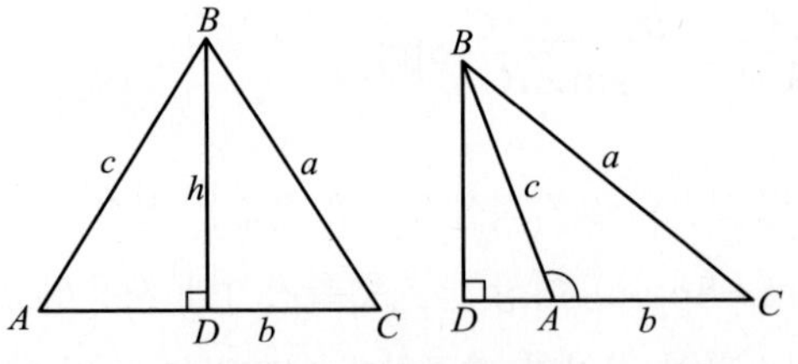

그림 6-30 예각과 둔각

그림 6-30과 같이 B에서 AC 또는 그 연장에 그은 수선을 BD라고 하면 A가 예각 또는 둔각이므로 $BC^2 = AC^2 + AB^2 \pm 2AC \cdot AD$가 되며, A가 예각이면 $AD = AB \cdot \cos\angle A$, A가 둔각이면 $AD = AB \cdot \cos\angle(180° - A) = -AB \cdot \cos\angle A$이므로 $BC^2 = AC^2 + AB^2 - 2AC \cdot AB \cdot \cos A$ 또는

$a^2 = b^2 + c^2 - 2bc \cdot \cos A$가 된다.

연직각은 각 측점에서 정 · 반으로 각 2회 관측하고 관측값의 최대값과 최소값의 교차가 30초 이내인 때에는 그 평균값을 연직각으로 한다. 그리고 2개의 기지점에서 소구점의 표고를 계산한 결과 그 교차가 0.05m + 0.05(S_1+S_2)m 이하인 때에는 그 평균값을 표고로 하고 이 경우 S_1과 S_2는 기지점에서 소구점까지의 평면거리로서 km단위로 표시한 수를 말한다.

(7) 계산

지적삼각점의 계산은 진수를 사용하여 각규약과 변규약에 의한 평균계산방법 또는 망평균계산방법에 의하며 계산단위는 각은 초, 변의 길이와 좌표 또는 표고는 cm, 진수는 6자리 이상, 경위도는 초 아래 3자리, 자오선수차는 초 아래 1자리까지 계산한다. 지적측량성과를 전자계산기기로 계산한 때에는 그 계산성과 자료를 측량부로 본다. 방위각의 값, 종횡선의 수치 또는 거리의 계산에 있어서 구하고자 하는 끝자리의 다음 숫자가 5미만인 때에는 버리고, 5를 초과하는 때에는 올리며, 5인 때에는 구하고자 하는 끝자리의 숫자가 0 또는 짝수이면 버리고 홀수이면 올린다. 그러나 전자계산조직에 의하여 연산하는 때에는 최종수치에 한하여 이를 적용하도록 규정하고 있다.

(8) 기준점성과 관리

위성기준점성과는 국토해양부장관, 지적삼각점성과는 시 · 도지사, 지적삼각보조점 및 지적도근점성과는 소관청이 관리하며 소관청이 지적삼각점을 설치하거나 변경한 때에는 그 측량 성과를 시 · 도지사에게 통보하여야 한다. 소관청은 지형 · 지물 등의 변동으로 인하여 지적삼각점 성과가 다르게 된 때에는 지체 없이 그 측량성과를 수정하고 시 · 도지사에게 통보하여야 한다. 지적삼각점측량부는 기지점방위각 및 거리계산부 · 수평각관측부 · 수평각개정계산부 · 수평각측점귀심계산부 · 수평각점표귀심계산부 · 거리측정부 · 평면거리계산부 · 삼각형내각계산부 · 연직각관측부 · 표고계산부 · 유심망조정계산부 · 삽입망조정계산부 · 사각망조정계산부 · 삼각쇄조정계산부 · 삼각망조정계산부 · 변장계산부 · 종횡선계산부 · 좌표전환계산부 및 지형도에 의하여 작성된 지적삼각점망도를 포함한다. 지적삼각점의 명칭은 측량지역이 소재하고 있는 시 · 도의 명칭 중 두 글자를 선택하고 일련번호를 붙여서 정한다.

(9) 조정방법

근사조정법은 모두 소구점이 동일한 망 내에 구성된 기지점에 부합이 되도록 조정이 이루어지나 주변에 다른 기지점 성과와의 차이는 어느 정도의 범위 안에서 피할 수가 없다. 근사조정법은 관측값에 포함된 오차도 있지만 기지점 자체에도 오차가 포함되어 있음을 알 수 있다. 근사조정법의 경우에는 삼각규약, 망규약, 변규약 등을 별도로 조정계산하고 기지점과 소구점이 반대편에 있는 망형태이며 삼각망의 형태는 유심다각망, 삽입망, 사각망, 삼각쇄 등이 있다. 또한 기지점 자체에도 오차가 포함되어 있으며 근사조정법은 계산이 간단하고 도해지역에서의 지적삼각점측량에 적용이 가능하다.

정밀조정법은 망방식에 의한 삼각망조정계산으로 지적측량에서는 삼각규약, 망규약, 변규약 등에 대한 조정계산을 동시에 실시하는 방법이다. 최종 조정각은 이 모든 규약을 만족하여 얻어지므로 합리적인 산식이라 할 수 있으며 망형태는 소구점을 중앙에 두고 주변에 있는 기지삼각점을 모두 포함시키므로 이에 맞는 규약에 대한 조건식을 만족한다는 것은 주변 기지삼각점의 성과에 부합할 수 있게 되는 것이다.

망방식에 의한 조정계산법은 소구점을 중앙에 두고 주변의 기지삼각점을 대부분 포함시키는 망형태로 구성하고 최소제곱법의 원리에 의해 각규약과 변규약을 동시에 만족할 수 있도록 조정 계산오차를 합리적으로 소거한다. 측량을 실시하기 위한 지역의 기초점의 배치와 좌표를 사전에 파악하여야 하기 때문에 해당점에 대한 성과를 파악하기 위해서는 국토지리정보원에서 성과표를 교부 받아 사용하여야 한다. 일반 지적삼각점의 성과표를 사용하기 위해서는 시·도청이나 지적소관청에서 교부받아야 하며 그림 6-31은 삼각점 성과표에 대한 예시이다.

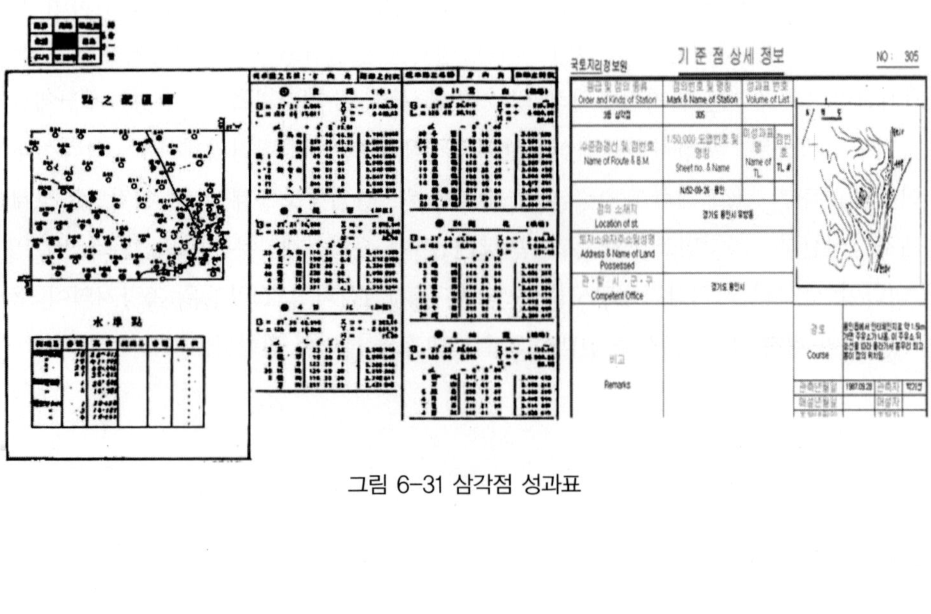

그림 6-31 삼각점 성과표

6.6 지적삼각보조점측량

지적삼각보조점측량은 지적삼각점의 배치밀도가 약하여 지적도근점측량을 실시하기 곤란한 지역에 지적삼각점의 밀도를 보완하고 지적도근점측량의 정확도를 향상시키기 위하여 실시하는 측량이다. 또한, 이미 설치된 삼각점과 지적삼각점을 기초로 경위의, 전파기 또는 광파기에 의하며 계산방법은 교회법 또는 다각망도선법에 의한다. 망의 구성은 교회망과 교점다각망으로 구성하고 지적삼각보조점의 명칭은 "보"로 한다. 또한, 번호 부여는 영구표지를 설치하는 경우에는 시 · 군 · 구별로 일련번호를 부여하고 일시적인 표지를 설치하는 경우에는 측량지역별로 설치 순서에 따라 일련번호를 부여한다.

6.6.1 작업순서

(1) 계획 및 준비

기초측량의 계획은 도상계획, 준비, 답사, 선점, 조표, 관측, 계산 및 성과표작성 등의 순서로 하며 계획은 목적과 지역, 작업량, 기간, 정밀도, 작업반의 편성, 기계, 기구, 후속측량에 미치는 영향 등을 고려하여야 한다. 택지개발지구 및 경지정리지구의 예정지측량 실시여부를 확인하고 지역의 위치를 파악한다. 예정지측량에 따른 지구계 결정과정과 지적측량기준점의 사용여부를 확인하여 주변 토지와의 부합여부를 고려하고 지구계선 결정을 확인한다. 측량을 실시하기 위해서는 표 6.6과 같이 해당 지역의 인접에 있는 기지점의 성과를 확인하여야 한다.

표 6.6 기지점 성과확인

소관청별	점명	중 부 원 점		점 의 소 재	설치 년월일
		종선좌표	횡선좌표		
인천남동구	인천 24	432537.18	174332.75	인천 남동구 고잔동 246-1	2006. 09. 21
	인천 25	432342.88	175264.87	인천 남동구 고잔동 404	2006. 09. 21
	인천 26	433319.26	175631.72	인천 남동구 논현동 산41-1	2006. 09. 21
	보 7	432822.29	176762.31	인천 남동구 논현동 111-13	2006. 09. 21
	보 8	431608.24	175672.94	인천 남동구 고잔동 431-12	2006. 09. 21
	보 9	433659.29	173669.19	인천 남동구논현동 442-82	2007. 01. 10

(2) 망구성

지적삼각보조점표지의 점간거리는 평균 1～3km로 하되 다각망도선법에 의하는 때에는 평균 0.5km 이상 1km 이하로 한다. 다각망도선법으로 지적삼각보조점측량을 실시하는 경우 3점

이상의 기지점을 포함한 결합다각방식에 의하며 1도선의 점의 수는 기지점과 교점을 포함하여 5개 이하로 하고 1도선의 거리는 4km 이하로 한다. 교회법으로 실시하는 경우에는 3방향의 교회에 의하되 지형상 부득이하여 2방향의 교회에 의하여 결정할 때는 각 내각을 관측하여 각 내각의 관측값의 합계와 180°와의 차가 ±40초 이내인 때에는 이를 각 내각에 고르게 배분하여 사용할 수 있으며 삼각형의 각 내각은 30° 이상 120° 이하로 한다.

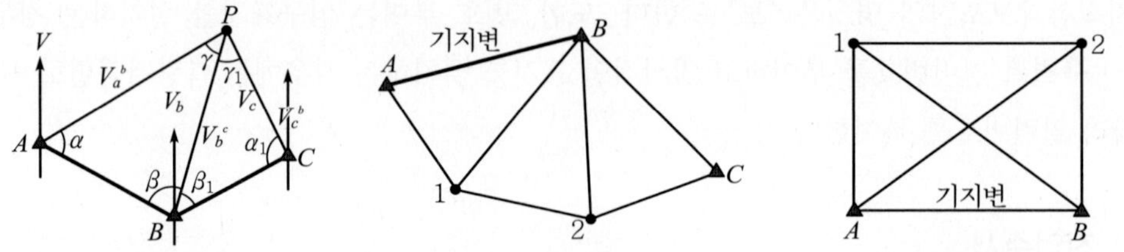

(a) 교회망 (b) 삽입망 (c) 사각망

그림 6-32 망의 형태

(3) 업무협의

사업지구의 효율적인 업무수행과 정확한 성과를 창출하기 위해서는 지적측량 기준점 사용과 설치에 대하여 협의하고 추후 검사과정에서 발생할 수 있는 사항 등을 사전에 협의하여 측량검사에 문제가 발생하지 않도록 한다. 소관청과 협의할 사항은 사용할 지적측량기준점, 지적삼각보조점의 매설에 관한사항, 관측 장비의 선정 및 검사시 필요한 사항을 소관청과 협의하여야 한다. 시 · 도지사와 협의할 사항은 사용하여야 할 삼각점과 지적측량기준점 설치방법, 해당지역의 인접지 측량 시행지역과 관계결정, 지적측량기준점의 설치방법(옥상, 포장도로, 비포장도로 등), 해당 지구내의 이해관계인과 사업시행자의 의견을 청취하고 서로 상이할 경우에는 소관청과 협의하여 검사에 따른 문제가 발생하지 않도록 하여야 한다.

(4) 답사 및 선점

사전에 현지에 가서 작업구역 전체를 답사하고 기준점의 망실과 변동 유무를 확인하여 시통이 잘 되도록 벌목의 필요성 등을 조사한다. 또한, 선점은 후속측량에 편리하고 영구적으로 보존할 수 있는 위치로 하는데 도선점수와 점간거리 및 삼각형의 내각은 지적법령에서 규정한 여러 가지 조건을 만족하도록 선점한다.

(5) 표지설치 및 매설

지적삼각보조점 표석 또는 표지를 매설할 경우 암석 · 석재구조물 · 콘크리트구조물 · 맨홀 및 건축물 등 견고한 고정물에 기준점을 설치할 경우에는 그 고정물에 기준점 표지의 규격으로 각인하거나, 그 구조물에 고정하여 설치할 수 있다. 또한, 재질은 화강암을 사용하고 지적측량기준점 설치에 따른 측량비는 매설비에 포함하지 않고 있음에 유의하여야 한다. 또한, 기준점의 매설에서 설치장소에 따라 다르게 책정되며 매설방법 또한 터파기를 실시하여 설치할 경우에는 그림 6-33과 같다. 만약 건물 옥상에 설치할 경우에는 반석을 매설하는 방법과 표철을 매설하는 2가지 방법이 가능하다. 그림 6-34와 같이 설치할 경우에는 설치할 부분의 바닥을 솔 등으로 깨끗이 청소하고, 시멘트 풀을 칠하여 보호 콘크리트가 바닥에 부착이 잘 되도록 한다.

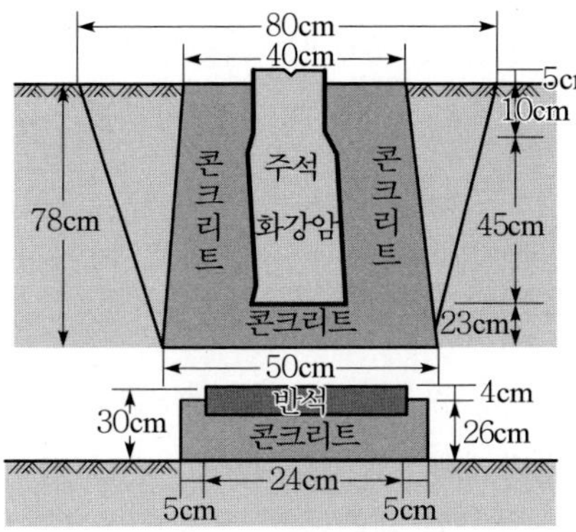

그림 6-33 주석 설치 단면도

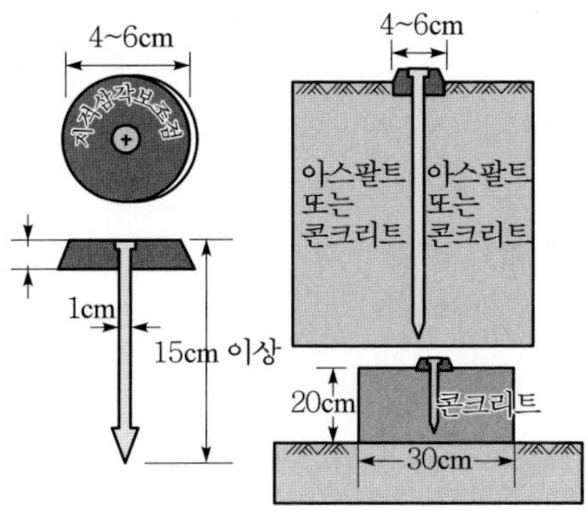

그림 6-34 옥상용 설치 단면도

(6) 관측 및 계산

지적측량의 단수처리는 방위각의 각 값, 종횡선의 수치 및 거리계산에서 오사오입을 적용하고, 전자계산조직에 의하여 연산할 경우는 최종수치에 한하여 적용하며 영구표지를 설치한 지적삼각보조점의 관측 및 계산은 지적삼각점측량 방법과 동일하게 작성한다. 대상지역의 현지를 답사한 후 현장여건과 계약기간을 고려하여 소관청과 협의를 토대로 작업계획을 수립한다. 작업계획은 외업과 내업으로 구분하고 계절에 따라 기후나 현지사정이 다르게 변화함으로 참고하여 세부적으로 정리하고 작업인원 또한 업무수행 능력을 감안하여 적절하게 구성하여야 한다. 또한, 장비를 사용할 경우에는 측량 작업공정에 알맞게 사용여부를 분석하되 가급적이면 최신 장비를 활용하는 것이 좋다. 그리고 최신측량 장비를 사용할 경우에는 숙련된 직원으로 구성하고 고가의 장비임으로 취급 시에 주의하여 사고를 미연에 방지하며 작업능률과 효과를 최대한 발휘하도록 한다. 측량지역에 대한 장비를 활용하기 위해서는 과거 인접지의 측량에 대한 관측장비와 선행 실시한 관측장비를 파악한다. 기준점의 종류별로 장비를 설정하는 방법과 동일하게 선정하는 방법을 고려한 후 장비의 이용에 대해 계획을 세워 장비의 기능을 숙지하고 부족한 부분은 보충하여 관측에 차질이 없도록 하여야 한다. 장비의 이용계획은 측량방법이나 기준점의 등급에 따라 삼각보조점 관측의 경우 위성측량 및 Total Sstation 등과 같이 계획을 수립한다.

(7) 성과 작성

지적삼각보조점 측량부에는 측량대상지구별로 측량일자와 측량자의 자격등급과 성명을 기재하고 날인한다. 검사일자와 검사자의 자격등급 및 성명을 기재하고 날인하며 지적삼각보조점 측량부의 부속서류를 확인한다. 도지사는 지적삼각점측량성과를 검사하여 그 측량성과를 인정한 때에는 지적삼각점성과표에 번호 및 위치의 약도, 좌표, 소재지와 측량 연월일, 도선등급 및 도선명, 표지의 재질, 도면번호, 조사 연월일, 조사자의 직위 · 성명 및 조사내용(지적삼각보조점 표지의 망실유무, 사고원인, 경계의 부합 여부 등을 기재)등을 등재하여야 하며 사본 일부를 소관청에 송부하여야 한다.

지적삼각보조점 측량부는 교점다각망의 성과와 교회망에 의한 성과로 구분되며, 기지점 방위각 및 거리계산부 · 수평각 관측부 · 수평각 개정계산부 · 수평각 측점귀심계산부 · 수평각 점표귀심계산부 · 거리측정부 · 평면거리계산부 · 삼각형내각계산부 · 연직각관측부 · 표고계산부 · 지적삼각보조점 방위각계산부 · 교회점계산부 · 교점다각망계산부($X \cdot Y \cdot H \cdot A$형 포함) · 다각점좌표계산부 및 지형도에 의하여 작성된 지적삼각보조점 망도를 포함한다.

표석대장은 규정된 양식에 따라 지적삼각보조점의 번호 순으로 표석 대장을 작성하며 위치 약도는 전신주, 담장 또는 다른 고정물로부터 보조점까지의 거리를 cm단위까지 측정하여 기재한다.

6.6.2 교회법에 의한 측량

지적삼각보조점측량의 교회점계산은 지적삼각점측량과 지적도근점측량의 중간 정도의 정확도를 유지하고 있다. 또한, 지적삼각점측량의 삽입망에서는 망조정 방식을 이용하나 교회점 계산은 방위각 또는 내각을 관측하고 관측방향선을 수치적으로 교차시켜 측점의 위치를 간단히 산술 평균하는 방법을 사용한다. 그리고 교회점은 1개 또는 두 개의 삼각형에서 하나의 미지점 만을 구할 수 있으며 망의 형태는 지적삼각점측량의 삽입망과 그 형태가 유사하고 또 도근측량에서도 교회점계산이 적용되고 있으므로 혼동할 수 있다. 또한, 1개의 삼각형으로부터 두 개의 방향선을 교차시켜 위치를 결정할 수 있으나 두 개의 삼각형에 의한 3방향 교차를 원칙으로 하는 이유는 기지삼각점 A, B, C의 오차나 각 관측에서 과대오차를 발견하기 위한 것이다.

(1) 교회망의 구성

그림 6-35의 교회망에서 부호의 결정은 3개의 기지점 중에서 중간점을 *B*점으로 하고 측량자가 *B*점에서 *P*점을 마주보고 서있을 때 왼쪽에 있는 기지점을 *A*점, 오른쪽에 있는 기지점을 *C*점으로 한다. 측량계산 방법에는 여러 가지 유형이 있지만 측량부 용지를 사용하여 계산하는 것이므로 이상의 원칙을 벗어나서는 소정서식을 사용할 수 없는 것이다.

교회망의 부호도	교회망의 부호설명
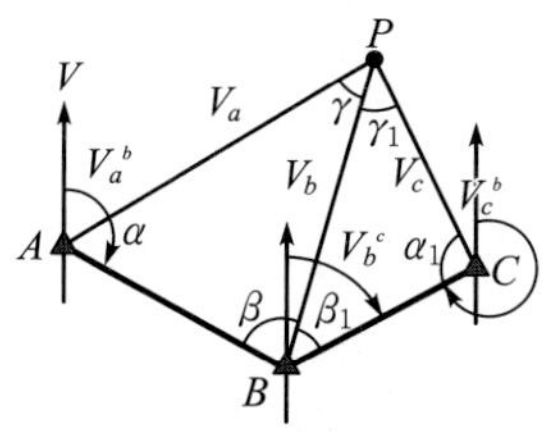 그림 6-35 교회망의 부호도	v_a : A에서 P를 관측한 방위각 v_b : B에서 P를 관측한 방위각 v_c : C에서 P를 관측한 방위각 v_a^b : A에서 B를 계산한 방위각 v_b^c : B에서 C를 계산한 방위각 $v_a^b \pm \pi = v_a^b \pm 180°$: AB의 역방위각 $v_b^c \pm \pi = v_b^c \pm 180°$: BC의 역방위각
A, B, C : 기지점 A : 기지점 중 미지점(P)을 향한 좌측점 B : 기지점 중 미지점(P)을 향한 중간점 C : 기지점 중 미지점(P)을 향한 우측점 P : 소구점 (또는 미지점) a : AB간의 거리, b : BC간의 거리	α : ① A점의 내각 β : ① B점의 내각 γ : ① P점의 내각 α' : ② C점의 내각 β' : ② B점의 내각 γ' : ② P점의 내각

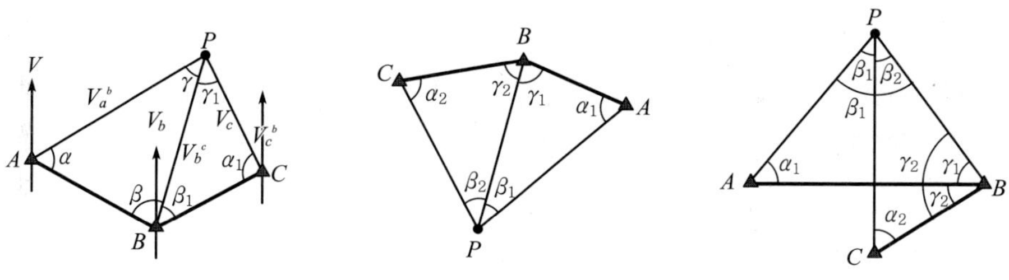

(a) (b) (c)

그림 6-36 교회망의 형태

(2) 관측

삼각점이나 지적삼각점을 사용하며 전방교회법 또는 측방교회법에 의하고 관측은 20초독 이상의 정밀경위의를 사용하며 수평각관측은 2대회(윤곽도 0°, 90°)의 방향관측법에 의한다. 점간거리는 5회 측정하여 그 측정값의 최대값과 최소값의 교차가 평균값의 1/10만 이하인 때에는 그 평균값을 측정거리로 하고, 원점에 투영된 평면거리로 계산한다. 다각망도선법에 의하여 지적삼각보조점측량 또는 도근측량을 하는 경우에는 기지점간 직선상의 외부에 두는 신설점의 선점은 기지점간 직선과의 사이각을 30° 이내로 선점한다.

연직각의 관측은 각 측점에서 정 · 반으로 2회 관측하여야 하며, 관측값의 최대값과 최소값의 교차가 30초 이내인 때에는 그 평균값을 연직각으로 한다. 전파 또는 광파측거기는 표준편차가 ±(5mm+5ppm) 이상인 정밀측거기를 사용하고 삼각형의 내각은 3변의 평면거리에 의하여 계산하며, 기지각과의 차는 ±50초 이내로 한다.

(3) 계산기준

도선별 연결오차는 0.05×Sm 이하(S는 기지점과 교점 간 또는 교점과 교점 간 거리의 총합계를 1천으로 나눈 수임)로 한다. 2개의 삼각형으로부터 계산한 위치의 연결 교차가 0.30m이하인 때에는 그 평균값을 지적삼각보조점의 위치로 하며 기지점과 소구점사이의 방위각 및 거리는 평균값에 의하여 새로이 계산하여 정한다.

계산단위는 각은 초, 변의 길이 및 좌표는 cm, 진수는 6자리 이상으로 하며 도선별 평균방위각과 관측방위각의 폐색오차는 $\pm 10\sqrt{n}$초 이내(n은 폐색변을 포함한 변수임)로 한다. 측각오차의 배분은 측선장에 반비례하여 각 측선의 관측각에 배분한다. 종선 및 횡선오차의 배분은 각 측선의 종선차 또는 횡선차의 길이에 비례하여 배분한다. 수평각의 측각공차는 공차는 1방향각은 40초 이내, 1측회의 폐색은 ±40초 이내, 삼각형 내각관측값의 합과 180°와의 차는 ±50초 이내, 기지각과의 차는 ±50초 이내로 한다. 2개의 기지점에서 소구점의 표고를 계산한 결과 그 교차가 0.05m+0.05(S_1+S_2)m 이하인 때에는 그 평균값을 표고로 하고 S_1, S_2는 기지점에서 소구점까지의 평면거리로서 km단위이며 삼각형 내각의 관측값을 합한 값과 180°와의 차는 내각을 전부 관측한 때에 적용한다.

(4) 방위각 및 거리 계산

교회점의 계산을 위해서는 먼저 기지점을 이용하여 기지점간의 방위각과 거리에 대한 역계산을 시행한다. 종선차 계산 $\Delta x = X_A - X_B$, 횡선차 계산 $\Delta y = Y_A - Y_B$와 같이 실시하며 방위각(V) 계산은 $\tan\theta = \frac{\Delta y}{\Delta x}$, $\theta = \tan^{-1}\frac{\Delta y}{\Delta x}$와 같이 실시한다. 여기서, θ는 방위가 되므로 Δx, Δy값의 부호에 따라 상한을 결정하고 방위각 V_a^b를 계산하며 1상한의 방위각은 $V = \theta$이며 2상한은 $V = 180° - \theta$, 3상한은 $V = 180° + \theta$, 4상한은 $V = 360° - \theta$가 된다. 거리계산은 그림 6-37에 의거 a

$= \dfrac{\Delta y}{\sin V} = \dfrac{\Delta x}{\cos V}$로 계산하며 거리계산에 대한 검산은 $a = \sqrt{(\Delta x)^2 + (\Delta y)^2}$ 에 의한다. 그림 6-37과 같이 특수한 형태의 교회점 망의 방위각 역계산에서 Δx = 0이면 방위각 V_a^b = 90° 이고, Δy=0이면 방위각 V_a^b=0° 이다. 삽입망에서는 기지내각 계산이 다르나 교회점 계산에서는 표준형과 그 계산 방법이 다르지 않으며 최근에는 전산기에 의해 계산하므로 계산오류를 주의하여야 한다.

(5) 삼각형 내각계산

교회점 계산에는 방위각을 이용하여 내각을 계산하는 방법과 내각을 이용하여 방위각을 계산하는 경우가 있으며 또한 미지점이 기지점의 전방과 후방에 있는 경우가 있으므로 방법에 따라서 계산방법을 다르게 하여야 한다.

표 6.7 소구점이 전방에 있을 경우

삼각형의 내각 계산		내각을 이용한 방위각계산
$\alpha = V_a^b - V_b$	$\alpha' = V_c - (V_b^c \pm 180°)$	$V_a = V_a^b - \alpha$
$\beta = V_b - (V_a^b \pm 180°)$	$\beta' = V_b^c - V_b$	$V_b = (V_a^b \pm 180°) + \beta$ 또는 $V_b = V_b^c - \beta'$
$\gamma = V_a - V_b$	$\gamma' = V_b - V_c$	$V_c = (V_b^c \pm 180°) + \alpha$

여기서, V_b각은 조정방법에 따라 일치하지 않을 수 있으나 A점과 C점에서만 계산하므로 사용되지 않는다. 내각의 계산이 끝나면 삼각형 내각의 조건이 일치되는가를 반드시 검산해야 한다.
$\alpha + \beta + \gamma = 180°$ $\alpha' + \beta' + \gamma' = 180°$

표 6.8 소구점이 후방에 있을 경우

삼각형의 내각 계산		내각을 이용한 방위각계산
$\alpha = V_b - V_a^b$	$\alpha' = (V_b^c \pm 180°) - V_c$	$V_a = V_a^b - \alpha$
$\beta = (V_a^b \pm 180°) - V_b$	$\beta' = V_b - V_b^c$	$V_b = (V_a^b \pm 180°) + \beta$ 또는 $V_b = V_b^c - \beta'$
$\gamma = V_b - V_a$	$\gamma' = V_c - V_b$	$V_c = (V_b^c \pm 180°) + \alpha$

내각의 계산이 끝나면 삼각형 내각의 조건이 일치되는가를 반드시 검산해야 한다.

(6) 거리계산

교회점 계산에서 AP 및 CP의 sin법칙에 의하여 거리를 계산하는 공식은 다음과 같다.

$$\frac{a}{\sin\gamma} = \frac{AP}{\sin\beta} \text{에서 } AP = \frac{a \cdot \sin\beta}{\sin\gamma}$$

$$\frac{b}{\sin\gamma_1} = \frac{CP}{\sin\beta_1} \text{에서 } CP = \frac{b \cdot \sin\beta_1}{\sin\gamma_1}$$

(7) 종 · 횡선차의 계산

그림 6-37과 같이 A에서 P 및 C에서 P까지의 종선차와 횡선차를 계산하여 좌표를 계산하기 위한 계산 방법이다.

AP 및 CP간의 종 · 횡선차(Δx, Δy)를 구하는 식은 다음과 같다.

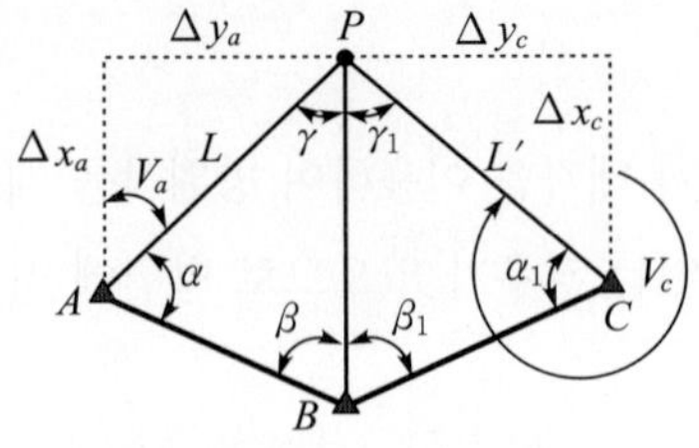

그림 6-37 종 · 횡선차

$\Delta x_a = L \cdot \cos V_a$(또는 $\Delta x_c = L' \cdot \cos V_c$)

$\Delta y_a = L \cdot \sin V_a$(또는 $\Delta y_c = L' \cdot \sin V_c$)

여기서, L, L' : 거리

V_a, V_c : 소구점의 방위각

(8) 소구점좌표 계산

A점 및 C점에서 소구점 P까지의 종 · 횡선차를 구한 후 기지점(A, C)의 좌표에 각각의 종 · 횡선차를 더하여 P점의 좌표를 계산한다.

표 6.9 소구점의 좌표계산

A점을 기준으로 한 경우	C점을 기준으로 한 경우
$X_P = X_A + \Delta x_a$ $Y_P = Y_A + \Delta y_a$	$X_P = X_C + \Delta x_c$ $Y_P = Y_C + \Delta y_c$

위와 같이 2개의 삼각형으로부터 소구점의 좌표를 구한 후 두점간의 연결오차를 계산하여 0.30m이내일 경우에는 평균값을 P점의 좌표로 한다. 연결교차 $= \sqrt{종선교차^2 + 횡선교차^2}$

6.6.3 교회법 계산

지적삼각보조점을 설치하기 위하여 AP방위각(V_A) : 5° 24′ 30″, BP방위각(V_B) : 307° 21′ 10″, CP방위각(V_C) : 247° 02′ 20″의 방위각을 관측하였다. 경기6(5419.34, 8302.58) 경기5(4363.00, 5973.04), 경기9 (7829.02, 8164.38)의 좌표를 이용하여 P점의 좌표를 계산하시오.

(1) 종 · 횡선차 계산

$A \rightarrow B$ 계산 : 경기6 좌표 − 경기5 좌표

Δx = 5419.34−4363.00 = +1056.34m

Δy = 8302.58−5973.04 = +2329.54m

$B \rightarrow C$ 계산 : 경기9 좌표 − 경기6 좌표

Δx = 7829.02−5419.34 = +2409.68m

Δy = 8164.38−8302.58 = −138.20m

$A \rightarrow C$ 계산 : 경기9 좌표 − 경기5 좌표

$A \rightarrow C$ 계산은 $A \rightarrow B$ 및 $B \rightarrow C$의 Δx 및 Δy의 값을 합친 결과와 동일해야 한다.

(2) 방위각계산

종횡선차에 의하여 θ각을 계산한 후 종횡선차를 이용하여 상한별로 방위각을 계산하면

$A \rightarrow B$ 방위각은 $\theta = \tan^{-1}(2329.54 \div 1056.34) = 65°36'28''$로 종횡선차 모두 +이므로 1상한에 해당 되어 V_a^b의 방위각은 θ각 65° 36′ 28″가 그대로 방위각이 된다.

$B \rightarrow C$ 방위각은 $\theta = \tan^{-1}(138.20 \div 2409.68) = 3°16'57''$로서 종선차는 +, 횡선차는 −이므로 4상한이 되어 V_b^c의 방위각은 360° − θ각이므로 V_b^c는 360° − 3° 16′ 57″= 356° 43′ 03″가 된다.

(3) 거리계산

거리계산은 $a = \sqrt{\Delta x^2 + \Delta y^2} = \sqrt{1056.34^2 + 2329.54^2} = 2557.85\text{m}$

$b = \sqrt{\Delta x^2 + \Delta y^2} = \sqrt{2409.68^2 + 138.20^2} = 2413.64\text{m}$

로 계산할 수 있고 일반적으로 Δx와 Δy 중 큰 수로 계산하며 결과는 다음과 같다.

$$a = \frac{\Delta x}{\cos V_a^b} = \frac{2329.54}{\cos 65°36'28''} = 2557.85\text{m}$$

$$b = \frac{\Delta y}{\sin V_c^b} = \frac{2329.54}{\sin 356°43'03''} = 2413.64\text{m}$$

(4) 내각 및 방위각 계산

$\alpha = V_a^b - V_a = 65°36'28'' - 5°24'30'' = 60°11'58''$

$\beta = V_b - (V_a^b \pm 180°) = 307°21'15'' - (65°36'28'' + 180) = 61°44'47''$

$\gamma = V_a - V_b = 5°24'30'' - 307°21'15'' = 58°03'15''$

$\alpha' = V_c - (V_b^c \pm 180°) = 247° 02' 20'' - (356° 43' 03'' - 180) = 70° 19' 17''$

$\beta' = V_b^c - V_b = 356° 43' 03'' - 307° 21' 15'' = 49° 21' 48''$

$\gamma' = V_b - V_c = 307° 21' 15'' - 247° 02' 20'' = 60° 18' 55''$

(5) 좌표 결정

우선 sin법칙에 의한 변장공식에 의하여 $A \rightarrow P$거리 및 $C \rightarrow P$거리를 계산한다.

$$AP = \frac{a \cdot \sin\beta}{\sin\gamma} = \frac{2557.85 \times \sin 61° 44' 47''}{\sin 58° 03' 15''} = 2655.25\text{m}$$

$$CP = \frac{b \cdot \sin\beta'}{\sin\gamma} = \frac{2413.64 \times \sin 49° 21' 48''}{\sin 60° 18' 55''} = 2108.29\text{m}$$

A점을 기준으로 소구점의 좌표를 계산하면

$\Delta x = AP \times \cos V_a = 2655.25 \times \cos 5° 24' 30'' = 2643.43\text{m}$

$\Delta y = CP \times \sin V_a = 2655.25 \times \sin 5° 24' 30'' = 250.27\text{m}$

$Px = Ax + \Delta x = 4363.00 + 2643.43 = 7006.43\text{m}$

$Py = Ay + \Delta y = 5973.04 + 250.27 = 6223.31\text{m}$

C점을 기준으로 소구점의 좌표계산

$\Delta x = CP \times \cos V_c = 2108.29 \times \cos 247° 02' 20'' = -822.46\text{m}$

$\Delta y = CP \times \sin V_c = 2108.29 \times \sin 247° 02' 20'' = -1941.25\text{m}$

$Px = Cx + \Delta x = 7829.02 + (-822.46) = 7006.56\text{m}$

$Py = Cy + \Delta y = 8164.38 + (-1941.25) = 6223.13\text{m}$

(6) 허용연결오차 계산

종선교차 = 7006.43−7006.56 = −0.13m

횡선교차 = 6223.31−6223.13 = +0.18m

연결교차 = $\sqrt{-0.13^2 + 0.18^2}$ =0.22m

연결교차의 공차는 0.30m로서 공차이내이므로 평균하여 소구점의 좌표를 결정하며 소구점

(P)의 결정좌표는 다음과 같다.

$Px = (7006.43+7006.56) \div 2 = 7006.50\text{m}$

$Py = (6223.31+6223.13) \div 2 = 6223.22\text{m}$

6.6.4 후방교회법

후방교회법은 그림 6-38과 같이 미지점에 기계를 설치하고 기지점을 관측하여 미지점의 위치를 계산하는 방법으로 그림의 기지점(A, B, C)를 미지점(P)에서 내각(α, β)를 측정하여 미지의 내각$(\delta_1, \gamma_1, \gamma_2, \varepsilon)$을 계산하여 방위각과 거리를 계산한 후 미지점의 좌표를 계산하는 것을 후방교회법이라 한다. 후방교회법에서 2내각의 관측은 2대회 이상의 방향관측 또는 3배각 이상의 배각관측으로 관측각의 정도를 높여야 한다. 기준점측량성과의 검사는 측량에 사용한 기지점을 될수록 피하고 주위의 다른 기지점을 활용하여 망을 구성하고 검사성과로 하는 것이 좋은 방법이다. 모든 지적측량의 세부측량은 도근점에 의하여 실시하는 것을 원칙으로 하고 부득이한 경우에는 기지점에 의한 측량을 할 수 있도록 규정하고 있다. 특히, 기지점이 부족한 지역에서는 도곽선이 그려진 소도를 준비하여 현장에서 측판점을 후방교회법으로 좌표를 결정하여 소도상에 전개하고 측판점으로 하여 측량을 시행하는 것이 정도를 높일 수 있는 방법이다. 그러기 위해서는 후방교회법에 의한 검사측량에서와 같이 주변 기준점을 영구표지로 설치하면 좋은 방법이 되겠지만 부득이한 경우에는 후방교회로 사용할 수 있는 명확하고 시준하기에 편리한 시설물로 철탑, 피뢰침 등을 선택하여 미리 측량(전방교회법)으로 좌표를 결정하고 관리하면 편리하다.

각의 조건은 $\delta+\gamma_1+\alpha+\varepsilon+\gamma_2+\beta$가 되어야 하며 $\gamma_1 = 180^\circ-(\delta+\alpha)$, $\gamma_2 = 180^\circ-(\varepsilon+\beta)$가 된다.

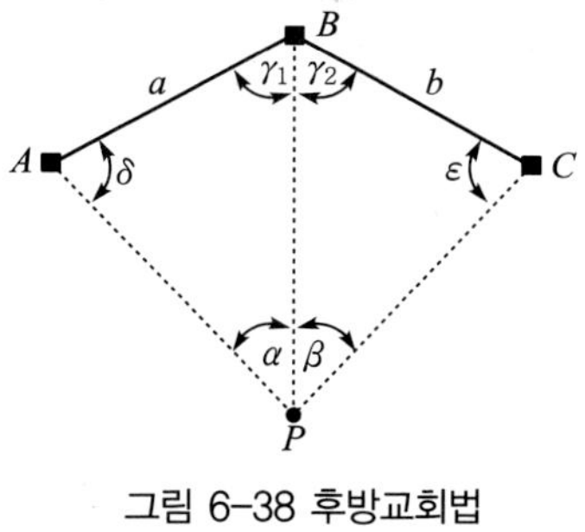

그림 6-38 후방교회법

sine 법칙을 이용할 경우

$$\frac{S}{\sin\delta} = \frac{a}{\sin\alpha}$$

$$\sin\delta = \frac{S \cdot \sin\alpha}{a}$$

$$\frac{S}{\sin\varepsilon} = \frac{b}{\sin\beta}$$

$$\sin\varepsilon = \frac{S \cdot \sin\beta}{b}$$

각 $\gamma\,(\gamma_1+\gamma_2)$는 기지각으로 사각형의 내각 조건에 따라 $\alpha+\delta+\gamma+\beta+\varepsilon = 360^\circ$에서 $\delta+\varepsilon =$

$360° - (\alpha+\delta+\gamma)$가 된다. $\frac{1}{2}(\delta+\varepsilon) = 180° - \frac{\alpha+\beta+\gamma}{2}$을 Sine법칙에 의하여

$$\frac{BP}{\sin\delta} = \frac{a}{\sin\alpha},\ \frac{BP}{\sin\varepsilon} = \frac{b}{\sin\beta}\text{가 되므로 } \sin\delta = \frac{BP \cdot \sin\alpha}{a} \tag{6.17}$$

$$\sin\varepsilon = \frac{BP \cdot \sin\beta}{b} \tag{6.18}$$

식(6.17)을 식(6.18)로 나누면 $\frac{\sin\delta}{\sin\varepsilon} = \frac{b \cdot \sin\alpha}{a \cdot \sin\beta}$이 되므로 $0<\delta<180$에서는 $0<\sin\delta\leq 1$이 되고 $0<\varepsilon<180$에서는 $0<\sin\varepsilon<1$이므로 $0<\frac{\sin\delta}{\sin\varepsilon}<\infty$가 된다.

또한, $0<\phi<90$이고 $0<\tan\phi<\infty$에서 ϕ가 존재하므로

$\frac{\sin\delta}{\sin\varepsilon} = \tan\phi$와 같이 변환할 수

있으며 $\frac{b \cdot \sin\alpha}{a \cdot \sin\beta} = \tan\phi = \frac{\sin\delta}{\sin\varepsilon}$라 하면

$\frac{1-\sin\delta}{\sin\varepsilon} = 1-\tan\phi$, $\frac{1+\sin\delta}{\sin\varepsilon} = 1+\tan\phi$가 된다.

$$\frac{\sin\varepsilon - \sin\delta}{\sin\varepsilon} = 1-\tan\phi \tag{6.19}$$

$$\frac{\sin\varepsilon + \sin\delta}{\sin\varepsilon} = 1+\tan\phi \tag{6.20}$$

식(6.20)를 식(6.19)로 나누면 $\frac{\sin\varepsilon+\sin\delta}{\sin\varepsilon-\sin\delta} = \frac{1+\tan\phi}{1-\tan\phi}$이므로 두 각의 삼각함수 정리를 응용하면

$$\frac{2\sin\frac{\varepsilon+\delta}{2} \cdot \cos\frac{\varepsilon-\delta}{2}}{2\cos\frac{\varepsilon+\delta}{2} \cdot \sin\frac{\varepsilon+\delta}{2}} = \frac{\tan 45° + \tan\phi}{1-\tan 45° \cdot \tan\phi}$$

에서 분자와 분모를 $2\cos\frac{\varepsilon+\delta}{2} \cdot \cos\frac{\varepsilon+\delta}{2}$로

나누면 $\frac{\tan\frac{\varepsilon+\delta}{2}}{\tan\frac{\varepsilon-\delta}{2}} = \tan(\phi+45°)$가 되고

$$\tan\varepsilon - \frac{\delta}{2} = \tan\varepsilon + \frac{\delta}{2}\cot(\phi+45°) \tag{6.21}$$

$$\frac{1}{2}(\delta+\varepsilon) = 180 - \frac{\alpha+\beta+\gamma}{2} \tag{6.22}$$

또는, 식(6.22)에 식(6.21)을 합한것과 같고 δ는 식(6.22)에서 식(6.21)을 뺀 것과 같다.

후방교회법은 소구점(p)이 만약 기지3점을 통과하는 원주상에 있을 경우에는 그 위치가 부정임은 물론 원주에 접근할수록 위치가 불확실하게 된다. 또한 소구점과 기지점이 이루는 각도(α, β)가 작을때에는 sin값의 차이가 많아 부정확 하므로 소구점에서 기지점과 이루는 각도는 각각 30° 이상이어야 한다.

예제 6.1 다음 표와 같이 후방교회법(3점법)으로 관측하였을 경우 δ, ε 각을 계산하시오

방위각	내각	거리(m)
V_a^b = 52°14′28″	α = 58°51′16″	a = 1222.459
V_b^c = 116°25′23″	β = 65°07′07″	b = 1304.508
$\gamma = (V_a^b+180)-V_b^c$ = 115°49′05″	γ = 115°49′05″	

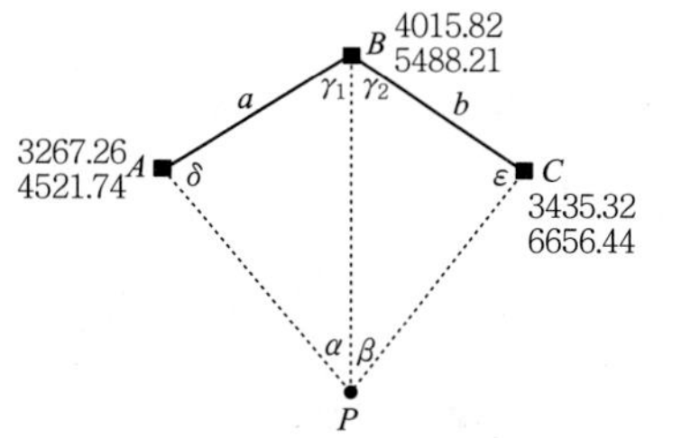

풀이 $\alpha+\delta+\gamma = 239°47'28''$, $\frac{1}{2}(\alpha+\delta+\gamma) = 119°53'44''$, $\frac{1}{2}(\delta+\varepsilon) = 60°06'16''$

$$\frac{b\cdot\sin\alpha}{a\cdot\sin\beta} = \tan\phi \text{ 에서 } \phi = DMS^{-1}\left(\frac{1304.508\times\sin58°51'16''}{1222.459\times\sin65°07'07''}\right) = 45°11'33''$$

$$\phi+45° = 90°11'33'' \text{가 되고 } \tan\frac{(\varepsilon-\delta)}{2} = \tan\frac{(\varepsilon+\delta)}{2}\cot(\phi+45°) \text{에서 } \frac{(\varepsilon-\delta)}{2} = -0°20'05''$$

$$\varepsilon = \frac{(\delta+\varepsilon)}{2}+\frac{(\varepsilon-\delta)}{2} = 60°06'16''+(-0°20'05'') = 59°46'11''$$

$$\delta = \frac{(\delta+\varepsilon)}{2}+\frac{(\varepsilon-\delta)}{2} = 60°06'16''-(-0°20'05'') = 60°26'21''$$

예제 6.2 다음을 후방교회법(3점법)에 의하여 δ, γ_1, γ_2, ε 각을 구하라.

점명	종선좌표(X)	횡선좌표(Y)	각 명	관측각
A(연수1)	7829.02	8164.38	α	60°18′55″
B(연수2)	5419.34	8302.58	β	58°03′15″
C(연수3)	4363.00	5973.04		

후 방 교 회 계 산 부

약 도

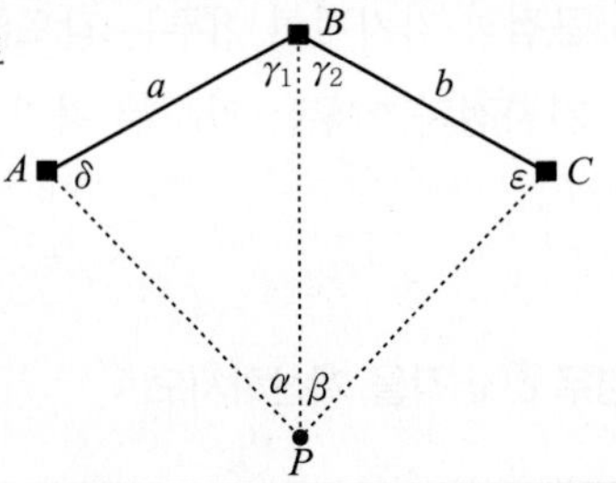

관 측 각	미 지 각
$\alpha = 60° 18' 55.0''$	$\epsilon = 70° 18' 58.3''$
$\beta = 58° 03' 15''$	$\delta = 60° 12' 16.9''$
	$\gamma_1 = 49° 12' 06.8''$
	$\gamma_2 = 61° 41' 28.1''$

기 지 점

각명	점명	X	Y	방향	X	Y
A	관악1	7829.02 m	8164.38 m	A→B	-2409.68 m	138.20 m
B	관악2	5419.34 m	8302.58 m	B→C	-1056.34 m	-2329.54 m
C	관악3	4363.00 m	5973.04 m	→A	-3466.02 m	-2191.34 m

기지변방위각 계산		거리계산	
방 향	관악1 → 관악2	방 향	관악2 → 관악3
V_a^b	176° 43′ 03″	$a = \sqrt{\Delta x^2 + \Delta y^2}$	2413.64
V_b^c	65 36 28	$b = \sqrt{\Delta x^2 + \Delta y^2}$	2557.85

소구점종횡선 계산

①	X_A	7829.02	①	X_C	4363.00
	$XP \cdot \cos(V_a^b + \delta)$	-822.69		$CP \cdot \cos(V_c^b + \epsilon)$	2643.33
	X_P	7006.33		X_P	7006.33
②	Y_A	8164.38	②	Y_C	5973.04
	$AP \cdot \sin(V_a^b + \delta)$	-1941.32		$CP \cdot \sin(V_a^b + \epsilon)$	250.02
	Y_P	6223.06		Y_P	6223.06

소구점(P점)

X 좌표	7006.33	Y 좌표	6223.06
종선교차	0.00 m	횡선교차	0.00 m
연결교차 = 0.00m		공차 = 0.30m	

후방교회법을 2점법으로 할 경우에는 그림 6-39와 같이 기지 2점을 A, B라 하고 소구점 P, Q에서 각 (1), (2), (3), (4)를 관측하여 나머지 각을 계산하는 것으로 (5) = 180° − {(2)+(3)+(4)}, (8) = 180° −{(1)+(2)+(3)}이다.

미지각 4개중 2개는 위와 같이 구하고 나머지 2각 (7), (8)은 $\triangle ABO$와 $\triangle PQO$에서

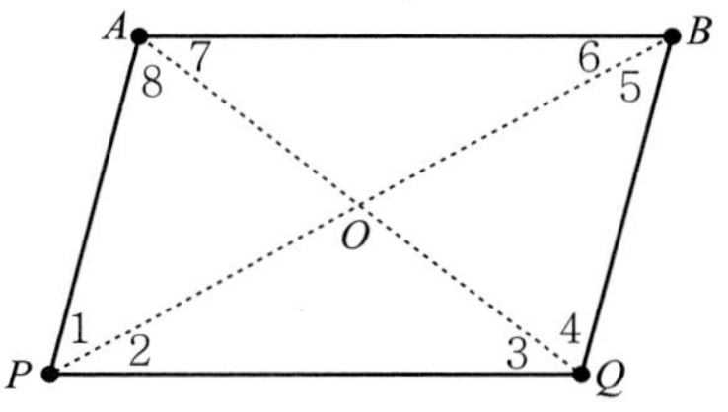

그림 6-39 후방교회법(2점법)

$\angle AOB$와 $\angle POQ$는 맞꼭지각이 같으므로

$$(7) + (8) = (2) + (3) \tag{6.23}$$

△ABP 에서 sin법칙을 이용하면

$$AP = \frac{\sin(6)}{\sin(1)}AB \tag{6.24}$$

$PQ = \dfrac{\sin(8)}{\sin(3)}AP$에 식(6.24)를 대입하면

$$PQ = \frac{\sin(6) \cdot \sin(8)}{\sin(1) \cdot \sin(3)} \cdot AB \tag{6.25}$$

같은 방법으로 $\triangle PQB$에서 $QB = \dfrac{\sin(2)}{\sin(5)} \cdot PQ$에서 식(6.25)를 대입하면

$$QB = \frac{\sin(2) \cdot \sin(6) \cdot \sin(8)}{\sin(1) \cdot \sin(3) \cdot \sin(5)} \cdot AB \tag{6.26}$$

같은 방법으로 $\triangle QBA$에서 $AB = \dfrac{\sin(4)}{\sin(7)} \cdot QB$ (6.27)

식(6.26)을 식(6.27)에 대입하면 $AB = \dfrac{\sin(2) \cdot \sin(4) \cdot \sin(6) \cdot \sin(8)}{\sin(1) \cdot \sin(3) \cdot \sin(5) \cdot \sin(7)} \cdot AB$

양변을 AB로 나누면 $\dfrac{\sin(2) \cdot \sin(4) \cdot \sin(6) \cdot \sin(8)}{\sin(1) \cdot \sin(3) \cdot \sin(5) \cdot \sin(7)} = 1$

미지각의 sin 값을 k라 하면

$$\frac{\sin(6)}{\sin(7)} = \frac{\sin(2) \cdot \sin(4) \cdot \sin(8)}{\sin(1) \cdot \sin(3) \cdot \sin(5)} = k \tag{6.28}$$

식(6.23)과 식(6.28)로부터 2각의 합과 그 각의 sin비를 알 수 있다

$\sin^2(2)+(3) = \sin^2(6)+(7)$

$\sin(6)+(7) = \sin(6) \cdot \cos(7)+\cos(6) \cdot \sin(7)$

두 식을 변끼리 곱하여 정리하면

$\sin^2(6)+(7) = \sin^2(6)+\sin^2(7)+2\sin(6) \cdot \sin(7) \cdot \cos(6)+(7)$

$$\sin^2(2)+(3) = \sin^2(6) \cdot [1+\frac{\sin^2(7)}{\sin^2(6)}+2\frac{\sin(7)}{\sin(6)} \cdot \cos\{(6)+(7)\}]$$

식(6.28)을 대입하면 $= \sin^2(6)[1+k^2+2k \cdot \cos(6)+(7)$

$$\sin(2)+(3) = \pm\sin(6) \quad 1+k^2+2k \cdot \cos\{(6)+(7)\}$$

$(2)+(3) < 180^\circ$ 이므로 $\sin\{(2)+(3)\}$은 "−"가 되지 않으므로

$\sin(2)+(3) = \sin(6) \quad 1+k^2+2k \cdot \cos\{(6)+(7)\}$되며

여기서, $1+k^2+2k\cos\{(2)+(3)\} = m$이라 하면

$\sin(2)+(3) = m \cdot \sin(6)$이 되므로 양변을 $\sin(2)+(3) \cdot \sin(6)$으로 나누면

$$\frac{1}{\sin(6)} = \frac{m}{\sin\{(2)+(3)\}} \tag{6.29}$$

식(6.28)에서 $\frac{\sin(7)}{\sin(6)} = k$ 라하면

$$\frac{1}{\sin(6)} = \frac{k}{\sin(7)} \tag{6.30}$$

식(6.29)와 식(6.30)을 정리하면 $\frac{m}{\sin\{(2)+(3)\}} = \frac{1}{\sin(6)} = \frac{k}{\sin(7)}$에서

$\sin(6) = \frac{1}{m} \cdot \sin[(2)+(3)]$, $\sin(7) = \frac{k}{m} \cdot \sin[(2)+(3)]$가 된다.

6.7 지적도근점측량

지적도근점측량은 소규모 지역에서 시준거리가 짧은 경우 세부측량을 실시하기 위한 기초점으로 삼각점 보다 조밀한 기초점 배치가 필요한 경우에 사용된다. 지적도근점측량에는 트랜싯 및 경위의를 사용하여 측량하였으나 최근에는 TS측량을 많이 이용하여 평면직각종횡선수치로 점의 위치를 결정하는 방법이다. 도근측량의 목적은 기설 경계표지의 수평 위치결정, 토지경계선 위치의 복원, 지도제작 등에 필요한 기준점의 좌표 결정, 사진측량의 표정기준점 결정, 철도, 고속도로, 건물, 지하시설물 및 기타 구조물 설치 등에서 측량위치표시 기준점을 설치하는 것이다.

지적도근측량은 측선의 거리와 각을 측정하여 좌표를 계산하는 편리하고 신속한 측량 방법이다. 그리고 측량의 정밀도를 높이기 위해 삼각점, 지적삼각점, 지적삼각보조점 및 다른 도근점을

기초로 도선법, 다각망도선법 또는 교회법으로 실시하며 도선법의 경우는 배각법과 방위각법으로 실시하고 있지만 다각망도선법은 배각법을 사용하고 있다. 각 관측방법에 따라 방위각법과 배각법에 의한 도선법으로 분류하고 도선법의 경우 1등도선과 2등도선으로 구분하고 있다. 배각법은 시가지 지역에서 사용하였으며 방위각법은 농촌지역에서 많이 사용하였으나 최근에는 지역에 관계없이 배각법을 사용하고 있다. 지적도근점 측량대상은 축척변경을 위한 측량, 도시개발사업 등으로 인한 지적확정측량, 국토의 계획 및 이용에 관한 법률의 규정에 의한 도시지역에서 세부측량, 측량지역의 면적이 당해 지적도 1장에 해당하는 면적 이상인 지역, 세부측량의 시행상 특히 필요한 경우에 시행하도록 하고 있으나 최근에는 전산파일을 이용하여 측량을 실시하고 있으므로 대부분 지적도근점을 이용하고 있다.

6.7.1 법률규정

(1) 대구시가토지측량규정[7]

도근측량은 삼각측량점을 기초로 하고 경위도선법에 의해 실시하며 계산법 및 전개법은 직각종횡선을 이용한다. 도근측량에 필요한 기기는 5촌전경경위의, 죽제권척, 측침, 표간, 괘시(掛矢), 측판, 조준의, 방광나침, 포제권척, 죽척 등을 사용하였다. 도선법은 1등도선 및 2등도선으로 구분하고 1등도선은 삼각측량점 및 1등도선점간을 연결하고 2등도선은 삼각측량점, 1등도근점 및 2등도근점간으로 연결하도록 하였다. 도근점은 반드시 기지점에 연결하고 다른 기지점에 연결할 수 있을 때는 하나의 도선을 왕복하여 출발점으로 돌아오되 도선은 될 수 있는 대로 최근의 기지점간을 연결한다.

1) 선점 및 도근점 번호부여

도근점 주위 150m이내의 시가지는 5점 이상, 그 외에는 3점 이상을 배치하고 도선으로 연속된 각 측점의 거리는 1등도선은 150m, 측점수는 40개 이내로 하고 2등도선은 100m 이내, 측점수는 20개 이내로 한다. 도근점 선점은 약 1/5,000 축척으로 삼각측량점과 기타 기지점을 전개하고 실지를 답사하여 지형의 개황을 묘사하고 도선의 편성 순서를 결정한다. 도근점은 세부측량을 위해 적절한 위치를 선정하고 도로 내에 선정하여 도근점의 번호를 부여한 사방 약 4cm, 길이 약 50cm인 말목을 설치하되 시가지에서는 향후 방해의 우려가 있는 곳에는 말목을 땅속 깊이 박아놓고 상세하게 견취도를 그려 두도록 하였다.

7) 1907.5.16日, 大邱財務官代 川上, 재정감사관

도근점번호는 1등도선은 삼각점간 또는 삼각점 1등도선을 연결하고, 2등도선은 삼각점 1등도선, 2등도선간 상호를 연결한다. 1등도선에는 로마숫자(Ⅰ, Ⅱ, Ⅲ), 2등도선에는 아라비아 숫자(1, 2, 3)로 순차적으로 번호를 부여하고 도선명에 아라비아 숫자를 순차 번호로 붙여 1,000에 도달하면 다시 1로 복귀하고 도선번호는 경로와 시작되는 순서로 하며 삼각점 번호는 그 점의 명칭과 번호를 사용한다.

2) 관측

방위각 및 거리관측은 선점이 끝나면 도선순서에 따라서 방위각은 경위의를 사용하여 진행방향의 기지방위각을 기초로 모든 선의 좌측버니아로 방위각을 읽고 좌우 버니아의 1회 측정으로 결정하며 분 단위 이하는 사사오입 한다. 거리는 죽제권척으로 2회 측정하고 m이하 2자리까지 읽어 그 차이의 1/1,000을 한도로 평균값을 이용하되 경위의 및 죽제권척은 수시로 점검한다. 야외에서 관측야장에 연필로 기재하고 평균방위각은 분 단위로 하며 필요한 수 이하의 수치는 사사오입으로 하며 5인경우 끝자리수가 0 또는 짝수이면 절사하고 홀수이면 절상하였다. 방위각 오차는 1등도선 1.5 $\sqrt{n}$ 분, 2등도선 2 $\sqrt{n}$ 분(n은 총 변수)을 초과되지 않도록 하고 방위각의 개정은 아래 식에 의해 각 변에 배분한다.

$$n_1 = \frac{n}{e} \times 0.5 + 1, \quad n_2 = n_1 + \frac{n}{e}, \quad n_3 = n_2 + \frac{n}{e}$$

여기서, n : 총 변수, e : 오차(분단위), n_1 : 1분을 배분할 초기값, n_2 : 2분을 배분할 초기값, n_3 : 3분을 배분할 초기값 이하에 준한다. 야장에 도 · 군 도명(圖名), 측량연월일, 도선번호, 개정방위각 오차, 공차의 주요한 것은 비고에 착묵하도록 하였다.

3) 종횡선계산부 및 도근점성과표

도근점 종횡선계산부는 도선 및 측점번호, 방위각 및 거리는 관측야장에 옮겨 기재하며 종횡선의 수치는 m이하 2자리로 하고 계산은 필요한 수 이하 1자리를 산출하여 사사오입 한다. 각 종횡선 오차 $\sqrt{(\text{종선오차})^2 + (\text{횡선오차})^2}$ 는 다음 공차를 초과하지 않아야 한다.

1등도선 0.01 $\sqrt{4s + (0.05s)^2}$m (예; s = 100m일 경우 21cm, s = 500일 경우 51cm)
2등도선 0.01 $\sqrt{6s + (0.0075s)^2}$m (예; s = 100m일 경우 24.5cm, s = 500일 경우 54.9cm)

여기서, s : 총거리(m 단위)이며 종횡선의 개정은 아래 식에 의해 각 값에 배분한다.

$$d_1 = \frac{s}{e} \times 0.5 + 1, \; d_2 = d_1 + \frac{s}{e}, \; d_3 = d_2 + \frac{s}{e}$$

여기서, s : 거리총괄, e : 종선 또는 횡선오차, d_1, d_2, d_3, : 1, 2, 3번째 기지점에 m를 배분할 최단거리이고 3번째 이하는 3번에 준한다. 거리에 비례하여 오차가 적어서 위에 식을 적용할 수 없을 때는 변의 길이가 큰 것부터 순차적으로 배분하며 같은 도선을 왕복하고 1점의 종선에 2개의 값이 있을 때는 그 평균값을 선정하며 종횡선 계산부의 도 · 군 · 면 명칭, 도선번호, 측점번호, 원점기산종횡선의 오차 및 공차와 성과표는 모두 착묵하고 계산이 끝났을 때는 1/50 축척으로 도근약도를 작성한다.

4) 보점측량

측량을 실시하기 전에 담당지역의 지형을 답사하여 작업순서를 결정하고 도근점이 적은 경우에는 교차법(교회법) 또는 도선법에 의해 보점측량을 실시하며 보점은 약 80m 이내에 1점을 설치한다. 교차법에 의한 때는 3방향 이상의 교차로 위치를 결정하고 그 교차 각도는 30° 이상으로 하며 지형상 부득이한 경우에는 2방향 교차를 이용하는 경우는 1방향의 거리를 측정한다. 도선법으로 실시할 경우에는 반드시 기지점에 연결하며 각 점간의 거리는 50m 이내로 하고 도선법에 의할 때는 측점간의 거리, 나침의 반경 이상이 될 때는 전방향선에 의하고, 이하일 때는 나침에 의해 측판을 표정한다. 교차점을 결정하는데 시오삼각형이 발생할 때는 그 삼각형 내에 그려야할 원의 중심은 직경 0.4mm를 오차로 제한하고 그 가운데 위치를 이용한다. 도선의 오차는 도상 mm(n: 총길이)를 초과하지 않으며 오차는 아래 식에 의해 각 점에 배분한다.

$$d_1 = \frac{e}{n},\ d_2 = \frac{2e}{n},\ d_3 = \frac{3e}{n}$$

여기서, n : 총 변수, e : 오차, d_1, d_2, d_3 등은 제1점, 제2점, 제3점 등은 배분해야 할 개정수 이하에 준하며 도근점의 오측을 발견한 때는 그 원인을 확인하여 감독에게 신고하고 측량기계는 수시로 점검한다.

(2) 임시토지조사국측량규정[8)]

도근측량의 목적은 삼각점에 기하여 도근점의 위치를 결정하고 세부측도의 기초를 공급함에 있으며 도근측량의 업무는 도근점의 선정, 측각 및 거리측정, 측도계산, 도근점성과표 및 도근망도의 작성이다. 도선법은 1등도선 및 2등도선으로 하며 1등도선은 삼각점(보조삼각점)간, 또는 삼각점 및 1등도선점 간을 연결하며 산지에서 부득이한 때에는 1등도선점 간을 연결할 수 있

8) 조선총독부훈령 제21호, (1913. 4.22) 임시토지조사국

다. 2등도선은 삼각점, 1등도선점, 2등도선점 간을 연결하며 부득이한 경우에는 교회점간을 연결하고 2등도선으로 다른 기지점에 연결할 수 없을 때에는 왕복 또는 출발점에 폐색하는데 이를 회기도선(왕복도선)이라 하였다.

도근측량은 일반적으로 1/1,200의 세부측도로 실시하며 특정구역에서는 1/600 또는 1/2,400로 실시하고 도선법 및 교회법으로 한다. 경도 128°의 동쪽에 있는 점은 동부원점에 의하고 경도 126°의 서쪽에 있는 점은 서부원점에 의하며 기타의 각 점은 모두 중부원점에 의하여 평면직각종횡선을 산정한다. 그리고 군내에서는 동일원점을 사용하며 도근측량에 사용하는 기계는 1분독 전경경위의, 양거척 및 표간, 강제권척, 죽제권척 및 측침, 측판, 조준의 및 방광나침, 쌍안경, 제도기계, 목공구 등이다.

도근점은 1원도내에 6점 이상을 배치하되 원도내에 수용할 도면이 적을 때는 이를 감소할 수 있으며 도선으로 연속하는 각점의 거리는 150m 이내로 하고 1도선의 점수는 1등도선은 50개 이내, 2등도선은 30개 이내로 하되 지형상 부득이한 경우에는 증가할 수 있다. 교회법의 교회선 길이는 500m 이내로 하며 조사지역외에 있어서 연결하기 위한 경우는 차한에 부재한다.

도근점의 선정은 1/10,000의 축척으로 측판을 사용하며 도해법에 의하여 원도도곽을 그려넣은 도면에 삼각점을 전개하고, 우선 실지를 답사하여 지형의 개황 및 면, 동계의 개략적인 위치를 묘화한다. 특히 필요한 경우에는 보조삼각점을 설치하고 도근편성의 순서 및 작업을 실시하며 점의 배치의 적부를 판정하여 선점약도를 설명한다. 도근점은 세부측량을 위하여 적정한 위치에 선정하고 면, 동의 경계 및 주요한 도로 등에 가급적 접하도록 선정하되 도근점에는 국명의 낙인 및 점의 번호를 붙인 사방 약 1촌 5푼, 길이 약 1척 5촌의 말목을 박는다. 또한, 시가지의 경우 교통을 방해할 우려가 있을 때는 말목 전부를 땅속에 박아 상세한 견취도를 그려 두고 토지가 견고하여 말목을 박기가 힘든 시가지에서는 철 말목을 대체할 수 있다.

1등도선은 Ⅰ, Ⅱ, Ⅲ, 2등도선은 *A*, *B*, *C* 등의 문자로 도선점에는 1담당구역을 통하여 1, 2, 3등의 숫자로서 순차 번호를 붙이고 999가 되면 다시 1부터 시작하되 ‘, “ (닷슈) 등의 견부를 붙이고 인접측량원이 측정한 도선 또는 도근점의 명호 및 번호에는 괄호를 붙이며 또한 도선의 명호 또는 번호, 도근점의 명호에는 이에 측량원의 성을 관하여 구별하도록 한다.

1) 측각 및 거리측정

선점이 완료되면 도선의 순서에 따라 방위각은 1분독 전경경위의를 사용하고 출행기지변의 기지방위각을 기초로 좌측 눈금판으로 각도를 측정하며, 좌우눈금판을 1회 측정하여 계산하는 것으로 결정한다. 고도각은 분까지를 측정하며 1° 이내일 때에는 측정하지 않으며 거리측정은 측거사 및 양거척을 사용하고 강풍, 기타의 사고가 있을 때에는 죽제권척을 사용할 수 있으며 모두 양거척 사용의 규정에 준거한다. 왕복도선으로 설치할 때는 기계를 180° 회전하여 양 위치에서 방위각 및 거리측정을 시행하고 거리의 측정은 직반전법을 실시하여 dm까지 측정하여 계산한다. 거리측정의 교차는 1/300으로 하고 평균값을 채용하며 10° 이상의 경사지에서는 1/200로 하고 경위의는 수시로 점검을 실시하며 측거사의 규정은 미리 정확히 측정한 수평거리에서 매일 점검을 실시한다.

2) 측량부 및 계산

관측성과 및 도선점의 종횡선계산은 도선측량부에 강한 연필로 기재하며 주요한 점의 소재는 견취도 및 주기를 비고란에 기재한다. 평균방위각은 좌우눈금을 분 단위까지 측정하여 평균값으로 결정하되 계산은 모두 계산표에 의하여 시행하고 필요한 값은 끝자리이하 1자리를 산출하여 4이하인 때는 절사하고 6이상인 때는 절상하며 5인경우는 끝자리 수가 0 또는 짝수일 때에는 절사하고 홀수인 때에는 절상한다. 방위각의 오차는 대구시가지 토지측량규정과 동일하다. 경사거리는 고도각에 의하여 수평거리로 계산하되 1° 이내는 측정거리를 그대로 수평거리로 채택하며 종횡선의 수치는 모두 dm까지 기재한다. 도선의 오차 $\sqrt{(\text{종선오차})^2+(\text{횡선오차})^2}$는 다음 공차를 초과하지 않도록 한다.

구분	1등도선(s는 거리의 총합)	2등도선(s는 거리의 총합)
평탄지 및 기복이 적은 토지	$0.01\sqrt{6s+0.075s^2}$m	$0.01\sqrt{8s+0.01s^2}$m
기복이 심한 토지	$0.01\sqrt{8s+0.01s^2}$m	$0.01\sqrt{10s+0.0125s^2}$m
기복이 가장심한 토지	$0.01\sqrt{12s+0.015s^2}$m	$0.01\sqrt{14s+0.0175s^2}$m

종횡선의 개정은 아래의 식에 의하여 각 변에 배분하며 거리에 비하여 오차가 적어 식을 적용할 수 없을 때에는 변장이 긴 것부터 순차적으로 배분한다.

$d_1=\frac{s}{e}\times0.5,\quad d_2=d_1+\frac{s}{e},\quad d_3=d_2+\frac{s}{e}$ 그리고 그 이하 이에 준한다.

여기서, s : 거리의 총합(m단위), e : 종횡선의 오차(dm), d_1 : 1dm를 배분할 최단거리, d_2 : 2dm를 배분할 최단거리, d_3 : 3dm를 배분할 최단거리이다.

계산종횡선의 수치가 10,000 이상인 때에는 1,000 자리 이하를 기재하고 10,000 자리 이상의 수는 그 란의 앞에 기재한다. 교회점계산부는 측점명호, 번호, 교회점명호, 방위각 및 기지 종횡선은 도선측량부 또는 교회점계산부로부터 기재하며 교회점의 종횡선은 대수 5자리를 사용하여 삼각형을 달리하는 기지 2점으로부터 계산한다. 교회점의 연결오차가 1.5m 이내이면 평균값을 선정한다.

도선측량부에서 군, 면명칭, 도선 및 점의 명호, 번호, 교회점의 명호, 수평거리, 개정방위각, 산정종횡선, 오차, 공차 및 주요한 비고에는 착묵하며 교회점 계산부에서 군, 면명칭, 점의 명호, 번호, 교회점명호, 거리 및 산정종횡선의 중수치에는 착묵하고 도선측량부 및 교회점계산부는 면마다 일치하도록 하며 도근망도를 첨부하고 표지를 붙인다.

3) 도근점 성과표 및 도근망도

도근점성과표는 도근측량부로부터 전개하여 모두 착묵하고 1동마다 작성하되 경우에 따라 수작업으로 작성할 수 있으며 도근망도는 1/10,000 축척으로 작성한다. 도근망도는 다시 동 · 리마다 박미농지에 복사하여 동별 도근망도를 작성하며 여러 동을 합하여 작성할 수 있고 동별 도근망도에는 수평곡선의 묘화를 생략할 수 있으며 도근망도는 다음의 규정에 따라 그린다.

도근점의 직경은 약 1mm의 원으로 하며 1등도선은 1호선, 2등도선은 3호선으로 하고 교회선은 3호선 심상점선(단 측점 쪽은 조그만큼 실선), 1등도선명호의 글자크기는 약 4mm, 2등도선명호의 글자크기 약 3mm, 삼각점 및 도근점의 명칭, 명호 및 번호의 글자크기는 약 1.5mm(삼각점은 명칭 또는 번호만을 기재), 군명칭(약 6mm), 면명칭(약 5mm), 동명칭(약 4mm), 제명(약 8mm), 관씨명(약 3mm), 제도기(약 3~5mm)로 그린다. 도근망도에는 규정외에 색호 및 부호를 사용하여 주요한 지형에 개황을 표시하고 국계, 도계, 면계 및 동계는 녹색을 사용하며 도로는 홍색 1호선, 철도선로는 약 1mm 간격의 2줄의 3호선으로 궤선을 긋고 그 사이를 3mm마다 구획하며 격일구를 혹색으로 칠하도록 하고 있다. 하천은 남색선을 사용하며 하폭이 적은 것은 단선으로서 표시하고 큰 것은 수애선을 묘화하며 수평곡선은 연필선, 시가촌락은 흑색 2호선으로서 주위를 그리고 내부를 담흑색, 조사지, 불조사지 개략의 경계는 흑의 3호 점선으로서 구획하며 녹색으로서 선채한다. 도근망도에는 세부측도 실시규정에 규정한 원도 도곽을 3호 양홍선으로 그리고 주요한 선에 그 수치를 기재하되 도근점성과표 및 동별 도근망도는 동마다 1철로 하고 표지를 붙여야 한다.

4) 1/600 지역의 도근측량

축척 1/600을 사용하는 측도구역의 도근측량은 도근점을 시가지는 원도 내에 8점이상 배치하고 도선 각점의 거리는 100m 이내로 하며 선점약도 및 도근망도의 축척은 1/5,000을 사용한다. 그리고 거리의 측정은 죽제권척을 사용하되 강제권척에 준거하여 매일 점검을 실시하고 거리는 2회 측정을 실시하며 5cm까지 측정하여 거리측정의 교차는 평탄지 및 기복이 작은 토지에는 1/600, 기복이 심한 토지는 1/400로 한다. 방위각의 오차는 1등도선은 $\sqrt{n}$분, 2등도선은 1.5$\sqrt{n}$분 이내로 하며 (n은 총변수로 도착기지변 포함) 종횡선 수치는 5cm까지를 측정한다. 도선의 연결오차는 1등도선 $0.01\sqrt{4s+0.005s^2}$m, 2등도선 $0.01\sqrt{6s+0.0075s^2}$m 이내로 하고 (s는 거리 총합, 오차의 배분은 5cm 단위) 교회점의 연결오차는 1m 이내의 교차로 한다.

5) 1/2,400 지역의 도근측량

축척 1/2,400 구역의 도근측량은 도선 각점간의 거리는 200m이내로 하며 선점약도 및 도근망의 축척은 1/20,000을 사용하되 1/1,200 구역을 포함할 때는 그 구역은 별도로 1/10,000을 사용하여 작성하도록 한다. 교회법을 사용하는 교회선의 길이는 800m이내로 하고 정반의 거리측정의 교차는 도선의 오차의 경우 1등도선 $0.01\sqrt{14s+0.0175s^2}$m, 2등도선 $0.01\sqrt{18s+0.0225s^2}$m의 공차를 벗어나지 않도록 한다.(s는 거리의 총합으로 m단위) 교차점의 연결오차는 2m 이내로 하되 평탄지 및 기복이 작은 토지는 1/200, 기복이 심한 토지는 1/150로 한다.

6) 도근점의 설치 및 관측과 계산

도근측량은 삼각점에 본(本)을 두고 다시 소구역에서 일필지측량의 기초가 될 제 점의 위치를 측정하는 것으로 도근측량은 연결하는 도선에 따라 다각형의 각 각과 변장을 측정하는 것으로서 삼각점을 전개한 도지상에 측판측량법에 의하여 측량할 지역계와 필요한 지형을 그리고 되도록 도로 또는 행정구역계를 따라 도근점을 결정하고 그 위치를 표시하기 위하여 방 1치 5푼, 길이 약 1자 5치의 말목을 때려 박는다. 도선에는 1등도선과 2등도선이 있으며 1등도선이란 삼각점 간 또는 1등도선 간을 연결하는 것으로 동서 500m, 남북 400m 구역에 약 6점을 배치할 필요가 있다. 1등도선은 약 100m마다 점의 위치를 정하고, 2등도선은 소규모 구역 즉, 동서 250m, 남북 200m의 구역에 대하여 약 8점을 배치할 계획으로 삼각점, 1등도선간, 2등도선 상호간을 연결한 것이다. 점의 선정이 끝났을 때에는 전경경위의를 사용하고 삼각점간의 방위각을 근거로 각 도선점간의 방위각을 측정한다. 동시에 죽제권척으로 2점간의 거리를 측정하고 반복 작업을 실시하여 다른 삼각점 또는 기지점에 도착하였을 때에는 그 성과를 검사한다.

1등도선의 관측이 끝났을 때에는 개정방위각과 거리에 의하여 종횡선차를 산출하고 가산하여 삼각점간의 종횡선차를 대비하고 다시 계산의 정확을 검사하며 삼각점의 종횡선치로 부터 계산한다. 그리하여 순차 각 도선점의 종횡선값의 산출은 종횡선의 원점을 본으로 하고 종횡선의 원점은 우리나라를 세로로 3등분하여 경도 128°의 동쪽, 경도 126°의 서쪽과 둘의 중간에 정하여 동부원점은 경도 129°, 서부원점은 경도 125°, 중부원점은 경도 127°와 위도 38°의 위치로 한 것이다. 종횡선수치는 "-"값을 없애기 위하여 각 점의 종선에 500,000m, 횡선에 200,000m을 더하였으며 경성시가지의 종횡선은 중부원점을 기준으로 하였으며 측점수는 9,539점, 1912년 5월부터 1913년 2월까지 실시하였다.

7) 시가지 도근점의 보존

삼각점 표석은 토지측량표규칙에 의하여 영구 보존하는 것으로 되어 있지만 도근점은 단지 측량기간 안에 보존하는 것에 그친다. 그러나 시가지는 토지이동이 많아 지적측량을 실시하는 일이 많으므로 도근점을 영구히 보존하여 지적측량 및 일반측량에 이용할 수 있도록 표석을 매설하였으며 시가지세령 시행지의 26개소에서 실시하였다. 도근 표석점은 1/600 축척을 사용하는 측량구역은 동서 250m, 남북 200m의 구역안에 약 3점을 선정하고 표석점간은 연속 점시할 수 있는 것으로 하였다. 각 점에는 방 3치, 길이 1자 5치의 표석을 매설하고 교통량이 많고 복잡하여 표석의 훼손 또는 이동할 염려가 있는 것에 대하여는 표석에 방 약 1자의 포석(抱石)을 둘러 보존하였다. 또한, 남대문통 하세가와정(長谷川町), 태평통(太平通), 황금정(黃金町) 같은 개축 도로가 있는 개소에는 인도, 차도 간 하수구의 인도 측 연석(緣石; 도로 경계석) 위에 T.P와 점의 위치를 파고 그 주위를 사방 3치, 길이 3푼으로 파내려 표석으로 대용하였다. 이 작업은 1917년 3월부터 같은 해 5월에 걸쳐 시행하여 총 측정점의 수 2,142점에서 도로 연석을 대용한 것은 80점이었다.

(3) 측량 · 수로 및 지적에 관한 법률

도선은 1등도선과 2등도선으로 구분하며 1등도선은 삼각점 · 지적삼각점 및 지적삼각보조점의 상호 간을 연결하는 도선법 또는 다각망도선법으로 실시하고 2등도선은 삼각점 · 지적삼각점 · 지적삼각보조점과 지적도근점 간을 연결하는 도선으로 한다. 도선의 표기는 1등도선은 가, 나, 다 순, 2등도선은 ㄱ, ㄴ, ㄷ순으로 표기한다. 지적도근점의 번호는 영구표지를 설치하는 경우에는 시, 군, 구별로 아라비아 숫자의 일련번호를 부여하며 일시적으로 세부측량을 실시하기 위해 표지를 설치하지 않는 경우에는 시행지역별로 아라비아 숫자의 일련번호를 부여한다. 다각망도선법에 의할 경우에는 교점은 도근점의 번호 앞에 "교"자를 붙인다. 도선법의 경우 점간거리는 50m를 기준으로 하여 300m 이하로 하며 다각망도선법에 의한 경우에는 점간거리를 500m 이하로 할 수 있다.

(4) 원리 및 망의 구성

1) 측량원리

지적도근점측량은 여러 측점들을 연결하여 형성되는 도선이나 망 형태로 구성된 각 측선의 방위각과 거리를 측정하여 그 측선들이 만나서 이루는 각을 측정하여 수평위치를 순차적으로 결정하는 편리하고 신속한 측량 방법이다.

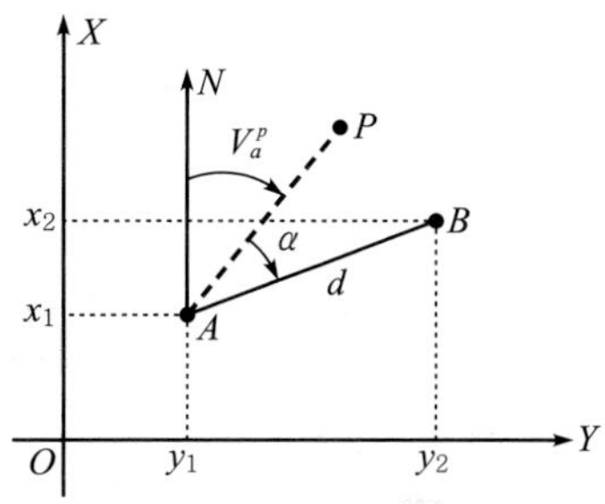

그림 6-40 지적도근점측량의 원리

지적도근점은 그림 6-40과 같이 한 측선의 거리와 방위각을 측정하여 출발점의 기지 좌표에서 다음 측점까지의 종선차(Δx)와 횡선차(Δy)를 아래와 같이 계산하고 출발점의 좌표에 각각 더하여 도근점의 위치를 결정하는데 적합하다. 측점 A, B의 방위각 V_A^B와 거리(d)를 계산하면

$$\tan\alpha = \frac{y_2 - y_1}{x_2 - x_1}\text{에서}$$

$$d = \frac{x_2 - x_1}{\cos\alpha} = \frac{y_2 - y_1}{\sin\alpha} = (x_2 - x_1)^2 + (y_2 - y_1)^2\text{이다.}$$

즉, 종선차(Δx) = $x_2 - x_1$, 횡선차(Δy) = $y_2 - y_1$, $\tan\alpha = \frac{\Delta x}{\Delta y}$ 또는 $\cot\alpha = \frac{\Delta y}{\Delta x}$로
$d = \Delta x^2 - \Delta y^2$를 계산하고

B점의 좌표(X_b, Y_b)을 결정하는 방법은 $X_b = X_a + \Delta x$, $Y_b = Y_a + \Delta y$이며 $\Delta x = \ell \cdot \cos V_a^b$, $\Delta y = \ell \cdot \sin V$ 이다.

2) 망의 구성

지적도근점의 망구성은 결합도선 · 폐합도선 · 왕복도선 · 교회망 또는 교점다각망으로 구성하여야 한다. 개방도선(Open Traverse)은 그림 6-41과 같이 기지점에서 출발하여 임의의 측점까지 측량하는 것으로 현지측정에 오차의 계산 및 조정을 할 수 없는 가장 간단한 도선으로 관측값에 큰 과실이 있어도 착오나 오차를 검사할 수 있는 방법이 없다. 그러므로 오차를 줄이기 위해서 거리관측은 2회씩 시행하고 각관측은 반복관측하거나, 높은 정확도를 필요로 하는 지적측량에서는 사용하지 못하도록 하고 있다.

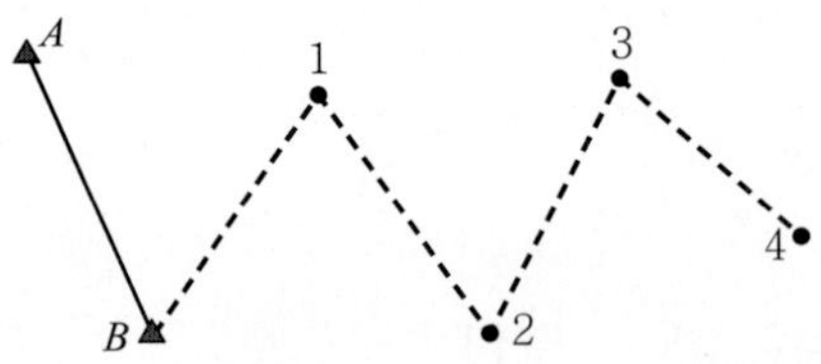

그림 6-41 개방도선

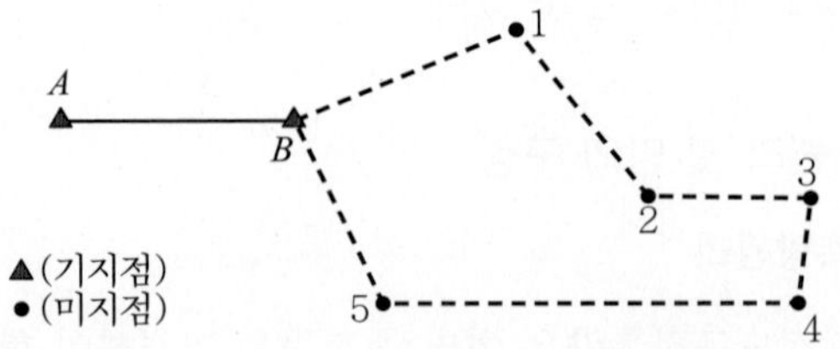

그림 6-42 폐합도선

폐합도선(closed traverse)은 그림 6-42와 같이 한 기지점을 출발하여 차례로 관측한 마지막 점을 출발 기지점에 폐합하는 도선을 말한다. 이 도선의 특징은 계산상의 종점 좌표와 출발점으로 사용된 기지점 좌표와 일치해야만 하는 조건을 가지며, 오차의 검정과 조정이 가능한 도선이나 절대 좌표를 생각할 때 불완전한 도선으로 지적측량에는 지형상 부득이한 경우를 제외하고는 사용하지 않아야 한다.

결합도선은 그림 6-43과 같이 출발 기지점에서 시작하여 다른 도착 기지점 사이를 연결한 도선으로 폐합도선의 일종이지만 출발점에 다시 되돌아와 폐합시키지 않고 다른 기지점에 폐합하므로 보다 더 높은 신뢰성을 가질 수 있는게 장점이다. 또한, 계산상 오차의 발견이 쉽고 검정이 가능하며 측량 성과의 점검과 조정이 완전한 도선으로 지적 측량에서는 일반적으로 결합도선에 의한 지적도근점측량을 기본으로 하고 있다. 이러한 도선의 형태는 계산적으로 방향과 거리에 있어서의 정오차의 검사도 가능하기 때문에 유리하다.

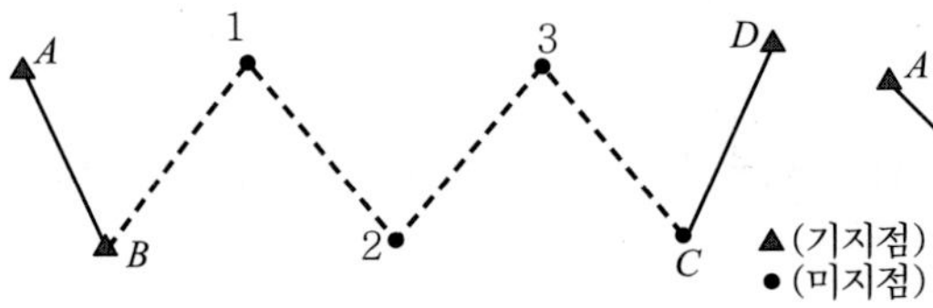

그림 6-43 결합도선

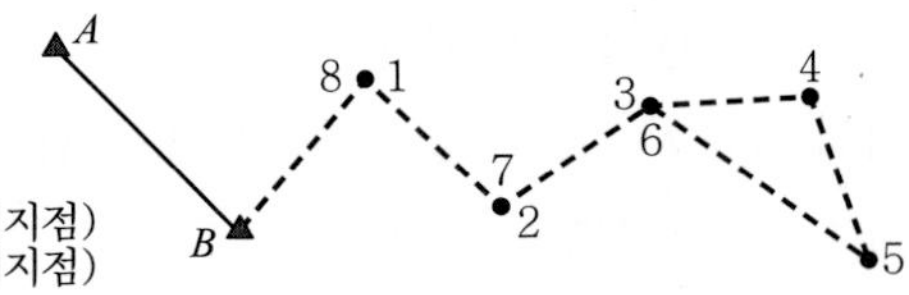

그림 6-44 왕복도선

왕복도선은 그림 6-44와 같이 폐합 도선의 원리와 동일한 것으로 기지점에서 출발하여 도선의 중앙점에서 다시 같은 측점들을 거쳐 출발 기지점으로 되돌아오는 도선으로 지형상 부득이 하여 폐색점을 찾지 못하여 출발점에 폐색시키는 경우를 말한다. 다각망 도선법은 넓은 지역에서 높은 정밀도의 도근점측량에 많이 이용되는 방법이며 3점 이상의 기지점을 사용한 도선으로 망의 형태는 X, Y, A, H, 복합형 등이 있다.

6.7.2 작업 순서

지적삼각점 또는 1등도근점에 의하여 세부측량에 필요한 기준점을 평면직각좌표계에 의하여 *X*, *Y*좌표를 정하는 지적도근점측량에 있어서는 2점간의 거리와 방향을 직접 관측하여 위치를 결정 하며 이때에는 해당지역의 지적도의 소요 정확도를 고려하여 배점밀도와 점간거리 도선의 총 연장거리 다각망 교점의 선정 등을 계획하고 각관측은 배각법을 이용하고 농촌지역에 대하여도 방위각법의 사용을 가급적 제한토록 한다. 거리측량에 있어서도 줄자 대신에 EDM을 사용하는 것이 정확도와 작업능률면에서 보다 높은 결과를 얻을 수 있다. 지적도근점측량의 작업 순서에서 외업은 계획, 답사, 선점, 매설, 관측(거리, 내각, 방위각)순으로 하고 내업은 계산, 지적도근점 전개, 망도 및 표석대장 작성 등의 순으로 한다.

(1) 준비

지적도근점측량의 계획은 목적, 지역, 작업량, 기간, 정밀도, 측량조의 편성, 관측 기계, 매설 기구, 소모품, 표지, 재료 등의 종류와 수량, 작업 경비, 교통, 후속되는 세부측량에 미치는 영향 등을 참고하여야 한다. 대상지역과 인접한 지구는 2009년에 예정지측량을 실시하였으며 서쪽으로는 경계점좌표등록지역인 OO공단이 위치하고 있고 북쪽은 도해지역(토지 · 임야)지역이며, 남쪽은 OO지구와 접하고 있다. OO지구 예정지측량시 지구계 결정은 대부분 지적도근성과로 작업을 실시하였으나 주변토지와의 부합여부를 고려하여 일부지역은 기지점측량을 이용하여 결정하고 경계점좌표등록 및 택지개발예정지인 지역은 기존 지구계를 참조하며, 도해지역은 지구계부분과 지구 외 기지에 대해 새로 설치될 기준점을 근거로 정밀하게 확인 측량을 실시하고 신설기준점을 결정하여야 한다.

1) 표지설치

표석은 법규정에 의한 규격품으로 양질의 화강암을 사용하고 지적측량기준점 설치에 따른 측량비는 매설비에 포함하지 않고 있음에 유의하여야 한다. 또한, 기준점의 매설에서 설치장소에 따라 다르게 책정되며 매설은 현장요소에 따라 비포장 · 표철 · 맨홀식 · 포장 · 옥상용 · 합성수지 등과 같이 다른 재료를 사용하여 설치하여야 한다. 지적기준점 설치에 필요한 모든 노력과 기계, 기구 및 자재를 구비하고 지적기준점설치 용역 입찰유의서 계약일반조건, 특수조건설계도 및 사양 설명 등의 모든 조건을 원칙으로 한다. 공사에서 규정한 재질 및 규격품을 변경 설치하여서는 안되며 감독관이 지정한 장소에 정확히 설치하되 보행 또는 차량통행에 지장이 없도록 한다. 기준점 설치시 매설할 경우와 타설 할 경우를 명확히 구분하되 기존 지하매설물을 피하여 설치하여야 한다.

2) 일반사항

지적기준점의 규격과 재질은 지적법 규정에 의하며, 계약일로부터 7일 이내 각 종목별 견본품을 납품하여 확인 받은 후 착수하되 지적기준점 및 말박기 표지의 설치는 공사 현장감독관이 지정한 위치에 시방서 규정에 의하여 정확히 설치하여야 한다. 설치 후 보수할 사항이 발생되면 시공업체가 지체 없이 보수하여 후속 관측업무에 차질이 없도록하여야 한다. 계약서에 명기되지 않은 사항과 과업 수행시 주요내용이 발생할 경우 사전에 협의하여 감독관 및 담당자의 지시에 따른다. 설치 기간은 물량 및 지역의 난이도, 시급성을 감안하여 공사의 요구에 의하여 결정한다. 설치된 기준점 및 말박기 표지의 검수는 당 공사에서 지정한 검수원의 검수를 받아야 하며 측량 및 소관청의 검사완료 시점을 최종 납품일로 한다. 설치에 필요한 제반 차량, 굴착장비, 기타 기계경비 및 자재운반비는 시공업체의 부담으로 하며 대금의 청구는 당 공사 검수원의 검수증을 첨부하여 청구한다.

(2) 계획

사업대상지역의 예정지측량이 완료된 경우 기존에 설치한 지적삼각보조점을 사용하여 법규정에 의거 다각망도선법으로 지적도근점측량 관측을 실시한다. 또한, 주변의 기준점측량성과와 비교 검토하여 측량성과의 통일성을 유지하게 하고, 도해지역인 인접지는 기준점측량성과를 확인하여 상호부합여부를 조사 검토하여야 한다. 도선의 구성은 가장 가까운 거리의 기초점간을 연결하여 도선점수를 적게 하며 일직선 방향으로 구성하는 것이 좋고 도근점을 선점하는 때에는 도근점간의 거리는 동일하게 하되, 당해 지적도 1장에 6점 이상이 배치되도록 한다. 최단거리의 기지점간을 연결하도록 하며 지적도근점은 지적도 1도곽에 6점 이상을 배치하며 도선망은 정방형에 가깝도록 편성한다. 그리고 도선은 되도록 도곽선의 근처 행정구역계에 있는 도로, 하천, 구거 등을 따라 편성하여 편리하게 활용할 수 있도록 한다. 지적도근점측량을 다각망 도선법으로 실시하는 경우 기지점간 직선상의 외부에 두는 지적도근점의 선점은 기지점 직선과의 사이각을 30° 이내로 한다. 1도선의 점수는 40점 이하로 하고 지형상 부득이 한 경우 50점까지로 할 수 있다. 다각망도선법으로 지적도근점측량을 할 때에는 지적도근점의 수를 20개 이하로 하며 점간거리는 50m를 기준으로 300m 이하로 하지만 다각망도선법에 의한 경우 최대 점간거리를 500m 이하로 할 수 있다. 점간 거리가 너무 짧으면 각관측시 오차가 크게 발생할 소지가 있으므로 30m 이상은 유지해야 한다.

(3) 답사 및 선점

답사는 선점의 계획에 따라 현지 작업가능성을 점검하여 선점계획을 확정하며 지적측량기준점의 적절한 배치 및 측량방법을 결정하기 위하여 측량예정지에 답사하여 최소의 시간으로 정도를 높일 수 있는 측량방법을 선택한다.

선점이란 현지에서 측점의 위치를 결정하는 작업을 말하며 도근점의 선점을 실시할 경우에는 해당지역의 지형, 토지분포의 상황, 측량시 시통여부를 확인하고 지형도 및 지적도를 참고로 답사에서 확인된 결과에 의하여 도상계획을 수립하고 이에 따라 현장에서 새로 설치하는 지적도근점의 위치를 결정하는 것을 선점이라 한다. 선점계획도는 해당지역의 지적도축척의 1/10정도 크기로 작성하며 보통 일람도의 축척과 같이 하는 것이 편리하다. 선점계획도에는 지적도의 도곽선과 종횡선수치, 행정구역계 및 명칭, 삼각점의 위치, 기타 일람도에 등록된 주요 도로, 하천, 제방 및 구거 등을 표시하고 도선의 편성 및 도근점의 도곽별 배치 등을 계획하며 선점시 고려하여야 할 사항은 후속측량에 편리하고 지반이 견고한 위치에 설치하며, 시통과 거리측정 및 각 관측에 편리하여야 한다.

지적도근점은 교통의 방해가 적고 차량의 운행에 따른 지역의 진동이나 관측에 영향을 받지 않고 기계를 세우기가 용이하며 지반이 견고한 장소를 선택한다. 점의 위치는 세부측량의 기준점으로 사용하기 편리하고 영구적으로 보존할 수 있는 위치에 정한다. 암석 · 석재 구조물 · 콘크리트 교량 · 맨홀 및 건축물 등 견고한 고정물에 설치할 필요가 있는 경우에는 그 고정물에 지적도근점의 규격으로 각인하거나 그 고정물에 고정하여 설치할 수 있다.

(4) 조표 및 매설

선점이 끝나면 측점을 표시하기 위하여 측량의 목적에 따라 표지를 설치하여야 하며 영구적으로 보존할 경우에는 표석을 매설하고 일시적으로 사용할 경우에는 나무말뚝을 설치하여 기준점으로 사용한다. 도시지역, 토지구획정리사업시행지역, 축척변경시행지역 및 세부측량을 실시하는 지역에는 관측전에 필요한 곳에 미리 일정한 규격의 지적도근점 표석 또는 표지를 매설하여야 한다. 표석은 지표면에서 1~2cm 돌출되도록 설치하며 아스팔트, 콘크리트 이외의 지역에 설치한다. 철재 또는 플라스틱 표지는 아스팔트, 콘크리트 등에 설치한다. 1980년대 초에는 견고하게 매설되는 표석을 대부분 매설 하였지만 그후 설치가 비교적 쉬운 철제 지적도근점이나 프라스틱 표지를 많이 설치하고 있다. 표석은 양질의 화강암 또는 철제로서 시가지의 포장도로에 설치 할 수 있도록 제작된 것이다. 지적도근점표지의 종류는 2종류가 있으며 형태와 재질 및 규격은 그림 6-45와 같다.

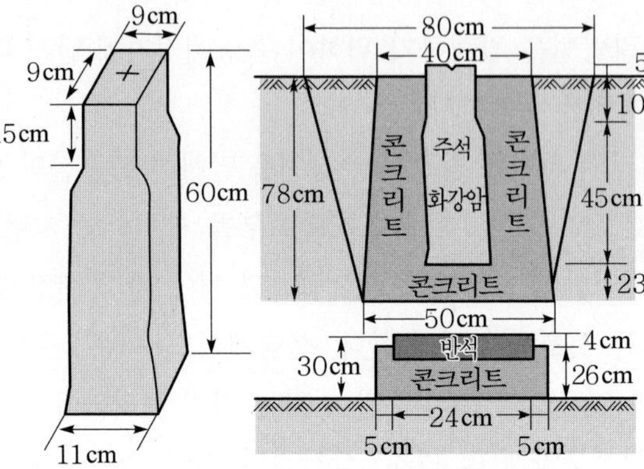

그림 6-45 비포장 지역의 매설

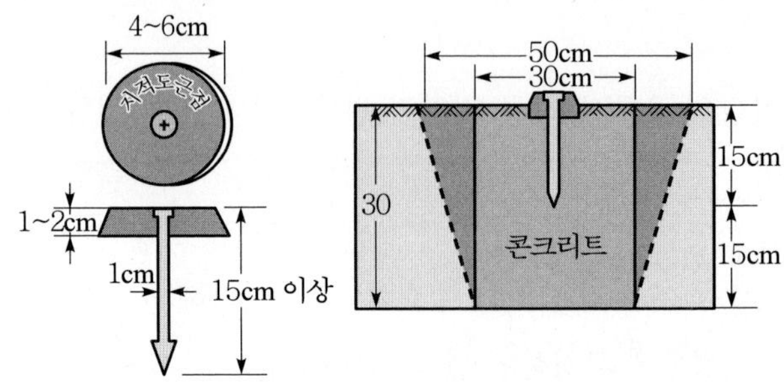

그림 6-46 표철 · 비포장 단면도

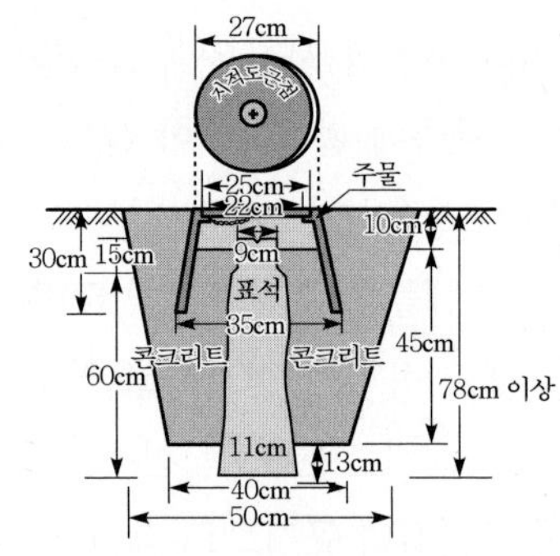

그림 6-47 맨홀식

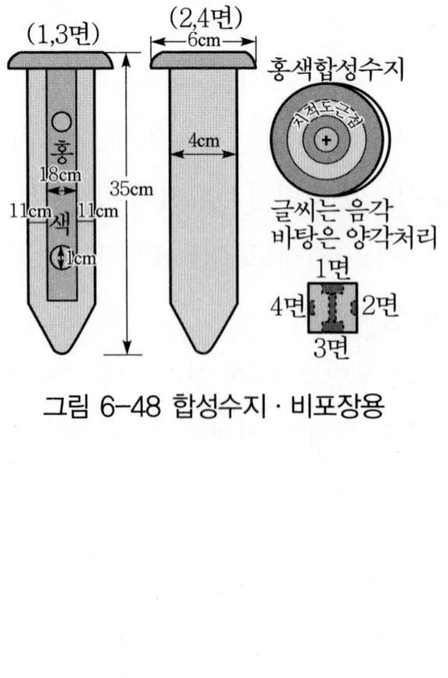

그림 6-48 합성수지 · 비포장용

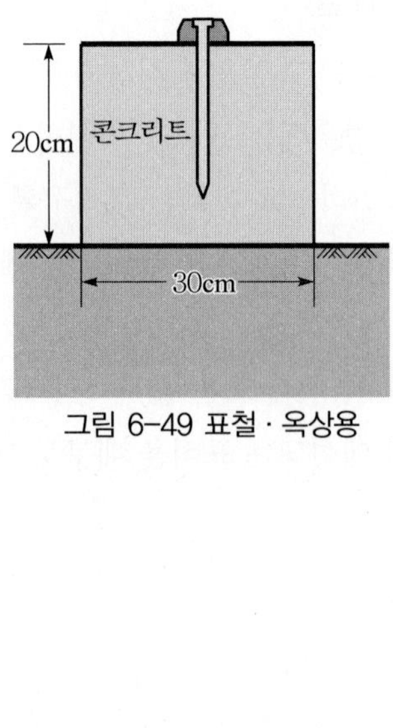

그림 6-49 표철 · 옥상용

(5) 관측

1) 수평각관측

수평각의 관측은 시가지지역, 축척변경지역과 경계점좌표등록부 시행지역은 배각법에 의하고, 그 밖의 지역은 방위각법과 배각법을 혼용할 수 있으며 20초독 이상의 정밀 경위의를 사용한다. 배각법은 각 측점에서의 협각을 독립하여 측정한다. 오차의 발생을 되도록 적게 하는 정밀 측정에 사용하며 3배각 관측을 실시하고 관측과 계산에 필요한 단위는 각은 초, 측정횟수는 3회, 거리와 좌표는 cm단위로 하며 진수는 5자리 이상으로 한다.

도선법은 배각법에 의하여 시행하는 경우에는 시가지지역에서 주로 사용하고 각 측선의 교각을 3배각으로 측정하여 1배각과 3배각의 평균값에 대한 교차는 30초 이내이며 그 평균값을 관측각으로 한다. 1도선은 지적측량기준점을 연결하는 결합도선을 원칙으로 하되 지형상 부득이 한 때에는 폐합도선 또는 왕복도선에 의할 수 있다. 배각법으로 수평각을 측정할 대상 지역은 시가지지역, 축척변경시행지역과 경계점좌표등록부시행지역에서 관측 정도를 높이기 위하여 측정하는 방법이며 관측순서는 아래와 같다.

① 그림 6-50과 같이 측점(*O*)에 기계를 구심과 기포가 정위치가 되도록 설치한 후 눈금을 0°00′00″로 하며 *A*를 시준하고 우회하여 기계의 상부고정나사를 풀어 시준점(*B*)을 시준한 후 관측각 란에 읽음값(α_1)을 기재한다.

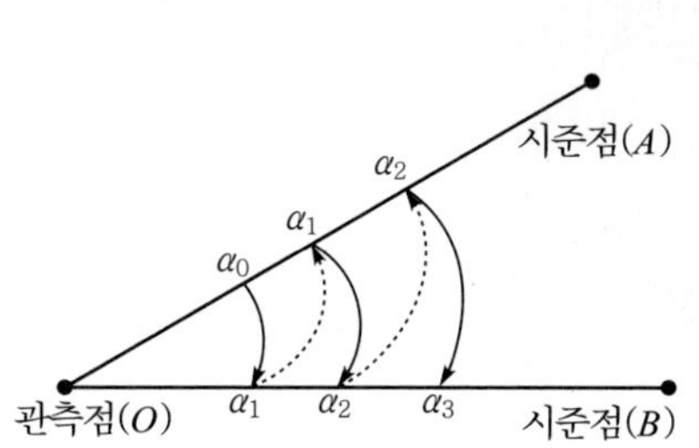

그림 6-50 배각법

② 시준점(*A*)에 망원경을 맞추고 고정나사를 풀어 시준점(*B*)를 시준하여 관측한 각의 값(α_2)은 2배각으로 야장에는 기재하지 않는다.

③ 다시 각을 고정하고 고정나사를 풀어 시준점(*A*)에 시준한 후 고정나사를 풀어 시준점(*B*)를 관측한 각의 값(α_3)이 3배각으로 야장에 기재한다.

④ 관측오차의 한계는 3배각을 평균한 값과 1배각과의 교차가 ±30초 이내로 한다.

⑤ 측점에서 기계고를 측정한 후 시준점은 기계고와 동일한 높이를 정·반으로 측정하고 연직각은 올려본 각과 내려본 각을 관측하여 그 교차가 90초 이내인 때에는 그 평균값을 연

직각으로 한다.

⑥ 측각의 출발차가 발생하면 각에 가산하여 결과란에 기재하며 평균각을 기재하되 평균각은 0.1″까지 기재한다.

배각법에 의하는 때에는 1회 측정각과 3회 측정각의 평균값에 대한 교차는 30초 이내로 하고, 1도선의 기지방위각 또는 평균방위각과 관측방위각의 폐색오차는 1등도선은 $\pm 20\sqrt{n}$초 이내, 2등도선은 $\pm 30\sqrt{n}$초 이내가 되어야 한다.(n은 폐색변을 포함한 변수) 관측한 각도의 측정결과가 허용범위 이내인 때에 그 오차의 배분은 다음의 산식에 따라 측선 길이에 반비례하여 각 측선의 관측각에 배분한다.

$$K = \frac{-e}{R} \times r$$

여기서, K; 각 측선에 배분할 초단위의 각도, e; 초단위의 오차

R; 폐색변을 포함한 각 측선장의 반수의 총합계

r; 각 측선장의 반수(반수는 측선장 1m에 대하여 1천을 기준으로 한 수)

그림 6-51 토지조사사업당시 도근측량

측선장 반수는 변의 크기에 반비례하며 각 오차를 배분하기 위하여 각 변의 길이를 1,000으로 나누어 산출하며 측선 길이가 긴 것에 적은 수를 부여하고, 짧은 것에 많은 수를 부여하는 것으로서 형식상 거리 반수에 비례하여 배분한다.

각의 측정에서는 측선길이가 길수록 관측 오차가 작고 짧을수록 오차가 크다는 원리를 적용하고 오차배분에서 나머지가 있는 경우 그 나머지는 90°에 가까운 각에 배분한다. 측선길이 반수 $= \frac{1,000}{L}$ 여기서, L; 각측선의 거리이며 그림 6-51은 토지조사사업 당시 도근측량을 실시하는 모습으로 경위의측량을 실시한 것이다.

2) 연직각 관측

연직각의 측정은 지적도근점의 표고를 구하기 위하여 경사거리를 수평거리로 환산하기 위한 경사각을 필요로 할 때에 실시한다. 표고는 레벨로 구하는 것이 능률적인 경우가 많고 일반적으로 정확도가 높지만 지적도근점측량에서 경사거리를 수평거리로 환산하기 위한 것이라면 경

위의로 경사각을 측정하는 것으로 충분하다. 연직각(고도)은 시준선과 수평선이 이루는 각으로서 시준선이 수평선 위에 있으면 올려본각, 시준선이 수평선 아래에 있으면 내려본각이라 한다. 연직각은 시준목표를 기계고와 같은 높이로 측정하며 연직각을 관측하는 경우에는 올려본각과 내려본 각을 관측하여 그 교차가 90초 이내인 때에는 그 평균값을 연직각으로 한다.

3) 거리측정

지적도근점간 거리의 측정은 쇠줄자, 전파 또는 광파거리 측량기에 의하여 측정하며 점간거리를 측정하는 경우에는 2회 측정하여 거리측정 교차는 평균값의 1/3,000m 이하인 때에는 그 평균값을 점간거리로 하며 점간거리가 경사거리인 때에는 수평거리로 계산한다.

(6) 계산

지적도근점 측량의 계산은 도선별로 관측된 각의 측각 오차를 산출하여 공차한계 이내 일 때에는 배분하여 종횡선차를 계산한다. 또한, 관측 계산 좌표와 기지점 좌표와의 오차가 있을 때에는 공차 이내인 경우에 한해서 오차를 배분하여 종횡선 좌표를 산출하여 결정한다.

1) 수평거리의 계산

배각관측 및 거리측정부의 서식에 기재된 측정거리의 평균값을 수평거리로 계산한 값을 기재하면 된다. 그러나 측정거리는 2회 측정하여 평균하고 고도가 있을 경우에는 고도각을 평균하여 수평거리를 $L = \ell \cdot \cos\theta$식으로 계산한다. 여기서, ℓ : 측정거리, θ : 고도각의 평균값이다. 측선에 1° 이하의 경사는 수평으로 간주하여 고도측정을 하지 않으며 관측거리의 평균값을 수평거리란에 기재하고 고도가 1°를 초과하는 경우 수평거리로 환산하여 수평거리란에 기재하는 것이다. 수평거리의 계산이 끝나면 수평거리의 합계와 반수의 합계를 계산하여 기재한다.

2) 방위각의 계산

배각법에 의한 지적도근점측량의 경우에는 교각을 측정한 것으로 계산에 의해 방위각을 결정한다. 교각을 방위각으로 계산하는 방법은 관측결과에 따라 2가지로 구분할 수 있다. 즉, 도선의 관측진행방향을 출발점을 기준으로 우측으로 관측한 경우와 좌측으로 관측한 경우로 구분할 수 있으나 일반적으로 우측으로 관측한 각을 되도록 많이 실시하고 있다. 배각관측법에서는 각 측선의 측각오차 배분이 끝나면 배분할 각도를 보정치란에 각각 기재하고 관측각에서 이를 가

감하여 방위각란에 기재한다.

3) 종횡선차의 계산

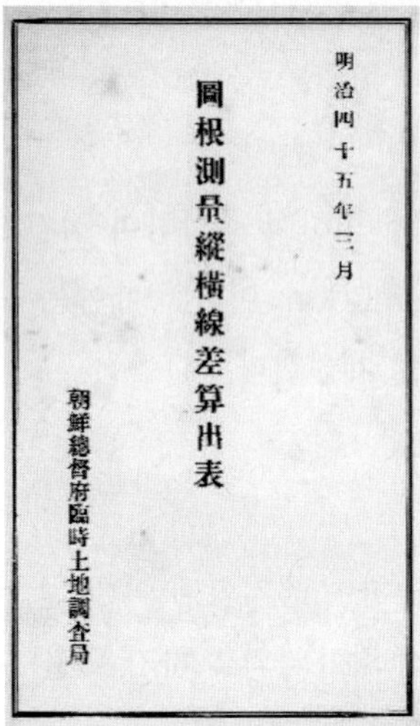

그림 6-52 종횡선오차산출표

종횡선차의 합계인 관측종횡선차와 출발점과 도착점간의 기지 종횡선차는 일치되어야 하나 각도 및 거리의 관측에서 오차가 발생하므로 다음 식으로 계산한다.

기지종선차(Δx) = 도착점 X좌표 − 출발점 X좌표
기지횡선차(Δy) = 도착점 Y좌표 − 출발점 Y좌표

종선오차(fx) = 관측 종선차의 합계 − 기지종선차
횡선오차(fy) = 관측 횡선차의 합계 − 기지횡선차

그림 6-52는 소화 15년 3월 조선총독부 임시토지조사국에서 작성한 도근측량종횡선오차 산출표로 이 당시 계산기가 없으므로 표를 이용하여 계산함으로써 편리하게 사용하였다.

4) 연결오차

지적도근점측량에 있어서 연결오차의 허용범위는 당해지역의 축척, 도선의 길이(측선의 합계) 및 도선의 등급에 따라 다르다. 경계점좌표등록부를 비치하는 지역의 축척분모는 500으로 하고, 축척이 1/6,000인 지역의 축척분모는 3,000으로 하며, 하나의 도선에 2이상의 축척이 있는 경우에는 대축척에 의한다.
1등도선은 당해지역 축척분모의 $\frac{1}{100}\sqrt{n}$ cm 이하, 2등도선은 당해지역 축척분모의 $\frac{1.5}{100}\sqrt{n}$ cm 이하로 한다(n은 각 측선의 수평거리의 총합계를 100으로 나눈 수).
연결오차를 구하는 식은 $(fx)^2+(fy)^2$이다.

5) 종 · 횡선오차의 배분

배각법을 사용하는 도선의 계산에 있어 종횡선오차의 배분은 각 측선의 종선차의 길이에 비례하여 배분하는 트랜싯법칙(Transit Rule)에 의한다. 트랜싯법칙은 거리측정에 대한 오차가 각도의 측정오차에 비하여 크다고 인정되는 때에 적합한 배분방법이다. 지적도근점측량에 의

하여 계산된 연결오차가 허용범위 이내인 때에 다음의 산식에 따라 각 측선장에 비례하여 배분하며 종선 또는 횡선의 오차가 매우 작아 이를 배분하기 곤란한 때에는 배각법에서는 종선차 및 횡선차가 긴 것부터 순차로 배분하여 종선 및 횡선의 수치를 결정할 수 있다. 트랜싯방법에 의한 종선오차(fx) 및 횡선오차(fy)의 배분은 $T = \frac{e}{L} \times \ell$에 의한다.

여기서, T; 각 측선의 종선차 또는 횡선차에 배분할 cm단위의 수치, e; 종선오차 또는 횡선오차, L; 종선차 또는 횡선차의 절대값의 합계, ℓ; 각 측선의 종선차 또는 횡선차이다.

6) 좌표계산

지적도근점측량에서 좌표라 함은 평면직각종횡선수치를 말하며 원점을 기준으로 하여 계산된 도근점의 위치를 표시한 것이다.

종선좌표(X) = 기지점종선좌표 + 보정치 + 종선차(Δx)

횡선좌표(Y) = 기지점횡선좌표 + 보정치 + 횡선차(Δy)

7) 실습예시

오차의 계산에서 각오차는 관측각의 합계와 출발방위각을 더하고 각규약에다 도착방위각을 합한 것을 뺀 것으로 다음식과 같다.

① 관측오차 $e = \Sigma\alpha - 180°(n-1) + T_1 - T_2$

여기서, e; 측각오차, $\Sigma\alpha$: 관측각의 합계, n; 폐색변을 포함한 변수, T_1; 출발기지방위각, T_2; 도착기지방위각[산출방위각($T_2' = \Sigma - 180°(n-1) + T_1$)]이다.

② 공차 및 반수계산

1등도선의 공차는 $\pm 20\sqrt{n} = \pm 20\sqrt{9} = \pm 60''$

1측선의 반수 : $\frac{1,000}{178.90} = 5.6$

2측선의 반수 : $\frac{1,000}{63.51} = 15.7$

∴ 반수 합계 92.3

③ 관측오차배분

1측점에 배분 $K_1 = -\frac{-e}{R} \times r = \frac{-26}{92.3} \times 5.6 = -1.57 = -2''$

2측점에 배분 $K_2 = -\frac{-e}{R} \times r = \frac{-26}{92.3} \times 15.7 = -4.42 = -4''$

④ 기지종횡선차 계산

기지종선차(Δx) = 도착점 X좌표 - 출발점 X좌표

= 7792.49 - 7751.93 = + 40.56m

기지횡선차(Δy) = 도착점 Y좌표 - 출발점 Y좌표

= 1313.65 - 1643.85 = - 330.20m

관측종선차($|\Sigma|\Delta x|$) = 172.86+60.64+6.63+55.43+14.71+2.02+72.80+237.48 = 622.57m

관측횡선차($|\Sigma|\Delta y|$) = 46.08+18.86+48.82+10.08+121.79+85.61+86.22+4.97 = 4242.43m

⑤ 연결오차와 종선오차(fx) 및 횡선오차(fy)의 계산은 다음 식에 의하여 산출한다.

종선오차(fx) = 관측 종선차의 합계 - 기지 종선차 = 40.67−40.56 = +0.11m

횡선오차(fy) = 관측 횡선차의 합계 - 기지 횡선차 =−330.27−(−330.20) = −0.07m

$$연결오차 = \sqrt{(fx)^2+(fy)^2} = \sqrt{(0.11)^2+(0.07)^2} = 0.13\text{m}$$

⑥ 종선차에 대한 각 측선별 배분량

$$T_1 = -\frac{e}{L}\times\ell = -\frac{0.11}{622.57}\times 172.86 = 0.03\text{m}$$

$$T_2 = -\frac{e}{L}\times\ell = -\frac{0.11}{622.57}\times 60.64 = 0.01\text{m}$$

⑦ 횡선차에 대한 각 측선별 배분량

$$T_1 = -\frac{e}{L}\times\ell = -\frac{0.07}{422.43}\times 46.08 = 0.01\text{m}$$

$$T_2 = -\frac{e}{L}\times\ell = -\frac{0.07}{422.43}\times 18.86 = 0.00\text{m}$$

(7) 도곽의 구획

평면직각종횡선으로 구획되는 도곽은 직사각형으로 새로이 구획할 경우에는 주로 도곽판을 이용하며 필요한 때에는 3:4:5법에 의할 수 있다. 새로이 도곽을 구획한 때에는 평면직교좌표 원점을 기준으로 한 도곽의 위치가 명확히 결정되므로 도곽의 좌측 하단과 우측 상단에 종횡선 수치를 기재한다. 도곽선의 수치는 그림 6-53과 같이 종선수치는 글자의 위치를 북쪽, 횡선의 수치는 글자의 위치를 서쪽으로 하여 홍색으로 기재한다.

3:4:5 방법은 그림 6-54와 같이 피타고라스의 정리를 응용한 요령으로 구획한다. 축척이

1/1,200 지역이면 도지의 하단에 길이 500m의 *AB*선을 긋고 *B*를 기준으로 400m에 해당하는 E를 정한다. 다음은 *B*를 기준으로 이에 직각방향에 300m를 표시하고 이를 *F*로 한다. 이때 *EF*간이 정히 500m가 되도록 다시 *F*를 같은 원호상에 결정한 때 ∠*EBF*는 정히 직각이 되는 것이다. 이와 같은 요령으로 하여 도곽을 형성한 때에는 그 대각을 연결하는 길이를 측정하여 *AC* = *BD*의 조건이 충족되므로서 직사각형임을 검정하는 것이다.

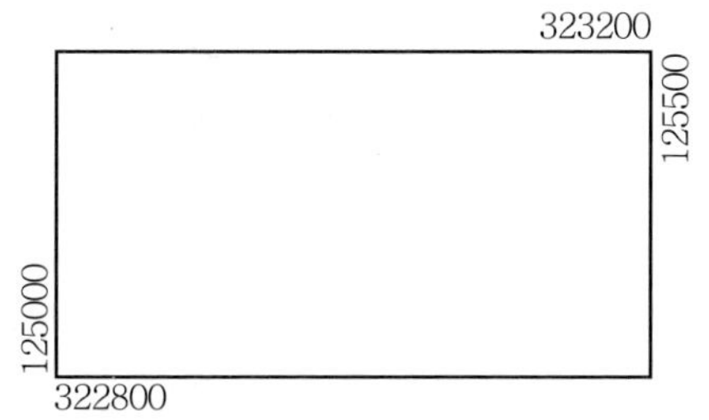

그림 6-53 정규도곽

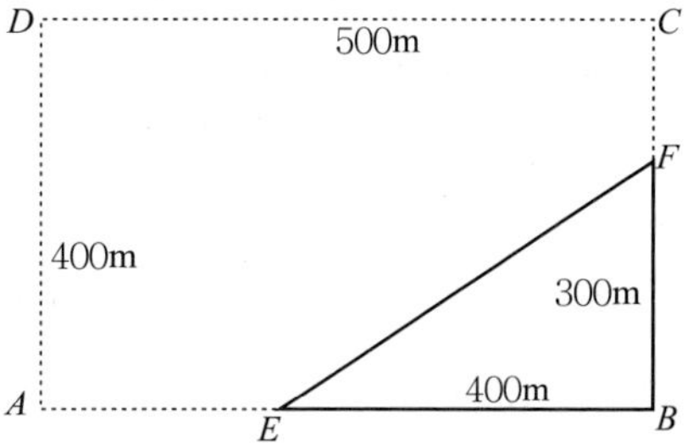

그림 6-54 3:4:5 법

(8) 지적도근점 전개

도근점의 전개라 함은 기초측량의 성과를 지적도(임야도) 또는 측량원도에 표시하는 작업을 말한다. 즉, 기초점의 좌표에 의하여 원점을 기준으로 한 평면직각좌표계에 각 점의 위치를 표시하는 것이다. 도곽은 미터법에 의한 것과 척관법에 의한 2가지가 있는데 도곽의 규격과 축척별 실제거리는 표 6.10과 같이 그 크기는 서로 다르다. 조정계산이 끝난 평면직각종횡선좌표인 지적도근점의 최종 성과를 후속 측량에 도움이 되도록 지적도(임야도) 또는 측량준비도로 표시하는 작업이다.

표 6.10 도상길이와 지상길이의 비교

구분 / 축척별	도상길이(cm)		지상길이(m)	
	종선	횡선	종선	횡선
1:500	30.0	40.0	150	200
1:1,000	30.0	40.0	300	400
1:600	33.333	41.667	200	250
1:1,200	33.333	41.667	400	500
1:2,400	33.333	41.667	880	1,000
1:3,000	33.333	41.667	1,000	1,250
1:6,000	33.333	41.667	2,000	2,500

도근점을 전개할 경우 유의사항은 각 측점의 도곽번호를 도근망도에 의하여 지적도근점측량부에 기재함으로써 같은 도호에 전개하는 모든 점은 이를 동시에 전개할 수 있도록 한다. 도곽 외에 위치한 측점도 같은 도면 내에 전개가 가능한 것은 동시에 빠짐없이 전개하여야 한다. 전개시는 축척(scale)을 도곽선에 정확히 맞춘 후 그 양단에 문진 등으로 고정하여 작업 중 축척 이동을 방지한다.

그림 6-55 도근전개기(1)

그림 6-56 좌표전개기(2)

(9) 도근망도 작성

도근망도는 도근점의 배치와 당해 지역을 쉽게 알아볼 수 있도록 작성한다. 도근망도의 축척은 당해지역 지적도 축척의 1/10 정도의 크기로 작성하며 지역이 넓어서 한 장으로 작성하기 어려울 때는 크기를 축소하여 작성하기도 한다. 도근망도를 작성하기 위해서는 방안지(方眼紙)를 이용하는 것이 편리하며 일람도를 작성하기 위해 일람도의 도곽선을 구획한다. 그리고 구획된 도곽선에 전개하고자 하는 도근점의 종횡선에 직각삼각자를 이용하여 연필로 표시한다. 한 도선의 전개가 끝나면 순차적으로 도선을 연결한 후 점 번호의 기록여부를 확인하고 완성된 방안지 위에 트레이싱을 올려놓고 제도한다. 도근망도에 등재할 사항은 측량지역의 제명과 축척, 도곽선과 도곽선의 종 · 횡선수치, 행정구역계 및 그 명칭, 삼각점 및 도근점의 번호 또는 명칭, 주요도로, 하천, 구거, 제방, 철도, 주요시설물, 등고선 등을 기재한다.

제도방법은 일반적으로 지적도의 일람도 작성방법에 준하여 도근망도에는 도곽선과 도곽선수치는 붉은색으로, 나머지는 검정색으로 제도하며 도근점의 표시는 스프링 컴파스, 연결선은 오구나 레터링펜을 이용하며 글자는 레터링을 사용한다. 그림 6-57은 토지조사사업 당시의 도근점망도로 도곽수치와 도곽선 및 도로는 붉은색, 하천은 파란색으로 채색되어 있으며 등고선은 갈색으로 그려져 있다 . 또한 동경계 및 동 명칭과 삼각점번호와 도근점의 번호가 기재되어 있다.

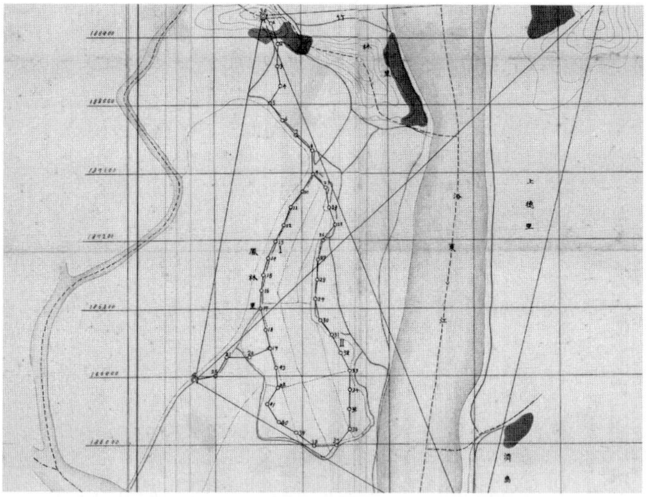

그림 6-57 김해군 가락면 도근망도(토지조사사업 당시)

(10) 표석대장의 작성

도근점 표석 또는 표지를 매설하였거나, 고정물에 각인 또는 고정물에 설치한 도근점을 등재한다. 조사내용은 도근점 표지의 망실 유무 · 사고 원인 · 기지경계선과의 부합여부 등을 기재한다. 이 경우 기지경계선과 부합되지 아니한 때에는 그 사유를 기재한다. 표석 또는 표지를 매설한 경우에는 도근점에 준하여 도근점 표석대장에 등재하여야 한다.

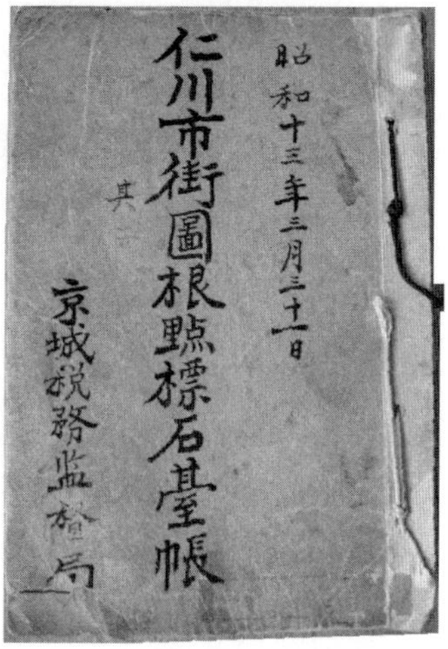

그림 6-58 도근점 표석대장

계산을 완료하면 관측부, 계산부, 망도 등을 합철하여 지적도근점측량부를 만든다. 표석대장을 만들기 전에 현장에서 조사하여 지상의 구조물로부터 3방향 이상에서 실측거리를 기재하여 표기한다. 측량이 끝난 후 작성하려면 많은 시간을 소비하게 되므로 선점과 표지 설치 시 미리 작업을 해 두면 편리하다. 도근점표석대장 등록사항은 번호 및 위치의 약도, 평면직각종횡선수치, 소재지와 설치 또는 재설치 연월일을 등록 하였으며 그림 6-58은 토지조사사업 당시의 경성세무감독국에서 작성한 인천시가지 도근점 표석대장이다.

(11) 성과 작성

지적도근점측량부는 기지점방위각 및 거리계산부 · 교회점계산부 · 교점다각망계산부(X ·

Y · *H* · *A*형 포함) · 배각관측 및 거리측정부 · 방위각관측 및 거리측정부 · 지적도근점측량계산부 및 그 지역의 일람도 축척으로 작성된 지적도근점망도 등을 포함한다. 이 경우 지적도근점망도는 토지소재 또는 측량지역명과 축척 · 도곽선과 그 수치 · 도면번호 및 지적측량기준점의 표시 등을 기재하여야 한다. 그림 6-59 및 그림 6-60은 1915년 전라남도 여수군 두남면의 도근측량부이다.

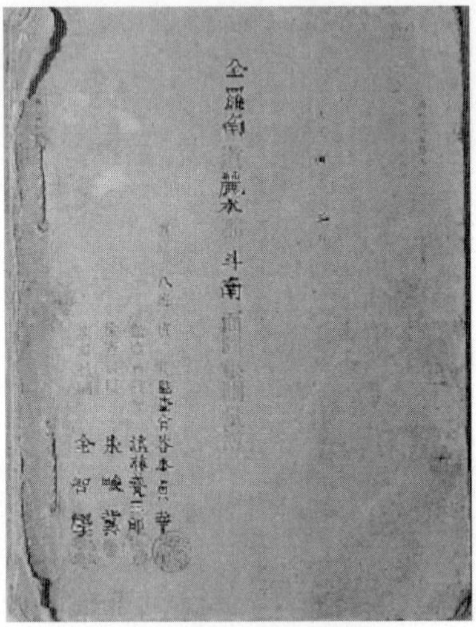

그림 6-59 도근측량부표지

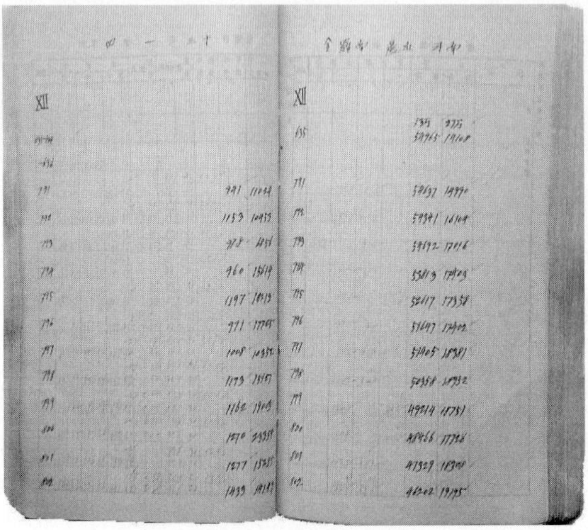

그림 6-60 도근측량부 내용

지적도근점측량 성과와 기지경계선이 부합하지 아니하는 경우에는 사용한 지적측량기준점 및 측량방법을 다르게 하여 지적도근점측량 성과를 재확인 하여야 한다. 기지경계선의 부합여부를 확인한 결과 기지경계선이 같은 방향과 거리로 이동하여 등록되었음이 판명된 때에는 기지경계선 등록 당시 지적도근점측량 성과에 오류가 있는 것으로 보고, 소관청이 지적도근점측량성과에 그 이동수치를 가감하여 사용할 수 있다. 소관청이 지적도근점측량성과를 수정할 경우 수정한 좌표는 지적도근점측량계산부 및 지적도근점 성과표의 좌표란 윗부분에 붉은색으로 기재하여야 한다. 지적도근점성과표에 기록 · 관리할 사항은 번호 및 위치의 약도, 좌표, 소재지와 측량연월일, 도선등급 및 도선명, 표지의 재질, 도면번호, 조사연월일, 조사자의 직위 · 성명 및 조사내용 등이다. 지적도근점성과의 고시 사항은 지적도근점의 명칭 및 번호, 좌표, 소재지와 측량연월일, 측량성과 보관장소 등이다.

도근점표석대장							
도 근 점 번 호	15 번	도선등급	1 등	도 선 명	용인 도선	표지 재질	철제
토 지 소 재	용인 시 읍 운학 동 군 구 면 리				624 번지	지적(임야)도	35 호

설치 및 재설치 년 월 일	좌 표 X	좌 표 Y	설치 및 재설치 년 월 일	좌 표 X	좌 표 Y
2012년 1월 1일	44 5559.78 m	20 9248.63 m	년 월 일		
년 월 일			년 월 일		

위치약도

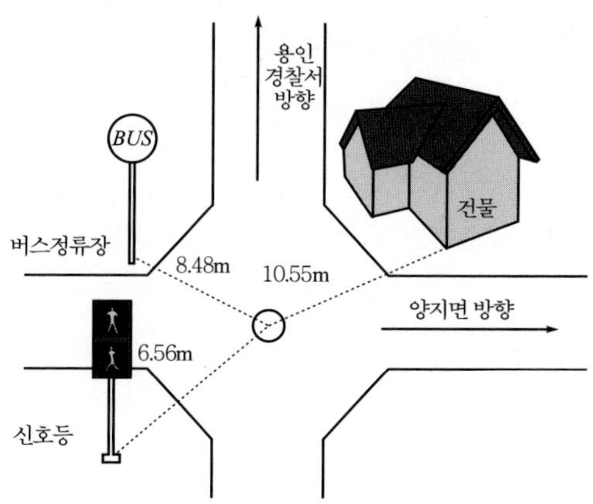

조사연월일	조사자 직	조사자 성명	조사내용
2012년 2월 2일	직	성명	
2012년 1월 1일	지적직 6급	홍길동	전수조사

6.8 다각망도선법

다각망도선법은 경위의 측량에 의한 도선법의 정확도를 높이기 위해 개발된 방법이며 오차발생 원인에 따라 각 도선에서 발생된 오차를 상호 관련이 있는 도선과의 관계를 종합하여 오차를 소거시키는 방법이다. 망의 기본적인 형태는 X형, Y형, A형, H형을 기본형으로 하고 이러한 망을 복합하여 작업을 시행하는 방법인 복합형이 있으며 이를 총칭하여 교점다각망이라고도 한다.

수치측량 지역의 도근측량은 다각망도선법으로 구성하는 것이 향후 측량에 있어서 인접지와의 불부합을 최소화시키는 방법이 될 것이다. 도근측량에서 하나의 측선의 길이와 방향을 관측하기 위하여 데오돌라이트와 광파측거기(EDM) 또는 Total Station을 주로 사용하지만 측량장비의 발달에 따라 최근에는 GPS를 활용하기도 한다. 다각망 도선법의 측량은 경위의측량방법, 전파기 또는 광파기측량방법에 의하고 측각오차, 도선별 평균방위각과 관측방위각의 폐색오차는 $\pm\sqrt{n}$초 이내로 한다.(n은 폐색변을 포함한 변수) 도선별 종횡선 좌표의 연결 오차에 대한 공차는 0.05×Sm 이하로 한다(S는 기지점과 교점간 또는 교점과 교점간의 점간거리의 총합계를 1천으로 나눈 수임 $S = \dfrac{\text{도선의 총거리}}{1{,}000}$).

도근측량에서 1도선의 점의 수는 20점 이하로 하며 점간거리는 500m 이하로 실시하도록 규정하고 있으며 도근측량의 교점다각망 계산방법은 배각법에 준하며 교점다각망에서 1도선이라 함은 기지점과 교점간 또는 교점과 교점간을 말한다.

6.8.1 관측

(1) 선점 계획도

망구성을 위하여 선점계획도를 작성하여 이에 의거 도선을 정하며 이에 따른 도근점을 선점도상에 표시하고 1차 교점위치를 확인하여 현장 답사와 도근점 매설 작업시 다시 교점으로 할 점의 위치와 공통시준점으로 관측에 지장이 없는지를 확인하고 변동이 있을 시는 계획도에 표시하여 관측시 누락이 없도록 한다.

(2) 교점다각망의 구성 및 형태

교점다각망의 구성은 교점으로 선택된 도근점으로부터 여러 도근점을 연결 또는 기지점과 교점간 또는 교점과 교점간을 상호 연결하는 망으로 구성하며 각각의 망에 적합한 다양한 노선이 형성되므로 관측을 실시할 때에는 각 노선에서의 공통 시준이 가능하도록 구성한다. 도근망은 형태에 따라 그림 6-61과 같이 *X*형, *Y*형, *A*형, *H*형의 교점다각망형은 조건식수의 계산공식에 따라 조건식에 관계없이 최소조건식수만 만족시키면 된다.

도근망은 각 도선을 필요에 따라 그물모양으로 연결한 것으로 *A*형은 *H*형의 2 기지점 *A*, *C*가 일치한 경우이며 *H*형과 본질적으로 다른 것은 아니다. 또한 *X* 및 *Y*형은 3개의 기지점에 근거하여 교점 1개를 평균하고 *A*, *H*형은 교점 2개를 평균하는 것이다. 그리고 망형은 3개 이상의 기지점에서 교점 1개 이상을 평균하며 삼각점이나 지적삼각보조점과 거의 동일한 정밀도를 유지하고 세계적으로 많이 활용되고 있으며 구획정리와 같은 망이 복잡한 곳에 이를 활용토록 하고 있다. 조정은 꼭 시행하여 항상 정확한 기계 상태로 사용하도록 하여야 한다. 데오돌라이트는 정밀기계이고 서로의 기능이 연관조립 되어 있기 때문에 한번에 조정하려고 하지 말고 조금씩 반복하여 확인하면서 시행하는 것이 중요하다. 또한 여기서 점검 및 조정은 정준, 구심 및 관측을 정확히 하기 위한 것이며 오차를 최소한으로 줄이기 위하여 행하는 것이다.

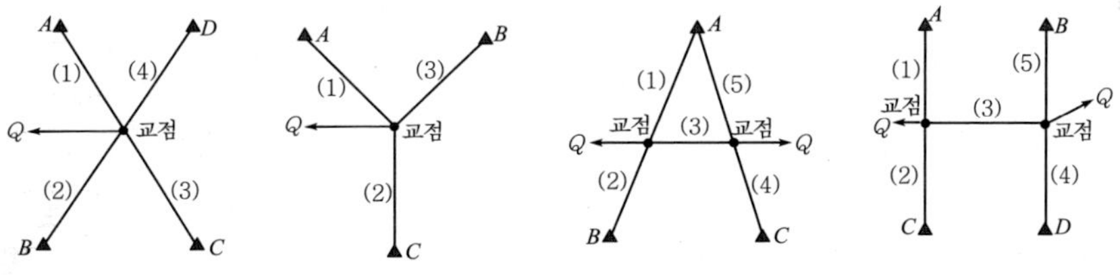

그림 6-61 교점다각망의 형태

(3) 도선의 관측방법

① 공통 기초점(*Q*)은 각각의 노선에서 모두 관측할 수 있는 공통의 점을 선택한다.

② *Q*점은 평판측량에서 도선법을 실시할 때 표정한 것과 같이 관측 중에 확인이 가능한 전주 등과 같은 점으로 선택하여 교회점에 의한 측량방법과 유사한 방법으로 실시한다.

③ 관측값은 교점다각망에 의해 각 노선별로 관측을 시행하여 지적도근점측량부에 기재하며 지적삼각보조점의 관측 기준에 따라 화살표 방향으로 관측을 실시한다.

④ 기지점에서 교점까지 도선을 이루는 경우 기지점에서 출발하여 교점을 향해 관측을 실시하며 교점과 교점이 한 도선을 이루는 경우는 방향에 관계없이 진행하여도 된다.

⑤ 각 교점에서는 시준이 가능한 임의 점을 선택하되 임의 점은 가능한 각 교점에서 시준이 가능한 점으로 선정하며 기준점 또는 피뢰침 등의 고정된 물체를 선정한다.

⑥ 도선이 다를 경우 같은 교점에서 각을 폐색시키는 방향은 반드시 동일하여야 한다.

⑦ 관측은 수평각, 연직각, 기계고 및 시준고 등을 관측하는데 수평각은 윤곽도를 0°, 90°로 하여 정, 반으로 배각관측에 의하여 수평각관측부에 기재한다.

⑧ 출발차의 배분은 관측값에 가감하여 조정하며 폐색차는 1각에서 $\frac{e}{n}$, 2각에서 $\frac{2e}{n}$식으로 배분한다.

⑨ 연직각은 정 · 반으로 2회 관측한 성과를 평균한다.

(4) 각 관측

각관측은 숙련된 측량사일 경우에도 관측값은 근사값으로 오차가 발생하므로 주의하여야 한다. 관측의 과실이나 정오차에 대한 것은 최소로 하거나 없애도록 하며 부정오차에 대해서는 발생원인이 불확실하고 오차발생은 관측할 때마다 조건이 변화하기 때문에 원인을 전부 찾을 수는 없는 것이다. 교점 다각망의 각관측은 배각법에 의한 3배각으로 관측하며 여러 가지 기계적 오차의 영향을 되도록 적게하여 보다 정밀한 측각을 하기 위해 사용되는 방법이다. 즉, n회 측정한 각을 n배각이라고 하고 α_0를 처음 읽음 값, α_n을 나중 읽음 값, 구하는 평균각을 α라 하면 $\alpha = \frac{\alpha_0 - \alpha_n}{n}$이다. 측각 횟수는 측량 목적 및 지역에 따라 요구되는 정밀도를 감안하여 대개 2~6회로 한다. 정밀도를 높이고자 할 경우에는 망원경을 정, 반으로 하는 외에 좌회 및 우회로 측정하여 4조의 관측값을 평균한다.

(5) 거리측정

측량 · 수로 및 지적에 관한 법률에는 점간거리는 2회 측정하여 그 교차가 축척분모의 0.5mm 이내인 때에는 그 평균값을 점간거리로 하여 그 교차가 1/3,000 이내인 때 평균값을 점간거리로 한다.라고 되어있어 정밀도에서 많은 향상을 보이고 있다. 다각측량에서 측점 사이의 거리는 소요 정확도와 현지상황 등에 따라 사용기계, 관측 방법을 변경하며 정밀한 결과를 요할 때는 전파거리측량기가 사용된다. 경사지에서 직접 경사거리(L)를 관측한 경우에는 경사각(θ)을 관측하여 수평거리를 d라 하면 $d = L \cdot \cos\theta$식으로 구할 수 있다.

(6) 교점다각망의 경중률

경중률이란 여러 도선을 측정하였을 때 도선별로 관측조건이 동일하면 그 결과는 단순 평균하여 구할 수 있지만, 관측조건이 다른 경우에는 그 조건을 고려하여야 정확한 값을 구하게 된다. 이와같이 각 도선의 관측조건을 비교하는 상대적인 지표, 즉 오차의 발생확률을 경중률이라 한다. 경중률은 오차를 최대한 정밀하게 소거시키기 위해 적용하는 것으로 다각망도선법에서는 도선에 따라 오차발생이 다르다고 보아 각 도선의 각과 거리에 경중률을 적용한다.

교점다각망에서 경중률은 각 노선에서의 측점의 수와 각 노선의 거리의 합을 매개변수로 이용한다. 따라서 다각망도선법에서 경중률은 각은 측점수에, 거리는 거리의 크기에 비례한다고 가정하고 계산한다. 도선명이 (1), (2), (3)도선으로 되어 있는 경우 도선마다 모두 1개의 도선으로 본다. 그러나 측각오차, 거리오차의 발생은 측정횟수에 비례한다는 경험이론에 따라 1개의 도선이지만 도선마다 성격이 다를 수 있으므로 발생하는 오차에 경중률을 주어 이에 따른 조정계산(평균 계산)을 실시함이 합리적이라 볼 수 있다. 예를 들어 (1)도선은 측점수가 3점이고, (2)도선은 측점수가 5점인 경우 두 도선의 관측조건이 동일한 조건에서 동일한 장비와 동일한 사람이 관측을 실시했을 경우에도 발생한 오차의 전체값은 다르게 나타난다. 오차발생은 측정 횟수에 비례하기 때문에 3점을 측정한 도선과 5점을 측정한 도선의 오차는 다를 수밖에 없다. 이 경우 각 도선에 오차를 배분할 보정치를 결정하는 상대적인 지표가 경중률이다. 측정횟수가 많으면 오차의 분포는 +, − 대칭의 형태로 접근하기 때문에 오차의 평균값은 0에 가까워진다. 경중률의 부여방법에는 측점수를 사용한 경우와 거리를 이용하는 경우가 있는데 이들 모두 경중률의 합이 1이 되게 하고, 측점수와 노선의 길이에 대해 각각 4가지의 경중률을 부가할 수 있다.

① 측점수를 사용한 경우에는 측점수(n)를 사용하여 계산한 경중률의 기본적인 형태로서 n, $\frac{1}{n}$, $\frac{1}{n^2}$, $\frac{1}{\sqrt{n}}$의 4가지 형태를 취한다. 그러나 경중률의 합을 1로 하므로 각 노선별 측점수 $n_1, n_2, \cdots, n_9$에 대해 $\frac{n_i}{\Sigma n_i}$, $\frac{\frac{1}{n_i}}{\Sigma\frac{1}{n_i}}$, $\frac{\frac{1}{n_i^2}}{\Sigma\frac{1}{n_i^2}}$, $\frac{\frac{1}{\sqrt{n_i}}}{\Sigma\frac{1}{\sqrt{n_i}}}$의 4가지 경우를 경중률로 할 수 있으며, 현재 지적측량에서는 규정상 방위각 조정은 측점 수에 반비례($\frac{1}{n}$)하는 것을 적용한다.

② 거리를 이용하는 경우에는 종선좌표와 횡선좌표의 경우에는 노선별 거리를 이용하여 경중률로 한다. 즉, 노선거리 $S_1, S_2, \cdots, S_n$에 대하여 다음과 같이 할 수 있다.

$$\frac{S_i}{\Sigma S_i},\ \frac{\frac{1}{S_i}}{\Sigma\frac{1}{S_i}},\ \frac{\frac{1}{S_i^2}}{\Sigma\frac{1}{S_i^2}},\ \frac{\frac{1}{\sqrt{S_i}}}{\Sigma\frac{1}{\sqrt{S_i}}}$$

③ 분산을 이용한 경중률은 최소제곱법의 정확한 해법을 위한 관측의 분산 및 공분산행렬을 필요로 하며 일반적인 관측값들과 상관관계가 있다. 또한 이에 의해 매개변수의 분산은 경중률에 의해 큰 영향을 받게 된다. Hamilon은 경중률 W를 다음과 같이 정의하고 있다.

$$W = \frac{\sigma^2}{\sigma_i^2} \tag{6.31}$$

여기서 , σ^2 : 단위 경중률인 관측값의 분산 σ_i^2 : 경중률이 W인 관측값의 분산, 개략적으로 분산을 표현할 때는 식(6.31)을 식(6.32)와 같이 정리할 수 있다.

$$W = \frac{m_o^2}{m_i^2} \tag{6.32}$$

여기서, m_i^2 : 경중률이 W인 관측값의 개략적인 분산값 m_i^2 은 σ^2를 식(6.33)과 같이 정리 할 수 있다.

$$\sigma^2 = E(m_o^2) \tag{6.33}$$

여기서, $E(m_o^2)$은 기대 값을 의미하며 식(6.32)를 행렬로 정리하면 $W_{Lb} = m_o^2 \Sigma Lb^{-1}$와 같다.

관측값에 대한 경중률행렬로부터 역경중률행렬 또는 경중률계수행렬의 정의가 $W_{Lb}^{-1} = \frac{1}{m_o^2}\Sigma Lb$와 같이 도출된다.

6.8.2 X · Y망 조정

(1) 망구성

다각망도선법은 도근점을 필요로 하는 지역에서 여러 도선으로 이루어진 경우 도근망의 동일 정도의 성과를 얻기 위하여 조정하며 그림 6-62와 같이 망을 구성한다. X, Y형망의 교점은 1개이고 실시지역은 소규모지역인 곳에 적합하다. 관측은 지적도근점측량의 배각법 관측방법과 동일하게 관측한다. 주의할 사항은 기지점을 출발하여 교점까지를 도선으로 하며 교점에서 기지점 P점에 폐색시킨다.

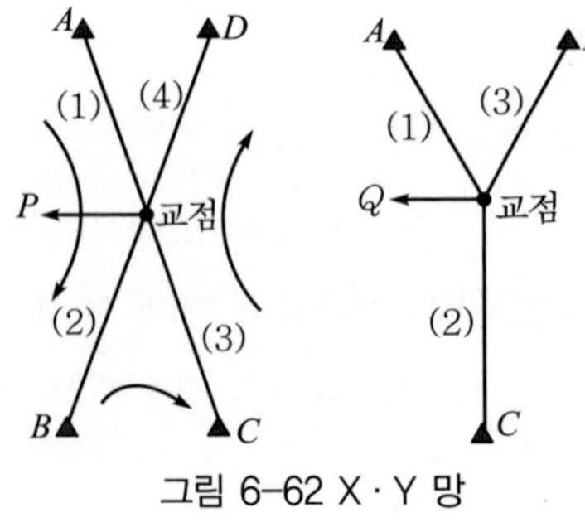

그림 6-62 X · Y 망

(2) 조건식의 수립 및 계산

X형은 원형에 가까운 지구의 망구성에 적합한 형태로 최대조건식 수는 4개이지만 조건식 수는 최소 3개면 성립되고 조건식 수의 계산은 일반적으로 "최소 조건식수(r) = 도선수(n) - 교점수(u)"와 같이 계산한다. 여기서, r; 조건식의 수, n; 도선수, u; 교점수

서로 연결이 되는 도선을 화살표 방향으로 표시하며 도선별 방정식의 부호결정은 관측진행방향과 일치할 경우(+), 관측진행방향과 반대일 경우(−)로 한다. Y형은 가장 단순한 망으로 도선수가 3개이고 교점이 1개 이므로 최대조건식 수는 3개이지만 조건식 수가 2개이면 성립된다.

X 망의 조건식	Y망의 조건식
Ⅰ : (1) − (2) + W_1 = 0, W_1 = (1)도선 방위각 − (2)도선 방위각	Ⅰ : (1) − (2) + W_1 = 0
Ⅱ : (2) − (3) + W_2 = 0, W_2 = (2)도선 방위각 − (3)도선 방위각	Ⅱ : (2) − (3) + W_2 = 0
Ⅲ : (3) − (4) + W_3 = 0, W_3 = (3)도선 방위각 − (4)도선 방위각	

(3) 망의 관측

기지삼각점성과부에 필요한 기지점의 방위각 계산을 수행한 후 지적도, 일람도 또는 1/5,000 지형도를 이용하여 교점다각망을 구성한다. 교점다각망의 각 도선별로 각과 거리관측을 실시하는데 각관측은 3배각으로 하고 거리관측은 2회 반복 관측한다. 교점에 대하여는 공통 시준점을 설정하여 방위각의 일치여부를 확인한다.

(4) 방위각의 평균 계산

방위각의 평균계산은 관측한 각과 거리를 지적도근점측량계산부에 이기하고 공통 시준점의 관측 방위각을 서식에 도선별로 기재하여 계산하며 경중률은 도선별 지적도근점 수에 의한다.

$$\text{방위각} = \frac{\left[\frac{\Sigma\alpha}{\Sigma N}\right]}{\left[\frac{1}{\Sigma N}\right]}$$

여기서, ΣN : 도선별 점수의 합, $\Sigma\alpha$: 도선별 관측 방위각의 합

예를 들면 (1)도선의 변수(폐색변 포함)가 2이고, (2)도선의 변수가 5라고 하면 오차 보정값의 배분은 (2)도선에 많은 양을 (1)도선에 적은 양을 배분해야 할 것이다. 즉, (1)도선이 2변이고, (2)도선이 5변이라 할 때에 측정값 (1)도선에서 35″, (2)도선에서 45″라 하면 이 평균값은 변수

에 반비례하여 배분하는 방법은 다음과 같다.

$$방위각 = \frac{[\frac{\Sigma\alpha}{\Sigma N}]}{[\frac{1}{\Sigma N}]} = \frac{35''/2+45''/5}{1/2+1/5} = 38''$$

이 평균값을 참값이라 할 경우 오차의 보정값을 도선에 배분하는 것은 (1)도선에는 35−38 = −3″, (2)도선에는 45−38 = +7″가 되고, 1변수(1측점수)에 배분할 양은 (1)도선의 각변에 3÷2 = −1.5″, (2)도선의 각변에는 7÷5 = +1.4″로 균일하게 배분됨을 알 수 있다. 특히, 평균 계산식을 사용할 때의 경중률은 변수에 반비례한 것이라야 하지만 가우스 소거법에서는 변수를 그대로 경중률로 보아야 한다는 점에 유의하여야 한다.

(5) 평균 종 · 횡선좌표의 계산식

종횡선좌표의 평균계산은 각 도선별로 구한 교점의 좌표를 지적도근점측량계산부에 의하여 이기하고 도선거리의 합계를 경중률로 평균계산 한다. 계산이 완료되면 교점다각망 계산부를 검산하고 기재한 후 프로그램을 이용하여 계산성과를 비교 확인한다.

$$종선좌표 = \frac{[\frac{\Sigma X}{\Sigma S}]}{[\frac{1}{\Sigma S}]}, \qquad 횡선좌표 = \frac{[\frac{\Sigma Y}{\Sigma S}]}{[\frac{1}{\Sigma S}]}$$

여기서, X, y : 공통좌표를 제외한 좌표, S : 도선별 거리의 합

6.8.3 X, Y망의 계산

(1) 방위각

망의 형태에 따라 도선별로 번호를 순차적으로 (1), (2), (3)과 같이 부여하고 다각점좌표계산부에 기지방위각 및 종 · 횡선좌표와 관측각, 평균거리를 기재한다. 관측각은 배각관측법에 의하여 도선별로 관측한 각과 거리를 기재한다. 기지점간을 역계산하여 출발방위각을 산출하고 도선마다 각각의 방위각을 계산하여 교점에서 P로 향하는 방위각을 산출한다.

V_1 = 기지방위각 +내각(1)

V_2 = 기지방위각(V_1) ±180° +내각(2)

V_3 = 기지방위각(V_2) ±180° +내각(3)

관측방위각 = 기지방위각 + 관측각의 합 − 180(측점수−1)

교점과 교점으로 이루어진 도선은 관측각의 합만 계산하며 관측한 각과 거리를 도근측량계산부에 이기하고 관측방위각(T_2)을 다음 식에 의하여 산정하며 도선별로 기재한다.

- 도선에서 : 관측방위각(T_2) = $\Sigma\alpha + T_1 - 180°(n-1)$
  $109°20'48'' + 43°28'34'' - 180° \times (7-1) = 56°49'22''$

- 도선에서 : 관측방위각(T_2) = $968°04'34'' + 348°45'15'' - 180° \times (6-1) = 56°49'49''$
- 도선에서 : 관측방위각(T_2) = $1642°07'21'' + 34°42'17'' - 180° \times (8-1) = 56°49'38''$

다음에는 각오차 (교차 = W_1)를 각상관식에 의하여 계산한다.

Ⅰ : W_1 = (1) − (2) = $56°49'22'' - 56°49'49'' = -27''$

Ⅱ : W_2 = (2) − (3) = $56°49'49'' - 56°49'38'' = +11$

(2) 방위각(평균방위각)

동일한 교점에서 동일한 방향표를 바라보는 방위각은 하나라야 하는데 위에서 처럼 상관별로 교차(W_1)가 생긴다. 이러한 교차를 소거하고 하나의 방위각으로 평균하기 위하여 다음 식을 활용한다. 이것은 조건식이 단순하여 다음의 계산식으로 평균 할 수가 있다.

$$\text{평균방위각}(T_2) = \frac{[\frac{\Sigma\alpha}{\Sigma N}]}{[\frac{1}{\Sigma N}]} = \frac{\frac{22}{7} + \frac{49}{6} + \frac{38}{8}}{\frac{1}{7} + \frac{1}{6} + \frac{1}{8}} = 37'' \cdots\cdots (56°49'37'')$$

이 식에서 $\Sigma\alpha$는 도선별 관측방위각을 분 단위까지는 같게 하여 생략하고 초위의 각 만을 사용하므로 평균방위각의 37″는 56° 49′ 37″가 된다. 이 평균방위각을 도착점에서의 기지방위각으로 하여 도근측량계산부에 옮겨서 측선별로 관측된 관측각을 보정하여 방위각을 결정한다. 단일도선의 결합도선에서는 출발점이나 도착점에서 모두 기지방위각이 있으나 다각망도선법에서는 출발점에서 기지방위각이 있으며 도착점인 교점에서 방향표에 대한 방위각은 모르고 있기 때문에 이를 평균방위각으로 기지방위각을 대신하는 것이다.

(3) 종선 및 횡선좌표의 계산

도근측량계산부에서 측선이 방향마다 방위각을 산정하는 것은 배각법에 의한 도근측량계산요령에 따라 종선차(Δx), 횡선차(Δy)에 의하여 $\Sigma\Delta x$, $\Sigma\Delta y$를 먼저 산정한다. 그리고 출발점의 종선, 횡선좌표에 각각 $\Sigma\Delta x$, $\Sigma\Delta y$를 더하여 교점(6)의 계산좌표를 계산한다.

- 도선에서 계산종선좌표 = 기용10의 종선좌표 + $\Sigma\Delta x$ = 46 1575.50 + 471.33 = 46 1104.17m
  계산횡선좌표 = 기용10의 횡선좌표 + $\Sigma\Delta y$ = 21 3624.17 + 116.64 = 21 3740.81m

동일한 방법으로

- 도선에서 계산종선좌표 = 46 1104.29m
  계산횡선좌표 = 21 3740.80m
- 도선에서 계산종선좌표 = 46 1104.26m
  계산횡선좌표 = 21 3740.70m

교점다각망계산부의 종선 및 횡선좌표 란에 기재하고 상관식에 따라 교차를 계산하여 기재한다.

- 종선좌표에서 Ⅰ : W_1 = (1) − (2) = 46 1104.17 − 46 1104.29 = −0.12m
  Ⅱ : W_2 = (2) − (3) = 46 1104.29 − 46 1104.26 = +0.03m
- 횡선좌표에서 Ⅰ : W_1 = (1) − (2) = 21 3104.81 − 21 3740.80 = +0.01m
  Ⅱ : W_2 = (2) − (3) = 21 3740.80 − 21 3740.70 = +0.10m

(4) 평균 종 횡선좌표 계산

ΣX, ΣY를 도선별로 계산된 교점의 종횡선좌표라 하면 다음과 같이 평균좌표를 계산한다. 단, 미터 단위까지는 동일한 수로 생략하고 cm 단위로 계산한다.

- 평균종선좌표 $= \dfrac{[\frac{\Sigma x}{\Sigma S}]}{[\frac{1}{\Sigma S}]} = \dfrac{\frac{0.17}{6.18}+\frac{0.29}{4.97}+\frac{0.26}{6.77}}{\frac{1}{6.18}+\frac{1}{4.97}+\frac{1}{6.77}} = 0.24\text{m}$

  종선결정좌표 = 46 1104.24m

- 평균횡선좌표 $= \dfrac{[\frac{\Sigma y}{\Sigma S}]}{[\frac{1}{\Sigma S}]} = \dfrac{\frac{0.81}{6.18}+\frac{0.80}{4.97}+\frac{0.70}{6.77}}{\frac{1}{6.18}+\frac{1}{4.97}+\frac{1}{6.77}} = 0.77\text{m}$

  횡선결정좌표 = 21 3740.77m

이 교점의 평균 종횡선좌표를 도착점의 기지점으로 보고 도근측량계산부에 기재하여 계산하는데 이 경우에도 배각법에 의한 계산방법으로 시행하며 오차의 배분방법에서 각 오차는 측선장의 반수에 비례하여 배분하며 종횡선 오차의 배분은 종선차, 횡선차의 절대치 길이에 비례하여 배분한다.

6.8.4 특별도근 측량지역

특별도근측량 실시규정은 1915년 6월 30일 임시토지조사국훈령 제31호가 제정되면서 우리나라 서북지방(함경도 · 평안도)에 있는 산간부 및 섬지방에 지반이 연속된 보통지역과는 그 지형을 달리하여 조사대상지가 산재하여도 규모가 매우 작거나 섬지방은 육지와 서로 떨어져 삼각점이 설치되지 않은 곳이 있고 삼각점이 설치되어 있다해도 다른 삼각점을 시준할 수 없는 것들이 있었다. 이러한 토지는 이미 설치된 삼각점을 기초로 도근측량을 실시하기가 불편하므로 상황에 따라 보통조사지역과 산간부 및 섬지방을 연결할 필요가 없는 경우에 특별도근측량지역이라 하였다.

산간부의 조사지로 조사지역 외의 토지로서 포위되어 그 집단지의 면적이 축척 1/1,200 구역에서 약 20만평, 축척 1/2,400 구역에서 약 50만평을 넘었을 경우와 삼각점 또는 도근측량을 시행하는 조사지역으로부터 약 300간 이상 떨어졌을 경우에 해당하는 것은 특별도근측량을 시행할 수 있으며 조사지 내 또는 그 부근에 용이하게 보조삼각점을 설정할 수 있는 경우는 제외하였다. 또한 섬지역으로 섬 내에 삼각점이 없을 때, 삼각점이 있더라도 다른 삼각점을 전망하지 못한때 및 도 외의 삼각점 또는 도근점에 연결하지 못할 때에는 특별도근측량을 시행하여야 한다.

산간부 및 섬지역에서의 조사지로 조사지역외의 토지로서 포위되어 그 집단지의 면적이 축척 1/1,200의 구역에서 약 10만평, 축척 1/2,400의 구역에서 약 30만평을 넘지 않을 때와 도근측량 또는 특별도근측량을 시행하는 조사지역으로부터 약 300간 이상 떨어진 경우에는 도근측량을 생략할 수 있다. 특별도근측량은 삼각점 또는 도근점에 연결하지 않고 독립으로 시행하는 것이며 특별도근측량의 시행은 먼저 조사지역내의 적당한 개소에 도근점을 선정하고, 섬지방에서 삼각점이 있을 때에는 차한에 부재하도록 하였다. 방위는 조사지 부근내의 나침편차의 도에 의하여 가정진자오선을 정하며 이에 근거하여 측정하고 1등도선은 도근원점에서 출행하여 다각형을 만들며 원점에 복귀할 것. 2등도선은 1등도선점, 2등도선점간 상호을 연결하도록 하였다.

도근원점은 보조삼각점 및 교회점과 동일한 순을 따라 A,B,C 등의 문자로서 순차 명호를 붙이고 도선 및 도근점의 번호는 도근측량의 번호를 붙이는 방법과 동일하며, 종횡선 원점은 도근측량과 동일한 것을 사용하고 또는 각 특별도근점의 종횡선치에 (−)가 발생하지 않도록 정하여 섬지역으로 삼각점이 있을 때에는 그 종횡선치에 의하며, 특별도근점과 삼각점 또는 도근점과의 관계위치는 1/10,000의 축척을 사용하여 교회법 및 도선법으로 측정하고, 도근망도에 이를 묘사하며 섬지역은 그 부속 섬 외에 다른 섬지역과의 관계위치는 측정하지 않았다.

도근망도에서 특별도근측량지역의 원도도곽은 3호 양홍선으로 그리고 도근원점의 소재 및 목표, 나침편차의 도, 기타 필요한 사항은 도근부에 기재하였다. 특별도근측량의 측량부에는 특별의 2자를 관하여 도근측량부의 말미에 편철하고 도근망도는 전부 특별도근측량에 의할 때는 "특별"의 2자를 관하고, 일부를 특별도근측량에 의할 때에는 적당한 위치에서 "일부특별도근시행"이라 기재하며 특별도근측량에 관하여서는 본규정 외에 발생하는 사항은 도근측량실시규정에 따르도록 하였다. 부칙에는 함경남도, 함경북도, 평안북도, 강원도의 전부 및 평안남도 내에서 강동, 순천, 성천, 양덕, 개천, 덕천, 맹산, 영원의 8군, 황해도 중에서 수안, 곡산, 신계의 3군과 아울러 섬지역에서 실시할 것으로 규정하고 있다.

제7장 세부측량

7.1 개요

세부측량은 지적삼각점측량과 도근점측량에 의한 기준점을 근거로 행정구역 경계와 일필지의 경계 및 굴곡점을 결정하여 지적도와 임야도에 등록하고자 하는 목적을 갖고 실시하는 측량이다. 도해지역의 측량방법은 평판측량으로 실시하였으나 경계점좌표등록부 시행지역에서는 Theodolite측량방법을 사용하였다. 과거에는 종이도면을 사용하므로써 평판측량을 실시하였으나 현재의 지적도와 임야도는 전산화되어 현장에서 각과 거리 및 평면직각좌표까지 기록하는 Total Station System을 이용하여 측량을 실시하고 있다. 그러나 지적재조사사업이 완료된 지역의 경우에는 Theodolite 측량방법, 항공사진측량방법, 위성측량을 이용하여 실시하여야 할 것이다.

최근에 지적측량은 전산처리방법에 의해 현장측량성과는 컴퓨터에 기록되고 측량계산은 S/W로 일관성 있게 수행되며, 경계점 데이터와 면적 등 필요한 정보는 규정서식에 자동으로 작성되도록 하고 있다. 지적세부측량의 대부분은 토지이동측량에 활용되고 있으며 토지이동이라 함은 일반적으로 지적공부에 등록된 토지소재, 지번, 지목, 면적, 토지경계, 소유자, 기타 등록된 사항의 일부 또는 전부가 변동되는 것을 의미한다. 토지이동은 지적측량을 수반하지 않는 토지이동사항과 지적측량을 수반하여 나타나는 이동사항으로 구분할 수 있고 등록사항의 변동사항과 특수한 경우 국가의 결정에 따른 행정처분으로 발생하는 변동사항으로 구분할 수 있다. 또한, 새로이 등록할 토지가 발생하거나 등록지의 지번, 지목, 경계 또는 좌표 및 면적결정과 경계이동에 따른 경계와 면적의 결정은 토지이동측량에 속한다. 신규등록측량, 등록전환측량, 축척변경측량, 토지분할측량(일반 토지분할, 공유 토지분할, 연속지 분할, 면적지정 분할, 집단지 분할) 등이 토지이동측량에 해당된다.

세부측량은 1913년 10월 5일 세부측도 실시규정(임시토지조사국 훈령 제18호)이라고 최초로 규정하였으며 세부측도의 업무로 지주, 지목 및 강계의 조사, 토지신고서, 실지조사부, 기타 조사서류의 조제 및 정리, 일필지의 측량, 원도 및 등사도 작성의 업무를 실시하도록 규정하고 있다.

또한, 세부측도는 1/1,200 축척을 사용하고 도해법에 의하여 시행하되 특히 지정한 구역에서는 1/600 또는 1/2,400 축척을 사용하고 세부측도에 필요한 기계는 평판, 조준의, 방광라침(현, 나침반), 표간, 죽제권척 또는 측쇄 및 측침, 포제권척, 제도기계 등으로 규정되어 있다. 1954년 11월 12일 제정된 지적측량규정(대통령령 제951호 내무부)에서는 지적측량을 기초측량(삼각점측량, 도근점측량)과 세부측량(신규측량, 이동측량, 확정측량)으로 구분하여 실시하도록 규정하고 기초측량은 세부측량 또는 확정측량시행에 필요로 할 경우 기초점을 설치하도록 하고 있다. 그리고 세부측량은 토지를 지적공부에 신규등록할 때 또는 기 등록지의 이동정리를 필요로 할 때에 실시하도록 목적을 규정하고 있다. 또한, 용어를 파악할 수 있도록 신규측량이라 함은 지적공부에 새로이 토지를 등록할 때 또는 지적도나 임야도의 축척변경을 목적으로 새로 측량할 때에 실시하는 세부측량과 이동측량은 기 등록지의 분할이나 경계정정 등이 필요할 때에 실시하는 측량으로 구분하고 있다. 그리고 확정측량이라 함은 시가지계획령 또는 토지개량령에 의하여 토지의 구획을 정리하여 환지교부를 하는 토지의 지적을 확정할 때에 시행하는 용어를 규정하여 세부측량을 명확하게 정리하고 있다.

1976년 5월 7일 지적법시행령이 개정(대통령령 제8110호)되면서 평판측량법 또는 사진측량방법으로 장비에 대해 규정하였으나 최근에는 지적확정측량은 경위의 측량법으로만 실시하고 있다. 그리고 경위의측량법과 평판측량법으로 세부측량을 실시할 때에는 교회법 · 도선법 · 방사법 · 지거법 · 비례법 등의 측량방법과 세부측량의 실시기준이 되는 거리측정 단위, 측량원도의 축척, 세부측량의 기준이 되는 기초점 또는 기지점이 부족한 때에는 측량상 필요한 위치에 보조점을 설치 등의 세부사항을 규정하고 있다.

7.2 세부측량 장비

지적측량은 토지를 지적공부에 등록하거나 지적공부에 등록된 경계를 지표에 복원할 목적으로 각 필지의 경계 또는 좌표와 면적을 정하는 측량이다. 평판측량은 평판과 앨리데이드 등의 기기를 이용하여 측량 현지에서 도해적으로 지형, 지물의 위치 및 토지경계 위치, 형상을 결정하는 측량을 말한다. 평판측량방법은 토지조사사업 당시부터 전 국토를 대상으로 실시하여 왔으나 1975년 12월 31일 지적법의 전문개정에 따라 처음으로 수치에 의한 일필지 확정측량이 시행되었다.

7.2.1 평판측량

평판측량은 지적측량기준점이나 결정된 측정점을 기준으로 평판을 사용, 현장에서 직접 도해하여 도면을 작성하는 측량으로 평판에서 다음 측정점까지 연결하는 방향선을 그리고 거리를 측정하여 측정점의 위치를 결정한다. 평판측량은 지적측량의 세부측량과 지형도 제작 등에 이용되고 있으며 현지에서 직접 측량결과를 작성하므로 측량 착오를 발견하기가 쉽고 수정이 가능하다. 또한, 측량방법과 장비의 조작이 간단하여 계산 및 제도 등의 내업이 적어 작업이 신속하며 야장이 필요 없고 현장에서 측량방법을 선택할 수 있다. 단점은 기후의 영향을 많이 받으며 측량용지에 신축이 생기므로 높은 정확도를 기대하기가 어렵고 외업에 많은 시간이 소요되며 부속품이 많아서 분실하기 쉽다. 또한, 도해적으로 수량 산출 및 축척변경이 곤란하며 다른 측량에 비해 정밀도가 낮고 다른 축척으로 작성할 경우에는 재측량을 실시하여야 한다.

(1) 평판측량 장비

1) 평판

평판은 삼각위에 고정시켜 그 표면위에 측량용지를 올리고 측정한 결과를 그리는 평평한 판(板)으로 측판이라고도 한다.[9] 평판측량에 사용하는 기기로 가장 기본인 평판은 전나무, 베니어판을 3중으로 나무결의 방향과 직각으로 포개어 접착하여 제작한다. 평판의 두께가 1.5~2.5cm 정도로 만든 것으로 소형이 40×30cm, 중형은 50×40cm, 대형이 60×75cm의 크기가 있으며 평판 뒷면에는 금속으로 된 열쇠 구멍과 같은 구멍이 있어 삼각에 고정시킬 수 있는 장치가 되어 있다. 평판과 같이 사용되는 장비로는 삼각, 조준의, 폴, 수구, 구심기 등이 있으며 옛날에는 평판을 회나무, 닥나무로 만들었다.

1898년 7월 6일 양지아문직원 및 처무규정이 제정되었고 제9조에 따라 초청된 최초의 외국인 측량기사 거렴이 앨리데이드와 평판을 갖고 왔으며 그림 7-1과 같이 영국사람 한명이 1899년 4월 1일부터 측량을 실시하고자 하는 내용을 신문에 보도하고 있다.[10] 그림 7-2에서는 독립신문 1899년 4월 5일자에 양지개시라는 제목으로 “양지아문에서 양지사무를 4월 1일부터 시행하는데 숭례문에서부터 실시하므로 답사할 경우 측량사무를 도와주라는 내용이 기재되어 있다.[11] 그림 7-3에서는 Raymond Edward Leo Krumm이 한성에서 측량하다 추를 잃어버린 사실이 황성신문에 실려 있다. “양지아문은 새문안에서 측량하다가 기계에 달린 주석으로 만든

9) 일본측량협회, 측량학사전, 1990, p.366
10) 황성신문, 1899년 4월 1일 잡보
11) 독립신문 잡보, 1899년 4월 5일 잡보

추를 잃었사오니 얻은 이는 본 아문으로 보내면 돈 4원을 상여할 터이오. 모재는 좌의 그림과 같이 그렸습니다."라는[12] 광고로 보아 크럼이 한성 시내를 측량할 때 최초로 추를 사용한 것으로 파악되고 있다. 토지조사사업당시 평판은 측량용지보다 약간 큰 규격이 가로 1척 7촌, 세로 1척 4촌, 두께 6푼인 평판과 두부(頭部)에 이심장치가 없는 접이식 삼각을 주로 사용하였다.

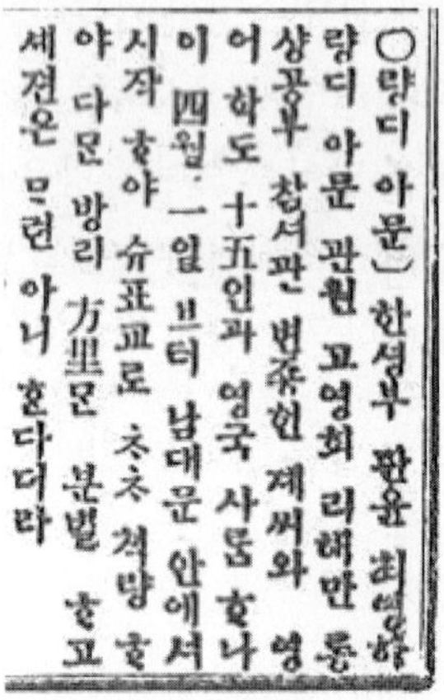
○량디아문) 한셩부 판윤 최영하
량디 아문 관원 고영희 리채만 룸
샹공부 참셔관 변즁헌 제써와 영
어하도 十五인과 영국 사ᄅᆞᆷ ᄒᆞ나
이 四월 一일 브터 남대문 안에셔
시작ᄒᆞ야 슈표교로 ᄎᆞᄎᆞ 쳑량ᄒᆞ
야 다문 방리 方里문 분별ᄒᆞ고
셰젼은 무런 아니 ᄒᆞᆫ다더라

그림 7-1 황성신문 내용

◉(量地開始)量地衙門에서量地事務를
本年四月一日부터施行ᄒᆞᄂᆞᆫᄃᆡ崇禮門內
로始ᄒᆞ야道路長廣과人家基址及官有民
有一切地段을次第測量ᄒᆞᆯ次로漢府에訓
令ᄒᆞ엿스되貴府로셔各坊曲人民에게准
此告示ᄒᆞ며外國人住址ᄂᆞᆫ各該領事에게
知照ᄒᆞ야公館敎堂과私宅棧房이라도量
地技師一行이任便踏査ᄒᆞ야測量事務에
無碍케ᄒᆞᆷ이爲宜라ᄒᆞ엿더라

그림 7-2 독립신문 내용

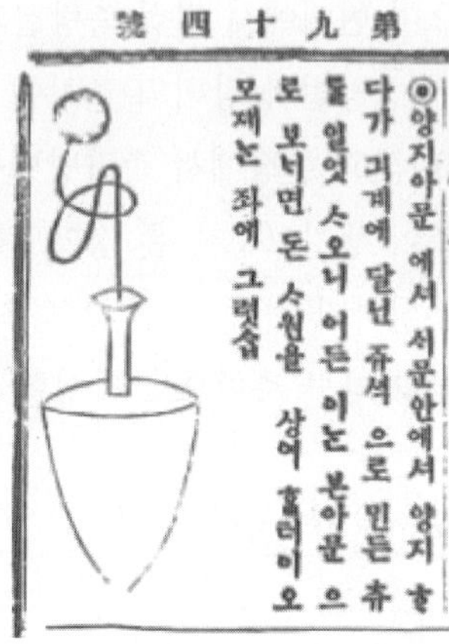
第九十四號
廣告
◉양지아문 에서 서문안에셔 양지ᄒᆞ
다가 긔계에 달닌 츄셕 으로 민든 츄
ᄅᆞᆯ 일엇ᄉᆞ오니 어든 이ᄂᆞᆫ 본아문 으
로 보내면 돈 ᄉᆞ원을 상여 ᄒᆞᆯ터이오
모재ᄂᆞᆫ 좌에 그렷ᄉᆞᆸ

그림 7-3 황성신문 광고

2) 삼각

삼각(三脚)은 평판이 움직이지 못하도록 고정하는 장치로서 평판을 수평으로 하거나 일정한 방향으로 유지시켜 주는 중추적인 역할을 하므로 평판측량의 정확도에 큰 영향을 주며 일반적으로 삼각(Tripod))이라고도 한다. 삼각은 두부의 모양에 따라 중심이동형(Centering Device)과 Traverse형으로 구분하고 있으나 지적측량에서는 Traverse형을 사용하였다. 그림 7-4와 같이 평판을 얹어 넣고 기계 높이를 조정하여 정치하기 위해 구성된 3개의 다리는 목제와 금속제로 되어 있다.[13]

그림 7-4 평판과 삼각

12) 황성신문, 1899년 4월 29일
13) 대한지적공사, 지적측량용어집, p.136

3) 앨리데이드

일반적으로 앨리데이드(Alidade)는 평판측량에서 방향을 시준하는 기구로 측정하고자 하는 점의 방향을 결정하고 점의 위치를 결정하는 기구이다. 앨리데이드는 1860년대에 프랑스에서 도입된 것이 시초이다. 평판측량을 할 때 평판 위에 놓고 지상목표의 방향을 정하는 기계로서 자의 양쪽으로 접어 눕히게 되어 있으며, 중앙으로 가느다란 실을 쳐놓은 전시준판과 시준공이 있는 후시준판이 있다. 앨리데이드는 도면상에 방향선을 그리고 시준선의 경사를 측정하거나 평판을 수평으로 하는 경우에 이용하는 것으로 평판측량에서 가장 중요한 기구중의 하나이며 한자로는 시준의(視準儀) 또는 조준의(照準儀) 라고도 한다.

앨리데이드에는 보통앨리데이드, 망원경앨리데이드, 광파앨리데이드로 목제, 죽제, 철제가 있으며 거렴이 평판과 함께 한성을 측량할 때 최초로 사용하였다. 토지조사사업기간 중에는 방향선을 그리기 위해 축척이 정규(定規; 자)에 고정되어 있고 길이 약 9촌(27cm)인 측사조준의(測斜照準儀)를 시지역과 같이 중요하다고 인정되는 지역에서는 망원경조준의를 사용하였다. 보통 앨리데이드의 폭은 약 4cm, 두께 약 1.5cm, 길이 약 22~27cm의 자의 형이며 윗면 중앙에는 곡률반경 1.0~1.5m 정도의 기포관과 옆면에는 축척에 따른 눈금이 새겨져 있다. 그림 7-5와 같이 앨리데이드의 양끝에는 접었다 폈다 할 수 있는 금속제의 전시준판과 후시준판이 있고 전시준판에는 가운데 부분이 직사각형 형태로 비어 있는 공간의 중앙에는 지름 0.2mm 이내의 가는 시준사(視準絲)가 있고 후 시준판에는 중앙에 지름 0.5mm 정도 되는 시준공(視準空) 3개가 있다. 이 시준공과 시준사는 대상물에 대한 시준선의 방향을 결정하게 되며 전·후 시준판의 안쪽 면에는 시준판이 고정된 안쪽 간격의 1/100에 해당하는 눈금이 새겨져 있으며 이를 이용하여 경사를 측정할 수도 있다. 축척의 눈금은 보통 mm 단위이며 필요에 따라 축척을 변경 할 수 있고 시준판은 정규면과 직각을 이루어야 하며 전시준판의 시준사는 직선이 되어야 한다.

시준판에 표시되어 있는 눈금을 이용하여 경사거리를 수평거리로 계산하며 시준판의 눈금과 폴(Pole)의 높이를 측정했을 경우 수평거리(D)와 고저차(V)는 다음 식으로 구할 수 있다.

$$D = \frac{100}{n_1 - n_2} \times \ell = \frac{100}{n} \times \ell, \qquad V = \frac{n}{100} \times D$$

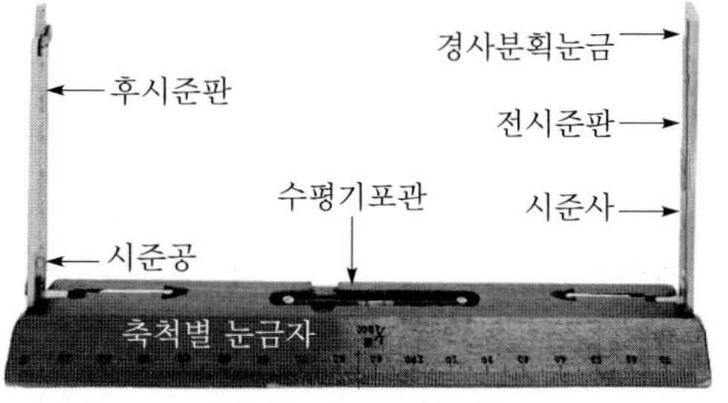

그림 7-5 보통 앨리데이드

$\therefore HB = HA + I + V - h$

여기서, $n_1 - n_2$: 시준판의 눈금, ℓ : Pole의 길이

HB : B점의 표고, HA : A점의 표고,

I : 기계높이, h : 시준고이다.

그림 7-6은 망원경 앨리데이드(Telescope Alidade)로 트랜싯과 같이 버니어(Vernier)가 있는 연직분도원과 스타디아선이 있어 수평거리와 연직거리를 직접 읽을 수 있도록 고안되어 매우 편리하지만 최근에는 사용되지 않고 있다. 망원경에 설치한 2개의 선을 사용하여 어떤 점에 세운 표척을 시준하고 시거선 사이에 낀 표척의 길이와 연직각을 관측하여 두 점간의 거리와 고저차를 구하는 방법이다. 시거측량의 기본공식은 $D = K\ell + C$이며 이를 응용한 계산 방법은

수평거리 $(D) = K\ell \cdot \cos 2\alpha + C \cdot \cos\alpha$, 고저차$(H) = k\ell \cdot \sin 2\alpha + C \cdot \sin\alpha$와 같다.

여기서, k : 시거정수, ℓ: 협장(상시거선 − 하시거선), C: 가정수, α : 연직각이다.

광파 앨리데이드는 그림 7-7과 같이 앨리데이드에 광파기가 부착되어 있어 수평거리, 경사거리, 고저차를 직접 측정할 수 있어 신속하고 정확하게 측량을 진행할 수 있으므로 현재 많이 사용되고 있다. 최근에는 전자거리측정기와 각 측정센서가 부착된 디지털 앨리데이드도 있어 정밀한 측량에 사용된다. 보통 앨리데이드는 측량자의 시력에 따라 시준거리가 보통 60~100m 이내로 이를 보완하기 위하여 망원경을 이용한 앨리데이드가 있다.

그림 7-6 망원경 앨리데이드

그림 7-7 광파 앨리데이드

4) 구심기와 추

구심기(Plumbing Arm)는 지상의 측점을 평판위에 일치시키는 방법과 평판위에 표시된 점과 지상에 설치된 점을 정확하게 연직선상에 있도록 하기 위하여 사용되는 기구로서 목재나 금속으로 만들어져 있다. 추는 다른 측량용 추와 모양은 같으나 크기는 작고 측량기기의 중심과 지상의 측점을 동일 연직선 상에 일치시키기 위한 도구이다. 구심기에 부착된 실과 그것의 끝

에 달려있는 원추상의 추로 구성되어 있다.[14] 구심기(求心器)는 측량기기의 중심 또는 평판측량에서 고정된 지상점과 도면상의 점을 동일 연직선에 오도록 조정하는 것을 구심(求心)또는 치심(致心)이라 하며, 이때 구심을 잡기 위해 사용하는 측량 도구를 구심기라 한다. 구심기의 상부 끝을 평판상의 측점에 맞추고 아래에는 수구(추)를 달아 지상의 측점에 맞춘다.[15]

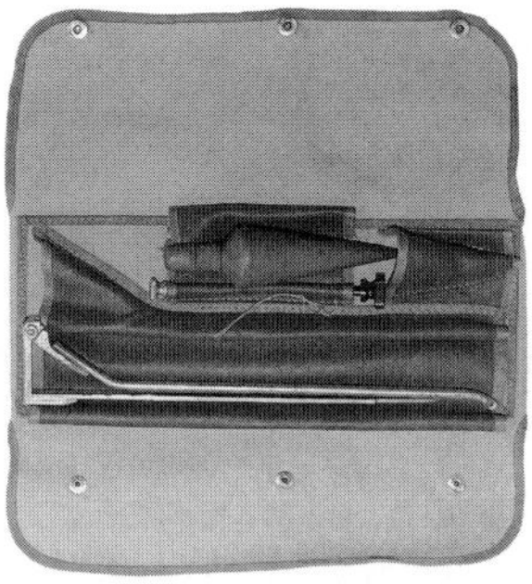

그림 7-8 구심기와 추

그림 7-9 나침반

5) 나침반

자침이 남북을 가리키는 성질을 이용하여 방위나 방위각을 측정하는 도구로 측도가 간단하고 취급도 용이하나 관측각이 자북방위각이고 자오선의 편차 때문에 변화하므로 정확한 방위를 가리키지 못하는 단점이 있다. 조선시대에는 자침 및 패철을 측량에 사용하였으며 토지조사사업 당시 삼림측량 및 광대한 농지의 약측(略測)에 나침반을 사용하였으며 평판의 방위표정에 사용될 방향선의 길이가 짧은 경우에는 방광나침을 사용하였다.

패철은 지구의 남극과 북극의 자기장 원리를 활용하여 자석을 이용해 남북의 위치를 정확하게 찾는 도구이다. 방광나침은 자침의 북단에 검정색을 칠하거나 끝부분에 작은 금속편을 부착시켜 남북을 구분하기도 한다.

6) 측량침

측량침(Pin)은 평판에 설치된 도면의 어떤 특정한 지점에 꽂아서 조준의를 이용하여 지상점을 측정하고 도면의 축척에 따라 그릴 수 있도록 지상점과 도상점의 위치를 결정하는 침이다.

그림 7-10 측량침

14) 일본측량협회, 앞의 책, p.367
15) 대한지적공사, 지적측량용어집, 1994. p.43

7) 측간

측간(Pole)은 지상의 각 점의 측정 또는 기계를 이동할 경우에 목표물을 확인하기 위하여 사용한다. 측점에 세워져 측점의 위치를 나타내거나 측선의 방향을 결정하며 측선의 연장, 단거리의 스타디아 측정 등에 사용되는 봉(棒)이다. 길이는 2~5m, 직경 3cm이고 폴에는 20cm 마다 적색과 흰색을 번갈아 칠하여 멀리서 잘 보이도록 하였으며, 끝은 쇠로 뾰족하게 만들어 땅에 박기 편리하게 되어 있고 특수한 경우에는 대나무로 제조한 보조 표간(標桿)을 사용하였다.

(2) 평판의 설치법

평판을 측정점에 세울 때에는 측각에 고정시키고 정준(수평 맞추기), 정심 또는 구심(중심 맞추기), 정향 또는 표정(방향 맞추기) 등 3가지 조건을 만족시켜야 한다.

1) 정준

정준(Leveling)은 평판을 설치하는데 가장 먼저 실시하는 작업이며 평판을 수평으로 맞추기 위한 것으로 평탄지에서는 삼각의 끝이 정삼각형이 되도록 하고, 경사지에서는 삼각 중 2개는 낮은 곳에 1개는 높은 곳에 둔다. 평판을 수평으로 하려면 지상점과 도상점을 개략적으로 일치시킨 후 평판의 높이를 적당하게 조정하면서 측각을 세운다. 그리고 조준의를 삼각과 일치 또는 직각이 되게 세운 후 수준기 기포가 중앙에 오도록 하면 된다.

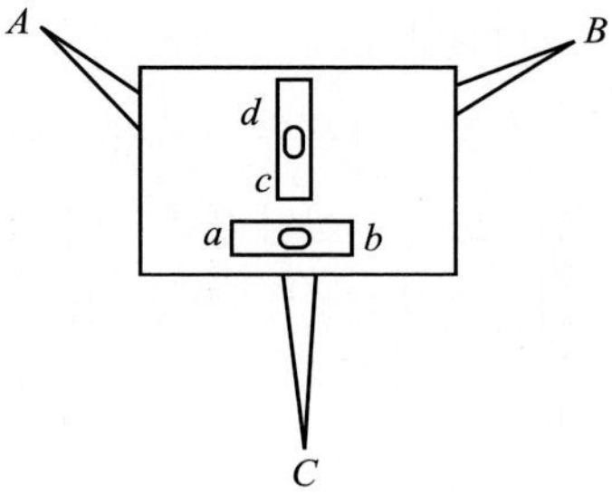

그림 7-11 정준방법

수평을 수정할 때 약간의 수평이 기울어질 수 있으므로 조준의를 돌려가면서 어느 방향에 놓아도 수준기 기포가 중앙에 있도록 하여야 한다.

2) 표정

정준작업이 끝난 후 조정하는 작업으로 평판을 일정 방향에 맞추는 것으로 표정(Orientation)은 기지 방향선에 의한 표정과 나침에 의한 표정, 교회법의 3점 문제에 의한 표정이 있으나 일반적으로 기지 방향선에 맞추어 측량을 실시한다.

3) 구심

평판을 설치할 경우 정준과 표정이 끝난 후 마지막으로 실시하는 작업이며 평판위에 표시된 측정점과 지상의 측정점이 같은 연직선 위에 있도록 하여야 한다. 목측으로 평판을 진행방향에 놓고 평판에 표시되어 있는 측점에 구심기의 끝을 대고 동시에 구심기의 추를 지상점에 일치하도록 평판을 옮겨 조정하여 동일 연직선에 있게 한다. 이때에 정준과 구심(Centering)을 동시에 만족하기 위해서는 반복작업이 필요하며 구심의 허용오차는 축척 1/100에서는 1cm, 축척 1/500에서는 5cm, 축척 1/1,000에서는 10cm이다.

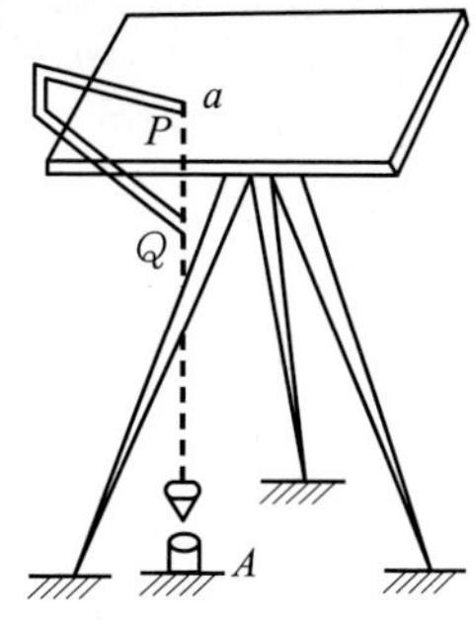

그림 7-12 구심방법

7.2.2 전자평판

전산정보처리조직에 의한 세부측량을 전자평판과 지적전산자료를 이용하여 실시하는 지적측량을 전자평판측량이라 한다. 전자평판은 전자평판운영프로그램을 설치한 전산정보처리조직과 토털스테이션을 결합하여 지적측량에 사용하는 장비를 말하며 전자평판운영프로그램은 지적전산자료를 이용하여 전자평판으로 지적측량업무를 실시할 수 있도록 작성한 프로그램을 말한다.

소관청은 지적측량수행자가 제출한 정보이용승인신청서 또는 지적측량수행계획서에 따라 측량대상지역의 도형 및 속성데이터를 추출한 파일을 검증하여 지적측량수행자에게 제공하도록 하고 있다. 지적측량수행자가 전자평판으로 지적측량을 할 때에는 측량준비도는 생략하고 지적측량수행자는 측량준비파일을 지적측량성과작성시스템에 등록하여 자료조사, 지적공부 및 지적측량기준점성과 등을 열람하여야 한다. 전자평판측량은 가급적 지적측량기준점이 설치되어 있는 지역에서 사용하여야 하며 전자평판의 설치 및 표정방법은 토털스테이션을 지적측량기준점 위에 거치한 후 다른 지적측량기준점을 시준하고 수평각을 0세팅하여 전자평판에 입력한다.

지적측량기준점간의 거리는 1회 이상 측정하여 확인하고 연직각은 천정을 0으로 설정한다.

지적측량기준점이 없는 지역에서는 보존이 용이한 고정물을 선점하여 보조점으로 사용할 수 있으며 전자평판측량에 의하여 계산된 보조점은 후속측량에 사용할 수 있도록 하여야 한다. 전자평판에 의한 방법은 평판측량방법과 경위의측량의 세부측량방법과 동일하며 수평각의 관측은 1대회의 방향관측법에 의하되 1측회의 폐색을 하지 않을 수 있으며 평판점과 경계점간의 측정거리는 표정한 기지점간 거리 이내이어야 한다. 전자평판에서 지적측량기준점이 없는 지역의 성과결정은 지상경계선과 도상경계선의 부합여부를 현형법, 도상원호교회법, 지상원호교회법, 거리비교

그림 7-13 전자평판

확인법 등으로 확인하여 결정한다. 전자평판을 이용한 지적측량 결과의 작성은 평판점 및 방위표정에 사용한 기지점 등에는 필요한 경우 방향선을 표시한다. 측정점 방향선 길이는 측정점을 중심으로 약 1cm로 표시하며 측정점의 표시는 측량자의 경우 "+"표시를 하고 적색 실선으로 측정점을 연결한다.

검사자는 1변의 길이가 약 4mm인 삼각형으로 표시하되 지적측량결과도 또는 결과파일에는 전자평판측량에 사용한 지적측량기준점 및 기지점의 측량기하적을 명확히 기재하여 지적측량성과의 결정내용을 확인할 수 있어야 한다. 지적측량기준점을 이용하여 방향을 표정할 경우에는 지적측량기준점간의 실측거리를 기재하여야 하며 지적측량결과도 및 지적측량성과도는 한국토지정보시스템에서 출력하고 전자평판 운영프로그램에서 출력할 수 있다. 전자평판으로 지적측량을 실시하였을 때에는 지적측량결과도 및 측량성과파일을 작성하여 소관청에 검사를 의뢰할 경우 지적측량결과도 상단에 "전자평판측량"이라고 표기하고 도곽 신축량의 기재는 생략할 수 있다. 측량결과파일 작성시 측량대상 토지가 도곽선으로 분리되어 있는 때에는 소관청과 협의한 후 작성하도록 규정하고 있다.

전자평판측량에 의한 파일의 관리는 전자평판을 이용하여 측량한 정보를 지적측량성과작성시스템의 데이터베이스에 저장하여 측량자료로 활용할 수 있도록 하고 파일은 측량파일, 측량결과파일 등으로 구분하여 관리하여야 한다. 측량파일과 측량결과파일은 관측일자별, 관측지역별로 관리하며 지적측량성과 작성시스템의 데이터베이스로 관리하는 경우에는 생략할 수 있으며 이 경우는 월 1회 이상 백업하여 별도로 보관하여야 한다. 전자평판측량 결과에 따라 측량결과도, 측량결과파일 및 면적측정부 등을 검사하며 측량결과파일에 도면데이터와 속성데이터 간의 일치성과 유효성을 검증하고 최종적으로 종번검사를 실시하여야 한다. 소관청의 지적측량검사가 완료된 측량결과파일은 한국토지정보시스템에 등록하고 등록된 성과의 관리는 한국토지정보시스템 사용자 지침에 의한다.

7.2.3 Theodolite

우리나라 지적측량에서는 아직까지 Theodolite를 많이 사용하고 있으며 경위의는 데오돌라이트(Theodolite)를 한문으로 번역한 말이며 최초에는 수평각을 관측하는 것이 주목적이었다. 또한 전경경위의(轉經經緯儀)는 수평축의 둘레를 망원경이 360° 회전하면서 연직각을 관측할 수 있는 장비로 트랜싯(Transit)이라고도 한다. 트랜싯과 데오돌라이트의 구분은 구비 조건만으로는 구별할 수가 없으며 이는 장비제작사가 명칭을 사용한 것으로 분리할 수 있다. Theodolite의 구조는 수평각과 연직각을 관측할 수 있는 기능을 가지고 있는 것이 특징이다.

1910년대 1950년대 1990년대 2000년대

그림 7-14 Theodolite

측각기계는 정밀관측 기계이기 때문에 주의 깊게 취급하여야 하지만 운반중이나 관측중의 조작 등에 의하여 장시간 사용하는 사이에 약간의 착오가 생기게 된다. 최근에는 기계가 정밀하고 견고하게 제작되어 종래의 기계와 같이 고장이 생기는 경우가 거의 없으나 조정하기가 어려워 조정을 직접하기 보다는 장비사에 의뢰하고 있다. 그러나 간단한 조정 및 점검은 관측작업 전에 하여 둘 필요가 있으므로 기본적으로 알아두어야 한다. 현장 출발전에 데오돌라이트의 점검은 정준 후 기포가 중앙에 오는지 확인하여 중앙에 오지 않으면 조정하여야 하는데 조정은 오차 ℓ 이 발생하였다면 이를 2등분하여 1/2을 기포관조정 나사로, 나머지 1/2은 정준나사로 조정한다. Theodolite의 점검방법은 장비의 성능 및 측량목적에 따라 실시 할 수 있으나 지적측량에서는 주로 다음과 같이 점검을 하고 있다.

(1) 평반수준기의 조정

평반수준기의 축이 연직축에 직교하여야 하며 Theodolite를 어떠한 방향으로 회전시켜도 기포는 항상 중앙에 있어야 한다. 검정하기 위하여는 Theodolite를 적당한 장소에 설치하고 수준기 나사에 의하여 평반수준기의 기포를 중앙에 오도록 한 후 기계를 180° 회전하여 보았을 때 기포가 중앙에 있으면 조정할 필요가 없다. 한 방향으로 기울어졌을 경우 그 기울어진 반분을 수준기 기포관의 양단에 있는 조정나사에 의하여 중앙에 오도록 한다. 1회만으로는 조정할 수 없으므로 위의 방법으로 2~3회 반복하여 조정을 하여야 한다.

(2) 십자종선의 조정

망원경의 십자종선은 수평축에 직교하여야 하는데 그 목적은 수평면을 정확히 관측하기 위한 것이며 수직미동 나사로써 서서히 망원경의 시준선을 내려서 일치하는지를 확인하며 틀어지면 조정하여야 한다. 조정은 종선에서 벗어나 이동이 된 때는 십자선을 약간 회전하여 맞춘다. 십자선의 종선이 수평축과 직교하는 평면내에 있어야 하고 시준선은 수평축과 직각이어야 한다.

십자선의 교점은 망원경축과 일치되어야 하며 검정을 위해서는 Theodolite를 설치하고 50~60m 전방의 적당한 위치에 점을 표시하여 십자선의 상부 또는 하부쪽을 일치시킨다. 기계의 상하 및 수평회전을 고정시키고 정한 점을 시준하면서 수직 미동나사에 의하여 망원경을 상방향 또는 하방향으로 움직여 그 정점이 항상 십자선의 교차선과 일치하면 조정할 필요가 없다. 만약 상하로 차가 생기면 십자선 조정나사를 전부 풀어서 십자선 환(環)을 좌우로 움직여 조정한다. 1회 검정만으로는 정확을 기할 수 없으므로 위와 같은 방법으로 2~3회 되풀이한다.

(3) 수평축의 조정

수평축이 연직축과 직교되어야 하고 망원경의 수평축과 기계의 수직축은 직각이 되어야 한다. 망원경 받침대의 높이를 동일하게 조정하는 것이며 시준선은 망원경의 받침대가 높은 쪽으로 몰리게 된다. 조정에서 높은 쪽의 망원경 받침대에 조정나사가 있을 때에는 망원경의 받침대가 낮아지도록 한다.

(4) 십자횡선의 조정

십자횡선이 대물경의 광심과 수평축이 이루는 평면내에 있어야 하며 망원경의 기포축을 시준선과 평행하게 하는 방법이다. 50~100m의 거리에 말목을 박고 이것을 A 및 B로 하고 이 위에 표척을 세운다. 망원경의 수직회전을 정지하게 하고 망원경 수준기의 기포가 중앙에 있도록 수준관의 어느 한쪽을 조정나사에 의하여 조정한다. Theodolite 중 망원경이 360° 회전되지 않을 때에는 수평축 검정방법에서 조정될 수 있는 검정만 실시한다.

(5) 망원경 기포관의 점검

망원경 기포관이 시준축과 평행하여야 하며 수준측량 이외에는 사용하지 않기 때문에 데오돌라이트에서는 이 기포관이 없는 것도 있다.

(6) 연직분도반의 점검

망원경 기포관축이 수평일 때 연직각은 0° 이어야 하며 고정나사를 조이고 망원경 기포관의 기포를 중앙으로 이동시켜서 연직분도반의 눈금을 읽는다. 각도관측만 필요하고 수평각관측에는 영향이 없다. 이상의 점검에 의한 오차는 지적삼각점측량에서 정 · 반으로 관측하여 각도를 측정함으로서 점검 불비로 인한 오차는 소거된다.

(7) 장비기능

기계를 세울 때는 정준, 구심을 정확하게 하여야 하고 관측 도중에 삼각이 침하되지 않도록 충분히 땅에 고정시켜야 한다. 만일 삼각이 부등 침하되면 측정점과의 편심은 물론 연직축도 기울어져 정준오차와 구심오차가 동시에 발생하게 된다. 정준오차에서 기계상태의 구조적 요인에 의한 오차 원인은 연직축의 기울기의 정도, 시준점의 높이, 시준점의 방향이다. 구심오차는 편심거리에 비례하고 시준점까지의 거리에 반비례 하므로 시준점까지의 거리가 가까운 측점을 측정할 경우는 이의 오차는 많은 영향을 주며 시준거리가 짧으면 구심오차는 급격히 커진다. 연직각관측은 도근점간 경사각을 관측할 때 올려본 각과 내려본 각을 관측하였을 때 교차가 5분 이내일 경우에 평균값을 선택하도록 하였으나 90초 이내인 경우에만 실시하였다.

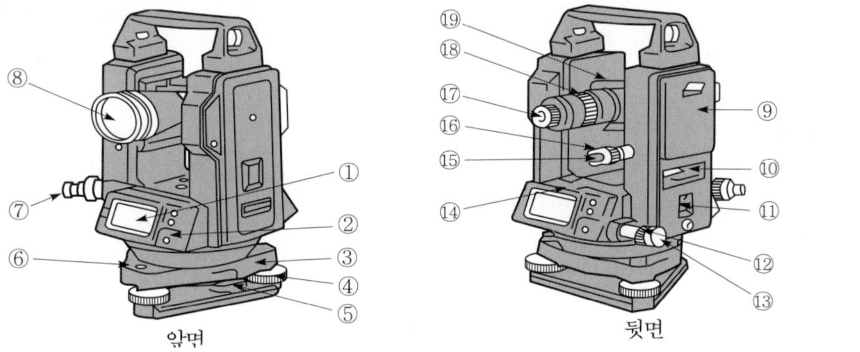

① 표시부　② 키보드　③ 정준대　④ 정준 나사　⑤ 탈착 레버　⑥ 원형 기포관
⑦ 광학구심장치　⑧ 대물렌즈　⑨ 배터리　⑩ 세로기포관　⑪ 전원스위치　⑫ 수평미동나사
⑬ 수평고정나사　⑭ 가로기포관　⑮ 망원경고정나사　⑯ 망원경미동나사　⑰ 망원경접안렌즈
⑱ 조준나사　⑲ 조준경

그림 7-15 Total Station의 부분명칭

7.3 세부측량 방법

2003년 12월 31일 개정지적법의 규정에는 평판측량방법으로 방사법, 도선법, 교회법으로 시행할 수 있도록 규정하고 지거법과 비례법을 제외하였다. 거리측정 단위는 지적도를 비치하는 지역에서는 5cm, 임야도를 비치하는 지역에서는 50cm로 한다. 측량결과도는 그 토지가 등록된 도면과 동일한 축척으로 작성하며 세부측량의 기준이 되는 지적측량기준점 또는 기지점이 부족한 때에는 측량에 필요한 위치에 보조점을 설치하여 활용하고 있다.

7.3.1 도선법

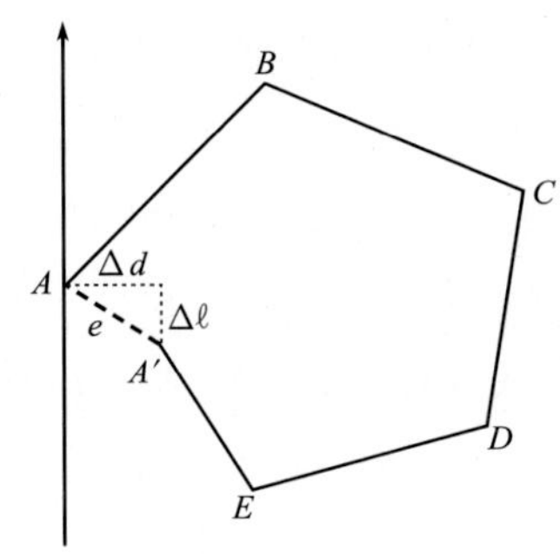

그림 7-16 폐합도선

도선법(Method of Progression)은 전진법(前進法)이라고도 하며 기지점에서 출발하여 다른 기지점에 연결하는 결합도선과 다시 돌아와 출발 기지점에 연결하는 왕복도선이 있는데 다각선을 경유하여 각 변의 방향과 거리로 측점의 위치를 결정하는 방법이다. 이 방법은 측량구역이 좁고 길거나 측량할 지역 안에 장애물이 많아서 방사법이 불가능한 경우에 사용하는 방법이며 측량방법은 각 측점에 평판을 세우고 차례로 방향, 거리를 관측하는 방법으로 정확한 성과와 오차를 발견할 수 있으나 많은 시간과 노력이 필요하다. 지적측량기준점과 기타 명확한 기지점간을 상호 연결하여 도선의 측선장은 도상 8cm 이하로 하고 변수는 20변 이하로 하며 광파조준의를 사용하는 때에는 20cm 이하로 할 수 있으며 도선의 폐색 오차가 도상 길이 $\frac{\sqrt{N}}{3}$mm 이하인 때에는 오차를 각 점에 배분한다(N = 변수).

도선법을 시행하였을 때 오차가 발생하는 원인을 살펴보면 기지점의 위치를 착오로 관측하는 경우, 사용기계의 점검이 되지 않아 조임 등이 불완전한 경우, 표정할 때 시준점을 착오로 관측한 경우, 표정을 실시한 후 방향선을 잘못 그었을 경우, 측량준비도 용지가 불규칙하게 신축이 생겼을 때이다. 도선법을 실시하였을 때에는 다른 기지점에 도착하였거나 혹은 출발점에 복귀한 결과 도상에서 꼭 일치하지 아니하고 약간의 폐색차가 발생하게 된다. 도선의 폐색오차가 도상길이 mm이하인 경우에는 각 점에 배분하여 그 점의 위치로 한다.

결합도선의 폐합오차는 그림 7-17과 같이 AB의 위치를 알고 있으므로 직교축을 X, Y로 할 경우 A점의 좌표(X_a, Y_a), Y축의 좌표(X_b, Y_b)라고 하면 다음의 식과 같다.

$\Delta\ell = \Sigma S \cdot \cos\alpha = Y_b - Y_a$

$\Delta d = \Sigma S \cdot \sin\alpha = X_b - X_a$

여기서, S : 각 도선의 거리, α : 방위, $\Delta\ell$: 각 도선의 위거, Δd : 각 도선의 경거이며 폐합오차와 폐합비를 계산하는 식은 폐합도선과 같다.

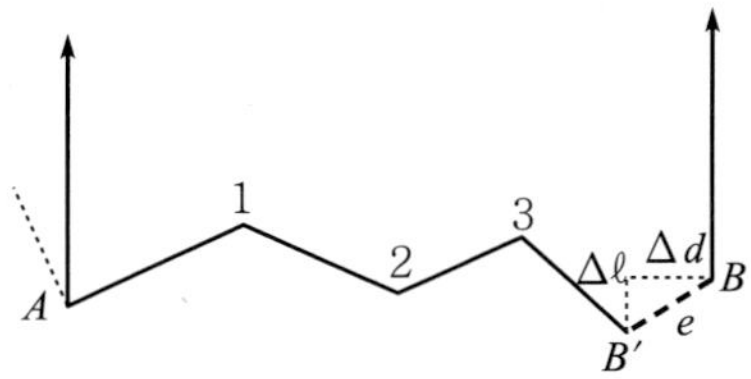

그림 7-17 결합도선의 폐합오차

트랜싯 법칙(Transit Rules)은 도선측량에서 거리측량의 정확도가 각측량의 정확도보다 낮은 경우가 많은데 특히 트랜싯과 헝겊 테이프 또는 줄자를 사용할 경우 폐합오차의 원인은 거리측량에서 많이 발생한다. 따라서 이 법칙은 거리측정오차가 각 측정오차보다 크게 발생할 경우에 적합한 방법이며 다음의 계산법에 따른다.

$$\text{어느 도선의 위거 조정량} = \Delta\ell \times \frac{\text{그 도선 위거의 절대값}}{\text{위거 절대값의 합}}$$

$$\text{어느 도선의 경거 조정량} = \Delta d \times \frac{\text{그 도선 경거의 절대값}}{\text{경거 절대값의 합}}$$

$$M_1 = \frac{e}{N} \times n_1, \quad M_2 = \frac{e}{N} \times n_2, \quad M_3 = \frac{e}{N} \times n_3, \quad M_4 = \frac{e}{N} \times n_4$$

여기서, M_n ; 각 점에 순서대로 배분할 mm 단위의 도상길이, e ; mm 단위의 오차, N ; 변의 수, n ; 변의 순서이다.

위의 식에 의하여 그림 7-18과 같이 1점에서 1'점까지의 도선 측정에서 평판상에 1점의 위치가 1'가 되어 e의 오차가 생기는데 이 오차가 공차 이내에 있을 경우 각점에 배분한다. 도선의 각점 1 , 2 , 3…에서 1과 1'에 평행한 선을 정위치의 편으로 그은 후 다음 식으로 산출된 길이를 각 선상에 잘라서 각점의 배분 위치를 정한다. 주의할 사항은 표정에 이용되는 기지방향선은 정확하게 시준할 수 있는 범위 안에서 가장 멀리 있는 점으로 한다. 1개의 방향선에 의하여 표정하는 것만으로는 정확을 검증하기 어려우므로 다른 기지방향선에 의하여 반듯이 검증 확인하도록 한다. 평판측량에서 표정에 사용한 방향선보다 긴 방향선 또는 나침 길

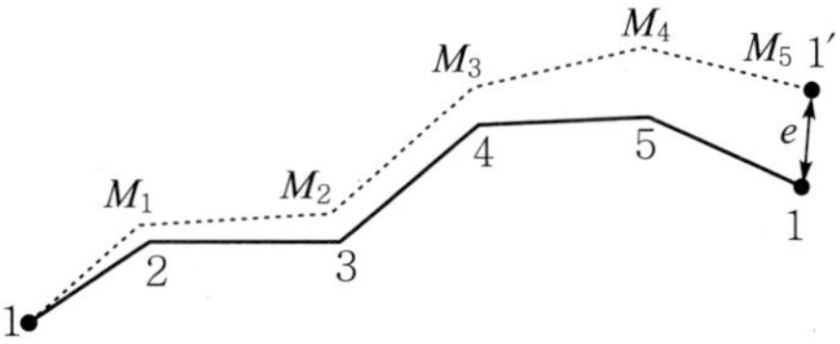

그림 7-18 오차배분방법

이의 1/2 보다 긴 방향선으로 새로운 점을 결정하지 않으며 기지점에서 그은 방향선이 후시로서 표정할 때 필요한 것은 앨리데이드의 양끝에 접하여 짧은 선을 그었다가 후시를 할 때에 여기에 맞추어 표정하도록 한다. 짧은 방향선으로 표정할 때에는 특히 지상의 점과 도상의 점을 정밀하게 일치시키도록 한다.

도선의 경로에서 하천, 절벽 등에 부딪쳐 직접거리를 측정하기 곤란한 경우 도선점에서 교회법을 사용한다. 각 변의 방위 또는 각과 변의 길이를 관측하였을 때 생기는 오차를 각 변에 알맞게 배분하여 도선을 결합 또는 폐합시키는 조정방법으로 간략법, 방위각법, 배각법, 크랜달법 및 최소제곱법이 있으며 한 점을 기준으로 각과 거리를 측정하여 다시 출발점으로 돌아왔을 경우 발생하는 오차이다. 위거는 자오선의 기준과 동일한 축의 차이로 지적측량에서의 용어는 Δx값을 말하며 경거는 자오선과 직각으로 동서방향에 대한 측선의 차이로 지적측량에서 Δy값을 말한다. 폐합도선의 폐합오차 출발점에서 시작하여 다시 출발점으로 되돌아 왔을 경우 측정값에 오차가 없는한 각 측선에서 N을 향하는 위거의 합은 S에 해당하는 위거의 합과 동일해야 한다.

일반적으로 폐합오차의 조정은 도선측량을 실시할 경우 출발점에서 관측을 시작하여 도착점에 도착했을 때 폐합되지 못하고 발생하는 오차를 폐합오차라 하며 측정한 관측값의 폐합비가 허용한계 이내이면 오차를 배분하여 조정하지만 허용 한계를 벗어나면 재관측을 실시해야 한다. 폐합비의 허용한계는 측량목적에 따라 시가지 1/5,000~1/20,000, 평탄지 1/1,000~1/2,000, 삼림지 1/300~1/600로 조정방법은 트랜싯법칙과 컴퍼스 법칙이 주로 사용되고 있다. 또한, 확률에 근거하여 잔차의 제곱을 최소로 한다는 조건아래 각과 거리의 관측값을 동시에 조정하는 최소제곱법, 각은 모든 관측값에 동일하게 배분하고 거리는 경중률을 고려하여 최소제곱법에 따라 거리 관측값에 남아 있는 오차들을 조정하는 방법으로 Crandal법이 있다.

폐합도선의 폐합오차는 위거의 오차와 경거의 오차에 대한 오차로 위거오차를 $\Delta \ell$, 경거오차를 Δd라하면 폐합오차 $e=\sqrt{\Delta \ell^2+\Delta d^2}$이 된다. 도선전체의 길이를 L라 하면 폐합비는 $\frac{e}{L}$가 되는데 이를 측량의 정도로 표시한다. 컴퍼스 법칙(Compass Rules)은 각 측정오차와 거리측정 오차의 정도가 동일할 경우에 적합한 오차조정방법이며 오차론에서 유도된 것이다. 폐합오차를 도선의 길이에 따라 배분하는 방법으로 많이 사용되며 계산 방법은 다음과 같다.

$$\text{어떤 도선의 위거 조정량} = \Delta \ell \times \frac{\text{그 도선의 길이}}{\text{도선 전체길이의 합}}$$

$$\text{어떤 도선의 경거 조정량} = \Delta d \times \frac{\text{그 도선의 길이}}{\text{도선 전체길이의 합}}$$

간략법(Arbitary Method)은 일정한 법칙이나 식이 없으며 관측자가 외업시에 현장상태를 고려해서 임의로 오차를 배분한다. 즉, 평지보다 기복이 심한 산지에 오차가 많이 포함 될 것으로 추측하게 되므로 산지지역에 더 큰 오차 보정량을 배분하며 오차가 극소하여 이를 배분하기 곤란할 때 배분하는 방법이나 지적측량에서는 사용하지 않은 방법이다. 크랜달법은 폐합되기 위한 총 각관측 오차를 모든 각관측간에 동일하게 배분하여 각을 조정하며 조정된 각을 고정시키고 경중률을 고려하여 최소제곱법에 따라 거리측정값에 남아 있는 오차들을 조정하는 방법이다. 이 방법은 배각법이나 방위각법보다 계산시간이 더 많이 걸리지만 거리측정값이 각관측값 보다 더 큰 우연오차를 포함하고 있을 때 적절한 방법이다. 최소제곱법은 확률론에 근거를 둔 방법으로 잔차의 제곱을 최소로 한다는 조건아래 각과 거리값을 조정하는 방법이다. 이 방법은 각과 거리측정값의 상호밀도와 관계없이 어떤 도근망도 해석할 수 있다. 긴 계산과정 때문에 널리 사용되지 못하였지만 현재는 컴퓨터의 발달로 점차 널리 이용되고 있다.

7.3.2 방사법

방사법(Radiation Method)은 간단하고 정확한 방법이나 한 측점에서 많은 점을 시준할 수 있어야 하고 거리는 직접 측정하기 때문에 시준이 잘되는 기지점을 평판점으로 하여 주위에 있는 점의 위치를 결정하는 방법으로 광선법(光線法), 사출법(射出法)이라고도 한다. 이 방법은 측량할 구역 안에 장애물이 없고 1방향선의 도상 길이는 10cm 이하로 하며 비교적 좁은 구역에 적합하고 대축척의 높은 정도를 얻을 수 있는 방법이다. 또한 측량은 편리하나 교회법이나 도선법과 같이 작업을 검증할 수 없으므로 다른 기지점 등에 검증을 하여야 한다. 그림 7-19와 같이 기지점 P에 평판을 세우고 도상점 p에 측량침을 꽂아 조준의를 이용하여 지상점 A, B, C, D, …를 차례로 시준하여 도상점 a, b, c, d, …의 점을 결정하는 방법이다.

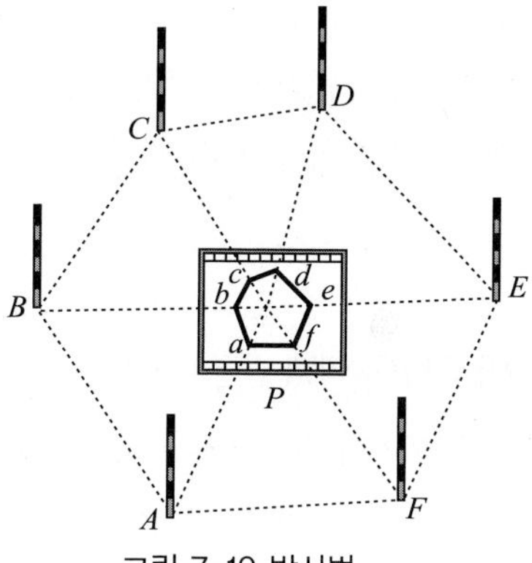

그림 7-19 방사법

방사법은 교회법 또는 도선법과 같이 작업을 검정할 수 없으므로 처음에 관측했던 점을 시준하여 검증하는 방법을 선택하는 것이 좋다. 측량방법은 측량을 해야할 구역안의 기지점 P에 평판을 세우고 구심기를 사용하여 지상의 P점을 도상의 측점과 일치시킨 후 측량침을 꽂는다. 앨리데이드 면을 측량침에 붙여 지상 A점에 세운 폴을 정확하게 시준하고 방향선 pa를 긋는다. 다음 지상의 PA거리를 측정하고 정해진 축척으로 도상에 a점을 정한다. 위와 같은 방법으로 지상점 B, C, D …를 차례로 시준하여 도상의 b, c, d …를 정하며 a, b, c, d …를 차례로 연결하고 끝으로 처음의 점을 다시 시준하여 측량 중에 평판의 이동 여부를 검사한다.

7.3.3 교회법

교회법(Method of Intersection)은 방향선이 교차하여 점의 위치를 결정하는 것으로 장거리에 있는 점의 관측 또는 장애물이 있어 거리를 직접 관측할 수 없는 경우에 적합한 방법으로 전방교회법, 후방교회법 및 측방교회법으로 분류할 수 있다. 지적측량에서는 주로 전방교회법 또는 측방교회법에 의하며 3방향 이상의 교회로 실시하고 방향각의 교각은 30°~150° 사이에 있도록 하며 90° 일 때 최적이다. 교회법에서 방향선의 도상길이는 평판의 방위표정에 사용한 방향선의 도상길이 이하로서 10cm 이하로 하며 광파조준의를 사용하는 경우에는 20cm 이하로 할 수 있다. 교회법의 특징은 방향선의 교회로서 점의 위치를 결정하는 것인데 거리측정을 하지 않고 모두 방향에 의하므로 원거리에 있는 점이나 직접 거리측정을 못하는 점을 결정하는데 이용된다. 하지만 앞이 보이지 않는 장소에서는 실시할 수가 없으며 2~3개의 미지점에서 그은 방향선의 교점으로 측점위치를 결정하는 방법이다. 측량결과 시오삼각형이 생긴 경우 내접원의 지름이 1mm 이하인 때에는 그 중심을 점의 위치로 하지만 내접원의 지름이 1mm 이상인 때에는 재 측량을 실시하여야 한다.

(1) 전방교회법

전방교회법(Method of Forward Intersction)은 두 개 이상의 기지점을 측점으로 하여 미지점의 위치를 결정하는 방법이며 방향선법과 원호법으로 구분하고 원호법은 지상원호교회법과 도상원호교회법으로 구분한다. 도상원호교회법은 어떤 지상점의 도상위치를 결정하기 위하여 3개의 기지점에서 어떤 점까지의 실지거리를 측정하여 이것을 축척화한 길이를 컴퍼스로 도상의 각점을 중심으로 원호를 그려 그 교회로서 도상위치를 결정하는 방법이다. 지상원호교회법은 도상점의 지상위치를 결정하는 방법으로서 기지 3점과 미지점의 도상거리를 지상거리로 하여 이를 반경으로 각 지상기지점을 중심으로 지상에 원호를 그려 교차하는 점을 지상위치로 하는 방법이다. 원호교회법은 측량준비도에 의하여 측량할 때에 경계의 위치는 기지점을 기준으로 지상경계점과 도상경계점의 부합여부를 확인하는데 많이 사용한다. 측량결과 시오삼각형이 생긴 때에는 내접원의 지름이 1mm 이하인 때에는 그 중심점을 점의 위치로 한다. 방향선법은

그림 7-20과 같이 기지점 *A*, *B*, *C*의 평판상의 위치 *a*, *b*, *c*에 의하여 미지점(*P*)의 위치를 결정하는 방법이다. *A*점에 평판을 세우고 다른 기지점에 의하여 평판을 표정한 후 *a*에 측량침을 세워 조준의로서 *p*점을 시준하여 전방에 방향선을 긋는다.

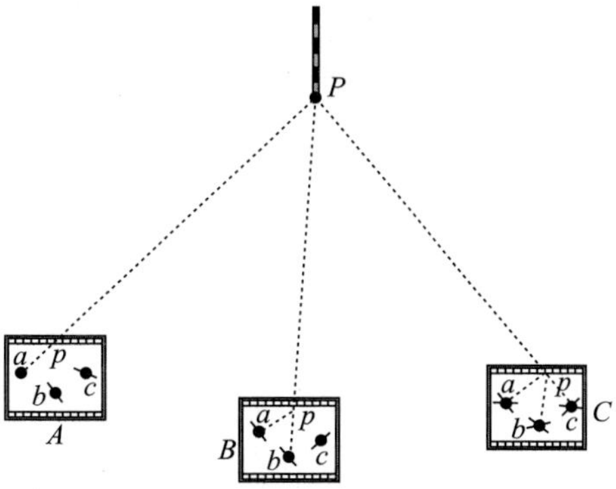

그림 7-20 전방교회법

다음 *B*에 평판을 옮겨서 같은 방법으로 방향선을 그으면 양 방향선은 *p*점에서 교차되고 *p*점의 도상 위치가 된다. 그러나 2방향의 교차만으로는 정확을 기할 수 없으므로 기지점 *C*점에 평판을 세워 같은 방법으로 *p*점에 방향선을 그어 3선이 1점에 교차하는 것을 검증하여 위치가 결정되면 그 점을 측량침으로 찌르고 그 주위에 작은 동그라미를 그려 식별을 할 수 있도록 하며 이를 방향선법이라 한다.

(2) 후방교회법

미지점에 평판을 세우고 두 점 이상의 기지점 방향선에 의하여 위치를 측정하는 방법이며 후방교회법(Method of Resection)을 이점법과 삼점법으로 대별하고 삼점법은 나침사용법과 나침불사용법으로 구분한다. 나침사용법은 그림 7-21과 같이 미지점(소구점) *P*에 평판을 세우고 나침에 의하여 표정을 하며 도상기지 *a*점에 측량침을 꽂아 지상 *A*점을 시준하여 방향선을 긋고 순차로 기지점 *b* 및 *c*점에 측량침을 꽂아 각각의 지상 *B* 및 *C*점을 시준하여 방향선을 긋고, 세 방향선을 교차하여 미지 *P*점을 구하는 방법이다.

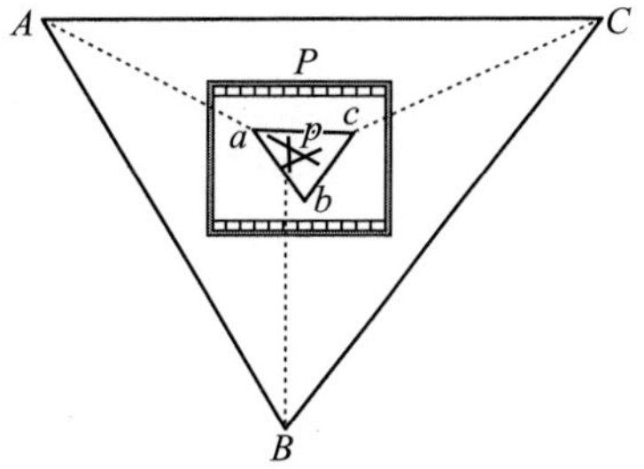

그림 7-21 후방교회법

이때 방향선의 교점 *p*가 구하고자 하는 점이며 기지점이 2개일 때는 오차가 크므로 소축척의 측량이나 약도에 사용하며 나침불사용법에는 벳셀법, 도해3점법과 레만법으로 구분한다. 일반적으로 지형 · 지물의 평판측량에서 방사법, 전진법, 교회법을 동시에 병용하며 시오삼각형의 내접원지름이 ≤ 0.4mm일 때 중심점을 교점으로 한다. 자침사용법(Magnetic Method)은 2방향선의 교회만으로서 소구점을 구하는 방법으로 이는 표정의 착오 및 작업의 과오를 식별할 수 없으므로 다시 한 점에 측량침을 꽂고 제3점을 조준하여 방향선을 그어 3선의 교회로 검증한다.

이 방법은 삼점법으로 나침을 사용하여 측량하는 방법과 나침을 사용하지 않고 측량하는 방법이 있으며 여기에서는 나침을 사용하여 평판을 표정하는 방법이며 나침을 사용하지 않는 경우에는 벳셀법과 투사지법이 있다. 벳셀법(Bessels Method)은 나침을 사용하지 않고 후방교회법으로서 평판을 표정할 수 있는 방법으로 발견자인 프랑스의 Bessel이 고안한 것으로 Bessels Method라고 하였으며 도해법(圖解法)이라고도 한다.

그림 7-22와 같이 a, b, c의 3개 지상기지점을 A, B, C의 도상위치로 하고 결정할 점 O점에 평판을 설치하여 지상점인 A점을 시준하여 고정하고 다음에 도상점 c에 측량침을 꽂은 다음 지상점인 B점을 시준하여 고정하고 cd를 그어 다시 조준의를 ac에 맞추고 지상점인 C점을 시준하여 고정한다.

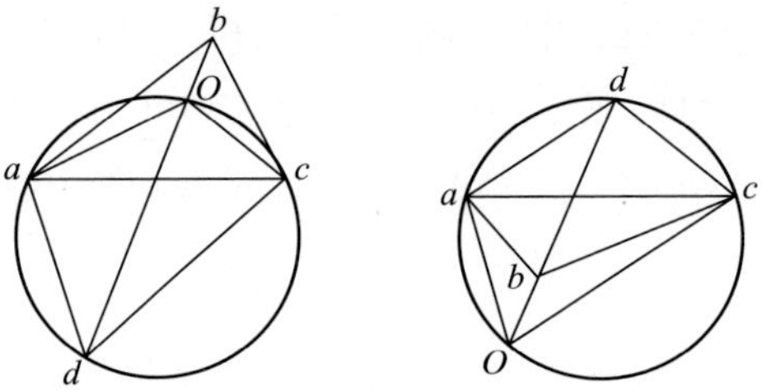

그림 7-22 벳셀법

그리고 도상점 a에 측량침을 꽂고 지상점 B를 시준하여 ad를 그리면 cd와 ad의 교점 a는 지상점 B점과 측점 O점을 통과하는 직선상에 있으므로 조준의를 db에 맞추고서 B를 시준하여 평판을 고정하면 정방위에 표정된 것으로 후방교회법에 의한 도상위치 O점을 결정할 수가 있다.

투사지법은 측점주위에 있는 다수의 기지점을 기준으로 신뢰할 수 있는 위치를 결정하는 방법이다. 이는 평판상에 투명지를 펴고 적당한 위치에 측량침을 꽂고 여기에 조준의로 지상의 기지점을 시준하여 방향선을 그린 후 그 투사지를 3방향이 각각 도상위치 a점, b점, c점 등을 통과하는 위치에 일치하도록 하여 투사지에 최초 측량침 점을 평판에 표시하면 그 점이 측점의 도상위치로 이 점과 방향선에 의하여 평판의 구심 및 표정을 실시한다. 시준한 방향선이 다수일 때에 모든 점의 방향선이 하나의 도상점을 통과하면 좋으나 일부점의 방향선이 통과 하지 않을 때는 해당 기지 위치에 오류가 있는 것으로 이때는 여러 점이 통과하는 위치로 결정한다. 이 방법을 도해 삼점법이라고도 하는데 트레싱 용지를 사용하는 방법으로서 점의 위치를 비교적 정확하게 결정할 수가 있다. 측점의 주위에 있는 많은 기지점을 기준으로 하여 가장 믿을만한 점의 위치를 결정하기에 알맞은 방법으로 지적측량에서 많이 사용되고 있다.

레만법(Lehman' s Method or Trial Method)은 미지점을 구할 경우 신속한 숙련을 요구하며 일반적으로 시오삼각형이 생기는데 이 시오삼각형의 크기와 평판표정의 각 오차는 비례한다. 이 때에 만들어진 시오삼각형은 평판을 조금씩 회전하여 방향선을 다시 그으면 시오삼각형의 크기가 줄어들고 1점에서 만날때 까지 반복하는 방법이다.

(3) 측방교회법

측방교회법(Method of Side Intersection)은 전방교회법과 후방교회법을 혼합하여 측량하는 방법으로 즉, 미지점과 기지점을 이용하여 측량하는 방법이다. 그림 7-23과 같이 먼저 기지점 *A*를 측점으로 하고 전방교회법의 요령으로 다른 기지에 의하여 평판을 표정하는 방법으로 도면상의 기지점 *a*에 측량침을 꽂고 미지점 *P*를 시준하여 도상에 방향선을 그은 다음 미지점인 *P*점에 평판을 세워 후방교회법의 요령과 같이 먼저 그은 방향선으로 평판을 표정한다. 그리고 다른 기지점 *b*에 측량침을 꽂고 *B*를 시준하여 후방에 방향선을 그으면 앞 선의 시준선과 교회하는 점 *P*를 얻게 되는데 이것이 소구점 *P*의 도면상 위치가 된다.

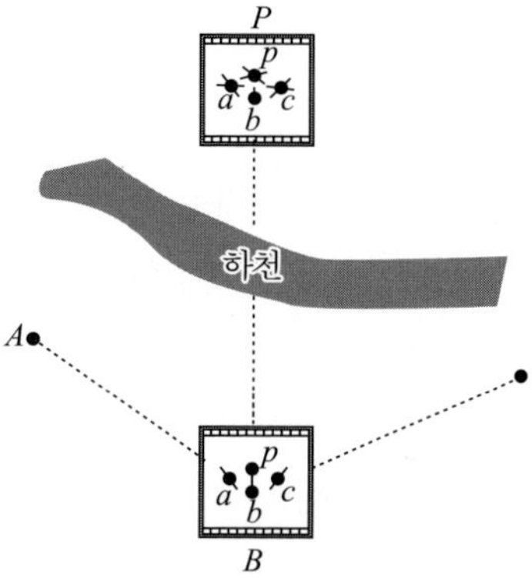

그림 7-23 측방교회법

측방교회법에서도 작업의 정확을 기하기 위하여 제3의 기지점 *C*를 시준한 방향선을 그어 3개의 시준선이 한곳에 교회하는 것으로서 점의 위치를 정한다. 측방교회법은 전방교회법의 정밀도에는 미치지 못하나 후방교회법보다는 정밀도가 높다. 이때 두 방향선에 의하여 만들어진 교점 *p*는 *P*의 도상위치가 된다. 단, 두 방향선의 교회로는 작업의 잘못을 알 수 없으므로 다시 한번 제3의 기지점 *C*를 시준한 방향을 그어 3점의 교회로서 이를 검증하여야 한다. 만약 제3기지점을 시준 할 수 없을 때는 두 기지점 중의 1점까지 거리를 검측하여 도상거리와의 일치여부를 검증하면 된다.

(4) 시오삼각형

교회법으로 점을 결정하려 할 때에는 세 방향선이 1점에 꼭 교차되지 않고 삼각형이 생기는 것을 시오삼각형(Triangle of Error)이라 하며 발생원인은 기지점의 위치를 잘못 판단하였을 경우, 사용기계의 점검이 잘 되지 않았을 경우, 방향선을 잘못 표시하였을 경우, 평판의 표정을 잘못하였을 경우, 측량원도의 용지가 불규칙한 신축이 발생하였을 경우 등이다. 그러나 시오삼각형이 미소한 것은 불가피 한 것으로 용인할 때도 있다. 보통 교회법에 있어서는 시오삼각형의 내접원의 지름이 1mm 이하인 때에는 그 중심점을 점의 위치로 하고, 그 이상 일 때에는 작업을 재실시 한다. 또한 시오삼각형의 조정방법에는 Lehman의 법칙, Bessel법, 투사지법이 있다.

7.3.4 지거법

지거법(Offest Method)은 종횡법 이라고도 하는데 이는 기지 직선에 가까이 있는 점들을 결정할 때에는 알맞은 방법이다. 지거법은 측량할 지물에서 기지 직선에 내린 수선의 길이 즉, 지거를 측정하여 야장에 기입하고 내업으로서 도면을 그려 필요한 성과를 얻는 방법이다. 기지 직선의 부근에 있는 점들을 결정할 때에 그 점에서 기지 직선에 내린 수선의 발과 수선(垂線)의 길이(지거)를 측정하는 방법이다. 그런데 이 지거법은 간단하게 작업을 검증할 방법이 없으므로 기지 직선에서 그다지 멀지 않은 점의 결정에만 사용되며 경우에 따라서는 ***AP***의 실제 거리를 재어서 도면상의 거리와 대비, 확인하는 등 작업에 신중을 기하여야 한다. 미지점 ***P***로 부터 내린 수선의 발을 ***C***라 하면 ***CP***는 ***P***점에서 ***AB***에 이르는 여러 가지 선분 중에서 가장 최단거리가 된다. 그림 7-24와 같이 ***XY***를 기지 직선이라 할 때 그 좌우에 있는 점 ***A***, ***B***, ***C***, ***D***를 결정하기 위해서는 ***XY***의 직선상에 수직으로 ***a***, ***b***, ***c***, ***d*** 점을 측정하여 길이를 결정한다.

지상기지선 ***XY***와 동일한 선을 도상에 ***xy***로 그어놓고 지상의 ***AM***의 거리를 측정하여 도상에 ***am***을 결정하고 지상의점 ***BN***의 거리를 측정하여 도상에 ***bn***으로 결정하여 위치를 결정하는 방법으로 기지 직선상에서 도상 2cm 이내의 점들을 결정할 경우에 많이 사용되는 방법이다. 지거법은 검증할 방법이 없으므로 주의하여야 하며 정밀을 요하는 측량에서는 사용하지 않는 방법이다.

지거의 길이는 되도록 짧게 하되, 그 지거는 도상 2cm 이하로 하며 본선과 지거가 직각을 이루는 최소값을 취한다.

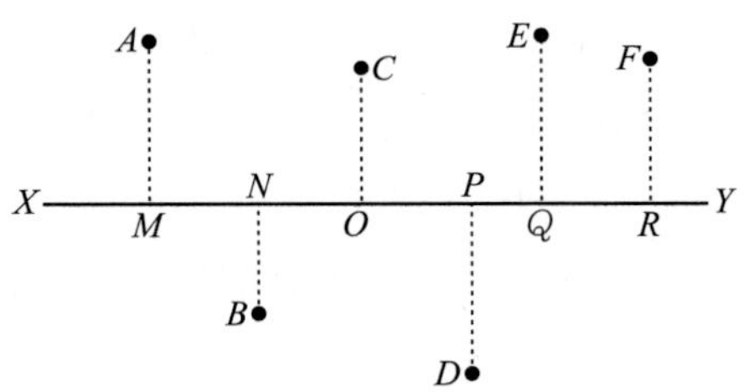

그림 7-24 지거법

7.3.5 비례법

측량하고자 하는 지역 내에 장애물이 있는 경우에 교회법, 도선법, 방사법으로 점을 측정할 수 없을 때에는 비례식을 이용하여 점의 위치를 결정하는 비례법을 사용하며 보조점를 측정할 경우에도 사용하는 방법이다. 비례법의 실시기준에서 측정점의 선정은 평판을 표정한 길이 이하로 하

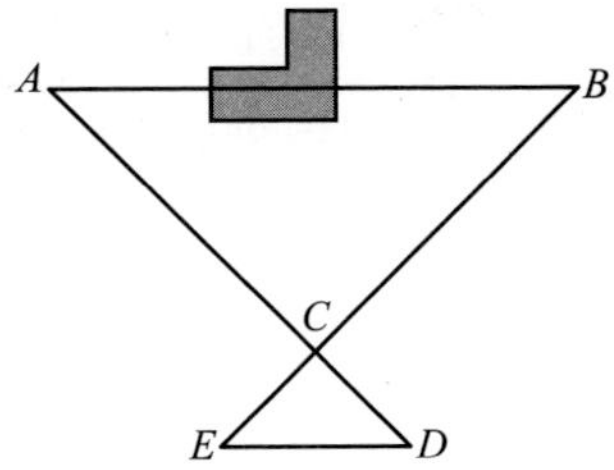

그림 7-25 비례법

되, 방향선 길이의 1/3정도로 한다. 측량 방법은 평판을 P점에 세우고 A 및 B점에 폴을 세워 두 점 사이의 거리를 직접 측정한다. A, B점을 시준하여 방향선을 긋고 P, A 선상에 대략의 길이에 비슷하게 도상 거리를 축척에 맞게끔 100m 또는 200m를 표시하여 A점의 도상점 a로 가정한다. 표시한 a점에 측량침을 꽂고 평판을 A점으로 옮겨 세운 후 P점을 표정하여 B점에 방향선을 긋고 도상에 PB와 교차되는 점을 b로 한다. 도상에서 a, b거리를 축척으로 읽어서 실제 잰 지상 거리 A, B와 비교하는 식을 만든다. $\frac{AP}{ap} = \frac{AB}{ab}$에서 $AP = \frac{ap \times AB}{ab}$는 실제 P에서 A까지의 거리이므로 이 거리를 Pa선상에 다시 축척으로 표시하면 이 점이 지상 A점의 도상점이 된다. a점에 측량침을 꽂고 다시 평판의 중심을 맞춘 후 P점을 표정하여 B점을 시준하고 방향선을 그으면 pb의 교차점이 B점의 도상점이 되므로 도상에서 거리를 독정하여 측정한 지상 거리와 비교 하므로서 확인할 수 있다. 그림 7-25와 같이 C점에서는 A,B가 시통되어 거리 측정이 가능하나 A점에서는 B점이 시통되지 않아 거리측정이 불가능한 경우에 BC와 AC선을 연장하여 DE를 결정한다. DE와 AD 및 CD 또는 BC와 CE 등의 거리를 측정하여 AB의 거리를 구하기 위해서는 $\Delta ABC \backsim \Delta CDE$에서 $AB = DE \times AC/CD$ 또는 $DE \times BC/CE$가 된다.

7.3.6 평판측량의 오차

평판측량은 앨리데이드에 의하여 직접 육안으로 시준하고 현장에서 직접 그리는 것으로 다른 측량에 비해 정도가 낮고 사용되는 연필심의 크기에 따른 오차가 발생하고 있으며 평판측량의 오차는 도면의 신축에 의한 오차, 측량침의 오차, 앨리데이드에 의한 오차, 표정을 정확히 하지않아 발생하는 표정오차로 구분할 수 있다. 평판측량방법에 의한 도해측량에서의 오차는 측량기기오차, 평판설치오차 및 측량오차 등으로 구분하고 있다.

(1) 앨리데이드에 의한 오차

앨리데이드에 의한 오차는 시준오차(視準誤差), 외심거리에 의한 오차, 시준판 경사에 의한 오차, 경사분획에 의한 오차로 구분할 수 있다.

1) 앨리데이드의 시준오차

시준오차는 앨리데이드의 시준선에 의하여 평판의 방향을 결정하는 경우에 시준공(視準孔)의 크기는 직경 0.6mm이고 시준사(視準絲)의 굵기는 직경이 0.4mm이다. 또한, 양 시준판의 간격은 220mm 정도이며 시준오차는 보통 0.2mm이내까지 허용하고 있다. 이러한 오차를 도상위치오차라고도 하며 식(7.1)로 나타낸다.

$$e_1 = \frac{\sqrt{d^2+f^2}}{2\ell} \cdot L \qquad (7.1)$$

여기서, e_1 : 앨리데이드의 시준오차, L : 방향선의 길이, ℓ : 양 시준판의 간격(약 220~270mm), d : 시준공의 지름(약 0.4mm), f : 시준사의 지름(약 0.4mm)이다.

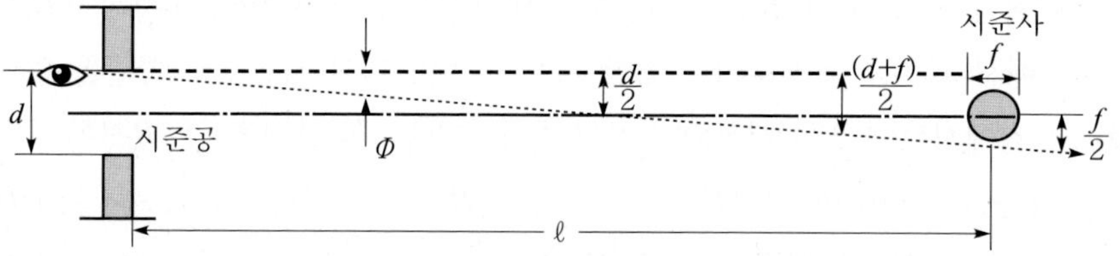

그림 7-26 시준오차

2) 앨리데이드의 외심오차

외심오차는 앨리데이드의 구조상 시준선이 만나는 면과 앨리데이드 축척의 가장자리의 면이 일치하지 아니하여 발생하는 오차이다. 우측 그림에서 a는 평판을 설치한 지상점(A)의 도상의 측량침을 세운 위치가 되며 지상점 B를 시준한 방향(aB')는 참방향이 아니며 $a'B$가 참방향인 것을 알 수 있다. 일반적으로 정규면이 시준면의 중앙에 있지 않고 약 30mm가 떨어져 있으므로 발생하는 오차로 지상 AB의 거리를 S라고 하면 $\theta \fallingdotseq \sin\theta = \frac{e}{S}$가 된다.

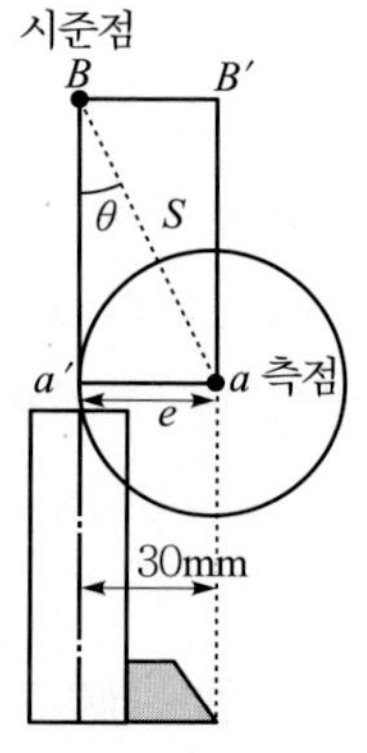

또한, 축척을 $\frac{1}{M}$, S의 도상거리를 L이라하면 $\theta = \frac{e}{ML}$이며 외심거리에 의한 도상오차는 $e_2 = L, \theta = \frac{e}{M}$가 된다.

따라서, 토지경계선의 위치오차를 0.1 mm 이내로 제한하기 위한 측량축척의 한계는 1/300 이하에서는 외심거리를 고려할 필요가 없다.

여기서, e_2 : 외심오차, e : 앨리데이드와 시준선의 간격(25~30mm), M : 축척분모 수이다.

3) 시준판 경사오차

시준판이 전후좌우로 기울었을 경우에 발생하는 오차로 전후로 기울었을 경우에는 읽음오차가 발생하여 높이에 대한 오차가 발생하며 좌우로 기울었을 경우에는 경사분획 읽음에 따른 방향오차도 발생한다.

4) 경사분획 오차

앨리데이드의 분획은 육안으로 읽는다. 그림 7-27의 (a)와 같이 A,B 두점간의 높이차를 구하기 위하여 전후 시준판의 눈금을 읽어서 거리 S에 있는 B점의 시준판을 시준할 때 분획 눈금에 ±n의 오차가 있을 경우 높이차 $h = \pm \frac{n}{100} \cdot S$이다. 또한, 그림 7-27의 (b)와 같이 기선장 d, 읽음 눈금 n이라고 하면 거리 $S = \pm \frac{100}{n} \cdot \ell \cdot n$의 오차가 발생한다.

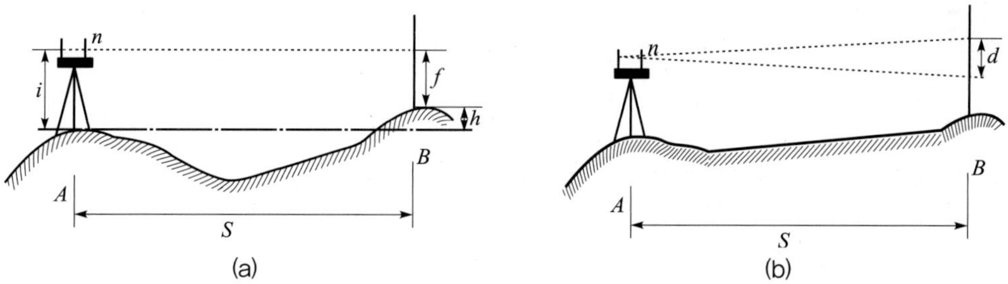

그림 7-27 분획 눈금 읽음 오차

(2) 표정 오차

1) 구심오차

구심오차(求心誤差)는 평판점과 지상측점이 동일 연직선상에 일치하지 않을 때 발생하는 오차이며 도상의 위치오차를 0.1mm로 제한할 때에는 축척 1/600에서는 3cm 이상의 구심오차가 있어서는 안되며 계산은 식(7.2)와 같다.

$$e_3 = \pm \frac{2e}{M} \tag{7.2}$$

여기서, e : 편심거리, M : 축척분모이다.

2) 정준오차

평판이 시준선에 대하여 직교하는 방향으로 경사질 때에 최대의 방향오차가 발생하며 위치오차라고도 한다. 즉, 평판이 수평이 되지 않고 경사가 생길 경우 발생하는 오차로 식(7.3)과 같다.

$$e_4 = \frac{a}{r} \cdot \frac{n}{100} \cdot \ell \tag{7.3}$$

여기서, e_4 : 측점의 위치오차 a : 평판의 경사에 의한 기포관의 이동량(mm), r : 기포관의 곡률반경(mm), n : 전방 시준판의 눈금의 읽음, $\frac{n}{100}$: 시준선의 기울기, ℓ: 방향선의 길이(mm)

앨리데이드 기포관의 곡률반경이 1m, 방향선의 길이를 200mm, n = 20의 위치를 시준할 경우 0.1 mm의 도상위치를 유지하려면 평판의 경사는 1/400로 약 2.5mm 이상을 이동하면 안 된다.

3) 표정오차

표정오차(標定誤差)는 평판을 이동한 후 이동전의 측점에 방향선을 일치시키지 못하여 발생하며 가장 큰 영향을 미치는 오차로서 식(7.4)와 같다.

$$e_5 = \ell \cdot \theta = 0.2\frac{1}{R}, \quad \theta = \frac{0.2}{R} \tag{7.4}$$

여기서, R : 자침길이의 1/2, ℓ : 방향선의 길이

따라서, 방향선의 길이 10cm, 도상 위치오차가 0.1mm 이하이므로 도상방향선의 길이는 10cm 이내로 하지만 망원경 앨리데이드에서는 20cm 이내로 한다. 그러므로, ℓ = 10cm, 도상 위치 오차가 0.1mm 이하이면 방향오차는 3′26″이다.

7.4 세부측량의 작업순서

7.4.1 도면의 등사

등사는 도면을 새로이 작성하기 위한 경우와 토지의 이동 및 경계복원이나 지적현황측량을 위해서 현장에 표시하기 위한 방법과 새로운 경계선을 등록하기 위해 작성하는 방법으로 대상은 도면의 작성 및 재작성, 신규등록측량, 등록전환측량, 축척변경측량, 지적복구측량, 분할측량, 지적확정측량, 경계복원측량, 지적현황측량 등이다. 우리나라의 지적제도가 체계적으로 정리되면서

도면의 등사에 관한 내용이 최초로 규정된 법률은 1913년 4월 22일(조선총독부훈령 제21호)임시토지조사국측량규정 제51조 "지적도는 원도를 등사하고 통상 동마다 이를 조제한다."로 규정되어 있으며 1913년 10월 5일 세부측량을 시행하는데 필요한 측량원도와 등사도의 작성에 대해 규정하고 등사도 작성에 관한 사항과 등사도에 용지의 종류 및 선의 색상과 크기를 규정하였다.

1914년 6월 30일 제정된 제도 · 적산실시규정 제3조 "지적도는 주로 일필지의 형상을 현시(現示)하며, 세부측도원도를 등사하여 이를 조제할 것임."과 제21조 "토지이동정리 결과 지적도를 수정할 경우에는 분할선 및 오류정정의 강계선은 양홍으로서 그릴것, 원강계선은 양홍 단교차선, 원지번 및 지목은 양홍병행 2선으로 이를 말소하며 신지번 및 신지목은 일필지의 중앙부에 쓸 것, 수정원도를 등사하여 이를 행할 것."과 같이 현장에서 측정하여 작성된 측량원도를 등사하여 지적도를 작성하도록 규정하고 있으며 기존에 작성된 지적도를 수정할 경우에 새로이 등록하는 경계선의 색과 지번, 지목의 말소 및 새로이 등록하는 지번, 지목의 글자를 쓰는 위치까지 정하고 있다. 또한 1951년 4월 1일 제정된 지적법시행령 제4조 "지적공부의 열람을 할 경우에는 등사할 수 없음을 규정하고 등사를 하고자할 경우에는 소관세무서장에게 수수료를 납부하여야 함"과 같이 등사도에 대한 수수료를 납부하도록 규정하고 있다. 그리고 1976년 5월 7일 개정된 지적법시행령 제58조 제4항 "지적기능자는 지적측량을 보조하거나 지적도 및 임야도의 정리와 등사, 면적측정 및 도면작성 등의 경미한 업무에 종사한다."고 규정하여 업무의 범위를 지정하였으며 1995년 4월 26일 지적법시행규칙 제10조의2 제2항 "소관청은 지적측량업무에 종사한자가 등사신청을 할 경우 신청내용을 심사한 후 그 타당성이 인정되는 경우에 지적공부 무료 등사승인부에 기재하고 등사하게 한다."고 개정하여 소관청의 승인사항을 규정하였다.

도해지역에서 등사는 종이지적도나 임야도에서 트레이싱 페이퍼를 지적도위에 올려놓고 연필로 해당지역을 그대로 그려서 복사하는 것을 등사라고 한다. 그림 7-28과 같이 도해지적의 등사는 지적측량을 대한지적공사 지사에 의뢰하면 지적측량을 접수 받아 소관청에 측량수행계획서를 제출하고 소관청의 등사승인을 받아 무료로 등사를 하였으나 2000년대부터 전산화 되면서 S/W에서 작성되었다.

그림 7-28 수작업에 의한 등사도

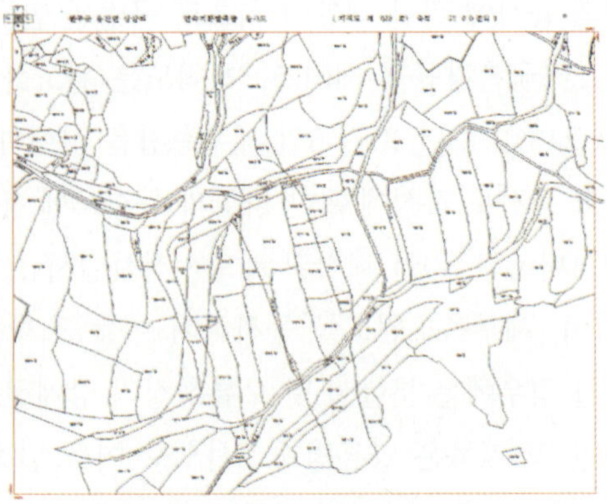

그림 7-29 시스템에 의한 등사

7.4.2 측량준비도 작성

측량준비도라 함은 지적도를 등사하고 측량원도에 자사(刺寫)하여 작성한 도면을 말하며 해당 토지의 지적도 또는 임야도와 동일한 축척으로 측량준비도를 작성하여 현지측량에 사용하는데 평판측량방법과 경위의 측량방법에 따라 측량준비도에 기재하는 사항은 다르다. 1925년 5월 5일 제정된 토지측량규정 제22조 "이동측량은 지적도에 의하여 조제한 소도(素圖)를 사용하여 이를 행하고 이동측량원도를 조제할 것" 및 제23조 "소도에는 연필로서 이동지의 경계선 및 방위선 또는 도곽선을 착묵할 것."과 같이 소도를 사용하여 측량원도의 작성방법을 규정하였다. 1935년 6월 12일 제정된 임야측량규정 제3조 "소도의 작성은 임야도 또는 지적도의 기지점에 의하며 임야도 또는 지적도의 기지점에 의하기 곤란한 지역에 있어서는 삼각점, 도근점 기타의 측량기점이 될 기지점에 의하여 이를 행할 것"과 같이 임야도 또는 지적도의 기지점에 의하여 소도 작성방법을 정리하고 있다.

1954년 11월 12일 제정된 지적측량규정 제25조 "소도에는 연필로 등록사항을 게재하고 이동지의 경계선과 방위선 또는 도곽선은 착묵(着墨)하여야 한다."와 같이 경계선과 도곽선의 착묵에 대해 규정하고 있다. 지적측량규정이 폐지되고 지적법시행규칙으로 이동되면서 1976년 5월 7일 제정된 지적법시행규칙 제33조 "평판측량법으로 세부측량을 실시할 때에는 미리 측량소도를 작성하여야 한다."와 같이 세부적으로 규정하고 있다. 측량준비도는 토지조사사업부터 계속해서 소도(素圖)라 하였으나 1995년 4월 26일 개정된 지적법시행규칙 제31조 "평판측량방법으로 세부측량을 하고자 하는 때에는 미리 기존의 도면에 의하여 등록 사항을 기재한 측량준비도를 작성하여야 한다."에서 측량준비도의 용어를 사용하였다.

평판측량방법으로 시행할 경우 그림 7-28과 같이 작성하는데 준비도에 기재할 사항은 측량대상 토지 및 인근 토지의 경계선 · 지번 · 지목, 임야도를 비치하는 지역에서 인근 지적도의 축척으로 측량을 하고자 하는 때에는 임야도에 표시된 경계점의 좌표를 구하여 지적도에 전개한 경계선, 그러나 임야도에 표시된 경계점의 좌표를 구할 수 없거나 그 좌표에 의하여 확대하여 그리는 것이 부적당한 때에는 축척비율에 따라 확대한 경계선을 말한다. 또한, 행정구역선과 그 명칭, 지적측량기준점 및 그 번호와 지적측량기준점간의 거리, 지적측량기준점의 좌표, 그 밖에 측량의 기점이 될 수 있는 기지점, 도곽선과 그 수치, 도곽선의 신축이 0.5mm 이상인 때에는 그 신축량 및 보정계수 등이다. 또한, 측량준비도를 등사도에 의하여 자사법으로 작성하고자 하는 때에는 그림 7-29와 같이 지적측량기준점 및 그 번호와 지적측량기준점간 거리 및 좌표는 검은색으로, 도곽선과 그 수치, 도곽선의 신축량 및 보정계수는 붉은색으로, 그 외는 연필로 작성하도록 하였다.

등록전환하는 필지의 경계가 행정구역선에 접하게 되는 경우에는 다른 행정구역선과 벌어지거나 겹치지 않도록 측량준비도를 작성하였다. 그리고 경위의측량방법으로 시행할 경우 측량준비도에 기재할 사항은 측량대상 토지 및 인근 토지의 경계와 경계점의 좌표 및 부호도 · 지번 · 지목, 행정구역선과 그 명칭, 지적측량기준점 및 그 번호와 지적측량기준점간의 방위각 및 그 거리, 경계점간 계산거리, 도곽선과 그 수치 등이다. 경위의측량방법으로 세부측량을 하고자 하는 경우 평판측량방법을 준용하되 지적측량기준점간 거리 및 방위각은 붉은색으로 작성하여야 하지만 전산정보처리조직에 의하여 측량준비도를 작성하는 때에는 검은색으로 작성할 수 있다. 도해지역의 경우에는 도곽선의 신축량이 발생하므로 도곽선 신축량계산, 도곽선의 보정계수, 지적측량 기준점을 전개하여 측량의 정확도를 높이고자 하였으며 신축량 및 보정계수의 계산방법은 다음과 같다.

$$S = \frac{\Delta X_1 + \Delta X_2 + \Delta Y_1 + \Delta Y_2}{4}$$

여기서, S : 신축량, ΔX_1 : 왼쪽 종선의 신축된 차, ΔX_2 : 오른쪽 종선의 신축된 차, ΔY_1: 위쪽 횡선의 신축된 차, ΔY_2 : 아래쪽 횡선의 신축된 차이다.

$$\text{신축된 차 (mm)} = \frac{1{,}000(L - L_0)}{M}$$

L : 신축된 도곽선 지상길이, L_0 : 도곽선의 지상길이, M : 축척분모

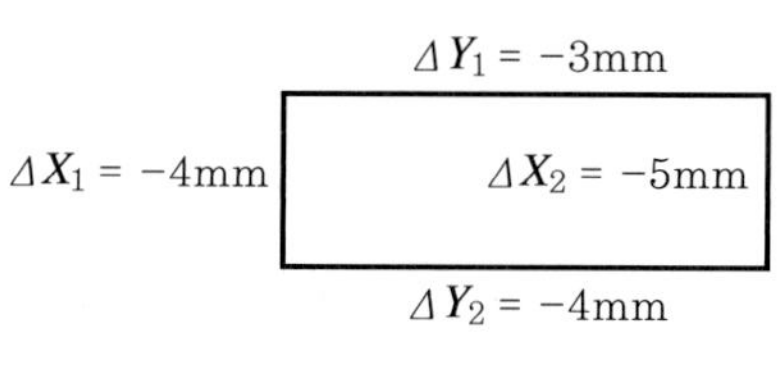

도곽선 신축량 $S = \dfrac{\Delta X_1 + \Delta X_2 + \Delta Y_1 + \Delta Y_2}{4} = \dfrac{-4-5-3-4}{4} = -4\text{mm}$

도곽선의 보정계수는 도곽의 신축량이 0.5mm 이상 발생할 경우에만 계산하여 보정하기 위한 계수로 $Z = \dfrac{X \cdot Y}{\Delta X \cdot \Delta Y}$이다.

여기서, Z는 보정계수, X는 도곽선 종선길이, Y는 도곽선 횡선길이, ΔX는 신 · 축된 도곽선 종선 길이의 합 ÷2, ΔY는 신 · 축된 도곽선 횡선 길이의 합 ÷2이다.

$$Z = \frac{X \cdot Y}{\Delta X \cdot \Delta Y} = \frac{33.44 \times 41.67}{\left(33.44 - \dfrac{0.4+0.5}{2}\right)\left(41.67 - \dfrac{0.3+0.4}{2}\right)} = 1.02227$$

예를 들어 축척 500분의 1로 시가지 확정측량을 하려고 할 때 1개의 도근점의 좌표(X : 327,300.48m, Y : 187,249.62m)일 경우 도근점이 전개되어야 할 도곽선 우측상단 점의 도곽선 수치에 해당한 종횡선 수치를 구하라.

단, 원점의 X = 500,000m, Y = 200,000m이다. 도곽선 종횡선 수치 계산방법은 아래와 같다.

종선 : (500,000 − 327,300.48) ÷ 150 = 1151.33013

500,000 − 1,151×150 = 327,350m

횡선 : (200,000 − 187,249.62) ÷ 200 = 63.7519

200,000 − 63×200 = 187,400m

도해측량의 정확도를 높이기 위해 기준점을 전개할 경우 도곽을 작성한 후 성과표에 표시된 좌표를 전개한다. 세부측량에 이용되는 기준점은 도근점이 많이 활용되며 기준점의 위치는 평면직각종횡선 수치로 표시되는데 이를 측량준비도에 전개하여 세부측량에 사용한다. 우리나라 지적도의 도곽은 일반적으로 동서로 41.666cm, 남북으로 33.333cm의 직사각형으로 축척 1/1,200에서 동서로 500m, 남북으로 400m에 해당하는 것이다. 지적측량 기준점에서는 도곽의 좌하단의 모서리를 기준으로 하는데, 평면직각종횡선에서 종선은 북쪽으로 "+", 남쪽으로 "−" 횡선은 동쪽으로 "+", 서쪽으로 "−"의 부호로 된다. 지적측량기준점의 전개를 끝냈을 때에는 각 점간의 거리

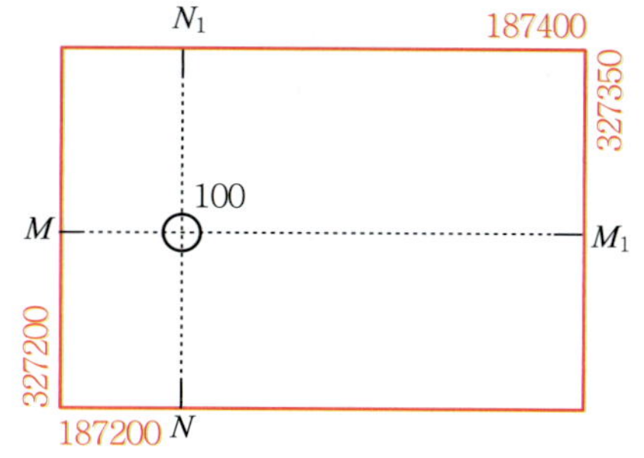

를 대비하여야 한다. 도면의 신축이 없을 때에는 측량 준비도의 도곽선에 전개척을 올려놓고 전개하면 되지만 도면의 신축이 있을 경우는 신축에 따른 보정을 하는 방법으로 기준점을 전개하여야 한다. 기준점을 많이 전개할 필요가 있을 경우는 전개기기를 사용하면 편리하다.

전개 방법은 도곽선의 좌하단의 종선 및 횡선의 수치를 연필로 적어둔 다음 종선 X : 327,300.48m에서 도곽하단의 수치(327,200m)를 뺀 100.48m의 길이를 도곽 하단에서 위로 선정하여 결정한다. 횡선(187,249.62m)에서 도곽 우변의 횡선(187,200m)을 뺀 49.62m를 도곽 좌변의 횡선 49.62m를 선정하여 N 및 N_1를 선정하여 결정한다. MM_1선과 NM_1선을 연결하면 교점이 결정된다.

시스템에 의한 측량준비도 출력은 지적측량이 접수되면 소관청에서 추출한 측량준비도 파일을 이용하여 그림 7-31과 같이 등사도 및 측량준비도를 출력한다. 그러나 최근에는 전자평판을 사용하고 있으므로 준비도의 작성 작업은 실시하지 않고 있다.

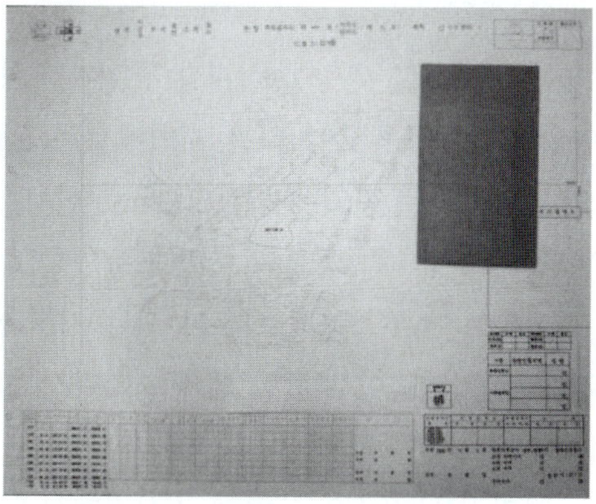
그림 7-30 수작업에 의한 측량준비도

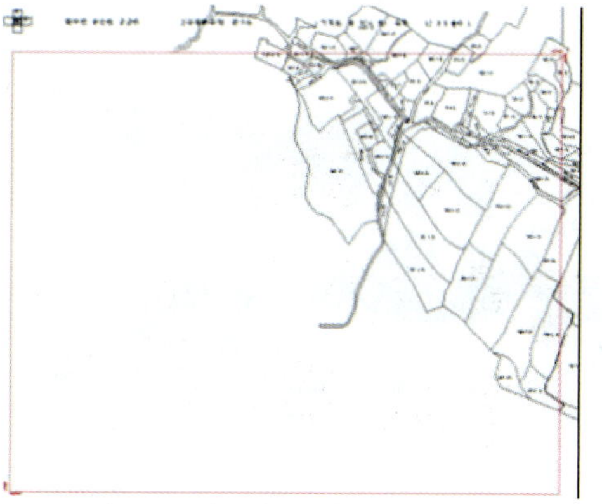
그림 7-31 시스템으로 출력한 측량준비도

7.4.3 지적측량 자료조사

지적측량수행자가 세부측량을 하고자 하는 때에는 그림 7-32 및 그림 7-33과 같이 지적측량자료부를 작성·비치하여야 하며 지적측량자료부를 작성하는 경우에는 측량실시 전에 토지이동측량결과도·경계복원측량결과도 및 지적공부 등에 의하여 측량대상토지에 대한 토지의 표시 변동사항·지적측량연혁 및 측량성과 결정에 사용한 기지점과 측량대상토지 주위의 기지점 및 지적측량기준점 유무 등을 조사하여 측량시에 활용하여야 한다. 소관청은 지적측량수행자가 지적측량자료조사를 위하여 지적공부 · 지적측량성과 및 관계자료 등을 항시 조사할 수 있도록 협조하여야 한다. 소관청은 지적측량 민원처리 등에 필요한 경우에는 지적측량수행자에게 경계복원 · 지적현황측량결과도 등 관련 자료의 제출을 요구할 수 있다.

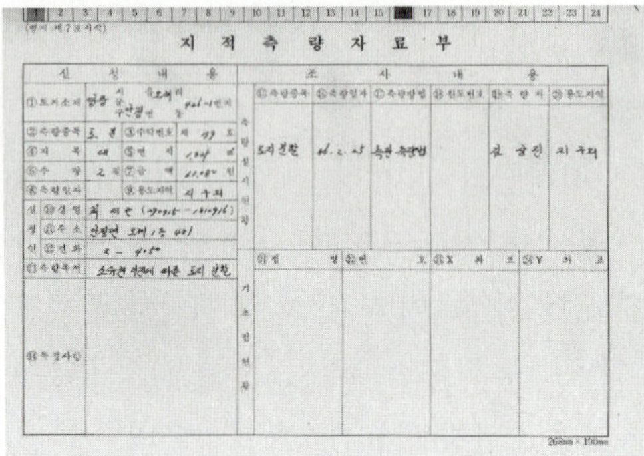
지 적 측 량 자 료 부

그림 7-32 지적측량자료부 앞면

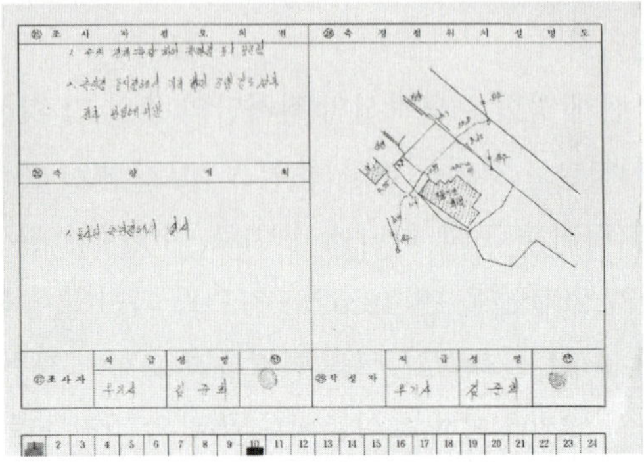

그림 7-33 지적측량자료부 뒷면

7.4.4 현지측량

그림 7-34 1980년대 평판측량모습

평판측량으로 세부측량을 실시할 경우에는 거리측정단위는 지적도를 비치하는 지역에서는 5cm, 임야도를 비치하는 지역에서는 50cm로 한다. 측량결과도는 그 토지가 등록된 도면과 동일한 축척으로 작성하며 세부측량의 기준이 되는 지적측량기준점 또는 기지점이 부족한 때에는 측량상 필요한 위치에 보조점을 설치하여 활용한다. 그리고 경계점은 기지점을 기준으로 하여 지상경계선과 도상경계선의 부합여부를 현형법 · 도상원호교회법 · 지상원호교회법 또는 거리비교확인법 등으로 확인하여 결정한다. 경위의로 세부측량을 실시할 경우에는 거리 측정단위는 1cm로 하고 측량결과도는 그 토지의 지적도와 동일한 축척으로 작성하며 도시개발사업 등의 시행지역과 축척변경 시행지역은 1/500로, 농지의 구획정리 시행지역은 1/1,000로 하되, 필요한 경우에는 미리 시 · 도지사의 승인을 얻어 1/6,000까지 작성할 수 있다. 토지의 경계가 곡선인 때에는 가급적 현재 상태와 동일하도록 경계점을 측정하여 연결하되 직선으로 연결하는 곡선의 중앙 종거의 길이는

5cm 내지 10cm로 한다.

(1) 현지측량기준

세부측량은 새로이 결정된 경계를 검사하여야 하는데 측량성과검사시에 확인된 지역으로서 측량결과도만으로 그 측량성과가 정확하다고 인정되는 경우에는 현지측량검사를 하지 아니할 수 있다. 경계설정에서 지상 구조물이 있는 경우 연접되는 토지 사이에 고저가 없는 경우에는 그 구조물 등의 중앙, 연접되는 토지 사이에 고저가 있는 경우에는 그 구조물 등의 하단부, 도로 · 구거 등의 토지에 절토된 부분이 있는 경우에는 그 경사면의 상단부, 토지가 해면 또는 수면에 접하는 경우에는 최대만조위 또는 최대만수위가 되는 선, 공유수면매립지의 토지 중 제방 등을 토지에 편입하여 등록하는 경우에는 바깥쪽 어깨 부분을 기준으로 설정하도록 규정 되어 있다. 지상경계의 구획을 형성하는 구조물 등의 소유자가 다른 경우에는 소유권에 의하여 지상경계를 결정하며 분할에 따른 지상경계는 지상건축물을 걸리게 결정하여서는 안 된다. 그러나, 법원의 확정판결이 있는 경우와 도시개발사업, 도시계획선에 따라 토지를 분할하고자 하는 경우에는 그러하지 않다. 경계점표지를 설치한 후 측량할 수 있는 경우는 다음과 같다.

① 도시개발사업 등의 사업시행자가 사업지구의 경계를 결정하기 위하여 분할할 경우
② 사업시행자와 국가기관 또는 지방자치단체의 장이 토지를 취득하기 위하여 분할할 경우
③ 도시계획결정고시와 지형도면고시가 된 지역의 도시계획선에 따라 토지를 분할할 경우
④ 소유권이전, 매매 또는 토지이용상 불합리한 지상경계를 시정하기 위해 분할할 경우
⑤ 관계법령에 의하여 인가 · 허가 등을 받아 분할할 경우

(2) 측량기하적

평판측량방법으로 세부측량을 하는 때에는 측량준비도에 측량한 기하적을 다음과 같이 연필로 표시한다. 평판점 · 측정점 및 방위표정에 사용한 기지점등에는 방향선을 긋고 실측한 거리를 기재하는데 측정점의 방향선 길이는 측정점을 중심으로 약 1cm로 표시한다. 그림 7-35와 같이 평판점 및 측정점의 표시는 측량자는 직경 1.5~3mm의 원으로 표시하고, 검사자는 1변의 길이가 2 내지 4mm의 삼각형으로 표시한다. 이 경우 평판점의 표시는 그 옆에 평판이동순서에 따라 $不_1$, $不_2$----으로 표시한다. 평판점의 결정 및 방위표정에 사용한 기지점은 측량자는 직경 1mm와 2mm의 2중원으로 표시하고, 검사자는 1변의 길이가 2mm와 3mm의 2중 삼각형으로 표시한다. 평판점과 기지점 사이의 도상거리와 실측거리를 방향선상에 측량자의 경우

$\frac{(\text{도상거리})}{\text{실측거리}}$, 검사자는 $\frac{\triangle(\text{도상거리})}{\triangle\text{실측거리}}$와 같이 기재한다.

측량대상토지에 지상구조물 등이 있는 경우와 새로이 설정하는 경계에 지상건물 등이 걸리는 경우에는 그 위치현황을 표시하여야 한다. 평판측량방법에서 거리를 측정하는 경우 도곽선에 0.5mm 이상의 신·축이 있는 때에는 이를 보정하여야 한다. 산출한 보정량을 도곽선이 늘어난 경우에는 실측거리에 더하고, 줄어든 경우에는 빼는 방법으로 실시하며 보정량의 산출은 다음 식에 의한다.

$$\text{보정량} = \frac{\text{신축량(지상)} \times 4}{\text{도곽선상의 총화(지상)}} \times \text{실측거리}$$

조준의(앨리데이드)를 사용한 경우 수평거리의 계산은 $D = \ell \frac{1}{\sqrt{1+(\frac{n}{100})^2}}$의 식을 이용하지만 최근에는 앨리데이드를 거의 사용하지 않는다.

여기서, D : 수평거리, ℓ : 경사거리, n : 경사분획이다.

측량 대상토지의 점유현황선은 연필 점선으로 표시하지만 경계복원 측량결과도에는 붉은색 점선으로 표시하며 측량결과도의 문자와 숫자는 레터링 또는 전산정보처리조직에 의하여 작성할 경우에는 전산으로 출력된 상태를 말한다. 전자평판측량의 기하적은 현지지형을 좌표로 등록하여 작성된 파일로 현재 도해지역의 측량에 많이 사용되고 있으며 그림 7-36과 같이 측량성과작성시스템 화면상에 빨간색 선으로 현장 기하적을 화면에 표시해주는 기능을 한다.

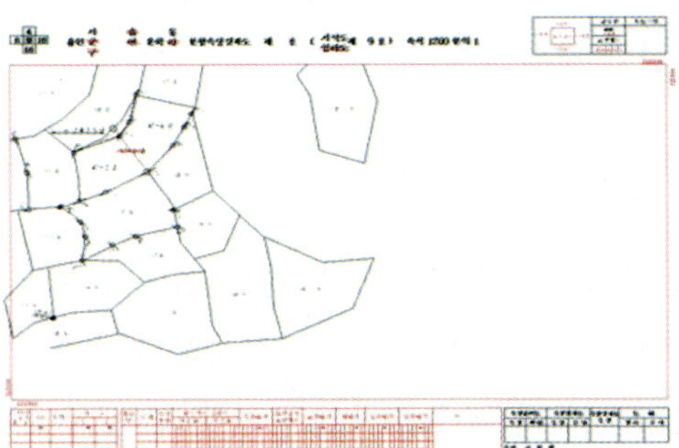

그림 7-35 평판측량의 기하적

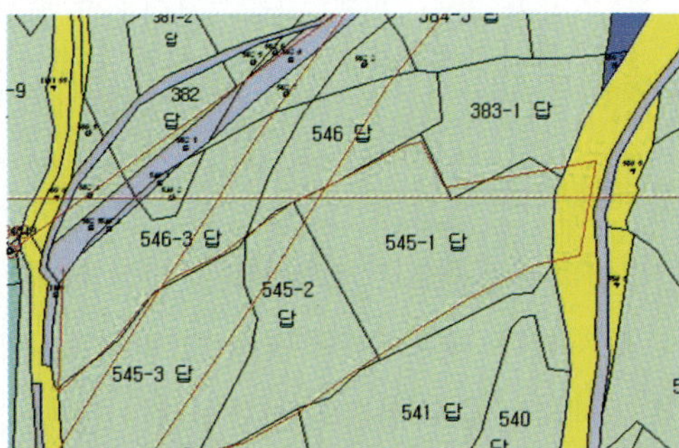

그림 7-36 전자평판측량 기하적

7.4.5 면적측정

면적이란 지적측량에 의하여 지적공부에 등록된 토지의 수평면상 넓이를 말한다. 토지조사사업 이후부터 1975년까지의 구 지적법에서는 척관법에 따라 평(坪)과 보(步)를 단위로 하였으며 그 당시에는 지적(地積)이라 하였으나 지적(地籍)과 혼동되어 1975년 지적법 개정시 면적(面積)으로 개정하여 현재까지 사용하고 있다. 1912년 8월 13일 제령 제2호로 제정된 토지조사령 제3조 "지반의 측량에 있어서는 평 또는 보를 지적(地積)의 단위로 함"과 1943년 3월 31일 제령 제6호로 제정된 조선지세령 제8조 "지적(地積)은 평(坪)을 단위로 하여 이를 정함. 지적(地積)에 1평(坪) 미만의 단수가 있을 때에는 5홉(合) 미만은 절사(切捨)하고, 5홉(合) 이상은 1평(坪)으로 절상(切上)하며 지적(地積)이 1평(坪) 미만인 때에는 이를 홉위(合位)에 그치고 1홉 미만인 때에는 이를 1홉으로 함."과 1943년 3월 31일 조선총독부령 제69호로 제정된 조선임야대장규칙 제6조 "지적(地積)은 무(畝)를 단위(單位)로 하여 이를 정함. 지적(地積)에 1무(畝) 미만은 절사(切捨)하고 15보(步) 미만은 절사(切捨)하며 15보(步) 이상은 1무(畝)로 절상(切上)하고 지적(地積)이 1무(畝) 미만일 때에는 이를 보위(步位)에 그치고, 보(步) 미만일 때에는 이를 1보(步)로 함"과 같이 임야는 정, 단, 무, 보의 단위로 규정하고 있다.

지적도 또는 경계점좌표로부터 측정 또는 계산하고 제곱미터(m²)를 사용하고 있다. 면적측정의 대상은 지적공부를 복구, 신규등록 및 등록전환, 분할, 도시개발사업 등으로 새로이 토지의 표시를 결정하는 경우와 축척변경 및 면적 또는 경계를 정정하는 경우이다. 세부측량을 하는 경우에는 필지마다 면적을 측정하는데, 토지의 면적을 알려면 현지에서 직접 재는 방법과 도면 위에서 현지의 면적으로 환산하는 2가지 방법이 있다. 그러나 원칙적으로 도면 위에서 환산하는 도상측정법을 이용하며, 특수한 경우에는 현지에서 측정하는 지상삼사법이 이용되었다.

우리나라에서는 과거 토지대장 등록지의 면적은 "평"을 단위로, 임야 대장 등록지의 면적은 "무(畝)"를 단위로 하였으나 현재에는 전부 m²로 통일하여 사용하고 있다. 그러나 1975년 개정된 지적법에서는 토지대장 및 임야대장 모두 면적등록단위는 제곱미터(m²)로 환산하여 등록하였다. 삼사법(三斜法)은 다각형의 토지를 삼각형으로 구분하고 각각의 삼각형에 대하여 밑변과 높이를 구하여 삼각형의 면적을 산출한 후 여러 개의 삼각형 면적을 합계하여 다각형의 면적을 산출하는 방법이다.

1개의 삼각형일 경우	여러 개의 삼각형을 이용할 경우
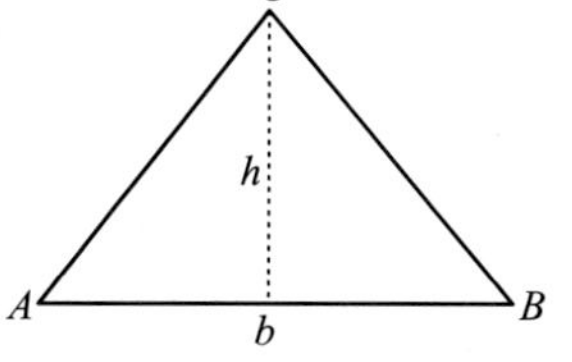	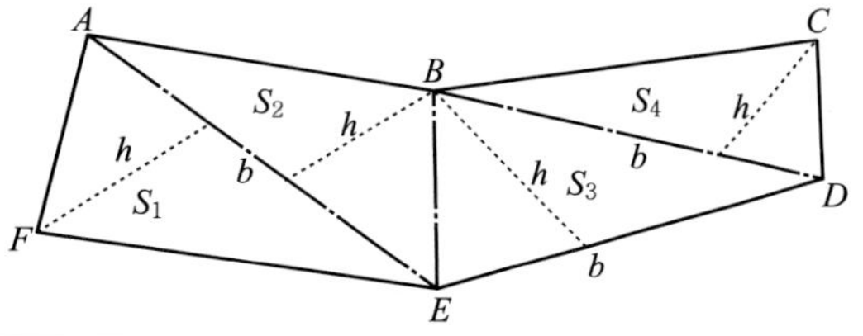
$S=\frac{1}{2}b \cdot h$	면적$(F) = \Sigma S = S_1 + S_2 + S_3 + S_4 (S = \frac{1}{2}b \cdot h)$

플래니미터법(Planimeter)은 일필지의 형태가 다각형이거나 불규칙한 곡선으로 된 토지의 면적을 도면상에서 면적을 측정하는 기구로 그림 7-37과 같고 일필지측량에서 많이 사용되는 면적측정기로 구적기(求積器)라고도 한다. 또한 도면에서 일필지의 경계선상을 따라서 이동하면 플래니미터의 측윤(測輪)이 회전하므로 그 눈금에 의하여 면적이 산출되도록 되어 있다. 특히 지적측량에 의한 면적측정에서 토지조사사업 당시부터 1980년대 전자면적계가 등장하기 전까지 대부분을 이 방법으로 사용하였다.

그림 7-37 토지조사사업 당시 플래니미터

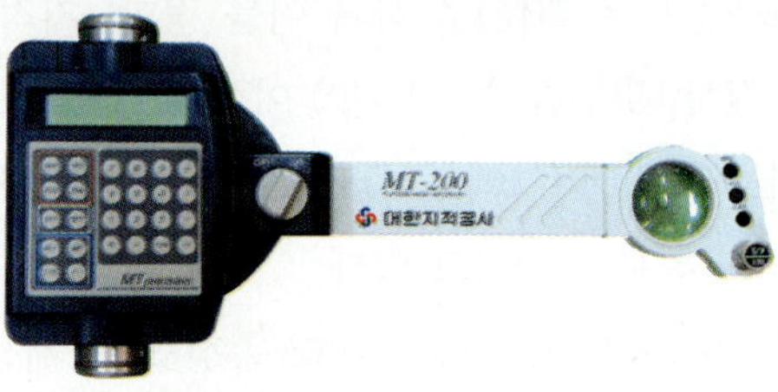

그림 7-38 전자면적측정기

전자면적측정기는 그림 7-38과 같고 디지털방식으로 면적을 측정하는 것으로 다양한 기능키가 부착되어 있어 컴퓨터와 연결하여 다양하고 정밀한 업무를 수행할 수 있으며 프린터가 장착되어 있어 자체적으로 프린터를 할 수 있다. 전자면적측정기는 도면상에서 직접 면적이 좌표 형식으로 구해지는 편리한 방법으로 현재 도해측량 지역에서 일반적으로 사용되는 면적측정방법이다. 면적 결정시에 최소 등록단위 이하에 단수가 있을 경우에는 오사오입법의 원칙을 적용하여 결정하도록 되어 있다.

좌표면적계산법은 면적을 측정하고자 하는 일필지 굴곡점의 X, Y 좌표를 이용하여 면적을 결정하는 방법으로 최신 장비에 의해 측량하는 지역은 이 방법을 이용하는 것이 가장 정확도가 높은 방법이다. 최근에는 컴퓨터를 활용하여 면적을 산출하는 방법이 널리 이용되고 있으며 좌표면적계산법은 $F=\frac{1}{2}\sum_{i=1}^{n}X_i(Y_{i+1}-Y_{i-1})$의 공식으로 면적을 계산한다.

(1) 면적측정 절차

현행 법률에는 필지별 면적측정은 좌표면적계산법 및 전자면적계에 의하며 면적을 측정할 경우 도곽선의 길이에 0.5mm 이상의 신축이 있는 때에는 보정하여야 한다. 분할전 면적이 5천㎡ 이상으로서 분할 후의 필지 중 1필지의 면적이 분할 전 면적에 비하여 8할 이상이 되는 필지는 분할전 면적의 2할 미만이 되는 필지의 면적을 측정하고, 분할 전 면적에서 그 측정된 면적을 뺀 나머지를 그 면적으로 할 수 있는데 이를 "차인처리"라고 하며 1매의 측량결과도에서 측정할 수 있는 경우와 좌표면적계산법으로 면적을 측정할 경우에는 차인처리 할 수 없다. 또한, 면적측정에서 단수처리는 오사오입법을 적용하며 Theodolite 측량방법으로 세부측량을 한 지역의 필지별 면적측정은 경계점좌표에 의하여 산출한다. 전자면적계에 의거 면적을 측정할 경우에는 도상에서 2회 측정하여 그 교차가 $A=0.023^2 M\sqrt{F}$ 식의 허용면적 이하인 때는 그 평균값을 측정값으로 하며 산출면적은 1/1,000m^2까지 계산하여 1/10m^2단위로 결정한다.

여기서, A : 허용면적, M : 축척분모, F : 측정면적

표 7.1 산출교차계산 예시

축 척	회수 및 산출회수			측정면적	산출교차	허용면적	비 고
	1회	2회	3 회				
1/600	24.67	25.48		25.08	0.8	1.6	
1/1,200	105.8	109.4		107.6	3.6	6.6	
1/6,000	296.8	289.8		293.6	7.0	7.0	

(2) 신구면적의 오차허용범위

토지를 분할하는 경우의 면적측정에 있어 분할 후 각 필지의 면적의 합계와 분할 전 면적과의 오차가 $A=0.026^2 M\sqrt{F}$ 식의 허용면적 이하인 때에는 분할 전 면적에 증감이 없도록 오차를 각 필지의 면적에 안분 배분하여 결정하며 축척 1/3,000지역은 그 축척을 1/6,000로 한다. 여기서, A : 허용면적, M : 축척분모, F : 원면적이다. 등록전환에서 임야대장의 면적과 등록전환될 면적의 오차 허용범위는 위의 계산식(A는 오차허용 범위, M은 임야도의 축척 분모, F는 등록전환될 면적)에 의한다. 이 경우 오차 허용범위를 초과하는 때에는 임야대장의 면적 또는 임야도의 경계를 정정하여야 한다. 신구면적 오차를 배분할 산출면적은 식(7.5)에 따라 필요한 자리까지 계산하고 결정면적은 그 합계가 원면적에 일치하도록 산출면적의 소요자리수 미만의 수가 큰 것부터 차례로 올리고 소요자리수 미만이 서로 같을 때에는 산출면적이 큰 것을 올린다.

$$r=\frac{F}{A}\times a \tag{7.5}$$

여기서, r : 각 필지의 산출면적, F : 원면적, A : 측정면적합계, a : 각 필지의 측정면적 또는 보정면적이다.

경계점좌표등록부 시행지역의 분할 후 면적 결정은 구하고자 하는 다음 숫자가 큰 것부터 순

차적으로 올리거나 버려서 정한다. 그림 7-39는 1958년에 작성된 경상북도 영주시청에 보관된 면적측정부 표지로 단기를 사용하였으며 대한지적협회와 부산사세청에 소속된 세무서에서 담당하였음을 알 수 있다. 또한, 그림 7-40의 경우에는 수작업에 의한 면적측정부로 용인시 기흥구 고매리 지역으로 플래니미터를 사용하여 작성한 내용이다. 그림 7-41은 전산시스템에 의해 출력한 면적측정부이며 여러 필지로 분할측량을 실시할 경우 측량결과도에 출력하지 않고 면적측정부만 별도로 출력한 그림이며 현재는 대부분 이와 같은 방법으로 출력하고 있다.

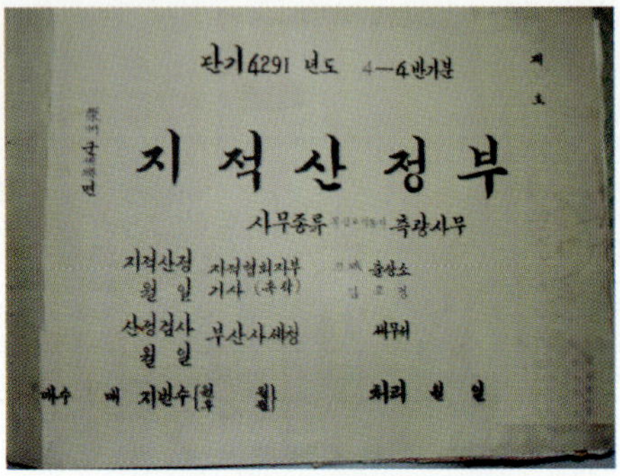

그림 7-39 면적측정부 표지

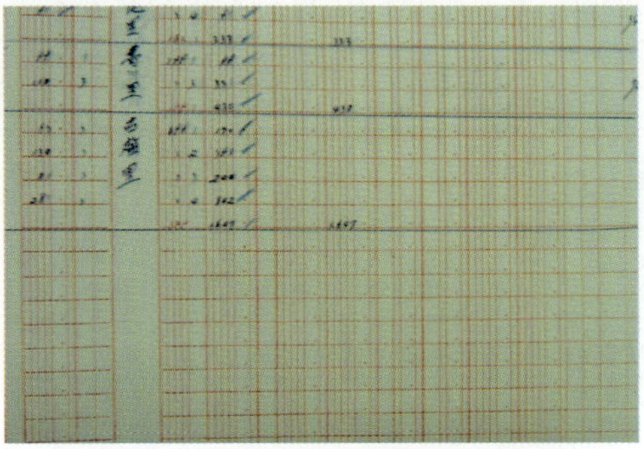

그림 7-40 수작업에 의한 면적측정부

면 적 측 정 부

축척 = 1/1200 　 측정 : 2007년 1월 3일 ㊞ 　 검사 : 2007년 1월 3일 ㊞

동리명	지 번	측정방법	횟수또는산출수 제1회	제2회	제3회	측정면적(㎡)	도곽신축 보정계수	보정면적(㎡)	원면적 (㎡)	산출면적(㎡)	결정면적(㎡)	비 고
	827		232.400	232.400		232.400		232.400		234.550	235	
	827-1		302.634	302.634		302.634		302.634		305.434	305	
	827-2		578.861	578.861		578.861		578.861		584.015	584	
	827					1113.895		1113.895	1124	1123.999	1124	공차 = ± 27.198 　 오차 = 10.305
	829-1		538.324	538.324		538.324		538.324		547.504	548	
	829-3		542.841	542.841		542.841		542.841		552.197	552	
	829-4		58.012	58.012		58.012		58.012		59.298	57	
	829-1					1138.977		1138.977	1157	1158.999	1157	공차 = ± 27.893 　 오차 = 20.023
	829-2		997.496	997.496		997.496		997.496		1013.575	1014	
	829-5		454.548	454.548		454.548		454.548		482.177	482	
	829-6		330.914	330.914		330.914		330.914		338.245	338	
	829-2					1783.258		1783.258	1812	1812.000	1812	공차 = ± 34.531 　 오차 = 28.742
					아	래	빈	칸				

21301-06411비 　 420㎜ X 297㎜
1996.4.13 승인 　 (인쇄용지(특급) 70g/㎡)

그림 7-41 시스템에 의한 면적측정부 출력

7.4.6 측량결과도의 작성

평판측량방법으로 세부측량을 실시한 때에는 그 성과를 측량결과도에 등재하여야 하며, 측량결과도는 지적도 또는 임야도에 준하여 작성하고 지상에서 연필로 측도한 결과도는 규정에 따라서 착묵과 제도를 실시하여 완성하였다.

(1) 측량결과도 관련규정

측량결과도란 세부측량을 실시한 결과를 작성한 측량도면을 말하는데 변천과정을 살펴보면 1913년 10월 5일 제정된 세부측도실시규정 제55조 "원도는 도곽에 의하여 조제하며 그 폭원은 동서 1척 3촌 7푼 5리 남북 1척 1촌의 구형(矩形: 직사각형)으로 할 것." 및 제56조 "원도 도곽 종횡선의 수치는 원점으로부터 기산하여 종선은 매 400미터, 횡선은 매 500미터에 적응하게 할 것."과 같이 원도의 크기를 규정하고 있다. 1921년 3월 18일 제정한 토지측량규정 제60조 "신규측량원도, 이동측량원도 및 산정부는 면별 회계연도마다 이를 편철하고 측량원도는 부·군·도로서 이를 보관해야 한다." 및 제21조 "신규측량원도 상호 또는 이와 지적도와의 접합에 있어 신규측량원도와 지적도와의 차이가 도상 3리 이하가 될 때는 지적도에 의해 동일시기에 제작된 신규측량원도 상호의 차이가 도상 2리 이하가 될 때는 평균해서 도상위치를 결정할 수 있다."와 같이 측량원도의 보관에 대해 규정하고 있으며 도곽의 신축에 따른 측량방법을 규정하였음을 알 수 있다.

1935년 6월 12일 개정한 임야측량규정 제11조 "도로, 하천, 구거 등의 측도는 축척 1/6,000일 때는 그 실지의 폭원이 2칸(間) 이상, 축척 1/3,000 측도(測圖)일 때는 1칸 이상의 것을 복선으로 하고 축척 1/5만일 때는 지형도 범례에 준해야 한다." 및 제12조 "측량원도는 토지측량규정 제9조 및 제24조의 규정에 의거 측량원도의 도곽은 동서 1척 6촌 5분, 남북 1척 3촌 2분의 직사각형으로 작성해야 한다.", 제13조 "측량원도 상호 또는 측량원도와 임야도와의 접합에서 도상차이가 1분 이하로 될 때는 이를 수정해서 접합시켜야 한다." 에서와 같이 측량원도에 대한 작성과정을 세부적으로 규정하고 있다. 1976년 5월 7일 전문 개정된 지적법시행령 제23조 "지적측량성과는 측량부·측량원도 및 면적측정부에 이를 등재하여야 한다." 에서는 측량원도로 규정하고 있으나 1995년 4월 6일 개정된 지적법시행령제28조 "측량성과는 측량부·측량결과도 및 면적측정부에 이를 등재하여야 한다."에서는 측량결과도 명칭으로 용어를 변경하여 현재까지 사용하고 있다.

(2) 측량결과도용지

측량결과도 용지는 완제품 상태에서 신축량을 측정하여 전문기관의 검증을 통과하여야 하며 도면용지는 시험성적을 첨부하여 검사를 받도록 하였다. 온도와 습도의 변화 및 장기보관에 따라 알루미늄의 산화나 접착의 분리 또는 변색 등이 없어야 하며 지면은 평평하여 자동제도기를 사용하는데 지장이 없어야 하고 모서리는 반경 5mm의 원형을 둥글게 잘라 모서리를 보호하여야 한다. 측량결과도 용지는 지적서고 또는 지적서고와 유사한 장소에 2년 이상 보관한 후 사용하여야 한다. 다만, 측량시에 직사광선에 의하여 신축이 없도록 충분히 건조를 한 경우에는 보관기간을 단축할 수 있도록 측량결과도용지의 규격을 규정하였으나 현재는 출력하여 사용하므로 큰 의미는 없으며 측량결과도의 종류인 6호, 7호, 8호의 서식은 그림 7-42와 같다.

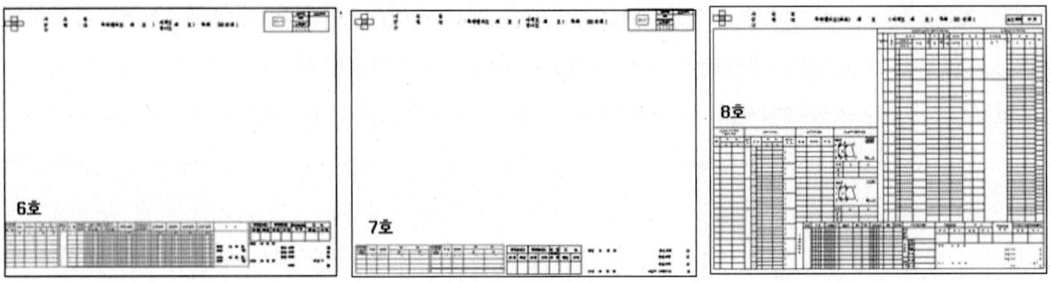

그림 7-42 측량결과도 서식

평판측량방법으로 실시한 측량결과도의 기재사항은 측량대상 토지와 인근 토지의 경계선 · 지번 및 지목, 임야도를 비치하는 지역에서 인근 지적도의 축척으로 측량을 하고자 하는 때에는 임야도에 표시된 경계점의 좌표를 구하여 지적도에 전개한 경계선이다. 그러나 임야도에 표시된 경계점의 좌표를 구할 수 없거나 그 좌표에 의하여 확대하여 그리는 것이 부적당한 때에는 축척비율에 따라 확대한 경계선을 말한다. 그리고 행정구역선과 그 명칭, 지적측량기준점 및 그 번호와 지적측량기준점간의 거리, 지적측량기준점의 좌표, 그 밖에 측량의 기점이 될 수 있는 기지점, 도곽선과 그 수치, 도곽선의 신축이 0.5mm 이상인 때에는 그 신축량 및 보정계수, 측정점의 위치, 측량기하적 및 지상에서 측정한 거리, 측량대상 토지이동전의 지번과 지목, 측량결과도의 제명 및 번호와 도면번호, 토지이동측량의 경우 경계선 및 분할경계선, 측량대상 토지의 점유현황선, 측량 및 검사의 연월일, 측량자 및 검사자의 성명 · 소속 및 자격등급 등이다.

경위의측량방법으로 실시한 측량결과도의 기재사항은 측량대상 토지 및 인근 토지의 경계와 경계점의 좌표 및 부호도 · 지번 · 지목, 지적측량기준점 및 그 번호와 지적측량기준점간의 방위각 및 그 거리, 행정구역선과 그 명칭, 경계점간 계산거리 및 측량대상 토지의 경계점간 실측거리, 도곽선과 그 수치, 측정점의 위치(측량계산부의 좌표를 전개하여 기재), 지상에서 측정한 거리 및 방위각, 측량대상 토지의 토지이동 전의 지번과 지목(붉은색의 2선으로 말소), 측량결과도의 제명 및 번호(연도별)와 지적도의 도면번호, 신규등록 또는 등록전환하고자 하는 경계선 및 분할경계선, 측량대상 토지의 점유현황선, 측량 및 검사의 연월일, 측량자 및 검사자의 성명 · 소속 및 자격등급 등이다.

(3) 토지이동측량결과도의 작성

측량결과도는 현지측량 작업을 완료하여 측량기하적과 측량성과가 기록된 도면을 말하며, 도해지역의 측량결과도 기재사항은 그림 7-43과 같이 1935년 5월 11일 작성된 측량결과도로 현재의 측량결과도와는 많은 차이점이 있다. 현재의 결과도에서는 측량준비도 작성시 기재한 사항 이외에 측정점의 위치, 대상토지의 이동전 지목, 지번, 측량결과도의 제명, 번호(년도별), 도면번호와 신규등록, 등록전환 경계선, 분할경계선 등을 기재하며, 측량연월일, 검사연월일, 측량자 및 검사자의 직, 성명, 소속, 자격등급 등을 기재한다. 측량원도와 도면의 접합은 도곽선의 신축량이 0.5mm 이하 일 때에는 도면을 기준하여 작성하고, 0.5mm 이상일 때에는 보정하여 결정한다. 그림 7-44의 경우는 2009년도 전자평판측량을 실시하여 작성된 최근의 측량결과도로서 현장 경계설정위치에 대한 현장사진까지 포함하여 출력하고 있는 실정이다. 수치지역에서는 측량준비도 작성시 기재사항 이외에 계산부상의 좌표를 전개하며 측정점 위치와 지상측정거리, 방위각, 대상토지의 경계점간 실측거리, 토지이동 전의 지번, 지목(지번, 지목도 쌍선말소), 원도제명, 번호(년도별), 지적도번호, 경계선, 측량연월일, 검사연월일, 측량자 및 검사자의 직 · 성명, 소속, 자격등급 등을 기재한다. 지적확정측량결과도의 작성에서 측량결과도의 제명 · 축척 및 색인도, 확정된 필지의 경계(경계점좌표를 전개하여 연결한 선) · 지번 및 지목, 지적측량기준점 및 그 번호, 행정구역선과 그 명칭, 측량 및 검사연월일, 측량자 및 검사자

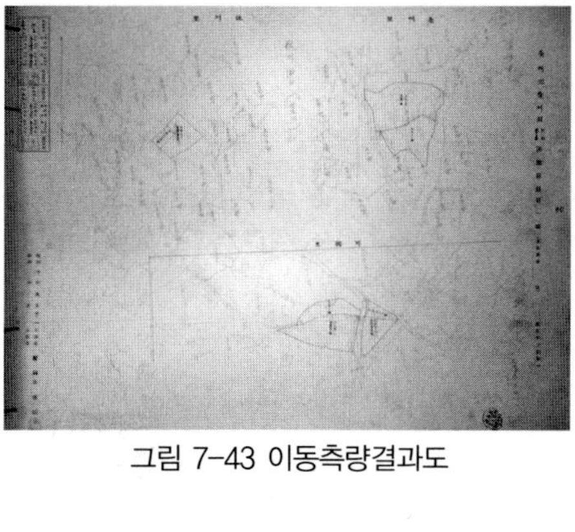

그림 7-43 이동측량결과도

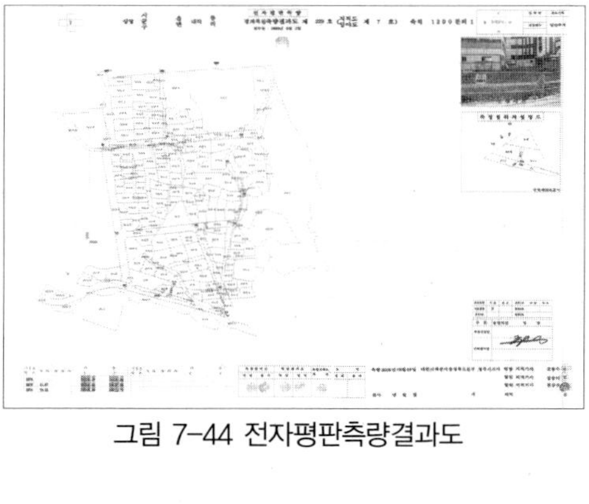

그림 7-44 전자평판측량결과도

의 성명 · 소속 · 자격등급 등은 검은색으로 작성하고 지적측량기준점간 방위각 및 거리, 도곽선과 그 수치는 붉은색으로 작성하며 경계점간 계산거리 및 실측거리를 기재하고 경계에 지상건물 등이 걸리는 경우에는 그 위치현황의 경우에는 연필로 표시한다. 현행 지적법률의 규정에는 측량결과도의 보관은 연도별, 측량종목별, 동 · 리별로, 지적측량수행자는 동 · 리별, 지번순으로 편철 보관하도록 규정하고 있다. 지적제도가 전산시스템으로 작성되면서 측량결과도를 작성하는 방법은 측량결과도에 기재사항을 설정하고 출력축척, 서식의 종류, 도곽선위치 좌하단 수치입력, 측정점위치설명도, 면적측정부 등을 선택하여 출력할 수 있으며 8호 서식은 경계점좌표등록부 시행지역의 측량결과도를 출력할 경우에 이용되는 서식이다.

측정점위치설명도 작성은 지적측량을 완료한 때에는 이동사항으로 새로이 설치된 경계점 또는 경계복원점의 위치를 지적측량기준점 · 담장모서리 및 전신주 등 주위 고정물로 부터 거리를 측정하여 지적측량의뢰인 및 이해관계인에게 확인시킨다. 측량결과도 여백에 그 거리를 기재하거나 경위의측량방법에 의한 경우 평면직각종횡선좌표의 수치로 측정점위치설명도를 작성하여야 한다. 이 경우 주위 고정물이 없는 경우에는 거리를 기재하지 아니할 수 있다. 측량결과도를 수작업으로 작성할 경우 측정점위치설명도를 작성하는 방법은 측량결과도 여백에 측정점위치설명도라 기재하고 그림 7-45와 같이 해당필지의 개략적인 형태를 그려놓는다. 경계점표지를 설치한 점을 표시하고 전주앞의 고정물에서 거리를 측정하여 소숫점이하 둘째자리까지 기재하며 연필로 기재하고 있다.

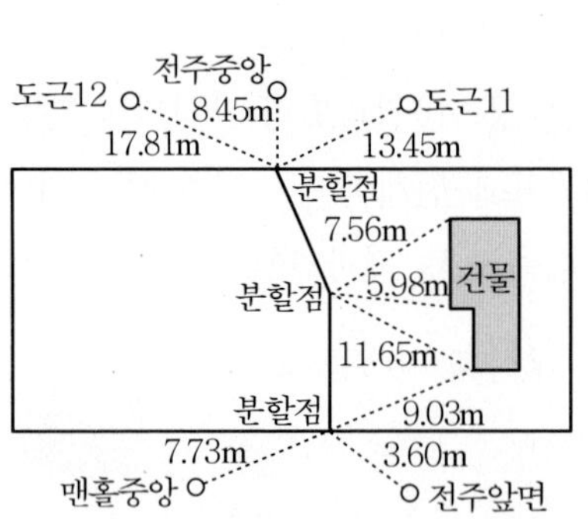

그림 7-45 측정점위치 설명도

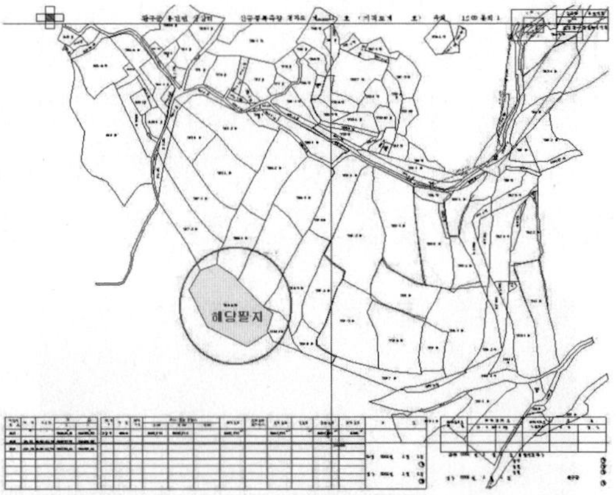

그림 7-46 측량결과도 출력

7.4.7 측량성과도 작성

모든 토지를 필지마다 토지의 표시를 조사 · 측량하여 지적공부에 등록하기위해서는 지적측량에 의하지만 이를 공부에 등록하기 위한 절차로 측량준비도, 측량결과도, 측량성과도 및 측량계산 결과부를 작성하여야 한다. 측량성과작성의 대상인 세부측량방법에는 신규등록, 등록전환, 분할, 바다로 된 토지를 말소 또는 회복, 축척변경, 등록사항 정정측량, 지적확정측량 및 지적측량 수행자가 실시한 측량의 검사측량 등이다. 측량성과도 작성대상은 신규등록측량, 등록전환측량, 분할측량, 확정측량, 경계복원측량, 지적현황측량 등이다. 측량성과도 관련 규정에는 1908년 1월 21일 법률 제1호로 제정된 삼림법 제19조 "森林山野의 소유자ᄂᆞᆫ 본법 시행일로 붓터 3개년 以內의 삼림산야의 地積 及 面積의 略圖를 添附ᄒᆞ야 農商工部大臣에게 申告ᄒᆞ되 期間內에 申告치 아니 ᄒᆞᆫ 者ᄂᆞᆫ 總히 國有로 見做ᄒᆞᆷ."에서 측량성과를 발급하는 것이 최초이지만 이는 "약도(略圖)"로 명칭을 사용하고 있다. 1910년 8월 24일 제정된 토지신고심득(土地申告心得) 제4조 "소유권에 關ᄒᆞ야 분쟁이 有ᄒᆞᆫ 토지의 신고서에ᄂᆞᆫ 기(其) 요령을 기ᄒᆞᆫ 진술서 關係地의 약도 及 증빙서류를 첨 부ᄒᆞᆷ이 可ᄒᆞᆷ."에서는 토지의 분쟁을 해결하기 위한 증빙서류로 약도(略圖)를 첨부하도록 규정하고 있다.

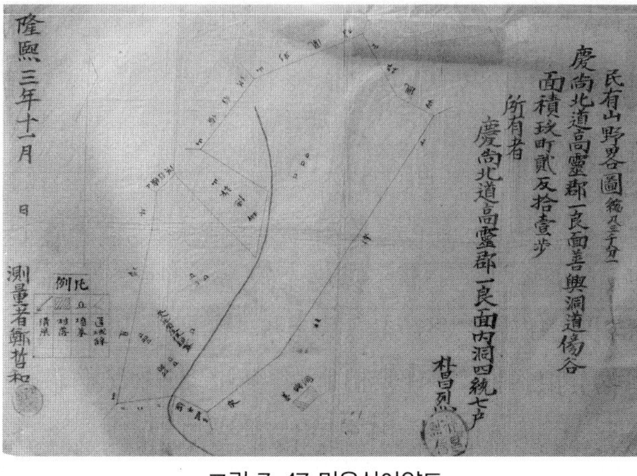

그림 7-47 민유산야약도

1918년 1월 26일 조선총독부 탁지부장관이 "지적도의 이동정리에 관한 건(관통첩 제12호)"을 각도장관에게 발송한 문서의 내용에는 "지적도에서의 이동지 신강계선의 위치는 측량원도 혹은 이동지신고, 신청서 첨부의 측량도에 게재한 기지점 및 기지강계선을 지적도와 대조하여 그 위치 차가 도상 3리 이하일 때에는 기지점 혹은 기지 강계선에 기하여 평균을 행하여 이를 결정할 것."

이라고 지시한 내용에 측량도(測量圖)라는 명칭을 사용하고 있다.

1920년 8월 23일 제정된 임야대장규칙 제2조 단서조항 "토지이동측량의 신고에 첨부하는 측량도는 별지서식에 의할 것" 및 1923년 7월 20일 조선총독부 재무국장은 "지적측량자의 지정에 관한 건(세을 제675호)"의 문서로 각도지사에게 발송한 문서의 내용을 살펴보면 "부 · 군 · 도에 제출할 측량도는 모두 본부 및 도에서 제정한 기구기계에 의하여 이를 측량한 것일 것."이라고 지시한 내용에도 측량도(測量圖)라는 명칭을 사용하였다. 1943년 3월 31일 조선임야대장 규칙 제11조 "1지번의 토지의 일부가 별지목이 되어 분할의 신고를 할 경우에는 세무서장에게 분할의 신청을 할 수 있는데 이 경우에 첨부할 측량도는 별지 양식에 의할 것"으로 규정하고 있으며 1951년 4월 1일 제정된 지적법시행령 제8조 "새로이 토지대장에 등록할 토지가 발생하였을 때와 제10조 분할의 신청, 제13조 새로이 임야대장에 등록할 토지가 발생하였을 때의 신고는 그 토지의 소재, 인접토지의 지번, 지목 및 지적, 기타 필요사항을 기재한 신고서에 측량도를 첨부하여 소관세무서장에게 제출하여야 한다."에서는 토지이동사항이 발생할 경우 신고서에 측량도를 첨부하도록 규정하고 있다. 1954년 11월 12일 제정된 지적측량규정 제35조 "측량도의 축척은 시가지에 대하여는 1/600, 경지에 대하여는 종전의 당해 동 · 리 · 로(路) · 가(街)의 지적도 축척과 동일하게 하여야 한다."에서는 측량도의 축척에 관한 사항을 규정하고 있다. 1970년 5월 16일 개정된 지적법시행령 "제8조 토지신규등록의 신고, 제10조 토지분할의 신청, 제13조 임야신규등록의 신고" 에서는 그 토지의 소재, 인접토지의 지번, 지목 및 지적 기타 필요한 사항을 기재한 신고서에 측량도(測量圖)를 첨부하여 소관 시장 · 군수에게 제출하도록 규정하고 있다.

1986년 11월 3일 개정된 지적법시행령 제2조 "측량성과도라 함은 소관청의 검사를 마친 측량성과에 의하여 발급한 도면 등을 말한다."에서 최초로 측량성과도에 관한 용어가 사용되었다. 또한, 사유를 기재한 신청서에 소유권에 관한 증빙서류와 측량성과도를 첨부하도록 규정하고 있으며 1986년 11월 15일 개정된 지적법시행규칙에서 성과도의 교부와 사본의 송부에 관한 규정을 두고 있다. 1995년 4월 6일 개정된 지적법시행령에서는 측량성과도라는 용어의 정의를 재정립하여 현재까지 사용되고 있으며 최초로 경계복원측량이 지적법에 규정되어 "경계복원측량성과도"에 대한 내용을 규정하고 있다. 또한 1995년 4월 26일 개정한 지적법시행령에서는 토지이동정리 신청서류에 측량성과도를 첨부하도록 규정하였다.

측량성과도의 작성방법은 측량성과도의 문자와 숫자는 레터링 또는 전산정보처리조직에 의하여 작성하며 측량성과도의 명칭은 신규등록 · 등록전환 · 분할 · 지적확정 · 경계복원 · 지적현황 · 지적복구 및 등록사항정정 측량성과도라 기재하고 경계점좌표등록부 시행지역인 경우에는 명칭 앞에 "좌표"라 기재하며 측량성과도에는 경계점간 계산거리를 기재하고 분할 측량성과도를

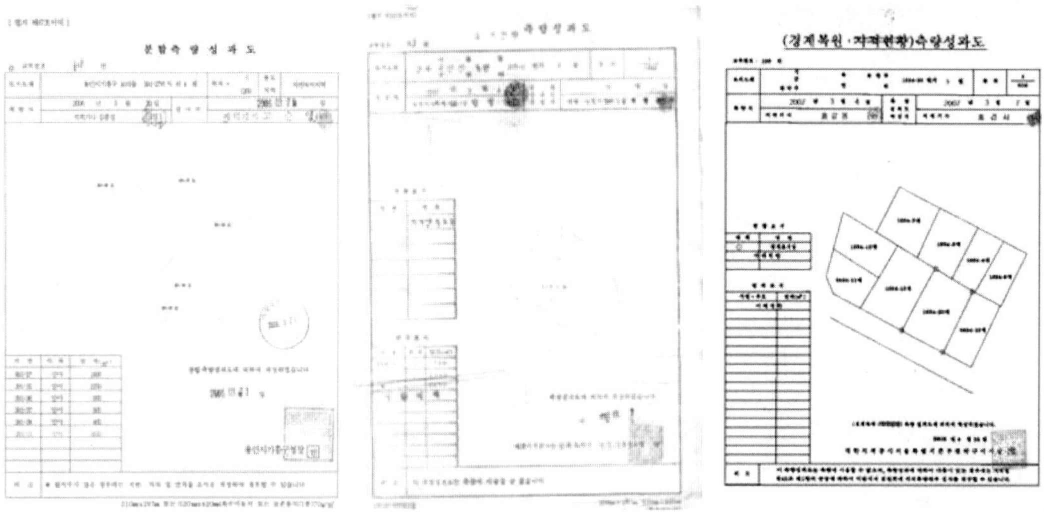

그림 7-48 지적측량성과도 유형

작성하는 때에는 측량대상토지의 분할선은 붉은색 실선으로, 점유현황선은 붉은색 점선으로 표시한다. 경계복원 측량성과도를 작성하는 때에는 복원된 경계점과 측량대상토지의 점유현황선은 붉은색으로 표시하며 복원된 경계점은 직경 2~3mm의 원으로, 점유현황선은 점선으로 표시한다. 지적현황 측량성과도를 작성하는 때에는 도시방법에 의하여 현황구조물의 위치 등을 판별할 수 있도록 표시하여야 한다.

수작업으로 측량성과도를 작성하는 경우에는 특수미농지 또는 보존용지를 사용하며 크기는 210×297mm 또는 520×420mm가 있으며 측량성과도의 명칭과 교부번호, 토지소재와 축척, 용도지역, 측량일자, 검사일자, 측량자 자격과 성명 및 검사자의 자격과 성명을 기재한다. 측량결과에서 결정된 새로운 지번, 지목, 면적을 기재하도록 되어있으며 측량성과도 작성일자를 기재하고 지적공부에 등록하는 성과도의 발급은 소관청장의 직인을 날인하도록 되어있다. 경계복원측량 및 지적현황측량성과도는 측량수행자의 대표자 직인을 날인하여 발급한다. 측량성과도의 해당필지는 오구를 사용하여 작성하고 지적공부에 등록된 경계선은 먹물로 새로이 등록된 경계선 및 현황선은 양홍(洋紅)으로 그린다. 지번 및 지목은 펜을 이용하였으나 1980년대 이후에는 레터링을 이용하여 기재하도록 되어있다. 시스템에 의한 작성은 측량성과도 출력은 측량결과도의 작성이 완료되면 측량성과작성시스템 화면에서 출력할 수 있도록 구성되어있다.

7.4.8 지적측량결과부 발급

지적측량결과부 발급은 지적측량 결과를 측량자 위주로 간략하게 작성하여 지적측량성과도면 1장을 결과물로 제공하였다. 그러나 지적측량의뢰인이 측량결과를 이해하지 못하고 반복적으로 이의를 제기하고 있는 실정으로 지적측량 결과를 상세하고 신속하게 공개 및 제공하기 위한 방법으로 지적측량결과부를 발급하여 지적측량 민원처리제도를 개선한 제도이다. 고객이 지적측량을 의뢰하여 완료할 때까지를 분석한 결과 지적공사 및 시 · 군 · 구 민원실을 토지분할측량은 3회 이상 방문에 10단계, 경계복원측량은 2회 이상 방문에 5단계를 거쳐야 하므로 그에 따라 소요되는 시간과 경제적인 부담이 증가되므로 비능률적이다. 하지만 현재의 시스템에서 지적측량성과를 지적측량의뢰인이 지적측량의 처리 전과정을 장소에 관계없이 인터넷으로 확인이 가능하도록 하여 민원실 방문에 따른 불편과 시간을 절감하여 지적측량에 대한 고객의 만족도를 극대화 할 수 있도록 하였다.

한국토지정보시스템(KLIS)을 이용하도록 토지이동(분할, 신규등록 등)측량의 경우는 소관청, 경계복원측량, 현황측량 등은 지적공사에서 작업방법은 지적측량성과를 Scanning 하여 지적측량성과를 "지적측량성과 관리시스템"으로 구축하여 관리를 일원화하고 한국토지정보시스템을 개선하여 대한지적공사는 종전의 지적측량결과도에 대한 전산화를 추진하고 있다. 지적측량결과부는 전문지식이 없는 고객도 측량결과에 대해 쉽게 이해하고 지상의 경계점 표지가 훼손될 경우에는 직접 경계를 복원하도록 하여 측량비의 부담을 해소할 수 있다. 토지에 대한 공시내역을 하나의 서식으로 간략하게 제공하고 지적측량 수행자의 실명제를 실시하여 측량자의 책임의식을 강화할 수 있으며 지적측량 자료조사의 신속성과 정확성을 기할 수 있으므로 현지측량에서의 대기시간을 단축하고 경계분쟁을 최소화할 수 있어 효율적이다. 국가적인 측면으로는 지적측량업무에 필요한 자료를 공유함으로서 지적측량의 이중성과가 발생하는 것을 사전에 예방할 수 있고 연속지적도면제작, 지적측량검사, 지적측량적부심사, 지적불부합지 현황조사 등에 다방면으로 활용이 가능하며 전산시스템에 의한 관리로 영구적으로 보존하여야하는 문서의 관리체계를 확립할 수 있다. 지적측량수행자의 입장에서는 지적측량수행자간 단일성과를 제시할 수 있어 경쟁관계에서 상호 발전관계로 개선한 제도라고 할 수 있다.

7.4.9 측량성과 검사

지적공부정리를 위한 일필지 측량을 완료한 때에는 그 정확성에 대한 소관청의 검사를 받아야 한다. 검사 착안사항은 측량준비도 및 측량결과도 작성의 적정여부, 기지점과 지상 경계와의 부합 여부, 경계점간 계산 거리(도상 거리)와 실측 거리의 부합여부, 면적측정의 정확여부 및 관련 법령의 저촉여부, 다만, 각종 인 · 허가 등의 내용과 다르게 토지의 형질이 변경되어 그 토지의 이용 현황에 따라 측량성과를 결정한 경우는 제외한다. 지적측량성과 검사방법은 세부측량을 실시하기 전에 기초측량을 한 경우에는 미리 지적측량기준점성과에 대한 검사를 받은 후에 세부측량을 실시하여야 하며 측량성과를 검사하는 때에는 측량자가 수행한 측량방법과 다른 방법으로 실시한다.

지적측량수행자는 지적측량을 한 때에는 측량부 · 측량결과도 · 면적측정부 등 측량성과에 관한 자료를 소관청(지적삼각점측량성과 및 경위의측량방법으로 실시한 지적확정측량성과인 경우에는 시 · 도지사)에 제출하여 그 성과의 정확성에 관한 검사를 받아야 한다. 세부측량은 새로이 결정된 경계를 검사하며 측량성과검사시에 확인된 지역으로서 측량결과도 만으로 그 측량성과가 정확하다고 인정되는 경우에는 현지측량검사를 생략할 수 있다. 시 · 도지사 또는 소관청은 측량성과를 검사하여 그 측량성과가 정확하다고 인정되는 경우에는 측량부 · 측량결과도 · 면적측정부 및 측량성과도에 측량성과검사 필인을 각각 날인하고 검사결과 측량성과가 부정확하다고 판단되는 경우에는 지적측량수행자가 제출한 측량성과를 보완하도록 조치하여 측량성과검사 정리부에 그 사유를 기재한다. 시 · 도지사는 지적공부를 정리한 측량성과에 대하여 연 1회 이상 표본검사를 실시하여야 하며, 그 결과 소관청의 검사사항이 법령 등에 위배된다고 판단되는 경우에는 필요한 조치를 하여야 한다. 측량성과와 검사성과가 $\frac{3}{10} \times \boldsymbol{M}$mm 이내일 때에는 성과에 관하여 다른 입증할 수 있는 경우를 제외하고 측량성과를 인정한다. ($\boldsymbol{M}$은 축척 분모)

측량성과도의 교부는 지적측량수행자가 지적측량의뢰인에게 측량성과도를 송부하고자 하는 때에는 지체 없이 등기우편으로 송달하거나 직접 교부한다. 소관청은 측량성과를 결정한 경우에는 그 측량성과에 의하여 각종 인가 · 허가 등이 변경되어야 지적공부정리신청을 할 수 있다는 뜻을 지적측량의뢰인에게 알려야 한다. 소관청은 측량성과가 정확하다고 인정되는 때에는 지적측량성과도를 지적측량수행자에게 교부하며, 지적측량수행자는 측량의뢰인에게 그 측량성과도를 지체 없이 교부하는데 검사를 받지 아니한 지적측량성과도는 측량의뢰인에게 교부할 수 없다.

7.5 토지이동측량

토지이동이라 함은 일반적으로 지적공부에 등록된 토지소재, 지번, 지목, 면적, 토지경계, 소유자, 기타 등록된 사항의 일부 또는 전부가 변동되는 것을 의미한다. 토지이동은 지적측량을 수반하지 않는 것과 지적측량을 수반하는 이동사항으로 구분하며 일반적인 등록사항의 변동사항과 특수한 경우 국가의 결정에 따른 행정처분으로 발생하는 변동사항으로 구분할 수 있다. 토지이동사항으로는 새로이 등록할 토지가 생기거나 등록지의 지번, 지목, 경계 또는 좌표와 면적을 결정하는데 경계이동에 따른 경계와 면적의 결정은 토지이동측량에 속한다. 토지이동측량으로는 신규등록측량, 등록전환측량, 축척변경측량, 토지분할측량 등이 해당한다.

7.5.1 지적복구측량

지적복구측량은 전쟁이나 자연재해로 지적공부가 분실된 경우 새로이 지적측량을 실시하거나 소유하고 있는 권리증서 또는 지적공부 등에 관한 설명자료 등 가능한 모든 증빙자료를 수집하여 지적공부를 본래의 내용대로 재작성하는 측량을 말한다. 6 · 25동란으로 대장 84,415권과 도면 577,793 매의 지적공부 중에서 대장 17,862권(21%)과 도면 129,748매(22%)가 소실되었으며, 특히 경기도와 강원도지역의 피해가 심하였으며 과거 북한에 있던 729천필과 7,034km^{2}의 수복지역에 대하여는 대장 3,546권과 도면 33,969매의 지적공부는 모두 멸실되었다. 멸실된 등기부의 회복에서는 "멸실회복등기 실시요령 통칙"과 대법원고시 제44호(1952. 10. 15)로 시달한 "북한 38도선 이북 수복지역 회복등기실시요령"에 의거 1953년 3월 30일까지 등기권리자는 단독으로 회복등기신청을 하도록 하였다. 멸실회복등기를 신청할 때에는 "각종 회복등기의 신청절차"에 의거 전등기의 등기증을 첨부하여야 하며 이의 제출이 불가능한 때에는 멸실 직전의 등기부 등본이나 초본, 토지, 가옥대장등본, 기타 권리를 증명할 공문서를 첨부하여 신청할 수 있도록 하였다. 또한, 증빙서를 첨부하지 못하는 토지에 대하여는 관할세무서장 또는 군수의 소유권 증명서를 첨부하여 회복등기 하게 함으로서 지적공부 등록내용과 다르게 회복 등기된 토지가 많았다.

(1) 특별조치법

수복지역은 6 · 25동란으로 지적공부와 등기부가 분 · 소실되었으므로 토지표시에 관한 지적공부는 대부분 세부측량원도, 토지조사부 및 사실조사측량 등으로 복구하고 소유자를 복구하지 못한 경우가 약 186천필지에 438백만평(수복지역의 약 25%)이 있었다. 1982년 12월 31일 수복지역내 소유권자 미복구토지의 복구등록과 보존등기 등에 관한 특별조치법(법률 제3627호)은 실질적인 소유권자이면서 소유권에 관한 증빙서류를 갖추지 못한 경우로 소유자가 복구된 토지일 경우에도 매매 · 증여 · 교환 · 상속 등으로 실제의 양도, 양수가 여러 차례 이루어 졌으나 접전지역의 특별상황으로 소유권이 정리되지 않은 경우도 있다. 이러한 현실 때문에 소유권을 둘러싼 분쟁이 많이 발생하여 수복지역주민의 생활안정에도 커다란 장애요인이 되므로 간편하고 실제적인 행정절차에 의하여 실제 소유자에게 소유권복구와 등기가 가능토록 의원 입법으로 특별조치법을 제정한 것이다. 이법의 절차는 보증인 보증(3인 이상), 공고(신문 및 게시공고),시 · 군사실조사, 시 · 군소유자복구조사위원회(불복시 도소유복구조사위원회), 확인서발급, 등기의 순으로 처리 된다. 적용대상은 수복지역 내 토지와 건설(내무부장관과 국방부장관간에 협의 고시한 군사시설 복구지역은 제외)이며 경기도 4개 군 19개 읍 · 면 121개 리동과 강원도 7개 시군 38개 읍 · 면 435개 리 · 동에 대해 1983년 7월 1일~1988년 12월 31일까지 5년 6개월 동안 실시하였다.

(2) 지적공부 복구자료 조사

지적공부복구 자료는 지적공부 등본, 측량결과도, 지적공부 부본 및 약도, 지적공부정리 결의서, 부동산 등기부등본 등 등기사실을 증명하는 서류, 소관청이 작성하거나 발행한 지적공부의 등록내용을 증명하는 서류, 복제된 지적파일, 기타 토지 표시사항에 관련된 법원의 확정판결서 정본 또는 사본 등이다. 그러나 복구자료가 없거나 불완전할 때에는 여러 가지 방법으로 사실을 밝혀야 하는데 밝혀지지 않을 경우에는 현지에 가서 조사 및 측량을 실시하였다.

(3) 지적복구측량방법

지적복구측량 방법은 기본 지적복구 자료로 정부문서보관소의 토지조사사업 당시의 세부측량원도를 기초로 소유자가 제출하는 증빙서류들을 참고하였다. 그리고 그 동안의 토지이동 사항을 읍 · 면 · 동에서 비치하고 있던 지적약도와 부본 또는 지적도등본 등으로 현지측량을 실시하여 면적을 측량한 결과가 허용범위 이내이면 지적복구측량이 정확한 것으로 간주하고 오차가 허용범위를 초과한 경우에는 재측량을 실시하여 경계를 결정한다. 지적공부의 복구는 그 당시에 지적법에 근거가 없기 때문에 주로 지적소관청과 상급기관과의 질의 회시 등에 의하여 요령이나 지침을 작성하여 실시하였다. 지적복구방법으로 총무처의 정부문서기록보존소가 보관하고 있는 세부측량원도를 등사하여 일단 사정당시의 강계선 및 지역선을 복구하고 토지조사 이후에 이동된 토지표시사항은 읍 · 면 · 동이나 등기소와 소유자가 보유하고 있는 각종 증빙서류에 의하여 정리하며 자료가 없는 토지는 새로이 조사 · 측량하여 복구하도록 한다.

복구요령은 읍 · 면 · 동이 비치하던 지적약도나 임야약도를 이용하여 다시 면적을 측정하여 복구하고, 자료가 없는 것은 세부측량을 다시 실시하여 지번, 지목, 면적과 경계를 복구하는 방법으로 실시하였다. 그런데 종전의 내용대로 정확히 복구하기란 무척 어려운 일이며 소유자가 사망, 실종된 토지는 잘못 복구되는 사례도 많았다. 이러한 점들을 보안하여 소관청의 일정기간 이의신청을 촉구하는 절차는 형식적인 행정절차로 복구업무의 과오를 시정할 수 없었던 것이다. 따라서 공시기간이 지나 일단 복구가 확정된 토지에서도 경계정정의 사례가 빈번하였고,

그림 7-49 춘천호 부근 임야복구측량(66년 5월)

특히 임야도 등록지는 지적도 등록지에 비하여 현지에 명확한 경계표지가 없는데다가 임야도는 멸시된 대장만이 존치되는 사례가 많아 토지조사방식에 의한 세부측량의 재실시가 곤란하였다. 또한, 토지소유자, 또는 관리자나 인접토지소유자 또는 잠정적으로 임명되었던 조사원 상호간에 현지경계 인정의 불일치로 인하여 경계가 잘못 결정되거나 혹은 누락되는 사례가 많았으며 심지어는 일필지의 일부를 필지로 완성하지 못하는 경우와 분할지의 경우 토지등록부에는 분할표시가 되어 있으나 자료 도면의 부족으로 원지번만 등록하는 경우도 있었다.

1954년부터 각 사세청 별로 행정지시에 의하여 당시 지적소관청인 세무서에서 실시하였으며 새로이 편제한 토지대장은 30일간의 공시를 거쳐 확정되었다. 지번은 가급적으로 구 번지의 부번 순으로 하였으며 면적의 결정은 본 측량원도에 의한 산출지적을 위주로 하되 종전 지적이 있을 경우에는 종전 지적과 대비 공차 이내일 경우 종전 면적으로 하고 차이가 있는 경우에는 원인을 분석하여 경계 또는 지적정정 등으로 처리하였다.

(4) 지적공부의 복구

지적복구의 방법으로는 정부기록보존소에 있는 세부측량원도에 의하여 조정한 경계선을 회복하였고 토지표시사항으로 지번, 지목, 면적, 소유자 등은 읍 · 면 · 동 및 등기소에 비치되어 있는 각종 장부기록내용 및 증명서등을 근거로 복구하였다. 그러나 토지경계선을 새로이 측량하여 소유신고절차에 따라 일정 기간의 공시기간을 두어 전의가 없을 때는 이를 조정하여 멸실 전의 권리상태로 복구하였다. 토지표시의 등록사항은 세부측량원도와 실지측량 및 조사를 시행하여 결정하였으므로 사실과 상당히 부합되어 분쟁이 없으나 소유권에 관하여는 소유자의 행방불명 또는 과거증빙서가 있으나 그 이후의 권리변동을 확인할 길이 없는 토지가 많으므로 소유권설정이 매우 어려운 실정 이었으며 자연히 소유권분쟁이 빈발하게 되었다. 그러므로 개정지적법에서는 소유자에 관한 사항을 부동산등기부나 법원의 확정판결에 의하여 복구하도록 하였고 소관청이 일정한 절차를 밟지 않고 토지조사당시의 지세명기장, 토지조사부 등에 의하여 임의적으로 소유자를 등록한 것도 소유자를 복구등록하지 않은 것으로 처리하였다. 6 · 25동란 이전의 소유권 사항을 등록한 지적공부는 토지대장, 임야대장, 지적도, 임야도가 있었는데 대장과 도면은 상호 보완작용을 하고 있기 때문에 도면과 대장 중에 하나만 소실되어도 소유권을 특정하여 확인할 수가 없다.

토지의 경계는 도면에 등록되어 경계와 위치를 특정하여 주고 있으며 필지 내의 면적과 지목, 소유권에 관한 사항은 대장에 등록되어 있고, 이 소유권에 관한 사항은 따로 등기함으로서 소유권에 대한 권리가 발생한다. 지적공부가 소실된 유형은 토지대장만 소실된 지역, 토지대장과 지적도면이 같이 소실된 지역, 임야대장만 소실되고 임야도면은 존재하는 지역, 대장과 도면이 모두 소실된 지역으로 여러 유형이 발생하였고 복구방법도 대장과 도면의 특성에 따라 지적도와 임야도의 제작 방식이 다르므로 각각 유형이 다르게 취급되었다. 복구에는 대장 또는 도면만을 복구하는 경우와 대장과 도면을 모두 복구하는 경우가 있다.

지적공부를 복구하기 위해서는 복구 자료가 필요한데 복구 자료로는 멸실 당시의 지적공부와 가장 부합된다고 인정되는 관계 자료에 따라 토지표시에 관한 사항을 복구 등록하였다. 소유자에 관한 사항은 부동산 등기부나 법원의 확정판결에 의하여 복구하도록 하였다. 지번, 지목, 경계 등은 정부에서 보관하고 있는 세부측량 원도를 기초로 하였으며 이동된 토지는 읍면약도, 지적도등본 등의 자료를 수집한 후 측량을 실시하여 복구측량 원도를 작성, 면적을 결정한 결과 지적측량규정에 의한 오차범위 이내일 경우에는 복구측량도가 정확한 것으로 간주하고 오차가 허용치를 초과할 경우에는 재측량을 실시하여 경계를 결정하였다.

토지소유자는 등기부, 대장등본 등기부등본에 의거 소유자를 확인할 수 있는 필지만 복구하고 여타 소유자에 관한 사항을 확인할 수 없는 토지는 1910년경 작성하였던 토지조사부 및 지세명기장에 의거 복구하였다. 지적복구 작업 순서는 지적공부 복구 자료조사, 복구자료에 의한 사실조사, 지적복구측량, 복구 필지별 지적조사 작성, 복구자료에 의한 소유자 조사, 지적공부 작성, 지적공부 복구 공시, 이의신청 접수처리 등의 순서로 처리하였다.

일반적으로 복구는 복구조서에 의거 작성하였으며 토지소재 동리명란 상부에 등기부에 의한 분은 "등기" 신고분은 "신고" 지세명기장에 의한 것은 "명기" 라고 고무인으로 주서 날인하여 후일 복구근거를 명확히 하고 식별에 편리를 도모하였으며 토지소유자의 신고가 없거나 시군에서 일방적인 조사에 의한 것은 대장용지 상부에 아무런 표시도 하지 않았으며 소유란의 사유 및 일자란에도 아무런 표시도 하지 않았다.

표 7.2 지적복구 실적

구분	대 상 필 수	실적(%)	도면손실	실 적(%)
계	4,010,105필	3,961,839(98.8)	129,748 장	126,119(97.2)
토지복구	3,504,589	3,473,542(99.1)	115,377	111,976(97.1)
임야복구	505,516	488,297(96.6)	14,371	14,143(98.4)

1) 지적도 복구

조사측량이 가능한 지역은 토지와 관련된 장부인 지세명기장 또는 지적약도, 지적도 등 소실 전의 상태를 표시한 도면 또는 권리증이 현존하는 지역이 해당된다. 복구순서는 소도작성, 측량, 면적산정, 조서작성, 토지대장 정리, 지적도 정리, 읍. 면 통지서 작성, 복구공시의 순서로 진행되었다.[16] 소도작성은 수집된 자료에 의하여 소도를 작성하되 도곽신축량을 명기하여 실지 측량에 이용할 수 있게 하였다. 측량 시에는 토지소유자 또는 이해관계인과 지역사정에 정통한 자를 입회하도록 하여 측량을 집행하였으며 소도에 의하여 측량을 실시할 경우에는 소도 해당 필지 내에 토지소유자 주소와 성명을 기재하였다. 측량착수 전에 토지소유자 또는 관리인으로 하여금 기이동지 경계선에 표목을 설치하도록 하여 소유자 성명을 기재하였다. 면적산정은 착묵한 원도에 의하여 면적을 산정하고 공부의 면적과 비교하여 신구면적이 공차이내일 때에는 공부상의 면적을 인정하고 공차이외일 경우에는 그 오류원인을 조사하여 종전 측량의 오류일 경우에는 토지소유자로부터 오류정정신청서를 받아 처리하였다.

측량 및 도면신축관계로 인하여 공차가 미세한 경우 측량원도를 상호조정하고, 면적을 재산정하여 결정하고 현저한 차이로서 조정하기 곤란한 경우에는 소유자 보관서류 및 실지경계선을 재조정하였다. 조서작성은 면적산정결과 신구 면적이 공차이내인 토지에 대하여 이동지 조서를 작성하였다. 토지대장 및 지적도 정리는 토지등기부 현존 또는 회복등기부, 지세명기장, 토지 소표 등에 의하여 자료 수집된 것의 토지대장정리는 조사 판명된 종전 처리연월일로 정리하여 등기사항, 분할, 합병 등 사유를 정리하고 면적 및 소유자를 철저히 대조하였다. 조사결과 지적불부합지로 토지대장 정리가 불가능한 토지는 미정리 조서를 작성하고 불비원인을 기재하여 처리 하였다. 지적도는 토지대장이 정리된 것에 한하여 정리하였으며 토지대장 및 지적도를 복구한 경우 30일 이상 공시하도록 하였다. 분 · 소실된 지적도는 사세국에서 보관 중이던 세부원도에 의하여 신고 관리관청인 세무서에 비치하였으며 복구측량은 토지조사사업 이후 6.25 동란 직전까지 이동정리(토지분할 신규등록)된 토지로서 지적도가 소실된 필지에 한하여 과거의 분할 및 경계선을 반복하여 실시한 것으로 이는 새로이 편제한 토지대장에 의하여 복구측량 조서를 작성하고 신지적도에 의하여 소표도를 작성하였다. 또한 이동지 측량방법으로 측량을 실시하여 당해지를 정리한 것으로 전쟁으로 인한 지형변동과 무질서한 건축으로 토지대장의 면적(또는 등기면적)과 불부합되는 지번은 산출하여 공차범위 내에서 경계선을 이동하여 정리하였으며 지적복구에 관한 특별법이 없어 지적정리에 많은 문제점이 발생하였다.

16) 강원도, 지적도복구 이동시 사무취급요령, 1965.4.10

2) 토지대장 복구

분소실된 토지대장을 복구함에 있어서는 읍 · 면에 비치된 지세명기장에 의한 것도 있었으나 대부분이 소진된 후라 행정기능이 회복되면서 우선 토지권리를 보존한 등기소의 회복등기를 소표에 이기하였다. 또한 토지소유자가 보관하고 있는 등기권리증과 등기부등본멸실 직전의 토지대장등본 등을 수집하여 소표를 작성하였으며 본번인 토지는 당시 재무부 사세국에서 보관중이던 토지조사부를 인수하여 우선 토지대장을 편제한 후에 지적도 복구측량을 실시하였다.

3) 임야도 복구

구적복구 가능한 지역의 임야도 복구는 세부측량을 실시하지 않고, 자료도면을 이용하여 면적을 산출하여 자료수정 및 소도작성, 면적산정, 소표작성, 이동지조서작성, 임야공부정리, 임야도 작성의 순서로 처리하였다. 구적복구 가능지역은 임야도, 임야약도, 임야도 등사도 등이 전란에도 소실되지 않고 보관되어 존재하는 지역을 말한다. 세부적인 처리내용은[17] 수집된 도면 자료의 경계선과 지적도 등록지의 경계선과의 형태를 상호 대조하여 지적도에 의거 자료의 경계선을 수정하고 도곽선을 정밀히 검토하여 보정한 후 등사도를 작성하였다. 또한, 자료도면에 의거 면적을 산정하고 산정된 면적과 종전면적을 대비하여 신구면적 공차이내일 때에는 종전면적을 인정하고 인접토지와 상호공차 이외일 경우에는 구적도 선을 상호 조정하여 종전지적을 인정할 수 있는 정도로 수정하여 면적을 재 산정하였으며 종전 지적면적은 자료에 기록된 면적 또는 지세명기장에 등록된 면적을 말한다. 구적도 선을 상호 조정하여도 공차이외의 경우에는 그 오류원인을 조사하여 종전의 지적산정의 오류로 인정될 때에는 토지소유자로부터 오류정정 신청서를 받아 처리하거나 소유자가 보관 중인 증빙서 등을 참조하여 재조사하여 결정하였다. 지적산정부에 신구면적이 공차이내인 경우의 토지에 한하여 이동지조서를 작성하고, 토지등기부, 복구등기부, 토지소표 등에 의하여 임야공부를 정리하였다. 조사 결정한 결과 지적불부합으로 임야대장 정리가 불가능한 토지에 대하여는 별도로 불부합조서를 작성하고 불비원인을 명기하여 조속히 처리방도를 강구하고 단시일내 정리하도록 전력을 다하였다.

임야도와 임야약도에 등록된 경계의 도면이 모두 소실되어 복구가 불가능한 지역은 임야세부측량을 실시하여 공부를 복구하였다. 1965년 4월 10일 강원도의 임야세부측량실시요령에는 임야도는 최초 작성 때에도 지적도를 근거하여 경계선을 축도하여 작성하였던 관계로 지적세부측량과는 약간의 차이가 있었다. 임야지역의 측량방법은 기지 삼각점에 의하여 시통이 잘되는 산정상에 보조삼각점을 신설하고 측량원도에 전개하여 앨리데이드를 이용하여 가급적 많은 교회

17) 지적공부 복구 사무취급요령, 강원도 공문서, 1945. 4. 10

점을 구하였다. 삼각점, 삼각보조점 또는 교회점에서 각 필지의 경계를 측정하되 거리측정은 죽제권척을 사용하였고, 각 필계 측정은 부락의 산림계원, 소유자 또는 관리인 및 사정에 정통한 자를 입회하도록 하여 실측하였다. 측량을 실시할 경우에는 입회인에 의하여 소유자의 주소, 성명 또는 명칭을 상세히 조사하여 조사수첩에 명기하였으며 실지측량을 완료하였을 때에는 지적도복구측량 요령에 의하여 지적산정조서작성 및 임야대장을 작성하였다.

소유자의 등재는 실지측량 당시에 조사한 자료와 등기부를 대조하여 파악하거나 토지소유자 절차에 의거 임야대장을 정리하도록 하였다. 임야세부측량은 소실된 임야도와 임야대장은 강원도 임야복구측량 요령에 의하여 복구측량 실시지역을 우선 공고하고 개인 소유자의 임야위치를 표시하며 소유자 또는 관리자가 상호 확인한 신고서를 취합하여 측량자료에 사용하고 당해 리동에 오랜 동안 거주하고 신망이 있으며 임야를 소유하여 임야경계를 명확하게 알 수 있는 자 6인 정도를 명예임야조사위원으로 위임하였다. 그리고 명예위원과 소유자 또는 관리자가 지칭하는 지번과 경계를 순차적으로 측량을 실시하였으며 측량작업 순서는 보조삼각점측량 및 계산, 지적도 등사 및 축도, 축도에 의한 소도 조제, 기초점 개발, 현지실측의 순서로 진행하였다.

4) 임야대장 복구

임야대장은 소실되었으나 임야도가 보전된 지역으로서 임야도에 의하여 지적원도를 작성하고 본 원도에 의하여 지적을 산정하여 임야대장을 편제하는 업무를 의미하며 작업과정은 지적도를 축도하여 소도 작성, 임야도 신축, 임야도 등사, 소도에 등사도, 자사착묵의 순서이다. 수복지역의 소유자미복구토지의 분쟁을 해소하고 진정한 소유자의 권리를 보호하기 위하여 의원입법으로 1982년 12월 31일 "수복지역내 소유자미복구토지의 복구등록과 보존등기 등에 관한 특별조치법"을 제정(법률 제3627호)하여 1983년 7월 1일 부터 1988년 12월 31일 까지 한시법으로 시행되었다.

5) 멸실지역의 복구행정조치

6.25 동란으로 지적공부와 등기부가 멸실된 지역의 지적은 복구 자료와 측량에 의거 토지소재, 지번, 지목, 면적, 경계를 복구하였으며 토지소유자복구는 법의 규정 없이 행정조치로 토지대장상 소유자를 복구하여 왔으나 1976년 5월 7일 지적법시행령 개정으로 중단되었다. 대상지역은 6.25 동란으로 지적공부가 멸실된 지역의 토지이며 소유자 복구 신청은 사실상의 토지소유자가 신청하되 구비서류는 토지(임야) 소유신청서, 보증서, 확인서(읍 · 면장 발행), 보증인의 재산증명, 보증인의 인감증명이며 시행기간은 지적공부 복구일로부터 1976년 5월 7일까지 이며 등기실적은 115천필에 면적은 1,093km²이다.

(5) 공고

복구조서에 의거 대장을 작성한 후 일정기간을 정하여 복구공시를 공고의 형식에 의하여 실시함으로써 복구 착오 또는 누락분을 정비하는 기회가 되었다. 공고기간 내에 정비하지 못한 주민 피해를 방지하기 위해 공고의 내용으로 후일 공고의 방법에 의하여 복구사항을 정정할 수 있도록 하였다. 법적인 근거가 없어 일정한 방법으로 공고하여 복구사항을 주민에게 공람하도록 하고 지적공부의 등록사항을 확정한 곳이 있었으나 일부 세무서에서는 이러한 과정을 거치지 않고 처리함으로써 지적공부의 등록사항에 대한 신뢰가 없었다. 복구측량도 축척변경측량과 같이 경계와 면적의 변동이 발생하여 복구측량 결과와 복구자료가 서로 일치하지 않는 경우에는 토지소유자 및 이해관계인의 동의를 얻어 경계 또는 면적을 조정할 수 있도록 하였다. 대장은 복구되고 도면이 복구되지 아니한 토지가 구획정리사업지구나 축척변경시행지역에 편입된 때에는 도면을 복구하지 아니할 수 있다.

(6) 등기부 회복

6.25 동란으로 토지소유권에 관한 공시 장부인 지적공부와 등기부가 일부지역에서 멸실되었는데 멸실된 지적공부의 복구 및 등기부의 회복작업이 관련 부서에서 시작되었다. 지적공부는 당시 정부에 보관되어 있던 지적도 및 토지조사부를 근거로 1952년경부터 토지(임야)대장을 복구하기 시작하였다. 또한, 부동산등기법에 의하여 소유권 보존 등기가 가능하였으므로 이 업무는 소유권 권리 관계에 중요한 역할을 하였다. 국민의 재산권 보호와 지적행정의 확립을 위하여 지적복구를 계속하였지만 기본 자료가 부족하고 토지소유자가 실종되는 등의 어려운 사정으로 불확실한 내용으로 복구 되어 토지에 대한 소유권 분쟁이 수시로 발생되고 있는 실정이며 지적공부의 복구 상황은 표 7.3[18]과 같다.

표 7.3 6.25 동란으로 소실된 지적공부 복구 현황 (1985. 12. 31) (단위 : 필)

구 분	소실 현황		복구 현황		미복구 현황	
	수복지역	필수	수복지역	필수	수복지역	필수
계	756,346	4,010,105	716,601	3,970,212	39,745	39,893
토지대장 등록지	633,595	3,504,589	614,079	3,485,030	19,516	19,559
임야대장 등록지	122,751	505,516	102,522	485,182	20,229	20,334

18) 내무부 지방행정연구원, 지방행정사(상권), p.1042

7.5.2 신규등록측량

신규등록은 새로이 조성된 토지 및 등록이 누락되어 있는 토지를 지적공부에 등록하는 것을 말하며 지금까지 등록되지 않는 토지가 발견된 때에는 토지의 소재, 지번, 지목, 경계 또는 좌표와 면적, 소유자등을 조사 결정하여 지적공부에 등록하기 위해 측량하는 것을 말한다. 토지소유자는 소관청이 조사하여 등록하며 지목은 토지의 주된 용도에 맞게 설정하여야 한다. 간척사업에 의한 공유수면매립 등으로 새로운 토지가 생겼을 경우와 외딴섬으로서 등록이 되지 않은 미등록도서(未登錄島嶼) 등이다. 새로이 지적공부에 등록한 토지가 발생한 경우에는 인접지의 토지가 도해지역이든 수치지역이든 관계없이 국가가 필요하다고 인정하는 때에는 지적측량 방법에 의하여 지적공부에 등록한다. 따라서 신규등록할 토지는 법률에 의하여 조성되었거나 등록대상토지로서 등록이 누락된 토지인가를 확인하고 신규등록할 토지가 매립지로서 해면에 접하는 경우에는 해수면의 최대만조수위를 측정하여 경계로 정하는 절차를 따라야 한다.

신규등록은 토지의 경계를 설정하고 소유권을 행정처분에 의하여 결정함으로써 법률적으로는 사정의 효력을 갖는다. 민법상 토지에 관한 물권의 변동은 등기에 의하여 확정하도록 하고 있으나 원시취득의 경우에 최초의 소유자는 소관청의 처분에 의하여 결정되므로 가장 중요한 지적측량업무라고 할 수 있다. 또한 지적공부에 새로이 등록하게 되는 토지의 면적은 그 축척에 따라서 정확도를 높이기 위해서 1/500~1/600 지역에서는 0.1m^2 단위로 등록한다. 신규등록 토지가 발생한 때에는 토지소유자는 신규등록사유가 발생한 날로부터 60일 이내에 소관청에 신청하여야 한다. 신청서의 첨부서류는 법원의 확정판결서 정본 또는 사본, 공유수면매립법에 의한 준공인가필증 사본, 도시지역안의 토지를 그 지방자치단체의 명의로 등록하는 때에는 기획 재정부장관과 협의한 문서의 사본, 그 밖에 소유권을 증명할 수 있는 서류의 사본과 소관청이 관리하는 서류는 소관청의 확인으로 서류의 제출에 갈음할 수 있다.

(1) 관련규정

토지측량규정에는 행정구역의 명칭과 도로, 구거 등의 경계선은 측정하지 않고 목측(目測)으로 제도하였다는 규정이다. 1935년 제정된 임야측량규정 제2조제1호 "신규측량은 새로 임야대장에 토지를 등록할 때" 및 제3조" 신규측량 및 이동측량은 평판측량법, 도근점측량은 경위의 측량법에 의하여 이를 행할 것."과 같이 신규측량은 토지대장과 임야대장에 토지를 새로 등록하는 것을 의미하고 있으며 측량방법에 대해 규정하고 있다. 1943년 3월 31일 조선지세령 제16조 "비과세지가 과세지로 된 때 혹은 과세지가 비과세지로 된 때 또는 새로 과세지가 생겼을 때에는 토지소유자는 30일 이내에 이를 세무서장에게 신고할 것."에서 신고기간을 최초로 규정하였으며 1950년 제정지적법 제9조 "새로이 토지대장에 등록할 토지가 발생하였을 때" 및 제27조 "새로이 임야대장에 등록할 토지가 발생하였을 때에는 토지소유자는 대통령령의 정하는 바에 의하여 30일 이내에 이를 정부에 신고하여야 한다."에서와 같이 현재의 신규등록에 대해 최초로 규정하였다. 1954년 제정된 지적측량규정 제10조 당해 "정(丁) · 리(里) · 동(洞)"을 "리(里) · 동(洞) · 로(路) · 가(街)"와 같이 새로이 등록한 토지와 기존에 등록된 토지의 용어를 구분하고 있으며 지번, 지목, 면적 및 경계의 결정과 행정구역의 명칭이 변경된 내용만 수정하였다.

1970년 개정된 지적측량규정에서는 축척변경을 실시하는 것도 신규측량에 포함한다고 정의하고 1970년 개정된 지적법시행령에서 신규등록의 신고에 있어서 신고서 및 첨부서류에 대해 규정하고 있다. 1975년 개정된 지적법에서 신규등록에 대해 정의하고 있으며 새로이 등록하는 토지의 소유자 결정에 관한 내용과 함께 신청기간을 30일로 규정하고 1976년 개정된 지적법시행령에서 지번의 부여방법 및 증빙서류의 첨부에 대해 상세하게 규정하였다. 1999년 개정지적법에서는 신청기간을 60일로 수정하여 신규등록 신청기간을 연장하여 현재까지 지속하고 있으며 2001년 개정된 지적법에는 신규등록이라는 용어의 정의를 수정하여 현재까지 사용하고 있다.

토지측량규정 (1921년 제정)

제2조 제1호 신규측량(新規測量)은 새롭게 토지대장에 토지를 등록할 때"와 제3조 "신규측량 및 이동측량은 평판측량법에 의하고 도근점측량은 경위의측량법에 의해 이를 시행한다.

제8조 신규측량은 당해 정 · 리 · 동의 지적도와 동일 축척을 사용하여 이를 시행하고 신규측량원도를 조제해야 한다.

제9조 신규측량원도에는 지적도에 준해 아래 사항을 게재(揭載)해야 한다. 다만 측정점(測定點)의 위치, 측량의 기하적(幾何跡) 및 지상에서 측정한 거리에 관한 사항과 소유자명은 착묵하지 않는다.

① 도곽(圖郭) 및 그 종횡선수치(縱橫線數値)
② 삼각점(三角點) 또는 도근점(圖根點)의 위치(位置) 및 그 명칭(名稱) 또는 번호(番號)
③ 측정점(測定點)의 위치, 측량의 기하적(幾何跡) 및 지상에서 측정한 거리
④ 토지의 경계선, 지번, 지목 및 소유자명
⑤ "도(道) · 부(府) · 군(郡) · 도(島) · 면(面) · 정(丁) · 리(里) · 동(洞)의 경계 및 명칭"에서 지적측량규정(제정1954)에서는 서울특별시 · 市 · 邑 · 路 · 街의 名稱 을 추가하였다.
⑥ 도로(道路), 하천(河川), 구거(溝渠) 등의 경계선 및 그 저명(著名)한 것의 명칭
⑦ 원도의 제명(題名) · 번호(番號) 및 축척 단, 번호는 회계년도 마다 이를 갱신(更新)한다.
⑧ 동일시기(同一時期)에 조제한 인접원도의 번호

제20조 신규등록지로부터 도상 약 1촌 이하에 있는 도(道) · 부(府) · 군(郡) · 도(島) · 면(面) · 정(丁) · 리(里) · 동(洞)의 경계선 또는 도로, 하천, 구거 등의 경계선은 그 주요점을 측정하여 목측으로 교차시켜 신규측량원도에 묘화(描畫)해야 한다.

지적측량규정 (1954년 제정)

제1조 지적법으로 정한 지적공부에 새로이 등록할 토지를 신규등록지라 하고 이미 지적공부에 등록한 토지를 기등록지라 칭(稱)한다 의 측량 · 지적산정(地積算定)과 지적정리는 본규정에 의한다.

제2조 지적측량은 기초측량(삼각점측량, 도근점측량)과 세부측량(신규측량, 이동측량, 확정측량)의 구분에 의하여 행한다.

제4조 신규측량과 이동측량은 평판측량법에 의하고 도근점측량 · 삼각점측량과 확정측량은 경위의측량법에 의한다. 단, 확정측량은 경우에 따라 평판측량법을 혼용할 수 있다.

제7조 신규측량이라 함은 지적공부에 새로이 토지를 등록할 때 또는 지적도나 임야도의 축척변경을 목적으로 개측(改測)할 때에 행하는 세부측량을 말한다.

제10조 새로이 토지대장에 등록하는 토지는 당해지번지역내의 인접지(隣接地)의 지번에 부호를 부쳐서 그 토지의 지번을 정한다.

제11조 지목을 설정" "제12조 경계 및 지적(地積)을 정한다.

(2) 측량

1) 측량준비도 작성

지적공부에 누락된 도로, 하천, 구거 등을 신규등록하는 경우에는 소관청의 도면에 의하여 측량신청대상지의 도면을 도곽선을 포함하여 트레싱 페이퍼에 등사하고 도곽선의 신축량을 측정한다. 등사된 도면을 측량원도용지에 올려놓고 측량침 등으로 자사를 한 후 준비도를 작성하고 도곽선 및 도곽선수치, 색인표, 제호, 토지의 소재, 축척 등을 법규의 규정에 맞도록 정확히 제도 및 기재한다. 공유수면 매립준공 등에 의한 신규등록의 경우에는 소관청의 도면에 의하여 측량신청대상지 주위의 도면을 트레싱 페이퍼에 등사하되 등록대상 토지가 기 등록된 토지에서 멀리 떨어져 기 등록된 도면에 등록할 수 없는 경우에는 기존 도면의 도곽에 맞게끔 일람도를 작성하고 필요한 도면의 매수 등을 파악한다. 공유수면 매립준공 등에 의한 신규등록의 경우에는 지적측량기준점을 설치한 후 측량하여 이 성과를 도면에 전개하고 측량준비도를 작성한다. 공유수면 매립준공에 의한 경우에는 도곽선수치, 색인표, 도면번호, 제호, 토지의 소재, 축척 등을 법규의 규정에 맞도록 정확히 제도 및 기재한다. 시스템에 의한 측량준비도출력은 해당필지는 물론 인접필지의 속성정보와 도면정보를 미리 출력하여 현지측량에 참고할 수 있도록 준비하는 기능으로 출력하였으나 현재는 전자평판측량을 실시하면서 측량준비도는 출력하지 않는다.

2) 현지측량방법

측량기준점이 필요할 때에는 세부측량을 실시하기 전에 미리 설치하여야 하지만 공유수면 매립의 경우에는 측량기준점에 의거 세부측량을 실시하며 시공 현황을 상세하게 측량하여야 한다. 측량을 하는 때에는 토지소유자 및 이해관계인을 참석시켜 측량에 필요한 질문이나 참고자료의 제시를 요구하여 측량에 참고하고 측량은 도선법, 방사법, 교회법, 지거법, 비례법 등의 방법을 이용하여 실시한다. 측량한 기하적을 연필로 표시하여 내업에 참고하고 측량신청인과 이해관계인의 서명 또는 날인을 받아야 하며 서명, 날인을 거부하는 때에는 그 사유를 기재한다. 경계설정은 도로, 하천, 구거 등 신규등록토지의 경계는 기존 도면에 등록된 토지의 경계를 기준으로 하여 결정하고 토지의 경계와 이용현황 등을 조사하기 위한 측량을 하여야 한다. 수면 또는 해면에 접하는 지역의 경계설정 기준은 최대만조위 또는 최대만수위가 되는 지점을 경계로 측정하여야 한다. 공유수면매립지의 토지중 제방등을 토지에 편입하여 등록하는 경우에는 도로, 제방의 바깥쪽 어깨부분을 경계로 등록하여야 한다.

3) 측량결과도의 작성

신규등록 토지는 지번부여지역 안의 인접토지의 본번에 부번을 붙여서 지번을 부여하지만 부번을 부여하는 것이 부적당하다고 인정될 때에는 해당지번 부여지역의 최종 본번 다음번호를 순차적으로 지번을 부여할 수 있으며 최종번호 다음 번호부터 지번을 부여할 경우는 신규등록 할 토지가 당해 지번부여지역안의 최종지번의 인접에 위치한 경우, 신규등록 할 토지가 이미 등록된 토지와 멀리 떨어져 있어 본번에 부번을 붙이는 것이 불합리한 경우와 여러 필지 또는 큰 면적으로 되어 있는 경우이다.

대장에 등록하는 토지의 면적은 m^2 단위까지 표시하며, m^2 미만의 단수가 있는 때에는 $0.5m^2$ 미만은 버리고 $0.5m^2$를 초과하는 때에는 올리며, $0.5m^2$인 경우에는 구하고자 하는 끝자리의 숫자가 0 또는 짝수인 때에는 버리고 홀수인 때에는 올린다. 다만, 1필지의 면적이 $1m^2$ 미만인 때에는 $1m^2$로 한다. 지적도의 축척이 1/600인 지역과 경계점좌표등록부시행 지역의 토지의 면적은 m^2 이하 한자리 단위까지 표시하며, $0.1m^2$ 미만의 단수가 있는 때에는 $0.05m^2$ 미만은 버리고 $0.05m^2$를 초과하는 때에는 올리며, $0.05m^2$인 경우에는 구하고자 하는 끝자리의 숫자가 0 또는 짝수인 때에는 버리고 홀수인 때에는 올리며 1필지의 면적이 $0.1m^2$ 미만인 때에는 $0.1m^2$로 한다. 평판측량방법으로 세부측량을 실시한 때에는 그 성과를 측량결과도에 등재하여야 하며 측량결과도는 지적도 또는 임야도에 준하여 작성하고 측량준비도에 기재된 사항은 측량결과도에 그대로 두며 공유수면매립 허가 및 준공도면과 일치여부를 확인하여야 한다.

측량결과도는 지적공부에 준하여 작성하며 측정점의 위치 측량기하적과 지상에서 측정한 거리, 신규등록지의 경계선, 도로, 하천, 구거 등의 경계선과 필요한 경우의 명칭, 측량결과도의 제명 및 번호와 지적도 또는 임야도의 도호, 측량 및 검사 연월일, 측량자 및 검사자의 자격, 성명 등을 기재한다. 시스템에 의한 측량결과도의 출력은 그림 7-50과 같이 출력하고 성과도 작성은 문자와 숫자는 레터링으로 작성하며 임야대장 및 임야도에 등록하는 토지의 지번은 숫자 앞에 "산"자를 붙여서 표기하고 측량결과도에 의거 측량성과도를 작성한다.

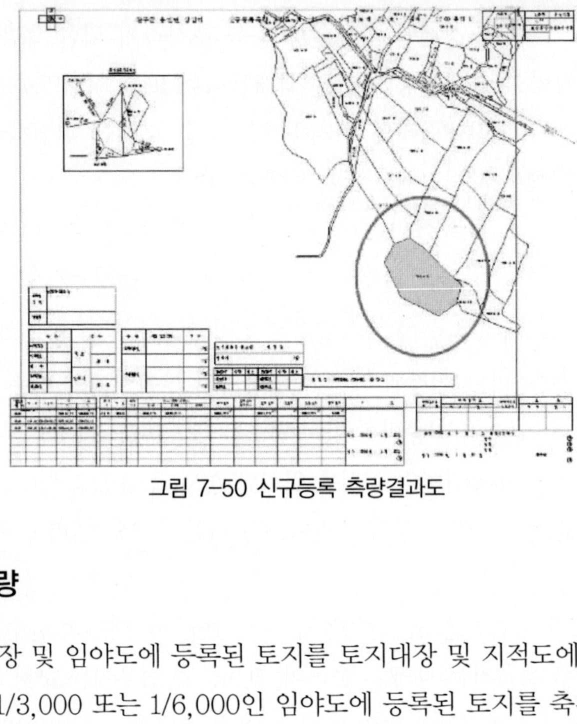

그림 7-50 신규등록 측량결과도

7.5.3 등록전환측량

등록전환은 임야대장 및 임야도에 등록된 토지를 토지대장 및 지적도에 옮겨 등록하는 행정처분을 말하며 축척이 1/3,000 또는 1/6,000인 임야도에 등록된 토지를 축척 1/600 또는 1/1,200의 지적도에 옮겨 등록하는 것을 말한다. 전 필지 등록전환은 대부분의 토지가 등록전환 되고 나머지 일부의 토지가 임야도에 등록되어 있는 토지, 임야도에 등록된 토지가 사실상 형질변경 되었으나 지목변경이 안된 상태의 토지 및 도시개발사업 시행지역 내에 포함된 임야로 된 토지를 지적도 및 토지대장으로 등록하기 위한 측량을 말하는데 실제로 현장 확인을 위한 측량이며 측량을 실시하지 아니하고 소관청의 확인으로 등록전환을 실시하는 경우도 있다. 등록전환의 처리과정은 토지의 표시는 새로이 측량하여 결정하며 토지소유자는 임야대장에 등록되어 있는 내용을 토지대장에 옮겨 등록하되 임야대장 및 임야도의 등록사항은 말소하여야 한다. 경계점좌표등록부를 비치하는 지역과 인접되어 있는 토지를 등록전환 하는 경우에는 경계점좌표등록부에 등록한다. 토지대장에 등록하는 면적은 등록전환측량의 결과에 의하며, 임야대장의 면적을 그대로 정리할 수 없다. 1필지의 일부를 등록전환 하는 경우 등록전환으로 인하여 말소하여야 할 필지의 면적은 반드시 임야분할 측량결과도에서 측정하여야 한다.

등록전환으로 인하여 말소하여야 하는 필지의 임야측량결과도를 등록전환측량 결과도에 함께 작성할 수 있는 경우는 임야도에 도곽선 또는 도곽선 수치가 없거나, 1필지 전체를 등록전환하는 경우에 해당된다. 등록전환을 신청할 수 있는 토지는 산지관리법 · 건축법 등 관계법령에 의한 토지의 형질변경 또는 건축물의 사용승인 등으로 인하여 지목을 변경하여야 할 토지로 하며 토지소유자가 임야대장에 등록된 지목으로 등록전환을 신청하는 경우에는 등록전환을 할 수 있다. 그러나 대부분의 토지가 등록전환 되고 나머지 토지를 임야도에 계속 존치하는 것이 불합리한 경우 또는 임야도에 등록된 토지가 사실상 형질변경 되었으나 지목변경을 할 수 없는 경우에는 지목변경 없이 등록전환을 신청할 수 있다. 토지소유자는 등록전환 할 토지가 발생한 때에는 60일 이내에 소관청에 신청하여야 하며 토지소유자는 등록전환을 신청하고자 하는 때에는 등록전환사유를 기재한 신청서류를 첨부하여 소관청에 제출하여야 하되 관계법령에 의하여 토지의 형질변경 등의 공사가 준공되었음을 증명하는 서류의 사본을 첨부하되 등록전환신청서에 첨부할 원본을 당해 소관청이 관리하는 경우에는 소관청의 확인으로서 서류제출에 갈음할 수 있다.

(1) 관련규정

1910년(隆熙 4年)에 제정된 토지조사법(土地調査法) 第2條 "土地ᄂᆞᆫ 地目을 定ᄒᆞ야 地盤을 測量ᄒᆞ고 一區域마다 地番을 附홈. 但, 道路, 河川, 溝渠, 堤防, 城堞, 鐵道線路, 水道線路에 揭ᄒᆞᆫ 土地에 對ᄒᆞ야ᄂᆞᆫ 地番을 附치 아니홈을 得홈."에서 구거 도로는 등록을 하지 않고 있음을 나타내고 있다. 1912년에 제정된 토지조사령에서는 최초로 지번을 부여하도록 법률로 규정하고 있으며 1920년에 제정된 임야대장규칙 제4조 "임야대장에 등록한 토지를 토지대장에 등록한 때에는 그 토지에 관한 임야대장의 등록을 말소할 것." 및 1943년에 제정된 조선임야대장규칙에서는 임야대장의 등록을 말소할 것을 규정하고 있다. 1954년 제정된 지적측량규정 제7조 "신규측량이라 함은 지적공부에 새로이 토지를 등록할 때 또는 지적도나 임야도의 축척변경(縮尺變更)을 목적으로 개측(改測)할 때에 행하는 세부측량을 말한다."에서와 같이 등록전환은 물론 축척변경에 관한 사항까지 신규측량으로 규정하고 있다. 그러나 1975년 개정 지적법 제2조제11호 "등록전환이라 함은 임야대장 및 임야도에 등록된 토지를 토지대장 및 지적도에 옮겨 등록하는 것을 말한다." 및 제16조 "등록전환할 토지가 있는 때에는 토지소유자는 30일내에 소관청에 등록전환을 신청하여야 한다.", 제39조 "등록전환을 한 때에는 소관청은 당해 토지에 관한 임야대장 및 임야도의 등록을 말소하여야 한다."에서는 등록전환 용어를 정의하고 신청기간을 규정하였다. 또한 1976년 개정 지적법시행령에서는 신청서의 첨부서류에 관한 사항과 지번부여방법을 규정하고 있다. 1986년 개정된 지적법시행령에서 첨부서류의 종류를 지적법시행규칙에서는 지번부여방법을 세부적으로 규정하고 1995년 개정된 지적법시행령에서는 본번과 부번을 구분하여 읽은 방법을 규정하고 있다. 1999년 개정지적법에서는 60일 이내로 수정하여 등록전환 신청기간을 연장하여 현재까지 지속하고 있다.

(2) 현지 측량

등록전환측량은 1필지 전체를 등록전환 하는 경우에는 임야대장등록사항과 토지대장등록사항의 부합여부 등을 확인하고 토지의 경계와 이용현황 등을 조사하기 위한 측량을 한다. 등록전환할 일단의 토지가 2필지 이상으로 분할하여야 할 토지의 경우에는 1필지로 등록전환 후 지목별로 분할하여야 한다. 이 경우 등록전환 토지의 지목은 임야대장에 등록된 지목으로 설정하되, 분할 및 지목변경은 등록전환과 동시에 정리한다. 측량결과도 출력에 필요한 내용을 설정하여 출력하되 측정점위치설명도는 임야분할과 등록전환을 구분하여 작성하고 임야분할 및 등록전환측량결과 대상 필지가 많아 6호 서식에 출력할 수 없을 경우에는 그림 7-51 및 7-52와 같이 면적측정부를 별도로 출력한다.

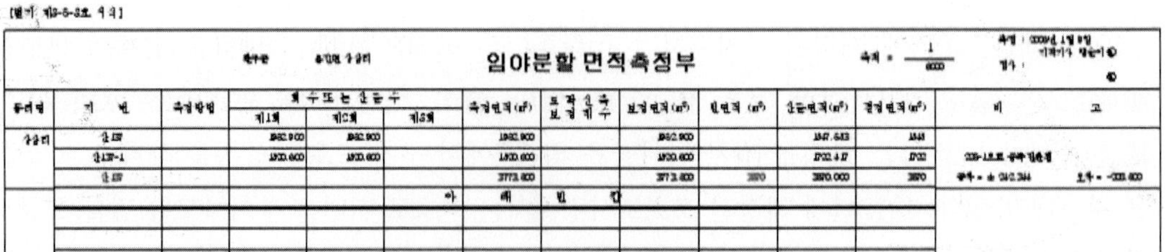

그림 7-51 임야분할 면적측정부

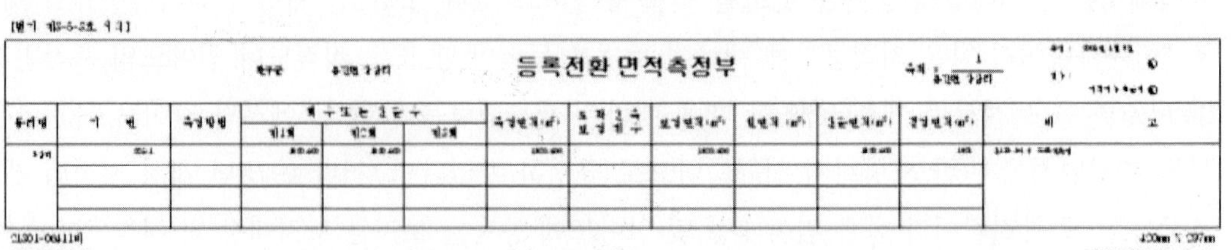

그림 7-52 등록전환 면적측정부

측량성과도는 그림 7-53과 같이 측량결과도에 의해 작성한 도면으로 임야분할에 의한 등록전환의 경우에는 그림 7-54와 같이 임야분할 및 등록전환 측량성과도를 별도로 출력하여야 한다.

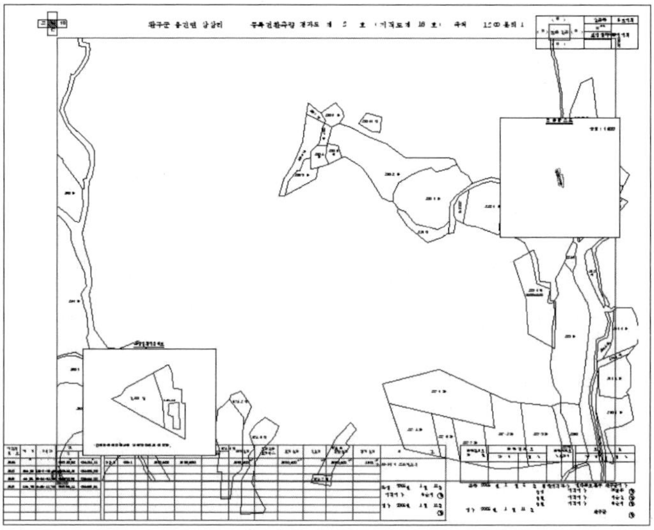

그림 7-53 등록전환 측량결과도

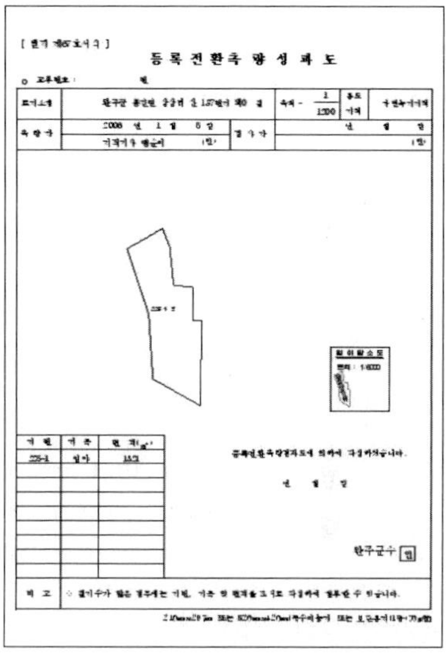

그림 7-54 등록전환측량성과도

7.5.4 축척변경

축척변경 사업이 지방별 관심사항으로 다루어질 수 있도록 투자적 성격을 가진 경상사업과 지역개발이 병행될 수 있도록 하여 면적증가시 최대한 지방자치단체 수입으로 하고 이를 국민에게 홍보하여 단체장 및 시군 의회와 주민들로부터 지지를 받을 수 있도록 하였다. 기본 방침에는 축척변경사업 추진에서 어려운 점을 미리 확인하여 그 내용을 경계위치와 모양, 형태 등은 기존도면의 원형을 동일하게 유지하며, 불합리한 경계조정 시에는 인접지 관련 소유자와 합의하고, 축척변경에 따른 민원발생 방지 등을 최우선으로 고려하였다.

지적소관청은 지적도가 잦은 토지의 이동으로 1필지의 규모가 작아서 소축척으로는 지적측량성과의 결정이나 토지의 이동에 따른 정리를 하기가 곤란한 경우, 하나의 지번부여지역에 서로 다른 축척의 지적도가 있는 경우, 지적공부를 관리하기 위하여 필요하다고 인정되는 경우에는 토지소유자의 신청 또는 지적소관청의 직권으로 일정한 지역을 정하여 그 지역의 축척을 변경할 수 있다. 지적소관청에는 축척변경에 관한 사항을 심의 · 의결하기 위하여 축척변경위원회를 두며 축척변경을 하려면 축척변경 시행지역의 토지소유자 2/3 이상의 동의를 받아 축척변경위원회의 의결을 거친 후 시 · 도지사 또는 대도시 시장의 승인을 받아야 한다. 그러나 합병하려는 토지가 축척이 다른 지적도에 각각 등록되어 있어 축척변경을 하는 경우, 도시개발사업 등의 시행지역에 있는 토지로서 그 사업 시행에서 제외된 토지의 축척변경을 하는 경우에는 축척변경위원회의 의결 및 시 · 도지사 또는 대도시 시장의 승인 없이 축척변경을 할 수 있다.

(1) 축척변경위원회 구성

축척변경위원회는 5명 이상 10명 이하의 위원으로 구성하되, 위원의 1/2 이상을 토지소유자로 하여야 하며 이 경우 그 축척변경 시행지역의 토지소유자가 5명 이하일 때에는 토지소유자 전원을 위원으로 위촉하여야 한다. 위원장은 위원 중에서 지적소관청이 지명하고 위원은 해당 축척변경 시행지역의 토지소유자로서 지역 사정에 정통한 사람, 지적에 관하여 전문지식을 가진 사람 중에서 지적소관청이 위촉한다. 또한, 축척변경위원회의 위원에게는 예산의 범위에서 출석수당과 여비, 그 밖의 실비를 지급할 수 있으나 공무원인 위원이 그 소관 업무와 직접적으로 관련되어 출석하는 경우에는 제외된다.

(2) 위원회 기능

축척변경위원회는 지적소관청이 회부하는 축척변경 시행계획에 관한 사항, 지번별 제곱미터당 금액의 결정과 청산금의 산정에 관한 사항, 청산금의 이의신청에 관한 사항 및 축척변경과 관련하여 지적소관청이 회의에 부의한 사항을 심의 · 의결하도록 규정하고 있다.

(3) 축척변경위원회의 회의

축척변경위원회의 회의는 지적소관청이 축척변경 시행계획, 지번별 금액결정과 청산금 산정 등에 해당하는 사항을 축척변경위원회에 회부하거나 위원장이 필요하다고 인정할 때에 위원장이 소집한다. 축척변경위원회의 회의는 위원장을 포함한 재적위원 과반수의 출석으로 개의(開議)하고, 출석위원 과반수의 찬성으로 의결한다. 위원장은 축척변경위원회의 회의를 소집할 때에는 회의일시 · 장소 및 심의안건을 회의 개최 5일 전까지 각 위원에게 서면으로 통지하여야 한다.

(4) 축척변경 승인신청

지적소관청은 축척변경을 할 때에는 축척변경 사유를 적은 승인신청서에 축척변경의 사유, 지적도 사본, 지번의 명세, 토지소유자의 동의서, 축척변경위원회의 의결서 사본, 축척변경 승인을 위하여 시 · 도지사 또는 대도시 시장이 필요하다고 인정하는 서류를 첨부하여 시 · 도지사 또는 대도시 시장에게 제출하여야 한다. 신청을 받은 시 · 도지사 또는 대도시 시장은 축척변경 사유

등을 심사한 후 그 승인 여부를 지적소관청에 통지하여야 한다.

(5) 축척변경 시행공고

지적소관청은 시 · 도지사 또는 대도시 시장으로부터 축척변경 승인을 받았을 때에는 지체 없이 축척변경의 목적, 시행지역 및 시행기간, 축척변경의 시행에 관한 세부계획, 축척변경의 시행에 따른 청산방법, 축척변경의 시행에 따른 토지소유자 등의 협조에 관한 사항을 20일 이상 공고하여야 한다. 시행공고는 시 · 군 · 구 및 축척변경 시행지역 동 · 리의 게시판에 주민이 볼 수 있도록 게시하여야 한다. 축척변경 시행지역의 토지소유자 또는 점유자는 시행공고가 된 날부터 30일 이내에 시행공고일 현재 점유하고 있는 경계에 경계점표지를 설치하여야 한다.

(6) 토지의 표시

지적소관청은 축척변경 시행지역의 각 필지별 지번 · 지목 · 면적 · 경계 또는 좌표를 새로 정하여야 하며 지적소관청이 축척변경을 위한 측량을 할 때에는 토지소유자 또는 점유자가 설치한 경계점표지를 기준으로 새로운 축척에 따라 면적 · 경계 또는 좌표를 정하여야 한다. 축척을 변경할 때는 각 필지별 지번 · 지목 및 경계는 종전의 지적공부에 따르고 면적만 새로 정하여야 한다. 지적소관청은 축척변경 시행기간 중에는 축척변경 시행지역의 지적공부정리와 경계복원측량을 축척변경 확정공고일까지 정지하여야 한다.

(7) 축척변경 절차 및 면적 결정방법

면적을 새로 정하는 때에는 축척변경 측량결과도에 따라 면적을 측정한 결과 축척변경 전의 면적과 축척변경 후의 면적의 오차가 허용범위 이내인 경우에는 축척변경 전의 면적을 결정면적으로 하고, 허용면적을 초과하는 경우에는 축척변경 후의 면적을 결정면적으로 한다. 경계점좌표등록부를 갖춰 두지 아니하는 지역을 경계점좌표등록부를 갖춰 두는 지역으로 축척변경을 하는 경우에는 그 필지의 경계점을 평판 측량방법이나 전자평판측량방법으로 지상에 복원시킨 후 경위의측량방법 등으로 경계점좌표를 구하여야 한다.

(8) 청산금의 산정

지적소관청은 축척변경에 관한 측량을 한 결과 측량 전에 비하여 면적의 증감이 있는 경우에는 그 증감면적에 대하여 청산을 하여야 한다. 다만, 필지별 증감면적이 허용범위 이내인 경우와 토지소유자 전원이 청산하지 아니하기로 합의하여 서면으로 제출한 경우에는 제외된다. 청산을 할 때에는 축척변경위원회의 의결을 거쳐 지번별로 제곱미터당 금액을 정하되 지적소관청은 시행공고일 현재를 기준으로 그 축척변경 시행지역의 토지에 대하여 지번별 제곱미터당 금액을 미리 조사하여 축척변경위원회에 제출하여야 한다. 지적소관청은 청산금을 산정하였을 때에는 청산금 조서를 작성하고, 청산금이 결정되었다는 뜻을 방법에 따라 15일 이상 공고하여 일반인이 열람할 수 있게 하여야 한다. 축척변경에서 필지별 지번, 지목, 면적 또는 좌표와 면적은 새로이 정하며 축척이 다른 지적도에 등록되어 있어 합병하고자 축척을 변경하는 경우와 토지구획정리사업 등의 제외지를 축척변경하는 경우에는 지번 · 지목 · 경계는 종전의 지적공부에 등록된 것으로 하고 면적만 새로이 정한다.

면적의 결정은 측정결과 축척변경전의 면적과 변경후의 차이의 면적이 허용면적 이하인 경우에는 축척변경 전의 면적으로 결정하고, 이외의 경우에는 등록사항정정 신청서를 소유자로부터 접수받은 후 새로이 산출된 면적으로 한다. 축척변경 측량 결과 종전면적과 측량후의 면적에 차이가 있는 경우에는 청산을 하게 되는데 축척변경위원회의 의결을 거쳐 지번별로 제곱미터당 가격을 정한다. 계산 결과 증가된 면적의 청산금 합계와, 감소된 면적의 합계에 차액이 생길 경우 초과액은 당해지방자치단체의 수입으로 하고 부족액은 지방자치단체의 부담으로 한다. 그러나 축척변경을 실시하기 위해서는 시행과정이 너무 복잡하고, 청산과정에 자치단체의 재정부담이 따르므로 거의 시행되는 경우가 없고 구획정리사업 제외지와 같이 청산과정이 없이 지적공부의 정리가 가능한 경우만 시행하고 있는 형편이다.

(9) 청산금의 납부고지

지적소관청은 청산금의 결정을 공고한 날부터 20일 이내에 토지소유자에게 청산금의 납부고지 또는 수령통지를 하여야 한다. 납부고지를 받은 자는 그 고지를 받은 날부터 3개월 이내에 청산금을 지적소관청에 내야 하며 지적소관청은 수령통지를 한 날부터 6개월 이내에 청산금을 지급하여야 한다. 지적소관청은 청산금을 지급받을 자가 행방불명 등으로 받을 수 없거나 받기를 거부할 때에는 그 청산금을 공탁할 수 있다. 지적소관청은 청산금을 내야 하는 자가 기간 내에 청산금에 관한 이의신청을 하지 아니하고 기간 내에 청산금을 납부하지 아니하면 지방세 체납처분의 예에 따라 징수할 수 있다

(10) 청산금에 관한 이의신청

납부고지 또는 수령통지된 청산금에 관하여 이의가 있는 자는 납부고지 또는 수령통지를 받은 날부터 1개월 이내에 지적소관청에 이의신청을 할 수 있다. 이의신청을 받은 지적소관청은 1개월 이내에 축척변경위원회의 심의 · 의결을 거쳐 그 인용(認容) 여부를 결정한 후 지체 없이 그 내용을 이의신청인에게 통지하여야 한다.

(11) 축척변경의 확정공고

청산금의 납부 및 지급이 완료되었을 때에는 지적소관청은 지체 없이 축척변경의 확정공고를 하여야 한다. 지적소관청은 확정공고를 하였을 때에는 지체 없이 축척변경에 따라 확정된 사항을 지적공부에 등록하여야 한다. 축척변경 시행지역의 토지는 확정공고일에 토지의 이동이 있는 것으로 본다. 축척변경의 확정공고에는 토지의 소재 및 지역명, 축척변경 지번별 조서, 청산금 조서, 지적도의 축척에 관한 사항이 포함되어야 한다.

7.5.5 경계정정측량

경계정정측량은 등록사항정정측량이라고도 말하며 이는 경계복원측량과 혼동하기 쉬우나 경계정정은 현지에 적합하게 도면을 수정하는 것이고 경계복원측량은 도면대로 현지를 찾아내는 것이기 때문에 이는 아주 대조적인 측량이다. 경계정정측량은 현지의 경계가 확고함에도 불구하고 지적공부에 잘못 등록된 것이 확실한 경우에 한하여 실시하는 것이 원칙이다. 이 측량은 지적공부에 의하여 작성된 측량준비도를 사용하여 실시하는데 특별히 기지점의 사핵에 유의하여야 한다. 측량방법은 분할측량에 준하여 실시하고 측량결과도를 작성하며 주로 토지소유자의 신청에 의하여 시행하는 경우가 많고 측량시에는 인접 토지 소유자를 입회 또는 연서를 요하는 것이 원칙이지만 소관청에서 직권으로 처리할 수도 있다.

현지측량 방법은 측량성과를 결정하기 위하여 사용하는 기지점은 지적측량기준점이어야 한다. 측량자가 측정점에 경계점표지를 설치할 필요가 있는 때에는 이해관계인의 참여하에 설치하여야 한다. 경계복원측량을 완료한 때에는 분할등록될 경계점의 위치 또는 경계복원점의 위치를 지적측량기준점 · 담장모서리 및 전신주 등 주위 고정물로부터 거리를 측정하여 이해관계인에게 확인시키고, 측량결과도 여백에 그 거리를 기재하는 등 측정점의 위치설명도를 작성하여야 하지만 주위 고정물이 없는 경우에는 거리를 기재하지 아니할 수 있다. 성과도의 작성은 경계를 말소하는 경우에는 짧은 교차선을 약 3cm 간격으로 제도하고 경계의 길이가 짧은 경우에는 말소표시의 사이를 적당히 좁힐 수 있다.

말소된 경계를 다시 등록하는 경우에는 말소표시의 교차선 중심점을 기준으로 직경 2~3mm의 붉은색 원으로 제도하되 일필지의 면적이 작거나 경계가 복잡하여 원의 표시가 인접경계와 접할 경우에는 말소표시 사항을 칼로 긁거나 기타방법으로 지워서 제도할 수 있다. 경계복원측량성과도를 작성하는 때에는 복원된 경계점과 측량대상토지의 점유현황선을 붉은 색으로 표시하여야 한다. 이 경우 복원된 경계점은 직경 2~3mm의 원으로 점유현황은 점선으로 표시하여야 한다.

7.5.6 분할측량

분할측량은 토지나 임야가 지적공부에 등록된 일필지의 토지에 토지분할사유가 발생하였을 때 토지를 2필지 이상으로 나누어 지적공부에 등록하기 위한 측량이다. 또한, 지적공부에 등록한 필지에서 토지의 일부를 매매하거나, 일필지의 일부가 다른 지목으로 된 경우와 소유자가 다르게 된 때 또는 소유자가 필요로 한때 등은 분할측량을 하여야 한다. 토지분할은 분할측량방법에 따라 새로이 측량하여 각 필지에 대하여 경계 또는 좌표를 결정하고 지번과 면적을 새로이 정한다. 토지분할은 토지이동에서 가장 많이 발생하는 이동사항으로서 1지번의 토지가 2번지 이상의 지번으로 등록된다. 토지분할은 일반적으로 소유자 신청에 의하거나, 소관청이 필요하다고 인정한 때에 분할하게 되며 현황에 의하지 않고 면적을 지정하여 분할하거나, 공유소유토지는 소유지분에 따라 합리적인 분할을 하는 경우 등 그 원인이 다양하다고 볼 수 있다.

측량대상 토지의 점유현황이 도면에 등록된 경계와 일치하지 않은 경우에는 분할측량 시에 그 분할 등록될 경계점을 지상에 복원하여야 하며 합병된 필지를 합병전의 경계대로 분할하는 경우에는 합병 전 각 필지의 면적을 분할 후 각 필지의 면적으로 한다. 분할되는 토지 중 일부가 등록사항 정정대상 토지인 경우에는 분할 정리 후 그 토지에만 등록사항 정정대상 토지임을 등록하여야 한다. 토지의 분할선은 등록 토지경계선을 기준으로 하여 새로운 법률상의 한계가 되는 경계선을 설정하는 것이므로 소유자의 의견과 지적공부 경계선 획정원칙을 준수하여야 하며 따라서 분할선이 건물의 일부를 관통함으로써 건물의 효용성을 저하시킬 수 있는 경계설정이나 농경지에 있어서 지형을 고려하여 토지의 경제성이 상실되는 분할 처리 등이 이루어지지 않도록 하여야 한다.

연속지 분할측량은 연속되어있는 필지를 분할하는 것으로 도로 분할이나 토지개발사업, 경지정리사업 등의 지구계 분할측량이 해당되며 집단지 분할측량은 원필지가 2필지 이상 집단적으로 구역을 이루는 경우에 실시하는 측량으로 연속지 분할측량과는 구분된다. 현장에서 가장 많이 활용되는 부분은 도로 분할측량과 지구계 분할측량으로 연속지 분할측량은 일반적으로 도로를 새로이 건설 또는 확장 할 경우에 사업시행이 완료된 상태에서 현장의 지형지물에 의해 분할점을 측정하는 방법으로 시행되고 있으며 지구계 분할측량은 경지정리 및 도시개발사업 등의 확정측량을 시행하기 위한 측량으로 사업 시행자가 현장에서 분할점을 표시하는 방법을 이용하고 있다. 지구계 분할측량의 실시 순서를 요약하면 지구계 부근 지역의 등사, 측량준비도 작성, 기준점 전개, 현황측량, 분할점 결정, 사업시행자와 협의 및 확인 등의 순서로 진행된다.

(1) 토지 등록의 기준

토지의 등록 기준은 필지별로 구획하여 지적공부에 등록하도록 되어 있으며 그 기준은 일필지로 정할 수 있는 기준과 주된 용도의 토지에 편입할 수 없는 토지로 구분한다. 일필지로 정할 수 있는 기준은 지번부여 지역, 소유자, 용도가 동일해야 하며 지반이 연속되어야 한다. 또한, 주된 토지의 편의를 위하여 설치된 도로, 구거 등의 부지와 주된 용도의 토지에 접속되거나 둘러싸인 다른 지목의 협소한 토지는 주된 용도의 토지에 편입하여 일필지로 정할 수 있다. 주된 용도의 토지에 편입할 수 없는 토지는 종된 용도의 토지의 지목이 대인 경우 및 토지의 면적이 주된 용도의 토지면적의 10%를 초과하는 경우와 토지의 면적이 330m^{2}를 초과하는 경우에는 별개의 필지로 하여야 한다. 대상 토지는 일필지의 일부가 지목이 다르게 된 경우, 소유권이전, 매매 등을 위하여 필요한 경우, 토지이용상 불합리한 지상경계를 시정하기 위한 경우, 지적공부에 등록된 일필지의 일부가 형질변경 등으로 용도가 다르게 된 경우, 관계법령에 의하여 인가 · 허가 등을 받은 토지 등이다.

(2) 분할 신청

토지소유자는 토지의 분할을 하고자 하는 때에는 소관청에 신청하여야 하며 지적공부에 등록된 일필지의 일부가 형질변경 등으로 용도가 다르게 된 때에는 그 날부터 60일 이내에 소관청에 토지의 분할을 신청하여야 한다. 분할신청 서류는 분할허가대상인 토지의 경우에는 그 허가서 사본, 법원의 확정판결에 의하여 분할하는 경우에는 확정판결서 정본 또는 사본, 관계법령에 의하여 인가 · 허가를 받은 경우에는 인가 · 허가서 또는 그 사본, 필지의 일부가 형질변경 등으로 용도가 다르게 되어 분할 신청하는 경우에는 지목변경 신청서, 분할신청서에 첨부할 분할사유에 관한 서류의 원본을 당해 소관청이 관리하는 경우에는 소관청의 확인으로서 서류제출에 갈음할 수 있다.

(3) 관련규정

1912년 제정된 토지조사령시행규칙의 규정에서 사정기간 중에라도 신고하여 분할하도록 하였으며 분할의 용어를 최초로 규정하고 있다. 1913년 10월 5일 제정된 세부측도(細部測圖)실시규정에서는 분할을 실시할 경우 부번의 부여방법에 대해 규정하고 있다. 1914년 3월 24일 제정된 이동지정리규정 제11조 제1호 "구지번에 부호가 없는 것은 본번에 「의1」「의2」「의3」의 부호를 붙이어 이를 각필의 지번으로 함." 및 제11조제2호 "구지번에 부호가 있는 것은 그 1필에는 구지번을 거치(据置; 그대로 두고)하고 다른 각 필에는 본번 최종의 부호를 따라 순차 부호를 붙일 것임"에서는 분할에서 원지번이 있는 경우에는 본번을 삭제하고 부번으로만 지번을 부여하도록 하였으며 오차 배분방법과 여러 도곽에 걸쳐있을 경우 원도작성 방법을 규정하고 있다. 1914년 제정된 지세령시행규칙 제12조 "결수연명부에 등록한 1지번의 토지 중 일부분이 지목을 변환했을 때, 행정구획을 달리할 때, 지세를 면제할 때, 소유권을 이전할 때, 질권의 성질을 가진 전당권 또는 20년 이상의 존속기간이 정하는 지상권을 설정할 때는 그 토지를 분할한다." 및 제12조 제2항 "소유권을 이전할 때, 질권, 질의 성질을 가진 전당권 또는 20년 이상의 존속기간이 정하는 지상권을 설정할 때, 기타 분할을 필요로 할 때는 제6호 양식에 의해 즉시 군수에게 신고한다."와 제17조" 분할지의 지적은 계적기를 사용하거나 또는 삼사법에 의하여 이를 산출할 것. 단, 그 총지적은 구지적에 비하여 차를 생기게 하지 못함."에서는 분할 대상 및 신고서식, 원면적과 분할 후의 면적차이를 인정하지 않고 있음을 규정하고 있다.

1921년 제정된 토지측량규정 제2조 "토지의 측량에서 이동측량은 기등록지의 분할, 경계정정 등을 할 때 이를 행할 것.", 제25조 "이동측량을 하려고 하는 때는 이동지의 경계선이 소도와 실지와 일치하는지를 사핵(査覈; 엄격하게 실지를 조사)해야 한다. 단, 분할의 경우에 있어서 실지 상황에 의해 분할지 전부의 경계선을 사핵할 필요가 있다고 인정될 때는 그 일부의 사핵을 생략할 수 있다." 및 제49조 "지적은 1지번마다 이를 측정할 것. 단, 분할지중 1지번의 지적이 원지적의 약 8할 이상의 것이 있을 때에는 원지적에서 다른 지적을 공제한 것으로써 그 지적으로 할 수 있음."과 같이 분할측량이 이동측량에 해당됨과 측량을 실시할 경우 현지를 확인하여 조사하여야 함을 규정하고 있다. 1935년 제정된 임야측량규정 제2조 "토지의 측량에서 이동측량은 임야대장에 등록한 토지의 분할, 개측 경계정정 등을 할 때 이를 행할 것."에서 임야분할측량 또한 이동측량에 포함됨을 규정하고 있다. 1943년 제정된 조선지세령 제28조 "본령에서 분할이라 함은 1지번의 토지를 2지번 이상의 토지로 함을 말한다." 및 제29조 "1지번의 토지의 일부가 별지목이 될 때, 비과세지가 과세지로 되고 또는 과세지가 비과세지로 될 때, 소유자를 달리할 때, 질권, 또는 20년보다 긴 존속기간에 정해진 지상권의 목적이 될 때에는 토지소유자는 30일 이내에 세무서장에게 분할의 신고를 할 것.", 제32조 "분할한 토지에 대하여서는 분할전의 지번에 부호를 붙이고 각토지의 지번을 정함."에서는 분할에 대한 용어의 정의 및 최초로 신고기간을 규정하고 있다. 1943년 제정된 조선임야대장 규칙 제11조 "1지번의 토지의 일부가 별지목이 될 때, 소유자를 달리할 때에는 토지소유자는 30일 이내에 세무서장에게 분할의 신고를 할 것."에서는 세무서장이 관할하고 있음을 규정하고 있다.

1950년 제정된 지적법 제13조제1항 "1지번의 토지의 일부가 별지목(別地目)이 된 때, 지세(地稅)를 부과(賦課)하지 아니하는 토지가 지세를 부과하는 토지가 되었거나 지세를 부과하는 토지가 지세를 부과하지 아니하는 토지가 된 때, 소유자가 상이(相異)하게 된 때, 질권(質權) 또는 지상권(地上權)을 설정(設定)한 때에는 토지소유자 또는 권리취득자(權利取得者)는 대통령령의 정하는 바에 의하여 30일 이내에 정부에 분할신고를 하여야 한다." 및 제14조 제1항 "1지번의 토지의 일부 또는 지번지역을 상이하게 되었을 때에는 신고 또는 신청이 없을 경우에도 정부(政府)는 그 토지를 분할한다." 및 제16조 제1항 "분할한 토지에 대하여서는 분할전의 지번에 부호를 부쳐서 각 토지의 지번을 정한다."에서와 같이 분할의 경우에는 원지번에 부호(예; 550번일 경우 550-1, 550-2)를 붙이는 방법 및 분할대상과 신고기간을 규정하고 있다.

1951년 제정된 지적법시행령에서는 신고서와 첨부서류에 대한 사항을 규정하고 있으며 신고서의 서식은 그림 7-55와 같다. 1951년 제정된 지적법시행령과 1961년 개정된 지적법시행령에서 직권으로 분할 처리를 하도록 규정하고 있으며 처리기관 또한 정부에서 소관세무서장(所管稅務署長), 소관시장 · 군수로 담당부서의 변천과정을 알 수 있다. 1954년 제정된 지적측량규정 제24조 "이동측량이라 함은 기등록지의 분할이나 경계정정 등을 요할 때에 행하는 세부측량을 말한다.", 제27조 "이동측량을 시행하고자 할 때에는 이동의 경계선이 소도와 실지와의 적합여부를 사핵하여야 한다. 단, 분할측량의 경우에는 실지의 상황에 의하여 분할지 전부의 경계선을 사핵할 필요가 없다고 인정될 때에는 그 일부의 사핵을 생략할 수 있다." 및 제70조 "지적은 1지번마다 이를 측정하여야 한다. 분할지중 1지번의 지적(地積)이 원지지적(原地地積)의 약 8할(割)이상의 것이 있을 때에는 원지지적(原地地積)으로부터 타의 지적(地積)을 공제(控除)한 것으로써 그 지적(地積)으로 할 수 있다."에서 이동측량의 범위와 실지측량과정, 그리고 면적의 차인에 대해 규정하고 있다. 1961년 개정된 지적법시행령 제20조 "토지분할은 소관시장 · 군수(서울특별시와 부산시에 있어서는 소관구청장)가 이를 시행한다."에서는 소관청에 대해 규정하고 있다. 1975년 개정 지적법 제2조 제13호 "분할(分割)이라 함은 지적공부에 등록된 일필지를 2필지 이상으로 나누어 등록하는 것을 말한다." 및 제17조제2항 "일필지의 일부가 지목이 다르게 된 때에는 토지소유자는 30일 내에 소관청에 분할을 신청하여야 한다."에서는 용어의 정의를 재정리하여 현재까지 사용하고 있다.

1976년 제정된 지적법시행규칙 및 1995년 개정된 지적법시행규칙에서의 서류를 세부적으로 첨부하는 규정과 분할 신청기간을 30일 이내에 소관청에 신청하도록 규정되었으나 1995년 개정 지적법에서는 "60일 이내"로 기간을 연장하고 있다. 1976년 개정 지적법시행령 제2조제1항 "지번은 북서에서 남동으로 순차적으로 설정한다."에서 지번 부여방향을 설정하고 제3항 "분할의 경우에는 분할 후의 필지 중 일필지의 지번은 분할 전의 지번으로 하고, 나머지 필지는 분할 전의 지번의 본번에 부번을 붙여 설정한다."에서는 분할 후의 필지 중 일필지의 지번은 분할 전의 지번부여방법을 부여하도록 하고 있지만 1986년 개정 지적법시행령에서는 소유자가 원하는 지번을 부여하도록 추가로 규정하였다. 2001년 개정 지적법 제37조 제1항 "신규등록 · 등록전환 · 분할 및 경계정정 등을 하는 때에는 새로이 측량하여 각 필지의 경계 또는 좌표와 면적을 정한다."에서는 신규등록 · 등록전환 · 분할 및 경계정정 등을 하는 때는 새로이 측량하여 각 필지의 경계 또는 좌표와 면적을 정하도록 규정하였다.

제6호 양식 (용지 미농지)

토지분할신고서

면	리동	지번	지목	면 적	결 수		분 할				적요
							지번	면적	결수		
○	○	天18	답	450평 (3두락)	0	120	天18의 1	300평(2두락)	0	080	
							天18의 2	150평(1두락)	0	040	
○	○	地15	전	3000평(3일경)	0	600	地15의 1	1000평(1일경)	0	200	
							地15의 2	2000평(2일경)	0	400	

아래 도면을 첨부하여 신고한다.

大正 ○년 ○월 ○일

○군 ○면 ○리 ○(동) ○통 ○戶

소유자 ○ ○인

○군 ○면장 ○ ○인

○군수 귀하

비 고

1. 제3호 양식 비고 제1호 내지 제3호는 본양식에 준용한다.
2. 면적은 평수 또는 두락, 일경(日耕) 수를 기재한다.
3. 분할 란의 결수는 각 토지의 면적, 수익 등에 의해 적당히 배분하여 기재한다.
4. 지세를 면제 받은 토지가 될 때는 그 사유를 적요란에 기재한다.
5. 도면은 실측된 것에 대해서는 아래의 추형에 의해 조제하고 견취(見取)에 의한 것에 대해서는 이에 준하여 조제한다.

그림 7-55 지세령시행규칙 "제12조 제2항"에 의한 토지분할 신고서 서식

(4) 측량

1) 측량준비도의 작성

일반분할측량은 일반적으로 토지소유자가 측량수행자에게 측량의뢰를 하며 연속지나 집단지 분할측량의 경우에는 일반인이 의뢰하는 것은 거의 없고 국가공공기관 및 지방자치단체 등에서 서면으로 측량의뢰를 받아 실시하는 측량이다. 측량신청 대상지의 지적도 또는 임야도를 도곽선을 포함하여 트레싱페이퍼에 등사하고 도곽선의 신축량을 측정한다. 등사된 도면을 측량원도용지에 올려놓고 측량침 등으로 자사를 한 후 준비도를 작성하고 준비도에 기준점을 전개한다. 도곽선 및 도곽선수치, 색인표, 제호, 토지의 소재, 축척 등을 법규의 규정에 맞도록 정확히 제도 및 기재한다. 최근에는 측량준비도의 작성이라기보다는 참고자료로 출력하고 있다.

2) 현지측량방법

측량을 실시할 때에는 토지소유자 및 이해관계인을 입회시켜 측량에 필요한 질문이나 참고자료의 제시를 요구할 수 있으며 측량결과도에는 측량신청인과 이해관계인의 서명 또는 날인을 받아야 한다. 하지만, 이해관계인이 입회하지 못하는 경우와 입회는 하였으나 서명 또는 날인을 거부하는 때에는 그 사유를 기재하여야 한다. 각종 인가 · 허가 등의 내용과 다르게 토지의 형질이 변경되었을 경우에는 그 토지의 이용현황에 따라 측량성과를 결정하여야 한다. 세부측량성과를 결정하기 위하여 사용하는 기지점은 지적측량기준점이어야 한다. 그러나 도면의 기지점이 정확하고 보존이 양호하여 기지점을 이용하여도 측량에 지장이 없다고 인정되는 축척 1/1,000 이하의 지역에서는 기지점을 이용하도록 규정하고 있다. 지적측량을 완료한 때에는 분할 등록될 경계점의 위치를 지적측량기준점, 담장모서리 및 전신주 등 주위 고정물로부터 거리를 측정하여 이해관계인에게 확인시키고 측량결과도 여백에 측정점 위치설명도를 작성 하여야 한다.

법원의 확정판결에 의하여 분할측량을 하거나 법원감정측량을 하는 때에는 법원감정처리절차에 의한다. 축척변경, 도시개발사업 등으로 지적확정측량 및 측량지역의 면적이 당해 지적도 1장에 해당하는 면적 이상인 경우 및 5일필지 이상 연속지 또는 집단지 세부측량시에 설치하는 경우와 기지점에 의하여 세부측량을 하는 경우에는 지적측량기준점은 세부측량을 실시하기 전에 설치하여야 한다. 지적확정측량 지구내에서 지적측량을 하고자 하는 경우에는 종전에 실시한 지적확정측량성과를 참고하여 성과를 결정하여야 한다. 지적측량을 완료한 때에는 분할 등록될 경계점의 위치 또는 경계복원점의 위치를 지적측량기준점 · 담장모서리 및 전신주 등 주위 고정물로부터 거리를 측정하여 이해관계인에게 확인시키고, 측량결과도 여백에 거리를 기재하거나 Theodolite 측량방법에 의한 평면직각종횡선좌표 등 측정점의 위치설명도를 작성하여야 한다. 지적측량자료조사 또는 지적측량결과 지적공부의 토지의 표시에 잘못이 있음을 발견한 때에는 지체 없이 소관청에 관계자료 등을 첨부하여 문서로 통보하고, 측량신청인에게 그 내용을 통지하여야 한다.

3) 경계설정기준

토지의 구획이 되어있는 지형 · 지물 또는 지상구조물을 기준으로 경계를 설정하며 지상구조물이 없는 경우에는 규정에 의한 경계표지를 설치한 후 측량하여야 한다. 측량대상 토지의 점유현황선 및 경계점표지가 분할 등록될 경계점과 부합하지 않을 경우에는 분할측량시에 분할 등록될 경계점을 현장에 복원하여야 한다. 합병된 필지를 합병전의 경계대로 분할하는 경우에는 합병전 각 필지의 면적을 분할 후 각 필지의 면적으로 하며 구획이 되는 지형지물이 없는 경우에는 분할될 경계점을 복원한 후 규정에 의한 표지를 설치하여야 한다. 연접되는 토지 사이에 고저가 있는 경우에는 그 지물 또는 구조물의 하단부를 경계로 하고 도로, 구거 등의 토지에 절토된 부분이 있는 경우에는 경사면의 상단부를 경계로 설정한다.

(6) 측량결과도 작성

1) 지번부여 방법

분할의 경우에는 그림 7-56과 같이 분할 후의 필지 중 일필지의 지번은 분할 전의 지번으로 하고 나머지 필지의 지번은 본번의 최종 부번의 다음 순번으로 부번을 부여함이 원칙이나 주거, 사무실 등의 건축물이 있는 필지에 대하여는 그림 7-57과 같이 분할 전의 지번을 우선하여 부여하여야 한다. 또한 인접 토지의 지번 부여가 동에서 서 또는 남에서 북의 방향으로 되어 있을 때에는 그 방향에 따라 지번을 부여할 수도 있다. 현행 지적법의 규정에서 지번의 부여는 지번부여지역을

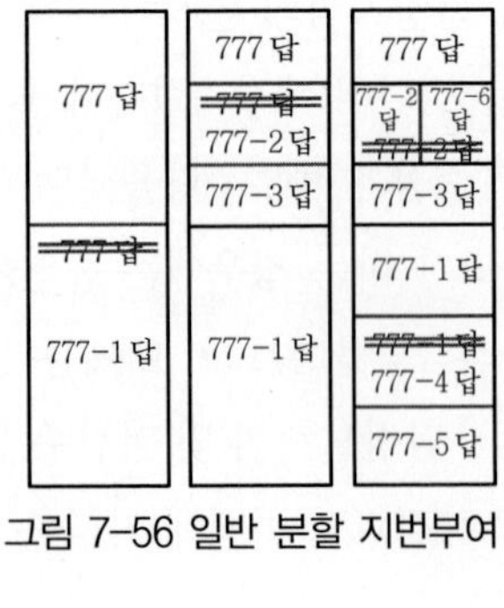

그림 7-56 일반 분할 지번부여

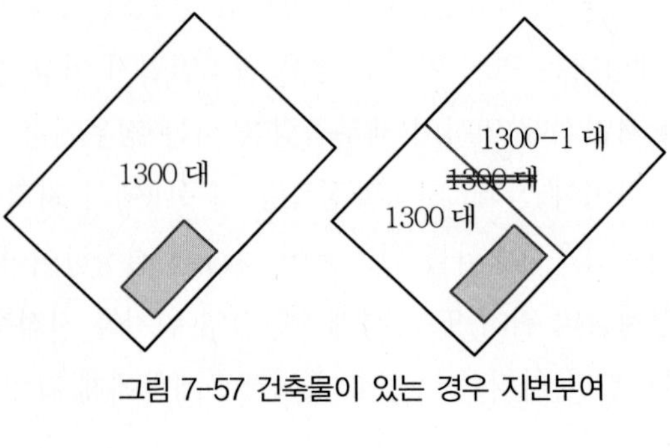

그림 7-57 건축물이 있는 경우 지번부여

단위로 북서에서 남동방향으로 아라비아 숫자 1번부터 순차적으로 부여하는 북서부여법의 원칙을 적용하고 있다.

2) 면적측정

Theodolite 측량방법으로 세부측량을 한 지역의 필지별 면적측정은 경계점좌표에 의하며 산출 면적은 $1/1,000m^2$까지 계산하여 $1/10m^2$ 단위로 결정한다. 전자면적측정기에 의한 면적측정은 도상에서 2회 측정하여 그 교차가 $A = 0.023^2 M\sqrt{F}$ 식에 의한 허용면적 이하인 때에는 그 평균치를 측정면적으로 결정한다. 여기서, A는 허용면적, M은 축척분모, F는 2회 측정한 면적의 합계를 2로 나눈 수이다. 분할로 인하여 면적을 결정하는데 오차가 발생하는 경우 그 오차가 허용범위 이내인 때에는 그 오차를 분할 후의 각 필지의 면적에 배분한다. 그러나 신구면적의 오차가 허용범위를 초과하는 경우에는 지적공부의 등록사항을 정정하여야 하며 신구면적의 오차를 배분한 산출면적은 필요한 자리까지 계산하고, 결정면적은 그 합계가 원면적에 일치하도록 산출면적의 소요자리수 미만의 수가 큰 것부터 차례로 올려야 하지만 소요자리수 미만의 수가 서로 같은 때에는 산출면적이 큰 것을 올린다.

토지를 분할하는 경우 분할후의 각 필지의 면적의 합계와 분할전 면적과의 오차의 허용범위는 $A = 0.023^2 M\sqrt{F}$(A는 오차허용면적, M은 축척분모, F는 원면적)에 의한다. 경계점좌표등록부 시행지역의 토지분할을 위하여 면적을 정할 경우에는 분할 후 각 필지의 면적합계가 분할 전 면적보다 큰 경우에는 구하고자 하는 끝자리의 다음 숫자가 작은 것부터 순차적으로 버려서 정하되 분할전 면적에 증감이 없도록 한다. 또한, 분할후 각 필지의 면적합계가 분할전 면적보다 적은 경우에는 끝자리의 다음 숫자가 큰 것부터 순차적으로 올려서 정하되, 분할전 면적에 증감이 없도록 한다.

7.5.7 지적현황측량

지적현황측량은 지상구조물 또는 지형 · 지물이 점유하는 위치현황을 실측하여 지적도 또는 임야도, 경계점좌표등록부에 등록된 경계와 대비하여 현황도를 작성하고 점유면적을 측정하는 측량이다. 또한, 토지의 기본인 일필지의 토지경계 내에 존재하고 있는 지상의 각종 건축물과 위치관계 및 지상 · 지하에 미치는 물권의 한계를 표시하여 다목적 토지관리를 위한 토지정보체계의 기본 자료로 이용되고 있다. 지적현황측량은 목적과 점유형태에 따라 점유현황측량과 시설물현황측량으로 구분할 수 있다.

(1) 관련규정

1976년 제정 지적법시행규칙 제28조"지적측량을 실시할 경우는 지상구조물 또는 지형지물이 점유하는 위치현황을 지적도 또는 임야도에 등록될 경계와 대비하여 표시하기 위하여 필요한 경우로 한다." 및 1986년 개정 지적법시행규칙 제30조 "지적측량을 실시할 경우는 지상구조물 또는 지형 · 지물이 점유하는 위치현황을 지적도 또는 임야도에 등록될 경계와 대비하여 표시하기 위하여 필요한 경우로 한다."에서는 지형 · 지물의 위치와 경계와 대비한 면적현황에 대한 내용과 지적현황측량에 대한 내용을 최초로 규정하였다. 현행 측량 · 수로조사 및 지적에 관한 법 측량시행규칙 제25조 "지적현황측량은 지상건축물 등에 대한 측량은 지상, 지표 및 지하에 대한 현황을 지적도, 임야도에 등록된 경계와 대비하여 표시할 것 및 건축허가에 따라 처음으로 시공된 옹벽, 기둥 등 측량이 가능한 건축구조물에 대한 현황을 지적도, 임야도에 등록된 경계와 대비하여 표시할 것"으로 규정하고 있다. 또한, 현행 지적사무처리규정 제52조 제1항 "측량성과도는 측량결과도에 의하여 작성한 측량성과도면을 말하며 문자와 숫자는 레터링 또는 전산정보처리조직에 의하여 작성하여야 한다." 및 제52조 제2항 "측량성과도의 명칭은 지적현황측량성과도라 기재하되 경계점좌표등록부시행지역인 경우에는 명칭 앞에 "(좌표)"라 기재한다."와 제52조 제6항의 경우에는 "지적현황측량성과도를 작성하는 때에는 도시방법에 의하여 현황구조물의 위치 등을 판별할 수 있도록 표시하여야 한다."로 규정하고 있다.

(2) 점유현황측량

점유현황측량은 토지의 소유한계와 점유한계의 상호위치 관계를 확인할 목적에서 지적공부를 기초로 필지의 경계 내에 있는 지형 · 지물의 점유 한계를 실측하여 점유현황도면을 작성하고 점유면적을 측정하는 측량이다. 여기서, 소유한계는 지적공부에 등록되어 있는 경계를 말하며, 점유한계란 실제로 사용하고 있는 지상의 한계로서 울타리, 담장, 건물 벽, 둑 등으로 한정된 것을 말한다. 점유현황측량은 일필지의 일부분을 점유한 경우에 점유 면적을 확인하는 것이 주목적인 측량으로서 국 · 공유지의 점유허가 또는 사유토지의 매매, 양도 등에 필요한 서류를 작성하기 위해 실시하는 측량이다. 점유현황측량은 그 측량을 실시하는 목적과 점유형태에 따라 부분점유현황측량과 침범점유현황측량 2가지 유형으로 구분이 된다. 침범점유현황측량은 필지의 경계를 침범하여 타인 소유 토지를 점유한 경우에 그 점유 한계의 위치를 확인하는 것이 주목적인 측량으로서 국 · 공유지의 소유 한계 확보 또는 사유 토지의 경계분쟁 해결에 필요한 서류를 작성하기 위해 실시하는 측량이다. 점유현황측량의 작업 과정은 측량준비, 현지측량, 성과정리 단계로 구분된다.

1) 측량 준비

점유현황측량을 하기 위해서는 미리 측량준비도를 작성하고 토지 등록과 관련된 각종 자료를 기초로 현지측량에 필요한 정보를 수집하는 작업은 측량 대상이 되는 필지가 등록되어 있는 지적도나 임야도 또는 수치 지적부를 근거로 필요한 사항을 기재하고 측량대상 필지 및 주변 필지의 등록과 관련된 각종 좌표를 근거로 측량 지역내 기지점 분포 상태와 기타 작업 조건에 관한 정보를 수집한다.

2) 기지점 조사 확인

측량준비도에 표시되어 있는 지적측량기준점 및 경계점들의 지상 위치 변동 여부를 경계복원측량에서와 같이 현형비교법 또는 거리비교법 등으로 조사한다. 조사에 의해 지상 위치의 변동이 없는 것으로 확인된 기지점 중에서 측량 기점으로 이용할 것들을 선정한다. 선정된 기지점들의 측량준비도상 위치에 별도의 표시(Δ또는 ◎)를 하여 다른 점들과 구별을 한다. 측량대상 필지가 등록되어 있는 지적도 및 임야도에서 측량할 구역의 범위를 정하며 경계복원측량의 준비도를 작성하는 것과 같은 방법 및 순서에 따라 도해측량 준비도 또는 수치측량 준비도를 작성한다. 측량준비도에는 경계복원측량의 준비도에 기재한 내용에서 측량대상 필지의 경계는 먹물선으로 제도한다.

3) 현지측량

현지측량은 측량준비자료에 표시되어 있는 지적측량기준점 및 경계점들의 지상위치변동 여부를 조사 확인하고 위치변동이 없는 기지점을 기초로 점유한계점의 위치측정 작업은 다음과 같다.

① 측량준비자료에 표시되어 있는 지적측량기준점이나 경계점의 위치가 지상대응점의 위치와 정확히 일치하는지 여부를 현형비교법, 거리비교법 등으로 확인하여 측량기점으로 이용할 기지점을 선정한다.

② 측량지역의 지형조건에 따라 필요한 경우에는 적당한 위치에 측량기점으로 이용할 보조점을 설치하고 그 위치를 측정한다.

③ 측량기점으로 선정된 기지점 또는 보조점에서 점유한계선상에 있는 굴곡점들의 위치를 측

정한다.

④ 측정된 점유한계점들의 위치를 다른 기지점에 폐색시켜 그 측정의 정확성을 확인한다.

⑤ 도면에 등록이 되어 있는 경계와 지상점유한계의 상호위치관계를 확인하기 위해 실시하는 지적현황측량에서는 주로 평판측량방법을 사용하여 점유한계점들의 도상위치를 결정한다.

경위의측량으로 점유경계점을 측정할 경우에는 적당한 곳에 보조점을 정하고 기지점을 기초로 도선법을 사용하여 그 위치를 다음과 같이 결정한다.

① 도선법은 결합도선 또는 폐합도선을 편성하여 Theodolite를 세운 점에서 다른 기지점 또는 보조점에 이르는 방향을 기준 방향으로 정한 후 각 측선의 우회각과 거리를 측정한다.

② 기지 방위각과 측정한 우회 사이각을 측정하여 점유 한계점의 방위각을 계산한다.

③ 계산에서 구한 방위각과 측정 거리 및 기지점 좌표를 가지고 도근측량의 도선법 계산 방법을 준용하여 각 보조점의 좌표를 계산한다.

④ 필요한 점유한계점의 좌표가 모두 구해지면 그 중 몇 개의 좌표와 Theodolite를 세우지 않은 다른 기지점의 좌표를 가지고 두 점간의 거리를 역계산 한다.

⑤ 좌표 역계산 방법으로 계산한 두 점간 거리와 지상실제 거리를 비교하여 측량성과의 정확성을 확인하고 오차가 발견되면 그 원인을 분석하여 보정을 하거나 오차가 발견된 부분을 재측정 한다.

⑥ 확보 또는 사유 토지의 경계분쟁 해결에 필요한 서류를 작성하기 위해 실시하는 측량이다.

4) 점유면적측정

도해측량결과도에 표시된 점유부분의 면적은 플래니미터법 또는 삼사법을 사용하여 도상에서 측정을 한다. 플래니미터법 또는 삼사법에 의한 점유면적측정에 관해서는 지적도나 임야도에 신규등록하는 토지의 면적측정 절차와 기준을 준용한다. 도곽선 길이에 0.5mm 이상의 신축이 있는 측량결과도에 표시된 점유부분의 면적을 측정할 때에는 신축이 있는 도곽선의 좌·우 종선 길이의 평균값 Δx와 상·하 횡선 길이의 평균값 Δy를 측정한다. 정규 도곽선의 종선 길이 X와 횡선 길이 Y를 곱한 $(X \cdot Y)$를 $(\Delta x \cdot \Delta y)$로 나누어 보정계수를 계산한다. 신축이 있는 도면상에서 측정한 면적에 보정계수를 곱하여 보정면적을 산출한다. 도해측량결과도에 표시된 점유부분의 면적을 측정할 때에는 면적측정부를 사용한다. 수치측량결과도에 표시된 점유부분의 면적은 좌표면적계산법으로 측정하며 경계를 침범하여 타인 토지를 점유한 경우에 타인 토지 점유부분의 면적을 좌표면적계산법으로 측정하기 위해서는 점유한계선과 경계가 교차하여 생긴 교점의 좌표가 필요하며 그 좌표를 계산한 후 면적을 구한다.

5) 성과 정리

현지측량에 의해 측량준비도에 점유 한계점의 위치가 결정되면 그 측량성과를 측량준비도 상에 기재되어 있는 측정거리와 기하적 및 기타 표시사항을 정리하여 측량결과도 상에 나타난 점유현황을 기초로 점유면적을 측정한다. 그리고 현황구조물 도시방법에 의하여 위치 등을 판별할수 있도록 표시하여야 한다.

(3) 시설물 현황측량

시설물 현황측량은 토지에 부속되어 있는 각종 시설물과 필지의 경계 상호간의 위치관계를 결정하는 측량으로서 주로 다목적 관리에 필요한 시설물 등록 도면이나 대장을 작성하기 위해 실시하는 측량이다. 다목적 지적제도를 시행하고 있는 국가에서 토지에 부속된 각종 시설물 등록부를 작성하기 위해 광범위한 지역에 걸쳐 종합적으로 시설물 현황측량을 실시하는 것이 일반화되어 있다. 우리나라의 지적측량에서는 무허가 건축물의 양성화 또는 각종 시설물의 준공검사 등에 필요한 서류를 갖추기 위해 극히 한정된 범위의 시설 현황측량이 실시되고 있으나 일반적인 측량에서는 최근에 GIS S/W를 이용한 첨단측량장비를 이용해 많이 활용되고 있는 실정이다. 시설물현황측량은 시설물의 종류에 따라 지상 건축물현황측량과 지하 시설물현황측량으로 구분된다. 지상건축물 현황측량은 필지의 경계 내에 배치되어 있는 건축물의 위치현황을 확인하기 위해 실시하는 측량으로서, 건축물 자체의 형태나 구조를 확인하는 일반 건축물측량과는 달리 건축물의 현황선상에 있는 굴곡점들과 경계의 위치 상호 관계를 결정하고 건축물 현황도를 작성하는 측량이다.

1) 측량방법

시설물 현황측량을 실시하기 위해서는 미리 측량준비도를 작성하고 그 측량에 필요한 정보를 수집하는 작업은 측량대상 필지가 등록되어 있는 지적공부를 기초로 필요한 사항을 기재한 측량준비도를 작성한다. 그리고 측량대상 필지와 주변 필지의 등록과 관련된 자료를 근거로 측량할 지역내 기지점의 분포상태와 기타 작업 조건에 관한 정보를 수집한다. 시설물 관리 기관에서 필요한 자료를 구하여 시설물의 구조 등에 관한 정보를 수집한다. 지상측량 방법으로 시행할 경우에는 지적도나 임야도와 같은 도면에 등록되어 있는 경계를 기초로 실시하는 시설현황측량에서는 주로 평판측량 방법을 이용하여 도해적으로 시설물 현황선상에 있는 굴곡점들의 위치를 측정한다. 경계점좌표등록부에 좌표로 등록되어 있는 경계를 기초로 실시하는 시설 현황측량에서는 Theodolite 측량방법을 이용하여 수치적으로 시설물 현황선상에 있는 굴곡점들의 위치를 측정한다. 측정대상 지점까지 가까운 거리에 있는 2개의 확실한 기지점을 직접 이용할 수 있을 때에는 경계의 등록 형식과는 상관없이 지거측량방법을 사용하여 그 지점의 위치를 측정할 수도 있다. 항공사진측량 방법으로 시행할 경우에는 측량대상이 되는 시설물들이 넓은 지역에 걸쳐 분포되어 있을 경우에는 항공사진측량 방법을 이용하여 시설물 현황선 상에 있는 굴곡점들의 위치를 측정하는 것이 보다 경제적이다.

현지측량에서는 측량준비도상에 표시되어 있는 지적측량기준점 및 경계점들의 지상 위치변동 여부를 조사하고 위치변동이 없다고 확인된 기지점을 기초로 시설 현황선의 위치를 측정하는 작업은 지적측량기준점이나 경계점의 위치가 지상점의 위치와 정확히 일치하는지를 현형비교법, 거리비교법 등으로 확인하여 측량기점으로 이용할 기지점을 선정한다. 측량지역의 지형조건에 따라 필요한 경우에는 적당한 위치에 측량 기점으로 이용할 보조점을 설치하고 도선법 또는 교회법으로 그 위치를 측정한다. 측량대상이 되는 시설물의 외곽선 상에 있는 굴곡점을 선정하여 시설 현황선을 설정한다. 측량기점으로 선정된 기지점 또는 보조점에서 시설 현황선을 구성하는 각 지점들의 위치를 방사법 또는 지거법으로 측정한다. 측정된 시설 현황선 상에 있는 점들의 위치를 부근의 다른 기지점에 폐색시켜 그 측정의 정확성을 확인한다.

2) 성과 정리

현지측량에 의해 측량준비도상에 시설 현황선의 위치가 결정되면 그 측량 성과를 측량준비도상에 현지측량 작업에서 구한 측정거리, 측정점 위치 및 측량기하적과 기타 조사사항을 기재하여 측량결과도를 작성한다. 측량결과도에 나타난 내용을 기초로 필요한 시설물현황도를 작성하며 현황구조물 도시방법에 의하여 위치 등을 판별할 수 있도록 표시하여야 한다.

7.5.8 경계복원측량

경계복원측량은 지적공부에 등록이 되어 있는 경계점의 설정 위치를 지상에 복원하기 위해 실시하는 측량으로 복원할 경계점의 등록과 관련된 지적공부 및 측량성과 등의 자료와 지상에 설치되어 있는 지적측량기준점이나 기지 경계점을 기초로 복원하는 측량을 말한다. 그러므로 경계복원측량은 지적도나 임야도에 등록된 토지의 경계 또는 경계점좌표등록부에 등록된 좌표를 현지에 정확히 표시하여 일필지의 한계를 구분하여 표시하는 행정처분이라 할 수 있다. 1975년 지적법이 개정되기 이전에는 지적측량에 포함되지 않았으며 지적측량사들의 단순한 확인행위로 완료하였으나 토지경계 복원의 중요성과 민원 발생이 많은 것을 고려하여 지적측량에 의한 행정관청의 행정처분을 의미하는 정책변환을 시도하였다. 경계복원측량은 단순하게 지적공부상의 경계를 현지에 측설한 것 만으로서는 해결하기 어려운 경우가 많은 세부측량으로 경계를 인정하는 기술과 측량기술이 복합된 측량으로 일반적인 측량 기술만으로는 감당하기 어렵다는 점에 유의해야 한다. 경계복원측량은 지적도를 등사하고 소도를 작성하여 현지측량을 실시하는데 지적도에 등록된 경계위치를 정확히 복원하는 일은 쉽지 않다. 또한 경계복원은 경계점의 등록 과정을 재 추적하는 측량으로 법규정에 반드시 등록당시의 측량방법에 의하도록 하고 있으며 측량결과는 반드시 현지에 말목을 박아 표시하도록 되어있다.

경계복원측량은 경계점이 자연조건에 의해 멸실되거나 인위적 행위에 의해 인식이 불가능하게 된 토지 경계를 지상위치에 표시하기 위한 측량을 말한다. 이와 유사한 측량으로 경계감정측량이 있는데 이것은 토지분쟁이 있을 경우 법원에 민사사건으로 제소하면 법관의 요청에 의하여 경계확인 측량을 수행하는 것이다. 이 경우에는 현지에 경계를 표시하는 대신 측량성과도를 작성하여 감정도라는 이름으로 법원에 제출하여 소송수행의 증빙자료로서 이용된다. 경계복원은 지적공부에 등록된 토지의 경계를 토지소유자나 이해관계인의 신청에 의하여 지적측량에 의거 지표상에 복원하는 행위이다. 최초 경계등록 당시보다 측량기술, 측량방법, 측량사용기계가 발전됨에 따라 측량방법을 달리하면 동일한 경계점이라도 서로 다른 결과가 되고 상이하게 경계가 복원되므로 경계복원시에는 항상 등록당시의 지적측량 기준점을 감안한다.

토지조사사업 당시에는 삼각점, 삼각보조점, 도근점 등 기초측량에 의하여 일정한 측량기점을 정하고 도근점에 의하여 세부측량을 실시하여 토지의 경계선을 등록하였다. 또한, 6.25 동란과 그동안의 관리 소홀로 그 당시 매설된 도근점은 대부분 망실되었고 현재 사용하는 도근점은 후에 매설되었으므로 주위의 기지현황을 이용하여 측량을 할 경우와 새로 설치된 지적측량기준점에 의하여 측량할 경우 서로 측량성과에 차이가 발생하여 경계분쟁이 발생하기도 한다. 경계복원측량은 지적측량에 속하며 지적측량은 행정주체인 소관청이 행정공법인 지적법에 의하여 지적공부에 등록된 특정토지의 경계를 정하여 주는 행위로 측량의 실시는 행정주체인 소관청만이 실시할 수 있는 관계로 현재는 소관청의 지적측량업무를 대행하는 대한지적공사가 소관청의 지위에서 측량을 대행하여 처리하고 있다.

(1) 관련규정

1976년 개정 지적법시행령 제40조 "경계를 실지에 복원하기 위하여 행하는 측량은 등록할 당시의 측량방법과 동일한 방법으로 시행하여야 한다."에서 경계복원 측량방법을 최초로 법으로 규정하고 1986년 개정된 지적법시행령 제45조 "경계를 실지에 복원하기 위하여 행하는 측량은 등록할 당시의 측량방법과 동일한 방법으로 시행하여야 한다."에서 측량방법을 규정하였다. 1995년 개정된 지적법시행령 제45조제1항 "경계를 지표상에 복원하기 위한 경계복원측량에 있어서 경계를 지적공부에 등록할 당시에 거리측정착오 · 측량성과의 결정착오 또는 경계오인 등의 사유로 경계가 잘못 등록되었다고 판단될 경우에는 등록사항이 정정된 후 측량을 하여야 한다." 및 제45조의2 제1항 "경계복원측량을 신청하고자 하는 자는 경계복원측량사유를 기재한 신청서에 인접토지소유자의 측량참여동의서 또는 측량집행동의서를 첨부하여 대행법인에게 제출하여야 한다. 이 경우 인접토지소유자의 거부 또는 부재 등의 부득이한 사유로 인하여 측량참여동의서 또는 측량집행동의서의 첨부가 불가능한 때에는 그 사유서를 첨부하여야 한다."와 제2항 "대행법인이 경계복원측량을 완료한 때에는 지체없이 측량신청인에게 경계복원측량성과도를, 인접토지소유자에게는 경계복원측량성과도 사본을 송부하여야 한다. 이 경우 경계복원측량결과 복원된 경계점이 현황과 같을 경우에 인접토지소유자에게는 경계복원측량성과도 사본을 송부하지 아니한다."로 규정하였다.

그러나 1999년 개정된 시행령 제45조제2항 "지표상에 복원할 토지의 경계점에는 행정자치부령이 정하는 경계점표지를 설치하여야 한다. 다만, 건축물이 걸리거나 부득이하여 경계점표지를 설치할 수 없는 경우에는 그러하지 아니하다."에서 경계복원측량신청, 측량참여동의서, 측량성과도 및 측량성과도 사본을 송부하도록 규정하였으나 1999년 2월 26일 개정되면서 본 조항을 삭제하였다. 그러나 측량 · 수로조사 및 지적에 관한 법률 지적측량시행규칙 제24조 "경계점을 지표상에 복원하기 위한 경계복원측량을 하려는 경우 경계를 지적공부에 등록할 당시 측량성과의 착오 또는 경계 오인 등의 사유로 경계가 잘못 등록되었다고 판단될 때에는 지적법 제84조제1항에 따라 등록사항을 정정한 후 측량하여야 한다." 및 "경계복원측량에 따라 지표상에 복원할 토지의 경계점에는 경계점표지를 설치하여야 한다. 다만, 건축물이 경계에 걸쳐 있거나 부득이 하여 경계점표지를 설치할 수 없는 경우에는 그러하지 아니하다."와 같이 경계점 표지설치에 대한 규정을 두었다. 현행 지적사무처리규정 제52조 제2항 "측량성과도의 명칭은 경계복원측량성과도라 기재한다. 이 경우 경계점좌표등록부시행지역인 경우에는 명칭앞에 (좌표)라 기재한다." 및 제5항 "경계복원측량성과도를 작성하는 때에는 복원된 경계점과 측량대상토지의 점유현황선을 붉은색으로 표시하여야 한다. 이 경우 복원된 경계점은 직경 2~3mm의 원으로, 점유현황선은 점선으로 표시하여야 한다."에서는 경계복원측량성과도의 작성방법에 대해 규정하고 있다.

(2) 경계복원측량의 원리

경계복원은 원래대로 회복함이라는 복원의 원리를 기본으로 하여 토지가 하나의 독립된 필지로 지적공부에 등록이 될 당시에 설정했던 지상경계점의 원래 위치를 찾아내는 행위이다. 경계표지의 수학적 위치에 대한 원래 측량자의 측량성과는 그 경계의 위치에 관한 결정적인 증거로 용납이 되지 않으며, 진정한 원래의 경계표지에 대한 실제 물리적 증거만이 그 위치를 지배한다는 것이 법의 원리이다. 경계복원에서는 복원하여야 할 경계의 원래 지상위치가 바로 그곳이라는 것을 확실하게 증명해 줄 수 있는 결정적인 증거를 찾는 것이 무엇보다도 중요하고, 이러한 증거는 단순한 측량기법에 의해서 확보되는 것이 아니라 그 경계의 설정과 등록에 관련된 자료의 내용을 철저하게 재추적하여 확보가 될 수 있는 것이다.

(3) 측량작업

경계복원측량을 하기 위해서는 미리 지적 공부에 의하여 측량준비도를 작성하고, 경계의 등록 및 복원과 관련된 자료들을 조사하여 현지측량에 필요한 정보를 수집하는 작업은 다음과 같다.

① 측량 대상이 되는 필지가 등록되어 있는 지적도나 임야도 또는 경계점좌표등록부에 의하여 필요한 사항을 기재한 측량준비도를 작성한다.

② 복원대상이 되는 경계를 등록할 당시에 작성한 측량결과도의 내용을 조사하여 그 당시에 사용했던 측량방법 · 사용기지점 · 성과결정방법 등에 관한 정보를 수집한다.

③ 측량대상 필지와 인근 필지의 토지대장이나 임야대장의 등록내용을 조사하여 각 필지의 등록시기 · 등록사유 · 소유권 변경내역 등에 관한 정보를 수집한다.

④ 최근에 작성된 인근 필지의 이동측량결과도 또는 경계복원측량결과도의 내용을 조사하여 측량 대상지역내 기지점의 분포 상태나 구조물 배치 현황에 관한 정보를 수집한다.

(4) 기지점 조사 확인

현형과 비교하여 실시하는 경우에는 복원 대상이 되는 경계를 시준할 수 있는 위치에 평판을 세우고 그 도상위치를 정한 후 임의 방향(전신주 등)에 평판을 표정한다. 기지점의 분포 상태가 불량한 경우에 대비하여 적당한 곳에 보조점을 설치하고 도선법 또는 교회법으로 그 도상위치를 결정한다. 평판을 세운 점에서 주위에 현존하고 있는 지상의 경계점들을 방사법으로 측정하여 그 도상위치를 결정한다. 도상에 정해진 경계점들 상호간을 직선으로 연결하여 경계선을 그린다. 측량준비도를 작성할 때 사용하였던 등사도를 현황도에 중첩시켜 두 도면상의 위치가 일치하는 기지점들을 찾아낸다. 찾아낸 기지점의 측량준비도상 위치에 별도 표시(Δ 또는 ◎)를하여 다른 점들과 구별을 하고 거리를 비교하여 실시하는 경우에는 지상 위치의 변동이 없다고 생각되는 3개 이상의 지적측량 기준점 또는 경계점을 선별한다. 선별된 점들 상호간의 도상거리 또는 계산거리를 축척을 사용하거나 좌표 역계산에 의해 구한다. 줄자나 광파측거기를 사용하여 선별된 점들 상호간의 지상거리를 측정한다. 측정된 지상거리와 그에 대응하는 도상거리 또는 계산거리를 비교하여 일치하는 기지점을 찾아낸다. 그러나 최근에는 사용하지 않고 있으며 측정점위치설명도를 활용하는 방법을 이용하고 있다.

(5) 현지측량

지적공부에 등록이 되어 있는 경계를 지상에 복원하기 위해 경계복원측량을 실시할 때에는 측량에서 발생될 수 있는 각종 오차를 고려하여 그 경계를 등록할 당시의 측량방법에 따르는 것이 원칙이며 여기서, 등록 당시의 측량방법이란 단순히 해당 경계를 등록할 당시에 사용한 측량 장비만을 의미하는 것이 아니라 경계를 등록하기 위해 사용했던 측량기준점이나 위치 결정방법 등을 그대로 사용하는 것을 의미한다. 지적공부에 등록이 되어 있는 경계가 등록 당시의 거리측정 착오, 측량성과의 결정착오 또는 경계오인 등의 사유로 잘못 등록되었음이 판명된 때에는 그 등록 사항을 정정한 후 정정된 내용으로 경계복원측량을 한다. 중복 등록되어 있는 경우에는 동일한 지상의 경계가 축척이 다른 도면에 각각 등록이 되어 있을 때에는 축척이 큰 도면에 등록된 내용에 따라서 경계복원측량을 한다.

지적도나 임야도에 등록된 경계를 복원할 때에는 평판측량방법 또는 지거측량방법으로 경계점의 복원위치를 지상에 측설하고 경계점좌표등록부에 등록된 경계를 복원할 때에는 경위의측량방법 또는 지거측량방법으로 경계점의 복원위치를 지상에 측설한다. 현지측량에서는 측량준비도에 표시되어 있는 지적측량기준점 및 경계점들의 지상 위치 변동 여부를 조사하여 도상위치와 지상위치가 정확히 일치하는 기지점을 확인하고 기지점을 측량기지점으로 하여 복원할 경계점의 위치를 지상에 측설한 후 경계표지를 설치하는 작업 과정은 다음과 같이 실시한다.

① 측량준비도상의 지적측량기준점이나 경계점의 위치가 지상에 있는 대응점의 위치와 일치하는지 여부를 현형비교법 · 거리비교법 등으로 조사 확인하여 측량기점으로 이용할 기지점을 선정한다.

② 측량지역의 지형에 따라 필요한 경우에는 선정된 기지점을 기초로 도선법, 교회법 등을 사용하여 적당한 위치에 측량기점으로 이용할 보조점을 정한다.
③ 측량기점으로 선정된 기지점 또는 보조점과 복원할 경계점 사이의 도상에서 구한 거리와 방향(각)을 기초로 방사법 또는 지거법을 사용하여 복원할 경계점의 지상 위치를 측설한다.
④ 지상에 측설된 경계점의 위치를 다른 기지점에 폐색시켜 그 측량성과의 정확성을 확인하고, 지상에 남아 있는 경계표의 흔적과 같은 실제 물리적 증거와 비교하여 별다른 문제가 없으면 그 측설 위치에 경계표지를 설치한다.

(6) 복원위치 결정

등록 관련 자료조사에서 확보한 정보와 경험적 지식을 토대로 지상에 남아 있는 원래 경계표의 잔여 흔적과 같은 실제 물리적 증거를 찾는다. 새로이 측설한 경계점의 위치가 실제 물리적 증거를 기초로 추정할 수 있는 원래 경계점의 위치와 일치하는지 확인한다. 복원위치와 추정위치가 일치한다는 것이 확인되면 새로이 복원한 경계점의 지상 위치에 경계점 표지를 설치하여 복원위치를 결정한다. 물리적 증거에 의해 두 지점이 일치하지 않고 차이가 적을 경우에는 실제 물리적 증거를 기초로 복원위치를 결정하고 차이가 클 경우에는 그 경계를 등록할 당시의 측량 성과를 재검토하여 오류 사항이 있을 경우 정정한 후 다시 측설 작업을 한다.

평판에 도해측량준비도를 부착하여 별도 표시가 되어 있는 기지점 중 한 점과 대응하는 지상점에 평판을 세운다. 평판을 세운 점과 다른 기지점을 연결하는 방향선상에 앨리데이드를 올려놓고 해당 기지점을 시준하여 평판을 표정한다. 평판을 세운 점에서 시준이 가능한 복원 대상 경계점까지의 거리를 도상에서 축척을 사용하여 구하며 평판을 세운 점과 복원할 경계점을 연결하는 방향선상에 앨리데이드를 올려놓는다. 앨리데이드의 시준선상에서 평판을 세운점과 복원할 경계점 간 거리에 해당하는 지점을 찾아서 경계점의 지상위치를 측설하며 측설된 경계점의 지상 위치를 다른 기지점에 폐색시켜 확인하고 오차가 있으면 그 위치를 조정한다. 기지점에서 직접 경계점을 측설하는 것이 불가능한 경우에는 적당한 곳에 보조점을 정하고 기지점을 기초로 도선법 또는 교회법을 사용하여 그 도상 위치를 결정한 후 보조점에 평판을 세워 반복하여 작업을 진행한다.

7.6 수치세부측량

수치세부측량은 경위의 측량방법에 의하여 토지의 형태와 위치를 수치화하는 측량이며 주로 도시계획에 의한 도시개발사업과 도시정비사업 및 축척변경 사업지구 등의 지역에서 새로이 지적확정측량을 실시할 경우에 실시하였으나 근래에는 경지정리지구나 대단위 택지개발지구 등에서 수치측량을 실시한다. 수치세부측량은 일반적인 일필지를 등록하기 위한 토지의 이동정리를 위한 수치이동측량으로 분류할 수 있다. 수치세부측량은 도해법에 의한 세부측량보다도 정밀도가 높고 작업방법이 복잡하여 착오를 일으키기 쉬우므로 경계점을 결정하는데 신중하게 실시하여야 한다. 수치이동측량은 경계점좌표등록부를 시행하고 있는 지역 내에 이동이 있을 때 실시하는 세부측량으로 토지분할이나 경계선을 정정할 경우에 실시하고 있다. 이는 대개 현장에 고정물대로 측량하는 경우와 공지로 되어 있어 소유자가 요구하는 거리나 면적 등을 맞추어 측량하기도 한다. 우리나라의 세부측량은 전부 도해측량의 방법으로 실시되어 진행하여 오다가 1975년 12월 31일 지적법의 전문 개정에 따라 처음으로 수치측량이 도입되었다.

7.6.1 수치측량의 기본 원리

수치측량의 기본 원리는 기준점으로부터 거리와 방위각을 측정하여 좌표를 계산하는 것으로 각과 거리를 측정하는 기계 · 기구로 구분할 수 있다. 최근에는 각과 거리를 손쉽게 측정할 수 있는 Total Station에 의하여 쉽고 능률적인 업무처리 방법이 실시되고 있다. 지적측량에서 사용되는 좌표는 주로 극좌표와 직각좌표를 사용하고 극좌표는 두 점사이의 위치 관계를 거리와 방위각으로 표시하는 것을 말하고 직각좌표는 점의 위치를 평면직각종횡선 수치로 표시하는 것을 말한다. 극좌표는 직각좌표로 표시할 수 있고 직각좌표는 점의 위치를 극좌표로 바꾸어 표시할 수 있다.

(1) 직각좌표의 계산

평면상에서 A점으로부터 방위각 V, 거리 S 만큼 떨어져 있는 B점의 좌표를 구하려면 방위각과 거리를 측정하여 종 · 횡선차는 $\Delta x = S \cdot \cos V$, $\Delta y = S \cdot \sin V$로 계산하며 A점을 이용하여 B점의 직각좌표(종횡선 좌표)를 계산하는 식은 $B_X = A_X + \Delta x$, $B_Y = A_X + \Delta y$와 같다. 여기서 Δx : 종선차, Δy : 횡선차, S : 측정 거리, V : 방위각이다.

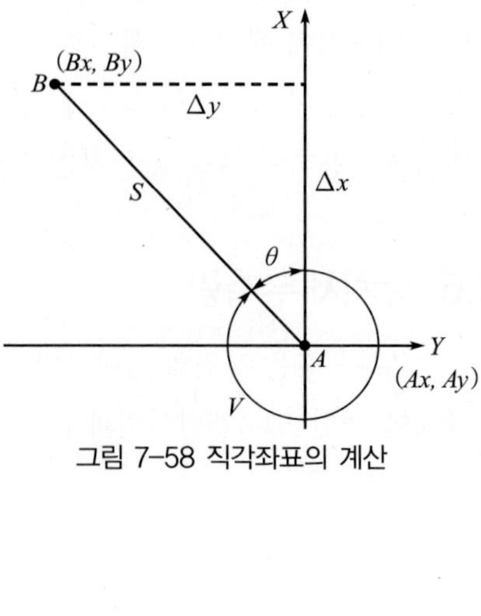

그림 7-58 직각좌표의 계산

예제 7.1 그림 7-58의 A점의 좌표가 X=2,000m, Y=2,000m이고 B점까지의 거리가 100m, 방위각이 300°00′00″일 경우 B점의 좌표를 계산하시오.

풀이 $\Delta x = 100 \times \cos 300° 00' 00'' = 50.766\text{m}$

$\Delta y = 100 \times \sin 300° 00' 00'' = -86.156\text{m}$

$Bx = 2{,}000 + 50.766 = 2{,}050.766\text{m}$

$By = 2{,}000 + (-86.156) = 1{,}913.844\text{m}$

(2) 극좌표의 계산

극좌표는 두 점간의 위치를 방위각과 거리로 표시하는 것으로 두 점의 좌표 $A(Ax, Ay)$, $B(Bx, By)$로서 $\Delta x = B_X - A_X$, $\Delta y = B_Y - A_Y$와 같이 계산한 후 거리를 계산한다.

$S = \sqrt{\Delta x^2 + \Delta y^2} = \Delta x \div \cos V = \Delta y \div \sin V$이며 방위각의 계산방법은 $\theta = \tan^{-1}\dfrac{\Delta y}{\Delta x}$에 의하여 각 상한별로 θ각을 계산하여 표 7.4와 같이 방위각 V를 계산한다.

표 7.4 상한별 방위각의 계산

상 한	종선차	횡선차	방위각(V)
I 상한	+	+	θ각
II 상한	−	+	$180-\theta$
III 상한	−	−	$180+\theta$
IV 상한	+	−	$360-\theta$

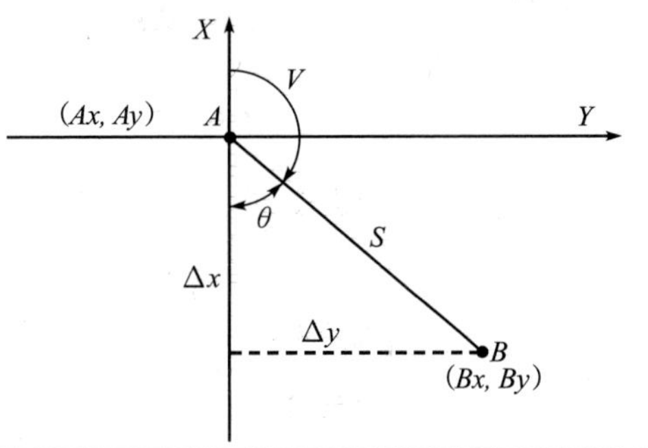

예제 7.2 A점의 좌표 Ax = 1,000m, Ay = 1,000m, B점의 좌표 Bx = 900m, By = 1,050m 일 때 A→B의 방위각과 거리는?

풀이 $\Delta x = B_X - A_X = 900 - 1{,}000 = -100\text{m}$ $\quad \Delta y = B_Y - A_Y = 1{,}050 - 1{,}000 = 50\text{m}$

$\theta = \tan^{-1}\dfrac{\Delta y}{\Delta x} = \tan^{-1}\dfrac{50}{100} = 26° 33' 54''$에 의하여 θ각을 계산하고 2상한이므로

방위각 $= 180° - \theta = 153° 26' 06''$

거리$(S) = \sqrt{\Delta x^2 + \Delta y^2} = \sqrt{100^2 + 50^2} = 111.80\text{m}$

7.6.2 수치분할측량

수치세부측량은 기준점으로부터 현황을 측정하여 경계점의 좌표를 결정하는 것이지만 수치이동측량은 지적공부에 등록된 토지를 기준으로 실시하여 측량한 결과를 조건에 맞도록 수정과 조정이 필요하다. 수치분할측량의 기준, 방법, 측량준비도 작성, 측량결과도 작성, 현지 측량방법 등은 도해세부측량과 같다. 기존의 경계점좌표등록부를 비치하는 지역의 경계점에 접속하여 Theodolite 측량방법 등으로 지적확정측량을 하는 경우 동일한 경계점의 측량성과가 서로 다른 때에는 경계점좌표등록에 등록된 좌표를 그 경계점의 좌표로 본다. 이 경우 동일한 경계점의 측량성과 차이는 경계점좌표등록부 시행지역에서 0.10m 이내이어야 한다. 수치세부측량의 기준은 거리측정 단위는 1cm로 하며 측량결과도는 해당 토지의 지적도 또는 임야도와 동일한 축척으로 작성하며 도시개발사업 시행지역과 축척변경시행지역은 1/500, 농지의 구획정리시행지역은 1/1,000로 하되, 필요한 경우에는 1/6,000까지 작성할 수 있다. 토지의 경계가 곡선으로 이루어진 경우에는 가급적 현재 상태와 동일하도록 경계점을 측정하여 연결하며 이 경우 직선으로 연결하는 중앙종거의 길이는 5cm내지 10cm로 한다.

(1) 수치세부측량 준비

1) 준비작업

수치세부측량을 실시하려면 경위의 및 토털스테이션 등으로 각을 측정할 수 있는 기계와 거리를 측정할 수 있는 광파기 및 줄자 등을 준비한다. 측량할 지역의 기준점 등을 조사하여 점의 망실 또는 위치의 변동 유무를 조사하며 측량원도 용지를 준비하고 기존의 지적도 축척에 의하여 제호, 색인표, 도곽선 및 도곽선 수치 등을 기록하고 지적도근점과 대상지의 좌표 등을 전개하여 측량준비도를 작성하고 관측부 및 계산부 양식 등을 준비한다.

예제 7.3 아래 표의 값을 이용하여 각 필계점의 X, Y 값을 계산 하시요.

측 점	시준점	수평거리	방 위 각	X	Y
도근 48	도근 49		22° 49′ 25″	5241.11	6795.30
	1-12	76.15	26° 47′ 07″	5309.09	6829.62
	1-6	9.70	88° 23′ 37″		
	1-11	23.50	97° 50′ 01″		
	2-7	30.87	114° 13′ 07″		
	2-1	10.26	135° 19′ 40″		
	지-1	3.90	330° 08′ 51″		
	지-2	54.36	16° 48′ 45″	5293.15	6811.02

예제 7.4 아래 표를 이용하여 빈칸에 도근점 61번과 각 점간의 거리와 방위각을 계산하시오.

점 명	X	Y	거 리	방 위 각
도근 61	8219.08	6433.41		
1	8342.15	6562.60	178.43	46°23′23″
2	8234.72	6597.00		
3	8164.77	6643.98		
4	8107.25	6527.25		
5	8128.44	6441.23		
6	8208.22	6299.23		
7	8288.17	6301.29		
8	8319.62	6414.66	102.27	349°26′10″

2) 측량준비도 작성

측량준비도는 기존의 수치지역의 지적도 축척에 의하여 작성하고 제호, 색인표, 도곽선 및 도곽선 수치 등을 기록하며 기준점과 대상지의 필계점 좌표 등을 전개하여 준비도를 작성한다. 기존의 경계점좌표등록부와 지적도를 기준으로 측량대상 토지 및 인근 토지의 경계와 경계점의 좌표 및 부호도 · 지번 · 지목, 행정구역선과 그 명칭, 지적측량기준점 및 그 번호와 지적측량기준점 간의 방위각 및 그 거리, 경계점 간 계산거리, 도곽선과 그 수치, 지적측량기준점 간 거리 및 방위각은 붉은색으로 작성하여야 하며 전산정보처리조직에 의하여 작성할 수 있다.

그림 7-60과 같이 경계점좌표등록부 시행지역의 96번지 토지를 측량하고자 할 경우 준비도를 작성하기 위한 작업방법은 다음과 같다. 단, 실시지역의 지적도근점의 좌표는 38(5150.00, 6025.00), 39(5225.00, 6151.00)이다.

① 지적도근점 38과 39에 대한 방위각과 거리 계산

$$\Delta x = B_X - A_X = 5225.00 - 5150.00 = +75.00\text{m}$$

$$\Delta y = B_Y - A_Y = 6151.00 - 6025.00 = +126.00\text{m}$$

$$V = \tan^{-1}\frac{126}{75} = 59°14'14''$$

$$L = \sqrt{126^2 + 75^2} = 146.63\text{m}$$

② 측량준비도에 지적도근점 38과 39의 좌표 전개 및 제도를 실시한 후 경위의를 지적도근점 38에 설치하고 측점란에 38, 시준점란에 39라고 기재한다.

③ 필계점의 측정순서는 지적도근점으로부터 우측으로 96−1, 96−2, 96−3, 96−4의 순으로 측정하여 시준점란에 기재하고 관측각 란은 1배각 또는 2배각을 기재하여 평균란에 2배각에 대한 평균각을 기재한 후 측정거리란에는 2회 측정하여 각각 기재하고 평균거리를

기재한다.

④ 관측작업을 완료한 후 계산순서는 방위각 란에는 기지 방위각의 값을 기재하고 각 필계점에 대한 관측 평균각을 합하여 각 측점에 대한 방위각으로 기재한다.

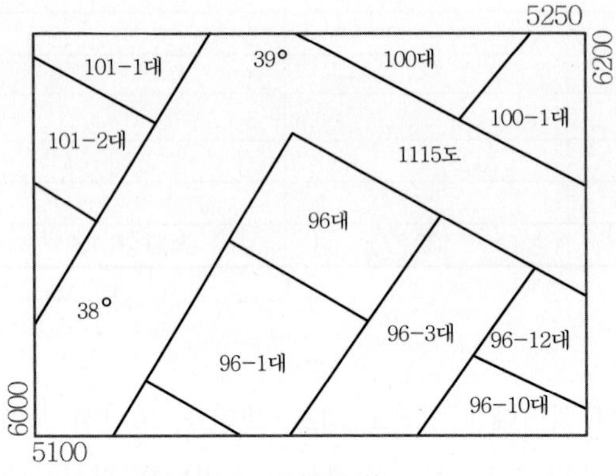

그림 7-59 세부측량지역의 지적도

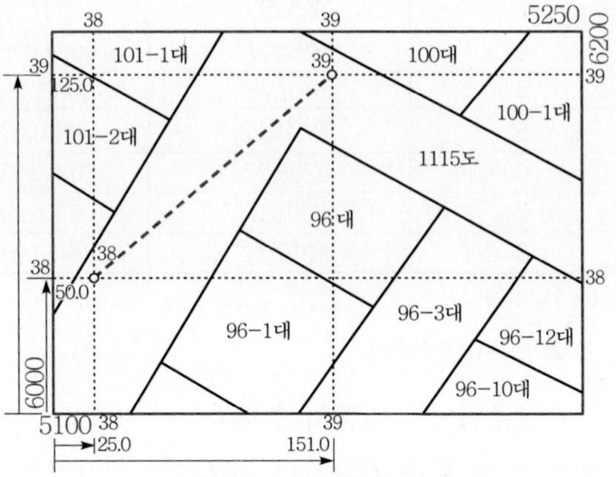

그림 7-60 수치세부측량 준비도

(2) 수치세부측량 방법

경계점좌표등록부를 비치하는 지역 안에 미리 각 경계점에 표지를 설치하여야 하며 각 필지의 경계점을 측정하는 때에는 도선법 · 방사법 또는 교회법에 의하여 좌표를 산출하여야 한다. 관측은 20초독 이상의 정밀 경위의를 사용하며 수평각 관측은 1대회의 방향 관측법이나 2배각의 배각법에 의하되 방향 관측법인 경우에는 1측회로 관측하되 폐색할 필요가 없다. 연직각의 관측은 정 · 반으로 1회 관측하여 그 교차가 5분 이내인 때에는 그 평균값을 연직각으로 하며 분 단위로 읽는다. 수평각의 측각공차는 1방향각의 공차는 60초 이내, 1배각과 2배각의 평균값에 대한 교차는 40초 이내로 한다. 경계점의 거리측정은 2회 측정하여 그 측정값의 교차가 평균값의 1/3,000이하인 때 그 평균값을 점간거리로 하고 경사거리는 수평거리로 계산하여야 한다. 계산방법은 각은 초단위 변장과 좌표는 cm단위로 하며 진수는 5자리 이상으로 한다. 경계점좌표등록부를 비치하는 지역의 경계점에 접속하여 Theodolite 측량방법 등으로 지적확정측량을 하는 경우 동일한 경계점의 측량성과가 서로 다른 때에는 경계점좌표등록부에 등록된 좌표를 그 경계점의 좌표로 본다. 이 경우 동일한 경계점의 측량성과의 차이는 10cm 허용범위 이내이어야 하고 수평각의 관측은 1대회의 방향관측법이나 2배각의 배각법에 의한다.

수치세부측량 기하적은 Theodolite 측량방법으로 세부측량을 하는 경우 측량 대상토지에 지상구조물 등이 있는 경우와 새로이 설정한 경계에 지상건물 등이 걸리는 경우에는 도시계획선을 분할하는 경우를 제외하고 그 위치현황을 표시하여야 한다. 측량결과도의 제명, 축척, 지번, 지목 및 도곽선수치 등에 필요한 사항은 레터링으로 기재하고 방향각 관측법으로 필계점을 관측한 경우 기재요령은 표 7.5와 같다.

표 7.5 방향각관측법에 의한 필계점 관측

측점	시준점	윤곽도	경위	방향각 평균	결 과	관측평균	거리
TP 16	TP 17	0°	정	0°00′00″	00° 00′00″	0°00′00″	
	P			38°26′47″	38°26′47″	38°26′45″	8.322
	Q			75°43′40″	75°43′40″	75°43′39″	5.852
	Q			255°43′38″	255°43′38″		
	P			218°26′43″	218°26′43″		

(3) 계산

측량 대상지역의 준비도를 작성하고 기준점의 성과를 확인한 후 등록된 경계점좌표등록부에 의하여 좌표면적을 확인하고 점간거리 및 방위각을 계산한 후 현지에서 기준점에 기계를 세우고 기지점을 표정하여 분할점을 방향관측법 또는 배각법에 의하여 측정한다. 측정한 분할점은 직각좌표로 계산하여 전개하면 기 등록된 필지의 경계선과 불일치하므로 교차 계산방법에 의하여 기 등록된 필계선과 일치하도록 새로운 경계점을 수정하여 계산한다. 표 7.6의 필계점 좌표계산에서 도근점측량부와 평균 각도 및 거리를 이용하여 P, Q점의 좌표를 계산한다. 이때 기지방위각 16과 17은 이기하고 각 관측과 거리는 관측 평균값과 거리를 이기하여 P, Q에 대한 방위각과 종횡선 좌표를 계산한다.

표 7.6 필계점 좌표 계산

측점	시준점	관측각	수평거리	방위각	종선좌표(m)	횡선좌표(m)
16	17	° ′ ″		354°17′22″	3.00	2.00
	P	38°26′45″	8.32	32°44′07″	10.00	6.50

필계점 1−2 및 필계점 4−3과 $Q-P$와의 방위각을 계산한다.

$\Delta x = X_2 - X_1 = 12-10 = +2$ $\Delta x = X_3 - X_4 = 7-5 = +2$

$\Delta y = Y_2 - Y_1 = 9-3 = +6$ $\Delta y = Y_3 - Y_4 = 12-4 = +8$

$V = \tan^{-1}\frac{6}{2} = 71°33'54'' = \alpha_1$ $V = \tan^{-1}\frac{8}{2} = 75°57'50'' = \alpha_2$

$\Delta x = X_P - X_Q = 10-5 = +5$ $\Delta y = Y_P - Y_Q = 6.5-7.5 = -1$

$\theta = \tan^{-1}\frac{1}{5} = 11°18'36''$

$V = 360° - 11°18'36'' = 348°41'24'' = \beta$

측정된 Q점과 방위각(β), 필계점 번호 1번과 방위각 α_1, 필계점 4번과 방위각 α_2를 이용하여 점 A와 B의 좌표를 계산한다.

1에서 A의 거리

$$S_1 = \frac{\Delta y\ \cos\beta - \Delta x\ \sin\beta}{\sin(\alpha_1 - \beta)} = \frac{(7.5-3)\cos348°41'24'' - (5-12)\sin348°41'24''}{\sin(71°33'54'' - 348°41'41'')} = 3.459\text{m}$$

4에서 B의 거리

$$S_2 = \frac{\Delta y\ \sin\beta - \Delta x\ \sin\beta}{\sin(\alpha_2 - \beta)} = \frac{(7.5-4)\cos348°41'24'' - (5-5)\sin348°41'24''}{\sin(75°57'50'' - 348°41'24'')} = 3.436\text{m}$$

좌표 계산

$Ax = (1)x + S_1 \cdot \cos\alpha_1 = 10 + 3.459 \times \cos71°33'54'' = 11.094\text{m}$

$Ay = (1)y + S_1 \cdot \sin\alpha_1 = 3 + 3.459 \times \sin71°33'54'' = 6.281\text{m}$

$Bx = (4)x + S_2 \cdot \cos\alpha_2 = 5 + 3.436 \times \cos75°57'50'' = 5.833\text{m}$

$By = (4)y + S_2 \cdot \sin\alpha_2 = 4 + 3.436 \times \sin75°57'50'' = 7.333\text{m}$

그림 7-61에서와 같이 4점 교차점 계산은 4개의 점 A, C와 B, D에서 AC직선과 BD직선이 만나는 점을 P라고 할 때 P점의 위치를 계산하기 위한 식은 다음과 같다.

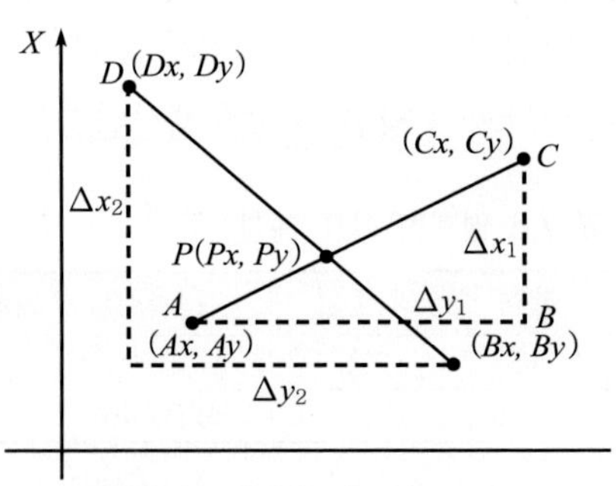

그림 7-61 4점 교차 계산

$\Delta x_1 = Cx - Ax$ $\Delta y_1 = Cy - Ay$

$\alpha = \tan^{-1}\frac{\Delta y_1}{\Delta x_1}$

$\Delta x = Bx - Ax$ $\Delta y = By - Ay$

$\Delta x_2 = Dx - Bx$ $\Delta y_2 = Dy - By$

$\beta = \tan^{-1}\frac{\Delta y_2}{\Delta x_2}$

$Px = Ax + S_1 \cdot \cos\alpha$ $Py = Ay + S_1 \cdot \sin\alpha$

$S_1 = \frac{\Delta y \cdot \cos\beta - \Delta x\ \sin\beta}{\sin(\alpha - \beta)}$의 공식에 의하여 P점의 좌표를 계산한다.

예제 7.5 그림과 같이 4점의 좌표를 갖는 AC직선과 BD직선이 교차하는 P점의 좌표를 계산하시오 (단, Ax = 2, Cx = 10, Bx = 3, Dx = 7, Ay = 3, Cy = 15, By = 18, Dy = 6이다).

$\Delta x_1 = 10-2 = +8\text{m}$

$\Delta y_1 = 15-3 = +12\text{m}$

$\alpha = \tan^{-1}\dfrac{12}{8} = 56°\,18'\,36''$

$\Delta x_2 = 7-3 = +4\text{m}$

$\Delta y_2 = 6-18 = -12\text{m}$

$\theta = \tan^{-1}\dfrac{12}{4} = 71°\,33'\,54''$

$\Delta x = 3-2 = +1\text{m}$

$\Delta y = 18-3 = +15\text{m}$

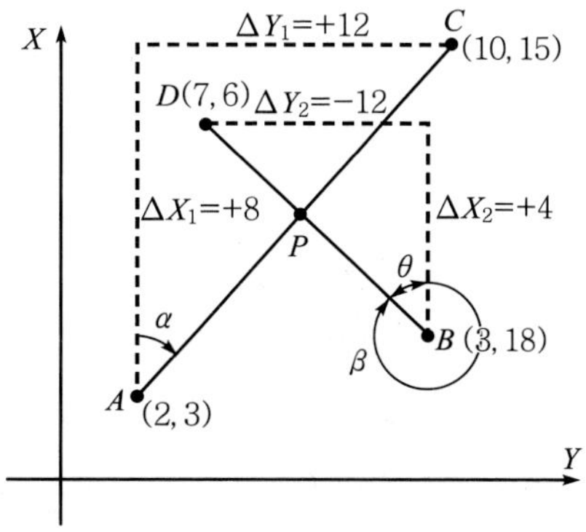

$$S_1 = \frac{15\times\cos 288°\,26'\,06'' - 1\times\sin 288°\,26'\,06''}{\sin(56°\,18'\,36'' - 288°\,26'\,06'')} = 7.211\text{m}$$

$Px = 2 + 7.211\times\cos 56°\,18'\,36'' = 6\text{m}$

$Py = 3 + 7.211\times\sin 56°\,18'\,36'' = 9\text{m}$

예제 7.6 기지점 A, C 및 B, D점의 좌표가 표와 같을 때 교차점(P)의 좌표를 계산하시오.

① 점 A와 점 C를 이용하여 Δx_1과 Δy_1을 계산하고 방위각(α)를 계산한다.

② 점 B와 점 D를 이용하여 Δx_2와 Δy_2를 계산하고 방위각(β)을 계산한다.

점명	X(m)	Y(m)
D	4933.98	7751.10
B	4878.50	7887.06
C	4923.07	7893.26
A	4880.72	7740.62

③ 점 A와 점 B를 이용하여 Δx와 Δy를 계산하고 점 A로 부터 P점까지의 거리 S를 계산한다.

④ 점 A와 거리(S), 방위각(α)을 이용하여 P점의 X, Y값을 계산한다.

(4) 측량결과도 작성

Theodolite 측량방법으로 세부측량을 한 때에는 측량결과도 및 측량계산부에 그 성과를 기재하되, 측량결과도에는 측량준비도의 기재사항, 측정점의 위치(측량계산부의 좌표를 전개하여 기재), 지상에서 측정한 거리 및 방위각, 측량대상 토지의 경계점간 실측거리, 측량대상 토지의 이동전 지번과 지목을 붉은 2선으로 말소, 측량결과도의 제명 및 번호(연도별)와 지적도의 도면번호, 신규등록 또는 등록전환하고자 하는 경계선 및 분할경계선, 측량대상 토지의 점유현황선 등이다. 그리고 측량 및 검사의 연월일, 측량자 및 검사자의 성명 · 소속 및 자격등급을 기재하여야 한다. 도시개발사업 등의 시행지역과 축척변경시행지역은 1/500, 농지의 구획정리시행지역은 1/1,000로 하되, 필요한 경우에는 미리 시 · 도지사의 승인을 얻어 1/6,000까지 작성할 수 있다.

측량대상 토지의 경계점 간 실측거리와 경계점의 좌표에 의하여 계산한 거리의 교차는 $3+\frac{L}{10}$ = cm 이내이어야 하며 L은 실측거리로서 m단위로 표시한 수치를 말한다. 그림 7-62의 수치분할측량도와 같이 계산하되 A, B점의 좌표를 전개하고 A점은 직선 1−2선상에 B점은 직선 3−4선상에 있는지를 확인하고 도면상에서 점간거리 3.439m와 3.436m을 확인하여 측량결과도의 정확 여부를 검사한다.

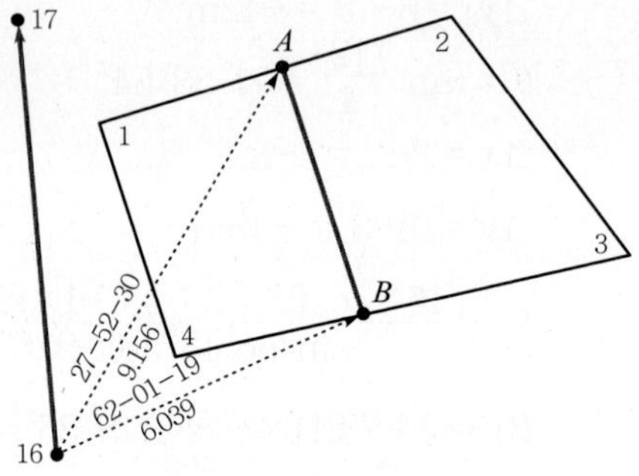

그림 7-62 수치분할 측량결과도

예제 7.7 그림의 토지를 PQ인 경계선으로 분할할 경우 측량 및 계산과 제도를 순서에 따라 진행하시오

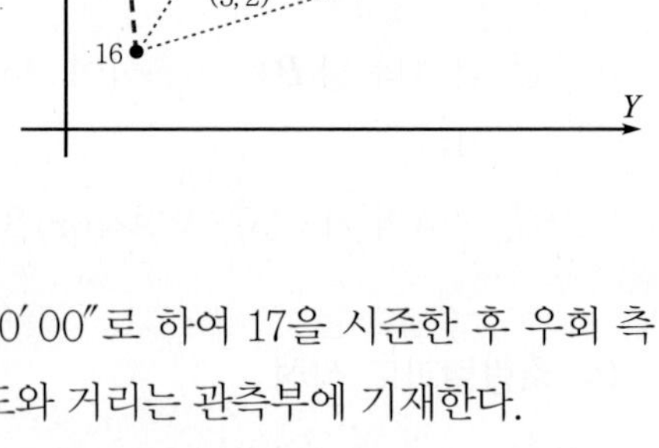

① P, Q의 경계점을 정한 후 지적도근점 16번과 17번을 이용 2점간의 방위각과 거리를 계산한다.

ΔX = (17)X−(16)X = 13−3 = +10m

ΔY = (17)Y−(16)Y = 1−2 = −1m

$\theta = \tan^{-1}\frac{1}{10} = 5°\,42'\,38''$

$V_{16}^{17} = 60° - 5°\,42'\,38'' = 354°\,17'\,22''$

② 지적도근점 16에 경위의를 세우고 윤곽도를 0° 00′ 00″로 하여 17을 시준한 후 우회 측정하여 이미 지정한 경계점 P, Q를 관측하며 각도와 거리는 관측부에 기재한다.

예제 7.8 필계점 좌표와 지적도근점 45, 46을 이용하여 P, Q의 경계점을 관측하여 측량결과도를 작성하시오.

점 명	X(m)	Y(m)	점 명	X(m)	Y(m)
TP45	4892.08	7545.13	2	4919.53	7632.61
TP46	4939.00	7551.61	3	4914.86	7626.90
1	4934.33	7553.99	4	4897.24	7548.87

측점	시준점	관측각	수평거리(m)	방위각	X(m)	Y(m)
TP45	TP 46			7° 51′ 48″	4892.08	7545.13
〃	P	46° 19′ 35″	57.37			
〃	Q	63° 48′ 38″	45.00			

표 7.7 필계점좌표 계산

측점	시준점	관 측 각		측정거리(m)		방위각	좌 표	
		1배각 2배각	평균	1회 2회	평균		X(m)	Y(m)
38	39				2400.00	6025.00		
	96-1	12° 36′ 35″	12° 36′ 37″	80.25	80.24	71° 50′ 51″	2425.00	6101.25
		25° 13′ 14″		80.23				
	96-2	30° 01′ 08″	30° 01′ 15″	127.02	127.01	89° 15′ 29″	2401.64	6152.00
		60° 02′ 30″		127.00				
	96-3	51° 29′ 50″	51° 29′ 55″	107.36	107.34	110° 44′ 09″	2362.00	6125.39
		102° 59′ 50″		107.32				
	96-4	55° 40′ 35″	55° 40′ 30″	56.12	56.10	114° 54′ 44″	2376.37	6075.88
		111° 21′ 00″		56.08				

각 필지의 경계점 측점번호는 왼쪽위에서부터 오른쪽으로 경계를 따라 아라비아숫자로 일련번호를 연속하여 부여한다. 표 7.7에서 계산된 점의 좌표를 그림 7-63과 같이 측량결과도에 전개하고 제도하여 측량결과도를 작성한다.

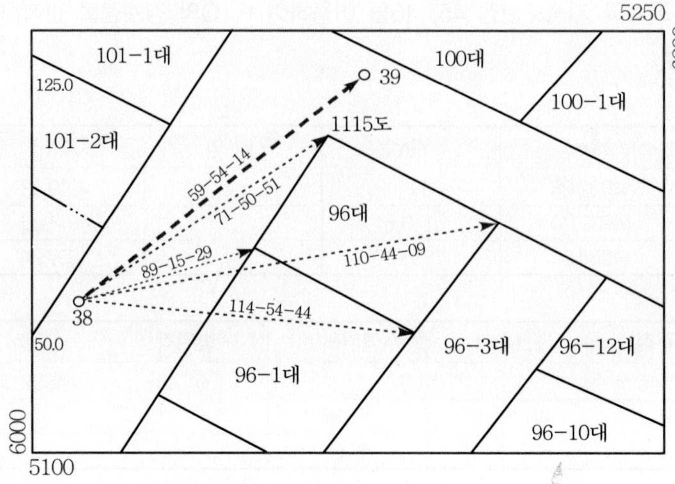

그림 7-63 수치세부측량결과도

(5) 좌표면적계산

수치측량지역은 좌표면적계산법에 의하여 계산하고 있으며 좌표면적계산은 일반양식과 전산양식으로 되어있다. 전산양식은 일반양식에서 좌표만 기재하고 전산 프린터용지를 붙이고 있으나 분할 등 간단한 경우는 일반양식을 많이 사용하고 있다.

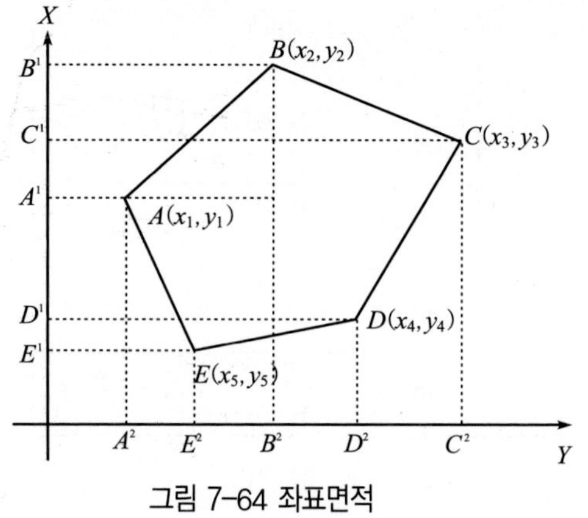

그림 7-64 좌표면적

면적측정부는 지구면적측정부, 가구면적측정부, 필지면적측정부 등으로 구분하도록 되었으며 가구면적측정부는 집계표를 만들어 지구면적과 비교하고 필지면적 집계는 가구면적과 비교하여야 한다. 좌표면적계산법은 다각형의 굴곡점의 *X*, *Y*좌표를 이용하여 면적을 결정하는 방법으로 최신장비에 의해 측량하는 지역은 이 방법을 이용하는 것이 가장 정확도가 높은 방법이라 할 수 있으며 최근에는 모두 컴퓨터를 활용하여 면적을 산출하는 방법이 널리 이용되고 있으며 좌표면적 계산공식은 다음과 같다.

그림 7-64에서 다각형 $ABCDE$의 면적을 F라 하면

$$F = \square BCC'B' + \square CDD'C' + \square DEE'D' - \square BAA'B' - \square AEE'A' = \frac{1}{2}B'C'(B'B+C'C)+\frac{1}{2}C'D'(C'C+D'D)+\frac{1}{2}D'E'(D'D+E'E)-\frac{1}{2}B'A'(A'A+B'B)-\frac{1}{2}A'E'(A'A+E'E)$$

$$F = \frac{1}{2}(x_2-x_3)(y_2+y_3)+\frac{1}{2}[(x_3-x_4)(y_3+y_4)]+\frac{1}{2}[(x_4-x_5)(y_4+y_5)]-\frac{1}{2}[(x_2-x_1)(y_2+y_1)]-\frac{1}{2}[(x_1-x_5)(y_1+y_5)]$$

$$= \frac{1}{2}[(x_2-x_3)(y_2+y_3)]+(x_3-x_4)(y_3+y_4)+(x_4-x_5)(y_4+y_5)+(x_1-x_2)(y_2+y_1)+(x_5-x_1)(y_1+y_5)$$

$$F = \frac{1}{2}(x_2y_2+x_2y_3-x_3y_2-x_3y_3+x_3y_3+x_3y_4-x_4y_3-x_4y_4+x_4y_4+x_4y_5-x_5y_4-x_5y_5+x_1y_2+x_1y_1-x_2y_2-x_2y_1+x_5y_1+x_5y_5-x_1y_1-x_1y_5)$$

$$F = \frac{1}{2}(x_2y_3-x_3y_2+x_3y_4-x_4y_3+x_4y_5-x_5y_4+x_1y_2-x_2y_1+x_5y_1-x_1y_5)$$

$$= \frac{1}{2}[x_1(y_2-y_5)+x_2(y_3-y_1)+x_3(y_4-y_2)+x_4(y_5-y_3)+x_5(y_1-y_4)]$$

이를 전산에 사용할 수 있는 공식은 식(7.6)과 같다.

$$F = \frac{1}{2}\sum_{i=1}^{n}(X_i \cdot Y_{i+1}-X_{i+1} \cdot Y_i) \tag{7.6}$$

$F = \frac{1}{2}\sum_{i=1}^{n} X_i(Y_{i+1}-Y_{i-1})$ 또는 $F = \frac{1}{2}\sum_{i=1}^{n} Y_i(X_{i+1}-X_{i-1})$가 양식의 공식이다.

예제 7.9 다각형의 좌표가 다음 표와 같을 때 전산공식에 의하여 서식에 계산하시오.

점명	X(m)	Y(m)
A	40	20
B	60	50
C	50	70
D	30	80
E	20	40

풀이 ① 일반적인 계산

$$S = \frac{1}{2}\{40(50-40)+60(70-20)+50(80-50)+30(40-70)+20(20-80)\} = 1{,}400\text{m}^2$$

② 좌표 면적 및 경계점 간 거리 계산부에 의한 계산

(단위 : m)

동명	지번	지목	면적	약도	측정번호	부호	Xn	Yn	면적 계산				거리 계산		
									Xn+1−Xn−1	Yn+1−Yn−1	Xn(Xn+1−Yn−1)	Yn(Xn+1−Xn−1)	ΔX	ΔY	거리
운학동	33	대	1400		A	1	40.00	20.00	+40.0	+10.00	+ 400.0	+ 800.0	+20.00	+30.00	36.06
					B	2	60.00	50.00	+10.00	+50.00	+ 3000.0	+ 500.0	−10.00	+20.00	22.36
					C	3	50.00	70.00	−30.00	+30.00	+ 1500.0	− 2100.0	−20.00	+10.00	22.36
					D	4	30.00	80.00	−30.00	−30.00	− 900.0	− 2400.0	−10.00	−40.00	41.23
					E	5	20.00	40.00	+10.00	−60.00	− 1200.0	+ 400.0	+20.00	−20.00	28.28
											+ 2800.0	− 2800.0			

$A = 2800.00 \div 2 = 1400.00\text{m}^2$

예제 7.10 표와 같은 필지에 대한 좌표를 이용하여 좌표면적계산부 서식에 의하여 계산하시오.

점 명	X(m)	Y(m)	점 명	X(m)	Y(m)
1	4926.09	7754.64	5	4883.92	7808.73
2	4929.03	7758.69	6	4880.81	7804.82
3	4922.61	7811.55	7	4884.14	7750.22
4	4918.60	7814.54	8	4888.10	7747.17

예제 7.11 기지점 1, 4, 5, 6의 좌표를 이용하여 교점의 좌표를 계산하시오.

점 명	X(m)	Y(m)	점 명	X(m)	Y(m)
D(1)	5023.60	7221.76	C(6)	5012.09	7326.43
B(4)	4939.50	7298.03	A(5)	4967.70	7199.97

7.6.3 면적지정분할

분할은 각 필지에 대한 측량으로 현장에 건물 또는 시설물이 있는 경우에 기준점으로부터 측정하여 등록하는 방법과 공지에서 면적 및 거리 등을 조건에 맞도록 면적을 지정하여 분할하는 경우가 있다. 공지일 경우 조건에 맞도록 확정하는 것은 주로 면적지정 분할공식에 의거 처리하며 면적을 지정하여 분할하는 경우는 삼각형, 사각형, 다각형 등 여러 가지 경우가 있다. 확정측량에서는 주로 공지 등 사각형 토지의 면적지정 분할이 대부분이지만 다각형의 토지일 경우에는 삼각형 및 사각형으로 나누어서 부분적으로 필요한 면적을 계산하고 나머지가 사각형이 되도록 하여 면적을 지정하여 분할한다.

(1) 삼각형 토지분할

1) 한 변에 평행하고 면적의 비가 $m : n$ 인 경우

그림 7-65와 같은 삼각형 분할은

$\overline{AP}^2 : \overline{AB}^2 = n : (m+n)$, $\overline{AP}^2(m+n) = n \cdot \overline{AB}^2$

$\overline{AP} = \overline{AB} = \sqrt{\dfrac{n}{m+n}}$

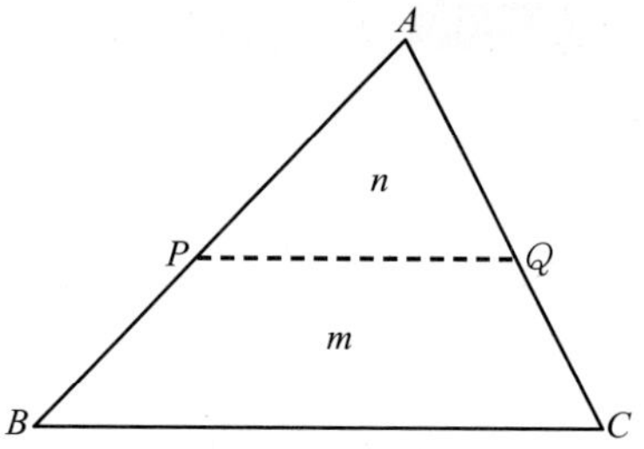

그림 7-65 BC//PQ인 분할

위와 같은 방법으로 $\overline{AQ} = \overline{AC}\sqrt{\dfrac{n}{m+n}}$ 으로 계산한다.

예제 7.12 그림 7-65에서 $\overline{AB}$ = 72.11m, $\overline{AC}$ = 44.72m, m = 1,200m², n = 400m²가 되도록 $\overline{BC}$와 $\overline{PQ}$가 평행하게 분할하려면 $\overline{AP}$와 $\overline{AQ}$의 길이는?

풀이 $\overline{AP} = \overline{AB}\sqrt{\dfrac{n}{m+n}} = 72.11 \times \sqrt{\dfrac{400}{1,200+400}} = 36.06\text{m}$

$\overline{AQ} = \overline{AC}\sqrt{\dfrac{n}{m+n}} = 44.72 \times \sqrt{\dfrac{400}{1,200+400}} = 22.36\text{m}$

2) 1점을 고정하고 면적이 $m : n$인 경우

그림 7-66에서 1점을 고정한 삼각형의 면적지정분할에서 삼각형 ABC의 변 AB 선상에 있는 점을 P라하고 A에서 P점까지의 길이를 ℓ이라 하고 면적의 비를 $m : n$로 분할선 PQ를 결정할 경우 Q점을 결정하기 위해 AQ의 길이를 산출하여야 한다.

ΔABC 및 ΔAPQ에서

$$\frac{\Delta ABC}{\Delta APQ} = \frac{\frac{1}{2}\overline{AB}\cdot\overline{AC}\sin\alpha}{\frac{1}{2}\overline{AP}\cdot\overline{AQ}\sin\alpha} = \frac{\overline{AB}\cdot\overline{AC}}{\overline{AP}\cdot\overline{AQ}} \text{에서}$$

두 삼각형의 면적의 비는 그 각을 끼는 2변의 곱의 비와 같다.

따라서, $\dfrac{\Delta ABC}{\Delta APQ} = \dfrac{\overline{AB}\cdot\overline{AC}}{\overline{AP}\cdot\overline{AQ}} = \dfrac{m+n}{n}$이며 P점을

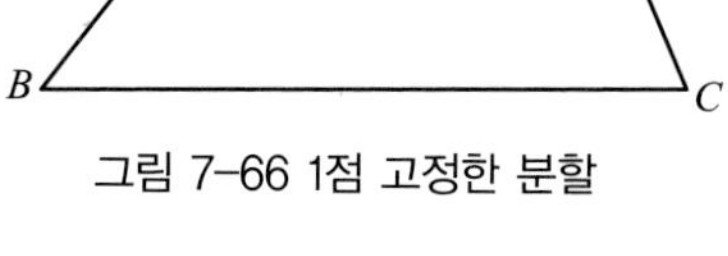

그림 7-66 1점 고정한 분할

고정할 경우 AP의 거리를 ℓ이라 하면 $\overline{AQ} = \dfrac{\overline{AB}\cdot\overline{AC}}{\ell} \times \dfrac{n}{m+n}$이 된다.

예제 7.13 그림 7-66과 같이 1점을 고정한 면적지정분할에서는 $\overline{AB}$ = 10m, $\overline{AC}$ = 8.54m, $\overline{AP}$ = 5m, m= 25m², n = 12m²일 경우 $\overline{AQ}$의 길이를 계산하시오.

풀이 $$\overline{AQ} = \frac{\overline{AB} \cdot \overline{AC}}{\ell} \times \frac{n}{m+n} = \frac{10 \times 8.54}{5} \times \frac{12}{25+12} = 5.54\text{m}$$

3) 면적과 변의 관계

일반 삼각형에서 그림 7-67과 같이 각 변의 길이를 각각 a, b, c라 하고 내각을 α, β, γ라 하면 삼각형의 면적 $F = \frac{1}{2}a \cdot b\sin\beta$ (7.7)

$$a = \frac{b \cdot \sin\beta}{\sin(\alpha+\beta)} \tag{7.8}$$

이므로 식(7.8)을 식(7.7)에 대입하면 식(7.9)가 된다.

$$F = \frac{1}{2b^2} \cdot \frac{\sin\alpha \cdot \sin\beta}{\sin(\alpha+\beta)} \tag{7.9}$$

$$b^2 = 2F\frac{\sin(\alpha+\beta)}{\sin\alpha \cdot \sin\beta} = 2F \cdot \left(\frac{\sin\alpha \cdot \cos\beta + \cos\alpha \cdot \sin\beta}{\sin\alpha \cdot \sin\beta}\right)$$

$$b^2 = 2F \cdot (\cot\beta + \cot\alpha)$$

$$b = \sqrt{2F(\cot\alpha + \cot\beta)}$$

$$a = \sqrt{2F(\cot\alpha + \cot\gamma)}$$

$$c = \sqrt{2F(\cot\beta + \cot\gamma)}$$

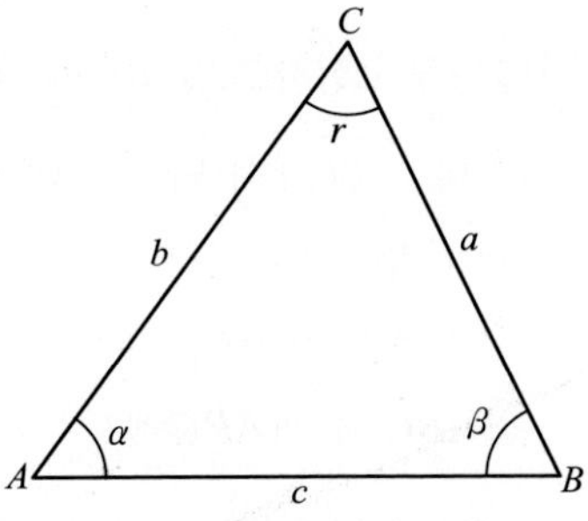

그림 7-67 면적과 변의 관계

예제 7.14 그림 7-67의 삼각형에서 $\alpha = 90°$, $\beta = 60°$, γ = 30°이고 면적(F) = 346.41m² 일 때 세변의 길이는?

풀이 $a = \sqrt{2F(\cot\alpha + \cot\gamma)} = \sqrt{2 \times 346.41\ (\cot 60° + \cot 30°)} = 40.00\text{m}$

$b = \sqrt{2F(\cot\alpha + \cot\beta)} = \sqrt{2 \times 346.41(\cot 90° + \cot 30°)} = 34.64\text{m}$

$c = \sqrt{2F(\cot\beta + \cot\gamma)} = \sqrt{2 \times 346.41(\cot 90° + \cot 60°)} = 20.00\text{m}$

(2) 사각형 토지분할

그림 7-68에서 사각형 $ABCD$의 한변 AB를 L이라고 하고, A, B점에서의 내각은 α와 β, P, Q점에서의 내각을 θ와 ø라 하고 사각형 ABQP의 지정면적을 F라 할 때 x, M, N의 길이를 계산하고 P, Q의 좌표를 계산하는 경우이다. ΔOPQ의 면적은 F_1, F_2이므로

$$x = \sqrt{2(F_1+F_2)(\cot\theta+\cot \text{ø})}$$

$$2(F_1+F_2) = \frac{x^2}{\cot\theta+\cot \text{ø}} \qquad (7.10)$$

$$L = \sqrt{2(F_1+F_2+F_3)(\cot\alpha+\beta)}$$

$$2F+2(F_1+F_2) = \frac{L^2}{\cot\alpha+\cot\beta} \qquad (7.11)$$

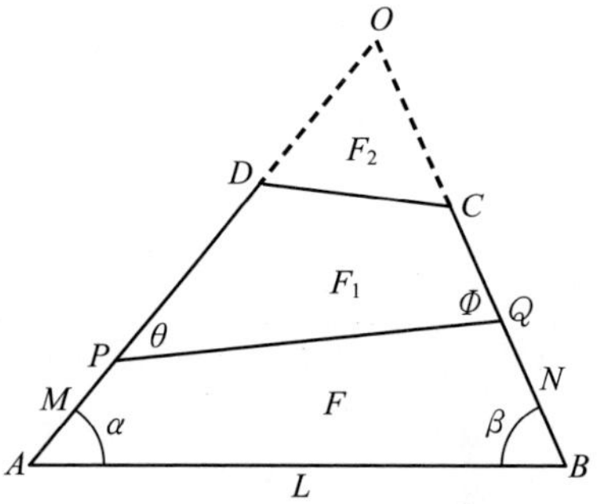

그림 7-68 사각형 토지의 분할

식(7.10)을 식(7.11)에 대입하면 식(7.12)가 된다.

$$2F+\frac{x^2}{\cot\theta+\cot \text{ø}} = \frac{L^2}{\cot\alpha+\cot\beta} \qquad (7.12)$$

$$x = \sqrt{\left(\frac{L^2}{\cot\alpha+\cot\beta}-2F\right)(\cot\theta+\cot \text{ø})}$$

$$M = \frac{L\cdot\sin\beta - x\cdot\sin \text{ø}}{\sin(\alpha+\beta)} \qquad N = \frac{L\cdot\sin\alpha - x\cdot\sin\theta}{\sin(\alpha+\beta)}$$

$$P_X = A_X+M\cdot\cos V_A^D \qquad P_Y = A_Y+M\cdot\sin V_A^D$$

$$Q_X = B_X+N\cdot\cos V_B^C \qquad Q_Y = B_Y+N\cdot\sin V_B^C$$

예제 7.15 그림에서 표와 같은 필계점 좌표와 ø = 71° 33′ 54″, 면적(F) = 1,300m²일 경우, $\overline{AP}$거리 M, $\overline{BQ}$거리 N의 값을 계산하고, P, Q에 대한 좌표를 계산하시오.

점 ＼ 좌 표	X	Y
A	1350.00	1730.00
B	1310.00	1740.00
C	1330.00	1800.00
D	1357.50	1790.00

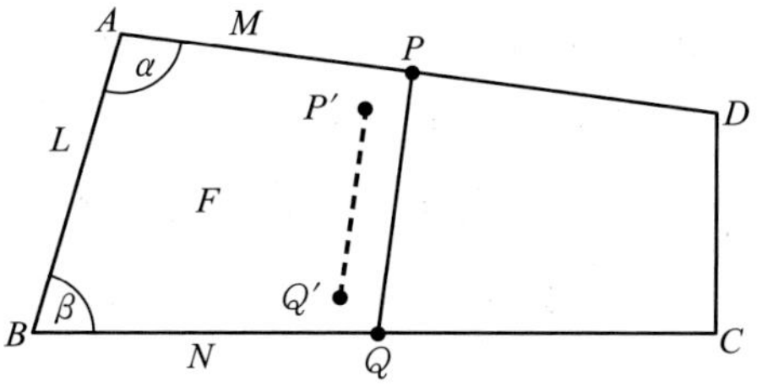

① AB의 방위각과 거리계산

$\Delta x = X_B - X_A = 1310.00-1350.00 = -40.00\text{m}$

$\Delta y = Y_B - Y_A = 1740.00-1730.00 = +10.00\text{m}$

$AB = \sqrt{\Delta x^2 + \Delta y^2} = \sqrt{40^2 + 10^2} = 41.23\text{m}$

$\theta = \tan^{-1}\frac{10}{40} = 14°\,02'\,10''$

② AD의 방위각과 거리계산

$\Delta x = X_d - X_A = 1357.50-1350.00 = +7.50\text{m}$

$\Delta y = Y_D - Y_A = 1790.00-1730.00 = +60.00\text{m}$

$AD = \sqrt{\Delta x^2 + \Delta y^2} = \sqrt{7.5^2 + 60^2} = 60.46\text{m}$

$V = \tan^{-1}\frac{60.00}{50} = 82°\,52'\,30''$

③ BC의 방위각과 거리계산

$\Delta x = X_C - X_B = 1330.00-1310.00 = +20.00\text{m}$

$\Delta y = Y_C - Y_B = 1800.00-1740.00 = +60.00\text{m}$

$AD = \sqrt{\Delta x^2 + \Delta y^2} = \sqrt{20^2 + 60^2} = 63.245\text{m}$

$V = \tan^{-1}\frac{60.00}{20} = 71°\,33'\,54''$

예제 7.16 P′ Q′ 점을 현장에서 관측하여 2점의 좌표가 P′(1354.92, 1768,58), Q′(1319.43, 1768.58)일 경우 역계산 하시오.

$\Delta x = X_{P'} - X_{Q'} = 1354.92-1319.43 = +35.49\text{m}$

$\Delta y = Y_{P'} - Y_{Q'} = 1768.58-1768.58 = 0$

$V = \tan^{-1}\frac{35.49}{0.00} = 0°\,00'\,00''$

$L = \overline{AB} = 41.231\text{m}$

$\alpha = V_A^B - V_A^D = 165°\,57'\,50'' - 82°\,52'\,30'' = 83°\,05'\,20''$

$\beta = V_B^C - V_B^A = 71°\,33'\,54'' - 345°\,57'\,50'' = 85°\,36'\,05''$

$\varnothing = V_B^C - V_B^A = 71°\,33'\,54'' - 0°\,00'\,00'' = 71°\,33'\,54''$

$\theta = \alpha + \beta - \varnothing = 83°°\,05'\,20'' + 85°\,36'\,05'' - 71°\,33'\,54'' = 97°\,07'\,30''$

위의 예제를 이용하여 F=1,300m²인 경우 x, M, N, Px, Py, Qx, Qy 값을 계산하시오.

$$x=\sqrt{\left(\frac{L^2}{\cot\alpha+\cot\beta}-2F\right)(\cot\theta+\cot\varnothing)}$$

$$=\sqrt{\left(\frac{41.231^2}{\cot 83°05'20''+\cot 85°36'05''}-2\times1300\right)(\cot 97°07'30''+\cot 71°33'54'')}$$

$$=35.296\text{m}$$

$$M=\frac{L\cdot\sin\beta-x\cdot\sin\varnothing}{\sin(\alpha+\beta)}=\frac{41.231\times\sin 85°36'05''-35.296\times\sin 71°33'54''}{\sin(83°05'20''+85°36'05'')}=38.878\text{m}$$

$$N=\frac{L\cdot\sin\alpha-x\cdot\sin\theta}{\sin(\alpha+\beta)}=\frac{41.231\times\sin 83°05'20''-35.296\times\sin 97°07'30''}{\sin(83°05'20''+85°36'05'')}=30.123\text{m}$$

P점 및 Q점의 X, Y값을 계산한다.

$P_X=A_X+M\cdot\cos V_A^D=1350.00+38.878\times\cos 82°52'30''=1354.822\text{m}$

$P_Y=A_Y+M\cdot\sin V_A^D=1730.00+38.878\times\sin 82°52'30''=1768.578\text{m}$

$Q_X=B_X+N\cdot\cos V_B^C=1310.00+30.123\times\cos 71°33'54''=1319.526\text{m}$

$Q_Y=B_Y+N\cdot\sin V_B^C=1740.00+30.123\times\sin 71°33'54''=1768.577\text{m}$

계산하고자 하는 사각형 토지의 좌표 계산의 확인은 사각형 A, B, Q, P의 좌표 면적 확인으로 1,300m²인 면적이 산출되는지의 여부에 따라 계산에 적확성 여부가 검증된다.

예제 7.17 좌표는 표와 같고 ø = 90°, F = 600m²일 경우 필지에 대한 면적지정 분할을 계산하시오.

점명	X(m)	Y(m)
A	146.43	828.87
B	105.15	853.82
C	143.76	926.21
D	185.04	901.26

(3) 사각형 면적지정 분할

일필지 확정측량은 가구 측량이 끝난 후 각 필지에 대한 측량으로서 현장에 건물 또는 시설물이 있는 경우에 기준점으로부터 측정하여 등록하는 방법과 공지로서 면적 및 거리 등을 조건에 맞게끔 확정하는 경우가 있다. 사각형 토지의 분할은 크게 두 가지 형태로 AD와 BC가 평행할 경우와 평행하지 않은 경우로 구분할 수 있다.

1) AD와 BC가 평행할 경우

① $AB // PQ$인 경우

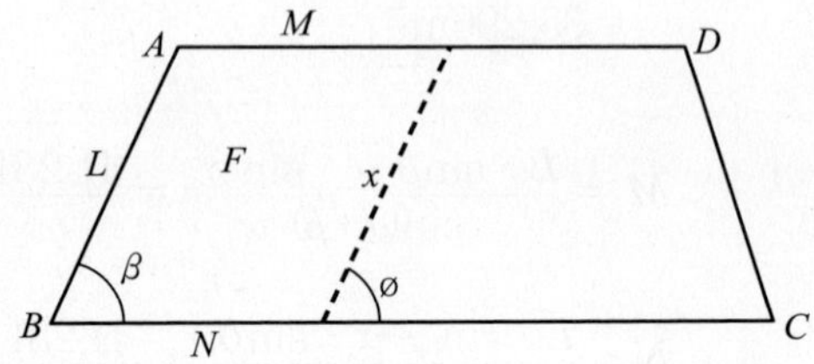

$$M = N$$
$$F = N \cdot \sin\beta$$
$$N = M = \frac{F}{L \cdot \sin\beta}$$

② $ø = 90°$인 경우

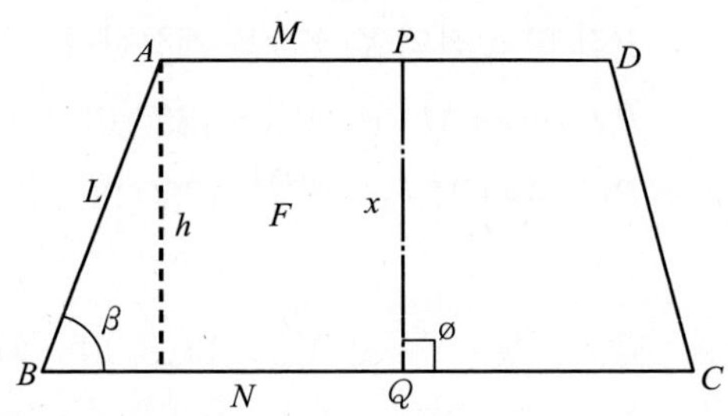

$$h = L \cdot \sin\beta$$
$$F = \frac{1}{2}L \cdot \cos\beta \cdot h + M \cdot h$$
$$2F = L \cdot \cos\beta + 2M \cdot h$$
$$M = \frac{F}{h} - \frac{L \cdot \cos\beta}{2} = \frac{F}{L \cdot \sin\beta} - \frac{L \cdot \cos\beta}{2}$$
$$N = \frac{F}{h} - \frac{L \cdot \cos\beta}{2} = \frac{F}{L \cdot \sin\beta} - \frac{L \cdot \cos\beta}{2}$$

③ $AB \neq PQ$인 경우

$$M + M + L \cdot \cos\beta - x \cdot \cos ø = \frac{2F}{\ell \cdot \sin\beta}$$
$$F = \frac{1}{2}(M+N)L \cdot \sin\beta$$
$$M + N = \frac{2F}{L \cdot \sin\beta}$$
$N = L \cdot \cos\beta + M + x \cdot \cos\beta - x \cdot \cos(180° - ø) = M + L \cdot \cos\beta - x \cdot \cos ø$에서
$$2M = \frac{2F}{L \cdot \sin\beta} - (L \cdot \cos\beta - x \cdot \cos ø)$$
$$M = \frac{F}{L \cdot \sin\beta} - \frac{(L \cdot \cos\beta - x \cdot \cos ø)}{2}$$
$$N = \frac{F}{L \cdot \sin\beta} + \frac{(L \cdot \cos\beta - x \cdot \cos ø)}{2}$$
$$x = \frac{L \cdot \sin\beta}{\sin ø}$$

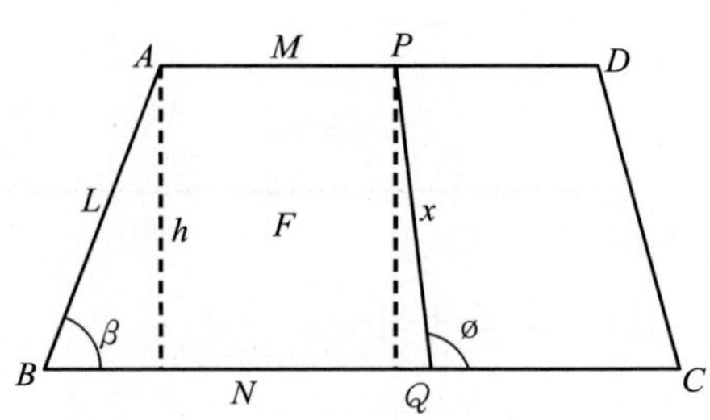

④ AP거리 M 또는 BQ거리 N인 경우

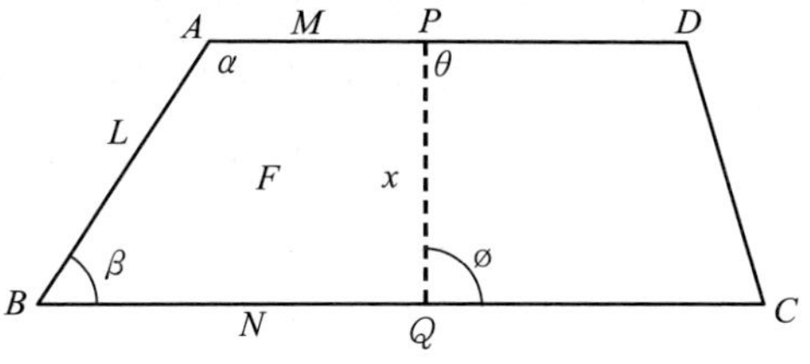

$F = \frac{1}{2}(M+N)L \cdot \sin\beta$에서

$M+N = \frac{2F}{L \cdot \sin\beta}$가 되며

M이 지정된 경우 $N = \frac{2F}{L \cdot \sin\beta} - M$

M이 지정된 경우 $M = \frac{2F}{L \cdot \sin\beta} - N$이 된다.

2) AD와 BC가 평행하지 않은 경우

① $\angle PQC = \varnothing$일 경우

아래 그림에서 점 A, B, C, D가 기지점, PQ가 분할선일 때 변AD와 BC의 연장의 교점을 O라 하면, $\varnothing$각과 사각형 A, B, Q, P의 면적(F)를 지정하면

AB거리(L), PQ거리(x), AP거리(M)

BQ거리(N)라 하면

ΔABO에서 $\angle DOC = 180° - (\alpha+\beta)$

ΔPQO에서 $\angle DOC = 180° - (\theta+\varnothing)$

$\alpha+\beta = \theta+\varnothing$

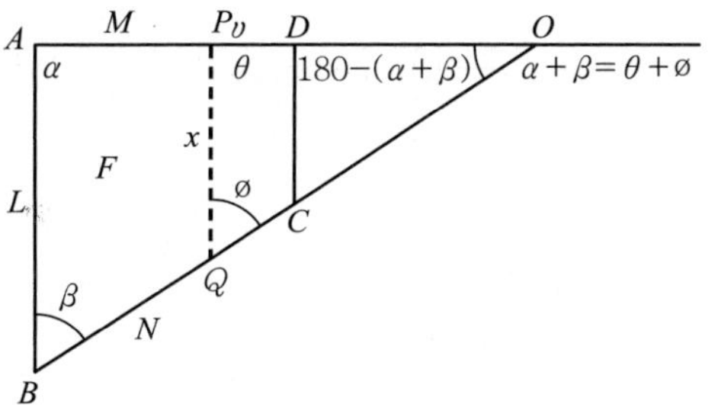

$\sin(180° - \theta) = \sin\theta$이므로 $\sin180° - (\alpha+\beta) = \sin(\alpha+\beta)$가 된다.

ΔABO와 ΔOPQ에서 sin법칙을 적용하면 $\frac{BO}{\sin\alpha} = \frac{L}{\sin(\alpha+\beta)}$에서

$BO = L \cdot \sin\alpha \cdot \text{cosec}(\alpha+\beta)$

$QO = x \cdot \sin\theta \cdot \text{cosec}(\alpha+\beta)$

$N = BO - QO$

$N = (L \cdot \sin\alpha - x \cdot \sin\theta) \cdot \text{cosec}(\alpha+\beta)$가 된다.

동일한 방법으로

$\frac{AO}{\sin\beta} = \frac{L}{\sin(\alpha+\beta)}$ 또는 $\frac{PO}{\sin\varnothing} = \frac{x}{\sin(\alpha+\beta)}$

$AO = L \cdot \sin\beta \cdot \text{cosec}(\alpha+\beta)$

$PO = x \cdot \sin\varnothing \cdot \text{cosec}(\alpha+\beta)$

$M = AO - PO$

$M = (L \cdot \sin\beta - x \cdot \sin\varnothing) \cdot \text{cosec}(\alpha+\beta)$이다.

여기서, x의 값을 구하기 위하여 $ABQP$의 면적을 F라 하면 $\square ABQP \times 2 = 2F$가 된다.

$M \cdot L \cdot \sin\alpha + N \cdot x \cdot \sin\phi = 2F$에서 N과 M의 값에 대입하면

$(L \cdot \sin\beta - x \cdot \sin\phi) \cdot \mathrm{cosec}(\alpha+\beta) \cdot L \cdot \sin\alpha + (L \cdot \sin\alpha - x\sin\theta)\ \mathrm{cosec}(\alpha+\beta) \cdot x \cdot \sin\phi = 2F$

$(L^2 \cdot \sin\alpha \cdot \sin\beta - L \cdot x \cdot \sin\alpha \cdot \sin\phi - x^2 \cdot \sin\theta \cdot \sin\phi) \cdot \mathrm{cosec}(\alpha+\beta) = 2F$

$$\frac{L^2 \cdot \sin\alpha \cdot \sin\beta}{\sin(\alpha+\beta)} - \frac{x^2 \cdot \sin\theta \sin\phi}{\sin(\theta+\phi)} = 2F$$

$$\frac{L^2 \cdot \sin\alpha \sin\beta}{\sin\alpha \cos\beta + \cos\alpha \sin\beta} - \frac{x^2 \cdot \sin\theta \sin\phi}{\sin\theta \cos\phi + \cos\theta \sin\phi} = 2F$$

$$\frac{L^2}{\cot\beta + \cot\alpha} - \frac{x^2}{\cot\phi + \cot\theta} = 2F$$

$$\frac{x^2}{\cot\phi + \cot\theta} - \frac{L^2}{\cot\alpha + \cot\beta} = 2F$$에서

양변에 $\cot\alpha + \cot\theta$를 곱하면

$$x^2 = \left(\frac{L^2}{\cot\alpha + \cot\beta} - 2F\right) \cdot (\cot\theta + \cot\phi)$$

$$x = \sqrt{\left(\frac{L^2}{\cot\alpha + \cot\beta} - 2F\right)(\cot\theta + \cot\phi)}$$

② $\phi = 90°$ 일 경우

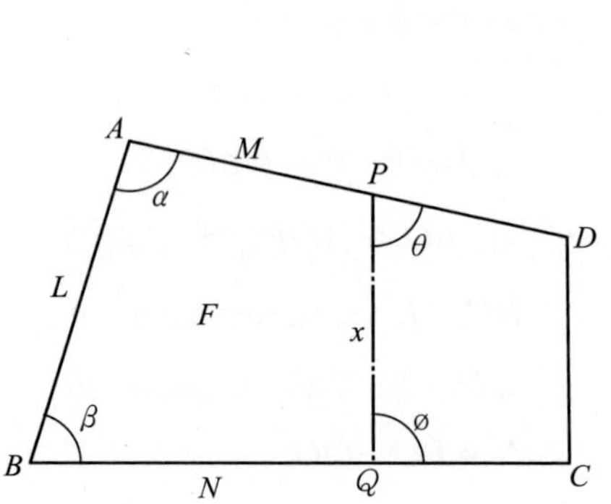

$\angle APQ = 360° - (\alpha+\beta+90°) = 270° - (\alpha+\beta)$

$\angle QPD = \theta = 180° + \angle APQ$

$= 180° - [270° - (\alpha+\beta)] = (\alpha+\beta) - 90°$

$= 270° + (\alpha+\beta)$

$\sin\theta = \sin[270° + (\alpha+\beta)] = -\cos(\alpha+\beta)$

$\cot\theta = \cot[270° + (\alpha+\beta)] = -\tan(\alpha+\beta)$

$\sin\phi = \sin 90° = 1$

$N = (L \cdot \sin\alpha - x \cdot \sin\theta) \cdot \mathrm{cosec}(\alpha+\beta)$에서 $\sin\theta$를 대입하면

$N = [(L \cdot \sin\alpha - x \cdot \cos(\alpha+\beta)] \cdot \mathrm{cosec}(\alpha+\beta)$가 된다.

$M = (L \cdot \sin\beta - x \cdot \sin\phi) \cdot \mathrm{cosec}(\alpha+\beta)$에서 위의 $\sin\phi = \sin 90° = 1$를 대입하면

$M = (L \cdot \sin\beta - x) \cdot \mathrm{cosec}(\alpha+\beta)$가 되고 $M \cdot L \cdot \sin\alpha + N \cdot x \cdot \sin\phi = 2F$에 대입하면

$M \cdot L \cdot \sin\alpha + N \cdot x = 2F$에서 $M = (L \cdot \sin\beta - x) \cdot \mathrm{cosec}(\alpha+\beta)$가 되며

$x = \sqrt{(2F - \frac{L^2}{\cot\alpha + \cot\beta})\tan(\alpha+\beta)}$ 이다.

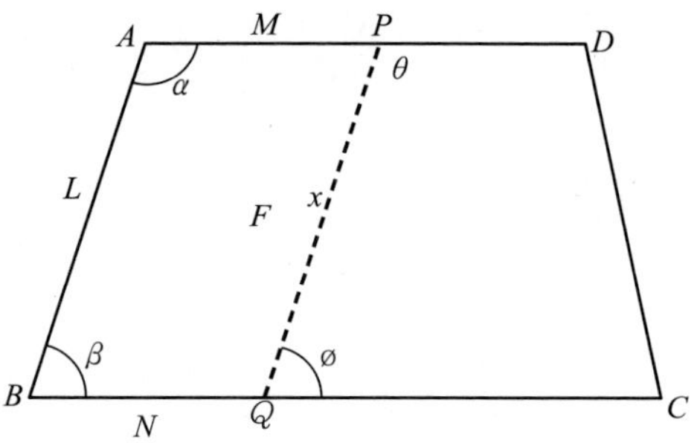

③ $AB // PQ$일 경우

$\alpha = \theta \quad \sin\alpha = \sin\theta \quad \cot\alpha = \cot\theta$

$\beta = \phi \quad \sin\beta = \sin\phi \quad \cot\beta = \cot\phi$ 에서

$N = (L \cdot \sin\alpha - x\sin\theta) \cdot \mathrm{cosec}(\alpha+\beta)$에

$\alpha = \theta$를 대입하면

$N = (L \cdot \sin\alpha - x\sin\alpha) \cdot \mathrm{cosec}(\alpha+\beta)$가 되므로

$N = (L - x)\sin\alpha \cdot \mathrm{cosec}(\alpha+\beta)$

$M = (L \cdot \sin\beta - x\sin\phi) \cdot \mathrm{cosec}(\alpha+\beta)$에서 $\beta = \phi$을 대입하면

$M = (L \cdot \sin\beta - x\sin\beta) \cdot \mathrm{cosec}(\alpha+\beta)$가 되므로 $M = (L-x)\sin\beta \cdot \mathrm{cosec}(\alpha+\beta)$이다.

$x = \sqrt{\left(\frac{L^2}{\cot\alpha + \cot\beta} - 2F\right) \cdot (\cot\theta + \cot\phi)}$에서 $\cot\alpha = \cot\theta$, $\cot\beta = \cot\phi$를 대입하면

$x = \sqrt{L^2 - 2F \cdot (\cot\alpha + \cot\beta)}$이다.

④ AP거리 M 또는 BQ 거리 N일 경우

$M = \frac{L \cdot \sin\beta - x \cdot \sin\theta}{\sin(\alpha+\beta)}$를 변형하여 정리하면 $L \cdot \sin\beta - x \cdot \sin\theta = M \cdot \sin(\alpha+\beta)$가 된다.

여기서, $x \cdot \sin\theta = L \cdot \sin\beta - M \cdot \sin(\alpha+\beta)$이다.

$N = \frac{L \cdot \sin\alpha - x\sin\phi}{\sin(\alpha+\beta)}$를 변형하여 정리하면 $x \cdot \sin\theta = L \cdot \sin\alpha - N \cdot \sin(\alpha+\beta)$가 된다.

M이 고정된 경우

$2F = M \cdot L \cdot \sin\alpha + N \cdot x \cdot \sin(180^\circ - \phi) = M \cdot L \cdot \sin\alpha + N \cdot x \cdot \sin\phi$에

$L \cdot \sin\beta - x \cdot \sin\theta = M \cdot \sin(\alpha+\beta)$식을 대입하면

$2F = M \cdot L \cdot \sin\alpha + N[L \cdot x \cdot \sin\beta - M \cdot \sin(\alpha+\beta)]$에서

$N = \frac{2F - M \cdot L \cdot \sin\alpha}{L \cdot \sin\beta - M \cdot \sin(\alpha+\beta)}$이다.

N이 고정된 경우

$2F = N \cdot L \cdot \sin\beta + M \cdot x \cdot \sin\theta$에 $x \cdot \sin\theta = L \cdot \sin\alpha - N \cdot \sin(\alpha+\beta)$을 대입하면

$$2F = N \cdot L \cdot \sin\beta + M[L \cdot \sin\alpha - N \cdot \sin(\alpha+\beta)]$$

$$M = \frac{2F - N \cdot L \cdot \sin\beta}{L \cdot \sin\alpha - N \cdot \sin(\alpha+\beta)}$$

예제 7.18 그림에서 ø 각은 85° 06′, ABQP의 면적 F = 1,000m²일 경우 분할선 P, Q의 좌표를 계산하시오.

점명	X(m)	Y(m)
A	5817.62	6531.42
B	5789.04	6530.40
C	5819.11	6632.40
D	5874.69	6611.32

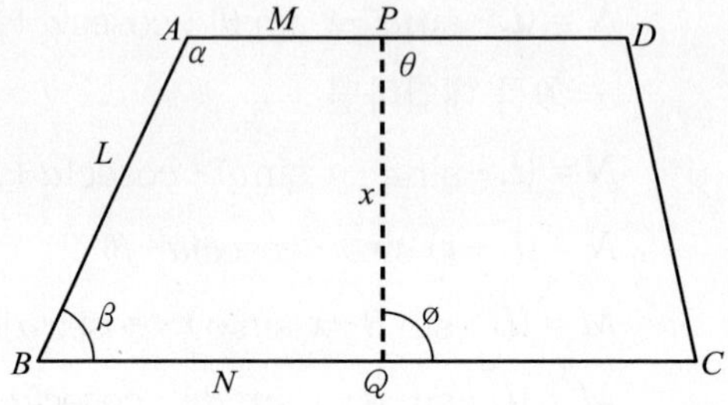

풀이 AB의 방위각 = 182° 02′ 38″ 　 AB의 거리 L = 28.598m

AD의 방위각 = 54° 27′ 47″ 　 BC의 방위각 = 73° 34′ 27″

α각 = 127° 34′ 54″ 　 β각 = 71° 31′ 49″

θ각 = $(\alpha+\beta) - ø$ = 114° 00′ 40″ 　 ø 각 = 주어진 조건

면적(F)은 = 주어진 조건이므로 $x = \sqrt{\left(\frac{L^2}{\cot\alpha + \cot\beta} - 2F\right) \cdot (\cot\theta + \cot ø)} = 37.349\text{m}$

$N = (L \cdot \sin\alpha - x \cdot \sin\theta) \cdot \mathrm{cosec}(\alpha+\beta) = 34.982\text{m}$

$M = (L \cdot \sin\beta - x \cdot \sin ø) \cdot \mathrm{cosec}(\alpha+\beta) = 30.810\text{m}$

이를 면적지정분할계산부 서식에 정리하면 다음과 같다.

면적지정분할계산부

지정조건 : AD=BC, BC⊥P

점 명	부 호	X	Y	부호도
1	A	817.62 m	531.42 m	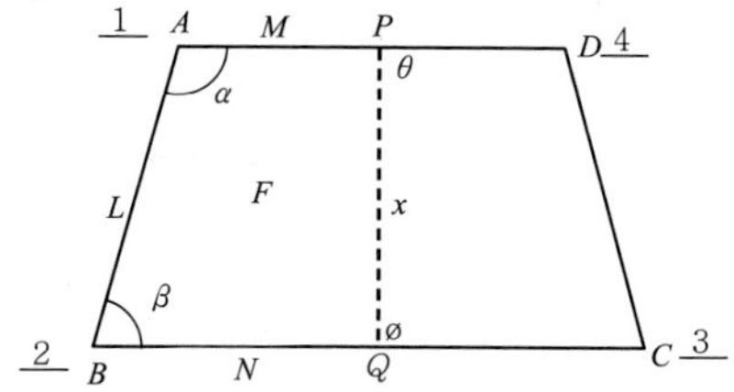
2	B	789.04	530.40	
3	C	819.11	632.40	
4	D	874.69	611.32	
	P	.	.	
	Q	.	.	

방향	방위각	방향	방위각	F	1000.000 m
V_a^b	182° 02′ 38″	$\alpha+\beta$	199° 06′ 40.″	2F	2000.000
V_a^d	54 27 47	ø	85 06 00.	L	28.598
α	127 34 51	θ	114 00 40	L2	
V_b^c	73 34 27			M	698.261
V_b^d	2 02 38			N	1301.749
β	71 31 49	ø	85 06 00	÷2	1000
$\alpha+\beta$	199 06 40	$\theta+$ø	199 06 40	좌표면적(검산)	1000

공식 $x = \sqrt{\left(\frac{L^2}{\cot\alpha+\cot\beta}-2F\right)\cdot(\cot\theta+\cot ø)} = 37.349$

$M = (L\cdot\sin\beta - x\cdot\sin ø)\cdot \mathrm{cosec}(\alpha+\beta) = 30.8096$

$N = (L\cdot\sin\beta - x\cdot\sin ø)\cdot \mathrm{cosec}(\alpha+\beta) = 34.9815$

좌표계산

P			Q		
X_a		817.62 m	X_b		789.04 m
$M\cdot\cos V_a^d$	+	17.91	$N\cdot\cos V_b^c$	+	9.89
X		835.53	X		798.93
Y_a		531.42	Y_b		530.40
$M\cdot\sin V_a^d$	+	25.07	$N\cdot\sin V_b^c$	+	33.55
Y		556.49	Y		563.95

(4) 경계정정측량

경계정정측량은 등록사항정정측량이라고도 말하며 이는 원칙적으로 잘못 등록된 경계를 정정하는 것으로서 현지의 경계가 확고함에도 불구하고 지적공부에 잘못 등록된 것이 명확한 경우에 한하여 실시하는 것을 말한다. 그러나 여기에서는 잘못 등록된 것이 아니고 도면에 등록된 경계선을 토지이용의 효율화를 위하여 토지 소유자의 동의에 의하여 면적의 증감 없이 경계를 변경하고 면적이 같게 분할하여 합병하는 방법을 포함한다. 측량은 분할측량에 준하여 실시하고 측량결과도를 작성하며 토지소유자의 신청에 의하여 시행하는 경우가 많고 측량시에는 인접토지소유자를 입회 또는 연서를 요하는 것이 원칙이다. 경계정정 토지의 유형에는 삼각형, 사각형, 다각형 등 여러 가지 형태가 있으나 여기서는 가장 많이 이용되는 사각형 토지의 분할이므로 사각형의 토지 $ABCD$에서 $\overline{AD}$와 $\overline{BC}$가 평행하지 않는 경우와 평행한 경우가 있다. 경계정정의 유형은 여러 가지가 있으나 크게는 두 가지 이고 이를 세분하면 8가지로 구분할 수 있다.

1) AD//BC의 경우

① $\angle AD$의 한 정점에서 P를 고정할 경우

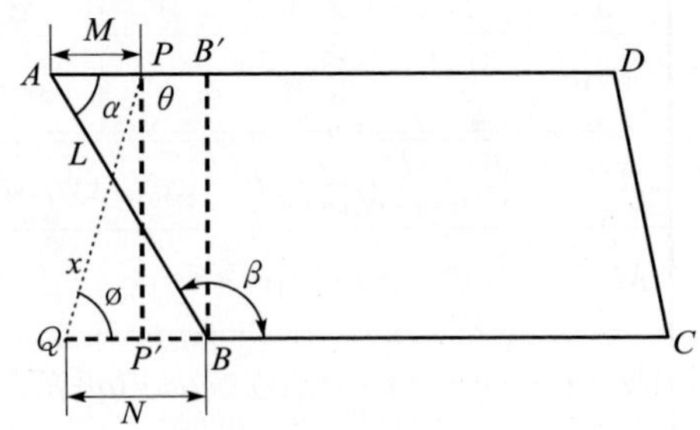

B에서 AD에 내린 수선의 발을 B, $AB = L$, $AP = M$, $PQ = x$, $QB = N$, $\angle PQB = ø$라 하면 P점이 고정점이므로 M는 기지이다. $\Delta ABB'$의 면적 = $\square PQBB'$의 면적이 되며 $\frac{1}{2}AB' \times BB' = \frac{1}{2}(QB + PB') \times BB'$에 양변을 2로 곱하고 BB'로 나누면 $AB' = QB + PB'$가 된다.

즉, $L \cdot \cos\alpha = N + L \cdot \cos\alpha - M$으로 $M = N$이 되도록 Q점을 정하면 면적이 동일하게 된다.

② 한 변과 신경계선 사이각이 $ø$일 때

BC와 신경계선 PQ와의 사이각을 $ø$로 하고 PQ의 좌표는 B에서 AD에 내린 수선의 발을 B' P에서 직선 QC에 내린 수선의 발을 P'라 하면

$$\cot ø = \frac{QP'}{PP'} = \frac{N - PB'}{L \cdot \sin\alpha} = \frac{N - (L \cdot \cos\alpha - M)}{L \cdot \sin\alpha}$$

$$L \cdot \sin\alpha \cdot \cot ø = N - (L \cdot \cos\alpha - M)$$

$$L \cdot \sin\alpha \cdot \cot ø = M + N - L \cdot \cos\alpha$$

위 공식에 의하여 $M = N$ 이므로

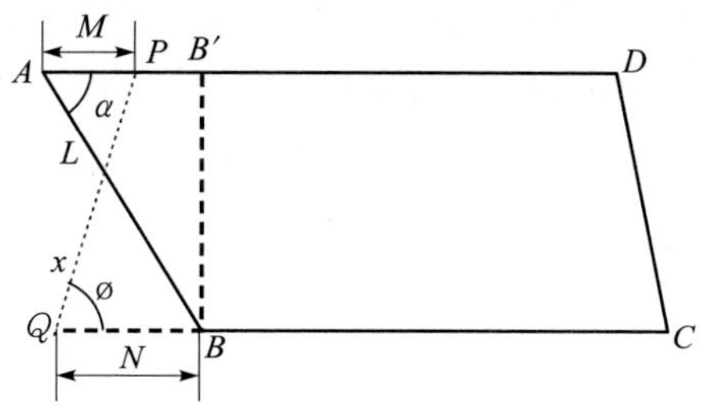

$2M = L \cdot \sin\alpha \cdot \cot\varnothing + L \cdot \cos\alpha$

$M = \frac{L}{2}(\sin\alpha \cdot \cot\varnothing + \cos\alpha)$

또한 PQ의 거리 x를 구하려면

$PQ_2 = (PP')_1^2 + (QP')_1^2$

$x^2 = L^2 \cdot \sin\alpha + [(N-(L \cdot \cos\alpha - M)]^2$

$= L^2 \cdot \sin^2\alpha + (M + N - L \cdot \cos\alpha)^2$

$M = N = L^2 \cdot \sin\alpha^2 + (2M - L \cdot \mathrm{coss}\alpha)^2$

$= L^2 \cdot \sin\alpha + (4M^2 - 4ML \cdot \cos\alpha + L^2 \cdot \cos\alpha)^2$

$= L^2(\sin^2\alpha + \cos^2\alpha) + 4M(M - L \cdot \cos\alpha) = L^2 + 4M(M - L \cdot \cos\alpha)$

$\therefore x = \sqrt{L^2 + 4M(M - L \cdot \cos\alpha)}$

③ 새로운 경계선이 한 변에 직교할 때

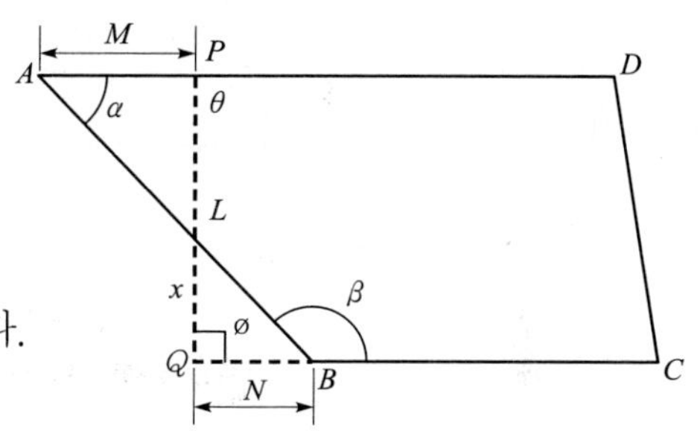

그림과 같이 정정할 새로운 경계선 PQ가 CB와 직교할 때 $\varnothing = 90°$ 이므로 $\cot\varnothing = \cot 90° = 0$

$M = \frac{L}{2}(\sin\alpha \cdot \cot\varnothing + \cos\alpha)$에서

$M = \frac{L \cdot \cos\alpha}{2}$이 되어 $M = N = \frac{L \cdot \cos\alpha}{2}$이 된다.

④ 대변에 평행할 때($PQ \,//\, DC$)

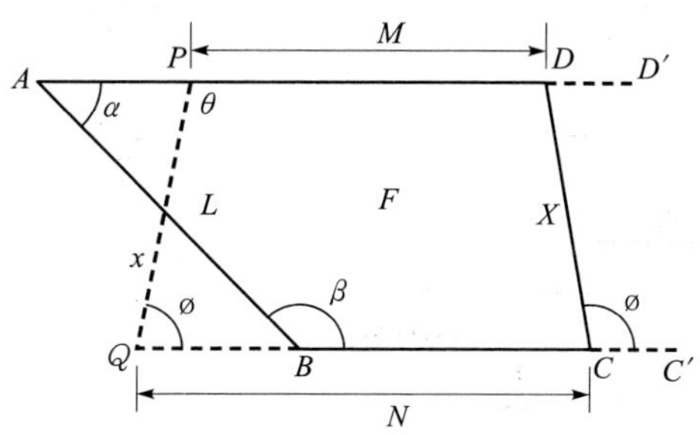

그림에서 $AD = BC$, $PQ = DC$이므로 $\angle DPQ = \angle D'DC = \theta$, $\angle CPQ = \angle C'CD = \varnothing$, $DP = CQ$, $PQ = DC$이다. $PQ = DC = x$, $AB = L$이고 □$ABCD$의 면적을 F라 하면 $F = N \cdot x \cdot \sin\varnothing$, $F = M \cdot x \cdot \sin\varnothing$이므로 $M = N = \frac{F}{x \cdot \sin\varnothing}$이다.

2) AD≠BC의 경우

① $PQB = \varnothing$ 일때(1변과 협각이 주어진 각 $\varnothing$가 되도록)

그림에서 $PQ = x$, $QB = N$, $AP = M$, $AB = L$이라하고 AD연장과 BC의 연장선의 교점을 O

라 하면 $M = AP = AO - PO$

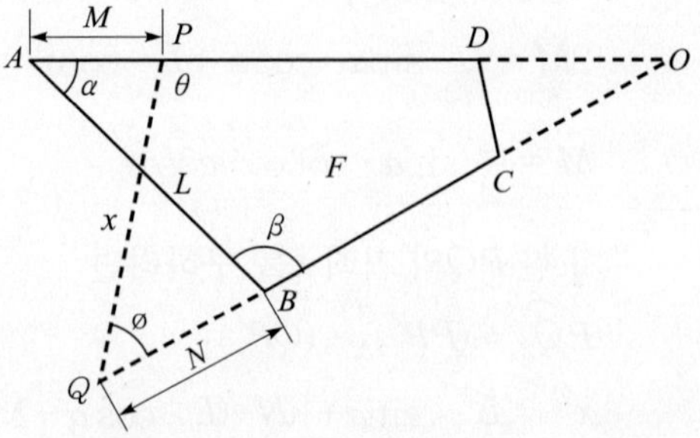

ΔAOB에서 $\angle DOC = 180° - (\alpha+\beta)$

ΔPOQ에서 $\angle DOC = 180° - (\theta + ø)$

$\therefore \alpha+\beta = ø + \theta$

$\sin[180° - (\alpha+\beta)] = \sin(\alpha+\beta)$

$$\frac{L}{\sin(\alpha+\beta)} = \frac{AO}{\sin\beta}$$

$AO = L \cdot \sin\beta \cdot \text{cosec}(\alpha+\beta)$이다.

$$\frac{x}{\sin(\alpha+\beta)} = \frac{PO}{\sin ø}$$

$PO = x \cdot \sin ø \cdot \text{cosec}(\alpha+\beta)$

$M = L \cdot \sin\beta \cdot \text{cosec}(\alpha+\beta) - x \cdot \sin ø \cdot \text{cosec}(\alpha+\beta)$

$M = (L \cdot \sin\beta - x \cdot \sin ø)\sin(\alpha+\beta)$

같은 방법으로 $N = QB = QO - BO$

$\frac{QO}{\sin ø} = \frac{x}{\sin(\alpha+\beta)}$ $\quad QO = L \cdot \sin\beta \cdot \text{cosec}(\alpha+\beta)$

$\frac{BO}{\sin\alpha} = \frac{L}{\sin(\alpha+\beta)}$ $\quad BO = x \cdot \sin\alpha \cdot \text{cosec}(\alpha+\beta)$

$$N = x \cdot \sin\theta \cdot \text{cosec}(\alpha+\beta) - L \cdot \sin \cdot \text{cosec}\alpha(\alpha+\beta) = \frac{(x \cdot \sin\theta - L \cdot \sin\alpha)}{\sin(\alpha+\beta)}$$

위식에서 x의 값을 계산하기 위해서는 $\Delta OPQ = \Delta OAB$ 면적이므로

$QO \cdot x \cdot \sin ø = AO \cdot L \cdot \sin\alpha$

$$\frac{x \cdot \sin\theta}{\sin(\alpha+\beta)} \cdot x \cdot \sin ø = \frac{L \cdot \sin\beta}{\sin(\alpha+\beta)} \cdot L \cdot \sin\alpha$$

양변에 $\sin(\alpha+\beta)$를 곱하면

$x^2 \cdot \sin\theta \cdot \sin ø = L^2 \cdot \sin\alpha \cdot \sin\beta$

$$x^2 = \frac{L^2 \cdot \sin\alpha \cdot \sin\beta}{\sin\theta \cdot \sin ø}$$

$$\therefore x = L\sqrt{\frac{\sin\alpha \cdot \sin\beta}{\sin\theta \cdot \sin ø}}$$

$\sin(\alpha+\beta) = \sin(\theta + ø)$

$\sin(\alpha+\beta) = \sin\alpha \cdot \cos\beta + \cos\alpha \cdot \sin\beta$

$\sin(\theta+ ø) = \sin\theta \cdot \cos ø + \cos\theta \cdot \sin ø$ 에서

$$\frac{x^2 \cdot \sin\theta \cdot \sin ø}{\sin\theta \cdot \cos ø + \cos\theta \cdot \sin ø} = \frac{L^2 \cdot \sin\alpha \cdot \sin\beta}{\sin\alpha \cdot \cos\beta \cdot + \cos\alpha \cdot \sin\beta}$$

분자 분모를 좌변은 $\sin\theta$ $\sin ø$ 로 우변은 $\sin\alpha$ $\sin\beta$로 나누면

$$\frac{x^2 \cdot \sin\theta \cdot \sin ø}{\sin\theta \cdot \sin ø} = \frac{L^2 \cdot \sin\alpha \cdot \sin\beta}{\sin\alpha \cdot \sin\beta}$$

$$\frac{\sin\theta \cdot \cos ø}{\sin\theta \cdot \sin ø} + \frac{\cos\theta \cdot \sin ø}{\sin\theta \cdot \sin ø} = \frac{\sin\alpha \cdot \cos\beta}{\sin\alpha \cdot \sin\beta} + \frac{\cos\alpha \cdot \sin\beta}{\sin\alpha \cdot \sin\beta}$$

$$\frac{x^2}{\cot\theta + \cot ø} = \frac{L^2}{\cot\beta + \cot\alpha}$$

$$x^2 = \frac{L^2(\cot\theta + \cot ø)}{\cot\alpha + \cot\beta}$$

$$x = L\sqrt{\frac{\cot\theta + \cot ø}{\cot\alpha + \cot\beta}}$$

② 한변에 수직하게 정정

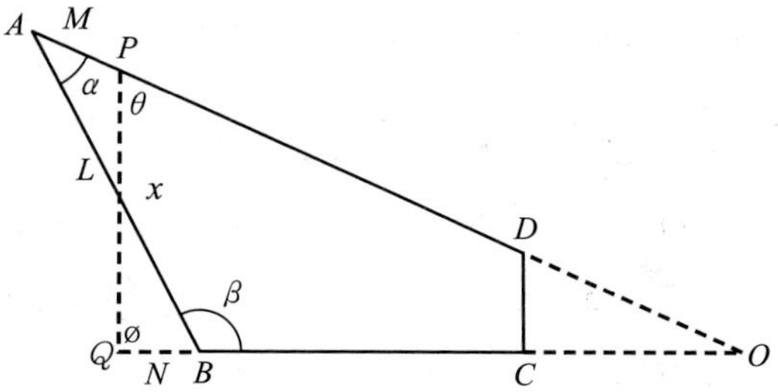

그림에서 $ø = 90°$를 대입하면

$M = (L \cdot \sin\beta - x \cdot \sin ø) \cdot \mathrm{cosec}(\alpha+\beta)$

$M = (L \cdot \sin\beta - x \cdot \sin 90°) \cdot \mathrm{cosec}(\alpha+\beta)$

$\quad = (L \cdot \sin\beta - x) \cdot \mathrm{cosec}(\alpha+\beta)$

$\theta = 180° - [180° - (\alpha+\beta) + 90°]$

$\quad = -90° + (\alpha+\beta) = 270° + (\alpha+\beta)$

$\sin\theta = \sin\{270° + (\alpha+\beta)\} = -\cos(\alpha+\beta)$

$N = (x \cdot \sin\theta - L \cdot \sin\alpha) \cdot \mathrm{cosec}(\alpha+\beta)$

$N = x \cdot [-\cos(\alpha+\beta) - L \cdot \sin\alpha]\ \mathrm{cosec}(\alpha+\beta)$

$N = -[x \cdot \cos(\alpha+\beta) - L \cdot \sin\alpha] \cdot \mathrm{cosec}(\alpha+\beta)$

x의 값을 구하기 위하여 $\cot\theta = \cot[270° + (\alpha+\beta)] = -\tan(\alpha+\beta)$

$\cot 90° = 0$ 이므로 $x = \sqrt{\dfrac{\cot\theta + \cot ø}{\cot\alpha + \cot\beta}}$ 에서

$x = \sqrt{\dfrac{-\tan(\alpha+\beta)}{\cot\alpha+\cot\beta}}$ 이다.

③ 대변에 평행한 직선으로 정정

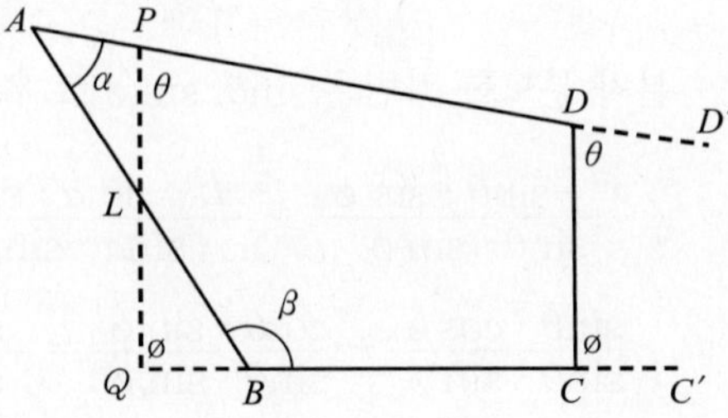

그림에서 $DC = PQ$이므로 $\angle QPD = \angle CDD' = \theta$

$\angle QPD = \angle CDD' = ø$ 이다.

$M = (L \cdot \sin\beta - x \cdot \sin ø) \cdot \mathrm{cosec}(\alpha+\beta)$

$N = (x \cdot \sin\theta - L \cdot \sin\alpha) \cdot \mathrm{cosec}(\alpha+\beta)$

$x = L\sqrt{\dfrac{\cot\theta+\cot ø}{\cot\alpha+\cot\beta}}$ 으로 계산한다.

④ 정해진 점을 지나는 직선으로 정정

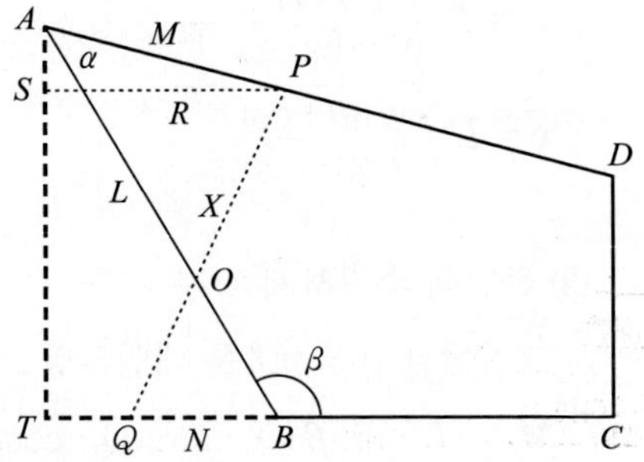

그림과 같이 AD상에 P점의 위치를 고정하고 $ABCD$의 면적과 $PQCD$의 면적이 동일하므로

ΔAPO면적 = ΔBQO 면적이 되므로 양변에 ΔPOB의 면적을 더하면 $\Delta APO + \Delta POB = \Delta BQO = \Delta POB$와 $\Delta APB + \Delta QBP$가 된다.

$\Delta POB = \dfrac{1}{2}M \cdot L \cdot \sin\alpha$

또한 점A에서 BQ의 연장에 내린 수선의 발을 T점, P점에서 직선AT에 내린 수선의 발을 S라 하면 $PS \,//\, BT$이므로 $\angle ARP = \angle OBC = \beta$

$\angle APR = 180^\circ - (\alpha+\beta)$

$\sin\angle APR = \sin[180^\circ - (\alpha+\beta)] = \sin(\alpha+\beta)$

ΔASP는 직삼각형이므로 $\sin\angle APS = \dfrac{AS}{M} \cdot \sin(\alpha+\beta) = \dfrac{AS}{M}$

$AS = M \cdot \sin(\alpha+\beta)$ 또한 ST는 ΔBQP에서 BQ를 밑변으로 할 때 높이와 같다.

$ST = AT - AS = L \cdot \sin\beta - M \cdot \sin(\alpha+\beta)$

$\triangle QPB = \dfrac{1}{2}N \cdot ST = \dfrac{1}{2}N \cdot [L \cdot \sin\beta - M \cdot \sin(\alpha+\beta)]$

$\dfrac{1}{2}M \cdot L \cdot \sin\alpha = \dfrac{1}{2}N[L \cdot \sin\beta - M \cdot \sin(\alpha+\beta)]$

$N = \dfrac{M \cdot L\sin\alpha}{L \cdot \sin\beta - M \cdot \sin(\alpha+\beta)}$

3) 꺽인 경계선의 직선화

그림 7-69 및 그림 7-70과 같이 꺽인 경계선 BCD를 면적이 변하지 않은 상태로 직선BF로 정정 하려고 한다. 도해법으로는 직선BD에 편행인 직선 CF를 그려서 변 DE의 연장선과의 교점을 F점으로 결정하며 DF의 길이 x는 다음과 같이 계산한다.

그림 7-69와 같이 $\angle BDC = \delta$, $\angle CDF = \delta'$, $BD = c$, $CD = b$를 측정하였을 때 ΔBCD와 ΔBDF의 면적은 $\Delta BCD = \frac{1}{2}bc \cdot \sin\delta$, $\Delta BDF = \frac{1}{2}cx \cdot \sin(\delta+\delta')$이고

두 삼각형의 면적은 동일하여야 하므로 $x = \frac{b \cdot \delta}{\sin(\delta+\delta')}$이다.

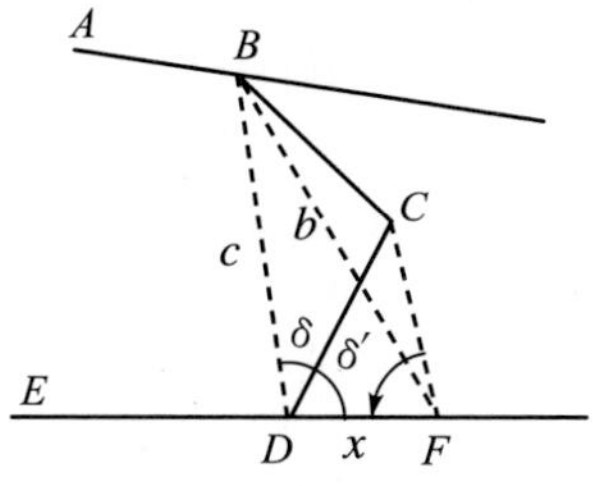

그림 7-69 꺽인 곡선의 직선화(1)

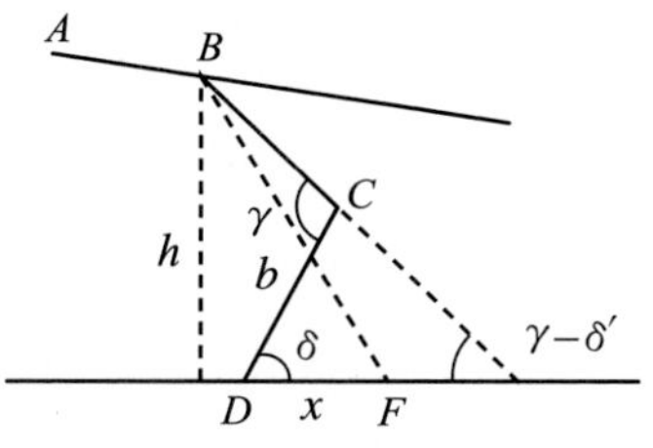

그림 7-70 꺽인 곡선의 직선화(2)

그림 7-70과 같이 $\angle BCD = \gamma$, $\angle CDF = \delta'$, $BC = d$, $CD = b$를 측정할 경우 BC와 ED의 교점을 G라 하고 $BGH=\gamma-\delta'$ 이고 B점의 ED에 대한 수선의 길이 $BH = h$, $h = b \cdot \sin\delta' + d \cdot \sin(\gamma - \delta')$이다.

ΔBCD와 ΔBDF의 면적은 $\frac{1}{2}bd \cdot \sin\gamma$

$\Delta BDF = \frac{1}{2}xh$ 이므로 $x = \frac{bd \cdot \sin\gamma}{b \cdot \sin\delta' + d \cdot \sin(\gamma-\delta')}$이다.

4) 사각형을 사다리꼴로 정정

우측 그림과 같이 사각형 $ABCD$의 BC를 밑변에 평행한 직선 PQ로 수정하여 사다리꼴로 만들려고 한다. AB와 CD의 교점 O를 쉽게 확인할 수 있을 때는 다음과 같이 하면 편리하다. 교점 O로부터 AD, PQ 및 BC에 내린 수선의 발을 E, F, G라 하면 $PQ = AD\frac{OF}{OE}$이고 ΔOBC와 ΔOPQ의 면적은 $\Delta OBC = \frac{1}{2}BC \cdot OG$이다.

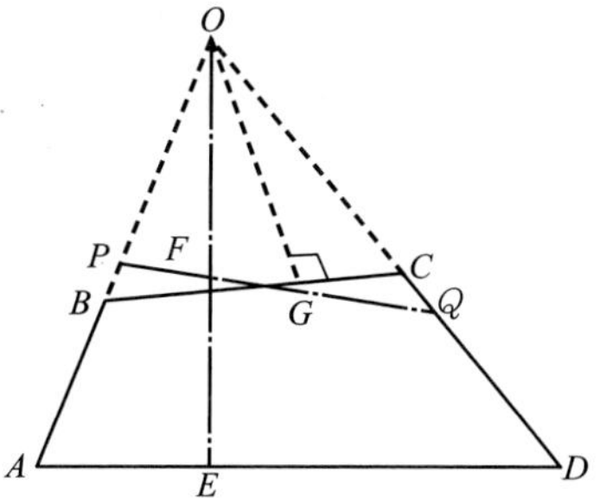

$\Delta OPG = \frac{1}{2}PQ \cdot OF = OF^2 \cdot \frac{AD}{OE}$이고, 두 삼각형의 면적은 동일해야 하므로

$OF = \sqrt{\frac{BC \cdot OG \cdot OE}{AD}}$이다.

$\ell = \ell' + \tan\beta - x \cdot \tan\gamma$이고

β, γ는 계산할 수 있는 값으로 측선 AB, EF의 방위각을 V_a^b, V_e^f라 하면

$\beta = 180° - (360° - V_a^b) - \alpha - 90° = V_a^b - \alpha - 270°$

$\gamma = 90° - (V_e^f - \alpha) = 90° - V_e^f + \alpha$이다.

예제 7.19 그림 7-71에서 $\overline{AD} // \overline{BC}$이고 경계선 $\overline{BC}$와 정정되는 경계선 $\overline{QP}$가 ø 각을 이룰 경우

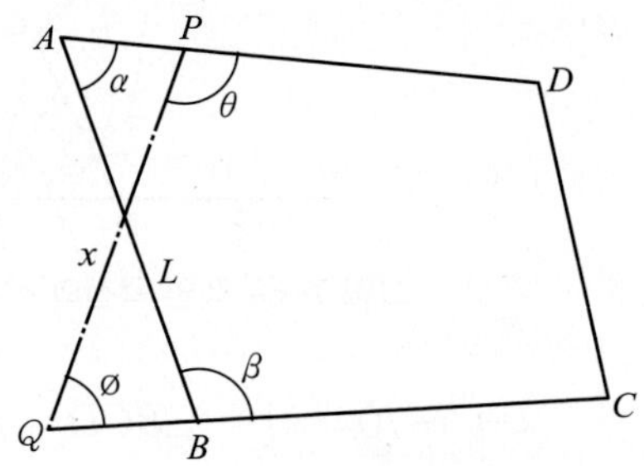

그림 7-71 AD//BC인 경우

$M = \frac{1}{2}(\sin\alpha \cdot \cot ø + \cos\alpha)$

$x = \sqrt{L^2 + 4M(M - L \cdot \cos\alpha)}$

① $\overline{AB}$, $\overline{AD}$, $\overline{BC}$의 방향과 거리 계산

② α, β, ø 의 값을 계산

$\alpha = V_A^B - V_A^D$

$\beta = V_B^C + 180° - V_A^B$

$ø = \alpha + \beta - ø$

③ x, M의 값을 계산하면 $\frac{M = L}{2}(\sin\alpha \cdot \cot ø + \cos\alpha)$

$x = \sqrt{L^2 + 4M(M - L \cdot \cos\alpha)}$

④ 거리 M을 이용하여 P, Q점의 좌표 계산

예제 7.20 $AD // \overline{BC}$하고 4개의 경계점 좌표가 표와 같을 때 변 $\overline{BC}$가 정정되는 $\overline{QP}$직선이 이루는 각이 ø = 60°인 경우 P, Q점의 좌표를 계산하시오.

점명	X(m)	Y(m)
A	823.34	463.65
B	789.19	423.15
C	690.18	493.91
D	724.33	534.41

풀이 $V_A^B = 229° 51' 44''$, $V_A^D = 144° 26' 51''$, $V_B^C = 324° 26' 51''$

$\alpha = V_A^B - V_A^D = 85° 24' 52''$, $L = 52.976$, $M = N$

$M = \frac{L}{2}(\sin\alpha \ \cot ø + \cos\alpha) = 17.362\text{m}$

$x = \sqrt{L^2 + 4M(M - L \cdot \cos\alpha)} = 60.97\text{m}$

7.7 지적확정측량

7.7.1 개요

지적확정측량은 도시계획사업, 토지구획정리사업, 농지개량사업 및 기타 법령의 토지개발사업 등에 의하여 토지를 구획으로 정리하고 환지를 하거나 공영개발 방식에 의하여 토지를 개발하여 토지를 구획하고 지번, 지목, 면적 및 경계 또는 좌표를 지적공부에 새로이 등록하기 위하여 실시하는 측량을 말한다. 지적확정측량의 대상은 1995년 개정 지적법에서부터는 경지정리확정측량 또는 수치측량방법으로 실시하게 되었다. 확정측량은 구획정리 및 경지정리의 경우에 수치측량 방법의 원리나 이론과 차이가 없으나 도시개발사업지구는 가로 중심점을 계산하여 가구 계산을 실시하고 경지정리 지구는 사용목적에 적합하게 축척을 자유로이 작성할 수 있으므로 확정측량이라는 의미가 없으며 가구 등이 없는 경우는 중심점 계산이 필요 없게 된다. 우리나라에 수치지적확정측량이 도입되어 실시된지는 오래 되었으나 측량방법, 계산양식, 기호, 단수처리 등이 지역 또는 측량자 마다 다르며 현재는 장비의 발달로 많은 변화가 있으나 서식이나 양식은 기존의 틀을 벗어나지 못하고 있는 실정이다. 확정측량의 실시순서는 계획과 준비, 기초측량, 세부측량, 성과품 작성 등으로 분류하여 실시한다.

7.7.2 택지개발의 유형

택지개발의 유형은 도시계획법에 의한 주택지 조성사업, 도시개발사업, 형질변경사업, 토지구획정리사업법에 의한 토지구획정리사업, 택지개발촉진법에 의한 택지개발사업, 주택건설촉진법에 의한 대지조성사업, 산업기지개발촉진법에 의한 단지조성사업 등이 있다. 개발방식으로는 단순개발방식, 환지방식, 매수방식, 혼합방식이 있으며 단순개발방식은 토지소유자가 개발하는 것으로 토지의 형질변경, 토지의 원형, 지표, 지질, 용도 등을 변경하는 것으로 규모는 약 10,000m^2 미만이며 환지방식은 토지구획정리사업으로 가장 일반적인 방법이지만 개발이익이 사회적으로 환수가 이루어지지 않는 단점이 있다.

매수방식은 공영개발사업에 가장 보편화된 방법으로 사업지역은 10,000m^2 이상의 주택지조성사업과 택지공영개발사업 등 면적이 대규모 지역에 해당된다. 혼합방식은 매수방식 및 환지방식을 혼합한 방식으로 도시개발사업, 대지조성사업, 단지조성사업 등으로 도시개발사업은 인구 및 산업의 집중현상을 완화하기 위한 목적이 있으며 면적 100만m^2 이상의 개발사업에 해당된다. 그리고 대지조성사업은 공동주거를 위한 집단건설 사업으로 면적 33,000m^2 이상이며 단지조성사업은 중화학공업단지 및 산업기지조성사업 등이 해당된다. 법률에 의한 도시개발에는 도시개발법에 의한 도시개발사업 중 면적이 5만m^2 이상인 것, 도시 및 주거환경정비법에 의한 정비사업 중 면적이 5만m^2 이상인 것, 국토의 계획 및 이용에 관한 법률에 따른 도시계획시설사업 중에서 주택법에 따른 대지조성사업 중 면적이 5만m^2 이상인 것이 있다. 또한, 택지개발촉진법에 따른 택지개발사업 또는 보금자리주택건설 등에 관한 특별법에 따른 보금자리주택지구 조성사업 중 면적이 5만m^2 이상인 것, 물류시설의 개발 및 운영에 관한 법률에 따른 물류단지개발사업 또는 유통산업발전법에 따른 공동집배송센터 조성사업 중 면적이 5만m^2 이상인 것 등이 있다. 그리고 일반적인 법률에 의하면 여객자동차 운수사업법에 따른 여객자동차터미널 설치공사 중 부지면적이 5만m^2 이상인 것, 물류정책기본법에 따른 물류터미널 및 물류단지 중 부지면적이 5만m^2 이상인 것, 교육기본법에 따른 학교의 설치공사 중 부지면적이 5만m^2 이상인 것, 농어촌정비법에 따른 생활환경정비사업의 농어촌마을 건설사업 및 농어촌마을 재개발사업 중 택지조성 면적이 5만m^2 이상인 것 등이다.

(1) 공영택지개발

공영택지개발은 토지구획정리사업의 단점인 토지소유자에게 귀속되는 개발이익을 제거하고 투기를 방지하기 위한 수단으로 지방자치단체나 공공기관을 통하여 토지를 개발하는 방식이다. 공영개발에는 정부 · 지방자치단체 · 공공기관이 법률에 의해 토지를 수용하고 대지를 조성한 후 실수요자에게 대지를 임대하고 임대조건에 따라 건축 · 개발하는 방법으로 호주 캔버라가 있고 공공단체가 직접 토지 조성에서 건축까지 수행한 후 임대 또는 분양하는 방법으로 영국 New Town이 있다. 그리고 공공단체가 대지를 조성한 후 토지수요자에게 분양하여 건축하는 방법 등을 모두 포괄하는 방법은 우리나라 반월단지가 해당된다.

공영개발대상지는 모든 토지를 매수하되 토지소유주와 협의하여야 하지만 협의가 되지 않은 경우에는 강제로 매수한다. 토지자원의 합리적 이용촉진을 유발하고 동시에 시장성 없는 나대지로 방치되는 것을 개발하여 토지의 효율성을 제고하기 위한 것이다. 택지개발촉진법은 도시지역의 시급한 주택난을 해소하기 위하여 주택건설에 필요한 택지의 취득 · 개발 · 공급 및 관리 등에 관한 특례를 규정하고 있다. 규정에 의거 시행자가 개발계획을 작성하여 국토해양부장관의 승인을 얻고자 할 경우에는 개발하고자 하는 토지의 위치와 면적을 기재한 택지개발 계획승인 신청서를 국토해양부장관에게 제출하도록 되어 있으며 이때 지적 정보자료가 그 기초가 되고 있다.

(2) 경지정리 확정측량

경지정리사업은 세분화된 불규칙한 경지를 적정규모로 구획을 정리하고 협소하고 정비되지 않은 농로나 용·배수조직을 정비하는 등 토지를 중심으로 한 물리적인 변경과 함께 분산된 필지를 토지 소유자 중심으로 집단화하는 등 소유권의 이동을 수반하는 환지 등을 통해 효율적인 농사를 추진하기 위해서 도입되었다. 경지정리사업은 1925년경부터 시행하여 그동안 농지의 집단화, 토지 및 노동생산성의 향상 등을 가져왔으며 농촌경제의 부흥과 함께 농촌을 근대화시키는 원동력이 되어 왔다. 1970년대는 경지정리의 효과가 1960년대 후반기에 실시한 기존에 시행된 지구에서부터 나타나기 시작하였고, 농민의 인식이 변화되면서 1971년부터 국고보조 50%, 지방비 30%(도; 15%, 군; 15%), 농민부담 20%로 일률성이 보장되었다.

1972년부터는 대단위 농업종합개발이 실시된 평택, 금강, 영산강 등 지구에서 경지정리가 집중적으로 시행되었다. 정부에서는 1969년 당시에 전국의 경지정리 대상면적을 총 답면적의 45%에 해당하는 588천ha를 정비목표로 추진하면서 농촌노동력의 급격한 감소에 따라 이앙기, 콤바인 등 영농기계가 급속도로 보급되어가고, 기계화 영농이 필수적인 단계임에 비추어 대상면적을 1970년대 말에 종전의 588,000ha에서 706,000ha로 확대 조정하였다. 1983년에는 국고보조 60%, 지방비 20%, 농민부담 20%가 되었고, 1988년에는 국고보조 70%, 지방비 20%, 농민부담 10%로 조정되었다. 1990년대는 농촌 구조개선 차원의 정비현대화 대구획 정비제도를 채택하여 농로와 용·배수로는 모든 필지에 접하도록 설치하고 농로는 콤바인, 트랙터 등 대형농기계 통행에 지장이 없도록 넓게 하며 주요 간·지선 농로는 콘크리트나 아스팔트로 포장하고 용수로와 배수로는 분리 설치하며 가급적 콘크리트 구조물로 시공하여 시설물의 유지관리와 물 관리에 편리를 도모할 수 있도록 경지재정리사업을 시행하였다. 일반경지정리 대상면적은 1998년 기준 총 논면적 1,157,000ha의 78%인 902,000ha이며, 1998년까지 723,000ha를 완료하여 대상면적의 80%에 이르고 있다. 대구획 경지정리사업의 일환으로 시행하는 경지재정리사업은 농어촌 특별세 4조3천억원의 예산을 투입하여 1970년 중반까지 경지정리를 시행한 지역 중 200,000ha를 대상으로 1998년까지 54,000ha를 완료하였다.

경지정리사업의 사업시행절차는 사업주체별로 차이가 있으나 지방자치단체가 시행할 경우에는 시행계획지구의 선정, 답사, 기본계획 승인, 측량 및 설계, 사업시행 예정지 결정, 고시 및 열람, 사업계획의 확정, 사업착수 신고, 착공, 가환지 지정, 준공, 환지처분, 환지등기 등으로 구분할 수 있다. 경지정리사업에 따른 토지의 일필지구획 면적은 종전에는 3,000~4,000m^2의 규모로 추진되었으나 최근에는 일필지구획 면적을 1만~3만m^2로 대형화하여 영농의 기계화와 농업 생산비를 낮추어 국제 경쟁력을 높이도록 하고 있다. 과거에는 방위각법에 의하여 지적도근점측량을 실시하고 합판에 부착한 측량원도용지에 정확히 축척 1/1,000의 지적도 도곽을 구획하여 도근점 좌표를 전개하고 세부측량은 도근점에 의하여 방사법으로 측량하는 방법을 사용하였다. 그러나 최근에는 수치지적측량 방법에 의한 경지정리 확정측량은 광파거리측정기를 부착한 데오돌라이트 및 미지점에 대한 관측성과의 기록, 좌표계산 등을 동시에 처리하는 전자평판(Total Station System)을 이용하며, 이 성과를 기록한 저장장치인 전자야장을 자동제도 시스템과 연결하여 성과도를 작성하거나 조서작성과 지적공부정리를 곧바로 연계할 수 있다.

수치측량방법은 도곽의 개념이 없이 소수의 측량기준점에서 비교적 넓은 면적을 직접 측정할 수 있으며, 관측성과를 신속하게 컴퓨터에 전송하여 좌표조정 및 지적도면을 필요한 축척으로 편집하고 자동제도로 정확한 성과의 유지관리가 용이하다. 경지정리사업은 시행기관이 계획과 설계, 시공 등을 담당하고 지적부서에서 지적확정측량과 지적공부정리를 수행하며 측량수행기관은 시행자가 필요한 서류와 자료를 작성하여야 한다. 경지정리확정측량의 실시 순서는 토지개량사업 시행신고서 접수, 측량계획 수립 및 준비작업, 기준점측량, 지적세부측량(도해 또는 수치) 및 측량검사, 부대도서 작성, 지구계 분할신고서 및 완료 신고서 접수, 지적공부 정리 및 지적도 작성의 순서이다.

(3) 축척변경사업

축척변경은 소축척 지적도를 대축척 지적도로 단순하게 확대 · 변경하는 의미도 있고 측량에 의한 필계점의 수치등록으로 수치도형정보화를 의미하기도 한다. 현재의 지적도는 1910년 토지조사사업에 의하여 실제 토지필지를 1/1,200로 축소하여 도면에 등록한 도해지적으로 정확도가 낮은 지적체계를 경위의측량에 의하여 필계점을 수치좌표로 등록하여 1:1로 축척을 변경하고 정확도가 높은 수치도면(Digital Map)을 제공할 수 있는 수치도형정보화를 의미한다. 1/1,200 축척을 1/600 또는 1/500의 축척으로 변경한다든지 1/6,000 축척을 1/1,200의 축척 등으로 변경하여 등록하는 것을 축척변경이라 한다. 지적법령에서 규정하고 있는 축척변경은 임야 등록지인 축척 1/6,000 또는 1/3,000의 토지를 토지대장등록지로 전환하는 것을 등록전환측량이라 규정하고 있으나 축척변경과 차이점은 해당지역의 규모에 따라 다르게 구분하고 있다. 또한, 특정한 지역에 있는 1/1,000 및 1/1,200 축척의 지적도를 1/500, 1/600로 하여 등록하는 토지구획정리사업, 경지정리사업 등도 축척변경의 개념에 포함되지만 이는 토지를 물리적으로 변형하여 등록하는 대단위 사업이므로 토지구획정리확정측량, 경지정리확정측량으로 규정하고 있다. 따라서 축척변경측량은 토지의 형태를 변형하지 않고 지적도의 축척만을 변경하는 것으로 지적도에 등록된 경계선을 확대한 후 필지의 면적을 다시 측정하여 등록하는 것을 의미하지만 최근에는 거의 실시하지 않고 있다.

(4) 주택건설사업

주택건설사업을 시행하고자 하는 자는 주택법을 제정하여 쾌적한 주거생활에 필요한 주택의 건설 · 공급 · 관리와 이를 위한 자금의 조달 · 운용 등에 관한 사항을 정함으로써 국민의 주거안정과 주거수준의 향상에 이바지함을 목적으로 하고 있다. 주택이란 세대의 구성원이 장기간 독립된 주거생활을 할 수 있는 구조로 된 건축물의 전부 또는 일부 및 그 부속토지를 말하며, 이를 단독주택과 공동주택으로 구분한다. 공동주택은 건축물의 벽 · 복도 · 계단이나 그 밖의 설비 등의 전부 또는 일부를 공동으로 사용하는 각 세대가 하나의 건축물 안에서 각각 독립된 주거생활을 할 수 있는 구조로 된 주택을 말한다. 국민주택은 국민주택기금으로부터 자금을 지원받아 건설되거나 개량되는 주택으로서 주거의 용도로만 사용하는 면적이 1호(戶) 또는 1세대당 85제곱미터 이하인 주택은 수도권정비계획법에 따른 수도권을 제외한 도시지역이 아닌 읍 또는 면 지역은 1호 또는 1세대당 주거전용면적이 100제곱미터 이하인 주택을 말한다.

공공택지는 국민주택건설사업 또는 대지조성사업, 택지개발촉진법에 따른 택지개발사업, 산업입지 및 개발에 관한 법률에 따른 산업단지개발사업, 보금자리주택건설 등에 관한 특별법에 따른 보금자리주택 지구조성사업, 도시개발법에 따른 도시개발사업, 경제자유구역의 지정 및 운영에 관한 법률에 따른 경제자유구역개발사업, 공공기관 지방이전에 따른 혁신도시 건설 및 지원에 관한 특별법에 따른 혁신도시개발사업, 신행정수도 후속대책을 위한 연기 · 공주지역 행정중심복합도시 건설을 위한 특별법에 따른 행정중심복합도시 건설사업 및 공익사업을 위한 토지 등의 취득 및 보상에 관한 법률에 따른 공익사업에 해당하는 공공사업에 의하여 개발 · 조성되는 공동주택이 건설되는 용지를 말한다. 사업주체란 주택건설사업계획 또는 대지조성사업계획의 승인을 받아 그 사업을 시행하는 국가 · 지방자치단체, 한국토지주택공사, 주택법에 의거 등록한 주택건설사업자 또는 대지조성사업자를 말한다. 국토해양부장관 또는 지방자치단체의 장은 주택의 건설과 관련된 인가 · 허가 등을 할 때 그 건설사업의 내용이 최저주거기준에 미달되는 경우에는 그 기준에 맞게 사업계획 승인신청서를 보완하여야 한다.

국토해양부장관 또는 지방자치단체의 장은 최저 주거기준에 미달되는 가구가 밀집한 지역에 대하여는 우선적으로 임대주택을 건설하거나 도시 및 주거환경정비법에서 정하는 바에 따라 우선적으로 주거환경정비사업을 시행할 수 있도록 하기 위하여 필요한 조치를 할 수 있다. 등록사업자가 사업계획승인을 받아 분양 또는 임대를 목적으로 주택을 건설하는 경우로서 그 기술능력, 주택건설 실적 및 주택규모 등이 법률의 기준에 적합한 경우에는 그 등록사업자를 건설산업기본법에 따른 건설업자로 보며 주택건설공사를 시공할 수 있다.

대지조성사업을 시행하려는 자는 사업계획승인신청서에 주택과 그 부대시설 및 복리시설의 배치도, 대지조성공사 설계도서 등의 서류를 첨부하여 국토해양부장관에게 제출하고 사업계획 승인을 받아야 한다. 사업계획승인을 받은 사업주체는 승인받은 사업계획대로 사업을 시행하여야 하며 승인받은 날부터 2년 이내에 공사를 시작하여야 한다. 주택종합계획은 국토기본법에 따른 국토종합계획에 적합하여야 하며, 국가 · 지방자치단체 · 한국토지주택공사 및 지방공사인 사업주체는 주택종합계획에 따라 주택건설사업 또는 대지조성사업을 시행하여야 한다.

7.7.3 수용에 의한 취득 및 사용

공익사업을 위한 토지 등의 취득 및 보상에 관한 법률은 공익사업에 필요한 토지 등을 협의 또는 수용에 의하여 취득하거나 사용함에 따른 손실의 보상에 관한 사항을 규정함으로써 공익사업의 효율적인 수행을 통하여 공공복리의 증진과 재산권의 적정한 보호를 도모함을 목적으로 한다. 사업시행자는 공익사업의 수행을 위하여 필요한 때에는 토지 등을 수용 또는 사용할 수 있으나 공익사업에 수용 또는 사용되고 있는 토지 등은 특별히 필요한 경우가 아니면 이를 다른 공익사업을 위하여 수용 또는 사용할 수 없다. 사업시행자는 토지 등을 수용 또는 사용하고자 하는 때에는 국토해양부장관의 사업인정을 받아야 하며 국토해양부장관은 사업인정을 한 때에는 수용 또는 사용할 토지의 세목을 관보에 고시하여야 한다. 사업인정을 받은 사업시행자는 토지조서 및 물건조서의 작성, 보상계획의 공고 · 통지 및 열람, 보상액의 산정과 토지소유자 및 관계인과의 협의의 절차를 거쳐야 한다.

사업시행자가 협의가 성립된 토지의 소재지 · 지번 · 지목 및 면적 등에 대하여 공증인법에 의한 공증을 받아 협의성립의 확인을 신청한 때에는 관할 토지수용위원회가 이를 수리함으로써 협의성립이 확인된다. 천재 · 지변 그 밖의 사변으로 인하여 공공의 안전을 유지하기 위한 공익사업을 긴급히 시행할 필요가 있는 때에는 사업시행자는 특별자치도지사, 시장 · 군수 또는 구청장의 허가를 받아 즉시 타인의 토지를 사용할 수 있다. 토지의 수용과 사용에 관한 재결을 하기 위하여 국토해양부에 중앙토지수용위원회를, 특별시 · 광역시 · 도 · 특별자치도에 지방토지수용위원회를 둔다. 토지수용위원회의 재결사항은 수용 또는 사용할 토지의 구역 및 사용방법, 손실의 보상, 수용 또는 사용의 개시일과 기간이다. 공용수용은 목적물을 표준으로 또는 수용절차를 표준으로 분류할 수 있으며 목적물을 표준으로 하는 경우는 토지, 건물, 기타 토지의 정착물에 관한 권리를 수용의 목적물로 하는 부동산수용과 토석, 죽목, 운반구 등 동산에 관한 권리를 수용의 목적물로 하는 동산수용, 특허권 등의 무체재산권을 수용의 목적물로 하는 공용수용인 무체재산수용 등이 있다.

(1) 손실보상의 원칙

공익사업에 필요한 토지등의 취득 또는 사용으로 인하여 토지소유자 또는 관계인이 입은 손실은 사업시행자가 보상하여야 하며 사업시행자는 당해 공익사업을 위한 공사에 착수하기 이전에 토지소유자 및 관계인에 대하여 보상액의 전액을 지급하여야 한다. 손실보상은 다른 법률에 특별한 규정이 있는 경우를 제외하고는 현금으로 지급하여야 한다. 또한, 토지소유자가 원하는 경우 사업시행자가 해당 공익사업의 합리적인 토지이용계획과 사업계획 등을 고려하여 토지로 보상이 가능한 경우에는 토지소유자가 받을 보상금 중 현금 또는 채권으로 보상받는 금액을 제외한 부분은 기준과 절차에 따라 그 공익사업의 시행으로 조성한 토지로 보상할 수 있다.

토지소유자에 대하여 토지로 보상하는 면적은 사업시행자가 그 공익사업의 토지이용계획과 사업계획 등을 고려하여 정하되 그 보상면적은 주택용지는 990m^2, 상업용지는 1,100m^{2}를 초과할 수 없다. 사업시행자는 토지소유자가 국세 및 지방세의 체납처분 또는 강제집행을 받는 경우, 세대원 전원이 해외로 이주하거나 2년 이상 해외에 체류하려는 경우에 해당하여 토지로 보상받기로 한 보상금에 대하여 현금보상을 요청한 경우에는 이를 현금으로 보상하여야 한다. 사업시행자가 국가 · 지방자치단체 및 공공기관의 운영에 관한 법률에 따라 지정 · 고시된 공공기관 및 공공단체인 경우로서 토지소유자 또는 관계인이 원하는 경우, 부재부동산소유자(不在不動産所有者)의 토지에 대한 보상금은 일정금액을 초과하는 경우 그 초과하는 금액에 대하여 보상하는 경우에는 해당 사업시행자가 발행하는 채권으로 지급할 수 있다. 손실보상은 토지소유자 또는 관계인에게 개인별로 행하여야 한다. 사업시행자는 동일한 사업지역 안에 보상시기를 달리하는 동일인 소유의 토지 등이 여러 개 있는 경우 토지소유자 또는 관계인의 요구가 있는 때에는 일괄하여 보상금을 지급하도록 하여야 한다.

(2) 손실보상의 종류와 기준

협의 또는 재결에 의하여 취득하는 토지는 부동산 가격공시 및 감정평가에 관한 법률에 의한 공시지가를 기준으로 한다. 그 공시 기준일부터 가격시점까지의 관계 법령에 의한 당해 토지의 이용계획, 당해 공익사업으로 인한 지가의 영향을 받지 아니하는 지역은 지가변동률, 생산자물가상승률 및 그 밖에 당해 토지의 위치 · 형상 · 환경 · 이용 상황 등을 참작하여 평가한 적정가격으로 보상하여야 한다. 토지에 대한 보상액은 가격시점에 있어서의 현실적인 이용상황과 일반적인 이용방법에 의한 객관적 상황을 고려하여 산정하되, 일시적인 이용 상황과 토지소유자 또는 관계인이 갖는 주관적 가치 및 특별한 용도에 사용할 것을 전제로 한 경우 등은 이를 고려하지 아니한다. 사업인정 전의 협의에 의거 취득한 토지의 공시지가는 당해 토지의 가격시점 당시 공시된 공시지가 중 가격시점에 가장 가까운 시점에 공시된 공시지가로 한다. 사업인정 후의 취득에 있어서 공시지가는 사업인정 고시일 전의 시점을 공시기준일로 하는 공시지가로서, 당해 토지에 관한 협의의 성립 또는 재결 당시 공시된 공시지가 중 당해 사업인정 고시일에 가장 가까운 시점에 공시된 공시지가로 한다. 공익사업의 계획 또는 시행이 공고 또는 고시로 인하여 취득하여야 할 토지의 가격이 변동되었다고 인정되는 경우에는 공시지가는 당해 공고일 또는 고시일 전의 시점을 공시기준일로 하는 공시지가로서 당해 토지의 가격시점 당시 공시된 공시지가 중 당해 공익사업의 공고일 또는 고시일에 가장 가까운 시점에 공시된 공시지가로 한다. 취득하는 토지와 이에 관한 소유권외의 권리에 대한 구체적인 보상액 산정 및 평가방법은 투자비용 · 예상수익 및 거래가격 등을 고려하여 정한다. 협의 또는 재결에 의하여 사용하는 토지에 대하여는 그 토지와 인근 유사토지의 매매가격 · 임대료 · 사용방법 · 사용기간 및 그 토지의 가격 등을 참작하여 평가한 적정가격으로 보상하여야 한다. 사용하는 토지와 그 지하 및 지상의 공간의 사용에 대한 구체적인 보상액 산정 및 평가방법은 투자비용 · 예상수익 및 거래가격 등을 고려하여 정한다.

7.8 토지구획정리사업

토지구획정리사업은 도시의 건전한 발전과 공공복리의 증진에 기여하기 위하여 일정한 구역 안의 토지를 대상으로 도로, 공원, 상수도, 학교, 광장의 설치 및 변경하는 것으로 토지구획정리사업법에 의하여 행하여지는 토지의 구획, 형질의 변경 및 공공시설의 신설, 변경에 관한 사업을 말한다. 또한, 토지의 구획과 형질을 질서 있게 정리한 뒤에 권리관계의 내용을 변경하지 않고 새로운 획지에 이전시키는 사업을 말한다. 토지구획정리 사업의 내용은 건전한 시가지 조성 · 취락조성 · 산업기지 및 택지로 개발하기 위한 내용은 시행지구 내의 토지의 구획 · 지목 및 형질의 변경, 시행지구 내의 공공시설의 설치 · 정비 · 개량, 구획정리사업과 병행하여 시행하는 건축물 기타 공작물 또는 물건의 설치 · 관리 · 처분 및 공유수면의 매립 등이 있다. 토지구획정리사업은 건전하고 편리한 시가지로 조성하기 위한 위생, 환경, 보안, 교통 등의 상태가 양호하여야 하며 대지의 구획, 형질의 변경만으로는 충분하지 않고 도로, 공원 등의 공공시설의 정비나 개선을 도모할 필요가 있다. 그러나 공공시설의 정비가 목적인 경우, 특별한 목적을 위하여 넓은 도로나 광장을 신설하는 경우 또는 그 구역 내의 토지소유자 등이 보통의 방법으로 이용할 수 없는 도로의 경우에는 토지구획정리의 방법으로 실시하기 보다는 매수 또는 토지수용의 방법에 의하여 도로나 광장의 건설, 확장 또는 설치하도록 법률로 규정하고 있다. 토지구획정리가 토지의 구획을 적정히 하고 토지의 형상 등을 개량, 정비하여 이용도 높은 적정한 대지로 조성하는 목적은 매매, 교환이나 또는 토지수용에 의하여서도 달성될 수 있다. 토지구획정리사업은 종합적인사업, 대규모의 도시계획사업, 저렴한 개발사업비가 소요, 공공용지의 확보가 용이하며 계속적인 생활 및 업무활동을 유지, 정확한 토지의 상황파악이 용이하고, 수속절차가 복잡하며 사업시행기간이 길다는 특징이 있다.

7.8.1 토지구획정리사업의 연혁

우리나라는 중 · 고대에는 공전제도를 실시하였으나 문명이 발달하고 사전제도로 변화되면서 공전과 사전제도가 혼용되어 조선시대 말까지 지속되었다. 우리나라에서 최초로 측량 및 단지설계를 도입한 것은 1884년 인천조계와 1887년 목포, 진남포조계(津南浦租界), 1899년 군산과 마산에서 지역분할 작업을 실시하였다. 또한, 인천과 목포에서 측량에 종사한 인천 세관원 네덜란드인 스태든을 마산에 파견하여 5~8월까지 측량을 완료하였다는 기록이 있으며 스태든은 초대 영국공사 파크스와 초대 경성총영사 아스톤(W.G.Aston)에 의해 고용되어 일본, 중국 등지에서 활약하다 한국에 오게 되어 인천조계를 계획한 후 조선정부에 총세무사로 고용되어 있던 J. M 브라운에 인계되어 한국 인천세관 소속의 신분으로 오랜 기간 측량기사로 일하였다. 조계장정 제 1조에 규정된 조계의 위치는 대략 신월리(동) · 월영리(동)지역으로 조계 구역의 경계선에는 "마산포 각국조계(馬山浦 各國租界)"라는 글을 새긴 경계 표석을 세우면서 시작되었다.

외국공동조계가 처음 설정된 곳은 인천으로 1884년 10월 3일에 조인된 인천제물포각국조계장정에서는 당시 조계(租界)구역 표시로 각국 조계석을 설치하였는데 이 석조가 인천 시립박물관에 인천문화재자료로 보관되어 있다. 아스톤은 1882년 조선 · 영국수호통상조약과 인천제물포각국조계헌장을 기초하였으며 조선과 영국의 외교가 정식 수립되면서 1884년 4월 초대 영국총영사로 부임하였다. 제물포각국조계의 구획은 75개 필지로 분할하였으며 각 필지마다 A, B 등으로 지번을 부여하였다. 인천제물포각국공동조계의 계획은 우리나라의 최초 단지계획이었으며 현재의 인천 중구 송월동, 북성동, 항동, 관동 등으로 지형이 원형 그대로 보존되어 각종 문헌과 일치하고 있다. 1883년 인천 개항을 시작과 함께 조계제도 도입으로 우리나라 토지제도의 목적이 명확해지기 시작하였다. 1894년 청일전쟁과 1904년 러일전쟁으로 일본의 자본주의가 발전함에 따라 공장용지, 주택용지 등의 수요가 증가되면서 불규칙한 농경지를 정리할 목적으로 입법된 경지정지법이 도시의 택지정리에 이용된 것이다. 토지구획정리는 1897년 "일본의 토지개량에 관한 건"에서 비롯되어 1909년 "경지정지법"이 제정되면서부터 본격화되었으며 1898년에 양지아문이 설치되어 전국 토지를 정리하기 시작하였다. 1916년 이후부터는 조선총독부 임시토지조사국의 측량 사무를 담당하고 일본육지측량부는 지원형식으로 참여하였다. 1928년 경성도시계획조사서에 서울시 시가지 내의 5개 구역과 외곽지인 한강리, 신당리의 2개 지역에 대한 토지구획정리사업을 계획하였으나 실시하지 못하였다.

1919년 4월에 일본에서 도시계획법을 제정 시행하는 것을 계기로 조선총독부에서도 1922년 기초적인 안이 완성되어 각국(局)에 회부된 법령의 명칭은 "조선시가지계획령"이었고 법령의 내용은 일본 도시계획법을 거의 그대로 따랐으나 한반도 도시의 실정을 감안하여 보완하고 1924년 발표하였다. 또한 총독부는 서울 및 인근 일대를 도시계획조사에 착수하여 1925년에는 신시가지 조성계획에 따라 측량을 완료하였으며 1926년 도시계획을 시행할 대상 도시를 경성, 평양, 대구, 부산 등 4개 도시를 선정하여 조사를 완료한 후 1931년 경지정리법이 개정되어 도시계획 구역 내에서의 경지정리의 시행이 금지되면서 토지구획정리사업은 도시정비의 주된 수단으로 정착되었다.

1930년대 초에 대만, 러시아, 일본과 같이 정확도를 통일하기 위하여 우리나라에서 새로운 측량을 실시하기로 결정하였다. 1930년대 후반기부터 우리나라 측량은 군사목적에 초점을 두었기 때문에 육지측량부에 의해 실시되면서 모든 측량기록과 측량성과는 일본 동경의 육지측량부가 관리, 보존하고 비밀문건으로 취급하였다.

1932년 3월 1일 만주국이 탄생되면서 일본정부는 80만㎢의 광대한 면적을 식민지화하여 만주에서 산출되는 자원을 일본으로 수송하고 일본의 공업생산품을 만주로 보내기 위해 나진항을 선정하였다. 나진항의 개발과 나진과 웅기를 연결하는 철도건설 사업이 1932년 4월 정부에서 결정되어 8월 23일에 발표되고 인구가 집중되면서 시가지를 형성하게 되었다. 1933년 9월 10일에는 전기가 공급되고 1934년 나진읍으로 승격되면서 토지투기가 시작되었으며 총독부는 토지구획정리사업 계획을 수립하였다. 1934년 6월 20일 총독부제령 제 18호로 조선시가지건설계획령, 7월 27일 총독부령 제78호로 동령 시행규칙을 발표하였다. 인구 30만을 수용할 수 있는 나진 시가지 계획과 시가지계획구역을 결정하고 계획가로 및 토지구획정리 시행지구를 결정한 후 1934년 11월 20일 나진읍장에게 그 시행을 명령하여 조선시가지계획령에 의한 최초 도시계획 고시와 토지구획정리 지정고시로 토지구획정리사업의 시초가 되었으며 나진 시가지조성에 구획정리법을 도입하면서 도시계획사업을 구획정리사업의 방침으로 규정하였다.

일본은 1936년 중국대륙으로 진출하기 위해 만주의 측량을 시급히 추진하게 됨에 따라 6월에는 조선토지측량표령을 공포하는 등 측량체제와 기준을 정비하고 1등 삼각측량과 1등 수준측량을 착수하게 되었다. 1936년 11월 20일 함경북도 나진시에서 100만평을 시공한 것이 한국 최초의 구획정리사업이며 그 후 나진의 경험을 토대로 1937년 경성부윤은 영등포에 1,551,000평을, 돈암동에 683,000평을 비롯하여 전국 54개 지구 1,800만평을 정리하였으며 총사업비는 4,300여 만엔 이었다. 1939년에서 1942년까지 태평양 전쟁으로 토지구획정리사업이 중단되었으며 1940년 11월 1일자로 모든 택지 및 건물가격을 통제하면서 토지구획정리사업은 결정적인 손실을 받았다. 1937년부터 1943년에 걸쳐 착수된 한반도 내 토지구획정리사업에서 서울의 돈암, 영등포지구는 정지공사가 끝났으나 대부분의 지역은 10~50% 정도로 환지처분 및 청산을 못하고 1945년 8월 15일 광복으로 일본인들이 떠나자 대부분의 사업지구가 방치되었다.

1945년 9월 25일 군정법령 제2호 "상산에 관한 건"에 의하여 미군정부의 소유로 귀속되었고 12월 14일(관재령 제2호) "군정청 취득 일본인 재산의 보고 및 운영 · 점유 및 사용에 관한 건"에 의하여 현재의 불법점유자 또는 노무자들에게 불하조치 되었는데 미군의 입장에서 토지구획정리사업에 관한 기초상식도 없었고 정산관리와 그 처분을 담당한 귀속재산관리처 직원들도 구획정리사업에 대한 처리방안이 없었으므로 불하대금을 행정청에 인계하지 않은 것은 당연한 일이었다. 1945년 현재 전 지구에 대한 실적은 37지구가 완성되었고 24개 지구는 미완성된 것으로 문헌에 기록되었으나 완성된 지구도 환지처분된 지구는 없고 택지조성공사가 끝난 정도였다.

표 7.8 1934~1945년 토지구획정리사업 실적 (환지인가 기준)

도 명	지구수	시행면적(평)	사업비(엔)	도 명	지구수	시행면적(평)	사업비(엔)
인천	3	1,112,468	3,136,000	평안남도	5	1,039,125	1,711,925
서울	10	5,565,800	17,268,800	평안북도	2	826,498	940,000
충청북도	1	13,642	23,400	강 원 도	3	280,421	467,500
충청남도	2	715,406	1,776,820	함경남도	5	1,594,978	1,990,905
경상남도	3	53,176	125,000	함경북도	15	4,593,810	11,654,609
경상북도	3	1,645,952	3,280,725	계	54	17,915,580	43,303,184
황해도	2	474,304	927,500				

1974년에는 서울특별시 영등포구 여의도지역에 토지구획정리와 지적확정측량이 시행되었으며 1975년 지적법을 전면 개정하면서 수치지적측량을 도입하였고 1976년부터 시가지와 농경지에 적용하였다. 영등포지구는 조선지적협회 경성지부가 담당하였으며 영등포와 돈암지구는 우리나라 최초의 구획정리지구이고 지적확정측량이었다. 개정된 지적법에는 척관법을 폐지하고 미터법을 채택하였으며 10진법을 적용하여 시가지는 1/600에서 1/500로, 1/1,200에서 1/1,000로 시행하였으며 1978년 현재 구획정리사업에 따른 지적정리 현황은 표 7.9와 같다.

표 7.9 구획정리사업에 따른 지적정리현황 (단위 : km²)

구분	시가지	농경지	농업단지	계	구분	시가지	농경지	농업단지	계
1961년	13.2	166.2		179.4	1970년	15.9	149.3		165.2
1962년	0.7			0.7	1971년	13.1	156.3		169.7
1963년	1.4			1.4	1972년	15.2	223.9	23.1	262.2
1964년	10.1	15.6		25.7	1973년	1.1	284.6	0.5	286.2
1965년	2.7	18.2		83.9	1974년	17.0	270.8		287.8
1966년	3.2	177.2		180.4	1975년	8.1	261.2		269.3
1967년	3.7	133.2		136.9	1976년	11.0	233.8	5.0	249.8
1968년	24.7	171.9	3.8	200.4	1977년	17.1	214.4	2.1	233.6
1969년	3.9	159.9	1.5	165.3	1978년	89.2	93.3	1.0	183.5

7.8.2 구획정리 관련법률

지적확정측량을 하는 경우 필지별 경계점은 위성기준점, 통합기준점, 삼각점, 지적삼각점, 지적삼각보조점 및 지적도근점에 따라 측정하여야 하며 미리 사업계획도와 도면을 대조하여 각 필지의 위치 등을 확인하여야 한다. 도시개발법에 따른 도시개발사업, 농어촌정비법에 따른 농어촌정비사업, 그 밖에 토지개발사업의 시행자는 사업의 착수 · 변경 및 완료 사실을 지적소관청에 신고하여야 하며 토지이동이 필요한 경우에는 해당 사업의 시행자가 지적소관청에 토지의 이동을 신청하여야 한다. 토지이동은 토지의 형질변경 등의 공사가 준공된 때에 이루어진 것으로 본다. 사업의 착수 또는 변경의 신고가 된 토지의 소유자가 해당 토지의 이동을 원하는 경우에는 해당 사업의 시행자에게 그 토지의 이동을 신청하도록 요청하여야 하며, 요청을 받은 시행자는 해당 사업에 지장이 없다고 판단되면 지적소관청에 그 이동을 신청하여야 한다.

토지개발사업 등의 범위는 주택법에 따른 주택건설사업, 택지개발촉진법에 따른 택지개발사업, 산업입지 및 개발에 관한 법률에 따른 산업단지개발사업, 도시 및 주거환경정비법에 따른 정비사업, 지역균형개발 및 지방중소기업 육성에 관한 법률에 따른 지역개발사업, 체육시설의 설치 · 이용에 관한 법률에 따른 체육시설 설치를 위한 토지개발사업, 관광진흥법에 따른 관광단지개발사업, 공유수면매립법에 따른 매립사업, 항만법 및 신항만건설촉진법에 따른 항만개발사업, 보금자리주택건설 등에 관한 특별법에 따른 보금자리주택지구 조성사업, 물류시설의 개발, 운영에 관한 법률, 경제자유구역의 지정 및 운영에 관한 특별법에 따른 토지개발사업 등이다. 도시개발사업 등의 착수 · 변경 또는 완료 사실의 신고는 그 사유가 발생한 날부터 15일 이내에 하여야 하되 토지의 이동 신청은 그 신청대상지역이 환지(換地)를 수반하는 경우에는 사업완료 신고로써 처리할 수 있다. 주택법에 따른 주택건설사업의 시행자가 파산 등의 이유로 토지의 이동 신청을 할 수 없을 때에는 그 주택의 시공을 보증한 자 또는 입주예정자 등이 신청할 수 있다. 도시개발사업 등의 착수 또는 변경의 신고를 하려는 자는 도시개발사업 등의 착수 · 변경 · 완료 신고서에 사업인가서, 지번별 조서, 사업계획도의 서류를 첨부하여야 한다. 도시개발사업 등의 완료 신고를 하려는 자는 신청서에 확정될 토지의 지번별 조서 및 종전 토지의 지번별 조서와 환지처분과 같은 효력이 있는 고시된 환지계획서를 첨부하여야 하며 지적측량수행자가 지적소관청에 측량검사를 의뢰하면서 미리 제출한 서류는 첨부하지 아니할 수 있다.

토지이동정리 결의서의 작성은 토지대장 · 임야대장 또는 경계점좌표등록부별로 구분하여 작성하되 토지이동신청서 또는 도시개발사업 등의 완료신고서 등을 첨부하여야 하며, 소유자정리 결의서의 작성은 등기필증, 등기부 등본 또는 그 밖에 토지소유자가 변경되었음을 증명하는 서류를 첨부하여야 한다. 하지만, 행정정보의 공동이용을 통하여 첨부서류에 대한 정보를 확인할 수 있는 경우에는 그 확인으로 첨부서류를 갈음할 수 있다. 지적소관청이 지적공부에 등록하거나 지적공부를 복구 또는 말소하거나 등기촉탁한 경우에는 해당 토지소유자에게 통지하여야 하며 통지받을 자의 주소나 거소를 알 수 없는 경우에는 일간신문, 해당 시 · 군 · 구의 공보 또는 인터넷홈페이지에 공고하여야 한다. 도시개발사업 등이 완료되어 실시하는 지적확정측량의 경계는 공사가 완료된 현황대로 결정하되, 공사가 완료된 현황이 사업계획도와 다를 때에는 미리 사업시행자에게 그 사실을 통지하여야 한다.

그림 7-72 구획정리측량 지역

7.8.3 사업시행준비

토지구획정리사업은 토지의 교환, 분합 기타의 구획변경, 지목, 또는 형질의 변경이나 공공시설의 설치, 변경에 관한 사업이 원칙이나, 건축물 기타의 공작물 또는 물건의 설치, 관리 또는 처분에 관한 사업과 수면의 매립에 관한 사업은 토지구획정리사업으로 시행할 수 있다.

(1) 시행자

토지구획정리사업의 시행자는 토지소유자 또는 공동토지소유자가 설립한 토지구획정리조합, 대한주택공사, 산업기지개발공사, 한국토지주택개발공사, 지방자치단체, 국가 등이다. 측량 · 수로조사 및 지적에 관한 법률과 도시개발법에 따른 도시개발사업, 농어촌정비법에 따른 농어촌정비사업 및 토지개발사업의 시행자는 사업의 착수 · 변경 및 완료 사실을 지적소관청에 신고하여야 한다.

(2) 사업설계

사업 시행전에 실시해야 할 업무는 지구의 선정, 지구계의 결정, 현황측량, 소유권의 조사 등을 실시하고 지구선정 및 지구계의 결정에서는 사업목적과 성격에 적합하도록 선정하고 향후 인접지의 발전과정 등을 검토하여야 한다.

특히, 지구내 편입 지역과 제외지역에 따라서 이해관계의 타당성에서 불만이 나타날 수 있으므

확정		확정		확정		확정		확정	
구획	지번	구획	지번	구획	지번	구획	지번	구획	지번
103	양평동 3가 1	85	양평동 3가 69	162	양평동 4가 115	152	양평동 4가 300	200	양평동 5가 126
102	양평동 3가 2	125	양평동 3가 73	163	양평동 4가 196	154	양평동 4가 304	196	양평동 5가 109
102	당산동 3가 552	132	양평동 3가 72	161	양평동 4가 136	179	양평동 5가 3	199	양평동 5가 118
103	양평동 3가 7	135	양평동 3가 89	160	양평동 4가 182	181	양평동 5가 5	198	양평동 5가 115
104	양평동 3가 8	126	양평동 3가 75	147	양평동 4가 152	182	양평동 5가 12	213	양평동 5가 5
105	양평동 3가 14	127	양평동 3가 76	56	양평동 4가 157	183	양평동 5가 17	207	양평동 5가 15
107	양평동 3가 17	84	양평동 3가 77	148	양평동 4가 161	178	양평동 5가 22	208	양평동 5가 74
108	양평동 3가 22	69	양평동 3가 79	52	양평동 4가 279	177	양평동 5가 33	205	양평동 5가 54
109	양평동 3가 30	128	양평동 3가 80	166	양평동 4가 201	184	양평동 5가 37	215	양평동 5가 87
110	양평동 3가 32	136	양평동 3가 98	165	양평동 4가 210	187	양평동 5가 55	2	양평동 5가 17
111	양평동 3가 34	131	양평동 3가 88	164	양평동 4가 225	176	양평동 5가 59	3	양평동 5가 48
99	양평동 3가 45	67	양평동 4가 1	159	양평동 4가 226	175	양평동 5가 70	8	양평동 5가 75
119	양평동 3가 52	139	양평동 4가 5	156	양평동 4가 319	188	양평동 5가 76	9	양평동 5가 88
122	양평동 3가 71	138	양평동 4가 12	157	양평동 4가 256	191	양평동 5가 86	11	양평동 5가 130
12	양평동 3가 104	142	양평동 4가 17	158	양평동 4가 244	101	양평동 5가 132	10	양평동 5가 231
93	양평동 3가 46	144	양평동 4가 80	151	양평동 4가 263	174	양평동 5가 90	8	양평동 5가 262
117	양평동 3가 53	143	양평동 4가 19	153	양평동 4가 303	170	양평동 5가 786	6	양평동 5가 283
120	양평동 3가 59	141	양평동 4가 21	150	양평동 4가 275	194	양평동 5가 102	5	양평동 5가 312
121	양평동 3가 61	57	양평동 4가 27	49	양평동 4가 281	197	양평동 5가 113	4	양평동 5가 336
92	양평동 3가 66	145	양평동 4가 35	48	양평동 4가 287	193	양평동 5가 100	100	양평동 5가 349

그림 7-73 영등포구 양평동 환지확정조서

로 현황 및 이용사항을 상세하게 조사하여 공개적으로 시행하여도 신뢰 받을 수 있는 사업이 되어야 한다. 사업 시행으로 인접 토지소유자의 이익과 손실 등으로 지구계의 분쟁이 발생할 수 있고 또한 제외시키는 지역은 지적공부정리에서 문제점이 발생할 수 있다는 점도 고려하여야 한다.

(3) 환지지시측량

환지지시측량은 각종 공사에 의한 사업시행에서 일필지의 경계를 설계할 당시의 성과와 일치하도록 환지예정도에 의하여 현장에 복원하는 측량을 말하며 사업시행자와 지적공사와의 계약에 의해 실시되고 있다. 그러나 지적확정측량은 사업시행이 완료된 후에 실시하는 것으로 되어 사업과 관련이 없다고 판단할 수 있지만 업무의 중요성에 많은 영향을 미친다. 환지지시측량은 지적확정측량과 동일한 순서로 기초측량에서 일필지확정측량까지이고 확정측량 대신에 경계복원측량을 실시할 수 있으며 환지설계를 위한 현황측량성과와 일치되도록 하여야 한다. 환지지시측량은 지적확정측량의 기초자료가 되므로 정확한 성과가 중요하며 측량수행자가 사업시행자에게 인수 받아야 할 자료는 기초점성과표, 지구, 가구, 중심점계산부, 환지예정도, 가구 및 필지 면적측정부, 현황측량원도 등이다. 환지지시측량에서 중요한 것은 중심점과 가구점등의 현황 확인이 어려운 경우가 많은데 이는 지시점에 기계를 설치하여 다른 기지점을 확인하는 등의 기지 사핵으로 확인하는 것이 매우 중요하다. 그림 7-74는 구획정리사업을 실시하기 위한 환지통지서로 1961년도에 작성된 것이며 그림 7-75는 촉탁등기에 의거 작성된 등기내용이며 그림 7-76은 사업을 완료한 후 정리한 환지확정통지서이다.

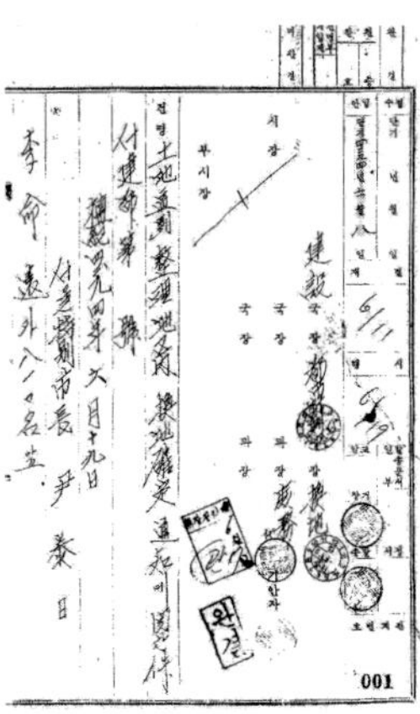

그림 7-74 환지확정통지

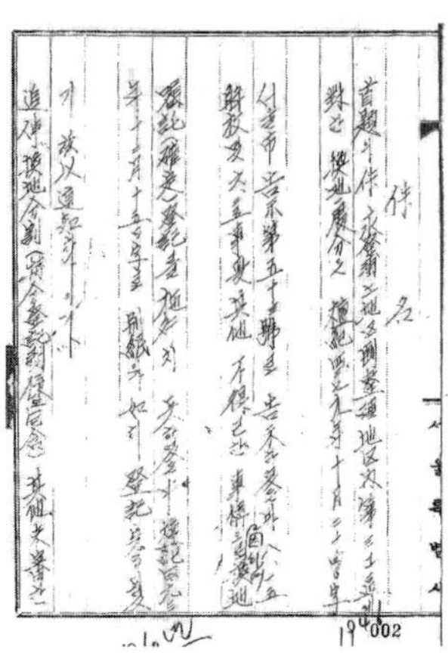

그림 7-75 1960년 등기완료내용

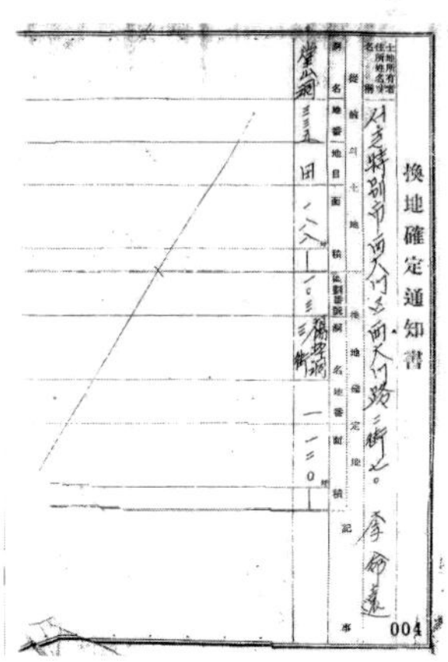

그림 7-76 환지확정통지서

7.8.4 지적확정측량 작업순서

토지구획정리사업 시행절차는 계획단계와 개발단계 및 환지단계로 크게 구분할 수 있다. 계획단계에서는 시행지구의 선정작업, 현황측량(지구계측량 포함), 사업계획의 책정, 권리관계의 조사, 가구확정측량, 환지설계(가환지의 지정) 및 획지 확정측량으로 구분할 수 있다. 개발단계는 이전 및 보상, 공사의 실시, 지적확정측량이며 환지단계는 환지처분과 청산금의 정산교부를 실시하게 되고 등기하면 사업은 완료된다. 기본계획의 시행절차는 시행지구의 선정작업, 현황측량, 사업계획의 책정, 권리관계의 조사, 가구확정측량, 환지설계 순으로 시행한다. 작업순서는 그림 7-77과 같이 계획과 준비, 답사, 선점, 조표, 관측, 각도관측, 거리측정, 계산 및 성과품 작성 등의 순으로 실시한다.

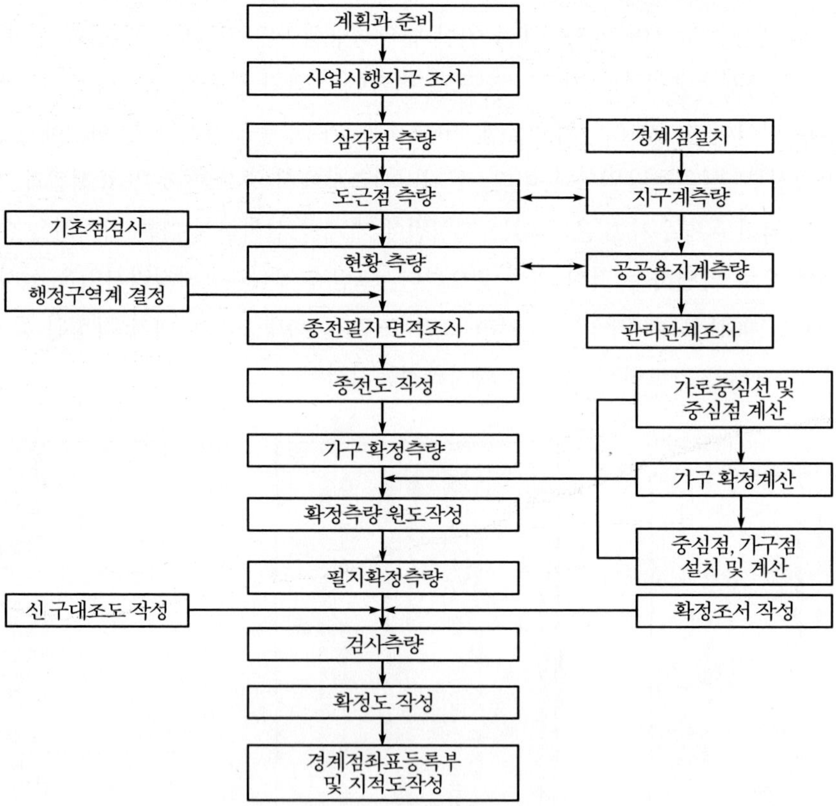

그림 7-77 지적확정측량 작업 순서

(1) 계획과 준비

작업 계획에는 사업 시행자로부터 기준점성과 및 관측계산부, 사업계획 평면도, 현황측량도, 가로망도, 환지계획도 등의 자료를 인수하여 사업 내용의 조사, 현지답사, 업무협의, 작업 계획의 수립, 도곽의 작성, 일람도 및 확정측량도 작성 등이 있다. 측량의 계획은 목적, 작업량, 기간, 정밀도, 작업의 편성, 기계, 기구, 소모품, 표지, 재료 등의 종류와 수량, 작업경비, 교통 및 후속측량에 미치는 영향 등을 감안하여 계획한다. 사업시행자와의 계약을 마친 후 업무지시를 받으면 업무에 착수하기에 앞서 시행자로부터 설계도서 등의 자료를 인수하고 현지답사와 사업 내용을 조사하며 소관청과 업무협의 등을 거쳐 작업계획을 세워야 한다. 조사된 업무량 및 작업 여건과 기간 등을 감안하여 작업 계획을 수립할 경우에는 외업, 내업, 계절 등을 참고하고 업무수행 능력에 따라 인력을 구성하며 필요한 장비를 적절한 시기에 투입되도록 준비하되 최신장비를 최대한 활용하여야 한다. 업무집행계획이 수립되면 현장사무실 설치, 각종 측량장비 및 계산서식, 기준점조표 및 표석매설에 필요한 자재 등을 준비하여야 한다. 측량은 계획과 준비된 사항에 의하여 사업신고서와 지적공부를 대조하여 지구계의 위치를 확인하고, 지구계간의 토지의 필계점표시 등에 대한 사항을 조사한 후 시행하여야 한다. 업무집행에 필요한 설계도서 등의 자료인수에는 기초점 성과표 및 관측계산부, 사업계획평면도, 지형이 표시된 현황측량도, 가로망도, 중심점망도 및 계산부, 가구점계산부, 지구계점 관측계산부, 환지계획도 및 필지별 면적계산부 등 기타 필요한 도서 등을 인수하여야 한다.

(2) 업무 협의

업무협의는 조사된 내용을 가지고 작업 여건과 기간 등을 감안하여 소관청과 해당 지역에 대한 특이 사항 및 도면의 축척, 지적기준점의 유무 및 좌표 확인, 공사완료 여부, 측량 검사 관계는 기초측량과 세부 측량을 나누어서 기초측량 검사를 먼저 받은 후에 세부측량에 임하는 것이 필요하다. 또한 검사기간은 계약 기간의 1/4로 측량 · 수로 및 지적에 관한 법률로 규정되어 있으므로 사전에 협의를 실시하여야 한다.

(3) 현지답사

내용의 조사에는 사업시행자, 사업의 명칭, 토지소재, 가구수, 필지수, 지구계 분할예정필수, 기타 필요한 사항을 조사해야 한다. 또한 인접지역에 대한 지적확정측량 실시여부와 삼각점 및 지적측량기준점의 성과를 조사 · 확인하고 현지답사는 현장을 조사하여 계획도와 비교하며 공사의 완료 여부, 가로망 상황, 기준점 등의 위치, 신설기준점의 배치계획, 교통 등 제반 업무에 필요한 사항을 파악하여 계획을 수립한다.

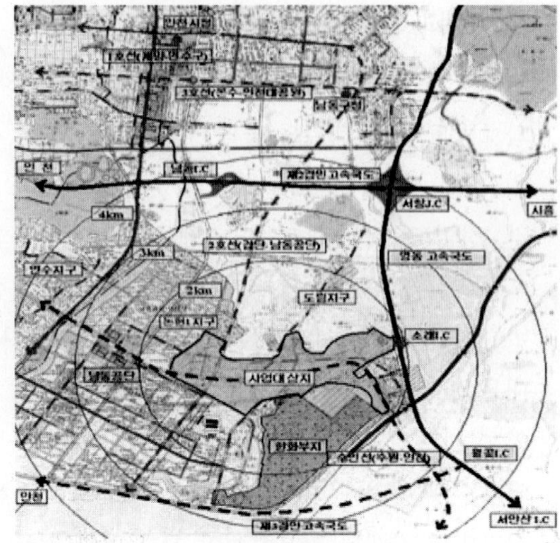

그림 7-78 현지답사도면

(4) 기준점조사와 측량

확정측량 순서는 지적삼각보조점측량, 도근점측량, 지구계분할측량 및 가구계측량, 확정측량원도작성, 지번설정, 면적계산, 필계 및 점간거리의 계산, 측량성과작성, 측량검사로 진행한다. 삼각점측량 및 수준점측량 성과표에 등록된 사항은 측량의 원점, 점의 등급, 기호, 명칭, 지형도의 도엽번호 명칭, 위치, 관할 경찰서명, 직각좌표, 위도, 경도, 표고, 진북방위각, 인접 삼각점간 거리대수와 방향각 등이 표시되어 있다. 수치측량에서는 정밀한 기준점망이 필요하며 도근점 설치는 지적삼각점 및 지적삼각보조점을 기준으로 도선법, 교회법 또는 다각망도선법에 의하여 계산하고 도선법은 1등, 2등 도선으로 구분하며 망구성은 결합, 폐합, 왕복도선으로 구성하여 도근점 표석 또는 표지를 매설하고 있다. 도근점측량에는 관측방법 및 계산과정에서 오차가 발생할 수 있으므로 정밀한 성과를 구하기 위해서 소프트웨어를 이용하여 성과를 계산한다.

세부측량을 실시할 때 기준이 되는 도근점은 차량증가로 장시간의 주차와 정차 등으로 측량을 실시할 경우 기계설치 및 시통에 어려움이 많으므로 선점에 주의가 필요하며 설치에서부터 보존관리까지 검토하여야 한다. 특히 파손시의 재설치에도 시간 및 인력과 경비 등의 손실이 있고 성과에도 오차가 수반되므로 보존 관리를 철저히 하며 표석대장 작성 시에는 고정물에서 정밀한 거리를 측정하여 복원이 가능하도록 하고, 공사자체 도근점도 훼손 시에는 재설치 비용을 청산할 수 있는 제도적 보완이 요구되고 있다. 확정측량은 좌표원점지역과 기타 좌표원점지역의 성과표 모두 일반원점 성과로 삼각점 조사가 필요하며 지적삼각점은 도지사가 관리하고 도근점은 소관청이 관리하게 되어있다. 그러나 일반적으로 소관청에 이미 사용할 수 있는 지적삼각점 및 지적삼각 보조점 성과부에 등록되어 있고 소관청으로부터 이의 사용을 인정받은 때에는 그대로 사용할 수 있다. 새로운 기초점의 선점은 작업능률 및 측량성과에 미치는 영향이 크므로 지형도상에서 미리 기지삼각점을 기준으로 망을 구성하여 도상계획을 수립하고 현지를 답사하면서 지형 · 지물 등을 고려하여야 한다. 지적삼각보조점의 망구성은 유심다각망, 삽입망, 사각망, 삼각쇄 또는 정밀삼각망으로 구성하며 지적삼각보조점은 교회망 및 교점다각망으로 구성하게 되어 있으나 관측에서 계산까지 전산처리 하는 경우도 있으므로 이의 처리형식에 적합하도록 작업을 실시하여야 한다. 특히, 수치측량은 전체 지구의 기준점 성과정도가 동일하도록 정밀 조정을 실시하여야 한다.

그러나 현재 우리나라 기준점의 성과는 정확도가 낮아 법규에 측량성과와 검사성과의 연결오차의 허용범위를 지적삼각점 0.20m 이내, 지적삼각보조점 0.25m 이내, 경계점좌표등록부시행지역의 도근점은 0.15m 이내, 기타지역의 도근점은 0.25m 이내, 경계점좌표등록부시행지역의 경계점은 0.10m 이내, 기타지역의 경계점은 3M/10mm 이내(M은 축척분모)로 하고 있다. 또한, 일필지확정측량은 필지의 경계점측정은 경위의를 사용하여 방사법, 도선법에 의거 측정하여 좌표를 결정하고 있다.

(5) 도곽의 구획

작업 계획 및 준비와 함께 지적도의 도곽과 확정측량도 등은 업무 집행 전에 미리 만들어 놓으면 편리하다. 도곽은 가로 40cm, 세로 30cm의 직사각형으로 하며 도곽선의 수치는 원점을 기준으로 하여 작성하여야 한다. 예를 들어 도근점 좌표 종선(X) = 414,876.45m, 횡선(Y) = 217,910.52m인 점을 포용하는 지적도의 도곽을 축척 1/500로 작성하려면 종선에서는 150m를 200m로 하고 횡선에서는 200m를 400m로 하며 도곽구획에 따른 계산방법은 다음과 같다.

구분	계산방법	비고
종선	500,000m－414,876.45m＝85,123.55m	원점으로부터 도근점까지의 종선 거리
	85,123.55m÷150m＝567.4m	원점으로부터 도근점까지의 도곽수
	567×150m＝85,050m	원점으로부터 상 도곽선까지의 거리
	500,000m－85,050m＝414,950m	상 도곽선
	414,950m－150m＝414,800m	하 도곽선
횡 선	217,910.52m÷200m＝1,089.5m	도근점 까지의 횡선 도곽수
	1,089×200m＝217,800m	좌측 도곽선
	217,800m＋200m＝218,000m	우측 도곽선

(6) 일람도 작성

도곽선 수치가 결정되면 방안지에 일람도를 작성하고 도곽선수치를 기재하여 지구계를 전개하고 도면의 호수를 기재한다. 지구계점은 지1, 지2, 지3, 지4 등으로 일련번호를 기재하고 지적도면의 호수는 21, 22, 23, 등으로 기재한다.

원도의 색인표에 있는 도면의 호수와 제호의 도면호수는 착묵하지 않고 연필로 기재 하였다가 확정측량이 모두 완료되면 지적도를 작성할 단계에서 착묵하면 총 도면의 매수가 파악된다. 면적이 넓은 지역은 도면의 매수가 수 백장씩 되어 섞이면 찾기가 어려우므로 10매씩 칸을 만들어 순서대로 보관하면 편리하다. 일람도의 작성이 완료되면 그림 7-79와 같이 일람도를 작성하고 색인표, 제호 및 도곽선 수치 등을 기재한다.

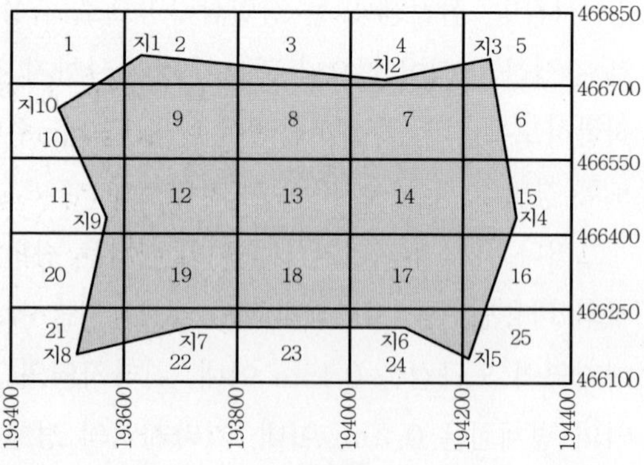

그림 7-79 일람도 작성

(7) 지번설정

지번은 도시개발사업 등이 완료됨에 따라 지적확정측량을 실시한 지역의 각 필지에 지번을 새로 부여하는 경우에는 지번변경, 행정구역 개편, 축척변경 시행지역의 경우 지번을 제외한 본번으로 부여하여야 한다. 사업시행 지역 내의 종전의 지번 중 본번만으로 된 지번으로 설정하되 종전의 지번 중 본번만으로 된 지번의 수가 새로이 정할 지번의 수보다 적은 때에는 당해 지번 지역의 최종 본번의 다음 번호부터 본번으로 하여 순차적으로 지번을 정할 수도 있고 또는 블록단위로 하나의 본번을 부여하고 이에 부번을 붙여 설정할 수도 있다. 지적소관청은 행정구역의 변경, 도시개발사업의 시행, 지번변경, 축척변경, 지번정정 등의 사유로 지번에 결번이 생긴 때에는 지체 없이 그 사유를 결번대장에 기재하여 영구히 보존하여야 한다. 지목의 설정은 사업이 완료된 토지를 사용목적에 따라 설정하므로 환지계획에 의한 지목대로 설정하되 실제 지목과 확인하여 결정하여야 한다. 지번부여지역의 일부가 행정구역의 개편으로 다른 지번부여지역에 속하게 되었으면 지적소관청은 새로 속하게 된 지번부여지역의 지번을 부여하여야 한다.

(8) 면적계산

지적확정측량이 완료되면 측량원도에 의하여 도해 또는 좌표면적계산 방법으로 면적을 측정한다. 도해측정 방법은 직사각형의 획지는 종전까지는 주로 삼사법에 의하였으나 최근에는 디지털플래니미터를 이용하고, 수치측량 지역에서는 좌표면적계산을 컴퓨터에 의하여 주로 시행한다. 경위의방법으로 측량을 실시한 지역의 면적측정은 좌표면적계산법에 의하게 되어있으며 산출면적은 1/1,000m^{2}까지 계산하여 1/10m^2 단위로 정한다. 위의 규정은 원래 도해측량의 경우에 만들어진 제한이며 수치측량의 경우에는 해당되지 않는 사항이다. 그러므로 이의 개정이 필요하나 수치측량의 경우는 면적으로서 제한규정을 만들기가 곤란하다. 왜냐하면 면적에 따른 오차가 비례하지 않으면 수 백만평이 되어도 면적이 몇 m^2로 되는 경우도 있고 수 만평에서 수 십m^2가 되는 경우도 있기 때문이다. 좌표면적 계산식은 다음과 같다.

$$A = \frac{1}{2}\sum_{i=1}^{n} x_i(y_{i+1} - y_{i-1})$$

$$A = \frac{1}{2}\sum_{i=1}^{n} y_i(x_{i+1} - x_{i-1})$$

이것을 변형하면 다음과 같은 전산 공식이 된다

$$A = \frac{1}{2}\sum_{i=1}^{n} (x_i \cdot y_{i+1} - x_{i+1} \cdot y_i)$$

면적측정부는 지구계면적측정부, 가구면적측정부, 필지면적측정부를 각 각 별도로 편철하여 집계표를 작성하고 규정에 의한 공차등의 적합 여부를 비교하여야 한다.

(9) 확정측량 원도작성

일람도 작성이 완료되면 지적도의 호수를 기재하면서 총 도면의 매수가 파악되고 일람도가 작성되면 색인표의 번호를 착묵하여 확정측량원도의 작성을 모두 완료한다. 특히 사업시행지역의 규모가 큰 지역의 경우에는 확정측량원도가 수 백장에 해당하므로 인접지역별로 연필로 기재된 번호를 확인하여 정리하면 편리하게 정리할 수 있으며 순서대로 보관 및 관리한다. 그리고 수치측량원도의 작성은 지구, 가구, 일필지 등의 좌표가 계산 되면 도면에 전개하여 작성하므로 착오 등의 오류사항을 편리하게 찾을 수 있다. 최근에는 CAD를 이용하여 작성하는 전산 처리방법에 의하므로 시간과 경비절감을 가져오고 있다. 일람도 및 원도작성이 완료되면 기초측량의 성과를 원도에 전개하고 중심점계산 및 가구점 측량계산결과를 도면에 전개하면 측량원도가 완성된다. 계획도와 공사현황이 차이가 날 수 있으므로 구분할 수 있도록 표시하여 사업시행자와 협의를 하여야 하며 합의된 성과를 착묵하여야 한다. 가구측량이 완결되기 전에는 일필지 측량을 실시하지 못하도록 규정하고 있다. 일필지 세부측량이 완료되면 확정측량 원도가 작성되고 측량원도의 도곽은 가로 40cm, 세로 30cm의 도곽에 의하여 동일하게 작성하면 된다. 토털시스템에 의한 전산처리의 경우는 전산시스템에 의한 자동작성방식으로 작성하며 동시에 일람도와 색인도를 작성하여야 한다.

(10) 측량성과의 작성

수정된 좌표와 계산성과를 비교 확인하여 공차 이내에 드는지를 점검한 후 수정된 좌표와 좌표전개기를 사용하여 각 필계점과 가구계점을 전개한다. 좌표전개기는 X, Y축을 가진 디지털 플래니미터(Digital Planimeter)의 추적렌즈를 제거하고 이 위치에 좌표전개시에 사용하는 정교한 좌표전개침을 장착한 후 좌표면적과는 반대로 좌표표시부의 전개에 필요한 필계점의 좌표를 입력하고 수작업으로 X, Y축을 이동하여 고정시켜 자침한다. 따라서 동일 도곽내의 모든 필지에 대한 필요한 좌표전개가 완료되면 각 굴곡점간의 전개거리를 역계산 값과 비교하여 각 굴곡점의 점간거리가 확인되면 주기와 착묵을 실시한다. 이때에 사용되었던 필계점 관리번호는 경계점좌표등록부나 지적도에는 기재되지 않으며, 경계점좌표등록부에는 각 필지마다 우측 상단에서부터 시작되는 새로운 굴곡점 번호가 부여되고 이에 관련된 종횡선좌표가 기록되므로 기재의 오류를 주의하여야 한다. 결정된 좌표를 이용하여 가구별 좌표면적을 결정하고 가구의 면적과 당해 가구내 각 필지의 면적 합계와 사업시행전 지적공부 면적 합계와의 교차는 1/500 이내로 제한한다.

7.8.5 지구계 측량

지구계 분할측량은 지구계 부근의 측량준비도를 작성하고 기초점 성과와 지구계점의 좌표를 전개하여 지구내와 지구외의 지역을 결정하는 경계선을 정하며, 전개된 기초점을 기준으로 하여 기지경계선과 지구계점을 측정하여 그 부합 여부를 도해식으로 확인하는 측량이다. 기지경계점이 동일한 방향과 거리로 이동하여 등록된 경우에는 도근점성과에 그 이동수치를 가감하여 사용할 수 있다.

(1) 준비 및 현황측량

지구계 측량은 사업지구 결정 시 사업시행자가 현장에서 지구계점을 표시하고 조사측량 및 설계 당시부터 경계점에 영구 고정물을 설치하여 확정측량이 완료된 후에도 영구히 보존하여야 한다. 그러나 지구계 결정방법은 도면에서 선을 결정하고 좌표를 구하는 방법으로 결정하는 경우가 많아 현장기지점 측량과 기준점측량이 일치하지 않는 지역에서는 지구계에 측량의 불부합으로 나타나기도 한다. 지구계 측량의 작업순서는 과거에는 지구계 부근 지역의 도면등사, 측량준비도 작성, 기준점전개, 현황측량, 지구계 결정, 사업시행자와 협의 및 확인 등의 순서로 진행하였으나 최근에는 전자파일로 등록되어 도면등사와 측량준비도 작성과정이 생략되고 있다. 토지구획정리의 지구계 확정측량은 수치측량방법에 의하여 각 사업지구 전체면적을 확정하기 위한 것으로 사업 시행 전 토지 및 임야대장에 등록된 면적과 사업 시행 이후의 면적 증감을 확인한다. 또한 확정측량 지구전체에 대하여 경계굴곡점을 따라 좌표를 결정하고 좌표면적계산을 실시하여 결정된 지구 총면적과 당해 지구내의 가구 및 가구외의 도로, 구거, 하천 등의 면적의 합계와의 교차를 1/200 이내로 제한하고 있다.

(2) 지구계의 결정

현황측량 결과가 기준점과 도면 및 현황이 일치하면 도면의 지구계점을 현장에 표시하고 이 점을 확정측량 지구내의 지적기준점으로부터 측정하여 지구계 좌표로 결정한다. 그러나 2가지 성과가 일치하지 않을 경우에는 지적기준점의 성과를 기지에 적합하게 수정하도록 지적법령에 규정하고 있으나 인정할 수 있는 범위가 명확하게 규정되지 않고 있다. 그러므로 2가지 성과 중 어떤 측량 방법으로도 지구계가 중복되지 않도록 확정측량 사업시행지구의 경계점을 지구계로 결정하여 사업지구내 기준점으로부터 지구 경계점을 측정하여 지구계 좌표로 결정하는 방법을 많이 사용하고 있다. 지구계 면적을 결정하기 위해서 일필지의 일부가 지구내로 편입되는 토지는 해당 지구계 부근의 소도를 작성한 후 지구계 굴곡점의 수치좌표를 전개하여 지구계분할로 처리하고 종전 지적도를 정리한다. 이 경우 지구계 근처의 측량기준점을 근거로 지적도 경계선과 수치로 전개한 지구계점의 현지 부합여부를 사핵하여 도해적 방법으로 확인하여 필요한 경우 수치좌표를 수정하여야 한다.

지구계 분할은 토지와 임야에 대하여도 동일하나 지구내로 편입된 임야의 경우에는 따로 등록전환처리는 하지 않으며 지구 경계선은 제척지에서 도해 또는 기초측량을 실시하여도 지구내와 중복되지 않도록 결정하여야 한다. 지구계선과 지구계점은 사업시행자가 결정하지만 필요한 경우에는 측량으로 보완하되 모든 결정권은 사업시행자에게 있으므로 측량원도에 확인을 받아 두어야 한다. 업무처리 규정에는 기초측량 성과와 기지경계점과 부합되지 않을 경우에는 도근점 성과를 수정하도록 되어 있으나 확정측량에서는 적용하지 않는다. 그 이유는 사업시행지구 전체의 기지경계점이 동일한 방향과 거리로 이동 되었다고 볼 수 없으며 사업시행 지구 제외지역의 성과와도 일치하여야 하기 때문이다. 소관청의 지적공부에 의하여 지구계 주위의 도면을 광범위하게 등사하여 현황측량 결과와 도면과의 부합 여부를 확인할 수 있도록 하여야 한다. 만약 지구계 주위에 기지경계가 없을 경우에는 기지가 있는 인접 도곽까지 등사하여 기준점에 의한 측량과 기지측량의 부합여부를 대조하였지만 최근에는 전자파일을 이용한다.

과거에는 측량준비도 작성은 등사된 도면에 의하여 자사법으로 작성하여 기준점을 전개하여야 하므로 도곽선의 신축을 정밀하게 조사하였다. 또한 기준점 전개는 기초측량의 성과를 작성된 측량준비도 위에 전개하는 것으로 도면의 신축이 있는 경우가 많으므로 신축에 따른 보정을 실시하여 전개하였다. 그러나 최근에는 전자파일을 이용하여 전자평판을 활용하기 때문에 지구계 주위와 현황측량지역은 모두 작성하여 참고자료로 활용하고 있다. 현황측량은 기준점과 도면 및 현황의 일치여부를 확인하는 측량으로 원칙적으로는 측량준비도에 전개된 기준점에 평판을 세우고 기지 현황을 확인하는 방법으로 실시하여야 하나 보통 측량도 용지에 기준점을 포함하여 현황측량을 실시하고 기준점과 도면 및 현황의 일치 여부를 확인한다.

7.8.6 가로 중심점측량

(1) 중심점 현황측량

중심점측량은 기준점에 의하여 현황을 측정하여 가로중심선의 제원과 중심점의 좌표를 구하는 것으로서 수치측량이 도입된 초기에는 중심점측량을 실시하지 않고 기초점에서 현황점을 측정하여 좌표를 결정하는 것으로 실시하였으나 최근에는 중심점측량을 실시하여 가구점을 계산하고 있다. 그러나 구획정리측량에서는 반드시 필요하지만 경지정리측량에서는 가구가 있는 경우에만 필요하다. 경지정리의 경우 현장에서 줄자를 이용하여 직접 가로의 중심을 표시하여 중심선으로 하고 중심점을 계산한 좌표와 예정 당시의 좌표를 비교하여 차이가 발생하는 것은 현황 중심점좌표로 조정하는 것을 중심점의 조정이라고 한다. 경지정리지구는 중심점좌표가 없는 경우가 대부분이나 현재는 수치화로 등록되고 있다. 가로중심점을 구하기 위해서는 가로 현황에 의하여 경계점을 관측한 후 경계점의 좌표를 계산하고 경계점의 좌표와 가로 중심선에 대한 직선의 방정식을 이용하여 가로 중심점을 계산한다.

(2) 중심점 및 가구점의 말박기

기존 중심점의 배치상황이 현황과 부합여부를 조사하여 중심점 중 계획조건 및 실지현황과 부합되는 중심점을 선택하여 그 중심점을 기산점으로 하여 지적도근점 측량성과를 기준으로 계획하고 거리 및 방위각을 근거로 각 중심점의 좌표를 조정 · 계산한다. 조정 · 계산된 중심점을 기산점으로 가구확정계획에 따라 가구점의 좌표를 계산하고 측정하고자 하는 중심점과 가구점은 계산된 중심점 및 가구점의 좌표를 부근에 설치된 도근점의 좌표와 역계산하여 그 방위각 및 거리를 산출한다. 그리고 도근점에서 측설할 중심점과 가구점의 번호와 방위각, 거리를 표시한 말박기 도면을 작성하고 계산결과를 점검 후 토지구획정리사업이나 경지정리사업은 토지의 형상을 변경하여 추진하는 업무로 택지개발이나 전답을 정리한 후에 수반하는 업무이다.

(3) 중심점 계산

중심점의 계산은 기초점으로부터 관측자료에 의하여 중심선을 계산하고 중심선을 이용하여 교차계산하며 중심점 좌표의 계산은 주로 전산에 의거 처리하고 있다. 중심점계산은 가구점 관측성과에 의하여 중심점을 구하고 교차점계산은 직선의 방정식에 의한 교차점계산, Sine법칙에 의한 교차점계산, 수선장에 의한 교차점계산 방법 등으로 계산한다. 그러나 최근에는 전산에 의한 방법으로 사용하고 있으나 그 원리를 이해할 수 있도록 일반 계산기를 사용하는 수선장에 의한 교차계산에 따른 중심점 계산 방법을 정리한다.

1) Sine법칙에 의한 교차계산

$$P_X = X_A + \frac{a \cdot \sin\beta}{\sin\gamma}\cos V_a$$

$$P_Y = Y_A + \frac{a \cdot \sin\beta}{\sin\gamma}\sin V_a$$

$$P_X = X_B + \frac{a \cdot \sin\alpha}{\sin\gamma}\cos V_b$$

$$P_Y = Y_B + \frac{a \cdot \sin\alpha}{\sin\gamma}\sin V_b$$

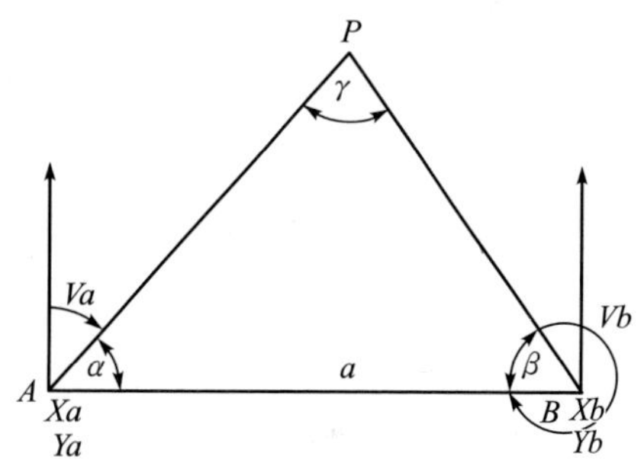

2) 직선의 방정식에 의한 교차계산

그림 7-80에서 두 직선이 교차하는 교점 P의 좌표를 계산하기 위한 식을 연립방정식으로 정리하면 $Ax_1+By_1 = C_1$와 $Ax_2+By_2 = C_2$가 된다. 이를 Cramer 법칙에 의하여 두 직선의 교차점을 구하고 직선의 방정식 A, B계수에 의한 값으로 다시 정리하면 식(7.13) 및 식(7.14)가 된다.

$$D = \begin{vmatrix} A_1 & B_1 \\ A_2 & B_2 \end{vmatrix} = A_1B_2 - A_2B_1$$

$$Dx = \begin{vmatrix} C_1 & B_1 \\ C_2 & B_2 \end{vmatrix} = C_1B_2 - C_2B_1$$

$$Dy = \begin{vmatrix} A_1 & B_1 \\ A_2 & B_2 \end{vmatrix} = A_1C_2 - A_2C_1$$

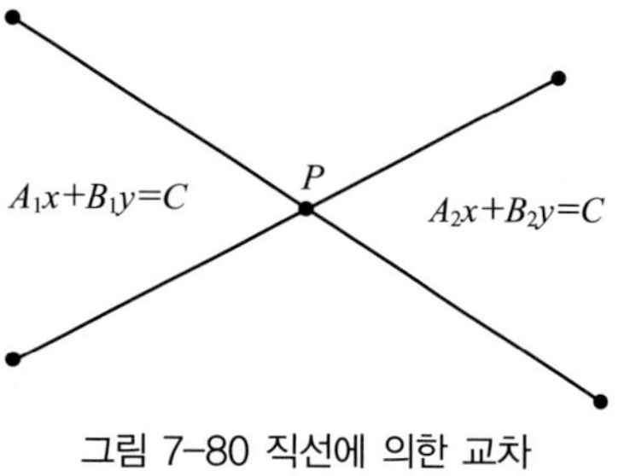

그림 7-80 직선에 의한 교차

$$x = \frac{Dx}{D} = \frac{C_1B_2 - C_1B_2}{A_1B_2 - A_2B_1} \quad (7.13)$$

$$y = \frac{Dy}{D} = \frac{A_1C_2 - A_2C_1}{A_1B_2 - A_2B_1} \quad (7.14)$$

이와 같이 계산이 복잡하므로 최근에는 프로그램을 이용하여 모두 처리하고 있다.

3) 수선장에 의한 교차점 계산

그림 7-81과 그림 7-82 수선장에 의한 교차점 계산에서 수선장 E_1값에 의하여 AP거리 = S_1를 계산하여 P점의 좌표를 계산한다. 또한 수선장 E_2값에 의하여 BP거리 S_2를 계산하여 P점의 좌표를 확인한다.

$$E_1 = \Delta y\cos\beta - \Delta x\sin\beta \qquad S_1 = \frac{E_1}{\sin(\alpha-\beta)}$$

$$E_2 = \Delta y\cos\alpha - \Delta x\sin\alpha \qquad S_2 = \frac{E_2}{\sin(\alpha-\beta)}$$

P점의 좌표는

$$X_P = X_A + \frac{\Delta y\cos\beta - \Delta x\sin\beta}{\sin(\alpha-\beta)}\cos\alpha$$

$$Y_P = Y_A + \frac{\Delta y\cos\beta - \Delta x\sin\beta}{\sin(\alpha-\beta)}\sin\alpha$$

또는,

$$X_P = X_B + \frac{\Delta y\cos\alpha - \Delta x\sin\alpha}{\sin(\alpha-\beta)}\cos\beta$$

$$Y_P = Y_B + \frac{\Delta y\cos\alpha - \Delta x\sin\alpha}{\sin(\alpha-\beta)}\sin\beta$$

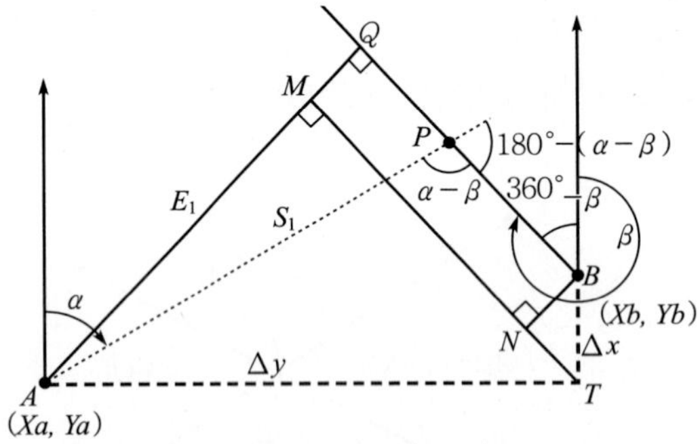

그림 7-81 수선장에 의한 교차점 계산(1)

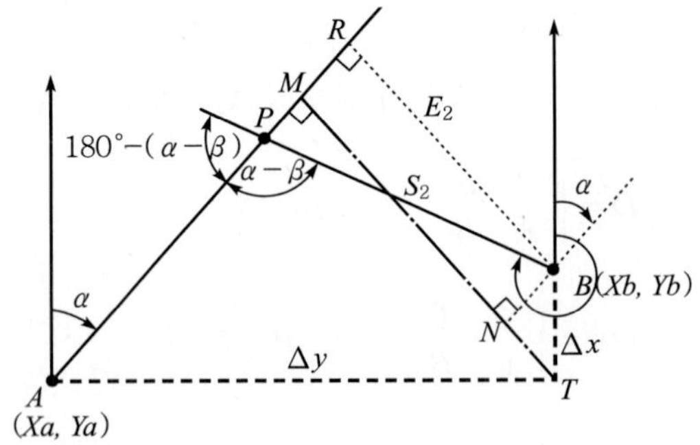

그림 7-82 수선장에 의한 교차 계산(2)

예제 7.21 그림은 수선장에 의한 교차점 계산으로 기지점 A점에서 방위각(α) = 60°30′30″인 직선과 B에서 방위각(β) = 300°20′20″인 직선의 교차점 P의 좌표를 계산하시오.

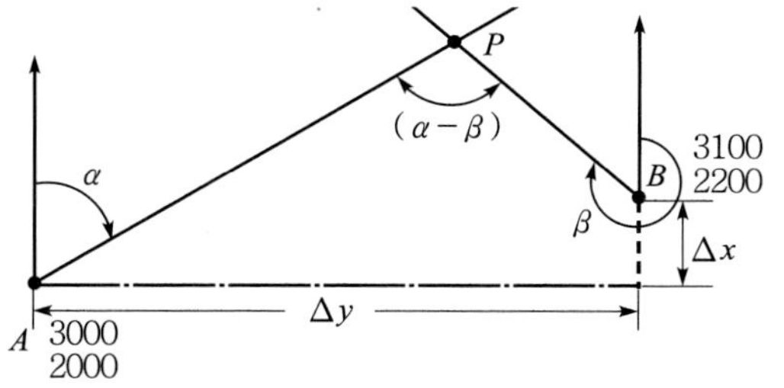

점명	X(m)	Y(m)
D		
B	3100.00	2200.00
C		
A	3000.00	2000.00

풀이 $\Delta x = 3{,}100-3{,}000 = 100\text{m}$

$\Delta y = 2{,}200-2{,}000 = 200\text{m}$

$\alpha-\beta = 60°30'30''-300°20'20'' = 120°10'10''$

$$E_1 = \Delta y\cos\beta - \Delta x\sin\beta = 200\times\cos 300°20'20'' - 100\times\sin 300°20'20'' = 187.33\text{m}$$

$$S_1 = \frac{E_1}{\sin(\alpha-\beta)} = \frac{187.33}{\sin 120°10'10''} = 216.68\text{m}$$

$$E_2 = \Delta y\cos\alpha - \Delta x\sin\alpha = 200\times\cos 60°30'30'' - 100\times\sin 60°30'30'' = 11.42\text{m}$$

$$S_2 = \frac{E_2}{\sin(\alpha-\beta)} = \frac{11.42}{\sin 120°10'10''} = 13.205\text{m}$$

P점의 좌표는 $X_P = X_A + S_1\cdot\cos\alpha = 3{,}000+216.68\times\cos 60°\ 30'30'' = 3106.67\text{m}$

$Y_P = Y_A + S_1\cdot\sin\alpha = 2{,}000+216.68\times\sin 60°\ 30'30'' = 2188.60\text{m}$

또는, $X_P = X_B + S_2\cdot\cos\beta = 3{,}100+13.205\times\cos 300°\ 20'20'' = 3106.67\text{m}$

$Y_P = Y_B + S_2\cdot\sin\beta = 2{,}200+13.205\times\sin 300°\ 20'20'' = 2188.60\text{m}$

(4) 가구관측 및 좌표계산

그림 7-83 가로망도에서 39, 30, 11 등은 블록 번호이고 블록별로 아라비아 숫자 1, 2, 3 …등은 가구별로 관측한 점의 번호를 나열한 것이다. ○표시는 도근점이며 C_1, C_2, C_3… 등은 가로중심점의 번호이고 P_1, P_2, P_3… 등은 가로의 중심점 부호이다.

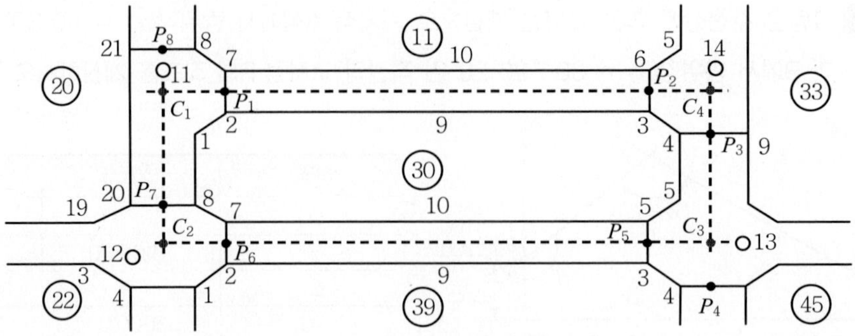

그림 7-83 가로망도

1) 가구점 관측 및 좌표 계산

가구점 관측은 그림 7-83의 가로망도에서 도근점에 기계를 세우고 현황점을 측정하는 것으로서 일반적으로 각과 거리를 측정할 수 있는 광파측거기로 측정하여 그림 7-84의 가구점관측부에 기재한다. 그러나 지역이 넓고 규모가 큰 지역은 토털스테이션을 이용하여 전산처리하며 관측방법은 배각법과 방향관측방법에 의하여 측량하는 경우가 있다. 도근점에서 관측하는 점의 수가 많을 경우는 방향관측방법이 편리하고 관측하는 점의 수가 적을 경우는 배각법으로 실시한다. 그림 7-83의 가로망도에서 도근점 12번에 기계를 세우고 도근점 11번을 시준점으로 주위 가구점을 방향관측방법에 의하여 관측부를 작성한다. 가구점 관측부 기재방법은 도근점 12에 기계를 세우고 경위의를 정으로 각을 0°00′00″로 하여 도근점 11을 표정한 후 시준점을 시계방향으로 30블록 8번, 30블록 7번 …… 순서로 20블록 20을 관측한 것을 정측회라 하며 망원경을 반전하여 다시 20블록 20, 19 순서로 반 시계방향으로 순차로 관측하여 처음 시준한 도근점 11에 확인한 것을 반측회라 한다. 정측회의 관측값과 반측회의 관측값을 평균하여 관측 평균란에 기재하고 거리는 2번 측정하여 평균값을 거리란에 기록하며 다른 가구점의 관측도 같은 방법으로 실시한다. 좌표계산은 관측이 끝나면 관측한 성과를 가지고 그림 7-85 좌표계산부와 같이 각 점의 좌표를 계산하며 다른 점의 좌표계산 또한 동일한 방법으로 계산한다.

가구점관측부							
측점	시준점	윤곽도	경위	방향각 평균	결과	관측 평균	거리
TP12	TP11	0°	정	0°00′00″	0°00′00″	0°00′00″	. m
	30BL 8			24°20′12″	24°20′12″	24°20′11″	9.29
	7			56°34′20″	56°34′20″	56°34′23″	8.40
	39BL 2			120°20′46″	120°20′46″	120°20′43″	6.77
	1			161°00′00″	161°00′00″	161°00′05″	7.55
	22BL 4			216°30′38″	216°30′38″	216°30′34″	9.53
	3			244°36′10″	244°36′10″	244°36′08″	10.52
	20BL 19			295°17′40″	295°17′40″	295°17′44″	8.33
	20			329°22′34″	329°22′34″	329°22′38″	8.46
	20BL 20	180°	반	149°22′42″	329°22′42″		
	19			115°17′48″	295°17′48″		
	22BL 3			64°36′06″	244°36′06″		
	4			36°30′30″	216°30′30″		
	39BL 1			341°00′10″	161°00′10″		
	2			300°20′40″	120°20′40″		
	30BL 7			236°34′26″	56°34′26″		
	8			204°20′10″	24°20′10″		
	TP11			180°00′00″	0°00′00″		

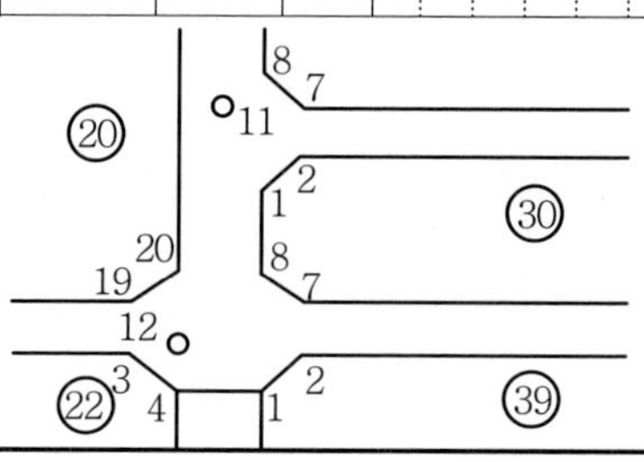

비 고

1. 관측은 1대회로 하되 수평폐색을 요하지 않는다.
2. 결과각의 산출은 다음식에 의한다.
   정측회 = 각 방향각 − 출발방향각
   반측회 = 각 방향각 − 도착방향각
3. 관측평균은 정반관측의 평균을 정측회란에만 기입한다.
4. 정측회와 반측회 사이에 격리선을 긋는다.

그림 7-84 가구점 관측부

그림 7-83의 가로망도에서 각 도근점으로부터 관측한 결과에 의하여 점의 좌표를 계산한 성과는 표 7.10과 같다. 이 표를 이용하여 중심점의 좌표를 계산한다.

표 7.10 가구 및 경계점 좌표

점명	X(m)	Y(m)	점명	X(m)	Y(m)	점명	X(m)	Y(m)
11 −7	4942.20	7560.22	39 − 1	4884.69	7548.16	30 − 4	4936.40	7728.26
30 −2	4936.14	7558.28	30 − 6	4899.88	7725.76	33 − 9	4917.65	7736.62
11 − 10	4942.44	7570.26	39 − 3	4892.11	7725.78	30 − 7	4896.21	7553.29
20 − 21	4946.71	7548.60	30 − 9	4936.40	7570.37	39 − 2	4888.23	7551.72
11 − 8	4945.52	7556.57	11 − 6	4945.83	7724.51	39 − 9	4891.78	7699.55
20 − 20	4899.43	7542.12	30 − 3	4939.84	7724.59	30 − 10	4899.42	7696.42
30 − 8	4900.20	7550.31	39 − 4	4889.12	7729.12	45 − 1	4880.00	7737.54
22 − 4	4884.57	7540.02						

좌표계산부						
측점	시준점	보정치 / 관측각	반수 / 수평거리	방위각	종선차(ΔX) / 보정치 / 종선좌표(X)	횡선차(ΔY) / 보정치 / 횡선좌표(Y)
		° ′ ″		° ′ ″	m	m
TP12	TP11		·	25110	4891.94	7546.06
	30BL 8	242011	9.29	271121	4900.20	7550.30
	〃 7	563423	8.40	592533	4896.21	7553.29
	39BL 2	1202043	6.77	1231153	4888.23	7551.72
	〃 1	1610005	7.55	1635115	4884.69	7548.16
	22BL 4	2163034	9.53	2192144	4884.57	7540.02
	〃 3	2443608	10.52	2472718	4887.91	7536.34
	20BL 19	2951744	8.33	2980854	4895.87	7538.72
	〃 20	3292238	8.46	3321348	4899.43	7542.12

각오차(ϵ) $=T_1 - T_2$　　폐색관측 방위각(T_2) $=T_1+\Sigma$관측각$-180(n-1)$

T_1= 출발기지 방위각　　T_2= 폐색기지 방위각　　n = 폐색변을 포함한 변수

그림 7-85 좌표계산부

2) 두 점의 중점 좌표 계산

그림 7-83의 가로망도의 11블록 7번과 30블록 2번의 좌표를 식(7.15)와 같이 직각종횡선좌표를 더하여 2로 나누면 중심점좌표 P_1이 결정된다. 같은 방법으로 P_2, P_3, P_4, P_5, $\cdots P_8$을 계산할 수 있으며 두 점의 중심점 좌표를 계산한 결과는 표 7.11과 같다.

$$X_m = \frac{X_p + X_q}{2}, \quad Y_m = \frac{Y_p + Y_q}{2} \tag{7.15}$$

표 7.11 중심점 좌표 계산

블록–점명	X(m)	Y(m)	블록–점명	X(m)	Y(m)	블록–점명	X(m)	Y(m)
11 – 7	4942.20	7560.22	11 – 6	4945.83	7724.51	30 – 4	4936.40	7728.26
30 – 2	4936.14	7558.28	30 – 3	4939.84	7724.59	33 – 9	4917.65	7736.62
중심점 P_1	4939.17	7559.25	중심점 P_2	4942.84	7724.55	중심점 P_3	4927.02	7732.44
블록–점명	X	Y	블록–점명	X	Y	블록–점명	X	Y
39 – 4	4889.12	7729.12	30 – 6	4899.88	7725.76	30 – 7	4896.21	7553.29
45 – 1	4880.00	7737.54	39 – 3	4892.11	7725.78	39 – 2	4888.23	7551.72
중심점 P_4	4884.56	7733.33	중심점 P_5	4896.00	7725.77	중심점 P_6	4892.22	7552.50
블록–점명	X	Y	블록–점명	X	Y			
20 – 20	4899.43	7542.12	20 – 21	4946.71	7548.60			
30 – 8	4900.20	7550.31	11 – 8	4945.52	7556.57			
중심점 P_7	4899.82	7546.22	중심점 P_8	4946.12	7552.58			

교차점계산부

공식

$$S_1 = \frac{\Delta y_a^b \cos\beta - \Delta x_a^b \sin\beta}{\sin(\alpha-\beta)}$$

$$S_2 = \frac{\Delta y_a^b \cos\alpha - \Delta x_a^b \sin\alpha}{\sin(\alpha-\beta)}$$

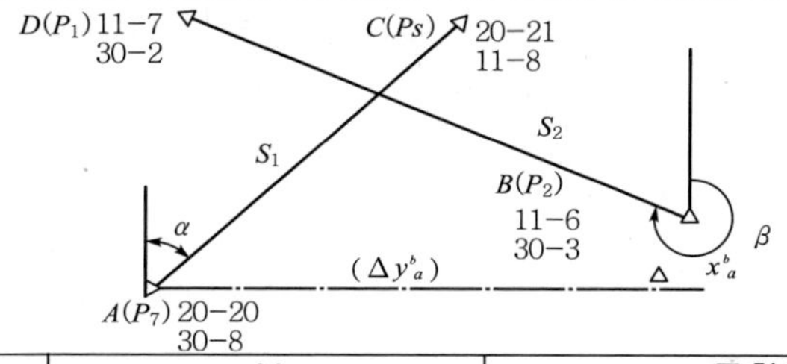

소구점: CP1

점	X	Y	종횡선차	
D(P_1)	4939.17	7559.25	Δy_b^d	−165.30
B(P_2)	4942.84	7724.55	Δx_b^d	−3.67
C(P_8)	4946.12	7552.58	Δy_a^c	6.36
A(P_7)	4899.82	7546.22	Δx_a^c	46.30
Δx_a^b	43.02	Δy_a^b 178.33	V_a^b	76.26
α	7°4917	V_a^c=7° 49′ 17″		
β	268°4341	V_b^d=268° 43′ 41″		
$\alpha-\beta$	99°0536			

$(\Delta y_a^b \cdot \cos\beta - \Delta x_a^b \cdot \sin\beta)/\sin(\alpha-\beta)$ = S1			39.548
$S_1 \cdot \cos\alpha$	39.18	$S_1 \cdot \sin\alpha$	5.38
x_a	4899.82 (+)	y_a	7546.22 (+)
X	4939.00	Y	7551.60
$(\Delta y_a^b \cdot \cos\alpha - \Delta x_a^b \cdot \sin\alpha)/\sin(\alpha-\beta)$ = S2			172.991
$S_2 \cdot \cos\beta$	−3.84	$S_2 \cdot \sin\beta$	−172.95
x_a	4942.84 (+)	y_a	7724.55 (+)
X	4939.00	Y	7551.60
X	4939.00	Y	7551.60

7.8.7 가구측량

토지구획정리지구는 대부분 가구가 구성되어 있으나 경지정리지구는 가구의 형상이 없는 경우가 많으며 또 가구형태가 되어있어도 현황이 도시계획 기준과 일치하는 경우가 거의 없다. 경지정리의 경우도 공공용지 확보에 관한 사항이 있으므로 가로중심점으로 부터의 가구점계산방법은 기초점을 기준으로 하여 사업계획에 따라 시공된 현황과 측설된 경계점을 측정하여야 하나 장기간의 사업으로 작업여건이 대부분 차이가 있으므로 가구의 위치 결정은 원칙적으로 중심점을 기산점으로 하여 계산한다. 가구측량은 중심점측량과 좌표조정, 가구점의 측정, 가구확정도의 작성이 주된 공정이 된다. 가구점은 장방형의 가구와 곡선부의 가구로 나눌 수가 있는데 가구측량에서 가장 문제가 되는 것은 현장에 공사가 명확하게 되어 있지 않아 일필지측량도 어려움이 많다. 특히 도로, 하천, 구거 등의 현황은 많은 문제가 되며 환지지시측량방법에 의하여 현장에 항목을 표시하도록 되어 있으나 보존이 어렵고 보존이 된 경우에도 그대로 결정좌표로 할 수 없고 다시 조정하여야 할 경우가 많다. 가구측량은 현황측량성과 또는 현황설정이 미흡한 부분은 환지설계를 근거로 중심점좌표를 산출한 후 가구정점과 가구계점 등을 계산하여 확정하는 측량이다. 일반적으로 가구확정은 기초점을 기준으로 하여 사업계획에 따라 시공된 현황과 측설된 경계점을 바탕으로 하여 가로중심점을 계산한 후 가구점을 계산한다.

(1) 가구확정측량

가구확정측량은 지적기준점으로부터 가구점을 측정하는 방법으로 실시하도록 되어 있으나 실측한 값으로 결정하면 가로의 노폭 등이 도시계획 기준과 실제거리가 약간의 차이가 있으므로 조건에 맞게 조정하여야 한다. 가구는 장방형의 가구와 곡선부의 가구로 나눌 수가 있으며 장방형의 가구는 측정한 현황좌표를 가지고 가로 중심점을 구하고 이 중심점으로부터 가로 제원에 의하여 가구를 계산하는 방법으로 가구 확정측량을 실시한다.

1) 가구 약도

가구 약도는 가구별로 일련번호를 부여한 약도를 미리 만들어 작업을 하면 편리하고 그림 7-86의 정1, 정2, 정3, 정4는 가구정점이며 가구의 일련번호는 좌측 상단에서 시작하여 시계 방향으로 가구점을 먼저 1, 2, 3 …7, 8까지 부여하고 다음에 가구의 외측 부분을 순번으로 부여하며 내부의 순번을 제일 마지막으로 부여한다. 지적확정측량시 가구계점 및 각필지의 경계점 등은 사업계획도를 근거로 그림 7-86과 같이 미리 작성하여 현장측량에 용이하도록 작성하되 현장과 차이나는 부분은 상세하게 기록하여 측량결과도작성시 오류가 없도록 한다.

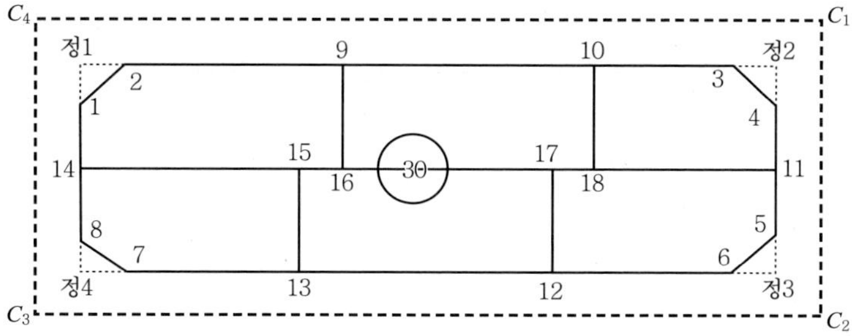

그림 7-86 가구 약도

2) 가구 명칭

간선도로, 세로, 구획가로의 순서로 가로가 결정되고 교차중심점이 계산되며 이들 가로에 둘러 쌓인 가구가 결정된다. 가구는 토지이용계획에 따라 그 크기가 다르지만 일반적으로 장방형을 표준으로 한다. 가구 명칭은 그림 7-87과 같이 사용하고 있으며 지적법령에 규정되어 있지는 않지만 다음과 같이 사용하고 있다.

가로 중심점; C_1, C_2, C_3, C_4
가로의 반폭; W_1, W_2, W_3, W_4
가구 정점; P_1, P_2, P_3, P_4
내 각; θ_1, θ_2, θ_3, θ_4
전제장 거리; $PA = PB = \ell$
가구점; A, B
가구변장; A_1, A_2
가구정점간거리; P_1, P_2
중심점간거리; C_1, C_2

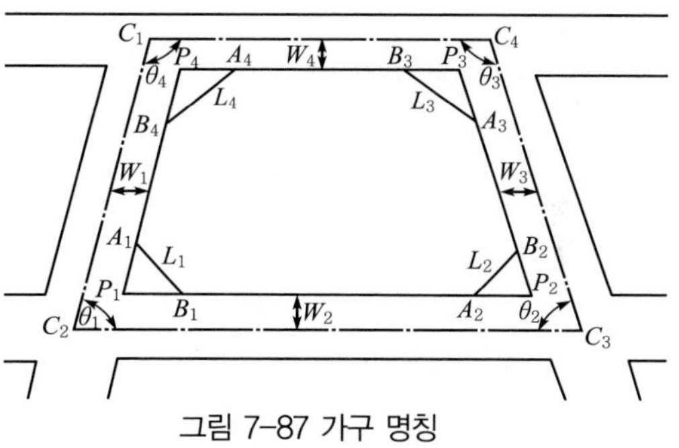

그림 7-87 가구 명칭

(2) 가구점 계산

지적확정측량 가구의 형태는 보통 장방형으로 되어 있으며 내각이 직각이 되어 있는 경우가 많으나 경우에 따라서는 직각이 되지 않고 그림 7-88의 가구 모양과 같이 예각 또는 둔각이 있으므로 가구점 계산 순서는 각 가로의 중심점으로부터 중심점 간의 방위각 및 거리와 내각(θ) 그리고 각 가구의 노폭 및 가구 변장을 가지고 필요한 가구의 길이를 계산한다.

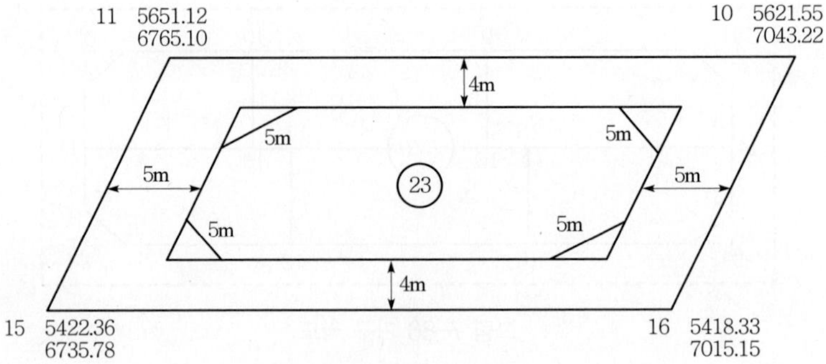

그림 7-88 가구 모양

1) 전제장과 전제면적

그림 7-89와 같이 가로가 교차하는 부분에서는 가각을 전제하여야 한다. 이때 전제되는 길이는 계획시설 기준에 있는 기지사항이며 내각(θ)을 알면 전제장과 전제면적을 계산할 수 있다. 전제면적은 가구에서 면적을 지정분할 할 경우에 편리하다.

전제장(ℓ)의 계산은 ΔAPQ에서 $\sin\frac{\theta}{2} = \sin\frac{\frac{L}{2}}{\ell}$이므로

$\ell = \frac{L}{2} \times \operatorname{cosec}\frac{\theta}{2}$이다.

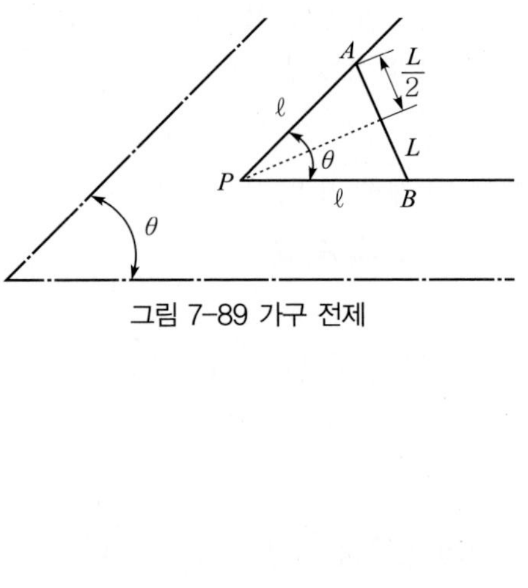

그림 7-89 가구 전제

전제면적(A)의 계산은 AB의 거리, L(우절장)의 거리를 알아야 하며 전제면적

$A = \sin\frac{1}{2}L \cdot PQ$에서

$PQ = \frac{L}{2} \cdot \cot\frac{\theta}{2}$이므로

$A = (\frac{L}{2})^2 \times \cot\frac{\theta}{2}$이 된다.

예제 7.22 그림 7-89에서 내각 θ = 84°43′24″이고, 우절장 L = 5m일 때 전제장과 전제면적은?
(L; 우절장, ℓ ; 전제장, A; 전제 면적, θ; 꼭지각)

풀이 전제장 $\ell = \frac{L}{2} \cdot \operatorname{cosec}\frac{\theta}{2} = 3.710\text{m}$

전제면적 $A = (\frac{L}{2})^2 \cdot \cot\frac{\theta}{2} = 6.854\text{m}^2$

(3) 가구계산 방법(A)

$a_1 = a \cdot \mathrm{cosec}\theta, \quad a_2 = a \cdot \cot\theta, \quad a_3 = b_1 + a_2$

$b_1 = a \cdot \mathrm{cosec}\theta, \quad b_2 = b \cdot \cot\theta, \quad b_3 = a_1 + b_2$

그림 7-90의 가구계산방법에서 각 가로 중심점간 거리와 방위각은 기지사항이고 a_3와 b_3 등과 같이 필요한 거리를 계산할 수 있으므로 좌표를 계산할 수 있다.

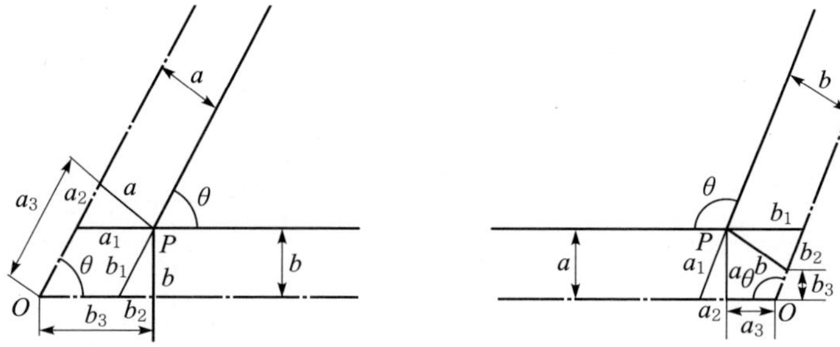

그림 7-90 가구계산방법(A)

다른 방법으로는 그림 7-91과 같이 가로중심점 O에서 가구정점 P까지의 거리 S와 α, β 각을 이용하여 계산하는 방법이다.

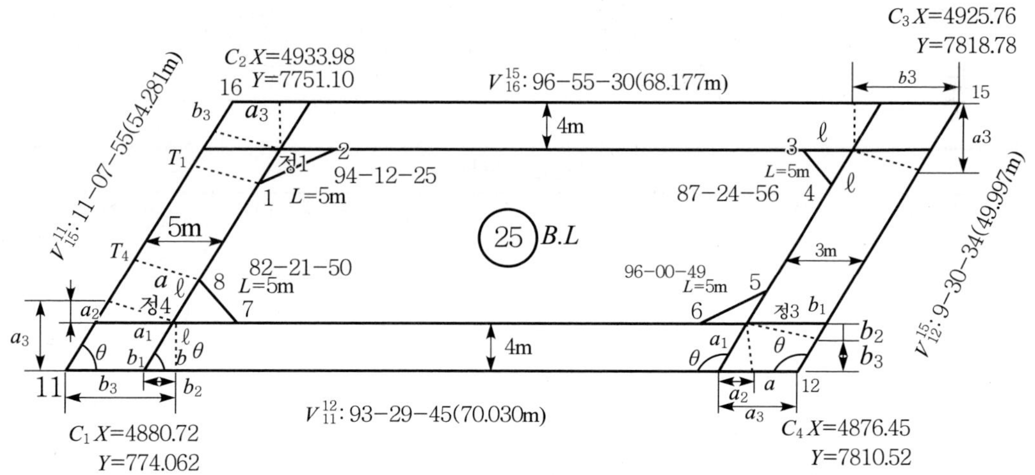

그림 7-91 가구계산방법(A1)

$\cot\alpha = \dfrac{w_2}{w_1}\mathrm{cosec}\theta + \cot\theta \qquad \cot\beta = \dfrac{w_1}{w_2}\mathrm{cosec}\theta + \cot\theta$

$S_1 = w_1 \cdot \mathrm{cosec}\alpha \qquad S_2 = w_2 \cdot \mathrm{cosec}\beta$

$S_s = w_1 \cdot \mathrm{cosec}\alpha = w_2 \cdot \mathrm{cosec}\beta$에 의하여 α, β각 및 OP의 거리(S)가 계산되므로 P점의 좌표를 계산할 수 있다.

표 7.12 중심점, 가구정점 및 가구변장계산

중심점 No	내각(θ)	a / b	$a_1=a \cdot \mathrm{cosec}\theta$ / $b_1=b \cdot \mathrm{cosec}\theta$	$a_2=a \cdot \cot\theta$ / $b_2=b \cdot \cot\theta$	$a_3=a_1+a_2$ / $b_3=b_1+b_2$	$L/2$ / $A(\mathrm{m}^2)$	ℓ (m)
1(11)	82-21-50	5	5.0447	0.6704	4.7062	2.5	3.797
		4	4.0358	0.5363	5.5810	7.1439	
2(12)	96-00-49	4	4.0221	−0.4214	2.5952	2.5	3.364
		3	3.0166	−0.3160	3.7061	5.6262	
3(15)	87-24-56	3	3.0031	0.1354	4.1395	2.5	3.618
		4	4.0041	0.1806	3.1837	6.5385	
4(16)	94-12-25	4	4.0108	−0.2942	4.7193	2.5	3.413
		5	5.0135	−0.3678	3.6430	5.8072	
5(계)	360-00-00						

표 7.13 가구계산 방법(A)

중심점 No	중심점간 거리	b_3+a_3	가구정점간 거리	Σℓ	가구변장
1~2	70.030	8.1762	61.8538	7.1605	54.693
2~3	49.997	7.8456	42.1514	6.9817	35.170
3~4	68.177	7.9030	60.2740	7.0306	53.243
4~5	54.281	8.3492	45.9318	7.2094	38.722
계	242.485	32.2740	210.2110	28.3822	181.828

좌표계산부

측점	시준점	보정치 / 관측각 (° ′ ″)	반수 / 수평거리	방위각 (° ′ ″)	종선차(ΔX) / 보정치 / 종선좌표(X) (m)	횡선차(ΔY) / 보정치 / 횡선좌표(Y) (m)
36	31		.	191 07 55	4933.98	7751.10
36	T_1		7.056	191 07 55	−6.92 4927.06	−1.36 7749.74
T_1	1		5.000	101 07 55	−0.97 4926.09	4.91 7754.65
1	정1		3.413	11 07 55	3.35 4929.44	0.66 7755.31

좌표계산부

측점	시준점	보정치 / 관측각	반수 / 수평거리	방위각	종선차(ΔX) / 보정치 / 종선좌표(X)	횡선차(ΔY) / 보정치 / 횡선좌표(Y)
정1	2		3.413	96 55 30	0.41 4929.03	3.39 7758.70
2	3		53.243	96 55 30	−6.42 4922.61	52.86 7811.56
3	정2		3.618	96 55 30	−0.44 4922.17	3.59 7815.15
정2	4		3.618	189 30 34	−3.57 4918.60	−0.60 7814.55
4	5		35.170	189 30 34	−34.69 4883.91	−5.81 7808.74
5	정3		3.364	189 30 34	−3.32 4880.59	−0.56 7808.18
정3	6		3.364	273 29 45	0.21 4880.80	−3.36 7804.82
6	7		54.693	273 29 45	3.33 4884.13	−54.59 7750.23
7	정4		3.797	273 29 45	0.23 4884.36	−3.79 7746.44
정4	8		3.797	11 07 55	3.73 4888.09	0.73 7747.17
8	T_4		5.000	281 07 55	0.97 4889.06	−4.91 7742.26
T_4	31		8.503	191 07 55	−8.34 4880.72	−1.64 7740.62
			.	(31)	4880.72	7740.62
				. . = .	0.00	0.00

(4) 가구계산방법(B)

그림 7-92와 같이 가로 중심점(O)에서 가구정점(P)까지의 거리(S)와 각 α, β를 계산하는 방법은 $\cot\alpha = \frac{W_2}{W_1}\operatorname{cosec}\theta + \cot\theta$에서 $S = W_1 \cdot \operatorname{cosec}\alpha$ 같은 방법으로 β를 구하면 $\cot\beta = \frac{W_1}{W_2}\operatorname{cosec}\theta + \cot\theta$, $S = W_2 \cdot \operatorname{cosec}\beta$로 적합한 계산서식은 그림 7-93의 가구계산방법과 같으며 이 서식을 가지고 좌표를 계산한다.

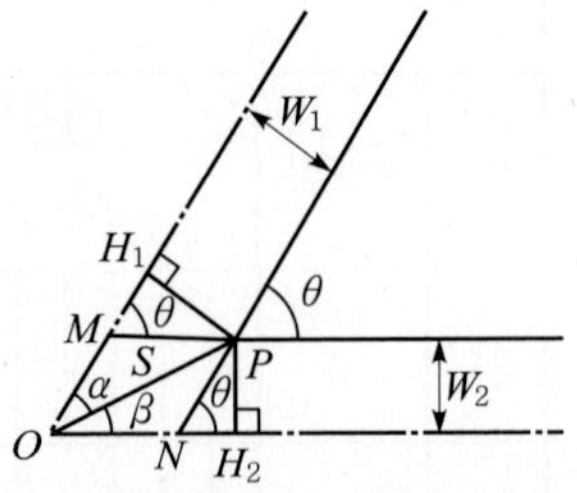

그림 7-92 가구계산방법(B)

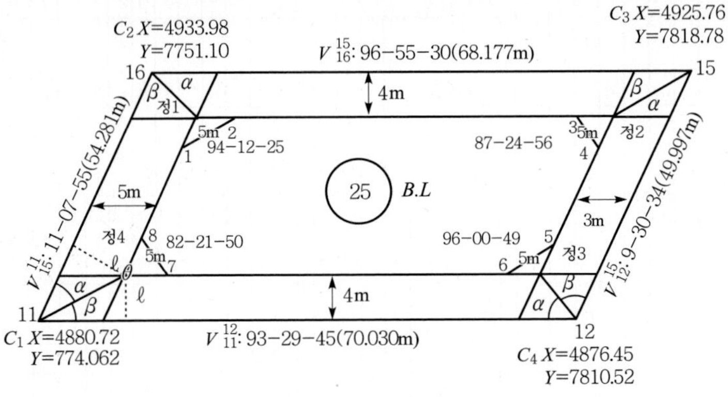

그림 7-93 가구계산방법(B1)

표 7.14 가구 계산

중심점 No	내각(θ)	W_2 / W_1	α / β	S	전제장(ℓ)	전체제적(A)
1(11)	82-21-50	4	46-44-03	6.8664	3.797	7.144
		5	35-37-47			
2(12)	96-00-49	3	57-01-27	4.7682	3.364	5.626
		4	31-52-22			
3(15)	87-24-56	4	35-55-55	5.1123	3.618	6.539
		3	51-22-01			
4(16)	94-12-25	5	40-17-03	6.1864	3.413	5.807
		4	53-55-22			
5(계)	360-00-00					

좌표계산부						
측점	시준점	보정치 관측각	반수 수평거리	방위각	종선차($\varDelta X$) 보정치 종선좌표(X)	횡선차($\varDelta Y$) 보정치 횡선좌표(Y)
36	35			96°55′30″	4933.98	7751.10
〃	31			191°07′55″		
〃	정1	α = 40°17′03″ β = 53°55′22″	6.19	137°12′33″	−4.54 4929.44	+4.21 7755.31
정1	1		3.41	191°07′55″	−3.35 4926.09	−0.66 7754.65
정1	2		3.413	96°55′30″	−0.41 4929.03	+3.39 7758.70

(5) 가구계산방법(C)

그림 7-94의 가구계산방법(**C**)에서

$$OM = w_2 \cdot \mathrm{cosec}\,\theta \tag{7.16}$$

$$ON = w_1 \cdot \mathrm{cosec}\,\theta \tag{7.17}$$

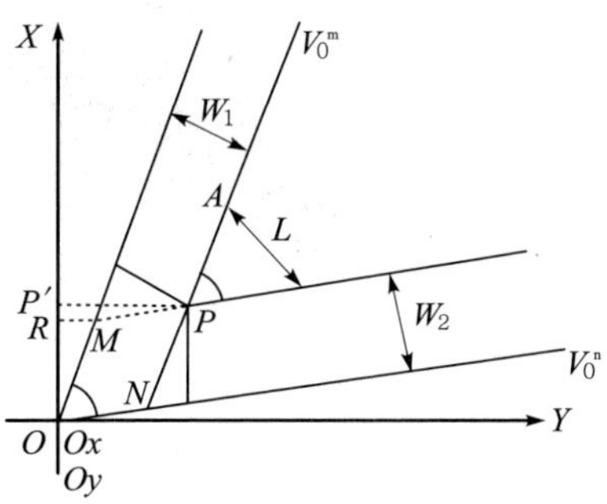

그림 7-94 가구계산방법(C)

OM, ON의 방위각을 각각 V_o^m V_o^n이라 하면

$$OP' = OR + RP' = OM \cdot \cos V_o^m + ON \cdot \cos V_o^n$$

$$P'P = OM \cdot \sin V_o^m + ON \cdot \sin V_o^n$$

$$OP' = w_2 \cdot \mathrm{cosec}\,\theta \cdot \cos V_o^m + w_1 \cdot \mathrm{cosec}\,\theta \cdot \cos V_o^n$$

좌표계산부

측점	시준점	보정치 / 관측각	반수 / 수평거리	방위각	종선차(ΔX)	종선좌표(X)	횡선차(ΔY)	횡선좌표(Y)
35	32			189 30 34		4925.76		7818.78
〃	36			276 55 30				
〃		α = 35°55′55″ β = 51°29′01″	5.11	225 26 29	−3.59	4922.17	−3.64	7815.14
정2	3		3.62	276 55 30	+0.44	4922.61	−3.59	7811.55
정2	4		3.62	189 30 34	−3.57	4918.60	−0.60	7814.54
32	31			273° 29 45		4786.45		7810.52
〃	35			9 30 34				
〃	정3	α = 57°01′27″ β = 38°59′22″	4.77	330 31 12	+4.15	4880.60	−2.35	7808.17
정3	5		3.36	9 30 34	+3.31	4883.91	+0.56	7808.73
정3	6		3.36	273 29 45	+0.20	4880.80	−3.35	7804.82
31	36			11 07 55		4880.72		7740.62
〃	32			93 29 45				
31	정4	α = 46°44′03″ β = 35°37′47″	6.87	57 51 58	+3.65	4884.37	+5.82	7746.44
정4	7		3.80	93 29 45	−0.23	4884.14	+3.79	7750.23
정4	8		3.80	11 07 55	+3.73	4880.10	+0.73	7747.17

$$P'P = w_2 \cdot \mathrm{cosec}\theta \cdot \sin V^m_o + w_1 \cdot \mathrm{cosec}\,\theta \cdot \sin V^n_o \tag{7.18}$$

식(7.16)과 식(7.17)을 식(7.18)에 대입하면

$$OP' = w_2 \cdot \mathrm{cosec}\theta \cdot \cos V^m_o + w_1 \cdot \mathrm{cosec}\theta \cdot \cos V^n_o = \mathrm{cosec}\theta(w_2 \cos V^m_o + w_1 \cos V^n_o) \tag{7.19}$$

$$P'P = \mathrm{cosec}\,\theta(w_2 \sin V^m_o + w_1 \sin V^n_o) \tag{7.20}$$

그러므로 P점의 좌표는 $Px = Ox + \dfrac{(w_2 \cdot \cos V^m_o + w_1 \cdot \cos V^n_o)}{\sin\theta}$

$$Py = Oy + \frac{(w_2 \cdot \sin V^m_o + w_1 \cdot \sin V^n_o)}{\sin\theta} \tag{7.21}$$

위와 같은 공식으로 가구 A, B점의 좌표를 직접 구하기 위하여서는 그림 7-95 가구의 h계산과 같이 h를 계산하여 A점은 w_1과 $w_2 + h$, B점은 $w_1 + h$와 w_2로 교차되는 가로로 생각한다. A점과 B점의 좌표는 그림에서 h를 계산하여 도로폭에 각각 더하여 계산하면 된다.

여기서, $h = \dfrac{L \cdot \cos\theta}{2}$이지만 이 공식은 전산처리에 많이 이용되고 있다.

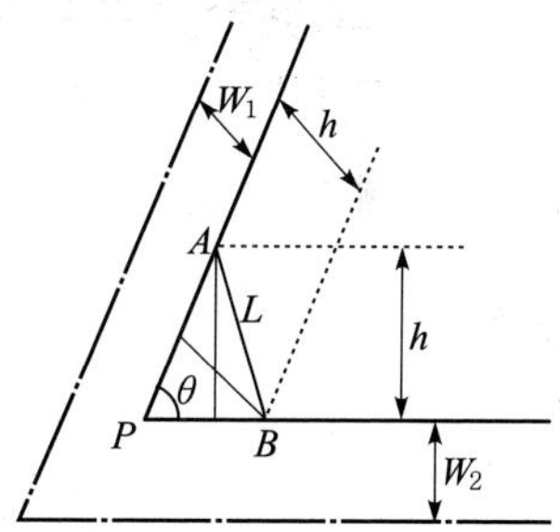

그림 7-95 가구의 h계산

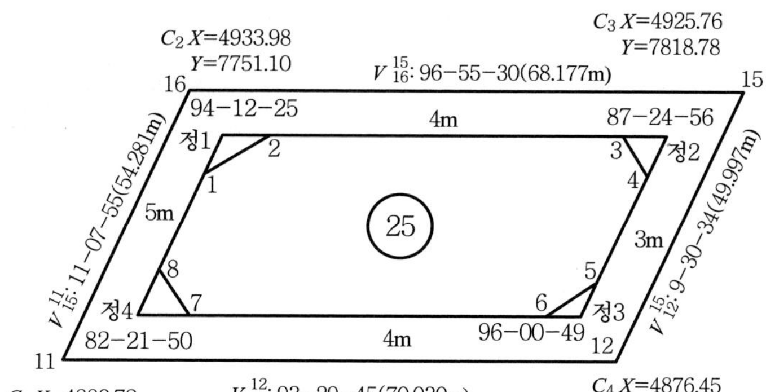

그림 7-96 다각형 가구

그림 7-96 다각형 가구 25블록의 가로 중심점 11번에서 정점4의 좌표를 계산한다.

$$P_X = O_X + \frac{(w_2 \cdot \cos V^m_o + w_1 \cdot \cos V^n_o)}{\sin\theta}$$

$$= 4880.72 + \frac{(4 \times \cos 11° 07' 55'' + 5 \times \cos 93° 29' 45'')}{\sin 82° 21' 50''} = 4884.37\text{m}$$

$$P_Y = O_Y + \frac{(w_2 \cdot \sin V^m_o + w_1 \cdot \sin V^n_o)}{\sin\theta}$$

$$= 7740.62 + \frac{(4 \times \sin 11° 07' 55'' + 5 \times \sin 93° 29' 45'')}{\sin 82° 21'' 50''} = 7746.43\text{m}$$

7.8.8 곡선부분의 측량

지적측량은 현황을 그대로 측정하여 등록하는 것이 원칙이나 경우에 따라서는 도시계획 등 기하학의 조건에 맞도록하여야 한다. 곡선의 형태도 여러 가지가 있으나 지적측량에서 가장 많이 사용되는 것이 단곡선이다. 지적측량은 원칙적으로 현황의 모양을 그대로 측정하여 좌표를 구하는 방법이나 경우에 따라서는 기하학의 조건에 맞도록 계산하는 경우도 많이 있다. 최근에는 경지정리도 수치측량으로 실시 하므로 조건에 맞도록 하여야 하며 곡선의 종류도 단곡선, 복곡선, 완화곡선 등이 있으나 단곡선이 가장 많이 이용되고 있다.

(1) 단곡선의 명칭 및 공식

- 접선장 $T.L = R \cdot \tan \frac{I}{2}$
- 외선장 $S.L = R \cdot \sec \frac{I}{2} - R$
- 중앙종거 $M = R - R \cdot \cos \frac{I}{2}$
- 현장 $L = 2R \cdot \sin \frac{I}{2}$
- 호장 $C.L = R \cdot I \cdot \text{rad}$

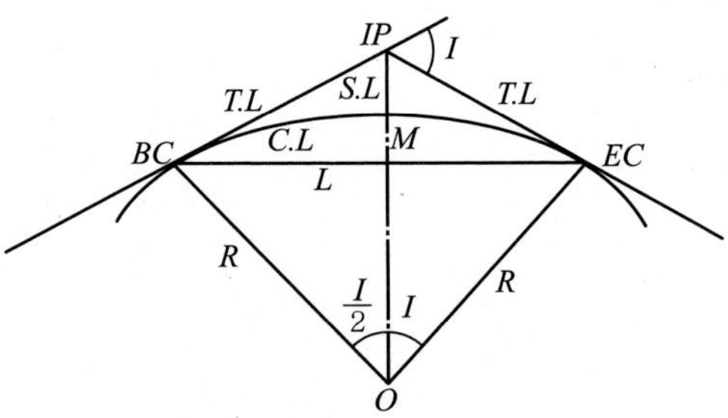

그림 7-97 단곡선 명칭

여기서, *BC*; 곡선시점, *EC*; 곡선 종점, *IP*; 교점, *I*; 교각, *T.L*; 접선장, *S.L*; 외선장, *M*; 중앙종거, *L*; 현장, *C.L*; 호장, *O*; 곡선중심, *R*; 반경 등으로 그림 7-97과 같이 표시되며 반경(*R*)과 교각(*I*)는 환지설계상의 값이다.

예제 7.23 반경 R = 200, 교각 I = 36°40′30″, 교점 IP 및 A점의 좌표가 그림 7-98과 같을 때 접선장(T.L), 외선장(S.L), 중앙종거(M), 현장(L), 호장(C.L), 곡선시점(B.C), 곡선종점(E.C) 및 중심점(O)의 좌표를 계산하시오.

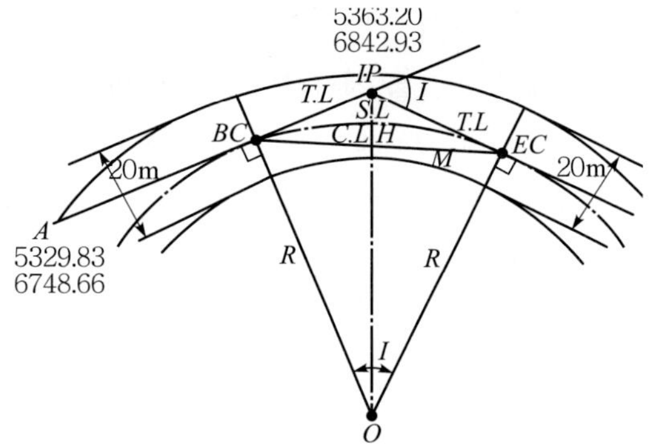

그림 7-98 단곡선 설치

<table>
<tr><th colspan="6">원곡선부의 주요점 좌표계산부</th></tr>
<tr><td colspan="4">① R = 200.000
② $I \cdot P$ = 36°40′30″
③ $T \cdot L = R \cdot \tan\frac{I}{2}$ =66.289m
④ $S \cdot L = R(\sec\frac{I}{2} - 1)$ =10.699m
⑤ $M = R - R \cdot \cos\frac{I}{2}$ =10.156m
⑥ $L = 2R \cdot \sin\frac{I}{2}$ =125.846m
⑦ $C \cdot L = R \cdot I$ = 128.020m</td><td colspan="2">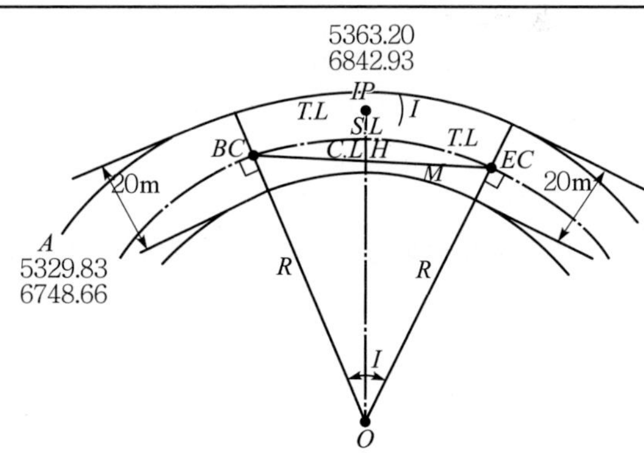</td></tr>
<tr><th>측점</th><th>협각</th><th>방위각</th><th>거리X</th><th>X(Δx)</th><th>Y(Δy)</th></tr>
<tr><td>IP</td><td></td><td>° ′ ″</td><td></td><td>5363.20</td><td>6842.93</td></tr>
<tr><td>IP~BC</td><td>° ′ ″</td><td>2503025</td><td>(T L)
66.289</td><td>−22.120
5341.080</td><td>−62.489
6780.441</td></tr>
<tr><td>BC~중심점</td><td>−900000</td><td>1603025</td><td>(T L)
200.000</td><td>−188.536
5152.544</td><td>66.739
6847.180</td></tr>
<tr><td>중심점~EC</td><td>364030</td><td>171055</td><td>(T L)
200.000</td><td>191.074
5343.618</td><td>59.081
6906.261</td></tr>
<tr><td>EC~IP</td><td>−900000</td><td>2871055</td><td>66.289</td><td>19.582
5363.200</td><td>−63.331
6842.930</td></tr>
<tr><td>IP~BC</td><td>−364030</td><td>2503025</td><td></td><td></td><td></td></tr>
</table>

(2) 굴곡점 등록

중심점의 좌표를 계산하면 그림 7-99(a)와 같이 내측과 그림 7-99(b)의 외측의 경계점을 구분하여 A형과 B형태로 등록을 하게 되는데 지적측량에서는 그림 7-99(a)의 A형태를 많이 사용하고 있으며 지적법률에는 중앙 종거의 길이가 5~10cm 이내로 등록하게 되어 있다. 따라서 이 범위에 들면서 굴곡점의 수가 가장 적게 되도록 한다. 그러므로 범위 내에서 굴곡점수를 가장 적게 설치하려면 중앙 종거의 길이를 10cm 미만으로 하여 원의 중심점(R)에서 BC - EC 각도간에 여러 개로 나누어지는 사이각(θ)을 계산하여야 한다.

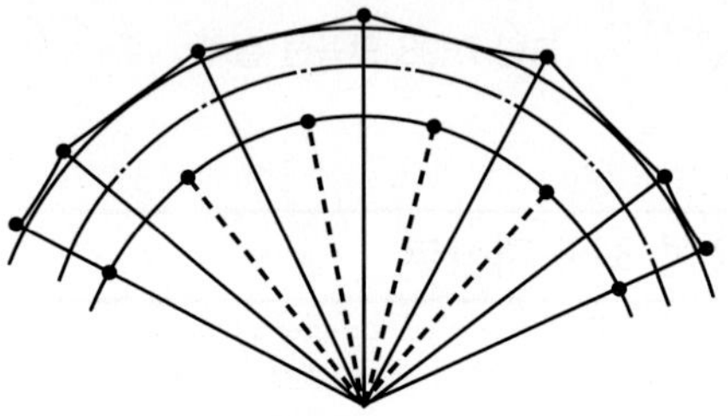
(a)

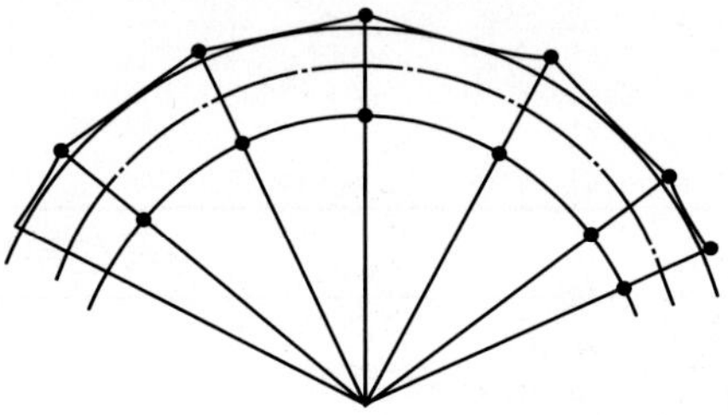
(b)

그림 7-99 굴곡점 등록

내측경계의 등록은 그림 7-100과 같이 전 협각(I)를 등분하되 중앙 종거의 길이가 5cm가 넘지 않는 범위 내에서 θ가 가장 큰 값을 계산하면 식(7.22)와 같다.

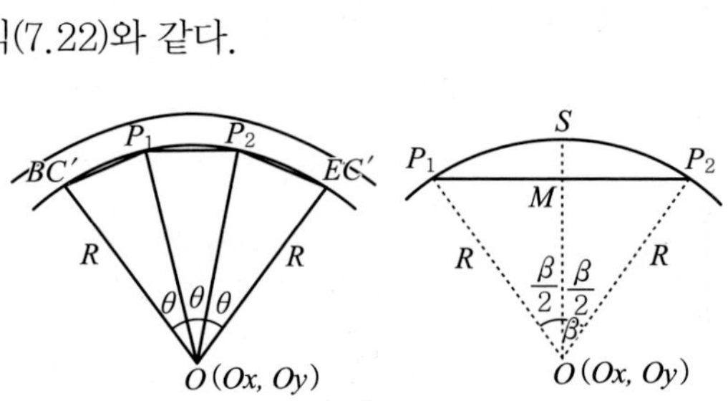

그림 7-100 내측 경계

$$\cos\frac{\beta}{2} = \frac{OM}{R}$$

$$OM = R \cdot \cos\frac{\beta}{2}$$

$$SM = R - OM$$

$$\cos\frac{\beta}{2} = 1 - \frac{0.05}{R}$$

$$\beta = 2 \cdot \cos^{-1}\left(1 - \frac{0.05}{R}\right) \tag{7.22}$$

$\theta \leq \beta$ 일 경우 θ를 계산하려면 $n = \dfrac{I}{\beta}$에서 소수점 이하는 절상하여 $\theta = \dfrac{I}{n}$ 식으로 θ를 계산한다.

BC' $\quad X = O_X + R \cdot \cos V_o^{bc}$

$\quad\quad Y = O_Y + R \cdot \sin V_o^{bc}$

EC' $\quad X = O_X + R \cdot \cos V_o^{ec}$

$\quad\quad Y = O_Y + R \cdot \sin V_o^{ec}$

P_1 $\quad X_1 = O_X + R \cdot \cos(V_o^{bc} + \theta)$

$\quad\quad Y_1 = O_Y + R \cdot \sin(V_o^{bc} + \theta)$

P_2 $\quad X_2 = O_X + R \cdot \cos(V_o^{bc} + 2\theta)$

$\quad\quad Y_2 = O_Y + R \cdot \sin(V_o^{bc} + 2\theta)$

측점	시준점	보정치 / 관측각	반수 / 수평거리	방위각 (° ′ ″)	종선차(ΔX) / 보정치 / 종선좌표(X) (m)	횡선차(ΔY) / 보정치 / 횡선좌표(Y) (m)
내측 0					5152.544	6847.180
〃	BC′		190.000	340 30 25	5331.654	6783.778
〃	1	3 40 03	190.000	344 10 28	5335.342	6795.365
〃	2		190.000	347 50 31	5338.282	6807.164
〃	3		190.000	351 30 34	5340.462	6819.127
〃	4		190.000	355 10 37	5341.871	6831.205
〃	5		190.000	358 50 40	5342.505	6843.348
〃	6		190.000	2 30 43	5342.361	6855.507
〃	7		190.000	6 10 46	5341.440	6867.632
〃	8		190.000	9 50 49	5339.745	6879.673
내측 0	9		190.000	13 30 52	5337.283	6891.581
〃	EC′		190.000	17 10 55	5334.065	6903.307

외측경계의 등록은 그림 7-101과 같이 교각 I를 등분하되 외선장 M이 5cm 이내에서 θ가 가장 큰 값이 되도록 하여야 하므로 접선장 P_1, P_2에 대한 중심각 β를 계산하면 식(7.23)과 같다.

$$\cos\frac{\beta}{2} = \frac{R}{P_1O}$$

$$P_1O = R \cdot \sec\frac{\beta}{2}$$

$$P_1M = P_1O - R$$

$$\cos\frac{\beta}{2} = \frac{R}{R+0.05}$$

$$\beta = 2 \cdot \cos^{-1}\left(\frac{R}{R+0.05}\right) \tag{7.23}$$

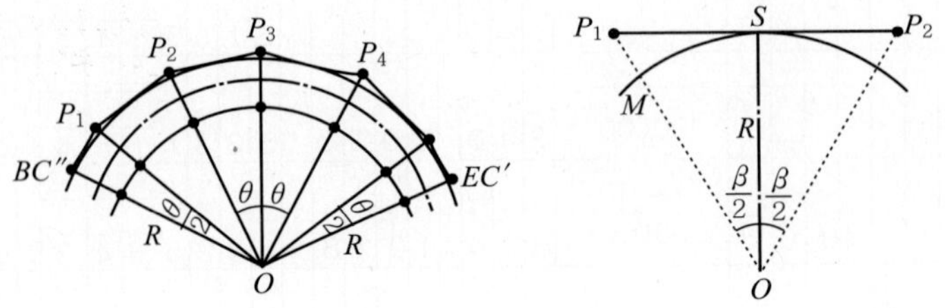

그림 7-101 외측 경계

$\theta \leq \beta$일 경우 가장 큰 θ를 계산하려면 $n = \frac{I}{\beta}$에서 등분 수를 계산하고 소수점 이하를 절상하여 $\theta = \frac{I}{n}$식으로 θ를 계산하여 굴곡점의 좌표를 계산한다.

$$BC' \quad X = O_X + R \cdot \cos V_o^{bc}$$
$$Y = O_Y + R \cdot \sin V_o^{bc}$$

$$EC' \quad X = O_X + R \cdot \cos V_o^{ec}$$
$$Y = O_Y + R \cdot \sin V_o^{ec}$$

$$P_1 \quad X = O_X + R \cdot \sec\frac{\theta}{2} \cdot \cos(V_o^{bc} + 0.5\theta)$$
$$Y = O_Y + R \cdot \sec\frac{\theta}{2} \cdot \sin(V_o^{bc} + 0.5\theta)$$

$$P_2 \quad X = O_X + R \cdot \sec\frac{\theta}{2} \cdot \cos(V_o^{bc} + 1.5\theta)$$
$$Y = O_Y + R \cdot \sec\frac{\theta}{2} \cdot \sin(V_o^{bc} + 1.5\theta)$$

$$P_3 \quad X = O_X + R \cdot \sec\frac{\theta}{2} \cdot \cos(V_o^{bc} + 2.5\theta)$$
$$Y = O_Y + R \cdot \sec\frac{\theta}{2} \cdot \sin(V_o^{bc} + 2.5\theta)$$

좌표계산부						
측점	시준점	보정치 / 관측각	반수 / 수평거리	방위각	종선차(ΔX) / 보정치 / 종선좌표(X)	횡선차(ΔY) / 보정치 / 횡선좌표(Y)
		° ′ ″		° ′ ″	m	m
외측 0					5152.544	6847.180
0	BC″		210.000	340 30 25	5350.507	6777.105
〃	1	1 40 01	210.090	342 10 26	5352.548	6782.865
〃	2	3 20 03	210.090	345 30 29	5355.950	6794.606
〃	3		210.090	348 50 32	5358.663	6806.525
〃	4		210.090	352 10 35	5360.678	6818.582
〃	5		210.090	355 30 37	5361.989	6830.734
〃	6		210.090	358 50 40	5362.591	6842.943
〃	7		210.090	2 10 43	5362.482	6855.167
〃	8		210.090	5 30 45	5361.662	6867.362
〃	9		210.000	8 50 48	5360.135	6879.490
〃	10		210.000	12 10 51	5357.904	6891.509
〃	11		210.000	15 30 54	5354.978	6903.377
〃	EC″	1 40 01	210.000	17 10 55	5353.172	6909.215

7.8.9 원과 직선의 측량

(1) 원과 직선의 교차계산

그림 7-102와 같이 곡선가로와 직선가로가 교차하는 경우에는 각 가구정점의 좌표가 필요하며 중심선의 교점좌표를 계산한다. 원의 중심점좌표는 원곡선 주요점 좌표계산에서 계산하고 반경은 주어지므로 직선의 성립 조건인 두 점의 좌표 또는 1점의 좌표와 방위각은 기지사항이다. 계산방법은 원의 방정식과 직선의 방정식을 연립방정식으로 계산할 수 있지만 복잡하므로 보통 다음과 같이 계산한다. 원의 중심점이 $O(Ox,\ Oy)$, 반경이 R인 원과 직선상의 임의의 점 $P(Px,\ Py)$와 방위각을 α_0라 하고, 교점 중심을 Q라 하면 원의 중심에서 교차점 Q까지의 방위각(V_o^q)을 계산하여

$Q_X = O_X + R \cdot \cos V_o^q$

$Q_Y = O_Y + R \cdot \sin V_o^q$으로 계산할 수 있다.

여기서, 방위각(V_o^q)은 ø각을 알아야 하고 ø각을 구하기 위하여 수선장(E)을 계산한다.

$\Delta x = P_X - O_X \quad \Delta y = P_Y - O_Y$

수선장 $E = \Delta y \cdot \cos\alpha_0 - \Delta x \cdot \sin\alpha_0$

$\sin ø = \dfrac{E}{R}$이므로 $V_o^q = \alpha \pm ø$가 된다.

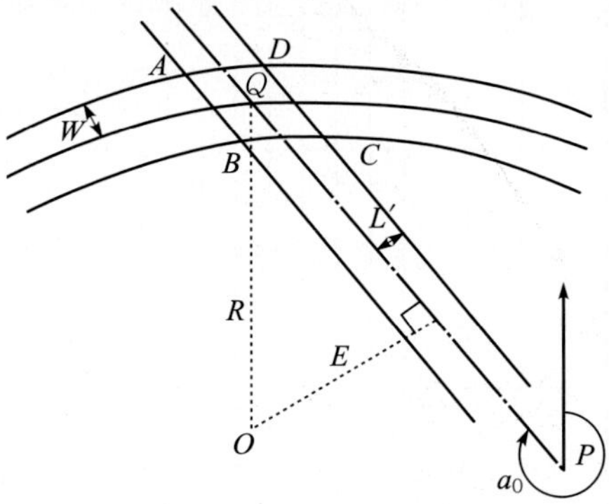

그림 7-102 원과 직선의 교차(1)

여기서, ±ø의 부호는 원의 두 점에서 만나게 되며 그림 7-103의 원과 직선교차에서 (a) 중심 좌측형 및 (b) 중심 우측형과 같이 원의 중심이 직선의 어느 방향에 있는가에 따라 쉽게 판단할 수 있지만 그렇지 않을 경우에는 수선장 E값의 부호에 따라 ±부호를 결정한다.

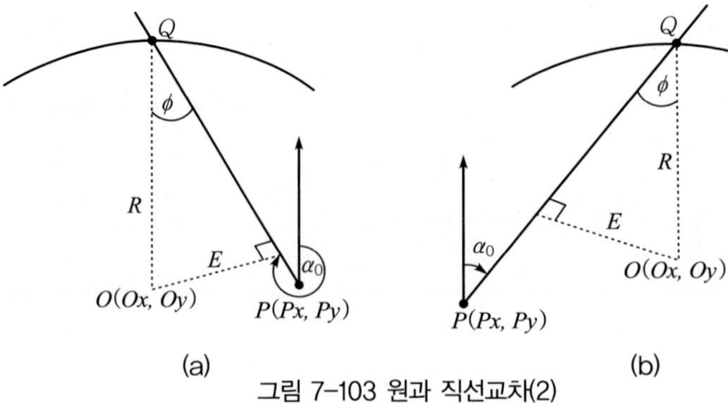

그림 7-103 원과 직선교차(2)

예제 7.24 원의 중심점좌표가 (X = 6408.71m, Y = 3501.53m)이고 반경 R = 100m인 원과 직선상의 P점좌표(X = 6418.57m, Y = 3499.58m를 지나 방위각이 125°53′13″인 직선과의 전방 교차점 Q의 좌표는?

풀이 $E = (P_Y - O_Y y) \cdot \cos\alpha_o - (P_X - O_X)\sin\alpha_o$

$= (6418.57-6408.71)\times\cos125°53'13'' - (3499.51-3501.53)\times\sin125°53'13''$

$= \Delta y \cos\alpha_o - \Delta x \sin\alpha_o = -1.95\times\cos125°53'13'' - 9.86\times\sin125°53'13'' = -6.845\text{m}$

$\sin ø = \frac{E}{R}$이므로 $ø = \sin-1(\frac{-6.845}{100}) = 3°55'30''$

$V_O^Q = \alpha_0 - ø = 125°53'13'' - 3°55'30'' = 121°57'43''$

$Q_X = O_X + \cos V_O^Q = 6408.71 + (-52.936) = 6355.77\text{m}$

$Q_Y = O_Y + \sin V_O^Q = 3501.53 + 84.840 = 3586.37\text{m}$

(2) 원과 직선의 교차에 의한 가구정점계산

곡선가로와 직선가로의 교차 부분은 중심점 Q 이외에 그림 7-104 곡선과 직선가로의 교차와 같이 가로 모서리의 교점인 4개의 가구정점 A, B, C, D가 있다. 곡선가로의 반폭을 w', 직선가로의 반폭을 L'라 하면 원의 중심 O로부터 4가구 정점 A, B, C, D에 이르는 반경 R'는 $R' = \text{R}\pm\text{w}'$ 이며 ±부호는 원의 외측 AD점에서는 +, 내측 BC점에서는 −가 된다. 또한, 원의 중심으로부터 직선 도로 모서리까지의 수선길이 $E' = E\pm L'$에서 ±는 AB점은 −, CD점은 +가 된다. 점 Q, A, B, C, D에서 중심점 O에 이르는 방향과 직선가로의 내각을 각각 $ø, \alpha, \beta, \gamma, \delta$라 하면 중심점 Q $\sin ø = \frac{E}{R}$

가구 정점 A $\sin\alpha = \frac{E-L'}{R+W'}$

가구 정점 B $\sin\beta = \frac{E-L'}{R-W'}$

가구 정점 C $\sin\gamma = \frac{E+L'}{R-W'}$

가구 정점 D $\sin\delta = \frac{E+L'}{R+W'}$

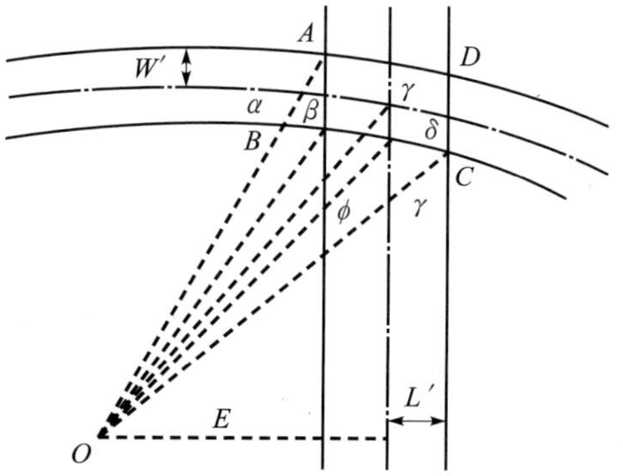

그림 7-104 곡선과 직선의 가로 교차

중심점 O에서 각 가구 정점 Q, A, B, C, D에 이르는 방위각을 V^{i}_{o}라 하면

$V^{Q}_{O} = \alpha_{o} + \varnothing$ $V^{A}_{O} = \alpha_{o} + \alpha$

$V^{B}_{O} = \alpha_{o} + \beta$ $V^{C}_{O} = \alpha_{o} + \gamma$

$V^{D}_{O} = \alpha_{o} + \delta$가 된다. ($\alpha_{o}$는 P에서 Q로 향하는 방위각이다).

예제 7.25 그림에서 원의 중심점 좌표가 $O_X = 447.203$, $O_Y = 773.103$, 반경 R = 150m, 곡선가로의 반폭 w′ = 5m인 원과 P점 좌표 $P_X = 307.375$, $P_Y = 870.215$이면 직선가로의 반폭 L′ = 4m, PQ 방위각 $\alpha_{o} = 310° 58' 13''$라 하면 Q, A, B, C, D 점의 좌표는?

풀이 서식을 만들어 계산하면 그림 7-102의 원과 직선의 교점 좌표계산으로 원과 직선교차 가구 정점 계산부와 같다.

좌표계산은 각각 별개로 구한 것이므로 조건에 적합한지 여부를 상호 점검하여 볼 필요가 있다. 검산방법은 노폭에 의한 방법과 반경에 의한 방법으로 검산할 수 있다. 산출한 각 점으로부터 직선도로의 중심선에 내린 수선장 E가 0 또는 $\pm L'$가 되는지 여부로 점검할 수 있다.

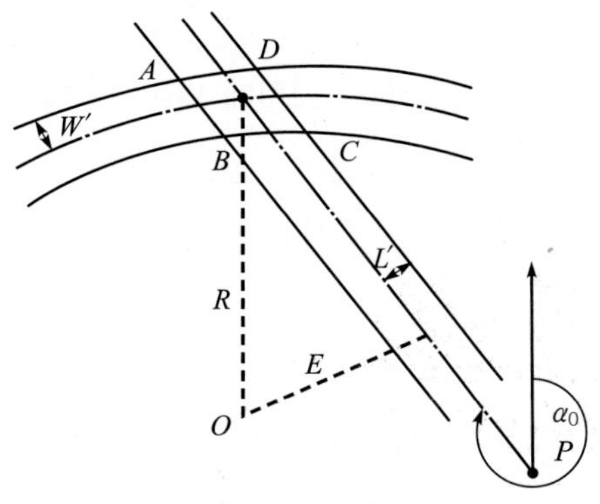

A점에서 예를 들면

$E = (P_Y - A_Y)\cos\alpha_{o} - (P_X - A_X)\sin\alpha_{o} = \Delta y\cos\alpha_{o} - \Delta x\sin\alpha_{o}$

$\Delta x = 397.375 - 578.043 = -180.668\text{m}$

$\Delta y = 870.215 - 690.001 = 180.214\text{m}$

$E = 180.214 \times \cos 315° 58' 13'' - (-180.668 \times \sin 315° 58' 13'') = 4.00\text{m}$

원과 직선 교차의 가구정점과 우절장 계산부

기지사항	
L′	4.000
W′	12.500
E	107.4799
R	200.000
Ox	447.203
Oy	773.103

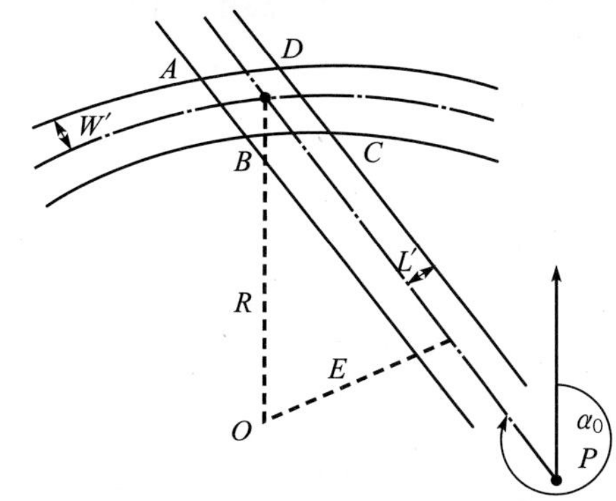

방위각계산 Pi	$\sin\varnothing_i = k$	k	$\varnothing_i + \alpha_0$ (기지)		
Q	$\sin\varnothing = \dfrac{E-L'}{R+W''}$	$\dfrac{107.4799}{200.000}$	32° 30′ 24″	+	310° 10′ 54″
A	$\sin\alpha = \dfrac{E-L'}{R-W''}$	$\dfrac{103.4799}{212.500}$	29° 08′ 28″	+	310° 10′ 54″
B	$\sin\beta = \dfrac{E-L'}{R+W''}$	$\dfrac{103.4799}{187.500}$	33° 29′ 49″	+	310° 10′ 54″
C	$\sin\gamma = \dfrac{E+L'}{R-W''}$	$\dfrac{111.4799}{187.500}$	36° 28′ 52″	+	310° 10′ 54″
D	$\sin\delta = \dfrac{E+L'}{R+W''}$	$\dfrac{111.4799}{212.500}$	31° 38′ 31″	+	310° 10′ 54″

종횡선계산 방위각($V_O^{P_i}$)	O, P_i 거리(S)	X	Y	P_i
342° 41′ 18″	200.000	638.143	713.589	Q
339° 19′ 22″	212.500	646.015	698.069	A
343° 40′ 43″	187.500	627.147	720.411	B
346° 39′ 46″	187.500	629.646	729.850	C
341° 49′ 25″	212.500	649.099	706.815	D

(3) 원곡선의 교차

두 곡선가로가 교차할 경우 곡선의 성립조건에 의하여 두 원의 중심점좌표는 기지사항이 된다. 그러므로 세변기지의 삼각형이 되는 결과이므로 여러 가지 공식에 의하여 각과 거리 및 좌표를 계산할 수 있다. 여기에서도 각 가구의 정점과 전제가 있을 경우 전제점의 좌표를 계산한다. 두 단곡선 교차는 그림 7-105와 같이 곡선이 있으면 반경, 교각 등은 알고 있는 것으로 된다. 또한 단곡선 주요점 좌표계산에 의하여 중심점의 좌표도 알고 있는 것으로 된다. 즉, 두 곡선의 중심점 O_1, O_2는 알고 있으므로 2점 사이의 방위각과 거리도 알 수 있다. 즉, 3변이 기지인 삼각형이 되므로 내각 θ_1, θ_2을 계산할 수 있으므로 각 중심점으로부터 교점까지의 방위각과 거리를 알게 되어 좌표를 계산할 수 있게 된다.

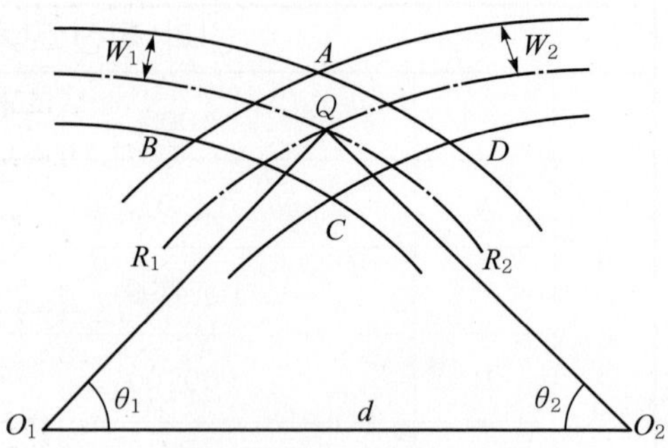

그림 7-105 두 단곡선 교차

그림 7-106에서 두 원의 중심 좌표를 각각 $O_1(X_1, Y_1)$, $O_2(X_2, Y_2)$, 두 원의 반경을 R_1, R_2라고 하면 두 점 사이의 거리 d와 방위각은 알고 있으므로 원의 중심교각을 각각 θ_1, θ_2 라고 하면

$$\sin\theta_1 = \frac{2}{dR_1}\sqrt{S\cdot(S-d)\cdot(S-R_1)\cdot(S-R_2)}$$

$$\sin\theta_2 = \frac{2}{dR_2}\sqrt{S\cdot(S-d)\cdot(S-R_1)\cdot(S-R_2)}$$

여기서, $S = \frac{1}{2}(d+R_1+R_2)$

또는 코싸인 법칙을 이용하여

$$\cos\theta_1 = \frac{R_1^2+d^2-R_2^2}{2R_1 d},$$

$$\cos\theta_2 = \frac{R_2^2+d^2-R_1^2}{2R_2 d}$$

$$V_{o1}^{q} = V_{o1}^{o2}-\theta_1 \quad V_{o2}^{q} = V_{o1}^{o2}\pm180° +\theta_2$$

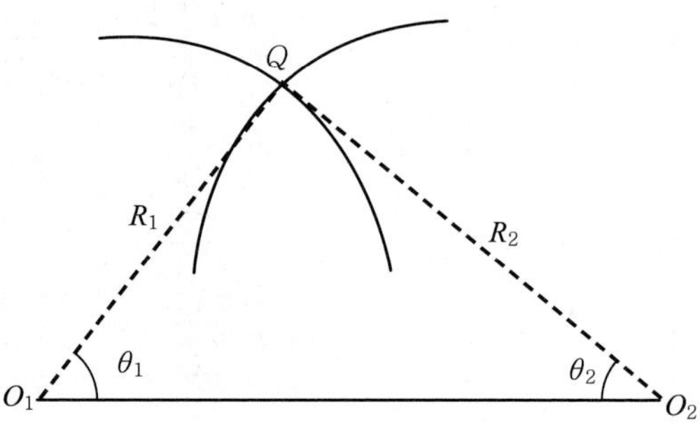

그림 7-106 두 단곡선 교차 상세도

두 원곡선 가구의 교차시 가구정점은 그림 7-107에서 두 원곡선 가로의 교점을 A, B, C, D 곡선가로의 반폭을 w_1, w_2로 할 때 중심점으로부터 거리는 두 원의 중심점으로부터 가구정점까지 방위각 및 거리를 가지고 좌표를 계산한다.

가각 정점	O_1-O_2 거리	P_i-O_1 거리	P_i-O_2 거리
Q	d	R_1	R_2
A	d	R_1+w_1	R_2+w_2
B	d	R_1-w_1	R_2+w_2
C	d	R_1-w_1	R_2-w_2
D	d	R_1+w_1	R_2-w_2

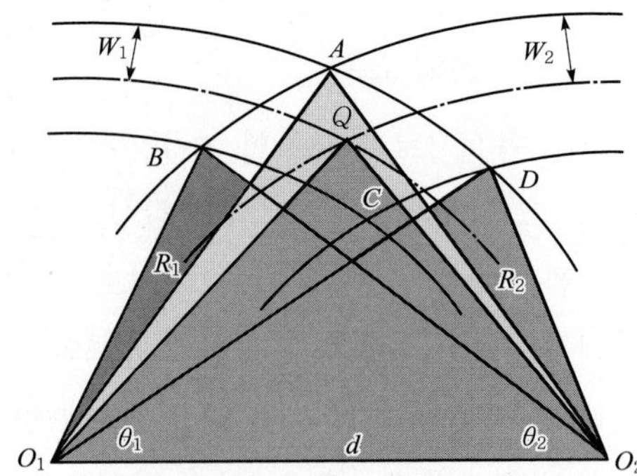

그림 7-107 두 원곡선 교차기본

예제 7.26 그림 7-108에서 O_1의 좌표가 X = 447.203m, Y = 773.103m, O_2의 좌표가 X = 813.715m, Y = 854.610m이고 반경 R_1 = 300m, R_2 = 250m, w_1 = 6m, w_2 = 5m일 때 가로 중심점 및 가구 정점 Q, A, B, C, D의 좌표를 서식에 의거 계산하시오.

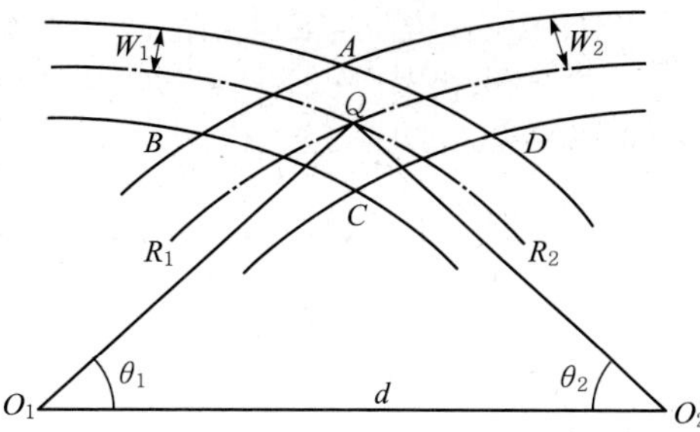

그림 7-108 두 원곡선 가로 교차

원곡선 교차의 가구정점과 우절장 계산부

기지사항		
W_1		6.000
W_2		5.000
R_1		300.000
R_2		250.000
O_1	X	447.203
	Y	773.103
O_2	X	813.715
	Y	854.610

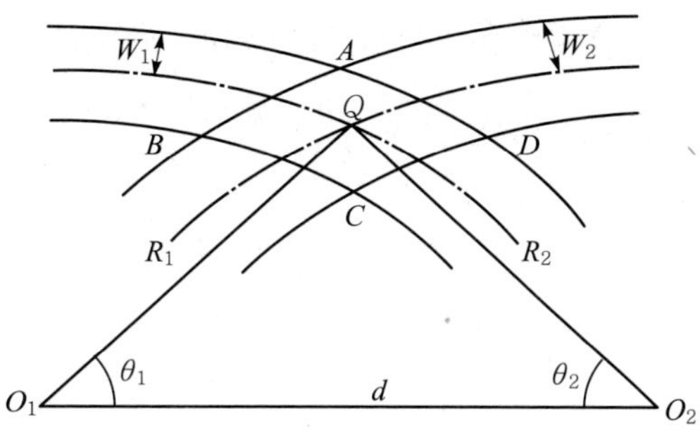

공식: $\cos\theta_1 = \dfrac{R_1^2+d^2-R_2^2}{2R_1d}$, $\cos\theta_2 = \dfrac{R_2^2+d^2-R_1^2}{2R_2d}$

중심점의 양각계산

P_i	중심점간 거리	R_1	O_iP_i 거리(S)	R_2	θ_1 (° ′ ″)	θ_2 (° ′ ″)
Q	375.466	R_1	300.000	R_2	41 35 45	52 48 39
			250.000			
A	375.466	R_1+W_1	306.000	R_2+W_2	42 26 14	54 04 13
			255.000			
B	375.466	R_1-W_1	294.000	R_2+W_2	42 38 53	51 21 44
			255.000			
C	375.466	R_1-W_1	294.000	R_2-W_2	40 41 47	51 29 11
			245.000			
D	375.466	R_1+W_1	306.000	R_2-W_2	40 33 19	54 17 53
			245.000			

가구정점의 좌표계산

방위각($V_O^{P_i}$) ° ′ ″	O_iP_i 거리(S)	P_i X	P_i Y	P_1
		447.203	773.103	O_1
12 32 16	375.466	813.715	854.610	O_2
330 56 31	300.000	709.441	627.394	Q
245 20 55	250.000			
330 06 02	306.000	712.475	620.568	A
246 36 29	255.000			
329 53 23	294.000	701.531	625.613	B
243 54 00	255.000			
331 50 29	294.000	706.407	634.360	C
244 01 27	245.000			
331 58 57	306.000	717.341	629.362	D
246 50 09	245.000			

7.8.10 확정측량 서류작성

사업이 완료되면 사업시행자는 소관청에 완료신고를 하여야 하며 완료신고시 첨부서류는 지적측량수행자가 작성하는 서류와 사업시행자가 작성하는 서류로 분류할 수 있다. 지적측량수행자는 지적삼각측량성과 및 경위의측량방법으로 실시한 지적확정측량성과인 경우 시·도지사에 제출하여 그 성과의 정확성에 관한 검사를 받아야 한다. 시·도지사는 검사를 한 때에는 그 결과를 소관청에 통지하여야 한다. 소관청은 측량성과가 정확하다고 인정되는 때에는 지적측량성과도를 지적측량수행자에게 교부하여야 하며 지적측량수행자는 측량의뢰인에게 그 측량성과도를 지체 없이 교부하여야 한다. 측량성과도는 확정종합도, 지구내 종전도, 신구대조도, 국유지무상증여(양여)도, 행정구역변경도, 지구계점망도를 출력하여야 한다. 사업시행자가 작성할 서류는 일부 확정측량시행자가 작성하여 주는 경우도 있었으나 원칙적으로 위와 같은 서류는 측량과는 관련이 없고 사업시행자는 청산업무를 다시 용역회사와 계약을 하여 처리하여야 하므로 이때 필요한 것을 작성하도록 하여야 한다.

확정측량성과도는 지적확정측량을 완료한 결과를 지적공부정리를 실시하는데 참고자료로 활용할 수 있도록 미농지에 지적확정측량결과도와 동일하게 작성한 도면을 말한다. 지적측량수행자는 지적측량을 한 때에는 측량부·측량결과도·면적측정부 등 측량성과에 관한 자료를 소관청에 제출하여 성과의 정확성에 관한 검사를 받아야 한다.

그림 7-109 확정종합도면

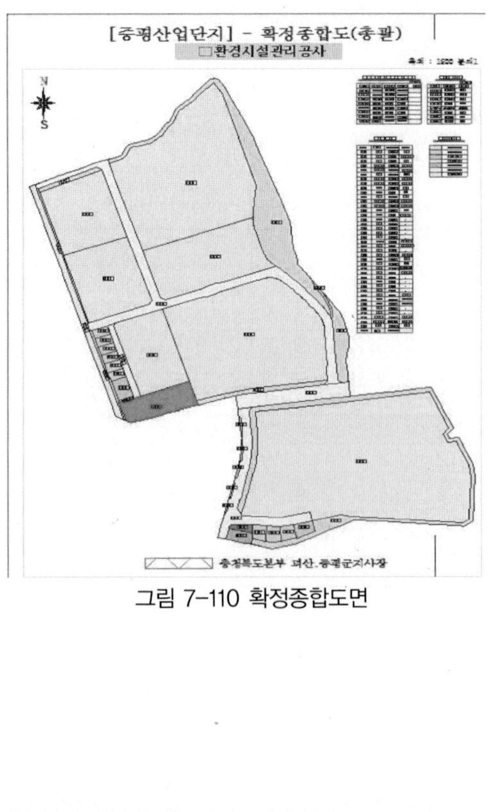

그림 7-110 확정종합도면

그림 7-111 지구내종전도면

그림 7-112 신구대조도면

지구내 종전도는 그림 7-111과 같이 도시개발사업, 구획정리사업, 경지정리사업 등을 실시한 사업시행지역 범위인 지구계 내의 기존 지적도를 작성한 도면을 말한다.

신구대조도는 그림 7-112와 같이 도시개발사업, 구획정리사업, 경지정리사업 등을 실시한 사업시행지역 범위인 지구계 내의 기존 지적도와 새로이 작성한 확정종합도를 중첩하여 작성한 도면을 말한다. 국유지무상증여도는 그림 7-113과 같이 도시개발사업, 구획정리사업, 경지정리사업 등을 실시한 사업시행지역 범위인 지구계 내의 국유지를 무상으로 증여하기 위해 토지의 소유자가 국유지로 등록된 토지를 기준으로 작성한 도면을 말하며 도면의 축척은 기존 지적공부에 등록된 토지의 축척으로 작성한 도면이다.

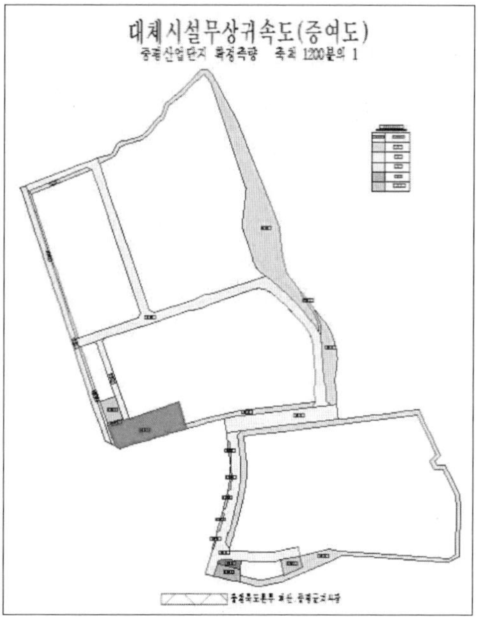

그림 7-113 국유지무상증여도

국유지무상 양여도는 그림 7-114와 같이 도시개발사업, 구획정리사업, 경지정리사업 등을 실시한 사업시행지역 범위인 지구계 내의 국유지를 무상으로 양여하기 위해 새로이 등록된 토지를 국유지로 등록하여 국가에게 양여하기 위한 토지를 기준으로 작성한 도면을 말하며 도면의 축척은 새로이 지적공부에 등록할 토지의 축척으로 작성한 도면이다. 행정구역변경도는 그림 7-115와 같이 도시개발사업, 구획정리사업, 경지정리사업 등을 실시한 사업시행지역에서 기존의 행정구역경계가 멸실됨으로 새로이 설정할 행정구역경계를 설정하여 변경하기 위해 작성한 도면을 말한다.

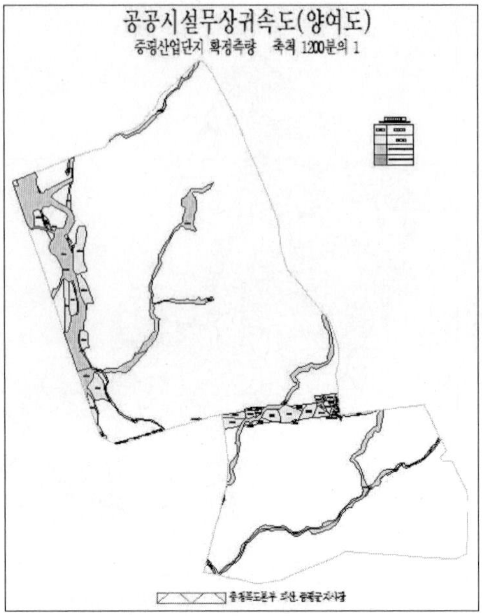

그림 7-114 국유지 무상양여도

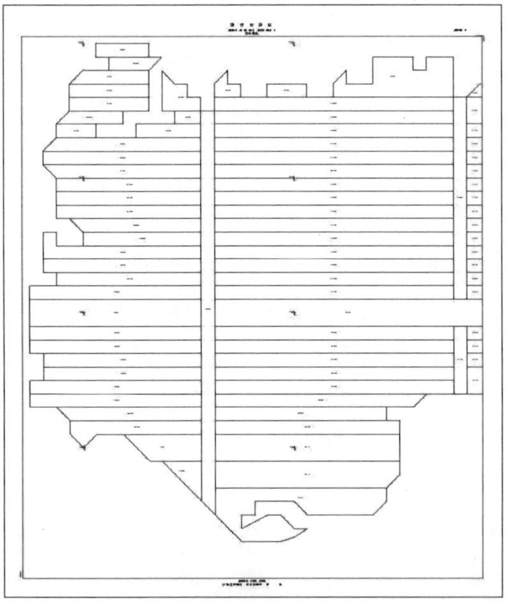
그림 7-115 행정구역변경도면의 출력

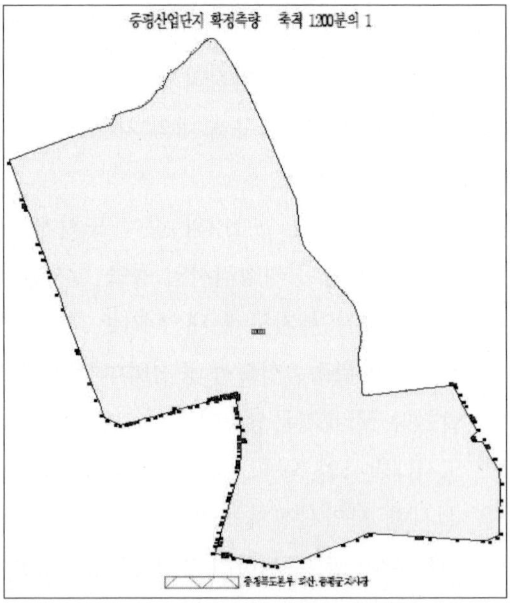

그림 7-116 지구계점 망도

지구계점 망도는 그림 7-116과 같이 도시개발사업, 구획정리사업, 경지정리사업 등을 실시할 경우 사업시행지역과 제외된 지역의 경계를 작성한 도면을 말한다. 확정측량신청서는 그림 7-

117과 같이 확정측량의 결과에 따라 토지소재, 지번, 지목, 면적을 기재하여 지적공부에 등록하는 자료로서의 기능을 한 것이다. 그러나 최근에는 컴퓨터의 발달로 자료를 KLIS시스템에 직접 입력할 수 있도록 파일로 작성하고 있으며 시스템을 통하여 간단하게 출력할 수 있다.

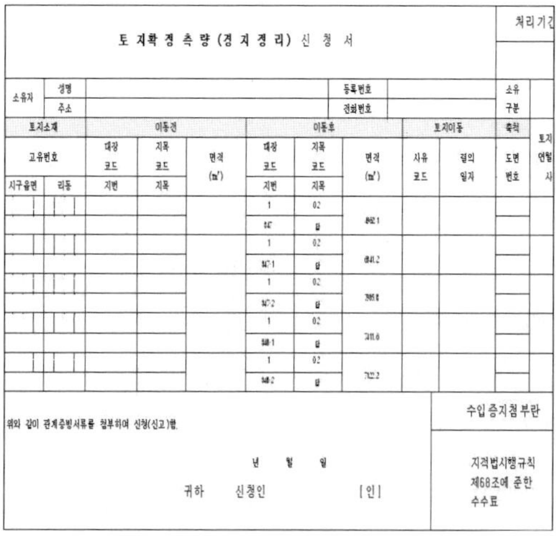
토지확정측량(경지정리) 신청서
처리기간
소유자 성명 / 주소 / 등록번호 / 전화번호 / 소유구분
토지소재 / 이동전 / 이동후 / 토지이동 / 축척
고유번호 / 시구읍면 / 리동 / 대장코드 / 지번 / 지목코드 / 지목 / 면적(㎡) / 시유코드 / 결의일자 / 도면번호 / 토지연혁사

대장코드 / 지번	지목코드 / 지목	면적(㎡)
1 / 847	02 / 답	4962.1
1 / 847-1	02 / 답	6841.2
1 / 847-2	02 / 답	7985.8
1 / 848-1	02 / 답	7411.6
1 / 848-2	02 / 답	7122.2

위와 같이 관계증빙서류를 첨부하여 신청(신고)함.
년 월 일
귀하 신청인 [인]
수입증지첨부란
지적법시행규칙 제68조에 준한 수수료

그림 7-117 토지확정측량신청서

동 리 명		용진면 상삼리		
지 번	지 목	면 적	BLOCK	비 고
847	답	4962		
847-1	답	6841		
847-2	답	7986		
848-1	답	7412		
848-2	답	7122		
848-3	답	9181		
848-4	답	4071		
849-1	답	8655		
849-2	답	4167		
849-3	답	4598		
849-4	답	1808		
546	도로	28718		
546-1	도로	2078		
546-2	도로	1188		
546-3	도로	1950		
547	구거	25881		
547-1	구거	1112		
547-2	구거	2802		
550-1	답	4960		
550-2	답	6148		

그림 7-118 확정면적조서

7.8.11 사업의 완료

(1) 사업의 완료신고

사업시행자는 사업이 완료되면 완료신고를 하여야 하는데 첨부서류에서 측량수행자가 작성하는 서류는 지적삼각점측량부 및 망도, 지적도근측량부 및 망도, 지구, 가구, 필지측량계산부 등이다. 그리고 도면으로는 확정측량원도, 지구계분할성과, 행정구역 변경도 및 조서, 면적측정부, 도근점 표석대장 등과 기타 필요한 서류이다. 또한 사업시행자가 작성할 서류는 완료신고서, 종전토지의 지번별조서, 신구대조도, 확정도 사본, 확정종합도, 지구계점망도, 지구내 종전도, 국유지 무상양여(증여)도 및 조서 등이 있지만 대부분은 측량수행자가 작성하여 납품하고 있다.

(2) 사업의 완료신고 처리

확정될 지번별 조서와 면적측정부 및 환지계획서의 부합여부, 그리고 종전토지의 지번별 조서와 지적공부의 등록사항 및 환지계획서의 부합여부, 측량원도 또는 경계점좌표와 새로 작성된 지적도의 부합여부 등이다. 확정될 토지의 지번별조서 또는 측량성과를 근거로 토지대장과 경계점좌표등록부를 작성하고 토지대장에 등록할 소유자의 성명 또는 명칭과 등록번호 및 주소는 환지계획서를 기준으로 등록하고 소유권변동일자는 환지처분 일자를 정리한다. 지적공부의 작성이 완료된 경우에는 새로이 지적공부를 확정하였다는 것을 7일 이상 소관청의 게시판에 게시한다. 종전의 지적공부는 그 폐쇄 사유를 정리하고 이를 별도로 영구히 보관하도록 한다.

(3) 토지구획정리사업의 문제점

토지구획정리사업의 문제점으로는 첫째로 개발이익 배분에 불공평성의 원인은 면적주의 환지방식으로 지가가 큰 차이가 있는 것은 환지계획에 따른 분쟁을 초래한다. 사업으로 인한 개발이익을 지주에게 귀속시키고 체비지의 최소화로 인해 도시 시설이 부족하게 되면서 일정규모 이하의 토지소유자에게 불이익을 주며 27평 이하의 환지대상자에게는 토지가 아닌 금전으로 청산하게 되므로 토지를 상실하며 사업잉여금의 부당처리 가능성이 있다. 체비지 매각으로 얻은 잉여금을 다른 용도로 전용을 초래한다. 불합리한 체비지 매각으로 사업시행자가 재원조달 목적으로 고가의 체비지를 매각함으로써 지가의 상승과 부동산 투기를 조성하는 것이 대부분이었다.

토지소유자가 환지계획에 직접 참여가 불가능함으로 의사반영이 어렵고 기타, 공공용지 확보의 한계성과 토지 필지의 영세화 그리고 감보율 적정기준 미비로 시행자의 재량권남용 · 개발의 하부구조(도로 · 상 · 하수도 등)투자를 국민세금으로 충당하는 등의 문제점이 지적되고 있다. 분양 · 임대에서 실수요자의 개발의사의 여부에 따라 초기투자자금 회수가 장기화 될 수 있으며 임대 · 분양이 당초 개발의도와 거리감이 있다. 이는 시장경제의 활성화를 저해할 가능성이 있으며 도시인구집중의 부작용 및 교통체증 유발과 기타, 개발이익의 지역환수 미진과 지역주민의 참여기회가 부족하고 지역내의 토지는 3년 이내에 건축 의무화로 실수요자에게 부담을 주는 등의 문제점들이 있다. 토지구획정리사업의 개선방향은 도시의 성격에 따라 소유자의 환지참여와 체비지의 매각에서 신중을 기하여 투기방지와 공익에 우선할 수 있는 제도운영을 합리화하고 국가투자로 토지소유자가 부담하는 감보율을 낮추어야 하며 전문 인력의 확보로 원활한 사업수행에 지장이 없도록 하여야 한다.

제8장

위성측량

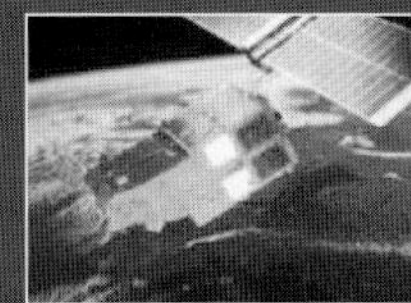

8.1 개요

위성측량이란 정확한 위치를 갖고 있는 위성에서 발사한 전파를 수신하여 지상, 해상, 공중의 여러 장소에서 수신기의 위치를 알 수 있는 시스템이다. 인공위성의 도플러 관측에 의한 항법체계인 NNSS(Navy Navigation Satellite System)는 낙도의 위치결정과 개발도상국의 지도 작성을 위한 기준점측량 등에 이용되었으나 관측 소요시간과 정확도 측면에서의 문제점을 보완하기 위해 GPS(Global Positioning System)가 등장하게 되었다. 초기에는 항법지원 및 군사적 목적으로 출범하여 현재는 1/100만 이상의 높은 정확도로 상대적 위치관계를 측정할 수 있어 정밀 지도제작, 항공사진측량, 토목공사 및 GIS의 구축 등에 GPS의 활용이 급속히 진행되고 있다. GPS는 인공위성에 의하여 관측점의 위치를 구하는 것으로 통일된 좌표계를 사용하며 시통이나 기상조건과 새로운 측량시스템으로 발전되어 측량의 정확도가 높아 기준점측량 및 소규모의 공사측량과 지적측량에 응용하고 있다. GPS는 군사목적의 항법지원과 시대적 필요에 따라서 개발되고 있으며 24시간 전천후로 항법과 측량을 지원하고 항법지원 기능이 저하되는 지역을 없애기 위해서 24개의 위성이 최종적으로 배치되었다.

GPS시스템은 북대서양조약기구(NATO; North Atlantic Treaty Organization)와 같은 형태의 조직인 NAVSTAR GPS Joint Program Office에서 유지 · 관리하고 있다. NAVSTAR(NAVigation Satellite Timing and Ranging) GPS는 미 국방성이 지구 전체를 군사작전 지역으로 보고 지구 전체를 일관성 있는 성과에 의하여 고정밀도의 위치결정이 가능한 시스템을 자국과 NATO의 육 · 해 · 공군에게 제공하기 위하여 계획하였다. 그러나 현재는 군사용도는 물론 민간분야에서 선박 · 항공기 · 자동차 등에 실시간으로 절대위치 결정방법과 고정밀도의 상대위치 결정방법까지

자유롭게 이용하고 있다. 최근에는 러시아에서 관리하고 있는 GLONASS위성과 유럽에서 관리하는 갈릴레오(Galileo)위성을 통합한 GNSS 위성을 활용하고 있다.

8.1.1 위성의 변천과정

1957년 10월 4일 소련에서 최초의 인공위성인 스푸트니크(Sputnik) 1호의 발사로 위성시대가 열리면서 측량에 이용하는 연구가 급속히 진행되었다. 1964년부터 NNSS가 실용화되어 핵잠수함의 위치를 정확히 측정하기 위한 위성은 TRANSIT위성으로 NNSS의 단점을 보완하기 위하여 미 해군과 공군이 공동 프로젝트로 NAVSTAR GPS를 개발하게 되었다. 이때 사용한 위성이 Block 위성이며 Block-I, Block-II, Block-IIA, Block-IIR의 순으로 개발되었고 현재는 Block-II가 주력기종으로 운항 중에 있으며 1967년 Transit위성을 이용한 NNSS가 공개되었다. 1960년대부터 미군과 NASA에서 추진하였으며 1967년 상업용 공개이후 Transit의 위치선정 체계는 측량과 측지학에 많이 응용되었다. 1950년대 후반과 1960년대 초기에 걸쳐 미 해군은 위성에 기초한 측량 및 항해 체계를 마련하였으며 Transit위성은 1964년부터 가동되었고 1969년에 일반인에게 공개되었다. 1973년 12월 17일 인공위성을 이용하여 지상위치를 정밀하게 측정할 수 있는 NAVSTAR가 GPS를 개발한 것이 범지구위치결정시스템이다.

1977년 최초로 NAVSTAR위성이 발사되었고 NTS-2(Navigation Technology Satellite 2)라고 하였으며 1978년 2월 12일 NTS-2는 위성에 기초한 항해 이론이 타당함을 입증하였고 1978년 최초의 BlockI(Rockwell사 제작)위성이 발사되었다. 1979년 2단계로 9개의 BlockI 위성이 6년 동안 추가로 발사되고 1983년 6월 28일 일반 사용자를 위한 NAVSTAR GPS체계의 정확도를 발표하였으며 1984년 레이건 대통령은 민간인에게 무료로 사용할 수 있도록 공식적으로 선언하였다. 1989년 12월 14일 Block-II 위성을 최초로 발사하고 1990년 3월 25일 SA(Selective Availability)를 가동하였다. 1991년 9월 5일 SPS서비스를 1993년부터 10년간 무료로 사용하도록 하였으며 1993년 12월 8일 24개의 GPS 위성군(Block I/II/IIA)을 배치 완료하였다. 또한, 1994년 1월 31일 오랜 숙원이었던 Antispoofing(AS)이 영구적으로 실행되면서 P코드를 군사용으로 이용하도록 하였다. 1995년 3월 16일 미국 클린턴대통령은 GPS신호를 국제사회에 제공할 것을 선언하였으며 2000년 5월 1일 미국 백악관에서 SA해제를 발표하면서 측량 및 Navigation System에 활용하고 있다.

8.1.2 특성

위성측량의 가장 중요한 특성은 3차원 위치선정의 고정확도와 속도판별, 전천후 측정능력, 연속적 이용가능, 무한수의 사용자 이용가능, 정확한 시간 측정능력, 다양한 사용자의 필요에 부응, 무료사용 비용이 포함되어 있다. 위성측량 방법은 신속하게 실시할 수 있으나 최소한의 명확한 표석 설치작업이 선행되어야 하며 측지망이 완성된 후에 활용이 가능하다. 모든 측량팀이 최소한 2대의 수신기가 필요하며 지적측량의 정확도가 1cm이고 평균 50km 간격으로 위성기준점이 설치되면서 기준점이 많이 필요 없고 측점설치 및 유지 관리비가 적게 소요되며 관측 및 계산의 자동화로 인력과 측량경비가 절감된다. 위성측량은 날씨나 시간적인 제약을 받지 않고 장거리 측정이 가능하며 야간에는 대기권이 안정되어 있으므로 정확한 관측이 이루어진다.

측점에서 모든 데이터 취득이 가능하며 계산방법에는 후처리 방법과 실시간 처리방법이 있으며 수신기를 1인이 측정작업을 할 수 있는 시스템으로 인력이 적게 소요된다. 측지망설치 시 위치결정의 정확도가 관측시간에 의존하므로 관측거리에 무관하고 전천후 관측이 가능하며 기지좌표점과 미지점을 잇는 관측만으로 간단히 기본망에 포함되는 점의 증설이 가능하다. 또한, 개인적인 오차가 발생할 소지가 적고 균질한 성과취득이 가능하며 지형여건과 관계없이 관측이 가능하고 장기선의 측정에도 ±1cm 정도의 정확도가 확보된다. 그러나 수목 등으로 위성관측 시야각이 15° 이상 되어야 장애를 받지 않으며 열대지방의 나무 또는 시가지의 고층건물이 있을 경우에는 장애가 발생한다.

8.2 GPS 구성요소

GPS 구성요소에는 위성과 관련된 부분인 우주부분(Space Segment), 지상에서 위성의 위치를 추적하거나 감시하는 통제역할을 담당하는 제어부분(Control Segment), 공중, 지상 및 해상에서 사용하는 수신기들로 이루어진 사용자부분(User Segment)의 3부분으로 구성되어 있다.

8.2.1 우주부분

우주부분(Space Segment)은 위성과 위성이 움직이는 궤도부분, 정밀한 시각측정 시스템인 시계부분으로 구분하며 위치계산을 위해 필요한 항법 메시지(Navigation Message)를 사용자에게 반송파를 통하여 연속적으로 전송하는 위성으로 구성되어 있다. 위성은 제어부분에서 전송되는 위성의 위치자료와 위성의 작동상태, GPS 시간의 정밀시각 자료를 수신하여 이용자에게 전달하는 역할을 담당하고 있다.

(1) GPS 위성

GPS 위성이란 기본적으로 지구궤도를 돌고 있는 방송국과 같다고 할 수 있으며 GPS 위성을 지구 궤도상에 배치하는 곳은 지구상 어느 지점에서나 동시에 4개에서 최대 6개까지 위성을 볼 수 있게 되어 있다. 각각의 GPS 위성에서 송신되는 위성 데이터는 각 위성 번호에 따라 특수하게 설계된 PRN 코드(Pseudo Random Noise Code)를 포함한다. PRN 코드는 P코드, C/A코드, 항법메시지를 반송파에 실려 방송하게 되는데 보통 라디오방송의 경우 1개의 반송파에 1개의 메시지를 실려 보냄으로써 내용을 들을 수 있지만 이것은 여러 개의 메시지를 담아 보냄으로써 잡음과 같다 하여 PRN코드라 한다.

우주부분에서 GPS위성은 모두 24개로 구성되는데 이 중 21개가 항법에 사용되며 3개의 위성은 예비용으로 배치되었다. GPS위성에는 세슘원자시계가 장착되어 정밀시간을 유지하고 있으며 각 위성마다 PRN코드라 하는 고유 코드를 발생할 수 있어 GPS위성을 구분할 수 있다. 1960년대 초부터 미군과 NASA는 초기에 인공위성의 위치를 선정하는 Transit위성으로 지구에서 1,100km 상공에 있으므로 지구의 중력장 변화에 따른 영향을 많이 받게 되었다. 그러나 BLOCK II는 고체화된 광전자(Radiation Hardened Electronics)와 완전한 SA/AS 능력을 갖추고 최소 14일간의 항행메시지를 저장할 수 있으며 2000년대에는 BLOCK-IIF 계열로 이루어지고 있다. 각 위성의 무게는 900kg 정도로 태양 전지판을 완전히 펼쳤을 경우 폭이 약 5m이다.

Transit위성은 150~400MHZ에서 주파수를 전송하고 GPS위성의 고주파수보다 전리층 지연과 방해에 더 큰 영향을 받는다. BLOCK II시리즈 모든 위성들은 55° 기울어진 궤도면에 위치한다. 그림 8-2는 캘리포니아 시얼비치에 있는 Rockwell사의 Black II GPS 인공위성의 조립과정을 보여주고 있으며 인공위성의 설계 수명목표는 7.5년이며 태양만의 표면은 태양에 수직으로 된다.

그림 8-1 GPS 위성의 모습

그림 8-2 Block-II GPS 위성의 조립

(2) GPS 위성의 궤도

GPS위성의 고도는 지상에서 약 20,183~20,187km의 고도로 비행하며 하루에 지구를 2회전하며 1회전하는데 소요되는 시간은 11시간 58분으로 지구가 기하학적으로 360° 회전하는데 소요되는 시각이다. 따라서 지구의 중심으로부터 위성의 높이까지를 반지름으로 하는 원주를 위성이 하루에 2회를 회전하기 위해서는 초속 3.87km의 속도로 이는 총알보다도 빠른 속도이다. 위성의 궤도배치는 적도를 중심으로 배치한 것은 그림 8-3과 같이 극지방에 위성이 자주 나타나도록 한 배치로서 미국의 방위를 위한 배치라고 할 수 있다. 각 궤도면은 4개의 위성들을 가지고 있지만 범지구적 위성의 가시성의 최적화를 위해 위성들은 균등 배치되어 있지는 않다. 궤도경로는 원에 가깝고 장축이 약 26,000km정도이며 케플러의 제3법칙을 이용하여 12시간의 궤도주기를 얻을 수 있다. 위성들은 지구가 360°를 회전하는 동안 2번의 궤도회전을 실시하는데, 이는 위성들이 매일 약 4분 일찍 나타난다는 것을 의미한다.

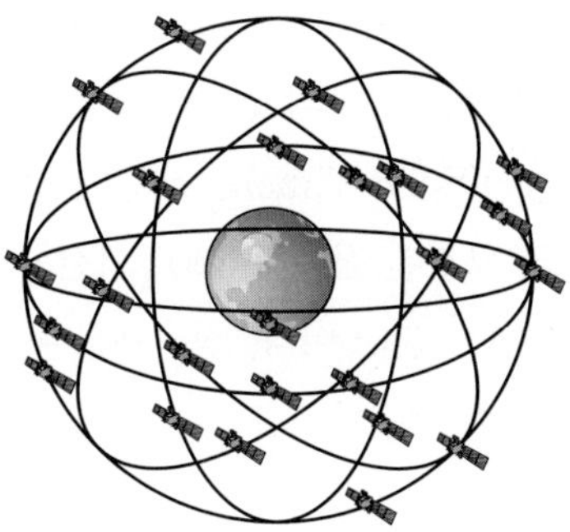

그림 8-3 적도 중심 위성 배치

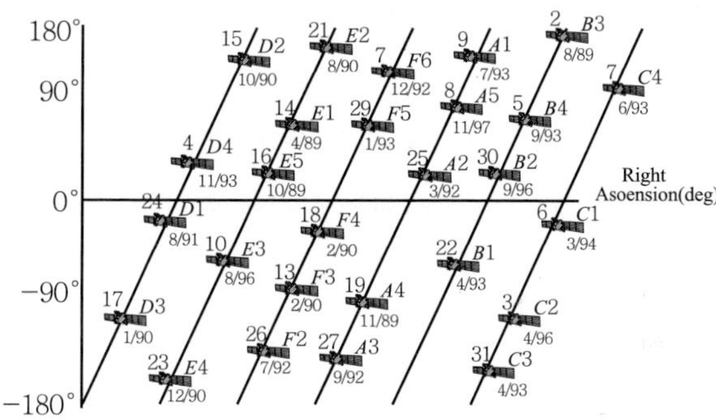

그림 8-4 위성의 궤도와 배치현황

그림 8-4에서와 같이 에서 숫자 "25"는 위성의 번호이며, "A2"는 A궤도의 2번 위성이며 "3/92"는 1992년 3월에 발사된 위성을 표시한다. GPS위성의 궤도는 A에서 F까지 명명된 6개의 궤도간격이 균등하게 배치되어 있으며 적도에 대해 55° 기울어져 있다. 지구의 편평 현상 때문에 일일 회절율(Nodal Regression)이 약 -0.04187° 정도가 되어 통제센터에서 1년에 한 번씩 위치를 수정해 주어야 한다.

(3) GPS위성 시간

GPS Time은 제어분야에 의해 설정되며 UTC(UNSO)에 1μsec 이내로 연결되지만 연속적이고 윤초조정을 하지 않는 것이 특징이다. GPS 시간의 가장 큰 단위는 1주일로 604,800초로 정의되며

GPS시간과 UTC(Universal Coordinated Time)시간의 마지막 공동 시간대는 1980년 1월 5일에서 6일 사이의 자정이었다. UTC는 과학기술의 발달과 함께 지구의 자오선에 의한 평균태양시에 의하지 않고 고정밀 원자 및 초전도체를 이용함으로써 물리량을 정확히 측정할 수 있게 되어 10~13 정도의 고정밀도의 시각을 측정하여 지구자전과 맞추기 위한 윤초만큼의 차이를 매년 6월 30일과 12월 31일에 초를 가감한 시각이다. 항법메시지는 우주시간을 GPS시간으로 변환하기 위한 조정 작업을 포함하며 GPS 위성과 수신기 사이의 거리정확도를 위치의 정확도로 표현하고 있다.

원자시계는 시계가 필요로 하는 동력원이며 시계에 채택한 물질의 원자로서 그 진동수를 시계에 채택한 것으로 주요 성분은 루비디움(Rubidium), 세슘(Cesium), 수소분자(Hydrogen) 등이 있다. GPS위성의 심장은 원자시계로 원자진동을 사용하기 때문에 원자시계라고 하며 정확하여 3백년에 1초정도 오차가 있는 것으로 이들 위성들은 "모르스"부호와 같은 전송파를 사용한다. 인공위성에서 생성된 시간은 2개의 Rubidium과 2개의 Cesium 원자시계를 근거로 하며 정상적인 운영에서는 일일단위로 각 위성에 Upload를 실시한다. 원자시계는 독자적으로 시간척도를 파악하고 보정할 필요가 있으면 정확한 시간을 측정하여 측량에 많은 영향을 주었다. 원자시간(Automic Time)은 원자초의 길이가 ET초와 일치한다고 정의되며 원자시각의 원리는 원자에너지 레벨과 전자기 복사와 관계가 있다. 그림 8-5에서와 같이 태양시(Solar Time)는 태양이 남중으로부터 다음 남중까지 걸리는 시간을 의미하고 항성시는 지구의 고정된 점에서 360° 회전하는 데 걸리는 시간으로 항성시의 24시간은 태양시로는 23시간 56분 4.0954초이다. 정지궤도 위성은 지구의 자전속도와 같은 속도로 지구를 하루에 한번 회전하는 주기를 가지고 있는 위성으로 통신위성 등이 해당된다.

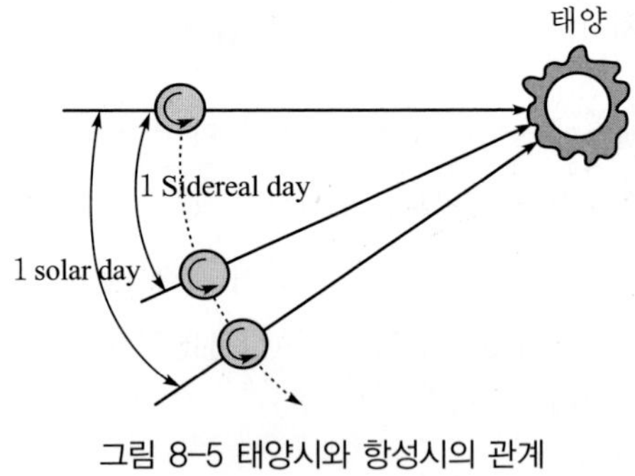

그림 8-5 태양시와 항성시의 관계

(4) 인공위성 전송

인공위성 전송은 탑재된 원자시계들로 만들어진 기본주파수에서 원자시계의 집합체에 의해 사용이 가능하도록 파생된 것이다. 기본주파수는 154로 곱하면 L_1 = 1,574.42 MHZ가 된다. 기본주파수를 120으로 곱하면 L_2 = 1227.60MHZ가 되며 P코드의 기본주파수는 10.23Mhz이고, C/A코드는 1,023Mhz이다. 각 인공위성은 상대적으로 독자적인 C/A코드를 전송하고 인공위성에서 받는 신호를 동시에 분별이 가능하며 C/A코드는 신속한 P코드의 취득이나 정확도 항행신호로 사용된다. 대부분 측량 수신기는 P코드를 사용하며 C/A코드는 매우 도움이 되고 정확한 시간 동시화와 항행메시지를 판독하며 C/A코드는 L_1 및 L_2 carrier에서 사용이 가능하다. 항행메시지는 L_1과 L_2를 변조하며 인공위성의 시간기점, GPS시간, 시계의 동향과 시스템메시지 정보를 포함한다.

8.2.2 제어부분

제어부분(Control Segment)은 위성을 추적하여 각 위성의 궤도를 결정하고 정밀시간을 유지하여 이들 정보를 위성에 송신하는 역할을 한다. 제어분야의 목적은 인공위성 전송을 연속적으로 감시하고 인공위성 수명예측, 인공위성 clock보정, 항행 메시지를 주기적으로 교체하는 것이다. GPS 위성의 위치계산과 GPS의 운용, 제어 및 위성의 작동상태를 총 감독하는 미국의 Colorado Spring에 위치한 주제어국과 무인으로 위성의 위치를 추적하는 5개의 지상추적국(Monitor Station), Uplink 안테나(Ground Control Station)로 구성되어 있다. 그리고 궤도와 시각결정을 위한 위성의 추적을 실시하며, 전리층 및 대류층의 주기적인 모형화와 위성시간의 동일화, 위성으로의 자료전송 등을 담당하며 모니터와 위성체계의 연속적인 제어, GPS시간 결정, 위성시간값 예측, 위성의 주기적인 항법신호 수정 등의 업무를 수행한다. 또한, 관제국 이외에 적도면을 따라 일정한 간격으로 위치하고 있는 3개의 지상안테나를 운영하고 있다.

(1) 주 제어국

주 제어국(CSOC;Consolidated Satellite Operations Center)은 현재 Colorado Springs 근처 팰콘 공군기지(Falcon Air Force State)에 위치하고 있다. 주 제어국의 임무는 GPS 위성에 대하여 총괄하는 기관으로 위성의 발사나 예비위성의 작동여부를 결정한다. 지상추적국에서 GPS 위성의 정확한 궤도정보와 GPS 위성의 시계에 대한 정확한 시각 보정 정보를 전송받아 GPS 위성의 시계오차를 계산하고 예측한 다음 Uplink 안테나를 통하여 GPS 위성에 다시 Upload시켜 사용자에게 전달하는 역할을 한다.

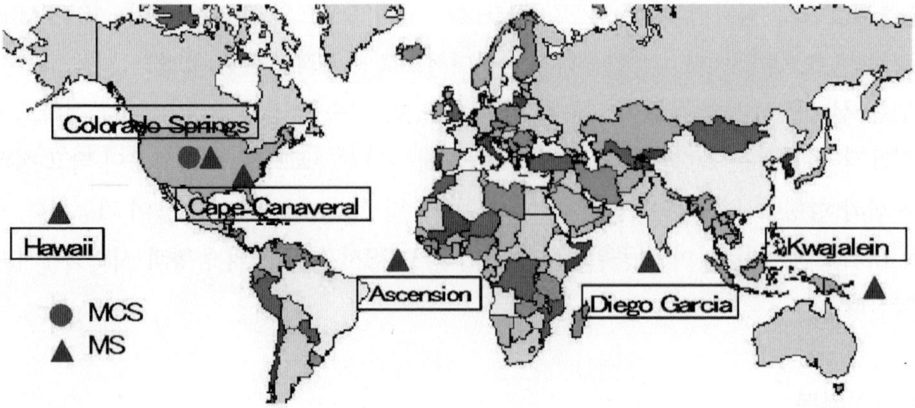

그림 8-6 주제어국과 지상추적국의 위치

(2) 지상 추적국

그림 8-7 지상추적국

지상추적국(Monitor Station)은 그림 8-7과 같이 설치되어 있으며 위성에서 전송되는 신호는 콰자레인(Kwajalein), 디에고가르시아(DiegoGarcia), 아센션섬(Ascension), 하와이(Hawaii), 콜로라도(Colorado)의 5개에 각각 위치하고 있으며 이곳의 위치는 매우 정확히 측정된 위치로서 원자시계가 설치되어 있다. Monitor Station의 임무는 무인으로 운영되며 주어진 시간에 관측할 수 있는 모든 GPS위성의 신호를 점검하고 궤도를 추적하며 예측하는 임무와 전리층 및 대류권의 지연에 대하여 관찰한 자료를 주 제어국에 전송하는 업무를 수행한다.

지상추적국에서 수정된 정보들은 위성을 제어 및 감시하는 지상안테나를 통해 각 위성에 전달되고, 위성은 GPS 수신기에 자료를 전송하여 사용자들이 원하는 형태로 변화시키게 된다. 통신시설은 DSCS(Defence Satellite Communication System)라고 하며 각각의 지상추적국에서 수신된 자료를 주 제어국에서는 방송궤도력과 위성에 있는 원자시계의 오차추적에 사용하며 결과를 주기적으로 GPS위성으로 전송하게 된다. 주요 기능은 정확한 세슘시계를 장착한 이중주파수(L_1, L_2)수신기에 의하여 추적된 위성정보를 주 제어국에 전송하고 주 제어국에서 위성으로의 자료를 송신하도록 하여 위성의 시각정보, 제어명령을 하는 임무를 맡고 있다.

(3) Uplink 안테나

Uplink 안테나는 지상국의 안테나로서 관제소와 함께 적도를 중심으로 배치되어 있으며 Ascension, Diegogarcia, Kwajalein의 3곳에 설치되어 있다. 주요 임무는 주 관제소에서 계산된 결과로 시계보정값, 궤도보정값, 사용자에게 전달할 메시지 등을 GPS 위성에 보내 Upload 시키는 역할을 담당한다. SPS(Standard Positioning Service)와 PPS(Precise Positioning Service), 민간의 GPS 사용을 지원하기 위한 많은 추가 서비스들이 제공되었다. Tracking Station은 아르헨티나 , 오스트레일리아, 바레인, 에콰도르, 영국에 있으며 민간서비스 제공은 국가측지측량협회(NGS; National Geodetic Survey)가 맡고 있다. 현재 SPS는 단일 사용자의 측량에 100m의 정확성(95%)을 규정하고 있으며 PPS(Precise Positioning Service)는 매우 정확하지만 암호화되어 일반에게 접근이 통제되고 있다. IGS(Internatoinal GPS service for Geodynamics)는 GPS 데이터 산물과 측지학, 지구물리학적 연구 활동 및 GPS의 고정밀 응용을 통한 지원 서비스를 제공한다. IGS와 IERS(International Earth Rotation Service)간에는 매우 긴밀한 협조가 이루어지고 있는데, IGS의 조직구조는 현재 제트추진실험소(JPL; Jet Propulsion Laboratory)에 위치해 있는 중앙기구와 3개의 자료처리센터로 이루어져 있고 자료교환은 기본적으로 인터넷을 통해 이루어진다.

8.2.3 사용자부분

위성으로부터 신호를 수신하여 계산한 위치 및 속도정보는 기본적으로 이동체항법 및 추적에 이용되며 정확하게 계산된 수신기의 시계오차는 이동 통신분야에서 매우 중요한 시각 동기화를 위한 정보로 유용하게 사용된다. 위성항법시스템은 또한 일반적인 항법시스템 이외에 높은 위치 정확도가 요구되는 항공기 자동 착륙시스템, 측지, 이동 물체의 자세 결정 및 정밀측위(precise Survey)에도 적용되므로 위성항법시스템은 매우 광범위하다. GPS의 사용자 부분(User Segment)에서 수신기는 위성으로부터 수신받은 항법데이터를 사용하여 수신기의 위치와 속도, 시간정보를 이용하여 항공측량, 차량, 선박, 항공기의 항법, 통신부분, 군사, 기초과학응용분야, 지적측량 등 다양하게 위치를 결정하는데 활용한다. 사용자는 여러

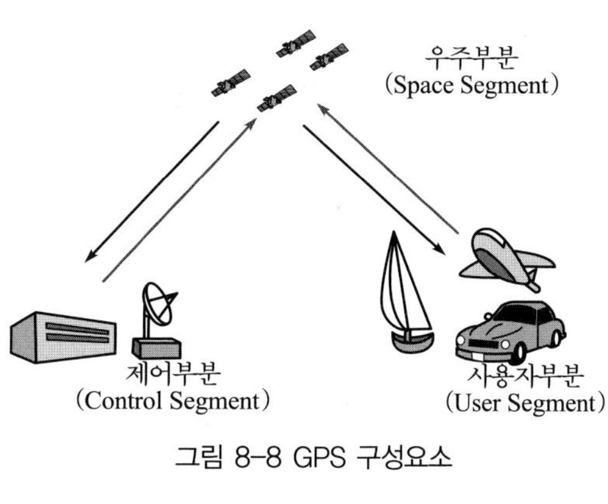

그림 8-8 GPS 구성요소

개의 인공위성의 전송을 관측기록하고 알고리즘을 이용하여 위치, 속도, 시간을 구하게 된다.

미 국방부는 언제든지 선택적 가용성(Selective Availability)을 사용하여 GPS 정도를 저하시킬 수 있는데 저하된 C/A코드를 지상 수신기로 받으면 약 100m 정도로 위치 계산을 잘못 할 수 있다. GPS는 미 국방성에 의해 최종적 개발되었으며 1993년에 개발이 완료되어 24시간 전 세계에서 GPS관측을 할 수 있게 되었다.

8.3 위성의 신호체계

GPS 위성은 모두 같은 주파수로 작동되며 각각의 위성들은 고유의 code를 갖는 신호체계에 있어 code법을 채택하고 있다고 할 수 있다. GPS 신호는 각 위성에서 방송하는 반송파를 측정하는 것으로 최초의 측정에서 수신기는 전체 관측된 파장의 수를 계산할 수 있으며 수신기의 초기 파장의 부분적인 측정과 이 점으로부터 전체 파장의 수를 추적한다. 모든 정확한 기선계산은 모호상수(Integer Ambiguity)라고 부르는 파장의 수를 계산한다. GPS 측량에 의한 점의 위치결정방법은 위치가 알려진 여러 개의 위성을 기지점으로 수신기를 설치한 미지점을 결정하는 후방교회법으로서 GPS 위성과 수신기 간의 거리 측정을 하는데 code 측정방식과 반송파 측정방식에 의해 이루어진다.

8.3.1 GPS 신호구조

반송파(Carrier)라고 하는 단순 싸인곡선은 음성통화나 디지털 이미지 등 정보를 전송하기 위해 변조될 수 있다. GPS의 경우 변조시간을 이용하여 거리측정이 가능하며 디지털 변조방식에는 ASK(Amplitude Shift Keying)와 FSK(Frequency Shift Keying), PSK(Phase Shift Kying)으로 3가지가 있다. 그림 8-9는 1과 0의 이진부호로 구성된 임의의 디지털데이터 열(Data Stream)을 보여주는데 이진부호는 칩이나 비트, 코드 또는 펄스라고 하며 FSP는 하나 또는 다른 주파수로 전송을 의미한다. 전송진동자는 2개의 구분적인 주파수간 왕복운동이 요구되며 이 경우 같은 반송파의 주파수가 사용되나 위상(phase)이 바뀔 수도 있다. Binary Phase-Shift Keying(BPSK) 방식에서 위상은 0°와 180°로 바뀌는데 이 BPSK 방법은 GPS 신호와 함께 사용되고 있다.

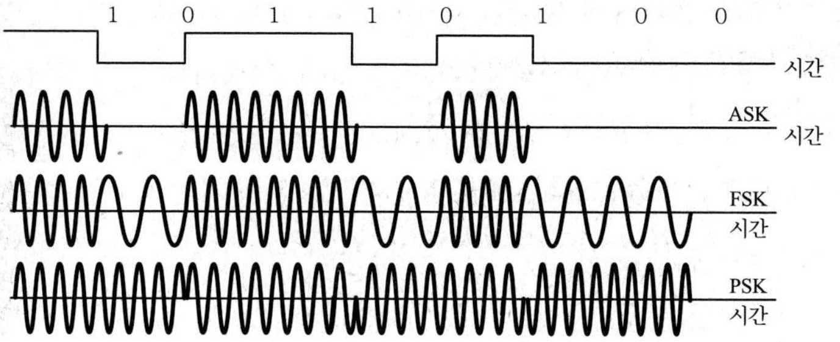

그림 8-9 디지털 변조방법

8.3.2 코드방식

GPS 위성에서 송신되는 반송파는 L_1파에서 변조된 C/A코드와 L_2파에서만 변조된 P코드가 있으며 2개의 이진코드를 사용하는데 형태는 모두 1과 0으로 순서에 관계없이 전송되므로 의사랜덤코드라고 한다. P코드와 C/A코드의 결과는 위상변조인데 PRN코드 값이 1이면 반송파는 바뀌지 않고 −1이면 반송파는 180°로 변하며, 이진값이 0에서 1이나 1에서 0으로 변할 때 180°로 변화하게 되며 P코드는 군사목적, C/A코드는 일반목적으로 사용되고 있다. 이러한 반송파의 정보는 PRN부호와 항법메시지(Navigation Message)로 이루어지며 각 위성마다 신호가 다르고 이진부호로 구성되는데 매우 길고 복잡하기 때문에 신호만으로는 의미를 파악할 수가 없다. 또한, PRN 부호는 불규칙한 이진수열로 위성까지의 거리측정에 사용된다. 위성에서 보낸 신호 전파는 궤도정보 등을 송신하기 위하여 의사잡음 코드로 변조된다. 위성으로부터 송신되는 위치결정용 신호에는 고정밀도용 신호인 P코드와 저정밀도용 신호인 C/A코드가 있으며, C/A코드만 일반인에게 공개되며 Y코드는 P코드와 유사하며 P코드 대신에 사용할 수 있다.

(1) C/A코드

C/A코드는 Clean and Acquisition 또는 Coasce and Acquisition의 약어로서 민간에게 공개되는 표준측위나 P코드를 포착하기 위하여 사용된다. 또한 반복주기는 유사잡음부호(PRN)에 있어 0과 1로 구성된 1,023Mbps, 부호열의 길이가 1,023bit이며 1bit의 길이는 293m가 되고 이 길이가 자의 눈금과 같은 역할로 L_1파에 운반된다. 각 인공위성은 상대적으로 독자적인 코드를 전송하고 다른 위성으로부터 동시에 받는 신호를 빨리 인식할 수 있게 해주며 C/A 코드는 L_1반송파에서 사용이 가능하다. C/A코드는 표준위치측정서비스(SPS)의 기초이며 계산방정식은 항행과 도면 작성분야에 민간용으로 많이 사용된다. C/A코드의 주기는 매우 짧아서 항법

데이터나 시각 정보를 얻는데 사용되며 계속적으로 반복된다. L_1대의 주파수는 정확히 1575.42 MHz이고 이에 상당한 정현파형의 반송파가 위성중에서 만들어지는데 의사잡음 부호가 0에서 1 또는 1에서 0으로 변화하여 반송파에 −1이 곱해진다. 또한, 모든 위성이 고유의 C/A 코드를 사용하므로 자체 생산된 C/A코드와 수신된 신호를 연계하면 위성을 파악할 수 있으며 민간에게 공개된 표준측위나 P코드를 포착하기 위해 사용된다. GPS에 의한 위치 결정은 정수 사이클인 모호정수(Ambiguity)를 구한다는 의미이며 위성과 관측지점까지의 완전한 정수파의 수를 찾는 것이다. 106,000,000 수의 완전한 파장이 있다고 가정하면, 전체거리=파장수×파장거리+절단파측정값 = 106,000,000×0.19+0.15 = 20,140,000.15m이다.

GPS 위성은 위성과 수신기간의 거리가 시간에 따라 변화되고 완전파의 수도 변한다. 그러므로 파장의 변화를 파악하기 위해서는 동일 위성에 대하여 거리를 다시 관측함으로써 이전의 시간보다 1,000의 완전 사이클이 추가되었다면 수신기에서 기록된 사이클 수와 동일한 파장수가 되어 1,000사이클을 초기 관측 수 106,000,000에 더하면 된다. 절단파의 측정은 전체파의 나머지 길이로 위성신호 파장(1/4파로 가정)은 0.19m×1/4 = 0.0475m이다. 초기관측의 모호상수 = 완전파수×파장길이 = 106,000,000×0.19 = 20,140,000m 이므로 수신기에 의하여 측정된 완전파수 = 측정파장수×파장의 길이 = 1,000×0.19m = 190m로 전체 위성거리는 0.0475 + 20,140,000 + 190 = 20,140.2km가 된다. 그림 8-10은 C/A코드만이 고려될 수 있는 단순화된 상황을 나타내며 수신기가 생산한 코드는 도착한 코드와 완전히 연결되기 전까지 시간 안에 변동되는 것을 볼 수 있다.

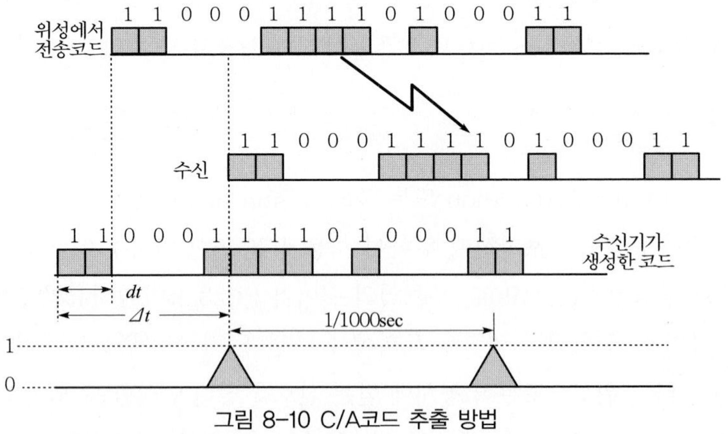

그림 8-10 C/A코드 추출 방법

(2) P코드

P코드는 디지털부호로 1초에 10.23MHz의 0과 1로 구성되며 정밀(Precise) 혹은 개인 code이며 위성으로부터 발신되는 신호로 유사거리를 측정하기 위해 위성의 식별부호 역할을 한다. GPS의 기본주파수(f_o)로 1초에 10.23Mhz의 주파로 방송되며 GPS신호상에 의사노이즈(PRN)로 변조된 코드로 1bit를 거리로 환산할 경우 P코드는 C/A코드의 1/10에 해당하는 29.3m로 L_1과 L_2파에 의해서 운반된다. P코드는 L_1에 적용하고 지상통제 옵션과 같은 L_2에도 적용이 가능하며 P코드에 대한 해독방법이 알려져 민간용으로 사용할 수 있다. P코드는 군사용이지만 일반에게 노출되면서 P코드를 변조한 다른 형태의 코드를 Y코드라 한다. P코드는 정밀측위서비스(PPS)를 처리하기 위한 과정으로 사용되며 전송은 사용자에게 전리층 지연에 대한 보정이 가능하게 한다.

(3) Y코드

Y코드의 해독 방정식은 비밀화되어 허가 받은 사용자만 해독할 수 있으며 군사적으로 사용하고 있다. Y코드는 A/S(Anti-Spoofing) 모드에서 GPS 위성에 의해 전송되는 P코드가 비밀화된 Version이며 실제적으로 PRN은 P코드와 유사하게 사용하고 있으므로 P코드로 대체가 가능하다. Y코드는 L_1과 L_2반송파가 같은 P코드와 함께 변조된다는 사실을 활용하여 만든 것으로 A/S정책의 영향권에 달려있으며 발생방식은 비공개이며 일반사용자는 Y코드에 접근할 수 없다.

8.3.3 반송파

반송파(Carrier Wave)의 측정은 위성에서 발사되는 신호와 수신기 내부의 진동자(Oscillator)에 의하여 변형된 수신 신호차로 측정한다. 반송파는 단순 sin곡선과 같이 음성통화나 디지털 신호의 정보를 전송하기 위해 변조될 수 있으며 위성에서 보낸 신호 전파는 궤도정보 등을 송신하기 위하여 PRN코드로 변조된다. 반송파의 정보는 PRN 부호와 항법메시지로 이루어지며 관측시에는 대기굴절률과 인공위성의 운동에 의한 Dopper효과에 따라 파장이 변하며 파장에 의한 수신기는 1/100만의 정확도로 관측할 수 있다. 위성은 다양한 시간과 위치정보를 포함하는 다른 메시지를 변조한 반송파를 사용하고 모든 위성들은 2개의 파를 발사하며 처음 L_1밴드는 1575.42Khz이고 2번째 L_2밴드는 1227.60Khz를 발사한다. L_1은 C/A코드에서 위성식별과 위성궤도정보 및 GPS시각에 관한 정보를 제공하고 P코드는 위성식별용으로 활용되고 있다. 반송파는 인공위성의 데이터와 코드를 송신하는데 P코드는 오직 L_2파에서만 변조된다. L_1, L_2반송파는 기선관측에서 기본적인 원시 Data로 대부분의 GPS측량은 표준 L_1, L_2의 GPS신호 이외에 PRN이 추가적으로 사용된다. 이들 신호는 초단파를 사용하므로 라디오파와 같은 전파에 시간과 위치정보가 운반되며 $L_1 = 154 \times f_0 = 1575.42$MHz이며 파장은 19.029cm이고, $L_2 = 120 \times f_0$=1227.60MHz로(f_0는 기본주파수로 10.23MHz) 파장은 24.421cm이다. L_1파는 C/A코드와 P코드에 의하여 변조 · 운송되고, L_2파는 P코드만으로 변조된다.

그러나 GPS 수신기에서는 그림 8-11과 같이 코드와 메시지를 구분할 수 있으므로 아무런 문제가 없으며 L_1반송파에는 C/A코드, P코드, 항법메시지를 운송하고 L_2반송파에는 P코드, 항법메시지를 운송한다. 반송파의 경우 위성에서 송신된 시간을 알 수 없으므로 2개 이상의 측량용 수신기로 GPS위성이 발송하는 C/A코드 및 L_1, L_2파의 위상을 관측하여 상대측위를 실시함으로서 관측점 간의 기선벡터를 구하는 것을 말한다.

Glonass의 경우 발진기는 주파수 f_0 = 5.11MHz를 갖으며 이로부터 송신되는 반송파는 GPS와 마찬가지로 L_1과 L_2이지만 각각의 파장 길이는 λ_{01} = 18.7cm, λ_{02} = 24.1cm이다.

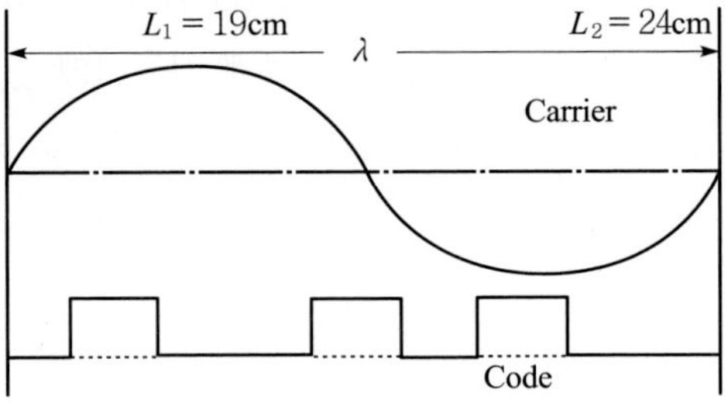

그림 8-11 위성신호체계

8.3.4 항법 메시지

모든 위성은 50bps의 L_1과 L_2의 Data Stream을 보내는 것을 항법메시지(Navigation Message)라고 한다. 그림 8-12와 같이 하나의 완전한 메시지는 25개의 프레임으로 구성되고 각 프레임은 1,500개의 비트로 구성되어 있다. 또한, 각 프레임은 300개의 비트로 구성되는 서브프레임(Subframe)으로 나누어지고 각각의 서브프레임은 30개의 비트로 구성된 10개의 word로 이루어진다. 50bps에서 하나의 서브프레임을 전송하는데 6초가 소요되고 프레임 전체를 완성하는데 30초가 소요되며, 항법메시지 전체를 전송하는데 12분 30초가 소요된다. 서브프레임 1,2,3은 각 서브프레임과 함께 전송되고 매 30초마다 반복되며 서브프레임 4와 5는 상호간에 25회씩 왕복을 실시한다. 서브프레임 4와 5의 25개 Version들은 1에서 25page까지라고 하며 이러한 page들은 모두 매 750초나 12.5분에 한 번씩 반복된다. 항해메시지에는 건강상태가 양호한 위성을 표시하며 인공위성의 시간기점, GPS시간, 계측동향, 시스템상태 및 메시지의 정보를 포함한다.

GPS 위성측량에서 상대적 영향은 중요하며 정확히 계산이 가능한 것은 CTP와 셋째축이 겹치고 지구중심적 지구고정좌표계 이므로 서브프레임 5의 24페이지는 인공위성까지의 천체위치표를 포함하고 서브프레임 5의 25페이지는 인공위성 상태의 자료를 포함한다.

서브프레임 5의 목적은 이용자를 돕고 다른 인공위성에서의 신호를 취득하는 것이며 서브프레임 5의 천체위치표는 전송하는 인공위성의 서브프레임 2B의 것보다 정확도가 낮다. 그러므로 1Frame은 5Subframe이며 1Subframe은 10Word, 1Word는 30 bit, 1bit는 750초이다.

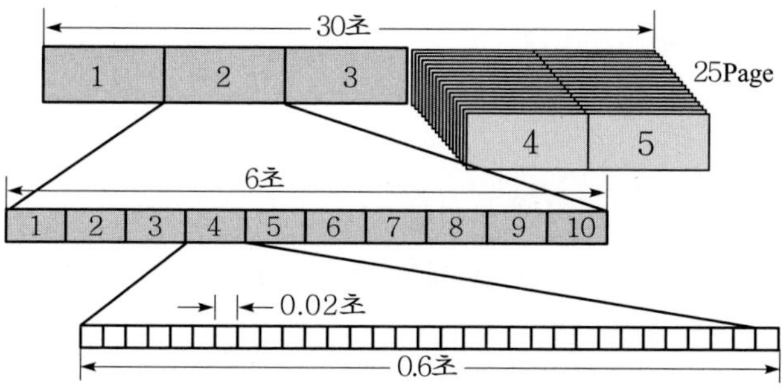

그림 8-12 항법메시지의 기본포멧

8.3.5 위치측정원리

위치측정은 지구와 GPS 위성간의 거리를 측정하여 후방교회의 삼변측량방식을 사용하여 수신기로 수신된 데이터를 분석함으로서 측정점과 GPS위성 간의 거리를 측정하는 것이다. 사용자의 각 위성과 수신기에 해당되는 거리를 가지고 지구상에 원형 형태로 반경에 해당하는 거리를 산출하고 두 개의 위성으로부터 두 개의 원이 교차하는 수평위치를 계산할 수 있다. 또한 제3의 위성으로부터 지구중심의 X, Y, Z의 지심좌표를 결정할 수 있으며 반복해서 위성거리를 관측함으로서 측정점의 위치정밀도를 높일 수 있다. 측점의 위치에서 3가지 요소인 위도, 경도, 높이를 구하려면 이를 3개의 미지수로 하여 3개 이상의 측정거리가 있어야 함수값을 구할 수 있다. 측정원리는 GPS수신기로 A위성에서 20,000km, B위성에서 20,500km의 거리를 측정하였다면 20,000km와 20,500km의 두 공간 교차부분에 의하여 2점의 교차점이 생기게 된다. 그러나 C위성에서 21,000km의 거리가 측정되어 교차시킨다면 2점의 교차점 중에서 1점의 위치를 선택할 수 있는 것을 후방교회법이라 한다. GPS의 위치측정방법은 위치가 알려진 다수의 위성을 기지점으로 하고 수신기를 설치한 미지점까지의 거리를 관측하여 미지점을 결정하는 위치측정원리에는 의사거리와 반송파 위상을 이용하여 거리를 계산하는 방법이 있으며 그림 8-13은 무선항법의 기하학적 원리로 후방교회법의 원리라고도 할 수 있다.

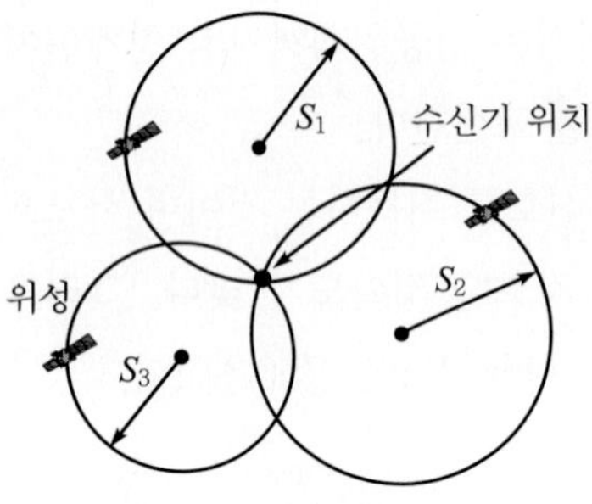

그림 8-13 후방교회법의 원리

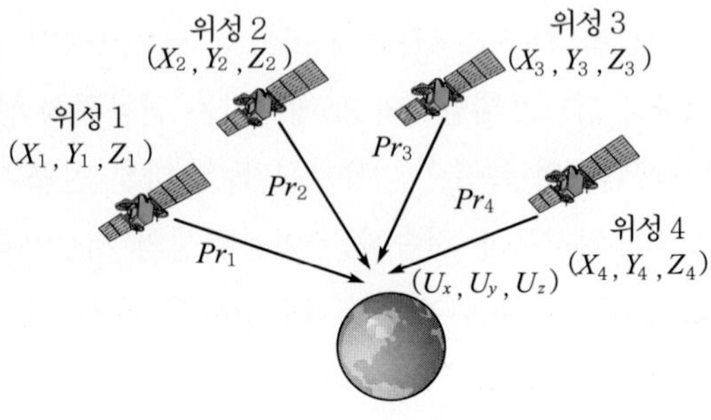

그림 8-14 위성과 수신기의 관계

(1) 항법식

항법식(Navigation Equation)이란 무선항법에 의한 후방교회법으로 미지수가 3개이면 3개 이상의 측정거리가 필요하므로 수신기를 세운 미지점의 좌표 X, Y, Z의 좌표를 구하기 위해서는 수신기와 위성간의 측정거리를 산출한다. 그러나 거리의 산출에서 전파가 1초에 진행하는 거리가 약 30만km일 때 전파가 도달하는 시간을 측정하여 거리를 계산하며 GPS 위성에 탑재된 시계와 수신기에 내장된 시계가 각기 다르므로 위성에서 전파를 송출한 시각과 수신한 시각 사이에 약간의 편차가 생기게 되어 미지수가 하나 더 발생하게 된다. 따라서 미지수가 4개이므로 4개 이상의 측정거리가 필요하게 되고 항상 4개 이상의 GPS 위성에서 전파를 수신할 수 있어야 한다. 수신기와 GPS 위성에 탑재된 시계가 각기 다른 것은 원자시계의 가격이 비싸기 때문에 수신기는 저렴한 시계를 채택하였다. 그러므로 4개의 U_x, U_y, U_z, ΔTb가 미지수이므로 4개의 U_x, U_y, U_z, ΔTb위성으로부터 4개의 의사거리 측정이 필요하다.

지구중심좌표계에 의한 항법식은 $R = \sqrt{(U_x - X_i)^2+(U_y - Y_i)^2+(U_z - Z_i)^2} + c \cdot \Delta Tb$와 같다. 여기서, X_i, Y_i, Z_i; i번째 위성의 위치좌표, U_x, U_y, U_z ; 수신기의 위치좌표, ΔTb; 수신기 시계의 바이어스이다.

(2) 의사거리에 의한 결정

의사거리는 위성에 탑재되어 있는 시계와 수신기에 내장되어 있는 시계 사이의 C/A코드 또는 P코드 파장으로 변환되는 시간차에 따른 계산거리를 의미하는데 기타 편차가 발생하기 때문에 의사거리라고 한다. 의사거리는 4개 이상의 위성을 관측하여 원하는 수신기의 위상차와 시각동기오차를 결정하고 항법, 근사적인 위치결정, 실시간 위치 결정에 이용된다. 또한, 인공위성과 수신기 사이의 거리측정값을 말하며 인공위성에서 송신되어 수신기로 도착된 송신시간을 PRN인식코드로 비교하여 측정하고 P코드 또는 C/A코드에 응용 대류권과 이온층의 신호지연으로 인한 오차가 의사거리에 직접적으로 영향을 미친다.

의사거리측정은 위성과 수신기 간의 거리에 시간오차 보정값을 더한 것이며 인공위성의 궤도상 위치에서 4개의 유사측정거리에 의하여 수신기 위치와 시간오차를 충분히 계산할 수 있다. 또한, 위성에서 발사한 코드와 수신기에서 미리 복사된 코드를 비교하여 2코드가 완전히 일치될 때까지 걸리는 시간을 관측하여 전파속도를 곱해서 거리를 구하는데 이때 시간에 대한 오차가 포함되어 있으므로 의사거리라 한다. 의사거리의 관측은 그림 8-15와 같이 위성과 수신기 시간편차와 다른 영향에 의하여 실제 거리가 Δt로 지연된 것이 되며 신호가 동일할 때까지 순환기법을 거쳐 생성하는 이진배열을 이동시키는 교차상관 방법에 의해 비교하게 된다.

위성과 수신기간의 시간편차(Δt)상수를 계산하고 4개의 의사거리를 관측 하여야만 3차원의 위치(X, Y, Z좌표)를 결정할 수 있다. 따라서 3차원 위치는 단순히 X, Y, Z와 Δt, 4개의 미지수를 포함하는 관측 방정식이다. 코드는 P코드와 C/A코드가 있으며 SPS는 C/A코드에 기초하고 PPS는 GPS신호의 P코드 부분에 의해 제공된다.

$$R = p^t + c(\Delta t) + d \tag{8.1}$$

여기서, R; 관측 의사거리, p^t; 실 거리, c; 전파 속도, Δt; 위성과 수신기의 시간 편차(바이어스), d; 대기조건에 의한 전파지연, 실제 p^t의 거리는 위성과 관측점간에 3차원 좌표 차이와 같다.

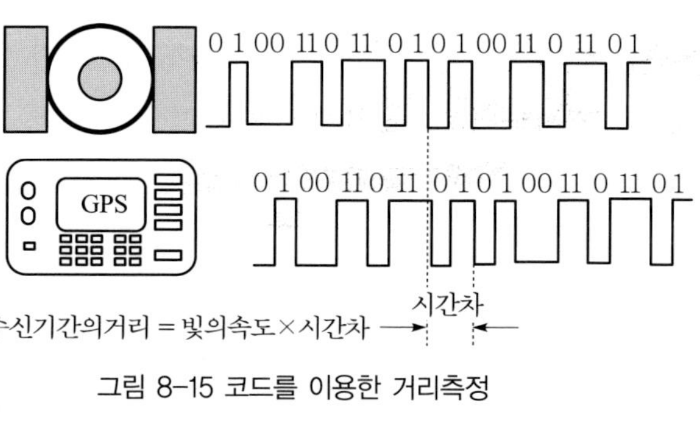

그림 8-15 코드를 이용한 거리측정

$$p^t = [(X^s - X^u)^2 + (Y^s - Y^u)^2 + (Z^s - Z^u)^2]^{1/2} \quad (8.2)$$

여기서, X^s, Y^s, Z^s; 위성력 자료에 의하여 알 수 있는 기지성과좌표이며 X^u, Y^u, Z^u; 결정 해야 할 관측점의 미지점의 좌표이다.

4개의 의사거리를 관측하면 4개의 방정식이 만들어지고 이들 공식에서 X^u, Y^u, Z^u 및 Δt만이 미지수이기 때문에 이것을 계산하면 실제현장의 3차원적인 위치를 구할 수 있으며 추가적인 많은 의사거리의 관측으로 중복하여 구할 수 있다. 의사거리 측정은 코드추적방식 이외에도 반송파 추적방식이 있으며 코드추적방식에서 GPS의 절대위치는 기지점의 관측 성과와 약 31m 정도의 오차가 발생하며 반송파 추적의 경우는 정수 싸이클 수인 엠비규티를 계산하기 위해 방정식을 추가적으로 계산하여야 한다. 그리고 약 20cm의 짧은 파장에 따른 보다 정확한 거리를 측정할 수 있기 때문에 약 2mm 이하의 정도로 계산할 수 있다.

(3) 반송파에 의한 결정

반송파위상이란 위성과 수신기간의 거리에 해당하는 싸이클을 파수(Cycle or Wave Number)로 표시한 것으로, 반송주파수의 측정은 시각오차가 있고 반송파 위상관측치에는 정수치의 불확실정수치(Integer Ambiguity)가 존재하는 것과 사이클슬립(Cycle Slip)의 존재 등의 문제점에 의해 신중하게 처리해야 한다. 반송파위상은 높은 정밀도로 상대측위를 기본으로 하고 있으며 반송파 주파수의 측정은 그림 8-16과 같이 위성과 수신기 사이의 거리로 주파수 파장의 차이인 위상차를 관측하여 거리를 계산하는 방법은 식(8.3)과 같다. 위성의 반송신호와 수신기 내부에 설치된 신호발생기의 측정값에 나타난 신호의 위상차를 관측요소로 하며 높은 정확도의 기준점 측량 등에 활용되고 있다.

반송파의 경우 위성에서 송신된 시간을 알 수 없으므로 2개 이상의 측량용 수신기로 GPS위성이 발송하는 C/A코드 및 L_1, L_2파의 위상(Carrier Phase)을 관측하여 상대측위를 행함으로서 관측점 간의 기선벡터를 구하는 것을 말한다. 수신기는 일정한 시간으로 나누어진 관측시간대(epoch)에 위성신호의 파장을 측정하도록 프로그램화 되어 있다. GPS 위성은 L_1파로 다양한 시간과 위치정보를 포함하는 여러 가지 다른 메시지를 변조한 반송파를 사용한다. 불명확상수의 정확한 결정이 GPS 정확도를 좌우하며 위상차 최초의 불명확상수 문제해결을 위해 On-The-Fly(OTF)기법이 많이 사용된다.

$$R = (N + \phi)\lambda \tag{8.3}$$

여기서, R; 위성과 수신기 사이의 거리, λ; 반송파의 파장, N; 반송파의 전체 파장수(불명확 상수), ϕ; 신호의 마지막 주기 위상변화이다. 반송파의측정은 기하학적으로 위성의 반송신호와 수신기 내부에 설치된 신호 발생기의 측정값(t)에 나타난 신호의 위상차를 관측요소로 한다.

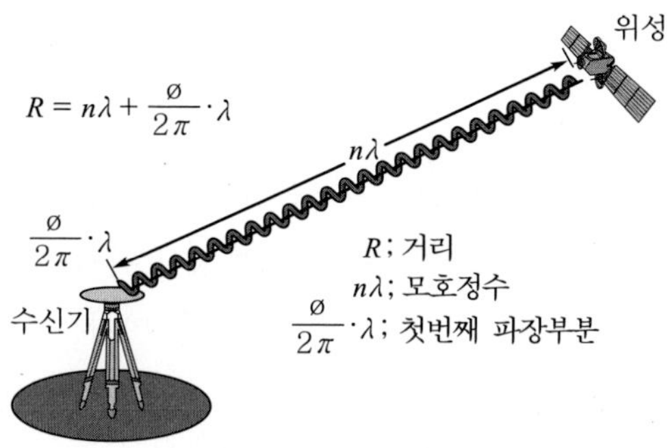

그림 8-16 반송주파수의 측정

1) 반송파 측정

반송파의 위상측정에 의한 거리관측은 PRN코드의 시간지연 대신에 위성에서 생성된 신호의 위상변화를 이용하는 것이다. 반송파의 파장은 C/A와 P코드의 Chip 거리보다 상대적으로 짧기 때문에 반송파 위상은 mm단위의 정밀도로 측정할 수 있다. 그러나 반송파는 모든 파장의 Cycle이 동일하므로 Matching기법을 사용해 Time Delay를 찾아낼 수 없는 것을 반송파 위상의 모호성(Carrier Phase Ambiguity)이라 한다. 기본적인 반송파 측정은 수신기 내부에서 생성된 반송파 위상차의 계산을 할 경우 완전한 Cycle을 구성하지 못하는 나머지 부분에 해당한다. GPS는 송신된 반송파가 지상의 수신기에서 수신되고 그 곳에서 위상 변화가 측정되는 것으로 시계의 정밀성은 중요한 역할을 한다. 또한, 시계 오차와 부정확한 시계에 의하여 발생한 전파시간 오차를 고려하면 위상차(ϕ)는 식(8.4)와 같다.

$$\phi = \frac{2\pi}{\lambda} \cdot |p^j - R_i T| - N\lambda + CE \tag{8.4}$$

여기서, N; 반송파의 위성으로부터 수신기까지 소요 파장수, p^j; 위성의 위치 벡터 R_i; 수신기의 위치 벡터, λ; 1파장의 길이, C; 광속, E; 시간오차이다.

식(8.4)에서 미지수인 N의 계산은 다른 문제점 중의 하나이며 다른 하나의 위성에 대한 추가적인 관측값을 사용하여 해결할 수 있으나 여러 개의 거리가 관측되었어도 동일한 관측시기 안에서는 각 위성에 대하여 하나의 상수로 간주한다. GPS수신기에는 일반적으로 불확실정수치 N을 측정하는 장치가 부착되어 있다. 측정된 위상차 ø에는 부정확한 시계에 의한 오차와 다른 원인에 의한 오차들을 많이 포함하고 있다. 하나의 수신기에서 동시에 2개의 위성을 관측하여 수신된 신호의 순간적 위상차를 사용하는 미분측위법을 사용하면 이 오차들을 제거하고 좀 더 정밀한 위치 결정이 가능하다.

2) 반송파 위상차

기지국과 이동국과의 사이에는 시간오차, 궤도의 오차, 전리층, 대류권의 굴절오차 등이 발생하는데 기준국의 변동된 내용을 이동국에 송부하여 보정된 위치를 결정하게 된다. 여러 수신기에서 동시에 관측된 위성들의 신호는 위치 측정에 영향을 미치는 오차원에 의하여 상관관계를 나타내므로 이러한 상관관계를 이용하여 관측된 신호들의 차이를 취함으로서 공통의 오차 효과를 제거시킬 수 있기 때문이다. 위상차 계산식에서 의사거리 또는 반송파 위상의 기호들과 함께 사용될 때 윗 첨자로 사용되는 소문자 p와 q는 인공위성을 의미하며 아래첨자로 사용되는 a와 b는 수신기를 나타낸다. 각 항들의 숫자 값은 의사거리 또는 반송파 위상에 따라 다르며 각각 윗첨자 p와 ø를 사용하여 구분되고 아래첨자 ø는 크기가 조절된 반송파 위상들을 위해서 사용된다. 위상관측은 수신기에서 측정된 인공위성의 반송파 신호의 위상과 수신기 내의 국부진동자의 위상차를 측정시간(t)동안 관측한 것이다. 미분측위법은 m개의 수신기에서 n개의 위성에 대하여 p의 관측기간 동안 관측하였을 경우 총 $m \times n \times p$개의 관측방정식이 형성된다. 이때 미지수는 $3 \times m$개의 측점좌표, $n \times p$개의 위성시계오차, $m \times p$개의 수신기 시계오차, $m \times n$개의 불확실정수치 이다. 또한, GPS측량에서 최소 4대 이상의 위성데이터를 수신하기 때문에 많은 관측방정식과 미지수가 생기게 된다. 미분측위법은 GPS측량계산에서 기본적으로 모호정수치를 구하기 위한 방정식으로 일중위상차(Single Phase Difference), 이중위상차(Double Phase Difference), 삼중위상차(Trible Phase Difference)를 이용한다.

일중위상차는 두 개의 위성을 이용한 반송파위상을 계산한 값의 차를 위성 일중위상차라하고 1개의 위성을 두 대의 다른 수신기로 동시에 관측할 때 수신되는 신호의 순간적인 위상차를 측정하는 방법이다. 이 방법을 사용하면 위성시계의 오차에 기인되는 위상오차를 제거할 수 있다. 그림 8-17과 같이 단일오차 관측에 관한 원리의 특징은 인공위성에 대한 대부분의 일반 에러들이 생략된다는 것이다. 수신시간이 매우 짧지만 동일하다면 인공위성과 두 개의 기지점 A

와 B사이의 거리차 때문에 발사 시간들은 약간 다르게 나타난다. 만일 수신기 k와 m의 두 개가 미리 설정된 같은 수신기와 epoch로 관측하면 두 개의 방정식을 사용할 수 있다. 수신기들 사이의 단일오차위상 관측값은 다음과 같다.

$$\varnothing^p_{ab}(t) = \varnothing^p_a(t) - \varnothing^p_b(t) = \frac{f}{c}[p^p_a(t) - p^p_b(t)] + \frac{a^p}{c}[p^p_a(t) - p^p_b(t)] + \frac{f}{c}[p^p_a(t)dt_a - p^p_b(t)dt_b] +$$
$$N^p_{ab}(1) - f(dt_a - dt_b) + I^p_{ab}(t) + \frac{f}{c}T^p_{ab}(t) + d^p_{ab,\varnothing}(t) + \epsilon^p_{ab,\varnothing}$$

$\varnothing^p_{ab}(t)$에서 아래첨자 a와 b는 $\varnothing^p_a(t) - \varnothing^p_b(t)$의 감소연산을 표시하기 위해서 사용되는 방법에 주의하여야 하며 동일한 규칙에 따르면

$$N^p_{ab}(1) = N^p_a(1) - N^p_b(1),\ I^p_{ab,\varnothing}(t) = I^p_{a,\varnothing}(t) - I^p_{b,\varnothing}(t)$$
$$T^p_{ab}(t) = T^p_a(t) - T^p_b(t),\ d_{ab,\varnothing}(t) = d_{a,\varnothing}(t) - d_{b,\varnothing}(t),$$
$$d^p_{ab,\varnothing} = d^p_{a,\varnothing}(t) - d^p_{b,\varnothing}(t), \epsilon^p_{ab,\varnothing} = \epsilon^p_{a,\varnothing}(t) - \epsilon^p_{b,\varnothing}(t) \quad (8.5)$$

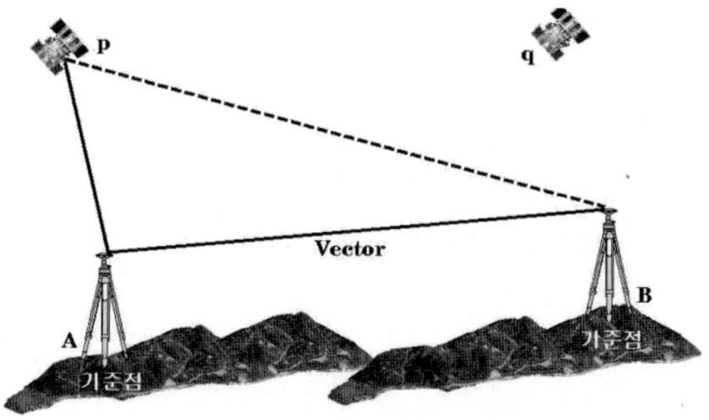

그림 8-17 일중 위상차

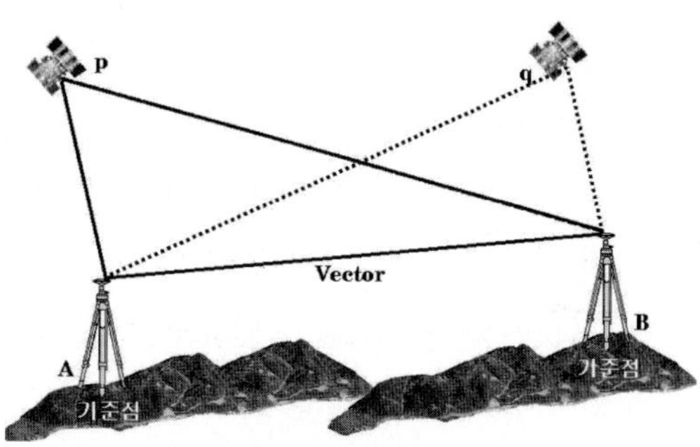

그림 8-18 이중위상차

이중위상차는 간섭위치 결정에서 기선의 2개의 수신기에서 기록한 위성의 위상 계산값을 결정하고 2개의 수신기시계 오차를 완전히 소거한다. 일중 위상차를 합한 것과 같은 것으로 하나의 위성에 대하여 일중 위상차를 실시하고 동시에 다른 위성에 대하여도 같은 일중 위상차를 시행한 후 그 결과 값으로 결정하는 방법이다. 즉 2개의 측점에서 두 개의 위성을 동시에 관측하는 방법에 의하면 시계에 의하여 발생하는 모든 오차(위성과 수신기의 시계오차)를 제거할 수 있다. 만일 2개의 수신기 A와 B가 매우 짧은 시간에 2개의 인공위성 p와 q를 관측한다면 이중차 위상관측은 식(8.6)과 같다.

$$\varnothing^p_{ab}(t) = \varnothing^p_{ab}(t) - \varnothing^q_{ab}(t)$$

$$= \frac{a^p}{c}[p_a^p(t) - p_b^p(t)] - \frac{a^q}{c}[p^q{}_a(t) - p^q{}_b(t)] + \frac{f}{c}[p_a^p(t) - p_b^p(t)] - \frac{f}{c}[p^q{}_a(t) - p^q{}_b(t)]$$
$$+ \frac{f}{c}[p_a^p(t)dt_a - p_b^p(t)dt_a] - \frac{f}{c}[p^q{}_a(t)dt_a - p^q{}_b(t)dt_a] + N_{ab}^{pq}(1) + I_{ab,\varnothing}^{pq}(t) +$$
$$\frac{f}{c}T_{ab}^{pq}(t) + \epsilon_{ab,\varnothing}^{pq}$$

위의 식에 따른 조건은

$$N_{ab}^{pq}(1) = N_{ab}^{p}(1) - N_{ab}^{q}(1),\ I_{ab,\varnothing}^{pq}(t) = I_{ab,\varnothing}^{p}(t) - I_{ab,\varnothing}^{q}(t),$$
$$T_{ab,\varnothing}^{pq}(t) = T_{ab}^{p}(t) - T_{ab}^{q}(t),\ d_{ab,\varnothing}^{pq}(t) = d_{ab,\varnothing}^{p}(t) - d_{ab,\varnothing}^{q}(t),\ \epsilon_{ab,\varnothing}^{p} - \epsilon_{ab,\varnothing}^{q}(t) \tag{8.6}$$

그림 8-18은 개념적인 내용으로 2개의 수신기가 동일한 에폭시에서 인공위성 2개를 관측할 경우 정수의 모호성은 이중차를 수행할 때 중요한 역할을 한다. 이중차 관측의 가장 중요한 특징은 큰 수신기 클럭 에러들인 dt_a와 dt_b을 생략하는 것이며 수신기 클럭 에러들은 인공위성 p와 q에 대한 관측값들이 동일한 시간에 실시되면 생략되고 또는 관측 epoch들 사이에서 수신기의 클럭 드리프트들이 무시된다.

삼중위상차는 적분위상차라고도 하며 간섭위치결정에서 위성시각의 계산값과 동일한 시간 내의 위성거리의 변화를 나타내는 것을 말한다. 사이클 슬립이 일어나지 않으면 삼중위상차로는 정수치 편기가 소거되어 기선을 계산한다. 삼중오차와 이중오차는 클럭 에러들과 인공위성의 주파수 오프셋에 관해서는 같은 민감도를 갖는다.

수신기가 0°~360° 범위에서 순간 위상값의 관측과 시작시간으로 부터 순환수로 360°~0° 까지의 위상변화수를 계산하는 것을 연속위상이라 한다. 물론 수신되는 반송파에 접근하기 위하여 수신기는 180° 의 위상변화에 의한 코드의 변조를 제거하는 방법으로 신호제곱처리 방법에 의해 처리되며 원래의 반송파와 같은 반송파를 만들기 위해 의사난수 이진배열에 대한 선행지식을 이용하여 수행된다.

그림 8-19는 2개의 수신기를 이용하여 어떤 에폭시에서 다음 에폭시까지 인공위성 2개를 관측할 경우이며 삼중위상차의 관측은 모호성이 생략되므로 가장 쉽게 처리된다. 삼중위상차는 계산된 나

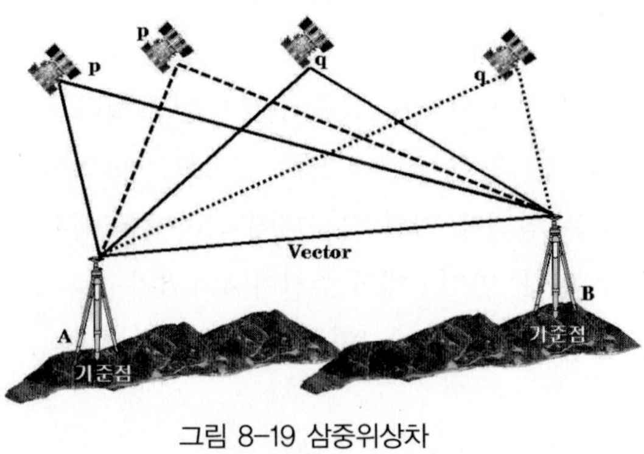

그림 8-19 삼중위상차

머지에서 사이클 슬립들이 정리된다는 점에서 주요한 장점을 갖고 있다. 삼중위상차의 계산방법은 식(8.7)과 같다.

$$\begin{aligned}\varnothing^{pq}_{ab}(t_2, t_1) &= [\varnothing^{p}_{ab}(t_2) - \varnothing^{q}_{ab}(t_2)] - [\varnothing^{p}_{ab}(t_1) - \varnothing^{q}_{ab}(t_1)] = [\varnothing^{p}_{ab}(t_2) - \varnothing^{p}_{ab}(t_1)] - [\varnothing^{q}_{ab}(t_2) - \varnothing^{q}_{ab}(t_1)]\\ &= \varnothing^{p}_{ab}(t_2, t_1) - \varnothing^{q}_{ab}(t_2, t_1) = [\varnothing^{pq}_{a}(t_2) - \varnothing^{pq}_{b}(t_2)] - [\varnothing^{pq}_{a}(t_1) - \varnothing^{pq}_{b}(t_1)]\\ &= [\varnothing^{p}_{a}(t_2) - \varnothing^{p}_{a}(t_1)] - [\varnothing^{p}_{a}(t_2) - \varnothing^{p}_{b}(t_1)] - [\varnothing^{q}_{a}(t_2) - \varnothing^{q}_{a}(t_1)] + [\varnothing^{q}_{b}(t_2) - \varnothing^{q}_{b}(t_1)]\\ &= \varnothing^{p}_{a}(t_2, t_1) - \varnothing^{q}_{b}(t_2, t_1) - [\varnothing^{q}_{a}(t_2, t_1) - \varnothing^{q}_{b}(t_2, t_1)] = \varnothing^{pq}_{a}(t_2, t_1) - \varnothing^{pq}_{b}(t_2, t_1)\end{aligned}$$

시간에 관해서 새로운 관측값이 형성될 때마다 epoch 식별자인 t_1과 t_2는 새로운 관측값을 위한 기호의 일부로 기호 $\varnothing^{p}_{ab}(t_2, t_1)$은 같은 인공위성을 포함하는 수신기들 사이의 단일 오차들의 시간에 관한 차를 나타내며 $\varnothing^{pq}_{a}(t)$는 인공위성들 사이의 단일오차를, 기호 $\varnothing^{pq}_{a}(t_2, t_1)$는 인공위성들 사이의 단일 오차 두 가지의 시간에 관한 차를 나타낸다. 델타범위는 기준점 1개와 인공위성 1개 이상이 포함되는 반송파 위상을 관측할 때의 차들을 종종 델타범위관측(Delta Range Observables)이라 하는데 공식으로 정리하면 $\varnothing^{p}_{a}(t_2, t_1) = \varnothing^{p}_{a}(t_2) - \varnothing^{p}_{a}(t_1)$이며, 기준점 1개와 인공위성 2개가 포함되었을 때 시간에 관한 차이가 없는 2개의 관측값으로 정리한다.

$$\begin{aligned}\varnothing^{p}_{a}(t_2, t_1) &= \varnothing^{p}_{a}(t_2, t_1) - \varnothing^{q}_{a}(t_2, t_1) = [\varnothing^{p}_{a}(t_2) - \varnothing^{p}_{a}(t_1)] - [\varnothing^{q}_{a}(t_2) - \varnothing^{q}_{a}(t_1)]\\ &= [\varnothing^{p}_{a}(t_2) - \varnothing^{q}_{a}(t_2)] - [\varnothing^{p}_{a}(t_1) - \varnothing^{q}_{a}(t_1)] = \varnothing^{pq}_{a}(t_2) - \varnothing^{pq}_{a}(t_1) \qquad (8.7)\end{aligned}$$

epoch t_1과 t_2 사이에 사이클 슬립이 없다고 가정하면 델타범위는 기준점과 인공위성 사이의 지심거리가 변하는 함수이다. 델타범위들은 시간에 관해서 미분하는 것이기 때문에 초기 모호성에 따라 변하지 않는다. 델타범위는 epoch t_1에서 t_2까지의 수신기 및 인공위성의 클럭에러의 변화량에 따라서 변하지만, 일반적으로 지심 점의 위치추적 정확도는 약 1m 이며 몇 시간의 관측시간 동안 약간 더 좋아진다.

8.4 위성측량 방법

위성에 의한 위치를 결정할 수 있는 방법으로는 절대측위와 상대측위가 있으며 상대측위는 수신기가 정지 또는 이동측량에서 운용되며 여러 가지 선택사양에 따라서 위치의 정확도는 100m에서 1mm 정도까지의 다양한 결과를 얻을 수 있다. 위성측량에서 가장 중요한 것은 위성과 수신기간 전체 파장의 개수를 정확히 결정하는 Ambiguity의 결정이며 상대적 위치의 타원좌표계(위도, 경도, 고도)로 표시될 수 있다. 그러나 위성측량용 수신기는 필수적이며 최소한 2대 이상이 필요하고 mm 정도의 정확도를 결정하기 위해서 상대측위로 실시하며 거리의 정확도를 높이기 위해서는 반송파에 의한 측정방법을 사용한다. 측량목적에 적합하도록 정밀한 성과를 얻기 위해서는 반송파를 이용하게 되는데 주파수의 경우 1,575.42MHz이므로 파의 길이가 19cm이고, 수신기는 파의 1/100이며 1.9mm까지 측정이 가능하다.

그러나 반송파는 수신된 파가 위성에서 출발시간을 알 수 없으므로 2개 이상의 측량용 수신기로 위성이 반송하는 C/A code 및 전파의 위상(Carrier Phase)을 관측하여 상대측위를 실시함으로써 관측점간의 기선벡터를 구할 수 있다. 우리나라의 경우 GPS를 이용한 측량은 1989년 한·일측지협력 사업으로 남해안·제주 연결측량, 1991년 일본 쯔꾸바(筑波)·대한민국 수원 경위도 원점 관측, 1992년 당진 지역의 정밀 1차기준점측량 시범관측, 1994년 일본 쯔쿠바·수원·광주·부산의 연결관측 등을 토대로 기술축척을 도모하였다. 1993년에 정밀1차 기준점측량과 연계한 남해안·제주도 연결관측, 1994년에는 홍성, 언양지역에서 지각변동조사 등이 실시되었으며 1995년부터 정밀1차 기준점측량, 1997년부터는 정밀2차 기준점측량에 본격적으로 이용되고 있다. 도심지역의 경우에는 GPS의 수신 장애로 인하여 이 기술을 활용하는데 한계를 갖고 있으므로 공공기준점 측량에서는 GPS와 종합 3차원측량기(Total Station)를 결합하여 측량을 실시하는 것이 바람직하다고 할 수 있다. 모든 수신기는 기하학적 배치 상태가 양호한 4개의 위성을 동시에 추적할 수 있도록 관측계획을 수립하고 2대 이상의 수신기를 이용하여 같은 시간에 동시관측이 이루어질 경우 관측데이터는 상호 호환성이 있어야 한다.

8.4.1 GPS 수신기

GPS 수신기는 생산업체에 따라 여러 가지 모형이 있으나 위성의 전파를 수신하기 위한 안테나와 이를 제어하여 데이터를 출력하는 컴퓨터로 구성되어 있다. 초기에는 대부분 정지측량(Static Survey)에 사용되었으나 최근에는 실시간으로 경계점의 좌표를 관측할 수 있는 RTK용으로 확산되고 있으며 유럽과 미국 등에서 활발하게 사용되고 있는 장비로 지적측량에서 많이 활용하고 있다. 위성측량은 첨단측량 분야별로 많은 발전을 가져왔으나 정밀한 관측자료를 획득하는 GPS 측량방법이 가장 많은 발달을 가져오게 되었다. 현재 GPS 측량기술은 수신기가 위치하고 있는 지점과 위성간의 거리를 측정하여 그 거리벡터를 교차시킴으로서 위치를 결정한다. 수신기는 장비사에 따라 여러가지 선택사양으로 상대적인 위치정확도를 얻을 수 있다. 현재 GPS수신기 사용은 육상, 해상 및 항공 분야까지 다양하며 지상 부분에는 측량, 측지, 항행, 기준점측량, 경계의 결정 및 교통 분야가 포함된다. 물이나 해안 부분에서는 항행, 수로측량, 준설 분야가 포함되며 항공분야는 항공기운행, 항공사진측량 등 많은 분야에서 사용되고 있다.

(1) GPS 수신기의 분류

GPS 수신기는 기능에 의한 분류, 채널에 의한 분류, 주파수에 따라 분류할 수 있다. 기능에 따라 그림 8-20과 같이 항법용 수신기, 측지용 수신기, 시각 측정 및 시각동기용 수신기로 구분할 수 있다. 채널에 따라 단채널 수신기, 단채널 다중수신기, 2채널 수신기, 다중채널 수신기가 있다. 단채널 수신기는 하나의 채널에서 각 위성의 Data 메시지를 순차적으로 수신하며 단채널 다중수신기는 단채널 순차수신 방식과 비슷하나 인공위성으로부터 데이터의 수신 시간이 짧고 위성간의 이동을 빠르게 하여 데이터의 수신과 복조를 동시에 유지, 순차방식의 결점을 보완하고 있으나 시계의 불안정이 영향을 미치고 속도 측정이 부정확 하다는 결점이 있다. 2채널 수신기는 data의 수신기와 복조를 동시에 하므로 추적 능력이 향상되며 다른 채널이 다음 위성을 추적하는 동안에 하나의 채널은 연속적으로 신호를 수신하므로 측위 기능이 지속적으로 유지된다. 다중채널 수신기는 4~12개의 채널을 보유하는 초정밀 수신기로써 측량이나 과학관측용으로 이용되고 있으며 가시권 내의 모든 위성을 추적하여 절대적으로 최소한의 GDOP를 얻을 수 있으며 정확도에 영향을 주는 채널 내의 편기(Bias)도 조정할 수 있다.

주파수에 의한 분류는 단주파 수신기, 2주파 수신기, 코드수신기, 비코드 수신기로 구분할 수 있다. 단주파 수신기는 L_1파를 수신하는 수신기로 간단하게 구성되었으며 단주파 수신기는 50km 이내의 기선 정도나 전리층의 효과를 무시하고 위치를 계산할 경우 효율적으로 사용할 수가 있으나 연속적인 측위에는 사용할 수 없다. 2주파 수신기는 L_1과 L_2주파 신호를 받으며

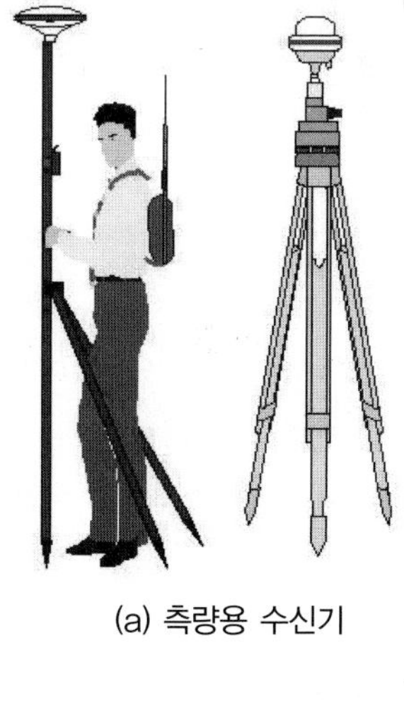

(a) 측량용 수신기

(b) 항법용 수신기

그림 8-20 GPS 수신기 유형

50km 이상의 장기선이나 전리 효과를 계산할 경우에 사용하며 L_1과 L_2 관측을 조합하여 대부분 모든 전리층의 영향을 제거할 수 있다. 코드수신기는 P코드 또는 C/A코드 신호의 항법메시지를 처리할 때에 필요하며 위성신호에서 위성력(Alamanac) 메시지를 제공하므로 위성 항법 메시지를 사용할 수 있기 때문에 자료를 실시간으로 처리할 수 있다. 또한 코드수신기는 4개의 위성 신호를 계속 관측하여 한점의 미지점에 대한 좌표를 GPS와 동기화하여 구할 수 있으므로 근사 위치와 시간이 없어도 위치를 계산할 수 있는 능력을 갖고 있다. 비코드수신기는 코드에 관한 지식이 없는 L_1, L_2파를 처리할 수 있으며 상대위치 정도에 정확하며 장거리를 관측할 수가 있다. 또한, 계산 및 신호 처리를 위하여 외부 위성력을 사용하며 현재는 관측 전에 GPS시간과 동기화하여 기지점을 고정하고 다른 점에 대한 위치결정에 필요한 모호상수(Ambiguity)를 계산할 수 있을 때까지 위성 자료를 취득하여야 한다.

(2) 수신기의 기능

수신기는 그림 8-21과 같이 각각의 장비사별로 모양이나 형태는 다르지만 수신기의 구성은 표시패널과 3개의 Port가 있으며 Controller, Radio Modem, 전원 Modem과 연결하도록 되어있다. 윗부분은 Antenna와 통신 또는 Radio Modem과 같은 부속 장치들이 연결과 외부로 전력 출력이 가능하다. 전원 버튼은 On/Off, 내부 메모리의 포맷, 초기화 등에 사용되며 한 번의 버튼 조작으로 수신기를 작동할 수 있다.

측량용 수신기는 내부 UHF 또는 외부 TNC Antenna 연결단자가 있으며 Pinwheel 기술로 L_1/L_2수신이 가능한 통합형으로 GPS, Glonass위성을 동시에 수신할 수 있는 Antenna로 구성되어 있다. 통신기능은 2개의 통신Port와 데이터 Controller(전자야장) 또는 Radio Modem과 같은 부속 장치들의 연결이 가능하며 또한 각 Port들은 외부로 전력 출력이 가능하다.

수신기의 연결 케이블은 손상을 예방하기 위해 장비사에서 제공된 케이블을 사용하여야 하고 Battery는 내장되어 있으며 외부전력 지원이 가능하다.

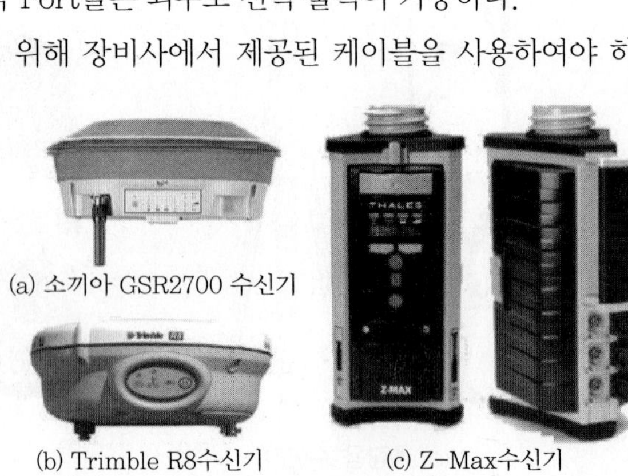

(a) 소끼아 GSR2700 수신기

(b) Trimble R8수신기 (c) Z-Max수신기

그림 8-21 GPS 측량용 수신기

수신 자료는 기선계산을 위하여 각기 다른 제작사의 수신자료와 같이 사용을 할 수가 없으며 호환성이 없기 때문에 대규모 측량 계획에서의 수신기 구입은 고려해야 할 사항이다. 그러나 최근에는 자료처리에서 독립변환양식인 RINEX(Receiver

Independent EXchange)를 개발하여 사용하고 있으며 ASCII형태의 관측, 기상료, 항법메시지 자료 파일이 있다.

8.4.2 절대관측 방법

지구상에 있는 사용자의 위치를 관측하는 방법으로 우주에 있는 4개 이상의 위성으로부터 수신한 신호 가운데 C/A코드를 이용해 실시간 처리로 수신기의 위치를 결정하는 방법이다. GPS 관측방법 중에서 가장 일반적이고 기초적인 단계로 계산된 위치 정확도의 오차는 15~20m로 S/A 전파방해 ±100m 정도가 있어 주로 선박, 자동차, 항공기의 항법에 이용된다.

절대측위의 정밀도는 100m 이지만 현재는 SA가 해제되어 20~30m의 정밀도를 얻을 수 있으며 절대측위의 원리는 그림 8-22와 같이 4개의 GPS 위성과 이용자가 있는 지점과의 거리를 동시에 측정하는 것이다. 위성과의 거리는 식(8.8)과 같이 전파가 위성을 출발한 순간의 시각과 이용자의 수신기에 도착한 시각과의 차에 광속도를 곱하여 계산한다.

$$r = (\Delta t - E)c \tag{8.8}$$

여기서, Δt; 도달시간의 관측값, E; 시간오차, r; 수신기에서 관측위성까지의 거리, c; 광속이다.

$$\left.\begin{aligned} c(t_1-t_0) &= \ell_1 \\ c(t_2-t_0) &= \ell_2 \\ c(t_3-t_0) &= \ell_3 \\ c(t_4-t_0) &= \ell_4 \end{aligned}\right\} = X, Y, Z, T$$

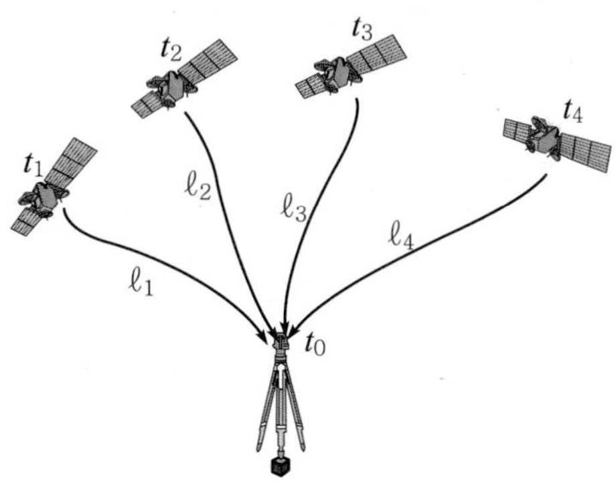

그림 8-22 절대관측

여기서, c; 전파속도, t_0; 수신기에 도착시각,
$t_1 \sim t_4$; 위성에서 전파 발사시각,
$\ell_1 \sim \ell_4$; 위성에서 수신기까지의 거리,
X, Y, Z; 좌표, T; 시간이다.

전 위성은 매우 정확한 원자시계를 가지고 있으므로 출발시각은 정확하지만, 전파의 도착시각을 측정하는 수신기의 시계는 부정확하기 때문에 이런 시간 오차와 수신된 위치의 3차원 좌표값

(X, Y, Z)에 대한 4개의 미지수를 해결하기 위해 최소 4개 이상의 위성을 관측하여 3차원 좌표를 알게 되면, 이것을 측지좌표로 변환하여 경위도와 높이를 구할 수 있다.

8.4.3 상대관측방법

상대관측방법은 지구상에 두 점 이상의 수신기를 설치하여 상호 도달하는 전파의 시간적 지연을 측정하고 두 점간의 거리를 정확히 측정하며 관측하는 방법으로 정지측량(Static Survey), 이동측량(Kinematic Survey), 실시간이동측량(Real Time Kinematic Survey) 방법이 있다. GPS에서는 관측점에 설치된 수신기로부터 획득한 위성까지의 거리를 파의 위상각으로 기록한 수치이며 각 점에서 관측한 데이터는 반송파 위상의 위치를 나타내는 방송궤도요소, 데이터취득, 시각 등이 기록되어 있다. 여기서 반송파 위상은 위성과 수신점간의 거리에 해당하는 양은 주파수로 표시하며 방송궤도 요소는 위성의 위치를 계산하는데 사용한다.

지적삼각점과 지적삼각보조점측량에 이용하는 측정방법에는 정지측량, 도근점 설치에 이용할 경우에 관측방법은 이동측량이 있으며 용도에 따라 5~90분 정도 계속해서 GPS신호를 수신하는 방식이다. 필계점 측량방법으로는 RTK(Real Time Kinematic Survey)가 있으며 측정방식의 선택은 업무처리의 여건에 따라 측량자가 결정한다. 상대관측방법은 미지점의 위치를 기지점의 위치에 연관하여 결정하는 방법으로서 두 점간의 벡터량으로 기선(baseline)을 결정하며 계산방법은 식(8.9)와 같다.

$$\text{미지점 벡터}(\overrightarrow{B}) = \text{기지점 벡터}(\overrightarrow{A}) + \text{기선벡터}(\overrightarrow{b})$$

$$\text{또는, 기선벡터} = \begin{bmatrix} X_B - X_A \\ X_B - X_A \\ X_B - X_A \end{bmatrix} = \begin{bmatrix} \Delta Z_{AB} \\ \Delta Y_{AB} \\ \Delta Z_{AB} \end{bmatrix} \tag{8.9}$$

좌표는 위성좌표에 의한 것으로 기지점과 미지점에서 동시에 관측하면 최대의 효과를 얻을 수 있으나 의사거리(Pseudo Range)는 정밀하지 못하기 때문에 사용할 수 없으며 반송파측정방법을 사용해야 한다. L_1파나 L_2파에서 오는 파장의 길이와 수를 알면 구할 수 있으며 EDM 측량방법과 유사하다.

(1) 정지측량

정지측량(Static Survey)방법은 기준점망 측량에 있어 가장 일반적인 방법으로 하나의 GPS 기선을 2개의 수신기로 측정하는 방법으로 수신기 1대는 기지점에 설치하고 나머지 1대는 미지점에 설치하여 위성신호를 동시에 수신하여야 하는데 관측시간은 관측 조건과 요구정도에 따라 다르다. Static방법은 후처리방식으로 필요한 결과 값을 결정하고 높은 신뢰성과 정확도를 확보할 수 있는 지적삼각측량 등 장거리 기선설치에 의한 위치측정방법으로 관측시간이 최저 45분 이상 소요되며 10km±2ppm 정도의 측량정밀도를 가지고 있다. 관측위성은 동시에 4개 이상을 관측할 수 있어야 하며 장거리 정밀측정에 효과적이며 수신 완료한 후 각 수신기의 위치 및 거리를 계산한다. 정지측량은 VLBI 측량기술을 GPS에 응용한 것으로 반송파의 위상을 이용하여 관측점 간의 기선벡터를 계산하며 정확도가 가장 높다. 측점간의 좌표차이는 지심좌표계에 기초한 3차원 X, Y, Z를 사용하여 계산되며 관측되는 점의 위치에 관계없이 동일한 좌표계 내에서 비교적 저렴한 비용으로 높은 정확도의 좌표값을 가지고 있는 장점을 가지고 있다.

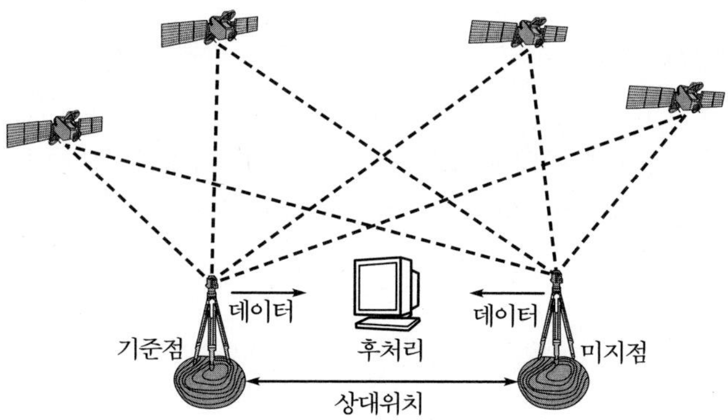

그림 8-23 정지측량 원리

후처리 방식은 그림 8-23과 같이 GPS 수신기를 기준점 및 관측점에 설치하여 GPS 위성이 반송하는 코드자료와 반송파 위상자료를 수신한 후 소프트웨어로 계산, 처리하는 방식이다. GPS 관측은 많은 오차를 갖고 있으며 오차의 크기를 알지 못하지만 두 대의 수신기로 두 지점에서 동시에 관측하면 대부분 동일한 오차의 영향권에 있다. GPS 측량규정에 의한 정지측량은 GPS 측량기를 사용하여 기초측량 또는 세부측량을 하고자 하는 때에는 정지측량방법에 의하되, 관측은 기지점과 소구점에 GPS 측량기를 동시에 설치하여 세션단위로 실시하며 관측성과의 점검을 위하여 다른 세션에 속하는 관측망과 1변 이상이 중복되게 관측하며 관측시간은 일반적으로 지적측량에서의 GPS 측량규정은 표 8.1과 같다.

표 8.1 관측시간

구 분	지적삼각측량	지적삼각보조측량	지적도근측량	세부측량
기지점과의 거리	10km 미만	5km 미만	2km 미만	1km 미만
세션 관측시간	60분 이상	30분 이상	10분 이상	5분 이상
데이터 취득간격	30초 이하	30초 이하	15초 이하	15초 이하

(2) 이동측량

이동측량(Kinematic Survey)방법은 정지측량의 관측시간이 길게 소요되는 것을 해결하여 측량 작업의 생산성을 높이기 위하여 개발된 방식으로 기지점의 1대의 수신기를 기준국, 다른 수신기는 이동국으로 하여 각 측점에 놓고 4대 이상의 위성으로부터 신호를 수 초에서 수 분정도 수신하는 방식이다. 또한, 1개의 이동점의 연속좌표를 지심좌표계에 의하거나 다른 점의 상대위치 결정을 위해 측정하며 관측 소요시간은 방식에 따라 다르나 점당 최저 1초에서 최대 10분 정도의 관측시간이 소요되고 관측데이터는 관측과 동시에 가능하며 비교적 낮은 정확도를 요구하는 측량에 유리하며 데이터 보간법을 통하여 정확도를 향상 시킬 수 있다. 측량에서 사용한 기지점 중 성과가 가장 양호한 삼각점을 선정하여 고정점(Reference Point)으로 하고 후속계산에 의해 처리하며 Data는 지표데이터를 활용할 수 있으며 도근점은 이동하면서 관측하므로 빠지는 관측점이 없도록 주의하여야 한다. GPS 측량규정에 의한 이동측량은 GPS 측량기를 사용하고 이동측량방법에 의하여 지적도근측량 또는 세부측량을 할 경우에 관측은 기지점에 기준국을 설치하고 측량성과를 구하고자 하는 지적도근점측량에서 실시한다.

(3) 실시간 이동측량

실시간 이동측량은(RTK; Real Time Kinematic) 두 점간의 거리, 방위, 고도차를 실시간으로 측량할 수 있는 방식으로 현장에서 직접 관측데이터를 확인할 수 있고 일필지 확정측량의 경계점 관측에 매우 양호한 측량방법으로 경지정리 및 구획정리측량에 많이 사용되고 있다. 기준국에 설치된 GPS 수신기가 취득하여 계산된 데이터 보정치를 무선으로 이동용 수신기로 전송시켜 측량을 실시한다. 기준국에서 수신한 위성코드 및 위상데이터를 이동국의 수신기로 송신하여 두 점간의 거리, 방위, 고도차를 계산하여 실시간으로 표시토록 한다. 이때 데이터의 송수신은 4,800bps이상 고속으로 데이터 전송이 가능한 UHF무전기나 FM방송을 이용한다.

측량범위는 5~10km의 거리까지 이용이 가능하며 모든 작업이 실시간(Real Time)으로 관측한 데이터를 컴퓨터로 계산하여 관측점에서 곧바로 기선벡터를 구할 수 있는 방식으로 이동측

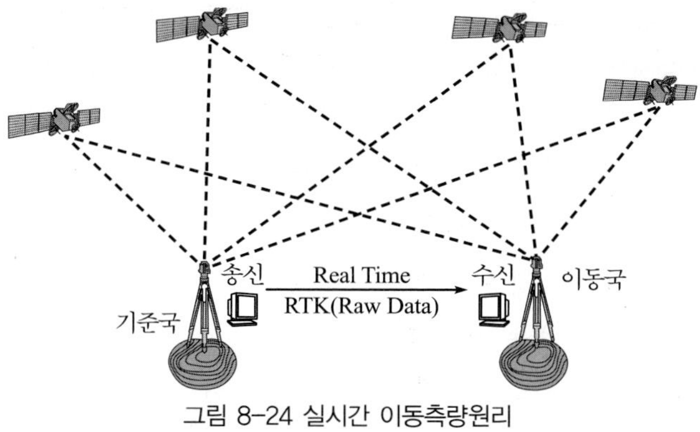

그림 8-24 실시간 이동측량원리

량원리는 그림 8-24와 같다. 기지의 기선에서 정지측위에 의한 초기화가 이루어지면 기지점 수신기에서는 측정량을 이동수신기로 전송하고 이동수신기에서는 수신기의 측정량을 자동으로 처리하며 정확한 위치를 출력하므로 RTK측량 방식은 일필지측량에 많이 이용되며 일필지 경계점의 관측시간은 2~5초 정도 소요되며 정확한 기준점을 기준국으로 하고 미지점을 이동국으로 하여 오차를 최대한 보정하여 위치를 결정하는 방법으로 최소한 4개의 위성을 추적하여야 하며 4개 이하일 경우 다시 관측하여야 한다.

그리고 초기화를 실시할 때는 신호의 추적을 확인한 후 시작하며 기준점에 설치한 수신기로부터 취득 계산된 데이터를 무선으로 이동용 수신기에 전송시켜 측량을 실시하고 5개 이상의 위성을 추적하는 2주파수 수신기를 갖추어야 한다. 광범위한 관측점의 정밀 좌표들을 빠른 시간 내에 취득하기 위해서는 이동측량을 수행하는 동시에 후처리 자료처리 기법이 갖는 정밀도에 근접한 결과를 산출할 수 있는 방법이 요구된다. RTK의 기본개념은 정밀한 위치를 확보한 기준점의 반송파 오차 보정값을 이용하여 사용자가 실시간으로 수 cm의 정밀도를 유지하는 관측값을 얻을 수 있도록 하는 것이다. RTK가 각 위성에 대한 반송파측정값을 지속적으로 제공하여야 하고, 정보의 전송 장애로 발생할 수 있는 오차의 한계가 DGPS보다 상대적으로 크기 때문에 보다 안정적이고도 신속한 정보전달 통신시스템이 요구된다.

8.4.4 GPS-RTK 지적측량

국토의 효율적인 관리와 운영을 위해서 지적측량이 확립되어야 하므로 일필지측량에 활용하고 있다. GPS-RTK 측량은 실시간으로 이동국에서 mm까지의 정확도로 줄여 사용하고 있다. 정확도를 높일 수 있는 이유는 2대 이상의 수신기를 이용하여 상대관측에 의하고 다른 하나는 위성과 수신기간 거리의 정밀도를 향상시켰다. RTK측량은 UHF 무선모뎀을 이용, 기지국에서 송신하는 위치보정데이터를 이동국에서 수신하여 위치 정확도를 높이는 방법을 사용하고 있는데 지형조건이나 통신환경에 영향을 많이 받아 장거리 측량이 어렵고 잦은 에러 발생으로 연속적인 측량에 비효율적이다. 그러나 휴대폰을 이용한 CDMA시스템은 세계적 수준의 우리나라 IT기술을 기반으로 에러 비율이 거의 없고 지형이나 환경조건에 영향을 받지 않아 장거리 측량이 가능하고 측량지역의 현장 Calibration을 통해 높은 정확도의 측량성과를 얻을 수 있어 측량 효율을 향상시킬 수 있다. 실시간이동측량은 반송파위상을 측정할 수 있는 1주파 또는 2주파 GPS수신기를 사용하여야 하며 정밀도는 장비 및 환경과 사용자의 숙련도에 의존하지만 일반적으로 수평(1cm+2ppm), 수직(2cm+2ppm)의 정밀도를 갖는다. RTK측량의 장점은 짧은 작업시간에 관측한 값으로 효율적인 데이터를 취득하며 모든 데이터를 실시간으로 취득이 가능하다. 또한 Navigation과 지적측량에서 일필지측량에 활용이 가능하지만 전파에 의한 잡음과 장애물에 의한 위성전파의 수신이 단절된 현상 발생으로 고층건물과 고압전선, 삼림지역에서 사용할 경우 오차가 크게 발생한다. 초기에는 GPS 수신기의 사용이 대부분 정지측량에 사용되었으나 최근에는 실시간으로 경계점의 좌표를 관측할 수 있는 RTK용으로 확산되고 있으며 유럽과 미국 등 선진국에서는 활발하게 사용되고 있는 장비이다.

(1) RTK 수신기

과거에는 2주파 수신기와 Antenna, 메모리, Battery, 무선연결장치, Radio Modem 등 GPS 측량에 필요한 모든 구성장비가 분리되었으나 최근에는 편리하게 사용할 수 있도록 통합된 일체형으로 구성되어 있다. 또한, 과거에는 케이블을 이용하여 송신과 수신이 가능하도록 되었으나 최근에는 무선통신(Bluetooth)을 통해 수신기에서 전자야장으로 케이블 없이 데이터를 전송할 수 있으며 좌표측정, 좌표측설 등의 모든 측량이 가능하도록 구성 되어있다. 위성의 수신 상태에서도 기존의 미국에서 운영하는 GPS 위성, 러시아에서 운영하는 Glonass, 유럽에서 운영한 Galileo위성 데이터를 활용할 수 있는 첨단시스템으로 이루어져 있다. 기지국의 설치는 기존의 복잡한 과정을 모두 생략하고 삼각대에 본체를 장착하여 별도의 콘트롤러 설정 없이 전원을 켜는 것만으로 자동으로 수신기의 위치 계산과 보정 신호를 송출하도록 되어 있다. 현재 출시된 GPS 수신기는 정지측량, RTK기준국용, RTK이동국용, Navigation, DGPS(Differential GPS) 등에 활용이 가능하다.

(2) 측량 작업순서

RTK 측량을 실행하기 위해서는 기준국 수신기와 이동국 수신기가 있어야 하며 모두 라디오 모뎀이 있어야만 한다. 각 세션은 반드시 초기화를 하고 시작하여야 하며 기선해석은 위상차, 모호정수치에 의해 계산되고 위성과 연결이 끊어지면 다시 초기화 하여야 한다. 또한, 기지국의 Antenna는 관측 신호를 기지국의 Raw Data와 기지국의 위치를 라디오모뎀에 송신하고 기지국 라디오모뎀은 관측데이터와 기지국의 위치를 이동국 라디오모뎀에 송신하면 이동국 수신기는 양쪽 수신기에서 관측데이터를 해석하여 이동국의 위치를 기지국과 상대적으로 계산하며 측량 작업순서는 아래와 같다.

① 계획 및 준비는 RTK시스템에서 수신Antenna · GPS 수신기 · 라디오모뎀과 라디오 Antenna · 데이터 콜렉터 · 배터리 · 전용Cable이 필요하지만 장비사에 따라 차이가 있다.

② 모호정수치는 처음의 부분적인 파장($\Delta\lambda$)은 즉시 관측되지만 파장의 전체 수(N 정수치)가 결정된 후 센티미터 수준의 정확도를 얻기 위해서는 정수치 N이 반드시 해결해야 한다.

③ 반송파는 위상관측에서 처음 관측치는 반송파의 부분적인 위상이며 다음 위상부터는 수신기가 전체 반송파의 파장을 측정하는데 수신기는 계속해서 전체 파장수를 계산한다.

④ 모호정수 결정에서 수신기는 통계학적으로 최확치의 모호정수를 해석하고 나머지는 무시하며 가능한 참값을 평가하지만 파면의 중첩점이 계속 관측되면서 분산하기 시작하여 올바른 모호정수를 결정한다.

⑤ 기선값의 결정은 위상 차이를 계산한 후 모호정수를 계산하여 위상차에 적용하고 모든 위성까지의 거리를 계산하며 기지국과 이동국의 거리는 역계산한 값으로 점검한다.

⑥ 초기화는 관측한 세계측지좌표 또는 기준점좌표가 필요한 기지점 초기화, 기지의 방향과 거리를 가진 기준국 Antenna에 대한 막대/판을 사용한 기지점 초기화, 단시간의 스태틱 관측으로 초기화하여 계산할 수 있는 새로운 점의 초기화, 이동 중에도 초기화를 계산할 수 있는 OTF(on-the-fly)초기화의 4가지가 있다.

⑦ 측량을 종료할 경우에는 방사법에 의한 측정값을 취득하며 측량의 종류에 따라 관측한 값으로는 불충분할 수도 있다. 관측결과를 점검하고 품질을 평가하기 위해 기록물에 대한 품질검사, RAW 데이터 취득, 중복 설치 등을 이용할 수 있다.

(3) RTK 측량 원리

RTK 측량은 기준국과 이동국의 자료 전송장치를 이용하여 기준국 보정값을 이동국에 전송하며 이동국에 수신된 보정값은 기준국과 이동국 수신기 사이의 다음 관측값을 형성하여 이동국 관측값에 적용되므로 높은 정확도로 위치를 결정할 수 있다. RTK측량은 오차량을 전송하는 신호의 종류에 따라 코드만을 이용하는 RTCM(Radio Techincal Commissionfor Maritimeservice)과 NMEA(National Marine Electornics Association)방법이 있으며, CDP(Carrier Phase Differential)방법이 있다. 그러나 RTK 측량은 이중차 반송파 위상의 모호정수들을 실시간으로 관측하는 것이 필요하기 때문에 CDP 형식으로 관측하며 정확한 모호정수들은 이동국의 위치를 간단한 매개변수 최소제곱법으로 계산할 수 있다. 따라서 RTK에 대한 모델은 기본적으로 위성배치(GDOP)상태가 양호한 4개의 위성을 추적하여 반송파위상을 관측하게 되며 이동수신기가 이동하는 경계점들 중에서 정확한 측점의 좌표를 알고 있어야만 RTK의 모든 방정식들이 해결된다. 좌표를 알고 있는 측점은 이동수신기의 출발점이 되며 고정국과 이동국이 관계된 기선을 벡터라 한다. 미지정수를 해결하기 위해서는 벡터를 이용해야 하며 미지정수가 결정된 4대 이상의 신호가 단절되지 않으면 이동국의 수신기가 지나가는 모든 측점은 기지값으로 적용된다.

RTK 측량에서 필요한 조건은 반송파위상으로 관측하며 각 측점마다 5개 이상의 위성을 추적하고 양호한 위성배치(GDOP) 상태에서 동일한 시간과 epoch로 데이터를 기록할 수 있도록 관측하여야 한다. RTK System의 구성은 기준국과 이동국으로 크게 분류할 수 있으며 RTK는 이동국의 수신기가 기준국에서 발신하는 반송파위상에 대한 계통오차의 보정치 정보를 수신하여 좌표를 계산하여야 한다. RTK에서는 기준국과 이동국 간의 거리가 멀어질수록 기준국과 이동국에서 전리층이나 대류권과 같은 계통오차의 상관관계가 저하되어 적절하게 소거되지 않아 위치의 정확도가 떨어진다. 따라서 센티미터의 정확도를 획득하기 위해선 기선의 길이를 10~15km로 제한하는 한계가 있다.

현재까지 개발된 GPS상시관측망에 근거한 RTK는 Multi reference station based RTK, Network RTK, 또는 가상기준점(VRS; Virtual Reference Station)으로 명명되어 적용되고 있다. GPS 상시관측소의 자료를 이용하여 기준망내에 위치한 임의의 이동국에 대한 코드 및 반송파 위상의 보정값을 산정하고 이를 이동국으로 송신하여 효율적이고 정확한 위치를 결정할 수 있다. RTK 측량을 실시할 경우 기준국의 장비는 수신기, 삼각대, 정준대, Radio Modem Antenna, 2m용 폴, 3단 폴, 플레이트, 브라켓, 퀵릴리즈, Antenna 마운트 케이블, Antenna 높이 측정용 줄자가 있다. 기준국은 RTK 측량에서 중요한 역할을 하며 설치 방법은 Modem Antenna에 따라 다양하게 설치할 수 있으며 Radio Modem Antenna를 그림 8-25와 같이 설치한 후 기준국 셋업은 삼각대와 UHF 또는 Radio Modem으로 구성되었으며 현장에서 설정 변경 할 수 있다.

이동국 장비의 구성은 수신기, 컨트롤러, 이동국용 폴, 폴 받침대, 컨트롤러 받침대, 컨트롤러 케이블 등이 필요하다. 이동국의 수신기 설치방법은 그림 8-26과 같이 기준국의 환경설정을 완료한 후 설치하는데 컨트롤러와 수신기 사이에 Bluetooth 통신을 실시할 경우에는 케이블이 필요 없으며 이동국용 폴의 받침대를 설치한 후 GNSS 일체형 수신기를 이동국용 폴에 고정한다. 신규 프로젝트 생성은 작업하고자 하는 작업명칭을 이용하여 새로운 파일을 생성하는 방법으로 작업명과 위치 그리고 기존에 설정된 좌표시스템의 선택과 작업명 및 연락처 등을 설정하는 작업을 한다.

그림 8-25 기준국 장비설치

그림 8-26 이동국 장비설치

(4) 가상기준점측량

가상은 네트워크내의 실제 기준국을 이용하여 존재하지 않는 가상의 기준국에 대한 관측값을 형성한다는 개념에서 비롯되었으며 기존의 RTK에서 기선의 길이가 길어질수록 오차가 크게 나타나는 이동국의 위치 정밀도 저하를 극복하는 방법이다. 가상의 기준국에서 취득된 것과 같은 관측값을 상시기준점의 네트워크 자료를 이용하여 가상의 기준점과 이동국과의 RTK를 통하여 정확한 이동국의 위치를 결정한 것이다. GPS상시관측소를 RTK상시기준국으로 사용하려면 기선길이를 15km 이하로 제한하고 10cm 이하의 정확도를 기대할 수 있다. 그러나 정확도를 향상시키려면 기준국과 이동국간의 거리를 최대한으로 줄이는 것이 효과적이다. 이러한 가상기준점의 방식은 기존의 RTK 방법에 비해 계통적인 오차의 영향을 감소시키고 넓은 측량범위를 확보하며 높은 신뢰도 및 정확도의 향상과 함께 신속하게 초기화를 할 수 있는 장점이 있다.

가상기준점(VRS; Virtual Reference Station)은 트림블사의 상용 네트워크 RTK의 솔루션이며 Network RTK가 공식명칭이다. 이는 실제 기준국들을 이용하여 존재하지 않는 가상의 기준국을 만들어 망의 밀도를 높이는 방법으로 기존의 RTK 방법에 비해 넓은 측량 범위를 확보하며, 신뢰도와 정확도를 향상시키는 장점이 있다. 가상기준점을 운영하기 위해서는 GPS 상시관측소 네트워크 내에서 서로 다른 기준국의 데이터를 처리하여 전리층, 대류권, 위성궤도, 다중경로오차 등에 대한 오차 모델을 만들고 기준점망 내부에서 작용하는 미지정수 등을 해석하여 가상기준점을 이동국과 가까운 곳에 구현한다. 각 기준국은 중앙제어국과 연결되어 있으며 중앙제어국의 컴퓨터는 GPS 망에 적합한 소프트웨어를 운용하고 중앙제어국은 계통적인 오차의 모델링과 추정, 이동국 위치의 VRS를 생성하기 위한 데이터 생성, 이동국으로 RTK 데이터 전송 등을 수행한다. 따라서 사용자와 중앙제어국 간의 송수신 통신수단이 필요한데 송수신 방식에는 양방향 송수신 방식과 단방향 송수신 방식이 있다.

가상기준점망은 격자보정계수형과 가상관측값형으로 구분하며 격자보정계수 형식(Grid · Based Parameterization)에서는 여러 명이 동시에 사용할 수 있는 실시간 적용을 위하여 개발된 것으로 어떤 방법에 의한 오차모델이라도 적용이 가능하다. 이 방법은 상시관측소 자료를 이용한 망조정을 통하여 네트워크를 격자의 형태로 나누어 각 격자점에 대한 오차를 결정하고, 네트워크 내의 임의의 점에 대한 오차를 인접한 4개의 격자값을 이용하여 선형보간법에 의해 계산한다. 가상관측값 형식에서는 이동국의 인접한 지점에 가상의 기준국을 설정하고 이에 대한 관측값과 보정값을 생성하여 전송함으로써 가상의 기준국과 이동국 사이에 RTK를 통하여 이동국의 정확한 위치를 결정하는 방식이다.

가상기준망의 구성은 기준국, 제어서버, 접속서버, 통신부분 등으로 나누며 기준국은 제어서버에 연결되어 있으며 가상기준망 운용에 적합한 소프트웨어를 탑재하고 제어서버는 별도의 서버를 통하여 RTK에 필요한 계통적인 오차의 모델링과 추정, Antenna 위상중심의 보정, 이동국 위치의 VRS를 생성하기 위한 데이터를 생성하여 이동국으로 전송하는 것을 담당한다. 접속서버는 다수의 기준국과 제어서버와의 연결, 제어서버와 다수의 이동국과의 연결을 담당하며 다수의 기준국으로부터 전송되는 자료를 전송받기 위한 네트워크 라우터(Network Router)와 다수의 사용자로부터 전화를 통한 접속을 처리할 수 있는 접속서버(Access Server)가 반드시 필요하다. 상시관측소의 자료를 이용하여 기준망 내에 위치한 임의의 이동국에 대한 코드 및 반송파 위상의 보정값을 산정하고 이를 이동국으로 송신하여 효율적이고 정확한 위치를 결정하는 방법이다. 통신방법으로는 이동통신과 지상파 방송방식, 인터넷 등을 이용하는데 이동통신이 가장 많이 이용되고 있다. 통신의 내용인 데이터 형식은 RTCM(Radio Technical

Commission for Maritime Service)형식으로 전송하며, RTCM SC104와 RTCM 59 FKP가 사용되고 있다.

가상기준점 시스템의 구성은 하드웨어, 소프트웨어 그리고 자료 및 보정치의 전송을 위한 네트워크 및 통신부분으로 나눌 수 있다. 하드웨어 부문은 각 기준국에서 데이터를 1초 간격으로 수신하며 인터넷을 이용한 통신 방식을 이용하여 조정국으로 전송한다. 소프트웨어는 가상 기준점의 형성 또는 사용자의 위치에 대한 오차의 계산 등을 수행한다. 가상기준점 네트워크의 구성에는 전용선, 공중망 그리고 VPN을 이용하는 방법 등을 생각할 수 있으며, 통신방법은 소요비용, 보안성, 자료의 시간지연 정도 등에 따라 적합한 방법을 선택한다. 통신 네트워크의 구성은 기준국에서 공중망까지는 ADSL(Asymmetric Digital Subscriber Line)을 이용하고, 공중망에서 중앙국까지는 IP/VPN 방식을 사용한다. VPN(Virtual Private Network)은 인터넷과 같은 공중망을 이용하여 컴퓨터 시스템과 통신 프로토콜들의 집합으로 구성되며 암호화 알고리즘 등으로 안정성을 제공하는 통신망을 이용하여 통신비용의 절약과 동시에 자료를 안전하게 전송할 수 있다.

GPS 상시관측소 데이터를 안정성이 높고 신속하게 제공할 수 있는 웹 기반 서비스를 구축하여 공공기관 및 일반사용자가 다양한 분야에서 많은 응용분야를 창출할 수 있다. 또한 일반 사용자들이 GPS 측량 계획시 필요한 위성상태의 정보를 제공하고 RTK 측량을 위한 상시기준점 자료를 제공하고 있다. LBS 사업자에게는 위치기반 서비스에서의 무선측위기술을 이용하여 응급자동차 운행관리 서비스, 차량 등의 정확한 위치정보 서비스 등을 할 수 있는 기반을 제공하며, GPS 상시관측소 데이터 이용자 및 이용목적의 데이터베이스화를 통한 활용도 관리 및 통계분석, 지각변동, 기상관측 등에 활용할 수 있다.

8.4.6 GPS 측량 작업과정

(1) GPS 측량기

지적측량에 사용하는 GPS 측량기는 수신기, 안테나, 소프트웨어 및 부대장비로 구성되어 있다. 지적위성측량의 사전 계획수립을 위한 위성에 관련된 정보획득과 관측데이터의 점검, 기선해석, 조정계산 및 좌표변환 등의 기능을 가져야 하며 측량방법에 따른 GPS 측량기의 성능은 정지측량에서는 ±5mm+1ppm×기선거리 이내이고 이동측량에서는 ±20mm+2ppm×기선거리 이내를 기준으로 하도록 규정하고 있다. 관측시간 동안 사용되는 수신기와 컴퓨터, 회중전등과 같은 모든 장비를 사용할 수 있는 충분한 전원이 있어야 하며 컴퓨터, 소프트웨어, 데이터 저장장치 등은 현장에서 측량데이터 처리에 유용하다. 지적측량을 실시한 경우에는 GPS 측량기에 대한 기능점검을 실시하여 사용하고 측량 중에도 이상 유무를 확인하여야 한다. 기능점검은 안테나 장착을 위한 광학구심장치, 각종 케이블 및 접속부분, 전원장치 등의 정상여부, 안테나 및 수신기의 정상적인 작동여부를 점검하여 지적위성측량기의 점검기록부를 작성하여야 한다.

(2) GPS 계획수립

관측계획을 수립할 경우에는 작업범위, 관측점의 수, 요구정도를 고려하여 가장 최적의 관측과 계산을 고려하고, 높은 정도를 위해서 가능한 기선을 짧게 하며 각기 다른 시간대에 중복 측정하고 폐합망을 구성한다. 두 점간의 독립기선을 측정하고 양호한 시간대와 높은 정도를 위해서는 같은 시간대에 너무 많은 점을 측정하지 않는 것이 좋다. 관측점의 선점, 관측시간대 결정, 관측조의 편성, 현장관측 준비를 철저하게 하여야 한다.

(3) 현장 답사

GPS 측량을 편리하고 성공적으로 수행하기 위해서는 모든 측점에 대한 답사가 필요하며 현장 답사는 측량을 시작하기 전에 완료하는 것이 바람직하고, 현장답사와 측량자가 다를 수도 있으므로 측점에 대한 개략적인 스케치와 필요한 설명도를 작성하는 것이 필요하다. 표지를 신설할 측점에 대한 속성정보와 위치정보에 대한 기록은 물론 기지점과 새로이 설치하고자 하는 점에 대한 접근로를 상세하게 기록한다. 모든 측점에 대한 이동 예상시간(차량 이동시간, 도보 이동시간, 장비설치시간 포함)을 측정하여 기록한다. 현장 답사자는 해당측점에 대한 모든 장애물을 나침반으로 방위각을 측정하고 경사계로 연직각을 측정하여 기록해야 한다. 나무 및 건물과 같은 장애물은 위성신호를 차단하므로 장애물의 형태를 기록해야 할 중요한 항목이다. 장애물은 GPS위성에서 안테나에 보내는 신호를 반사면을 가진 건물, 철망울타리, 안테나 등에 의거 다중경로 효과를 일으킬 수 있으므로 그 측점이 GPS측량에 적합 여부를 결정하는데 필요하다.

(4) 소구점의 선점

소구점은 인위적인 전파장애, 지형 · 지물 등의 영향을 받지 않도록 다음의 장소를 피하여 선점하여야 하며 관측망은 기지점과 소구점이 폐합다각형이 되도록 구성하여야 한다.

① 건물내부, 산림속, 고층건물이 밀집한 시가지, 교량 아래 등 상공시계 확보가 어려운 곳

② 초고압 송전선, 고속철도 등의 전차경로 등 전기불꽃의 영향을 받는 곳

③ 레이더안테나, TV탑, 방송국, 우주통신국 등 강력한 전파의 영향을 받는 곳

(5) 관측계획

관측에 가장 적합한 시간은 24시간대 중에 관측하기 좋은 시간대에 관측 작업을 할 수 있도록 주의해서 관측계획을 상세하게 세우며 주어진 짧은 시간에 여러 점을 관측하려고 하기 보다는 여유시간을 갖고 측정하여 좋은 성과가 취득되도록 하여야 한다. 기준점망의 설계는 관측성과를 이용한 다른 장비와(T/S)의 연계를 고려하며 삼차원 타원체에 의한 관측값으로 우리가 사용하고 있는 벳셀타원체 값으로 변환하기 위해서는 필요한 기준점의 정확한 성과를 확인하여 기록하여야 한다. 또한 GPS 측량의 설계 시에 고려해야 할 사항은 프로젝트에서 요구하는 최소 정밀도를 경제적으로 제공할 수 있게 설계하고 망의 형태는 공간적 규모에 따라 최적의 설계방법을 선정한다. 측점과 기지점간 기선의 최대길이 및 측량성과를 지역좌표계의 기지점과 연계를 고려하여 결정하며 각 측점은 이동시간, 접근성, 다중경로효과(Multipath Effects), 위성 가시도 등에 기인한 장애 요인을 예상하여 그림 8-27과 같이 계획도에 먼저 선정한다. 수신기는 측량 운영상의 효과에 미치는 영향과 소요경비에 미치는 영향을 고려하여 선택하며 관측을 계획할 때 Ambiguity를 완전히 해석할 수 있는 최소한의 관측 시간을 설정해야 한다. 다중경로효과, 가시위성수, 위성의 공간 배치에 대한 기하학적 형태는 시간에 따라 혹은 측점에 따라 Ambiguity 해석과정에 미치는 영향을 고려하여 설정한다. 기준점은 상위 등급을 선정하여 사용하는 것이 좋으며 대상지역을 포괄적으로 포함할 수 있는 기준점을 선정하여 구성하는 것이 좋다.

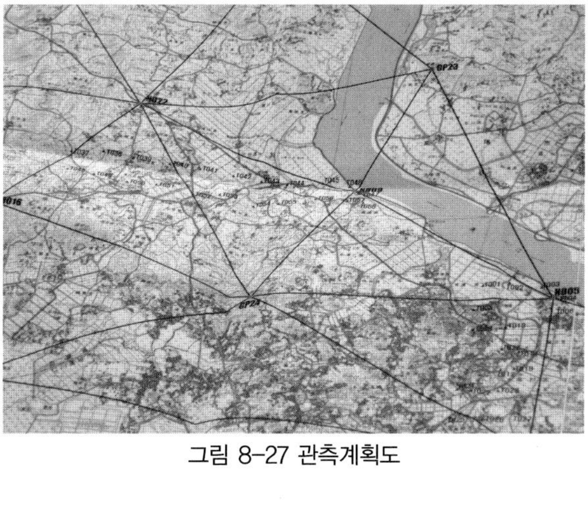

그림 8-27 관측계획도

망조정에는 최소한 3개의 정확한 기준점이 필요하며 대상지역의 규모 및 기준점의 성과가 불안할 경우 또는 관측 후 망변경이나 확인 및 검사를 할 수 있도록 1~2점 정도를 더 관측하는 것이 필요하다. 그러나 기준점이 많으면 많을수록 검정 정도가 좋아지므로, 좁은 지역에서도 5점인 경우가 3점인 경우보다 성과가 양호하며, 확인도 할 수 있어서 더욱 안정적인 성과가 될 수 있다.

(6) 관측시간 계획

위성정보는 제작사에서 최소한 위성의 출몰 시간과 위성의 방위각, 고도, 위성의 PDOP 등의 위성정보를 알려주는 지역에 대한 위성천문력(Almanac) 정보가 입력되어야 한다. 위성력(衛星曆)정보를 얻으려면 GPS 수신기로 위성 데이터를 취득하여 위성정보 소프트웨어가 있는 PC에 입력한다. 정밀한 위성정보에 대한 천문력은 이런 종류의 정보를 제공하는 회사나 정부기관에서 판매한다. 천문정보 외에 사용자는 측량지역의 개략적인 경위도와 세계시를 입력해야 한다. 위성도표로부터 사용자는 측량지역 가시위성 도표에 의하여 결정된 가장 바람직한 위성의 방위각, 고도, PDOP 등을 이용하여 GPS 측량에 가장 좋은 시간을 결정할 수 있다. 하루의 세션수, 관측점의 수는 위성의 가시도와 측점간 이동시간, 측량의 최종 정밀도에 달려 있다. 보통 수신기 한 대당 1일 1회 이상의 세션이 요구된다.

(7) 관측점 배치계획

측량계획은 종래의 삼각측량 계획과 비슷하며 측량설계 유형의 선택은 측량 기술과 사용자 요구 사항에 따라 달라진다. GPS 측량의 망구성은 기준점이 정밀기준망 안에서 사용될 때 필요하다. 1/50,000 이하의 비교적 낮은 정밀도의 작업에서는 정밀한 GPS망 설계 계획이 필요하지 않으며 강도 높은 GPS 확장 측량방법의 사용빈도가 낮기 때문에 망구성 방법을 선택할 때 기하학적으로 안정된 관측망을 구성하여야 한다.

(8) 세션 명칭과 계획

GPS용어에서 세션은 하나의 관측기간을 말하는데 세션과 측점명칭은 보통 알파벳과 숫자로 구성되며, 측량실시 전에 미리 결정한다. 숫자를 이용하여 세션명칭으로 사용할 경우에는 평면기준점 및 신설 평면기준점 표지, 기존 및 신설 수준점 표지, 3차원 기지점 및 신설 3차원 관측점표지, 계획에 없는 관측점, 임시 2차원 관측점, 임시 3차원 관측점으로 부여할 수 있으며 측량기간 동안 각 측량세션의 날짜를 달력 날짜나 율리우스력 날짜로 기록한다. 세션시간 결정은 측점간 안전하게 이동할 수 있는 시간, 측량 전후 기계 조립과 분해에 소요되는 시간, 수신기 예열시간, 예상하지 못한 문제에 기인한 손실 시간 등을 고려하여 측량의 전반적인 효율을 극대화시키기 위하여 각 측점간의 이동시간을 최소화할 수 있도록 계획하여야 한다.

(9) 안테나 높이측정

안테나는 위성의 전파를 수신기에 전달할 수 있어야 하며, 측점에 정확하게 정치할 수 있는 구심 기능과 수평조정 기능을 갖는 장치가 있어야 한다. 안테나의 높이는 표석에서 부터 안테나의 기준이 되는 점까지를 의미하므로 정확한 거리를 측량 전과 후에 측정하여야 한다.

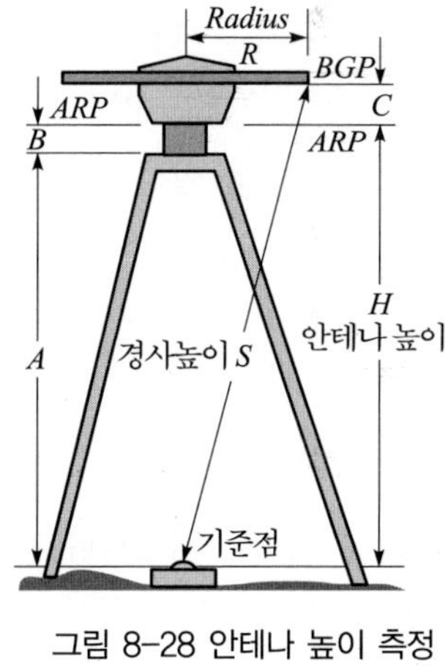

그림 8-28 안테나 높이 측정

안테나 높이는 정확하게 기록하는 것이 매우 중요하며 안테나 높이를 측정할 경우에는 그림 8-28과 같이 삼각점의 십자선 중심과 안테나 참조점(ARP; Antenna Reference Point) 사이의 수직거리이다. 관측자는 반드시 주의 깊게 안테나 높이를 측정하고 점검해야 하며 기록하면서 모든 관측과 안테나 상수를 기술하고 모든 값을 0.0001m 단위까지 기록하고 모든 관측 계산값은 다른 사람이 다시 검사해야만 한다. 고정된 높이의 삼각대는 안테나 높이 측정을 단순화해야 하며 삼각대 높이(A)는 신속한 측정으로 점검하고 안테나가 정확하게 삼각대 상부와 결합되었는지 확인한다.

삼각대 상부와 안테나 참조점(***ARP***)간의 모든 차이를 반드시 측정하며 안테나 높이(H) = ($A+B$)를 계산할 수 있다. 삼각점의 십자선으로 부터 안테나 그라운드 플레인의 바닥 끝점까지의 경사거리(S)로 측정된다. 관측기록부에 그라운드 플레인의 반경, 그라운드 플레인 밑면(BGP)과 안테나 참조점(ARP) 사이의 거리를 측정한다. 안테나 높이는 피타고라스 방정식으로 계산할 수 있으며 높이$(H) = \sqrt{(S^2-R^2)}-C$ 로 삼각점 위의 안테나 높이를 독립적인 관측을 실시하여 각 세션의 전과 후에 실시한다.

(10) 관측

관측에서 위성의 조건은 관측점으로부터 위성에 대한 고도각이 15° 이상에 위치하여야 하며 위성의 작동상태가 정상이어야 한다. 관측점에서 동시에 수신 가능한 위성수는 정지측량에 의하는 경우에는 4개 이상, 이동측량에 의하는 경우에는 5개 이상이어야 하며 지적위성측량을 실시하는 경우에는 지적위성측량 관측부를 작성하며 관측시 주의사항은 다음과 같다.

① 안테나 주위의 10m 이내에는 자동차 등의 접근을 피할 것

② 관측 중에는 무전기 등 전파발신기의 사용을 금한다. 다만, 부득이한 경우에는 안테나로부터 100미터 이상의 거리에서 사용할 것

③ 발전기를 사용하는 경우에는 안테나로부터 20m 이상 떨어진 곳에서 사용할 것

④ 관측 중에는 수신기 표시장치 등을 통하여 관측 상태를 수시로 확인하고 이상 발생시에는 재관측을 실시할 것

GPS에 의하여 관측 · 계산된 결과는 경위도차, 표고차, 경사거리, 법선 방위각, 지심평면 직각좌표$(E.N.H)$, 국지좌표$(X.Y.Z)$, 평면거리(Δd), 방위각(Az)이 있다.

(11) 외업의 관측 기록

각 측점이나 세션마다 야장과 관측일지를 작성하는 것이 좋은 방법이지만 부득이한 경우에는 메모지를 이용해도 되며 관측일지에 기록해야 할 사항은 다음과 같다.

① 사업명, 계약명, 관측자 성명, 계약 기관 및 계약 번호

② 관측점 명칭 및 번호

③ 관측시작 및 종료 시간 (지방시/세계시)

④ 관측일자와 관측 시 기후

⑤ 수신기, 안테나, 데이터 기록장치, 정준대의 일련번호 및 안테나 높이

⑥ 관측점 위치 스케치 및 개략적인 측지학적 위치 및 표고

8.4.7 자료처리

측량의 결과는 전통적인 측량에서 야장과 같은 기능을 하는 디지털매체에 저장된 자료로 소프트웨어를 이용하여 컴퓨터에서 작업하게 된다. 소프트웨어간의 호환성이 없어 표준교환형식인 RINEX포맷(Receiver INdependent EXchange format)으로 저장된 데이터는 거의 모든 GPS 소프트웨어에서 처리가 가능하다. 자료처리의 단계는 환경설정, 프로젝트생성, 자료입력, 자료처리, 망조정, 좌표변환의 5단계로 구분할 수 있다. 환경설정(Configuration)은 자료를 처리하는데 필요한 각종 단위의 선택이나 지오이드모형 설정, 지도투영방법 및 지역좌표계의 설정 등을 사용자의 조건에 맞추는 것으로 자료의 입력과 처리, 출력 전반에 걸쳐 소프트웨어의 환경을 통제하는 단계이다. 자료입력(Data Import) 단계는 관측장비의 메모리카드와 같은 저장매체에 담긴 측량자료를 PC에 옮겨놓고, 소프트웨어에서 자료를 처리 할 때 사용할 수 있는 것으로 프로젝트를 생성한 후 실행한다. 자료처리(Data Processing)는 가장 주된 단계로 측량자료를 처리하여 모호상수를 파악하고 기선벡터를 해석하는 단계이다. 처리결과로 기선거리와 방향, 점의 위치 등이 세계공통좌표계에 적합하게 출력한다. 망조정(Network Adjustment)단계는 기선해석의 결과, 오차의 분포를 전체 망에 평균적으로 조정하여 주는 역할을 한다. 삼각망의 계산에서 각규약, 변규약에 따른 조정단계와 비슷하다.

마지막 단계인 좌표변환(Coordinates Transformation)은 앞에서 조정까지 끝난 측량망의 좌표는 3차원지심좌표로 결정되므로 이를 우리나라의 동부 · 중부 · 서부원점좌표계와 같은 지역좌표계로 변환하는 과정이다. 지적위성측량의 성과계산에 사용되는 소프트웨어는 GPS 측량기에 부속된 소프트웨어 또는 동등 이상의 기능을 가져야 한다. 기선해석 소프트웨어는 서로 다른 GPS 측량기에서 관측한 데이터의 조합에 의한 처리가 가능하여야 하며 관측한 데이터는 GPS 측량기 공통변환 형식(RINEX 파일)으로 변환하여 사용할 수 있다.

관측점의 지적위성좌표는 기선해석 성과를 기준으로 조정계산에 의해 결정하되, 조정계산은 고정점은 지적위성기준점 또는 정확한 지적위성좌표를 알고 있는 지적측량기준점으로 하고 계산방법은 기선해석에 사용하는 소프트웨어에서 정한 방법에 의한다. 위성좌표를 지적좌표로 변환하는 때에는 좌표변환 계산방법 또는 조정 계산방법에 의하며 좌표변환 계산방법은 당해 관측지역에서 측정한 모든 기지점을 점검하여 변환계수 산출에 사용할 3점 이상의 양호한 점을 결정하고 기지점의 지적좌표와 그 기지점을 좌표변환계산에 의하여 산출한 지적좌표 간의 수평성분교차의 허용범위 이내이어야 한다.

조정 계산방법은 당해 관측지역에서 측정한 모든 기지점을 대상으로 기지점 성과를 점검하며 조정계산에 사용할 2점 이상의 고정점을 결정하고 결정한 고정점을 이용하여 지적좌표를 산출한다.

지적위성기준점의 표고 결정은 직접수준측량에 의하여야 하며, 그 밖의 지적측량기준점은 직접 · 간접수준측량 또는 지적위성측량에 의한다. 그리고 위성측량에 의한 표고결정은 2점 이상의 표고점의 지오이드고를 내삽하여 소구점의 지오이드고를 산출하고 그 값과 타원체고와의 차이를 표고로 하며 (소구점 표고 = 소구점 타원체고 - 소구점 지오이드고)의 식으로 계산한다. 또한, 소구점으로부터 2킬로미터 이내에 표고점이 있는 경우에는 소구점과 표고점간의 타원체고의 차이를 표고차로 하며 소구점 표고 = 표고점 표고 + 표고점 타원체고 - 소구점 타원체고)의 식으로 계산한다.

8.4.8 성과검사 방법

위성측량관측표 및 관측망도를 근거로 관측환경, 세션 및 관측망 구성 등의 적합여부 검사, 위성측량관측기록부에 근거한 위성측량기의 설치 및 입력 요소의 설정 적합여부를 검사한다. 기선해석계산부, 기선벡터점검계산부, 기선벡터점검계산망도에 근거한 기선해석여부, 좌표변환계산부, 점간거리계산부 등에 의해 기지점 좌표의 부합 등을 확인하고 지적좌표의 산출여부를 검사한다. 위성측량성과표의 기재사항과 관측데이터의 관리 상태를 점검하고 위성측량성과의 결정은 측량 · 수로 및 지적에 관한 법률의 규정에 의한다.

8.5 GPS 오차

GPS에 의한 측위는 위성에서 송신된 반송파가 수신기에 도착할 때까지의 소요시간을 측정하여 수신기의 위치를 결정하며 측량의 결과는 10m 정도의 오차가 발생하는 절대적 위치와 cm 또는 mm 단위의 상대적위치의 정확도를 가지고 있다. GPS 측위오차는 구조적요인, 위성의 배치상황에 따른 기하학적 오차 및 수신기에 의한 오차로 나눌 수 있다. 오차는 관측기간 동안에 2개의 수신기에 공통으로 같은 오차가 누적되기 때문에 발생하며 GPS 정밀측위 방법으로 사용할 때 제거되거나 최소화하게 된다. GPS 측량에 영향을 미치는 오차의 원인은 여러 가지가 있으며 정오차 및 편심(Biases)의 종합을 편심거리라 하고 편심의 제거 없이 관측된 거리를 의사거리라 한다. GPS측량에서 여러가지 오차 요소들이 모두 합쳐지면 매우 큰 오차가 발생하는 것을 UERE(User Equivalent Range Error)라고 한다.

8.5.1 구조적 요인에 의한 오차

(1) 위성시계 오차

위성시계는 매우 정확한 것으로 알고 있으나 GPS측량에서는 중요한 오차 원인이 되고 있다. GPS수신기는 2대의 수신기로부터 특정한 위성의 신호를 정확히 같은 시간에 같은 위성을 관측할 수 있도록 제작되어 있으므로 측정량의 차이에서 위성시계오차의 영향을 받지 않는다. 이는 수신기간의 차이이며 일중 위상차(Single Differencing)라고 한다. 위성시계오차는 지상추적국과 주제어국에 의해서 통제되고 있으며 위성에서 송신되고 있는 항법 메시지의 계수를 시계 보정식에 넣어 보정할 수 있다. 위성시계 오차(Satellite Clock Error)의 크기는 0~1.5m 정도이며 시계오차는 기선 길이가 짧을 경우 상관관계가 크므로 수신기 차분기법에 의해 소거된다. GPS위성시계와 GPS시가 완전히 일치한다면 좋지만 실제로는 약간의 차이가 있으므로 측위오차가 발생하며 시계의 차이는 위성에 따라 다양하다. 위성마다 시계의 차이로 C/A코드 또는 P코드에 의한 간섭측위는 이중차(Double Difference)를 얻으므로 소거되고 관측결과에 영향을 미치지 않을 수 있다. 각각의 위성과 수신기는 GPS시간과 근접된 내부시계를 가지고 있으며 시계와 관련된 오차도 있으나 위성시간 오차는 위성 메시지로 방송되기 때문에 알 수 있다. GPS 위성은 정확한 세슘시계를 탑재하고 있으며 세슘시계는 지상에서 전송될 때마다 시간을 수정한다. GPS는 정확한 시간 측정에 많은 비중을 두고 있으며 GPS위성은 10^{12}~10^{13}의 정확도를 갖고 있는 루비디움 및 세슘의 원자시계를 장착하고 있으나 수신기에 장착된 시계는 정확도가 1/4정도에서 수행되고 있다. 시간차의 계산은 위성시계에 의하여 기록되는 시간과 수신기에 기록되는 시간의 차이로 위성에서 방송한 시간과 수신기에서 수신한 시간을 비교하여 위성과 수신기간의 거리를 계산할 수 있다. 관측된 거리오차는 일차방정식 관계식으로 $R_e = T_0 \times c$에 의하여 계산하며, R_e; 사용자 등의 거리 오차, T_0; 시각차, c; 빛의 속도이다.

(2) 위성궤도 오차

위성력 오차는 위성데이터 메시지에서 사용자에게 전송되는 위성 위치의 예보에 관한 오차이다. 천체력 오차는 위성에 의지하게 되며 위성의 예상 궤도에 작용하는 많은 힘을 직접적으로 측정하기가 어렵기 때문에 완전히 제거하거나 보정이 어렵다. 따라서 위성의 궤도를 모델링 할 때 오차의 원인에 대한 보정 및 정확한 계산이 거의 불가능하다. 방송 천체력을 사용하여 사용자는 정도가 떨어질 때는 80m, 높을 때는 3m의 정밀도로 절대측위를 결정하는 실시간 의사거리를 이용할 수 있다. 정확도 수준은 장비 및 조건에 따라 다르며 위성력 오차의 계산된 절대측위점들의 오차 이동량을 같게 나타난다. 위성궤도 오차는 위성위치를 구하는데 필요한 위성궤도정보의 부정확성으로 인해 발생하며 오차의 크기는 1m 내외이다.

(3) 전리층 오차

전리층(Ionospheric)은 지구표면에서 50km 주위에서 시작하여 전기적으로 충전된 입자들이 모인 전자와 이온들이 집단으로 포함된 약 1,000km 두께의 두꺼운 층으로 전파 신호는 전송될 때 굴절되거나 분산된다. 전리층 오차는 약 350km 고도상에 집중적으로 분포되어 있는 자유전자(Free Electron)와 GPS 위성 신호와의 간섭현상에 의해 발생한다. 20,000km 떨어진 위성으로부터 약 19,000km까지 빛의 속도로 이동하여 전리층을 통과할 때 위성신호의 전파속도가 떨어지고 경로가 굴절된다. 고주파(L_1) 신호보다 저주파(L_2)신호가 전리층에서 속도가 늦어지며 두 신호의 지연된 시간차이를 비교하여 전리층에 의한 지연효과를 계산하고 소거하게 된다. 전리자유(Fonosphric Free)는 GPS 신호에서 전리층 영향을 모델화하여 제거하기 위한 것으로 L_1과 L_2 운송파 조합을 사용한다. 전리층 굴절오차는 전기적으로 대전된 전리층(이온층)을 위성 신호가 통과하면서 굴절로부터 야기되는 오차를 말한다. 이주파수신기 사용자는 L_1신호와 L_2 신호가 전리층에서 굴절되는 비율이 서로 다르기 때문에 L_1/L_2 선형조합을 통해 전리층 굴절을 보정할 수 있다.

(4) 대류권의 굴절

대류권의 오차는 고도 50km까지의 대류권에 의한 GPS 위성신호 굴절현상으로 발생하고 코드측정 및 반송파 위상측정에서 지연형태로 나타나며 오차량의 크기는 약 3~20m로 기지선의 길이가 짧고 기준국과 사용자 사이의 고도 차이가 작을 경우 오차 상관관계(Correlation)가 크므로 차분기법에 의해 소거된다. 대류권(Tropospheric)은 그림 8-29와 같이 지구의 기후 형태에 의한 층이며 GPS신호가 전리층을 통과한 후 대류권을 통과하는데 이 층은 구름과 같이 수증기가 있어 굴절오차의 원인이 되지만 대부분 표준보정식으로 소거가 가능하다. 대류권과 전리층은 라디오파를 아래로 잡아당겨서 굴절시키는데 미소한 굴절도 오차에 매우 크게 영향을 줄 수 있으며 각각의

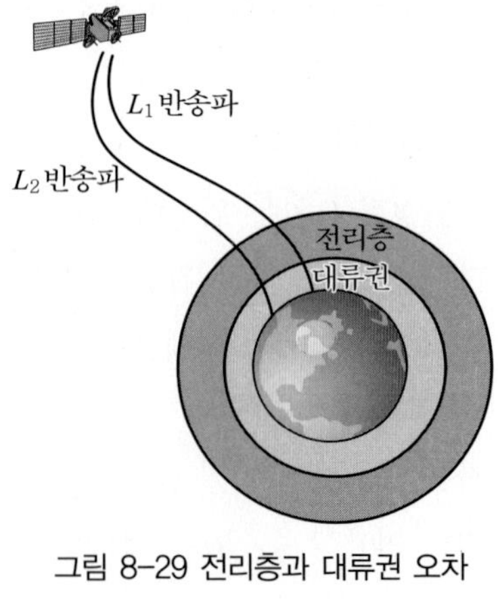

그림 8-29 전리층과 대류권 오차

층에 따라 굴절률이 다르기 때문에 매우 복잡한 현상으로 나타난다. 대류권 굴절오차는 중성자로 구성된 대기의 영향에 따라 위성 신호가 굴절하여 야기되는 오차를 말한다. 중성자는 15GHz 이하의 주파수를 갖는 라디오파에 대해서 비확산 매개물로 존재하므로 대기권에 대한 전자파의 전달은 주파수에 무관하다.

대류권 굴절오차는 천정에서 2.3m 정도이며, 고도각 5° 정도에서는 약 25m 정도의 굴절오차가 발생하며 신호경로에 대한 고도각, 온도, 기압 및 습도의 함수가 포함된다. 대류권 굴절오차의 90% 정도는 건조한 상태에서 발생되며, 나머지 10% 정도는 습윤 상태에서 발생한다. 일반적인 대류권 모델을 적용해 10~20cm의 정확도로 대류권 지연량을 결정할 수 있다. 전리층과 대류권 굴절오차는 위성이 수평면에 근접할수록 증가하며 이는 통과층의 길이가 증가하기 때문이다.

8.5.2 수신기 오차

수신기와 관련된 오차는 상대측위를 통해 보정할 수 없는 오차들로 구성되며 수신기 Channel Noise는 자체가 갖는 전기적 잡음을 말하며 오차는 0~10m, 다중경로오차는 0~1m이다. 보통 Calibration을 통해서 Channel Biases를 결정하고 모든 연속적인 측정값에 이를 적용하는 방법을 사용한다. 측지용 수신기는 안테나에 Ground Plane을 장착하고 있어 이런 영향을 최소화할 수 있으나 다중경로의 원인이 되는 장애물에서 멀리 떨어져 관측하는 것이 가장 이상적인 방법이다.

(1) 전파 잡음 오차

GPS위성은 고도 약 20,183km의 궤도에서 운항하며 전파속도는 약 30만km/sec 이므로 위성에서 발사된 전파가 지상에 도달하는 시간은 약 0.07초이다. 만약 지구에 대류권 및 전리층의 장애로 인하여 전파의 속도는 진공 중에서의 값과 다르며 대기나 전리층의 상태는 항상 변화하고 있기 때문에 전파의 속도 또한 시시각각 변화하므로 위성과 지상관측점 사이의 거리를 정확하게 결정할 수 없다. 잡음은 각 신호기마다 다르지만 대부분 수신기는 잡음을 최소화하기 위한 내부 필터링 장치를 가지고 있으나, PRN 코드와 수신기 잡음이 합쳐져서 전체 잡음이 된다. 고의 잡음이 제거된 이후 2001년 10월 미 국방성 발표 내용을 기준으로 한 것으로 고의 잡음의 오차가 전체 측정치에 가장 큰 영향을 미치게 된다.

(2) 신호의 중단

신호의 중단(Cycle Slips)은 위성신호를 연속적으로 받지 못하는 것으로 신호의 점프 또는 신호의 중단이라고도 한다. 사이클이란 연속적으로 운송되는 동안 수신기가 주파수를 세는 전면 주파수로 수신기가 위성 추적을 중지하면 주파수를 알 수 없어 사이클을 세는 것이 늦추어지게 된다. 정상적인 관측 상태에서도 사이클 슬립이 발생할 수 있으며 정지 또는 이동할 경우에 위성신호를 차단시키는 장애물이 많아서 발생되는 현상이다. Cycle Slip은 GPS 반송파 위상 추적 회로(PLL; Phase Lock Loop)에서 반송파 위상차의 값을 순간적으로 수신하지 못해 발생하는 오차로 반송파 위상 데이터를 사용하는 정밀위치측정 분야에서는 매우 큰 영향을 미칠 수 있으므로 Cycle Slip의 검출은 매우 중요하다. 정지된 상태에서 Cycle Slip은 비교적 작으며 위성고도나 나무와 같은 장애물에 의하여 차단되는 경우 신호가 혼선이 되고 이동상황에서는 터널통과, 나무 아래에서 발생하므로 소거할 수 있다. Cycle Slip은 GPS 안테나 주위의 지형 · 지물에 의한 신호단절, 높은 신호 잡음 및 낮은 신호 강도로 인해 발생한다. 기술적인 용어로 사이클립은 수신기에서 위성신호의 수신이 단절되어 다시 위성신호를 잡는 것으로는 초기불확실정수가 변화함을 의미하므로 데이터처리에서 새로운 불확실정수를 계산해야 한다. 삼중차 방법에 의하여 사이클 슬립을 찾아 낼 수 있으며 이중차등법을 적용할 수 있으나 대부분의 S/W는 자동적으로 사이클 슬립을 찾아서 고정처리 하여야 한다.

(3) 다중경로오차

다중경로(Multiple-Path)오차는 위성으로부터 직접 수신된 전파 이외에 부가적으로 주위의 금속제 건물이나 구조와 지형 · 지물에 의해 반사된(Reflected) 전파로 인해 발생하는 오차이다. 반사된 신호는 더 길어진 경로를 통해 들어옴으로서 결과적으로 틀린 값을 측정하게 되며 전파의 반사 요인에 의해 성질이 결정되므로 차분기법에 의해 소거되지 않고 다중경로오차의 영향을 최소화하기 위해서는 반사된 전파의 영향을 차단할 수 있도록 GPS 위성수신 안테나를 설치해야 한다. 다중경로오차는 코드에 의한 의사거리의 측정값에서는 20m 이내, 반송파 위상 측정값에서는 5cm 이내이지만 소거하는 방법으로는 신호의 세기를 비교하여 약한 신호를 제거함으로써 오차를 감소시킬 수 있다. 또한, 다중경로가 일어나는 경우를 최소화하기 위하여 미션 설정, 수신기 및 안테나 설계시에 고려하면 다중경로의 영향은 최소화할 수 있으며 GPS 위성신호 시간의 기간을 평균하여 사용하면 감소할 수 있다. 따라서 P코드를 사용하는 정밀측위처럼 2~3cm 이내의 정밀도로 측정하기 위해서는 다중경로에 의한 오차를 감소시키는 방법에 따라 다르다고 할 수 있다. GPS 위성수신기의 안테나에서 수신되는 전파는 지면이나 건축 구조물 등에서 반사되어 다른 경로를 통해서 온 전파도 함께 포함되기도 한다.

8.5.3 위성배치 오차

위성의 배치상태에 따른 오차는 정밀도저하율(Dop; Dilution of Precision) 지수로 표시되며 Dop은 수신기와 위성들 간의 위치관계를 수신기가 계산하는 측위결과의 정도(Quality)를 고려한 계산지수이다. 정밀도저하율은 위성의 위치에 대한 표시로 위성의 위치 정도를 예측할 수 있는 기하적인 위치 관계를 고려한 계산결과 이다. 일반적으로 지상측량에서 후방교회법을 시행할 경우 기준점의 배치가 정확도에 영향을 주는 것과 같이 위성에서 발사한 신호를 수신하여 관측점까지의 소요시간을 관측하여 관측점의 위치를 결정하는 체계로 수신기와 위성들 간의 기하학적 배치에 따라 영향이 미치고 측위 정확도의 영향을 표시하는 계수로 정밀도저하율이 사용된다.

관측점의 위치측정 정도는 측정거리의 정밀도와 위성의 기하학적 배치 형태에 따라 다르며 지구 표면상의 구면 후방교회로 계산되고 이것은 GPS 위성에서 불확실한 도형적인 정도를 나타내는 것으로 정밀도를 저해시키는 요인에 의해 결정된다. 즉, 위성들의 배치상황에 따라 오차가 증가하는데 수신기 주위로 위성이 적당히 고르게 배치되어 있을 경우 위치오차가 작아지며 보이는 위성의 배치는 고른 정도를 나타낸다. 정밀도저하율의 수치는 자체가 오차량을 의미하는 것이 아니고 실제의 정밀도는 Dop에 단위관측 정확도를 곱하여 얻는 것으로 Quality = 단위관측 정확도 ×Dop와 같다. 정밀도저하율의 수치가 낮으면 기하학적으로 정도를 높게 나타내고 수치가 적을수록 정확하며 지표에서 가장 좋은 Dop의 배치상태는 1이다. Dop의 값이 2보다 적은 경우는 매우 우수한 경우이고 2~3값을 가지면 우수 4~5값을 가지면 보통이고 6이상의 자료는 효용가치가 없다. 즉, Dop의 수치가 낮을수록 기하학적으로 아주 좋은 것으로 정도가 높고 Dop의 수치가 높을수록 정도는 낮다. Dop의 종류에는 VDop(Vertical Dop)으로 고도 정밀도저하율, HDop(Horizontal Dop)으로 수평위치 정밀도저하율, PDop(Position Dop)은 3차원 위치결정의 정밀도저하율, TDop(Time Dop)은 시간 정밀도저하율, GDop(Geometrical Dop)은 기하학적 정밀도저하율을 나타내고 있다. 수신기를 중심으로 4개 이상의 위성이 정사면체를 이룰 때 최적의 체적이 되며 GDop과 PDop이 최소가 된다.

(1) GDop

GDop(Geometric Dilution of Precision)은 GPS 위성의 기하학적 배치상태를 판단할 수 있

으며 높은 GDop은 위성의 배치상태가 좋지 않다는 의미이며 수치가 낮은 GDop은 위성 간의 측정값의 정도가 더 좋아진다는 것이다. GDop은 위성의 기하학적 분포와 관련된 함수 값으로서 8이하인 경우에만 측량에 적용되고 있으며 GDop이 5이하일 경우가 가장 이상적이다.

GDop은 위치측정에 사용된 위성에 따라 정확도를 결정할 수 있으므로 단순하게 2개의 위성이 있는 경우 유사거리에 여러가지 오차를 결합하고 있으므로 약간의 불확실성을 가지고 있지만 그림 8-30과 같이 2개의 위성이 서로 근접해 있으면 GDop의 값이 높아지므로 위치정확도는 낮게 되고 만약 2개의 위성이 분리되어 적당한 간격으로 배치되어 있다면 GDop은 수치가 적은 값을 가지므로 위치오차는 적게 나타난다. GPS 측량을 실시할 경우에는 반드시 4개 이상의 위성을 수신할 수 있을 때 관측하는 것이 바람직하다. GDop은 기하학적인 정도를 표시하는 계수로 3차원의 측위 결과와 시각에 대한 정확도를 표시한다.

$$GDOP = \sqrt{\sigma^2E+\sigma^2N+\sigma^2U+\sigma^2t}$$
$$PDOP = \sqrt{\sigma^2E+\sigma^2N+\sigma^2U}$$
$$HDOP = \sqrt{\sigma^2E+\sigma^2N}$$
$$VDOP = \sigma^2U$$
$$TDOP = \sigma^2t$$

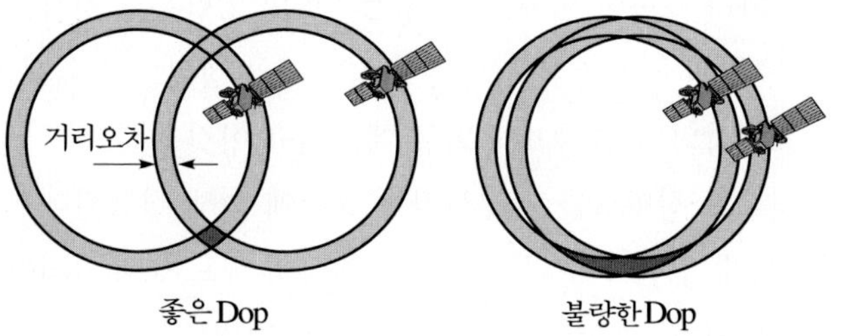

그림 8-30 기하학적 오차

(2) PDop

Dop의 종류는 여러가지가 있지만 가장 일반적으로 사용되는 것이 PDop(Positional Dilution of Precision)라고 하며 GPS 수신기를 이용하여 PDop를 계산하여 거리오차에 곱하면 측위오차가 된다. PDop은 위성의 조합위치 상태를 지표로 나타내며 가장 이상적인 위성의 배치로는 위성과 위성의 간격이 120°가 가장 양호하며 Dop 값은 수신기와 위성의 위치관계로 정해지고 위성의 위치를 정점으로 하는 사면체의 체적이 클수록 작은 값이 된다.

위성의 배치상태가 어느 한쪽으로 치우치거나 너무 확산되면 사면체의 체적이 적게 되어 PDop의 값이 크게 나타나므로 정확도가 낮다. PDop은 위성의 위치정밀도를 나타내는 것으로 PDop만으로는 훌륭한 기선을 결정 할 수 없으며 PDop의 수치가 4이하일 경우는 위성의 위치상태가 매우 양호하며 5~7은 사용이 가능하지만 정확도 측면에서 신뢰성이 떨어지므로 7이상은 사용하지 않는 것이 좋다. PDop은 위성의 기하적인 강도와 정도를 가장 잘 나타내기 때문에 높은 정도의 Data를 취득하기 위하여 일정한 정도저하가 되면 계산이 되지 않도록 PDop 한계치를 설정할 수 있다. GPS 위성수신기는 관측된 Data를 이용하여 PDop를 계산하고 여기에 거리오차를 곱하면 측위 오차가 되며 측위오차 = 거리오차(Range Error)×PDop가 된다. 따라서 대부분의 수신기는 PDop이 작은 위성의 조합을 선택하여 측위계산을 하고 이를 표시하도록 설계되어 있다.

8.5.4 정밀도에 영향을 주는 요소

(1) 절사각

절사각(Cut-off-angle)은 배치상태가 나쁜 위성을 제거하기 위한 것으로 절사각이 15° 이상의 위성을 사용하기 위해서 기계의 설정값은 15°로 되어 있다. 자료처리를 위하여 15° 이상으로 절사각을 올리면 위성에서 발사된 신호를 수신하지 못하므로 기선계산에 사용되지 못할 수도 있고 위성의 수가 4개 이하이면 성과계산을 못하므로 새로 관측하여야 하며 절사각을 20°로 높이는 경우에는 GDop이 좋고 20° 상방에 관측위성수가 많은 경우 대개 전파의 교란을 줄일 수 있다. 대부분 수신기는 사용자 입력에 의해 수평선을 기준으로 각도에 따라 인공위성으로부터 발사된 신호를 무시하도록 되어있으며 이 각도를 Mask Angle 이라고도 한다.

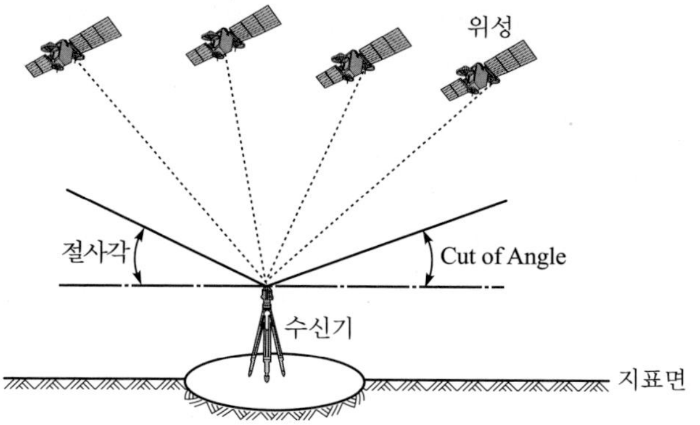

그림 8-31 절사각

5개 이상의 위성을 관측하였을 경우에도 결과가 나쁠 수 있는데 이 경우 20° 이상의 위성에서도 전파교란이 있을 수 있으므로 절사각을 높여서 4개 이상의 고위도 위성만으로 계산하여 보다 좋은 성과를 얻을 수도 있다. 특히, 일주파 수신기를 사용할 경우 대기층에 따른 오차를 최소화하기 위해 Elevation Mask를 적당히 조절하는 것이 좋으며 그림 8-31은 절사각을 설정하였을 때의 현상이다.

(2) 불확실정수

어떠한 사이클슬립이 없다면 하나의 수신기로부터 하나의 위성까지의 모든 측정량은 같은 크기의 초기불확실정수(Inital Ambiguity Value)를 가지게 되는데 미지인 초기불확실정수를 소거하거나 데이터처리 중에 이상수를 결정하기 위하여 사용될 수 있다. 미지의 불확실정수는 2개의 이중차를 구하여 소거할 수 있는데 이를 삼중차(Triple Difference)라고 한다. 반면, 불확실정수를 소거하는 대신에 정수의 크기를 정확히 결정할 수도 있으며 정확한 불확실정수는 이중차의 수정에 사용하여 보다 정확한 거리 측정량을 구성하게 되므로 더 정확한 결과를 주게 된다. 모든 오차의 원인은 모두가 각각의 GPS 측정값에 불확실한 수치를 가산하게 된다.

(3) 선택적 가용성

GPS는 미 국방부가 개발하여 초기에는 군사적 목적으로 사용하였으므로 허가 받지 않은 자는 사용할 수 없도록 하였다. 선택적 가용성은 천체의 위치표에 의한 자료와 위성시계 자료의 조작을 통해 위성과 수신기 사이의 거리에 오차가 발생하도록 하는 방법이다. 미국 국방성의 정책적 판단에 의해 인위적으로 GPS 측량의 정확도를 저하시키기 위한 조치로 위성의 시각정보 및 궤도정보에 임의의 오차를 부여하거나 송신신호의 형태를 임의로 변경하는 것을 선택적 가용성(SA; Selective Availability)이라 한다. SA는 오차 요소에서 가장 큰 오차의 원인으로 허가되지 않은 일반 사용자들이 일정 한도내로 정확성을 얻지 못하게 하기위해 고의적으로 인공위성의 시간에다 오차를 포함시켜 95% 확률로 최대 100m까지 오차가 나게 만든 것을 말한다. 1990년 3월 공식명칭으로 미 국방성이 정책적으로 이용하였으며 이것은 단순하게 Block Ⅱ 위성 신호에 인위적인 시간오차와 궤도오차를 항행메세지에 추가한 것이다.

S/A는 적국이 GPS 위치를 전술적인 목적으로 이용하는 것을 방지하기 위하여 고안되어 이것이 가동될 때에는 가장 큰 GPS 오차로 S/A에 의한 궤도오차와 시간오차로 유사거리 측정에 영향을 주게 된다. SA는 원자시계의 안정성 감소와 인공위성의 항법메시지 전송을 감소시키는 시간오차에 의해 시작되며 P코드의 노출을 우려한 나머지 보안을 위해서 코드를 변조, 암호화하여 Y코드로 만드는데 이는 무자격자의 이용을 방지하기 위한 것으로 AS(Anti Spoofing)라 한다. AS는 군사목적의 P코드를 적의 교란으로부터 방지하기 위해 암호화시키는 방법으로 암호를 해독할 수 있는 수신기를 가진 사용자만이 위성신호의 수신이 가능하다. SA를 작동할 경우 오차는 100m 이하이지만 3차원 절대좌표를 얻기 위해서는 군사 목적으로만 사용하도록 되어 있는 GPS 신호를 해독하는 정밀위치결정서비스(PPS; Precise Positioning Service)를 사용

하여야 하며 해제된 후의 오차는 10m의 정확도를 갖는다. 표준위치결정서비스(SPS; Standard Positioning Service)를 사용하여 사용자는 100m 정도의 오차로 절대 위치를 결정할 수 있도록 허가하고 있다. GPS 오차에서 가장 큰 영향을 주었던 SA는 2000년 5월 1일 미국에서 해제하면서 GPS 측위의 정확도가 10~30m 정밀도로 위치를 파악할 수 있게 되었다.

(4) OTF

일반적으로 GPS 정밀위치결정을 위하여 위상관측값을 이용할 경우 위성과 수신기간의 거리에 대한 위상의 초기정수 주기수인 초기불확실정수와 수신되는 신호가 차단되는 현상인 신호단절을 해결해야 한다. 정지측량에서는 수신기가 정지한 상태로 45분이상 관측을 수행하고 특별한 신호단절 보정기법을 이용함으로서 해결하고 있지만 초기의 이동측량에서 수신기가 이동상태에서 신호단절이 발생할 경우 다시 초기화 과정을 반복해야 하며 미지정수와 신호단절을 해결하는 기법의 알고리즘들을 통칭하여 이동 중 위치결정으로 OTF(On-The-Fly)라고 한다. OTF 알고리즘을 이용하면 mm단위의 정확도로 실시간의 위치결정이 가능하다. OTF의 특징은 계산의 정확도 향상, 실시간의 응용이 가능하도록 계산시간을 단축, 시스템의 신뢰성을 높이는 문제이다. 1985년 Remondi에 의해 이동측량이 제시되면서 GPS 정밀위치결정의 영역이 급속히 확대되었으며 정지측량의 단점인 낮은 생산성을 극복하게 되었다. 그러나 이동측량의 경우 현장의 작업여건에 매우 민감하며 작업절차가 복잡하기 때문에 실제적인 생산성 향상에 한계를 지니고 있었다. OTF는 코드를 이용하는 가장 진보된 기술로 GPS의 위치정보가 필요한 모든 분야로 확대시키는 계기를 제공하고 있으며 1980년대 후반부터 현재까지 발전하고 있는 가장 진보된 GPS 응용기술이다. OTF는 초기화 과정 없이 특별한 알고리즘에 의해 미지정수를 실시간으로 구하는 방식을 말하며 GPS의 응용분야를 획기적으로 확대시키는 기법이다.

OTF는 미지정수를 결정하는 검색 알고리즘 이며 적용하는 이론과 접근방법에 따라 2주파의 P코드 및 위상을 모두 이용하여 미지정수를 추정하는 기법, AFM을 이용하는 기법, LSAST를 이용하는 기법, 공분산행렬을 이용하는 기법이 있다. 이동측량은 고정설치된 수신기를 기준국이라 하고 이동하는 수신기를 이동국이라 하며 두 대의 수신기를 통신체계로 연결하여 기준국에서는 관측된 위상을 이동국으로 실시간으로 송신하도록 하고 이동국에서는 기준국의 관측값과 자신의 관측값을 이용하여 실시간으로 이동국의 위치를 계산할 수 있도록 시스템을 구성한 체계를 OTF 또는 RTK(Real-Time Kinematic)이라 한다. 참고로 OTF와 RTK의 근본적인 차이는 RTK의 경우 초기화 과정을 통하여 미지정수를 결정한 후 통신체계와 연결되는 방식이며 OTF는 초기화 과정없이 특별한 알고리즘에 의해 미지정수를 실시간으로 구하는 방식을 말한다. 따라서 OTF가 보다 실용적인 방식으로 GPS의 응용분야를 획기적으로 확대시키는 기법으로 실시간의 처리가 필요 없을 경우에는 통신체계와의 연결없이 각 수신기에서 위상을 관측한 후 후처리방식의 OTF는 기존 GPS 측량방식의 생산성을 획기적으로 높이려는 경우 또는 이동체의 운동궤적으로부터 필요한 정보를 취득하기 위한 모든 분야에 적용될 수가 있다. OTF 문제점은 수신기의 관측값에 오차가 포함되며 중·장기선의 경우에도 성능을 보장할 수 있는 추가적인 알고리즘이 없으므로 계산의 정확도를 향상시켜야 하고 실시간 응용이 가능하도록 계산시간을 단축해야 한다. 또한, 시스템의 신뢰성을 높이고 미지수를 결정하기 위해 필요로 하는 관측값의 관측횟수를 결정해야 하며 OTF 알고리즘이 적용되는 실제의 환경에 따라 탄력적으로 작용되어야 한다.

8.6 위성좌표계

측지좌표계는 지상에서 위치관계를 표시하는 좌표계로 그리니치 천문대를 지나는 본초자오선과 적도의 교점을 원점으로 사용하고 있다. 인공위성측위시스템의 WGS84와 ITRF 좌표계는 지구중력장과 지구모형을 근거로 만들어진 범지구좌표계라 할 수 있으며 원점은 지구질량중심(Earth's Center of Mass)으로 설정되어 있다. 이들은 각 나라마다 사용하고 있는 지역좌표시스템의 변환에 따른 문제점을 지니고 있으며 위성좌표로 추출된 경우에는 지역좌표로 변환하기 위해 측지좌표인 경위도, 높이로 변환되며 경위도는 다시 평면직각좌표로 변환하여 사용하고 있다. 좌표원점은 지구의 질량중심을 사용하고 지구의 자전축을 Z축으로 한 것을 지구중심좌표계라고 말하며, 지구자전축이 시간경과에 따라 변화하는 극운동 때문에 지구좌표계로서 불충분하여 국제적인 관측사업의 결과에 따라 국제관용원점(CIO; Conventional International Origin)을 기준으로 하는 순간 자전축의 방향을 좌표로 공표하고 있다. CIO는 1900년부터 1905년까지의 자전축 평균값이며 Z축을 CIO로 하는 고정좌표계를 평균지구좌표계(AT; Average Terrestrial coordinates system)라 하고 X축을 Z축과 그리니치 자오면에 직교하는 방향으로 정의한다. WGS84좌표체계는 미국에서 독자적으로 구축한 것이며 ITRF좌표체계는 국제학술단체에서 주관하여 전 세계가 참여하고 있으므로 공개성 및 투명성이 높으나 실용적으로는 차이가 없으므로 공통적으로 적용할 수 있는 좌표계이다.

8.6.1 위성좌표계의 변천과정

1940년대까지 대부분의 선진국들은 경제적, 군사적으로 필요한 자국의 영토를 관리하기 위하여 독자적으로 기준계를 개발 사용하였다. 1950년대 말 미국 국방성에서는 전세계에서 통일좌표계를 사용할 수 있도록 WGS(World Geodetic System)인 지심좌표계를 개발하였다. 1966년 1월 WGS개발 위원회는 WGS 60이후로 확장된 삼각망, 삼변망, 도플러 및 광학 위성자료를 이용하여 WGS 66(a = 6,378,145±20m, f = 1/298.25 ±0.02)을 제작하였다. 그리고 ITRF91을 기초로 1994년 1월 2일에 WGS84(G730)로 변경되어 정밀력에 적용되었으며 ERS표준에 의한 GM 상수를 적용하고 G730에서 "G"는 GPS Week의 머리글자를 나타낸 것이다.

1996년 9월에는 ITRF와 연동시켜 지각변동을 고려하고 다시 개량하여 WGS84(G873)가 적용되었는데 ITRF94와의 비교결과가 10cm 이내 수준에 있음이 발표되고 있다. 최초의 Glonass 프로그램에 따른 인공위성 발사가 1982년 10월 12일에 이루어졌으며, 최근까지 76회에 달하는 인공위성발사가 실행되어 현재까지 정상운영 중이다. 1998년 7월 타이뻬이(台北)시에서 개최된 서태평양지구물리회의에서는 IERS의 연구자로부터 ITRF96의 보고가 있었다. 우리나라에서는 2010년 1월 1일부터 2020년 12월 31일 까지는 2개의 측지계를 병행하여 사용하고, 2021년 1월 1일 부터는 모든 측량에 세계측지계를 적용하도록 하였다.

8.6.2 좌표계의 종류

(1) ITRF

ITRF 좌표계는 IERS에서 추천하는 통일좌표계로서 현재 각종의 우주측지좌표계로부터 ITRF(International Terrestrial Reference Frame)좌표계로의 변환파라미터가 주어지고 있다. ITRF는 데이터 해석센터에서 독자적으로 산출하는 관측국의 위치와 이동에 근거하여 국제지구회전관측사업(IERS; International Earth Rotation Service)에서 추천하는 세계공통좌표계이다. GPS인공위성의 궤도정보로써 IERS에서 공표한 ITRF(IERS Terrestrial Reference Frame) 좌표계의 정보를 이용할 경우에는 위치좌표에 미소한 차이가 있다. 현재 측량 · 수로 및 지적에 관한 법률에서는 ITRF계의 지심직각좌표계인 ITRF2000 좌표계를 사용해 위치를 표시하고 있다. 세계측지계로 ITRF계를 선택한 이유는 우리나라의 경우 GPS등의 국제공동관측을 통해 국제적으로 협력할 수 있으며 대량의 우주측지 관측결과로부터 계산되기 때문에 높은 정밀도를 나타낼 수 있다. 또한 미국과 같이 군사 목적으로 구축된 것은 아니므로 일반인에게 공개할 수 있다는 장점이 있다. 국제지구회전관측사업(IERS)은 국제극운동관측사업과 국제시보국을 대체하고 지구회전변동 감시를 위하여 설치된 국제협력 조직으로서 1988년 1월에 설립되었으며, 국제지구기준좌표계를 기준으로 하고 있다. IERS에서 3차원 지구기준좌표계를 공표하고 있는데 ITRF에 적용되는 원점은 지구의 질량중심에 있으며 북극(*Z*축)은 CIO 방향이고 적도면과 그리니치 자오선이 교차하는 방향이 주축(*X*축)으로 오른손 좌표계라고도 하며 BIH 1984 지구기준 좌표계를 기준으로 한다.

최근의 ITRF는 좌표원점이 지구중심에 센티미터에서 밀리미터 단위의 정확도로 알려지고 있다. 1980년 IAG(International Association of Geodesy 국제측지학회)에서 권고된 GRS80 타원체를 사용하였고 그 제원은 장반경 6378137m, 편평률 1/298.25722이며 국제적인 지심좌표의 기준은 국제지구기준좌표계로 IERS에서 VLBI, SLR, GPS 등의 관측 결과로부터 구한 측점좌표 및 이동속도를 바탕으로 매년 지축의 회전을 계산한다. ITRF는 순수한 3차원 직각좌표계이고, 경위도를 계산하기 위한 타원체의 적용이 필요할 경우에는 GRS80 타원체를 적용한다. 현재 WGS84 좌표와 ITRF 좌표는 mm범위의 차이로 실질적으로 차이가 없다. 우리나라의 좌표계는 타원체 중심 및 축의 방향이 다르기 때문에 GPS 측위결과를 직선거리만 제외하고는 그대로 우리 측지계에 사용할 수가 없으므로 GRS80으로부터 Bassel타원체에 의한 한국측지계의 좌표로 변환하여 사용하고 있다.

(2) WGS84 좌표계

WGS 좌표체계는 지도, 차트, 측지 목적으로 미국 국방성에서 개발하였으며 WGS 좌표체계는 WGS60, WGS66, WGS72, WGS84 등이 있으며 WGS72의 지구중력모형과 지오이드 모형을 개선하여 WGS84가 제작되었다. 또한, 표면중력측량, 삼각 및 삼변측량, 고정밀 트래버스와 천문측량으로부터 얻은 새로운 좌표를 이용한 WGS72가 만들어졌으며 장반경(a = 6,378,135m), f = 1/298.26으로 미 국방성 지도제작국(DMA)에서 강화하였다. WGS84타원체는 장반경(a = 6,378,137m), 단반경(b = 6,356,752m), 평편률(f) 1/298.257223563, 각속도 7,292,115×10-11rad/s, 중력상수(GM) 3,986,005×108m^3/s^2이다. WGS84는 미국의 GPS이전의 NNSS (Navy Navigation Satellite System; 미해군 항행위성 시스템)의 기준이 되었던 WGS72를 조금 수정한 것으로 1984년에 만들어진 ECEF(Earth Centered Earth Fixed)좌표계로 지구전체를 대상으로 하는 세계 공통좌표계로 지구질량중심으로 설정되어 있으며 지구중력장과 지구모형을 근거로 하여 만들어진 것이다. WGS는 관용지구기준좌표계와 매우 근접된 것이기는 하지만 국제적 합의에 의한 좌표계는 아니다. WGS84 타원체는 지도, 측량, 지구 중력등에 관계한 각종 산출물을 제작하여 미 국방성을 지원하고 있는 미 영상지도국(National Imagery and Mapping Agency, NIMA)의 전신인 미 국방지도국(Defense Mapping Agency, DMA)에서는 다른 타원체기준의 좌표계로 나타내는 각종 자료들을 하나의 기준 타원체에 대한 좌표계로 나타내는 방안을 제시하였다.

GRS80 타원체의 장반경과 동일하며 WGS72 타원체의 장반경보다 2m가 길고 측정방법은 Doppler 및 Laser, 레이더 고도계를 이용한 지오이드 고도자료 등 누적된 자료를 바탕으로 지구형상을 가장 근접하게 모델링하도록 타원체 계수를 수정하였다. GPS에서 사용하고 있는 좌표계는 WGS84로서 지구질량중심을 타원체의 기하중심으로 하는 지심좌표계이다. 지리적인 관점에서 지표면은 지구의 실제적인 지표면, 수학적인 모델로서의 타원체 형태의 지표면, 동일한 중력을 갖는 지오이드면으로 표현할 수 있다. WGS84 타원체와 관련 계수를 결정하기 위해 GRS80(Geodetic Reference System 1980)과 유사하게 정해졌다. WGS84 타원체와 관련되는 계수들은 타원체 장반경, 지구중력상수(Earths Gravitational Constant), 정규화된 2차대역중력계수(Normailzed Second Degree Zonal Gravitational Coefficient) 및 지구의 회전각속도(AngularVelocity of Earth) 등이며 GRS80과 거의 동일한 계수들로 나타낸다.

지심좌표계인 WGS84의 좌표축은 그림 8-32와 같이 지구의 질량 중심에 위치한 좌표 원점과 *X*, *Y*, *Z*축으로 정의 되는 좌표계이다. WGS84 좌표체계는 이 BIH-defined CTS와 마찬가지로 원점이 지구질량 중심이며 *Z*축은 극운동에 의한 그리니치 중심의 본초자오선에 평행한 기준 자오면과의 교차선으로 국제시보국(BIH)에 의해 정의된 관용극점(CTP)방향에 평행하다. *Y*축은 *X*축에서 동쪽으로 90° 지점에 위치하고 있으며 적도면에서 우측으로 측정되는 지심직각좌표를 이룬다.

WGS84좌표계는 WGS72를 대체하고 GPS시스템의 기준계로 사용하기 위하여 정의되었는데, 국립지리원은 1979년 11월 한 · 일측지협력으로 경기도 화성군 동학산(2등삼각점)에서 인공위성측량장비로 관측한 것을 시작으로 1983년 이래 삼각점이 망실된 섬지역 등을 포함한 23점에서 인공위성측량기(Magnavox 1502) 2대로 관측하였다. 국방성 DMA(현재는 National Imagery and Mapping Agency, NIMA로 개칭)에서 1987년 1월 1일부터 운용하고 있는 기준계이다.

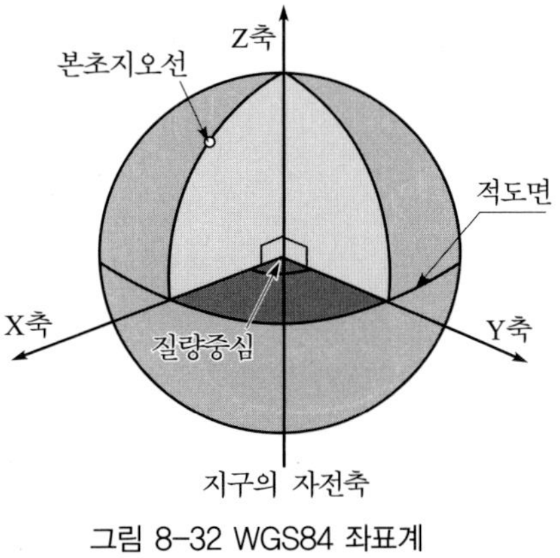

그림 8-32 WGS84 좌표계

미 국방성에서는 WGS84에 대하여 현재까지 2번째의 개량을 실시하였으며 1997년 10월에 개량된 WGS84(G8 73)는 ITRF와 실용적으로 일치하고 있다. GPS시스템에서는 WGS84(World Geodetic System 1984)라는 기준좌표계를 사용한다. 개선 내용은 방대한 량의 자료를 이용할 수 있도록 전산기에 의한 정보처리기법을 사용하고 도플러위치 결정으로부터 얻은 자료로 레이저 추적 자료와 표면 중력자료 사용, 위성고도 레이더 고도계 이용, 남북 70° 범위의 해양지역 지오이드고의 이용 등이다. 자료취득은 개발에 사용된 전지위성 자료를 미국 해군항행 위성체제로부터 자료를 취득하고 BC-4카메라 및 Baker-Namn 카메라로 취득한다. 또한 사용된 지구중력모형과 지오이드 모형이 오래 되어 정확하고 광역의 기준계 변환의 요구에 따라 변환이 가능하다. 또한 위성레이더 고도계와 남북 70° 범위의 해양지역 지오이드고를 이용하였다.

(3) PE-90 좌표계

Glonass시스템에서 사용되는 기준좌표계로는 러시아의 우주측지시스템(CGS)의 측정에 의해 만들어진 PE-90 좌표계(Parameters of Earth-90)를 사용한다. 또한 WGS84 좌표계와 마찬가지로 세계 공통좌표계로 러시아 정부지구회전서비스(GERS; Governmental Earth Rotation Service)의 지구모형을 근거로 하고 있다. PE-90 좌표계에서 기준으로 하는 적도반경 (a)은 6,378,137m 이며 편평도 (f)는 1/298.257839303이다. 이 좌표계는 구소련 체제하의 영토 내에 30개 기준점을 설정 및 구성하였으며, 기준점 간의 간격은 10,000km 이하일 때 30cm 이하의 왜곡도를 갖는다.[19] 인공위성측위시스템은 WGS84나 PE-90과 같은 범지구적시스템의 좌표를 결정한다. 일반적으로 3차원좌표계인 WGS84, ITRF, PE-90의 좌표들은 지역좌표시스템으로 변환해야 한다는 것이다. 러시아에서는 현재 범지구좌표계인 WGS84와 PE-90 좌표간의 변환을 실시하고 PE-90과 현행 크라소프스키 이론에 의한 좌표체계인 SK-42로 변환할 수 있도록 하고 있다.

8.6.3 좌표변환

좌표변환이란 어떤 좌표계상의 위치를 다른 좌표계상의 위치로 변환하는 작업을 말한다. 좌표계라 함은 지구상의 위치를 수치로 표현하기 위한 체계로 측지좌표계의 경우 경도, 위도, 표고 또는 타원체면으로부터의 높이로 지구상의 특정 위치를 표기하고 평면좌표의 경우에는 특정의 투영원점에 대한 남북 및 동서 방향의 거리와 표고로 표기하고 있다. GPS에 의하여 결정한 위치는 ITRF 좌표계로써 우리나라에서 채용하고 있는 Bessel 좌표계와 차이가 있으므로 GPS 측량성과

19) Boikov V. V., Galajin B. F., Kapkin B. L. etc. 지심좌표계 PE-90의 구축 결과에 대한 연구. Geodesy and Cartography. 1993. No.11. pp.17-21.

를 직접 활용할 수 없다. 즉, 동일한 위치일 경우에도 경위도 및 평면직각좌표의 위치와 표시하는 수치가 다르게 나타나므로 측지좌표계 상호간의 변환이 필요하다. 변환방법은 지역타원체와 GRS80 타원체간의 변환파라미터를 이용하여 지역타원체에서 계산된 X_1, Y_1, Z_1을 GRS80 타원체에 준한 3차원직각좌표 X_2, Y_2, Z_2로 변환한다.

변환파라메타로서는 두 타원체간의 원점이동량(ΔX, ΔY, ΔZ), 좌표축의 회전량(ω_x, ω_y, ω_z), 축척계수 등의 7개의 변수를 채용하거나 원점이동량을 고려한 일부만을 채용하기도 한다. GPS 위성궤도는 GRS80 타원체로 주어지고 있으나 우리나라의 측지좌표계는 Bessel 타원체를 사용하고 있다. 따라서, 타원체의 중심과 축의 방향이 다르기 때문에 WGS84 좌표계에 의한 지심좌표계로서 현재 우리가 사용하고 있는 Bessel 타원체에 준거한 경위도 좌표계와는 지역에 따라 약 750m정도의 차이가 발생하므로 GPS에 의한 측위결정은 반드시 우리나라 측지좌표계의 성과로 변환한다. 좌표를 정의하기 위해서는 지구를 수학적인 타원체의 형태로 모델링하여야 한다. 세계 각국에서는 동일한 지구에 대해 서로 다른 타원체 모델을 정의하여 지역측지기준(Local Geodetic Datum)으로 사용하고 있다. 그러나 현재는 지구전체를 질량중심을 기준으로 하는 세계공통타원체인 GRS80을 활용하고 있으므로 먼저 타원체가 결정되면 종이 지도나 모니터 화면상에 나타내기 위해 평면상에 투영한다.

(1) 좌표변환 과정

일반적으로 2개의 측지좌표계간의 변환은 3단계로 나누어서 실시하는 것이 편리하므로 여기서는 "A"측지계로부터 "B" 측지계로 변환하는 방법은 A의 좌표계에 준거한 위도(B_A), 경도(L_A), 높이(H_A)를 직각좌표값(X_A, Y_A, Z_A)으로 변환하는데 세계측지좌표계 ITRF를 한국측지계(Bessel)인 경위도 좌표계로 변환할 경우 GPS로 얻은 위도(B), 경도(L), 높이(H)를 지심직각좌표값(X_1, Y_1, Z_1)으로 계산하면 식(8.10)과 같다.

$$
\begin{aligned}
X &= (N+H) \cdot \cos\boldsymbol{B} \cdot \cos\boldsymbol{L} \\
Y &= (N+H) \cdot \cos\boldsymbol{B} \cdot \cos\boldsymbol{L} \\
Z &= [N(1-e^2)+H] \cdot \sin\boldsymbol{B}
\end{aligned}
\tag{8.10}
$$

여기서, X, Y, Z는 점의 위치를 나타내는 좌표, $N = a\sqrt{1-e^2 \cdot \sin^2\boldsymbol{B}}$, $\boldsymbol{B}$; 위도, $\boldsymbol{L}$; 경도, $\boldsymbol{H}$; 타원체로부터의 높이, a; 장반경, f; 편평율이다.

묘유선 곡률반경 $N=\dfrac{a^2}{\sqrt{a^2\cos^2\text{ø}+b^2\sin^2\text{ø}}}$ 이며

제1이심률 $e^2=\dfrac{(a^2-b^2)}{a^2}$

a; 준거타원체의 적도반경, f; 편평률이며

식(8.11)을 이용하여 B의 직각좌표계로 변환한다.

$$\begin{bmatrix} X_B \\ Y_B \\ Z_B \end{bmatrix} = \begin{bmatrix} \Delta X_{A\to B} \\ \Delta Y_{A\to B} \\ \Delta Z_{A\to B} \end{bmatrix} + (1+S) \begin{bmatrix} 1-k & \text{ø} \\ k & 1-w \\ -\text{ø} & w\ 1 \end{bmatrix} \begin{bmatrix} X_A \\ Y_A \\ Z_A \end{bmatrix} \tag{8.11}$$

여기서, $(X_A,\ Y_A,\ Z_A)$; A측지계에 준거한 직각좌표, $(X_B,\ Y_B,\ Z_B)$; B측지계에 준거한 직각좌표, $(\Delta X_{A\to B},\ \Delta Y_{A\to B},\ \Delta Z_{A\to B})$: 원점선형이동량, $\Omega_X(\omega)$, $\Omega_Y(\text{ø})$, $\Omega_Z(k)$; X, Y, Z축 주변의 좌표회전량, S; 축척 보정량으로 단위는 라디안이다.

식(8.11)을 정리하면 $X_B = X_o+SR(\omega,\ \text{ø},\ k)\cdot X_W$와 같다.

여기서, X_B ; Bessel 좌표계에 의한 위치, X_W; 세계공통좌표계에 의한 위치, X_o; 원점이동계수$(\omega,\ \text{ø},\ k)$; 회전각, S; 축척계수이다.

식(8.11)은 어느 측지좌표계로부터 별도의 측지좌표계로 변환하는 $\Delta X_{A\to B}$, $\Delta Y_{A\to B}$, $\Delta Z_{A\to B}$, ω, ø, k 및 S로 7개의 파라미터가 필요하다는 것을 나타낸다. 우리나라의 측지계인 경우에는 식(8.11)은 그대로 사용하지 않고 회전과 축척의 왜곡은 없다고 해도 관계없으므로 식(8.12)와 같이 간단하게 정리할 수 있다.

$$\begin{bmatrix} X_B \\ Y_B \\ Z_B \end{bmatrix} = \begin{bmatrix} \Delta X_{A\to B} \\ \Delta Y_{A\to B} \\ \Delta Z_{A\to B} \end{bmatrix} + \begin{bmatrix} X_A \\ Y_A \\ Z_A \end{bmatrix} \tag{8.12}$$

식(8.10)과 식(8.13)을 이용해서 "B"측지계의 위도, 경도, 높이를 계산한다.

$$B(\phi) = \tan^{-1}(\frac{Z+e'^2 \cdot \sin^3\theta}{P-e'^2 \cdot \cos^3\theta})$$

$$L(\lambda) = \tan^{-1}(\frac{Y}{X})$$

$$H(h) = (\frac{p}{\cos B})-N \qquad (8.13)$$

$P= \sqrt{(X^2+Y^2)}$, $\theta = \tan^{-1}\frac{Za}{Pb})$, $e = \sqrt{(a^2-b^2)/a^2}$, $e' = \sqrt{(a^2-b^2)/a^2}$ 이다.

(2) 좌표변환모델

두 좌표계간의 변환은 각각의 좌표계에서 위치를 3차원 직각좌표계(X, Y, Z)로 변환하여 이들 간의 차이가 최소가 되도록 변환파라미터(7매개변수)를 결정해야 한다. 좌표변환 모델은 Bursa-Wolf, Molodensky, Veis 등의 모델이 있다.

1) Bursa-Wolf 모델

Bursa-Wolf 모델은 두 3차원 직각좌표계간의 좌표계원점에 대한 이동량 및 좌표축의 회전량을 구하는 방식이다. Bessel(X_B, Y_B, Z_B)좌표계와 세계공통(X_w, Y_w, Z_w)좌표계간의 원점이 일치하도록 평행 이동시킬 경우의 원점이동량의 3가지 성분(ΔX, ΔY, ΔZ)을 두 좌표계간의 좌표축 방향이 일치하도록 X, Y, Z축의 순서로 변환한다. 이와 같이 변환파라미터를 이용하여 지역좌표계(Bessel)와 세계공통좌표계의 변환관계를 행열식으로 표현하면 식(8.14)와 같다.

$$\begin{pmatrix} X_B \\ Y_B \\ Z_B \end{pmatrix} = \begin{pmatrix} \Delta X \\ \Delta Y \\ \Delta Z \end{pmatrix} + (1+\Delta S)\, R(w_X)\, R(w_Y)\, R(w_Z) \begin{pmatrix} X_w \\ Y_w \\ Z_w \end{pmatrix} \qquad (8.14)$$

회전행열 $R = R(w_x)\,R(w_y)\,R(w_z)$의 연산을 수행하고 w_x, w_y, w_z가 미소량임을 감안하면 결과적으로 식(8.15)와 같다.

$$\begin{pmatrix} X_B \\ Y_B \\ Z_B \end{pmatrix} = \begin{pmatrix} \Delta X \\ \Delta Y \\ \Delta Z \end{pmatrix} + (1+\Delta S) \begin{pmatrix} 1 & w_z & -w_y \\ -w_z & 1 & w_x \\ w_y & -w_x & 1 \end{pmatrix} \begin{pmatrix} X_w \\ Y_w \\ Z_w \end{pmatrix} \qquad (8.15)$$

식(8.15)는 동일지점에서 각각의 3차원직각좌표, 즉, Bessel 좌표로부터 구한(X_B, Y_B, Z_B) 및 GPS관측에 의한(X_w, Y_w, Z_w)를 기지량으로 하여 7개의 미지변수를 결정한다. 즉, 좌표계간 원점이동량(ΔX, ΔY, ΔZ), 축척변화율(ΔS), 그리고 좌표축의 회전량(ω_x, ω_y, ω_z)을 결정한다. 따라서, 최소 3점(현행좌표 및 세계 공통좌표를 동시에 알고 있는 점을 의미) 이상에서의 관측치를 확보하면 7개의 미지변수를 결정할 수 있다. 즉, 현행좌표가 알려진 삼각점에서 GPS관측을 하여 세계공통좌표를 결정하였을 경우 이들이 변환파라미터의 계산에 활용될 수 있는 점들이다. 이로부터 좌표변환을 특징짓는 7변환변수가 결정되며 GPS관측에 의한 세계공통좌표가 있는 점에 적용함으로써 이들 점에서의 현행좌표를 계산할 수 있게 된다. Bursa와 Wolf에 의해 제시된 7-매개변수 변환모델은 식(8.16)과 같다.

$$\underline{X}_B = (1+\Delta S)R_z(k)R_y(\phi)R_x(\omega)\underline{X}_w+\underline{T} \qquad (8.16)$$

식(8.16)에서 $\underline{X}_B$; 우리나라 지심직각좌표, $\underline{X}_w$; 세계공통지심직각좌표, T; 이동량벡터(ΔX, ΔY, ΔZ)이며, Δs는 축척차이다. $R_z(k)\ R_y(\phi)\ R_x(\omega)$는 두 좌표계 사이의 회전을 행렬로 나타내면 식(8.17)과 같다.

$$R_z R_y R_x = \begin{bmatrix} \cos\phi\cos k & \begin{matrix}\cos w\sin k \\ +\sin w\sin\phi\cos k\end{matrix} & \begin{matrix}\sin w\sin k \\ -\cos w\sin\phi\cos k\end{matrix} \\ \begin{matrix}-\cos\phi\sin k\end{matrix} & \begin{matrix}\cos w\cos k \\ \sin w\cos k\end{matrix} & \\ \begin{matrix}+\cos w\sin\phi\sin k\end{matrix} & & \begin{matrix}+\sin w\sin\phi\sin k \\ \sin\phi\end{matrix} \\ -\sin w\cos\phi & \cos w\cos\phi & \end{bmatrix} \qquad (8.17)$$

식 (8.17)에서 w, ϕ, k는 각각 x, y, z축에서의 회전각을 의미하며 회전각이 미소하다고 가정하면 식(8.18)과 같다.

$$R_z R_y R_x = \begin{bmatrix} 1 & k & -\phi \\ -k & 1 & w \\ \phi & -w & 1 \end{bmatrix} \qquad (8.18)$$

식(8.17)과 식(8.18)의 불일치가 회전각이 1″정도일 때에 0.5×10^{-11}수준이며, 3″정도일 때에는 0.5×10^{-10}수준이고, 9″정도일 때에는 0.5×10^{-9}수준이다. 0.5×10^{-9}의 오차는 좌표에 있어

서 3mm정도로 전파된다.

2) Molodensky-Badekas 변환모델

3차원 직각좌표계상의 임의의 한 점을 고정시키고 이에 대한 회전량 및 이동량을 구하는 방식이다. 세계공통좌표계를 구 좌표계(x, y, z)라 하고 Bessel 타원체에 근거한 우리나라의 좌표계를 신 좌표계(x, y, z)라 하면 Molodensky-Badekas 변환모델은 식(8.19)와 같고 좌표축의 설정은 그림 8-33과 같다.

$$\begin{bmatrix} X \\ Y \\ Z \end{bmatrix} = \begin{bmatrix} x \\ y \\ z \end{bmatrix} + \begin{bmatrix} dX \\ dY \\ dZ \end{bmatrix} + (1+\Delta s) \begin{bmatrix} 0 & k & -\varnothing \\ -k & 0 & w \\ \varnothing & -w & 0 \end{bmatrix} \begin{bmatrix} X \\ Y \\ Z \end{bmatrix} \tag{8.19}$$

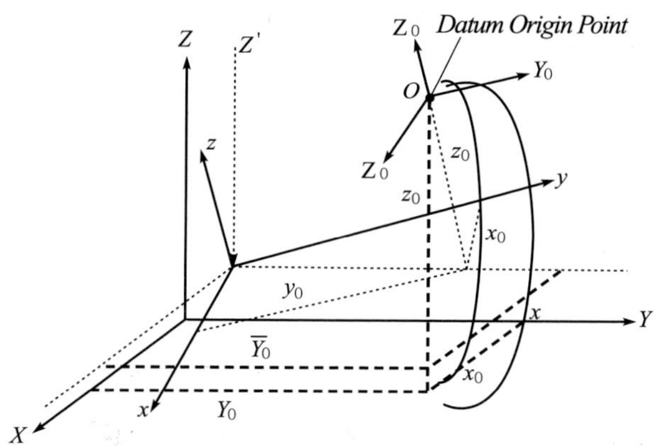

그림 8-33 Molodensky-Badekas 변환모델

식(8.19)에서 이동량벡터(dX, dY, dZ)는 좌표계 기준원점간의 이동을 의미하며 식(8.20)과 같다.

$$\begin{bmatrix} dX \\ dY \\ dZ \end{bmatrix} = \begin{bmatrix} x_o \\ y_o \\ z_o \end{bmatrix} - \begin{bmatrix} \bar{X}_o \\ \bar{Y}_o \\ \bar{Z}_o \end{bmatrix} \tag{8.20}$$

식(8.20)에서는 x_o, y_o, z_o는 신 좌표계에 대한 기준원점의 좌표이며 $\bar{X}_o$, $\bar{Y}_o$, $\bar{Z}_o$는 구 좌표계에

대한 기준원점의 좌표 X_o, Y_o, Z_o를 신 좌표계로 회전하여 얻을 수 있다.

3) Veis 모델

측량지역 중심의 점(ϕ_o, λ_o, h_o)을 중심으로 하는 변환법으로 좌표성과를 국소적인 지평좌표계에서의 방위각과 경위도의 미소 변화량인 연직선편차를 추출할 수 있는 방식이다.

(3) 좌표변환기법

GPS 측량에 의하여 세계측지좌표 성과로 계산되면 이를 지적측량 기준점으로 활용하기 위해서는 성과를 변환하여야 한다. 세계 각국에서는 동일한 지구에 대해 서로 다른 타원체 모델을 사용하였으며, 지구전체를 질량중심점을 기준으로 하는 하나의 타원체로 정의한 지구전역타원체인 GRS80도 통용되고 있다. 먼저 GPS 위성에서 관측된 세계공통좌표계의 경도(λ), 위도(ϕ), 높이(H)를 세계공통좌표계의 직각좌표값(X, Y, Z)으로 변환한 후 세계측지좌표계의 직각좌표값(X, Y, Z)을 한국좌표계의 직각좌표값(X, Y, Z)으로 변환한다. 다음은 한국측지계의 직각좌표값(X, Y, Z)을 다시 한국좌표계의 경도(λ), 위도(ϕ), 높이(H)로 변환하며 좌표변환방법에는 일반적으로 변환요소(7Parameter)방법, MRE(회귀다항식 변환)방법, Molodensky방법 등이 있다.

1) 변환요소방법(7-Parameter)

GPS 측량에 의한 성과를 지적측량기준점으로 활용하기 위한 성과로 변환하기 위해서는 최소제곱법에 의해 산출된 7개의 변환계수를 7-Parameter 변환방법을 적용하여 상이한 두 직각좌표간의 좌표를 변환하는 것을 변환요소방법이라고 하며 7Parameter 변환방법이라고도 한다. 우리나라 측지계(X_{KD})와 세계측지계(X_W)간의 변환방정식은 3D-Helmet변환으로 구성할 수 있으며 변환요소는 그림 8-34와 같이 선형이동량(Δx, Δy, Δz), 회전이동량(ω, ϕ, k)과 축척계수 S를 이용하여 최소제곱법으로 산출하여 변환하며 7-Parameter를 이용한 기본공식은 식(8.21)과 같다.

$$X_{KD} = S[R]X_W + \Delta X$$
$$X_{KD} = [X_{KD}\ Y_{KD}\ Z_{KD}]\ T$$
$$X_W = [X_W\ Y_W\ Z_W]\ T$$
$$\Delta X = [\Delta X,\ \Delta Y,\ \Delta Z]\ T$$

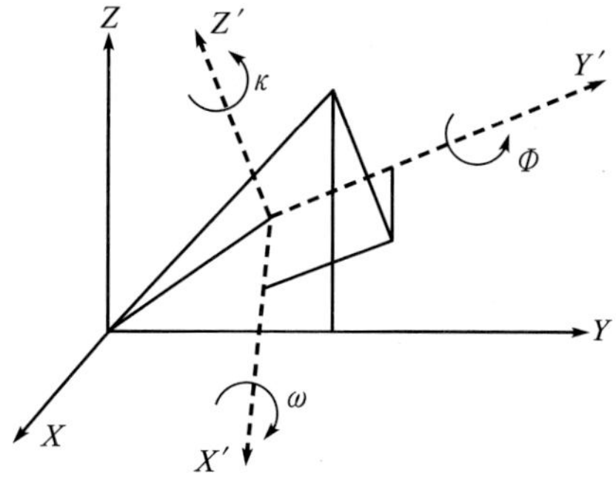

그림 8-34 3차원 좌표변환계

여기서, X_{KD}; 우리나라 직각좌표계 성분벡터(Xkorea Datum의 약자)

X_W; 세계측지계의 직각좌표계 성분벡터

ΔX; KD와 WGS의 원점 편차량에 의한 직각좌표계 성분벡터

S; 두 측지계간의 Scale 차이

$[R]$; 두측지계간의 회전을 나타내는 회전행렬(matrix)이다.

$$[R]=\begin{bmatrix} \cos\phi\cos\phi & \cos w\sin k+\sin w\sin\phi\cos k & \sin w\sin k-\cos w\sin\phi\cos k \\ -\cos\phi\sin k & \cos w\cos k+\sin w\sin\phi\sin k & \sin w\cos k+\cos w\sin\phi\sin k \\ \sin\phi & -\sin w\cos\phi & \cos w\cos\phi \end{bmatrix} \quad (8.21)$$

여기서, ω, ϕ, k는 각각 X, Y, Z축에서의 회전각을 의미한다.

7개의 변환 매개변수와 같은 원리를 이용하여 6개, 4개 또는 3개의 매개변수를 이용하는 변환요소를 이용하여 변환을 수행할 수도 있다. Parameter는 기존의 지적기준점을 전국적으로 고른 밀도로 선정하여 GPS 관측을 시행한다. 삼각점에 포함된 과대오차를 제거하고 보정하여 높은 정확도의 계수를 확보하고 좌표변환을 위해서는 7개의 변환요소를 먼저 결정한다. 또한, 최소제곱법에 적용하기 위해서는 선형방정식으로 만들어야 하므로 식(8.22)와 같이 표시할 수 있다.

$$F(X) = -X_{KD} + S[R]X_W + \Delta X = 0 \quad (8.22)$$

식(8.22)에서 X는 변환요소(ΔX, ΔY, ΔZ, ω, ϕ, k, S)들로 구성된 벡터를 의미한다. 이 식은 비선형 함수이므로 Taylor급수로 선형화하고 1차항까지 취하면 식(8.23)과 같이 선형화된 방정식이 구성된다.

$$F(X_o)+\frac{\partial F(X)}{\partial X}X = X_o\ d_x = 0 \tag{8.23}$$

식(8.23)에서 X_o는 7개 변환계수의 초기 근사값이며 dx는 X_o에 대한 보정값으로 조건방정식을 구성하고 행렬식으로 나타내면 식(8.24)와 같다.

$$[A]d_x = -F(X_o) \tag{8.24}$$

식(8.22)에서 X는 식(8.19)의 함수를 변환요소들로 편미분한 행렬로 나타내면 식(8.25)와 같다.

$$[A] = [\frac{\partial F(X)}{\partial \Delta X}\cdot\frac{\partial F(X)}{\partial \Delta Y}\cdot\frac{\partial F(X)}{\partial \Delta Z}\cdot\frac{\partial F(X)}{\partial w}\cdot\frac{\partial F(X)}{\partial \varnothing}\cdot\frac{\partial F(X)}{\partial k}\cdot\frac{\partial F(X)}{\partial s}]$$

$$[\frac{\partial F(X)}{\partial \Delta X}\cdot\frac{\partial F(X)}{\partial \Delta Y}\cdot\frac{\partial F(X)}{\partial \Delta Z}] = [I]$$

$$[\frac{\partial F(X)}{\partial \varepsilon}\cdot\frac{\partial F(X)}{\partial \varnothing}\cdot\frac{\partial F(X)}{\partial w}] = S\frac{\partial [R]}{\partial \varepsilon}\cdot\frac{\partial [R]}{\partial\ \varnothing}\cdot\frac{\partial [R]}{\partial\ w}X_W$$

$$[\frac{\partial F(X)}{\partial S}] = [R]X_W \tag{8.25}$$

Parameter는 기존의 지적 기준점들을 전국적으로 고른 밀도가 되도록 삼각점에 포함된 과대오차를 제거하고 보정하여 높은 정확도의 계수를 확보하여야 한다. 따라서 7개 변환요소 ΔX, $[R]$, S를 알면 세계공통좌표를 Bessel좌표로 변환할 수 있다.

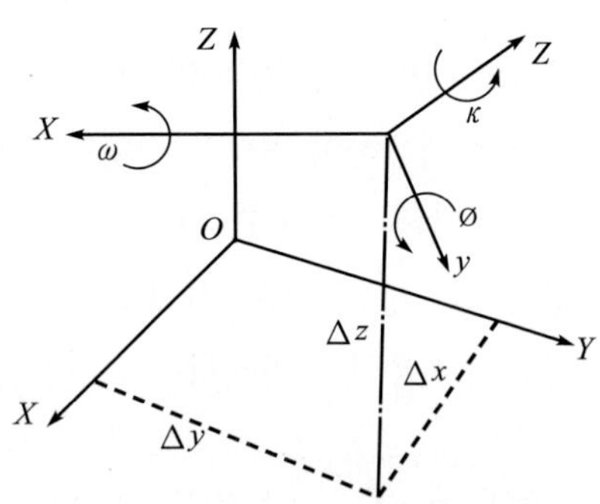

그림 8-35 두 좌표계간의 좌표변환 관계

7개의 미지변수는 그림 8-35와 같이 두 좌표계간 원점이동량 ΔX, ΔY, ΔZ, 축척보정 ΔS, 그리고 좌표축의 회전량 ω_x, ω_y, ω_z를 구하는 문제는 최소 3점 이상에서 X_B, Y_B, Z_B 및 X_W, Y_W, Z_W를 기지량으로 최소제곱법(Least Squares Method)에 의한 통계처리로써 결정한다. 최소제곱법에 의한 통계

처리는 계산에 이용하는 기준점 분포 및 개수, 기준점 성과의 정확도에 따라 변환파라메타가 달리 산출된다는 특징이 있다.

2) 회귀다항식 변환법

두 기준계상의 위성 관측점에 대한 세계 공통좌표계 및 우리나라 TM좌표의 직각좌표 성분의 차($\Delta x''$, $\Delta y''$, $\Delta z''$)를 계산하여 이를 독립변수로 하는 4차원 경향별 해석을 통해 보정량을 산출하여 변환을 수행한다. MRE 방법은 Tokyo Datum을 세계공통좌표계로 변환하는 식이며 좌표보정량을 구하여 Tokyo Datum에 기준한 좌표값에 더해주면 세계공통좌표계를 얻을 수 있다. 세계공통좌표에 보정량을 더해줌으로서 우리나라 직각좌표를 계산하는 방법은

$X_{KD} = X_W + \Delta x''$, $Y_{KD} = Y_W + \Delta y''$, $Z_{KD} = Z_W + \Delta z''$와 같다.

여기서, X_{KD}, Y_{KD}, Z_{KD}; 우리나라 측지계의 직각좌표계, X_W, Y_W, Z_W; 세계공통 좌표계의 직각좌표계, $\Delta x''$, $\Delta y''$, $\Delta z''$; 회귀계수로부터 산출된 보정량이다.

3) Molodensky법

두 기준계상의 위성관측점에 대한 GRS80 타원체 및 Bessel 타원체에 준거한 경위도좌표의 편차량($\Delta\lambda''$, $\Delta\phi''$, $\Delta H''$)을 Molodensky 변환식으로 도출하고 이를 보정하여 두 측지계간의 변환을 수행한다.

$$\lambda_{KD} = \lambda_W + \Delta\lambda''$$
$$\phi_{KD} = \phi_W + \Delta\phi''$$
$$H_{KD} = H_W + \Delta H''$$

여기서, λ_{KD}, ϕ_{KD}, H_{KD}; 우리나라 측지계의 경도, 위도, 높이
λ_W, ϕ_W, H_W; 세계공통 좌표계의 경도, 위도, 높이
$\Delta\lambda''$, $\Delta\phi''$, $\Delta H''$; 두 측지계간의 보정량

표준변환공식은 식(8.26)과 같다. ($\phi = \phi_W$, $\lambda = \lambda_W$, $H = H_W$)

$$\Delta\phi'' = \{-\Delta X \sin\phi \cdot \cos\lambda - \Delta Y \sin\phi \cdot \sin\lambda + \Delta Z \cos\phi \cdot \Delta a(R^2_{Me} \sin\phi \cdot \cos\phi)/a + \Delta f[R_M(a/b)] + [R_N(b/a)] \times \sin\phi \cos\phi\}[(R_M + H)\sin 1'']^{-1}$$

$$\Delta\lambda'' = [-\Delta X\sin\lambda + \Delta Y\cos\lambda][(R_N+H)\cos\phi\sin 1'']^{-1} \tag{8.26}$$

$$\Delta H'' = \Delta X\cos\phi \cdot \cos\lambda + \Delta Y\cos\phi \cdot \sin\lambda + \Delta Z\sin\phi - \Delta a(a/R_N) + \Delta f(b/a)R_N \cdot \sin^2\phi$$

여기서, $e^2 = 2f - f^2$, ΔX, ΔY

ΔZ; 평균 지심편차량

Δf; 두 타원체의 편평률차

Δa; 두 타원체의 장반경 차

R_M; 자오선의 곡률반경

R_N; 묘유선의 곡률반경이다.

8.6.4 세계측지계

측지기준계는 지구상의 위치를 물리적인 지구형상에 가장 적합하도록 구현하여 지구상에서의 경위도를 나타내기 위한 좌표계 및 지구의 형상을 나타내는 타원체를 총칭한다. 좌표계는 지구상 물체의 위치를 수치적으로 표시하는 것을 말한다. 세계측지계는 세계적으로 공통이 되는 측지계를 의미하는 것으로 좌표계의 원점 및 회전타원체의 중심은 지구의 질량중심으로 하고, 회전타원체의 단축은 지구의 자전축과 일치하며 지구중심좌표계이다. 최근 세계 각국은 새로운 측량 기술의 발전 및 전자통신 기술의 발전으로 위치관측의 범위가 지역단위에서 전 세계적 규모로 확대되고 있다. 각종 국제기구에 해당하는 국제민간항공기구(ICAO), 국제해상기구(IMO), 국제전기통신연합(ITU), 국제수로기구(IHO)에서 세계공통좌표계의 사용을 권고하고 있다. 우리나라의 국토지리정보원은 1974년 11월 1일 건설부국립지리원이 독립기구로 창설되면서 측량 및 지도업무를 시작하였다. 우리나라 측량기준의 정립 및 GIS의 기반자료인 국가기본도 제작 등의 업무를 수행하고 있으며 최근 인공위성을 이용한 측지 · 측량기술과 전자통신기술의 발달로 위치관측의 범위가 전 지구적 규모로 확대되어 가고 있다. 세계 각국은 지금까지 국가단위에서 사용해온 위치기준을 세계공통으로 사용할 수 있는 세계측지계를 도입하여 높은 정확도와 위치정보의 국제적 표준화를 모색하고 있는 추세로 국토지리정보원에서도 과거 100년 동안 우리나라 측량의 기준이었던 한국측지계를 세계측지계로 전환하기 위한 측량법을 개정하였다. 세계측지계의 구성은 해양 및 대기를 포함한 지구의 질량중심좌표계인 ITRF좌표계와 국제측지학 및 지구물리학연합(IUGG)에서 정한 GRS80(Geodetic Reference System 1980)타원체이다.

8.7 GPS 상시관측소

GPS 위성으로부터 발사되는 신호를 GPS 수신기를 통해 날씨나 시간에 관계없이 연속적으로 취득할 수 있도록 안테나 필라를 설치하고 중앙국에서 각 관측소의 관측데이터를 통신선을 통한 원격으로 다운로딩하여 정밀해석프로그램으로 매일 프로세싱 함으로써 각 관측소에 대한 좌표와 거리를 산출하는 시스템이다. GPS 상시관측소는 국가 GPS 기준망이라고도 하며 지적측량의 기지점으로 활용하여 상대측위에 편리하게 운영할 수 있는 시스템이다. 상시관측시스템은 시간, 거리, 장소, 기상 등과 관계없이 실시간으로 정확한 위치정보를 제공하여 지적측량, 지리정보시스템(GIS)을 위한 데이터베이스의 갱신, 국가기본측량 등을 효율적으로 추진할 수 있는 기반을 조성한다. 특히, 지적재조사사업의 기반을 조성하기 위한 목적으로 전국 주요지점에 GPS 상시관측소를 설치하여 위성자료의 관측과 수신된 데이터를 분석 · 가공 · 처리함으로써 정확한 위치좌표를 산출할 수 있는 시스템이다. 일반적으로 GPS 기준점으로부터 상대측위기법으로 결정된 좌표의 위치정밀도는 기선거리와 자료처리 방법에 따라 수 mm에서 수 cm정도로 매우 정밀하다. GPS 상시관측소에서 수행하는 가장 기본적인 업무는 GPS 위성을 365일 하루도 빠짐없이 24시간 관측하고 그 자료를 저장, 관리하는 작업이다. 상시관측소의 정밀좌표 결정 및 유지는 장기간에 걸친 관측자료를 처리하여 얻어지므로, 매 30초마다 측정한 관측자료를 저장하는 것이 일반적이다. 또한, 보조자료로 온도, 습도, 기압 등을 측정한다. 이러한 자료를 매일매일 통신망을 통하여 자료처리센터로 전송하고 있다.

8.7.1 상시관측소 연혁

행정자치부와 정부 관련기관은 인공위성에서 발사되는 전파를 이용하여 지구상 어느 지점에서나 높은 정확도로 위치를 결정하기 위한 상시관측시스템을 설치하여 운영하고 있다. 행정자치부에서 설치한 상시관측소의 연혁은 1995년 1월 5일 위성측량 방법에 의한 지적측량의 법적근거를 마련하고 1996년 4월 경상남도청 구내에 1개소를 최초로 설치하였다. 1994년 1월 1일에 GNSS 기구(IGS)가 국제기구로 공식 출범함에 따라 한국천문연구원 우주측지연구그룹도 우리나라 대표로 활동하고 있으며, GPS를 이용한 학술연구 및 지각변동 등의 검출과 GPS 활용기술을 개발하기 위한 목적으로 1995년부터 상시관측소를 설치운영하고 있다.

1997년 11월 경기도 용인시 소재 지적기술연수원 내에 1개소를 설치하여 시험운영 하였으며 1998년 울산, 파주, 영월, 괴산, 청양, 남원, 장흥, 청송, 거창, 춘천 등 10개소에 설치하였다. 또한, 1999년 인천, 동두천, 양평, 인제, 홍천, 보은, 천안, 논산, 정읍, 무주, 영광, 순천, 김천, 예천, 군위, 하동, 창녕, 금정, 철원, 북제주 등 20개소에 설치하였다. 이러한 상시관측소는 지적측량 기준점인 지적삼각점의 위치를 파악할 수 있는 데이터를 분석·가공·처리하여 정확한 점의 위치좌표를 산출하고, 통일된 지적기준망을 구축하여 지적측량의 정확성을 도모하고 각종 정보를 효과적이고 과학적인 위치정보의 결정에 활용하고 있다.

8.7.2 GPS 상시관측소 구성

GPS 상시관측시스템 구성의 핵심은 영구적으로 작동하는 GPS 관측국, 자료처리센터 그리고 통신지원시설 등이다. GPS 상시관측시스템의 역할은 지구물리 응용을 위한 원시 위상 자료의 제공, 기준좌표계의 유지, 정지측량 및 실시간 이동측량(RTK)을 위한 자료의 제공과 항법 보정을 위한 DGPS 자료의 제공 또는 이러한 응용들의 조합에 활용한다. 현재 인천을 비롯한 전국 30개소에 설치되어 있는 지역 관측국은 그림 8-36과 같이 위성신호의 관측을 위한 GPS수신기, 안테나, 통신장치 및 전력공급 장치로 구성되고, 자료처리센터는 모든 시스템의 통제 및 관리, 데이터의 수신, 저장, 처리 및 분석을 위한 자동운영시스템으로 행정자치부 국토정보센터에 설치하였다.

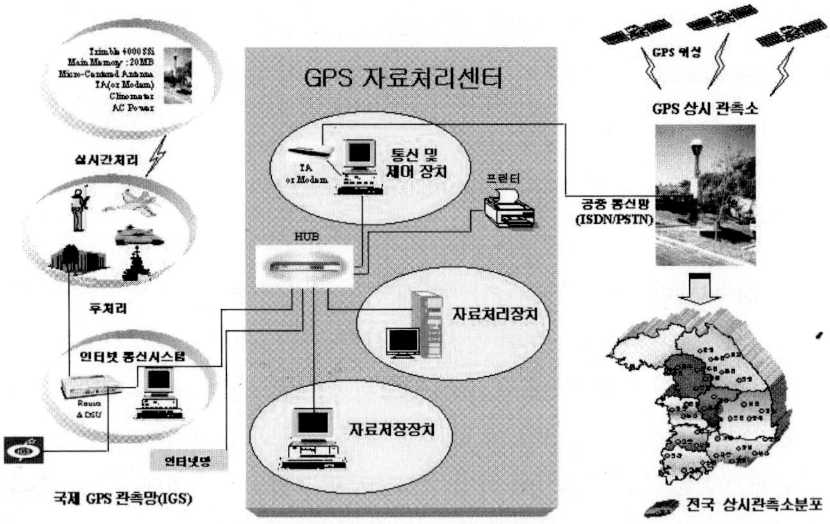

그림 8-36 GPS상시관측시스템 구성도

(1) 행정자치부

우리나라의 GPS 상시관측소의 현황을 보면 행정자치부, 국토해양부(국토지리정보원), 해양수산부, 기상청, 한국천문연구원, 국방부 등에서 상시관측소를 설치 운영하고 있다. 현재 운영

관리는 전문기관에 의뢰하여 관리하고 있기 때문에 수신데이터의 저장과 관리에 전혀 문제가 없다. 행정자치부는 지적재조사사업의 기반을 조성하기 위한 목적으로 1998년부터 표 8.2와 같이 전국 주요지점을 선별하여 GPS 상시관측소를 설치하고 지속적인 위성자료의 관측과 수신된 데이터를 분석 · 가공 · 처리함으로써 정확한 위치좌표를 산출하여 재조사사업에 대비하고자 하였다. GPS 상시관측소 시스템은 위성으로부터 데이터를 획득하여 처리하는 무인원격관측국, 데이터를 전송하는 통신장치, 데이터를 수신하여 저장 및 처리하는 GPS 중앙국 등의 3

표 8.2 행정자치부에서 설치한 GPS상시관측소 현황

순위	위 치	주 소	순위	위 치	주 소
1	울산 동구청	울산시 동구 화정동222	17	경영개발사업소	충남 천안 성거 신월343-1
2	교화중학교	경기 파주 교하 다율리56-8	18	논산시청	충남 논산 내동824
3	영월군청	강원 영월읍 하송리242	19	수자원공사	전북 정읍 옹동 산성 산59-1
4	괴산군청	충북 괴산읍 동부리751-10	20	공설운동장	전북 무주읍 당산리1199-1
5	청양군청	충남 청양읍 송방리100	21	군립도서관	전남 영광읍 무령리315-70
6	배수장	전북 남원시 월락동 산106	22	시립도서관	전남 순천 동외동176
7	남산공원	전남 장흥읍 예양리 산5-3	23	환경사업소	경북 김천 대광동850
8	청송군청	경북 청송읍 월말리330	24	문화회관	경북 예천읍 서본리240
9	남하면사무소	경남 거창 남하 무릉리991-1	25	정수장	경북 군위 동부리 산12-1
10	시립도서관	강원 춘천 삼천동28-79	26	면사무소	경남 하동 악양면 정서리281
11	배수지공원	인천 연수 연수동580-2	27	수질환경사업소	경남 창녕 대지면 구미리1
12	기상대	경기 동두천 생연동428-5	28	부산대학교	부산 금정 장전동 산30
13	정수장	경기 양평읍 회현리307-7	29	성판악휴게소	제주 북제주 교천읍 교래리
14	인제군청	강원 인제읍 상동리349-6	30	서면사무소	강원 철원 서면
15	상수도정수장	강원 홍천 서석 풍암리109-1	31	지적기술연수원	경기 용인 운학동624
16	공설운동장	충북 보은 보은읍 이평리45	32	경남도청	경남 창원 사림동1

그림 8-37 지적위성기준점(철원)

그림 8-38 국토지리정보원 위성기준점

요소로 구성되어 있다. 통신장치는 안테나 필라를 4단으로 구성하여 전화국과 무인원격 관측소와의 거리가 3.6km이내인 때는 ISDN을 사용하며 그 이외는 PSTN을 사용하여 데이터를 전송하도록 하였다. GPS중앙국은 데이터를 수신하여 저장 및 프로세싱 하는 시스템이며 무인원격 관측소의 목적은 GPS 수신기에 일차적인 프로세싱을 거친 데이터를 매일 ISDN과 PSDN, PSTN망을 통하여 GPS 중앙국에 송신하는 것이다.

(2) 국토지리정보원

1995년 수원에 위치한 국토지리정보원 내에 GPS 상시관측소를 설치하기 시작하여 2000년도에는 상주 및 청주를 끝으로 표 8.3과 같이 14곳에 상시관측소를 설치하였다. 설치목적은 정밀기준점 조정을 통한 국가기간산업의 근간인 모든 측량의 기준점, 항공, 항해, Car Navigation, 지각변동 연구, 시설물조사측량 및 현황측량, 기존현황도의 편집 · 수정 및 수치지도화측량, 위치정보, 학술연구 등을 위한 데이터 제공 등 정보화 사회의 중추 역할을 수행하기 위하여 설치하였으며 무인으로 운영되고 있다. 국토지리정보원의 GPS 상시관측소에 대한 자료는 경도(B), 위도(L), 표고(h) 및 설치장소, 설치년도, 수신기종류, 안테나종류, 평면직각좌표(m), 투영원점, Bessel타원체 값 등으로 자료제공이 가능하다. 성과교부는 인터넷을 이용하거나 팩스로 신청을 하면 발급 받을 수 있다. 무인관측소 안테나 필라 내에는 GPS수신기(2주파), GPS안테나, 통신장치(Modem 또는 ISDN), 경사계, 전원공급 장치, 항온기 등이 있다. 또

표 8.3 국토지리정보원에서 설치한 GPS상시관측소현황

연번	관측소명(명칭)	설치장소	설치년도	주 소
1	수원(SUWN)	국토지리정보원	1995	경기 수원 영통구 원천동111
2	전주(JUNJ)	전북대학교	1998	전주시 덕진구 금암1
3	광주(KWNJ)	전남대학교	1998	광주시 북구 용봉300
4	대구(TEGN)	경일대학교	1998	경북 경산 하양읍 부호리33
5	강릉(KANR)	강릉대학교	1998	강원도 강릉시 지변동123
6	제주(CHJU)	제주기상청	1998	제주도 제주 건입동1123-13
7	서울(SOUL)	서울산업대학교	1999	충남 서산시 수석동
8	원주(WNJU)	원주기상대	1999	강원도 원주시 명륜동
9	진주(JINJ)	상수도사업소	1999	경남 진주시 하대동294-1
10	울진(WULJ)	울진기상대	1999	경북 울진읍 연지리143-16
11	서산(SEOS)	서산기상대	1999	서울 노원구 공릉172
12	태백(TABK)	강원관광대학	2000	강원도 태백시 상장동
13	상주(SNJU)	상주대학교	2000	경북 상주시 가장386
14	청주(CNJU)	충북대학교	2000	청주시 흥덕구 개신동 산48

한 중앙관측소에는 데이터 처리시스템 및 백업시스템, 통제 및 제어시스템 및 DB용 서버, GPS 수신기 및 세슘원자시계, 통신장치(ISDN, 모뎀) 등이 있다.

(3) 한국천문연구원

전국에 걸쳐 9개소(대전, 서울, 속초, 목포, 밀양, 여수, 제주, 보현산, 소백산)의 상시관측소를 표 8.4와 같이 설치하여 운영하고 있다. GPS 위성으로부터 하루 24시간 동안 데이터를 수신하여 1시간 단위로 한국천문연구원의 서버컴퓨터에 저장 및 관리하고 있으며 제공할 수 있는 데이터는 DAT형식 파일과 RINEX(Receiver INdependent EXchange format)파일 등으로 구성되어 있다. 1999년 3월 18일 한국과학기술원에 있던 GPS 관측소가 한국천문연구원 본대로 이사하게 되어 더욱 정밀하고 폭넓은 관측이 이루어지게 되었다. GPS 관련 국제기구 중에서 명실상부한 최대의 조직이며, 이들은 GPS 시스템 자체에 관련하여 미 국방부의 의사결정에도 막강한 영향력을 행사한다. IGS에 참가하는 370여 개의 관측소는 전 세계 각 국에서 운영되는 수많은 GPS 상시관측소들 중에서 엄선하여 최고의 품질을 제공하는 관측소로 분류되고 있다.

그림 8-39 국제GPS 기준점

표 8.4 연구원 상시관측소 현황

순위	위 치	주 소
1	대전 한국천문연구원	대전시 유성구 화암동 61-1
2	서울 기상본청	서울시 동작구 신대방동 460-18
3	속초기상대	강원도 고성군 토성면 봉포리 111-3
4	목포기상대	목포시 연산동
5	밀양기상대	경남 밀양시 내이동 1703-3
6	탐라대학교	제주도 서귀포시 하원동 산70
7	보현산 천문대	경남 보현산 천문대

자료출처 : http://www.gps.re.kr

(4) 해양수산부

바다의 수심, 암초 등 위험물의 위치 및 높이, 해안선 및 섬의 모양, 해저지질의 종류, 항해 목표물 등을 조사하는 측량을 목적으로 연안 해역을 항해하는 선박의 안전을 위하여 1999년 5월 서해권 서비스를 시작으로 2001년 동, 남해권에 DGPS 서비스를 제공하고 있으며, 향후 이용자의 편의 증진 목적으로 국무총리훈령 제 409호(2000.12.7)에 의해 내륙을 포함하는 전국 어디에서나 활용할 수 있는 전국망(Nationwide DGPS) 서비스를 위하여 구축된 상시관측소는 모두 16점으로 해안선과 섬을 위주로 하여 설치되어 있으며 주로 해양관련 업무 목적으로 설치하였다.

8.7.3 지역관측국의 선정

GPS 위성신호의 양호한 관측을 위해서는 지역관측국의 입지조건이 중요하다. GPS 기준점은 항상 양호한 관측조건을 확보해야 하므로 평지와 같이 사방이 트인 곳에 설치한다. 우선, 위성신호의 관측조건으로 360° 모든 방향에 걸쳐서 고도 15° 이상의 장애물이 없어야 하며, 관측국 자체의 이동을 방지하기 위해서 지반이 견고한 지역을 선택하여야 한다. 또한, 전기와 통신 연결이 100m 이내에서 공급이 가능한 곳 등을 선정해야 한다. GPS 지역관측국의 주 임무는 GPS 코드와 위상 자료를 수집하고, 다양한 응용분야에의 활용을 위하여 사용자에게 공급하는 것이다. 현재 상시관측소에서 운용중인 정밀 측지용 Trimble 4000SSi 수신기는 20MByte의 메모리 용량으로 관측파일을 저장하고, 다음날 자료처리센터로 전송하고 있으며 일정기간이 지난 파일은 수신기내부에서 자동적으로 삭제하는 기능이 포함되어 있다. 자료처리센터에서는 수신기의 관측업무 및 자료수신, 수신기 메모리 관리 등의 컴퓨터를 통하여 원격 제어하고 있다. 상시관측소에서 발생할 수 있는 사고 중에서 통신의 이상으로 인하여 관측한 자료의 다운로드가 가장 큰 문제점으로 대두되고 있으며 다른 국가에서도 공통적인 문제점을 안고 있다. 이러한 원인은 현재 구축된 네트워크에서 전원의 이상 현상 또는 공중통신망의 문제 등으로 발생하고 있다. 현재 관측 자료의 다운로드는 모뎀과 TA(Terminal Adapter)통신을 통하여 수신기와 중앙처리센터 컴퓨터간의 접속이 이루어지고 있으며 수신기와의 통신 두절은 기본적인 관측 자료취득이 불가능하다. 이러한 현상이 발생될 경우 우선적으로 수행하여야 할 조치는 통신선로 확인 작업이다. GPS 수신기와 통신 및 컴퓨터의 연결선로를 확인하고 각 통신포트의 통신환경 변수를 확인한다.

8.7.4 국외 상시관측소 현황

미국, 독일, 일본, 호주 등의 선진국에서는 우리나라 보다 빨리 상시관측소를 구축하고 운용하여 사회 전반에 걸쳐 공학적, 과학적 응용분야에 서비스를 실시하고 있다.

(1) 호주

호주의 국가 네트워크(ANN)는 500km 간격으로 78개의 관측소로 구성되어 있으며 AUSLIG (AustralianSurveyingand Land Information Group)은 호주 기준망(AFN; Australian Fiducial Network)과 호주국부 GPS망(ARGN; Australian Regional GPS Network)을 운영하고 있다. AFN과 ARGN 모두 호주 전체에 넓게 분포되어 있으며 15개의 이중 주파수신기로 구성되어 있는데, AFN는 최근 채택된 GDA94(Geocentric Datum of Australia 1994)의

zero order 제어와 ITRF로 전환하는 역할을 한다. 빅토리아주에서는 AFN/ARGN 망의 사용으로 정지측량과 이동측량이 불가능하여 주 전체에 기준국 망인 GPS Net을 설치했으며 멜버른 주위는 50km, 주 사이는 160km 평균 간격으로 구성되어 있다. GPS Net기지국은 하루 24시간 작동하며 1초 간격으로 데이터를 얻을 수 있고 인터넷을 경유하여 중앙 서버로 데이터를 송부하고 있다.

(2) 일본

일본은 해상보안청, 국토지리정보원 및 위성측위시스템 협의회 등에서 DGPS 보정정보를 제공하고 있다. 해상보안청은 총 27개의 DGPS 기준국을 설치하여 서비스 중이며 건설성의 국토지리원에서는 2000년 약 1,000개의 기준국이 설치되었으며 계속해서 기준국을 설치하고 있다. 일본은 GEONET시스템으로 전국에 평균 25~30km 간격으로 구축하여 지진, 화산활동 및 항해, 측지, 측량, GIS 등으로 폭 넓게 이용되고 있다. 각 기준국은 GPS 수신기, 안테나, 통신장치, 배터리 등을 갖추고 있으며, 수신기는 이중 주파수이고 대부분 30초 간격으로 반송파 데이터와 코드 데이터를 전송받고 있다. 이동위치결정에 사용하기 위해 1초 간격으로 GPS 데이터를 전송받으며 며칠 수신기 메모리에 일시적으로 저장되어 있다가 다운로드 요청이 없으면 새로운 데이터로 저장한다. 모든 기지국의 3차원 좌표는 쓰쿠바 기준국에서 결정되며 망 해석 처리는 약 3~6시간 정도 소요되고 망 해석 처리과정이 끝나면 RINEX 포맷으로 저장된다. 기준국에서 생성된 DGPS 보정정보는 디지털 MCA 무선망과 인터넷 웹사이트를 통하여 사용자에게 제공되고 있으며 일본측량협회에서는 전 일본에 RTK GPS 보정신호를 측량사업자 등에 제공하고 있다.

(3) 스웨덴

스웨덴의 GPS 기준망의 발달은 1991년에 시작되었으며 1998년 7월 1일이후로 IOC(Input Output Controll)모드로 작동하고 있다. SWEPOS망은 NLS(National Land Survey)와 OSO(Onsala Space Observatory)에서 공동으로 설립하여 기지국이 운영 중에 있다. 기지국은 기반암 위에 21개가 설치되어 있고 GNSS(Global Navigation Satellite System) 관측을 위한 여분의 장비를 가지고 있으며 나머지 10개의 기지국은 빌딩 위에 설치되어 있고 다소 성능이 떨어지는 장비를 소유하고 있다. SWEPOS의 주요한 임무는 실시간 RTK 서비스이며 모든 기지국은 스웨덴 국가 기준프레임(SWEREF 99)을 기반으로 행하고 있으며 기지국간의 평균 기선거리는 200km이다.

(4) 미국

미국은 33개의 주에서 66개의 공동상시관측소인 CBS(Community Base Station)를 운영하고 있는데, CBS는 WGS84 타원체를 사용하며 NAD1983/1992로 변환할 수 있고 수신간격은 5초이며 데이터 형식은 Trimble사의 SSF로 Trimble 4000 SSi 수신기를 사용하고 있다. 데이터는 WWW/FTP를 통해 이용할 수 있으며 UHF 라디오를 통해 지역적으로 실시간 DGPS 서비스를 이용할 수 있다. DCI(Differential Corrections Inc)시스템은 실시간 교통정보 제공 서비스로 미국의 약 140개 도시에서 FM RDS(Radio Data Service)를 통해 RTCM SC 104 보정정보를 FDMA 방식으로 방송함으로서 교통사고나 교통의 흐름이 실시간으로 서비스되고 있다. 이러한 DCI 서비스는 현재 유럽의 대부분의 지역과 캐나다, 호주, 대만에서 서비스가 제공되고 있다.

8.7.5 RTK 상시관측망

RTK-GPS 측량에 있어 RTK 상시관측망에서의 송출매체는 공중파 방송, 무선모뎀, 휴대전화망, 위성통신 등이 있다. 공중파 방송은 기존의 FM 또는 VHF(UHF) 라디오 방송을 통해 보정 정보를 송신하고 안테나 망을 통해 광역에 걸쳐 보정정보 송신이 가능하다. 9.6~16Kbps까지 데이터 전송률 구현 및 저렴한 비용으로 24시간 보정데이터 서비스가 가능한 장점이 있으나 도심지역에서 다소 불안정한 데이터 수신 성능과 낮은 전송률로 인해 시간 지연이 커서 보정정보 수신율이 낮은 DGPS에 적합하다. 무선모뎀은 주로 VHF 대역의 반송파를 통한 무선직렬 통신이며 일반적으로 반경 10~20km 영역까지 양방향 고속 통신이 가능하며 115.2Kbps까지 데이터 전송률 구현이 가능하고 별도의 통신료 부담이 없으며 상시관측소와 RTK 사용자간의 거리가 짧을 경우와 지속적인 사용 기간을 요구하는 RTK 사용자들에게 적합하다.

휴대전화망은 현재 가장 일반화된 무선 통신망으로 음성 데이터 통신도 가능하며 무선인터넷 접속을 통한 RTK 보정 메시지를 전송한다. 위성통신은 GEO, MEO, LEO 등의 통신 위성을 통한 보정정보 송수신 하나의 위성만으로도 광역에 걸쳐 보정정보 송신이 가능하다. 일반적으로 2,400~9,600bps의 데이터 전송률에 비해 고가의 통신 사용료가 단점이다. 보급이 확산될 경우 차세대 주요 이동통신 수단이 될 것으로 예상되며 광역 RTK 보정정보 송신에 적합하다. 즉, FM 방송은 일반 DGPS 사용자들에게, 무선모뎀은 사용 시간이 많은 전문적인 지역 RTK 사용자들에게, 휴대전화망은 범용성이 높으므로 사용 시간이 짧은 일반 RTK 사용자에게 적합하다.

8.7.6 상시관측소의 활용

행정자치부에서 1999~2000년에 설치한 30개의 GPS 상시관측소는 고정된 점으로 위성의 전파를 상시로 수신하여 일정한 형태를 구축하였다가 언제 어느 때나 지적기준점측량의 고정점 역할과 함께 GPS-RTK 측량의 기준국 역할로서 기능을 할 수 있다. 측량분야에서는 GPS와 관련된 새로운 측량장비와 측량기술의 등장과 더불어 측량 작업의 효율성을 높이고 비용을 절감하고 측량작업의 신속성은 물론 새로운 업무영역을 창출하고 있다. RTK 측량기법의 실험은 상시관측소 안테나 지지대 또는 그 주변에 GPS 수신기 부속의 상용 무선데이터 송출기를 설치하여 무선출력 및 주변의 지형 · 지물 등에 의한 영향을 분석한다.

(1) 자료처리센터의 운영

자료처리시스템에는 자동운영 처리를 위한 소프트웨어가 설치되어 다양한 방법으로 GPS 자료를 처리, 저장, 표시한다. 자료처리센터 내에 설치된 컴퓨터에서는 GPS 자료의 무결성 감시, 자료의 기록, 압축, 검색 등의 기능을 수행하고 있다. GPS 지역관측국에서 전송된 관측자료는 자료처리센터의 컴퓨터 하드디스크의 용량 및 백업을 위하여 적절한 보조기억장치에 이를 보관하고 영구 저장하여야 한다. 이러한 보조기억장치로는 광자기디스크나 CD-ROM, ZIP 드라이브 등이 있으며, 환경에 따라 보조기억장치를 자동적으로 관리할 수 있어야 한다. GPS 자료처리는 하루 단위로 수신기에 저장된 GPS 데이터를 수집하고, 자료처리에 필요한 정밀궤도력 등의 외부자료를 수집하는 자료수집 단계와 수집된 관측 데이터를 다시 수신기의 기종에 상관없이 사용 가능한 RINEX 형식으로 변환하는 전처리 단계 및 최종결과를 구하는 자료처리단계로 나눌 수 있다.

GPS 중앙처리센터는 시스템이 자동으로 운영되는 동안 발생한 모든 작업 내용을 시간대별로 기록한 로그파일을 매일 보고서 형식으로 저장한다. 일일보고서를 기초로 시스템의 운영상황, 프로젝트 현황, 자료 처리 등의 기록을 주간 및 월간으로 상시관측소의 운영보고서를 작성한다. 시스템의 기술적인 유지 보수에 대한 기록내용으로 시스템의 갱신, 저장, 교체 등 시스템의 전반적인 기술적 사항을 정리함으로서 유지보수 측면의 내용을 관리 · 감독할 수 있는 기능을 한다. GPS 자료의 관측시간 간격은 그 활용 범위에 따라서 달라질 수 있으며 국내 GPS 운용을 위해서는 15초 간격으로 데이터 관측이 필요하며, 국제적인 GPS 관측자료(IGS)의 교환을 위해서는 30초마다 관측하여 저장한다. RTK 측량을 위해서는 측량의 정확도에 따라서 10초~15초 정도로 보정데이터의 송출 간격을 유지한다. 현재 운영 중인 각 지역 상시관측소에서 수집된 자료는 매일 처리, 분석 과정을 통해서 압축하여 저장하고 있다.

(2) 자료처리센터의 소프트웨어

GPS 자료센터의 운영은 기준데이터를 S/W를 이용하여 지적기준점측량에 필요한 Static측량의 관측에 기지국으로 활용하여 측량성과를 결정하고 RTK측량으로 일필지측량에 필요한 데이터를 제공하여 현장에서 관측데이터의 성과를 실시간으로 알 수 있도록 제공하므로 측량시간이 단축되고 편리하게 이용할 수 있도록 운영된다. 자료처리센터에 있는 운영시스템의 구성에서 하드웨어 구성, 통신장비, T/A(Terminal Adapter)와 소프트웨어로 구성되어 있으며 모든 자료의 백업 등의 기능을 수행한다.

GPS 자료처리는 하루 단위로 수신기에 저장된 GPS 데이터를 수집하고, 자료처리에 필요한 정밀궤도력등의 외부자료를 수집하는 자료수집 단계와 수집된 관측 데이터를 다시 수신기의 기종에 상관없이 사용가능한 RINEX 형식으로 변환하는 전처리 단계 및 최종결과를 구하는 자료처리단계로 나눌 수 있다. GPS S/W에서 가장 핵심이 되는 부분은 Processing Part로 관측지점의 좌표 및 속도, 수신시각, 특정기점에서의 관측소 좌표, 모호정수, GPS 위성의 궤도요소, 안테나의 위상중심변화, 안테나의 초기값, 태양복사압 변수, 통계적인 궤도변수, 지구의 회전변수, 위성의 안테나 초기값, 지구의 질량중심, 특정 관측소의 대류층, 지역적인 대류층 모델, 이온층 모델, 이온층 변수 등을 추정하며 기선에 따른 추정기법도 선택할 수 있다. GARDⅡ는 GPS를 이용한 상시관측시스템의 운영을 위한 소프트웨어 시스템이다. 통신라인을 통해 원격지에서 수신된 GPS 위성신호를 수집하고 Bernese 정밀데이터 분석 소프트웨어를 이용하여 계산된 위치좌표를 저장, 표시하며 위성신호의 수집과 저장, 처리 등의 기능을 정해진 시간에 따라 자동적으로 실행한다.

(3) 상시관측소의 자료제공

GPS 상시관측소를 기준점으로 Static, Kinematic, RTK 등과 같이 측량기법을 달리하여 관측하고 측량기법에 따른 정확도와 적용범위를 분석한다. 주변지역의 이동수신기수에 관계없이 원시 위상자료의 제공, 기준좌표계의 유지, Data수신제어 및 저장을 하여 정지측량과 이동측량(RTK)을 위한 자료를 제공한다. GPS 상시관측소에서 수신된 자료는 On-Line을 통하여 제공할 수 있도록 장치를 마련해야 하며 물리적인 보조장치를 이용하여 제공할 수 있도록 한다. 기본자료는 RINEX 파일로 하며 On-Line을 통해서 제공되고 가공 정보로는 1일 좌표처리솔루션(Daily Coordinate Solution), 주기별 속도성분(Periodic Velocity Solution), 좌표의 차이 및 변동량의 벡터 표시 등이다. 자료의 제공 기간은 일정한 시간동안의 데이터만을 가능하게 하고 특정한 기간 동안의 데이터를 요구한다면 협의를 거쳐 제공할 수 있도록 한다.

8.8 GNSS

GNSS(Global Navigation Satellite System)위성측위시스템은 미국의 GPS(1973년 개발 착수)나 러시아의 Glonass와 같이 전지구적인 측위정보 서비스 시스템이다. 지상의 수신기에서는 최소한 4개 이상의 위성에서 신호를 받아 100m이내의 위치정보와 나노 초단위의 시각파악이 가능하며 위성의 위치와 항법정보(위성시계, 전리층 모델, 위성궤도변수, 위성상태 등)를 기반으로 위성에서 발사되는 신호가 수신기에 도달하는데 걸리는 전파지연 시간을 측정하여, 수신기에서 위성까지의 거리를 구하고, 삼각법으로 사용자의 현재위치를 계산한다.

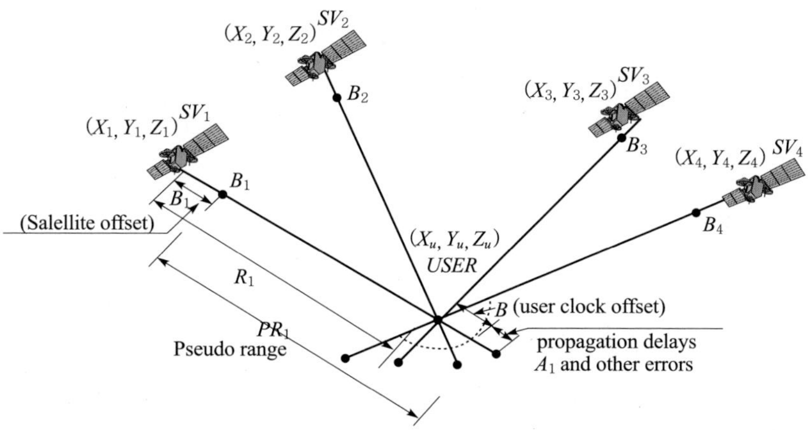

그림 8-40 GNSS 원리

8.8.1 GLONASS 위성

GLONASS(Global NAvigation Sputnik System)는 범지구 인공위성항법시스템으로 러시아의 국방부 주관 하에 통합응용기계연구소(NPO PM), 항공기계공학연구소(RNIIKP), 러시아 시간 · 전파항법연구소(RIRV), 합작기업 Polet 등을 공동으로 개발하였다. 최초의 GLONASS(224지점, 인공위성번호 1413)프로그램에 따른 인공위성 발사가 1982년 10월 12일에 이루어졌으며, 최근까지 76회에 달하는 인공위성 발사가 실행되어 현재 정상운영 중이다.

GLONASS시스템은 24개의 인공위성을 주축으로 구성되었으나 세부적인 요소에는 차이가 있다. GLONASS시스템은 고도 19,100km 상공에 3개 궤도면상에 각각 8기의 인공위성들이 배치되어 있으며, 궤도경사(i)는 64.8°이며, 인공위성의 회전주기는 11시간 15분 44초이다. 각각의 궤도면들은 120° 간격으로 위치하며, 이 궤도들에 대한 평면입사교차점인 절대 황경은 모스크바표준시를 기준으로 1983년 1월 1일 자정(215grad 15min 00sec + 120grad(i−1))으로 설정되어 있다. GLONASS의 발진기 주파수(f_0) = 5.11MHz를 갖으며 송신되는 반송파는 GPS와 마찬가지로 L_1과 L_2의 두 종류가 있다. L_1의 파장길이(λ_{01})는 18.7cm, L_2의 파장길이(λ_{02})는 24.1cm이다. GLONASS는 목적에 따라 코드를 달리하며 군사목적에 사용되는 코드는 BT코드(정밀코드)라고 하며, 일반목적으로는 CT코드(표준코드)가 사용되어진다.

정밀코드의 경우 반송파에 대한 정보 외에 각각의 인공위성에서 송신되는 정밀궤도력 데이터 변수와 역서(Almanac)라는 정보를 수신할 수 있다. 여기서 천체력데이터 변수는 지구중심좌표계에 의한 각각의 인공위성좌표와 그 외의 데이터들이다. 그리고 역서는 모든 인공위성들에 대한 반송파의 주파수, 시간, 궤도와 주기에 대한 보정치, 근지점(Perigee)에 대한 변수, 궤도이심율, 표준시간과의 보정치 등의 정보들을 얻을 수 있다. GLONASS에서는 신호보호를 위해 이러한 천체력데이터 변수, 역서에 대한 정보를 제한하게 된다. 특히 GPS와 구별되는 점으로 GLONASS의 경우 개개의 인공위성들이 갖는 코드가 일정하며 이에 반해 주파수에 있어서는 차별적이라 할 수 있다.

8.8.2 GNSS 현황

(1) 국외현황

미국은 1983년부터 민간용으로도 GPS를 공개하고, '97년에는 Aviation Safe and Security Commission 최종보고서에 GPS관련 4개의 권고안을 확정하여 GPS 위성을 민간인이 사용할 수 있도록 하였다. 미국이 강력히 주도하여 정밀항법 및 민간용으로 위성신호를 추가하고 의도적 혹은 비의도적 간섭으로부터 GPS 신호를 보호하도록 하고 있다. 1997년 3월에 대통령 직속으로 IGEB(Interagency GPS Executive Board)를 결성하여 7월 미 국방성과 교통성은 새로운 주파수의 결정과 새로운 민간용 신호를 위한 주파수 할당 계획을 세워 1998년 3월부터 수행하였다. 러시아는 미국의 독주를 견제하기 위해 독자적인 기술로 개발한 GLONASS를 운영하고 있으나, 경제침체로 인한 정상운영 지연과 러시아 산업계의 상업화 능력부족으로 GLONASS 관련시장을 활발히 개척하지 못하고 있는 실정이다.

유럽은 GPS의 성능보다 우수한 GALILEO로 명명된 독자 위성항법시스템 개발을 위한 3단계 계획으로 추진하고 있다. 1단계는 현재의 GPS에서 SA(Selective Availability)가 없는 정도의 정확도를 제공하고, 2단계는 증명(Certifiable)할 수 있는 수준으로 운영한다. 3단계는 Safety-of-Life 서비스 수준일 경우 요금을 부과할 예정으로 계획하고 있으며 관련 주파수를 확보한 GLONASS를 GALILEO의 일부로 사용하는 방안도 검토하고 있다. 일본은 미국의 GPS를 세계표준으로 만들기 위한 공동노력 협약을 체결하고, 유럽의 GALILEO 독자항법시스템에 대하여 협력하고 있다. 미국 및 유럽의 GNSS 계획과는 별도로 동경 140°에 MTSAT 1호를 발사하고, 동경 120° 또는 140°에 MTSAT 2호를 발사하여 운영하고 있다.

(2) 국내 현황

최근 정부에서 GPS 상시관측소와 네트워크 등에 많은 투자를 하고 있으나, 부처별 필요에 의해 관측소를 설치 · 운영 중이다. 1997년 이후에는 GNSS 응용분야의 연구가 활발히 진행되고 있으며, 최근 국내에서는 ITS 등 육상항법분야에 활성화 되고 있다. 유무선 통신분야에서 네트워크 관리와 전자상거래의 전자인증 등과 관련한 시각동기장치의 시장이 확대될 것으로 전망되고 있다. 현재 부처별 상호 독립적으로 구축 중인 DGPS의 경우는 응용별, 지역별로 체계적인 접근 없이 독자적으로 시스템을 구축함으로써 시스템의 상호 연계활용이 미비하다. 국방 및 안보측면도 별개로 기획 · 운용되고 있으며, 비상시 위성항법 측위정보의 통합적인 운용 및 대처능력이 결여된다. ISO, APEC 등 공식국제기구는 물론 ICAO 등 국제 GNSS 관련전문협의기구 등을 통한 국제 표준화 활동에 대한 체계적인 대응이 미비하다. 결정된 국제표준을 국내실정에 맞게 조정하는 노력 및 국지적인 위성측위 정보체계를 갖추기 위한 일본, 중국 등 인접국과 시스템 호환 및 연계가 미흡하다. GNSS는 각종 정보화 사업의 인프라에 해당하는 만큼 국가차원에서 국제표준화를 추진하고, 국내 산업을 선도하는 정책이 필요하다. GNSS의 응용 표준화 분야는 산업과 밀접한 관련이 있다. GNSS는 GIS응용, 개인 휴대통신, 측량 및 항법 등 다양한 정보화 사업과 연계 가능한 만큼 전략적으로 활용분야를 개척할 필요가 있다. 국가적인 차원에서 항법, 측량, 시각, 과학 · 기상 등 분야별 전문성을 감안한 역할분담 체계를 수립하여 표준화, 기술개발, 인력양성, 법 · 제도 정비 등을 적극적으로 추진하여야 한다.

8.9 GNSS 위성의 활용

GPS는 측정방법에 따라 수 십m의 저정밀도에서 mm단위의 고정밀도 측량까지 가능하므로 항공기 항법장치, 국가기준점설치, 지각변동의 변화측정 등 여러 분야에서 활용되고 있다. GNSS 이용 활성화를 통해 GIS, ITS 등 관련 시스템을 고도화 하고, 다양한 활용분야를 발굴하여 고도 정보화 사회를 조기에 구현하며 항공, 해상, 육상의 항법체계와 연계한다. 또한 실시간 교통정보 및 첨단운송체계를 구축하고, 측량 및 지진조사 등은 물론, 노약자 보호 등 Emergency Assistance에 유용한 수단으로 활용한다.

8.9.1 지상측량분야

GPS의 가장 큰 특징 중의 하나는 고도의 정밀도를 가진 위치결정이 가능하다는 것이다. 따라서 GPS는 국가기준점의 설치 및 확인, 정밀측지망 구성 등 측지 · 측량 분야에서 여러 가지 용도로 활용된다. 기준점측량 이외에도 지상에서는 지도제작, 토목공사, GIS 데이터 구축에 활용되고, 광산의 침강이나 구조물 변형, 지각운동 감시 등 변위감시에도 활용된다. 또한 항만공사, 모래톱 지도, 부표위치, 시추선 위치결정과 해저지도 작성 등 해양분야와 항공지형도 제작, 위성위치 결정 등 여러 분야에 활용되고 있다. RTK-GPS 측량에 의한 방법으로 측량을 실시할 경우 GPS 수신기와 안테나 및 부속장치만 있으면 현장에서 실시간으로 측량성과를 구할 수 있다. 지적측량의 기준점측량에서 가장 많이 사용하고 있으며 최근에는 실시간 이동측량(RTK)으로 농경지정리, 토지개발사업 및 시가지 구획정리사업 등의 일필지확정측량에 편리하게 사용하고 있다. 현재 많은 국가기반 공사현장에서 GPS를 이용하여 기준점을 설치하거나 시공위치를 결정하고 항만공사, 부표위치, 시추선 위치결정과 해저지도 작성 등의 해양분야와 항공지형도 제작, 위성위치 결정 등 여러 분야에 활용되고 있다.

8.9.2 항공사진측량 분야

항공사진측량에 GPS를 이용한 것은 1980년대부터로 유럽에서 본격화되었다. 항공기에 GPS 장비를 장착하고 지상에는 그 성과를 알고 있는 기지점에 GPS를 설치한다. 지상과 항공기에서 동시에 수신을 수행하면 지상에서는 실제 정확한 위치를 알고 있다. 보정량을 항공기에 송신하면 항공기에서는 정확한 촬영위치를 알 수 있으므로 항공사진측량에서 행하던 방식에 비해 훨씬 간단하게 표정을 수행할 수 있다. 또한 GPS 밴은 자동차에 GPS와 CCD카메라를 장착한 것으로 도로를 주행하면서 각종 정보를 수집할 수 있다. 주로 수치지도를 갱신하거나 새로 개설된 도로정보 취득 및 도로시설물 정보의 취득 등에 활용할 수 있다.

차량에 장착된 두 대 이상의 CCD카메라를 미리 검정하고 이동을 하면 GPS를 통하여 촬영지점을 알 수 있으므로 각종 정보를 실시간 취득할 수 있다. 이 때 정확한 성과를 알고 있는 베이스 지점에 세운 GPS 장비와 라디오모뎀을 통해 보정정보를 받으면서 실시간 측량을 수행할 수 있고, 촬영이 끝난 후 베이스 지점에서 수신된 GPS 신호와의 후처리를 통하여 성과를 얻을 수 있다.

8.9.3 교통분야

교통체계의 효율성과 안전성을 제고하기 위하여 기존의 교통체계에 GPS, 전자, 컴퓨터, 정보, 통신, 제어 등의 지능형 기술을 접목시킨 차세대 교통체계로 교통관리, 정보제공, 대중교통, 화물차량의 운영과 차량의 제작에 이르기까지 교통 전분야에 걸친 신기술을 응용한 총체적인 교통체계의 혁신사업으로 21세기 정보화사업에 부합하는 신속, 안전, 쾌적한 교통체계를 구현하게 된다. 인공지능교통(ITS; Intelligent Transport System)의 목표는 기존 교통시설의 용량을 극대화하고 안전체계를 완전하게 하여 교통사고를 감소시키는 것이다. 특히, 교통운영체계의 효율성 및 용량의 증가를 통한 교통혼잡 완화, 여행자 서비스 개선을 통한 운전자의 이동성, 편의성 및 안전성 향상, 교통시스템의 안전성 제고 및 국가산업 경쟁력의 강화, 에너지 효율의 제고 및 대기오염의 감소를 통한 환경비용의 절감, 자동차 및 ITS 관련 산업의 발전 등이다. 국내에서는 교통문제, 만성적인 SOC 부족현상 등에 대처하며 교통운영체계를 개선하고자 1994년부터 2년여에 걸쳐 ITS 국가기본계획수립을 수립하여 서비스체계를 선정하였다. 차량항법체계(CNS: Car Navigation System)란 선박, 항공기 등의 항법장치에 사용한 GPS 수신기를 차량에 장착하여 GPS위치, 시간정보를 받아 진행차량의 현재위치결정, 진행방향, 목적지검색, 차량의 최적경로 및 각종 편의정보를 제공해 편안한 운전환경을 제공하는 최첨단 시스템이다. 차량주행을 위한 GPS의 동적측량시에는 위치오차의 영향을 고려하지 않기 때문에 단독측위방법을 사용한다. GPS에서 획득된 위치정보와 시간정보를 이용하면 차량의 속도를 분석할 수 있기 때문에 간접적으로 도로의 상태를 분석할 수 있어 교통량 조사에도 이용될 수 있다. 위치정보를 이용하여 차량의 위치를 파악할 수 있고, 차량의 위치정보를 저장하여 차량의 주행경로를 분석할 수도 있다.

8.9.4 항공분야

GPS를 개발한 목표중의 하나가 민간항공 분야에 활용하기 위한 것이며 현재 민간항공 안전기준인 인티그리티(integrity) 규격에 적합하지 않아 민간항공분야에는 GPS가 그다지 널리 활용되지 않고 있다. 인티그리티란 항법지원설비에 고장이 발생했을 경우 그 사실을 항공기에 신속히 전달할 수 있는 규격이며 이륙 · 착륙 시에는 수 초이내에 항공기에 고장정보를 전달해야 하는 규칙이다. GPS에는 항법메시지에 위성의 동작 상태에 관한 건강(health) 정보가 들어 있지만 민간항공 인티그리티 규격에는 매우 부족하므로 통신위성을 통해 인티그리티 정보를 전달하는 방법 등이 검토되고 있다.

8.9.5 우주분야

1982년부터 지구관측위성 랜드셋 4호(Landsat-4)에 GPS 수신기를 탑재하여 궤도를 추적하는 실험이 실시되었다. 1987년에는 트라이던트Ⅱ(Trident) 미사일에 GPS 수신기를 탑재하여 실험 하였다. GPS 위성의 수가 적었을 경우에는 트랜슬레이터(translator)방식인 특수한 GPS 수신기시스템을 사용하여 신호처리 및 측위계산을 지상에서 수행하도록 되어 있다. 최근에는 미국뿐만 아니라 일본이나 유럽의 인공위성, 로켓에도 GPS가 탑재되는 예가 많아지고 있다.

(a) LandSat(미국 NASA) (b) SPOT(프랑스) (c) 아리랑1호(한국)

그림 8-41 지구 탐측위성

8.9.6 군사적 분야

GPS의 군사적 목적 중 가장 기본적으로 수행될 수 있는 것은 자기 위치의 결정이며 GPS는 보병이나 탱크 등 모든 움직이는 대상에 적용될 수 있고, 정확한 자기의 위치를 파악함으로써 보다 원활하게 전술적 기동을 수행할 수 있다. 적의 위치를 정확하게 파악하고 포격이나 폭격을 요청할 수도 있으며, 정찰을 위한 루트파인딩 및 결정에도 중요한 역할을 한다. 걸프전에서 미국의 토마호크 크루즈 미사일은 GPS의 최첨단 이용성에 대해 보여 주었다. 미사일은 상대의 레이더망을 피하기 위해 지상 30m 높이로 낮게 날아서 2,400km 떨어진 목표물에 정확하게 명중되었다. 내부에 장착된 GPS 항법시스템과 저장된 수치지도를 바탕으로 항로를 잡고, 광학적 센서를 이용하여 실제지형과 비교하면서 비행한 결과이다. 이외에도 비행기를 이용하여 인력과 장비를 공수할 때 정확한 지점을 선정하거나 기동현황의 수집 및 분석에 이용된다.

8.9.7 레저 및 기타 분야의 활용

비행기나 선박 등에 주로 활용되었으나 수치지도를 갱신하거나 새로 개설된 도로정보 취득 및 도로시설물 정보의 취득 등에 활용할 수 있다. 산사태의 감시, 댐의 관리, 교량의 변위계측, 지진의 감시 등 다양한 분야에 활용하고 있다. GPS는 측정방법에 따라 자동차에도 장착되어

CNS(Car Navigation System)로 활용되거나 물류의 이동상황 점검 등 일상생활에서의 활용이 증대되고 있다. 또한 이동통신의 시각동기 및 각국의 시각동기를 통하여 통신망의 표준시각 관리를 수행하고 있고, 실시간 국가기상을 파악하거나 기상예보시스템에 활용되기도 한다. 등산이나 보트, 사파리 등 여가분야와 극지탐험 등 미지의 영역을 탐험하고 기록하는 데 활용되며 지구의 극운동 변화량 검출과 감시, 국부적인 이온층 및 대류층의 변화 감시 등 기초과학분야에서도 많이 활용되고 있다.

제9장

항공사진측량

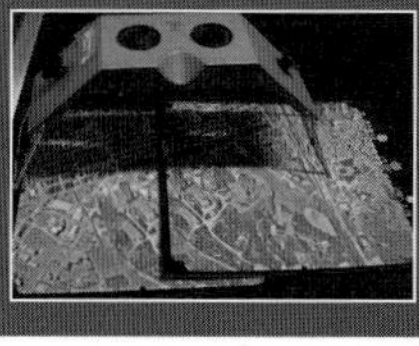

9.1 사진측량의 개요

사진측량은 항공사진측량과 지상사진측량으로 대별할 수 있으나 사진측량이라고 하면 일반적으로 항공사진측량을 의미한다고 볼 수 있다. 국제사진측량 및 원격탐사학회(ISPRS; International Society of Photogrammetry Remote Sensing)에서는 "사진측량을 비접촉성 센서 시스템을 사용하여 얻은 영상 또는 이를 수치로 표현한 것을 기록, 측정, 해석하는 과정을 통하여 현실세계의 물체와 그 주변 환경에 관한 신뢰할 수 있는 정보를 획득하는데 필요한 과학과 기술의 기법을 말한다."라고 정의하고 있다.

사진측량의 어원은 라틴어로 Photo(Light; 광, 전자기파, 사진), Gramma(Drawn or Written; 형상)와 Metry(Metron = To mereasu; 측량, 관측)의 합성어로 사진측량(Photographic Survey)이라 한다. 또한, 전자기술의 발전으로 기계식, 해석식, 디지털 사진측량의 시대로 변화하면서 항공사진측량기술의 대부분이 디지털 환경에서 이루어지고 있으며, 수치정사사진, 수치영상지도, 3D공간분석, 인터넷을 통한 영상 웹 서비스가 그 대표적인 결과물이라 할 수 있다.

2000년대부터 수치사진측량(Digital Photogrammetry)은 수치영상을 이용하여 컴퓨터상에서 대상물에 대한 정보를 해석하여 취득하고 있으며 자료를 다양하게 응용할 수 있는 첨단 사진측량 방법이다. 미국 사진측량학회(ASPRS)에서는 수치사진측량을 지형 · 지물 및 자연환경에 대한 기하(Geometric), 방사(Radiometric) 또는 수치영상(Digital Image)으로부터 획득하는 정보기술(Information Technology)로 정의하고 있다. 최근 항공사진측량은 그 효용성이 증대되고 광역화되고 있으며 필름을 이용하는 사진측량이 픽셀을 이용하는 디지털 방식으로 교체되고 있다. 즉, 촬영한 사진을 충분한 해상도의 스캐닝으로 얻은 이미지 파일을 디지털사진측량시스템에 입력하여 입체모델의 생성 또는 디지털카메라로 중간에 스캐닝 하는 과정 없이 램(RAM)이나 하드디스크(HDD)와 같은 기억장치를 이용하여 영상을 저장할 수 있는 다양한 디지털 방식의 기술이 이용되고 있다. 항공사진측량에서 디지털방식의 정확도는 날로 발전하여 실생활에 유용하게 사용되고 있지만 지적측량에서는 아직도 단순한 지상측량방법에 머무르고 있어 앞으로 지적재조사를 위한 측량이나 지적측량이 체계적이지 못한 개발도상국들과 우리나라가 연계하여 지적측량을 실시하기 위해서는 반드시 필요한 부분이라 할 수 있다.

9.1.1 항공사진측량의 발달과정

항공사진측량은 아리스토텔레스(Aristoteles)가 B.C 350년경 영상의 투영과정을 광학적으로 투영하여 처리하고, 1650년 게라드 드사르그(Gerard Desargues)와 블라이제 파스칼(Blaise Pascal)은 투영에 관한 기하학을 정립하였다. 또한, 1816년 니세포아레(J.Nicephore)와 니엡세(Niepce)는 카메라를 이용하여 영상을 최초로 취득하였으며 1839년 프랑스의 루이스 데가레(Louis Daguerre)는 파리에서 사진의 현상에 대한 내용을 발표하면서 사실상 사진측량이 시작되었다. 1840년 프랑스의 로세다(Laussedat)는 기구에 의한 항공사진 촬영과 해석법에 의해 중복투시상을 정사투영으로 변환하여 지형도 제작에 사진을 이용하였으며 1849년 사진측량을 이용하여 지형도를 작성하고 1859년 사진을 이용한 지도 작성에 관한 연구결과를 발표하면서 사진측량의 아버지라고 하였다. 1858년 프랑스의 네이더(Nadar)는 최초로 항공기구에 의한 항공사진을 촬영하였으며 1883년 스트럼(R.Strum)과 헉크(G.Hauck)는 투영기하학을 항공사진측량에 도입하였다. 1886년 데빌(Deville)대위는 북아메리카의 지형도 제작에 항공사진측량을 이용하였다.

1892년 입체사진측량의 창시자인 독일의 폴프리히가 사진에 필요한 정확도를 얻기 위한 방법으로 부점(Floating Mark)의 이론에 기초하여 관측 및 도화하는 방법으로 정리한 이론은 오늘날 입체도화기의 기본이론이 되었다. 1894년 미국 측지측량국(NGS; National Geodetic Survey)의 전신인 미국의 해안 및 측지측량국(U.S.Coast and Geodetic Survey)에서는 캐나다와 알래스카의 국경을 지도화하는데 도입하였으며, 1895년 캐나다의 데빌(Deville)이 최초로 기구를 이용하여 사진을 입체적으로 관측하였다. 1901년에는 독일인 짜이스(C. Pulfrich at Zeiss)가 입체좌표측정기(Stereo Comparator)를 발명하여 고정점의 좌표를 정확히 관측하였으며 1913년 지도제작을 목적으로 비행기가 최초로 사용되었다. 1915년 자동카메라와 아날로그 입체도화기가 개발되었고 1920년 이탈리아의 니스트리(Nistri) 및 1921년 독일의 짜이스(Zeiss)는 사진측량에 필요한 광학기계를 다양하게 제작하였다. 1953년 미국의 H. Schmid and Duane Brown은 항공삼각측량에서 번들조정법의 목적에 적합한 해석적사진측량을 적용하였다. 1960년대 초부터 Mercury 계획에 의거 우주사진이 출시되었고 원격탐측이 급격히 발달되고 주로 인공위성에 의해 이루어 졌으며 1988년에는 디지털 입체사진측량시스템이 개발되었다. 사진측량의 발달은 1850년대부터 1900년대까지 사진의 개발 및 열기구의 이용과 함께 항공사진의 촬영술을 발명한 단계이며 1900년대부터 1960년대까지를 수동식 시대인 기계식 단계로 기계적 편위수정기와 입체도화기가 개발되었으나 자료의 저장과 정립이 효율적이지 못하였다. 또한, 1960년대부터 1990년대까지를 해석식사진측량단계라고 하며 컴퓨터의 출현으로 사진의 기하학적 원리를 컴퓨터로 해석하여 자료저장이 가능하였다. 1976년 헬싱키에서 개최된 국제사진측정학회(ISP; International Society of Photogrammetry)총회에서 77개의 회사가 제작한 9가지 모형의 해석도화기를 선보임으로써 해석식사진측량 기술의 발달은 더욱 가속화 되었다. 1986년 Makarovic은 하드웨어에서 소프트웨어로, 아날로그에서 디지털로, 수동에서 자동으로 통합된 수치사진측량시스템을 개발하였으며 1990년대부터 현재까지는 항공기의 발달과 고성능 광학기계의 제작으로 자동수치사진측량(Digital Photogrammetry)을 도입하고 있다. 또한, 사진측량학은 촬영과정의 자동화, 필름의 해상력 증가로 초광학 렌즈 및 자동도화기가 개발됨으로서 획기적 발전을 가져왔다.

우리나라의 항공사진측량 도입은 1945년 미국에 의해 국내에 최초로 소개되었으며 1950년 6.25동란 중 북위 40°까지 항공사진을 촬영하였다. 또한, 군용지도를 부분적으로 수정할 당시의 1/50,000 지도는 정확한 대축척 지도가 필요한 시기에 국립건설연구소를 중심으로 한국과 네덜란드가 합동으로 항공사진측량 사업을 추진하였다. 1966년 8월 13일부터 1969년 12월 31일까지 기간을 정하여 한국이 필요로 하는 장비의 원조 및 고급관리기술자를 훈련, 양성하여 사업을 완료한 이후에 독자적으로 항공사진측량사업을 수행할 수 있는 기반을 조성하는 것을 목적으로 하였다. 1968년 도화작업을 착수하여 1/25,000 지도를 제작하고 1969년부터는 국립건설연구소에서 제작된 1/25,000 지도를 수정하여 군용지도로 사용하였다. 또한, 1968년에 국립건설연구소에서는 측지부에 항측과를 신설하여 연차계획을 수립하고 1974년에는 남한전역의 1/25,000 지도를 762도엽으로 제작하였다.

1975년부터 1993년까지 1/5,000 국토기본도를 제작하였으며 1977년에는 우리나라 지적측량에 사진측량을 도입하였다. 그리고 2003년 행정자치부 지적과에서는 인천광역시 부평구 청천동의 지적불부합지역을 해결하기 위한 방안으로 항공사진측량을 도입하고자 하였으나 정확도가 낮아 도입하지 않았다. 그러나 2007년도부터 대한지적공사 지적연수원에서는 도화기를 도입하여 지적재조사를 위한 항공사진측량교육을 실시하고 있다.

9.1.2 항공사진측량의 특징

지적측량에서 측량기계의 현대화와 항공사진측량의 이론 및 정밀측정 장비의 눈부신 발달로 항공사진측량의 정도가 향상됨에 따라 선진 각국이 항공사진측량방식을 지적측량에 활용하게 되면서 기존 지상측량방식과 항공사진측량방식을 혼용하여 사용하는데 성공하였다. 항공사진측량의 장점은 크기, 형상, 지형, 지물의 위치를 측정할 수 있는 정량적 및 피사체 특성해석, 환경 및 자원조사, 대기수질 오염조사, 재해 및 기상조사, 지질 및 토지 이용조사, 산림조사 등 미세한 부분의 형태 분석, 의학적 고찰, 도시의 발전조사 등을 할 수 있는 정성적인 측량을 실시할 수 있으며, 기준점측량에서 세부측량까지 균일한 정확도를 유지할 수 있다. 측량에서 실시할 수 없는 정치적, 군사적 이유로 입장이 통제된 지역과 대도시의 접근하기 어려운 대상물의 측량이 가능하다. 토지경계선 외에도 다량의 정보를 이용할 수 있어 필지 내의 건물, 식생, 토지의 가격, 등기 사항 등의 정보를 취득하여 각종 센서스(Census)와 자연 및 인력자원 연구에 활용이 가능하고 항공삼각측량이 완료되면 필요한 지역의 필지를 상시로 도화하여 지적도를 작성할 수 있다.

지적도 작성에 필요한 시간과 인력은 일반적인 지상측량의 경우보다 상당히 적게 소요되어 경비절감의 효과가 크다. 토지등록제도에서 필요한 토지이용, 건물, 토지평가 등에 관한 자료를 최소한의 경비를 추가함으로써 얻을 수 있다. 또한, 사진으로 판단이 불가능한 경계선은 외업과 내업을 통한 협조가 필요하며 현지조사 및 보완측량이 필요하나 소규모의 이동측량에는 비용이 많이 소요되어 비경제적이다. 사진으로 식별이 불가능한 경계선이나 기준점에는 대공표지를 설치하여야 하지만 지역 주민, 행정기관과 유기적인 협조가 필요하므로 비용이 증가되고 작업시간이 많이 소요된다. 항공사진측량에 사용되는 기구들은 대체로 가격이 높고, 진동에 대한 보호 장치 등 추가 경비가 필요하며 고도의 차이는 지도상에서는 나타나지 않는 기복의 변화를 가져온다. 촬영은 기상 조건 및 태양고도의 영향을 많이 받으며 그늘진 부분은 식별이 곤란하여 행정구역경계, 지물, 건물명, 음영에 의해 판별하기 어려운 곳이 있다.

9.1.3 사진측량의 분류

(1) 촬영위치에 의한 분류

지상사진측량, 항공사진측량 및 다중파장대사진(원격)으로 분류할 수 있으며 지상사진측량(Terrestrial Photogrammetry)은 카메라 축이 수평면에 평행하고, 화면이 연직으로 촬영된 사진을 말한다. 항공사진측량(Aerial Photogrammetry)은 지표면에 대한 항공카메라의 각도에 따라 수직사진은 카메라의 경사각이 ±3° 이내일 경우를 말하고, 경사사진은 카메라의 경사각이 ±3° 이상일 경우로 구분한다. 다중파장대사진(Multispectral Photography)은 다중분광대 카메라로 필터와 필름을 이용하여 여러 개의 파장영역에 분광하여 촬영하는 카메라인 MSC(Multi Spectral Camera) 및 지표로부터 복사 및 반사되는 전자기파를 렌즈와 반사경으로 집광하여 필터를 통해 분광한 다음 파장별로 구분하여 각각의 영상을 테이프에 기록하는 MSS(Multi Spectral Sensor)를 항공기나 인공위성에 탑재하여 작성한 사진을 말한다.

(2) 촬영방법에 의한 분류

촬영방법에 따라 분류하면 항공사진측량, 지상사진측량, 수중사진측량, 원격탐측으로 분류할 수 있다. 항공사진측량은 항공기 및 기구 등에 탑재된 측량용 카메라로 중복하여 연속 촬영된 사진을 정성적 분석 및 정량적 분석을 하는 측량방법으로 도면작성에 많이 활용된다. 지상사진측량은 렌즈왜곡에 많은 고려를 하고 있으며 항공사진은 광각사진이 경제적이나 지상사진은 보통각이 좋다. 지상사진은 축척변경이 곤란하며 삼림, 산 능선의 배후는 촬영되지 않으므로 보충촬영이 필요하다. 소규모지역의 지형 · 지물 판독이 쉬우며 경제적이고 능률적이며 항공사진에 비해 평면 정확도는 낮으나 높이의 정확도는 높다. 지상사진측량은 보통 교통사고 조사, 건축물 형태 및 변위조사, 문화재 보존, 재해예측, 인체조사, 의상 디자인 등에 활용되고 있다.

수중사진측량(Underwater Photogrammetry)은 수중에서 촬영한 사진을 이용하여 수중자원 및 환경을 조사하는 것으로 해저의 기복상황, 해저유물조사 및 해저의 기복상태, 수중 식물의 분포량 파악 등에 이용된다. 원격탐측(Remote Sensing)은 지상에서 반사 또는 방사하는 각종 파장의 전자기파를 수집 처리하여 환경 및 자원문제에 이용하는 사진측량의 새로운 기법 중의 하나이며 가시영역(0.4~0.7μm) 및 적외, 자외선(광역파장 0.1~14μm)의 특성을 기록하여 정량 및 정성해석으로 환경문제 및 자원문제에 이용, 정성적 해석에 주로 이용되나 최근 인공위성의 해상력 발달로 정량적 해석이 가능하다.

(3) 도화축척에 의한 분류

도화축척에 따라 분류하면 도화기의 계수에 의거 분류하는데 대축척 도화, 중축척 도화, 소축척 도화로 구분되며 대축척 도화는 촬영고도 800m 이내의 저공촬영으로 얻어진 항공사진도화로 1/500~1/3,000의 축척을 말한다. 중축척 도화는 촬영고도 800~6,000m 내에서 저공촬영으로 얻어진 항공사진도화로 1/500~1/25,000축척을 말한다. 소축척 도화는 촬영고도 9,000m 이상의 고도 촬영으로 얻어진 항공사진도화로 1/5만~1/10만 축척을 말한다.

9.1.4 사진측량의 오차

(1) 과대오차

관측자의 미숙, 부주의에 의한 오차로 주의하면 예방할 수 있는 오차로 착오(Mistake)라고도 하며 관측자의 단순한 부주의, 피로, 경솔 등의 원인에 의해 발생한다. 또한, 현장작업을 할 때에는 항상 주의해야 하며 항공사진측량에서는 주로 좌표측점 또는 Data기록에서 발생하는 오차로 관측자 또는 기록자의 실수에 의해 발생하며 대부분 오차가 크게 발생한다. 착오는 관측값을 기록할 때 숫자를 바꾸어 적거나, 축척 및 계기 등을 잘못 읽었을 경우이다. 그러나 착오의 원인은 관측자의 미숙이나 부주의 등의 잘못으로 발생하는 오차가 대부분이며 실제로 다른 오차에 비하여 수 배의 큰 값으로 나타나는 값(예; 151.25m→ 115.25m)으로 사실상 오차라고 보기 어렵다.

(2) 정오차

정오차(Systematic Error)는 일정 조건하에서 같은 방향과 같은 크기로 발생되는 오차로 오차가 누적되므로 누차라고도 한다. 측량기계의 조정불량 그리고 자연환경 및 측량사 개인의 습관 또는 편견으로 시작되며 오차의 표시와 중요성은 일정한 형식 또는 물리학적 자연 법칙에 따라서 움직인다. 오차의 원인에 대한 법칙을 알 수 있을 때에는 수학적 표현에 의해 나타낼 수 있고 측정값을 적절히 수정할 수 있다. 발생 원인과 오차의 크기에 대해 사전에 파악이 가능하며 이에 따른 오차는 주로 렌즈 왜곡수차, 필름변형 정밀좌표측정기 오차, 대기굴절, 지구곡률 등이 있으며 카메라의 검정방법으로 결정하는 방법은 주로 다항식 형태로 만들어 공선조건식에 첨가하여 조정하는 방법이 있다.

(3) 우연오차

우연오차(Random Error)는 착오와 계통오차를 제외한 오차로 서로 상쇄되기도 하므로 상차(Compensating Error)라고도 하며 발견되지 않는 착오나 보정되지 못한 계통오차가 있을 경우에도 측량계산에서 우연오차로 처리된다. 우연오차는 보다 좋은 기계를 사용하고 올바른 계획에 의한 야외작업과 반복관측에 의한 측량결과를 확보함으로써 최소화 할 수 있다. 발생 원인과 오차형태가 부정확하여 파악이 불분명한 오차로 최소제곱법으로 조정한다. 우연오차는 그 크기나 대수적인 부호를 예측할 수 없으며 우연히 발생하고 피할 수 없는 것이 특징이며 오차를 계산하거나 소거할 수 있는 절대적인 방법은 없다.

9.1.5 사진측량의 적용범위

토지분야의 경우에는 국토기본도 및 지형도 작성, 토지이용도 및 도시계획도 작성, 지적도 재정비, 해안선 및 해저수심 조사, 임야도 및 토양도 작성 등에 적용되고 있다. 또한, 자원분야는 지질조사 및 광물자원조사를 실시하는 지하자원, 농작물의 종별, 분포 및 수확량 조사 등에 적용하는 농업자원, 산림의 식종, 치산 등의 산림 자원조사와 농경지 정리 등의 관개배수, 어군의 이동 및 분포 조사의 수산자원, 광맥조사, 지질의 단층, 해양자원 조사의 자원 탐사 등에 이용되고 있다. 환경분야의 경우에는 대기오염, 수질오염 및 해양오염, 토양의 효용도 조사, 수온, 조류 등의 해양환경 조사, 태풍, 구름, 풍향 및 일기예보 등의 기상조사, 홍수피해. 병충해, 적설량, 해수침입, 삼림화재, 연약지반조사 등의 방재대책 피해조사, 도시온도, 도시발달과 분포상태, 건축물 단속, 경관분석 등에 적용된다. 기타분야는 고고학, 문화재 보존과 복원, 상수, 건축의 시설물위치, 크기 및 변위량 파악, 의상, 의학 및 인체공학, 교통량, 주행방향, 교통사고, 도로상태 조사, 우주개발, 군사적인 이용 등 다양하게 적용된다.

9.2 기초이론

9.2.1 중심투영과 정사투영

중심투영과 정사투영의 구별을 할 수 있는 방법은 항공사진은 중심투영이고 지도는 정사투영으로서 투영체가 투영면상에 직교되는 투영을 말한다. 항공사진과 지도는 지표면이 편평한 곳에서는 지도와 사진은 같으나 지표면에 높낮이가 있는 경우에는 사진의 형상이 틀려진다. 가는 굴뚝이나 빌딩의 모서리 등 연직선이 하나의 점으로 표현되는 것과 같이 실제의 것을 단순화 하거나 기호화 한 것을 정사투영이라 하며 지도는 각 지점을 바로 위에서 내려다 본 상태가 정사투영인 반면 항공사진은 렌즈의 중심을 통과한 중심투영이다. 수직사진은 중심투영에 의하여 상이 맺히므로 같은 축척의 직각투영 지도와 서로 중첩시켜놓고 보면 서로 일치하지 않는다. 즉, 지도와 수직사진상의 같은 물체가 평균해수면상에 있으며 또 정확하게 카메라의 수직축에 놓여 있는 경우를 제외하고는 그 위치와 모양이 서로 다르게 표현된다. 사진과 지도상의 물체가 서로 다른 위치에 있는 이유는 지표면의 기복과 카메라 경사에 의한다.

(1) 중심투영

중심투영(Central Projection)은 사진의 상이 지표면의 대상물로부터 반사된 광이 렌즈중심을 기준으로 하여 평면으로 촬영한 필름면에 투영되어 나타나는 현상을 말한다. 사진은 그림 9-1과 같이 중심투영으로서 광선이 카메라 렌즈의 중심에 집중되는 형태로 촬영되어 사진의 중심 이외에서는 경사방향으로 투영되어 높이에 의하여 사진의 왜곡이 발생하므로 축척이 균일하지 않는 지도를 작성할 경우에는 사용할 수가 없다. 지도에서는 실제의 것을 단순화하거나 기호화 한 것 이외에 가는 굴뚝이나 모서리 등의 연직선은 지도상에서는 하나의 점으로 표현되나 사진 상에서는 선으로 나타나 있다. 사진측량은 중심투영으로 피사체인 지형을 렌즈의 중심으로 하여 평면 촬영한 화상으로서 항공사진을 사용함에 있어서 가장 중요한 요소이다. 사진은 중심투영 된 것이어서 높이의 차가 사진에서는 평면적인 차로 나타나기 때문에 이것을 기초로 높이를 측정할 수 있다.

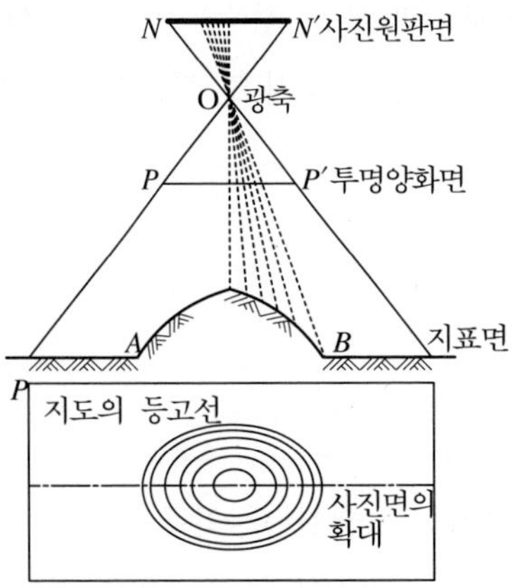

그림 9-1 중심투영 원리

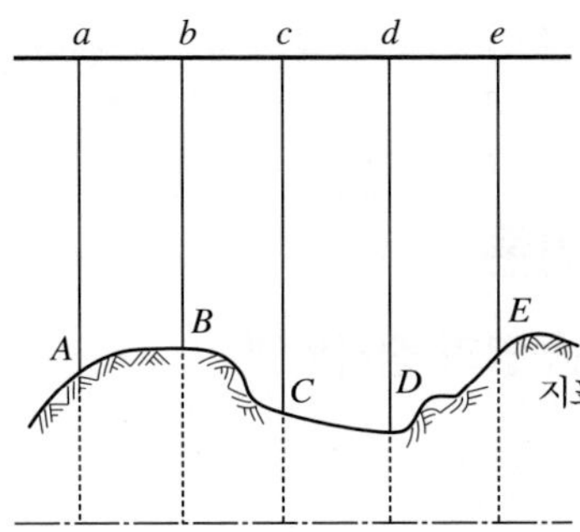

그림 9-2 정사투영 원리

(2) 정사투영

정사투영(Orthogonal Projection)은 입체도화기와 정사투영기를 사용하여 촬영카메라에 의한 경사와 지표면상의 비고에 대한 변위를 수정한 것을 말한다. 정사투영의 원리는 그림 9-2와 같이 실제의 것을 단순화 하거나 기호화 하며, 비고에 의해 비틀림을 보정하기 위해 정사편위수정법을 사용한다. 지표면의 비고에 의하여 변위된 사진상 각 점의 축척을 확대할 때 비고에 따라 투영고도가 변하므로 항상 동일축척이 되도록 인화할 수 있다. 지도는 지표면을 해수면에 직각 투영하여 다시 적절한 축척으로 평면에 투영한 것으로 소규모의 지역에서는 일정 축척의 직각투영방법으로써 현실세계에 필요한 정밀도로 보여주는 근사값이라 할 수 있다. 촬영시 카메라가 기울어져 있으면 연직사진으로 촬영되지 않아 사진이 왜곡되며 촬영된 사진의 왜곡을 수정하여 지도를 작성하는 방법은 여러 가지가 있으나 현재 이용되고 있는 방법은 입체정밀도화법 이다.

(3) 왜곡수차

정사투영과 중심투영의 차이를 말하며 왜곡은 상의 위치 변화와 광선의 구부러지거나 방향이 변할 때 생기는 것으로 방사방향에 의한 왜곡과 접선방향에 의한 왜곡으로 구분된다. 방사방향 왜곡은 광축으로부터 방사방향을 따라 발생하는 것으로 대각선 방향으로 발생하고 접선방향 왜곡은 렌즈 조합이 중심에 맞지 않은 경우 발생한다. 수차(Aberration)는 여러 가지 요인으로 인해 렌즈가 더럽혀지는 것으로 상의 선명도를 저하시키는 결함으로는 구면수차, Coma, 난수차, 색수차가 있다. 구면수차는 광축 주변에서 상이 분리되는 렌즈의 굴곡과 렌즈의 구면의 상태, 렌즈의 질이 좋지 않아 발생하는 오차로서 산란(Dispersion)반경이 최소가 되는 곳에 상을 설치하면 오차를 소거할 수 있다.

렌즈수차는 빛의 굴곡 및 렌즈의 경사로 인해 발생하며 주로 혜성의 모양과 같은 상이 발생한다. 난수차는 렌즈표면의 질이 불완전하여 발생하는 오차로 조합된 렌즈를 사용함으로서 오차를 소거할 수 있다. 색수차는 빛을 구성하는 색들에 의해 굴절오차가 발생하며 파란색이 빨강색보다 굴절이 많아 발생하는 오차이다. 왜곡수차은 중심투영에서 촬영중심에 있어야 하지만 실제는 렌즈에 전광속(全光束)이 수렴하는 중심에 존재하지 않는다. 대기 중에서의 왜곡을 별도로 정리하여도 광속은 렌즈의 가운데에서 왜곡되어 한 개의 직선으로 취급할 수 없다. 지상의 한 점에서 나온 광속은 사진상의 한 점에 상을 맺는다고 가정하고 있지만 렌즈의 수차와 감광제 성질의 영향으로 사진상의 점은 크게 나타나므로 수학적인 점으로 취급할 수 없다. 상이 맺는 면을 평면으로 취급하고 있지만 실제로는 완전한 평면을 얻을 수 없다. 이론적인 중심투영에 의해 만들어진 점과 실제 점의 변위를 왜곡수차라 하며 왜곡수차의 보정방법에는 포로코페(Porro Koppe)의 방법, 보정판(補正板)을 사용하는 방법, 화면거리를 변화시키는 방법이 있다.

9.2.2 항공사진의 특수3점

항공사진의 특수3점은 카메라가 어느 정도 기울어진 상태로 촬영한 연직사진은 항공사진의 투영방법이 중심투영이기 때문에 생기는 주점, 연직점, 등각점을 항공사진의 특수3점 이라고 한다. 일반적으로 투영중심에 상이 맺히는 필름면을 직각으로 투영한 것을 주점(Principal Point), 투영중심을 지나는 지면의 수직선이 상이 맺히는 면과 만나는 점을 연직점, 주점에서 연직점이 만

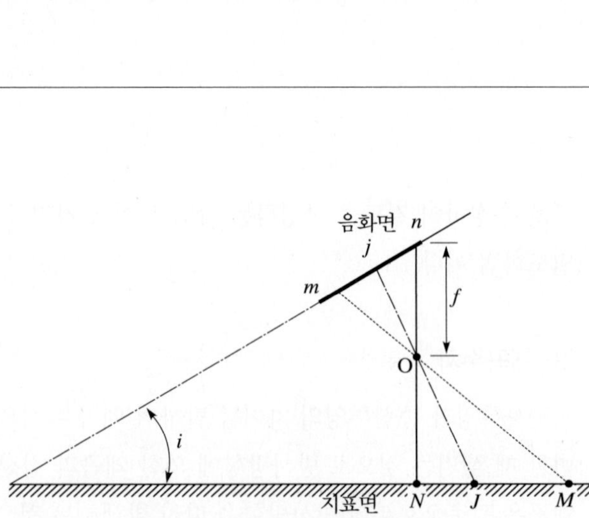

그림 9-3 항공사진의 특수3점

드는 각을 이등분한 점을 등각점이라 한다. 항공사진은 그림 9-3과 같이 정확한 수직사진일 경우 3점은 사진의 중심에 정확히 일치하나 보통은 카메라가 기울어진 상태로 촬영한 경우 주점, 연직점, 등각점이 존재한다. 주점은 사진의 중심점으로서 렌즈의 중심으로부터 사진화면에 수선을 내렸을 때 만나는 점을 말하며 항공사진에서 마주보는 지표를 서로 연결하여 교차하는 점이 각관측의 중심점으로 하는 경우에는 엄밀한 수직사진과 화면의 경사가 3° 이내에서 지표면의 비고가 적은 경우에 많이 활용된다. 연직점(Nadir Point)은 카메라 렌즈의 중심으로부터 지상의 촬영 기준면에 수선을 내렸을 때에 만나는 점을 지상 연직점(*N*)이라 하고 그 선을 연장시켜 화면과 만나는 점을 화면 연직점(*n*)이라고 한다.

이 점은 촬영시 항공기의 상태를 표시하며 주점을 통과하는 최대 경사선상에 $\overline{mn} = f \cdot \tan i$식에서 계산한 거리만큼 떨어져 있다. 즉, 투영 중심을 지나는 수직선이 음화면과 만나는 점을 연직점이라 한다. 그림 9-3에서 ***N***; 지상 연직점, ***M***; 지상주점, ***J***; 지상 등각점, ***m***; 화면주점, ***n***; 화면 연직점, ***j***; 화면 등각점, ***i***; 지표면과 이루는 각, ***O***; 투영중심, ***f***; 초점거리이다.

등각점(Isocenter)은 주점과 연직점이 이루는 각(*i*)을 2등분하는 선이 화면과 만나는 점을 화면 등각점(*j*)이라 하고 지상의 촬영기준면과 만날 때의 점을 지상 등각점(*J*)이라고 한다. 등각점의 위치는 항공사진의 최대경사선상에 있으며 화면의 경사를 ***I***라고 하면 $\angle m = \angle N = 90°$이며, $\angle mOj = \angle NOJ = \frac{i}{2}$에서 $\Delta Omj \propto \Delta ONJ$이고 $\frac{Oj}{OJ} = \frac{Om}{ON} = \frac{f}{H}$가 된다. 즉, 점 ***j***에서 경사 ***I***에 관계없이 연직사진의 축척과 같은 축척으로 된다. 등각점 j의 위치는 그림에서 보는 바와 같이 주점으로부터 $\overline{mj} = f \cdot \tan\frac{i}{2}$식으로 구할 수 있다. 등각점을 각 관측의 중심점으로 하는 경우에는 지표면이 평탄할 경우와 화면 경사가 클 때에 활용된다. 투영 중심으로부터 사진까지의 거리를 주점거리(Principal Distance)라 말하며 렌즈의 초점거리 (*f*)는 항상 주점거리와 일치하지 않는다. 투영중심에서 음화면에 이르는 수직선을 주축(Principal Axis), 연직선과 주점을 연결하는 선을 주선(Principal Line), 투영중심, 연직점, 등각점, 주점, 주축, 주선을 포함하는 면은 주면(Principal Plane)이라 한다. 특수3점 상호간의 관계를 보면 주점은 항상 사진상에 고정된 점이며 등각점과 연직점을 결정하는 기준이 되는 점이다. 경사가 적은 사진일 경우에는 주점을 연직점과 등각점을 대신하여 사용할 수 있으며 만약 사진의 경사각이 0° 일 경우에는 주점, 등각점, 연직점의 위치가 동일하다. 특수3점을 찾는 방법은 등각점, 연직점, 주점의 순서로 찾고 토지기복에 의한 사선방향이 발생할 경우 왜곡수차를 크기 순서로 나열하면 주점, 등각점, 연직점의 순서가 된다. 변위량은 방향에 따라 다르며 사진의 경사원인은 최대경사선과 직각방향에서 0이 되고 주점의 고저에 의한 변위는 최대 경사방향에서 0이며 직각방향에서 최대가 된다.

9.2.3 기복변위

항공사진의 영상이 지도와 근본적으로 차이가 나는 것은 투영방식에 따른 원인이며 지도는 정사투영인데 비해 사진은 렌즈의 중심을 통한 중심투영으로 투영의 중심점에서는 지도와 같이 정사의 형태를 이루지만 중심에서 멀어질수록 외곽방향으로 지형 · 지물의 상이 비틀리게 되며 지표면에 기복이 있는 경우는 지도와 다르게 나타난다. 이렇게 지형의 기복에 따라서 이미지의 차이가 발생하는 것을 기복변위(Relief Displacement)라고 한다. 기복변위의 발생 원인은 비행고도가 높으면 변위량이 적게 발생하고 비고가 높으면 변위량이 많이 발생하며, 축척은 산의 높은 곳은 크게, 낮은 곳은 작게 촬영되기 때문이다. 대축척에서는 기복변위의 영향이 크고 소축척인 경우에는 기복변위의 영향이 작기 때문이다. 기복변위는 사진의 중심투영에 해당되며 정사투영사진에서는 지상의 기복변위로 인한 시차가 제거되기 때문에 발생하지 않는다.

그리고 기복변위 공식을 이용하면 사진상에 나타난 탑, 굴뚝, 건물 등의 높이를 계산할 수 있으므로 단사진의 위치결정에 편리하게 사용되며 농경지는 대부분 완경사 지역으로 기복변위가 거의 발생하지 않는다. 또한, 대상물의 형태는 산의 사면이 사진의 중심 방향에서는 넓게, 반대측 사면에서는 좁게 촬영되는 현상이 나타나며 변위방향은 지면의 기복에 의한 사진상의 오차 방향은 사진의 중심점으로부터 방사선 방향으로 발생한다. 사진상의 중심점에서 관측하는 수평각과 사진 중심점에 해당하는 지상점에서 관측하는 수평각은 일치하며 지면의 기복으로 인하여 사진의 중심점으로부터 방사선 방향으로 생기는 사진상의 왜곡량을 변위량이라 한다.

그림 9－4와 같이 정사지도일 경우 $P = A$이나 h라는 기복 때문에 사진에는 Δr만큼의 변위가 발생하여 a이어야 할 점이 p로 이동되어 촬영된다. 또한 기복변위량(Δr)의 부호는 비고(h)의 부호에 따라 변하고 연직점(n)을 중심으로 방사선상으로 이동된다. 즉, 기준면에서 비고(h)가 높을 때는 (+)이므로 기복변위량(Δr)도 (+)가 되며 비고(h)가 낮을 경우에는 이와 반대현상이 나타난다. 이러한 기복변위현상을 소거하거나 발생량을 파악하기 위한 식은 (9.1)과 같다.

$\Delta Opn \backsim \Delta PP'A$에서 $\frac{\Delta R}{h} = \frac{r}{f}$로 $\Delta R = \frac{d}{f}h$가 되며 $\Delta Oan \backsim \Delta OP'A$ 에서

$$\frac{\Delta r}{\Delta R} = \frac{OP}{OP'} = \frac{h}{H}\text{로 } \Delta r = \frac{h}{H} \cdot \Delta R,\ \Delta r = \frac{h}{H} \cdot \frac{r}{f}h = \frac{h}{H} \cdot h$$

$$\Delta r = \frac{h}{H} \cdot r \text{ 또는 } r = \frac{\Delta r \cdot H}{h} \tag{9.1}$$

여기서, Δr; 기복변위량, h; 비고, H; 비행촬영고도 이다.

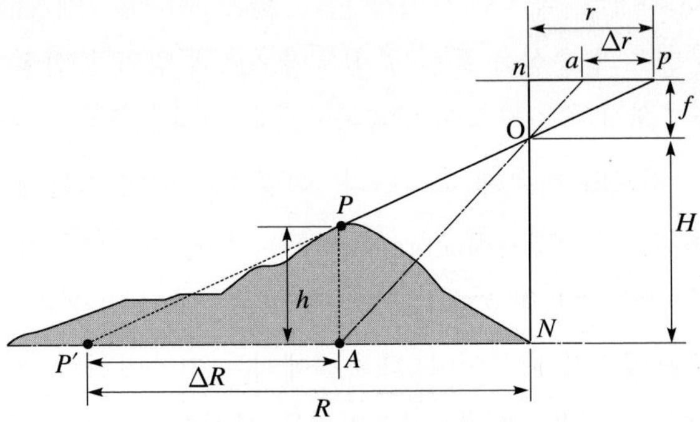

그림 9-4 기복변위 원리

9.2.4 입체시

사진의 입체시는 한 쌍의 사진을 명시거리에서 왼쪽의 사진은 왼쪽 눈으로, 오른쪽 사진은 오른쪽 눈으로 보면 좌우의 상이 하나로 융합되어 항공에서 지상을 내려다 본 것과 같이 높은 것은 높게 낮은 것은 낮게 입체감 있게 보이는 것을 말한다. 사람의 두 눈을 통하여 사진상의 대상물을 바라보면 대상물체의 상은 각각 분리되어 망막에 맺히게 되는데 물체의 상이 맺힘과 동시에 망막에 일치됨으로서 입체감을 얻을 수 있다. 입체시의 특징은 사물을 입체적으로 인식하게 하는 것은 망막에 맺히는 상의 차이 때문에 가능하며 두 눈은 서로 다른 위치에 있기 때문에 각각의 눈이 받은 상은 약간의 차가 있다. 촬영된 한 쌍의 사진을 60%로 중복하여 입체시가 되는 것을 입체모델이라 한다. 입체시할 경우에는 대상물의 크기, 원근감, 폐색, 시차의 이동 및 눈의 초점 변화에 의해 일어나며 눈에 대해 정확한 시점거리에 위치하지 않은 대상물은 입체시 영상에서 분할되어 이중으로 나타난다. 눈으로 인지되는 범위는 초점 범위와 수렴의 민감도에 따라 0.2m에서 1,000m에 이른다.

(1) 입체시의 종류

입체시는 동일한 대상물체를 찍은 두 장의 사진정보를 정량적, 정성적으로 해석하는 것으로 대상물의 3차원 좌표결정을 위하여 필요한 과정이며 입체시에는 정입체시와 역입체시가 있다. 정입체시는 중복사진을 명시거리에서 왼쪽사진을 왼쪽 눈으로 오른쪽의 사진을 오른쪽 눈으로 보았을 때 좌우가 하나의 상으로 일치되면서 입체감을 얻는다. 즉, 중복부분이 있는 한 쌍의 사진을 입체시 할 때 높은 것은 높게 보이고 낮은 것은 낮게 보이는 현상으로 한 쌍의 사진에서 좌·우 사진을 바꾸어 입체시하는 경우를 말한다. 역입체시는 한 쌍의 사진에 좌·우 사진을 바꾸어 입체시 하는 경우를 말하며 입체시 과정에서 높은 것은 낮게 낮은 것은 높게 보이는 현상으로 한 쌍의 입체사진을 180° 회전할 경우와 정상적인 여색입체시 과정에서 색안경의 적과 청을 바꾸어 보는 경우를 말한다.

여색입체시는 워크스테이션이나 PC에서 입체시를 보여주는 또 다른 장치로 수정눈이라 부르는 적외선 조정의 액정화면(LCD)과 그림 9-5와 같이 셔터가 부착된 안경이 있다. 여색(餘色) 입체시의 정입체시는 그림 9-6과 같이 한 장의 입체사진을 투영기에 설치하여 왼쪽사진은 적색필터(Filter) 오른쪽사진은 적색의 여색인 청색필터를 통하여 하나의 투영면상에 투영하고 왼쪽 눈에는 적색 오른쪽 눈에는 청색 안경을 끼고 보면 왼쪽 눈에는 적색만 들어와서 왼쪽 사진만 보이고 오른쪽 눈에는 청색만 들어와서 오른쪽 사진만 보인 현상을 말한다. 두 장의 사진을 서로 여색관계에 있는 색(빨강과 녹색 혹은 빨강과 파랑)으로 하나의 화면에 투사하거나 한 장의 사진으로 현상할 수 있다. 이미지는 여색필터가 장착된 안경을 통하여 보면 양 눈은 각각 다른 노출 점에서 촬영한 사진을 볼 수 있다.

그림 9-5 여색 입체 안경

그림 9-6 여색입체사진

(2) 입체시 방법

입체시하는 방법은 중복된 사진을 왼쪽 눈으로는 왼쪽 사진을 오른쪽 눈으로는 오른쪽 사진을 볼 수 있도록 하는 장비로 입체경, 입체현미경, 입체도화기, 입체좌표관측기를 이용하는데 가장 단순한 장비로 쌍안 렌즈가 많이 사용된다. 인공입체시는 관찰자가 두 눈의 축을 평행으로 유지하여 왼쪽 눈은 왼쪽 사진을, 오른쪽 눈은 오른쪽 사진을 본다면 특별한 장비 없이 입체시를 관찰할 수 있는데 이를 육안에 의한 입체시라 한다. 이러한 방법은 많은 숙련이 필요하며 사람의 두 눈의 초점이 자연히 한 곳으로 모이는 현상을 극복해야 하기 때문이다. 사진의 입체모델을 기구나 장비를 사용하여 보다 쉽게 인공입체시를 볼 수 있도록 한 것이 사진측량의 개념이다. 사람의 눈은 카메라와 매우 비슷하여 눈으로 물체를 판단하는 방법과 같이 한 쌍의 사진을 이용하여 왼쪽 사진은 왼쪽 눈으로, 오른쪽 사진은 오른쪽 눈으로 중복사진의 입체시를 얻는 방법이다. 인공적인 입체시는 다른 관점에서 촬영했거나 한 쌍의 사진 혹은 그림을 합성함으로써 만들 수 있으나 많은 숙련이 필요하지만 최근에는 육안에 의한 입체시는 거의 실시하지 않고 첨단장비를 이용하여 실시하고 있으므로 여기서는 간단하게 원리만을 설명한다.

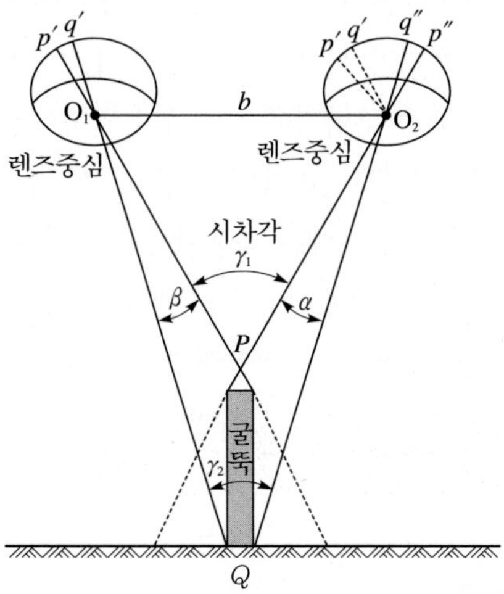

그림 9-7 눈에 의한 물체의 입체시

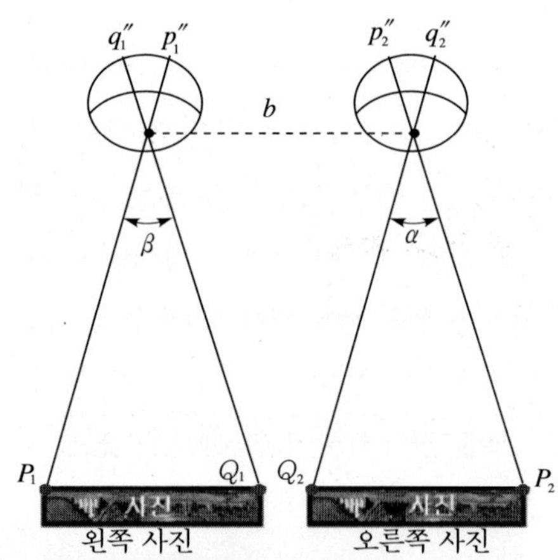

그림 9-8 눈에 의한 항공사진의 입체시

그림 9-7과 그림 9-8에서 p', p''; P의 시차(Parallax), q', q''; Q의 시차, p', $p''\sim q'$, q''; 시차차(Parallax Difference)를 표시한 것이다. 시차차는 시차각의 차이로 P쪽이 Q쪽보다 가깝게 보이는 현상으로 왼쪽 눈으로 왼쪽 사진, 오른쪽 눈으로 오른쪽 사진을 바라보면 원근감이 발생하는 현상을 말한다. 사진측량에서는 정확하게 표정된 사진의 입체모델은 지표면의 3차원모형을 관측하려는 목적으로 사용하고 있다. 입체경에는 렌즈식 입체경과 반사식 입체경이 있다. 렌즈식 입체경은 그림 9-9와 같이 2개의 볼록렌즈를 약 60cm 간격을 두고 결합하여 만드는데 렌즈를 통하여 사진을 보면 눈에 들어오는 광선은 대개 자외선에 가까운 광선으로 되어 있기 때문에 초보자도 쉽게 입체시 할 수 있다. 또한, 렌즈에 의하여 사진을 확대할 수 있으므

로 미세한 지형 · 지물도 볼 수가 있어 판독에 편리하다. 그러나 렌즈의 수차로 상이 왜곡되게 보이고 시야가 좁으므로 큰 사진의 전체를 동시에 볼 수는 없지만 휴대가 간편하여 현장에서 편리하게 사용할 수 있다.

반사식 입체경은 렌즈수차가 적게 미치므로 사진의 넓은 지역을 동시에 볼 수 있어서 렌즈식 입체경의 단점을 보완하였으며 구조는 입체경의 좌우 및 볼록렌즈 아래에 프리즘이 부착되어 있어 사진은 두 번 변화하여 눈에 들어온다. 망원경 배율이 4배이므로 영상이 명확하고 눈 사이의 기본 길이는 약 65cm정도이며 사람에 따라 조절할 수 있고 넓은 범위를 동시에 입체시 할 수가 있어 편리하다.

반사식 입체경은 그림 9-10과 같고 사진 크기는 230×230mm로 입체시 하기 편리하며 보통 동일한 배율이지만 렌즈를 첨가함으로서 3배에서 8배까지 배율을 높일 수 있다. 또한, 중복된 모든 부분을 보기 위해서는 사진상에서 입체경을 이동해야 하며 항공사진의 중복된 영역 전체를 효율적으로 보기 위해서는 눈의 간격을 크게 한다.

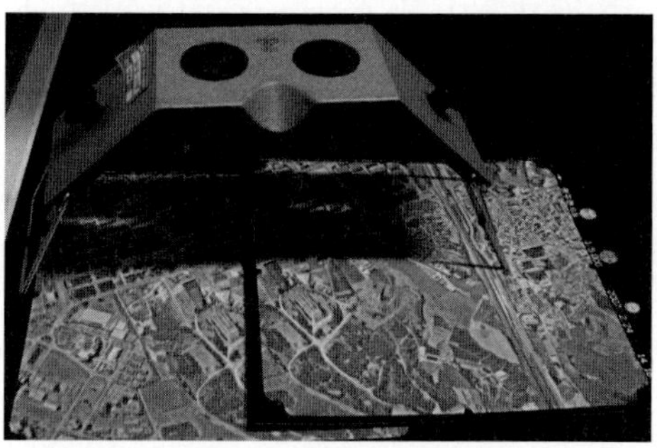

그림 9-9 렌즈식입체경

그림 9-10 반사식입체경

(3) 입체시의 변화

입체시의 변화에는 기선의 변화, 초점거리, 촬영고도차, 눈의 높이 및 입체시를 하는 눈의 위치에 따라 여러 가지로 변화할 수 있다. 촬영기선이 긴 경우가 짧은 경우보다 더 높게 보이는 현상을 기선의 변화라 하며 렌즈의 초점거리가 긴 쪽의 사진이 짧은 쪽의 사진보다 높게 보이는 현상을 초점거리의 변화라고 한다. 촬영고도차에 의한 변화는 낮은 촬영고도로 촬영한 사진이 높은 고도로 촬영한 경우보다 더 높게 보이는 현상을 말한다. 사용자의 눈의 위치에 따라 나타나는 현상으로 눈의 위치가 약간 높아짐에 따라 입체상은 더 높게 보이는 현상이며 눈의 높이가 변화할 경우에 발생한다. 항공기의 방향선상에서 움직이면 눈이 움직이는 쪽으로 기울어져 보이는 현상은 사용자의 눈을 옆으로 돌렸을 때 발생하는 변화현상이다.

(4) 입체시에 의한 과고감

높은 위치에서 비행하는 비행기 내에서 두 눈으로 지상을 관찰할 때 토지의 기복과 건물의 고저를 판단하는 것은 쉽지 않다. 두 눈의 기선은 약 6cm 정도여서 수 백m 떨어진 지상에 대해 두 눈에서 시선방향이 거의 평행으로 되어 입체감각을 얻을 수 없기 때문이다. 그러나 항공사진을 입체시 하면 고저차를 식별할 수 있다. 과고감(Vertical Exaggeration)은 인공입체시 할 경우 과장되어 보이는 정도를 말하며 항공사진을 입체시할 경우 평면축척보다 수직축척이 크기 때문에 실제 도형보다 높게 보이는 현상을 말한다. 과고감은 촬영높이에 대한 촬영기선 길이와의 비율인 기선고도비에 비례하며 일반적으로 사람 눈의 시차각 분해 능력은 10°~25° 정도이며 거리로는 약 500~1,300m에 해당한다. 먼 거리에 있는 물체는 수평각이 거의 0°에 가까워지므로 고저차 및 원근을 비교할 수 없다. 그 이유는 60%로 중복된 항공사진의 촬영기선장과 촬영기선 고도비가 사람의 양쪽 눈의 간격(안기선)과 눈이 피로하지 않게 물체를 볼 수 있는 거리인 명시거리로 건전한 눈은 볼 수 있는 거리가 약 25cm이며 근시안은 이것보다 짧고 원시안은 이것보다 길게 볼 수 있다. 과고감은 항공기선, 카메라의 초점거리, 촬영고도, 관측자 눈의 기선, 측정거리, 분리한 사진의 간격, 그리고 입체경의 렌즈초점거리와 배율에 의하여 변화되며 항상 일정하지는 않다.

(5) 카메론효과

입체사진 위에서 이동한 사물을 입체시 하면 입체시에 의한 과고감으로 입체상의 변화를 나타내는 시차가 발생하고 그 운동이 기선 방향이면 물체가 뜨거나 가라앉아 보이는 현상을 말한다. 입체상의 변화는 기선고도비에 영향을 받으며 기선의 변화에 따라 촬영기선이 긴 경우가 촬영기선이 짧은 경우보다 더 높게 보이는 현상을 카메론효과라 한다. 초점거리에 따라 렌즈의 초점거리가 긴 쪽의 사진이 짧은 쪽의 사진보다 더 낮게 보이며 촬영고도에 따라 동일 카메라로 촬영할 경우 낮은 촬영고도로 촬영한 사진이 촬영고도가 높은 경우보다 더 높게 보인다. 또한 눈의 위치가 높을 경우 입체상은 더 높게 보이며 눈을 좌우로 움직일 경우 눈이 움직이는 쪽으로 비스듬히 기울어져 보이는 현상이다.

9.2.5 시차

지상의 한 점을 연속 촬영하여도 연속된 사진이 각각 다른 지점에서 촬영되므로 사진상의 위치는 다르지만 각각 다른 사진에 있는 동일 지점에 대한 사진상 좌표의 차를 시차(Parallax)라고 한다. 즉, 한 쌍의 사진상에서 동일점에 대한 상점이 연직한 상태에서 만나게 되는 한 점에서 생기는 종(X) · 횡(Y)의 시각적인 오차를 말하며, 광학적 중심에 위치한 왼쪽과 오른쪽에 있는 두 개의 부점간 차이를 의미한다. 또한, 두 개의 부점 차이를 이용하여 상호표정(Relative Orientation)을 수행하여 절대표정을 수행하기 위한 3D모델을 형성한다. X시차는 한 쌍의 항공사진의 주점거리와 동일한 점을 절대적(Absolute)으로 입체시(Stereoscopic Parallax)하고 각각 다르게 연직사진으로 촬영된 두 개의 영상은 항공기선의 시차와 수평면으로 측정된 거리의 차이를 의미한다.

X시차는 X방향으로 이동되고 물체의 높이와 관련되며 Y시차는 항공기선에 포함된 수직면과 두 개의 영상에 있는 한 점의 수직거리와의 차이를 의미하며 Y시차는 반드시 소거(Eliminated)하기 전에는 좋은 입체모델을 얻을 수 없으므로 부적합하다. Y시차는 Y방향으로 이동되며 사진의 경사에 한정되어 관련된다. 시차는 관측자의 이동에 따른 대상물의 상대적인 이동을 의미하며 다른 사진에 찍힌 동일한 대상물인 공액 영상의 위치 이동에 의해 입체사진상에서도 감지할 수 있으며 일정한 비행고도와 엄밀 수직사진에서 시차는 기선과 평행하다. 시차는 원격 대상물인 경우에 작게 보이고, 항공사진은 낮은 표고에 있는 점에서 작아지며 입체사진에서 깊이는 이 시차에 의존하며 높이가 다른 인접 지점은 서로 다른 시차를 가진다. 시차의 변화를 모든 점에 적용함으로써, 입체사진에 의해 대상물의 연속적인 3차원 효과가 주어지며 전체 지역에 대한 입체상을 얻기 위해서는 모든 사진에 대해 최소 50%의 중복이 필요하다. 가장 단순한 경우에 좌표는 두 개의 중복된 사진에서 주점을 연결한 선으로 기선에 평행하게 측정되어야 하며 그 외의 다른 어떤 좌표계를 사용하여도 시차는 X와 Y시차로 일반적으로 알려진 두 개의 성분을 가진다.

(1) 시차관측의 원리

시차는 시차 측정자로 측정하면 정밀도가 높아지며 두 점 사이의 비고를 측정하는데 편리하고 측정 눈금은 1/10mm까지 정확하게 마이크로미터로 읽을 수 있다. 한 쌍의 사진이 동일한 수직축과 비행고도를 갖는다고 가정할 때 반사식 입체경을 이용하여 관측할 경우 표정하는 과정이 필요하다. 연직점과 이에 대응하는 다른 사진상의 연직점을 정렬하며 양쪽 사진의 서로 대응되는 점의 간격은 반사식 입체경(Mirror Stereoscope)을 이용하여 기선거리(250mm)를 조정한다. 시차와 표고의 관계로부터 높이가 다른 두 점의 시차차를 측정하여 두 점 사이의 고저차를 구할 수 있으며 입체좌표측정기 또는 반사식 입체경과 시차측정간(Parallax bar)을 사용하여 측정할 수 있다. 두 점이 멀리 떨어져 있으면 표정 전 모델이 가지고 있는 오차로 인하여 신뢰할 수 없는 결과 값을 보여주며 사진측량에서 3차원 모델은 서로 겹치는 한 쌍의 사진에서 대응하는 광선의 교차로 만들어지고 정확한 광선의 교차는 사진의 표정이 끝난 후에 가능하다. 입체시에서 시차란 두 장의 사진을 촬영하는 카메라의 위치가 다름으로써 발생되며, 하나의 상(像)이 두 장의 사진상에서 점의 위치가 다르다는 것을 의미한다. 표정되지 않은 한 쌍의 사진을 반사식 입체경이나 입체도화기를 통하여 볼 때 시차가 발생하여 한 쌍의 광선이 그림 9−11 및 그림 9−12에서와 같이 서로 교차하지 않으므로 시차 *AA'*는 다시 x축과 y축을 따라 두 성분으로 나누어 생각할 수 있다.

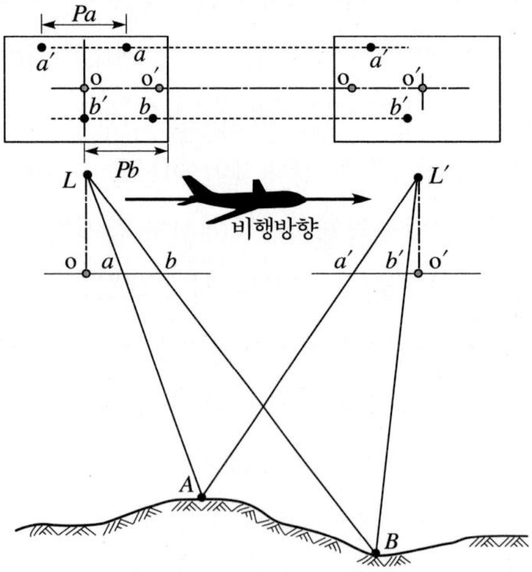

그림 9−11 입체시를 위한 정렬

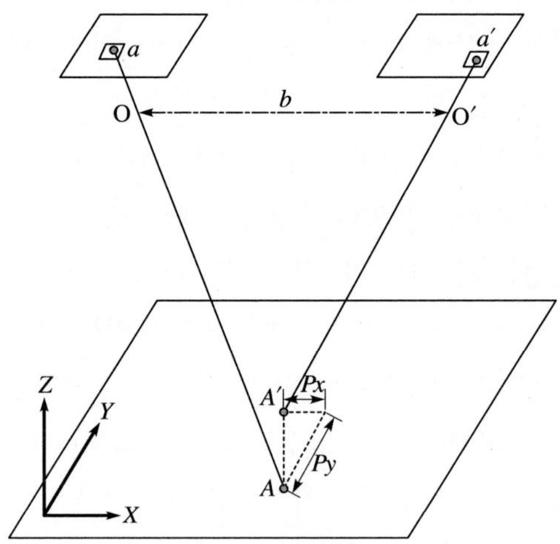

그림 9−12 시차의 측정

그림 9−13을 이용하여 시차공식을 정리하면

$h : S_1 = f : (P_1 + s_1)$에서

$S_1 = \dfrac{h}{f(P_1+s_1)}$, $S_2 = \dfrac{h}{f(P_2+s_2)}$이 된다.

$S_1+S_2 = \dfrac{h}{f(s_1+s_2+P_1+P_2)}$를 이용하면 시차차는

$(\Delta P)=s_1 + s_2$이고 주점기선길이$(b)=P_1+P_2$가 된다.

$$P = \frac{f(S_1+S_2)}{(\Delta P+b)} = \frac{f}{(\Delta P+b)} \times \frac{h}{f(s_1+s_2)} = \frac{\Delta P}{(\Delta P+b)} \times H$$

만약 ΔP가 b에 비해 매우 미소할 경우에는

$h = \dfrac{\Delta P}{b \times H}$가 될 수 있다.

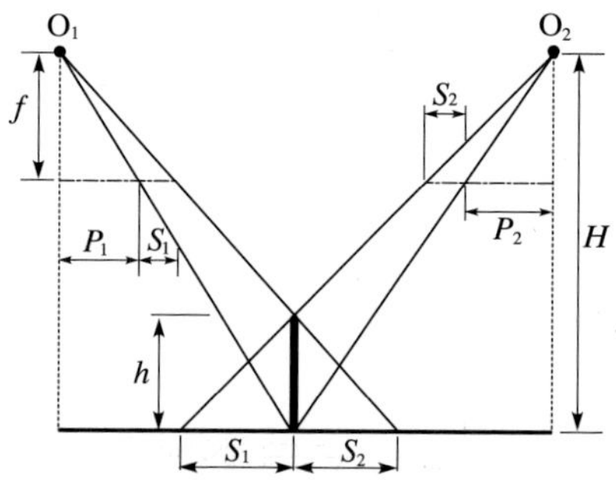

그림 9-13 시차 원리

(2) 부점

부점(Floating Mark)은 간격이 약 25cm되는 두 점 m'_1, m'_2를 중첩시킨 것으로 그 중 한점을 X축의 방향으로 조금씩 움직이면 부점이 수직방향으로 움직이는 것을 볼 수 있다. m'_1, m'_2를 움직여 각각 a'_1, a'_2와 일치시키면 부점 m이 지표면에 닿도록 하는 것이 입체측정의 기본원리이다. 입체모델에서 부점이 공액영상 위에 정확하게 위치하면 지면상에 나타나고 점이 약간 가깝게 접근하게 되면 부점은 지면으로부터 떠오르거나 가라앉는다. 그러나 부점이 지면에서 심하게 벗어나면 눈의 수렴 범위를 벗어나면서 입체시가 깨지게 되고 지면에 이중영상이 맺히며 점이 약간 멀리 이동하게 되므로 두 개의 점으로 분할되며 뇌에서 지면 아래에 부점이 있는 상을 만들지 못하므로 입체시 형성이 되지 않아 지면에 이중영상이 맺힌다. 부점은 입체사진에서 정량적 관측 수행에 사용되고 두 개의 십자표시나 점으로 구성되며 각각 좌·우측에서 동일지점들이 형성된 영상 또는 상호표정이 끝난 영상을 공액영상이라 한다. 부점의 원리는 사진상에서 지형·지물의 높이를 측정하기 위하여 사용되며 그림 9-14에서 Ⅰ, Ⅱ의 정사각형 판을 평행하게 놓고 위에 두 개의 삼각형판 M_{I}과 M_{II}를 y방향으로 일정한 방향을 향하여 O_1과 O_2점에서 입체시 하면 공간에서 한 개의 ΔO_1PO_2가 생긴다.

다음은 M_{II}를 그대로 두어 y를 일정하게 하고 M_{I}을 M_2, M_3로 이동하게 되면 두 개의 상의 위치는 O_2P의 연장선을 따라 M_2와 M_3로 자유롭게 원근(遠近)이 변화된다. 따라서 M_{I}과 M_{II}

를 그림 9-14와 같이 한 조로 편성하여 Ⅰ, Ⅱ의 정사각형 판을 사진으로 바꾸어 놓고 M_{I}과 M_{II}의 간격에 대한 변화량을 측정하면 원근도(遠近度)가 측정된다.

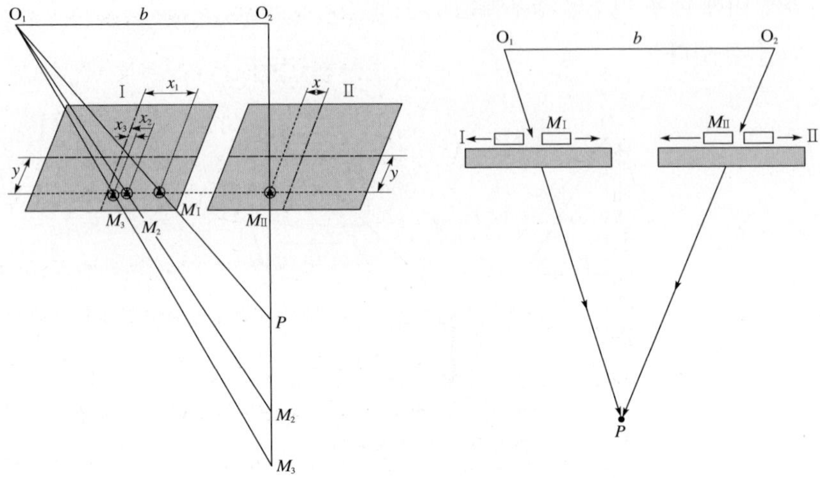

그림 9-14 부점의 원리

그리고 M_{I}과 M_{II}의 운동을 항상 동일하게 x방향과 y방향으로 자유롭게 이동되도록 하면 사진의 입체상을 어느 곳에서나 측정할 수 있는 점을 부점(浮點) 또는 측표(測標)라 한다. 그림 9-15에서 A와 같이 점이 안정되게 보이는 현상을 부점정위(浮點正位)라 하고 점이 약간 멀리 이동하게 되면 두 개의 다른 점으로 분할되고 지면에 이중영상이 맺히며 부점이 측정하고자 하는 지표 또는 모서리에 정확하게 위치한 것을 On The Ground가 된 상태라고 한다.

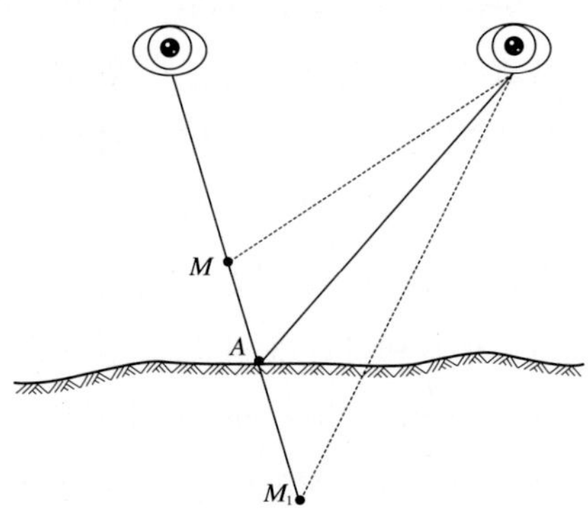

그림 9-15 부점의 측정

또한 그림 9-15에서 M과 같이 지면에서 떠 보이는 현상을 부점상위(浮點上位)라하며 Over The Ground라고 하며 M_1과 같이 가라 앉아 있는 현상을 부점하위(浮點下位) 또는 Under The Ground라고 한다.

9.2.6 공선조건과 공면조건

(1) 공선조건

공간상의 임의의 점(또는 대상물의 점; X_p, Y_p, Z_p)과 그에 대응하는 사진상의 점(상점; x, y) 및 카메라의 촬영중심(X_0, Y_0, Z_0)이 동일 직선상에 있어야 하는 조건을 공선조건(Collaterality Condition) 이라 하며 주로 상호표정, 절대표정, 항공삼각측량의 번들조정에 이용된다. 후방교회법에서 X, Y, Z를 알고 있는 기준점을 사용하면 방정식은 각 사진에 대해 X_0, Y_0, Z_0, κ, ϕ, ω의 미지수 6개를 가지며 이때 사진은 기준점을 이용하여 후방교회법으로 공간상에서 위치를 결정한다. 즉, 후방교회법의 계산은 외부표정요소의 정밀도, 기준점과 시차점에 맞추어진 영상 축척의 오차, 외부표정요소의 정밀도는 잘못된 후방교회법을 찾아내는데 사용된다.

공선조건식의 원리는 그림 9－16과 같이 일반적인 계산방법은 단사진, 입체쌍, 항공삼각측량에 대한 이론적인 근거에 사용되고 있으며 단사진이나 입체쌍의 해석적 외부표정에 사용되는 계산 방법은 공선조건을 사용한다. 공선조건식은 후방교회법에서 결정된 X_0, Y_0, Z_0, κ, ϕ, ω를 기지로 하고 X, Y, Z 지상좌표를 미지로 하는 방정식으로 변환되며 가장 작은 시차를 가지는 위치를 선택하여 전방교회법을 계산하는 최소제곱추정(방정식 4개, 미지수 3개)이 사용될 수 있다. 사진투영중심과 P의 상점 및 대상물 사이에는 3축 회전변환식이 성립되며 오차는 기준점 좌표의 정밀도와 결합된 영상좌표 측정의 정밀도를 기초로 최소제곱법으로 계산하여 유효성을 평가할 수 있다. 사진투영중심과 P의 상점 및 대상물 사이에는 3축 회전변환식의 관계가 성립한다.

$$\begin{bmatrix} X_p-X_0 \\ Y_p-Y_0 \\ Z_p-Z_0 \end{bmatrix} = R\begin{bmatrix} x \\ y \\ -f \end{bmatrix} = \begin{bmatrix} a_{11}y+a_{12}y-a_{13}y \\ a_{21}y+a_{22}y-a_{23}y \\ a_{31}y+a_{32}y-a_{33}y \end{bmatrix} \tag{9.2}$$

$\dfrac{X-X_0}{X_p-X_0} = \dfrac{Y-Y_0}{Y_p-Y_0} = \dfrac{Z-Z_0}{Z_p-Z_0}$을 식(9.2)에 대입하면

$$X-X_0 = Z-Z_0\frac{X_p-X_0}{Z_p-Z_0} = Z-Z_0\frac{a_{11}x+a_{12}y-a_{13}f}{a_{31}x+a_{32}y-a_{33}f}$$

$$Y-Y_0 = Z-Z_0\frac{Y_p-Y_0}{Z_p-Z_0} = Z-Z_0\frac{a_{21}x+a_{22}y-a_{23}f}{a_{31}x+a_{32}y-a_{33}f}$$

또한, PO와 pO 사이의 비를 S(축척계수)라 하면

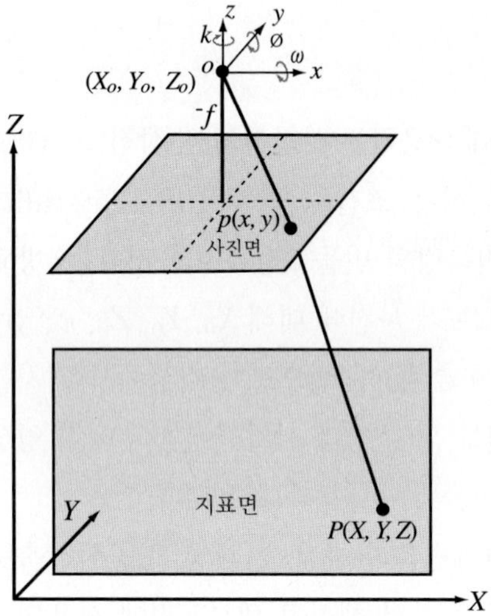

그림 9-16 공선조건 원리

$$\frac{x}{X_P - X_0} = \frac{y}{Y_P - Y_0} = \frac{z}{Z_P - Z_0}$$ 에서

$$\begin{bmatrix} x \\ y \\ -f \end{bmatrix} = S \begin{bmatrix} X_P - X_0 \\ Y_P - Y_0 \\ Z_P - Z_0 \end{bmatrix}$$ 이며, 상좌표 (x, y)가

카메라 검정 값과 x_0, y_0의 차가 있고 X, Y, Z 좌표축에 대한 x, y, z축의 방향여현(Direction Cosine)을 A라 하면

$$\begin{bmatrix} x - x_0 \\ y - y_0 \\ -f \end{bmatrix} = S \begin{bmatrix} a_{11} & a_{12} & a_{13} \\ a_{21} & a_{22} & a_{23} \\ a_{31} & a_{32} & a_{33} \end{bmatrix} \begin{bmatrix} X_P - X_0 \\ Y_P - Y_0 \\ Z_P - Z_0 \end{bmatrix}$$

PO와 Po사이의 비를 축척계수(s)라 하면 $S = \dfrac{-f}{a_{31}(X_P - X_0) + a_{32}(Y_P - Y_0) + a_{33}(Z_P - Z_0)}$ 에서 공선조건식은 식(9.3) 및 식(9.4)와 같다.

$$x(X, Y, Z, \omega, \phi, \kappa, X_0, Y_0, Z_0, x_0, y_0, f)$$

$$= x_0 - f\frac{a_{11}(X_P - X_0) + a_{12}(Y_P - Y_0) + a_{13}(Z_P - Z_0)}{a_{31}(X_P - X_0) + a_{32}(Y_P - Y_0) + a_{33}(Z_P - Z_0)} \qquad (9.3)$$

$$y(X, Y, Z, \omega, \phi, \kappa, X_0, Y_0, Z_0, x_0, y_0, f)$$

$$= y_0 - f\frac{a_{21}(X_P - X_0) + a_{22}(Y_P - Y_0) + a_{23}(Z_P - Z_0)}{a_{31}(X_P - X_0) + a_{32}(Y_P - Y_0) + a_{33}(Z_P - Z_0)} \qquad (9.4)$$

이 공선조건식은 3점의 지상기준점을 이용하여 투영중심 O의 좌표(X_o, Y_o, Z_o)와 표정인자(κ, ϕ, ω)는 후방교회법에 의하여 계산하고 외부표정인자 6개와 상점(x, y)을 이용하여 새로운 지상점의 좌표(X, Y, Z)를 구하는 전방교회법에 이용된다.

(2) 공면조건

3차원 공간상의 평면의 일반식은 $AX+BY+CZ+D = 0$이며 2개의 투영중심 $O_1(X_{o1}, Y_{o1}, Z_{o1})$, $O_2(X_{o2}, Y_{o2}, Z_{o2})$와 공간상의 임의의 점 P의 상점 $P_1(X_{P1}, Y_{P1}, Z_{P1})$, $P_2(X_{P2}, Y_{P2}, Z_{P2})$가 그림 9-17 및 그림 9-18에서 동일한 평면상에 있기 위한 조건으로 공면조건(Coplanarity

Condition)이라 하며 공면조건은 상호표정, 절대표정, 항공삼각측량의 광속조정에 이용된다. 따라서 4점 (O_1, O_2, P_1, P_2)이 동일 평면상에 있기 위한 조건인 공면조건을 만족하기 위한 관계식은 식(9.5)와 같다.

$$\begin{bmatrix} X_{O1} & Y_{O1} & Z_{O1} & 1 \\ X_{O2} & Y_{O2} & Z_{O2} & 1 \\ X_{P1} & Y_{P1} & Z_{P1} & 1 \\ X_{P2} & Y_{P2} & Z_{P2} & 1 \end{bmatrix} \begin{bmatrix} A \\ B \\ C \\ D \end{bmatrix} = \begin{bmatrix} 0 \\ 0 \\ 0 \\ 0 \end{bmatrix} \tag{9.5}$$

또한, 공면조건식 중에서 가장 널리 쓰이는 것은 투영중심을 연결하는 방법과 좌측 카메라 좌표를 고정하는 방법이 있다.

$$\begin{bmatrix} X_{O1} & Y_{O1} & Z_{O1} & 1 \\ X_{O2} & Y_{O2} & Z_{O2} & 1 \\ X_{P1} & Y_{P1} & Z_{P1} & 1 \\ X_{P2} & Y_{P2} & Z_{P2} & 1 \end{bmatrix} = 0$$

공면조건은 지상의 위치좌표를 알고 있지 않더라도 표정할 수 있으므로 수치사진측량에서 공면조건식을 공선조건식 보다 선호한다.

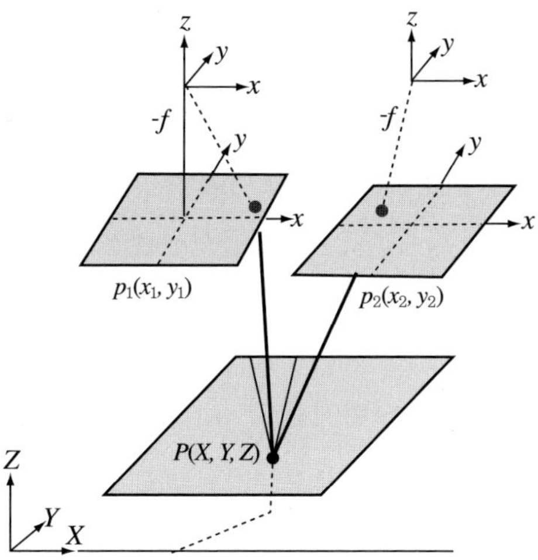

그림 9-17 연직사진인 경우 공면조건

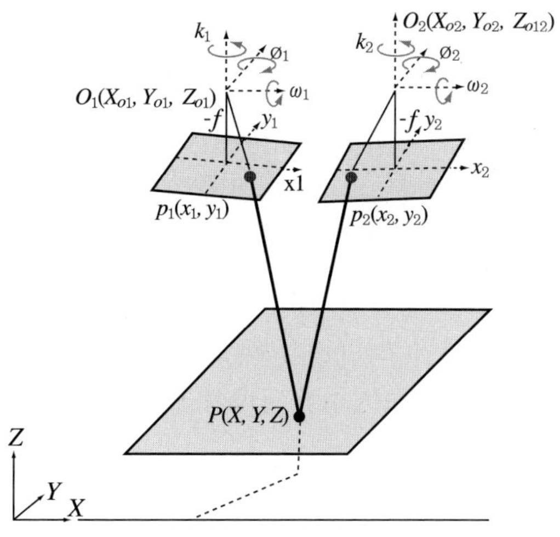

그림 9-18 경사사진인 경우 공면조건

9.3 항공사진촬영

사진측량은 촬영용 카메라, 항공기 및 촬영의 보조기계, 촬영계획 등이 상호연관 되어야만 효과적인 측량을 실시할 수가 있다. 그러므로 촬영계획을 수립하는데 사진의 축척, 중복도 및 촬영기선길이, 촬영고도, 표정배치, 촬영일시, 촬영카메라 등을 고려하고 사용목적에 따라 축척, 촬영코스, 비행코스, 촬영시기 등을 결정하여야 한다. 촬영계획을 수립하기 위해서는 제한공역의 경우 비행이 금지되므로 촬영 대상지역 내에 제한공역의 포함여부를 확인하고 그에 따른 비행경로의 설정이 필요하다. 촬영설계는 기본적으로 과업지시서의 내용을 토대로 이루어지며 촬영축척, 비행경로는 동서방향을 기본으로 한다. 촬영지역의 형태와 제한공역의 위치에 따라 최적의 방향과 비행경로 간격을 결정, 비행고도는 촬영대상지역의 최저 및 최고 고도를 확인하여 중간 고도로 결정하는 것이 원칙이다. 촬영영역의 고도차가 심한 경우 인접경로간의 중복도 확보 및 경제성을 고려하여 산지 또는 평지 지역에 대한 2단 촬영을 수행하며 촬영 목적에 적합하게 인접사진 간의 중복도에 대해 명확히 결정하여야 한다. 촬영계획이 수립되면 촬영시간과 경로에 대해 촬영전에 허가를 얻어야 하며 기본 촬영허가 및 승인은 국방부 보안과, 공중작전과, 수도방위사령부에서 승인을 받아야 하고 비행허가는 국군기무사령부 공항분실, 공항경찰대, 국가정보원 등에서 촬영허가를 취득하여야 한다.

9.3.1 촬영계획

촬영계획에서는 촬영구역을 완전히 포괄하여야 하므로 스트립의 시작과 종료의 구역 외에 최저 1모델 이상 더 촬영하여야 한다. 촬영축척과 항공카메라의 화면거리에 촬영구역 내의 촬영기준면의 높이 또는 평균표고를 더한 것을 촬영높이로 하며 촬영기준면은 원칙적으로 촬영구역에 대해 한 개를 정하지만 비고가 큰 지구에서는 스트립단위로 설정할 수가 있다. 항공사진촬영을 계획할 때 고려하여야 할 요소는 사진축척, 카메라의 종류, 종횡중복도(60%와 30%), 비행고도, 지상거리 등이 있으며 반드시 고려해야 할 사항은 다음과 같다.

① 코스와 코스 사이에 공백이 생기지 않도록 하고 인접코스 사이에는 약 30%의 중복도를 갖도록 한다.

② 동일 코스내의 인접사진은 반드시 50% 이상 중복되게 촬영해서 입체시가 가능하도록 해야 한다.

③ 안전성을 위해 보통 60%의 중복촬영이 많으나 산악지의 경우에는 80~90%의 중복도가 허용된다.

④ 중복도가 크면 촬영기선길이가 짧아져 높이 측정정도가 나쁘므로 주의하여야 한다.

⑤ 촬영구역 전체가 입체시 되도록 시점·종점의 양끝 1장씩은 구역 외까지 촬영해야 한다.
⑥ 촬영의 시간은 태양고도가 지평선으로부터 30° 이상인 10~14시에 촬영하는 것이 좋다.
⑦ 1촬영 경로에 필요한 촬영시간은 15~20분이다.

9.3.2 촬영준비

(1) 축척 결정

항공사진의 축척은 사용 카메라의 초점거리와 촬영항공기의 지상고도의 비로 산출하며 디지털항공사진은 지상 표본거리로 축척을 대체하도록 한다. 일반적인 사진축척은 사진이 수직한 것으로 가정하고 그 사진에 찍힌 구역의 평균적 높이에 대한 축척을 말한다. 항공사진은 촬영비행기의 동요(動搖)와 경사 등으로 카메라의 광축이 지면과 정확히 연직으로 촬영될 수 없으며 약간의 경사를 가지고 있으므로 완전한 수직사진을 촬영한다는 것은 불가능하므로 경사각 3° 이내의 항공사진은 수직사진으로 간주한다. 항공사진의 축척은 대상물체와 영상과의 비율로 카메라의 초점거리(f)와 촬영고도(H)에 의하여 사진축척이 결정되고 사진축척이 소축척일 경우에는 필요한 정보의 판독이 불가능하므로 사용자가 필요한 정확도를 가진 축척의 지도를 작성할 수 없다. 항공사진축척은 촬영 지역의 평균 표고인 촬영 기준면으로부터의 촬영 높이로 계산하는데 개략적인 축척이라고 할 수 있으며 지면이 완전히 평탄하지 않은 경우에는 한 장의 항공사진 내에서도 점의 위치에 따라 축척이 다르게 표현된다.

또한, 비행고도(H)의 10~20%의 비고차가 있을 때는 산악지역으로 보고 2단 촬영하여 축척을 결정한다. 대지속도와 셔터속도에 의해 발생되는 상의 흔들림을 보정하는 기구인 비행관리컴퓨터(FMC; Flight Management Computer)를 부착한 항공 카메라를 사용할 경우와 도화작업에 해석도화기 또는 수치입체도화기를 사용한다. 항공카메라 및 필름 등에 의한 왜곡을 계산하여 보정하는 경우와 계획기관이 지시하거나 승인한 경우에는 촬영 축척을 표준의 ±20% 범위 내에서 조정할 수 있다.

항공사진의 축척은 그 사용 목적에 따라 맞게 하고 사진축척이 너무 작으면 필요한 사항을 판독할 수 없으며 측량의 정도가 불량하게 되어 필요한 정확도를 가진 축척의 지도를 제작할 수가 없다. 또한 반대로 사진축척이 지나치게 크면 사용이 불편하고 비용면에서 촬영, 기준점측량, 세부도화 등 각 공정마다 많은 경비를 부담하게 된다. 도면을 작성할 경우의 사진축척은 도면축척과 필요한 정확도 또는 사용할 도화기의 정밀도에 따라서 결정된다. 도면축척이 1/5,000 정도인 축척에서는 사진축척의 약 4배로 확대하여 도화하고, 도면축척이 1/1,000 이상의 대축

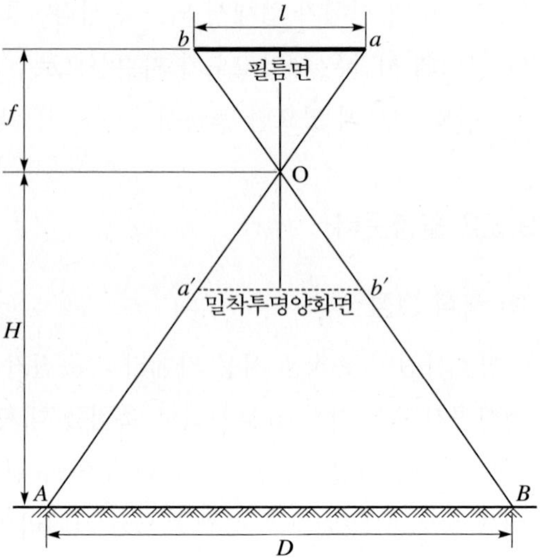

그림 9－19 촬영고도와 초점거리

척에서는 5~8배로 확대하여 도화할 수 있으며 높이의 측정 정밀도는 대개 촬영고도의 1/5,000을 얻을 수 있다. 렌즈 중심에서 사진면에 내린 수선의 길이를 초점거리(f), 기준면에서 렌즈 중심까지의 거리를 촬영고도(H)라 하면 기준면에 대한 항공사진의 축척의 결정방법은 계산에 의하여 결정하는 방법, 지도와 비교해서 결정하는 방법, 실측에 의하여 결정하는 방법으로 구분할 수 있다.

항공사진을 촬영하는 경우 사진축척을 결정하기 위한 촬영비행고도의 결정은 촬영지역의 지도를 이용하여 표고를 계산한 후 평균표고를 촬영 기준면으로 한다. 이 경우 기준면으로부터 비고(比高)는 일반적으로 촬영고도의 10% 이하로 한다. 초점거리(f)와 촬영고도(H)는 카메라의 계기판에 기록된 수치에 의해 계산하는데 계기에 표시되어 있는 높이는 기압고도계의 값으로 그림 9－19에서 확인이 가능하며 이것은 기온의 변화에 민감하므로 주의하여야 한다. 계산에 의한 수직사진에서 축척의 결정은

$M = \frac{1}{m} = \frac{\ell}{D} = \frac{f}{H}$이며,

여기서 m; 사진축척, H; 촬영고도, f; 렌즈의 초점거리, D; 지상거리, ℓ ; 사진상 거리이다.

지표면에 비고(h)가 있는 경우 높이에 따라 축척이 다르므로 각 점의 축척은 $M = \frac{1}{m} = \frac{f}{H \pm h}$에 의거 계산한다.

여기서, h; 기준면이 낮을 때는 (+)이고 기준면이 높을 때는 (−)이며 비행고도(H) = $m \times f$, 지상거리(L) = $\ell \times m$이다.

지도와 비교해서 결정하는 방법은 정확한 항공사진과 지도가 있을 경우에는 $m_b = \frac{\text{지도상의 길이}}{\text{사진상의 길이}} \times m_\ell$식을 이용하여 결정하는 방법을 사용하며 m_b; 사진의 축척 분모값, m_ℓ; 지도의 축척 분모 값이다. 실제측량에 의해서 결정하는 방법은 평탄지에서 지상의 길이를 쉽게 측정이 가능한 경우에 사용하는 방법이며 산지의 경우에는 비고가 있으므로 주의하며 현재는 거의 사용되지 않고 있는 방법으로 $m_b = \frac{\text{사진상의 길이}}{\text{지상의 길이}}$ 이다.

(2) 촬영기선길이

촬영계획을 세워 촬영을 할 때에는 촬영하고자 하는 지역으로 비행기가 진행하는 방향인 동일코스(Course) 내에서 종중복은 60%이고 인접한 코스간의 횡중복은 30%로 한다. 1코스의 촬영 중 한 개의 촬영점에서 다음 촬영점까지의 거리 또는 임의의 사진주점과 다음 사진주점 사이의 거리를 촬영기선길이(Air Base Line)라 한다. 또한, 동일코스에서 연속 사진을 촬영할 때 촬영용 비행기에 탑재한 카메라의 노출 중심간의 실 거리는 촬영기선길이(B)이며 계산식은 (B) $= m \cdot a = \left(1-\frac{p}{100}\right)$이다. 인접하는 2장의 사진 중심점간의 사진상의 길이를 사진선길이(b) 또는 주점기선이라 하며 종중복도(p)와 밀접한 관계가 있으며 m; 사진축척의 분모수, a; 사진 한 변의 길이이다.

(3) 촬영코스

촬영코스는 필요한 범위를 되도록 적은 수의 코스로 촬영할 수 있도록 계획하는 것이 바람직하나 지상 기준점의 배치 상태 등이 코스를 결정하는데 관계가 있다. 이때 노선을 몇 개의 코스로 정하여 인접코스 간에는 종중복이 60%정도 촬영이 중복되고 횡중복은 30%정도로 중복되도록 하지만 지형이 급격한 곳에서는 한 장의 사진만 찍힐 가능성이 있으므로 중복도를 더욱 증가시킬 수 있다. 촬영코스는 소요의 촬영 예정지역을 모두 포함하여야 하며, 촬영된 사진을 기준점측량 등에 이용하기 편리하게 촬영이 용이하도록 결정하여야 한다. 촬영코스는 직선으로 하고 그 중심선과 촬영 시작지점 및 종료지점은 대상지역이 모두 포함되어야 하며 지역이 남북으로 긴 경우는 남북방향으로 촬영코스를 계획하며 일반적으로 1코스의 길이의 연장은 보통 30km를 한도로 한다. 촬영시 단코스의 경우는 촬영 지역이 사진에서 70% 정도의 범위에 포함되도록 계획하며 넓은 지역을 여러 개의 평행코스로 촬영할 때는 특별한 경우를 제외한 인접 코스사이의 중복을 횡중복이라 하고 약 30%가 상호 중복되어야 한다. 사진의 촬영코스는 가급적 적은 수의 코스가 되도록 설정하며 도로 및 철도에서는 1개 코스일 경우가 많으나 넓은 지역일 경우에는 여러 개의 코스로 나누어 촬영하며 촬영코스의 계산식은 (C) $= m \cdot a = \left(1-\frac{q}{100}\right)$이며 q; 횡중복(%), m; 사진축척의 분모수, a; 사진 한 변의 길이 이다.

(4) 촬영고도 및 C계수

촬영고도는 요구되는 지도의 정확도 및 등고선 간격에 의존하며 또한 도화기의 종류에도 관계된다. 촬영고도가 결정되면 카메라의 종류에 따라 사진축척이 정해지고 한 장의 사진에 촬영되는 범위가 정해진다. 촬영고도는 사진축척과 사용 카메라의 초점거리가 결정되면 계산할 수 있고 촬영 기준면은 계획지역 내의 가장 낮은 면을 기준으로 촬영고도를 결정한다. 또한, 도화기와 등고선의 간격에 의해 촬영고도를 결정할 수 있으며 사용할 도화기와 등고선 간격이 미리 결정되었다면 촬영시의 촬영고도는 계산된 촬영고도보다 낮게 결정해야 한다.

(5) 촬영중복도

측량용 항공사진 및 영상은 반드시 입체시 사진 및 영상이어야 하며 사진 및 영상의 중복도는 촬영 진행방향인 종중복도(End lap)는 60%, 2개 이상의 코스일 때는 인접코스와 횡중복도(Side lap)는 30%를 표준으로 한다. 사진측량에서 단사진은 그림 9-20과 같이 보통 23×23cm 또는 18×18cm로 구성된 항공사진 한 장을 말하며 모델(Model)은 단사진 2장을 말하는데 그림 9-21과 같이 2장의 사진을 중복하여 한 쌍의 사진으로서 입체시 되는 부분을 말하며 입체모델 또는 스테레오 모델(Stereo Model)이라고도 한다. 또한, 스트립(Strip)은 그림 9-22와 같이 하나의 촬영코스로 구성되었으며 최소 단사진 2장 이상을 연결한 것을 말하고 블록(Block)은 그림 9-23과 같이 스트립과 스트립을 상하로 인접하여 중복된 사진을 말한다.

그림 9-20 단 사진

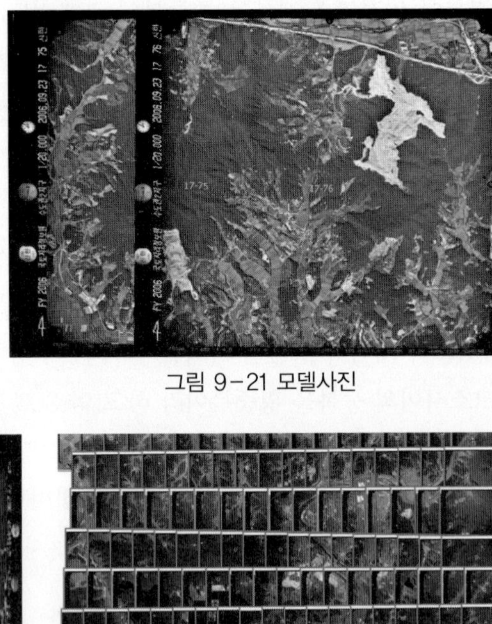

그림 9-21 모델사진

그림 9-22 스트립 사진

그림 9-23 블록 사진

촬영은 모든 지역이 2매 이상의 사진이 중복되도록 촬영하여야 입체모델이 형성되어 도화가 가능하고 입체모델 간에도 서로 연결되어야 넓은 지역의 항공사진이 가능해지기 때문이다. 종중복도, 횡중복도를 알맞게 정하여 입체 모델 간에 연결이 되지 않거나 입체모델 수가 너무 많아지지 않도록 주의하여야 한다. 종중복(End lap)은 동일코스 내의 인접사진 간을 중복시키는 것을 말하고 약 60%로 중복하여 촬영하는 것이 보통이나 최소한 50% 이상은 중복시켜야 한다. 입체모델 간에도 20% 정도의 중복이 되어야 도면 제작이 가능하기 때문이다. 횡중복(Side lap)은 촬영 진행 방향에 직각으로 중복시키는 것으로 코스간의 중복을 말한다. 일반적으로 횡중복은 30%를 중복시키고 최소한 5% 이상은 중복시켜야 한다. 산악지역이나 고층빌딩이 밀집된 시가지 촬영방법은 10~20% 이상 중복도를 높여 촬영하거나 2단 촬영한다.

(6) 촬영일시 및 카메라

촬영(撮影)은 구름이 없는 쾌청일의 오전 10시부터 오후 2시경까지의 태양각이 45° 이상인 경우에 최적이며 계절별로는 늦가을부터 초봄까지가 최적기이며 대축척 사진측량 시에는 태양각이 30° 이상이어야 하고 우리나라의 연평균 쾌청일수는 80일 이지만 지적측량에 사용할 경우는 연평균 약 20일 정도라고 할 수 있다. 그 이유는 수풀이 우거진 4월에서 11월 말까지는 경계를 파악하기 곤란하여 촬영할 수 있는 기간은 12월에서 3월 말까지로 볼 수 있으며 이 기간에 눈이 내린 경우도 있으므로 매우 짧다고 할 수 있다. 카메라의 선정은 소요목적과 경제성을 고려하여 협각카메라, 보통각카메라, 광각카메라, 초광각카메라를 선정한다. 동일한 높이를 광각카메라로 촬영할 경우에는 축척은 작지만 촬영면적이 넓고 또한 일정한 구역을 촬영하기 위한 코스 및 사진의 매수가 적어 경제적이다. 항공사진은 일반적으로 광각카메라를 사용하고 있으나 시가지의 경우 고층건물이 많아 사각지대(Dead Zone)가 발생할 확률이 많으므로 시가지의 지적측량을 위해서는 협각카메라(Narrow Angle Camera)를 많이 이용한다. 협각카메라는 초점거리(f)가 300mm이고 화각이 40°로서 지상물체의 기복변위량이 광각카메라의 1/2이므로 대축척의 지적측량에 적합하다. 지적도 축척 1/1,000의 경우 협각카메라 대신에 광각카메라를 이용하여 시가지 지적측량을 시행할 때는 일반적으로 30~60%의 중복도로 1차로 촬영한 사진축척은 1/5,000로 시행한다. 도로 주변이나 밀집지역의 경우에는 중복도를 60~80%로 촬영하기도 하며 협각카메라를 사용할 경우와 같이 Strip수가 2배로 증가하므로 Model수는 4배가 된다.

(7) 촬영계획도 작성

촬영계획도란 비행계획도(Flight Diagram)라고도 하며 촬영설계를 기초로 촬영을 차질 없이 실시할 수 있도록 한다. 1/25,000과 1/50,000 지형도에 촬영 지역, 제한공역, 사진축척에 따른 촬영코스, 비행고도, 촬영고도, 촬영기선장, 노출시간 및 간격을 명확하게 작성하여 촬영할 때 사용지침서로 활용한다. 그러나 지형도가 없는 지역의 경우 축척 1/20,000 이하의 소축척 항공사진을 미리 촬영함으로써 촬영계획도를 작성한다.

정확한 비행계획은 대상지역의 경계에 대응하는 비행노선을 촬영하기 이전에 준비되므로 비행노선이 대상지역의 긴 변에 평행하도록 계획하여 가급적 비행기의 선회를 줄이는 것이 가장 경제적으로 대상지역을 촬영할 수 있다. 촬영계획은 유효 중복이 요구되는 대상지역 보다 넓은 지역을 포함할 수 있도록 계획을 수립하되 각 비행노선에 의해 전체 대상지역을 블록으로 포함되도록 만드는 사진의 스트립이 여러 개 얻어지며 각 스트립에 대해 2장의 사진은 비행의 시작과 종료 프레임이므로 참고한다. 대상지역의 촬영방법은 동쪽에서 서쪽 방향으로 촬영하는 것이 원칙이지만 대상지역의 형태에 따라 다르게 결정할 수 있다.

촬영계획도는 일반적으로 기존에 작성된 1/50,000 지형도에 촬영계획도를 작성하고 촬영코스 간격을 표시하여 작성한다. 계획도 작성을 위하여 1/25,000 지형도를 준비하고 축척은 촬영축척의 1/2정도의 지형도를 선택하는 것이 바람직하다. 계산된 코스의 수가 촬영 대상지역을 일정하게 촬영할 수 있는지를 검사하며 1/25,000 지형도에서 코스간격을 계산하여 코스를 그려 넣는다. 예를 들어 가로 10km, 세로 5km인 대상지역의 축척 1/500 항공사진측량 현황도를 작성하고자 할 경우 사진축척을 결정하고 촬영계획도를 작성하고자 할 경우 주어진 조건은 촬영 비행 속도가 180km/h, 촬영 지역의 표고는 낮은 지역의 경우 20m이고 높은 지역의 경우는 80m 일 때 도화기 성능의 확대 비율은 최대 8배이고 C계수가 1,200이며 최소 등고선의 간격이 0.5m일 경우 촬영계획도를 작성하는 방법이다.

1/25,000 지형도상에서 코스 간격을 계산하여 코스를 그려넣으며 첫째 코스의 지형도상 위치는 대상지역의 북단으로부터 거리가 되고 둘째 코스부터는 앞의 코스로부터 지형도에서 차례대로 그려 넣어 계산된 촬영 제원을 그림 9-24와 같이 계획도상에 기재한다. 사진매수는 대상지역의 면적과 안전율을 고려하여야 하는데 사진매수를 계산하기 위해서는 사진의 축척, 촬영 기선장, 코스 간격, 사진 1매의 포괄면적, 모델면적을 계산하여 사진 매수와 모델수를 계산한다.

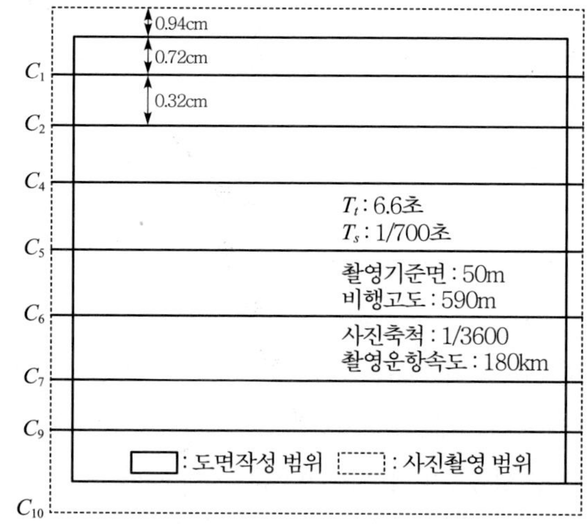

그림 9-24 계산에 의한 촬영계획도 작성

(8) 촬영준비

항공사진 촬영은 국토지리정보원의 표 9.1에서 정리된 "항공사진측량 작업내규"와 발주 기관의 과업지시서에 따라 이루어지며, 촬영 전 충분한 사전 점검 후 실시하고 촬영은 일반적으로 운항속도 200km/h 정도의 소형 항공기로 행하여야 한다. 고공 촬영을 할 때에는 고속기를 사용하는 것이 좋고 또한 저공 촬영에는 카메라의 움직임이나 노출 중의 비행기의 이동에 대한 움직임이 생기지 않도록 저속 비행기를 사용할 필요가 있다. 항공사진 촬영에는 구름이 없는 청명한 날 10시~14시가 최적이라고 하나 대축척의 항공사진측량에서는 약간 흐린 날에도 촬영이 가능하다. 촬영은 촬영계획에 따라 정확하게 촬영해야 하며 정확한 항공사진 촬영을 위해서 GPS 또는 Viewfinder를 이용하여 촬영하여야 한다. 촬영 대상지역의 기상상태에 가장 영향을 많이 끼치는 구름의 양, 구름의 높이, 풍향 및 풍속 등의 항공기상태가 촬영 여부 및 촬영된 필

표 9.1 항공사진측량 작업내규의 촬영비행 조건

항 목	촬영조건
기상상태	시정이 양호하고 구름 및 구름의 그림자가 사진에 나타나지 않도록 맑은 날씨에 수행
태양고도	산지의 경우 30°, 평지의 경우 25°이상 일 때 촬영비행을 수행하며 급격한 지형에서는 음영부에 관계없이 영상이 잘 보이는 태양고도의 시간에 수행
비행경로	예정 촬영고도에서 가급적 직선이 되도록 함 수평이탈 및 계획촬영고도의 15% 이내, 수직이탈 및 계획촬영고도의 5% 이내 유지 사진축척이 1/5,000 이상일 경우 별도로 결정

름의 품질을 좌우하는 가장 큰 요인으로 촬영 대상지역과 그 부근의 기상상태를 모두 확인하여야 한다. 항공사진측량은 촬영계획, 촬영, 기준점측량 및 세부도화 순서로 진행되며, 일반 촬영과는 다르게 주의를 요하고 촬영 후 사진의 성과검사 등은 중요한 공정 중의 하나이다.

촬영 작업기관은 항공사진 촬영 착수 전 또는 촬영 계획을 변경할 경우에는 항공기의 종류 및 등록번호, 카메라의 종류, 필름의 종류, 영상 저장매체, 유효년도, 예정공정표 및 촬영 종사자 명단, GPS/INS장비와 처리프로그램의 세부사양(품명, 규격, 사양, 성능의 표기) 및 카메라성능자료(Camera Calibration)를 포함한 촬영계획서를 제출하여야 한다. 촬영용 항공기는 소정의 고도에서 필요한 장비일체를 적재하고 안전비행을 할 수 있어야 한다.

카메라는 렌즈부분이 배기가스에 의한 이상굴절 및 기름을 분무할 때 영향을 받지 않는 위치에 장착되어야 하며 최적의 성능유지를 위하여 정기적으로 점검을 받아야 한다. 항공사진용 필름은 필름베이스가 일률적이고 0.015% 이하의 신축을 가져야 하며 필름은 특별히 지정한 것 이외는 전정색형을 원칙으로 하고 항공기 장착용 GPS수신기는 일반 2주파 수신기를 사용하며 안테나는 항공기 전용안테나를 사용하여야 한다. 관성항법장치(INS)는 3축(Roll, Pitch, Yaw) 자이로(Gyro) 및 가속도계(Accelerometer)를 갖춘 항공기 전용 장비를 사용하여야 한다.

9.3.3 항공사진촬영용 장비

항공사진측량에 이용되는 필요한 기구로는 비행기, 항공사진 촬영용 카메라, 촬영에 가장 핵심이 되는 필름과 보조기구에는 수평선 카메라, 고도차계, 비행고도자동기록계, 자동 평형기, 항공망원경 등이 있다.

(1) 비행기구

항공사진촬영을 위해서는 주로 비행기가 이용되지만 유인비행기 외에도 무선조종으로 된 비행기나 비행선 또는 끈으로 매달은 기구 등 무인비행체로 항공사진을 촬영하는 경우도 있다. 항공사진촬영 당시의 기상상태나 항공기 결함 등에 의한 예기치 못한 사고를 미연에 방지하기 위하여 촬영 전에 반드시 항공기 및 비행시스템에 대한 점검을 수행해야 하며 비행 점검은 특별한 사유가 없는 경우에는 일정한 기간마다 정기적으로 수행하도록 규정되어 있다. 정기점검은 일(day) 또는 월(month) 단위로 구분하여 실시하는데 정기점검은 자주 사용하는 중요한 요소들에 대해 일지작성 등의 형식으로 간단한 점검을 수행한다. 또한 정기점검은 비행시간이 100시간, 200시간, 300시간, 400시간을 도달하기 전에 실시하며, 400시간이 지난 경우에는 시스템에 대한 전체적인 점검을 실시해야 한다.

항공촬영에는 무선조정비행기 및 기구방식으로 실시되고 있으며 제일 많이 사용되는 것이 프로펠러 비행기로 비행기구는 사용목적에 따라 다양한 방법으로 촬영할 수 있다. 촬영용 비행기는 6,000m 이상의 고공비행에도 안정된 성능으로서 순항 속도 300km/h 정도의 쌍발기를 이용하는 것이 바람직하다. 또한 촬영용 카메라는 약 80kg의 중량이므로 설치에 적당한 조건을 갖추어야 한다. 비행기 바닥에는 수직으로 아래 방향을 촬영할 수 있는 직경 50cm 정도의 촬영창을 열어 놓고, 촬영사나 촬영 보조원이 쾌적한 상태에서 작업을 할 수 있는 크기의 비행기를 선택하여야 한다. 비행높이를 낮추어 대축척 사진을 촬영할 경우에는 셔터를 누르는 속도와 비행 속도가 적절하게 조화를 이루어야 연속촬영을 할 경우에 촬영 간격을 적절하게 유지하여 정확도가 높은 사진을 얻을 수 있다.

항공사진촬영에 가장 적합한 비행기는 성능 좋은 쌍발기로 에어로 코멘다(Aero Commander)680F형 등이 표준으로 사용되고 낮은 지역을 비행하여 대축척 사진 촬영용 비행기는 세쓰나(Cessna)206 · 로버트슨 STOL 등을 이용하고 있다. 촬영용 항공기의 필요조건을 살펴보면 안정성과 조종성 및 시계(視界)가 좋을 것, 비행 속도가 적당하고 요구되는 속도를 얻을 수 있어야 하며 상승 속도가 크고 상승 한계가 높아야 한다. 항공사진촬영에 참고할 내용은 그림 9－25와 같이 보조 자료로서 비행기의 높이를 기록하는 고도계, 시간을 기록하는 시계와 항공사진촬영에 필요한 프로그램이 있으나 장비사별로 항법 S/W로 ALTN, CCNS가 필요하다.

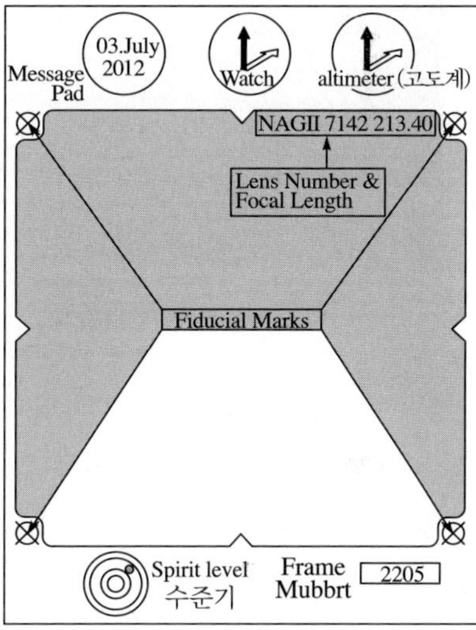

그림 9－25 항공사진촬영 보조자료

(2) 필름

필름에는 렌즈의 광축을 나타내는 지표 외에 카메라 번호, 초점거리, 사진번호, 비행고도, 카메라의 개략 기울기를 나타내는 수준기, 촬영시각 등이 동시에 찍히며 촬영연월일, 촬영지구, 필름번호 등 필요한 사항을 기입하도록 되어 있다. 보통 길이가 120m, 폭이 24cm의 필름이 사용되며 촬영이 끝난 필름은 가능한 빨리 현상하여야 한다. 필름은 흑백 필름, 천연색 필름, 적외선 필름으로 구분된다. 항공사진측량은 일반적으로 흑백 필름(Panchromatic film)이 경비절감을 위해 많이 사용되고 있다. 흑백 필름을 사용하여 촬영한 사진은 그림 9－26과 같다. 천연색(Color)으로 촬영된 항공사진은 판독에서 매우 편리하게 이용되며 특히 지질조사 등에서 이용하는 것이 더욱 효과적이다. 컬러 필름을 이용하여 촬영한 사진은 그림 9-27에 잘 나타나 있으며 일반적으로 컬러사진을 고도 2,000m 이상에서 촬영하는 경우에는 청색으로 덮이고 사진의 중앙부와 주변부의 색조 차가 발생하며 가격이 고가인 것이 단점이다. 최근에는 위색 컬러(False Color)가 사용되는데 위색 컬러는 보통의 컬러사진에서 청색으로 감광될 부분이 적외선 부분으로 감적외 되어 청색을 커트하고 적외는 적색으로, 적색은 녹색으로, 녹색은 청색으로, 각각 위색으로 발색되는 것으로, 원래 군사용으로 위장한 적을 발견할 목적으로 개발된 것이다.

그림 9-26 흑백 필름사진

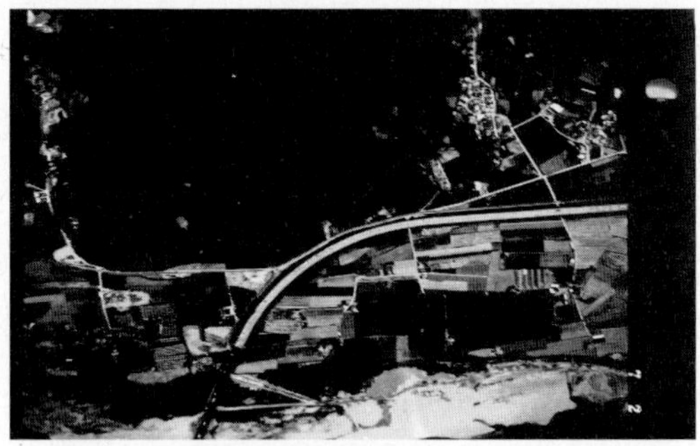

그림 9-27 천연색 필름사진

항공사진에서 적외선 사진은 엽록체 식물과 물결에 대한 적합한 색상으로 효과적이다. 수면에서의 적외선 흡수성은 하천 등의 끝선 및 호수 등의 윤곽을 명료하게 하고, 습한 토지와 건조한 토지가 구분된다. 녹엽 식물이 밝게 표현되는 성질은 그 속에 있는 다른 지물을 대조적으로 명확하게 나타냄으로 활엽수와 침엽수를 명료하게 구분할 수가 있다. 적외선 필름의 특징은 활엽수는 백색, 침엽수는 검은색으로 촬영되므로 산림 조사에 편리하고 적외선을 이용하여 안개와 구름을 관통할 수 있다는 것이다. 수면이 얕은 곳이나, 녹엽 중에 백색으로 나타나는 도로, 암석, 붕괴지 등은 판독이 곤란하며 특히 시가지 도화에 부적합한 면도 있다. 필름의 조건은 사진 원판에 사용되는 감광제(Emulsion)의 종류는 사진측량용으로 제일 많이 사용되는 팬크로매틱 흑백 감광제와 컬러 감광제가 많이 사용되는데 이는 일반적으로 사진판독을 증가시키는 단점이 있으며 적외선 흑백사진은 특수 목적의 판독용으로 이용되며 위색감광제는 삼림지역 수목의 이상 여부를 분석하는데 사용된다. 항공사진 촬영에 이용되는 필름은 습도와 온도의 영향으로 신축되기 쉬우므로 초고도 촬영에서 온도 저하의 경우 현상 처리를 할 때 신중한 처리가 필요하며 사진 원판은 보통 길이가 60m 정도의 롤(Roll)로 된 필름, 신축이 적은 안정된 재료, 감광도는 보통 ASA 100이상을 사용하며 온도 및 습도에 변질되지 않아야 하고 현상, 정착, 수세, 건조 등의 처리 중에 화상의 위치변화 및 경년변화가 없는 조건을 갖추어야 한다.

(3) 항공사진측량 카메라

항공사진측량에 이용되는 카메라는 정밀도를 유지하기 위해 정밀한 측량용 카메라를 사용하여 사진을 촬영하여야 한다. 촬영을 실시하기 전에 카메라의 상태를 점검하는 것은 가장 기본적이고 필수적인 작업이라고 할 수 있다. 카메라 렌즈 및 필터의 상태에 대한 점검 및 카메라의 시험 작동을 통한 전반적인 시스템의 점검까지도 실시해 주어야 한다. 항공사진 촬영 카메라의 기본원리는 일반 카메라와 비슷하므로 일반 카메라의 촬영 기법을 항공사진 카메라에 그대로 적용시킬 수 있다.

1) 카메라의 구분

항공사진측량용 카메라는 초점거리에 따라 구분하고 발전단계 및 촬영방법에 따라 카메라를 구분할 수 있는데 사용목적에 따라 사용자가 적합하게 카메라를 선정하여야 한다. 보통 항공사진촬영은 필름이나 유리판을 이용하지만 최근에는 디지털카메라도 많이 이용되고 있으며 현재는 항공기와 인공위성에 카메라를 탑재하여 사진측량에 이용하기도 한다. 카메라의 초점거리는 대상물체가 광학적으로 거의 무한대에 가까운 거리에 있기 때문에 렌즈의 중심에서 상이 맺히는 면까지의 거리가 대략 초점거리와 일치하는데 이 거리를 주점거리(Principal Distance)라 한다. 한 장의 항공사진에 촬영된 포괄면적은 초점거리 15cm인 광각 카메라와 초점거리 21cm인 보통각 카메라로 촬영하였을 때는 동일한 높이에서 촬영한 동일한 크기의 사진이라도 사진의 축척은 보통각 카메라로 촬영한 경우가 광각 카메라로 촬영한 경우보다 크게 보인다. 초점거리(화면각)에 따라 카메라는 보통각 카메라, 광각 카메라, 초광각 카메라, 협각카메라, 초협각 카메라로 구분하는데 각각의 사용목적에 적합하게 사용하여야 하며 표 9.2에 의거 분류한다.

표 9.2 초점거리에 의한 카메라

구분	보통각 카메라	광각 카메라	초광각 카메라
화각(2α)	60°	90°	120°
초점거리(f)	210mm	152mm	85~88mm
사진크기(S)	18×18cm	23×23cm	23×23cm
필름 길이	120m	120m	60m
셔터 간격	2	2	1.0
기선고도비	0.34	0.62	3.5

촬영범위에 따라 그림 9-28과 같이 렌즈의 크기를 결정하기 위해서는 구조가 다른 렌즈를 선택해야 각각의 사용목적에 적합하게 활용이 가능하다.

동일한 높이에서 촬영한 경우 광각카메라는 보통각 카메라에 비하여 넓은 지역을 촬영할 수 있고 동일한 축척에서 촬영할 때 광각카메라가 보통각 카메라에 비하여 낮은 고도에서 촬영할 수 있다. 초광각 카메라는 화면각이 120°인 것은 소축척 측량을 목적으로 사용하였으나 현재는 거의 이용되지 않고 있다. 협각카메라는 화각이 가장 작은 것으로 초점거리(f)가 300mm이고 화면각이 40°로서 지상물체의 기복변위량이 광각카메라의 1/2이 되므로 대축척 지적측량에 적합한 카메라이며 시가지의 고층건물이 많아 사각부(Dead Area)가 발생할 수 있는 지역에 많이 이용한다.

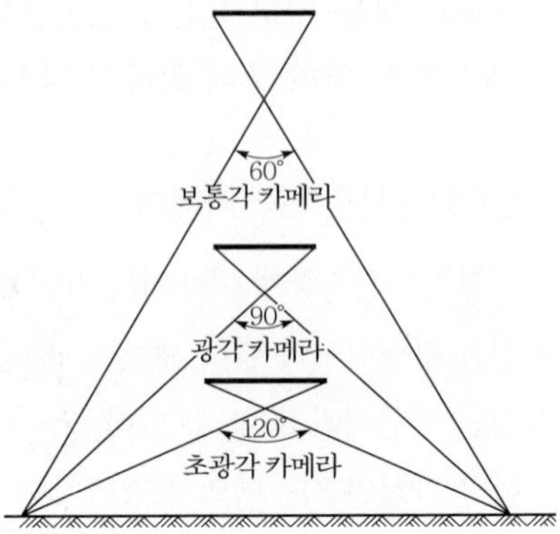

그림 9-28 렌즈와 촬영범위

카메라는 발전단계에 따라 아날로그와 디지털카메라로 구분할 수 있는데 현재 많이 사용하고 있는 일반적인 항공사진 촬영용 카메라로 대부분 아날로그 카메라를 이용하고 있다. 아날로그 카메라는 그림 9-29와 같이 독일의 Zeiss회사에서 제작한 RMK 15/23, RMK21/18과 스위스의 Leica사에서 제작한 RC8, RC10, RC20 등이 있으며 렌즈의 왜곡이 적고 중앙부와 주변부가 될 수 있는 한 같은 밝기가 되도록 세심하게 설계되어 있어 많이 사용되고 있다.

디지털카메라는 최근에 많이 사용되는 장비로 우리나라는 2007년부터 그림 9-30과 같이 디지털카메라를 구입하여 사용하고 있다.

그림 9-29 아날로그 카메라

그림 9-30 디지털 카메라

디지털카메라는 모든 작업공정이 자동화로 기존의 항공사진측량과는 다르게 항공삼각측량 및 도면작성 과정을 자동화된 시스템으로 처리할 수 있다. 또한 디지털카메라의 가장 큰 특징은 필름을 사용하지 않고 모든 영상을 메모리로 저장하는 것으로 그림 9-31에서 잘 나타나고 있는 것과 같이 고품질이다.

그림 9-31 디지털영상

촬영방법에 따라 프레임카메라(Frame Camera), 스트립카메라(Strip Camera), 파노라마카메라(Panorama Camera)로 구분할 수 있다. 프레임카메라는 단일 렌즈방식과 다중 렌즈방식이 있는데 이는 한 프레임 전체를 한 번에 노출하여 촬영하는 프레임카메라이다. 스트립카메라는 독립된 프레임의 사진을 촬영하는 것이 아니라 항공기에서 지면을 동시에 롤(roll)필름에 스트립으로 기록하는 카메라이다. 파노라마카메라는 약 120°의 피사각을 가진 초광각 렌즈와 렌즈 앞에 장치한 프리즘 또는 렌즈의 회전에 의하여 비행 방향에 직각 방향으로 넓은 피사각을 촬영하며 대상지역 전체에 대한 사진이 필요할 때 사용된다.

2) 노출시간 및 노출 간격

노출이란 카메라 내부에 도달하는 빛의 양을 말하며 필름에 따라 사진을 찍는데 필요한 빛의 양이 각기 다르므로 필름의 종류에 맞게 적당한 노출을 주어야 좋은 명암의 사진을 얻을 수 있다. 노출시간이 짧아 필름이 너무 적은 빛을 받게 되면 사진이 어둡게 되는 반면, 빛을 너무 많이 받게 되면 노출과다가 되어 사진이 밝게 나오게 된다. 노출시간(Exposure Time)은 비행 속도에 맞게 카메라의 셔터속도를 조절하는 것으로 최장 노출시간이라고도 한다. 항공사진은 빠른 속도로 움직이는 비행기에 탑재된 카메라로 촬영되므로 노출시간이 너무 길 경우 사진의 영상은 흔들림 현상(Image Motion) 때문에 흐려지게 되고 정확도에 영향을 미치게 되므로 카메라 조리개의 결정이 매우 중요한 역할을 한다. 따라서 흔들림 현상을 사진상 20μm 이내로 제한하고 있으며 노출시간은 이에 적합하게 조정하여야 한다. 또한 필름의 감광성, 필터의 성질, 반사광의 분광(Spectral) 분포 등과 밀접한 관계를 갖고 있으며 노출시간의 계산 방법은 $T=\dfrac{\Delta S \cdot m}{V}$으로 ΔS; 사진 영상의 흔들림 양, m; 사진축척의 분모, V; 촬영 비행기의 속도이다.
노출간격(Exposure time Interval)은 최소 노출시간이라고 하며 촬영 비행기가 코스를 따라 이동하면서 사진을 촬영할 때까지 소요되는 시간으로 촬영기선 길이를 계산하고 항공기의 속도를 $T_s = \frac{B}{V}$ 으로 계산하여 노출간격을 결정하는데 T_s; 노출간격, V; 항공기의 속도(초속), B; 촬영기선장이다.

9.3.4 촬영

항공사진의 촬영은 대상지역을 750m 상공에서 수직 방향으로 촬영한 후 사진 제작까지의 처리 과정을 말한다. 촬영의 주요 장비는 항공기, 항공촬영 카메라, 현상기, 인화기, 확대기 등이며 촬영으로 인한 성과품은 항공필름, 밀착사진, 양화필름, 확대사진, 촬영기록부 및 표정도이다.

(1) 비행 조건

촬영고도에서 가급적 동일한 높이를 유지하며 직선이 되도록 하고 촬영비행은 시계가 양호하고 구름 및 구름의 그림자가 사진에 나타나지 않도록 맑은 날씨에 촬영하여야 한다. 촬영비행은 태양고도가 산지에서는 30°, 평탄지에서는 25° 이상일 때에 행하며 험준한 지형에서는 음영부에 관계없이 영상이 잘 나타나는 정오 전후의 시간대(時間帶)에서 한다. 계획촬영 스트립에서 수평이탈은 계획 촬영고도의 15% 이내로 하고, 계획고도에서 수직이탈은 5% 이내로 하며 사진축척이 1/4,000 이상일 경우에는 계획 촬영고도의 10% 이내로 한다. GPS/INS 장비를 활용하여 촬영하는 경우에는 설치 · 운영하는 지상 GPS기준국은 촬영지역의 중심부에 설치한다. 국가기준점이 없을 경우에는 작업반경 약 30km 이내에 설치하여야 하며 지상 GPS기준국의 최종 측량성과 산출은 국토지리정보원에 설치한 국가기준점과 GPS 상시관측소를 고정점으로 사용하여야 한다. 그러나 항공사진 촬영시 고려해야 할 사항은 높은 고도에서 촬영한 경우는 고속 비행기를 이용하는 것이 좋으며, 낮은 고도에서의 촬영에는 노출 중의 편류에 의한 영향을 주의할 필요가 있다. 촬영 비행에는 항공기의 조종사 이외에 촬영사가 동승하여 카메라의 조작과 촬영을 한다. 촬영은 지정된 코스에서 코스간격의 10% 이상의 차이가 없도록 한다. 고도는 지정 고도에서 5% 이상 낮게 또는 10% 이상 높게 진동하지 않도록 하며 일정 고도로 촬영하고 사진 간의 회전각은 5° 이내, 촬영시의 카메라의 경사는 3° 이내로 한다.

(2) 영상촬영

사진 촬영의 작업 순서는 계획, 항공사진 촬영승인, 항공사진촬영, 필름 현상, 보안지역 처리 및 보안검열, 인화, 사진 현상, 정착, 수세, 정리의 순서로 작업을 진행하지만 이는 필름을 이용하여 촬영할 경우에 한하며 디지털 사진측량에서는 필름에 관한사항은 생략된다. 항공사진을 촬영하여 사용 목적에 따라 갖추어야 할 조건으로 여러 가지가 있을 수 있지만 아래의 경우에는 반드시 갖추어야 할 사항이다.

① 촬영사진이 완전히 조정 검사되어 있을 것
② 사진의 렌즈 왜곡이 작고, 해상력이 50본/mm 이상일 것
③ 노출시간이 짧고, 노출시간에서 항공기의 운동에 의한 변형이 분해능 이하일 것
④ 필름의 신축, 변질의 위험성이 적고 신축이나 변위가 적을 것
⑤ 필름의 유제는 미립자이고 현상처리 중에 입자가 엉키지 않을 것
⑥ 도화하는 부분에 공백부가 없고 완전 입체시 되어 있을 것
⑦ 구름이나 그림자가 찍혀 있지 않고, 가스나 연기의 영향이 없을 것
⑧ 적설, 홍수 등의 이상 상태일 때의 사진이 아닐 것
⑨ 사진의 축척이 예상된 축척에 가깝고 각각의 사진의 축척차가 적을 것
⑩ 중복도가 예정된 값에 가깝고 공백부가 없을 것
⑪ 사진의 경사각이 3° 이내, 편류각은 5° 이내로 하고 사진에 헐레이션(halation)현상이 없을 것

(3) 재촬영 방법

작성된 항공사진의 품질이 검사기준을 만족하지 못한 경우에는 재촬영을 수행하게 된다. 재촬영은 촬영경로 전체에 대해 수행하는 것을 원칙으로 하며 해당 경로에 전체적으로 재촬영 할 필요가 없다고 인정되는 경우에는 필요한 부분만을 촬영한다. 재촬영을 하여야 할 경우에는 동일 지역에 대한 촬영은 이전과 동일한 카메라로 수행하여야 한다. 이전 촬영 부분과 접합이 필요한 경우 촬영경로 내의 중단 부분과 최소 2모델 이상의 중복이 이루어져야 하며 재촬영 방법은 아래와 같다.

① 점검 결과에 따라 재촬영이 필요한 경우에는 곧바로 재촬영을 해야 한다.
② 동일 지역 내의 촬영은 원칙적으로 동일한 카메라로 촬영해야 한다.
③ 접합부에 있어서는 전 코스의 중단 사진과 최소 2모델이 중복되어야 한다.
④ 재촬영은 원칙적으로 해당 스트립의 전부에 대해 시행해야 한다.
⑤ 부분적으로 재촬영을 할 경우는 기 촬영된 스트립의 인접 부분과 2모델 이상 중복되도록 하여야 한다.

9.3.5 필름 처리

필름 제작은 항공사진 촬영을 완료하고 원판필름은 사진실로 이송하여 항공필름을 현상한 후 밀착 인화하여 수치정사영상 작성에 이용될 수 있는 밀착필름과 밀착사진, 항공필름 현상 작업을 실시한다. 컬러 현상은 자동 컬러현상기를 사용하며 현상액을 넣기 전에 빈 탱크를 약품 온도와 같은 온도의 물로 미리 적셔준다.

항공사진촬영 및 사진 제작이 완료되면 항공사진 원필름, 항공사진, 표정도, 항공사진 촬영 기록부 및 코스별 검사표, 항공사진데이터 파일, 관리시스템용 저해상도 파일, 항공사진 성과 점검 파일 및 관리대장 등과 같은 자료를 정리 점검한다. 그리고 촬영된 필름은 반드시 필름통에 넣어 보관하고, 필름통 표면에 발주처. 촬영 지구명, 사진축척, 코스별 사진 번호 등을 기록한다.

음화필름의 편집은 구역 외 1모델 이상의 사진을 포함하여 작업하고 해안이나 호수 주변의 경우는 예외로 한다. 사진 번호는 원칙적으로 동서 스트립에서는 서에서 동으로, 남북 스트립에서는 북에서 남으로 각 스트립마다 1번부터 일련번호를 부착하며, 스트립이 분할되는 경우에도 동일하다. 스트립 번호는 원칙적으로 동서 스트립에서는 북에서 남으로, 남북 스트립에서는 동에서 서로 1번부터 일련번호를 부착하고 스트립이 분할되어 있을 경우에는 A, B, C 등을 스트립 번호 다음에 부착하고 접속부에서는 2모델 이상을 중복시킨다. 도로 및 하천 등의 노선촬영의 경우에는 기점 방향으로부터 스트립 번호를 부착하며 현상 완료된 필름 공간에 계획기관명, 촬영지역명, 촬영연월일, 스트립 및 사진번호, 사진축척, 방위표시 사항을 포함한 사진주기(寫眞註記)를 명기하여야 한다.

(1) 사진필름의 검사

사진필름의 검사는 촬영된 필름을 현상하여 계획된 항로에 의해 촬영되었는지의 확인을 위해 Floting 및 검사하는 과정을 말하며 특히 종중복과 횡중복의 적합여부를 확인하여야 한다. 필름의 현상이 끝나면 인화하여 검사 사항에서 부적합한 경우에는 재촬영하여야 한다. 항공사진 촬영사는 항법기술에 관한 검사, 사진 기술의 검사, 지표 물체에 대한 검사에 관한 사항을 고려하여 검사 기준에 적합하도록 규정 및 현장 파악을 사전에 실시한 후 재촬영이 되지 않도록 해야 한다.

(2) 판정기준 및 재촬영

촬영 작업기관은 판정을 받기 위하여 성과납품 이전에 촬영코스별 검사표, 밀착사진 1부 및 표정도(1/50,000 지도), GPS/INS처리 데이터 및 품질관리 자료를 계획 기관에 제출하여야 한다. 작업 기관이 판정 결과에 이의가 있을 경우 원필름 또는 최초 영상데이터, 양화필름, 5배 확대사진, GPS/INS처리 및 관련 자료 중 지정한 것을 제출하여 재판정을 받는다. 필름에 대한 처리 작업이 완료되면 제작된 필름에 대한 검사 작업이 수행되어야 하며 국내의 품질 검사 판정 기준은 다음과 같다.

① 항공기의 고도가 계획촬영고도의 15% 이상 벗어날 때
② 진행 방향의 중복도가 53% 미만일 때와 68~77%가 되는 모델이 전 코스 사진 매수의 1/4 이상일 때
③ 인접한 사진 상호간의 평균 축척이 30% 이상 차이가 있을 때
④ 인접 코스간의 중복도가 표고의 최고점에서 5% 미만일 때
⑤ 구름이나 그림자 등이 사진상에 나타나 판독에 지장이 있을 때
⑥ 적설 또는 홍수로 인하여 지형을 구별할 수 없어 도화가 불가능하다고 판정될 때
⑦ 필름의 불규칙한 신축 또는 노출불량으로 입체시에 지장이 있을 때
⑧ 촬영시 노출의 과소, 연기 및 안개, 스모그(smog), 촬영 셔터(shutter)의 기능불능, 현상처리의 부적당 등으로 사진의 영상이 선명하지 못할 때
⑨ 사진의 보조 자료(고도, 시계, 카메라번호, 필름번호) 및 사진 지표가 사진상에 분명하지 못할 때
⑩ 후속되는 작업 및 정확도에 지장이 있다고 인정될 때
⑪ GPS기준국과 항공기에서 수신한 GPS신호가 단절되어 GPS데이터 처리가 불가능할 때
⑫ 지상 표본거리(GSD)가 당초 계획하였던 목표 값보다 큰 값이 10% 이상 발생하였을 때
⑬ 점검 자료로는 촬영 스트립별 정확도 관리표, 촬영 롤(roll)별 정확도 관리표, 1/25,000 또는 1/50,000 지형도에 주점을 기입한 점검용 표정도를 작성한다.

9.4 항공삼각측량

항공삼각측량(Aerial Triangulation, AT)은 점의 위치를 사진측량 방법으로 결정하는 것이며 입체도화기 및 정밀좌표관측기에 의하여 사진상에서 많은 점들의 좌표(X, Y, Z)를 관측한다. 항공삼각측량은 지형도 작성 과정 중 세부입체 도화작업의 1단계 작업이며 지적측량과 비교하면 세부측량 시행에 필요한 도근점 측량과 동일하다고 할 수 있다. 스트립 또는 블록을 구성하는 항공사진 영상들을 인접영상 사이의 접합점을 이용하여 연결한 후 최소한의 지상기준점을 이용하여 한 번에 조정계산을 수행하는 방법과 조정결과 스트립 또는 블록을 구성하는 모든 항공사진에 대

한 외부표정요소와 미지점의 지상좌표를 결정한다. 입체사진측량에서 1개의 독립모형의 절대표정을 위해서는 최소한 3점의 지상기준점 좌표를 알아야 하며, 소요되는 점수는 입체모델 수에 비례하여 증가하게 된다. 항공삼각측량은 구미지역에서 오래 전부터 지적측량에 도입하여 활용되고 있으며 새로운 지적제도를 창설 및 지적재조사를 실시하는 지역에서 시간과 비용을 줄이기 위하여 많이 실시하고 있다.

최근에는 항공삼각측량 방법이 발전하면서 지도제작, 지적측량, 측지망 설정 등 광범위하게 이용되고 있다. 항공삼각측량을 확대 도입하기 시작한 것은 1960년대 이후부터 이며 초기에는 다항식조정법에 의한 스트립 항공삼각측량이 사용되었으나 최근에는 이론적 정확도가 높은 번들조정법으로 전환하고 있다. 번들조정법은 1958년 Brown으로부터 이론적으로 연구가 시작되어 1960년에 블록조정을 위한 일반적인 정규방정식의 개발로 정착되었다. 1970년대부터 항공삼각측량 분야에서 지상기준점 값과 사진측량 좌표를 연결하여 블록조정을 위한 전산프로그램이 개발되면서 지상기준점 및 사진측량 성과를 동시 조정하는 블록조정 방법이 시작되었다. 또한 정오차의 보정을 강화하기 위한 부가변수를 갖는 자체 블록조정이 1976년 Brown과 1978년 Grün에 의하여 제시되었다. 자동항공삼각측량은 수치사진측량시스템에서 모든 작업 과정을 화면으로 작업할 수 있는 가장 큰 특징이며 특히 준비 과정이 끝나면 많은 점들은 사진상에서 명확하게 나타나고 자동으로 점이사(Point Transfer)를 하게 되는데 항공삼각측량의 정확도는 점이사의 질에 따라 많이 결정 된다. 점이사 및 식별의 과정이 끝나면 바로 관측과정을 수행 할 수 있으며 점이사는 모든 영상들이 관련된 공액점을 동시에 관측하는 작업과 결합될 수도 있다.

9.4.1 항공삼각측량 작업순서

항공삼각측량을 실시하기 위해서는 측량대상을 결정하고 목적에 적합하게 계획을 수립하며, 촬영하여 얻은 음화필름을 이용하여 양화필름 및 양화사진을 제작하고 필요한 점들을 선정한다. 소축척인 경우에는 도로의 교차점, 독립가옥의 지붕 끝과 같이 특징 있는 자연점을 선정한다. 대(중)축척 또는 높은 정확도를 요구하는 점을 사진에 표시하기 위해 대공표지를 설치하여 촬영하고 대공표지는 사진상에서 0.025~0.030mm의 반점으로 표시한다. 향후 촬영될 사진의 각 입체모델을 고려하여 평탄하고 식별이 용이한 장소나 기존의 기준점상에서 설치한다. 선점이 끝나면 입체도화기나 정밀좌표관측기로 표정하여 좌표를 측정하고 관측한 좌표를 다시 절대좌표로 결정한다. 이와 같이 항공삼각측량을 실시하기 위한 작업은 계획수립, 촬영, 인화, 지상기준점측량, 사진기준점선점, 표정(내부, 상호, 절대), 소요정확도 좌표결정의 순서로 시행한다.

(1) 표정점 측량

사진상에 나타난 점과 대응되는 실제의 점과의 상관성을 해석하기 위한 점을 표정점(Orientation Point) 또는 기준점(Control Point)이라 한다. 사진측량의 외업은 표정점 측량, 선점, 대공표지설치, 사진상의 표정점 확인 등으로 주로 밀착 또는 확대 사진을 이용하여 사진만으로 알 수 없는 지역의 현지조사와 도화 후의 현지 점검을 실시한다. 사진측량에서 지상의 평면위치와 높이를 알고 있는 표정점은 지상점의 위치와 사진상의 위치 및 높이 관계를 결정하는 표정 작업 또는 항공삼각측량을 실시할 경우에 필요하다. 표정점의 선점은 후속측량을 고려하여 선정하며 일반적으로 절대표정에 필요한 최소 표정점은 삼각점(X, Y) 2점과 수준점(H) 3점이다. 스트립 항공삼각측량의 경우 표정점은 각 코스의 최초의 모델 가운데에 4점, 최후의 모델에 최소한 2점, 중간에 4~5번째 모델마다 1점의 표정점을 배치하는데 종류에는 자연점, 지상기준점, 대공표지, 연결점(종접합점), 결합점(횡접합점) 및 자침점 등이 있다.

1) 자연점

자연점(Natural Point)은 자연적인 물체로서 사진상에 명확히 나타나고 정확히 관측할 수 있는 점으로 선정되어야 한다. 이러한 점들은 명확하게 보이는 돌(石), 관목(灌木), 도로 교차점, 담장 모퉁이를 선정한다.

2) 연결점

연결점(Pass Point)은 두 모델사이의 중복부분에서 선택되는 중심접합점으로 상하 접합점(Wing Point)이며 항공삼각측량에서 X, Y, Z의 좌표값이 측정되고, 모델 접합이나 코스의 접합에 사용되며 연속된 3장의 사진에 표시된다. 또한 도화할 때 각 모델마다 절대표정의 기준이 되며 도화된 도면의 접합 기준점으로도 사용된다.

3) 결합점

결합점(Tie Point)은 항공삼각측량 과정에서 스트립을 인접 스트립에 연결시켜 블록을 형성함이 목적이며 스트립 사이의 횡중복 부분의 중심에 위치하는데 횡접합점이라고 한다.

4) 대공표지

대공표지는 항공사진에 표정용 기준점의 위치를 정확하게 표시하기 위하여 촬영 전에 지상에 설치한 표지를 말한다. 평면상 기준점과 보조점은 아주 작은 지형 · 지물이나 주위와 비교하여 상대적으로 낮은 콘트라스트를 가진 대상물로서 도화해야 할 곳은 대공표지를 설치해야 한다. 대공표지의 재료는 내구성이 강한 나무합판, 알루미늄, 합성수지, 직물 등을 사용하며 부득이 한 경우에는 지상의 토지나 구조물에 페인트를 칠하여 사용하기도 하며 후속 작업이 완료될 때까지 보존될 수 있어야 한다. 대공표지의 모양은 표정점과 필계점 등이 식별될 수 있도록 하며 표정점은 "十"형 또는 "Y"형을 사용하고 필계점은 일반적으로 정사각형을 사용하고 있다. 크기는 사진축척에 따라 표 9.3과 같이 달라진다. 일반적으로 대공표지의 중심을 도화기에서 부점을 이용하여 측정해야 하므로 도화기의 부점 크기(40~80μm)를 고려하여 부점보다 약간 크게 제작한다. 사각형이나 원으로 된 대공표지는 1변 (직경)이 사진축척에 대하여 50μm 이내가 되도록 하는 것이 좋다. 따라서 사진축척이 1/5,000일 경우에는 25cm로 표시되며 대공표지의 크기는 $d = \frac{1}{T.M} \fallingdotseq \frac{m}{T}(m)$식을 이용하며 d; 대공표지의 최소한 크기, M; 사진축척, m; 축척 분모수, T; 촬영축척에 대한 상수이다.

표 9.3 대공표지판 한 장의 크기

촬영축척	A형, C형	B형, E형	D형	두께
1/4,000	20cm×10cm	20cm×20cm	내측 30cm, 외측 70cm	4mm~5mm
1/6,000	30cm×10cm	30cm×30cm	~	
1/10,000	45cm×15cm	45cm×45cm	내측 50cm, 외측 100cm	
1/20,000	90cm×30cm	90cm×90cm	내측100cm, 외측 200cm	

대공표지의 규정에 의한 표준 모형은 그림 9-32와 같고 기본형은 A형 또는 B형으로 하며 지상에 적당한 설치 장소가 없는 경우는 나무 위에 E형을 설치할 수 있다. 건물의 옥상에 설치할 경우는 A형, C형 또는 D형으로 하고 페인트로 직접 그리며 기타 설치 상황에 따라 C형 또는 D형으로 할 수 있다. 대공 표지판의 색은 백색을 표준으로 하며 상황에 따라 황색 또는 흑색으로 하고 대공표지의 설치목적, 항공사진의 축척, 지형의 배색, 관측 장비 등을 고려하여 형상, 크기, 색을 결정한다.

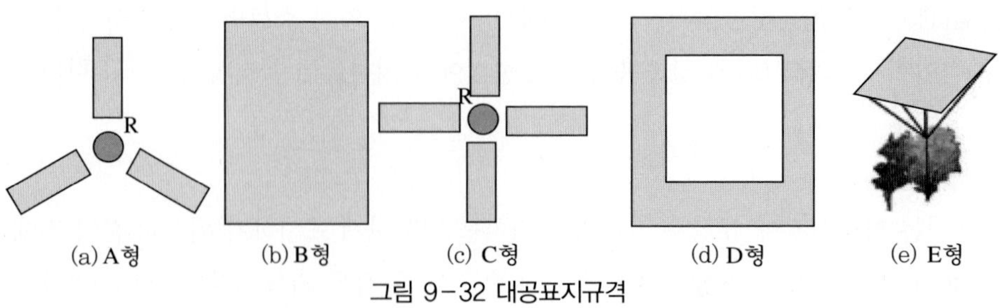

(a) A형 (b) B형 (c) C형 (d) D형 (e) E형

그림 9-32 대공표지규격

대공표지는 사진 1모델당 5점이 표준이지만 최소한 3점이 필요하며 항공삼각측량에 의해 표정점 측량을 수행할 경우에는 자침에 의해 처리함으로써 대공표지를 필요로 하는 표정점의 수는 훨씬 감소된다. 대공표지의 설치는 주변의 상태가 양호한 지점을 선정하되 지상에 적당한 장소가 없을 때에는 수목 또는 지붕 위에 설치할 수 있으며 편심점에 말뚝을 설치하고 이것을 중심으로 대공표지판을 설치한다. 대공표지를 설치하는 기준점의 위치 및 상황이 대공표지를 설치하기가 곤란한 경우, 기준점 주변의 장애물 제거가 곤란할 경우, 대공표지가 명료하게 보이지 않을 가능성이 있는 경우 및 대공표지의 설치가 교통 등에 지장을 줄 수 있는 경우에는 대공표지를 편심할 수 있다. 편심요소의 관측은 축척 1/1,000 이상에서는 2cm 이상, 1/2,500 이하에 있어서는 5cm 이상 편심 하는 경우에 시행하며 편심요소의 관측방법은 기지점법, 태양법, 자침법이 있다.

5) 자침점

자침점(Prick Point)은 지상기준점, 자연점, 연결점, 결합점 및 대공표지의 점들에 있어서 위치가 인접한 사진에 옮겨지는 점을 말하며 산림지역이나 사막지역에 특히 유용하며 좌표를 변환할 때 이용된다. 결합점의 자침점은 각 스트립에서의 측정을 동시에 실시할 수 없으므로 인접스트립에 이사(移寫)하며 자침(刺針)과정에서 발생하는 오차는 조정으로 소거가 불가능하므로 최대의 정확도를 유지하여야 한다.

6) 지상기준점

지상기준점(Ground Control Point)은 항공삼각측량을 실시하기 위한 기준이 되며 현장에서 직접측량에 의해 설치한 점으로 대상물의 수평위치(X, Y)와 높이(H)의 기준이 되는 점을 말한다.

(2) 지상기준점측량

지상기준점은 촬영하기 전에 사전 답사를 수행하는 것이 좋으며 대공표지로 역할을 수행할 수 있어야 하고 사진상에서 명확하게 표시가 되는 점이어야 한다. 평면기준점과 표고기준점의 요건을 동시에 갖추면 지상기준점측량을 실시하는데 이러한 조건은 시간과 인력을 절감할 수 있다. 평면기준점(Plane Control point)의 경우 주위의 지형 · 지물과 대비되어야 하고 표고기준점(Height Control point)의 경우에는 최대정확도를 갖추도록 평탄한 지역 내에 설치하여야 하므로 상호간에 동일한 조건을 갖출 수 없을 경우에는 따로 선점하여 결정하여야 한다. 세부 도화에 필요한 기준점의 평면위치 좌표 및 높이를 측정하여 사진상 좌표의 위치와 일치시키기 위해 현지에서 직접 실시하는 측량을 말한다. 지상기준점(GCP) 측량에 사용하는 장비는 각 관측기, 거리 측정기, 높이 측량기, GPS 수신기 등을 이용하며 결과물은 기준점성과, 기준점계산부, 점의 조서, 기준점 망도, 관측기록부 등이다. 지상기준점측량의 구분은 평면기준점측량과 표고기준점측량으로 구분하며 평면기준점측량은 *X*, *Y*의 좌표값을 결정하는 측량으로 과거에는 삼변측량, 삼각측량을 이용하였으나 최근에는 GPS 측량으로 실시한다. 표고기준점측량은 직접수준측량으로 과거에는 레벨을 이용하였으나 최근에는 자동레벨을 이용하여 실시한다. 지상기준점측량을 실시하기 전에 관측 장비의 명칭, 수량 및 종사원 명단과 작업계획도를 작성하여야 하며 기준점은 도로의 교차점이나 교량, 수로 또는 도로 굴곡부 정점 및 산 정상부 등 사진상 판별이 용이한 점 중에서 선정한다. 기준점의 위치를 보다 정확히 선정하기 위해서는 기준점 부근의 영상을 확대하여 좌표를 결정하여야 하며 지상기준점 중에서 평면기준점은 그림 9－33과 같이 배치하는 것을 원칙으로 한다.

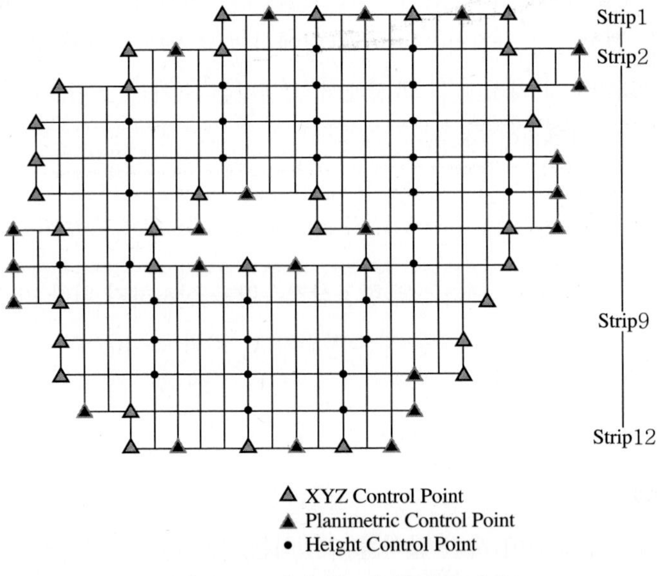

그림 9－33 평면과 높이기준점의 배치

모든 지상기준점은 가급적 인접 모델에서 상호 사용할 수 있도록 하고 사진상에서 명확히 분별될 수 있는 지점으로 천정으로부터 45° 이상의 상공시계(視界)가 확보되도록 하며 선점의 위치는 반영구 또는 영구적이며 경년변화가 없도록 한다. 사진기준점측량(AT)방식에서 독립모델법에 의한 경우 기준점을 배치하는 때에 기준이 되는 블록의 크기는 코스의 모델수 30모델 이내, 코스 수는 7코스 이내, 전체 200모델을 표준으로 하며 블록의 형상은 사각형을 원칙으로 한다.

지상기준점 선점시 주의해야 할 사항은 지상기준점은 대공표지가 되는 점으로서 촬영 전에 점검을 하여 사진에 명확히 표현되도록 하며 촬영 전에 대공표지가 되지 않은 점은 현지측량도면을 이용하여 사진에서 구별할 수 있어야 한다. 사진에서 구별이 곤란한 점은 사진에서 쉽게 구별이 되는 다른 자연점 또는 대공표지점 가까이로 관측되어야 한다. 마지막으로 확실한 지상기준점이 없는 경우 표고기준점은 측표를 놓을 때 최대 정확도를 갖도록 평탄지역 내에 있어야 한다.

1) 평면기준점측량

평면기준점측량의 작업 순서는 계획 준비, 선점, 관측(GPS), 계산, 정리 점검의 순서로 작업을 실시한다. 관측망은 기지변에 폐합 또는 결합시키며 모든 삼각형의 내각의 20°~120° 범위이어야 한다. 입력된 기준점은 평면점과 표고점으로 구분되어 대상 영역에서 가장자리 지역에 평면점이 위치하도록 하였으며 대상영역 내부에는 표고점이 고르게 분포되도록 한다. 또한 정확도의 향상을 위하여 각 사진마다 3개 이상의 공액점을 배치하고 코스별 중첩 영역에 위치하도록 하여 촬영코스에 따른 오차가 발생하지 않도록 한다. 평면기준점의 선점방법은 작업지역의 가장자리에 위치해야 하며 동일 코스 상에서는 2모델 간격으로 선점하고, 코스와 코스가 만나는 양 끝단은 항상 존재하여야 한다. 도화기 상에서 관측시 사각(死角)이 없고 평면적인 오차가 발생할 가능성이 적은 곳으로 대부분 구조물의 모서리나 차선의 코너를 이용하여 선점한다. 지상기준점은 촬영 계획 또는 표정도에 기초하여 사진기준점측량 및 도화에 필요한 위치에 선정하며 예정위치에 선점을 할 수 없을 경우에는 사진기준점측량 및 도화에 지장이 없는 범위에서 위치를 변경할 수 있다. 기준점의 명칭은 "T"문자에 선점 순서대로 번호를 붙이며 지상기준점에는 필요시 표지말뚝을 설치하고 대공표지 설치 및 자침 작업 시에 GPS측량기에 의해 표정점을 설치하는 경우에는 편심없이 직접 관측하여야 한다.

T/S를 이용한 평면기준점측량은 수평각, 연직각 및 거리관측은 동시에 실시하는 것을 원칙으로 하며 수평각관측과 연직각관측은 1회 측정, 데오돌라이트를 이용한 대회 관측 수는 정·반을 관측한 1대회 관측을 하며 거리관측은 2회 측정을 1Set로 하고 거리관측 시 기상관측(온도, 기압)은 거리관측 개시 직전 또는 종료 직후에 실시한다. 수평각관측에서 1조의 관측방향수는 5방향 이하로 하며 기록은 데이터 레코드를 이용한다. GPS를 이용한 평면기준점측량은 관측망도에는 동시에 복수의 GPS측량기를 이용하는 관측계획을 기록한다. 다른 세션에 의한 점

검을 위하여 1번 이상의 중복 관측을 실시하고 관측 시간은 30분 이상, 데이터수신 간격은 30초 이하로 관측은 1개의 세션을 1회 실시하며 GPS위성의 작동 상태, 비행 정보 등을 고려하여 위성 배치가 한곳으로 집중되어 있을 경우에는 관측을 피한다. 수신기의 고도각은 15°를 표준으로 하며 GPS위성의 수는 동시에 4개 이상을 사용한다. 평면기준점측량은 GPS 수신기를 설치하여 약 45분에서 2시간 동안 데이터를 수신하고 후처리방식으로 처리하여 X, Y 위치를 결정한다. 편심을 할 경우 편심거리는 50m를 초과할 수 없으며 관측 장비는 수평각 측정단위는 1″단위, 측각 수는 2배각으로 측정하며 거리측정 장비는 강권척을 이용하여 1mm 단위까지 측정하여야 한다. 기록된 관측데이터로부터 계산 등의 공정을 연속처리 할 수 있는 시스템을 사용할 수 있으며 계산은 평면직각좌표(0.001m), 경위도(0.001초), 표고(0.001m), 각(1초), 변장(0.001m)과 같이 자리 수를 산출한다. 1,2급 기준점 측량에서 표고의 계산은 0.01m 단위까지 하고 GPS로 관측시 기선해석에서 기선벡터 성분의 자릿수는 0.001m까지 산출한다. 기선해석의 고정점에 쓰이는 관측점의 경도, 위도 및 타원체 고도는 상대측위방법에 의하여 실시한다. 국토지리정보원에서 설치한 국가기준점 또는 인근의 GPS상시관측소를 동시에 2개 이상 사용하여 계산한 결과를 사용하고 기선해석은 이에 의해 구해진 값을 순차적으로 입력하여 계산을 실시한다.

2) 표고기준점측량

표고기준점측량에서 수준노선은 기본수준점에 결합시키는 것을 원칙으로 하되 부득이 한 경우에는 기본수준점에 폐합시킬 수 있다. 작업지역의 가장자리는 물론 내부의 모든 모델에 선점하며, On The Ground가 용이하고 표고의 차이가 없는 비교적 넓은 지형을 선택하며, 표고점은 독립하여 2회 측정하여 그 평균값으로 하며, 2회 측정의 교차는 0.2‰Z 이내로 하고 표고점의 선정위치의 기준은 아래와 같다.

① 산정과 계곡의 입구, 하천의 합류점, 하천부지, 제방, 댐
② 도로의 분기점 및 주요한 경사변환점 또는 부근을 대표하는 지점
③ 오목지의 가장 깊은 곳과 축척 1/1,000에서의 논에서는 필지마다 하나씩의 표고점을 부여한다.
④ 평탄지에서는 도상 4cm마다(고속도로, 국도, 지방도로, 시가지의 간선도로에서는 도상 2cm마다) 표고점을 부여한다.

표고기준점 설치는 원칙적으로 15km(결합노선 또는 폐합되지 않은 노선은 8km) 이내로 하고 고정점은 약 1km마다에 설치한다. 결합노선 또는 폐합되지 않는 노선인 경우에는 왕복관측

을 하며 노선번호는 일련번호로서 표시한다. 관측은 수준기 감도 20″/mm 이내의 레벨을 사용하여야 하며 레벨은 전시와 후시에 세운 표척의 중앙에 설치함을 원칙으로 한다. 관측거리는 70m를 표준으로 하며 표척은 두 개를 1조로 하고 출발점에 세운 표척은 반드시 도착점에 세워야 한다. 표척을 세운 위치는 모든 점을 자침하는 것을 원칙으로 하며 표척의 읽음은 mm단위로 하고 관측 오차는 20mm 이내이어야 하며 허용 범위를 초과하였을 경우에는 재 관측을 하여야 한다. 수준측량의 계산은 고차식을 표준으로 하되, 중간시에 의한 경우는 기고식에 의하며 폐합차는 거리 비례 또는 점수 비례에 따라 보정하지만 표준편차를 초과하는 경우에는 재관측을 실시하여야 한다. 확정된 기준점은 사진상에 기준점을 중심으로 직경 8mm의 원(평면기준점은 적색, 표고기준점은 청색)으로 표시하여 고유 점번호를 기재한다. 점의 조서 및 기준점 성과표의 개항 및 세항도는 점 부근 약도와 중복되는 입체사진 전체를 대조하여 표시하여야 한다.

(3) 사진기준점측량

사진기준점측량은 관측된 기준점성과를 기준으로 도화기 또는 좌표측정기에 의하여 사진기준점을 관측하고 촬영당시 카메라의 위치를 결정하는 과정을 말한다. 사진기준점측량에서 사용하는 장비는 점각기, 해석도화기, 컴퓨터, 프로그램 등이 있으며 작업 순서는 계획준비, 선점, 점이사, 좌표측정, 계산, 정리 점검 등이다. 사진기준점측량은 항공사진에 나타난 건물의 모서리나 뚜렷한 형상(지형, 지물)점을 도화기 또는 좌표관측기에 의하여 항공사진에서 관측된 구점의 모형좌표 또는 사진좌표의 기지점을 기준으로 하여 지상좌표로 전환시키는 것이 목적이다. 사진기준점측량은 국토지리정보원에서 취득한 지상기준점측량 성과와 1/5,000 수치지도 데이터를 기본으로 사용하며 스캐닝한 항공사진, 항공삼각측량을 위한 블록설정, 지상기준점 선정, 내부표정, 항공삼각측량 수행, 외부표정요소 취득, 정확도 검사의 순서로 실시한다. 기준점 선정은 도로의 교차점, 교량, 수로 또는 도로 굴곡부 정점 및 산 정상부 등 사진상 판별이 용이한 점 중에서 선정한다.

기준점의 입력은 국토지리정보원으로부터 인수된 기준점은 현지측량으로 획득된 좌표로 기존의 카메라 기준점측량(AT; Aerial Triangulation)용으로 측량된 기준점이므로 평면점과 표고점으로 구분되어 있다. 사진기준점측량을 수행하기 위한 프로젝트 파일설정에는 지상기준점 설정, 사진에 대한 정보 설정, 블록설정, 모델설정, 카메라파일 설정 등이 있다. 블록설정은 측량 데이터에 대한 정보를 설정하여 주고, 각 데이터에 대한 표준 편차 값을 입력하며 스트립은 비행기의 촬영 방향에 적합하게 영상을 배열하고 그림 9-34는 항공기가 촬영한 사진 경로를

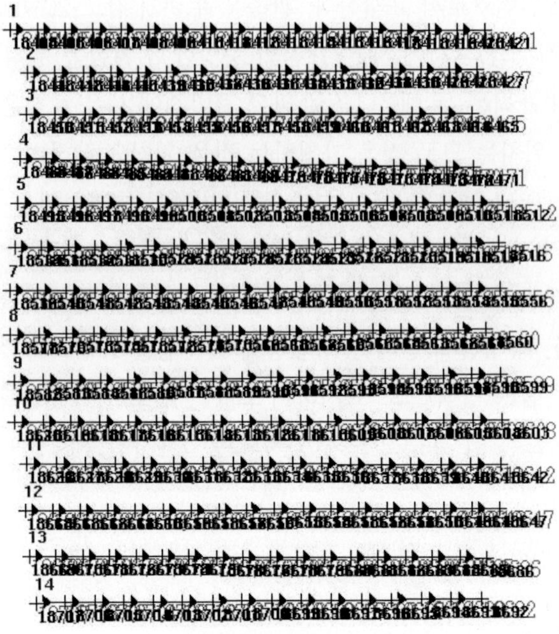

그림 9-34 스트립 디스플레이

나타내고 있다

그리고 항공사진을 수치화하는 과정에서 항공사진 필름의 물리적인 변화 등 다양한 요소에 의해 영상에 왜곡이 발생한다. 내부표정에 따른 왜곡이 발생하는 인자는 카메라 렌즈 중심에 가까운 초점거리(Equivalent Focal Length), 렌즈왜곡수차(Radial Lens Distortion)를 평균적으로 배분하는 평균 초점거리(Calibrated Focal Length), 렌즈의 모양으로 인한 빛의 굴절 왜곡, Tangential Lens Distortion, Collimation의 중심위치(Principal Point of Autocollimation), 사진지표의 좌표 및 간격, 사진지표를 연결한 대각선의 교차각, 스캐닝, 촬영 당시의 focal plane의 편평성, 필름 또는 렌즈의 해상도 등이 있다. 카메라의 화면거리는 카메라의 종류에 따라서 차이가 있고 또한 필름의 신축에 의해서도 화면거리가 달라지는 것이므로 도화기의 화면거리는 새로운 항공사진으로 도면을 작성할 때는 반드시 조정하여야 한다. 스캐닝 왜곡보정은 기계에서 읽은 사진좌표를 카메라 정보에서 제공하는 좌표계로 정확하게 변환하기 위해 변환계수가 많은 2차원 투영변환 방법을 사용한다. 카메라에 대한 정보는 초점거리, PPA, PPS, 렌즈왜곡수차에 대한 보정값, 4개의 사진지표에 대한 사진좌표 등이 있다. 스캐닝이 완료된 좌표계는 영상좌표계가 되므로 2차원 부등각사상변환을 수행한다. 수치영상을 이용하는 해석적 사진측량에서 부등각 사상변환은 $x' = a_1x + a_2y + a_3$, $y' = a_4x + a_5y + a_6$와 같이 임의의 일차변환을 실시한다. 지상기준점 관측은 수치영상에 존재하는 기준점을 관측하는 것으로 모델좌표를 구하기 위해 수행하며 관측 공액점을 최대한 확대하여 그 중심 픽셀을 관측하고 자동AT S/W 플랫폼 상에서 관측한다. 선점된 연결점 및 결합점은 항공사진 및 양화필름에 정확히 점각하고 점을 중심으로 직경 5mm의 청색 또는 녹색 원으로 표시하여 지정된 기호를 기재하여야 한다. 점각 방법은 디지털 항공사진을 이용한 경우 자동매칭에 의한 방법으로 수행하여야 하며 광속조정법을 사용한다. 이 경우 반드시 사진의 외부표정요소와 사진의 중심좌표 값이 산출되는 것을 원칙으로 하며 디지털 카메라 중 푸시브롬형식으로 촬영되는 디지털 영상은 코스별로 외부 표정요소 등이 일괄 처리되는 것을 원칙으로 한다.

(4) 표정도

표정도(Orientation Index Map)란 한 장의 사진에 찍힌 구역에 대하여 촬영코스, 사진의 중심점, 사진번호 등 사용했던 자료 등을 기존의 지형도상에 표시한 것 또는 사진에 촬영되어 있는 지역을 지도에 항공사진의 촬영지점과 촬영범위, 사진번호 등의 필요사항을 기재한 것이다. 표정도의 축척이 소축척일 경우 정확성이 낮고 대축척일 경우에는 표정도의 매수가 많아 관리가 곤란하므로 사진축척의 1/2정도가 가장 적합하다. 표정도를 작성할 경우 작성순서는 각각의 사진에 대응하는 지표를 연결하고 지형도를 활용하여 각 주점의 위치를 결정하고 주점부근의 명확한 점을 찾아서 그 위치를 표시하여 사진번호를 기재한다. 촬영경로와 코스를 결정하고 촬영경로의 번호를 기재하여 사진모서리의 위치를 지도상에서 결정하고 각 사진의 촬영범위를 기재한다. 표정도를 작성할 때는 사진과 지도를 비교하여 도로나 건물 등 명확한 지형 · 지물 등을 비교하면서 1장의 사진에 찍혀 있는 구역의 경계를 지도상에서 찾을 수 있다. 가장 먼저 각 사진상에서 대응하는 지표를 연결하여 주점을 구하고, 붉은 색연필로 눈으로 확인하기에 적합하게 "○"을 표시한 다음 지도상에 그 주점의 위치를 결정한다. 사진측량기준점의 선점이 완료된 후에는 사진축척 및 모델축척, 항공사진상 평균기선장, 각종 기준점 및 연결점과 결합점의 번호, 모델번호에 대한 사항이 포함된 표정도를 작성하며 디지털항공사진의 경우에는 표정도를 프로젝트 파일로 대체할 수 있다. 작업종료 후에는 계획도에 준하여 사진주점의 위치, 기준점 및 결합점(횡접합점)을 표시한 사진기준점측량을 실시하여 일람도, 사진기준점 표정도 (1/25,000, 1/50,000 지형도 또는 수치지형도), 사진기준점 성과표 또는 파일, 사진기준점 측량 프로젝트 백업파일을 작성하여야 한다.

9.4.2 항공삼각측량방법

항공삼각측량방법은 조정의 기본단위로서 단사진, 입체모델 및 종접합모형을 기본단위로 하는 조정방법으로 광속조정법(Bundle Adjustment), 독립모델조정법(Independent Model Triangulation), 다항식조정법(Polynomial Method) 등이 있다. 종횡접합모형조정(Block Adjustment)이란 기준점과 접합점(Tie Point)을 이용하여 2개 이상의 단위를 동시에 절대 표정하는 것이다. 단위는 조정방법에 따라 종접합모형인 경우는 다항식법, 입체모델인 경우는 독립입체모델, 사진인 경우는 광속법으로 구분할 수 있으며 일반적으로 광속조정법과 독립모델조정법이 많이 사용되고 있다. 사진기준점측량의 계획도는 도화구역, 촬영스트립 및 기준점(대공표지점)의 배치를 고려하여 제작한다. 캐나다의 슈트(G. H. Schut)는 종접합모형의 보정에 다항식조정법을 적용하였다. 독일의 아커만(F. Ackermann)은 항공삼각측량을 위해 독립입체모델법을 사용하였고 슈미드(Schmid)는 광속조정법(Bundle Adjustment)을 도입하였다. 조정방법에 따른 작업순서를 살펴보면 광속조정법과 독립입체모델법, 다항식조정법 모두 정밀좌표관측을 실시하며 지표좌표로 변환한 후 내부표정작업까지는 동일하게 실시하지만 광속조정법은 사진좌표를 결정한다.

(1) 다항식조정 방법

다항식조정방법(Polynomial Adjustment Method)은 초기에는 많이 사용되었으나 최근에는 이론적 정확도가 높은 번들조정법으로 전환하는 경향이 두드러지게 나타나고 있다. 종횡접합모형 조정은 촬영경로마다 접합표정 또는 절대표정을 한 후 복수촬영 경로에 포함된 기준점과 결합점(횡접합점)을 이용하여 각 촬영경로의 절대표정을 다항식에 의한 최소제곱법으로 결정하는 방법이다. 미지수는 다항식의 계수와 접합점의 좌표에 의하여 표고와 수평위치의 조정을 나누어 실시하며 인접한 2개의 입체모델에서 왼쪽 입체모델의 오른쪽 영상과 오른쪽 입체모델의 왼쪽영상이 동일하다는 조건과 두 입체모델에 중복되는 연결점(종접합점)이 있다는 조건을 이용한다. 다항식조정법은 계산은 간단하나 기준점 수가 많이 필요하고 정확도가 낮아 사진측량의 초기에는 많이 사용되었으나 최근에는 거의 사용하지 않고 있다. 종접합모형을 기본단위로 이용하며 높이와 수평위치 조정으로 구분하여 실시하며 수평위치 조정방법에는 Helmet 변환, 등각사상변환방식이 이용된다. 다항식법에 의한 블록조정의 경우는 평면기준점 등을 블록의 네 모서리에 반드시 배치함과 동시에 양단의 스트립에 대해서는 5모델마다 1점, 그 외의 스트립에 대해서는 양단의 모델에 1점씩 배치하는 것 외에 정확도를 고려하여 블록 내에 2스트립에 1점의 비율로 균등하게 배치하는 것을 표준으로 하며 표고기준점은 각 스트립마다 양단의 모델에 1점씩 배치하는 것 이외에 5모델 마다 1점씩 배치하는 것을 표준으로 한다. 평면 및 표고기준점의 수는 $N_H = 2C+2(\frac{n}{5-1})+\frac{c}{2}$식과 $N_V = (\frac{n}{5})C+C$식을 표준으로 한다. 단, n은 1스트립 당 평균 모델 수, C는 스트립 수, 계산된 N_V가 N_H보다 작을 경우에는 N_V와 N_H를 동수로 한다. 조정방법은 높이 조정방법과 수평위치 조정방법으로 여러 가지 조합에 적용하며 기준점 관측방정식과 접합점 관측방정식을 이용하여 모델링의 수행이 가능할 수 있다.

다항식조정법에 사용되는 조건은 차수의 변환에 따라 여러 형태로 적용될 수 있으며 높이의 조정에 이용되는 다항식 3원 1차식은 $H = a+by+cx+z$ 이며, 4원 1차식은 $H = a+by+cx+dx^2+z$이고 5원 1차식으로는 $H = a+by+cx+dx^2+exy+z$, 또는, $H = a+by+cx+dx^2+fx^3y+z$이다.

수평위치조정에 이용되는 다항식은 $N = a+cx+dy$, $E = b+cy+dx$와 $N = a+cx+dy+e(x^2-y^2)+2fxy$, $E = b+cy+dx+2exy+f(x^2-y^2)$이다. 또한, 등각사상변환식은 $N = a+cx+dy+e(X^2-Y^2)-sfXY$와 $E = b+cy+dx+2eXY+f(X^2-Y^2)$이다.

(2) 독립입체모델법

독립입체모델법(IMT; Independent Model Triangulation)은 복수의 입체모델에 대해 입체모델 각각에 상호표정을 실시한 후에 입체모델을 접속하는 접합점(Tie Point) 및 기준점을 이용하여 각 입체모델의 절대표정에 해당되는 미지계수를 최소제곱법에 의해 동시에 결정하는 방법이다. 독립입체모델법은 모델을 기본단위로 좌표조정을 실시하므로 기준점 수가 적고 전체적인 정확도가 양호하여 지형도 제작 등과 같은 대단위 지역의 블록조정에 많이 이용된다. 블록에서 각 모델의 평행이동량, 회전량, 미지축척계수 등을 결정하기 위하여 최소제곱법이 이용되고 당해 모델 내에 지상기준점이 없어도 인접모델에서 관측된 접합점이나 투영중심점에 의해서 동일한 값의 지상좌표를 갖는다는 조건이 필요하다. 그러므로 내부표정과 상호표정을 거친 후 임의의 좌표계로 관측된 독립모델좌표는 축척변환, 회전변환 및 평행이동변환에 의하여 지상좌표계로 변환된다. 상사좌표변환(Conformal Coordinate Transformation)된 모델좌표는 잔여 정오차나 우연오차의 영향을 받기 때문에 입체모델좌표를 지상기준점의 성과와 일치하도록 조정하는 작업이 필요하다. 또한, 독립모델은 최적의 블록이 형성되도록 서로 조정되고 동시에 블록은 이용 가능한 지상기준점과 일치되게 조정되어야 한다. 최근에는 높이조정에서 APR(Airbone Profile Recorder), 기압계(Statoscope), 수평카메라(Horizon Camera), 호수면 등을 이용하여 높이조정을 보완하고 있다. 항공삼각측량의 정밀도는 비교적 정확히 알려져 있으므로 블록의 형태와 기지표정점의 분산형태에 따라 정확한 예측이 가능하다. 일반적으로 항공삼각측량의 수평정밀도는 사진축척×10~20㎛, 연직정밀도는 촬영고도×0.1~0.2‰(Per Mill)이며 비행고도 1,500m에서 촬영한 1만 분의 1 축척의 사진으로 항공삼각측량을 실시할 경우 기대되는 수평정밀도는 약 1~2cm, 연직정밀도는 15~30cm 정도이다.

평면기준점 등을 블록의 네 모서리에 반드시 배치함과 동시에 양단의 스트립에 대해서는 6모델마다에 1점, 그 외의 스트립은 3스트립마다 양단의 모델에 1점씩 배치한다. 그 외에 블록 내에 정확도를 고려하여 30모델에 1점의 비율로 균등하게 배치하는 것을 표준으로 한다. 평면 및 표고기준점 등의 수는 $N_H = 4+2(\frac{n-6}{6}) + s(\frac{C-3}{3}) + [\frac{(n-6)(C-3)}{30}]$식 및 $N_V = (n-12) \cdot C+(\frac{C}{2})$ 식을 표준으로 계산한다.

독립모델법에 의한 블록조정방법은 입체모델을 기본단위로 하며 수평위치와 높이를 동시 조정방법과 분리 조정방법이 있다. 조정계산식에서 평면과 표고를 동시에 조정하는 경우는 축척을 고려한 3차원직각좌표 변환식, 독립하여 조정하는 경우 수평위치는 Helmet 변환식(입체모델 당 4개의 미지변수)과 높이에 대해서는 1차변환식(입체모델 당 3개의 미지변수)으로 결합된다.

수평위치와 높이를 분리하여 조정하는 방법은 미지수가 적어 계산시간이 적게 소요되며 정밀입체도화기를 이용하는 기계적방법과 정밀좌표관측기를 이용하는 해석적방법이 있다. 입체모델 당 7개의 미지변수가 존재하고 각 점의 입체모델좌표가 관측 값으로 취급되며 전체적인 정확도가 향상되므로 큰 종횡접합모형조정에 자주 이용된다. 각 입체모델을 단위로 하여 접합점과 기준점을 이용하고 여러 입체모델의 좌표들을 조정방법에 의해 절대좌표를 환산하는 방식이며 기준점에서 계산에 사용하지 않는 점은 그 점의 이름과 이유를 계산부에 기재한다.

독립모델조정방법의 기본단위는 상호표정된 3차원 모델이며 각 모델에 포함된 기준점, 여러 모델에 중복된 접합점 및 각 모델의 투영중심점에 대해 관측방정식이 구성된다.

높이와 수평위치를 동시에 조정하는 방법은 입체도화기 또는 정밀좌표측정기에서 관측된 사진좌표를 이용 혹은 입체도화기로 각 모델에 대한 상호표정을 수행하고 측정된 좌표를 지상좌표로 전환하는 수식으로 모든 모델은 3차원상사좌표변환이 이용된다. 블록조정은 관측방정식이나 정규방정식을 거치지 않고 전자계산기로 직접 축소정규방정식을 구성하여 계산하는 방법으로 축소정규방정식(Reduced Normal Equation)이라 한다. 축소정규방정식은 정규방정식의 미지수보다 훨씬 미지수가 적어 컴퓨터의 기억용량이 적게 소요되고 계산 시간이 짧아 신속히 처리할 수 있다. 이 방법은 입체모델당 평면위치좌표에 대해 4개의 미지수, 높이에 관해 3개의 미지수 및 접합점좌표가 미지수가 된다. 정밀한 해법이지만 미지수량이 많아 계산 시간이 많이 소요되고 처리과정이 복잡하여 현재는 거의 사용되지 않고 있다. 수평위치와 높이를 분리하여 조정하는 방법은 수평위치좌표조정을 실시한 후 높이를 분리함으로써 동시에 조정하는 방법에 비해 미지변량의 수가 적어 계산 시간이 적게 소요되는 특징이 있다. 실용적으로 많이 이용되고 PAT-M43의 프로그램은 이 방법에 의한 것이며 수평위치좌표의 조정을 위해

좌표변환은 $\begin{pmatrix} X_{ij} & Y_{ij} & 1 & 0 \\ & Y_{ij} & 0 & 1 \end{pmatrix} \begin{pmatrix} a_j \\ b_j \\ c_{oj} \\ d_{oj} \end{pmatrix} = \begin{pmatrix} X_i \\ Y_i \end{pmatrix}$ 와 같이 Helmet 변환을 이용한다.

여기서, i; 점번호, j; 모델번호이며 행렬로 나타내면 기준점 관측방정식($AP = C$)일 경우 식 (9.6)과 같다.

$$A = \begin{pmatrix} X_{ij} & Y_{ij} & 1 & 0 \\ Y_{ij} & -X_{ij} & 0 & 1 \end{pmatrix},\ P = \begin{pmatrix} a_j \\ b_j \\ c_{oj} \\ d_{oj} \end{pmatrix},\ C = \begin{pmatrix} X_i \\ Y_i \end{pmatrix} \tag{9.6}$$

관측방정식은 기준점의 경우 $AP = C$이고 연결점은 $P - C = 0$과 같이 구성된다. 수평위치좌표 조정을 위해 4개의 입체모델로 구성된 종횡접합모형(block)은 그림 9-35와 같이 기준점은 1, 3, 7, 9의 4곳에 있고, 4, 5, 6 점은 결합점(Tie Point), 2, 8은 연결점(Pass Point)이다.

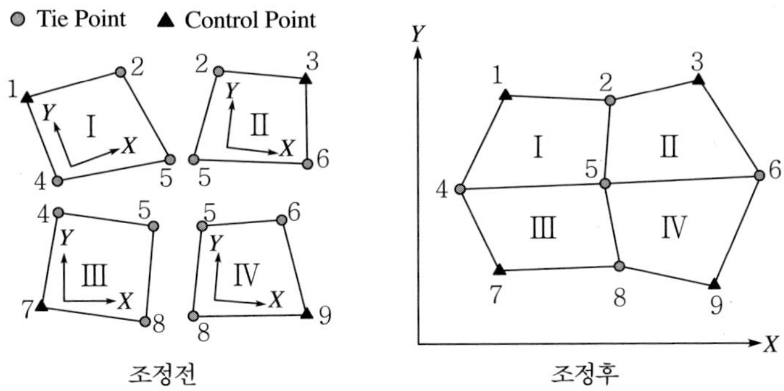

그림 9-35 수평위치좌표의 조정

여기서, 기준점의 절대좌표(X_i, Y_i), i = 1, 3, 7, 9 및 전체적인 점의 입체모델(X_{ij}, X_{ij}) (i; 점번호, j; 입체모델번호)이다.

미지변량의 변환식 계수는 4×4 = 16개 (a_j, b_j, c_{oj}, d_{oj}) = 1, 4 연결점좌표 2×5=10개와 점 2, 4, 5, 6, 8의 5점에 대한 연결점(X_i, Y_i)이다. 높이의 조정은 수평위치좌표 조정결과를 이용하

여 실시하며, 높이의 조정결과는 다시 수평위치좌표에 이용되고 수평위치좌표와 높이조정을 반복하여 수행하며 수평값을 구한다. 수평위치좌표 조정과정은 모델 각각에 대한 계수 a, b, X_o, Y_o를 계산하며 수평위치좌표 조정에 의해 얻은 계수를 이용하여 전체의 입체모델좌표를 식(9.7)에 의해 좌표변환하며 입체모델좌표를 이용하여 축척을 통일한다.

$$\begin{pmatrix} X_{ij} \\ Y_{ij} \\ Z_{ij} \end{pmatrix} = \begin{pmatrix} a_j & b_j & 0 \\ -b_j & a_j & 0 \\ 0 & 0 & a^2_j+b^2_j \end{pmatrix} \begin{pmatrix} X_{ij} \\ Y_{ij} \\ Z_{ij} \end{pmatrix} = \begin{pmatrix} X_{Oj} \\ Y_{Oj} \\ 0 \end{pmatrix} \tag{9.7}$$

높이를 조정하기 위한 관측방정식은 높이기준점, 연결점 및 투영중심에 관한 계산식을 이용하여 계산된 ϕ, Ω, Z_0를 이용하여 독립모형좌표를 보정한다.

높이기준점에 관한 식(미지변량 ϕ_j, Ω_j, Z_{0j})은 $(-X_{ij}\ Y_{ij}\ 1)\begin{pmatrix} \phi_j \\ \Omega_j \\ z_{0j} \end{pmatrix} = (Z_i - Z_{ij})$ (9.8)

연결점에 관한 식(미지변량 ϕ_j, Ω_j, $Z_{0j}\ Z_i$)은 $(-X_{ij}\ Y_{ij}\ 1)\begin{pmatrix} \phi_j \\ \Omega_j \\ z_{0j} \end{pmatrix} - Z_i = -Z_{ij}$ (9.9)

투영중심에 관한 식(미지변량 ϕ_j, Ω_j, Z_{0j}, X_i, Y_i, Z_i)은 $(-X_{ij}\ Y_{ij}\ 1)\begin{pmatrix} \phi_j \\ \Omega_j \\ z_{0j} \end{pmatrix} = (Z_i - Z_{ij})$ (9.10)

$$\begin{pmatrix} -X_{ij} \\ Z_{ij} \\ 0 \end{pmatrix} = \begin{pmatrix} Y_{ij} & 1 \\ 0 & 0 \\ -Z_{ij} & 0 \end{pmatrix} \begin{pmatrix} \phi_j \\ \Omega_j \\ Z_{0j} \end{pmatrix} - \begin{pmatrix} Z_i \\ X_i \\ Y_i \end{pmatrix} = \begin{pmatrix} -Z_{ij} \\ -X_{ij} \\ -Y_{ij} \end{pmatrix} \tag{9.11}$$

정규방정식을 세우고 ϕ, Ω, Z_0를 계산하여 독립모형좌표를 식(9.12)와 같이 보정한다.

$$\begin{pmatrix} X_{ij} \\ Y_{ij} \\ Z_{ij} \end{pmatrix} = \begin{pmatrix} 1 & 0 & 0 \\ 0 & \cos\Omega_j & -\sin\Omega_j \\ 0 & \sin\Omega_j & \cos\Omega_j \end{pmatrix} \begin{pmatrix} \cos\phi_j & 0 & \sin\phi_j \\ 0 & 1 & 0 \\ -\sin\phi_j & 0 & \cos\phi_j \end{pmatrix} \begin{pmatrix} X_{ij} \\ Y_{ij} \\ Z_{ij} \end{pmatrix} + \begin{pmatrix} 0 \\ 0 \\ Z_{0j} \end{pmatrix} \tag{9.12}$$

그림 9-36은 높이조정의 예를 나타낸 것으로 점 1, 3, 4, 6은 높이의 기준점이며 점 2, 5는 연결점, 점 7, 8, 9는 투영중심이다. 점 7과 점 9는 인접입체모델과 공유점이 아니므로 조정계산에 포함되지 않고 점 8의 경우만 포함된다. 미지수는 변환식의 계수 2×3=6개, 연결점의 높이의 좌표 2×1=2개 및 투영중심의 3차원좌표 1×3개로 총계 11개가 된다.

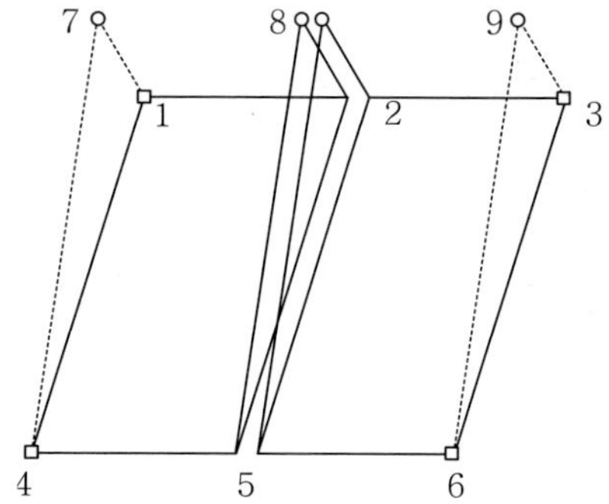

그림 9-36 높이조정

(3) 광속조정법

광속조정법(Bundle Adjustment)은 사진을 기본단위로 사용하여 다수의 광속을 공선조건에 따라 표정한다. 각 점의 사진좌표가 관측 값으로 이용되며 다항식법 및 독립입체모델법 중에서 정확도가 가장 높은 방법이다. 각 사진의 6개 외부표정요소(X_0, Y_0, Z_0, ω, ϕ, κ)가 미지수가 되며 외부표정요소 뿐만 아니라 주점거리, 주점위치변위, 렌즈왜곡 및 필름신축 등에 관련된 내부표정요소를 미지수로 조정하는 방법을 자체검정에 의한 광속법 또는 증가변수에 의한 광속법이라 한다. 자체검정에 의한 광속법은 독립입체모델법보다 높은 정확도를 얻을 수 있다. 광속법에서 지상기준점은 삼각측량 ,삼변측량 ,다각측량 등 지상측량에 의하여 미리 결정된 조정좌표를 항공사진측량에 적용한다. 지상기준점 좌표의 결정과정에서 발생하는 오차가 사진측량에 전파되어 최종적으로 계산하고자 하는 토지경계점의 좌표에 크게 영향을 미친다. 광속조정법은 사진상의 점과 지상점 관계를 조정하는 방법이며, 독립모델조정법은 각 실체모델을 하나씩 조정한 후 보조표정점을 이용하여 각 모델을 연결하는 방법이다. 광속조정에서는 투영중심으로부터 사진상에 있는 상점과 대상점에 대하여 공간상에서 일직선을 이루게 된다는 공선조건을 이용한다. 광속조정방법으로 관측점에 대한 3차원 좌표를 결정하고 각 사진의 표정요소를 계산할 수 있으며 표정요소의 값이 결정되면 블록조정 후에도 다른 목적에도 활용될 수 있다.

내부표정 단계에서 카메라의 렌즈왜곡오차, 대기굴절 및 지구곡률 보정은 자체검정법(Self-Calibration)으로 대신할 수 있다. 조정계산식은 사진의 경사와 투영중심의 위치를 미지수로 한 투영변환식을 사용하는 것을 원칙으로 하며, 여기에 정오차들에 대응하는 자체검정 항을 첨가할 수 있다. 기준점 등에서 계산에 사용되지 않는 점이 있을 경우는 그 점의 이름과 이유를 계산부에 기재한다. 광속조정법에 의한 계산을 실시하기 전에 다항식법에 의해 조정계산하고 기준점 등의 이상, 측정오차 등에 기인한 모든 과대오차를 점검하는 것을 원칙으로 한다.

연결점과 결합점을 선정하고 시간에 포함된 기준점을 확인한 후 점이사기로 양화필름에 선정된 점을 표시하며 선정된 점의 상좌표를 측정하여 사진좌표로 변환하며 작업순서는 정밀좌표관측기, 지표좌표로 변환 및 결정, 내부표정, 사진좌표, 광속조정법에 의한 블록조정, 절대좌표의 결정이다. 상호표정을 통해 상호표정인자(ω, φ, κ, by, bz)를 결정하고 연결점 등의 모델좌표를 결정하며 1모델을 기준으로 각 모델좌표를 접합하여 코스좌표를 결정한다. 코스좌표를 이용하여 측지좌표로 변환(축척, 회전, 평행이동)하고 *X*, *Y*좌표를 결정하며 조정계산으로 높이(*h*)를 결정한다. 광속조정법은 상좌표를 사진좌표로 변환시킨 후 사진좌표로부터 직접 절대좌표를 결정하는 것이다. 종횡접합내의 각 사진상에 관측된 기준점과 접합점의 좌표를 이용하여 최소제곱법으로 각 사진의 외부표정요소 및 접합점의 최확값을 결정하는 방법이다. 사진을 기본 단위로 사용하고 다수의 광속을 공선조건에 따라 표정하며 각 점의 사진좌표가 관측값으로 이용되는 조정능력이 높은 방법이다.

공선조건이라 함은 렌즈의 초점, 지상점, 사진상의 점이 같은 직선상에 위치한다는 조건이며, 광속조정법 및 수치표고자료, 정사영상 생성의 기본이 되는 공식으로 블록형태의 사진상에서 3점의 지상기준점 만으로 모든 사진의 기하를 결정할 수 있다. 회전관계 및 사진상의 거리와 지상에서의 거리에 대한 비례식을 이용하여 다음과 같은 공선조건식을 생성할 수 있다.

$$X_a = -f\frac{m_{11}(X_C-X_L)+m_{12}(Y_C-Y_L)+m_{13}(Z_C-Z_L)}{m_{31}(X_C-X_L)+m_{32}(Y_C-Y_L)+m_{33}(Z_C-Z_L)} \tag{9.13}$$

$$Y_a = -f\frac{m_{21}(X_C-X_L)+m_{22}(Y_C-Y_L)+m_{23}(Z_C-Z_L)}{m_{31}(X_C-X_L)+m_{32}(Y_C-Y_L)+m_{33}(Z_C-Z_L)} \tag{9.14}$$

위의 식을 선형화 하면 다음과 같다.

$$\begin{aligned} F = V_x &+ \left(\frac{\sigma F}{\sigma\omega}\right)^0 \Delta\omega + \left(\frac{\sigma F}{\sigma\varnothing}\right)^0 \Delta\varnothing + \left(\frac{\sigma F}{\sigma\kappa}\right)^0 \Delta\kappa + \left(\frac{\sigma F}{\sigma XL}\right)^0 \Delta XL + \left(\frac{\sigma F}{\sigma YL}\right)^0 \Delta YL + \left(\frac{\sigma F}{\sigma ZL}\right)^0 \Delta ZL \\ &+ \left(\frac{\sigma F}{\sigma XC}\right)^0 \Delta XC + \left(\frac{\sigma F}{\sigma YC}\right)^0 \Delta YC + \left(\frac{\sigma F}{\sigma ZC}\right)^0 \Delta ZC = F^0 = 0 \end{aligned} \tag{9.15}$$

$$\begin{aligned} G = V_x &+ \left(\frac{\sigma G}{\sigma\omega}\right)^0 \Delta\omega + \left(\frac{\sigma G}{\sigma\varnothing}\right)^0 \Delta\varnothing + \left(\frac{\sigma G}{\sigma\kappa}\right)^0 \Delta\kappa + \left(\frac{\sigma G}{\sigma XL}\right)^0 \Delta XL + \left(\frac{\sigma G}{\sigma YL}\right)^0 \Delta YL + \left(\frac{\sigma G}{\sigma ZL}\right)^0 \Delta ZL \\ &+ \left(\frac{\sigma G}{\sigma XC}\right)^0 \Delta XC + \left(\frac{\sigma G}{\sigma YC}\right)^0 \Delta YC + \left(\frac{\sigma G}{\sigma ZC}\right)^0 \Delta ZC = F^0 = 0 \end{aligned} \tag{9.16}$$

이를 행렬식으로 구성하면 다음과 같다.

$$\begin{bmatrix} V_{Xij} \\ V_{Yij} \end{bmatrix} + \begin{bmatrix} b_{11} & b_{12} & b_{13} & b_{14} & b_{15} & b_{16} \\ b_{21} & b_{22} & b_{23} & b_{24} & b_{25} & b_{26} \end{bmatrix} + \begin{bmatrix} \Delta\omega_i \\ \Delta\phi_i \\ \Delta\kappa_i \\ \Delta XL_i \\ \Delta YL_i \\ \Delta ZL_i \end{bmatrix} + \begin{bmatrix} b_{17} & b_{17} & b_{19} \\ b_{27} & b_{28} & b_{29} \end{bmatrix} + \begin{bmatrix} \Delta XC_i \\ \Delta YC_i \\ \Delta ZC_i \end{bmatrix} + \begin{bmatrix} F-F^0 \\ G-G^0 \end{bmatrix} \tag{9.17}$$

이를 간단히 정리하면 $\underset{(2,\,1)}{V} + \underset{(2,\,6)}{\dot{B}}\ \underset{(6,\,1)}{\dot{\Delta}} + \underset{(2,\,3)}{\ddot{B}}\ \underset{(3,\,1)}{\ddot{\Delta}} + \underset{(2,\,1)}{\varepsilon}$ 에서 $\left(\dot{B},\, \dot{\Delta}\right)$은 외부표정요소에 대한 계수 매트릭스와 외부표정 6요소의 초기값에 대한 보정량들이며 $\left(\ddot{B},\, \ddot{\Delta}\right)$은 지상좌표에 대한 계수 매트릭스와 보정량이다. 기본적인 해법은 최소제곱법을 이용하며 과대한 메모리를 필요로 하므로 행렬의 구성을 분석하여 효율적인 계산방법이 필요하다. 일반적인 기법을 정리하면 1차원 배열을 이용하여 중복되는 메모리와 0값으로 채워진 행렬들은 사용하지 않는다.

9.5 정사영상 제작

정사영상은 카메라의 기울기, 지형, 고저차의 원인이 되는 모든 왜곡들이 제거된 영상에 좌표를 입력하여 수치지도와 같은 실세계 좌표를 가진 영상을 말한다. 또한, 지형도와 동일한 축척을 지니면서도 사진의 형태로 나타나 있으므로 현장감이 양호함과 동시에 판독이 용이하므로 차세대의 지형도로 이용될 가능성이 매우 크며 일반적인 지도가 가지고 있는 기하학적인 특성을 결합한 것이다. 수치정사영상은 중심투영방법으로 촬영한 항공사진에서 기하학적인 보정을 통하여 지도처럼 정사투영의 특성을 가지도록 제작한 수치정사영상이나 위성영상을 지도의 도곽에 맞추어 제작한 영상지도 또는 카메라 내부의 기하적 특성인 초점거리, 투영중심, 좌표계 및 렌즈에 의한 왜곡정도가 정확하게 정의된 카메라로 찍은 사진 또는 영상을 말한다. 수치사진측량에서 가장 기본적인 처리과정의 하나는 2이상의 중첩 사진의 공액점을 찾는 것이라 할 수 있다. 아날로그와 해석사진측량에 있어서 공액점의 동일화는 수작업으로 식별하였으나 수치사진측량 기술이 발달함에 따라 처리과정을 자동으로 처리하고 있다. 영상정합(Image Matching)은 여러 개의 영상 중 다른 영상의 한 위치에 해당하는 실제의 객체가 다른 영상의 어느 위치에 형성되었는가를 발견하는 작업으로서, 상응하는 위치를 발견하기 위해 유사성 측정을 이용한다. 수치사진측량에서는 입체영상에서 수치표고모델을 생성하거나 항공삼각측량에서 점이사를 위해 적용되며 수치표고모델의 정확도가 최종적인 수치정사영상의 정확도를 좌우하게 되므로 정확하고 효율적인 모형의 생성방법이 선행되어야 한다. 수치정사영상은 제작과정에서 항공사진으로부터 작성된 양화필름을 스캐닝한 데이터는 항공촬영시 기체의 요동, 카메라의 광학적 왜곡, 실제와 다르게 나타난 지형 등으로 발생한 축척변화와 왜곡을 소거하기 위하여 수치적인 조정과정을 거침으로써 사진지도로서의 기능을 할 수 있게 된다. 또한, 이것은 곧바로 컴퓨터에서 사용이 가능하므로 토지정보의 기본데이터로서 활용가능성이 매우 높다.

9.5.1 정사영상의 특성

대상지역의 현장감이나 입체감을 일괄적으로 정리하기 편리하며 무한대의 지형 및 문화정보를 판독할 수 있는 사진의 미세한 부분까지를 포함하고 거리, 각, 면적을 그대로 관측할 수 있는 지도의 특성을 갖고 있다. 또한, 지형도와 동일한 축척을 지니면서 사진의 형태로 나타나 있으므로 현장감이 양호한 동시에 판독이 용이하며 수치표고모델의 정확도는 정사영상의 정확도를 좌우한다. 차세대의 지형도로 이용될 가능성이 크며 대상지의 표현을 다양하게 할 수 있다. 사진은 카메라 렌즈의 중심으로 투영되어 얻어지기 때문에 지형의 기복에 따른 변위가 포함되어 있으며 촬영당시 카메라의 위치에 의한 피사체의 왜곡이 존재한다. 정사투영의 기하학적 특징을 가지는 사진을 제작하는 과정을 미분 편위수정이라 하고 이러한 과정을 거쳐 제작된 사진을 정사영상이라 한다. 정상영상의 제작은 비교적 경비가 적게 소요되며 신속하게 현지측량과 유사한 효과를 얻을 수 있는 방법이다. 또한, 정확한 영상스캐너로 양화, 항공사진, 필름을 스캐닝 하여 컴퓨터에 저장한 다음 스캐닝한 영상의 변위 및 왜곡과 헐레이션을 제거함으로서 생성된다. 수치지도 및 수치지적도를 작성하는 과정으로 기존의 항공사진측량의 경우 카메라로 촬영한 필름을 이용하여 작성하는 방법과 디지털카메라로 촬영하는 방법이 있다. 필름을 기본으로 지적공부를 작성하는 과정은 항공사진 카메라로 촬영하여 필름의 인화와 음화필름을 작성한 후 스캐너를 이용하여 스캐닝 작업을 실시함으로서 각각의 왜곡오차 및 헐레이션을 제거한 후 작성하는 방법이 있다. 또한, 디지털 카메라를 이용한 경우에는 필름의 처리과정과 스캐닝작업을 실시할 필요가 없으므로 생략하고 항공삼각측량작업을 실시하는데 S/W를 이용하여 표정작업과 점이사 작업을 동시에 실시하여 도화하는 작업으로 신속하고 정확하게 처리할 수 있다.

9.5.2 정사영상지도 작성순서

수치정사영상을 제작하기 위한 기초자료는 스캐닝 된 수치항공사진영상, 중심투영에 의해 촬영된 항공사진의 왜곡을 보정하기 위한 항공사진의 3차원 모델링 결과, 지형의 기복에 의한 왜곡을 보정하기 위한 수치표고모델, 수치지도 자료 등이 활용된다. 수치정사영상은 지형에 대한 래스터 데이터가 결과물로 제공되며 사진에서 가능한 모든 요소들은 수치래스터 화면에 표시된다. 지적도면의 불일치로 도곽선 주위의 토지경계의 접합을 위한 현지측량을 실시하기 위해서는 많은 인력과 비용이 소요된다. 영상을 통한 3차원 관측과 조정과정에는 고도의 영상인식처리와 조정과정 및 영상변화의 기법에 대한 신속한 사진측정학적 알고리즘이 필요하며, 정밀 3차원 인자를 위한 전처리과정이 수행되어야 한다. 전처리(Preprocessing)과정에서 잡음(Noise)제거, 기하학적보정과 방사보정, 형상의 정교화과정이 포함된다. 인지과정에서는 영상의 분할, 형상의 추출, 모양의 정합과정이 수행되며 정량화과정에는 부영상소(Subpixel)의 정확도를 평가하기 위한 영상좌표관측과 동일한 점의 입체정합 및 3차원 좌표계산이 수행되며, 최종적인 분석과정에서는 대상물의 표현, 대상물의 인식, 대상물 사이의 상호관계 등이 포함된다. 정사영상은 지도축척과 동일하게 도해적으로 작성하거나 수치지도를 작성하며 항공사진을 이용한 수치정사영상을 제작할 수 있다.

(1) 계획 및 준비

수치정사영상작성에 사용되는 데이터로 항공사진 영상은 필름 스캐닝 영상, 디지털카메라 영상, 위성영상을 이용하며 높이 자료에서 기존자료를 이용하는 경우 수치지도, LIDAR 자료, 영상정합(Image Matching)에 의한 DEM 등을 사용한다. 또한, 직접항공사진을 촬영하는 경우에는 촬영카메라 정보, GCP 측량결과, 항공삼각측량(AT) 결과인 촬영당시의 X, Y, Z좌표 및 축방향각에 대한 정보를 입력하여야 한다. 촬영계획은 국가기본도인 1/50,000 지형도를 이용하여 항공기의 비행계획을 수립하고, 촬영기선길이, 촬영경로, 기준점의 배치, 사진 매수, 촬영일시, 촬영계획도 작성, 촬영 카메라의 선정, 사진축척, 촬영고도 및 등고선 간격, 촬영 기준면 및 기후 조건과 지도의 사용 목적, 소요의 사진축척, 정확도 및 기상자료 등을 고려하여 계획을 세워야 한다. 항공사진의 축척은 카메라의 초점거리와 비행기의 지상으로부터의 고도와의 비율로서 정의되지만 사진상 모든 점들의 축척은 동일하지가 않다.

(2) 항공사진 촬영

항공사진 촬영은 지정된 촬영경로 간격이 10% 이상 벗어나지 않도록 하고 촬영고도는 지정된 고도의 5% 이내를 유지하며, 일정고도의 직선상으로 비행한다. 또한, 카메라는 항상 수직을 유지해야 하는데 촬영당시의 비행방향과 촬영경로 방향의 편차인 편류각과 전후 경사각은 5° 이내, 좌우경사각은 3° 이내로 하는 것이 가장 이상적이라 할 수 있다. 촬영일시는 계절별로는 적설기와 홍수기를 피하고 수림이 적어 지면이 잘 드러나는 가을에서 이른 봄까지가 양호하며 사진영상이 뚜렷하도록 구름이 거의 없는 청명하고 그림자가 적은 오전 10시부터 오후 2시까지가 적당하다. 즉, 태양고도가 산지에서 30° 이상, 평지에서 25° 이상이어야 하며, 가장 바람직한 각도는 45° 이상이어야 한다.

촬영한 Course 중 한 촬영점(Shutter를 누른 점)에서 다음 촬영점까지의 거리를 촬영기선장이라고 하며, 기본적인 중복도를 유지하기 위해서 촬영기선장은 사진 한 변의 실거리×0.4 및 Course 간격은 사진 한 변의 실거리×0.7에 의해 산출한다. 한편, 촬영축척 및 촬영고도는 필요로 하는 완성도의 축척에 의하여 촬영축척 및 촬영고도를 결정한다. 촬영고도를 H, 촬영 Camera의 초점거리를 f라고하면 촬영축척 $M = \frac{1}{m}$이며, $m = \frac{f}{H}$가 된다. 따라서 촬영기준면은 촬영고도의 기준이며, 촬영지역내의 평균고도를 기준으로 하여 촬영고도를 결정한다. 그러나 최근에는 GPS/INS 시스템을 이용하여 촬영함으로서 항공삼각측량에서 실시하는 작업을 편리하게 할 수 있어 통합시스템을 많이 활용하고 있다.

항공기에 GPS수신기와 관성항법시스템(INS; Inertial Navigation System)을 부착하여 실시하는 측량으로 가속도계와 자이로를 이용하여 항법정보인 위치, 속도, 자세를 알아내는 시스템이다. 이러한 시스템은 외부 환경에 영향을 받지 않으며 짧은 항해 기간 동안에는 항법 데이터가 매우 정확하고 연속적인 항법 데이터를 제공하는 장점이 있으며 시스템이 매우 고가이고 오랜 시간을 항해할 경우 오차가 누적된다는 단점이 있다.

GPS는 1960년대 초 미국 국방성에서 연구되기 시작하여 1995년에 FOC(Full Operation Capability)로 운영되고 오차의 누적이나 증가가 없이 장기간 동안 안정적으로 위치정보를 제공하지만 항공기와 같이 빠른 특성을 가지는 환경에서는 신호의 차단이나 고의적인 전파방해(Jamming)에 영향을 받는 단점이 있다. INS와 GPS를 결합하는 방법에는 강한 결합방법(Tight INS/GPS Intergration System)과 약한 결합방법(loose INS/GPS Intergration

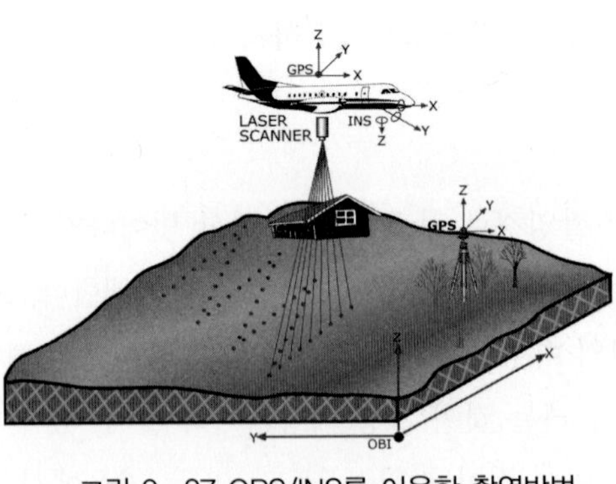

그림 9-37 GPS/INS를 이용한 촬영방법

System)으로 나눌 수 있다. 결합 시스템은 GPS수신기의 부호추적루프(Carrier Tracking Loop)와 추적 성능을 향상시켜서 결합 시스템의 성능을 향상 시키는 특징이 있으며 GPS/INS를 이용한 촬영방법은 기존 항공사진측량과 다르게 최소의 지상기준점만을 사용하므로 혁신적인 비용절감과 자동화공정으로 고품질 항공사진측량이 가능하다. 0.5~1초 간격으로 수신되는 GPS 데이터로부터 항공기의 절대위치를 알 수 있고, 1/200초 간격으로 저장되는 INS로부터 항공기의 자세정보를 취득하여 촬영 순간의 카메라 위치를 결정할 수 있다. 따라서 항공삼각측량에 필요한 각 사진의 외부표정요소 취득(X, Y, Z, ω, φ, κ)이 지상기준점 측량없이 이루어질 수 있으므로 지상기준점 측량은 좌표변환시 이용되는 최소의 기준점 측량만 필요하다. GPS/INS 항공삼각측량은 기존과 같은 측량점 설치가 불필요하므로 철도와 같은 노선측량을 저렴한 비용으로 수행할 수 있으며 지상기준점 배치가 곤란한 지역의 항공삼각측량에 효과적이다.

(3) 위치보정

외부표정은 항공사진 촬영 당시의 기하를 재현하는 것으로 위치보정이라고도 하며 기하를 구성하는 요소들을 외부표정 6요소(ω, φ, κ, X, Y, Z)라 한다. 각 요소들에 대해 살펴보면 ω(omega)는 비행기의 진행방향인 x축을 기준으로 반시계방향으로 회전한 각을 말하며, φ(phi)는 x축에 직각인 축인 y축을 기준으로 반시계방향으로 회전한 각을 말한다. 또한 κ(kappa)는 x, y축에 직각인 축으로 z축을 기준으로 반시계방향으로 회전한 각을 말하고, X, Y, Z는 지상좌표계를 중심으로 한 렌즈의 3차원 위치를 표현하고 있다. 외부표정 6요소를 결정하기 위한 방법으로는 직접선형변환법(DLT; Direct Linear Transformation), 다항식법, 독립모델조정법, 광속조정법 등이 있다. 광속조정법은 각 사진상에서 관측된 기준점과 사진좌표를 관측 값으로 하여 최소제곱법을 이용하며 각 사진의 외부표정요소 및 미지의 지상좌표값에 대한 최확값을 결정한다. 또한, 광속조정법은 종횡접합모형(block)에 포함되어 있는 관측대상인 지상기준점의 지상좌표와 지상기준점 및 연결점, 접합점 또는 중복 촬영된 임의의 점에 대한 사진좌표들을 이용하여 각 사진의 외부표정요소 및 주어진 사진좌표들에 대응하는 지상좌표를 결정한다. 조정의 기본단위는 광속으로 다항식법이나 독립모델법에 비해 정확도가 높다.

중복 촬영된 지상의 임의점에 대한 사진좌표가 주어질 경우 광속조정에서 얻어지는 각 사진의 외부표정요소를 이용하면 각 모형에 대하여 상호표정, 절대표정 과정을 거치지 않고 직접 지상좌표를 계산할 수 있다. 광속조정법에서는 각 사진상에서 관측된 기준점과 종횡접합점의 사진좌표가 관측값이며, 이들 좌표값의 잔차의 제곱을 최소화하여 각 사진의 외부표정요소(X_0,

Y_0, Z_0, ω, φ, κ) 및 종횡접합점의 절대좌표(X, Y, Z)를 결정하며 광속조정법의 기본적인 수학적 모형은 공선조건으로 나타낼 수 있다.

(4) 항공사진 스캐닝

디지털카메라로 촬영하지 않고 기존의 필름으로 항공사진을 촬영한 경우에는 자동화 스캐닝 프로그램(AutoScan S/W)을 사용하여 색조조정 및 명암조정을 완료한 후 이를 바탕으로 한 영상의 일관성을 확보하기 위한 것이다. 작업순서는 촬영필름을 스캐닝 하여 영상처리한 후 이상 유무를 확인한 후 저장한다. 기존 항공사진을 고정밀 항공사진 전용 스캐너로 스캐닝하고, 스캐닝한 수치항공사진영상을 수치사진측량용 소프트웨어에서 영상의 기하학적 왜곡요소를 보정하며 수치미분편위 수정방법에 의하여 수치정사사진을 생성한다. 수치영상을 이용하여 지도로서의 활용가치를 높이기 위해 기존의 수치지도에서 지도제작에 사용되는 레이어를 추출하여 레이아웃을 만들고 수치정사영상을 제작한다.

(5) 수치표고모형 구축

수치표고모형(DEM; Digital Elevation Model)은 수치영상제작에 없어서는 안 될 요소이다. DEM은 규칙적인 격자나 삼각형으로 연결된 임의의 표고점을 이용하여 표면의 높이를 표현한다. 수치표고모형을 구축하는 목적은 지구의 표면이나 대상물의 표면을 불연속적인 3차원의 점들로 구성된 자료기반 관리체계를 이용하며 지형을 수치적으로 표현하여 컴퓨터로 나타내기 위함이다. 장점은 DEM으로부터 여러 결과들을 유도할 수 있으며 지리정보체계(GIS)의 다른 자료 층과 결합하여 활용할 수 있다. 수치표고모형은 높이값을 가지고 있는 점들의 일정한 배열이며, 기준점들의 불규칙한 집합으로부터 정교한 보간기법을 거쳐 계산된다. 격자의 가장 주된 장점은 표고만 저장하면 되므로 자료의 구조가 간단하다. 수치표고자료는 표고의 공간적 분포를 수치적으로 표현한 것으로 일정간격의 격자형태 또는 불규칙 삼각망 형태를 취하며 그 응용분야는 원격탐사, 사진측량, 지리정보시스템, 지형의 3차원 시뮬레이션, 국토개발, 비행체의 지형추적 항법장치 등 매우 광범위하며 수치표고자료는 지형의 기복에 의한 왜곡을 수정하는 정사영상제작에도 필수적인 자료이다. 수치영상을 이용한 영상정합은 좌우 수치사진측량의 정확도로 좌우된다. 영상을 정합하는 방법에는 영상에 존재하는 점, 모서리, 선 등과 같은 부분을 추출하여 정합하는 형상기준 영상정합과 정합점 부근의 일정 면적에 대하여 두 영상의 밝기값 분포를 비교하여 정합하는 영역기준 영상정합이 있다.

(6) 정밀편위수정

정밀수치 편위수정은 인공위성으로 취득되거나 기존의 항공사진을 스캐닝 또는 디지털카메라로 취득된 영상자료와 수치표고모형을 이용하여 정사영상을 제작하는 방법이다. 지상기준점 또는 수치표고모형의 자료 입력용으로 사용 여부에 따라 직접적 방법과 간접적 방법으로 구분된다.

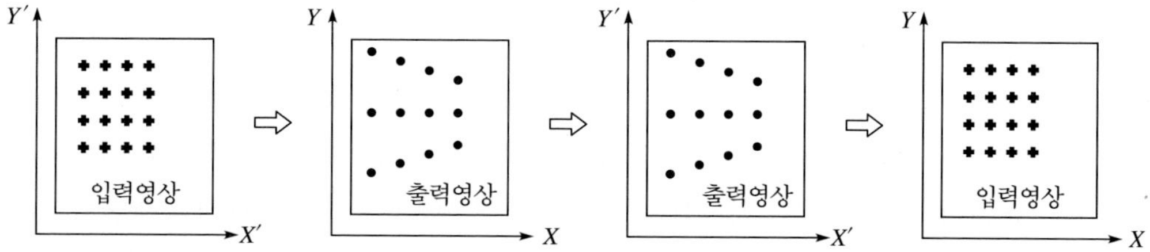

그림 9-38 정밀 편위수정 방법

직접적 방법은 주로 인공위성영상을 기하보정할 때 사용되는 방법으로 지상좌표를 알고 있는 현저한 지물의 영상좌표를 관측하여 식 (9.18)에 의해 각 출력영상소의 위치를 결정하는 방법이다. 영상소의 값과 위치를 결정하기 위해서는 영상재배열(Resampling)을 거쳐야 하므로 off-line방법이라고도 한다.

$$X = F_1(X', Y') \qquad (9.18)$$
$$Y = F_1(X', Y')$$

여기서, (X', Y')는 출력영상의 좌표이며, (X, Y)는 입력영상의 좌표이다.

간접적인 방법은 지상기준점 좌표에 의해 출력영상소의 위치가 이미 결정되어 있으므로 입력영상에서 관측된 좌표로 식(9.19)를 이용하여 출력 영상소 값을 결정하기 위한 입력영상소의 위치를 결정하는 데 사용된다.

$$X' = F_1(X, Y) \qquad (9.19)$$
$$Y' = F_1(X, Y)$$

식(9.19)를 수치위성영상자료에 적용하기 위해서는 식 (9.20)을 적용하여야 한다.

$$X = (Z-Z_0)\frac{r_{11}(x-x_c)+r_{21}(y-y_c)+r_{31}f}{r_{13}(x-x_c)+r_{23}(y-y_c)+r_{33}f}+X_0 \qquad (9.20)$$

$$Y = (Z-Z_0)\frac{r_{12}(x-x_c)+r_{22}(y-y_c)+r_{32}f}{r_{13}(x-x_c)+r_{23}(y-y_c)+r_{33}f}+X_0$$

여기서, X, Y, Z; 지상좌표, X_0, Y_0, Z_0; 투영중심, x, y; 영상좌표, x_c, y_c; 영상좌표의 중심좌표, f; 초점거리, r_{12}, $r_{22}, \cdots$, r_{33}; 회전행렬요소이다.

수치표고모형으로 나타낸 모든 것은 정사영상이 정확한 위치에 있는 것으로 본다. 빌딩 또는 나무와 같이 수치고도모형의 일부가 아닌 대상물들은 편위수정 후에는 기복변위가 나타난다. 대상점에 대한 다른 고도를 고려하는 것을 제외하고는 이런 대상물들의 방사상의 변위를 추정하기 위해 $\Delta r = \Delta_z \cdot \frac{r}{h_i}$의 식을 사용할 수 있다. 이 경우에 고도는 표면에서 투영중심점과 이에 대응하는 점의 거리를 이용하여 계산하며 h_i; 점 i 상의 투영높이 이며, 영상정합시 발생하는 오류 원인들은 상의 중심에서 가장 작고, 가장자리로 갈수록 커지는 정사영상에서 방사상의 왜곡이 발생한다. 따라서 가장 큰 오류는 정사영상지도의 가장자리에서 나타나며 정사영상의 생성에 대한 검사방법은 이웃한 정사영상을 이용하여 경계의 일치여부를 확인하는 것이다. 만약 두 개의 인접한 정사영상이 도로나 하천 등의 선형적인 영상에 있어서 시각적인 불일치를 보여주지 않는다면 그 정확도는 충분하다고 할 수 있다.

(7) 영상집성

영상집성이란 여러 조각으로 존재하고 있는 정사영상들을 집성하여 하나의 영상 파일로 만드는 작업을 말한다. 영상을 이용하여 집성(Mosaic)할 경우에는 대상지역의 규모에 따라 여러 장의 정사영상을 집성하는 경우가 많이 발생되는데 과거에는 많은 시간이 소요되고 정확도면에서도 많이 문제가 발생하였다. 그러나 최근에는 소프트웨어의 개발로 자동으로 자연경계선 등을 추출하고 이를 기준으로 영상집성을 실시함으로서 색조정합을 간단히 수행할 수 있으며 정확도가 높은 기법들이 제시되고 있다.

(8) 영상분할

정사영상을 집성하여 하나의 영상으로 집성한 영상을 사용자가 원하는 형태로 재분할하는 것을 말한다. 영상을 중첩하게 되면 교차되는 부분에 경계선이 생기게 되는데 교차부분의 좌우 영상의 밝기값의 차이도 발생하게 되고, 중심투영으로 인한 기하학적 왜곡도 발생하게 된다. 이미지 페더링(feathering)이란 영상의 경계부분에서 발생하는 밝기값의 차이를 좌우 영상의 평균값으로 조정하여 영상의 경계부분을 부드럽게 처리하는 것을 말한다. 이는 영상의 경계선을 따라 일정한 폭을 부여함으로써 영상이 교차하는 부분을 부드럽게 처리한다. 정사영상은 실제 수치지도의 모서리 좌표를 반올림하여 정수로 만들고 가장자리에 15m씩 여유를 두고 재단하는 것이다.

(9) 도면작성 편집

도면작성에 따른 편집은 도면편집, 주기편집, 레이아웃 편집, 난외주기편집으로 구분하는데 도면편집은 작성이 완료된 영상자료와 벡터자료를 파일로 변환하여 중첩한다. 다음은 축척 1/5,000 도식규정에 맞도록 내곽도 및 외곽도를 구성하여 도엽별 난외주기를 제작하고 대상지역에서 도엽의 위치를 확인할 수 있도록 축척 1/50,000에 해당하는 색인지도를 작성한다. 도면을 편집하기 위해서는 가장 먼저 1/5,000 수치지도와 그 도곽에 해당하는 영상이 필요하다. 해당 도곽에서 레이어별로 추출한 다음 해당하는 도엽번호 중 보안지역이 있던 도엽의 경우 도엽번호의 색상을 달리하여 보안지역을 관리할 수 있도록 한다. 수치지도에서 레이어 함수는 매크로 함수를 이용하여 자동 추출하며 DXF 포맷으로 저장한다. 레이어는 원래 도곽에 15m 여유를 둔 외도곽을 삽입하여 추가하고 이는 다른 영상을 중첩시킬 때 영상의 경계를 접합하기 위한 것이다. 주기편집은 영상지도의 특성상 많은 주기와 도형정보의 삽입은 오히려 배경영상의 정보를 잠식하거나 훼손하는 결과를 초래한다. 레이아웃 편집에서 도엽의 크기는 현재 일반적인 종이지도 크기인 A1 크기로 하며 가로 약 54cm, 세로 약 78cm로 국토지리정보원에서 발행하고 있는 종이지도와 동일한 규격으로 한다. 난외주기편집은 도엽명칭, 도엽번호, 도엽종류, 도곽, 축척, 제작기관, 편집자료, 행정구역 및 색인도, 범례 등을 정리한다.

(10) 도면 출력

완성된 1/5,000 영상지도 파일을 A3 컬러프린터로 출력하여 파일의 정확도와 육안검수를 동시에 실시한 후 최종 성과물을 완성하여 출력한다. 또한 성과품 목록에 명시된 자료 이외에 추가로 중간성과물이나 향후 활용이 가능한 최종 성과물을 정리하여 출력한다. 편집에 사용된 폰트는 일반적으로 IBM 환경에서 사용되는 폰트를 사용하는 것이 좋으며 출력은 A1 크기의 용지를 이용한다.

9.5.3 정사영상 제작

영상은 항공사진측량용 카메라 및 인공위성에 탑재된 감지기로부터 취득된 지형 · 지물 등 대상물에 대한 항공사진 및 위성영상을 말한다. 정사영상은 중심투영에 의하여 취득된 영상의 지형 · 지물 등에 대한 정사편위수정을 실시한 영상을 말한다. 최근에 개발된 다수의 영상처리체계에서는 원격탐측을 위하여 편위수정 과정을 수행하며, 이 과정을 지형참조(Geo Referencing) 또는 지형보정(Geo Coding)이라 한다. 최근에는 수치지도와 정사영상을 결합하여 사용하는 경우가 더욱 빈번함으로 편위수정 방법이 필요하고 지도투영법에 기초로 하고 있으며 간단한 변환으로부터 고차원 다항식을 이용한 투영변환, 기복변위를 보정한 정밀편위수정까지 사용자의 목적에 맞게 여러 수학적 모형을 적용할 수 있으며 지표면의 모형을 작성할 경우에는 정밀편위수정이 사용된다. 수치정사영상은 일반지도에 비해 많은 정보(건물, 도로 및 기타지형)를 포함하고 있으므로 지도로 활용이 가능하고, 수치지도와 병행할 경우 효율성을 증대할 수가 있다. 또한, Digital 자료처리에 의한 제작의 자동화가 가능함으로 신속하고 저렴하게 구축이 가능하며 Digital 자료형태로 보관 및 변환이 쉽다. 정사영상제작에 사용될 초기영상의 지형 · 지물 상태와 수치표고자료의 일치성 여부를 검토하고 정사영상은 모델별 인접지역과 밝기값의 차이가 나지 않도록 제작되어야 한다. 항공사진은 시행기관에서 제공받은 1/20,000 축척의 스캐닝 된 수치항공사진이며 이를 DPW770에 입력하기 위해서는 입력된 항공사진 영상이 표정에 사용되기 위하여 이 항공사진을 촬영한 카메라의 정보와 촬영당시 카메라의 위치좌표 등을 입력하여야 한다. 영상 화질평가방법으로는 특정응용분야에 있어서 원영상보다 더 좋은 결과를 나타낼 수 있도록 처리하며 접근방법은 공간영역방법과 주파수영역방법이 있다. 공간영역방법은 영상의 합성으로 영상소의 축척을 말하며 직접 조작하여 처리하는 과정을 말한다. 주파수영역방법은 나선이론에 기초를 두고 있으며 영상$f(x, y)$를 나선하여 형성된 영상을 $g(x, y)$라 하고 위치 불변식 연산자를 $h(x, y)$라 하면 $g(x, y) = h(x, y) \times f(x, y)$이 된다. 영상은 인접영상의 색상과 명암, 대비, 잡음, 구름에 의한 지형의 가림 정도를 고려하고 영상의 면적을 4~8등분하여 평가하며 영상지도제작에 지장이 있을 때에는 재독취 또는 교체하여야 한다. 정사영상제작에 이용하는 수치표고자료의 격자간격은 영상의 2화소 이내의 크기에 해당하는 간격으로 하고 그 정확도는 영상표정 결과의 2배 이내이어야 한다. 지형 · 지물이 변화된 수치지도를 이용하여 추출된 수치표고자료를 이용할 때에는 "수치표고자료구축에 관한 작업규정"에 따라 이를 보완하여야 한다. 표정방법은 항공사진의 경우 항공사진측량 작업내규에 따르고 위성영상의 경우에는 지상기준점과 위성궤도정보를 이용하여 표정하며 표정요소 계산은 전체 기준점을 대상으로 각 기준점에 대한 잔차를 분석하여 오차가 3σ 이상되는 기준점을 제외한 후 재표정을 실시한다. 표정의 결과와 수치표고자료를 이용하여 엄밀법에 의한 미분편위수정을 실시하는 방법으로 밀집한 일련의 기준점들에 관하여 영상의 왜곡을 보정하는데 다항식의 차수는 유용한 기준점의 수에 따라 다르며 기준점의 정보가 많을수록 편위수정의 결과가 정확해진다. 접근방법은 위성영상과 항공기에 의한 영상에 모두 이용되며 다항식 변환에 의하여 원영상은 주어진 기준점들에 최상으로 맞추기 위하여 이동하고 회전하면 크기가 조정된다. 따라서 이 방법은 기하학과 왜곡에 의해 모형화하기 어려운 위성영상에 가장 많이 사용되며 위성의 운행 고도에 비하여 지구의 지형에 의한 기복 변위가 상대적으로 작으므로 결과에 큰 영향을 미치지 않는다. 다항식에 의한 편위수정은 편리하지만 변환된 영상에 오차를 발생시킬 확률이 많으며 기복변위에 따른 보정은 적합하지 않고 영상체계에서 특별한 기하학은 고려하지 못한 경우가 많다.

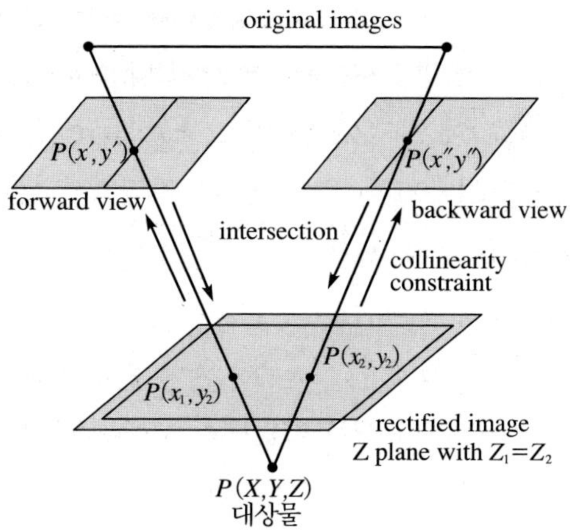

그림 9-39 영상 편위수정

경험이 없는 사용자에게는 고차원 다항식이 잔차가 작고 기준점에 정확하게 일치시킬 수 있다고 생각할 수 있지만, 기준점 사이의 기복 때문에 큰 오차가 발생한다. 다항식 변환의 가장 큰 장점은 영상 탐측기의 기하학, 기복변위, 지구곡률 등에 의한 모든 왜곡들을 동시에 보정하는 것으로 미분편위수정 방법은 광학적 미분편위수정과 수치적 미분편위수정으로 구분한다. 중심투영에 의한 항공사진은 경사와 기복에 의한 변위를 제거하여 정사영상을 제작하는 과정을 미분편위수정이라 한다. 광학적 미분편위수정은 도화기를 이용하여 입체모델을 형성하고 필름을 광학적으로 재 투영하여 정사영상을 제작하는 방법이다.

9.5.4 영상정합

영상정합(Image Matching)은 입체모델을 구성하는 2장 이상의 영상 중 기준이 되는 영상에 나타나는 영상점이 다른 영상의 어느 위치에 형성되었는가를 결정하는 작업으로 상응하는 위치를 발견하기 위해서 유사성을 측정하는 것이다. 또한, 상응하는 공액점의 위치를 자동으로 결정하기 위해 유사성 관측(Similarity Measure)을 이용하며 영상정합은 때때로 자동입체정합 또는 간단하게 상관성이라고 부른다. 영상정합은 밝기값을 비교하여 공통되는 점을 결정하는 것으로서 영상의 순차적 해석, 항공삼각측량 및 여러 쌍의 입체 영상으로부터 3차원 기하학적 정보의 추출 등 여러 가지 분야에 걸쳐 활용되는 중요한 기법이다. 수치영상을 이용한 영상정합은 좌우 수치영상에 존재하는 공액점들을 탐색하는 방법으로 영상정합의 정도에 따라 수치사진측량의 정확도가 좌우된다. 영상정합은 특징점과 유사한 영상소에 대해서만 정합을 시도하므로 처리시간이 빠르며 정확도가 높다는 장점이 있으나 뚜렷한 특징이 없는 일반적인 영상에서는 정합이 용이하지 않다. 영상정합은 1950년대 Hobrough에 의해 기계식 상관관계방법(Analog Correlation Methods)이 처음 시도되었으며 상관인자(Correlation Factor)를 계산하여 기준영역과 정합영역의 유사성을 판정하는 것이다. 1968년 사진측량장비를 생산하는 회사 사장인 Wild Heerbrugg는 ISPRS학회에 상관장치를 소개하였다. 1976년 Kreiling은 일반 DEM과 수치수직사진의 목적을 위하여 수치상관관계를 적용하려는 최초의 개척자 중에 한사람이다. 1992년 Novak이 비디오 영상으로 얻은 수치사진의 편위수정 방법을 분석하고 GIS자료와 중복하여 정확도를 비교하며 위성영상의 활용 가능성을 제시하였다. 영상정합에 관련된 1970년대 초에서 1980년대 중반까지는 수치상관기법에 초점을 두고 있었으나 최근에는 하드웨어에서 두 영상의 밝기값을 비교하고 상관장치를 이용하는 방법이 있다. 영상정합 방법에는 영상에 존재하는 점, 모서리, 선 등과 같은 부분을 추출하여 정합하는 형상기준 영상정합(Feature Based Image Matching)과 정합점 부근의 일정면적에 대하여 두 영상에서 반사된 빛의 밝기값을 비교하여 정합하는 영역기준 영상정합(Area Based Image Matching)이 있으며 영상에 나타나는 특징들을 선이나 영역 등의 부호적 표현을 이용하여 묘사하는 관계형 정합(Relational Matching)이 있다.

(1) 영상 요소

영상 요소는 크게 기본요소와 영상매칭 요소로 구분하며 기본요소에는 공액요소, 정합요소, 유사성관측으로 분류할 수 있다. 기본요소에서의 공액요소는 점, 선, 면을 포함하는 대상공간 형상의 영상이며 공액점보다 더 일반적인 용어를 말한다. 영상매칭 요소는 관심점(Conjugate Entity), 접합점(Matching Entity), 유사점(Similarity Measure), 정합방법(Matching Method), 정합전략(Matching Strategy)으로 결정과정을 구분할 수 있다. 정합요소는 공액요소들을 찾기 위해서 두 번째 영상에서 첫 번째 영상과 비교되는 주요소인 밝기값, 형상, 상징적인 관계나 기호특성을 결정한다. 유사성관측은 정합요소가 정량적으로 서로 얼마나 잘 대응되는가를 관측하는 것이다. 접합점은 공액 요소를 찾기 위해 매칭시 실제로 비교되는 요소로 영상의 화소값, 대상물의 형태가 이용되며 유사점은 매칭이 정량적으로 서로 얼마나 정확하게 이루어졌는지를 평가하기 위한 요소라 할 수 있다.

(2) 영상재배열

영상재배열(Image Resampling)은 수치영상의 기하학적 변환을 위해 수행되며 원래의 수치영상과 변환된 수치영상의 관계에 있어 영상소의 중심이 정확히 일치하지 않으므로 영상소를 1:1 대응관계로 재배열할 경우 영상의 왜곡이 발생한다. 영상집성과정에서 출력격자 위치에 해당되는 수치영상의 위치는 화소의 중심에 정확히 일치하지 않으므로 주변화소의 밝기값을 이용하여 재배열하여야 한다. 일반적으로 원래의 수치영상에 현존하는 밝기값을 할당 또는 인접영상의 밝기값(Gray Level)들을 이용하여 보간법으로 재배열하는 것을 말한다. 영상의 재배열방법에는 최근린내삽법(Nearest Neighbour), 공일차내삽법(BiLinear Interpoation), 입체회전(Cubic Convolution)방법 등이 이용된다. 최근린내삽법은 계산된 영상좌표에 가장 가까운 화소의 값을 택하는 것으로 가장 빠르지만 출력영상이 거칠게 된다. 그리고 공일차내삽법은 인접한 4개 화소값에 대하여 거리에 다른 가중평균치를 택하는 것으로 비교적 부드러운 영상을 얻을 수 있으며 계산시간도 그리 많이 소요되지 않는다. 마지막으로 입체회전방법은 주위 16개 화소를 적용하는 방법으로서 가장 선명한 영상을 얻을 수 있지만 계산시간이 많이 소요된다. 수치표고모형(DEM)을 생성하고자 할 경우에는 영상변환에서 지형의 특수성에 의하여 영상소는 많이 뒤틀릴 수 있으므로 밝기값을 보간하기 위해서는 변환된 영상에 포함된 영상의 모든 영상소를 고려하여야 한다.

(3) 영역기준정합

영역기준정합(Area Based Matching)에서는 오른쪽 사진의 일정한 구역을 기준 영역의 밝기로 설정한 후 이에 해당하는 왼쪽사진의 매칭 대상영상의 동일구역을 일정한 범위 내에서 이동시키면서 찾아내는 원리를 이용하는 기법이다. 이 방법은 사전정보가 필요 없으며 평균제곱근 오차가 최소가 되도록 점진적으로 정합을 시행한다. 영역기준정합은 사진측량에 많이 이용되며 영상소구역(Image Patch)이라고 부르는 작은 부영상(Sub Image)의 밝기값 분포를 또 하나의 영상의 밝기값과 비교하는 것이 기본 개념이다. 최근에는 상관정합기법에 의해서 영상정보 취득의 효율을 크게 높이고 있으며 밝기값을 비교하는 기법으로는 밝기값 상관법(Gray Value Correlation)과 최소제곱정합법(Least Square Matching)이 있다. 기준영역은 두 영상 중 하나에서 고정된 위치로 남아있는 영상소 구역이다.

탐색대상영역(Search Window)은 정합대상영역이 기준영역과 비교되는 탐색공간이다. 영역기준 영상정합은 일반적인 영상에서도 적용이 가능하다는 장점이 있으나 처리시간이 길며 촬영

당시의 조명 등 입력환경에 따라 민감하게 반응한다는 단점이 있다. 밝기값의 상호관계 방법은 수치사진측량에서 공액점을 찾는데 사용한 방법으로 기준영역을 정하고 다른 영상의 탐색영역에서 한 점씩 이동하면서 모든 점들에 대해 통계적 유사성을 계산하여 계산된 관측값 중에서 가장 큰 유사성을 보이는 점을 정합점으로 선택한 방법이다. 처리절차는 영상에서 기준영역의 중심을 선택하고 또 다른 영상에서 공액위치를 위한 최적화 위치를 결정하며 기준영역과 대상영역에 대한 유일성을 판정할 수 있는 기준을 통과하는 최소크기를 결정한다. 영상상관기법은 좌우 수치영상의 동일점으로 예상되는 o점과 z점의 유사성을 통계학적으로 관측하는 것으로서 공분산(ρ_{uv}) 및 상관계수(ρ_{oz})를 통해 $\rho_{oz} = \frac{\sum_{i=1}^{z}(o_i-\overline{o})(z_i-\overline{z})}{n}$와 같이 해석한다.

여기서, $\overline{o}$와 $\overline{z}$는 o, z 영상소의 평균이며 공분산은 위의 식으로 표현되고 이를 상관계수로 표현하면 $\rho_{oz} = \frac{\rho_{oz}}{\sigma_o \cdot \sigma_z}$, $-1 \leqq \rho_{oz} \leqq 1$과 같이 정리되고 $\sigma_o = \sqrt{\frac{\sum_{i=1}^{z}(o_i-\overline{o})^2}{n}}$는 기준영역 안에 있는 점들의 화소값에 대한 표준편차, $\sigma_z = \sqrt{\frac{\sum_{i=1}^{z}(v_i-\overline{v})^2}{n}}$는 매칭화면 영역 안에 있는 점들의 화소값에 대한 표준편차이며, 상관계수 $\rho_z = \frac{\sum_{i=1}^{z} o_i z_i - \frac{1}{n}\sum_{i=1}^{z} o_i \sum_{i}^{z} z_i}{\sqrt{\left\{\sum_{i=1}^{z} o_i^2 - \frac{1}{n}\left(\sum_{i=1}^{z} o_i\right)^2\right\} \cdot \left\{\sum_{i=1}^{z} z_i^2 - \frac{1}{n}\left(\sum_{i=1}^{z} z_i\right)^2\right\}}}$ 와 같이 결정된다.

그림 9-40과 같이 영상면에 적용할 경우 중복 촬영된 한 쌍의 사진간에 비교가 이루어진다고 할 때 좌측영상에 있는 어떤 점을 중심으로 하는 기준영역을 설정하고 우측영상에 공액점이 존재한다고 가정되는 영역으로 탐색영역을 설정한다.

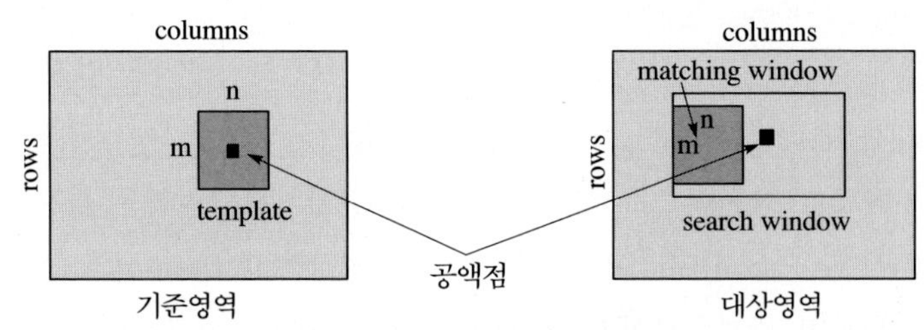

그림 9-40 공액 영상점

대상영역 내의 임의의 한 점 (n, m)에 대하여 그 점을 중심으로 하고 기준영역과 같은 크기의 영역, 즉, 비교영역이 있다고 가정할 경우 기준영역의 크기를 $n \times m$이라 할 때 두 영역간의 상관계수 $\rho(n, m)$는 식 (9.21)과 같이 주어진다.

$$\rho(n, m) = \frac{\sum_{x=1}^{n}\sum_{y=1}^{m}\{G_w(x, y) - \overline{G_w}\} \cdot \{G_s(x, y) - \overline{G_s}\}}{\sqrt{\sum_{x=1}^{n}\sum_{y=1}^{m}\{G_w(x, y) - \overline{G_w}\}^{\frac{1}{2}} \cdot \sum_{x=1}^{n}\sum_{y=1}^{m}\{G_s(x, y) - \overline{G_s}\}^2}} \tag{9.21}$$

여기서, (x, y) : 기준영역 및 비교 영역 내에서 x열, y행

$G_w(x, y)$: 기준영역의(x, y)에서 영상의 밝기 값

$G_s(x, y)$: 비교영역의(x, y)에서 영상의 밝기 값

$\overline{G_w} = \frac{\sum_{x=1}^{n}\sum_{y=1}^{m}\{G_w(x, y)\}}{n \cdot m}$: 기준 영역 내 영상소 밝기값의 평균

$\overline{G_s} = \frac{\sum_{x=1}^{n}\sum_{y=1}^{m}\{G_s(x, y)\}}{n \cdot m}$: 비교 영역 내 영상소 밝기값의 평균

영상상관기법에 의한 상좌표 취득은 영상상관계수의 한계값을 설정하고 그 이상의 상관성을 나타내는 점만을 이용하며, 탐색영역내의 모든 영상소의 상관계수를 구하여 정합점을 결정한다. 영상정합에 영향을 미치는 요소는 기준 영역의 크기와 탐색영역의 크기가 작으면 상관계수에 대한 신뢰도가 떨어지게 되므로 가장 정확한 영상정합을 위하여 적절한 크기의 기준영역을 결정하는 것이 중요하다.

(4) 형상기준 정합

형상기준정합(Feature Based Matching)은 원래의 영상으로부터 점, 경계선, 지역 등의 형상을 추출한 후 Cost Function을 이용하여 유사성을 관측하며 $\varnothing-s$ Method, Hough Transform 등의 방법을 사용한다. 두 영상에서 대응하는 특징을 발견함으로써 대응점을 찾아내는데 이 경우 각 점에 대한 평균값이나 분산과 같은 대표값을 계산하여 두 영상의 값을 서로 비교한 후 공액점을 이용한다. 점과 선의 영역정보는 영상을 형태로 구성하여 상응하는 특징을 찾기 위한 검색영역을 줄이기 위해 에피폴라 정렬을 수행하며 형상기준정합을 수행하기 위해서는 먼저 두 영상에서 모든 특징을 추출해야 한다. 이러한 특징정보는 영상의 형태로 이루어지며 대응 특징을 찾기 위한 탐색영역을 줄이기 위하여 에피폴라 정렬을 수행해야 한다. 형상기준정합의 결과는 매우 정밀한 정합점을 계산하기 위해서 영역기준정합의 근사 초기값으로 사용될 수 있다. 형상기준정합(FBM; Feature Based Matching)에서 공액요소는 원영상의 밝기값의 속성인 형상점(Feature Points), 경계점(Edge), 지역(Region) 에서 유도된다.

(5) 관계형 정합

관계형 정합(Relation Matching)은 영상에 나타나는 특징들을 선이나 영역 등의 부호적 표현을 이용하여 묘사하고, 객체들끼리의 관계까지 포함하여 정합을 수행한다. 대상물의 점, 희미한 것, 선, 면 또는 영역 등과 같은 구성요소들은 길이, 면적, 형상, 평균밝기값 등의 속성을 이용하여 표현된다. 구성요소들은 공간적 관계에 의해 도형으로 구성되며 두 영상에서 구성되는 도형의 속성들을 이용하여 두 영상을 정합한다. 입체영상의 시야각이 다르기 때문에 구성요소들의 차이가 발생할 수 있는데 이러한 정합과정에서 차이를 보정하는 방법이 필요하다. 처리방법에는 계층적 방법(Hierarchical Spproach), 신경망방법(Neural Networks Approach)이 있으며 정합의 정확도는 영상의 질에 많은 영향을 받으나 일반적으로 부영상소 범위 내로 얻을 수 있다. 관계형 정합은 전역적인 개략 정합점을 결정하는데 편리하며, 정합결과는 형상기준정합이 국부적이며 정밀한 정합점들을 결정하는데 이용될 수 있다.

(6) 영상정합시 발생하는 현상

이미지 매칭은 두 영상간의 공액점을 찾아내어 사진측량학적 조건식을 이용하여 공액점의 3차원 좌표를 얻어내는 원리로 이미지 매칭을 사용하여 DEM을 생성하게 되는데 지형 및 건물이나 시설물과 같은 구조물의 높이값도 포함된다.

지형과 구조물의 높이값으로 DEM이 생성되며 생성된 DEM은 보간을 통하여 격자간격의 그리드 형태로 저장되는데 건물의 모서리 부분에서는 보간으로 인하여 높이값을 지형과 시설물의 중간 높이값으로 보간하고, DEM의 형태는 그림 9-41과 같이 시설물 자리에 언덕이 존재하는 것처럼 보이게 된다. 이러한 DEM을 가지고 정사사진을 제작할 경우 높은 건물 부분에서는 건물이 DEM 영향으로 인하여 휘는 현상이 발생하게 된다.

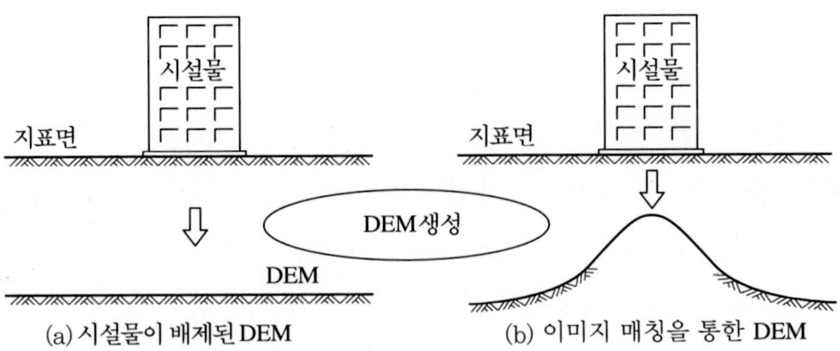

그림 9-41 이미지 매칭을 통한 DEM 형태

고가나 도로와 같이 지형 · 지물이 비틀리는 지역에서는 건물에 적용하는 방법으로 제외영역을 설정한다. 고가나 도로 등이 포함된 지역의 DEM을 생성하지 않고 나중에 인접해 있는 지형의 높이값으로 보간하여 수치표고모형을 생성한다. 좌측 영상에서 한 영상소와 그 영상소를 둘러싸고 있는 주위의 영상소에 대한 밝기값 분포를 계산하고 우측 영상에서도 동일한 방법으로 밝기값의 분포를 계산하여 그 두 밝기값의 분포도 상관관계에 따라서 공액점이 결정된다. 건물이나 시설물 같은 인공구조물이 밀집한 영상에서는 영상소 사이의 밝기값 차이가 뚜렷이 존재하므로 건물 모서리나 시설물 경계, 도로 경계와 같은 부근에서는 좌우영상에서 공액점을 찾기가 용이하다.

9.5.5 에피폴라 기하

최근 수치사진측량기술이 발달함에 따라 입체사진에서 공액점을 찾는 공정은 점차 자동화 되고 있으며 공액요소 결정에 에피폴라 기하(Epipolar Geometry)를 이용한다. 이는 주로 상호표정에서 활용되는 방법이며 공액요소에 대한 중요한 제약은 에피폴라선(Epipolar Line)이고 입체쌍의 에피폴라 기하를 나타낸다. 그림 9-42에서 에피폴라 평면은 공액요소 결정에 이용되며 투영중심 C' C''과 지상의 점 P에 의해서 정의된다. 에피폴라선 e' e''은 영상평면과 에피폴라 평면의 교차점이며 공액점은 에피폴라선 상에 반드시 있어야 하고 에피폴라선은 탐색공간을 많이 감소시킨다. 만약 하나의 영상에서 정합요소를 선택하고 표정된 입체쌍이 주어진다면 또 다른 영상에서 에피폴라선이 계산되며 에피폴라선은 사진좌표계의 x축에 평행하지 않는다. 영상에서 정합요소 p'을 선택하면 탐색공간은 또 다른 영상에서 동일한 행으로 제한된다. 그림 9-43은 광속(Bundle Ray) C' P'을 나타내고, P는 추정된 고도 Z_p인 대상공간상의 물체이며 광속은 점 S에서 실제 지표면과 교차한다. 표정된 모형에서 파악하고 있는 고도 값의 평균을 취하여 Z_p를 최적화 한다. Z_p와 표정인자를 이용하여 공액형상 P''는 최적화된 영상의 대상인 P의 영상으로 계산한 후 예측된 고도의 불명확성 Δz를 결정하여야 하는데 이는 Z_p의 예측보다 훨씬 어려운 일이다. 또한, 존재하는 표정점의 최대값과 최소값은 관측값 Δz를 기준으로 하여 처리하며 거의 수직인 입체쌍에서 다음 공식은 공액형상의 최적화위치 X_p'를 결정하는 데 사용될 수 있다. 임의의 두 점에 대한 시차방정식으로 b_0; Image Base이며 $X_p'' = X_p' - px_p$, $Px_p = \dfrac{B}{H_D - Z_p} f$, $B = b_0 \dfrac{H_D}{f}$이고 P'의 공액점 위치는 $X_p'' = X_p' - b_0 \dfrac{H_D}{H_D - Z_p}$이다.

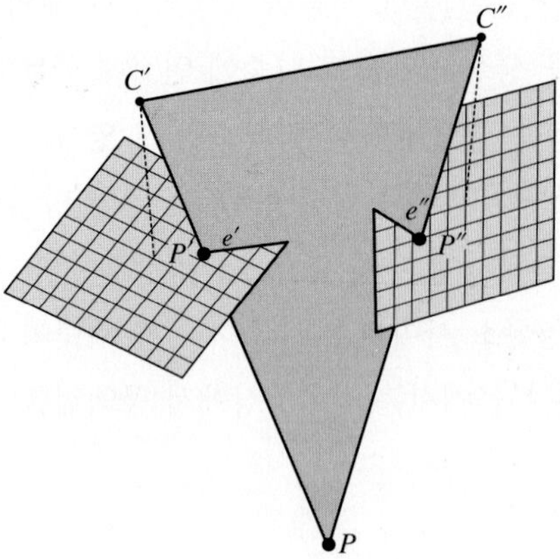

그림 9-42 에피폴라 기하 형성 전

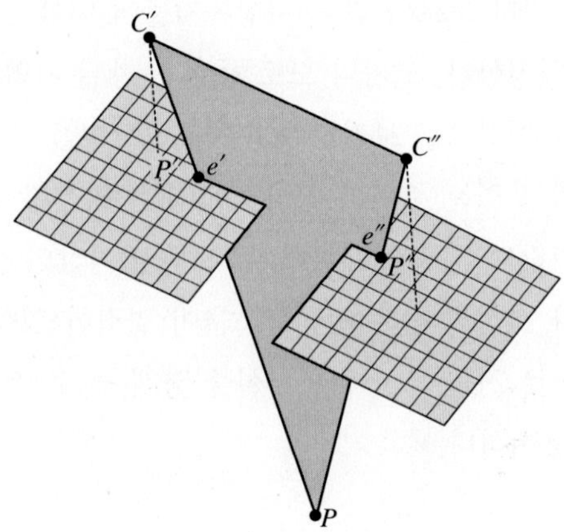

그림 9-43 에피폴라 기하 형성 후

9.5.6 활용현황

사진측량은 3차원 정보를 추출하기 위해 필요한 주요 기술이며 수치사진측량에서는 입체 영상에서 수치표고모델을 생성하거나 항공삼각측량에서 점이사(Point Transfer)를 위해 적용된다. 동적인 대상물의 움직임의 분석과 교통사고로 인한 차량변형정도 관측, 높은 정확도를 요구하는 태양계 내의 항성들의 궤도와 위치 분석, 대규모 지역의 수치지도 제작 등에 이용된다. 수치지도와 지형정보체계는 서로 밀접한 관계를 갖고 있으므로 지형정보체계(GIS)가 이용되는 분야에는 수치지도가 필수적이며 구체적으로 측량 및 측지, 토지이용조사 및 계획, 도로계획, 교통계획, 도시 및 지역계획 등 그 이용분야가 다양하며 최근에는 자동차항법 및 관제체계에 이용되고 있다. 또한, 지형도가 지상의 지형 · 지물을 표시하는 대표적인 방법으로서 주로 이용되고 있으며 지형도만으로 그 지역의 형상에 대한 입체감을 느끼기 어렵기 때문에 보완을 위한 수단으로서 정사영상이 이용된다. 정사영상은 수치적 자료형태로 이루어져 있으므로 그 표현방법이 다양하며 컴퓨터상에서 시점 및 관측방향을 자유롭게 변화시키며 지형을 표현할 수 있으므로 경관분석, 수로분석, 경사도 분석 등에 유용하게 이용될 수 있다.

9.6 항공사진의 표정

사진측량은 촬영시의 기상조건, 항공기의 운항 등의 주위사정으로 인하여 엄밀한 수직사진을 촬영할 수 없으므로 촬영점의 위치, 카메라의 경사, 사진의 축척 등을 구하여 촬영시의 카메라와 대상물 좌표와의 관계를 재현하는 것으로 표정이 완료되면 지상좌표를 결정할 수 있다. 표정이란 항공삼각측량의 수행을 위해서는 인접한 각 사진상에 존재하는 접합점을 정확히 입력해야 하며 항공삼각측량의 완전 자동화를 위해서는 접합점을 영상매칭 방법을 이용하여 자동으로 인식하는 것이 가장 중요하다. 또한, 사진상의 임의의 점과 대응되는 지상의 점과의 상호관계를 정하는 방법으로 지형의 정확한 입체모델을 기하학적으로 재현하는 과정을 말한다. 입체도화기로 모델을 입체시하여 도화하려면 비교적 복잡한 사진표정의 절차가 필요하며 표정의 순서는 내부표정, 상호표정, 절대표정, 접합표정의 순으로 진행되는데 접합표정은 기계적 표정에서만 사용되었다. 수치사진측량의 경우 접합점의 자동선정을 통해 많은 수의 접합점을 얻을 수 있다는 장점이 있다. 항공사진촬영 당시의 엄밀수직사진을 얻을 수 없으므로 카메라 투영중심의 위치와 카메라의 경사, 사진축척 등을 구하여 촬영 당시 카메라와 대상물 좌표계간의 상관관계를 재현하는 과정이다.

9.6.1 표정의 분류

표정의 종류에는 사진의 단위에 따라 한 장의 사진을 이용한 단사진 표정과 3차원 사진을 이용한 입체사진 표정으로 분류할 수 있다. 단사진 표정은 사진 한 장만을 이용하여 좌표를 해석하는 표정이고, 입체사진 표정은 2장 이상의 사진을 50% 이상 중복 촬영하여 3차원좌표를 얻기 위한 표정으로 입체모델표정이라고 한다. 또한, 도화기의 발전과정에 따라 기계적 방법(Analogue Method)과 해석적(Analytical Method) 방법으로 분류할 수 있다. 기계적 표정방법에는 내부표정(Interior Orientation)과 외부표정(Exterior Orientation)으로 분류하고 외부표정은 다시 상호표정(Relative Orientation), 절대표정(Absolute Orientation), 접합표정(Successive Orientation)으로 구분한다. 최근에는 수치사진측량으로 발전하면서 아날로그 카메라로 촬영한 필름을 이용한 경우에는 내부표정, 상호표정, 절대표정으로 구분하여 실시하고 있지만 디지털 카메라로 촬영한 영상은 내부표정, 상호표정, 절대표정을 실시하지 않고 외부표정요소를 이용하여 지상좌표를 결정할 수 있다.

9.6.2 사진측량 좌표계

좌표계(Coordinate System)는 각이나 거리를 이용하여 공간상에 있는 도형 및 선, 점을 정의하기 위한 기준계 중의 하나이며 계획된 축으로써 수평면을 이용한다. 사진측량 좌표계는 1960년 국제사진측량학회(ISPRS) 규정에 의하여 세계 각국에서 오른손 좌표계(Right Hand Coordinate System)로 통일하여 사용하는 것을 원칙으로 하였다. 좌표축의 회전각은 X, Y, Z축을 정방향으로 하여 시계 방향을 "+"로 하며 각축에 대해 각각의 기호를 사용한다.

(1) 좌표계의 종류

사진측량에서 이용되는 좌표계에는 기계좌표, 지표좌표, 사진좌표, 카메라좌표, 모델좌표, 절대좌표 및 측지좌표계로 구분되며 좌표변환을 위해서는 다양한 변환방법이 활용된다. 기계좌표계는 기계에 고정되어 있는 원점과 좌표축을 갖는 2차원좌표계라 하며 일반적으로 사진상의 모든 X, Y좌표가 (+)값을 갖도록 설치되는 좌표계를 말한다. 지표좌표계는 "+", "−" 로 표현되는 좌표이며 좌표의 원점은 지표중심이고 지표에 주어지는 고유의 좌표값을 기준으로 결정하는 2차원 좌표계이다. 또한 원점의 위치는 사진의 지표중심이 원점이며 지표중심으로부터 비행방향 측의 변을 X' (+)로 하며 Helmert변환을 이용한다. 사진좌표계는 주점을 원점으로 하는 2차원 좌표계로 x, y축은 지표좌표계의 x' , y' 축과 각각 평행을 이루며, 일반적으로 지표중심과 주점사이엔 미세한 차이가 있다. 지표중심과 주점의 차이가 발생하는 원인이 되는 왜곡은 렌즈왜곡, 필름왜곡, 대기굴절 등이 영향을 미치므로 이들을 보정한다. 카메라 좌표계는 사진을 촬영할 때 기울기는 일반적으로 z축, y축, x축의 좌표축을 각각 k, φ, ω의 순으로 회전하는 것을 말한다. 렌즈중심을 원점으로 하여 3차원좌표를 결정하고 x축 및 y축은 사진좌표계의 x, y축에 각각 평행하며 Z축은 좌표계에 의해 결정한다. 모델좌표계는 입체도화기에 의해 만들어진 입체모델상의 점에 대한 공간좌표를 나타내며 1956년과 1960년 국제사진측량학회(ISPRS)에서 정한 국제입체모델좌표계로 왼쪽 사진의 투영중심을 좌표의 원점으로 한다. 모델좌표계의 축척은 각 모델마다 임의로 결정하며 일반적으로 카메라 축이나 도화기의 축을 기준으로 점의 위치를 정의하는 3차원 가상 좌표계이다. 입체모델좌표계는 3차원 좌표계로 복수모델 좌표계를 인접한 모델에 접속할 때의 조건을 이용하여 하나의 좌표계를 통일할 때에 사용되는 3차원 직각좌표계이며 절대좌표계는 모델의 실공간을 정하는 3차원 직각좌표계이다.

(2) 사진좌표의 보정

카메라에 대한 정보는 초점거리, PPA(Principal Point of Auto collimation), PPS(Prinspal Point of Symmetry), 렌즈왜곡수차(Radial Lens Distortion)에 대한 보정값, 4개의 사진지표에 대한 사진좌표 등이 있다. 상좌표로부터 사진좌표로 좌표변환과정에서 보정해야 할 오차는 필름 변형, 렌즈왜곡수차, 대기굴절, 지구곡률 등이 있다. 카메라의 화면거리는 카메라의 종류에 따라서 차이가 발생하고 또한 필름의 신축에 의해서도 화면 거리가 다르며 일반적으로 초점거리와 동일하다. 도화기의 화면거리는 새로운 항공사진으로 도면을 작성할 때는 반드시 조정하여야 한다. 즉, 필름에 0.01mm 단위까지 기록되어 있는 카메라의 화면거리와 도화기의 화면거리를 동일하게 맞추는 작업은 물론 필름의 사진지표를 측정하여 얻은 지표 값의 길이와 카메라 자체의 고정된 지표간의 길이의 비로서 필름의 신축율을 알아내는 것으로 그 신축율에 따라 초점거리를 다시 보정하여야 한다. 카메라의 지표는 카메라의 종류에 따라 다르며 렌즈의 초점거리는 렌즈의 광축 길이를 표현하는 것으로 양질의 초점면은 곡면을 이루고 있다. 사진좌표계와 PPA(Principal Point of Auto Collimation)의 위치가 일치해야 하지만, 실제로 이처럼 이상적으로 제작하는 것이 불가능하다. 이러한 기계적인 차이를 보정하여 사용하도록 하기 위해 사진좌표계의 중심과 PPA의 위치차이를 제공하며 2차원 평행이동(Translation)에 의해 보정한다. 항공사진측량용 카메라 렌즈는 렌즈의 모양에 따라 빛이 통과하면서 굴절 왜곡이 발생하는데 이러한 굴절 왜곡은 평균적으로 대칭이 되는 위치가 존재하며 그 위치는 PPA와 다른 위치에 나타나게 된다. PPS(Principal Point of Symmetry)의 위치가 발생하는 위치를 사진좌표계와 비교하여 나타내고 현상을 보정하기 위해 사진좌표계의 중심과 PPS의 위치차이를 제공하며 2차원 평행이동에 의해 보정한다. 렌즈왜곡수차(Radial Lens Distortion)는 상의 구면수차, 색수차, 코마(Coma), 비점수차(Astigmation)와 시굴곡(Curvature of Field) 등으로 인하여 상의 질이나 예민도가 떨어지게 된다. 렌즈왜곡수차의 종류는 크게 방사방향 렌즈왜곡수차와 접선방향 렌즈왜곡수차로 구분한다. 일반적으로 접선방향 렌즈왜곡수차는 방사수차에 비하여 그 크기가 작기 때문에 일반적으로 그 영향을 무시한다. 빛이 항공사진 촬영용 카메라 렌즈를 통과하면서 굴절할 때 왜곡이 발생하는데, 방향에 따라 왜곡의 양이 다르다. 따라서 이를 보정하기 위해서 방향별로 왜곡량을 측정하고 평균 왜곡량을 계산하여 제공한다. 이러한 자료는 PPS에서부터의 중심거리에 따라 평균 왜곡량을 제공한다. 이에 대한 보정은 관측된 사진좌표를 PPS에서부터 거리를 계산하여 평균 왜곡량을 제거하여 보정한다. 접선 방향 렌즈왜곡수차는 여러 렌즈를 결합할 경우 중심이 불일치함으로써 발생하며 근거리초점거리(EFL; Equivalent Focal Length)와 평균초점거리(CFL; Calibrated Focal Length)가 있다. EFL은 주점에서 사진지표까지의 평균거리와 초점에서 사진지표까지의 각을 이용하여 이론적으로 계산한 초점거리이다. CFL은 렌즈왜곡수차가 평균적으로 고루 분포하도록 조정된 초점거리이며 실질적으로 항공사진측량에 많이 사용되는 초점거리는 CFL이다.

9.6.3 내부표정

내부표정(Interior Orientation)은 사진촬영 당시 빛이 입사한 각을 도화기에 똑같이 재설정하는 것으로 사진주점을 촬영중심에 일치시키고 초점거리를 도화기의 눈금에 맞추는 작업으로 화면거리 조정과 주점의 조정 작업이다. 또한 촬영 카메라의 화면거리와 같게 투영기의 화면거리 조정과 카메라의 광축 및 투영기의 광축을 일치시키는 것으로 구분되며 카메라 렌즈의 왜곡 수차 보정도 포함한다. 내부표정은 기계좌표(x'', y''), 지표좌표(x', y')를 다시 사진좌표(x, y)로 변환시키는 작업이며 주점의 위치결정과 입체도화기에 의한 주점거리를 결정하는 과정이다. 내부표정이 정밀좌표 관측기에 의해 관측된 상좌표(Image Coordinate)로부터 사진좌표(Photo Coordinate)로 변환하는 작업을 하기 위해서는 사진주점을 투영기의 중심에 일치, 초점거리(f)의 조정, 건판신축 및 대기 굴절보정, 지구곡률 보정 및 렌즈왜곡의 보정요소를 정리하여야 한다. 내부표정시 왜곡 발생원인은 카메라 렌즈 중심에 가까운 초점거리(Equivalent Focal Length), 렌즈왜곡수차(Radial Lens Distortion)를 평균적으로 배분하는 평균 초점거리(Calibrated Focal Length) 및 렌즈의 모양으로 인한 빛의 굴절 왜곡이 있다.

(1) 좌표조정 변환

내부표정은 기계좌표로부터 지표좌표를 결정한 후 사진좌표를 결정하는 단계적 표정으로서 좌표변환식은 2차원 변환식이 이용된다. 필름에 인화한 투명양화(Diapositive)는 습도와 온도 변화에 영향을 받기 쉬우므로 필름신축이 심할 경우 필름 신축량을 보정할 수 있다. 영상에서 관측된 대상물의 영상좌표를 카메라 투영중심을 원점으로 하는 사진좌표로 변환하는 과정에서 대응되는 4점 이상의 사진지표의 영상좌표와 사진좌표를 이용하여 최소제곱법으로 좌표변환식의 계수를 결정한다. 또한, 주점의 위치와 검정, 초점거리, 필름수축, 렌즈왜곡, 대기굴절, 지구곡률 등에 의한 왜곡을 고려한다.

1) 등각사상 변환

등각사상변환(Conformal Transformation)은 직각기계좌표에서 관측된 지표좌표계를 사진좌표계로 변환할 때 이용되는 방법으로 변환 후에도 좌표계의 모양이 변하지 않는다. 이 변환은 정확도 향상을 위해 최소한 2점 이상의 좌표를 알고 있어야 하며 점을 선택할 경우 가능한 멀리 떨어져 있는 점이 변환의 정확도를 향상시키고 2점 이상의 기준점을 이용하게 되며 최소제곱법을 적용하여 더욱 정확한 결과를 얻을 수 있다. 등각사상변환은 축척변환(Scaling), 회전변환(Rotation), 평행변위(Translation)로 이루어지며 변환의 영향은 위치 및 방향의 변환에서 각 좌표축에 대한 크기의 축척변환(모양의 변화는 없음) 및 모양의 변화, 비선형차수에 의한 크기로 변환한다.

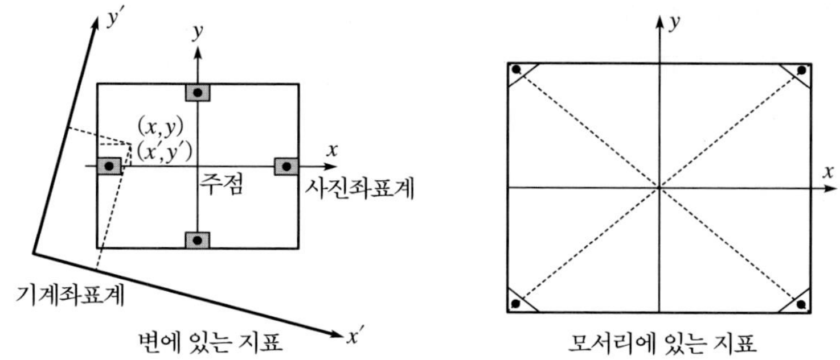

그림 9-44 등각사상변환

등각사상변환식을 정리하면 $x' = ax+by+x_0$와 $y' = -bx+ay+y_0$가 되며 지표좌표계와 사진좌표계의 관계는 식(9.22) 및 식(9.23)과 같다.

$$\begin{pmatrix} x' \\ y' \end{pmatrix} = \begin{pmatrix} a & b \\ -b & a \end{pmatrix} \begin{pmatrix} x \\ y \end{pmatrix} + \begin{pmatrix} x_0 \\ y_0 \end{pmatrix} \tag{9.22}$$

$$\begin{pmatrix} x \\ y \end{pmatrix} = \frac{1}{a^2+b^2} \begin{pmatrix} a & -b \\ b & a \end{pmatrix} \begin{pmatrix} x' - x_0 \\ y' - y_0 \end{pmatrix} \tag{9.23}$$

즉, 4개의 미지수(a, b, x_0, y_0)를 갖는 변환으로 최소한 2개 이상의 기준점을 이용하여 결정한다. 회전변환은 X축, Y축, Z축의 회전으로 구분할 수 있으며 사진측량에서는 3축 방향으로 경사진 좌표계를 기준좌표계로 변환하기 위해서는 3축 방향에 대한 회전변환이 필요하다. x, y, z축에 대한 각각의 회전각을 ω, ϕ, κ라 하며 그 회전관계는 식(9.24)와 같다.

X축 회전은 $y' = y\cos\omega + z\sin\omega$, $z' = z\cos\omega - y\sin\omega$를 행렬로 나타내면 $R\omega$는 식(9.24)와 같으며 그림 9-45를 참고한다.

$$\begin{bmatrix} x' \\ y' \\ z' \end{bmatrix} = \begin{bmatrix} 1 & 0 & 0 \\ o & \cos\omega & \sin\omega \\ o & -\sin\omega & \cos\omega \end{bmatrix} = \begin{bmatrix} x \\ y \\ z \end{bmatrix} \tag{9.24}$$

Y축 회전은 $x'' = x'\cos\phi + z'\sin\phi$, $z'' = z'\cos\phi - x'\sin\phi$를 행렬로 나타내면 $R\phi$는 식(9.25)와 같고 그림 9-46을 참고한다.

$$\begin{bmatrix} x'' \\ y'' \\ z'' \end{bmatrix} = \begin{bmatrix} \cos\phi & 0 & -\sin\phi \\ 0 & 1 & 0 \\ \sin\phi & 0 & \cos\phi \end{bmatrix} = \begin{bmatrix} x' \\ y' \\ z' \end{bmatrix} \tag{9.25}$$

Z축회전은 $x''' = x''\cos\kappa + y''\sin\kappa$, $y''' = y''\cos\kappa - x''\sin\kappa$를 행렬로 나타내면 $R\kappa$는 식 (9.26)과 같고 그림 9-47을 참고한다.

$$\begin{bmatrix} x''' \\ y''' \\ z''' \end{bmatrix} = \begin{bmatrix} \cos\kappa & \sin\kappa & 0 \\ -\sin\kappa & \cos\kappa & 0 \\ 0 & 0 & 1 \end{bmatrix} = \begin{bmatrix} x'' \\ y'' \\ z'' \end{bmatrix} \tag{9.26}$$

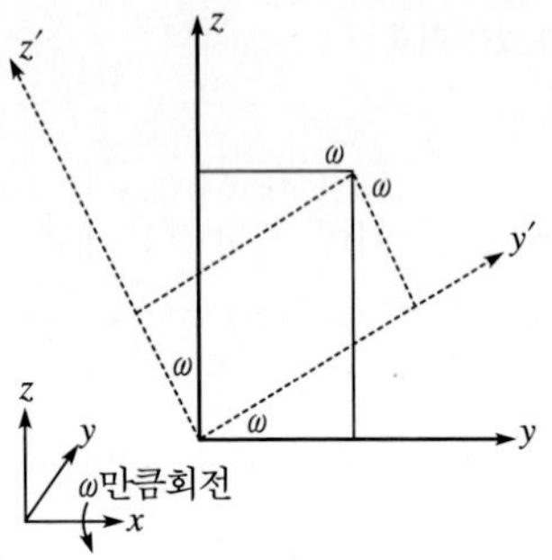

그림 9-45 X축 회전변환

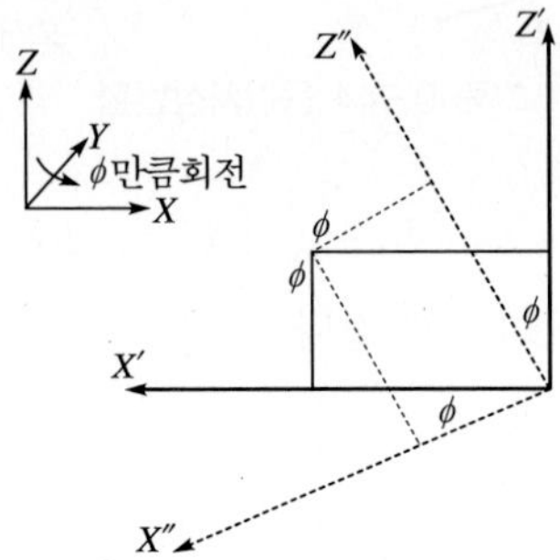

그림 9-46 Y축 회전변환

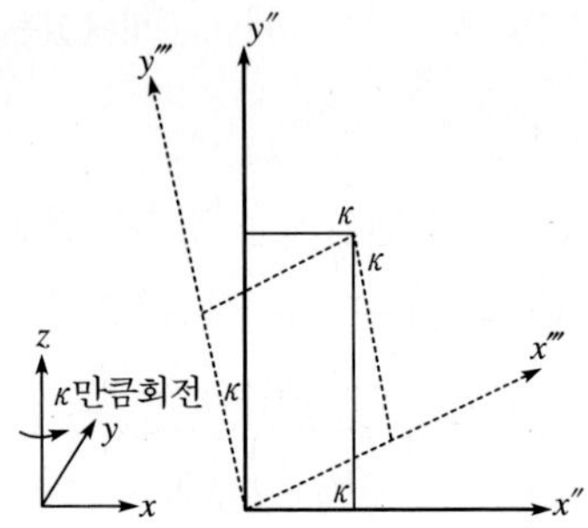

그림 9-47 Z축 회전변환

회전과 축척변환은 그림 9-48과 같이 동일 원점 O를 갖는 두 직각좌표(x, y) (x', y')의 한 축이 다른 축에 대해 θ만큼 회전하였다면 (x, y)를 알고 있다는 가정하에 함수로 구할 수 있다.

그림에서 $x' = OB + BP' = x\cos\theta + y\sin\theta$

$y' = AC - BC = y\cos\theta - x\sin = -x\sin\theta + y\cos\theta$

$x' = x'\cos\theta - y'\sin\theta$, $y' = y'\sin\theta + x'\cos\theta$이므로, 행렬로 변환하면 식(9.27)과 같다.

$$\begin{bmatrix} x \\ y \end{bmatrix} = \begin{bmatrix} \cos\theta & -\sin\theta \\ \sin\theta & \cos\theta \end{bmatrix} \begin{bmatrix} x' \\ y' \end{bmatrix} \tag{9.27}$$

만약, s가 축척계수라면 회전행렬에 축척계수를 곱함으로써 좌표변환이 이루어진다.

즉 $X' = SRX$(s; 축척계수)이므로 식(9.28)을 대입하면, $sR = \begin{pmatrix} s\cos\theta & s\sin\theta \\ -s\sin\theta & s\cos\theta \end{pmatrix}$에서

$$\begin{bmatrix} x' \\ y' \end{bmatrix} = \begin{bmatrix} s\cos\theta & s\sin\theta \\ -s\sin\theta & s\cos\theta \end{bmatrix} \begin{bmatrix} x \\ y \end{bmatrix} = \begin{bmatrix} a & b \\ -b & a \end{bmatrix} \begin{bmatrix} x \\ y \end{bmatrix} \tag{9.28}$$

여기서, $a = s\cos\theta$, $b = s\sin\theta$가 되고 역관계에 의해 $\begin{bmatrix} x \\ y \end{bmatrix} = \frac{1}{a^2+b^2}\begin{bmatrix} a & b \\ -b & a \end{bmatrix}\begin{bmatrix} x' \\ y' \end{bmatrix}$이 되며

$a^2+b^2=s^2$이다. 회전, 평행변위, 축척변환은 두 좌표계의 원점이 동일하지 않는 경우의 변환은 그림 9-48에 나타낸 것처럼 형성되어야 하고 (x, y)에서 $(x''y'')$로의 변환은 회전 및 축척변환과 평행변위로 구성된다.

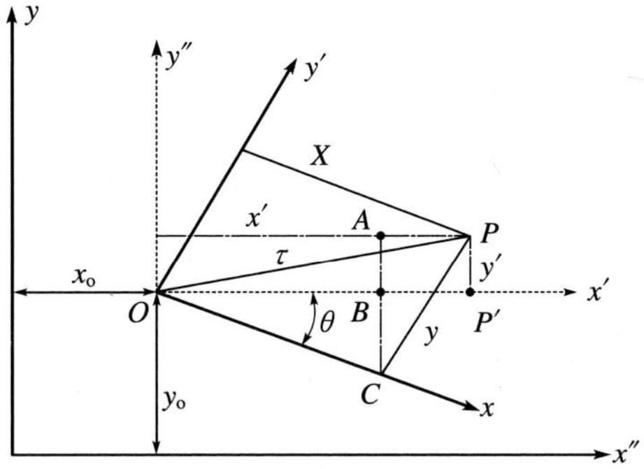

그림 9-48 좌표계의 회전변환

$x''=ax+bx+x_0$, $y''=-bx+ay+y_0$, 를 행렬로 표시하면

$$\begin{bmatrix} x'' \\ y'' \end{bmatrix} = \begin{bmatrix} a & b \\ -b & a \end{bmatrix} \begin{bmatrix} x \\ y \end{bmatrix} + \begin{bmatrix} x_0 \\ y_0 \end{bmatrix} \tag{9.29}$$

역으로 살펴보면 $x=x''\cos\theta-y''\sin\theta+x_0$, $y=y''\cos\theta+x''\sin\theta+y_0$이며 이를 다시 행렬로 표시하면 식 (9.30)이 된다.

$$\begin{bmatrix} x \\ y \end{bmatrix} = \frac{1}{a^2+b^2} \begin{bmatrix} a & -b \\ b & a \end{bmatrix} \begin{bmatrix} x''-x_0 \\ y''-y_0 \end{bmatrix} \tag{9.30}$$

식 (9.30)은 4개의 미지수 a, b, x_0, y_0를 갖고 있으므로 4개의 변수변환이라고도 한다.

2) 부등각사상 변환

부등각사상변환(Affine Transformation)은 등각사상변환에 대한 축척에서 x, y방향에 대해 축척인자가 다른 미소한 차이를 갖는 변환으로 실제모양은 변화하지만 평행선은 부등각사상변환 후에도 평행을 유지한다. 부등각사상 변환은 두 좌표계의 회전에 의해 비직교에 의한 각(δ)이 발생하지만 각(δ)은 매우 미소하므로 $\sin\delta=\delta$, $\cos\delta=1$이 된다.

부등각사상변환은 비직교성인 기계좌표계에서 관측된 지표좌표(Fiducial Mark

Coordinate)계를 사진좌표계로 변환할 때 이용된다. 그림 9-49에서 직각좌표계(x', y')는 비직각좌표(x, y)로부터 다음과 같이 구해진다.

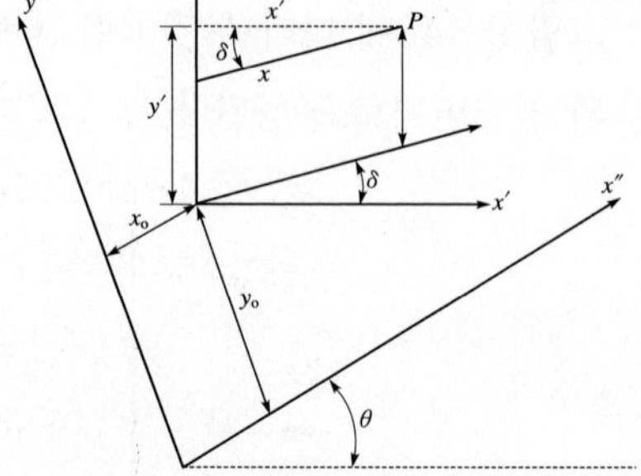

그림 9-49 부등각사상변환

$$\begin{bmatrix} x' \\ y' \end{bmatrix} = \begin{bmatrix} 1 & 0 \\ \delta & 1 \end{bmatrix} \begin{bmatrix} x \\ y \end{bmatrix} = R_\delta \begin{bmatrix} x \\ y \end{bmatrix}$$ 되며

R_δ는 직각행렬이 아니다. 위의 식을 이용하여 축척변환 S_x, S_y를 적용하여 평행변위 x_0, y_0를 더하면

$$\begin{bmatrix} x'' \\ y'' \end{bmatrix} = \begin{bmatrix} \cos\theta & -\sin\theta \\ \sin\theta & \cos\theta \end{bmatrix} \begin{bmatrix} 1 & 0 \\ \delta & 1 \end{bmatrix} \begin{bmatrix} S_x \cdot x \\ S_y \cdot y \end{bmatrix} + \begin{bmatrix} x_0 \\ y_0 \end{bmatrix} \tag{9.31}$$

$$= R_\theta R_\delta \begin{bmatrix} S_x \cdot x \\ S_y \cdot y \end{bmatrix} + \begin{bmatrix} x_0 \\ y_0 \end{bmatrix}$$ 이 되고

변환행렬에서 $R = R_\theta R_\delta$이면 $$\begin{bmatrix} (\cos\theta - \delta\sin\theta) & -\sin\theta \\ (\sin\theta + \delta\cos\theta) & \cos\theta \end{bmatrix} \tag{9.32}$$

식(9.31)을 정리하면 식(9.33)과 같다.

$$\left\{ \begin{array}{l} x'' = S_x(\cos\theta - \delta\sin\theta)x - (Sy\sin\theta)y + x_0 \\ y'' = S_x(\sin\theta + \delta\cos\theta)x + (Sy\sin\theta)y + y_0 \end{array} \right\} \tag{9.33}$$

$S_x(\cos\theta - \delta\sin\theta) = a_1$, $S_x(\sin\theta + \delta\cos\theta) = a_2$

$-S_y \cdot \sin\theta = b_1$

$S_y \cdot \cos\theta = b_2$

부등각사상변환의 정리하면 $$\left\{ \begin{array}{l} x'' = a_1x + b_1y + x_0 \\ y'' = a_2x + b_2y + y_0 \end{array} \right\} \tag{9.34}$$

이를 다시 행렬식으로 표현하면 $$\begin{bmatrix} x'' \\ y'' \end{bmatrix} = \begin{bmatrix} a_1 & b_1 \\ a_2 & b_2 \end{bmatrix} \begin{bmatrix} x \\ y \end{bmatrix} + \begin{bmatrix} x_0 \\ y_0 \end{bmatrix}$$ 가 되고

역으로 살펴보면 다음과 같이 표현된다.

$$\begin{bmatrix} x \\ y \end{bmatrix} = \begin{bmatrix} 1 & 0 \\ \delta & 1 \end{bmatrix} \begin{bmatrix} S_x & 0 \\ 0 & S_y \end{bmatrix} \begin{bmatrix} \cos\theta & -\sin\theta \\ \sin\theta & \cos\theta \end{bmatrix} \begin{bmatrix} x' \\ y' \end{bmatrix} + \begin{bmatrix} x_0 \\ y_0 \end{bmatrix}$$

$$\begin{Bmatrix} x = a_1x'' + b_1y'' + x_0 \\ y = a_2x'' + b_2y'' + y_0 \end{Bmatrix} \tag{9.35}$$

$$즉,\ \begin{bmatrix} x \\ y \end{bmatrix} = \frac{1}{a_1b_2 - a_2b_1} \begin{bmatrix} b_2 & -b_1 \\ -a_2 & a_1 \end{bmatrix} \begin{bmatrix} x'' - x_0 \\ y'' - y_0 \end{bmatrix} \tag{9.36}$$

미지수(a_1, a_2, b_1, b_2, x, y)가 6개이므로 6개의 변수변환이라고도 하며 최소한 3개 이상의 기지점을 필요로 한다.

(2) 내부표정의 자동화

내부표정은 영상에서 관측된 영상소좌표를 카메라의 투영중심을 원점으로 하는 좌표계로 변환하고 다음은 영상좌표계로 변환하는 것이다. 자동내부표정(AIO; Autonomous Interior Orientation)은 수치사진측량시스템에서 사용자가 직접 수작업으로 하지 않고 Computer로 수행하는 것으로 영상정합방법을 적용할 경우에는 영역기준정합(Area Based Matching)을 이용하여 영상에서 사진지표를 포함하는 부영상을 추출하고 추출된 부영상과 원영상과의 밝기값의 연관성으로 영상정합을 수행한다. 그리고 형상기준정합(Feature Based Matching)을 이용하여 사진지표가 이루고 있는 요소들(직선, 원, 십자, 사각형 등)의 형상과 원영상과의 일치성으로 영상정합을 수행한 후 사진지표의 위치가 결정되면 변환계수의 결정이 가능하고 사진지표의 확인과 부영상소의 위치결정 작업이다. 대부분의 사진측량에서 사용되는 디지털 영상은 디지털 카메라로 취득된 영상의 내부표정이 영상좌표체계에서 사진좌표체계로의 변환을 의미한다. 변환에 대한 매개변수들은 카메라 검정에 의하여 알 수 있으나 내부표정은 사진지표의 관측 및 상사변환과 부등각 사상변환에 따른 매개변수의 도출도 포함된다. 해석사진측량에서는 해석도화기에서 투명양화를 관측할 때마다 반복하여 수행한다. 수치사진측량 시스템에서는 영역기준 방법일 경우 서로 다른 부영상소 위치에서 이상적인 사진지표의 밝기값 표본을 생성하고 이들을 밝기값 영상으로 접합하는 경우에 표본오차를 고려하여야 한다.

9.6.4 상호표정

상호표정(Relative Orientation)은 비행기가 촬영 당시에 가지고 있던 기울기의 위치를 도화기 상에서 그대로 재현하는 과정을 말하며 촬영 당시 촬영면상에 이루어지는 종시차(Py)를 소거하여 목표지형물의 상대적 위치를 상호표정 요소로 조정하는 작업이다. 대상물과의 관계를 고려하지 않고 좌우 사진의 양 투영기에서 나오는 광속이 이루는 종시차를 소거하여 입체모델 전체가 완전입체시가 되도록 하는 작업을 말한다. 상호표정은 2장이 서로 겹치게 촬영한 사진의 서로 대응하는 광선을 교차시켜 시차를 소거한 입체모델을 얻기 위한 것으로 각 사진의 대응하는 6점을 교차시켜 시차차를 없앰으로써 입체모델을 얻는다. 입체모델을 구성하는 2장의 사진 사이의 상대적 위치관계를 결정하는 과정으로 5개의 표정요소를 결정하며 입체모델에서 나타나는 y-parallax를 제거함으로서 3차원 입체시 구현이 가능하다. 공선조건식을 이용하여 상호표정요소를 결정하고 관측방정식에 최소제곱법을 적용하여 반복계산을 수행하기 위해 공선조건식의 선형화가 필요하다. 상호표정에 이용되는 원리는 시차차방정식, 공선조건식, 공면조건식을 사용하지만 공선조건식이 가장 많이 이용된다. 상호표정에는 기계적 상호표정과 해석적 상호표정이 있으며 기계적 상호표정은 상호표정요소에 의하여 종시차를 소거한 입체모델좌표를 구하는 작업이다. 해석적 상호표정은 왼쪽과 오른쪽의 사진좌표를 취득하여 공선조건에 의하여 미지변량을 결정하고 사진좌표로부터 입체모델 좌표를 얻는 작업을 말한다. 또한, 사진좌표로부터 입체모델 좌표를 얻는 작업으로 종시차를 소거하여 대상물의 상대적 위치를 상호표정 요소로 조정하는 작업이다. 해석적 상호표정에서는 표정점과 공면조건을 계산하고 인접 사진의 좌표 x', y'와 x'', y''를 이용하여 반복법에 의하여 표정요소를 결정한다. 상호표정 요소는 회전요소(κ, ϕ, ω)와 평행요소(by, bz)로 구분할 수 있으며 최소 5개의 요소(κ, ϕ, ω, by, bz)를 독립적으로 적용하여 종시차를 소거한다.

(1) Y시차 소거

상호표정은 사진 좌표로부터 사진기 좌표를 결정한 다음 모델 좌표를 결정하는 단계적 표정으로 좌표변환식은 공선조건식과 공면조건식을 이용한다. 공선조건식을 이용하는 방법으로 사진의 노출지점 위치와 경사를 결정하는 방법으로 입체모델좌표를 형성하지 않고 수치적으로만 산출하는 방법이다. 공선조건식은 3점의 지상기준점을 이용하여 투영중심(O)의 좌표(X_0, Y_0, Z_0)와 표정요소(κ, ϕ, ω)를 후방교회법에 의하여 구하고 외부표정요소 6개와 상점(x, y)를 이용하여 새로운 지상점의 좌표(X, Y, Z)를 결정하는 전방교회법에 이용되며 공선조건식은 다음과 같다.

$$x_a = x_p - f\frac{a_{11}(X_0-X_P)+a_{12}(Y_0-Y_P)+a_{13}(Z_0-Z_P)}{a_{31}(X_0-X_P)+a_{32}(Y_0-Y_P)+a_{33}(Z_0-Z_P)} \tag{9.37}$$

$$y_a = y_p - f\frac{a_{21}(X_A-X_P)+a_{22}(Y_A-Y_P)+a_{23}(Z_A-Z_P)}{a_{31}(X_A-X_P)+a_{32}(Y_A-Y_P)+a_{33}(Z_A-Z_P)} \tag{9.38}$$

상호표정은 3차원 가상좌표인 입체모델좌표를 형성하는 것으로 공면조건식을 이용하는 방법과 종시차(Y-Parallax)를 소거하는 방법이 있다. 3차원 공간상의 일반식은 $AX+BY+CZ+$

D = 0이며 2개의 투영중심과 공간상의 임의의 점 P의 두 점이 동일 평면상에 있기 위한 조건을 공면조건이라 하며 공면조건은 상호표정, 절대표정, 항공삼각측량의 광속조정에 이용된다.

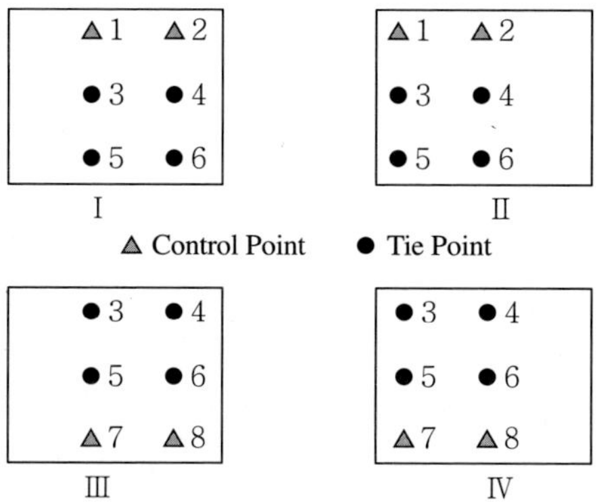

그림 9-50 Von Gruber Point

상호표정은 입체모델을 구성하는 두 장의 영상에서 6개 이상의 공액점을 영상매칭 방법을 통해 자동으로 결정한다. 본 그루버(Von Gruber) 점의 위치에 대한 제약조건과 입체모델의 중첩비율, 에피폴라 기하 등의 제약조건을 부여함으로서 보다 정확하고 신속한 공액점 선정이 가능하다. 좌우사진에서 이루어지는 종시차를 소거하여 입체모델 전체가 완전입체시 되도록 하는 기능이며 입체모델에서 6개 이상 동일점의 관측이 필요하다.

(2) 상호표정의 자동화

상호표정은 입체모델을 형성하기 위해서는 5개의 표정요소를 이용하여 공액점의 시차를 제거함으로서 처리된다. 해석도화기 체계에서 시차는 고정된 하나의 건판에 대해 다른 건판을 이동하여 제거할 수 있다. 수치사진측량시스템에서 공액점은 사용자가 질이 높은 초기 근사값을 제공하며 작업과정을 자동으로 수행하면서 비용을 절감할 수 있다. 좌우 영상에 대한 공액점의 자동매칭에 의한 상대표정요소의 결정을 위해 사용되는 관측자료 개수를 증가시킴으로써 관측방정식의 잉여(剩餘)도가 늘어나 결과의 정확도를 향상시킨다. 자동상호표정(ARO; Automatic Relative Orientation)은 수치고도모형(DEM)의 관측 및 지도편집과 같은 처리를 입체적으로 수행하기 위한 입체모델의 표정 매개변수를 자동으로 결정하는 것이다. 상호표정의 자동화를 위해 영상에서 관심점이 될 수 있는 도로의 교차점, 건물 모서리 부분을 추출한 후 상호표정요소의 정보를 영상의 상위단계에서부터 공액기하와 대상공간 영상정합을 통해 하위단계로 진행하고 상호표정과 절대표정을 수행하여 외부표정요소를 결정한다. 좌우디지털 영상을 입력받아 영상처리의 효율성을 높이기 위해 영상피라미드를 제작하고 이에 대한 정보를 기록한다. 오차타원은 경계선에 관련된 특성을 나타내고 있는데 공액경계선이 공액면 안에 있다면 이것은 ARO에서 경계선을 사용하기 위한 새로운 시도라 할 수 있다. 공액선에 약간 평행인 경계선들은 표정인자를 계산하는데 적합하다고 할 수 있다. 즉, 기선(base)에 수직인 경계선들은 모형표면을 결정하는데 이용된다.

9.6.5 절대표정

절대표정(Absolute Orientation)은 대지표정이라고도 하며 상호표정이 끝난 입체모델을 대상물의 기준점 또는 지상기준점을 이용하여 대상물의 좌표계와 일치하도록 하는 작업이며 7개의 요소를 결정하는 것으로 최소한 3점의 표정점이 필요하다. 지상기준점의 수는 모델의 방위와 축척을 결정하기 위해 평면에서 알고 있는 점 2개의 평면기준점(X, Y)과 모델의 높이를 결정하기 위해 높이를 알고 있는 수준점 3점이 필요하다. 절대표정은 상호표정이 끝난 모델을 피사체 기준점 또는 지상기준점을 이용하여 피사체 좌표계 또는 지상좌표계와 일치하도록 하는 것이다. 축척의 결정, 수준면의 결정(표고, 경사결정), 위치의 결정(위치, 방위의 결정)을 하며 대체로 축척을 결정한 다음 수준면을 결정하고 시차가 생기면 다시 상호표정으로 돌아가서 표정을 실시한다. 상호표정에 의하여 스테레오 모델이 되지만 현지와 완전히 닮지 않으므로 도화기를 사용하여 촬영순간의 상태로 복원하는 방법을 절대표정이라고 하며 상호표정의 결과로 얻은 3차원 실체모델을 지상 기준점을 이용, 축척과 촬영경사 등을 보정하여 도화기에서 실제 좌표를 얻을 수 있게 하는 조작을 말한다. 최소한 3점 이상의 지상기준점을 이용하여 변환계수의 값을 구한다. 절대표정은 상 또는 모형공간과 대상공간의 적절한 변환관계를 설정하는 것이다. 항공사진의 절대표정은 모델좌표로부터 지상기준점 좌표를 이용하여 축척 및 경사 등을 조정하는 과정이라 할 수 있다. 7개의 표정요소를 최소제곱법으로 결정하기 위해서는 최소 3점 이상의 기준점이 필요하며, 7개의 절대표정요소의 미지의 매개변수는 축척(S; Scale), 투영중심(X_0, Y_0, Z_0)과 X, Y, Z 축에 대한 3개의 회전각(κ, ϕ, ω)이 있으며 단사진의 절대표정과 입체쌍 절대표정은 적절한 변화관계를 통하여 영상과 대상공간 사이의 관계를 확립하고 있다.

9.6.6 접합표정

한 쌍의 입체사진 내에서 한쪽의 표정요소는 전혀 움직이지 않고 다른 한쪽만을 움직여 다른 쪽에 접합시키는 표정법을 접합표정(Successive Orientation)이라 하고 항공삼각측량에서 사용한다. 또한 접합표정은 7개의 표정요소 결정과 모델간, Strip간의 접합요소(축척, 미소변위, 위치 및 방위)를 결정한다. 접합표정은 인접한 두 개의 입체모델에 공통인 요소를 이용하여 입체모델의 경사와 축척을 통일시켜 1개의 통일된 종접합모형의 좌표계를 순차로 변환하는 것이다. 접합표정은 상호표정에서 얻어진 표정요소를 이용하는 방법과 투영중심과 공통인 접합점의 입체모델 좌표계만을 이용하는 방법이 있다. 하지만 이는 기계적 표정에서만 사용하는 방법으로 최근에는 사용하지 않고 있다.

9.6.7 외부표정

외부표정은 최근 항공디지털카메라가 도입되면서 시작되었으며 각 사진상에 관측된 기준점과 접합점의 좌표를 이용하여 최소제곱법으로 각 사진의 외부표정요소 및 접합점의 최확값을 결정하는 방법이다. 또한, GPS 데이터로부터 항공기의 절대위치를 알 수 있고, 1/200초 간격으로 저장되는 INS로부터 항공기의 자세정보를 취득하여 촬영순간의 카메라 위치를 결정할 수 있다. 외부표정은 항공사진촬영 당시의 기하를 재현하는 것으로 위치보정이라고도 하며 기하를 구성하는 요소들을 외부표정 6요소(ω, φ, κ, X, Y, Z)라 한다. 또한 항공삼각측량에 필요한 각 사진의 외부표정요소는 지상기준점측량 없이 이루어질 수 있으므로 지상기준점측량은 좌표변환시 이용되는 최소의 기준점측량만 필요하다. 각 요소들에 대해 살펴보면 ω(omega)는 비행기의 진행방향인 x축을 기준으로 반시계방향으로 회전한 각을 말하며, φ(phi)는 x축에 직각인 y축을 기준으로 반시계방향으로 회전한 각을 말한다. 또한 κ(kappa)는 x, y축에 직각인 축으로 z축을 기준으로 반시계방향으로 회전한 각을 말하고, X, Y, Z는 지상좌표계를 중심으로 한 렌즈의 3차원 위치를 표현하고 있다. 외부표정 6요소를 결정하기 위한 방법으로는 직접선형변환법(DLT; Direct Linear Transformation), 다항식법, 독립모델조정법, 광속조정법 등이 있다. 광속조정법은 각 사진상에서 관측된 기준점과 사진좌표를 관측 값으로 하여 최소제곱법을 이용하며 각 사진의 외부표정요소를 결정한다. 중복 촬영된 지상의 임의점에 대한 사진좌표가 주어질 경우 광속조정에서 얻어지는 각 사진의 외부표정요소를 이용하면 각 모형에 대하여 상호표정, 절대표정 과정을 거치지 않고 직접 지상좌표를 계산할 수 있다. 수치사진측량시스템에서 작업순서는 프로젝트를 생성하여 내부표정과 상대표정, 절대표정을 수행하지 않고 지상기준점을 입력하지 않는 것이 특징이다. 외부표정에서 항공삼각측량(Aerial Triangulation)의 S/W에서 산출된 결과를 입력하는 방법과 사용자가 직접 입력하는 방법이 있다. 외부표정은 입체쌍의 각 사진에 대해 개별적으로 공선조건식을 적용하거나 입체쌍에 대해 벡터 방정식을 적용하여 수행한다. 좌우측 사진으로부터 공액영상

쌍의 변환된 좌표는 외부표정에 입력된다. 기준점 또는 시차점의 공액영상은 외부표정의 계산을 위해 꼭 관측되어야 한다.

9.7 도화

도화란 연속된 사진 한 쌍을 도화기에 걸고 사진의 상과 역광 방향으로 재현시키며 수차를 제거하고 높이를 측정하여 등고선이나 도로, 가옥 등의 지물을 그려 넣은 작업이며 사진기준점 측량성과를 기준으로 지도표현에 필요한 사항을 도화장비를 이용하여 최초원도를 작성하는 작업이다. 입체사진측량은 사진의 중복된 입체쌍을 이용하여 사진으로부터 측정을 수행하는 과학기술에 사용하는 일반적인 용어이다.

9.7.1 도화기의 분류

도화기는 사용 목적에 따라 각종 축척 및 정확도를 유지할 수 있는 성능을 가진 장비로 점검 조정에 사용하는 격자판은 각 도화기에 부속되어 있는 격자판을 사용하는 것을 원칙적으로 한다. 조정방법은 도화기 점검조정 요령에 의하지만 해석도화기는 도화기가 보유하는 자기 점검 기능에 의해 점검한다. 사진에서 지형도 및 지적도를 작성하기 위해서는 입체도화기를 사용하며 일반적으로 두 개 이상의 투영기를 가지고 있다. 사진을 촬영할 경우와 같은 상대적위치의 경사가 같도록 양화 받침대에 올려놓고 촬영할 때 사용한 렌즈와 같은 광학적 성질을 가진 렌즈로 투영함으로서 피사체와 닮은꼴의 광학적 입체모델을 만들어 그 모델에 관한 좌표측정이나 지형을 도화할 수 있도록 되어 있다.

(1) 발전 단계별 분류

아날로그입체도화기, 해석식도화기, 수치사진측량시스템으로 구분되며. 아날로그(Analog) 입체도화기는 수륜(Hand Wheel)과 족륜(Foot Disk)을 조작하여 부점을 원하는 위치로 이동하여 도화를 하거나 좌표를 독취 한다. 그림 9-51과 같이 아날로그도화기는 대부분 엔코더(Encoder)를 장착하고 PC의 수치지도 제작 소프트웨어에 연결하여 수치지도를 생성 또는 독취 하였지만 현재는 사용하지 않고 있다. 해석식 도화기는 그림 9-52와 같이 제작사에 따라 형태는 다르지만 디지털 투사방식으로 사진좌표를 결정하며 1976년을 전후로 지도작성에 많이 이용되고 있다. 사진의 표정 및 오차보정은 컴퓨터 소프트웨어에 의하여 이루어지는 특징을 가지고 있다. 항공 촬영된 양화필름과 기준점성과를 이용하여 해석도화기에 의해 지형, 지물을 수치형태의 데이터로 획득하는 장비이다.

그림 9-51 기계식도화기

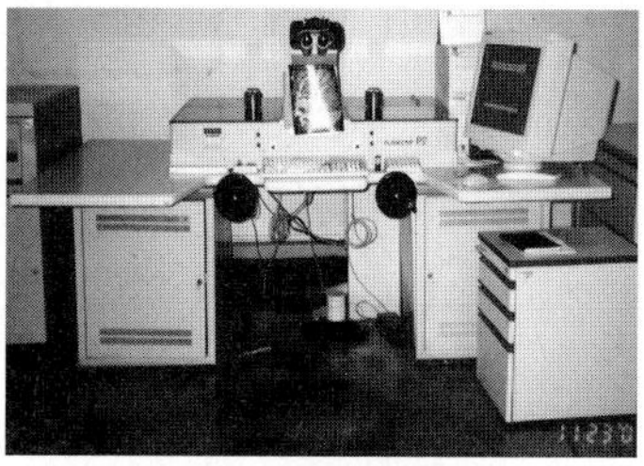

그림 9-52 해석식도화기

그림 9-53 수치사진측량시스템

수치사진측량시스템은 그림 9-53과 같이 사진측량기법과 영상처리(Image Processing)기법을 복합적으로 조합하여 수치지도를 작성하는 장비로 디지털 도화기를 말한다. 모니터 스크린의 영상을 실체시하는 방법은 여색 관계를 이용하는 방법과 편광필터(Polarizing Filter)를 이용하는 2가지 방법이 일반적으로 사용되고 있다. 수치사진측량시스템에 사용되는 장비에 따라 워크스테이션과 퍼스널컴퓨터의 두 종류로 구분할 수 있다. 워크스테이션은 컴퓨터를 이용한 시스템이 빠른 처리속도와 대규모의 저장 용량으로 사진측량의 전 과정을 완벽하게 지원 해주는 반면에 PC를 이용하는 시스템은 일정 수준 이하의 제한된 처리 능력 및 용량을 가지고 있다.

(2) 목적에 따른 분류

도화를 사용 목적에 적합하게 구분하면 수평면의 도화와 등고선의 도화, 표고점의 도화로 분류할 수 있다. 수평면의 도화에서는 도로 · 철도 · 하천 · 건물 · 밭 · 과수원 등은 입체모델상에서 선형으로 표시되므로 부점의 높이와 동일한 높이로 이동하면서 도면을 작성한다. 그러나 도로 · 하천 등은 높이가 변하므로 부점의 높이를 현지와 동일하게 맞추어 이동해야 한다는 점에 유의해야 한다. 만약 높이를 동일하게 맞추지 않을 경우에는 기복변위가 발생하여 실제와는 다른 도면이 작성될 수도 있다.

등고선의 도화는 등고선의 높이가 동일한 지점을 연결한 것으로 부점의 높이를 필요한 등고선의 높이에 고정하고 입체모델 상에서 부점과 높이가 동일한 지점으로 이동하면 등고선을 생성할 수 있다. 도화기상에서 부점의 높이는 실제 높이로 디지털 또는 아날로그 형태로 표시되어 있다. 표고점의 도화는 산의 정상 · 고개 · 도로교차점 · 논 · 밭 · 공터 등 등고선이 없는 지점에 높이를 표시하여 지형의 변화를 보다 상세하게 표현하고자 하는 것이다. 도화 방법은 부점을 측정하고자 하는 위치에 설정한 다음 도화기상에 나타난 표고를 도면상 위치에 기재한다.

9.7.2 입체도화기의 원리

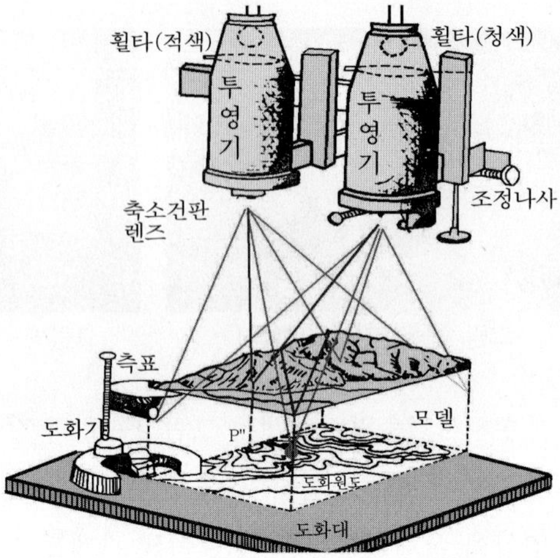

그림 9-54 광학투영 도화기 원리

입체도화기는 그림 9-54와 같이 카메라의 위치와 경사 상태를 그대로 재현하며 대응하는 광선에 대한 교점의 집합은 대상물 표면과 전부 합동인 모형을 만든다. "중복 촬영된 한 쌍의 사진을 촬영 카메라와 동일한 두개의 투영기에 설치한 후 촬영 당시와 동일한 관계 위치로 공중에 매달아 놓고 지상에 한 쌍의 사진을 투영하여 이들 사진의 상이 교차하는 점을 연결하면 촬영 당시 현지의 상과 동일한 상으로 재현된다."라고 하는 이른바 재현의 원리에 따라 만들어지고 있다.

입체도화기의 원리는 대부분 포로코페(Porro Koppe)의 원리를 이용하며 이 원리는 투영기에서 한 방향으로 들어가 다른 방향으로 나오는 광선과 반대로 역방향으로 들어가 반대 방향으로 나오는 광선은 그 광학기계의 수차 또는 다른 광학적 성질과 관계없이 동일 광로라고 한다. 또한 두 개의 투영기가 장치되어 있는 입체도화기에 인접하는 한 쌍의 사진을 설치한다. 도화기의 기선장을 촬영 당시의 촬영기선장 보다 작게 하여 축소된 입체상을 만들고 이 축소된 입체상을 측정하므로써 도면을 작성할 수가 있다. 입체사진측량은 3D 정보를 추출해 낼 수 있으며 중복된 입체쌍은 동일한 대상물이나 지역에 대한 한 쌍의 사진으로 위치나 시점만이 다르며 입체쌍의 시점은 카메라의 평행이동에 의해 다른 시야가 만들어 진 것으로 해석할 수 있다.

9.7.3 도화 작업

도화 작업은 도화기에 붙어 있는 부점을 이용하여 그리고자 하는 지형 · 지물을 따라가거나 높이를 측정하여 기입하는 것을 말한다. 도화 작업은 계획 준비, 표정, 측정 및 좌표 독취, 인접 접합 , 점검 ,도화원도 출력의 순서로 진행한다. 도화는 장비의 선택에 따라 기계적인 방법, 해석적인 방법, 수치적인 방법으로 구분할 수 있으며, 사용 목적에 따라 세부도화, 수정도화로 구분할 수 있다.

기계적방법에 의한 도화는 물체의 위치를 부점으로 결정하여 입체모델상의 선을 따라 이동하면서 종이나 필름에 그리는 것으로 과거에는 활발하게 사용된 방법이다. 기계적도화의 원리는 부점을 따라 미리 정한 축척비율로 옮겨서 도화하는 것으로 모델의 축척과 도면의 축척을 동일하게 도화할 수 있다. 아날로그 도화기를 이용하여 모델의 축척보다 지도의 축척을 확대 또는 축소하여 도화할 경우 판토그라프(Pantograph) 또는 코디네이토그라프(Coordinatograph) 장비를 설치하여 다양한 축척의 지도를 작성할 수 있다. 도화기의 좌우 투영기에 설치된 사진 받침판(Photo Carrier)을 제거한 후 왼쪽 사진 받침판에는 왼쪽 양화필름, 오른쪽 받침판에는 오른쪽 양화필름을 촬영 당시와 동일하게 도화기에서 중복되도록 올려놓고 각 사진 받침판에 표시된 4개의 지표와 양화필름에 표시된 4개의 지표를 일치시킨다. 이러한 작업이 완료되면 내부표정의 중심 맞추기와 화면거리 조정이 끝난 것이므로 양화필름이 장치된 사진 받침판을 원래의 위치에 올려놓는다. 상호표정위치 점의 부점에서 양쪽의 양화필름 상이 하나로 합쳐지도록 조정하여 맞춘 다음 절대표정으로 축척과 높이 맞추기 작업을 실시한다. 절대표정에서 축척 맞추기는 모델축척과 도면축척의 비를 계산하고 적절하게 기어를 장치하여 도화기 본체와 제도판을 연결한 다음 입체모델상의 기준점에 부점을 맞춘 후 도면에 전개된 동일한 기준점에 도면을 움직여 맞추고 현지측량된 표고와 입체모델에서 측정된 표고의 차를 구한다.

해석도화기로 도면을 작성하는 원리는 기하학적인 관계를 컴퓨터를 이용한 방법으로 기록된 관측 값들은 컴퓨터를 통해 처리되고 정보는 CAD 데이터베이스에 저장된다. 해석도화에 사용하는 장비는 주로 해석도화기, Computer, Plotter, 사용프로그램 등이 있다. 수치도화는 측량용 사진과 위성영상을 이용한 도화기 상에서의 지형 · 지물의 측정 및 묘사와 그에 관련된 좌표측량, 영상 판독을 말한다. 현재 지적 분야에서는 항공사진측량에 관한 규정이 없으므로 국토지리정보원에서 지정한 표준코드를 이용하며 필요한 지형 · 지물을 항공사진 필름 혹은 영상으로부터 추출하는 방법을 이용한다. 모든 가옥 및 구조물에 대하여 선 또는 폴리곤 형태로 3차원 데이터를 생성하여 도화할 수 있다.

9.7.4 현지조사 및 보완측량

현지조사는 해석도화 원도와 2배 확대사진을 이용하여 항공사진에 명확히 나타나지 않는 각종 지상물, 행정경계 등 도화 내용의 미비점을 현지에서 조사, 측량하여 해석도화된 내용을 보완하기 위한 현지측량 작업을 말한다. 현지조사에 사용하는 항공사진의 축척은 원칙적으로 도화축척과 동일한 축척으로 한다. 주요 장비는 해석도화 원도, 2배 확대사진, 측거기, 평판기가 있으며 작업 순서는 계획 준비, 자료수집, 현지조사, 정리점검의 순서로 실시한다.

(1) 현지조사

현지조사는 수치도화에서 이루어진 지형 · 지물 등에 대한 사항과 항공사진상에 나타나지 않는 행정경계, 지형 및 주기 등에 관한 사항을 현지에서 확인 및 조사하는 작업을 말한다. 조사를 위한 기초도면의 기준은 출력도면을 원칙으로 하며 지형 · 지물 등 정확도에 관련된 사항을 조사하여 항공사진의 촬영시점을 기준으로 하고 행정경계와 지리 · 지명 등 주기 관련 조사는 조사당시를 기준으로 한다. 준비자료는 수집한 자료상태, 항공사진의 판독이 곤란한 사항 및 그 범위, 도화가 불가능한 부분, 촬영 후의 변화가 예상되는 부분 및 각종 자료의 모순에 대한 내용을 미리 살펴보고 그 결과를 항공사진, 참고도, 야장에 기재하여 현지조사에서 기초자료로 활용한다. 현지조사 내용은 도, 특별시, 광역시, 시, 군(구), 읍(면, 동),리 등 행정구역 명칭인 법정 지명과 행정 지명을 구분할 수 있도록 조사한다. 또한, 인공적인 것과 달리 자연적으로 만들어진 산, 하천, 독립수, 폭포, 바위, 계곡(골), 동굴, 평야, 반도, 만, 섬, 군도, 해변, 천연기념물 등과 같이 자연적인 지물에 대해서도 조사한다. 그리고 우리 생활과 밀접한 관련이 있는 논, 밭, 과수원, 산림 및 지형, 지물, 인공 지물, 행정 지명, 특정지구경계, 경계(지류) 등에 관한 내용도 조사한다. 그 이외에는 각 군, 면의 지명유래 대장을 참조하여 조사하고 조사 기준은 항공사진 촬영당시를 기준으로 한다. 대단위로 변경된 지형 · 지물은 간이측량 방법과 공사도면을 첨부하여 위치를 조사하면 편리하고 변경된 지형 · 지물은 그 지역임을 명시할 수 있도록 사진을 촬영하여 조사하여야 한다. 행정경계조사는 관련 자료 또는 행정기관의 협조를 받아 정확히 도면에 작성하여야 한다. 조사사항은 원형 및 원위치를 명확하게 표시하며 조사 사항이 복잡하고 정위치에 표시하는 것이 곤란할 경우에는 정위치에 자침하고 작은 원으로 표시하여 다른 적당한 위치에 화살표의 기호를 표시하든지 오버레이를 붙여서 명확하게 표시한다. 조사결과가 복잡하고 출력도면에 정리하는 것이 곤란한 경우에는 필요에 따라 현지조사 야장을 병용하여 정리할 수도 있다. 조사사항의 접합은 현지조사 기간 중에 실시하고 정리할 때 각각 점검을 시행한다.

(2) 보완측량

현지조사측량 후 변화가 발생한 지역의 측량은 전자평판 및 TS 등 측량에 의한 세부측량의 관계규정을 준용한다. 확인된 사항은 원도에 적색의 내수성 잉크를 사용하여 정리하며 TS 등 측량을 사용하여 보완측량을 실시한 경우는 그 결과를 출력하고 편집원도에 정정한다. 보완측량에는 도화원도를 사용하지 않고 보완측량도를 출력하여 사용한다. 보완측량 구역은 편집도상에서 다른 구역과 명확하게 구별할 수 있도록 표시하고 보완측량의 성과는 현지 확인측량의 결과를 정리한 원도 및 편집원도, 정확도관리표 등의 자료이다. 성과검사는 확인측량 누락의 유무와 확인 측량결과에 대한 편집원도에서의 표시 누락 유무 및 상태를 검사한다. 표고점 및 등고선의 정확도는 확실하게 유지할 필요가 있을 경우와 주곡선의 간격을 0.5mm로 하는 경우로 구분할 수 있다.

9.7.5 편집

입력된 현지조사 및 보완측량 데이터를 이용하여 해석적으로 도화된 데이터를 정위치에 수정 편집하는 작업을 말한다. 사용 장비는 Digitizer, Computer, GIS프로그램 등이 있으며 작업방법은 계획준비, 기본지형데이터 입력, 정위치 편집, 점검 등의 순서로 실시한다. 편집원도의 작성에 따른 도화순서는 기준점, 주요 지물, 건물 및 관련 기호, 경계, 지형(등고선), 토지이용 경계, 식생기호 등의 순서로 작성한다. 성과작성은 편집원도, 주기 자료도, 정확도 관리표를 제작하여야 한다. 작성된 편집원도는 도곽 크기의 적정여부, 도식 적용상태, 각종 표현사항의 표현 방법의 적정여부, 선호의 적정여부, 편집원도와 각종 자료와의 적합 유무, 접합 상태에 관한 사항을 점검하여야 한다. 정위치 편집은 입력된 현지조사 및 보완측량에서 얻어진 성과 및 자료를 이용하여 도화된 성과 또는 지도데이터 입력성과를 기준으로 표준코드 및 표준도식에 따라 수정 또는 보완하는 일련의 작업을 말한다. 지형 · 지물의 정위치 편집은 데이터 처리시스템에 전송된 수치데이터를 컴퓨터에 표시하고 도형편집기능을 사용한다. 정위치 편집한 도형은 컴퓨터 모니터 또는 플로터에 의한 출력도면을 사용하며 표준코드는 수치지도 작성 작업규칙을 표준으로 한다. 수치도화 및 정위치 편집 과정에서의 불량 또는 불분명한 내용은 보완측량을 실시하여 수치편집에서 수정한다. 정위치 편집은 도엽단위, 표준코드, 심벌을 사용하여 완료하고 정위치 편집된 파일은 별도로 작성하여 보관한다.

구조화 편집은 시스템설계에 적합하게 Graphic Data와 속성 정보를 일치 시켜주는 일련의 작업을 뜻하며 이를 위해서는 설계서의 분석과 데이터의 흐름을 정확하게 파악하여 작업하여야 한다. 축척에 따라 지형 · 지물별 공간정보와 속성정보를 연계 구축한 수치지도를 의미하고 구조화 편집으로 작성된 수치지도는 다양한 사용자의 접근성이 편리하고 기본지리정보 모델과의 연계를 위한 무결점화로 효율적인 DB구축을 가능하게 하는 작업이다. 그러나 지적에서는 축척별, 지목별, 소유자별, 구조물별로 구조화작업을 그림 9-55와 같이 실시할 수 있다

그림 9-55 수치지적도

9.8 수치사진측량

미국사진측량학회(ASPRS)에서는 수치사진측량을 지형 · 지물 및 자연환경에 대한 기하(Geometric), 방사(Radiometric)정보를 수치영상으로부터 획득하는 정보기술(Information Technology)로 정의하고 있다. 수치사진측량(Digital Photogrammetry)은 수치영상을 이용하여 컴퓨터상에서 대상물에 대한 정보를 해석하고 취득한다는 점이 해석사진측량과 차이가 있으며 수치사진측량자료는 다양하게 응용될 수 있는 첨단 사진측량방법으로 기존 사진측량과는 다르게 정보를 다루는 기술로 정의하고 있다. 수치사진측량은 미국 및 캐나다에서는 Softcopy Photogrammetry로 유럽에서는 Digital Photogrammetry로 사용하고 있다. 또한, 수치사진측량은 기존에 항공사진측량에서의 작업공정을 자동으로 처리할 수 있게 개발되어 다양한 수치영상에 이용이 가능하다. 작업순서는 입력, 자료취득, 자료처리 및 분석, 출력 등으로 크게 나눌 수 있다. 자료취득은 감지기나 기타 장비를 이용하여 이루어지며, 전산기에 의해서 2차원 또는 3차원으로 자료처리 및 분석을 수행한다. 또한 출력되는 자료의 형태는 도형이나 수치형태이며, 면적, 체적, 통계자료 등도 이에 포함된다. 수치사진측량은 수치영상을 이용하여 요구되는 다양한 정보를 추출하기 위한 처리 과정과 처리된 데이터를 이용하여 의미 있는 정보를 추출하는 단계로서 영상해석에 해당한다.

9.8.1 수치사진측량의 발달과정

1955년 Rosenberg 정보이론 및 전자사진측량이 개발 되었으며 1957년 캐나다의 헤라바(U. V. Helava)가 사진측량에 자동수치지도제작 시스템을 도입하면서 수치영상을 이용한 등고선도 및 수치정사영상 제작이 시작되었다. 1959년에 상관성에 대해 호브러(Hobrough)가 수행한 실험을 시작으로 1965년 Sharp가 자동 수치지도제작시스템을 개발하여 수치영상을 이용한 등고선도 및 수치정사영상을 제작하였다. 1978년 판톤(Panton)이 통합 지도제작시스템을 이용하여 수치사진측량의 기본 요소를 제안하고 1980년대 전산기의 급속한 발달로 신뢰도가 높고 사용이 간편한 수치카메라(Digital Camera)의 보급을 통해서 수치사진측량이 발전되었다. 1981년 Sarjakoski는 최초의 수치사진측량 도화기의 개념을 정립하였다. 1986년 Makarovic은 하드웨어에서 소프트웨어로, 아날로그에서 디지털로, 수동에서 자동으로 통합된 수치사진측량 시스템을 개발하였으며 1988년 Schenk는 수치사진측량 도화기에서의 자동화 개념 및 시스템 구조인 자동 지도제작시스템을 개발하였다. 1991년 캐나다의 헤라바(U. V. Helava)가 대용량의 수치영상의 저장 및 전송을 위한 실시간 압축 기술을 개발하였으며 Forstner가 지형 · 지물의 획득 및 해석을 위한 알고리즘을 제안하고 Quam and Strat는 수치입체영상, DTM 및 3차원 모델을 이용한 정보의 결합에 대해 정리하였다.

9.8.2 디지털카메라

디지털카메라(Digital Camera)는 필름이 없는 카메라(Film less Camera)로서 일반적으로 CCD카메라 및 전자카메라 등이 있다. 디지털자료 취득체계는 조명체계(Illumination System), 신호전달(Signal Transmission) 및 영상취득과 같은 요소들을 포함한다. 조명체계는 실시간으로 사진을 처리하는 것이 중요한 요소로 가장 핵심이 되는 부분이며 신호전달은 카메라와 영상취득면 사이를 연결해 주는 것이다. 영상취득면은 카메라의 출력을 받아들이는 것으로 필요할 경우 기계적 신호를 디지털적 신호로 변환하며 영상이 영구적으로 저장되기 전까지 영상을 일시적으로 저장한다. 디지털 카메라는 1970년대 초부터 사진측량학에서 특수한 목적으로 사용되었으나 1980년대 초에 전자카메라의 등장으로 많이 감소되었으며 CCD는 높은 안전성을 제공하였으며 오늘날의 디지털 카메라에 채택되고 있다. 수치정사영상을 제작하는 과정에서 필요한 정보 중의 하나로 촬영당시에 사용된 항공사진촬영용 카메라의 보정데이터가 필요하며 2년에 1회 보정을 하고 결과 값은 기록으로 보관하여야 한다. 수치정사영상 제작에 필요한 카메라의 정보는 초점거리, 주점의 좌표, 사진지표(Fiducial Marks), 방사거리값(Radial Distance Value)과 방사왜곡값(Radial Distortion Value) 등이 있다. 카메라 변수의 측정에서 중요한 부분이 카메라의 프레임상에 나타나는 지표의 위치를 측정하는 것이다. 촬영된 항공사진에는 4코너 또는 4변의 중심위치에 지표가 나타나 있는데 지표의 역할은 크게 2가지가 있다.

첫째, 마주보는 지표를 서로 대각선으로 연결하였을 때 그 교차점이 항공사진의 주점이 된다.

둘째, 촬영된 지표의 위치와 카메라 보정의 지표위치를 비교하면 사진의 신축정도 및 방향을 측정하고 이로부터 왜곡을 보정할 수 있다. 영상을 입력하여 개략적인 영상위치와 방향을 알기 위해서 영상입력에서 촬영된 항공사진의 촬영카메라 위치와 촬영회전각을 입력하고 3차원 모델링을 수행할 수 있도록 한다.

촬영카메라의 위치를 입력하면 영상이 지상의 대략적인 절대적 위치를 파악하고 입력좌표는 평면좌표와 높이자료이며 평면좌표는 촬영된 항공사진과 수치지도 또는 종이지도를 활용하여 지형판독을 함으로써 평면위치좌표를 추출한다. 높이는 사진축척과 카메라의 초점거리를 계산하여 촬영항공기의 높이(카메라의 위치)를 추출한다. 촬영회전각에는 ω, ϕ, κ의 3가지 요소가 있으며 ω는 X축을 기준으로 회전한 값, ϕ는 Y축을 기준으로 회전한 값, κ는 Z축을 기준으로 회전한 값을 의미한다. 수치정사영상 제작에 사용된 항공사진은 수직사진으로 모두 동쪽에서 서쪽으로 또는 서쪽에서 동쪽 방향으로 촬영된 경우 카메라의 방향도 동일한 방향으로 ω, ϕ는 0°이며, κ는 0° 또는 180°에 해당한다. 따라서 κ값의 입력은 2,4,7,10,12,14,17코스는 0°로 입력하고 3,5,6,11,13,15,16,18코스는 180°로 영상을 입력한다.

(1) 디지털카메라 특징

디지털카메라는 비행촬영계획부터 자동화과정으로 도면작성을 할 수 있으며 수치데이터만을 이용하는 온라인 자동작업공정으로 실행되며 필름의 현상 및 인화 작업과 항공사진의 Scanning 작업이 필요 없으므로 신속하고 경제적으로 인력과 경비를 절감할 수 있다. 그리고 보안지역 검열 등에서 과거에는 필름 자체를 삭제하였으나, 디지털 파일은 이미지 처리 소프트웨어 등을 이용하여 간단하게 삭제할 수 있다. 디지털카메라는 측정용으로 이용되어야 하므로 화소(Pixel)수가 훨씬 많고, 여러 가지 정밀한 보정과 막대한 양의 영상 저장이 필요하다. 또한, 영상신호를 각각의 미세한 센서에 내재된 시간의 주파수로 표본화하여 기계적 신호를 디지털적 신호로 변환하는 장치가 내장되어 있다. 기존 항공사진과 비교하여 더욱 향상된 방사(Radiometric) 해상도 및 정확도를 제공하고 디지털영상은 12bit이상의 방사해상력을 가지며 흑백과 멀티채널의 취득이 가능하다. 항공사진측량용 디지털카메라가 종래의 필름 카메라와 비교할 경우 디지털카메라가 갖는 가장 큰 장점은 촬영이후의 처리와 해석에 바로 이용될 수 있다.

(2) 디지털카메라의 종류

현재까지 약 10여 종류의 디지털카메라가 개발되어 미국, 캐나다, 독일, 영국, 중국 및 일본 등에서 100여대가 판매되었다. 디지털카메라의 종류는 Applanix가 제작한 DSS, IGN의 IGN, Cicade의 DIMAC, Ohio 주립대의 AIMS, ETH의 TLS, ZI-Imaging의 DMC, Leica의 ADS 및 Vexcel의 Ultra Cam 등이 있으나 현재 우리나라에서 사용되고 있는 대표적인 카메라는 DMC, ADS, Ultra Cam 등이다. 디지털카메라는 비행계획과 관리, 자이로 안정화, GPS/INS 기술 등에서 아날로그 카메라와 동일하며 항공기 및 도화기 등에 동일한 항공사진측량 장비를 사용할 수 있어 경제적이다.

1) ADS 카메라

선형의 CCD 소자를 이용하여 지면을 Scanning하는 방식이며 상대적으로 높은 지상해상도를 얻을 수 있으나 움직이는 대상물의 촬영에 한계가 있어 정확도가 낮으며 매 라인별로 서로 다른 외부표정요소를 가지며 각 라인별 영상은 중심투영의 특성을 가지므로 왜곡이 발생하여도 보정량이 필요 없다. ADS 카메라는 위성에서 많이 이용되는 선형 CCD를 채용한 Pushbroom 방식의 디지털카메라로써 흑백과 다중영상을 동시에 취득한다. 선형센서(Linear Array) 카메라의 대표적인 기종은 ADS40카메라(LH Systems)가 사용되고 있으며 1970년 Dr. Otto Hofmann가 개발한 Three Line Scanner 기법을 이용한 장비로 최초의 Pushbroom 방식의 디지털카메라이며 3열의 흑백영상과 10채널까지의 다중영상을 취득할 수 있다.

항공센서 분야에서 ADS40의 장점은 현재의 필름 카메라와 고해상도 위성영상사이의 갭인 15~100cm의 해상력으로 입체와 다중 영상의 활용 목적을 채우도록 설계가 되었다. ADS40의 구조는 그림 9-56과 같이 카메라의 상판에 IMU장비를 부착하고 전방(Forward), 연직(Nadir), 후방(Backward)을 동시에 촬영하는 3개의 흑백 CCD Line(12,000pixels)의 카메라가 사용되며 4개의 Multi spectral CCD Line(12,000pixels)로 구성되어 있다. ADS40 센서 표정을 위해 최신의 GPS/INS기술을 통합하고 센서기술, 광학, 전기장치, 자료전달 및 저장 등의 신기술을 이용하고 있다.

그림 9-56 ADS 카메라의 구조

컬러와 근적외선 채널은 영상의 판독력, 식생

과 인공 구조물의 분류를 향상시키며 대상물의 자동 추출을 보다 신뢰성 있게 한다. 또한, 근적외선 채널은 파장 특성(835~885㎛) 때문에 토지의 피복과 식생, 우박의 예측, 재난관리 등을 위한 다중시기분석을 보다 더 편리하게 지원한다. 촬영방법은 선형의 3 Line은 흑백이고 4 Line은 Multi Spectral이며 1 lens +1 focal plane으로 구성되어 있다. 일반적으로 Hardware에서 Data를 취득(Acquisition)하므로 편리하게 이용할 수 있으나 많은 Data의 수정 및 처리에 지원을 필요로 한다. ADS40 전방, 직하방, 후방의 3채널을 이용하여 대상지역을 동시에 촬영하므로 취득된 영상의 중복도가 100%이며 거의 평행으로 투영되기 때문에 비행방향의 투영왜곡이 적게 나타난다. 그리고 비행방향으로 영상축척이 상이한 문제는 편위수정된 영상을 이용함으로써 입체시와 매칭을 위한 접합점 추출 및 수치표고모델(DEM) 생성에 효과적으로 이용된다. 그러나 프레임 카메라와 달리 연속적인 촬영으로 복잡한 영상기하를 가지므로 이를 해결하기 위해 GPS/INS장비를 보완하여 보간기법을 적용하고 라인별로 외부표정요소를 구한다. ADS40의 특징은 스트립으로 영상을 취득하기 때문에 촬영 방향으로 영상과 영상의 인접을 고려할 필요가 없다. 연직 항공사진에서 물체의 꼭대기는 기복변위 때문에 사진의 주점으로부터 멀어질수록 더 기울어져 보이며 위치오차가 발생하지만 비행방향으로 영상의 축척이 상이한 문제는 편위수정된 영상을 이용하면 감소된다. 편위수정된 영상은 입체시와 매칭을 위한 접합점의 추출 및 DSM/DTM 생성에 이용되며 모든 CCD Line은 노출 순간에 자신의 위치와 자세각을 가지며 상이한 시야각을 갖는다. 다중채널의 이용은 매칭 결과의 신뢰도와 정확도를 향상시킬 수 있으며 상이한 시야각은 자동매칭시 어려운 AT를 위한 Tie Point 추출 및 DSM/DTM 생성 등의 해결에 도움을 준다. 따라서 신뢰할 수 있는 결과물을 생성할 수 있으며 수동작업의 양을 감소시켜 준다.

2) DMC 디지털카메라

Z/I Imaging사에서 개발한 디지털카메라 DMC는 기존의 필름 기반 카메라와 동일한 면적센서(Full Frame Array)이며 다중의 모듈로 구성되어 있고 최적의 시스템 성능을 위해 주문생산이 가능하며 기하학적 고해상도로 설계되었다. 또한 활용분야에 따라 다른 형태로 재조정할 수 있는 많은 Array Camera로 구성되어 있으며 다중분광특성을 가진 영상과 고해상 Panchromatic 영상을 융합할 수 있다. 3개의 평행한 카메라는 3밴드의 영상을 생성할 수 있으며, 또한 2대의 카메라를 장착하여 일정 중복도를 가지면서 촬영할 경우, 디지털 형태로 모자이크하여 하나의 영상을 생성할 수 있다. 2차원 평면형태의 CCD 소자를 이용하여 일정면적을 동

시에 촬영이 가능하고 기존의 아날로그 카메라와 동일한 촬영방식을 가지며, 상대적으로 지상해상도가 낮지만 면적센서(Area Array)에 많이 사용되며, CCD Full Frame Arrays로 8개의 카메라 센서가 결합된 Modular 형태로 4개의 고해상도 흑백모드와 4개의 저해상도 컬러모드로 구성되어 컬러 및 적외선 촬영이 동시에 가능하며 HRSC(DLR), MOMS, IKONOS 등이 이용된다. 면적센서방식은 Frame 센서방식, Matrix Array방식이라고도 한다. DMC 카메라는 그림 9-57과 같이 자이로 안정장치인 T-AS에 그대로 설치가 가능하며 항공기의 바닥에 카메라 설치를 위하여 마련된 구멍의 크기를 다시 개조할 필요가 없으며 어댑터 링의 도움으로 DMC는 항측기의 외부구조를 훼손하지 않고도 설치가 가능하다. 카메라의 제원은 흑백영상 촬영인 경우 초점거리(f)=120mm이며 시야각(FOV)은 39°~74°, 22°~44°이며 다중영상 촬영인 경우에는 초점거리(f) = 25mm, 시야각(FOV)은 72°(Cross), 50°(In Flight)이다. 4개의 Array를 붙여서 하나의 영상으로 Software 를 이용하여 제작하며 FMC(IMC)가 가능하다.

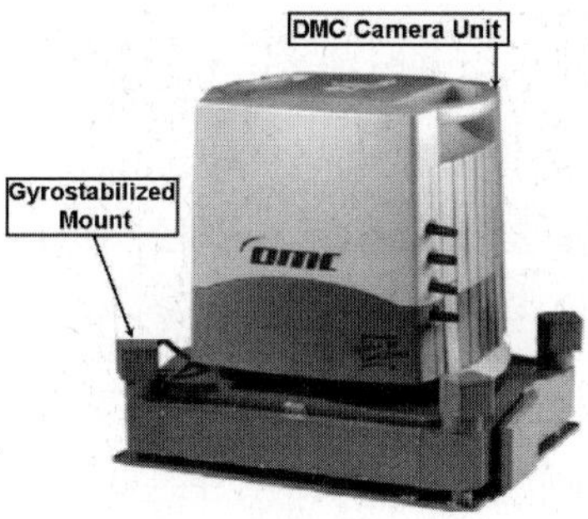

그림 9-57 DMC Camera

그림 9-58 DMC RGB 영상

DMC는 CCD-Matrix센서 기반의 모듈로 설계되어 높은 기하적 해상력과 다중채널을 보유하고 있으며 중심투영에 의한 영상취득을 기본원리로 하고 있다. 실리콘 기반의 CCD Array는 정확하고 안정된 기하구조를 가지며, 픽셀의 TDI(Time Delay Integration)에 의한 FMC(Forward Motion Compensation)기능이 있다. 또한 항공사진에서 사용된 중심투영에 의한 영상취득을 기본원리로 프레임을 배치하여 필름카메라와 같은 촬영 포괄 영역을 갖는다. DMC 카메라의 흑백모듈은 4개의 7,000×4,000 칩과 초점거리가 120mm이고 F값이 f/4인 고성능 렌즈로 구성되어 있다. 촬영방법은 Matrix Array는 다수의 Multi spectral과 다수의 흑백으로 다수의 lens+다수의 Focal Plane으로 구성되어있다. 센서의 크기는 전형적으로 60×60mm CCD이며 해상도는 4k×4k이고 쉽고 편리하게 보정이 가능하며 컬러에 쉽게 이용이 가능하고 GPS/INS시스템은 선택적이다. 일반적으로 Hardware에서 데이터를 취득하므로 편리하게 이용할 수 있으나 데이터의 수정 및 처리는 기존의 방법과 동일하다. DMC에서는 필름 기반의 경우와 같이 부영상들을 기하학적으로 정확하게 집성할 수 만 있다면 GPS/INS와 연계하여 활용하는 경우 상의 움직임에 대한 보정운동도 정확히 소거가 가능하다. 카메라의 촬영 방향으로는 8,000화소, 촬영방향과 직각방향으로는 13,000화소가 되며 DMC의 촬영 시야각은 74° 이다. 대부분의 고정밀도 카메라나 항공용 카메라와 같이 정확도를 요하는 경우에는 영향을 보정하는데 이를 FMC(Foward Motion Compensation)이라고 한다.

3) Ultra Cam 카메라

Ultra Cam카메라는 Vexcel사에서 개발한 항공용 디지털카메라로 Large Format Framing 방식으로 Z/I Imagine 사의 DMC 카메라와 유사한 구조로 4개의 흑백영상을 취득하는 CCD가 일렬로 구성되어 있고 그 양쪽으로 R, G, B컬러와 IR를 취득하는 CCD로 구성되어 있다. 그러나 흑백영상을 취득하는 CCD 센서가 두 개씩 2줄의 병렬 구조를 이루고 있는 것은 DMC 카메라와 동일하다. 또한, 프레임 방식 항공용 디지털카메라의 조정은 기존의 아날로그 항공 카메라의 세팅과 동일한 알고리즘으로 공선조건식이 적용되므로 일반적인 항공용 디지털카메라(DMC, Ultra Cam, DSS 등)의 작업 공정도 기존의 아날로그 항공용 카메라의 방식으로 사용하고 디지털카메라도 초점거리, 주점좌표가 존재하며 렌즈왜곡에 대한 보정(Calibration)값이 존재한다. CCD 센서와 다른 CCD 센서와의 상관관계는 수 많은 공액점을 통하여 결정되며 Ultra Cam은 8개의 독립적 카메라로 구성되어 있는데 이를 Cones라 부른다. 그중 4개는 Large Format 흑백영상(11,500×7,500 픽셀)으로 구성되어 있다. 나머지 4개의 Cones중 3개는 Red, Green, Blue의 멀티스펙트럼 채널로 구성되어 있고 나머지 1개의 Cones는 근적외선(Near Infrared) 카메라이다.

4) DSS 카메라

Applanix사의 DSS 카메라는 다른 카메라보다 작은 영상을 제공하지만 기존의 프레임 방식을 이용하여 전통적인 항공삼각측량에 적용이 가능하며 내부의 기하적 안정성이 장점이라 할 수 있다. 카메라의 Zeiss Lens의 크기는 55mm, 시야각은 37° 이며 Array Size는 4k×4k정도의 영상을 제공하며 방사선(Radiometry)의 크기는 12bit이다. 또한, Shutter Speed는 1/125~1/4,000sec이고 Data는 상대적으로 작은 데이터 저장 용량이 요구되며 실제로 80GB의 탈착식 하드디스크를 장착하여 운영된다. 또한, GPS/INS가 함께 운영되고, LIDAR의 보조

자료로서 보완적으로 운영될 수도 있으며 실제 국내에서 활용 중에 있다. 최대 프레임 비율이 4초 정도 되어 중복율이 떨어지는 단점이 있었으나 최근 기술적인 보완으로 2.5초 정도로 단축되어 활용성이 높아졌으며, Filter Array에 의한 Color 및 IR영상 취득이 가능하다.

9.8.3 GPS/INS와 센서

3차원 지형정보를 처리하고 가공하는 기법들이 발달함에 따라 다양한 시스템들이 개발되고 있으며 현재 인공위성, 항공기 및 차량을 이용하여 지형정보를 취득하는 매핑센서들이 개발되고 있다. 지형 공간정보를 취득하는 촬영 당시 매핑센서의 위치 및 자세정보를 직접적으로 얻을 수 있는 기법이다. GPS와 INS는 서로 보완적인 특성을 가지고 있으며 GPS는 초소형, 저가격, 고성능의 장점이 있어 INS의 보조센서로 역할을 하고 있다. GPS와 INS가 결합된 통합시스템의 장점으로 GPS의 위치정보를 이용하여 INS의 항법오차가 증가하는 것을 막을 수 있으며, INS의 속도정보를 이용하여 GPS 수신기의 코드 및 반송파 추적 루프의 대역폭을 줄일 수 있음이 알려져 있다.

대역폭을 줄임으로써 항체가 빠른 특성을 가지고 기동할 때에도 GPS 수신기가 신호를 놓치지 않고 항법을 수행할 수 있으며 또한 Tracking Loop에 의한 잡음신호를 줄일 수 있다. 미국 등 여러 국가에서는 GPS/INS 통합시스템의 군사적, 상업적 가치를 예견하고 정부차원에서 연구를 지원하고 있는데 중저급의 IMU를 사용하면서도 높은 정확도를 가지는 GPS/INS 통합시스템의 개발이 활발히 추진되고 있다. GPS로부터 플랫폼의 절대 위치정보를 얻을 수 있고, 시간이 경과함에 따라 변화하는 플랫폼의 위치 및 회전요소는 INS로부터 구할 수 있다. 이러한 기법은 현재 항공사진측량과 원격탐사 분야에서 핵심적인 요소로서 관심이 집중되고 있으며, 미국, 캐나다, 독일 등 전 세계적으로 많이 활용되고 있다.

GPS는 시간이 경과함에 따라 정확도가 향상되고 안정되는 특성을 가지고 있기 때문에 INS 오차를 보정하여 높은 정확도의 자세 정보를 제공할 수 있다. 일반적으로 항공사진측량용 카메라의 경우 프레임 형태로 촬영되며 각각의 영상은 내부표정요소와 외부표정요소를 계산한다. Pushbroom 방식의 라인시스템 또는 파노라믹 스캐너와 같은 영상취득 센서는 각각의 스캔라인이나 혹은 영상취득 당시의 촬영각에 따라 기하학적 조건이 조금씩 변하기 때문에 각각의 라인에 대한 내·외부표정요소를 구해야 하는데, GPS/INS 통합시스템을 이용할 경우 각 라인에 대한 위치와 자세를 관측할 수 있다.

(1) GPS

GPS는 1960년대 초 미국 국방성에서 연구되기 시작하여 1995년에 FOC(Full Operation Capability)로 운영되고 있는 위성항법 시스템으로 약 20,183km 고도상에 배치된 24개의 NAVSTAR 위성에 의하여 전 세계 어디서나 기상상황에 영향을 받지 않고 매우 정확한 위치 및 시각정보를 제공한다. GPS는 오차의 누적이나 증가가 없이 장기간 동안 안정적으로 위치정보를 제공하지만 수 Hz대의 낮은 데이터 전송률을 가지므로 항공기와 같이 빠른 동적 특성을 가지는 환경에서는 사용하기 어려우며 지형 · 지물 등에 의한 신호의 차단이나 고의적인 전파방해(Jamming)에 영향을 받는 단점이 있다.

Ashtech 회사에서 제작한 Z-Survey는 지표면 매핑, 측지학, 사진측량 등 측량 관련 응용분야에 적합하도록 설계되었고, Z-XII GPS수신기는 고정밀 항법 응용분야에 적합하도록 설계되었으며, Z-X treme는 GPS 고수준의 신호를 전송하기 위해 Ashtech Z-Tracking TM과 결합된 최신의 위성 통신 기술로 이루어져 있다. Post processing 소프트웨어는 비행시 cm 수준의 정확도를 제공하며 이는 항공사진측량의 비행경로를 추정할 수 있다. Dual Frequency 수신에 의해 전리층 굴절 효과를 제거함으로써 정확한 기준선 측량이 가능하며 Z-Tracking 혹은 P code에서 L_1과 L_2 밴드의 고정밀 관측으로 작업 시간을 줄일 수 있다. Z-Tracking 모드에서 1분의 작업 시간 동안 1mile 대한 cm 수준의 정확도가 입증되었으며 배터리와 Flash 메모리 카드로 인하여 최대의 성능으로 하루 종일 작업을 할 수 있다. 또한, 수 cm의 정확도를 제공하며 도심지의 건물이나 나무 등과 같은 장애 요소가 많은 환경에서도 향상된 위성 신호 관측 기능을 제공한다.

(2) 관성항법시스템

관성항법시스템(INS; Inertial Measurement System)은 가속도계와 자이로를 이용하여 항체의 항법정보(위치, 속도, 자세)를 알아내는 시스템으로써 주로 비행체와 선체에 이용되어지고 있으며 INS는 1950년대 초 미국 MIT에서 처음 개발되어 1960년대 실용화된 항법 시스템으로 항체의 초기 위치정보가 주어지면 측정된 가속도를 적분하여 항체의 현재 위치를 구하는 것을 기본 원리로 한다. INS는 항체의 위치, 속도 및 자세 정보를 수 hz부터 수백 Khz의 높은 데이터 전송률로 제공하며 짧은 기간 동안 매우 정밀한 항법 성능을 나타내는 항공기 등에 사용되었다. INS의 가장 큰 단점은 적분과정으로 오차가 시간이 지남에 따라 누적되며 장점으로는 외부 환경에 영향을 받지 않으며 짧은 항해기간 동안에는 항법 데이터가 매우 정확하고 연속적인 항법 데이터를 제공한다. 일반적으로 중급 항법장치는 시간당 약 1해리(Nautical Mile, 1.852km) 보다 적은 위치오차를 가지는데 이에 해당하는 자이로는 바이어스가 0.01°/h 이상의 성능을 가져야 한다. 그러므로 대부분의 관성항법 장치는 보다 높은 정확도와 장기간 안정성을 얻기 위하여 단독으로 사용하기보다는 Tacan, Loran, Omega, Doppler Rader, Magnetic Compass, GPS 등과 같은 비 관성보조센서를 함께 사용하는 방법이 많이 사용된다. INS는 3개의 가속도계를 서로 수직으로 설치하여 여기에 각각 자이로를 탑재기에 장착하고 물체의 거동으로부터 회전각과 이동 거리의 변화를 계산하는 자주적인 위치결정 체계이다. INS의 특징은 기후 조건과 관측 지역에 완전히 무관하게 신속한 관측이 가능하며 또한 위치, 속도, 방향 및 가속도를 동시에 결정할 수 있는 장점을 지니고 있다. 또한, INS 시스템은 외부 신호로부터 완전히 독립된 컴퓨터화된 장거리 항법 장치의 한 형태로 항공기의 정확한 위도와 경도는 이륙 전에 컴퓨터에 입력되고 가속 모터와 자이로는 항공기가 이동할 때 지속적인 새로운 정보를 제공하기 위해서 입력 신호가 발생한다. INS 시스템은 Gyro와 Accelerometer의 2가지 하드웨어로 구성되어 있으며 관성장치로 중력에 대해 저항하려는 힘이 작용하여 현재의 위치를 지속적으로 유지하는 장치로서 3개의 축에 3개의 gyro가 장착되어 있고 종류에는 FOG(Fiber Optic Gyro)와 RLG(Ring Laser Gyro)가 있다. 또한, 동체의 가속도를 측정하는 센서로서 3개의 축에 3개의 가속도계(Accelerometer)가 장착되어 있으며 인공위성의 경우 관성좌표계에서 위성체의 각속도 움직임을 측정하기 위해 사용된다. INS의 종류에는 Litton LTN90/100, Litton LN 200, HG1700이 많이 사용되고 있다. LTN 90/100 시스템은 세 개의 28cm Ring Laser Gyros와 3개의 가속도계로 구성되어 있으며, DADS(Digital Ari Data System)와 FMS(Flight Management System)에 의해 취득되는 자료를 저장하며 현 위치 경위도와 같은 비행의 초기 정보를 입력하여 운영할 수 있다.

LN-200 IMU시스템은 그림 9-59와 같이 최신 기술의 관성 FOG와 Micro Machined 가속도계를 적용한 시스템으로 공간미사일 유도, Radar 안정화, 이동체 보정, 카메라/매핑 등의 다양한 응용 분야에 활용되고 있는 시스템이며 3개의 FOG와 3개의 Silicon accelerometer로 구성되어 있다. HG1700 IMU는 주로 군사용의 무기 응용분야에 적합한 저가용 시스템으로서 다양한 활용을 위해 표준 모듈과 컴포넌트로 구성되어 있으며 전력 소모량이 적은 것이 특징이다.

(3) 디지털 영상 센서

현재 디지털 영상은 대부분 CCD(Charge Coupled Device)영상에 의해 이루어지고 있으며 CCD영상의 단점인 Blooming현상과 얼룩(Smear)현상을 극복하기 위한 대표적인 것이 CCD와 CMOS라 할 수 있다. CMOS(Complementary Metal Oxide Semi conductor)의 제작에 대한 연구와 실험이 활발히 진행되어 디지털 영상 취득을 위한 차세대 센서이다. 필름이 없는 카메라에서 영상을 취득하기 위해서는 필름의 역할을 대신할 장치로 디지털카메라 렌즈를 통과해 들어온 빛의 명암과 색감을 전기적인 신호로 바꿔주며, 변환 장치를 통해 디지털 신호로 변환되어 이미지 처리장치에서 이미지 파일의 형태로 저장되도록 한다. CCD는 약한 빛에서도 민감하게 반응하며 우수한 영상의 화질을 장점으로 고화질을 요하는 분야에서 많이 이용되며 현재 사용중인 방식에 따라 CCD를 구분하여 본다면 선형센서와 면적센서로 구분할 수 있다. 선형센서는 선형으로 배열된 CCD센서를 이용하여 연속적으로 대상물을 측정하는 것으로 선형으로 이루어진 센서가 이동하면서 대상물을 읽어 내는 것이다. 다른 방식인 면적센서는 2차원의 배열로 이루어져 있으며 디지털 영상센서는 CCD Sensor와 CMOS Sensor로 구분된다.

CCD는 1969년 Bell 연구소의 Boyle와 Smith에 의해 그 구조가 제안된 후 영상 입력을 필요로 하는 분야에서는 중요한 역할을 하고 있으며 사람의 눈, 카메라의 필름과 같은 역할을 하는 반도체 소자이다. CCD는 수광부인 광다이오드(photo diode), 전하 전송부 및 신호 출력부 등으로 구성되어 있으며, 수광부는 외부에서 빛에너지가 광다이오드에 입사하게 되면 입사된 빛에너지를 전기신호로 바꾸는 역할을 한다. 전하 전송부(Charge Transfer Region)는 수광부인 광다이오드에서 생성된 신호 전하를 손실없이 출력부로 전송하는 역할을 하고 전하를 전송하는 channel이 표면에 있으면 SCCD, 실리콘 bulk에 있으면 BCCD로 구분하며, 전하를 전송하는 방향이 수직인 VCCD와 수평인 HCCD로 구분한다. 신호 출력부(Signal Output Region)는 광다이오드에서 집적된 전하기 VCCD와 HCCD를 거쳐 최종적으로 FD에 축적된 전하를 출력하는 역할을 한다.

수치영상은 시간과 경비의 절감, 고정도 영상취득 다양한 분야에 활용이 가능한 장점이 있다. 항공기에 GPS와 INS 장비를 탑재하여 사진의 촬영과 동시에 외부표정요소를 구하기 위한 전처리 과정을 생략할 수 있다. 따라서 지상기준점을 이용한 카메라 기준점측량을 수행하지 않더라도 DEM만 미리 확보되어 있으면 촬영과 동시에 수치정사영상을 생성할 수 있다.

CCD 카메라의 영상 취득은 대상물에서 반사된 빛은 CCD 카메라의 렌즈에 의해 연속 신호로 수집되고 CCD 센서가 강도를 감지함으로써 수집된 빛은 아날로그 전압 신호로 전달된다. 이 신호가 A/D(Analog to Digital) 변환기에 의해 수치정보로 변환이 이루어지는데, 관측 목적을

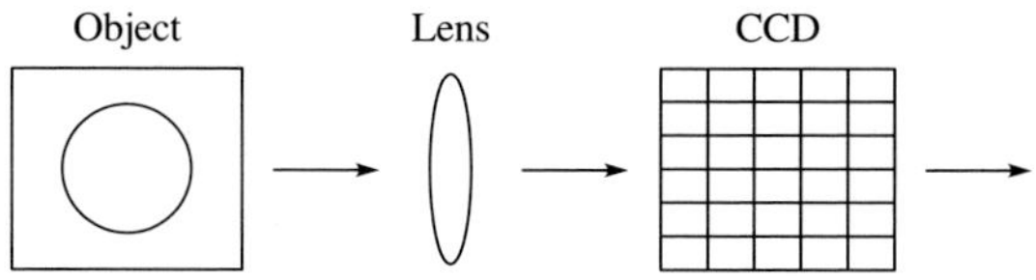

Image

5	5	5	5	5
5	150	200	150	5
5	200	255	200	5
5	200	255	200	5
5	150	200	150	5
5	5	5	5	5

그림 9-60 Principle of Image acquisition

위하여 이 강도는 전형적으로 0(black)에서 255(white) 범위의 밝기값으로 변환된다. 선형 CCD 배열은 단계적으로 전진하는 모터에 의해서 움직이며 선형 CCD 배열의 이동에 의해 x축 방향에 $v_x = I + M_I(I) + n_I(t)$, $v_y = J + n_j(t)$와 같은 오차들이 발생한다. I, J; 영상소 좌표, $M_I(I)$; 선형 CCD 배열의 이동에 의해 생기는 왜곡, $n_I(t)$, $n_j(t)$; 시간에 따라 발생하는 오차, v_x, v_y ; x, y 방향에서의 영상 취득 비율이다. 선형 CCD 배열 카메라의 종류에 따라 각기 다른 선형 CCD 배열 이동에 의한 왜곡이 발생하는데 왜곡을 제거하는 방법에는 이동에 대한 세부적인 진행 과정을 분석하여 왜곡에 대한 수학적 모델을 취득하는 방법, 선형 CCD 배열의 이동에 의한 왜곡을 고려하지 않은 검정 오차를 분석하는 방법, 오차 근사화 방법 등이 있다.

영상측량의 함수 모델은 영상점과 렌즈의 중심 및 대상점이 일직선을 이룬다고 가정하는 공선조건식을 근거로 하지만 실제로 카메라 렌즈가 완전하지 못하며, 대상점에서 사면으로 진행하는 광선이 일직선이 아닐 수도 있으므로 상좌표에 대한 검정이 수행되어야 한다. 또한, 필름의 신축 및 평면도, 대기의 굴절을 고려할 수 있으나 CCD 카메라는 필름의 신축을 고려할 필요가 없으며 렌즈 왜곡은 방사방향 왜곡과 접선방향 왜곡으로 구분할 수 있고 그림 9-61은 렌즈의 왜곡현상을 나타내고 있다.

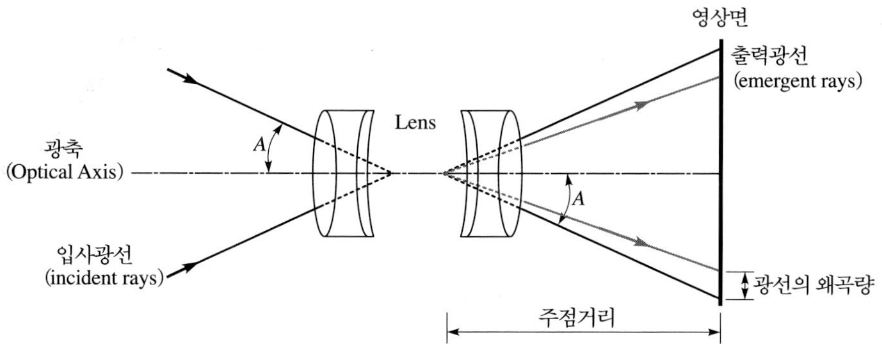

그림 9-61 렌즈의 왜곡

(4) 소프트웨어

GPS/INS 통합시스템을 이용한 항공사진측량을 수행하기 위해서는 GPS 수신기, 자이로와 가속도계로 구성된 INS 시스템, 항공 촬영 디지털카메라와 같은 Mapping System의 하드웨어와 GPS/INS로부터 관측된 자료를 처리하기 위한 자료처리 소프트웨어가 필요하다.

자료처리 과정은 AEROcontrol 시스템으로부터 원시자료를 로딩하여 오차를 분석하고 후처리 과정으로 이어지게 된다. GPS와 IMU의 원시 자료를 통합하면서 GPS의 위치자료와 자세자료를 모니터 상에 디스플레이로 분석이 가능하다. 특성은 GPS후처리, 관성항법 소프트웨어, 좌표변환, 자세자료변환, boresight변환, lever arm 보정, GUI(Graphical User Inerface) 등의 기능을 가지고 있다.

(5) GPS/INS의 결합

GPS/INS 통합시스템을 이용한 카메라기준점 측량은 Pushbroom 방식의 Linear 스캐너와 Synthetic Aperture Radar(SAR)와 같은 다양한 영상 매핑센서에 활용하고 있다. 또한, Linear CCD Arrays의 경우 Pushbroom 방식으로 촬영하며 직접 수치 형태의 자료 취득 및 실시간 자료 처리와 다중분광영상 취득이 가능하여 각종 주제도 및 식생 분석이 가능하다. 또한, CCD는 항공기의 비행경로에 연직방향으로 지형을 Scanning함으로 입체영상을 얻을 수 있으며 CCD Array는 보통 3열(three Line) 방식으로 구성되고, 중심라인은 연직하방을 촬영하며 다른 두 라인은 각각 전 · 후로 기울여 촬영함으로써 자동으로 스트립 입체영상을 얻을 수 있다. 3열 방식의 CCD 영상은 라인별로 취득되기 때문에 GPS/INS 통합시스템을 이용할 경우 각 Scanning 라인에 대한 시간 정보와 위치 및 회전각 정보가 얻어지기 때문에 CCD 영상을 효율적으로 처리할 수 있다. 그리고 외부표정요소의 직접결정을 위한 GPS, INS와 CCD 카메라의 배치를 보여주며 결합센서를 이용한 표정요소 결정의 수학적 개념과 원리로 외부표정요소를 직접 구하는 방법은 기존의 사진측량과 완전히 다른 과정으로 처리한다. 정밀하게 결합된 GPS와 INS시스템을 최적의 필터링을 통해 처리하게 되면 매우 높은 정확도로 외부표정요소를 구할 수 있으며 측지원자를 결정하기 위한 좌표변환의 매개변수에 필요한 지상기준점을 제외하고는 블록 내에 불필요한 지상기준점이 없다. 부가 변수의 도입은 때때로 미지수들 간의 강한 상관관계를 유도하여 정규방정식을 특이 행렬로 이끌어 조정을 어렵게 하기도 한다. 부가변수의 관측 값으로는 GPS 위치 외에도 수치지형모델에 의한 표고 정보나 기타의 측지 관측값(거리, 방향각)들을 결합시 추가의 관측 값으로 활용할 수가 있다.

(6) 위치결정원리

관성항법시스템(Inertial Navigation System, INS)은 1950년대 초 미국 MIT에서 처음 개발되었으며 관성항법장치의 핵심을 이루는 관성측정기는 3차원 관성공간에서 각속도를 측정하는 자이로스코프와 선형 가속도를 측정하는 가속도계로 구성된다. 항법장치의 내부 컴퓨터와 데이터 처리 회로는 각속도와 가속도 정보를 적분하여 항체의 각 변위와 이동거리 및 자세를 결정한다. INS항법 컴퓨터의 통합처리과정에서 발생하는 오차를 보정하는 것은 "feedback" 혹은 "Closed Loop"로 정의된다. INS 오차는 전형적으로 칼만필터에 의해 추정되며 1968년대 초에 군용 항공기를 위해 개발되었으며, 최근 미 공군에서 Embedded GPS Inertial(EGI) 프로그램을 통해 군 항법 응용분야에 적용하기 위한 표준 GPS/INS를 개발하고 있다. 측량분야에서는 1970년대부터 INS 시스템을 도입하여 사용하기 시작하였으며 INS의 자체 항법 능력은 기존 측량기법의 적용이 불가능한 환경 및 지상 차량을 이용한 측량이나 지진측량의 작업을 수행할 때 위치정보를 제공한다. INS의 자세 측정시스템은 항공기나 차량에 탑재된 카메라 및 다중분광스캐너와 같은 매핑센서의 방향각과 촬영각을 측정하는데 사용된다.

(7) 자료처리

GPS와 INS는 항법을 위하여 현재 이용되고 있는 장치 중 가장 대표적인 것으로 서로 다른 특성을 갖는 GPS와 INS의 정보를 통합하여 항법 시스템의 효율을 극대화 하려는 노력이 지속적으로 진행되고 있다. 이러한 두 정보를 결합할 때 동적 특성이 우수한 칼만필터로 구성하며, 칼만필터는 상태변수의 최적 추정치를 구하는 방법으로 구조가 선형적이고 실제값의 평균치와 추정 값의 평균치 사이에 bias가 없으며 상태변수와 추정 상태변수의 오차 분산을 최소로 하는 특성이 있다. 이러한 칼만필터는 Gaussian 분포를 갖는 백색잡음에 의하여 구동되는 선형시스템에 적용되는 경우 최적 필터이다. 따라서 GPS/INS 시스템 통합에 칼만필터를 이용하기 위해서는 비선형항법방정식을 갖는 INS의 특성을 고려할 때 선형화 과정이 필요하다. 칼만필터를 이용한 GPS/INS 통합 방법은 수행되는 선형화 과정에 따라 다양하게 분류되는데, Indirect Feedforward, Indirect Feedback 방법으로 나누는 방법 및 선형칼만필터, 확장칼만필터로 나누는 방법이 있다. 그리고 GPS 정보이용 형태에 따라 강결합기법(Tightly Coupled Approach) 및 약결합기법(Loosely Coupled Approach)으로 나눌 수 있다.

(8) 활용분야

지형공간정보체계의 수요급증과 함께 다변화되는 공간정보들의 신속하고 정확한 입력 및 갱신 시스템이 점차 요구되고 있는 상황하에 GPS는 위치정보와 더불어 실시간으로 지형공간정보를 취득할 수 있는 수단으로 활용되고 있다. 최근에는 GPS와 INS를 결합한 시스템을 탑재하여 사진이 촬영되는 동안 모든 외부표정요소를 직접적으로 구할 수 있다. 이와 같이 외부표정요소를 구하는 방법은 기존의 처리과정과 완전히 다른 과정을 거치게 되며, 정밀하게 결합된 GPS와 INS 시스템을 최적의 필터링을 통해 처리하게 되면 매우 높은 정확도로 외부표정요소를 구할 수 있다. 이론적으로는 준거타원체 매개변수들을 풀기 위해 필요한 지상기준점을 제외하고는 더 이상 블록에서 지상 기준점의 수를 줄이는 것이 문제가 되지 않는다. 국내에서 항공기에 GPS/INS 통합시스템을 이용하여 항공사진측량에 적용하고 있다. 지상차량 측량시스템과 관련하여 GPS Van을 도입하여 도심지의 도로선형 정보 혹은 시설물 정보 등 각종 지형정보를 실시간으로 취득함으로써 국가 기간시설 자료의 데이터베이스 구축, 각종시설 현장사진의 데이터베이스 구축, GIS용 선형 도로망도 제작, 도로시설물 관리 및 데이터베이스 구축, 항공사진의 지상기준점 좌표에 의한 보정 등의 응용분야에 활용하여 관련 기술의 발전을 도모하고 있다.

GPS/INS 시스템을 이용한 항공사진측량 및 원격탐사 분야는 주로 캐나다, 독일, 미국, 영국, 스웨덴 등에서 많은 연구가 진행되고 있다. GPS/INS 통합시스템을 이용하여 GPS로부터 취득되는 위치자료와 자세자료를 INS를 통해 보완하여 보다 정밀한 자료가 취득 가능하게 된다. 항공삼각측량 분야에 획기적인 변환기를 맞이하여 1980년 후반 캐나다와 미국에서 처음으로 시작되었으며 독일, 스웨덴 등에서 연구가 활발히 진행되고 있다. 특히 항공삼각측량의 필수 과정인 외부표정요소를 직접적으로 취득함으로써 자료의 처리 시간과 지상 기준점 측량비용을 줄일 수 있고 실시간 자료처리가 가능하게 되어 기존의 항공삼각측량에 비해 매우 효율적이다.

9.8.4 수치사진측량 작업순서

GPS/INS를 이용한 항공사진촬영의 작업공정은 작업계획 및 준비, 촬영계획 수립, 지상측량, GPS/INS 촬영, 자료처리, 정리점검 및 성과품 제작으로 진행한다.

(1) 계획 및 준비

작업을 실시하기 위해서는 작업시행계획서를 작성하여야 하며, 작업시행계획서에는 작업개요, 공정별 투입인원, 사용 S/W 및 장비, 예정공정 및 작업방법, 기타사항 등을 기재한다. 항공기에 장착된 GPS와 INS의 장비는 촬영이전에 정상적인 작동여부를 확인하고 성능검사를 필한 후 2년 이내의 장비는 사용하여도 무방하며, ISO9000에 준하는 국제규격의 정밀 기선장을 이용하여 검정을 받아야 한다. 사진축척별로 구분하여 작업계획도를 작성하도록 하며 작업계획도에는 촬영경로, 촬영기지점, 좌표변환 측량점, 검사점의 위치를 표시하도록 한다.

(2) 촬영계획

촬영대상지역의 지형도를 이용하여 계획된 촬영경로의 시점과 종점의 좌표를 취득하며 촬영경로별로 직선이 되도록 촬영경로를 설계한다. 촬영경로별로 계획된 각 사진의 촬영점 좌표를 지형도상에 표시하도록 하고, 해당 좌표를 취득하며 촬영지역의 좌 · 우 외곽부분에 대하여 사진 10~3장 정도의 여분지역을 두도록 한다. 비행 S/W와 사용 GPS의 정상적인 작동여부를 확인하도록 하며 사용 계기비행 장치에서 입력한 계획 촬영점 좌표가 실제 작업지역 내에 존재한가를 확인하도록 한다. 일반적인 촬영계획에 준하여 작업하도록 하며 또한 계기비행장치는 계획기관의 사전승인을 받아 사용하도록 한다.

(3) 지상측량

촬영기지점측량은 가장 먼저 시행하는 지상측량으로 선점 대상과 위치를 선정하고 관측을 실시하여야 한다. 촬영기지점 선점대상은 촬영기지점으로 선점할 수 있는 국가기준점(삼각점 및 수준점) 도시 및 지적기준점(매설점)이다. 촬영기지점은 촬영지역의 중심부에 설치하도록 하고 WGS84 좌표를 획득하기 위한 GPS관측은 6시간 이상 실시하도록 하며 성과산출을 위한 고정점은 국토지리정보원에서 설치한 GPS상시관측소를 사용하도록 한다. 좌표변환측량은 GPS/INS 촬영 성과품을 우리나라 좌표체계에 맞도록 하기 위한 지역적으로 적합한 변환계수 산출을 위한 것을 말한다.

(4) GPS/INS 촬영

GPS/INS 촬영은 계기비행장치에 입력된 촬영경로와 각 사진의 주점위치를 확인하면서 촬영하도록 한다. 사진 촬영사는 실시간으로 GPS를 모니터링 하여 수신 상태를 확인하여야 한다. 또한, 촬영경로의 변경 시에 촬영비행기의 회전각은 날개의 수평각이 20° 미만을 유지하고 계획된 촬영경로와 실제 촬영된 경로를 비교하여 계획기관이 검토를 한 후에 재촬영 여부를 판단하도록 한다. 사용된 소프트웨어를 이용하여 모든 촬영시간에 대하여 관측 자료가 연속적으로 취득되었는지를 확인한다. GPS/INS 촬영시, 순차적으로 자동생성되는 사진에 대한 촬영점 번호와 도화 목적으로 부여되는 실제 항공사진의 번호(주기)와 일치하도록 한다. GPS/INS 촬영시 영상의 파일명중 마지막 3자리는 촬영점 번호와 일치하도록 한다.

(5) 자료처리

작업자는 촬영 시 획득된 GPS/INS 데이터를 사용 S/W에서 처리 시 각 공정단계에서 요구되는 자료형태에 맞도록 변환시켜야 한다. 촬영기지점의 정확한 평면위치와 정표고가 결정되면 촬영시의 GPS/INS 자료를 처리하며, 촬영기지점을 설치할 수 없어서 GPS 상시관측소의 자료를 활용할 경우에는 처리결과를 제시하여 감독관과 협의하여 결정할 수 있다. 취득된 GPS 자료와 INS자료를 관측시간을 이용, 동기화 과정을 통해 융합하도록 하며 융합된 GPS/INS 자료를 해당 소프트웨어에서 처리 시 센서의 오차를 점검하도록 하고 일정값 이상 오차의 발견 시에는 데이터 처리시간 및 자이로(Gyro)의 초기값 변경을 통하여 반복하여 처리하도록 한다. INS 좌표축보정값 산출방법은 지상기준점 측량에 의해서 획득된 성과를 이용하여 F.G(Full Ground)방법 또는 A.T(Aerial Triangulation)방법에 의하여 산출된 각 사진의 외부표정 요소값과 GPS/INS 촬영 시 생성되는 외부표정요소 값을 비교하여 산출하도록 한다. 일정 시간이 경과된 후에는 재 산출하도록 하고 산출된 결과에 대하여 지역별로 약간의 차이가 있으므로 대상지역에 적합하게 보정하도록 한다. 좌표변환결과, 촬영이 이루어진 시각정보, 촬영점과 사진번호 일치 결과, GPS/INS 융합 결과, INS 좌표축 회전량 보정값을 이용하도록 하며 각 촬영점에 대한 사진의 외부표정요소를 산출한다. 취득된 촬영점의 외부표정요소를 이용하여 지상측량된 검사점의 좌표를 결정하며, 검사점의 지상측량 결과와 비교하여 GPS/INS 자료의 정확도를 확인하도록 한다.

9.8.5 디지털 영상

디지털 영상은 필름 영상에 비해 영상취득 소요경비와 속도 및 자료의 관리 등 다양한 측면에서 많은 장점을 지니고 있어 다른 응용분야에서는 1980년대 이후 보편화되고 있다. 또한, 항공측량분야에서도 1990년 이후 디지털카메라의 개발에 대한 시험 모델이 개발되어 이의 활용 가능성을 입증하였다. 내부표정은 아날로그의 경우와 같이 카메라의 초점거리를 결정하는 일이다. 디지털 영상 취득의 특징은 디지털카메라를 이용하면 아날로그의 경우와 비교하여 최소 50%에서 최대 80%까지 경비를 절감 할 수 있다. 110~14 bits의 방사 해상력으로 영상의 질이 매우 높으며, 또한 기하적으로 안정적이고 흑백과 다중채널의 영상을 동시에 취득이 가능하여 매우 효과적으로 영상을 이용할 수 있다. 흑백영상과 다중채널 영상의 동시 취득으로 지도제작은 물론이고, 환경감시, 수자원 관리 등 다양한 분야에의 활용이 가능하여 항측의 응용분야와 products를 크게 넓힐 수 있다. 결과적으로 항측용 디지털 센서의 개발은 항측영상의 취득과 다양한 활용 목적을 위한 부가가치가 높은 제품들을 생산하는 데 필요한 영상의 완전한 디지털 처리가 가능한 획기적인 변화를 의미한다.

9.8.6 수치사진측량시스템

해석식도화기의 발달된 형태의 도화기를 말하며 수치도화기를 수치사진측량시스템이라 하고 입력데이터는 수치영상에 이용되며 소프트웨어를 갖추고 있는 컴퓨터를 이용하는 면에서 차이가 있다. 컴퓨터 하드웨어의 구성 상태에 따라 사용하는 소프트웨어를 달리해야 하는 경우가 있다. 워크스테이션에서는 직접 데이터베이스에 연결하여 도형정보의 자동검증을 수행하고 속성정보와 손쉽게 연결할 수 있는 소프트웨어를 사용할 수 있다. 2001년 4월 ASPRS Conference에서 출시된 수치사진측량시스템의 특징은 대용량의 항공사진영상을 처리하는 서버기반의 시스템으로 변화되고 있으며 자동항공삼각측량, 자동정사영상제작 및 모자이크제작 등 기존 제품의 성능을 많이 보완하고 있다.

수치사진측량시스템은 종합적인 GIS 시스템의 일부로 다양한 GIS 시스템과의 연계에 의하여 지형 · 지물의 추출과 함께 기존의 수치데이터를 수정할 수 있는 강력한 Tool로 변화하고 있다. 수치좌표관측시스템은 수치표고모형과 정사영상을 자동적으로 해석할 수 있으며 입체영상에 대한 입체시가 가능할 뿐만 아니라 컴퓨터 등의 전산기를 활용하여 수치영상을 신속하게 처리하고 저장하여야 한다. 수치좌표관측시스템은 모노 정밀좌표관측기로 구성되고 CCD 카메라는 정밀좌표관측기에 고정되어 있다. 수치사진측량의 입력매체는 다양한 수치영상을 이용하며 사용장비는 수치사진측량시스템을 이용하여 영상좌표의 데이터를 측정한다. 소프트웨어는 고가이지만 장비를 용이하게 개선할 수 있으며 작업은 숙련된 도화사가 필요하지만 자동으로 처리할 수 있어 편리하고 정확도가 높다.

(1) 수치사진측량시스템의 구성

수치사진측량시스템은 하드웨어, 소프트웨어, 사진측량용 스캐너(Scanner), 수치사진측량용 워크스테이션으로 구성되어 있다. 하드웨어는 입체안경(Stereo Synchronized Eyewear), 모니터(Monitor), 3D 마우스(3D Mouse), 입체모니터(Stereo Graphics Monitor)등으로 구성되어있다. 소프트웨어를 활용하여 실시할 수 있는 기능은 수치영상의 취득 · 저장 · 디스플레이 · 관리 · 수치영상처리 · Geometric & Radiometric 보정 · 수치영상 매칭 · 자동 관측점 추출 및 자동표정 · 항공삼각측량 · DEM추출 · 정사영상제작 · Mosaic제작 · 3차원 지형 · 지물 정보추출 · 결과물의 검증 등에 관한 작업을 실시할 수 있다. 전자스캐너는 대상물의 면을 탐측하지 않고 대상물에서 광학계를 통과하여 얻어진 상을 여러 개의 전자감광소자로 광전 변환하는 푸시브룸 스캔을 한다. 1개의 검지소자에 입력되는 자료가 1영상소에 대응하므로 분해 능력은 검지소자의 수에 따라 결정된다. 스캐너의 오차는 항공사진으로부터 디지털 영상을 얻기 위해 필름을 스캐너로 수치화하는 작업인데 Scanning 할 경우에 완벽하게 작업이 이루어지지 않으므로 새로운 오차가 발생한다. 디지털화된 영상은 기하학적으로 투명양화와는 다르고 Scanning 작업 시 오차도 포함되어 있다. 수치사진측량용 워크스테이션 체계에 의해서 실시할 수 있는 작업은 3차원좌표, 기하학적인 대상의 표면묘사, 구조화된 벡터 자료, 변환된 수치영상 등의 결과물이 생성된다. 일반적인 사진은 수치형태로 변환하기 위해 Scanning 되어야 하고, 고해상도의 스캔은 저장과 조작에 엄청난 용량의 수치영상파일을 요구하므로 입체 모델을 보거나 3차원 기능을 이용하기 위해서는 일반 PC에 약간의 부가적인 하드웨어가 필요하다는 점이다. 다른 일반적인 방법은 여색입체시 방법으로 적색과 청색의 안경이 청색과 적색으로 사진을 분리해 내는 작업이다.

(2) 수치사진측량시스템의 분류

기존 사진측량에서 이용되는 도화기가 기능 및 성능에 의하여 분류된 것처럼 수치사진측량시스템도 기능 및 성능, 사용목적, 운영체계 및 제공자에 따라 분류할 수 있다. 기능 및 성능은 Dowman이 1991년 기존 해석도화기의 기능 · 성능 및 자동 지형 · 지물 추출기능과 컴퓨터를 이용한 지형 · 지물의 추출기능, 특수한 응용분야를 위한 다양한 기능 및 제한적인 사진측량 기능으로 세분하여 구분할 수 있다. 사용목적에 따라 분류한 것은 1995년 Heipke가 입체 수치사진측량, 단 영상 수치사진측량, 항공삼각측량용 수치사진측량, DTM 제작용 수치사진측량, 정사영상 제작용 수치사진측량시스템으로 구분하였다. 1997년 Petrie는 운영체계에 따라

UNIX-based 수치사진측량시스템, PC-based 수치사진측량시스템, Remote Sensing based 수치사진측량시스템으로 분류하였다.

9.8.7 묘사 방법

수치도화는 측량용 사진과 위성영상을 이용하여 도화기 상에서의 지형 · 지물의 측정 및 묘사와 그에 관련된 좌표측량, 영상판독을 말하며 현재 지적분야에서는 항공사진측량에 관한 규정이 없으므로 국토지리정보원에서 지정한 표준코드를 이용하며 필요한 지형 · 지물을 항공사진 필름 혹은 영상으로부터 추출하는 작업이다. 항공사진에 의한 모델인덱스를 작성하고 지형 · 지물의 누락이 없어야 하며 도화가 불가능한 지역은 개략적으로 도화한 후, 사진판독 및 현지조사로 보완하여야 한다. 도화 Data는 반드시 3차원(X, Y, H)으로 표현하며 현지조사 · 정위치 편집 · 구조화 편집 등 후속 공정을 고려하여 최대한 표현하여야 한다. 도화의 모든 묘사 사항은 정확히 실체시된 상태에서 묘사하며 도화범위는 표정점 이내의 묘사를 원칙으로 한다. 선, 면 등의 형식으로 경계를 묘사하는 경우 모두 외곽 끝 부분을 묘사하고 방향성이 있는 선형의 묘사는 왼쪽에서 오른쪽으로 해야 한다. 기존의 1/25,000 및 1/50,000 지형도 상에 표현되어 있는 암초 및 바위 등에 대해서는 사진판독 및 현지조사를 통하여 최대한 묘사하되 사진판독이 불가능하거나 그 규모가 매우 작아 도화가 불가능할 경우는 감독관과 협의하여 생략할 수 있다. 도화의 표정 및 묘사의 허용오차는 항공사진측량 작업내규 및 수치지도 작성 작업내규에 규정한 오차에 의한다.

(1) 건축물

건물의 각 코너에 정지한 상태에서 점(Point)으로 관측하여 선(Line)으로 단독 폐합(면)되도록 묘사하는데 Rectangle은 사용이 불가능하지만 사찰 등 유선형 건물은 실제대로 묘사하되 건물의 상단을 정확히 입체화하여 묘사하여야 한다. 건물은 각 모서리에 정지한 상태에서 점으로 관측하여 Poly Line으로 단독 폐합되도록 묘사하여야 하되 사찰 등 유선형 건물은 실제 모형으로 묘사되어야 한다. 건물의 상단을 정확히 On the ground된 상태에서 묘사하여야 하며 층수의 변동 등으로 건물 상단의 높이가 달라지는 경우에는 각 지점(코너)에 정확히 On the ground시켜 묘사(사물을 있는 그대로 그려냄)하여야 한다. 차양 또는 비닐하우스, 컨테이너 등 임시설치 구조물은 묘사하지 않으며 판독이 불확실한 경우에는 묘사를 한 후 현지 조사를 통하여 확인하여야 한다. 집단지역의 건물도 각각 개별로 분리 묘사하고 관공서, 학교, 아파트 단지 등 여러 건물로 표현된 복합건물에 대해서는 각각의 개별 건물들의 소속을 명확하게 하기 위하여 반드시 담장을 묘사하여야 한다. 부분 수정지역 중 일부 증축 및 개축된 건물에 대해는 건물 전체를 재 묘사하여야 한다. 지적업무에서는 건축물을 등록할 때 건물의 외벽 선을 중심으로 등록하고 있기 때문에 많은 문제점이 노출되고 있다. 또한, 건물에 지붕이 있는 경우에는 담장을 파악할 수 없으므로 모두 현지조사를 통하여 등록하고 보완측량을 실시해야 할 부분이 많이 발생할 수 있다.

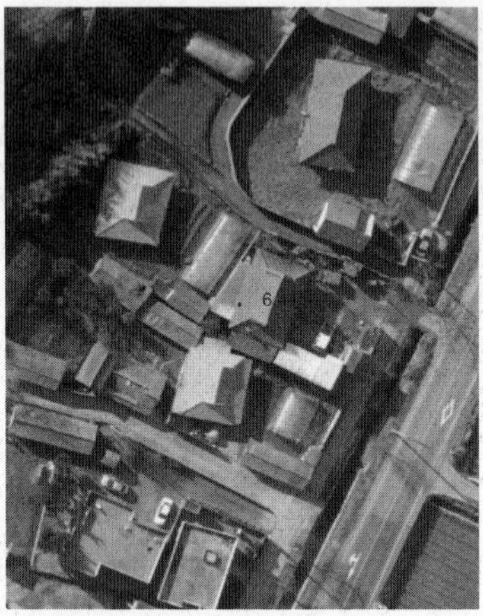
그림 9-62 건물 영상

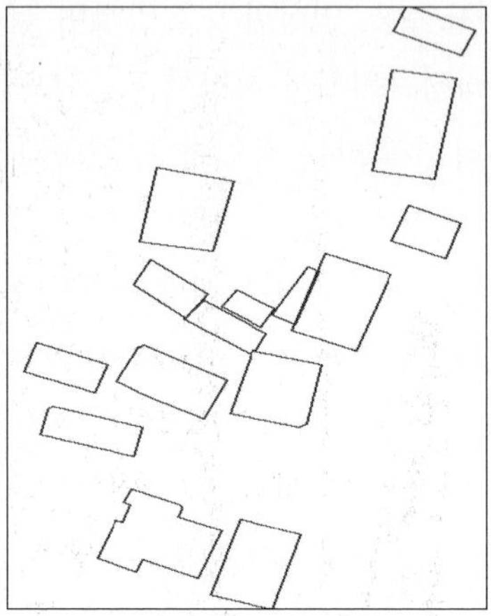
그림 9-63 건물 묘사

(2) 구조물

수치지형도에 포함되는 모든 시설물은 판독이 불확실하더라도 위치를 최대한 묘사한 후 현지조사에서 확인한다. 교량은 난간 등 구체적인 사항은 생략하고 전체적인 외곽경계를 단순 면(Box)으로 묘사한다. 시설물 종류의 판독이 명확하지 않더라도 위치 판독이 가능한 경우 유사한 기호로 최대한 묘사한다. 계단은 보행 시설만 도로경계선과 중복하여 면으로 묘사하고 옥내의 계단은 건물에 포함하여 묘사한다. 정원수는 학교, 관공서, 공원 등에 조경된 경우에는 높이가 1m 이상인 나무만 묘사한다. 전주, 전신주, 가로등 등은 가급적 하단을 묘사하되 가로등의 경우에는 상단 굴곡부로 인한 오차 발생 가능성이 크므로 주의하여야 한다. 지적업무에서는 토지조사사업 당시에 일부 지역에서 건물을 등록한 것을 제외하고는 현재까지 구조물에 대해 등록하지 않았으나 향후 등록할 것을 대비한다면 새로운 법규정에 추가하여 실시할 수 있도록 하여야 할 것이다.

그림 9-64 구조물 영상

그림 9-65 구조물 묘사

(3) 도로

시가지 등 밀집지역의 도로경계선은 건물 사이의 공간을 이용하여 최대한 정확히 묘사하되 표고값(H)을 지형과 일치시켜야 한다. 도로경계(폭)는 시가지의 경우 경계석 외곽 끝으로 묘사하고 외곽지 경우는 노견 끝을 묘사한다. 인도 경계선은 보도 경계석을 정확히 묘사하되 폭 1.0m 이상만 묘사하고 1.0m 미만은 차도에 포함하여 묘사한다. 폭 0.6m 이상의 도로는 실제 폭으로 묘사하고 그 이하는 도로의 중앙을 단선으로 묘사하며 고가도로, 입체교차로 등의 겹치는 부분과 철도부지의 암거지역 등을 입체적으로 통과하는 도로는 개별로 중복(연결)묘사하여야 한다. 교량부분은 도로경계선으로 연결 묘사하고 교량부분을 면으로 중복 묘사하며 도로경계선이 건물, 담, 가드레일, 제방 등과 겹치는 경우에도 개별 중복 묘사한다. 국도 · 지방도 등의 일반도로와 아파트 단지 등 부지안 도로 및 도로 관련 Layer가 바뀌는 부분은 상호간 연계

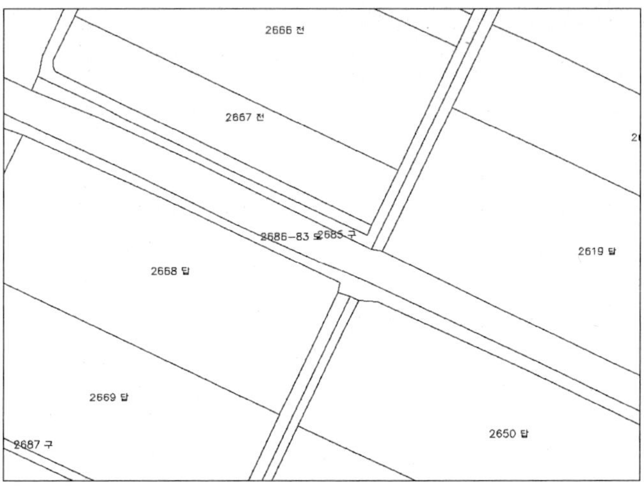

그림 9-66 지적도 도로 묘사

하여 묘사하되 도로의 끝 부분은 개방 묘사한다. 지적업무에서는 측량 · 수로조사 및 지적에 관한 법률의 규정에 적합하게 묘사하여야 한다. 즉, 도로의 절토면은 상단부, 성토면은 하단부를 경계로 묘사하여야 한다. 담장이 설치된 경우에는 담장 외벽선, 하천과 인접한 경우에는 하천의 어깨부분으로 묘사하며 농경지의 경우에는 경작지를 제외한 부분까지 묘사한다.

(4) 하천

폭 0.6m 이상의 수로는 실제 폭으로 그 이하의 수로는 중앙을 단선으로 묘사하며 제방 및 도로 등과 인접지역의 수계는 개별적으로 중복하여 묘사한다. 교량, 암거 등으로 판독되지 않는 단절된 지역도 연결 묘사하고 도곽 내의 댐, 저수지 등의 수계는 단독으로 폐합하고 복개된 하천 등에 인접되는 수로의 끝 부분은 개방하여 묘사한다. 제방, 도로 등과 인접되는 수계는 중복되더라도 개별 묘사하고 계곡 등의 수로 묘사는 가능한 한 높은 곳에서 낮은 곳으로 이동하며 묘사한다. 지적업무에서는 지형도 제작에서의 경계설정방법과는 다르게 하천과 구거를 묘사할 경우에는 하천이나 수로 폭에 관계없이 묘사하고 경계의 결정은 하천의 양어깨부분으로 결정하며 또한 경계가 명확하지 않을 경우에는 최대한 물의 양이 많을 경우를 대비하여 결정한다. 하천과 도로 등과 중복되는 경우에는 등록선후의 원칙과 용도경중의 원칙에 따라 결정한다.

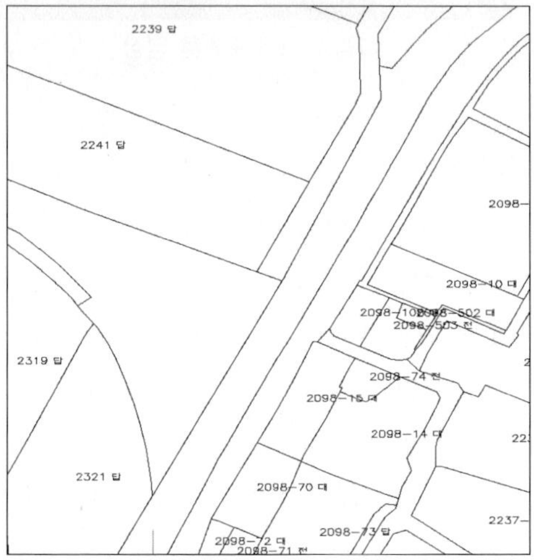

그림 9-67 지적도의 하천 묘사

(5) 철도

철도는 각 레일을 선으로 묘사하고 별도의 경계가 없는 개방지역만 묘사하고 있다. 그러나 지적업무에서는 철도용지에 대한 지목을 별도로 규정하고 있으므로 경계등록 방법에 의거 일반적인 일필지 측량방법에서 결정한 경계등록 방법에 따라야 할 것이다.

(6) 지류와 경계

지류의 설정방법은 주로 지형도나 수치지도를 작성할 경우에 묘사하는 방법으로 농작물을 경작하는 성분에 따라 논과 밭의 전체에 해당하는 경계를 지류계로 폐합 묘사하고, 필지별 경계를 경지계로 분할(지류계에 결합)형식으로 묘사하여야 한다. 모든 지류는 경계를 사용하여 단독폐합 묘사를 원칙으로 하되 도로경계, 건물 등과 인접된 지류도 별도로 폐합하여 묘사한다. 지류에 해당되는 기호(Symbols)는 필지 당 한 개를 원칙으로 하고 비닐하우스 부분은 본래의 논 또는 밭으로 묘사하고 도로와 인접하는 부분에 대해서는 구조화 편집 공정을 고려하여 중복하여 개별 묘사한다. 지적업무에서는 지형도의 제작에서의 경계설정방법과는 다르게 측량·수로조사 및 지적에 관한 법률에서 규정하고 있는 설정방법과 동일하게 연접되는 토지 간에 높낮이 차이가 없는 경우에는 그 구조물 등의 중앙, 연접되는 토지 간에 높낮이 차이가 있는 경우에는 그 구조물 등의 하단부를 경계로 설정한다. 연접되는 토지에 높낮이와 구조물이 없는 경우에는 처마 끝선 또는 공지의 중간을 경계로 설정하는 방법과 인접소유자 간의 협의로 말목을 박아 경계로 설정할 수 있다.

그림 9-68 경계설정 영상

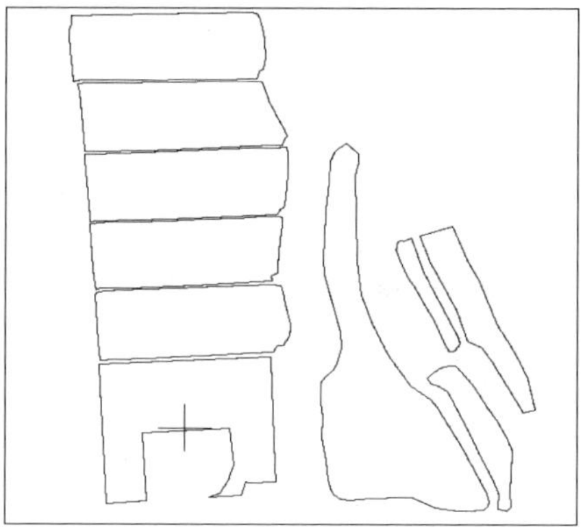

그림 9-69 지류 묘사

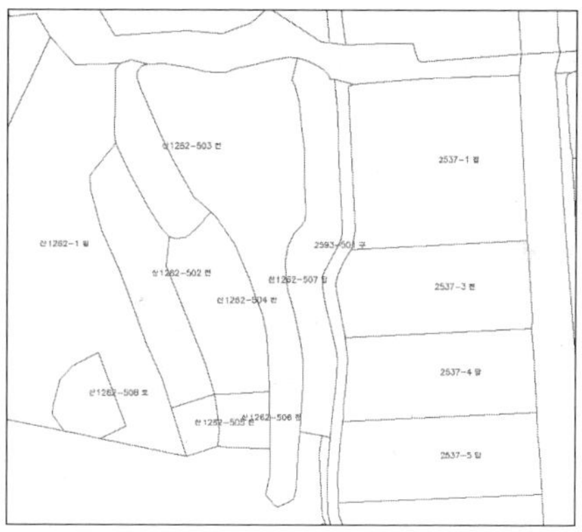

그림 9-70 지적경계선 묘사

(7) 지형 · 지물

성토와 절토된 경사면의 평면의 폭이 2.0m 이상일 경우에만 그림 9-71과 같이 묘사하되 하단경계는 다른 경계와 중복되더라도 묘사한다. 하지만, 옹벽 또는 콘크리트제방이 수직일 경우는 상단만 묘사하고 하단은 생략한다. 그렇지만 지적경계등록은 이와 같이 해서는 안 되며 현지 보완측량을 실시해서라도 반드시 등록하여야 한다.

그림 9-71 성토 · 절토 경사면

그림 9-72 도로의 표고점

(8) 표고점

제방의 성 · 절토는 경사면의 평면 폭이 2.0m 이상만 묘사하되 하단경계는 다른 경계와 중복되더라도 묘사하며 제방은 실폭 또는 단선제방의 상단에 200m 간격으로 묘사한다. 평탄지의 표고점은 40m 간격, 도로의 표고점은 인도와 차도 모두 20m 간격으로 배치되도록 묘사하고 교차로, 교량부분 등을 포함하여 중요한 부분에 대하여 묘사한다. 산지의 표고점은 정상 및 정상과 정상 사이의 낮은 지점을 묘사하고 계단식 필지사이의 경사부분은 표기하지 않는다. 지류를 지나가는 등고선의 간격이 평면거리 200m 이상인 경우 수평지점(논, 밭 등)에 묘사하며 오목지점, 변곡점, 넓은 공지 및 필요한 지점을 묘사한다. 지적업무에서는 표시하지 않는 방법이므로 참고하면 좋을 것이다.

(9) 등고선

사각지역 및 음영 등으로 인하여 도화가 곤란한 경우를 제외하고는 최대한 직접 도화하여야 하며 보간(Interpolation)에 의한 등고선 묘사는 하지 않아야 한다. 건물 등이 밀집된 시가지라도 반드시 연결 묘사하여야 하며, 또한 교량, 암거, 입체교차부 등 추정이 가능한 일시적인 사각부분도 연결 묘사하여야 한다. 가능한 낮은 곳에서 높은 곳으로 또한 방향을 동일하게 유지하여 묘사하며 1/5,000 지형도의 터널 위를 지나가는 등고선은 끊어지지 않아야 하며 도로를 관통하는 등고선은 도로와 직교를 유지하여야 한다. 지적업무에서는 표시하지 않는 방법이지만 토지조사사업 당시에는 일부 지역에서 등고선을 등록하였다.

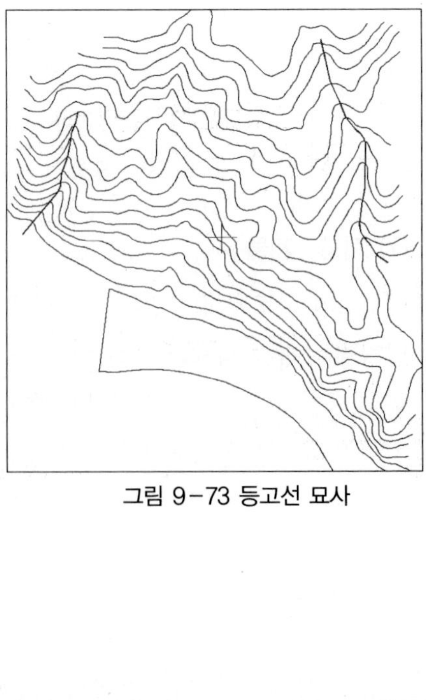

그림 9-73 등고선 묘사

(10) 기타 묘사

모든 수치도화 Data는 3차원 좌표값을 유지하되 모든 묘사 사항은 정확히 입체화하여 묘사(전주, 전신주, 가로등)한다. 도화범위는 표정점 이내만 묘사하는 것을 원칙으로 하고 폭 또는 면으로 이루어진 모든 사항은 경계 끝을 묘사한다.

9.8.8 도화축척과 도화원도

도화축척은 원칙적으로 최종도면의 축척과 동일하게 하여야 하고 1/500, 1/1,000, 1/2.500, 1/5,000, 1/10,000, 1/25,000의 6가지 종류가 있으며 사진축척과 도화축척의 관계는 표 9.4와 같다.

표 9.4 사진축척과 지도축척의 관계

사진축척	4,000	6,000	10,000	15,000	20,000	35,000	60,000
지도축척	500	1,000	2,500	5,000	10,000	25,000	50,000
비율	8	6	4	3	2	1.4	1.2

기존의 도화작업은 가옥, 빌딩 및 시설물 도화시에는 건축물의 외곽 경계부분만을 추출하여 3차원으로 모델링이 불가능하였다. 도화원도에 표시하는 대상 및 기호는 세부측량을 할 때 현존하는 지물로 하며 지속성이 없는 지물이라도 필요하다고 인정되는 것 또는, 표시하지 않으면 파악이 불가능한 것 등을 표시하여야 한다. 그림 9-74와 같이 도화원도의 점검사항은 기준점 등의 전개 적정여부, 기준점 및 연결점(종접합점) 등의 수평위치 및 표고의 적정여부, 도화의 누락, 수평위치 및 표고의 오차, 끊어진 선의 유무, 접합상태에 대한 세부도화, 표고점의 위치, 밀도, 측정값의 적정여부, 등고선과 관계되는 표고점 등을 상세하게 점검하여야 한다.

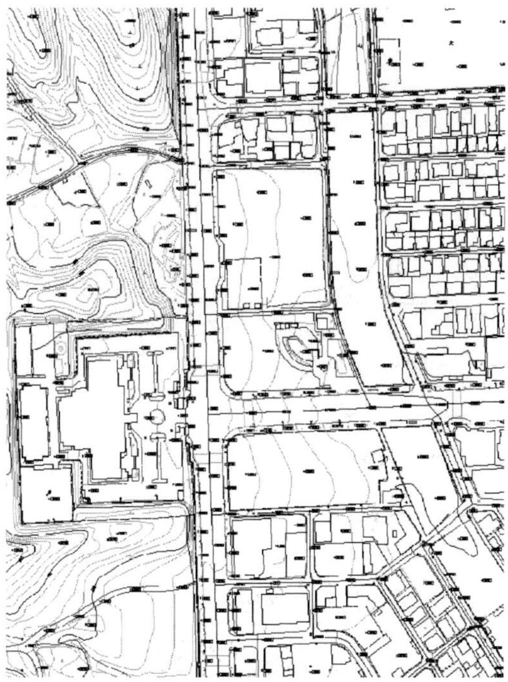

그림 9-74 도화원도

9.9 라이다

라이다(LIDAR; Light Detection And Ranging)는 레이저를 이용하여 특정 지점까지의 거리를 측정하고 있는 것으로 이론적으로는 모든 광원은 LIDAR 사용이 가능하도록 되어 있지만 실제 업무에서는 한정된 레이저만 이용하고 있다. 항공레이저측량은 LIDAR시스템을 항공기에 장착하여 레이저 펄스를 지표면에 주사하고 반사된 레이저 펄스의 도달시간을 측정함으로써 반사지점의 3차원 위치좌표를 계산해 지표면에 대한 정보를 추출하여 레이저에 의한 대상물의 위치를 결정하는 방법이다. 레이저 단면측량은 기상조건에 좌우되지 않고 산림이나 수목지대에서도 투과율이 높으며 자료취득 및 처리 과정이 완전히 수치방식으로 이루어지며 측량의 경제성과 효율성이 매우 높다. 1676년 Olaus Roemer가 목성의 위성에서 빛의 속도를 최초로 계산하였으며 그 후 지속적인 연구를 통해 빛은 1초에 299,792,458km를 이동한다고 밝혀졌다. LIDAR 기술은 1990년대 중반부터 본격적으로 상업화를 위해 개발되기 시작한 항공사진측량기술의 일부로 공간정보를 나타내는데 경제적이고 효과적인 방법으로 인식되어 왔다. LIDAR 자료취득방법은 항공사진측량 취득방법과 유사하나 차이점은 지상기준점 측량이 불필요하며 항공사진측량에 비해서 기상조건에 영향을 적게 받는다는 사실이다. 자료의 처리방법 측면에서는 자료가 비교적 단순하기 때문에 자동화 처리방법의 개발 및 적용이 항공사진에 비해서 쉽게 처리할 수 있는 장점이 있다. LIDAR는 신속하고 효율적으로 공간정보를 제공해 주지만 사진영상이 제공하는 풍부한 의미적인 정보(Semantic Information)가 없으며, 단순히 지표면의 높이 정보만을 제공하는 것으로 정보의 범위가 제한되었다. 그러므로 LIDAR가 제공해 줄 수 있는 공간정보는 지표면(Bare Ground) 또는 지표면 위에 있는 인공 구조물에 대한 3차원 좌표정보라고 할 수 있다.

현재의 LIDAR측량은 항공사진영상의 시각적인 정보를 기반으로 한 다양한 공간정보를 제공하고 있지만 자료취득 후 자료처리에 의한 정보추출에 많은 비용과 시간이 소요된다. LIDAR는 재래식 항공사진측량방법으로 적용이 어려운 산림, 수목 및 늪지대의 지형도 제작에 유용하며 항공사진측량에 비해 산림지대의 투과율이 높다. 그러나 능선이나 계곡 및 지형의 경사가 심한 지역에서는 정밀도가 낮으나 작업속도는 신속하여 경제적이다.

9.9.1 시스템의 구성

LIDAR 시스템은 항공레이저스캐너(Airborne Laser Scanner)와 GPS 및 INS시스템으로 구성되어 있다. RADAR(Radio Detection and Ranging)는 능동적이고 시간과 장소에 구애받지 않는 전천후로 사용할 수 있는 극초단파(Microwave)의 파장대를 사용한다. LIDAR 장비는 거리를 측정할 때 이러한 빛의 속도와 광선, 정밀시계, 발신/수신기 등을 이용하며 빛이 반사되어 돌아오는데 걸리는 시간을 반으로 나누고 빛의 속도를 곱하면 수신측과 반사대상물 사이의 거리가 결정되는 것이다. GPS위성으로부터 신호를 수신하여 절대 위치를 결정하는 GPS는 LIDAR 시스템과 함께 지구상에서 언제, 어디서나 3차원 위치를 제공하고 있다. LIDAR의 상업적인 장비는 독일 슈트트가르트(Stuttgart) 대학을 포함한 NASA의 많은 연구단체를 기반으로 설계되었으며 1990년대에 항공촬영용으로 적합하게 정확하고 세밀한 기술이 현재의 LIDAR 장비로 개발되었다.

(1) 항공 LIDAR장비

그림 9-75 탑재 항공기 내부

항공레이저 측량 장비는 레이저펄스의 초당 반복율이 7만 번 이상의 고성능의 LIDAR 장비를 사용하며 수평 및 수직정확도는 시스템 및 고도에 따른 변수가 있다. 일반적으로 수직정확도는 비행고도 1,200m에서 15cm, 3,000m일 경우에는 35cm가 확보되며, 수평정확도는 비행고도(H)×1/2,000로 제시되어 약 1,000m 측량시에 약 50cm이내가 유지되도록 한다. 장비를 선택할 경우에는 주사폭(Scan Width)에 영향을 미치는 주사각(Scan Angle), 거울 진동수(Scan Frequency), 초당 반복 레이저 주사 횟수인 주사율(PRF; Pulse Repetition Frequency)을 적절히 고려하여 지상에서의 포인트 분포가 최대한 균등배치 되는 장비를 사용한다. 레이더는 보통 항공기에 탑재하여 사용하므로 SLAR(Side Looking Airborne Radar)라고 하며 실개구형(RAR; Real Aperture Radar)과 합성개구형(SAR; Synthetic Aperture Radar)이 있다. 실개구형(RAR)은 항공기 진행방향에 직각으로 전파를 발사하고 안테나 빔의 형태는 진행방향으로 좁고 직각방향으로 넓은 부채꼴이며 반사파 강도와 위상차를 정밀 관측하여 대상지역의 형태를 판독하는데 이용한다. 합성개구형(SAR)은 진행방향의 해상도를 높이기 위해 비행체의 이동을 이용하여 합성안테나를 형성하고 있다.

레이저(LASER; Light Amplification by Simulated Emission of Radiation)는 ALS 시스템으로 0.8μm~1.6μm의 파장대를 사용하고 레이저 타입은 CW (Continuous Wave), Pulse형이 있는데 주로 Pulse형을 이용하며 펄스율은 30HZ~25,000Hz 이다. 레이저 특징은 기상조건과 무관하며 산림의 수목에 투과율이 높아 지형도 제작에 편리하다. 관측방법은 GPS, INS 자료와 함께 항공기와 지상간 거리로부터 각 점의 3차원 좌표를 계산하며 전파가 지표를 따라 전달되어지는 데에 따른 감쇄, 전리층에서의 반사파에 의한 간섭, 공전의 영향이 있어 그 이용범위, 정밀도, 신뢰성 등에 한계를 가지고 있다.

(2) 항공 디지털카메라

항공 디지털카메라는 항공레이저측량 장비와 일체형으로 제작·운영되어 동시성을 확보하도록 하며 GPS/INS 시스템과 일체형으로 통합되어 외부표정요소 취득이 편리하여야 한다. 영상은 동시에 컬러 및 적외선 영상의 촬영이 가능하고, 빠르고 간편하게 결과물 확인이 가능해야 하며 작업지역에 대한 영상촬영이 공백없이 진행되도록 충분한 노출간격을 확보하여야 한다. LIDAR 시스템의 Sensor는 물에 사용되는 것과 땅에 사용되는 2가지 형태로 구분된다. 수심측량용 LIDAR는 전자기장 스펙트럼의 각기 다른 Blue, Green부분을 사용하는데 적외선은 물에 흡수되어 잘 반사되지 않기 때문이다. 반면에 Blue-Green 레이저에서 파장이 다른 2파가 송신되면 하나는 수면에, 다른 하나는 수면을 뚫고 바닥에 도달하는데 이들의 차이는 수심의 깊이에 따라 다르다. Topographic LIDAR는 사용하는 레이저, 제조사, 보조 장치(GPS, INS)의 성능에 따라 다양하며 비행높이를 결정짓는 레이저의 세기와 지상에 물체와 반사될 때의 점 크기를 결정하는 광선의 퍼짐 정도로 구분하고 있다. LIDAR 시스템에서 강도(Intensity)는 반사되어 돌아와서 기록되는 에너지의 양에 따라 구분되는데 금속물질 같은 것은 높은 에너지 반사를 나타내고, 아스팔트로 검게 포장된 도로는 대체로 낮게 나타난다.

9.9.2 LIDAR의 원리

항공기에 레이저 펄스, GPS수신기 및 관성측량 장치를 동시에 탑재하여 비행방향에 따라 일정한 간격으로 지형의 기록을 관측한다. 위치결정은 비행방향을 따라 일정한 간격으로 지형의 기복을 관측하여 수평위치는 정밀GPS 기법에 의하며 수직거리는 관성측량기로 결정한다. 자료취득방법은 Object Space 자료를 직접 취득하며 지상기준점이 필요 없고 자료처리는 자료형태가 단순하므로 자동화로 실시하는 것이 편리하다. LIDAR는 레이저 스캐너를 항공기에 장착하여 레이저 펄스를 발사하고 반사된 레이저 펄스의 도달시간을 관측하여 반사 지점의 공간위치 좌표를 계산해 지표면에 대한 정보를 추출하는 기법으로 최근에 많이 이용되고 있다. LIDAR는 지상의 표고자료를 취득하는 레이저 스캐너와 위치결정 및 비행기록 장치인 GPS와 INS로 구성되어 있으며 레이저 스캐너의 외부표정요소를 결정하는 역할을 한다. LIDAR에서 자료처리 과정을 통하여 최종 생성되는 산출물로 레이저 펄스의 반사 지점에 대한 다량의 공간위치(X, Y, Z) 자료와 임의로 추출된 공간위치 자료를 이용하여 제작된 격자 자료형식의 DEM과 DEM에 수목과 인공지물 등의 지형 피복이 추가된 DSM 및 지표면의 형상에 대한 정보 등이다. 레이저 스캐너는 센서와 지표면까지의 거리 및 방향을 관측하여 지표면 상의 표고점에 대한 3차원 좌표를 결정한다. Scanning 각도를 넓게 할 경우에는 비행방향에 대해 직각으로 레이저를 주사할 때 보다 넓은 면적에 대한 관측이 가능하며 레이저 관측장치, 광학 주사장치와 제어 및 처리장치로 구성되어 있다.

항공기 하부에 탑재되어 있는 레이저 스캐너는 주사폭에 해당하는 지역에 대해 Scanning 레이저와 지표면 사이의 범위에 대한 지형정보를 관측하게 된다. 주사폭은 관측목적, 기상조건, 점밀도와 간격 및 기타 여러 가지 인자들에 의해서 결정되며 지표면에 대한 레이저 관측점의 밀도는 펄스 주파수와 항공기의 고도와 속도에 따라 달라진다. 레이저를 이용한 측정에서는 Pulse와 CW (Continuous Wave)의 두 가지 원리가 적용되며 이들의 측정원리는 그림 9-76과 같다

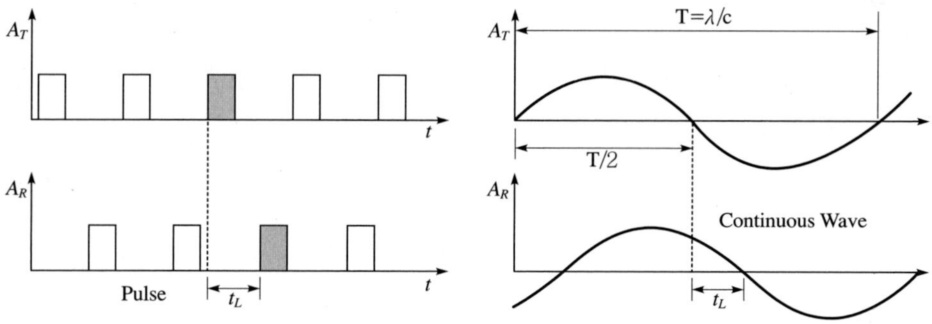

그림 9-76 pulse와 CW에 의한 거리 측정

(1) LIDAR의 거리측량

레이저를 이용한 거리의 관측에는 크게 도달시간을 관측하는 펄스(Pulse)를 이용한 방법과 위상차(Phase Shift)를 이용하는 방법이 있다. 레이저 스캐너는 송신된 레이저 펄스가 지표면에 도달하여 항공기에 탑재되어 있는 센서로 되돌아오는 시간을 관측하며, 관측된 시간을 이용하여 지표면과의 거리를 계산하게 된다. LIDAR는 매우 작은 순간 시야각(IFOV; Instantaneous Field of View)을 가진 강력한 레이저를 발사하여 지상에서 반사되는 레이저가 스캐너에 도달할 때까지의 시간을 관측하고 그 값에 빛의 속도를 곱하여 거리를 계산한다. 현재 사용되고 있는 대부분의 LIDAR 장비에서는 펄스 레이저를 사용하며 거리를 관측하는 가장 일반적인 방법으로 레이저펄스의 왕복시간을 관측하여 광속을 곱한 값으로서, 펄스가 방사되고 수신되는 사이의 시

간을 이용하는 것이다. 따라서 거리관측부와 지표면 위치 간의 최대 거리는 $R_{\max} = \frac{1}{2}ct_{L_{\max}}$이며 거리의 정확도는 펄스의 생성시간(Generation Time), S/N비율, 관측비율 등으로 $\sigma_R \sim \frac{C}{2}t_{\text{rise}} \frac{1}{\sqrt{S/N}}$ 와 같이 결정된다. S는 광다이오드 전류의 신호강도, N은 광다이오드와 증폭기의 열잡음 강도이며 일반적으로 사용되는 LIDAR 시스템에서 거리관측의 정확도는 cm 단위를 가진다.

(2) 레이저 스캐너

레이저 스캐너는 비행경로 좌우방향으로 관측범위를 확대할 수 있으며 관측범위는 주사각과 비행고도에 따라 결정된다. 이외에 주사율(Scanning Rate), 비행고도, 비행속도, 초당 레이저 관측회수 등에 의해 LIDAR의 밀도와 특성이 결정되며 레이저는 항공기에 장착되어 레이저 빔을 좌우로 굴절시키면서 지상을 스캔한다. 관측 속도는 장비에 따라 조금씩 차이가 있으나 일반적으로 5,000points/초이다. 레이저 장치는 항공기가 비행하는 동안 지상 연직방향을 스캔하도록 항공기에 고정되어 탑재되어 있지만, 항공기 회전각(Roll, Pitch, Yaw)의 불규칙적인 변화로 인해 레이저 빔이 지상의 연직방향을 스캔하지 못할 수 있다.

이러한 불규칙적인 항공기의 회전각 자료는 INS 장비에 의해 보정이 가능하고 GPS 장비는 항공기에 장착된 레이저의 3차원 위치를 결정하는데 사용되며 정확도가 높은 레이저 장비를 사용할 경우 ±0.15m의 표고 정확도를 얻을 수 있다. LIDAR에서 Scanning 방식은 Fiber 스캐너, Palmer 스캐너 및 레이저 센서 전면에 부착된 거울이 진동하는 방식과 회전다각형 등의 방식으로 구분할 수 있으며 Scanning은 한 방향 또는 두 방향으로 이루어지고 있다. LIDAR 자료에는 하나의 지상점에 대해 2개 이상의 표고 정보가 기록될 수 있다.

LIDAR에 의한 DEM과 DSM 자료는 각 레이저 펄스의 보간과 반사된 펄스에 대한 항공기의 위치와 회전각정보를 이용하여 생성되는데, 이러한 위치나 회전각정보의 계산에 이용되는 것이 GPS/INS 통합시스템이다. 또한, GPS/INS 통합시스템은 가속도와 고도 변화율을 관측함으로써 항공기의 정확한 경로를 결정하고 계획된 궤도를 유지하는 항공기의 항해 및 유도 기술에 활용되며 시스템의 구성은 그림 9-77과 같다.

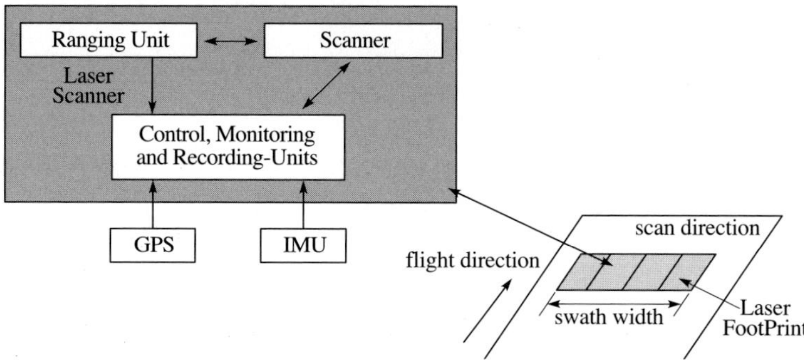

그림 9-77 LIDAR System의 원리

GPS와 레이저 스캐너 간의 위치관계 및 INS와 레이저 스캐너 간의 회전각 관계를 알고 있으면 관측된 거리를 이용하여 기준좌표계에 대한 지표면의 좌표는

$$\begin{bmatrix} X \\ Y \\ Z \end{bmatrix} = \begin{bmatrix} X_o \\ Y_o \\ Z_o \end{bmatrix} + \begin{bmatrix} X_d \\ Y_d \\ Z_d \end{bmatrix} + (R_T^I \cdot R_I^L) \cdot \begin{bmatrix} \ell_X \\ \ell_Y \\ \ell_Z \end{bmatrix}$$
식을 이용하여 계산할 수 있다.

여기서, X, Y, Z; 레이저 주사점의 지상좌표, X_o, Y_o, Z_o; GPS 수신기에 대한 레이저 스캐너의 위치, X_d, Y_d, Z_d; 좌표계 변환에 따른 GPS 위치의 오차, R_T^I; 기준좌표계와 INS간의 회전행렬, R_I^L; 레이저 스캐너와 INS 간의 회전행렬, ℓ_X, ℓ_Y, ℓ_Z; 레이저 스캐너에서의 레이저 광선 벡터이다.

이와 같이 표고점 좌표의 계산을 위해서는 LIDAR 장비를 구성하는 각 부위의 상호 위치 및 회전각 관계가 정리되어야 하며 시스템 변수는 센서검정 과정을 거쳐 파악된다. 센서검정은 운동장과 같은 평지나 대형건물과 같은 기준지역의 상공을 여러 방향에서 비행하여 관측한 자료를 이용하여 수행된다. 그러나 검정에 대해서는 표준화된 공정이 없으며 현재까지 장비제조업체에서 각각 독자적인 작업방법에 의해 검정을 수행하고 있으며 관측 값을 이용하여

$$\begin{bmatrix} X_G \\ Y_G \\ Z_G \end{bmatrix} = \begin{bmatrix} X_L \\ Y_L \\ Z_L \end{bmatrix} + S \begin{bmatrix} cosk_L & -sink_L & 0 \\ sink_L & cosk_L & 0 \\ 0 & 0 & 1 \end{bmatrix} \begin{bmatrix} -\sin\phi_L \\ \sin\omega_L \\ (1-\cos\omega_L)(1-\cos\phi_L) \end{bmatrix}$$
식으로

표고점 좌표를 계산할 수 있다.

여기서, X_G, Y_G, Z_G; 표고점의 지상좌표, X_L , Y_L, Z_L; 레이저 스캐너의 위치, ω_L, ϕ_L, k_L; 레이저 광선의 순간 스캔각을 포함한 회전각, S; 목표물까지의 거리이다.

레이저 스캐너의 위치와 회전각을 알면 지상표고점의 좌표계산은 단순한 과정을 통해 이루어질 수 있으나 표고점 좌표의 오차는 좌표결정에 영향을 미치는 7개의 변수((b_x, b_y, b_z, ω, ϕ, k, m)로부터 전파되기 때문에 다양한 오차를 갖게 될 수 있다. LIDAR 측량 오차는 대부분 GPS 및 INS오차에 의해 발생하며 실제로 LIDAR 시스템 자체에 의하여 관측되는 경사거리의 오차는 1cm 정도에 불과하다. 항공기에 GPS를 탑재하고 지상의 GPS 기준국을 운영할 경우 GPS 시스템의 오차는 수 cm에 불과하며 LIDAR를 위한 INS오차는 1,000m의 비행고도를 기준으로 약 2cm 정도의 수평위치 오차를 유발하며 고도가 높을수록 오차는 커진다. GPS 시스템과 INS 오차를 종합하면 약 1,000m 비행고도를 기준으로 수평정확도는 15m~30cm 정도이며 수직정확도는 약 15cm 정도이다.

(3) DEM과 DSM제작

DEM의 제작은 주로 보간을 통해 DSM을 만들고 이를 기준으로 건물이나 식생 요소를 제거하여 지표면 요소만을 포함하는 최종 DEM을 취득하게 된다. 보간에 의해 제작한 DSM은 건물, 제방 등과 같은 인공구조물과 식생 등의 자연지물에 대한 높이 정보를 포함하고 있기 때문에 이를 제거하여 DEM을 제작하여야 한다. 이러한 인공 및 자연지물을 제거하는 방법으로는 수학적 함수를 이용한 필터를 적용하는 방법과 수리 형태학적 특성을 이용하여 건물영역을 분할하는 방법 등이 있다. LIDAR 자료를 이용한 초기 DSM 제작은 LIDAR의 점 자료로부터 TIN을 형성하고 일정간격의 자료보간 방식을 사용한다. 일반적으로 Natural Neighbour 보간기법과 크리깅 보간(Kriging Interpolation)기법을 많이 사용하고 있으며 크리깅 보간기법은 관심 있는 지점의 특성값을 알기위해 주위 값들의 선형조합으로부터 원하는 지점의 값을 예측하는 기법이다. 이때, $\overline{z}$는 위치를 알고 있는 지점에서의 크리깅을 이용한 예측 값이며 z_i는 이미 그 위치와 값을 알고 있는 주위의 점, n은 크리깅 예측을 위해 사용한 자료의 총 개수, ω는 각 자료의 가중치이다. 가중치는 예측 값과 참값 사이의 오차가 최소가 되도록 결정되며 많은 경우에 추정 값이 편향되지 않아야 한다는 조건을 추가로 사용하여 그 값을 결정하는 방법은 $\overline{z} = \sum_{i=1}^{n} wz_i$식을 이용한다.

9.9.3 작업순서

(1) 비행계획 및 촬영

디지털 영상을 얻기 위한 비행 설계는 항공레이저측량 설계에 종속적이며 항공레이저측량 설계시 디지털 영상의 중복도의 확보 여부 및 카메라의 촬영시간 간격을 확인하여야 한다. 항공레이저측량 장비와 디지털카메라는 일체형으로 조합되어 있으며 GPS/INS 시스템의 성과를 이용할 수 있다. 비행 중 미리 작성된 비행설계를 바탕으로 디지털카메라는 자동으로 데이터를 취득하게 되며 작업자는 모니터링용 컴퓨터에서 실시간으로 확인한다. 촬영된 데이터는 외장하드디스크에 저장되며 작업용 컴퓨터에서 간단히 변환과정을 거쳐 영상을 취득한다. 항공레이저측량 설계는 비행고도, 정밀도, 디지털 영상 취득유무 등에 따라서 코스간격 등의 설계인자(Parameter)가 변경되며, 포인트의 분포는 비행방향과 수직방향으로 균일하게 설계하여야 한다. LIDAR 데이터의 최종 결과와 품질은 비행계획 수립 단계에서 정해지므로 비행계획을 수립할 경우에는 레이저포인트 점의밀도(단위면적당 포인트 개수), 코스방향 및 간격, 지상 GPS 기준국의 위치 및 현장상태, 비행허가 및 기상상태, GPS 위성의 개수와 기하학적 배치상태(DOP), 동시 탑재되는 디지털카메라에 관한 사항을 고려하여야 한다.

(2) GPS기준국 설치

항공기의 이륙에서부터 착륙까지 전 시간에 걸쳐 GPS 데이터 수신을 1초 간격으로 운영하며 설치 위치는 주변에 높은 빌딩이나 전력탑 등 GPS위성 신호의 수신에 있어 방해가 없는 지점을 선택한다. 정확도를 높이기 위해 사업지역의 중심부에 설치를 하되 주변지형과 측량 상황에 따라서 반경 30km 이내에 촬영지역이 포함되도록 GPS기준국을 설치하며 GPS기준국의 좌표는 국토지리정보원의 GPS상시관측소 데이터를 연결하고 ITRF 좌표계에 의한 경도, 위도, 타원체고에 대한 성과를 산출하여야 한다.

(3) 데이터 취득

LIDAR 데이터를 취득 시에 일정고도에서 운항 항공기가 안정적인 자세로 유지하는 것이 중요하며 코스와 코스간의 비행기 회전각을 20° 이하로 유지하여 GPS위성 신호의 수신단절이 없도록 하여야 한다. GPS위성의 PDOP은 3이하, 위성 고도각은 15° 이상, 위성의 개수는 5개 이상이 되도록 한다. 안개, 구름 등 외부 기상조건에 따라 레이저 펄스를 흡수, 반사, 산란 등이 발생할 수 있는 경우와 디지털 영상 촬영에 지장이 있는 경우에는 데이터 취득을 일시적으로 중단한다. 항공 LIDAR 시스템에서 발사하는 레이저는 특정조건에서는 사람의 눈에 치명적인 영향을 미칠 수 있으므로 자동 차단 기능을 작동시킨다.

(4) 데이터 처리

LIDAR 자료는 후처리를 실시하는데 GPS지상국의 자료를 바탕으로 항공기 취득 자료를 정확히 얻기 위해 선택된 준거체계에 항공기 자료들을 맞추고 해당지역에 적합한 좌표로 변환하여 이용한다. 촬영된 영상은 하드디스크에 저장되어 단계별로 후처리하고 디지털영상과 항공레이저측량에서 생성된 수치표고자료를 이용하여 정사영상을 제작하며 전체적인 모자이크 영상을 제작한다. 외부표정요소는 디지털 영상이 취득되는 시점의 카메라 주점의 위치(X, Y, Z)와 자세(Omega, Phi, Kappa) 정보를 말한다. GPS/INS 데이터, 이격거리 및 카메라 좌표축과 INS 센서의 축이 서로 불일치하는 직각좌표계의 X, Y, Z축의 회전량인 회전량 보정값 등의 보정 정보이며 한번 설정된 회전보정값은 일정시간과 촬영지역이 변경되면 그 양이 변화되므로 보정값을 변경하여야 한다. 투영정보 등으로 초기 외부표정요소를 취득하고 촬영당시의 초기 외부표정요소, 카메라 정보 및 지상점 측량좌표를 이용하여 항공삼각측량을 수행하고 정밀한 외부 표정요소를 계산한다. GPS/INS에 의한 외부표정요소가 얻어지면 영상과 초기 외부표정요소 값을 근거로 항공삼각측량을 수행한 후 각 영상의 외부표정요소를 바탕으로 항공 LIDAR 측량의 지형데이터 위에 적절한 영상을 위치시킴으로써 각 사진별 정사영상을 제작한다. 실제 비행설계에서부터 일정한 중복도를 가지고 촬영하였기 때문에 종횡으로 중복부분을 가지며 따라서 그림 9-78과 같이 접합선(Seam Line)을 설정하여 각 부분에 적합한 영상을 지정하고 여러 장의 정사영상을 전체적인 하나의 모자이크 영상으로 제작한다.

데이터 전처리는 지상에서 관측된 지상 GPS 기준점 데이터 처리를 포함하여 최종 레이저 포인트에 대한 3차원 좌표값을 얻는 처리단계이다. 취득된 데이터는 항공기내에 설치되어 있는 제어시스템에 장착된 하드디스크에 비행 중 측정된 항공레이저 데이터 및 항공기의 위치와 자세를 위한 GPS/INS 데이터에 저장된다. 항공기의 위치 및 자세정보는 지상 GPS기준국 데이터와 항공기에서 취득된 GPS데이터를 연결하

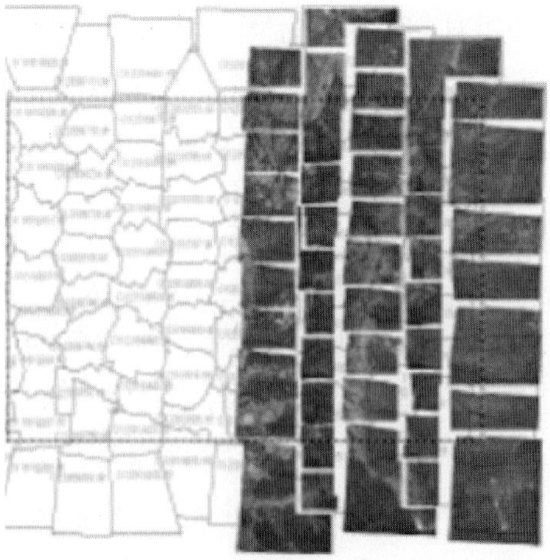

그림 9-78 정사영상 접합선

여 처리하는 단계와 INS로부터 자세정보를 위치정보와 통합하는 단계를 통해 산출한다.

항공 LIDAR 데이터는 기존에 산출된 항공기의 위치 및 자세정보와 항공기와 센서간의 이격거리, 시스템 검정정보 등을 기반으로 산출한다. 데이터의 후처리는 전처리 단계의 불규칙한 포인트 데이터를 가공하여 사용목적에 적합하도록 가공하는 것이다. 항공레이저측량의 원시데이터의 높이 기준은 타원체고로 지오이드 보정을 통해 정표고로 전환하는 과정이 필요하다. 따라서 삼각점과 보조점에 대한 기준점과 수준측량을 실시하여 대상지역에 대한 지오이드 모델을 제작하고 이를 바탕으로 전체 LIDAR 데이터에 대한 타원체고 정보를 정표고로 변환할 수 있다. DSM은 항공레이저 측량을 통해 얻을 수 있는 가장 초기의 데이터로 항공레이저 측량을 통해 얻어진 데이터를 정규격자 형태로 보간하여 산출한다. 건물 등과 같은 인공자료 및 수목에 대한 포인트 데이터를 제거하는 것으로 지형의 경사와 건물의 크기를 바탕으로 1차 자동으로 분류를 실시한 후 검사를 거쳐서 필요한 지역은 수동방식으로 수정작업을 실시한다. 일반적으로 항공레이저 측량을 통해 DEM을 제작할 경우 항공레이저 후처리를 이용하여 분류한 후에 항공레이저 측량 데이터를 사용하기 때문에 삼각망을 이용한 보간 방법이 사용되고 있다. 수정이 완료된 지형부분에 대한 데이터를 바탕으로 도엽 단위를 일정규격으로 격자형태(1m 등)의 DEM을 제작한다. 격자형태 DEM 제작시 고려사항은 수치지형도 등의 도엽체계로 구축시 도엽간의 인접부분에 대한 데이터 누락을 방지하기 위해 일정범위의 버퍼를 지정하는데 1/5,000 지형도를 기준으로 할 경우의 범위는 약 50m 정도이다.

지형데이터를 이용하여 같은 높이의 점들을 연결하면 등고선도를 작성할 수 있으며 등고선 제작에 이용되는 지형데이터의 정밀도 등을 고려하여 원하는 정도에 맞는 적절한 데이터를 사용하여야 한다. 수치표고모델(DEM; Digital Elevation Model)은 실세계 지형정보 중 건물, 수목, 인공구조물 등을 제외한 지형부분을 표현하는 모델이며, 수치표면모델(DSM; Digital Surface Model)은 실세계의 모든 정보 즉, 지형, 수목, 건물, 인공구조물 등을 표현한 모델이고 수치지형모델(DTM; Digital Terrain Model)은 DEM과 동일한 의미로 사용하고 있으며 그림 9-79에서 확인 할 수 있다.

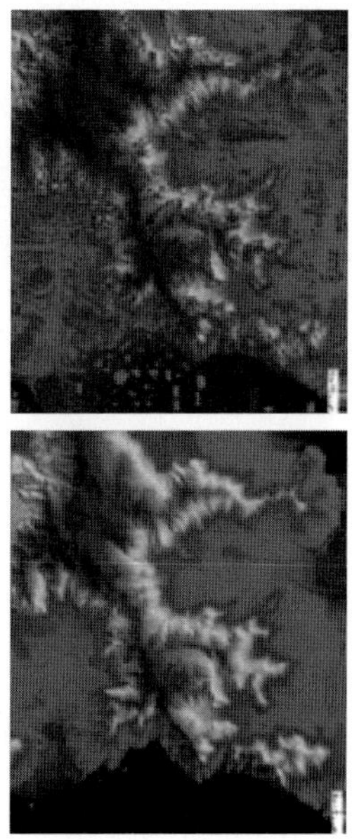

그림 9-79 DSM 및 DEM

항공기 탑재 멀티센서로 취득된 항공 LIDAR 데이터는 항공기에서 레이저를 지상에 발사하여 반사지점의 3차원 위치를 취득하는 시스템으로 각종 오차가 포함되므로 항공레이저측량에 의한 측정값을 실제 참값과 비교하여 그 오차를 통계적으로 분석하여야 한다. 수평정확도는 건물에 해당하는 LIDAR 데이터 지붕면의 각 모서리 점과 지상측량의 GPS 및 Total Station을 이용하여 취득된 검사점의 수평좌표와 비교한다. 수직위치평가는 GPS를 통한 지상의 높이값 측정치와 그 주변에 분포된 레이저 포인트 결과 값들을 통해 TIN(불규칙삼각망)을 형성하고, 검사점의 높이값과 TIN 형성면과의 거리차이를 계산한다. TIN(Triangulated Irregular Network)은 불규칙삼각망에 기초한 지형모델을 말하며 삼각형의 꼭지점들은 불규칙적으로 이격된 노드를 형성한다. TIN 자료집합은 점과 이웃한 삼각형 사이의 위상관계를 포함하며 자동 후처리는 LIDAR의 처리 중 가장 많은 시간이 소요되는 작업이므로 순수한 땅의 지세에 대한 자료만을 필요로 할 경우에는 건물, 나무 등의 장애물에 대한 자료를 삭제한다. 따라서 건물이나 식생 등의 장애물을 제거하기 이전에 최근린법 등의 정교한 알고리즘과 전문적 지식이 포함된 소프트웨어를 써서 일정부분 자동으로 처리한다. 자동 후처리에 의한 방법을 이용하면 불필요한 대상물의 약 90% 정도를 처리할 수 있지만 나머지는 수동으로 처리하여야 한다.

(5) 시스템검정

시스템검정(Calibration)은 시스템이 가지고 있는 자체오차를 판별, 보정하여 정확한 지형의 3차원 위치좌표값을 계산하기 위한 필수적인 공정이다. 시스템검정은 지상에서 항공LIDAR, GPS수신기, INS장비 상호간의 이격거리를 측정하고 지상 및 항공에서 기 설치된 검측장 일대에 대한 실제 비행을 통해 보정계수를 산출한다. LIDAR 시스템의 Pitch의 보정은 항공 LIDAR측량시 발생하는 Y축 회전량 오차를 보정하는 것이다. 높이값의 기복변위가 크고 편평한 면이 존재하여 일정구간에서 기복변위가 발생하지 않는 비교적 규모가 큰 건물을 선정하여 촬영한다. 비행방향으로 실제건물을 측량한 건물외곽과 레이저측량을 통해 얻어진 점들과의 차이를 알아내어 Pitch 보정량을 계산한다.

카메라시스템의 검정은 지상에서 카메라의 초점거리, 렌즈왜곡, 주점, 이격거리를 측정하며 비행은 지상기준점이 마련된 검정장의 교차방향으로 비행한다. 지상기준점이 분포되어 있는 검정장 주변을 실제 비행하여 얻은 결과를 통해 INS와 카메라의 회전량인 Boresight량을 산출하고 Roll의 보정은 항공 LIDAR측량을 할 경우 발생하는 ***X***축 회전량 오차를 보정한다. Scale 보정은 항공 LIDAR측량을 할 경우 발생하는 거리측정의 scale을 보정하는 것으로 넓고 평평한 대지에 직교방향으로 여러 차례 항공 LIDAR측량을 실시하여 레이저 스캐너 주사폭의 양쪽 가장자리로 가면서 레이저 점 데이터의 오차를 제거한다. Offset은 지상기준점과 LIDAR 데이터와의 일정한 높이값의 차이를 보정하는 것으로 지상기준점 배치를 따라 비행하여 취득된 모든 레이저 데이터가 지상기준점과 동일한 높이값을 갖도록 조정한다.

(6) 정사영상 구축

정사영상은 LIDAR 장비에 일체형으로 탑재된 디지털카메라를 통해 취득한 영상과 외부표정요소, LIDAR DEM 등을 함께 이용하여 제작한 정사영상으로, 사진 및 카메라의 왜곡과 지형의 정사보정을 통하여 제작된 데이터이다. 디지털 항공영상은 항공기에 디지털카메라를 LIDAR 시스템과 동시 장착하여 항공LIDAR 데이터와 동시에 동일 대상지역을 촬영하는데 영상은 그 자체로만으로도 지형 · 지물의 표현을 실시간으로 알 수 있으며 컬러영상 및 적외선 영상까지 제작 가능하여 기존의 항공사진보다 더 많은 정보를 제공할 수 있다. LIDAR 결과물인 3차원 포인트 데이터의 정밀도가 좋지 않은 곳의 대상물 식별이나 정성적 특성파악을 위해 사용된다. 현실세계에 대한 컴퓨터에서의 적절한 표현을 위해서는 정량적 데이터인 3차원 수치표고자료와 정성적 데이터인 디지털 영상정보가 필수적인 데이터이므로 이를 이용하여 3차원 입체동영상을 제작한다. 3차원 시각화는 보다 사실적인 정보와 현장감을 제공하고 지형 · 지물을 확인할 수 있는 서비스가 가능하며 LIDAR 데이터로 얻어진 DEM과 디지털 영상처리를 통하여 얻어진 모자이크 영상을 융합하여 실제의 기복을 가지는 지형데이터를 가상으로 구현한다. 지형의 기복표현을 위해서는 항공레이저측량 자료, 영상정보는 모자이크된 항공디지털 영상을 사용하며 관공서, 유명 관광지, 학교, 동(洞)명 또는 필요하다고 판단되는 주요 지명 등의 심벌을 추가한다.

(7) 수치영상의 기하학적 변환

수치영상은 좌표 상에 위치한 밝기값을 일정한 범위로 구분(주로 0부터 255 사이)하여 나타낸 것으로 좌표값은 모두 양(+)의 정수이며 일반적으로 왼쪽 상단의 모서리를 원점으로 한다. 그림 9-80은 영상좌표계와 사진좌표계의 차이를 나타내고 있으며 영상을 처리하기 위하여 하나의 영상좌표를 다른 영상좌표로 변환하는 방법으로는 다음과 같이 부등각사상변환, 의사부등각사상변환, 평면투영변환, 2차다항식변환, 3차다항식변환, 렌즈왜곡 검정식 등이 있다.

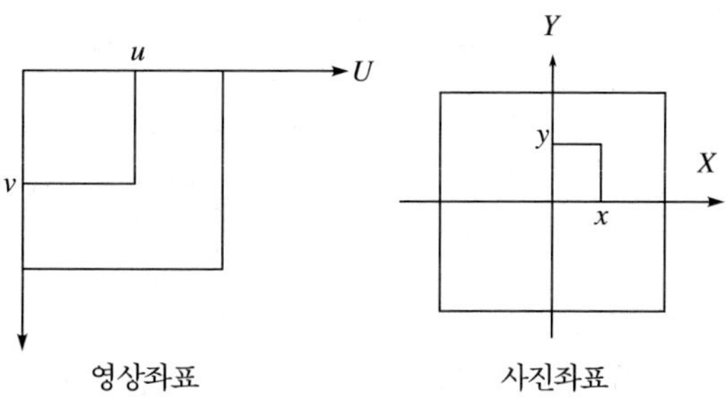

그림 9-80 영상좌표와 사진좌표

부등각사상변환방법을 이용하여 변환된 좌표를 계산하는 경우에는 $X = a_1x + b_1y + c_1$ 및 $Y = a_2x + b_2y + c_2$이며 X, Y는 변환된 좌표 x, y는 원좌표, a_1,

b_1, c_1, a_2, b_2, c_2는 변환매개변수이다. 또한, 의사부등각사상변환방법을 이용하여 변환된 좌표를 계산하는 경우에는

$X = a_1x + b_1y + c_1xy + d_1$
$Y = a_2x + b_2y + c_2xy + d_2$ 이며
a_1, b_1, c_1, d_1, a_2, b_2, c_2, d_2는 변환매개변수이다.

평면투영 변환방법을 이용하여 변환된 좌표를 계산하는 경우에는
$X = \dfrac{a_1x + a_2y + a_3}{a_4x + a_5y + 1}$와 $Y = \dfrac{a_6x + a_7y + a_8}{a_4x + a_5y + 1}$이며 a_1, a_2, a_3, a_4, a_5, a_6, a_7, a_8는 변환매개변수이다.

2차 다항식에 의한 방법을 이용하여 변환된 좌표를 계산하는 경우에는
$X = a_1x^2 + b_1y^2 + c_1x + d_1y + e_1xy + f_1$과 $Y = a_2x^2 + b_2y^2 + c_2x + d_2y + e_2xy + f_2$이며 a_1, b_1, c_1, d_1, e_1, f_1, a_2, b_2, c_2, d_2, e_2, f_2는 변환매개변수 이다.

3차 다항식에 의한 방법을 이용하여 변환된 좌표를 계산하는 경우에는
$X = a_1x^3 + b_1y^3 + c_1x^2 + d_1y^2 + exy + f_1$과 $Y = a_2x^3 + b_2y^3 + c_2x^2 + d_2y^2 + e_2xy + f_2$이며
a_1, b_1, c_1, d_1, e_1, f_1, a_2, b_2, c_2, d_2, e_2, f_2는 변환매개변수 이다.

렌즈왜곡 검정 방법을 실시하는 경우에는 $X = x + \delta_x$과 $Y = y + \delta_y$이며
$\delta_x = k_1(xr^2) + k_2(xr^4) + k_3(xr^6) + P_1(r^2 + 2x^2) + P_2(2xy) + P_3(2r^2xy) + P_4(r^2[r^2 + 2x^2])$
$\delta_y = k_1(yr^2) + k_2(yr^4) + k_3(yr^6) + P_1(2xy) + P_2(r^2 + 2y^2) + P_3(r^2[r^2 + 2y^2]) + P_4(2r^2xy)$
k_1, k_2, k_3는 방사 왜곡검정계수이고, P_1, P_2, P_3, P_4는 접선 왜곡검정계수이다.

9.9.4 LIDAR 자료의 활용

(1) 지도제작 분야

지도제작 분야는 크게 건물외곽선 추출부분과 등고선 추출부분으로 구분되며 해석도화기 또는 수치측량시스템을 이용하여 입체영상을 판독하면서 수동으로 도화하는 작업으로 가장 많은 시간을 필요로 하는 분야이다. 도화하는 대상물 중에서도 가장 중요한 객체인 건물과 등고선의 묘사 작업량이 가장 많으며 숙련된 기술과 경험이 필요하고 지표면과 건물 Layer는 여러 GIS 응용분야에서 필요로 하는 핵심적인 Layer로 신속하고 경제적이며 저렴하게 생성하는 것이 효

과적이다.

건물외곽선을 추출하기 위해서는 Building Data를 분류하여 자동 및 편집에 의해서 외곽선을 추출하고 건물 및 나무 등을 제외한 순수한 지표면(Bare Ground)을 분류한다. 등고선을 생성하는 방법은 Ground 데이터로 분류된 Model Keypoints 데이터를 이용하여 등고선을 추출하는데 추출방법은 상용소프트웨어의 보간기법을 이용하여 산악지, 구릉지, 평지에 대한 등고선을 추출한다. 지형데이터 분류는 지표면을 분류한 후 등고선을 추출할 경우에는 나무 및 식생 등으로 인해 높이의 오차가 발생하기 때문에 지표면 데이터에 대하여 등고선을 생성할 경우 정확도에 영향을 주는 지형의 특성을 고려하여 적절한 조건값을 부여한다. 현재 항공사진측량에 의한 수치지형도를 제작할 때, 정확한 등고선을 묘사하기 위해서는 지형, 지물의 판독이 용이하여야 하나, 산악지역에서 항공사진측량에 의한 등고선은 나무 높이 만큼 오차가 포함되어 있다.

(2) 설계분야

설계분야는 도로설계 및 단지설계와 기타분야로 구분할 수 있으며 도로설계는 지표면의 지형적 정보를 기본적으로 필요로 한다. LIDAR 측량의 결과 DEM 외에도 건물, 식생에 관한 고도분포 및 레이어 특징을 이용하여 하천 주변의 토지 피복 및 식생 종류를 분류할 수도 있으며 LIDAR 데이터의 분류를 통해 교량, 제방, 하천경계, 등고선 등의 주요 하천 공간들에 대한 결과를 얻을 수 있다.

도로설계 및 토공량을 계산하기 위해서는 LIDAR 원시데이터를 이용하여 등고선을 추출하여야 하며 단지설계 과정은 토공량을 계산하기 위하여 LIDAR 데이터의 Z값(Elevation)을 이용하기 때문에 TIN을 생성하여 토공량을 구한다. 항공 LIDAR 및 디지털영상정보를 활용함으로써 정확한 DEM을 이용한 등고선의 제작 및 수목높이를 보정한 종단면도의 제작 등에 크게 활용되고 있다.

(3) 재해환경 분야

재해환경 분야에서는 대부분 LIDAR 자료를 많이 이용하며 국내에서도 한강유역 등의 홍수지도제작에 이용되고 있다. 또한, 산불피해조사, 송전선로 경과지 선정을 위한 산림지역 환경영향분석 등에 사용하지만 LIDAR로부터 신속하게 제작되는 DEM을 이용하는 홍수와 관련된 사례가 가장 많이 활용된다. LIDAR 데이터로부터의 DSM, DEM, TIN 생성을 통해 지형에 가장 유사한 데이터로 활용 가능하므로 홍수지도제작에서 LIDAR 데이터에 대한 활용성의 증대가 필수적이다. 특히, 도시 하천관리, 홍수 및 재해시 피해지역 예측 등 다양한 분야에서 활용이 가능하며 홍수정보와 방재시설에 대한 공간정보를 지리정보시스템과 연계하여 반복되는 홍수피해를 최소화하고 정확한 하천정보를 제공한다. 홍수지도는 홍수피해를 최소화하기 위하여 홍수 재해기간에 따른 침수면적, 침수깊이, 피난관련 정보 등을 지형도상에 표시한 지도로써 침수흔적도, 홍수범람위험도, 홍수재해지도를 총칭하는 것이다.

(4) 산림 분야

지형과 나무 높이에 대한 정확한 정보는 산림 및 자원관리 측면에서도 중요하지만 나무의 높이와 밀도의 정보는 기존 측량방식으로는 불가능하였다. 따라서 LIDAR는 항공측량과 지상측량을 비교했을 때 산림지역에 대한 DEM을 구축하는 효과적인 방법이며 수치지형자료를 이용하는 어떠한 분야에서도 신속 정확하게 낮은 비용으로 사용할 수 있다. 측량 분야에서는 표고모델을 생성하는 기술로 인정하고 실제로 항공카메라, 디지털카메라, 다중분광카메라 등과 함께 사용되고 있다. 산불로 인한 피해 복구를 위해서는 정확한 피해지역, 면적 및 구체적인 내용이 요구되고, 산불 피해지역의 경우에는 대부분 사람이 접근하기 어려운 위치에 있으므로, 정확한 피해지역 및 면적을 파악하기 어렵다. 그러므로 산불탐지 및 피해면적 산출 기술을 이용해 산불발생 후 신속한 산불피해조사를 실시하여 피해복구 정책수립을 위한 기초자료로 이용된다.

(5) 실세계 재현분야

실세계 재현분야는 3D관련 소프트웨어에 대하여 조사하고, 특징이나 활용분야 등에 대하여 다양한 수요자의 요구에 만족하는 실세계 공간정보제공 확대로 인해 지형 및 건물에 대한 컴퓨터상의 실세계 구현의 필요성을 인식하여야 한다. U City, LBS, Telematics, 게임 등 차세대 신 성장 산업의 부가가치 창출 등 네비게이션 기능의 확대로 편리성이 증대된다. 공간검색을 통한 다양한 관점에서의 시설물 설치 및 운영, 정보기술과 건설기술의 결합을 통한 시민 서비스기능 향상에 활용된다.

LIDAR의 응용분야로는 지도제작, 도로 및 단지 설계, 3차원 건물복원, 도시 모델링, 홍수지도제작, 해안선 지도제작, 도심지 변화탐지, 전력선 관리, 임업, 긴급지도제작 등으로 많이 알려져 있으나 항공사진, 위성영상, GIS기술 및 응용분야 기술과 접목되어 활용되고 있다.

9.10 수치표고모형

수치표고모형(DEM; Digital Elevation Model)은 공간상에 나타난 연속적인 기복변화를 수치적으로 표현하는 방법을 말한다. 수평좌표와 표고를 관측하여 저장하고 원하는 수평좌표값의 표고를 구할 수 있으며 규칙적인 격자나 삼각형으로 연결된 임의의 고도점을 이용하여 표면의 높이를 표현한다. 지형의 수치적 표현은 불연속적인 3차원의 점들로 구성된 자료기반 관리체계를 이용하여 DEM으로부터 여러 결과들을 유도할 수 있고 GIS의 다른 자료층과 결합하는 능력을 가지고 있다. DEM의 목적은 지구의 표면이나 대상물의 표면을 수평위치와 높이에 관한 정보를 다루는 경우로 현장측량 및 사진측량과 관련이 깊고 수치지형모형의 경우는 원격탐사 등 과학과 밀접한 관련이 있다. 고도자료에서 가장 중요한 원천자료는 항공사진과 위성영상인데, 대부분의 경우 사진측량을 이용한 지도제작으로부터 DEM을 생성한다.

DEM이 대중화된 것은 컴퓨터가 처음으로 수치자료를 저장할 수 있게 된 1950년대 중반이지만 최근에는 수치모델에 의한 임의의 점을 자동으로 측정되는 장치가 개발되었다. DEM은 더욱 개선되어 지구의 매우 넓은 지역을 표현할 수 있게 되었으며 강이나 형태선(Form Line) 등 표면의 세부 특성과 같은 지질학적 특징까지 처리할 수 있게 되었다. 또한, 지형의 분석을 하는 DEM과 DTM을 포함한 건물, 교량 등의 인공지물은 물론 DSM의 공간분석까지 포함하고 있다. 각종 건설공사에 따른 설계 및 시공, 홍수시 하천의 범람, 수위관측, 재해감시를 위한 지형 및 경사 분석, 지도제작에 필요한 등고선 작도, 통신망 설계를 위한 가시권 분석 등에 이용되고 있으며 신체형상이나 공업제품과 같은 각종 대상물의 표현에도 사용되고 있다. 수치지형모델(DTM; Digital Terrain Model)은 지표면의 모습을 수치적으로 묘사한 것이며 측량 및 원격탐사, 자연과학과 밀접한 관련이 있으며 입력 자료의 형식과 응용소프트웨어의 종류에 따라 다른 형태로 저장될 수 있는 지구표면을 컴퓨터 처리가 가능하도록 수치로 표현한 것이다. DTM은 임의로 혹은 규칙적으로 분포된 점의 표고로 구성되어 있으며 미국의 메사추세츠공과대학(MIT)의 C. L. Miller 교수가 수치지형모델이라는 기법을 최초로 표현하였으나 DTM의 생성에는 다양한 생성기법이 이용되고 있다. 지형의 수치에 의한 표현은 전산기가 발달됨에 따라 도로설계에 의한 최적설계 혹은 자동설계 등 여러 가지 방법으로 이용되고 있다.

9.10.1 자료의 저장방법

사진측량방법으로 DTM을 생성하기 위한 데이터를 취득하려면 지상의 표고를 표본조사(Sampling)하여 얻은 값을 이용하여 전체지역에 대한 표고를 보간(Interpolation)하는 방법이 사용된다. 공간상의 불규칙적인 지형의 기복변화를 컴퓨터를 이용하여 수치적으로 표현하는 방법에는 일정크기의 격자로서 저장되는 격자방식, 높이가 동일한 지점을 연속적으로 연결하여 만든 등고선에 의한 방식, 단층에 의한 단면방식, 그리고 불규칙한 삼각망에 의한 방식(TIN; Triangular Irregular Network) 등이 있다.

(1) 격자방식

격자방식은 지형이 넓은 경우 효과적이고 규칙적인 격자의 교차점에서 고도를 저장하며 격자의 크기는 기준점 사이의 거리보다 더 작고 지형자료를 자료 기반으로 저장할 경우 가장 효율적이며 고도만 저장하므로 자료의 구조가 간단하다. 표면을 표현하기 위해 높은 밀도의 점들을 저장해야 하며 불연속적인 선이나 높이를 나타내는 점으로 표현된 지질학적 정보는 규칙적인 격자로 그물처럼 형성된다. 기준점들의 불규칙한 집합으로부터 보간기법을 거쳐 계산되며 격자형은 등고선이나 단면형보다 제작 속도가 빠르며, 정밀도 측면에서도 뛰어나다고 알려져 있다. 일정크기의 격자구조는 항공사진이나 인공위성 영상의 입체분석을 통하여 생성되며, 고도 값이 등고선과 같이 불규칙한 데이터의 점으로 연결되어 있거나, 고도 값을 갖지 않은 격자에 대하여는 주변의 고도 값을 이용하여 추정한 고도 값을 해당격자에 부여한다.

(2) 등고선 방식

등고선은 지표면을 표현하는 가장 오래된 방법으로 등고선도 동적인 모드에서 표고를 입력하는 방법이다. 사진모델 상에서 고도를 고정시킨 부점을 *X*, *Y*방향으로 움직이면 부점이 항상 지표면과 접촉한 상태를 유지하여야 하며 부점이 지나간 자리를 이은 선이 같은 표고 상에 있는 지점들을 표시하는 등고선이 된다. 등고선상의 점의 간격은 일정한 거리 또는 진행방향으로 꺾어지는 각도, 곡률반경 등을 미리 설정한 값에 따라 자동으로 결정된다. 기존의 지형도를 이용하여 자료를 추출하는 경우에 효과적이며 평면좌표는 자동기록 장치를 이용하면 효과적이다.

(3) 단면방식

단면방식은 지형을 등간격의 단면으로 나누어서 각 단면상의 지형점을 추출하고 도로개설 시 효과적이며 산정 계곡 등의 지성선을 추출할 수 있다. DTM에서 지형의 기복을 가장 근사적으로 표현할 수 있으나 자료 취득시간이 많이 소요되며 단면형은 보통 동적인 모드로 측정하고 부점을 지표면에 일치시킨 상태에서 1~10mm/s 의 속도로 움직인다. 단면간의 간격은 고정시키고 표본점 간의 간격은 지표의 기복상태에 따라 다르며 평행 단면형은 정사사진을 제작하는데 많이 사용된다. 또한, 산정 계곡 등의 지성선을 빠뜨리지 않고 추출할 수 있는 장점이 있으며 수치지형모형으로 지형의 기복을 가장 근사적으로 표현하며 자료 취득시간이 많이 소요되는 단점이 있다.

(4) 불규칙삼각망

불규칙삼각망(TIN; Triangulated Irregular Network)은 3차원 지표면을 연속적이고 불규칙한 삼각형으로 구성한 자료구조로서 수치모형이 가지는 자료중복을 줄일 수 있다. 공간상에 나타난 연속적인 기복변화를 수치적으로 표현하는 고도 격자법과 불규칙삼각망법이 일반적으로 많이 사용되며 하나는 밀집된 격자이고 다른 하나는 불규칙적인 삼각형의 집합이다. 격자형은 고도만으로 구성되어 있으며 밝기값(Gray Value)으로 고도를 나타낼 수 있는 수치영상처럼 저장되며 불규칙삼각망은 삼각형으로 연결된 3차원 점들의 불규칙한 점들로 구성되어 지형을 표현하고 삼각형의 꼭짓점은 기준점이며 표면의 특징적인 위치에서 수집된 것이다. Raster 또는 TIN에 의한 DEM은 모두 원래의 지형을 완전하게 표현하지 못하고 여과된 표면만을 표현하므로 검증이 필요하며 경사가 급하고 선형 침식이 많은 하천 지형의 적용에 편리하며 자료량의 조절이 편리한 방법으로 격자형 자료의 단점인 해상력저하에 대한 중요한 정보 상실에 대한 부분을 제거 할 수 있다.

불규칙삼각망은 수치모형이 가지는 자료의 중복을 줄일 수 있으며 지형공간정보체계와 수치지도 제작 및 등고선 처리 프로그램과 같은 다양한 분야에 효과적으로 적용되는 방법이다. TIN은 지표면의 기복의 변화가 적은 지역에서 절점수를 적게 하고 기복의 변화가 심한지역에서 절점수를 증가시키며 점들의 불규칙한 구조로 인해 각각의 점들을 저장하려면 대상에 대한 더 많은 정보가 필요하다. TIN에서 원래의 자료 점들은 삼각형으로 연결되어 지표면을 표현하는데 중요한 위상형태를 필요한 정확도에 따라 해석할 수 있다. 수치모형은 탄력적으로 지형을 표현하며 불연속선은 일반적으로 삼각형의 한 변으로 나타낼 수 있다. 최단 격자점 연결법에는 가장 근접한 2점을 서로 교차하지 않도록 직선으로 연결하는 방법과 불규칙 삼각망에 적합하지 않은 삼각형을 생성하는 경향이 있다. 불규칙삼각망 저장법은 각 삼각형에 부여된 일련번호와 삼각형을 구성하는 세 격자점 좌표값, 그리고 그 삼각형과 접해 있는 다른 세 삼각형의 일련번호를 저장하며 경사분석에 편리하다. 격자점 저장법은 모든 격자점에 부여된 일련번호와 그 격자점들의 좌표값을 저장하게 되는데 등고선 작성이나 기타작업에 편리하다. 지형을 나타내는 다른 방식은 TIN 방식으로 세 개의 위치를 가지고 하나의 삼각형을 이루며 각각의 삼각형 내에서 경사의 크기 및 방향이 결정된다.

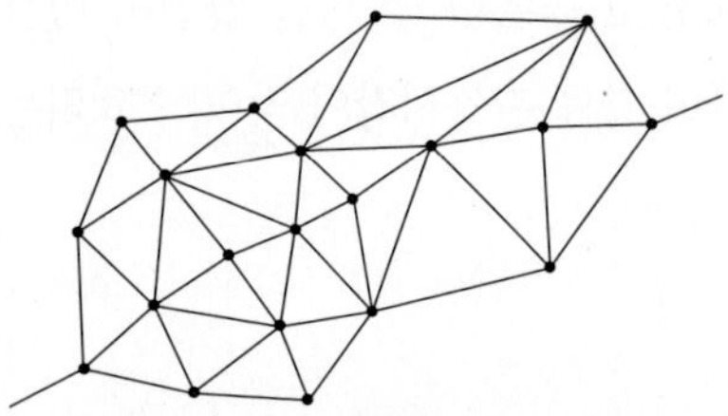
그림 9-81 불규칙삼각형망(TIN)구조

TIN은 벡터구조로서 지형자료의 표현을 위한 위상을 갖추었으며 TIN에서 삼각형을 구성하는 각각의 선은 *X*, *Y*좌표와 표고값을 갖는다. TIN 사용에 따른 주된 이점은 적은 양의 자료를 사용하여 복잡한 지형을 상세히 나타낼 수 있다는 점이다. 삼각형을 구성하는 선분의 길이는 다양하므로 복잡한 지형의 경우 작은 면적의 삼각형을 이용하여 자료의 밀도가 높은 TIN을 구성할 수 있다.

계곡이나 골짜기, 정상, 지형 등은 자료의 밀도를 높임으로써 지표면의 형태를 정확하게 수치로 기록할 수 있다. 결과적으로 TIN에서는 격자방식과 비교하여 보다 정확하고 효과적인 방식으로 지표면을 나타낼 수 있으며 TIN 자료파일을 생성하기 위하여 더욱 많은 처리가 필요하고 TIN 파일이 생성된 후에는 효율적인 압축 기법을 사용할 수 있다. TIN을 생성하는 알고리즘에 따라 발생되는 오차의 차이가 있으며, 생성된 삼각형의 경계부근에서 불필요한 것을 없애기 위한 수작업 역시 오차가 자주 발생한다.

9.10.2 수치표고모형의 제작

DEM은 기존의 등고선지도에서 수치사진 측량기법을 이용하여 작성되거나 SPOT과 같은 인공위성자료를 이용하여 작성되고 지형자료의 처리방법 중 가장 보편적인 방법으로 격자방식으로 저장되어 활용된다. 격자방식에서 동일 크기를 가진 각각의 격자는 지표면에서 동일지점의 표고를 나타낸다. DEM 방식은 고도 값의 표현에서 동일한 밀도와 동일한 크기의 격자를 사용하며 복잡한 지형에서는 좀 더 밀도가 높은 표고자료가 필요하고 단순지형에서는 밀도가 낮은 표고자료의 취득이 바람직하다. 따라서 격자의 크기가 작은 경우에는 상대적으로 자료의 양이 늘어남으로 비교적 단순지표면의 경우에도 실제로는 필요이상의 자료량을 갖게 된다. 반대로 큰 격자를 사용했을 때 자료의 크기는 적어지나 변이가 심한 지표면의 상태를 정확히 기록할 수 없는 단점이 있다.

(1) 작업순서

DEM 제작과정은 전처리과정, DEM제작과정, 후처리과정으로 구분할 수 있으며 전처리과정은 등고선의 오류수정 및 해안선 검수와 등고선 윤곽 및 형태의 검사, 도엽간 인접작업으로 실시한다. 등고선의 오류수정 및 해안선 검수에서는 일정한 등고선 간격을 벗어나는 지점의 탐색 및 수정, 해안선의 누락지점, 등고선과의 교차지점을 확인하여 오류가 발생하지 않을 때까지

반복하여 검수 작업을 실시하여야 한다. DEM제작과정 작업은 지형보간선 추가작업, 삼각망 제작 및 추출, 최종 등고선 간격의 오류 검수, DEM추출의 작업순서로 실시한다. 지형보간선 추가작업은 등고선밀도가 작은 지역, 계곡, 능선과 같은 지형에 대해 현실지형과 가까운 Surface를 추출하기 위한 보완작업을 수행하며 삼각망 제작 및 추출작업은 등고선, 해안선, 보간선을 이용하여 TIN을 작성 및 추출하는 작업이다. 최종 등고선 간격의 오류 검수작업은 추출된 삼각망을 이용하여 인접 등고선간의 최종 등고선 오류를 검사하여 오류가 발생된 경우에는 등고선을 수정하여 Feedback하는 단계이다.

(2) DEM의 제작

입체영상에서 수치등고선을 생성한 후 DEM을 생성하는데 수동생성방법과 자동생성방법이 있다. 수치지형도의 등고선 자료를 이용하여 그림 9-82와 같이 TIN을 형성한 후 DEM을 생성하는 경우와 입체모델을 형성하는 수치영상의 자동매칭을 통하여 DEM을 생성하는 경우가 있으며 건물의 높이를 자동매칭에 의한 DEM에서 추출한 후 이를 등고선에 의한 DEM에 합성하는 방법이 있다. DEM의 생성은 등고선, 표고점, 해안선 및 수계망을 대상으로 삼각망을 생성하며 삼각망으로부터 경위도 각 1초 간격을 기본으로 하여 지형고도를 추출한다.

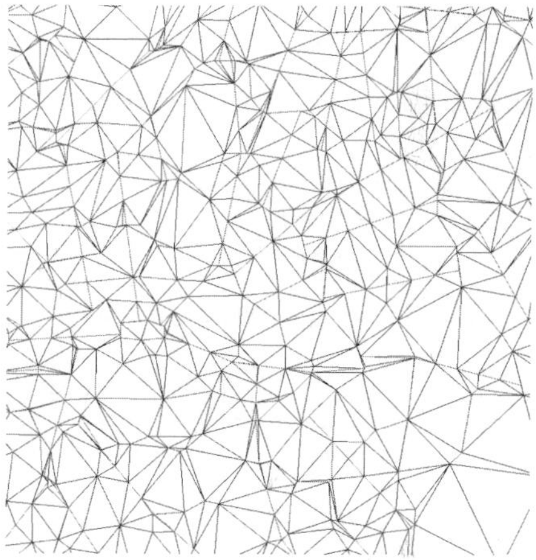

그림 9-82 TIN의 생성

추출된 DEM 데이터를 인접 도엽과 함께 3D로 도시하여 화면상에서 도엽내부와 도엽간 인접지역 등에서의 지형의 연속성을 시각적으로 검수한다.

(4) 등고선 오류수정

등고선 데이터상에 수평 및 수직의 Cross Section Line을 생성하여 각 등고선과의 교차점의 고도 값을 인접한 교차점과 비교하여 일정한 등고선 간격을 벗어나는 구간을 화면상에 도시하여 해당 등고선을 수정한다. 등고선 윤곽검사는 전체 vector map의 특정 고도값(주곡선)을 지닌 등고선 만을 도시하여 실제 지형도와 등고선 흐름의 동일성을 검사 · 수정한다. 등고선 내부 형태에 대한 오류 검사는 인접한 등고선들이 Vectorizing당시 서로 중첩되어 있는 경우가 있으므로 이러한 오류들을 검사 · 수정한다.

9.10.3 수치표고 모형의 보간

보간(Interpolation)이란 구하고자 하는 점의 높이 좌표값을 그 주변의 기지좌표 값으로부터 보간 함수를 적용하여 추정 계산하는 것으로 선형보간법, 곡선보간법, 곡면보간법이 있다. 선형보간법(Linear Interpolation)인 1차 보간법과 곡선보간법으로 LagRange보간법, Spline보간법, 거리경중률보간법, Kriging보간법 등이 있다. 선형보간법(Linear Interpolation)은 지형이 직선적으로 변화하는 것으로 간주하여 보간하는 가장 단순한 방법으로 좌표가 기지의 격자점 사이의 임의의 좌표를 취득할 수 있으며 자료의 밀도가 매우 높은 경우에 효과적이다. 곡선보간법(Point Wise Interpolation)은 단면별로 수집된 점으로부터 지형변화에 상당한 곡선식으로 표현한다. 곡면보간법(Patch wise Interpolation)은 지형을 수학적 곡면으로 간주하는 방법이며 지형을 실지에 가깝게 재현하는 방법으로 계산기의 용량이 크게 소요된다. 표고(z)가 수평좌표 (x, y)와 함수 $z = f(x, y)$로 표시되는 곡면식을 이용하는 보간 방법이 있다.

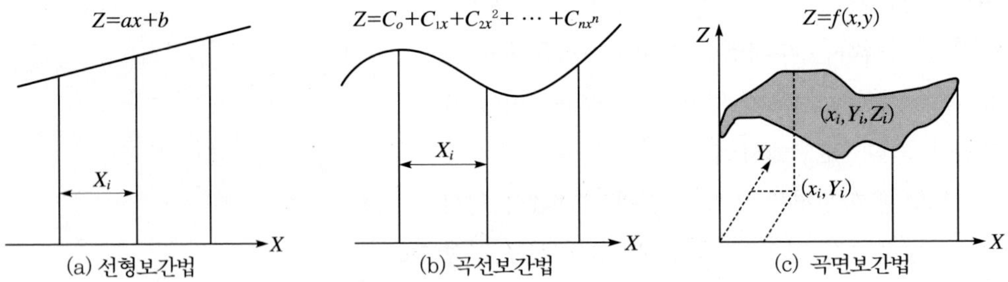

그림 9-83 수치표고모형의 보간법

9.10.4 DEM의 응용

수치지형모형(DTM)은 표고와 지형의 모든 속성을 포함하는 정보이며 측량 및 원격탐사 과학과 밀접한 관련이 있으며 사진측량에도 많이 이용된다. 수치표고모형의 초기에는 도로설계 및 토공량 산정에 국한되었으나 최근에는 사진측량의 한 분야로 다양하게 개발되고 있는 실정이다. 규칙격자형이나 불규칙삼각형망의 형태를 가진 수치표고모형은 다양한 형태의 입력데이터로부터 생성할 수 있다. 수치지형도 작성에 필요한 표고정보를 이용함으로서 군사적 목적인 3차원 지형을 표현할 수 있다. 도로설계 및 댐의 위치를 선정하고 절토량과 성토량을 산출하여 공사기간 및 소요되는 예상비용을 신속 정확하게 처리할 수 있으며 조경설계 및 계획을 입체적으로 표현하여 경관 또는 지형 형성과정의 영상모의 관측을 실시 할 수 있다. 원판사진의 기복변위를 보정하기 위한 경사사진지도, 사면방향도, 경사 및 단면의 계산과 음영 기복도를 작성할 수 있으며 지형의 통계적 분석과 비교가 가능하다. 수치표고자료는 각종 공학적인 활용이나 도시계획, 군사 분야 등에서 대단히 중요성이 크다. 대표적인 예로서 댐의 건설을 위하여 현장을 설계할 때나 도로 건설을 위한 굴착을 할 때 수치표고자료를 기초로 하여 필요한 토공량을 계산할 수 있다. 또한 임의의 위치에서 시야가 가능한 지역의 파악을 위한 가시지역분석을 할 수도 있다. 이러한 가시지역 분석 기능은 전파의 중계를 위한 송신탑의 건설이나 레이더와 같은 중요시설물의 적정위치 선정을 위한 적지 분석과도 동일한 분석이다. 또한, 가시지역 분석은 도로의 적정경로분석이나 철도의 적정노선 선정을 위하여 사용될 수도 있다. 입체영상에서 직접 DEM 포인트를 생성하며 DEM을 이용하여 표고, 경사, 최대경사방향 등 지표의 속성정보를 결정하고 배수장, 배수로, 저수지, 산정 등의 지표상 지물을 결정한다.

9.11 원격탐측

9.11.1 개요

원격탐측(Remote Sensing)은 지상이나 항공기 및 인공위성 등의 탑재기(Platform)에 설치된 탐측기(Sensor)를 이용하여 지구상의 특별한 대상에 대한 의미 있는 정보를 추출하기 위하여 원거리로부터 지표면을 관측하고 영상이나 수치를 판독하는 항공사진측량을 포함한 모든 항공우주 원격탐측기법을 포함한다고 할 수 있다. 원격탐측은 지표, 지상, 지하, 대기권 및 우주공간의 대상들에서 반사 또는 방사되는 전자기파를 탐지하여 토지, 환경 및 자원에 대한 정보를 얻어 물체의 식별과 환경조건 및 자원의 특성을 판독하고 해석기법으로 원격탐사 또는 원격측량이라고도 한다. 원격탐측은 육안이나 보통의 카메라로는 포착하기 어려운 현상을 주사(Scanning)방식에 의하여 상공이나 우주 공간에서 광역적으로 자료를 수집하고 해석하는 것이다. 지표의 대상들이나 어떤 현상을 판독하기 위해서는 모든 대상들의 종류와 환경조건에 따라 각각 전자기파를 반사 또는 방사하는 특성을 파악하여야 한다. 1839년 사진술이 발명되고 1892년에 입체 사진측량기술이 도입되었으며 1940년 프랑스의 로세다가 처음으로 지형도 제작에 이용하였다. 그리고 1957년 러시아에서 SPUTNIK 1호를 발사하였으며 1972년 미국이 세계 최초로 발사한 Landsat으로 시작된 인공위성 리모트센싱분야는 충분한 효과를 얻지 못했다. 원격탐측은 물질이 태양에너지를 받아 반사 또는 방사하는 전자파의 세기의 분포를 이용해서 그 물체의 정체를 밝히거나 변화하는 현상을 파악할 수 있는 지구자원 탐사, 환경변화의 감시, 곡물의 수확예상 등에 큰 역할을 하고 있다. 넓은 파장역의 전파를 이용하므로 눈으로 볼 수 없는 물질이나 현상도 신속한 파악이 가능하다. 센서에 기록된 특성은 지표면에서 반사하였거나 방사된 전자기 에너지로 전자기 분광대의 일정한 영역과 관계가 있으며 주로 가시광선을 이용하지만 적외선 또는 라디오파도 해당된다. 센서는 특정한 탑재기에 부착되는데 지표면으로부터의 거리에 따라 항공기 센서와 인공위성 센서로 구분되며 항공우주측량은 원격탐사와 지상탐사 기법을 결합하여 정보를 추출하는 방법을 말한다.

(1) 원격탐측의 분류

원격탐측은 사용목적, 자료취득방법 및 탑재기에 따라 분류할 수 있으며 자료취득방법에 의한 분류는 정보를 수집하는 감지기에 의해 수동적 센서(Passive Sensor)와 능동적 센서(Active Sensor)로 구분된다. 또한, 원격탐측은 정보를 획득할 수 있는 파장영역이 매우 넓으며 각 파장대에 따라 자외선, 가시광선, 적외선 및 극초단파 등으로 나누어진다. 사용목적에 따라 분류하면 농업 · 임업 · 토지 · 해양 · 환경 · 자원 · 기상정보 · 군사정보의 원격 탐측으로 구분한다. 탑재기에 의한 분류는 지상 탑재기 · 항공기구 및 항공기 · 인공위성에 의한 원격 탐측으로 구분할 수 있다. 항공원격탐사의 경우 센서를 탑재하기 위해 특별히 개조된 항공기를 사용하게 되며 항공사진측량용 카메라나 스캐너를 탑재하려면 비행기 바닥에 구멍을 뚫어야 한다. 경우에 따라서는 초경량비행기, 풍선, 기구, 연 등을 사용하여 항공원격탐사를 수행하며, 항공원격탐사는 약 100m 상공으로부터 30~40km 상공에서 이루어진다. 위성원격탐사에서는 인공위성을 이용하며 인공위성은 로켓을 사용하여 우주공간에 발사한다. 지구관측(Earth Observation)용 인공위성은 대부분은 고도 150~36,000km 범위에 배치되는데 위성의 목적, 규모, 연속성 등에 따라 결정된다.

항공원격탐측은 작업 목적이나 예산 등에 따라 여러 가지의 항공기를 사용하며 항공기의 속도는 140~600km/hr 정도로 설치된 센서의 종류와 관련이 깊다. 비행고도 외에도 항공기의 자세도 취득된 원격탐측 자료의 기하학적 성질에 영향을 미치고 비행기의 자세는 바람의 조건에 의해 영향을 받으며 이는 비행사가 어느 정도까지는 보정할 수 있으며 비행경로를 기준으로 Roll, Pitch, Yaw 등 3가지 비행회전각이 있다. 관성항법장치(IMU; Inertial Measurement Unit)를 항공기에 설치하면 이러한 회전각을 측정할 수 있으며 측정된 회전각을 사용하면 기하학적 왜곡이 포함된 센서자료를 보정할 수 있다. 오늘날 대부분의 항공기는 위성항법장치를 설치하고 상대측위기법을 사용하면 수 십cm 정도의 보다 정밀한 위치결정과 비행이 가능하며 항공사진의 측정자료는 하드카피 형태인 음화필름(Negative Film)에 저장되고 스캐너와 같은 종류의 센서는 디지털

자료를 테이프나 대용량 기억장치에 저장한다.

위성원격탐측은 인공위성에 설치되어 있는 센서를 사용하여 수행하며 센서의 탐측능력은 대체로 위성 궤도 파라미터에 의해 결정되는데 인공위성영상은 대부분 극궤도(Polar)이며 궤도경사각(Inclination)이 80~100° 정도로 지구 전체를 관측할 경우 위성고도는 600~800km 정도이다. 현대의 기상위성 시스템은 정지위성과 극궤도위성을 복합적으로 사용하며 정지위성은 연속적인 상황을 보여주고 극궤도 위성은 정지위성보다 자세한 정보를 취득할 수 있다. 위성센서에서 취득한 자료는 수신소로 보내지거나 다른 통신위성으로 보낸 후 지상의 수신안테나로 송신하게 되며, 위성이 수신소의 통신범위를 벗어난 경우에는 위성 내부에 있는 테이프레코더 등에 일시 저장하였다가 나중에 전송할 수도 있다. 최근 경향중 하나로는 영상자료를 수신할 수 있도록 소형 수신기가 개발되고 있으며 기상의 연속감시, 범지구적 매핑, 도심지의 선택적 영상취득 등의 목적에 따라 각기 다른 궤도가 필요하다.

(2) 원격탐측의 특성

원격탐측자료는 자체적으로 해석하거나 처리할 수 있지만 지상 관측값과 연계하면 최적의 결과를 얻을 수 있다. 인공위성 영상자료와 현장의 부표, 온도측정 자료를 결합하면 고정밀 해수면 온도지도를 작성할 수 있다. 엘니뇨 연구의 경우 부표는 동서방향으로 2,000km 정도, 남북방향으로는 300km 정도의 간격으로 배치하여 기상위성 자료를 사용하면 약 1km 간격의 자세한 수준까지 해수면 온도를 측정할 수 있다. 원격탐측은 기본적으로 지구 표면만을 측정하여 최상부의 수 mm에 대한 정보만 제공하는 것이 원격탐측의 한계이며 극초단파(Microwave) 탐측과 같은 일부 기술을 이용하면 좀 더 깊은 곳의 정보도 측정할 수 있다.

원격탐측 영상으로부터 유도한 온도는 실제 표면온도에 대해서만 정보를 제공하며 수면 아래의 해류에 관한 정보는 전혀 얻을 수 없으나 부표를 사용하면 파악이 가능하다. 태평양은 기상 및 해양상태가 좋지 않아 측정용 부표망을 설치하여 관리하는 것이 힘들지만 원격탐측 기법은 접근하기 힘든 지역에 적합하다. 원격탐측의 특징은 전 세계에 관한 자료들을 수집하는 것에도 해당되며 원격탐측을 이용하면 동일한 센서를 사용하여 광범위한 자료를 수집할 수 있다.

9.11.2 원격탐측 위성의 종류

원격탐측은 고도에 따라 지상 탐측차량, 헬리콥터, 비행선, 항공기, 원궤도위성, 정지위성으로 구분되며 위성의 종류에는 지구자원 탐측위성(Landsat), SPOT, COSMOS, 기상위성(SEASAT), 해양위성, 응용기술위성, 우주실험소위성이 있으며, 지구의 관측에는 주로 Landsat과 SPOT위성이 이용되고 있다.

(1) 지구자원 탐측위성

지구자원 탐측위성인 Landsat은 1972년 7월 23일에 1호가 미국 NASA에서 발사되었으며 1972년 MSS라는 다중분광센서를 탑재한 Landsat 1 위성에서 시작되었다. 발사당시 ERTS로 명명했으나 1975년 1월 13일에 Landsat으로 변경하고 1975년 1월 22일 2호 발사, 1978년 3월 5일 3호 발사, 1982년 7월 16일 4호 발사, 1984년 3월 1일 5호를 발사하였다. Landsat1호 · 2호에는 RBV, MSS의 4밴드가 탑재, Landsat 3호에는 MSS의 5밴드가 탑재, Landsat 4호 · 5호에는 TM 7밴드 및 MSS 4밴드가 탑재되었으며 1999년 4월에는 ETM센서를 탑재한 Landsat 7호가 발사되었다. 촬영고도는 Landsat 1 · 3호의 경우 900~950km 상공에서 작업을 실시하며 Landsat 4 · 5호는 약 705km 상공에서 작업을 실시한다. 1일 촬영량은 피복면적으로 계산하면 185×185km=34,225km^{2}이며 약 188매의 사진을 촬영하고 1회 회전시간은 1h43m16s 또는 103,267분이며 1일 14번 회전하고 회전주기는 16일이며 센서는 Retrun Beam Vidicon(RBV)과 Multi spectral Scanner (MSS), TM을 탑재하고 있다. 정보수집의 범위는 감지기인 4band를 이용할 경우 파장 0.5~1.1μ까지 포착되며 사진크기는 70×70mm, 축척은 1/3,369,000이고 WGS84좌표계를 이용하고 있다. Landsat은 농업, 식물학, 지형학, 토목공학, 환경감시, 임학, 지리학, 지질학, 자연지리학, 지상자원 분석, 지형이용계획, 해양학, 수자원 분석 등에 활용된다.

그림 9-84 Landsat 위성

그림 9-85 SPOT 위성

(2) SPOT위성

SPOT(Le System Probatoire d'Observation de la Terre)은 지구관측시스템을 의미하며 1977년 프랑스가 주축이 되어 계획되고 프랑스, 스위스, 벨기에 정부의 공동 콘소시움에 의해 구성되었다. SPOT은 궤도주위 방향관측(off Track viewing) 기능을 가진 최초의 Pushbroom CCD 센서에 의한 지구관측위성이다. SPOT 위성에는 HRV(High Resolution Visible) Sensor가 탑재되었으며 흑백영상과 다중분광대 영상의 기능을 갖고 있다. SPOT 1호는 1986년 2월 21일 프랑스에 있는 Kourou, Launch Range에서 발사되었으며 두 개의 위성궤도로부터 완전한 입체사진을 제공한다. 관측주기를 4~5일로 단축할 수 있으며, 입체시 관측이 가능하여 지형도 제작에 이용할 수 있다. SPOT 2호는 1990년 1월 22일에 발사되었으며 HRV 공간해상력은 10×10m(XS형)이다. 1998년 3월에 성능이 현저하게 개선된 SPOT 4호가 발사되었는데 과거 3개의 밴드대신 4개의 밴드를 가지는 고해상 가시광선 및 적외선(HRVIR)센서와 Vegetation장치가 추가되었다. Vegetation은 지구의 광활한 대륙을 수시로 정확히 모니터링하기 위하여 고안되었다. SPOT 위성은 크게 탑재기와 다중임무 항공기인 SPOT Multi Mission Bus로 구성되어 있다. 탑재기에는 2대의 HRV 탐측기, 자기테이프 기록기(Magnetic Tape Recorder), 영상자료를 지상수신소로 전송하기 위한 송신장치 등이 탑재되어 있고, SPOT Multi Mission Bus는 전원공급장치, 위성의 자세 및 궤도조절장치, 전산기, 통신장비 등으로 이루어져 있다. SPOT 위성의 회전주기는 26일 후에 본래위치로 돌아오게 되므로 26일 동안 위성의 회전수는 369회전이 되며 하루에 약 14회 회전한다. 또한, SPOT 위성의 활동주기(Working Circle)는 지상의 모든 지역을 규칙적으로 통과할 수 있도록 거의 극궤도운동(Near Polar Orbit)으로 움직인다. 따라서 위성궤도의 1회 회전하는데 소요되는 평균시간은 101.4분이며 인접궤적(Track)상의 최대거리는 108.6km이고 적도보다 극에서의 고도가 21.4km 정도 더 높다. 위성의 촬영고도는 830~860km의 고도에 있으며 관측폭(Swath Width)은 60km(3,000 픽셀 CCD Array)이고 원형궤도에서 태양동주기궤도는 98.7°의 경사에서 얻어진다. 그리고 취득일시가 서로 다른 영상들을 비교할 경우 영상의 취득시간에서 태양광의 조건을 같게 하기 위해 궤도면과 태양각이 일치하도록 해야 한다. 탐측기(Sensor)는 2대의 HRVIR(High Resolution Visible and Infrared)를 이용하지만 P형과 XS형이 있다. 전정색형인 P형의 해상력은 10m×10m이며 다중파장대 영상(XS형)은 20×20m이다. SPOT위성으로부터 얻는 자료에는 컴퓨터에 적합한 자기테이프(CCT; Computer Compatible Tape)와 필름의 2가지 형태로 나눌 수 있다. 필름형태는 SPOT 영상에는 표정영역(Title Zone), 분광대영역(Spectral Mode Zone), 밝기값 눈금영역(Gray Scale Zone), 영상영역(Image Zone), 주석영역

(Annotation Zone)의 5개 부분으로 나누어져 있다. 1/250,000의 소축척 지도에서 1/50,000까지의 지도 제작이 가능하며 대축척의 지도에서는 정확도가 낮지만 소축척 지도의 수정 · 편집 및 정사영상 생성에는 효과적이며 DEM 구축에 용이하다.

(3) 기상위성

기상위성(METEOSAT; METEOrological SATelite)은 기상예보와 감시에 이용하기 위한 탐측기로 지형관측 탐측기에 비해 거친 공간해상력으로 설계되었으며 세계 기상프로그램에 사용되는 정지위성이다. 이는 매우 순간적이고 반복적이며 대단위지역의 자료 취득이나 상세한 것을 포함하지 않는 천연자원의 관측에 매우 유용하게 이용되며 프로그램은 전체 7개의 위성으로 구성되어 있다. 기상을 예측하거나 감지하기 위한 연구를 지원하기 위해 제작된 기상위성은 해상력이 낮은 감지기로 구성되어 있다. 첫 번째 METEOSAT위성은 1977년에 궤도에 발사되었으며 유럽의 Organization Eumetsat의 소유이다. 대단위지역을 관측할 수 있는 해상력으로 지구의 넓은 범위에 적용할 수 있고 특정한 적용을 위해 생성된 자료의 양을 크게 줄이는 장점을 지니고 있다. 순간적인 해상력에서 지구의 큰 부분을 포함하며 공간 해상력에서 생성된 자료의 양을 줄이는 기능이 있다. 대표적인 기상위성으로 NOAA위성, GOES(Geostationary Operational Environmcntal Satellite)위성, DMSP(U. U air force Defence Meteorogical Satellite Program)위성 등이 있다. 현재 이용되고 있는 Meteosat 5위성은 backup용으로 만들어진 Meteosat 6과 동시에 작동하고 있으며 궤도는 정지궤도, 경도 0°를 기준으로하고 있다. Sensor는 가시광선 및 적외선 회전, 라디오메타(VISSR; Visible and Infrared Spin Scan Radiometer)의 다중밴드는 기상학에 관련된 현상을 관측하도록 설계되었다. 지상해상력(Ground Pixel Size)은 대기 중에서 수증기에 대한 정보를 제공하는 팬크로매틱 밴드(VIS/2.5km)와 중적외선(mid infrared)밴드, 그리고 열(Thermal)밴드가 있다. NOAA는 미 정부 기관인 국립대양 및 대기청(National Oceanic and Atmospheric Administration)의 약어이다. 지구관측과 관련하여 NOAA에 탑재된 센서 AVHRR(Advanced Very High Resolution Radiometer)의 관측폭은 매우 넓은 FOV(110°)로 2,800㎞, 비행고도 850km, 위성의 궤도 경사각은 98.8°의 태양동주기이나 궤도 주위방향 관측(Off Track viewing)의 기능은 없다.

(4) 해상관측위성

해상관측위성(SEASAT; SEA SATellite)은 해양지역과 일정한 기간 동안 정보를 제공하는 1978년 발사된 Nimbus 7호 위성으로 유색스캐너(CZCS; Cosastal Zone Color Scanner)를 탑재하고 있다. 유색스캐너는 해안지역의 온도와 색을 관측하기 위하여 제작되었으며 6개의 파장대에 의해 조작된다. 분광다중 극초단파에 해당하는 영역을 이용하여 해상을 관측하고 CZCS에서 이용되는 분광대는 플랑크톤의 집적정도를 나타낸 지도제작과 토양에 있는 무생물 잔류량에 대한 조사, 해수면 생물군에 대한 분포도, 육지로부터 수면을 분리, 해안근처나 해수의 엽록소, 황조류의 구분 등에 사용된다. 또한, ROCSAT은 1999년 초에 발사된 대만의 실험위성으로 주요 목적은 중위도 및 적도 해역의 해양 생산력 연구와 분석 및 원격탐사에서 대기 에어로졸의 영향조사를 실시하기 위해 개발한 위성이다.

(5) MOS

일본은 1987년 2월 19일에 MOS 1, 1990년 2월 7일에 MOS 2를 발사하였으며 MOS(Marine Observation Satellites)는 가시근적외 방사계(MESSR; Multi spectral Electronic Radiometer), 가시열적외 방사계(VTIR; Visible and Thermal InfraRed Radiometer), 극초단파탐측 방사계(MSR; Microwave Scanning Radiometer)를 탑재하여 해양관측에 이용하였다. MOS 2 위성은 MOS 1에 이어 우주로부터 지구표면의 수치지도제작을 위해 개발되었으며 위성궤도상에서 4.5시간 동안 약 7million m^2에 해당하는 면적을 기록한다. MOS 2에 장착된 카메라의 특징은 3차원 지형정보에 대한 고해상도의 전정색 영상, 특정목적에 대한 다중분광대영상의 조합, 3개의 입체영상, 고해상도 영상, 다중분광대 영상취득 등이 있다. 이는 각각 다른 사용자들의 욕구를 충족시키기 위해 5개의 렌즈로 구성되며 이 중 3개는 입체영상, 나머지 두 개는 다중파장대 영상을 위한 것이다. 중심에 위치한 렌즈는 초점거리가 660mm로 지상의 4.5×4.5m에 해당하는 고해상도의 영상을 만들며 중심의 고해상도 렌즈와 연관지어 237.2mm의 초점거리를 가진 두 개의 입체렌즈를 갖게 되며 세 개의 입체시 된 영상을 얻을 수 있다. MOS 2에서 취득하는 영상은 기하학적 상태를 나타내며 고해상도 채널의 폭은 기록방식에 따라 37km 또는 78km가 되고 두 개의 바깥쪽 입체채널의 시야각 21.4° 때문에 지구표면 위에서 이들 채널의 상은 연직선상의 채널부터 120km 정도 떨어져 있다.

(6) IKONOS

IKONOS는 1999년 9월 24일 미국의 록히드마틴과 레이디, 일본의 미쓰비시가 공동 설립한 스페이스 이미징(Space Imaging)사에서 상용서비스를 목적으로 제작하여 미국 캘리포니아에서 발사되어 같은 달 30일 처음으로 해상도가 1m인 워싱턴지역에 대한 팬크로매틱 영상을 지상수신국으로 송신하였다. 최초의 상용고해상도 위성으로 미국의 지구관측사(Earth Observation Company)인 Space Imaging사의 소유이며 그 외의 고해상도 상용위성은 Orbview3(OrbImage), Quickbird(EarthWatch), EROS A1(West IndianSpace) 등이 있다. 1972년 80m 해상도인 미국의 Landsat이 발사된 후 14년이 지난 1986년 프랑스에서 해상도가 10m인 SPOT 위성이 출현하였다. IKONOS는 Pushbroom 원리에 기초한 OSA센서를 탑재하고 있으며 팬크로매틱 영상과 다중분광 영상을 동시에 촬영할 수 있다. IKONOS는 민간용 위성이 수행할 수 있는 최상의 공간 해상력을 지니고 있으며 지구관측용 인공위성은 크게 광학센서를 탑재한 위성과 전자신호의 반사원리를 이용하는 레이더위성으로 구분할 수 있다. 주요 임무는 미국의 모든 주요 도시들에 대한 영상을 취득하는 것으로 지금까지 위성영상에 의한 도심지의 지도제작과 모니터링은 제한된 범위 내에서만 가능하였다. IKONOS 위성은 고해상도와 높은 위치정확도에 있으며 흑백(Panchromatic)영상은 1m이고, 컬러영상의 지상해상도는 4m이다. 지상기준점에 의한 보정없이도 평면정확도 12m, 표고정확도 10m이며, 지상기준점을 이용하여 보정하면 평면과 표고정확도를 각각 2~3m까지 높일 수 있다. 레이더위성은 지표면이 구름에 가리거나 과도한 태양광의 반사로 인한 방해와는 무관하게 지구를 관측할 수 있으며 전자파 생성에 많은 에너지를 필요로 하여 위성의 수명이 짧아지는 단점이 있다. 대축척지도 제작이 가능할 수 있도록 응용이 확대되고 있다.

그림 9-86 IKNOS 위성

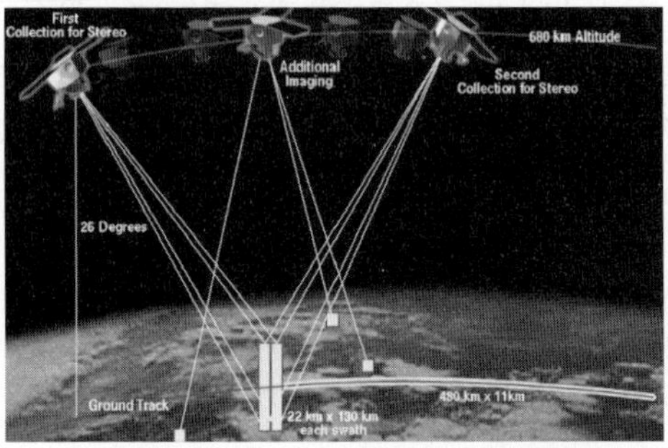

그림 9-87 IKONOS 스테레오 촬영

위성영상은 토지이용 및 관리, 방재 및 환경보존, 농 · 임업, 지질 및 광물탐측 등의 분야에서 소축척 지도제작에 이용되었으나 지적도나 수치지형도와 같은 대축척지도의 제작에는 지상측량방법이나 항공사진측량에 의존하고, 위성영상의 자료는 이용할 수 없었다. 위성영상의 위치정확도는 위성영상에 필연적으로 수반되는 왜곡현상의 보정에 따라 달라지며 종류에는 방사왜곡, 파노라마왜곡, 지구자전과 곡률에 의한 왜곡, 위성궤도 및 자세에 의한 왜곡 등으로 왜곡현상은 목적에 적합하게 보정하여야 한다. 지금까지 고해상도 위성은 10m 해상력을 갖는 SPOT에서 2m 해상력을 갖는 러시아 위성까지 매우 다양하게 발전되어 최근에는 점차 해상도가 높아지고 있으며 상업적, 군사적, 재난관리등 기존의 고해상도 기능으로 대축척지도 제작 및 수치지형(DTM)모델의 추출까지 다양한 분야에서 이용되고 있다.

(7) 우리나라 위성

위성은 국가적으로 우주 영역확보 및 우주 기술 경쟁력의 강화를 위해 반드시 필요하며 산업의 고도화로 인한 국내의 위성수요 확대 및 해외 우주시장 진출을 위함은 물론이고 국가 안보적 측면과 정보시대의 매체로서 역할과 독립 문화권을 확보하는데 그 목적을 두고 있다. 우리나라는 1989년부터 위성에 대한 연구를 수행하여 1992년 8월 11일 우리나라 최초의 초소형 과학기술위성인 우리별(KITSAT)1호를 발사하는데 성공하면서 세계에서 위성을 보유한 22번째 나라가 되었다. 우리별 2호는 1993년 9월 26일에 무게 47.5kg인 위성을 발사하였다. 또한, 1995년 8월 5일에는 무궁화위성(KOREASET) 1호를 발사함으로서 우리나라 최초의 상용통신위성을 갖게 되었으며 1996년 1월 14일에는 무궁화위성(KOREASET) 2호를 발사하고 1999년 5월 26일 우리나라 순수 기술로 만든 인공위성인 우리별(KITSAT) 3호를 발사하는데 성공하였다. 1999년 12월 21일에 발사한 아리랑위성(KOMPSAT) 1호는 우리나라 최초의 다목적 실용위성으로 무게는 510kg이며, 6.6m의 해상도를 갖는 카메라가 장착되어 있다. 2003년 9월 27일 우리나라 첫 과학기술위성(STSAT) 1호가 발사 되었고 우리별 4호(KAISTSAt 4)라고도 하며 기존의 우리별 1,2,3호의 개발경험을 바탕으로 기술 습득과 독자적인 개발 단계를 거쳐 기술의 최적화와 동시에 천문관측을 시도하는 최초의 국내 위성이다. 2006년 7월 28일에 발사한 아리랑위성 2호는 다목적 실용위성으로 장착된 카메라는 가로 세로 1m의 면적까지 접근해서 촬영이 가능하다. 우리나라의 통신위성은 KT가 제작하여 발사한 무궁화 1, 2, 3호로 현재 발사되었으며 초고속 멀티미디어 인터넷, 디지털 방송, DMB와 같은 통신과 방송분야에서 많이 활용되고 있다. 과학기술위성인 우리별은 한국과학기술원(KAIST)의 인공위성 연구센터에서 만든 우리별 시리즈 4개가 있으며, 과학기술위성은 천문 관측용으로 우주은하에 분포해 있는 고온의 플라즈마와 지구 자기장을 연구하며, 지구의 상층 대기를 조사하는 역할을 담당하고 있다. 다목적 실용위성은 전 세계의 지리정보, 기상예측, 해양관찰, 환경감시 등 여러 분야에서 활용되고 있다.

1) 우리별 위성

우리별1호 위성은 1992년 8월 11일 성공적으로 발사된 우리나라 최초의 우리 국적 위성으로서 인공위성 연구센터가 1989년부터 영국의 써리대학과 위성개발 및 인력양성을 위한 교육프로그램을 통해 3년 동안 개발하여 발사된 위성이다. 우리별1호의 운용궤도는 고도 1,300km, 경사각 66°의 원형 저궤도이고, 위성체의 크기는 352×256×670mm, 중량은 48.6kg이며 위성이 최대로 공급할 수 있는 전력은 30W 정도이다. 탑재체는 축적 및 전송통신실험, 지구표면촬영실험, 우리말 음성방송 실험, 우주방사선 측정실험 장치 등으로 주요임무는 지구표면촬영과 통신 및 우주실험이다. 우리나라 두 번째 위성인 우리별 2호는 1호의 개발을 주도했던 연구원들이 국내의 연구진과 함께 참여하여 위성의 임무분석과 설계, 제작, 시험까지의 모든 공정을 국내에서 수행하여 개발한 위성이다. 2호에서는 1호기의 문제점들을 수정 보완하고 가능한 국산품을 많이 사용하려 노력하였다. 2호기의 궤도는 고도 800km의 원형태양동기궤도로 궤도경사각은 98.57°이다. 우리별 3호 위성은 기존의 우리별 1호 및 2호의 개발경험을 바탕으로 국내에서 독자적으로 설계한 최초의 우리나라 고유의 위성모델이라 할 수 있다. 1999년 5월 26일 성공적으로 발사된 우리별 위성 3호는 약 1개월간의 초기운용기간 중에 위성본체 및 탑재카메라에 대한 검증을 완료하고 현재는 약 15m급의 해상도를 갖는 영상을 지상으로 송신해 주고 있다. 운용궤도는 고도 730km의 태양동기궤도이고, 위성체의 크기는 495×604×852mm, 중량은 약 112kg이며, 위성이 최대로 공급할 수 있는 전력은 180W 정도이다. 자세제어방식은 제로모멘텀방식의 3축 자세안정화 방식이고, 반작용 휠 및 자기토커를 사용하여 제어를 수행한다. 탑재체는 15m급 해상도의 3채널, 선형 CCD카메라, 방사능 영향측정기, 고에너지 입자검출기, 정밀 지구자기장 측정기 및 전자온도 측정기 등이다.

2) 무궁화 위성

무궁화1호 위성은 1995년 8월 5일 미국 플로리다주 케이프커내버럴 우주기지에서 델타 Ⅱ 로켓에 실려 발사된 우리나라 최초의 방송통신위성이다. 무궁화호 위성은 적도상공 3만6천㎞의 정지궤도에서 직접위성방송과 통신전파를 발사하여 우리나라의 우주시대를 여는 첨병 역할을 하고 있다. 그러나 1단의 주 엔진에 부착된 보조로켓 9개중 하나가 분리시스템의 도화선 손상으로 위성의 운용궤도 사고가 발생하여 위성의 정지궤도에 진입하도록 만들어진 위성 자체의 소형로켓 및 추진제를 사용하면서 소모된 연료로 기인하여 위성의 임무수명이 10년에서 4.5년으로 감소되어 무궁화위성 1호의 수명은 2000년 초 종료된 것으로 알려져 있다. 무궁화 2호는 무궁화 1호의 예비위성으로 1996년 1월 14일 성공적으로 발사되어 1996년 7월부터 무궁화 1호와 함께 운용되고 있으며 위성은 1호 위성과 동일하나 35,766 km의 궤도에서 지구와 같은 속도로 움직이는 정지궤도위성이다. 현재 동경 116°의 적도 정지궤도에 위치하는 무궁화위성 2호는 3호 위성 발사 후 동경 113°의 정지궤도로 이동 운용되고 있다. 무궁화위성 3호는 1호 위성이 발사 사고로 인하여 예정보다 수명이 단축되어 현재의 고정통신 서비스를 중단 없이 제공하기 위하여 1999년 9월 5일 아리안스페이스사의 아리안 4호 발사체를 사용하여 남미가이아나의 커루에서 발사하여 현재 운용중에 있다. 무궁화 3호는 1,2호 위성서비스의 연계 및 멀티미디어 서비스와 같은 신규 서비스 및 수요증가에 대처할 수 있도록, 1,2호 위성보다 대용량/고출력의 제원을 갖도록 설계하였다. 이와 같이 무궁화 위성은 통신용 중계기를 이용하여 지상에서 유·무선을 통하여 제공되고 있는 다양한 통신서비스를 모두 제공할 수 있다. 특히, 광범위한 지역에 동일하게 전파가 전달되는 위성통신의 장점을 최대한 살려 한 곳에서 여러 곳으로 같은 정보의 전달에 매우 효과적이다. 현재 가장 많이 활용되고 있는 분야는 기업체의 사내 TV방송, 원격교육, 원격강의, 광고방송, TV프로그램중계 등 영상을 한 장소에서 여러 곳으로 전송하고 있다.

3) 아리랑 위성

아리랑1호(KOMPSAT; Korea Multipurpose Satellite)는 1980년대부터 기상통신 분야 및 국토개발, 해양, 환경, 과학 탐측 등의 분야에서 자료를 활용하며 무궁화 위성, 우리별1, 2호에 이어 우리나라 최초의 영상위성이라 할 수 있다. 아리랑위성은 1999년 12월 21일 한국항공우주연구소(KARI)가 주관하고, 우리나라의 자본으로 발사된 지구자원탐측위성, 다목적 실용위성으로 우주과학실험, 해양관측, 지도제작 등 영상자료 취득을 주임무로 하고 있다. 아리랑1호 위성은 28일마다 동일한 지상반복궤적을 통과하며 탑재된 Sensor는 위성체의 지구방향 탑재체 플랫폼에는 전자광학카메라(EOC; Electro−Optical Camera), 해양관측카메라(OSMI; Ocean Scanning Multi−Spectral Image) 및 우주관측 탑재체가 부착되어 있다. 전자광학카메라(EOC)는 최대 6×6m의 해상도를 갖는 정밀한 영상을 생성하므로 축척 1/25,000의 한반도 입체전자지도 제작 및 지리정보시스템에 활용할 수 있다. 또한, 도시계획, 고속도로 건설과 같은

그림 9−88 아리랑1호 (KOMPSAT)위성

국토개발과 관리, 산악 및 해안선등과 같은 지형조사와 홍수, 태풍 등으로 인한 하상의 변화, 대형 산불과 같은 재해관측 차원의 영상을 제공하고 있다.

해양관측카메라는 한반도를 포함하는 전 세계 해양자원 및 해양환경관측에 활용할 수 있으며 해양오염상태를 조사하는데도 유용한 자료로 활용되고 있다. 아리랑 2호의 영상은 흑백 1×1m, 컬러 4×4m의 해상도를 갖고 있으므로 컬러 영상은 고해상도로 바닷물의 환경오염 정도를 측정할 수 있고, 농작물의 병충해 여부도 파악이 가능하다. 또한, 아리랑위성 2호는 대규모 자연재해를 감시하고, 각종 자원의 이용 실태도 조사하며, 지리정보시스템의 구축을 지원하고, 지도 제작에도 사용되는 등 공공목적으로의 활용도가 매우 높다.

4) 과학기술위성

과학기술위성(STSAT) 1호의 정식 명칭을 가지고 2003년 9월 27일 15시 11분(한국시간)에 COSMOS 3M에 의해 발사 되었으며 우리별 4호라고도 한다. 또한, 과학기술위성 1호는 국내기술을 기반으로 제작되어 대한민국 최초로 발사되는 천문우주관측 위성으로 천문우주관련 연구 및 기반기술 확보와 과학위성 개발에 국제적인 경쟁력을 갖추게 되었다. 주요 임무는 은하 전반에 분포해 있는 고온의 플라즈마에서 방출되는 자외선의 검출과 극지방에서 일어나는 태양과 지구 자기장의 상호 작용을 조사하고 있다. 그리고 원자외선 분광기와 더불어 탑재되는 우주과학 탑재체는 지구의 상층대기로 투입되는 높은 에너지의 하전 입자를 동시에 관측하여 지구의 상층대기에서 일어나는 여러 가지 물리적 현상에 대한 정보와 지상에서 항상 감시하기 어려운 야생 동물이나 교통 감시 등의 정보를 취득하는 역할을 수행하고 있다. 과학기술위성 1호는 소형 위성으로 과학 임무의 수행 가능성과 함께 국제적으로도 손색이 없는 관측 자료를 얻게 된

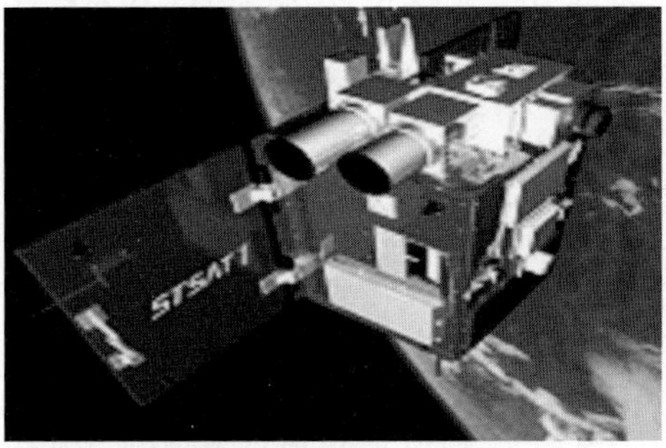

그림 9-89 과학기술위성

그림 9-90 위성발사체 및 위성의 구조

다는 점에서 큰 의미를 가지고 있다.

궤도는 690km 상공에서 원형인 태양동 주기궤도이며 크기는 665×551×830mm이고 무게는 106kg으로 탑재체계는 원자외선 분광기(FIMS), 데이터 수집 장치, 고정밀 별감지기, 고에너지 검출기(SST), 저에너지 검출기(ESA), 랑마이어 탐침(LP), 정밀 지구자기장 측정기(SM)가 내재되어 있다. 과학기술위성 2호는 우리나라 최초의 국내 개발 소형위성발사체(KSLV1)에 실려 발사될 100kg급 저궤도 인공위성으로 보다 향상된 성능과 소형화를 추구하고 임무는 태양관측, 정밀궤도측정, 위성체 핵심기술 개발이다.

9.11.3 탐측기

센서는 전자기 에너지를 측정하고 기록하는 장치로 수동형센서(Passive Sensor)는 주로 태양에너지원을 사용하지만 극히 일부는 지구 자체 에너지원을 사용한다. 수동형센서는 1피코미터로부터 1미터(라디오 파)에 걸친 넓은 분광대역을 측정한다. 능동형센서(Active Sensor)는 자체 에너지원을 가지고 있는 센서로 조명 조건에 관계없이 촬영할 수 있으므로 조정하기 쉬우며 레이저(적외선) 고도계 및 레이더 등이 있다.

(1) 수동형 센서

감마선 분광측정기(Gamma Ray Spectrometer)는 토양이나 암석층의 상층부에서 방사성붕괴(Radioactive decay)에 의해 방사되는 감마선의 양을 측정하는 장비이다. 특정한 파장대역에서 측정한 에너지로부터 방사성 동위원소와 관련 있는 특정한 광물의 함유량에 관한 정보를 얻을 수 있다. 따라서 감마선은 피코미터(pm) 수준의 매우 짧은 파장으로 감마선 분광측정기의 활용분야는 광물자원 탐측이다. 파장은 대기에 의해서 흡수가 많이 되기 때문에 지표면에서 수 백미터 이내의 범위에서만 측정이 가능하다.

항공사진 카메라는 렌즈와 필름으로 구성된 카메라 시스템은 주로 항공사진측량용 항공기에 장착되지만, 저궤도 위성이나 NASA의 스페이스셔틀에서도 일반카메라를 적용하기도 한다. 카메라에 사용되는 필름의 종류에 따라 400~900nm 범위의 전자기 에너지를 기록할 수 있다. 항공사진은 기하학적으로 매우 안정되어 있으므로 입체사진촬영을 통하여 정밀한 3차원 좌표를 취득하며 가장 많이 사용되는 분야는 중축척/대축척 지형도 혹은 지적도를 제작하는 부분이다. 비디오 카메라는 영상자료를 기록하는데 사용하며 대부분의 비디오 센서는 가시광선 영역만을 대상으로 하고 있다. 현재는 디지털 비디오가 널리 사용되면서 원격탐측에도 활용되고 있다. 대부분 비디오 영상은 정성적인 목적으로 저렴한 비용의 영상자료를 수집하는데 사용된다.

다중분광 스캐너(Multi Spectral Scanner)는 주로 광학대역에서 반사된 태양광을 측정하는 기기로 체계적으로 지표면을 Scanning함으로써 관측된 영역으로부터 반사된 에너지를 측정한다. 이때 여러 개의 파장대역을 동시에 Scanning하므로 다중분광스캐너라 한다. 파장밴드는 반사된 에너지의 평균을 측정하는 전자기 분광대역의 일정한 한 구간(폭)이다. 몇 개의 구분된 파장 밴드로 나누어 측정하는 이유는 각각의 밴드가 특정한 지표면의 성질과 연계되므로 청색광 영역의 반사특성은 광물 함유량과 관계가 깊으며, 근적외선 영역의 반사특성은 식물의 종류 및 활력도 판정에 사용될 수 있다.

영상분광측정기(Imaging Spectrometer)의 원리는 다중분광스캐너와 유사하지만, 분광측정기는 매우 좁은 폭의 파장대역(5~10㎛)을 측정 할 수 있으며 각 픽셀별로 거의 연속적인 분광반사곡선이 생성되게 된다. 분광곡선은 물질의 화학적 성분과 깊은 관계가 있으므로 영상분광측정기를 사용하면 지표면의 광물질 조성비를 결정하거나 바닷물의 클로로필 함유량을 알아낼 수 있다.

열적외 스캐너(Thermal Scanner)는 10~14㎛ 대역의 열 자료를 측정하며 물체의 온도에 민감한 원격탐사기법으로 해양이나 하천의 수온의 변화를 측정하는 목적으로 많이 사용한다. 초기의 열적외선 위성영상은 낮은 해상도를 가지고 있었으나 대기상의 구름의 분포나 육지 및 바다 표면 온도, 일기 예보 등에 매우 유용하며 물체의 온도와 직접적인 관련이 있어 농업수확량에 미치는 영향을 연구하거나 발전소에서 방류된 냉각수의 온도 감시 등에도 사용된다. 또한, 연안에서 용출되는 지하수가 해안으로 공급되는 경우 해수와 만나면서 나타나는 순환 패턴(Circulation Pattern)을 관측하며 연안에서 용천과 같은 형태의 조사에 활용한다. 지질구조의 관측 및 화산활동과 같은 지열관측에 활용하며 광학영상에서 비슷한 분광특성을 가지는 지질구성물질도 열적외선 영상에서는 물질의 열용량이나 열관성의 차이를 이용하여 구분할 수 있다. 열적외선 원격탐사는 농경지의 관리 및 사막화 감시에 효율적이다.

(2) 다중분광스캐너

다중분광스캐너는 지구표면의 Scanning 시 반사되는 전자기에너지를 측정하는 것으로 기본단위가 영상소(pixel)인 디지털 영상데이터의 형태가 된다. 다중분광 스캐너는 Landsat위성이 발사된 1972년 이후부터 원격탐측에 사용되었으며, 항공카메라 이후 가장 일반적으로 사용되는 센서이다. 다중분광 스캐너 데이터는 지표면, 식물, 광물학, 지표면의 물 등의 지도를 작성하는데 사용되며 고체 검지기를 사용하는 Pushbroom 스캐너와 CCD 배열을 사용하는 Whiskbroom 스캐너로 구분된다. 다중분광 스캐너는 전자기 스펙트럼의 다양한 파장 밴드에 걸쳐 데이터를 수집하는 센서로서 항공기나 인공위성에 탑재할 수 있으며 Scanning 결과의 영상자료는 측정된 에너지 레벨의 양자화(Quantization)과정에서 수치로 계산되는 밝기값으로 저장한다. 데이터의 기하학적 신뢰성 측면에서는 Pushbroom 스캐너가 최적이며, 열적외선을 포함한 다양한 분광밴드를 측정할 수 있다는 측면에서는 현재의 Whiskbroom 스캐너가 최적이다.

1) Whiskbroom Scanner

Whiskbroom은 작은 솔이라는 의미로 회전하는 거울과 하나의 탐지기를 결합하여 거울이 회전할 때 마다 탐지기의 빔이 지표면을 위성경로에 수직으로 지나가도록 설계된 장치이다. 위성이 전방으로 움직이는 라인에 의해서 지구의 표면은 규칙적으로 Scanning 될 수 있으며 쓸어내리는 동작으로 Whiskbroom Scanner는 Across Track Scanner라고 알려져 있다. 최초의 다중분광 스캐너는 Whiskbroom이론을 적용하였으며 오늘날 많은 스캐너들의 원리는 그림 9-91과 같다. 특히, 감지기를 이용하면 특정 파장대에서 최대감도를 갖도록 설계되었으며, 비행라인에 수직한 스캔라인을 가로질러 지형을 스캔하는 회전 거울을 사용하며 연속적인 스캔라인은 2차원영상을 구성한다. 대표적인 Whiskbroom방식의 센서는 Landsat TM, NOAA의 AVHRR 등이 있다.

Whiskbroom 스캐너는 고체 탐지기(Solid State Detectors)를 사용하여 광학시스템에서 센서로 전송되는 에너지를 측정한다. 광학시스템은 입사되는 복사에너지를 탐측기의 표면으로 모으는 역할을 한다. 탐지기는 프리즘이나 회절격자를 이용하여 입사되는 복사에너지를 각각의 탐지기들이 가지고 있는 분광성분으로 분리하며 전자기 복사에너지를 전자로 변환 시킨다. 전자는 필요한 단위별로 에너지 레벨을 정량화하는 전자장치에 입력하고 디지털 영상시스템에서는 불연속적인 값들을 이용하여 에너지의 양을 저장한다.

Whiskbroom 스캐너의 거울은 어떤 순간에서도 지표상을 원형의 면적으로 관측하며 플랫폼의 연직하방(Nadir)인 경우 관측면적의 직경 $\boldsymbol{D}$는 관측 시야각 β와 비행고도 H에 의존하며 $\boldsymbol{D}=\beta\times\boldsymbol{H}$에서 $\boldsymbol{D}$와 $\boldsymbol{H}$의 단위는 $\boldsymbol{m}$, β는 라디안(Radian)으로 표시한다. 관측 시야각 β는 순간 시야각(Instantaneous Field of View)이라고도 하며 약어로 IFOV라고 한다. IFOV는 렌즈를 통해 들어오는 지상의 정보를 하나의 디텍터에 측정되기 위해 만들어지는 원뿔 모양의 라디안 각으로 스캐너의 공간해상도를 결정한다. 시야각(FOV; Field of View)은 Scanning된 전체 각을 내며 항공탑재 스캐너의 경우에는 일반적으로 각으로 표현하고, 높이가 고정인 위성탑재 스캐너의 경우에는 유효 이미지 폭으로 표시한다. GSD(Ground Sampled Distance)는 아날로그 신호에서 디지털 신호로의 변환과정에서 샘플링 시간간격(Sampling Time Interval)에 의해 만들어지는 공간해상도로 일반적으로 IFOV보다 작은 공간해상도를 갖으며 시야각(FOV)이 비교적 넓고 밴드간 화소의 기하학적 왜곡이 적다. 회전이나 진동하는 거울을 통해 탑재체의 이동방향에 수직으로 스캔라인이 형성되는 방식으로 입사된 에너지를 각 밴드별 디텍터에서 측정하여 여러 가지 파장대의 지상정보를 기록한다.

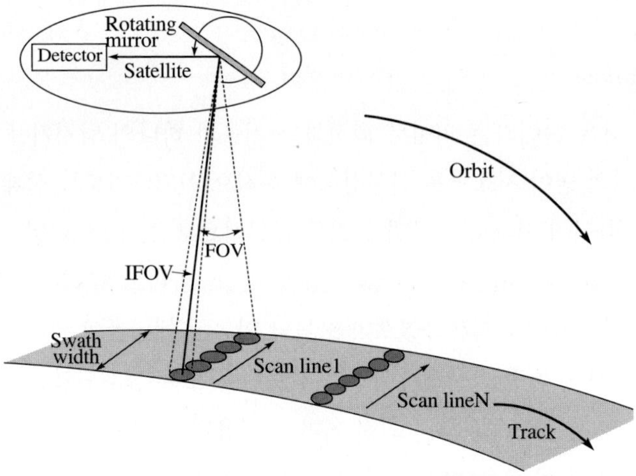

그림 9-91 Whiskbroom Scanner의 원리

2) Pushbroom Scanner

Pushbroom 스캐너의 기본은 전자기 에너지의 측정을 위하여 전하결합소자(CCD; Charged Coupled Devices)를 사용하는 것이다. 배열형태의 감지기는 비행방향에 대해 수직한 방향으로 스캔하며 일반적으로 선형배열은 Charged Coupled Devices(CCD)로 단일 배열은 10,000 CCD 이상으로 구성되며 개별감지기는 각각 단일해상도 셀의 방사량을 감지하도록 되어있다. 모든 스캔라인은 모든 배열에 의해 동시에 관측되며 장점은 각각의 감지기는 화소내의 에너지를 관측하면서 보다 긴 지연시간을 갖는다.

비행방향을 따라 관측하고자 하는 관측폭 만큼 Scanning하는 방식으로 수많은 CCD로 구성된 Line Array로부터 연속적으로 하나의 영상라인을 생성하며 동시에 지상의 정보들을 저장한다. 하나의 라인에 대해서 공선조건식이 성립하고, 각각의 Line Array는 각 파장대별로 필요하며 크기가 작고 구조가 간단하며 가볍고 전력의 소모량이 낮아 Scanning 거울이 없다. 공간해상도(Spatial Resolution)는 일반적으로 고도에 따라 해상도가 변하고 비행방향과 수직으로 Scanning하기 때문에 IFOV와 GSD가 거의 동일하다. 고체탐지기의 특징은 CCD Array에 대해서 유효하며 하나의 CCD Array는 하나의 분광대역과 대응할 수 있고 배열상의 모든 탐지기는 고유 파장범위에 민감하다.

Pushbroom 스캐너는 각각의 단일 라인에서는 중심투영인 항공사진의 기하와 유사하고 대부분의 Pushbroom 스캐너는 off Track viewing 기능을 가지고 있으며 스캐너는 궤도 진행방향의 좌우지역 또는 전 · 후방지역을 향한다. Pushbroom 스캐너는 순간 시야각(IFOV)의 개념을 적용할 수 없으며 Whiskbroom 스캐너와 함께 사용할 때 Pushbroom 스캐너에서는 시간에 대한 정보의 수집이 이루어진다. CCD Array의 각 요소는 플랫폼 아래의 작은 스트립에 관련되는 에너지를 측정하여 한 번에 라인 전체를 기록하므로 Whiskbroom 스캐너에 비해 라인상의 모든 픽셀(위치)은 각각 자체의 탐지기를 가지는 것이 주요한 장점이다. 또한, 일정한 지역에 대하여 장시간 관측이 가능하게 하며, 잡음이 적고 상대적으로 안정된 기하상태가 된다. 원격탐측에 사용되는 CCD−Array는 훨씬 민감하고 크기가 더 크며 이 방법을 사용한 최초의 위성센서는 SPOT 1 HRV이며 고해상 IKONOS와 Orbview3도 역시 Pushbroom 원리를 이용하고 있다.

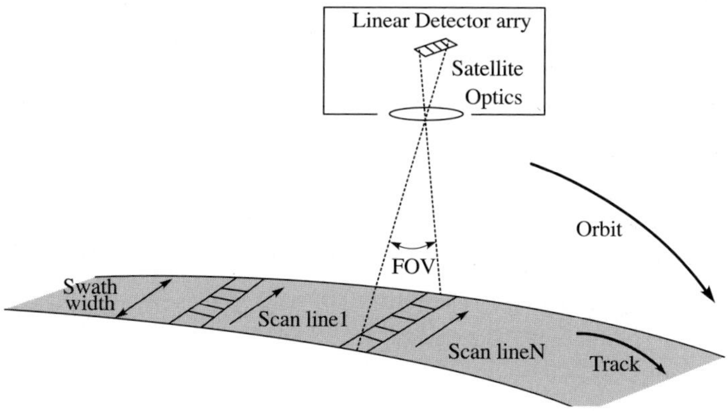

그림 9−92 Pushbroom Scanner의 원리

(3) 능동형 센서

레이저 스캐너(Laser Scanner)는 항공기에 장착하며 레이저 빔(적외선)을 사용하여 항공기와 지상점간의 거리를 측정한다. 레이저 Scanning은 주로 자세한 고해상도 수치표고모델(DTM)을 생성하는데 사용되며 측정한 거리정보와 항공기의 위치 및 자세에 관한 정확한 정보를 결합함으로써 지형표고를 계산할 수 있다. 레이저 Scanning은 상세한 도시 건축물 3차원 모델 생성, 산림의 수목 높이 측정 등 다양한 용도로 널리 이용되고 있다. 레이더 고도계(Radar Altimeter)는 위성 궤도에 평행한 방향으로 지형단면을 측정하는 탐측기이다. 레이더 고도계는 영상자료의 형태가 아닌 단면을 생성하며 고도계는 1~6cm 파장대역을 사용하고, 높이를 10~4cm의 정확도로 측정할 수 있으며, 해양과 같이 비교적 평탄한 표면을 측정하거나 대륙단위의 소축척 지형모델을 생성하는데 유용하다. 영상 레이더 장비는 1~100cm 대역에서 작동하며 다중분광스캐너와 같이 파장대역별로 지표면의 특성과 관련이 있다. 레이더 후방산란은 송신 신호와 관측대상지역의 표면 특성과 관련이 있다. 레이더는 능동형 센서이며, 구름을 통과하는 파장대역을 사용하므로 전천후로 자료를 수집할 수 있다.

(4) 위성용 탐측기

1) MSS 탐측기

MSS(Multi Spectral Scanner)는 지표로부터 방사 및 반사되는 전자기파를 렌즈와 반사경으로 집광하여 필터를 통해 분광한 다음 파장별로 구분하여 각각 영상테이프에 기록하는 장치를 말한다. 자료를 기록하는 최소관측시야 단위를 순간 시야각(IFOV)이라 하며 milli-radian으로 표시하고 지표의 관측 최소단위 면적을 영상소(pixel)라 한다. MSS는 Landsat4호, 5호에 탑재되어 있으며 항공기에 탑재하는 MSS는 4밴드가 많고 1~2 파장대를 추가하는 것도 있다. 공간해상력인 화소(Pixel)는 80×80m이며 주사방향은 서에서 동의 방향으로 비행방향에 직각으로 회전하는 반사경을 이용하여 지표면을 대상으로 주사하며 관측하는데 주사폭은 185km이다. MSS영상은 미 국방성 지도 제작국(DMA)에서는 특정한 지역의 평면지도 제작에 많이 이용되며 1/100만~1/25만에 이르는 영상지도를 발행하고 비행 목록과 얕은 바다의 목록제작에 이용되며 다국적 석유 회사도 많은 지역에 대한 탐측전략의 통합적인 부분으로서 활용된다.

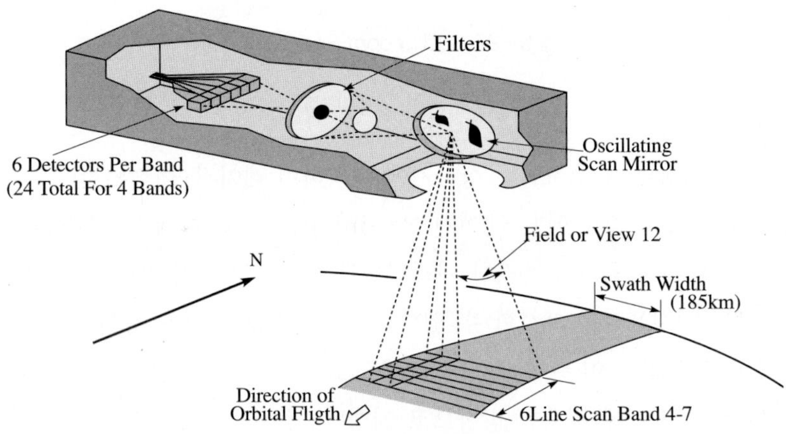

그림 9-93 MSS Sensor 원리

MSS영상 파장대의 조합은 각각의 해석에 맞게 선택하며 4파장대는 녹색으로 0.4~0.5m, 가시영역인 5파장대는 적색이며 0.5~0.6m로 도시지역, 도로, 지역의 재분할, 자갈지역, 채석장 같은 형상을 감지하는데 가장 적합하다. 그리고 6파장대는 0.6~0.7m, 7파장대는 거의 적외선에 가까운 부분영역으로 0.7~0.9m이며 수역에 대한윤곽을 나타내는데 적합하여 농업, 식물학, 지형학, 토목공학, 환경감시, 임학, 지리학, 지질학, 자연지리학, 지형이용계획, 해양학, 수자원분석 등이며 특정한 지역의 평면지도 제작에 많이 이용된다.

2) TM탐측기

지표면의 확대관측을 목적으로 Landsat 4호와 5호에는 TM(Thematic Mapper)이 탑재되어 있으며 기본적으로 MSS와 동일하지만 파장대수와 검출기수가 더 많으며 위성고도가 낮다. MSS보다 분광파장대의 수가 많고 영상소의 공간해상력이 좋기 때문에 넓은 영역에 대한 영상해석에 사용되며 파장대의 범위가 넓어 지구표면의 중요 형상을 판별하는 작업에 TM 영상이 많이 이용된다. 또한, TM은 256 가지의 수치를 이용하여 기계적신호를 수치적으로 변환시키는데 이용된다. TM의 파장영역은 7밴드, 해상력은 30×30m이며 중량은 227kg 으로 입사광의 정밀도 향상과 방사량의 증대를 도모함으로써 세부 판독 능력이 향상되어 판독의 정밀도가 MSS보다 높다. 주사경(렌즈)의 운동은 왕복으로 관측하며 UTM과 평사도법에 적합하고 주사거울이 전진방향(서→동) 후진방향(동→서)으로 자료를 취득한다. TM자료는 30m의 순간 시야각을 이용하여 취득되며 보정된 대부분의 자료는 우주경사 메르카토르(SOM; Space Oblique Mercator)투영법에 등록된 28.5×28.5m 영상소를 이용하여 제공된다. SPOT 위성의 흑백영상은 10m, 칼라영상은 20m의 해상도를 가지며 IRS 위성은 흑백 5.87m, 칼라 23.5m의 해상도를 가진다. 레이더방식의 지구관측용 위성인 ERS의 영상은 5~25m의 해상도로 지면을 관측하며 Landsat TM자료는 토지피복도, 토지이용현황도, 토양도, 지질도, 해수면온도지도 제작 등에 이용된다.

3) HRV 탐측기

HRV(High Resolution Visible)탐측기는 Scanning 방식을 채택하고 있으나 반사경 연속작동체계에서 사용하는 Scanning거울은 사용하지 않으며 CCD의 선형배열이 위성의 궤도에 비례하여 하나의 선을 따라 개개의 경우로 정렬되어 있다. 영상자료의 한 줄은 배열을 따라 탐측기의 작동에 의해 자료를 수집하고, 연속적인 선의 집합은 위성이 지구 위를 지나가는 것처럼 배열을 따라 반복적인 방법으로 취득함으로써 거울속도에서 발생하는 오차를 감소시킨다. HRV탐측기에 의해 얻어지는 영상선은 다중파장대형(XS형)과 흑백형(P형)으로 분류되며 각각에 따라 파장대, 영상소의 크기 및 수가 다르며 SPOT 위성에 탑재되어 있다. 시야범위가 4.13°이며 반사경의 각도를 +27°~−27°까지 스트립선택 반사경(SSM; Strip Selection Mirror)을 기울여 수직 및 경사관측을 할 수 있으므로 보다 더 짧은 주기로 반복 관측할 수 있으며 입체영상을 얻을 수 있다. 주사거리는 80km로 감지기가 동시에 4가지의 자료흐름에서 취득되는 전정색형 및 다중파장대 자료를 모을 수 있는 능력이 있다. 다중파장대형(XS)의 파장대는 녹색(0.50~0.59㎛), 적색(0.61~0.68㎛), 근적외(0.79~0.89)이고 Line당 영상소 수는 3,000개이며 흑백형(P형)의 파장대는 0.51~0.73㎛, Line당 영상소수는 6,000개이고 관측 폭은 모두 60km이다. 위도 45° 지역에서는 궤도순환주기인 26일 중에서 6일 만에 입체영상을 취득할 수 있으며 HRV가 2대 탑재되어 적도에서는 2일 동안 입체영상으로 취득된 자료를 이용하여 지형도 제작이 가능하다.

9.11.4 레이더

RADAR(RAdio Detection And Ranging)의 Radio는 마이크로파(Microwave)를 Ranging은 거리를 의미한다. 마이크로파를 이용한 원격탐측은 안테나에서 지표면을 향하여 마이크로파를 방출하는 방법으로 파장이 1cm~1m인 전자기파를 이용한다. 가시광선이나 적외선에 비하여 상대적으로 긴 파장을 이용하므로 구름과 안개와 같은 기후의 영향을 받지 않고 통과할 수 있는 장점이 있다. 마이크로파를 이용하는 원격탐측에는 능동센서(Active Sensor)와 수동센서(Passive Sensor)로 구분되며 능동센서는 영상센서(Imaging Sensor)와 비영상센서로 구분한다. 수동센서는 열 Sensor와 유사하게 대상물에서 자연적으로 방출되는 마이크로파를 측정하며 주로 기상학, 수문학 및 해양학에 활용되고 있다. Radar센서는 원래 군사적인 용도로 개발되었으며 가장 보편적으로 이용되는 능동형 영상센서에 속한다. 자체 에너지원을 이용하는 능동센서는 야간을 포함하여 24시간 자료수집이 가능하며 파를 자체적으로 생성하므로 파장, 편광, 입사각 등을 마음대로 조정하여 활용 목적에 맞게 조절할 수 있는 장점이 있으며 현재는 환경 모니터링과 같은 민간 분야에도 널리 활용되고 있다. 비영상 마이크로파 센서에 속하는 장비에는 해수면의 높이와 같은 거리정보를 수집하는 고도계(Altimeter)와 풍속과 같은 대상물의 특성에 관한 정보를 수집하는 산란계(Scatterometer) 등이 있다.

(1) 레이더의 원리

영상레이더는 지표에서 반사된 신호의 강약에 따라 각기 다른 밝기값(DN; Digital Number)을 가지는 영상소로 이루어진 영상을 취득한다. 영상레이더 시스템은 송신장치, 수신장치, 안테나 및 기록장치 등 여러 가지 요소로 구성되며 송신장치는 마이크로파 신호를 생성하고 에너지를 안테나에 전달하며, 안테나는 이를 지표면으로 방출한다. 수신 장치는 방출된 신호가 부딪혀 반사·산란되어 되돌아오는 신호를 안테나를 통해서 수신하며 기록하기에 적합하도록 필터와 증폭작업을 한 후 신호를 저장한다. 반사된 수신 에너지의 강도에 영향을 주는 요소는 Radar 시스템의 특성인 파장, 안테나, 송출 에너지와 Radar 영상의 기하학적 특성인 폭과 입사각 및 거리의 함수인 투사면적을 정렬하며 또한 Radar 신호와 관련된 대상물의 특성에 해당하는 지표면의 거칠기와 성분 및 지형과 방향 등이다.

Radar 영상을 분석하는 방법은 송신기에서 마이크로파 신호를 규칙적인 간격으로 펄스 반복주파수(PRF; Pulse Repetition Frequency)를 생성하여 지표면에서 반사·산란된 신호는 다시 대기를 통과하여 신호의 강도(Signal Intensity)로 안테나에 수신한다. 전파가 안테나와 관측 대상물간의 거리를 왕복하는데 소요된 시간과 알고 있는 광속을 이용하여 안테나와 대상물 사이의 거리를 계산할 수 있다.

Radar 센서는 다양한 파장대역을 가지고 있으며 영상의 식별을 쉽게하기 위해 다양한 파장 대역들을 구별할 수 있도록 문자를 이용하여 다양한 파장 범위를 정의하는 표준이 그림 9-94와 같이 정해져 있다. 그러나 레이더 측량의 종류와 목적에 따라 다중분광 밴드와 같이 각각의 Radar 밴드는 관측 대상물에 대하여 서로 다른 특성정보를 제공한다. 전자기파의 편광은 수평편광, 수직편광 또는 교차편광 된 Radar파로 구분하여 작업이 가능하며 송수신되는 레이저파의 방향에 따라

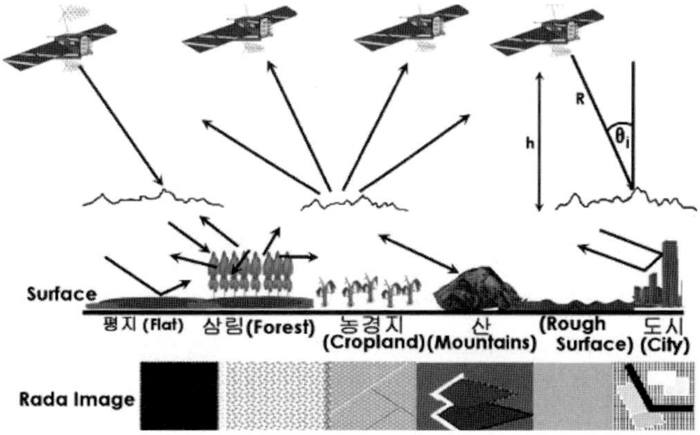

그림 9-94 원격탐측의 원리

편광은 서로 다른 영상을 생성하므로 Radar 원격탐측에서 매우 중요한 역할을 한다.

(2) 기하학적 특성

Radar 센서를 탑재한 위성경로는 비행방향의 궤도를 따라 이동하는데 지표상에 연직방향으로 지상의 궤적을 볼 수 있다. 위성의 이동방향(Along-Track)을 방위라 하고 위성 마이크로파 신호가 투사하는 지표상의 면적이며 폭은 연직으로부터 좌우는 연직거리, 직각인 방향(Cross-Track)을 거리라 한다.

Radar 센서는 경사관측기로 영상의 중심이 관측 지표면의 중심과 일치하지 않으며 영상 내에서 위성의 지표상 이동경로에 가장 접근하는 부분을 근거리라 하고 지표경로에서 가장 멀리 떨어져 있는 부분을 원거리라 한다. 마이크로파의 입사각(Incidence Angle)은 근거리에서 원거리로 이동할수록 증가하게 되는데 Radar 전파와 연직선이 이루는 각을 말한다. 국부입사각(Local Incidence Angle)은 레이더 빔과 지표면의 법선이 이루는 각을 말한다. 센서의 입사각과 국부입사각 간의 차이를 구분하는 것은 지형의 경사와 지구의 곡률에 따라 달라지며 Radar 센서가 측정하는 안테나와 관측 대상물 사이의 거리를 경사거리, 각 경사거리의 측정점에 대응하는 실제 수평거리는 지표거리라 한다.

Radar 원격탐측에서 영상은 전파에 의하여 생성되는데 개개의 송신 펄스가 각각 영상내의 한 요소가 되는 것을 저해상도 영상레이더(RAR; Real Aperture Radar)라 한다. 경사거리와 방위 방향에 대한 공간해상도는 펄스의 길이와 안테나 빔 폭에 의하여 각각 결정되지만 해상도를 결정하는 파라메타들이 상이하기 때문에 두 방향에 대한 공간해상도는 명백히 달라진다. 그러나 Radar 영상을 처리하고 판독하기 위해서는 방향의 서로 다른 해상도를 동일한 픽셀 간격으로 재배열한(Resample) 영상을 사용하는 것이 편리하다. 경사거리 해상도(Slant Range Resolution)는 지표면상에 위치한 두 대상물이 반송된 신호에 각기 다른 상이한 반사특성을 일으킬 수 있는 대상물간의 최소거리로써 정의한다.

비행기나 인공위성에 장착되는 안테나와 렌즈직경의 물리적인 크기는 한계가 있으므로 전자파의 파장을 짧게하면 구름에 대한 투과율을 저하시킬 수 있지만 효과적이지 못하므로 합성(Synthesis)방법을 통하여 렌즈직경을 증가시키는 효과를 구현하는 시스템을 고해상도 영상레이더(SAR; Synthetic Aperture Radar)라 한다. 안테나 길이를 증가시키는 효과를 얻을 수 있는 것은 위성체의 이동으로 인한 도플러효과와 한 개의 관측대상물에 대하여 여러 개의 반사 · 산란 신호를 사용하기 때문에 가능하다. 대부분의 항공 및 위성 Radar 시스템에서는 고해상도 영상 레이더 방식을 이용한다. SAR체계는 이동하는 안테나를 합성함으로써 관측방향에 대한 고해상도의 자료를 취득한다. 안테나를 합성하는 기법으로는 합성배열방법과 도플러 합성방법(Doppler Synthesis Approach) 등이 있으나 모두 동일한 결과를 나타내므로 도플러 합성방법이 주로 SAR자료를 형성하는데 많이 사용된다.

(3) 레이더 영상의 왜곡

Radar 영상은 경사관측을 실시하므로 기하왜곡 및 복사왜곡이 발생하게 된다. 즉, 레이더 영상은 경사거리의 지상거리로의 변환에 의한 축척변화, 단축효과(Foreshortening), 중단현상(Layover) 및 지형이나 건물의 높이에 의한 그림자(Shadow), Radar 영상에서 잡음의 일종으로 파의 응집(Coherency)으로 인한 간섭 때문에 발생하는 반점(Speckle)현상이 있다.

1) 축척왜곡

Radar센서는 관측대상물의 거리를 측정할 경우 지면상의 경사거리를 측정하므로 수평거리와는 차이가 있다. 또한, 레이더 영상은 근거리에서 원거리에 이르기까지 축척이 일정하지 않아 동일한 크기의 관측 대상물일 경우 근거리상의 관측 대상물이 원거리상의 관측 대상물보다 작게 보이는 축척왜곡이 발생한다. 그러므로 정확한 영상의 판독을 위해서는 관측된 지표면에 대해서 영상이 일정한 축척을 가질 수 있도록 보정을 해주어야 한다.

2) 지형에 의한 왜곡

Radar센서는 지형의 기복에 의한 왜곡이 발생하게 되는데 영상에서는 왜곡이 더욱 심하게 발생하며 지형의 기복으로 인해 발생하는 왜곡은 단축효과, 역전현상, 그림자 및 반점현상이 있다. 단축효과는 센서로 경사거리를 관측하므로 경사진 지형의 실제 면적보다 영상내 면적이 작게 나타나며 단축효과의 발생은 Radar 빔의 입사각과 경사지형의 형태에 따라 왜곡의 크기가 다르게 나타나는데 Radar 빔과 경사면이 직각일 때 가장 큰 왜곡량이 발생하며 지형은 매우 밝은 색으로 표시된다. 역전현상은 단축현상이 과도하게 발생할 경우 나타나는 현상으로 Radar 빔이 경사진 지형의 바닥 부분보다 정상부에 먼저 도달하게 되면 Radar 영상 내에서는 정상부와 바닥부가 역전되어 정상부가 오히려 더 가깝게 배열되며 역전현상이 발생된 지형은 단축현상이 발생한 지역과 동일하게 매우 밝은 색으로 표시된다.

3) 복사왜곡

기하적인 왜곡은 수신 신호의 에너지에도 영향을 미치게 되며 지면으로부터 반사·산란된 에너지는 경사거리로 관측된 것이므로 경사면이 긴 경우에는 영상에서 짧게 나타나며 지상거리보다 영상에서는 적은 픽셀로 축소되어 기록된다. Radar 영상의 전형적인 특징은 Speckle 현상으로 관측 대상지역으로부터 반사·산란된 서로 다른 마이크로파의 상호작용에 의하여 발생되는 현상이다. Speckle 현상은 전파의 잡음으로 인해 발생하는 것으로 Radar 영상의 질을 저하시키고 영상판독을 어렵게 하는 요소이다. Speckle 현상을 감소시키는 방법은 Multi Look 처리 방법과 Speckle 필터 방법이 있다. Multi Look 처리방법으로 Radar 빔을 여러 개로 나누어서 각각의 빔을 이용하여 대상물을 관측하고 여러 빔들의 관측 값을 평균하여 최종 영상을 취득하는 방법이다. 또한, Speckle 현상을 공간 필터링(Spatial filtering)을 이용하여 감소시킬 수 있으나 공간해상도를 저하시킨다. Speckle 필터방법은 Speckle 현상을 감소하기 위하여 영상의 일부분에 완만한 화소값을 갖도록 변화를 주지만 영상의 선명도(Sharpness)가 감소되기 때문에 이를 유지하기 위해서는 선과 모서리에 대한 강조처리를 해주어야 한다.

(4) Radar 영상 판독

Radar 영상에서 관측 대상물의 밝기 정도는 반사·산란 신호의 강도와 관련이 있으며, 반사·산란 신호에 영향을 미치는 요소들에 대한 이해는 Radar 영상을 적절하게 판독하기 위해서 필요하다. 안테나로 수신된 신호의 총 에너지는 송신신호의 특성인 전파의 파장, 편광, 촬영기하 등과 관측 대상물의 반사특성인 거칠기, 형태, 유전율 등에 영향을 받는다. Radar 시스템의 파장은 관측 대상물의 표면을 투과하는 깊이에 따라 영향을 주며 파장과 상호 작용하는 대상물의 크기를 결정한다. 즉, 단파장 마이크로파인 X-band(3cm)는 나무 꼭대기의 잎 정도만 투과할 수 있지만 L-band(23cm)는 차양(Canopy)을 투과할 수도 있다. 마이크로파의 편광은 관측 대상물의 표면을 구성하는 작은 산란요소의 방향과 형태를 해석하는데 매우 중요한 역할을 하며 여러 가지 편광의 마이크로파를 사용하게 되면 관측 대상물의 특성을 파악하는데 도움이 되는 다양한 영상을 제공할 수 있다. 관측 대상물로부터 반사·산란되는 전파 에너지의 총합은 표면의 거칠기, 수분함량(대상물의 전기적 특성), 송신되는 국부 입사각 및 형상 같은 특성들에 의존한다. 대상물의 형상을 제외하면 반사된 전파의 강도에 가장 큰 영향을 미치는 요소는 대상물 표면의 거칠기 정도이며, 파장과 입사각 사이의 상대적인 관계에 따라 다르게 나타난다. Radar 영상에서는 반사면이 거칠수록 밝게 나타나며, 매끄러울수록 어둡게 나타나는 현상은 Radar 전파의 반사·산란특성 때문에 발생하는 현상이다. 마이크로파의 반사·산란 특성에 미치는 또 다른 중요한 요소는 반사면의 재질에 따른 전기적 특성을 나타내는 유전율이다. 관측 대상물의 수분함량은 전기적인 특성인 유전율에 영향을 미치게 되며, 대상물의 함유량에 따라 Radar는 다른 방식으로 산란되게 된다. Radar 영상은 영상에 나타나는 시각적인 정보 및 관측 대상물에 대한 여러 특성정보를 제공하며 가시광선, 적외선 원격탐측 자료에 대한 보완적인 정보를 제공한다.

Radar로 산림지역을 관측할 경우 산림의 형태 및 산림량, 산림종류에 관한 정보를 얻을 수 있으며 도시화 지역, 농경지, 수계 등과 같은 여러 가지 토지피복에 대한 구별이 가능하다. 농업분야에 활용할 경우에 좋은 관측결과를 얻기 위해서는 적절한 시기와 장소에 대한 데이터를 취득하는 일은 필수적이며 농작물 관측시 상이한 편광파를 사용하면 매우 효과적인 결과를 얻을 수 있다. 지리학 분야에서는 선형검출과 지질도 제작에 매우 중요한 지표면의 질감이나 거칠기의 정도에 대한 정보를 제공한다. 또한, 마이크로파가 관측 대상물 표면의 유전율에 민감하게 반응하는 성질을 이용하여 수문 모델링, 토양 습윤량 산정 등에 응용이 되고 있다. 해양학 분야에서는 해수면이나 극지방의 빙하의 관측에 이용되며 해양의 기름오염 감시나 환경 감시에 대한 데이터를 제공하고 있다.

9.11.5 탐측자료의 특성

관측은 매우 먼 거리에서 행해지며 관측 시각이 좁아서 얻어진 영상은 정사영상에 가깝고 탐측된 자료가 즉시 이용될 수 있다. 즉, 자료수집의 광역성 및 광역동시성 · 수량적인 정확도 등이 가장 큰 장점이며 정성적이나 정량적인 해석능력도 보조자료를 이용하면 더욱 효용성을 높일 수 있다. 리모트 센서의 시계열적인 자료 처리에 있어서 주의할 사항은 위치일치, 계절의 변동, 구름의 영향, 시간, 계절에 의한 음영에 대한 예방이 필요하며 지역적이고 특수한 목적으로 이용할 경우 종합적인 응용 기술력의 결함이 발생한다. 따라서 계층적 리모트 센싱은 전체 현상에는 적용이 불가능하지만 적용할 수 있는 경우라도 계층에 의한 자료 처리나 탐측할 대상을 지상의 상황에 따라 변화시킬 필요가 있다. 자료는 관리목적에 필요한 정보를 추출하기 위해 수집되는 것이다. 원격탐측 영상자료는 단순한 그림 이상의 의미를 지닌 전자기 에너지를 측정한 값이며 영상자료는 규칙적인 그리드 포맷으로 저장되어 있다. 그 중 하나의 요소를 픽셀(pixel)이라고 하는데, picture element의 약어로 각각의 픽셀에 대해 측정값은 밝기 값으로 저장된다. 일반적으로 각 측정밴드별로 별도의 레이어로 저장되는데 영상자료의 품질은 주로 센서와 플랫폼의 특성에 의해 결정되며 대표적인 성질은 다음과 같다.

① 분광해상도(Spectral Resolution)는 전자기 분광대역의 구분정도를 의미한다

② 방사해상도(Radiometric Resolution)는 관측된 에너지를 얼마나 상세하게 분류할 수 있는

지에 관한 사항이다.

③ 공간해상도(Spatial Resolution)는 촬영된 가장 작은 단위의 면적으로 감지할 수 있는 최소 물체의 크기를 의미한다.

④ 재방문주기(Revisit Time)는 지구상의 한 지점을 다시 촬영하는데 걸리는 시간을 말한다.

영상자료의 특성은 한 씬(Scene)에 대한 행과 열의 개수인 영상의 크기, 저장된 파장대의 수를 표현하는 밴드의 수(Number of Band), 측정된 에너지를 저장하는데 사용되는 데이터 포맷을 양자화한다. 그러나 양자화는 일반적으로 1바이트(8bit)를 사용하며 이 경우 0~255의 값을 표현할 수 있으며 밝기값이라고 한다. 센서별로 특정한 검정과정을 거치면 DN값은 측정된 에너지의 값(Watt)으로 변환되며 한 픽셀이 지상에서 차지하는 면적으로 10m, 20m 등 정수단위로 표시하는 지상픽셀크기로 공간해상도와 관계가 있지만 동일하지는 않다.

9.11.6 원격탐측의 자료 활용

원격탐측방법은 항공카메라, 스캐너, 레이더와 같은 센서에 의해 영상자료를 이용하며 실세계를 일부만 표현한 영상자료로부터 정보를 추출하는 것을 의미한다. 자료의 탐측방법은 원칙적으로 지상탐측방법과 원격탐측방법으로 구분할 수 있다. 지상탐측방법은 야외관측작업, 현장측정, 지상측량 등을 이용하며 실세계 환경에서 사람이 직접 작업한다. 원격탐측을 이용하는 토지, 자원, 환경 이외에 기상관련 분야로는 태풍조사, 구름 분포조사, 기온분포 조사 등이 있으며, 홍수, 지반침하, 산사태 등의 재해조사 또한 우주개발에 획기적인 공헌 및 군사 이동 상황 파악 등의 군사관련 분야로 적정탐지 등을 들 수 있다. 우리나라에서는 여러 가지 위성을 발사하여 다양하게 활용하고 있으나 아직은 정확도측면에서는 미흡한 실정이지만 현재 발사된 위성으로 활용하는 분야는 국가 정밀지도제작 및 GIS분야, 국토관리 분야, 기상예측과 환경오염 및 산불관리, 조난구조 등의 재해예방 분야에서 활발하게 진행되고 있으며 해양자원, 해양환경오염, 황사 및 대기오염, 이온층관측, 실험과학적 우주데이터의 수집분야와 식생 및 산림분야에 많이 활용되고 있으나 측량 및 대축척 도면작성에는 활용이 불가능한 실정이다.

제10장 지적측량응용

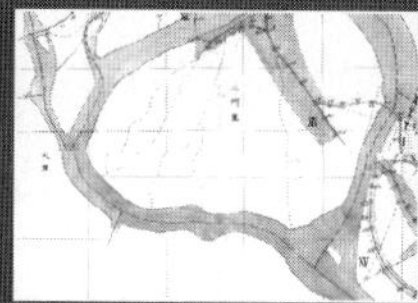

■ ■ ■

10.1 노선측량

노선측량은 교통을 목적으로 하는 도로, 철로, 운하측량이 있으며 교통로의 측량, 수력발전의 도수로 측량, 물의 수송에 필요한 각종 용수로와 상하수도의 도수관의 부설에 따른 측량 등 폭이 좁고 길이가 긴 구역의 측량으로 노선의 목적과 종류에 따라 측량방법도 다르게 진행된다. 또한, 에너지공급을 위한 송전선, 가스관, 송유관 등이 있으며 정보전달을 위한 전화선, 방송선, 신호선 등이 있다. 이러한 계획, 건설, 개수 등을 위해서 행하여지는 측량을 노선측량(Route Surveying)이라 한다. 노선측량의 대표적인 것은 도로와 철도에 관한 측량으로 노선의 평면적인 위치와 형상을 중심선에 대해서 측량하는 중심선측량, 노선의 중심선에 따른 수준측량인 종단측량과 노선의 중심선과 직교하는 단면의 형상을 파악하기 위한 횡단측량으로 구분한다.

10.1.1 작업순서

노선측량은 크게 나누어 노선선정, 답사, 계획조사측량, 실시설계측량, 용지측량, 공사측량의 순서로 실시하며 지형도를 이용하여 종단도면을 작성하고 현지답사를 실시한 후 노선을 결정한다. 답사는 노선예정지를 실지 조사하는 것을 말하며 지형, 지질, 수계, 교통로 및 교통비, 화물의 종류와 수량, 운반의 난이도 등을 종합적으로 검토하여 조사하여야 한다. 계획조사측량은 선정된 노선별로 지형도를 작성하여 노선이 통과하는 노선을 결정하기 위한 자료의 취득이 목적이다. 종횡단면도를 작성하여 계획 중심선을 결정하고 예정된 노선이 2~3개 일 경우 검토하여 가장 좋은 노선을 결정한다. 실시설계측량은 계획선의 중심에서 필요의 폭에 대하여 지형도를 작성하고 중심선을 선정하여 현지에 말뚝을 설치한다. 또한, 각 측점마다 지반의 고저차를 측정하여 종단면도를 작성하고 중심선에서 직각 방향에 횡단측량을 실시하여 횡단면도를 작성한다. 용지측량은 횡단도면에 계획단면을 기재하여 용지 폭을 정하고 도면을 작성한다. 공사측량은 중심말뚝의 높이를 검측하고 인조점(보조점) 등을 설치하여 토공 및 콘크리트 구조물 등의 위치측량 등을 실시한다.

10.1.2 곡선의 종류

곡선은 어느 직선이 방향을 변화시킬 때 그 방향 변화를 원활하게 하기 위하여 직선과 직선 사이에 삽입하는 호선(弧線)을 말하며 수평곡선과 종곡선으로 구분한다. 수평곡선은 원곡선과 완화곡선(Transition Curve)으로 구분하며 원곡선은 단곡선(Simple Curve), 복합곡선(Compound Curve), 반향곡선(Reverse Curve)으로 분류할 수 있다. 완화곡선은 곡률이 무한대인 직선과 곡률이 작은 곡선 사이에 완충작용을 하도록 삽입하는 곡선으로서 3차포물선, 렘니스케이트(Lemniscate)와 클로소이드곡선(Clothoid Curve)으로 분류한다. 복합곡선은 곡선의 방향이 같으나 반경이 다른 곡선이며, 반향곡선은 곡선의 방향이 반대이고 S자형 곡선이라고도 하며 배향곡선(Hair Pin Curve)은 복심곡선과 반향곡선이 혼합된 곡선을 말한다. 또한, 클로소이드곡선은 곡선반경이 곡선의 길이에 반비례하는 곡선으로 차량이 일정한 각속도로 주행하고 있을 때 이루는 궤적을 말하며, 종곡선은 2차 포물선과 원곡선으로 구분된다.

(1) 원곡선

1) 단곡선

단곡선은 반경이 일정하며 어느 한 점을 중심으로 하여 원호를 그린 곡선으로 각 부분의 명칭과 기호는 그림 10-1과 같다.

접선장$(T.L) = R \cdot \tan\frac{I}{2}$

곡선장$(C.L) = R \cdot I(\text{rad}) = R \cdot \frac{\pi}{180°} \cdot I° \fallingdotseq 0.01745RI$

현장$(S) = 2R \cdot \sin\frac{I}{2}$

중앙종거$(M) = R - R \cdot \cos\frac{I}{2} = R(1 - \cos\frac{I}{2})$

외선장$(E) = R \cdot \sec\frac{I}{2} - R = R(\sec\frac{I}{2} - 1)$

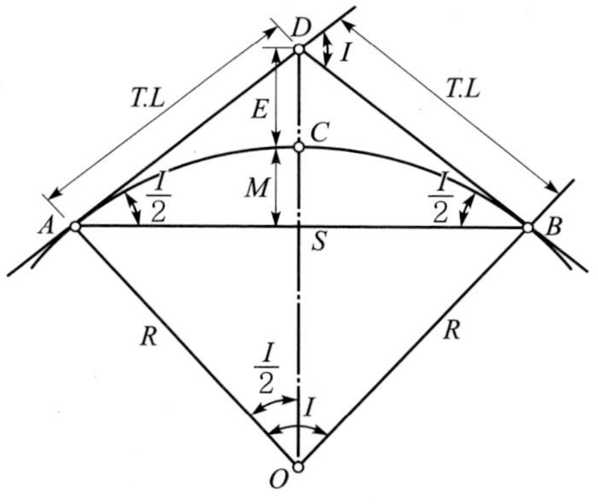

그림 10-1 단곡선 요소

A; 곡선시점(B.C : Beginning of Curve)
B; 곡선종점(E.C : End of Curve)
D; 교점(I.P : Intersection Point)
I; 교각(I.A : Intersection Angle)
$\angle AOB$; 중심각(I : Central Angle)
ACB; 곡선장(C.L : Curve Length)
$\overline{AB}$; 현장(Chord Length)=S
AD, BD; 접선장(T.L : Tangent Length)
M; 중앙종거(M : Middle Ordinate)
E; 외선장(External Secant)

편각법에 의한 단곡선의 설치는 중심 말뚝의 표준간격은 20m이지만 곡선부에서 호장 20m를 측정한다는 것은 곤란하므로 일반적으로 직선을 측정하여 사용하고 있다. 그림 10-2와 같이 A점에서의 접선의 방향과 직선 AB가 이루는 각을 편각이라고 한다. 반경 R이 300m 이상일 때는 호장과 현장의 차이가 미세하여 동일하게 취급하여도 관계가 없다. $\overline{AB} = C$, $\overline{AB} = \ell$, 곡선반경을 R, 중심각을 θ라고 하면 $C = R \cdot \theta$로부터 $\frac{2}{C} = R\frac{\theta}{2}$가 된다.

$\therefore \frac{\theta}{2} = \frac{C}{2R}$의 현장공식으로부터 $\ell = 2R \cdot \sin\frac{\theta}{2}$ 테일러 전개식에 의하면

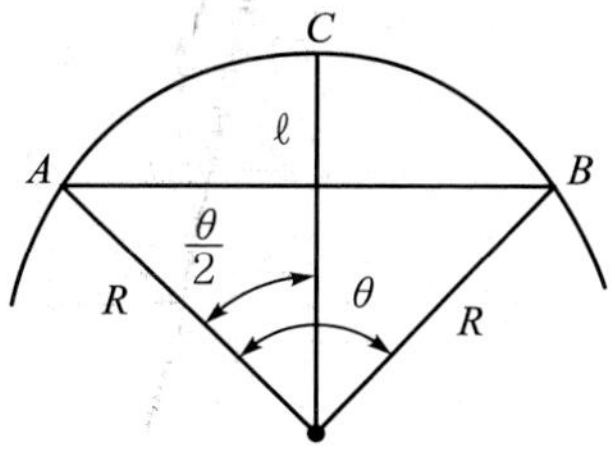

그림 10-2 단곡선

$$\sin\frac{\theta}{2} = \frac{\theta}{2} - \frac{1}{3!}\left(\frac{\theta}{2}\right)^3 + \frac{1}{5!}\left(\frac{\theta}{2}\right)^5$$

$$\sin\frac{\theta}{2} \fallingdotseq \frac{C}{2R} - \frac{1}{1\times2\times3}\left(\frac{\theta}{2}\right)^3 + \frac{1}{1\times2\times3\times4\times5}\left(\frac{C}{2R}\right)^5$$에서

$$\ell \fallingdotseq 2R - \left\{\frac{C}{2R} - \frac{1}{6}\left(\frac{C}{2R}\right)^3\right\} = C - \frac{C^3}{24R^2}$$이다.

그러므로 호장과 현장의 차이는 $C - \ell = \frac{C^3}{24R^2}$과 같고 100~600m의 곡선반경 R에 대한 현장 20m의 $C-\ell$을 계산하면 표 10.1과 같고 반경 R 이 크게 되면 호장 = 현장으로 하여도 무방하다.

표 10.1 호장과 현장의 차이

R(m)	100	150	200	250	300	400	500	600
C−ℓ (m)	0.033	0.015	0.009	0.005	0.004	0.002	0.001	0.001

편각의 성질은 그림 10-3과 같이 단곡선에서 접선과 현이 이루는 각이며 도로 및 철도에 널리 사용하고 곡선반경이 작으면 오차가 발생하며 편각 δ은 호 C위에 있는 원주각이므로 편각(δ)의 계산은 다음과 같이 된다.

$C \fallingdotseq \ell = R \cdot 2\delta$

호의 길이와 현장(弦長)의 관계는 아래의 식과 같다.

$$\delta(\text{분}) = \frac{\ell}{2R} \times \frac{180 \times 60}{\pi}(\text{분}) = 1,718.87\ \frac{\ell}{R}(\text{분})$$

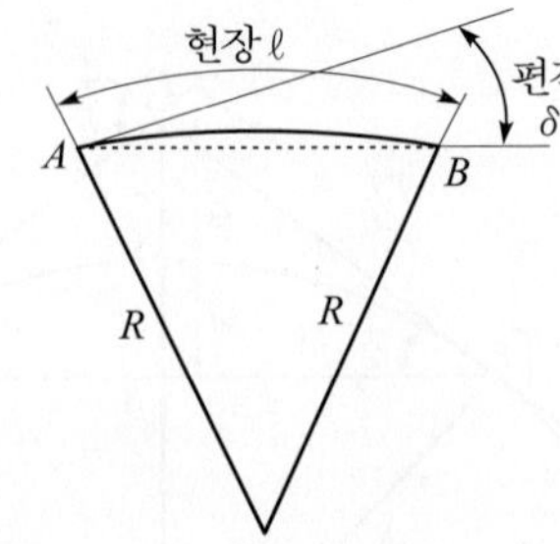

그림 10-3 편각

편각 설치방법은 곡선시점(B.C)에 트랜싯을 설치하고 각 측점의 현장에 대한 편각을 말뚝을 측설하여 원곡선을 그리는 방법이다. 그림 10-4에서 공사기점으로부터 20m 간격으로 중심 말뚝을 측설하면 B.C에 20m가 되지 않고 끝수가 발생하며 그 나머지 거리에 대한 호장은 단현이다. 곡선시점의 것을 시단현(ℓ_1), 종점의 것을 종단현(ℓ_2)이라고 하며 편각의 계산방법은 다음과 같다.

- 20m에 대한 편각 $\delta_0 = 1,718.87 \times \frac{\ell_0}{R}(\text{분})$
- 시단현 ℓ_1의 편각 $\delta_1 = 1,718.87 \times \frac{\ell_1}{R}(\text{분})$
- 종단현 ℓ_2의 편각 $\delta_2 = 1,718.87 \times \frac{\ell_2}{R}(\text{분})$

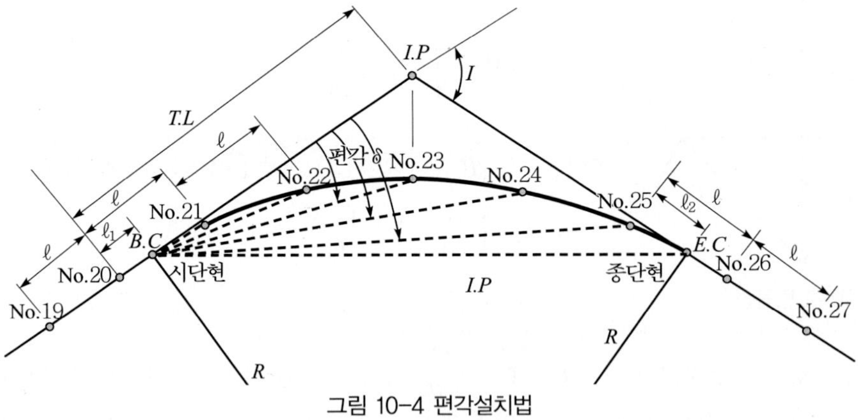

그림 10-4 편각설치법

예제 10.1 교점 I.P의 기점으로부터의 추가거리가 404.37m, 곡선반경이 150m, 교각 I가 40° 20′ 라 할 때 단곡선을 설치하라.

$$T \cdot L = R \cdot \tan\frac{I}{2} = 150 \times \tan 20°10' = 150 \times 0.367268 = 55.090\text{m}$$

$$C \cdot L = 0.0174533 \cdot R \cdot I° = 0.174533\ 150\ 40.333° = 105.592\text{m}$$

$$E = R(\sec\frac{I}{2} - 1) = 150 \times (\sec 20°10' - 1) = 150 \times (1.06531 - 4) = 9.797\text{m}$$

중심말뚝 간격을 20m라고 하면 곡선시점 ***B.C***의 추가거리는 = 교점 ***IP***의 추가거리 − ***T.L***

= 404.370 − 55.090 = 349.280m = No17 + 9.280m

곡선종점 ***E.C*** 추가거리 = ***B.C***의 위치 + ***C.L*** = 349,280 + 105,592 = 454,872m = No22 + 14.872m

시단현(ℓ_1) = 20,000 − 9,280 = 10,720m

종단현(ℓ_2) = 14,872m

편각 $\delta = 1{,}718.87 \times \frac{\ell}{R}$(분)

20m에 대한 편각 $\ell_0 = 1718.87 \times \frac{20}{150} = 229.183' = 3°49'11''$

시단현(ℓ_1)에 대한 편각 $\ell_1 = 1718.87 \times \frac{10.720}{150} = 22.842' = 2°02'51''$

종단현(ℓ_2)에 대한 편각 $\ell_2 = 1718.87 \times \frac{14.872}{150} = 170.420' = 2°50'25''$

현장(20m)에 대한 현장 $\ell = \frac{C - C^3}{24R^2} - \frac{20^3}{24 \times 150^2} = 20 - 0.015 = 19.985\text{m}$

시단현(ℓ_1)에 대한 현장 $\ell = C - \frac{C^3}{24R^2} = 10.720 - \frac{10.720^3}{24 \times 150^2} = 10.720 - 0.002 = 10.718\text{m}$

종단현(ℓ_2)에 대한 현장 $\ell = \frac{C - C^3}{24R^2} = 14.872 - \frac{14.872^3}{24 \times 150^2} = 14.872 - 0.006 = 14.866\text{m}$

표 10.2 시단현과 종단현의 계산

측 점	BC거리(m)	호 장(m)	현 장(m)	편 각
BC = No. 17 + 9.280m	0	0	0	0° 00′ 00″
No. 18	10.720	10.720	10.718	2° 02′ 51″
No. 19	30.720	20.000	19.985	5° 52′ 02″
No. 20	50.720	20.000	19.985	9° 41′ 13″
No. 21	70.720	20.000	19.985	13° 30′ 24″
No. 22	90.720	20.000	19.985	17° 19′ 35″
EC = No. 22 + 14.872m	105.592	14.872	14.866	20° 10′ 00″

이상의 결과에서 곡선설치에 필요한 요소를 정리하면 표 10.2와 같고 측설 방법은 아래와 같다.

① 교점 ***I.P***에 데오돌라이트를 설치하고 0° 00′ 00″에 맞추어 망원경을 반위로 한 후 No0 방향을 시준하고 시준선상에 ***T.L*** = 55.090m를 택하여 ***B.C***를 측설한다.

② 망원경으로 교각 ***I*** = 40° 20′ 에 맞추어 시준선상에 ***T.L*** − 55.090m를 선택하여 ***E.C***를 측설한다.

③ 데오돌라이트를 ***B.C***로 옮겨 설치하고 0° 00′ 00″에 맞추어 정위의 교점 ***I.P***를 시준한다.

④ 곡선상의 최초의 중심말뚝 No18에 대한 2° 02′ 51″를 시준선상에 ***B.C***로부터 현장 10.718m를 택하여 No18을 측설한다.

⑤ 중심말뚝 No19에 대한 편각 5° 52′ 00″를 시준선상에 No18로부터 현장 19.985m을 택하여 No19를 측설하고 나머지 측점은 앞의 내용과 같은 요령으로 설치한다.

⑥ ***E.C***에 대한 편각 20° 10′ 100″의 시준선과 No22로부터의 ℓ_2= 14.866m의 교점이 최초로 구한 ***E.C***에 일치하는가 여부를 조사하여 허용 정밀도내에 있는지 여부를 확인한다.

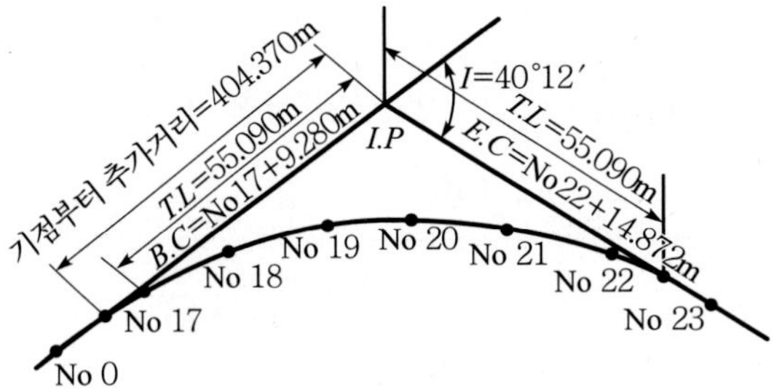

그림 10-5 곡선설치 방법

2) 복합곡선

복합곡선은 2개의 단곡선 접속점에서 공통의 접선을 갖고 그림 10-6과 같이 2개의 원곡선 중심이 같은 쪽에 있는 것을 말한다. 복합곡선의 요소는 R_1, R_2, T_1, T_2, I_1, I_2, I 등과 같이 7개이며 이들 중의 4개의 값이 주어지면 나머지 3개의 값은 계산으로 결정된다. 작업순서는 ***I.P***를 결정한 후 교각(I)을 측정하고 ***B.C***와 ***E.C***를 결정하여 T_1, T_2를 측정하며 R_1의 값을 가정한 후 순차적으로 필요한 값을 계산한다.

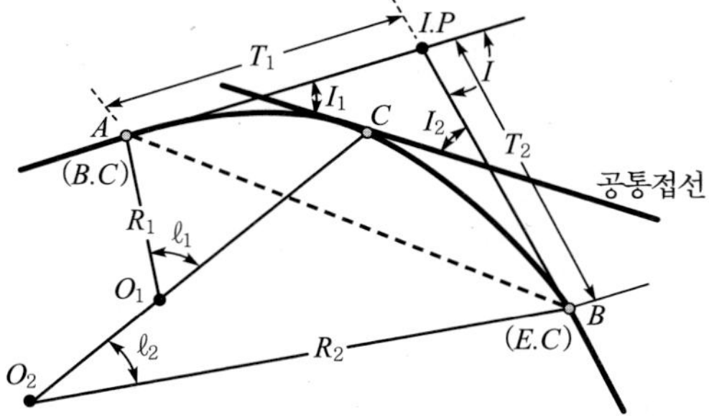

그림 10-6 복합곡선

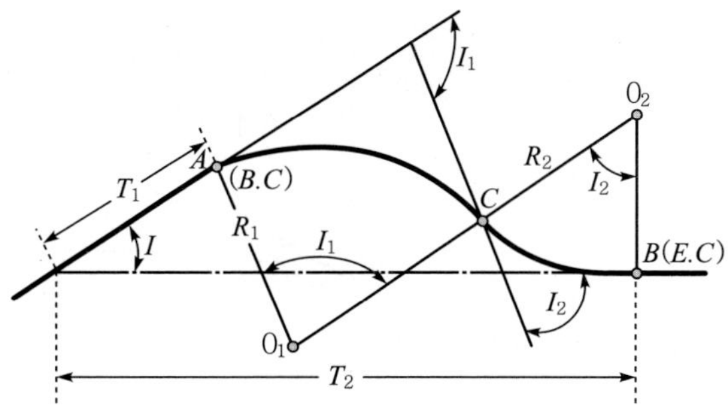

그림 10-7 반향곡선

3) 반향곡선

반향곡선(Reverse Curve)은 곡선의 방향이 반대이고 중심이 반대 측에 있는 2개의 원곡선으로 기하학적 성질은 복심곡선과 동일하며 S곡선이라고도 한다. 이것은 그림 10-7과 같이 공통으로 접선이 되므로 R_2, I_2의 부호를 부(-)로 하면 그대로 반향곡선의 공식으로써 사용할 수 있다. 반향곡선에서도 임의로 줄 수 있는 곡선요소는 적어도 1개의 각과 2개의 길이를 포함하는 4개의 값이다.

(2) 완화곡선

완화곡선이란 도로의 직선부와 원곡선을 원활하게 연결하기 위하여 설치하는 곡선이다. 완화곡선은 차량의 급격한 회전시 원심력에 의한 횡방향의 작용으로 인해 발생하는 차량운행의 불안정과 승객의 불쾌감을 줄이는 목적으로 곡률을 0에서 조금씩 증가시켜 일정한 값에 이르게 하기 위해 직선부와 곡선부 사이에 넣는 매끄러운 곡선을 말한다. 완화곡선은 그림 10-8과 같이 직선부와 완화곡선의 결합부가 완화곡선 시점(*B.T.C*)이며 원곡선의 시점(*B.C*)와 종점(*E.C*)는 완화곡선의 종점(*E.T.C*)가 되며 완화곡선의 특징은 다음과 같다.

① 노선의 직선부와 곡선부의 접속부분 또는 곡률이 다른 원곡선의 접속부분에 넣어 원심력에 의한 차량의 동요를 완화하고 안전하고 원활한 주행을 위하여 삽입하는 곡선을 말한다.

② 곡선반경은 완화곡선의 시점에서 무한대(∞)이고 종점에서 원곡선 반경과 같다.

③ 완화곡선의 접선은 시점에는 직선에, 종점에서는 원호에 접하며 곡률반경의 감소율은 고도(Cant)의 증가율과 같다.

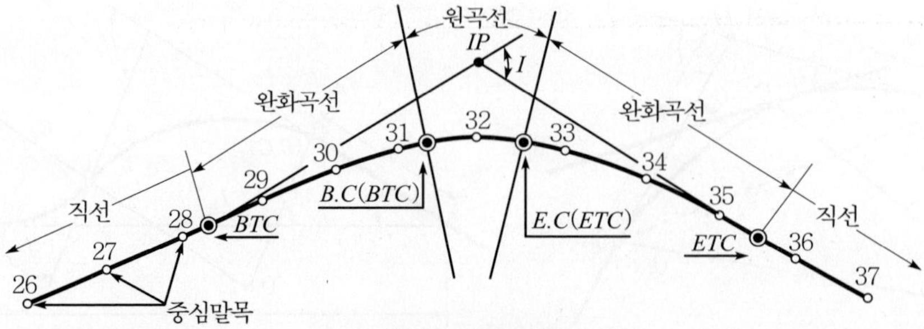

그림 10-8 완화곡선과 원곡선

곡선부를 주행하는 차량은 원심력 때문에 접선방향으로 이탈하려는 것을 방지하기 위하여 노면의 바깥쪽을 안쪽보다 얼마간 높게 하는 것을 고도 또는 편경사라고 하며 철도에서는 캔트(Cant)라고 한다. 차량이 곡선부를 주행할 때 외측으로 향하려는 원심력이 작용하여 차량의 전도 위험성을 피하기 위해 도로의 노면에 횡단경사를 두어 외측을 높이는 것을 말한다. 편경사의 크기는 6~10%로 규정하고 있으며 직선부의 편경사는 배수를 위해 1.5~2%의 경사를 두고 있다.

$$\text{편경사 } i = \frac{(Vm)^2}{127R} \tag{10. 1}$$

여기서, i; 편경사(%)

Vm; 평균속도(km/h)

R; 곡률반경(m)

$$\text{캔트 } C = \frac{V^2W}{127R} \tag{10.2}$$

여기서, C; 캔트(mm)

V; 열차속도(km/h)

W; 레일의 폭(mm)

R; 곡률반경(m)

편경사를 두면 노선의 형태가 자연스러워 핸들조작이 용이하고, 지형에 적합하게 설정할 수 있으므로 공사비가 절감되며 편경사와 확폭(Slack)이 합리적으로 적용된다. 자동차가 곡선부분을 주행할 경우 그 속도에 따라 뒷바퀴가 옆으로 미끄러진다든지 또는 원심력에 대한 안전성으로부터 곡선부의 안쪽으로 주행 하려고 한다. 이 때문에 곡선부에 편경사를 만들고 도로폭을 확장시킬 필요가 있다.

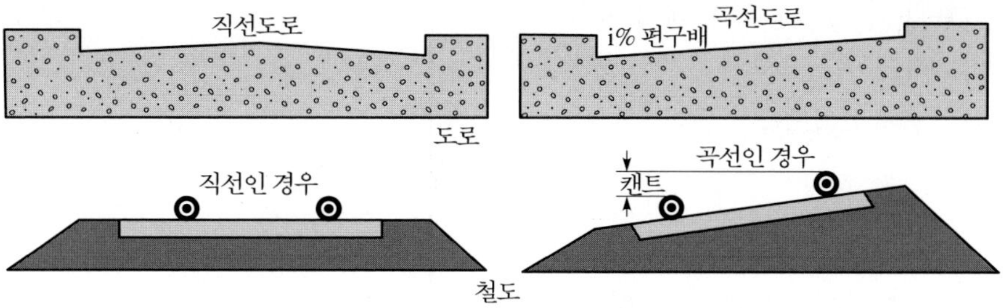

그림 10-9 확폭과 편경사

수평횡단면으로부터 확폭 또는 편경사의 붙이기는 그림 10-9와 같이 자동차가 곡선부분을 주행할 경우 그 속도에 따라 뒷바퀴가 옆으로 미끄러진다든지 또는 원심력에 대한 안전성으로부터 곡선부의 안쪽으로 주행 하려고 하기 때문에 곡선부에 편경사를 만들고 도로폭을 확장시킬 필요가 있다. 확폭은 곡선부의 안쪽에 설치하지만 그 넓히는 폭은 곡선반경의 크기에 따라 정해진다. 곡선반경이 35m 이상인 경우 도로의 중심선에 대응하는 도로의 확장을 각 차선의 확폭량이라 한다. 곡선반경이 적은 경우에는 각 차선마다에 확폭량을 정하면 좋다. 철도에서는 선로폭을 증가시키는 것을 슬랙이라 하며 열차의 종류와 곡률반경(R)에 따라서 기준이 설정된다. 차량이 곡선부를 주행할 경우 뒷바퀴가 앞바퀴보다 안쪽으로 지나가므로 곡선부에서는 그 내측부분에 조금 넓은 도로폭이 필요하게 되는데 이때 넓히는 도로폭을 확폭(Slack)이라 한다. 완화곡선의 길이(L)는 차체에 걸리는 원심력을 점차 크게 하는 동시에 차체의 경사가 서서히 늘어가는 경우의 승차감과 운전의 용이성을 고려하여 결정하며 식(10.3)이 사용된다.

$$\text{도로 } L = 0.036\frac{V^3}{R} \tag{10.3}$$

여기서, L; 완화곡선장(m),
V; 차량속도(km/h), R; 곡률반경(m)

$$\text{철도 } L = \frac{N \cdot C}{1{,}000} \tag{10.4}$$

여기서, L; 완화곡선장(m), N; 갑선 600, 을선 450, 병선 300, C; 캔트(mm)

접속방법은 완화구간에서 접속하는 방법, 고차 포물선을 사용하는 방법, Clothoid Curve로 하는 방법, 완화곡선을 넣는 간이법이 있다. 그림 10-10과 같은 완화곡선은 곡률이 무한대인

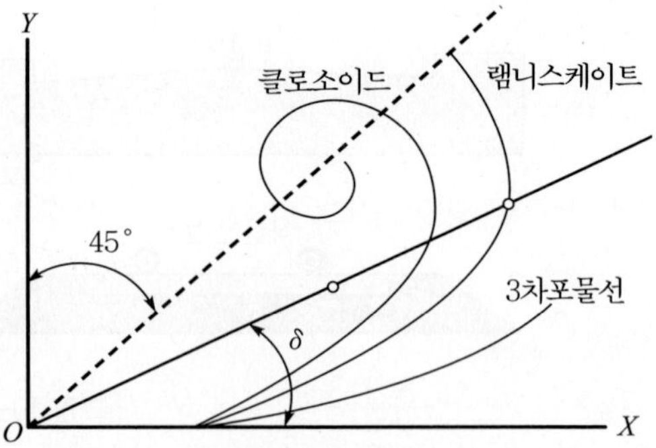

그림 10-10 완화곡선

직선과 곡률이 작은 곡선 사이에 완충작용을 하도록 삽입하는 곡선으로서 3차 포물선, 렘니스케이트, 클로소이드곡선 등이 있다.

1) 완화곡선의 종류

클로소이드 곡선(Clothoid Curve)은 고속도로 및 일반도로에 사용하며 렘니스케이트 곡선(Lemniscate Curve)은 주로 시가지 철도에 사용되며 곡률반경(R)이 동경(動徑) s에 반비례 하여 변화하는 곡선으로 접선각이 135° 까지 적용되므로 곡률이 급한 곡선에 이용되며 기본공식은 $A^2 = Rs$로서 매개변수 A는 곡선의 크기를 결정한다. 3차 포물선(Cubic Parabola)은 주로 철도에 사용되며 곡률반경(R)이 횡거(x)에 반비례하는 곡선으로 접선각이 약 24° 에서 곡률반경이 최대이다. 기본공식은 $Y= \frac{x^3}{RX}$로서 x는 반경(R)과 열차 속도에 의해 결정한다.

가. 중앙종거법

그림 10-11과 같이 최초로 중심각을 2등분하여 P점을 결정하고 차례차례 2등분한 점을 구하는 방법이며 중앙종거를 M, 현장을 L이라고 하면 다음 식에 의하여 M_1, M_2, M_3을 구한다. 이 방법은 일정한 현장에 대한 중앙종거가 곡선상의 어떠한 위치에 일정하다는 것으로부터 기존에 설치한 곡선의 조정이 편리하며 특히, 철도 노선의 곡률을 점검하는데 사용되며 1/4법이라고도 한다.

$$M_1 = R(1-\cos\frac{I}{2}) \fallingdotseq \frac{L_1^2}{8R}$$

$$M_2 = R(1-\cos\frac{I}{4}) \fallingdotseq \frac{L_1^2}{8R} \fallingdotseq \frac{M_1}{4}$$

$$M_3 = R(1-\cos\frac{I}{8}) \fallingdotseq \frac{L_3^2}{8R} \fallingdotseq \frac{M_2}{4}$$

$$M_n = R(1-\cos\frac{I}{2^n}) \fallingdotseq \frac{L_n^2}{2^nR}$$

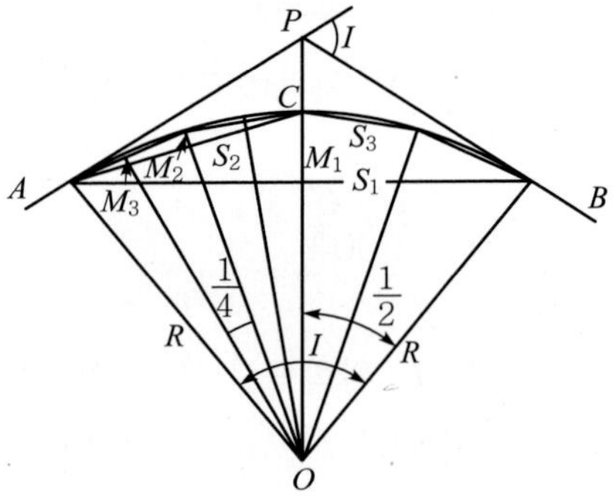

그림 10-11 중앙종거법

나. 접선지거법

그림 10-12와 같이 점$A(B.C)$를 원점, 접선 AV를 Y축, 반경 OA를 X축으로 하여 곡선상 점의 좌표(x, y)를 구하는 방법이다.

편각을 δ, 현장을 ℓ 라고 하면 좌표(x, y)는 다음과 같이 된다.

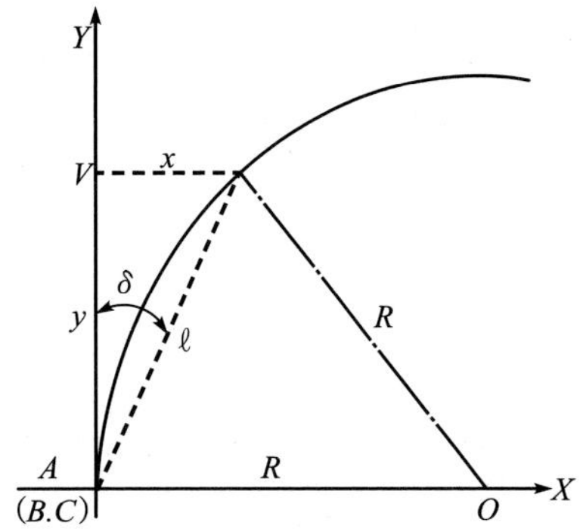

그림 10-12 접선지거법

$$\delta = 1718.87\frac{\ell}{R}(\text{분})$$

$$\ell = 2R \cdot \sin\delta$$

$$x = \ell \cdot \sin\delta = 2R \cdot \sin^2\delta = R(1-\cos 2\delta)$$

$$y = \ell \cdot \cos\delta = 2R \cdot \sin^2\delta \cdot \cos\delta = R \cdot \sin 2\delta$$

이 방법은 산림지대의 도로 등에서 편각법으로는 시통할 수 없기 때문에 사용하면 편리하다.

다. 장애물이 있는 경우 설치법

교점($I.P$)에 장애가 있는 경우에는 그림 10-13과 같이 교점($I.P$)에서 곡선설치에 필요한 측각, 측거를 할 수 없는 경우 CD를 설치하여 α', β' 및 $\overline{CD} = \ell$ 을 측정하며 계산에 의하여 교각 I를 구하고 측설에 필요한 요소를 산출한다.

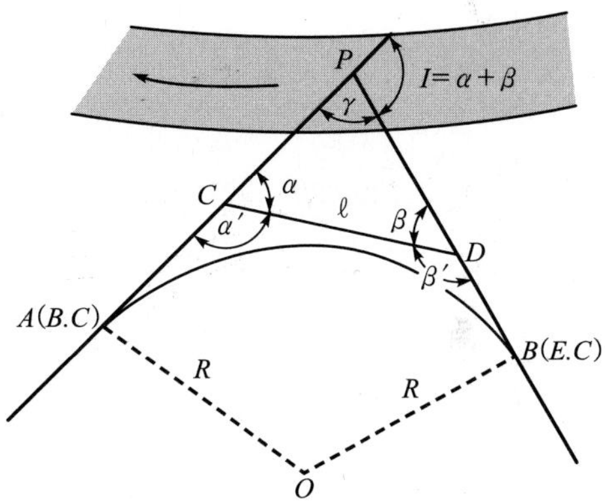

그림 10-13 교점에 장애가 있는 경우

$$I = \alpha+\beta = 360^\circ-(\alpha'+\beta') \qquad \sin\gamma = \sin(\alpha+\beta)$$

$\triangle CDV$에 싸인법칙을 적용하면

$$CV = \frac{\sin\beta}{\sin\gamma} \cdot \ell = \frac{\sin\beta}{\sin(\alpha+\beta)} \cdot \ell$$

$$DV = \frac{\sin\alpha}{\sin\gamma} \cdot \ell = \frac{\sin\beta}{\sin(\alpha+\beta)} \cdot \ell$$

이상의 결과로부터 곡선반경 R을 알면

$T.L = R\tan\frac{I}{2}$ 이므로

$$AC = AV - CV = R \cdot \tan\frac{I}{2} - \frac{\sin\beta}{\sin(\alpha+\beta)} \cdot \ell$$

$$BD = BV - DV = R \cdot \tan\frac{I}{2} - \frac{\sin\beta}{\sin(\alpha+\beta)} \cdot \ell$$

만약 C로부터 D의 거리측정이 곤란한 경우에는 C점에서 $\overline{CA}$방향을 기준하여 트래버스 측량으로서 두 점선사이를 연결하여 $B.C$와 $E.C$의 위치를 결정한다.

$B.C$ 및 $E.C$에 장애가 있는 경우에는 그림 10-14와 같이 곡선시점 $B.C$에 호수가 있어서 B, C에 접근할 수 없는 경우 임의의 보조기선 $CD = \ell$을 측정하고 계산에 의하여 CA사이의 거리를 계산한다.

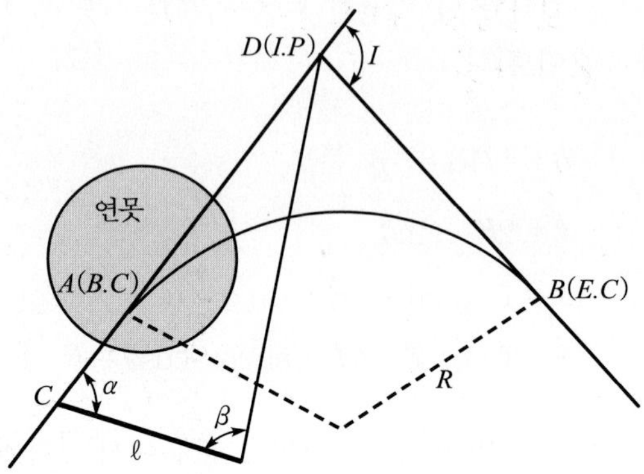

그림 10-14 B.C에 장애가 있는 경우

△CDV에 싸인법칙을 적용하면

$$CV = \frac{\sin\beta}{\sin(\alpha+\beta)} \cdot \ell$$

$$AV = T.L = R\tan\frac{I}{2}$$

$$\therefore CA = CV - T.L = \frac{\sin\beta}{\sin(\alpha+\beta)} \cdot \ell - R \cdot \tan\frac{I}{2}$$

2) Clothoid 곡선

Clothoid Curve은 주로 고속도로 및 일반도로에 사용되며 곡률이 곡선 길이에 비례하는 곡선으로 차량이 일정한 각 속도로 회전될 때 뒷바퀴의 차축 중심이 그리는 운동 체적과 같다. Clothoid Curve의 기본식은 $A^2 = RL = \frac{L^2}{2\tau} = 2\tau R^2$이며 A는 매개변수, R는 곡률반경, L는 완화곡선길이, τ는 접선각이다. Clothoid Curve의 형식은 Clothoid를 조합하는 방법으로 기본형, S형, 난형, 凸형, 복합형이 있으며 기본형은 직선에서 Clothoid 곡선으로 다시 직선의 형태이고, 凸형은 같은 방향으로 구부러진 두 개의 Clothoid를 직선적으로 설치하는 형식이며, 복합형은 같은 방향으로 구부러진 두 개 이상의 Clothoid를 이은 것이다. Clothoid curve 설치방법에는 직각좌표에 의한 방법으로 주접선에서 직각좌표에 의한 설치법, 현으로부터 직각좌표에 의한 설치법, 접선으로부터 직각좌표에 의한 설치법이 있다. 극좌표에 의한 방법은 극각동경법, 극각현장법, 현각현장법에 의한 설치법이 있으며 기타 방법으로는 2/8법에 의한 설치법, 현트래버스에 의한 설치법으로 구분할 수 있다.

10.2 수준측량

수준측량이라 함은 높이의 정보를 구하는 측량으로 일상생활에서 상 · 하수도를 비롯하여 물의 관리와 지구 온난화에 따른 해면의 상승으로 인한 해안도시의 수해 흔적조사와 각종 공사의 핵심 기초자료 등 국토의 높이를 결정하는데 필수적이다. 수준측량은 기준점에 기초하여 새로운 수준점의 표고를 결정하는 측량을 말하며 지표상의 여러 점의 표고 또는 고저차를 구하는 측량으로 각 지점의 높이는 평균해수면을 기준으로 하는 높이로 표시된다.

수준측량은 현장에서 높이 결정 및 종 · 횡단측량의 성토 및 절토량을 결정하는 중요한 측량이므로 정밀도 확보에 많은 노력을 기울여야 한다. 최근에 개발된 전자레벨과 GPS측량에 의해 수직위치를 결정하므로 현장에서 편리하게 사용되고 있다. 국립지리원(현, 국토지리정보원)은 1975년부터 국토의 높이의 기준이 되는 수준점의 표고를 보다 높은 정확도로 결정하기 위한 기하학적인 정밀수준측량을 실시하였으며 정밀수준측량은 1등 및 2등 수준측량으로 구분하여 실시하고 있다. 1등 수준측량은 1등 수준점의 표고결정과 지각변동조사 및 지반침하 조사 등을 위하여 반복측량으로 실시되는 측량이며 2등 수준측량은 공공측량 등의 기준으로서 1등 수준점을 보완하여 높은 배점밀도로 설치된 2등 수준점의 표고를 결정하기 위한 측량으로 1등 및 2등 수준측량에서 사용되고 있는 레벨과 인바표척이다.

국립지리원에서는 정밀수준점의 표고를 전국적으로 통일된 기준에 의하여 결정하기 위하여 1987년에 1974~1986년에 걸쳐 실시된 1등 수준측량의 관측값을 기초로 한 1등수준망조정을 시행하였다. 그리고 1988년에는 1960~1987년에 걸쳐 실시된 2등 수준측량의 관측값을 기초로 한 2등수준망조정을 시행하였다. 수준점표지는 1987년부터 착수된 제2회 1등 수준측량에서는 안전표지판 설치와 표지를 가능한 한 학교 등 공공건물 구내에 설치하도록 하였다. 또한, 1988년부터는 1등 수준점의 설치간격을 약 4km에서 약 2km로 단축함으로써 공공측량 등에서의 정밀수준점 이용의 활성화를 도모하고 있다. 작업준비는 측량법 · 도로교통법 등 관계법령 숙지, 자료조사 및 장비점검, 지형도에 신설 수준점의 위치를 선정하고 선점, 매설, 관측을 실시하여 계산 및 정리의 순서로 작업을 실시한다.

10.2.1 수준원점

수준원점은 조선총독부에 의하여 1933년 영흥만 요새사령부 내에 설치되었으며, 1934년 6월에 원산 수준원점을 완성하였다. 또한 조선총독부 임시토지조사국에서도 애초에 수준점 표석을 4km마다 설치하였지만 침하, 경사 등으로 70% 이상이 망실되었고 아울러 노선변경도 있었으므로 육지측량부에서는 또 다른 수준점표석을 4km마다 매설하여, 새로운 1등수준망을 형성하는 한편 잔존하는 점은 결합측량으로 연결하였다. 1937년에 착수된 원산 원점을 기점으로 한 만주와의 연결을 위한 수준측량에서는 기설 수준점 180점 중 겨우 43점만이 남아 있다고 한다. 관동군 측량대에서는 원산원점의 부속표석 굴 45호(함북 경원군 경원)로부터 출발하여 2등 수준측량에 의하여 표주를 매설하면서 만주의 휘춘방면으로 수준노선을 연장하였다. 또한, 육지측량부에 의한 1등수준측량은 1937년에서 1942년까지 계속되었으나 주로 북한지방이 그 대상 지역이었던 관계로 기상조건(영하 25℃까지 하강)이 나쁘고 인부마저 구하기 어려운 작업여건 속에서 진행되었고 진도는 지지부진하여 1940년에는 겨우 168km만을 실시하였다. 삼각측량의 경우와 마찬가지로 수준측량 또한 1943년에 이르러 전면 중지되었다. 그림 10-15는 표고와 비고를 설명한 것으로 육지를 바다로 연장해서 생긴다고 가상되는 평균해수면을 기준으로 하여 각 점의 높이를 나타내고 있다. 이는 레벨을 이용하여 지구상의 각 점에 있어서 수평면을 기준으로 할 수 있도록 되어 있다. 따라서 레벨을 100m씩 이동하면서 비고를 측정하여 표고를 결정할 수 있다. 그림 10-15에서 명확하게 알 수 있는 것과 같이 (***AB*** 간의 비고) = (***A***점의 표고) − (***B***점의 표고)으로 $h = H_A - H_B$이다.

우리나라는 국토높이의 기준이 되는 원점을 설치하기 위하여 험조장(驗潮場)을 설치하였는데 기간은 1910년 3월에서 1915년 11월까지 청진, 원산, 진남포, 목포, 인천에서 평균해수면을 관측하여 이들을 기준으로 전국의 수준점을 설치하였다.

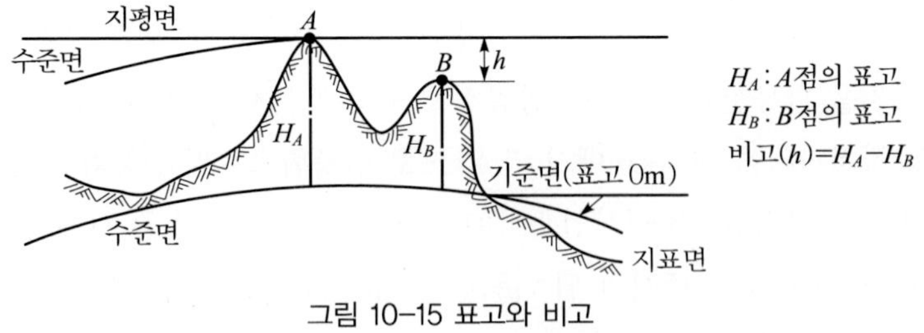

그림 10-15 표고와 비고

현재 사용하고 있는 기준면은 1963년 12월 2일 인천광역시 남구 용현동 253번지 인하공업전문대 구내에 설치한 수준원점이고 수정판은 원점수치로 하고 있으며 표고는 26.6871m이다. 우리나라에서 토지의 높이기준은 인천 앞바다의 평균해수면(표고; 0m)을 기준으로 측량한다. 지오이드는 중력장이론에 따라 물리적으로 정의하며 지구표면의 대부분은 바다가 점유하고 있는데 정지된 평균해수면(Mean Sea Level)을 육지까지 연장하여 지구 전체를 둘러싸고 있다고 가상한 곡면을 지오이드라 한다. 지오이드 높이(Geoid Height)는 타원체면을 기준으로 하여 지오이드까지의 높이를 말하고 타원체면에서 물리적 지표면까지의 차이를 타원체 높이라 하며 지오이드 높이와 정표고의 합계를 말한다. 정표고는 지오이드면과 물리적 지표면의 차이를 말한다. 기준면은 땅고르기 등 지표면을 수평으로 만드는 공사에서는 적당한 거리에 말뚝을 박고 각 말뚝의 측면에 일정의 높이(H)를 나타내는 수평면의 위치를 표시한다. 기준면의 결정방법에는 직접관측에 의한 직접법과 계산에 의한 간접법으로 구분할 수 있다. 직접법은 표고를 알고 있는 점에 표척을 세워 후시하여 기계고(IH)를 결정한 후 전시의 읽음 값을 계산하는 방법이다. 계산법은 각 점의 말뚝 상단에 표척을 세워서 전시와 후시값을 읽어 표시하는 순서대로 계산을 수행하고 각 점의 표고를 계산하여 기준면의 위치를 결정한다.

10.2.2 수준측량의 용어

① 수평면 : 정지된 해수면이나 해수면 위에서 중력방향에 수직한 곡면으로 지구표면이 물로 덮여 있을 때 만들어지는 형상의 표면이며 수평선은 수평면에 평행한 곡선을 말한다.

② 지평면 : 수평면의 한 점에 접한 평면을 말하며 지평선은 수평면의 접선을 말한다.

③ 기준면 : 높이의 기준이 되는 수평면으로 일반적으로 평균해수면을 말한다.

④ 수준원점 : 기준면은 가상의 면이므로 실제 높이의 기준으로 사용하려면 지상의 부동의 위치에 고정시키는 고정점이어야 한다.

⑤ 수준점(B.M ; Bench Mark) : 수준원점을 출발하여 국도 및 중요한 도로를 따라 적당한 간격으로 표석을 매설하여 놓은 이미 알고 있는 점으로 고저측량의 기준이 되는 점이다.

⑥ 표고 : 기준면에서 그 점까지의 연직거리를 말한다.

⑦ 후시(Back Sight ; B.S) : 표고를 알고 있는 점에 세운 표척의 읽음값을 말하며 전시(Fore Sight;F.S)는 구하려는 점에 세운 표척의 읽음값을 말한다.

⑧ 기계고(I.H) : 기준면에서 시준선까지의 높이로 지반고+측점의 후시측정값을 말하며 지반고(G.H)는 표척을 세운 점의 표고를 말한다.

⑨ 이기점(Turning Point ; T.P) : 전시와 후시를 함께 취하는 점으로 관측오차는 이후의 측량

전체에 영향을 미치는 점이다.

⑩ 중간점(I.P): 어느 점의 지반고만을 구하기 위해 전시만 측정한 표척의 읽음값으로 다른 점에 오차를 미치지 않는다.

10.2.3 수준측량의 분류

(1) 측량방법에 의한 분류

수준측량은 측량방법에 따라 직접수준측량, 간접수준측량, 교호수준측량으로 구분하며 직접수준측량은 레벨과 표척을 사용하여 두 점 사이의 고저차를 구하는 방법이다. 간접수준측량은 두 점간의 연직각과 수평거리 또는 경사거리로서 삼각법에 의한 방법, 공중사진의 입체시에 의한 방법, 기압에 의한 방법, 스타디아 수준측량방법 등이 있다. 레벨 이외의 기구를 이용하여 두 점의 고저차를 구하는 방법으로 삼각법, 지거법, 평판과 앨리데이드를 이용하는 방법, 중력 및 기압에 의한 방법, 사진측량에 의한 방법이 있다. 교호수준측량은 하천 등의 양쪽에 있는 두 점 간의 고저차를 직접 또는 간접으로 구하는 방법이다.

(2) 측량목적에 의한 분류

고저차 수준측량은 멀리 떨어진 두 점의 높이를 측량하여 표고를 결정하는 측량이며 종단수준측량은 하천이나 도로와 같이 한 측선상에 있는 각 점의 표고를 결정하기 위한 측량이다. 또한, 횡단수준측량은 한 측선상의 각 점에서 직각방향의 표고를 결정하기 위한 측량이다.

(3) 기본수준측량에 의한 분류

1등 수준측량은 가장 정도가 높은 표고의 성과가 있으며 각종 측량 및 조사의 기준으로 하고 주요 국도에 1km 간격으로 설치하며 표석을 매설한다. 2등 수준측량은 1등 수준노선 간을 연결하는 것으로 국도 및 지방도에 따라 1km마다 설치하며 3등 수준측량은 1, 2등 수준노선을 기준으로 하여 수준노선을 선정한다. 이것은 삼각점이나 도근점의 표고를 결정하거나 지도나 건설공사에 필요한 측량을 실시하기 위한 기준을 제공하는 것으로 2km에 1점씩 설치한다. 간이수준측량은 1, 2, 3등 수준측량을 기준으로 하여 낮은 정도의 표고를 결정하는 측량이다. 수준점성과표는 수준점의 위치와 표고를 종합한 것으로 국토지리정보원에 조회하면 최신의 성과를 확인할 수 있다.

10.2.4 직접수준측량

(1) 실시기준 및 원리

1) 실시기준

표고를 이미 알고 있는 점에 세운 표척을 읽는 것을 후시(Back Sight; B.S)라고 하며 그림 10-16에서 *A*점의 표고 읽음값 (a)을 말한다. 또한, 표고가 미지인 점에 세운 표척을 읽는 것을 전시(Fore Sight; F.S)라고 하며 *B*점의 표척 읽음값 (b)을 말한다. 후시의 합에서 전시의 합을 빼면 두 점 간의 고저차를 알 수 있으며 여기에 기지점의 표고를 더하면 그 점의 표고를 구할 수 있다. 그리고 직접수준측량의 실시기준은 다음과 같다

① 관측은 소정의 방법에 따라 표척눈금 및 시준거리를 읽고 모두 왕복관측으로 한다.
② 수준표척은 2개를 1조로 하며 왕복관측에 있어서는 표척을 교환하고 측점은 짝수로 한다.
③ 신설점의 관측은 측량표를 설치한 후 24시간 이상 경과 후 실시한다.
④ 시준거리는 동일하게 하고 레벨은 가능한 한 두 표척을 연결하는 직선상에 설치한다.
⑤ 왕복관측을 실시하는 수준측량에서 수준점 간의 측점수가 많은 경우는 적절한 고정점을 세우고 왕복의 관측에서 중복되도록 사용한다.
⑥ 1급 수준측량에서는 표척의 하단 20cm 이하는 읽지 않는다.

2) 직접수준측량의 원리

그림 10-16의 레벨은 항상 수평인 시준선을 읽어 내는 것으로 레벨을 사용하여 *A*점과 *B*점에 세운 표척을 시준하면 a, b의 눈금을 읽는다. 즉, 레벨에서 만들어지는 수평면보다도 *A*점은 H_a 만큼 *B*점은 H_b만큼 낮은 위치에 있다. *A*, *B*의 두 점간 비고(h)는 그림 10-16과 같이 *A*점의 표고(H_A)는 이미 알고 있으며 *B*점의 표고(H_B)는 미지점 이므로 식(10.5)와 같이 성립된다.

$$H_B = H_A + a - b = H_A + h \qquad (10.5)$$

여기서, H_A; *A*점의 표고, H_B; *B*점의 표고, a; 후시의 읽음 값 b; 전시의 읽음값, h; *A*점과 *B*점의 표고차를 말한다.

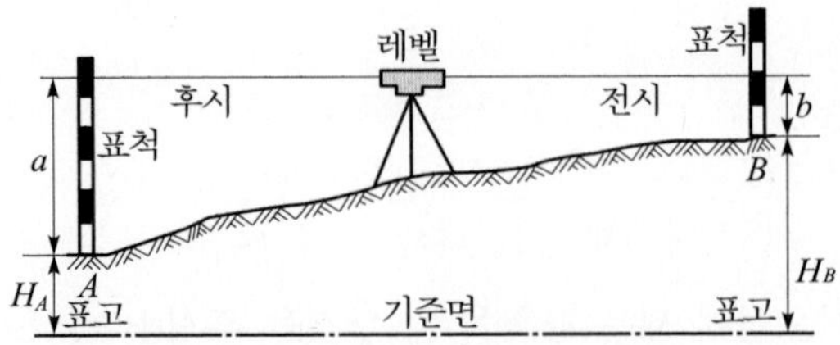

그림 10-16 직접수준측량의 원리

기계고($I.H$)는 지반고($G.H$)+후시($B.S$)이며 지반고($G.H$)는 기계고($I.H$)−전시($F.S$)이고 후시의 합에서 전시의 합을 빼면 두 점 간의 고저차이며 여기에 기지점의 표고를 더하면 그 점의 표고를 구할 수 있다.

3) 직접수준측량에서의 주의사항

① 전시와 후시의 시준거리가 같은 경우에는 이 오차는 전시, 후시 모두 같은 오차(ε)로 표시된다. 그림 10-17에서 정확한 비고값은 $\Delta H = b - f$ 이지만 실제로 관측하면 $b + \varepsilon$, $f + \varepsilon$로 읽어지므로 시준거리(L)가 동일하지 않을 경우에는 전시와 후시의 오차(ε)가 동일하지 않으므로 오차가 소거되지 않는다. 그러나 시준거리를 동일하게 하면 읽음 값의 정도가 균일하고 레벨 전체의 기계적인 정오차를 사전에 소거할 수 있다.

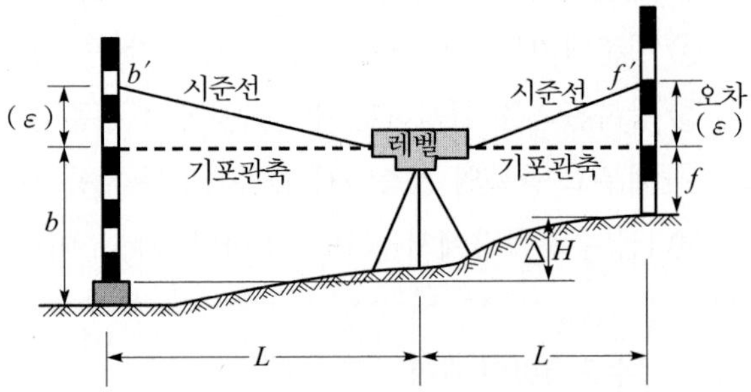

그림 10-17 등거리에 의한 오차소거법

② 시준선의 높이는 지표로부터 30cm 정도 띄워서 세우는데 그 이유는 지표부근에 아지랑이가 많아 표척의 읽음 값이 부정확해지기 때문이며 적합하게 조정하여 바람이 많이 불 경우에는 표척 상단의 눈금을 읽는 것은 피해야 한다.

③ 정확하게 정준한 경우에도 장시간 관측을 계속하면 지반의 침하나 기계의 이상 등의 원인으로 기포가 중앙을 벗어나는 경우가 있다.

④ 표척을 세울 경우에는 수준기를 이용하여 연직으로 세워서 관측자가 정확하게 축척의 눈금을 읽을 수 있도록 한다.

⑤ 레벨과 표척은 견고한 지반에 설치하여 관측 중에 침하가 발생하는 상황을 피하여 정확한

값을 읽을 수 있다.

⑥ 레벨을 한 점에 설치하고 여러 개의 측점의 전시를 관측한 후 다음 위치로 레벨을 이동하는 경우에는 후시를 관측한 후에 이기점의 전시를 관측한다.

⑦ 시점으로부터 종점에 도달할 때까지 A의 표척과 B의 표척 2개의 축척을 번갈아 세우면 수준측량을 실시하는 경우에는 레벨의 설치 회수를 짝수회로 끝나게 하면 표척하단의 0 눈금 오차를 소거할 수가 있다.

⑧ 수준측량에서 관측을 끝낼 경우에는 출발점으로 되돌아와야 하지만 관측을 편도만으로 끝내려고 하는 경우에는 2대의 레벨로 이용하면서 동일표척의 후시와 전시를 관측하는 방법과 1대의 레벨로 후시와 전시를 관측하고 레벨의 높이를 변경하여 관측하는 방법이 있으며 1대의 레벨로 2회 관측하는 방법으로 실시하면 오차의 발생 확률을 줄일 수 있다.

⑨ 야장의 기록을 끝낼 경우 페이지는 전시를 기록하여 끝내며 각 페이지의 합계를 서로 확인하고 "읽기착오" "듣기착오" "쓰기착오"가 발생하는 것을 사전에 방지한다.

(2) 야장기재방법

1) 승강식

전시에서 후시를 뺀 값이 고저차가 되므로 승(昇)·강(降)란을 따로 만들어 후시(*B.S*)의 값이 전시(*F.S*)의 값보다 크면 승(+), 후시(*B.S*)의 값이 전시(*F.S*)의 값보다 적으면 강(−)란에 기재한다. 승(rise)값과 강(fall)값을 합할 경우 전·후시의 읽음 수의 차와 비교하여 계산 결과를 검사할 수 있다. 이 방법은 임의의 점의 표고를 결정하기가 편리하나 중간점이 많을 때에는 계산이 복잡해진다.

그림 10-18에서 각 점에 세운 표척에 대한 후시는 Back Sight의 약자 b를, 전시는 Fore Sight의 약자 f로 기록한다. 측점 No.1은 표고 H가 기지인 점으로 이것을 수준점(Bench Mark; B.M)이라고 한다.

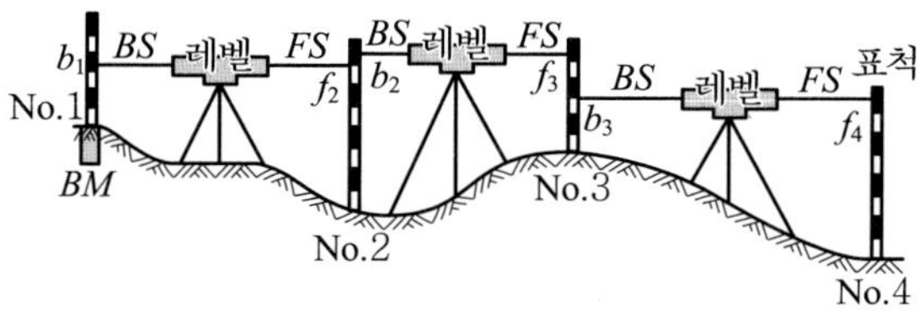

그림 10-18 승강식 측량

레벨과 표척을 그림 10-18과 같이 이동시키면서 각 구간의 비고의 계산은 후시(b)에서 전시(f)를 뺀값이 된다. 미지점의 표고는 *B.S*와 *F.S*를 이용하여 계산하는 방법과 승과 강의 값을 이용하여 계산하는 방법이 있으며 지반고를 이용하여 검산하는 방법도 있다.

표 10.3 승강식 야장기재법

No.	B.S	F.S	승(rise)	강(fall)	h
1	1.326				352.152m
2	3.351	2.512		1.186	350.966
3	1.125	0.968	2.383		353.349
4		2.608		1.483	351.866
합계(Σ)	5.802	6.088	2.383	2.669	
	Σ(B.S) − Σ(F.S) = −0.286m		Σ(승) − Σ(강) = −0.286m		352.152−0.286 = 351.866m

2) 기고식

기고식은 중간점이 많은 경우에 편리하며 기지점의 표고에 그 점의 후시(*B.S*)를 더한 기계고(*I.H*)를 계산하고 여기에서 표고를 알고자 하는 점의 전시(*F.S*)를 빼서 미지점의 표고를 결정한다. 한 점에 레벨을 설치하여 그 주위에 있는 많은 점의 높이를 결정하는 것으로 공사측량 및 중간점이 많은 경우에 적합하다. 그림 10-19에서 수준점(*BM*)은 기지점이며 표고는 H이다. 수준점에 세운 표척을 레벨로 읽음값은 후시(b) 값으로 시준선의 표고는 $H+b$가 되는데 이것을 기계고 또는 기고라고 하며 $I.H = H+b$와 같다. A점의 표고 H_A는 시준선의 표고 $I.H$ 보다도 b_A만큼 낮다. 따라서 H_A의 표고값의 계산은 $H_A = I.H - b_A$과 같다.

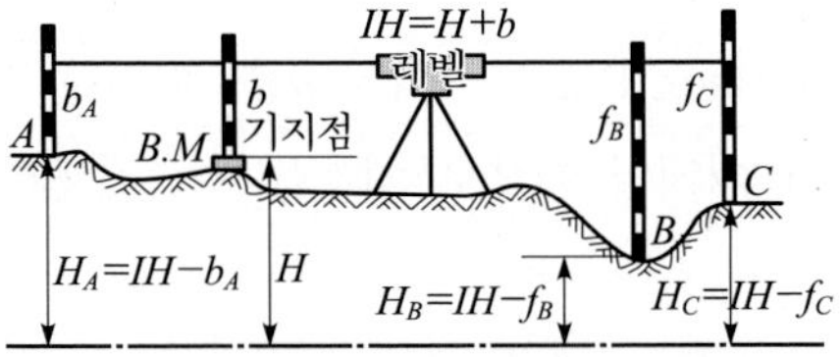

그림 10-19 기고식 측량 원리

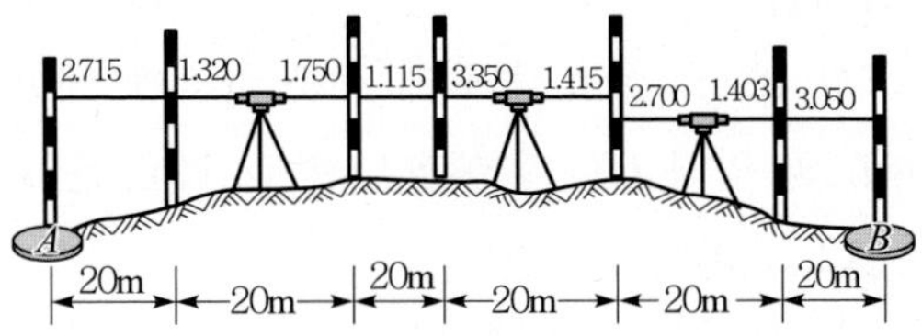

그림 10-20 기고식 측량방법

그림 10-20과 같이 기고식으로 측량을 실시하였을 경우에 기고식 야장계산 방법은 표 10.4와 같고 *GH*는 지반고이며 야장 계산법은 공사측량에 많이 사용된다. 기계고(*I.H*)는 후시점의 지반고에 후시(*B.S*)의 읽음값을 더하면 구할 수 있고 기계고(*I.H*) = 지반고(*G.H*) + 후시(*B.S*)이며 기계고(*I.H*)는 레벨을 이동할 때마다 구할 수 있다. 각 측점의 지반고는 기계고로부터 전시(*F.S*)한 값을 빼면 결정되고 지반고(*G.H*) = 기계고(*I.H*) − 전시(*F.S*)로 계산한다.

표 10.4 기고식 야장 계산법

측점	거리(m)	B.S(m)	기계고 I.H(m)	F.S(m) T.P	F.S(m) I.P	G.H(m)	비 고
A			2.715	32.715			H_A = 30.000m
1	20m				1.320	31.395	
2	20				1.750	30.965	검산
3	20	3.350	34.950	1.115		31.600	Σ(B.S) − Σ(F.S) = 3.250m
4	20	2.700	36.300	1.350		33.600	
5	20				1.403	34.897	
B	20			3.050		33.250	H_B = 30.000+3.250
계	120	8.765		5.515			=33.250m

3) 고차식

고차식계산법은 가장 간단한 것으로서 2단식이라고도 하며 후시(*B.S*)와 전시(*F.S*)의 란만 있으면 되기 때문에 고차수준측량에 많이 이용되고 측정이 끝난 다음에 후시의 합계와 전시의 합계의 차로서 고저차를 계산한다.

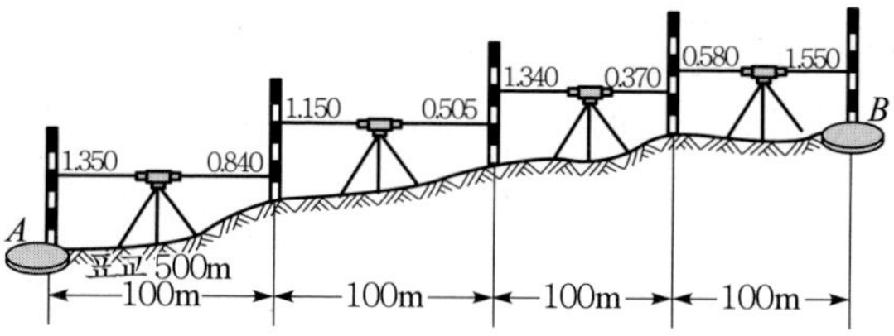

그림 10-21 고차식측량법

표 10.5 고차식 야장계산법

측 점	후시(B.S)	전시(F.S)	지반고(G.H)	비 고
A	1.350m		50.000m	
1	1.150	0.840m	50.510	A의 G.H = 50.000
2	1.340	0.505	51.155	ΣB.S − ΣF.S = 4.420−3.265 = 1.155
3	0.580	0.370	52.125	B점의 지반고 = 50.000+1.155 =51.155
B		1.550	51.155	
계	4.420	3.265		

(3) 종단수준측량

종단수준측량은 그림 10-22와 같이 고저차를 측정하기 위하여 도로, 철도, 수로 등 노선에 따라 적당한 거리로 중심 말목을 박아 중심선을 설정하고 중심 말목 사이에 지반고의 고저변화가 있을 때에는 중심 말목과 구분하여 다른 말목을 박아 표시한다.

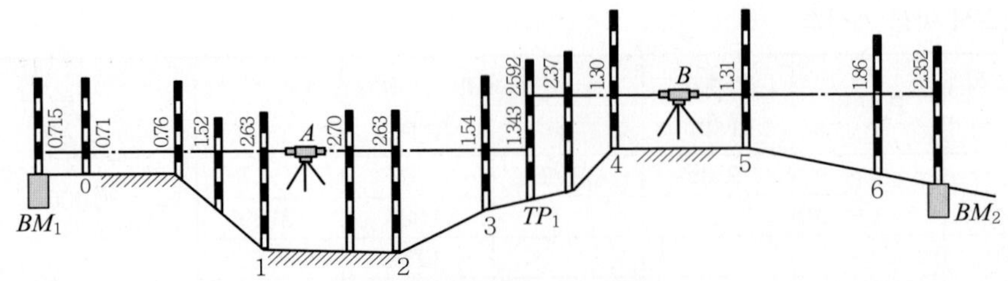

그림 10-22 종단수준측량도

종단수준측량에서는 한 번 기계를 세우게 되면 그 위치에서 많은 중간점을 관측하게 되고 표척이 중심말뚝을 따라 전진하여 더 이상 표척을 시준할 수 없을 때에 이기점 *TP*를 선정하여 기계를 옮긴다. *TP*를 측정하는 정확도는 종단측량 전체의 정확도를 좌우하므로 세심한 주의를 기울여야 한다. 종단수준측량에서도 기지의 수준점을 출발하여 되돌아와 폐합시 또는 다른 기지의 수준점에 결합시켜서 허용오차 내에 있는가를 점검할 필요가 있다. 또한, 종단수준측량을 실시하여 야장에 기재하는 방법은 표 10.6과 같다.

표 10.6 종단수준측량 야장기재방법

측 점	거 리 (m)	후 시 (m)	기계고 (m)	전 시(m)		지반고 (m)	비 고
				이기점	중간점		
BM_1	–	0.715	36.965	–	–	36.250	BM_1의표고 = 36.250m
No. 0	–	–	–	–	0.71	36.255	
No. 0+29	29	–	–	–	0.76	36.205	
No. 1	40	–	–	–	1.52	35.445	
No. 0+12	52	–	–	–	2.63	34.335	
No. 2	80	–	–	–	2.70	34.265	
No. 2+14	94	–	–	–	2.68	34.285	
No. 3	120	–	–	–	1.54	35.425	
TP_1	–	2.592	36.354	1.343		35.622	
No. 3+24	144	–	–	–	2.37	35.844	
No. 4	160	–	–	–	1.30	36.914	
No. 5	200	–	–	–	1.31	36.904	
No. 6	240	–	–	–	1.86	36.351	
BM_2	–	–	–	2.352		35.862	

(4) 횡단수준측량

횡단수준측량은 종단수준측량의 중심 말목 등에서 중심선에 직각방향으로 경사의 변화를 측정하는 측량을 말하는데 일반적으로 폴이나, 핸드레벨을 사용하나 정밀을 요하는 경우는 레벨을 사용하기도 하며 야장기재 방법은 표 10.7과 같다.

표 10.7 횡단수준측량 야장 기재방법

좌		중심각	우	
$\frac{-1.51}{6.00}$	$\frac{-0.79}{6.00}$	No. 0	$\frac{+0.79}{6.00}$	$\frac{+2.10}{6.00}$
$\frac{-0.25}{2.50}$	$\frac{-2.55}{10.50}$	No. 0 + 29	$\frac{+1.16}{5.50}$	$\frac{+1.90}{7.50}$
	Level	No. 1	$\frac{+0.10}{15.00}$	
Level	$\frac{-0.1}{5.20}$	No. 1+ 12	$\frac{+0.05}{4.20}$	$\frac{+0.10}{9.50}$
	Level	No. 2	$\frac{+0.20}{7.30}$	$\frac{+0.10}{5.60}$

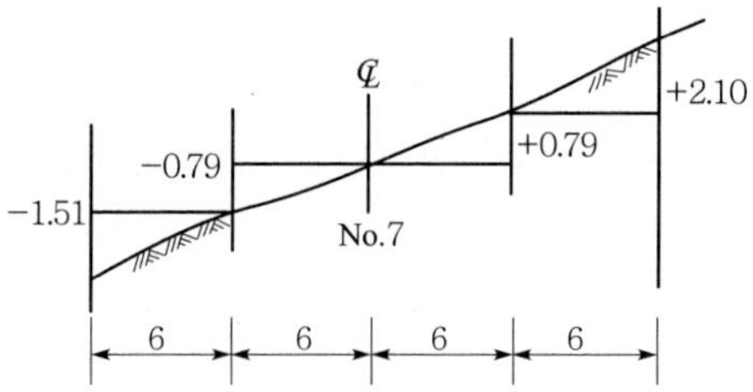

그림 10-23 횡단수준측량

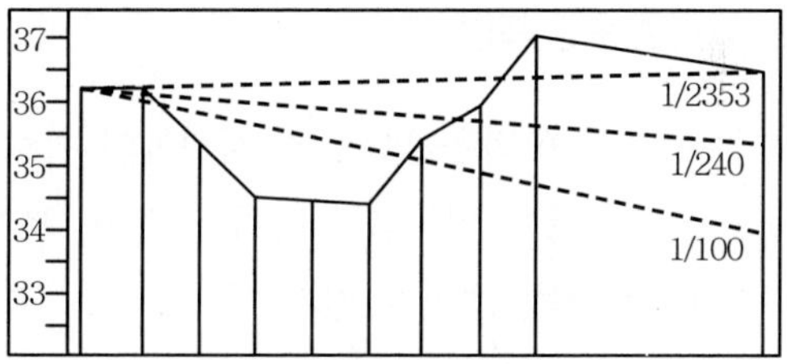

그림 10-24 구배선 설정 방법

노선의 중심선이 경사가 될 때, 그 높이의 수준거리에 대한 비를 구배라 하며 보통 분자를 1로 하는 분수로 표시한다. 구배선을 설치할 위치 및 구배의 값은 사업의 성질, 경비, 자연 조건 등 여러 조건을 고려한 후 최적의 구배선을 설정해야 한다.

표 10.8 측점별 지반고, 계획고, 성토고, 절토고

측점	추가거리(m)	지반고(m)	계획고(m)	절토고(m)	성토고(m)
No. 0	0	36.255	36.255		
+29.00	29.00	36.205	36.127	0.078	
No. 1	40.00	35.445	36.083		0.638
+12.00	52.00	34.335	35.032		1.697
No. 2	80.00	34.265	35.917		1.652
+14.00	94.00	34.283	35.855		1.572
No. 3	120.00	35.425	35.750		0.325
+24.00	144.00	35.844	35.647	0.197	
No. 4	160.00	36.914	35.583	1.331	
No. 5	200.00	36.904	35.420	1.484	
No. 6	240.00	36.351	35.250	1.101	

종단면도상에 시공기준고가 결정되면 종횡단측량의 결과를 이용하여 횡단면도를 그릴 수 있고, 시공 기준고와 중심선의 차는 절토고 또는 성토고가 된다. 구배선의 양쪽에 노폭을 설정하고 지면(원지반)까지 선을 그으면 교점이 비탈어깨와 비탈 끝이 되며 이 두 점은 종횡단측량의 역순에 의해 지상에 측설할 수 있다.

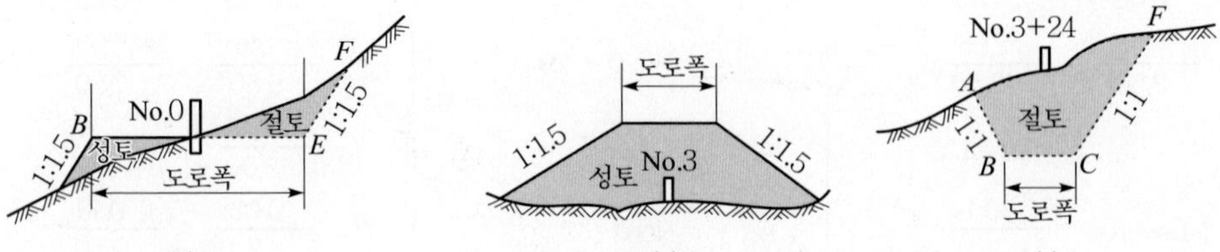

그림 10-25 종횡단면도

10.2.5 간접수준측량

직접수준측량이 적용될수 없는 시설물이나 지역에서 이용되며 삼각법을 이용하는 방법, 데오돌라이트 평판 등의 기구를 이용하는 방법, 시거법 등을 이용하는 방법이다. 최근에는 전자기파에 의해 높이를 관측하고 있다.

(1) 앨리데이드에 의한 수준측량

앨리데이드의 경사분획을 n이라 하고 경사거리를 ℓ 이라 하면 경사각은 $\tan\alpha = \frac{n}{100}$에서 α각을 결정한다.

수평거리 $D = \ell \cdot \cos\alpha$

높이차 $H = \ell \cdot \sin\alpha$

$H_B = H_A + i - z$

여기서, $i = z$로 하면 $H_B = H_A + H$이며

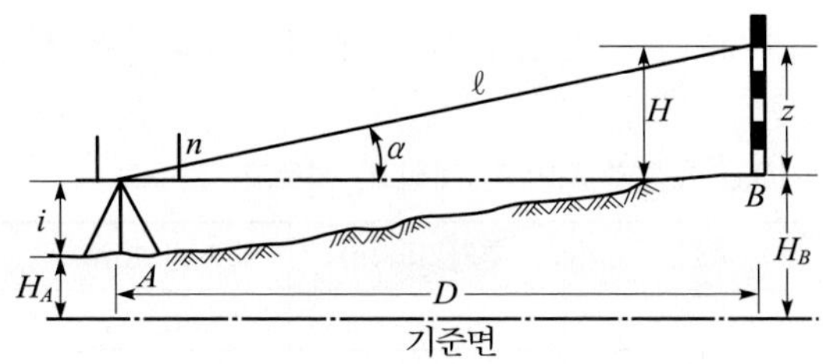

그림 10-26 앨리데이드 수준측량

H_A; A점 표고, H_B; B점 표고

α; 경사각도, i; 기계의 높이

ℓ; 경사거리, z; 표척 높이이다.

(2) 삼각수준측량

삼각수준측량은 지표를 평면으로 간주할 수 있을 정도의 좁은 지역에 있어서 두 점간의 비고

를 구하는 방법으로 데오돌라이트를 사용하여 두 점 사이의 연직각을 측정하고 삼각법을 이용하여 고저차를 구하는 것으로 보통 삼각측량에 속하게 된다. 직접수준측량에 비하여 비용 및 시간이 절약되지만 대기 중에서 광선의 굴절, 기온, 기압 등 기상이 지역 및 시간에 따라 다르기 때문에 정확도는 떨어진다. 따라서 연직각의 측정은 낮(10~14시 사이)이나 밤이 좋으며 이른 아침과 초저녁에는 광선의 굴절이 심하기 때문에 좋지 않다.

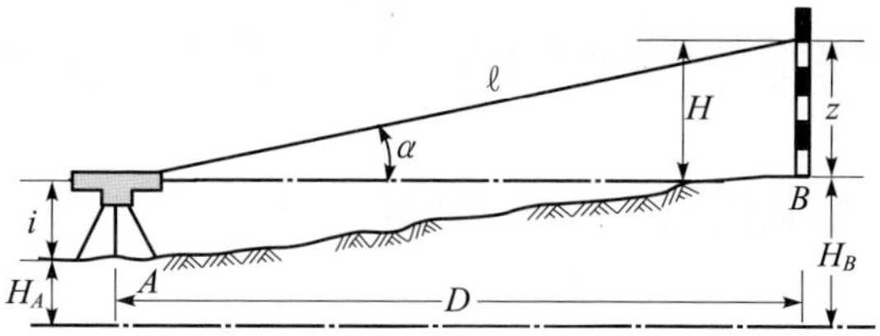

그림 10-27 삼각수준측량

두 점 사이의 수평거리를 D, P점의 연직각을 θ, 기계고를 i라 하면 P점과 A점의 고저차 H는 $H_P = D \cdot \tan\theta + i$이며, A점, B점 및 P점의 표고를 각각 H_A, H_B, H_P라 하면

$H_P = H_A + D \cdot \tan\theta + i$

$H_B = H_A + D \cdot \tan\theta + i - h$이다.

만약 거리가 10km 이상 멀리 떨어져 있는 경우 구차와 기차를 고려한다면

$H_P = H_A + D \cdot \tan\theta + i + \dfrac{1-K}{2R}D^2$, $H_B = H_A + D \cdot \tan\theta + i - h + \dfrac{1-K}{2R}D^2$이 된다.

위 식에서 R은 지구의 반경, K는 대기의 굴절계수이다.

(3) 교호수준측량

큰 하천이나 바다, 계곡 등을 횡단하여 직접수준측량을 할 수 없는 경우에는 전시와 후시의 시준거리를 등거리로 할 수 없고 중앙에 기계를 세울 수 없는 경우에 실시하는 수준측량방법으로 양차 및 기계오차가 발생한다. 두 점 A, B의 고저차를 구할 때 전시와 후시를 같게 취하여 높이를 구하거나 중간에 하천 등이 있으면 중앙에 레벨을 세울 수 없다. 교호수준측량의 경우에는 높은 정밀도를 요할 때에는 양단의 높이차를 관측하지만 정밀을 요하지 않을 경우에는 한쪽에서만 관측할 수도 있다. 그림 10-28과 같이 A, B점으로부터 거리가 $AC = BC$가 되도록 하고 A, B의 직선상의 C점에 레벨을 설치할 경우 표척의 읽음 값은 b_1, b_2로 양차 및 기계오차에 의해서 발생하는 시준오차가 포함되어 있다. 또한, D점에서 A, B점에 세운 표척의 읽음 값을 a_1, a_2라 하면 고저차 $h = \dfrac{1}{2}\{(a_1+a_2)-(b_1+b_2)\}$또는 $h = \dfrac{1}{2}\{(a_1-b_1)-(a_2-b_2)\}$로 계산할 수 있다.

여기서, a_1, a_2; A점의 표척 읽음값, b_1, b_2; B점의 표척 읽음값

ℓ_1, ℓ_2; A, B 표척 읽음값과 정확히 읽은 표척눈금 값의 차이 이다.

양안으로부터 동시에 관측하여 비고의 평균값을 계산한 다음 동시 관측된 결과 값을 평균하면 기차의 오차는 완전히 소거되지만 잔차는 남는다.

예제 10.2 그림 10-28에서 $a_1 = 0.66\text{m}$, $b_1 = 0.10\text{m}$, $a_2 = 1.99\text{m}$, $b_2 = 01.30\text{m}$이면 고저차는 얼마인가?

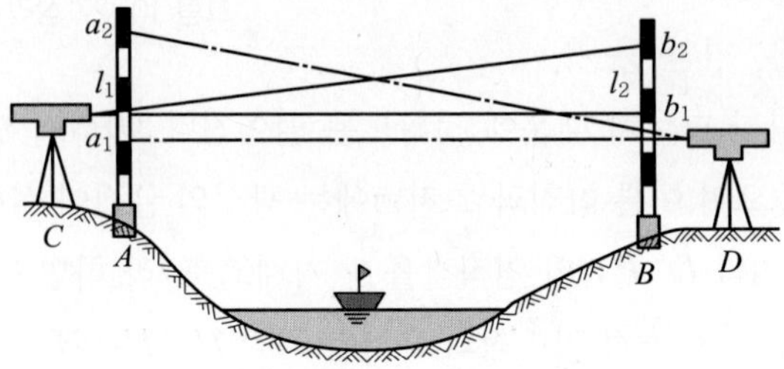

그림 10-28 교호수준측량

$$h = \frac{1}{2}\{(0.66+1.99)-(0.10+1.30)\} = 0.625\text{m}$$

$$h = \frac{1}{2}\{(0.66-0.10)-(1.99-1.30)\} = 0.625\text{m}$$

10.2.6 수준측량의 오차

(1) 오차의 발생원인

1) 기계적인 오차

기계조정의 불완전오차로 연직축의 기울기에 의한 오차, 시준선과 기포관축이 평행하지 않아 발생하는 오차가 있으며 이들 오차는 정오차이므로 전시와 후시의 거리를 동일하게 하여 소거가 가능하다. 시차에 의한 오차는 시차가 있는 망원경으로 표척을 읽으면 눈의 위치가 변하여 정확한 값을 얻을 수가 없으므로 부정오차이며 망원경을 시차가 없도록 조정하여 관측한다. 표척의 "0" 눈금 오차는 표척의 하단이 마모 또는 변형되어 발생하는 오차로 정오차이며 이 오차를 소거하기 위해서는 출발점에 세운 표척을 도착점에 사용하면 소거가 가능하다. 눈금오차는 직접 고저차에 영향을 주는 정오차로서 고저차에 비례하여 증감되며, 표척의 눈금이 정확하지 않아 발생하는 오차로 소거하기 위해서는 표척을 표준자와 비교하여 보정 값을 관측 값에 보정한다.

2) 인위적인 오차

기포관이 중앙에 있지 않아 발생하는 오차, 표척의 기울기에 의한 오차, 기계 및 표척의 지반 침하에 의한 오차와 관측자의 부주의에 의한 오차가 있다.

3) 수준기와 기포관의 감도

수준기의 감도는 기포가 1눈금 움직일 때 수준기축이 경사되는 각도로서 기포관 한 눈금사이에 낀 각을 말하며, 주로 수준기의 곡률반경에 좌우되고 곡률반경이 클수록 감도는 좋다. 수준기의 감도측정은 야외에서 간단하게 측정하려면 그림 10-29와 같이 기포 A에서 적당한 거리(D)만큼 떨어진 점에 표척을 세워 시준한다. 약간 경사진 기포 B에서의 눈금을 읽었을 때 그 차이를 L이라 한다. AB의 거리를 D, D에 포함되는 눈금 수를 n, 기포관의 곡률반경을 R로 하면, 비례식으로 곡률반경을 계산할 수 있으며 $R : S = D : L$에서 $R = \frac{S \cdot D}{L}$가 된다.

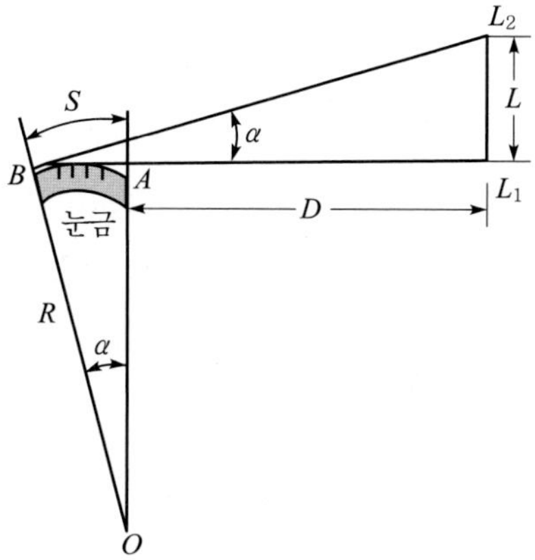

그림 10-29 기포관의 감도

기포관의 감도는 기포가 1눈금(2mm) 이동할 때 기포관축의 경사각 α_0를 말한다. 기포관의 기포를 중앙으로 유도하고 수평거리(D)만큼 떨어진 지점에 세운 표척의 읽음 값을 L_1이라고 한다. 다음으로 S(n눈금)만큼 이동할 때의 읽음 값을 L_2라고 하면 식(10.6)과 같다.

$$\alpha'' = \frac{L_1 - L_2}{nD} \times \rho'' = \frac{L}{nD}\rho'' \qquad (10.6)$$

여기서, D; 레벨로부터 표척까지의 거리, L; 기포 이동에 대한 표척값의 차이, ρ''; 1라디안이다.

기포관은 조금만 경사지게 되었을 경우에도 기포가 크게 이동하면 감도가 좋고 1눈금에 대한 중심각이 적을수록 또는 기포관의 곡률반경이 클수록 좋다. 수준기에 사용하는 기포관의 감도는 20~50″, 곡률반경은 8~20m 정도의 것이 일반적으로 사용된다.

(2) 오차조정

한 점에서 출발하여 다른 점에 폐합한 경우 한 점에서 출발하여 다른 점으로 결합한 수준측량을 실시하여 *AB*점 간의 고저차를 계산하기 위해서는 그림에서 ①, ②, ③코스의 측정값에 대한 경중률을 구하여 *A*, *B*간의 평균 고저차를 구한다. 한 점 *P*의 표고를 구하기 위하여 기지점 *A*, *B*, *C*로부터 각각 수준측량을 하고 각 코스의 경중률을 구하여 점 *p*의 표고를 계산한다. 한 기지점에서 출발하여 다른 기지점에 연결하는 경우 결합점의 지반고와 결합점의 측점지반고와의 차이를 결합오차라 하며 이 결합오차가 허용범위 안에 있으면 기지점 *A*로부터 각 측점까지의 거리에 비례하여 오차를 배분한다. 이 값들은 보통 일치하지 않으므로 각 측정값의 비중은 미지점 *P*에서 각 *B*.*M*에 이르는 거리에 반비례하는 것으로 고려하여 *P*점 표고의 최확값을 구한다. M_0를 비중을 고려한 평균값으로 하면 식(10.7)과 같다.

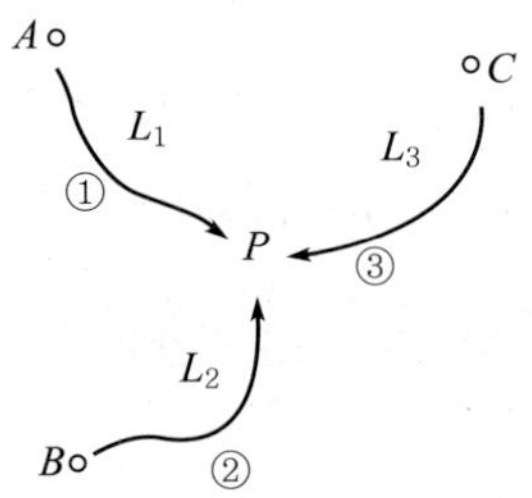

$$M_0 = \frac{[PM]}{[P]} = \frac{\frac{1}{L_1}M_A + \frac{1}{L_2}M_B + \frac{1}{L_3}M_C}{\frac{1}{L_1} + \frac{1}{L_2} + \frac{1}{L_3}}$$

$$M_0 = \frac{[\frac{1}{L}M]}{[\frac{1}{L_1}]} \tag{10.7}$$

예제 10.3 그림과 같이 기지 수준점 A, B, C로부터 출발하여 신설 수준점 P까지를 수준측량으로 다음결과를 얻었다. P점 표고의 최확값은 얼마인가?

기지점표고	노 선	거 리	관측비고
A : 132.495m	A→P	2.0km	−29.144m
B : 90.512m	B→P	1.0km	+12.812m
C : 200.007m	C→P	3.0km	−96.666m

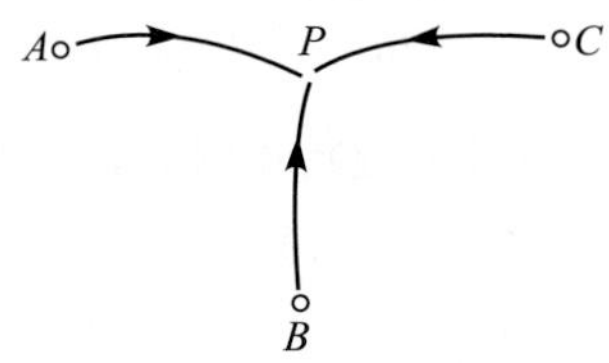

풀이 기지점 *A*, *B*, *C*로부터 구한 점 *P*의 표고 H_{AP}, H_{BP}, H_{CP}는

H_{AP} = 132.495 − 29.144 = 103.351m

H_{BP} = 90.512 + 12.812 = 103.324m

H_{CP} = 200.007 − 96.666 = 103.341m

관측값의 무게 P는 노선길이 L에 반비례하므로

$$H_{AP} = \frac{1}{2.0} = 0.5$$

$$H_{BP} = \frac{1}{1.0} = 1.0$$

$$H_{CP} = \frac{1}{3.0} = 0.33$$

무게를 고려한 점 P표고의 최확치 H_P는 다음과 같이 된다.

$$H_P = \frac{0.5 \times 103.351 + 1.0 \times 103.324 + 0.33 \times 103.341}{0.5 + 1.0 + 0.33} = 103.334\text{m}$$

(3) 허용오차

수준측량의 정도는 사용하는 기계 및 자연 조건에 따라 다르며 허용오차의 한계는 측량의 종류와 목적에 따라 다르다. 수준측량의 오차는 정오차 발생 원인을 제거하면 나머지는 우연오차로 볼 수 있으므로 레벨을 세운 횟수를 N, 우차를 C, 오차를 E라 하면 식(10.8)과 같다.

$$E = C\sqrt{N} \tag{10.8}$$

우차 C는 조건에 따라 다르나 보통 Y레벨이나 덤피레벨을 사용하는 경우에 평탄지에서 표척의 최소눈금으로 볼 수 있다. 기본수준측량의 허용오차는 표 10.9와 같다.

표 10.9 기본수준측량의 허용오차

구 분	1등수준측량	2등수준측량	비 고
왕 복	$2.5\text{mm}\sqrt{N}$	$5.0\text{mm}\sqrt{N}$	2km왕복했을 때
폐 합 차	$2.5\text{mm}\sqrt{N}$	$5.0\text{mm}\sqrt{N}$	L은 노선거리 km

10.3 지형측량

지형측량이란 지구표면상의 자연 및 인위적인 지물 · 지형으로 도로, 철도, 하천 또는 산정, 구릉, 계곡, 평야의 상호 관계위치를 측정하여 일정한 축척과 도식에 의하여 지형도를 작성하는 것이다. 지형측량은 삼각측량 · 트래버스측량, 또는 수준측량에 의하여 기준점의 위치 및 고저를 정밀하게 측정하는 골조측량과 데오돌라이트 · 레벨 · 평판 · 측거기 등의 여러 기구를 사용한 세부측량으로 구분된다. 지형측량을 실시하고자 할 경우 계획은 작성하고자 하는 지도의 사용목적, 측량구역의 넓이, 측량구역의 지형, 축척의 크기, 등고선의 간격, 측량에 필요한 정도와 기간을 먼저 파악하여야 한다. 지물측량은 지상에 있는 지물의 평면위치를 측정하여 도시하는 작업이며, 보조기준점에 평판을 설치하고 측정하고자 하는 지물의 측정점까지 방향선을 긋고 그 거리를 측정하여 위치를 결정하는데 정도에 따라서 줄자의 형태를 다르게 사용하였다. 그리고 측량방법은 방사법, 교회법, 도선법, 지거법과 시거측량에 의한 방법으로 실시하였으나 최근에는 EDM에 의한 장비를 이용하여 측량하고 있다.

10.3.1 지형의 표시법

영선법은 지면의 최대 경사방향에 단선상의 선을 그어 급경사는 굵고 짧게, 완경사는 가늘고 길게 표시하는 방법인데, 수치적인 고저를 표시할 경우나 제도 등에는 곤란하며 게바법이라고도 한다. 음영법은 명암법이라고도 하며 빛이 지표에 비치면 지표기복의 형상에 따라서 명암이 생기는 원리를 이용한 것으로 지리학 · 지질학 등에 널리 사용되며 등고선과 영선법을 병용하는 경우도 있다. 점고법은 지표면 또는 수면에 일정한 간격으로 점의 표고 또는 수심을 도상에 숫자로 기재하는 방법으로 하천 · 항만 등에 이용된다.

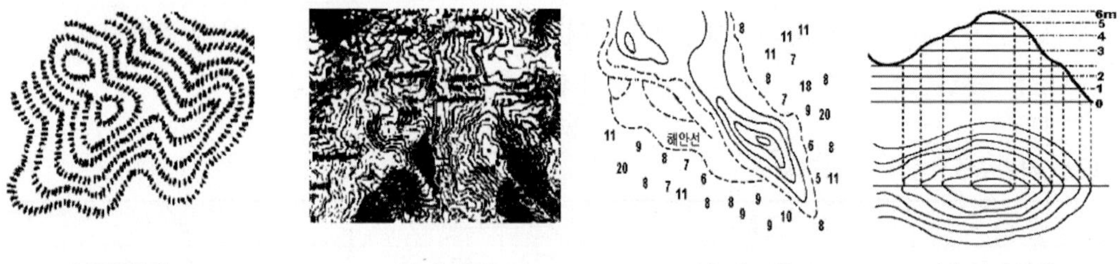

(a) 영선법 (b) 음영법 (c) 점고법 (d) 등고선법

그림 10-30 지형의 표시방법

등고선법은 지표면에서 동일한 같은 높이의 점을 연결한 선을 말하며 수평곡선이라고도 한다. 그림 10-30과 같이 등고선도는 고저차와 지표경사의 완급 및 임의 방향의 경사를 구하기가 편리하므로 토목공사용으로 가장 널리 사용된다.

10.3.2 등고선측량

(1) 등고선의 성질

특정한 등고선에서 다음 등고선까지의 수직거리를 등고선이라 하며 절단면의 간격이 동일해야 편리하며 등고선의 성질은 다음과 같다.

① 그림 10-31의 (a)와 같이 동일한 등고선상의 점은 높이가 동일하며 그림 10-31(b)와 같이 급경사지는 등고선의 간격이 좁고 완경사지에서는 등고선의 간격이 넓게 나타난다.

② 동일한 경사지에서는 그림 10-31(c)와 같이 등고선의 간격이 동일하며 같은 경사평면인 지표에서는 평행선의 간격이 동일하고 높이가 다른 등고선은 절벽이나 동굴을 제외하고는 그림 10-31(d)와 같이 교차하거나 합쳐지지 않는다.

③ 그림 10-31(e)와 같이 등고선은 반드시 폐합되며 등고선 간의 최단거리의 방향은 지표면에서 최대경사방향을 가리키므로 그림 10-31(f)와 같이 등고선에 수직한 방향으로 나타난다.

④ 그림 10-31(g)와 같이 등고선이 곡선을 통과할 때는 한쪽에 연하여 거슬러 올라가서, 곡선을 직각방향으로 횡단한 다음 곡선 다른 쪽에 연하여 내려진다.

⑤ 그림 10-31(h)와 같이 등고선이 도면 내에서 폐합하는 경우는 산정이나 요(凹)지를 나타낸다.

⑥ 그림 10-31(i)와 같이 한 쌍의 등고선의 철(凸)부가 서로 마주 서 있고 다른 한 쌍의 등고선이 바깥쪽으로 향하여 내려갈 때는 고개를 나타낸다.

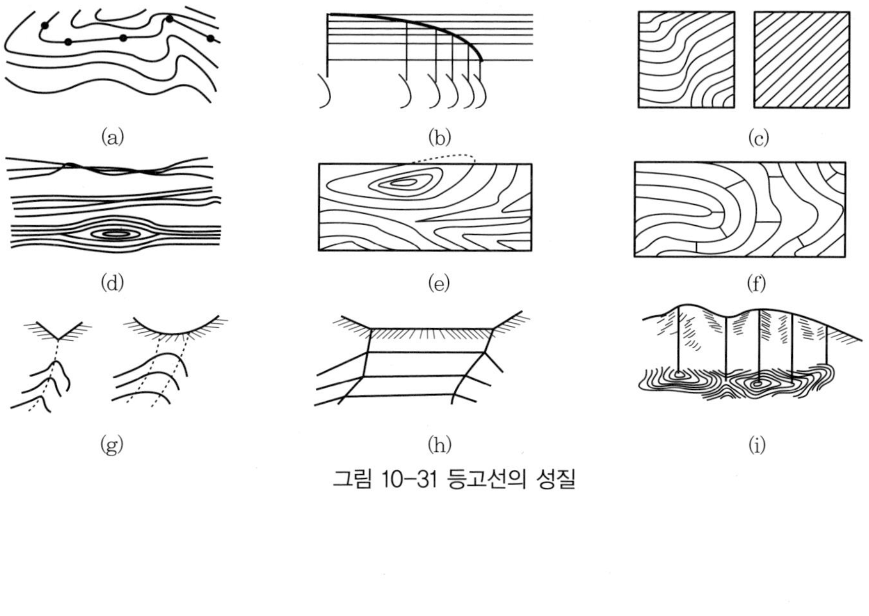

(a) (b) (c)

(d) (e) (f)

(g) (h) (i)

그림 10-31 등고선의 성질

(2) 등고선의 종류 및 간격

등고선 종류에는 주곡선(主曲線), 계곡선(計曲線), 간곡선(間曲線) 및 조곡선(助曲線)의 4가지가 있으며, 등고선의 간격은 대체로 주곡선에 대하여 축척 분모수의 약 1/2,000이 적합하며 등고선의 간격은 표 10.10과 같다. 주곡선은 지형을 표시하는데 기본이 되는 곡선이며 계곡선은 지모의 형태를 표시하고 표고의 높이를 쉽게 파악하기 위해 주곡선 5개마다 계곡선으로 표시한다. 간곡선은 주곡선 간격의 1/2로 표시하고 주곡선으로 충분히 지모의 형상을 표시할 수 없으므로 파선으로 표시하는 곡선이다. 조곡선은 주곡선 간격의 1/2로 표시하고 간곡선으로 충분히 지형을 표시할 수 없는 불규칙한 지형을 표시할 때 점선으로 표시하는 곡선이다.

표 10.10 등고선의 간격

등고선의 종류	기 호	등 고 선 간 격		
		1/10,000	1/25,000	1/50,000
계 곡 선	굵은 실선 ———	25m	50m	100m
주 곡 선	가는 실선 ———	5m	10m	20m
간 곡 선	가는 파선 —·—·—	2.5m	5m	10m
조 곡 선	가는 점선 ············	1.25m 0.625m	2.5m 1.25m	5m 2.5m

(3) 등고선 측정방법

등고선을 직접 측정하는 방법은 1/5,000 이상의 대축척도면에 사용되며 직접수준측량의 원리에 의하여 일정한 높이에 있는 등고선이 통과하는 여러 점을 측정하는 방법이다. 이것은 지면의 경사가 완만하고 기복이 불규칙한 토지 또는 등고선 간격이 0.5~1.0m 정도로 짧을 때나 매우 정밀한 지형을 표시하는 경우에 적합하다. 삽입에 의한 오차는 피할 수 있으나 시간이 많이 걸리는 단점이 있다.

간접측정법은 지형상의 중요한 점의 위치와 표고를 결정한 후, 인접한 점의 높이부터 등고선이 지나는 위치를 정하고 보간법에 의해 등고점을 연결하는 방법으로 측정방법은 종단점법, 횡단점법, 방사절측법, 목측법으로 구분하고 있다. 종단점법은 기지점에서부터 몇 개의 측선을 설정하고 그 선상의 지반고와 거리를 측정한 후 등고선을 삽입하는 방법이다.

횡단점법은 노선측량에서 많이 사용되는 방법으로 중심선을 설치하고 이를 기준으로 좌우에 직각방향으로 측정하여 등고선을 삽입하는 방법이며 방안법은 한 특정구역을 정방형 또는 구형으로 나누어 각 교점의 위치를 결정하고 등고선을 삽입하는 방법이다. 방사절측법은 그림 10-

32와 같이 데오돌라이트를 사용하여 경사가 변화하는 점을 측정하고 그 사이에 등간격으로 등고선을 삽입하는 방법으로 대부분 이를 이용한다. 목측법은 지성선을 이용하며 등고선의 성질에 의해 두 점간의 등고선이 지나는 위치를 목측에 의해 정하고 이를 연결하여 등고선을 삽입하는 방법으로 특히, 1/10,000 이하의 소축척의 측량에 많이 이용된다.

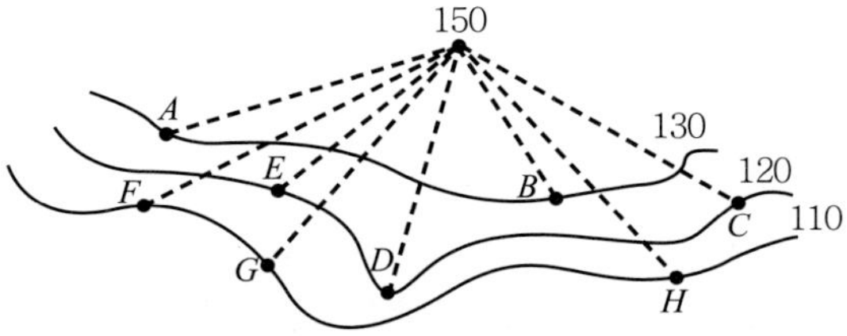

그림 10-32 등고선측정법

(4) 지형도 읽는 방법

계곡 및 산 정상에서 등고선이 그림 10-33과 같이 *A*자 형의 곡선을 이루는 경우는 계곡이며 골짜기의 상류이다. 반대로 *V*자 형의 곡선을 이루는 경우는 산정 즉, 산배를 표시하며 산배와 계곡이 만나 이들의 등고선이 서로 쌍곡선을 이루는 부분을 안부 즉, 고개라 한다.

철(凸)지 및 요(凹)지의 폐색한 등고선의 권내에 차차로 높아지는 몇 개의 폐합한 등고선이 있는 경우는 철(凸)부이며 반대로 낮아지는 경우는 요(凹)부이다. 철(凸)사면 · 요(凹)사면 및 평사면 몇 개의 등고선이 그 저입부에 밀집하여 고위부에서 서로 떨어지는 경우는 철(凸)사면 이며 반대인 경우는 요(凹)사면 이다.

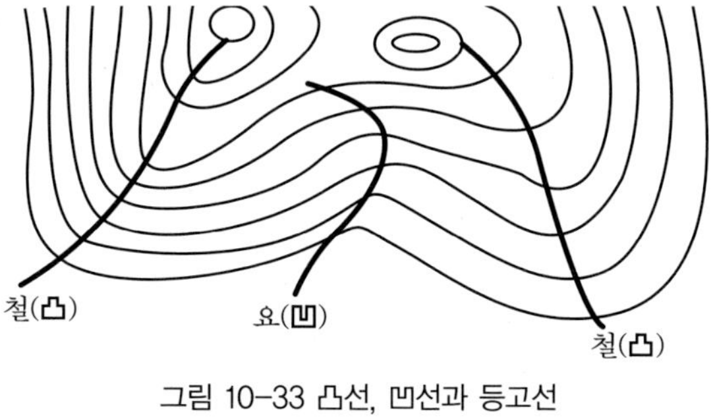

그림 10-33 凸선, 凹선과 등고선

10.3.3 지형도에 의한 체적 계산

(1) 단면평균법

양단면 평균법은 체적을 구하고자 하는 양쪽단면을 이용하여 체적을 계산하는 방법이며 계산은 $V = \frac{1}{2}(A_1+A_2) \cdot L$와 같고 A_1; 위쪽 단면, A_2; 아래쪽단면, L; 길이 이다.

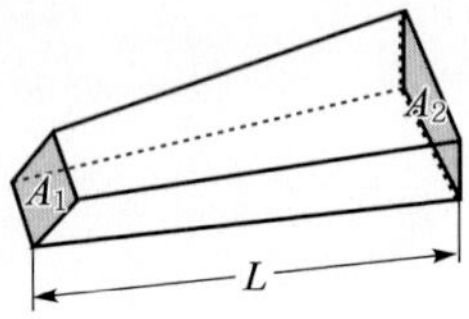

그림 10-34 양단면평균법

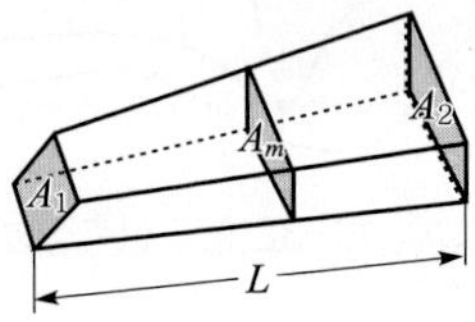

그림 10-35 중앙단면법

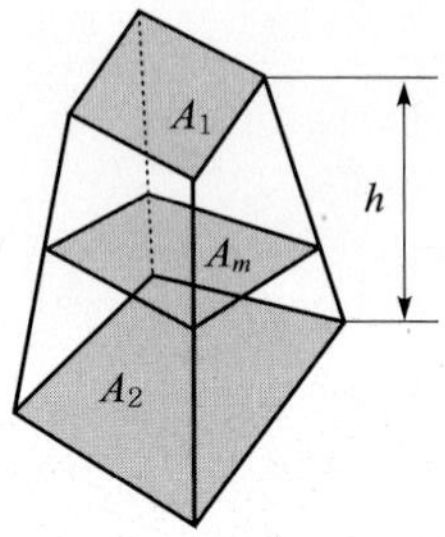

그림 10-36 각주형

중앙단면법은 체적을 구하고자하는 양쪽단면의 중앙을 평균한 체적으로 계산하는 방법은 $V = A_m \times L$과 같고 L : 길이, A_m : 평균단면이다. 각주형태로 되어있는 체적을 계산하고자 할 경우에 사용하는 식은 식(10.9)와 같다.

$$V = \frac{1}{6}(A_1 + 4A_m + A_2) \times h \tag{10.9}$$

(2) 심프슨 법칙

지형도의 등고선을 이용할 경우는 위 각주공식을 이용한 심프슨(Simpson) 제1법칙(사다리꼴 2개를 1조)은 그림 10-37과 같고 면적 계산은 식(10.10)과 같다. 또한, 심프슨 제2법칙(사다리꼴 3개 1조)을 많이 사용하고 있으며 그림 10-38과 같고 면적 계산은 식(10.11)과 같다.

① 심프슨 제1법칙

$$A = \frac{d}{3}[y_0+y_n+4(y_1+y_3+y_5+y_7+y_{n-1})+2(y_2+y_4+y_6+y_8)] \tag{10.10}$$

② 심프슨 제2법칙

$$A = \frac{3d}{8}[y_0+y_n+3(y_1+y_2+y_4+y_5+y_7+y_8)+2(y_3+y_6+y_9)] \tag{10.11}$$

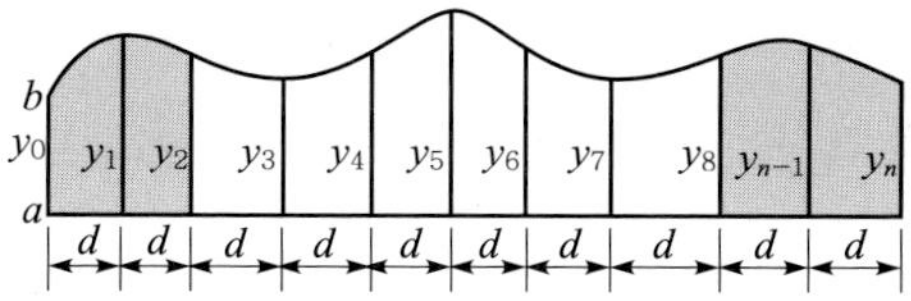

그림 10-37 심프슨 제1법칙

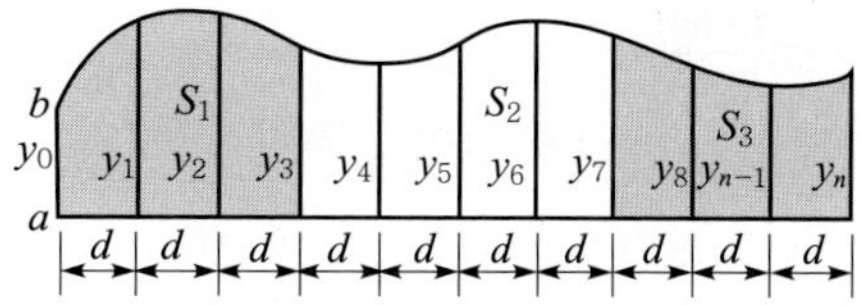

그림 10-38 심프슨 제2법칙

(3) 점고법

점고법은 일반적으로 토지의 체적을 계산하는 방법으로 사각형으로 분할하여 계산하는 방법과 삼각형으로 분할하여 계산하는 방법으로 구분할 수 있으며 계산방법은 식(10.12)와 같다.

일정한 토지를 사각형으로 분할하여 체적을 계산하는 방법은 그림 10-39와 같이 여러 개의 사각형으로 분할하여 계산하는데 먼저 각각의 사각형의 단위 면적 A를 계산한다. 다음은 동일한 지점의 높이의 합을 계산한 후 식(10.12)를 이용한다.

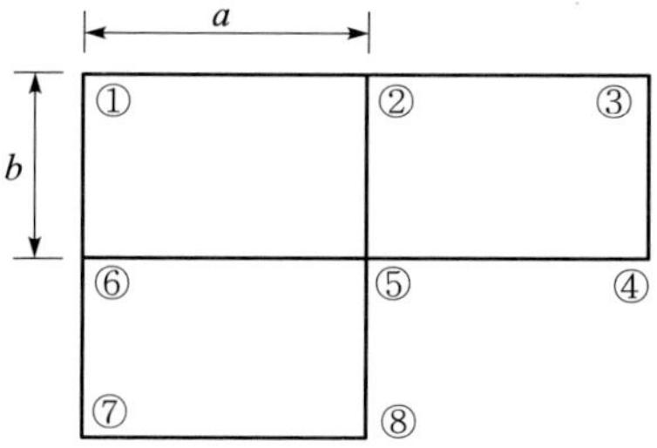

그림 10-39 사각형 분할

$$V = \frac{A}{4}(1\Sigma h_1 + 2\Sigma h_2 + 3\Sigma h_3 + \cdots n\Sigma h_n) \qquad (10.12)$$

$$1\Sigma h_1 = 1\times(①+③+④+⑦+⑧)$$

$$2\Sigma h_2 = 2\times(②+⑥)$$

$$3\Sigma h_3 = 3\times(⑤)$$

$$A = a\times b$$

일정한 토지를 삼각형으로 분할하여 체적을 계산하는 방법은 그림 10-40과 같이 여러 개의 삼각형으로 분할하여 계산하는데 먼저 각각의 삼각형의 면적을 $A = \frac{1}{2}ab$으로 계산한다. 다음은 동일한 지점의 높이의 합을 계산한 후 식(10.13)을 이용한다.

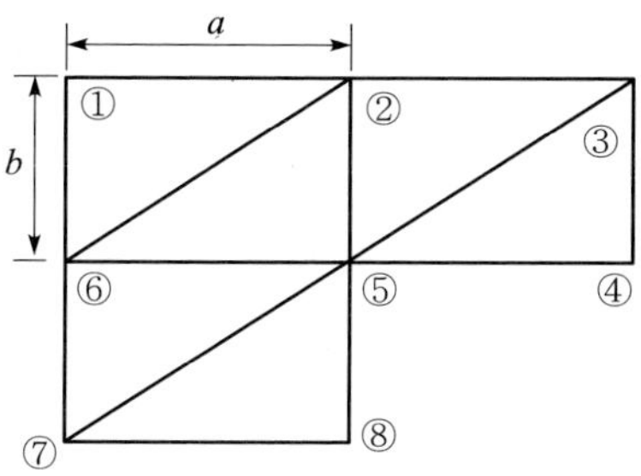

그림 10-40 삼각형 분할

$$V = \frac{A}{3}(1\Sigma h_1 + 2\Sigma h_2 + 3\Sigma h_3 + \cdots n\Sigma h_n) \qquad (10.13)$$

$$1\Sigma h_1 = 1\times(①+④+⑧)$$

$$2\Sigma h_2 = 2\times(③+⑦)$$

$$3\Sigma h_3 = 3\times(②+⑥)$$

$$5\Sigma h_5 = 5\times ⑤$$

$$A = \frac{1}{2}ab$$

(4) 등고선법

등고선은 동일한 높이로 표시되고 있으므로 등고선법은 일반적으로 임야나 저수지의 용량을 계산하는 방법으로 그림 10-41과 같이 등고선으로 구분되어 면적이 측정된다. 그러나 지형도의 축척에 따라 등고선의 높이가 다르기 때문에 반드시 높이나 축척을 확인한 후 식(10.14)를 적용하여 계산한다.

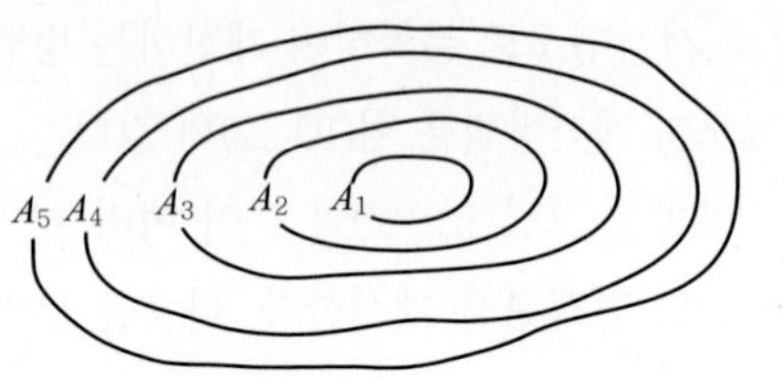

그림 10-41 등고선법

$$V = \frac{h}{3}[A_1+A_n+4(A_2+A_4+A_6)+2(A_3+A_5+A_7)] \quad (10.14)$$

여기서, A_1, A_2; 각각의 등고선 내의 면적
h; 등고선 높이

10.4 터널측량

10.4.1 개요

터널은 산, 바다, 강 등의 밑바닥을 뚫어 만든 철도나 도로 등의 통로 또는 굴로 일반적으로 수평에 가까운 가늘고 긴 통로를 말하지만 광의로 해석하면 입갱(入坑; 갱도로 들어감)과 사갱(斜坑; 광산이나 터널을 비탈지게 파놓은 경사진 굴) 또는 지하발전소나 지하공장 등의 돔(Dome) 모양의 큰 인공적 공동구 도면을 포함하는 것이 보통이다. 우리나라 터널의 역사에서 선사시대의 터널은 혹독한 기후 또는 적이나 맹수로부터 몸을 지키기 위한 피난소나 주거, 묘지 등으로 이용되어 왔고 고대의 터널은 지하 광물자원을 채굴하거나 군사 목적으로 건설되기 시작하였다.

삼한시대(마한 · 변한 · 진한)와 삼국시대(고구려 · 백제 · 신라) 이래 주로 광물 채광을 위한 갱도 굴착으로부터 시작되었던 것으로 추측되며 전북 무주군 설천면 소천리의 높이 3m, 길이 10m의 나제통문은 암반 터널로 옛 신라와 백제의 경계관문(境界關門)이었던 것으로 전해진다. 조선시대 선조 30년대의 기록으로 보이는 「묵호고(默好稿)」의 단천은광 자료에 의하면 "단천이 개광된지 1,100년이 되는데 굴의 깊이는 헤아릴 수 없으며 굴착하는 자는 불을 가지고 깊이 들어간다."고 기재되어 있다. 그리고 인류문명의 발달과 함께 터널 또는 지하공간의 용도는 배수, 수송, 기타 특수 용도로 확대되었고 현대에는 여러 분야의 다양한 목적으로 건설되고 있다. 1980년대 이후 우리의 터널기술은 터널의 설계와 시공, 지반조사와 계측 등 급격한 발전을 이루어왔다. 그 결과 터널은 도로, 철도, 지하철 등 주요 교통의 통로 역할과 수로터널과 전력구 등 주요 자원의 이동 또는 비축기지와 같은 저장 공간으로 우리가 생활에 일상적으로 활용하는 지하 구조물이 되었다. 현재 터널은 국토의 효율적이고 친환경적인 활용 측면에서 중요한 역할을 담당하고 있다.

10.4.2 터널의 유형과 역사

터널의 기원은 시리아 역사가인 디오도루스(Diodorus Sikelos)의 기술에 의하면 기원전 2180년~2160년 바빌로니아에서 현재의 바그다드 외곽의 유프라테스강 하저에 폭 3.7m, 높이 4.6m의 마제형(말발굽형)으로 910m 길이의 터널이 건설되었다고 한다. 현재 확인된 세계에서 가장 오래된 터널은 그리스 시대에 에게해의 사모스 섬에 건설된 급수용의 수로터널인 에우팔리노스(Eupalinos) 터널로서 규모는 길이 약 1.6km, 높이와 폭이 각각 1.8m이다. 직각삼각형의 원리를 이용해 양 방향 굴착 후 관통한 고대의 높은 측량 기술을 보여준 대표적인 사례라고 할 수 있다. 이 터널은 고대 그리스 역사가인 헤로도토스(Herodotos)의 기록에 따르면 기원전 687년경에 건설되었다고 한다. 또한 이란에서는 기원전 6세기경부터 관개용수 시설로서 카나트(Qanat)라 불리는 수로터널이 건설되었다.

로마시대에는 유럽 최초의 고속도로인 아피아로(Via Appia)와 로마 최초의 수로인 아피아 수로(Aqua Appia)를 포함해 총 11개의 수로(총 연장 502km)를 건설했는데 상당 부분이 터널로 건설되었다. 세이칸 터널은 1964년에 조사갱 굴착 착수, 1972년에 본갱 굴착 착수, 1983년에는 선진도갱(Pilot Tunnel)의 관통 등 장장 24년의 시공 끝에 1988년 3월에 완공되었다. 터널의 유형은 도로터널, 철도터널, 광산터널, 지하철터널, 수로터널, 전력구 및 통신구터널로 구분할 수 있다. NATM(New Austrian Tunnelling Method)이라는 이름의 공법이 1956년 오스트리아에서 라브세비츠(Rabcewicz)에 의해 최초로 개발된 후 1962년 국제암반역학회(ISRM, International Society for Rock Mechanics)에서 NATM이라 명명되었다.

(1) 도로터널

1900년을 전후로 착공된 대규모의 철도 사업에 비해 도로 건설을 위한 도로터널의 수와 규모는 매우 제한적이었다. 1926년 준공된 마래 1터널은 길이 85m, 폭과 높이가 각각 4.5m, 4.7m이고, 군량미 창고로 사용할 목적으로 시공되었으며 같은 해에 준공된 마래 2터널은 등록문화재 119호로 지정되었으며, 차량 통행용으로 길이 640m에 폭과 높이가 각각 4.5m이다. 1926년 군산항 개항과 함께 군산 내항과 시내를 연결하기 위해 길이 131m의 군산 해망굴을 완공하였으나 이 시대의 터널 굴착작업은 대부분 노역자를 동원해 쇠망치와 정으로 파내거나 다이너마이트를 이용하고 인력으로 운반하는 방법이 사용되었다. 경남 통영시 남단 당동과 미륵도 북단을 연결하는 통영 해저터널은 등록문화재 제201호로 지정되었다.

재래식 터널공법인 ASSM(American Steel Support Method) 공법이 적용되었던 1970년대 초반까지 리어카 등을 동원한 작업방식과 천공시 레그드릴 등과 같이 주로 인력 굴착에 의존하였다. 그러나 1980~2000년대는 산업 발달의 고속화, 인구밀도 증가 및 생활수준 향상 등으로 다양한 기능의 도로가 건설되었다. 도심지 및 주거지역, 하저터널은 TBM 공법 또는 개착식 공법으로 하고 소음, 진동 등 환경 공해를 허용 기준치 이내로 하기 위해 도심터널은 지표에서 40~50m 깊이에서 굴착하여 근래에는 삶의 질 향상과 더불어 환경 보존에 대한 필요성 및 급속한 산업화로 인한 도시화의 문제점 해결에 대한 사회적 요구가 높아지고 있다. 우리나라는 국토의 70%가 산악부로 되어 있어 지형적인 특성상 양호한 선형 확보와 교통량 증가에 따른 차선 증가 및 신설도로 건설 확대로 인해 도로 건설시 절토사면에 의한 자연훼손을 하면서 터널공사를 실시하고 있다.

(2) 철도터널

우리나라 최초의 철도터널은 1901년 8월 21일~1905년 1월 1일에 건설한 경부선 서울-초량간 상선에 있는 단선터널과 1902년 5월 8일~1906년 4월 3일에 건설한 경의선 용산-신의주간 단선터널과 마산선 삼랑진-마산간 단선터널이다. 1910년 1월 1일~1914년 1월 11일에 건설한 호남선 대전-목포간 단선터널, 군산선 익산-군산간 단선터널, 평남선 평양-진남포간 단선터널이 있으며, 1918~1944년 5월에 경부선 서울-부산간 복선화에 의한 복선터널과 1945년 8월 15일 광복까지 철도건설에서 철도터널 굴착공사의 기술이 발전하였다. 특히, 측량기계도 월드 T2로 삼각측량을 하고, 곡선터널 중심측량간 거리 5m당 측점을 설정해 시공하였다. 정부수립 후 우리 기술자들이 최초로 설계, 시공한 철도터널은 1949년 3월~1952년 12월 25일에 시공한 현재 태백선인 영월선 쌍용-입석간 입석터널(405m)이다. 그러나 우리나라 정부는 제1차 경제개발계획(1962~1966년) 추진을 시작으로 5개년 단위로 수립하고 경제개발계획에 따라 국민생활의 기본 연료인 무연탄을 수송하기 위해 철도시설을 설계 · 시공하게 되었다. 1980~2000년 경제개발계획에 따라 물동량 증가와 유동 인구 증가로 인한 수송난을 해결하기 위해 철도수송능력 증가가 요구됨에 따라 호남선 복선화, 경원선 복선전철 건설 등 다양한 철도부설과 선로개량 및 복선화 건설을 추진하였다. 최근의 철도건설 사업은 복선 전철화가 진행되는 추세여서 현재 운행되고 있는 기존의 단선철도는 전철화를 전제로 복선으로 개량해 매년 복선구간이 증가하고 있다.

(3) 광산터널

1910년대 초기의 터널 지보재는 목재이며 수종은 낙엽송, 적송, 잡목 등이고 철도용 침목도 일부에서 사용하였다. 1920~1940년대 광산터널은 압축공기를 이용한 착암기를 굴진 작업에 사용함으로써 굴진속도가 비약적으로 가속화 되었다. 터널 규격은 1.8m×1.5m, 1.8m×1.8m이 보편적이고 사갱의 각도는 12°에서부터 45°로 다양하였다. 수직갱은 소규모이기는 하지만 유선(遊仙)탄광에서 직경 2.9m, 심도 27m, 측벽은 철판 3매를 용접해 원주형으로 보강하였다. 1930년대 후반부터 남한지역에서도 탄광개발이 급속하게 진행되었으며 '장성터널'과 철암 사이의 전차 운반터널은 전장 3km, 복선으로 1톤 탄차가 왕래하는 대형 터널도 출현하였다. 1920년대에는 일부 탄광에서 철재빔을 사용하였다. 1940년대 초에 삼척 탄광의 대전차용 터널에서 터널벽과 천반을 유지하기 위해 시멘트 모르타르를 사용하는 보강방법을 사용하였으나 현재는 거의 탄광개발을 하지 않고 있다.

(4) 지하철터널

서울지하철은 1971년 4월 12일 착공하여 1974년 8월 15일 서울역에서 청량리 간 7.8km를 개통함으로써 지하철 교통 시대를 열었다. 도심의 인구 밀집과 교통 체증 해소, 유동인구의 원활한 교통 흐름을 위해 도심지 지하공간 활용에 대한 관심이 높아지면서 1977년 10월 2호선 지하철 건설 계획을 발표하고 1978년 3월 9일 2호선이 착공되었으며 1980년 2월 29일에는 지하철 3·4호선을 동시에 착공하게 되었다. 1980년대 이후에는 지하철터널 건설이 중요한 과제로 대두되었다. 1984년 5월 22일 강·남북을 순회하는 54km의 2호선이 개통되었고 1985년 10월 18일에는 3·4호선 전 구간이 개통됨으로써 서울의 도심과 외곽 지역을 연결하는 총 연장 118km의 본격적인 대중교통수단이 등장하게 되었다. 1980년 이전에 건설한 2호선 터널의 대부분과 3호선, 4호선 일부 구간은 재래식 굴착공법(ASSM)으로 건설되었다. 1990년 6월에 착공한 5호선의 천호동 한강 통과구간은 가물막이공법을 이용한 개착(cut &cover)공법으로 건설되었으며 여의도 한강 통과구간은 NATM 터널로 계획되었다. 여의도 구간은 한강수면 아래 약 22m에서 터널 굴착 공사를 시행한 국내 최초의 장대 하저터널이다. 1990년대 초반 서울지하철

5호선 여의도, 당산동, 안양천, 청계천 등 연약 지반 통과구간에서 다수의 터널 붕괴사고가 발생하였다.

(5) 수로터널

수로터널은 원수 및 정수의 공급, 발전용수 도수, 댐 용수 방류, 댐체 축조 시의 유수 전환 등을 목적으로 설치하는 터널로서 기능상 여러 가지로 분류될 수 있으나, 교통터널과는 달리 터널 내에 수압이 작용하는 특징을 가지고 있다. 국내 수로터널 중 가장 많은 부분을 차지하는 것은 댐 원수와 정수를 공급하는 도수터널 및 송수터널이다. 수로터널은 1965년 창원 지역에서 시작되었으며, 1975년 이후 국가 산업단지 조성 등을 이유로 건설이 진행되었다. 1980년대 후반 이후에는 수도권 광역 상수도시설의 일환으로 많은 수로터널이 시공 · 운영 되고 있다. 수로터널은 기능으로 분류할 때 크게 도수터널 및 송수터널, 취수터널 등으로 구분할 수 있다.

(6) 전력구 및 통신구터널

전력구 공사는 1984년 5월 서울지하철 2호선 건설과 병행해 개착식 공법으로 건설되기 시작하였으며 이후 도심지가 과밀화 되면서 지하철, 지하차도 횡단 등 주변 여건에 따라 개착식 공법과 터널식 공법을 선택해 적용하게 되었다. 최근에는 지하 60m 깊이까지 전력구 터널 시공이 이루어지고 있다. 통신구터널은 단독 통신구와 지하철 건설과 병행해 건설하는 지하철 병행 통신구, 그리고 상수도, 한국전력, 지역난방공사 등과 같이 건설하는 공동구터널이 있다. 과거 동케이블이 통신선의 주류를 이루던 2000년도 이전까지는 통신케이블 설치를 위한 통신구를 건설했으며 건축 내공도 높이 2.3m, 최소 폭 1.m 이상으로 보수 요원이 통행하며 유지 · 보수하는 유인 통신구를 건설하였다. 그러나 2000년 이후 광케이블의 확산으로 통신케이블의 조수가 통신구 건설의 기준이 되지 못하고 경제성과 시공성을 고려한 마이크로 쉴드를 이용한 내공 1.0m 내외의 무인 통신구가 많이 건설되는 추세이다. KT는 통신구 270km, 공동구 87km 등 총 357km에 달하는 터널을 건설해 국내외 터널산업 발전과 건설기술 향상에 이바지 하였다.

10.4.3 국내 터널기술

터널이 길어지고 대형화되면서 신뢰도 높은 굴착 안전성 확보를 위해 지반조사 방법의 중요성이 더욱 강조되고 있으며 주변 자연환경에 미치는 영향을 분석하기 위해 다양한 지반조사 방법이 수행되고 있다. 과거 터널의 지반조사는 터널 구간 전반에 대한 지반특성과 주변의 환경영향을 충분하게 고려하지 못하고 터널공사가 수행되어 시공중 예기치 못한 많은 굴착 위험 요소와 주변 환경 훼손 등의 문제점들이 발생되었다. 그러나 과거의 터널설계와 시공상의 한계점을 극복하기 위해서 다양한 최신의 기술을 이용한 물리탐사 및 물리검층 조사, 현장 원위치 시험들이 수행되고 있다. 최신 기술과 기존의 시푸 조사방법이 결합해 적용됨에 따라 한층 더 신뢰성 있는 지반조사 결과를 도출시켜 터널 구간의 지반특성과 자연환경을 고려한 고품질의 터널건설이 이루어지고 있다. 국내의 터널설계에 있어서도 대규모 지진발생 가능성을 고려해 현장시험 및 수치해석 등 여러 가지 기법을 이용한 내진설계가 수행되고 있으며 최근 지반 지진공학 및 지반 동역학 관련 분야 등 다양한 영역에 적용되고 있다. 최근에는 터널시공이 환경에 미치는 영향을 분석하기 위해 발파 · 진동 영향평가를 수행, 보안물건이 영향권 내에 들어오는 경우 발파공법의 변경이나 방음문 등과 같은 소음 · 진동 대책을 수립하고 있다. 1992년에는 서울 외곽순환도로의 청계터널에 4차로 광폭터널을 최초로 적용했으며 경부고속철도 기공식을 기점으로 우리나라에서 광폭터널을 대규모로 굴착하게 되었다.

1994년 둔내터널과 용평터널이 턴키공사로 발주되면서 터널 공사에 처음 설계 · 시공 일괄 입찰방식이 시행되었고 터널은 장대터널화가 되면서 장공 발파와 수직구 종류식의 환기 방식이 도입되었으며 지반조사 기법의 발전, 특히 물리탐사의 발전을 이루게 되었다. 1996년도 진부 1터널 건설시에는 전기 집진기식이 도입되어 터널 환기시스템에 변화를 불러일으켰으며 터널 갱구부에 경관 개념의 설계가 이뤄지면서 다양한 갱구부 경관이 연출되는 계기가 되었다.

10.4.4 터널측량

터널측량은 터널의 길이와 공사의 난이도에 따라 높은 정확도를 필요로 하며, 기준점을 기초로 하여 터널 내의 중심선측량 및 고저측량을 하지만 터널 내가 어둡고 폭이 좁아 측량이 불편한 것을 제외하고는 지상측량과 동일하다고 할 수 있다. 터널측량(Tunnel Survey)은 도로, 철도 등 수평에 가까운 터널측량 및 수직, 경사 터널도 포함되며 크게 나누면 터널 내 측량, 터널 외 측량과 터널 내외의 연결측량으로 나누어서 실시한다. 현재 터널측량은 측지측량에 준하는 높은 정확도의 정밀측량(Precise Surveying)의 한 분야로 취급되고 있다. 터널착공 전에 시행하는 측량으로는 지형측량, 중심선측량, 고저측량 등이 있다. 그리고 터널공사에 필요한 각종 측량은 그 지역의 지형상태, 터널의 규모, 시공방법 등에 의하며 또한 목적에 맞도록 일정한 순서로 실시하고 터널 측량 순서는 답사, 예측, 지표설치, 지하설치로 터널 안의 중심선을 표시하는 작업을 실시한다.

(1) 터널공사 측량

1) 터널공사일반

최근에는 레이저를 이용한 중심선 · 수준선의 위치표시 또는 데오돌라이트에 의한 방위의 결정, 광파에 의한 거리측정 등 새로운 측량기계들이 개발되어 정밀측량의 한 분야로 취급되고 있다. 그러나 측정에는 예상되는 오차보다 큰 오차가 발생하는 경우가 간혹 있으므로 측정에 세심한 주의를 기울여야 한다. 측량의 정확도는 종래에는 관통시의 어긋남이 10cm 이내가 보통으로 생각되었으나 일반적으로는 터널연장의 평방근(平方根)에 비례하는 것으로 되어있다. 길이가 긴 터널일 때에는 관통전에 시공한 복공(覆工)의 중심선에는 적어도 ±10cm 정도의 오차가 있기 때문에 관통점 전후의 50~200m 구간은 측량도갱을 전진시키면서 중심선을 수정하도록 한다.

2) 단면측량

터널의 굴삭량, 건축한계, 완성형태, 변형 등을 조사하기 위해서는 단면측량을 실시하는데 그림 10-42와 같이 터널내면의 임의점 ***P***의 위치를 구하기 위하여 터널 중심선 상의 1점 ***O***를 기준으로 거리 ρ와 연직각 θ를 관측한다. 이때 중심선과 직각방향을 잡을 수 있는 기계를 사용하고, 거리는 신축이 가능한 테이프나 레이저에 의한 EDM을 이용하면 좋다. 점 ***O***의 높이를 h로

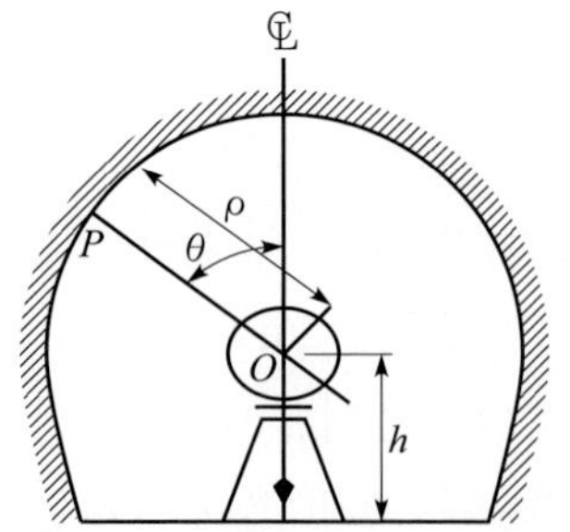

그림 10-42 터널단면 측정기의 원리

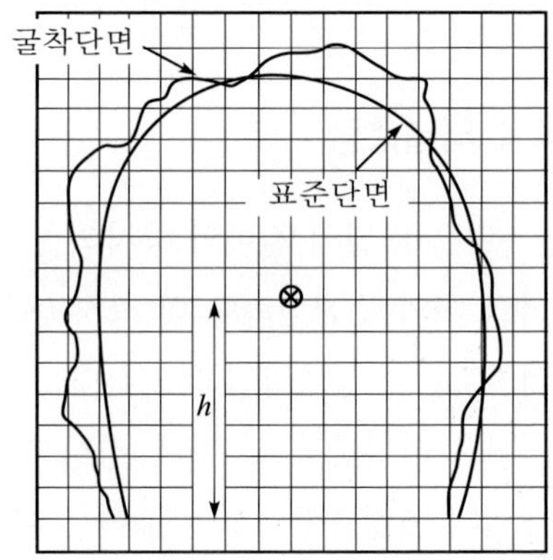

그림 10-43 단면의 비교

일정하게 잡으면 (ρ, θ)에 의해 단면도를 작성하기가 매우 편리하다. 또한, 곡선부분에 대해서는 중심선에 직각방향을 잡는데 주의가 필요하고, 급경사인 터널에서는 경사(傾斜)중심선에 직각인 단면을 측정해야 한다.

(2) 터널 외 측량

1) 터널 외 기준점

터널 입구 부근은 대개 지형도 나쁘고 좁은 장소가 많으므로 반드시 인조점을 설치한다. 기준점은 이것을 기초로 하여 터널작업을 진행하므로 측량정확도를 높이기 위하여서는 후시를 될 수 있는 한 길게 잡고 고저측량용 기준점은 터널 입구 부근과 떨어진 곳에 2개소 이상 설치하는 것이 좋다. 기준점을 서로 관련시키기 위하여서는 기설삼각점을 주어진 점으로 하여 기준점이 시통되는 곳에 보조삼각점을 설치하여 기준점의 위치를 정하고 양 기준점 간의 중심선의 방향을 연결한다. 터널입구의 지형측량을 위하여 삼각점 및 보조삼각점등 기준점 측량을 실시하고 이에 의거 지형측량, 중심선측량, 수준측량 등을 실시한다. 터널이 비교적 짧고 양쪽 터널 입구의 기준점 관측이 가능한 경우 그림 10-44와 같이 산꼭대기에 $I.P$점을 설치하고 시통할 수 없는 경우는 그림 10-45와 같이 $I.P_1'$, $I.P_2'$로부터 반복하여 P_1, P_2 시통선상에 $I.P_1$, $I.P_2$를 설치할 수 있다.

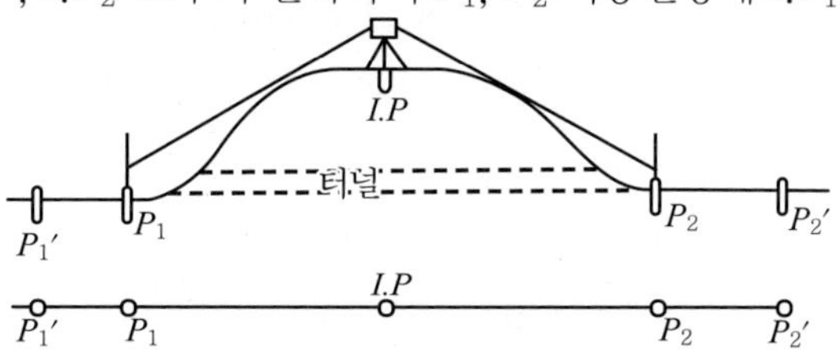

그림 10-44 양쪽 입구의 기준점관측이 가능한 경우

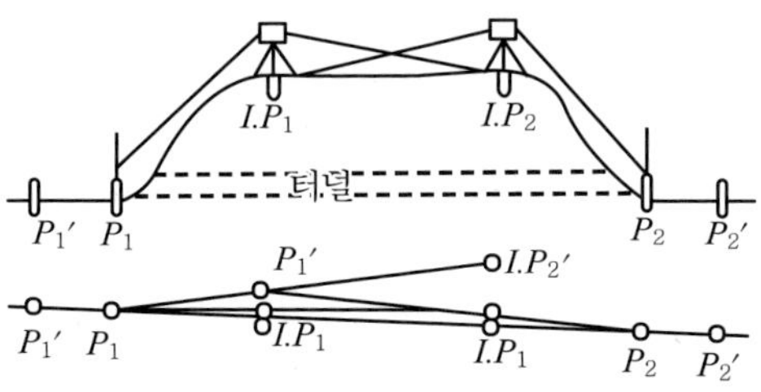

그림 10-45 터널 입구의 기준점관측이 불가능한 경우

양쪽 터널입구의 기준점 P_1, P_2사이를 데오돌라이트로 그림 10-46과 같이 측량을 실시하여 위거의 대수합(ΣL), 경거의 대수합(ΣD)으로부터 P_1, P_2의 거리, 방향각 α, β를 계산할 수 있다.

$$P_1P_2 = \sqrt{(\Sigma L)^2 + (\Sigma D)^2}$$
$$\alpha = \tan^{-1}\frac{\Sigma D}{\Sigma L}$$
$$\beta = \alpha + 180^\circ$$
$$\gamma = \alpha - \theta_1$$
$$\delta = \theta_c - \alpha$$

측량결과를 $P_1\ A'B' \cdots P_2$로도 실시하여 오차가 적을 때는 평균하여 사용한다.

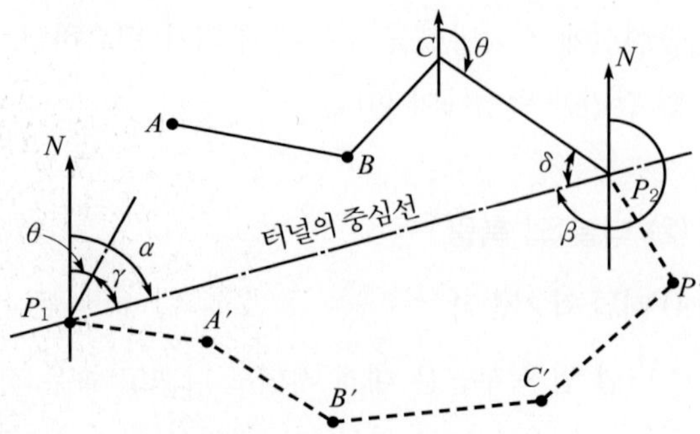

그림 10-46 데오돌라이트 측량

2) 기준점 위치설정

기준점의 수평위치 결정에는 트래버스측량과 삼각측량이 이용되며 지형의 형태에 따라서 측량방법을 선택하는데 다각(Traverse)측량에 의한 경우 두 개의 트래버스가 조를 형성하여 최소한 폐합다각형이 되어야 한다. 삼각측량에 의한 방법은 삼각점을 이용하여 터널입구의 위치를 독립적으로 결정하는 방법과 국가삼각점을 이용하지 않고 새로이 적당한 장소에 기선측량을 실시하여 그것을 이용한 삼각측량을 실시하는 방법이 있다. 긴 터널에서 높은 정확도가 필요한 경우에는 새로 적당한 장소에 기선측량을 하여 그것을 이용한 삼각측량을 실시한다. 수준측량은 기준점의 수평위치가 결정되면 일반적인 노선측량과 동일한 방법으로 수준측량을 하지만 지형이 험준한 경우에는 측량이 용이한 길로 우회 또는 가까이 있는 기본 수준점을 사용하여 각 터널입구별로 높이차를 구한다. 시공상 두 개의 터널입구 간의 상대적인 고저차를 알면 지장이 없으므로 두 개의 터널입구를 직접 연결하는 수준측량을 실시하는 것이 좋다. 터널의 중심선측량은 양쪽 터널입구의 중심선상에 기준점을 설치하고 두 점의 좌표를 결정하여 터널을 굴진하기 위한 방향을 구하는 것과 동시에 정확한 거리를 찾아내는 것이 목적이다.

(3) 터널 내 측량

터널 내 측량은 터널중심선을 터널 내에서 결정하여 굴착중 그 방향을 유지하는 측량이므로 반복하여 작업을 점검하고 방향에 착오가 없도록 할 필요가 있다. 측량방법은 트래버스측량, 수준측량과 동일하지만 좁고, 어두운 터널 내에서 작업하기 때문에 데오돌라이트에 조명을 부착하고 표지를 천정에 붙이는 등 특정한 방법이 필요하다.

1) 터널내 기준점 설치

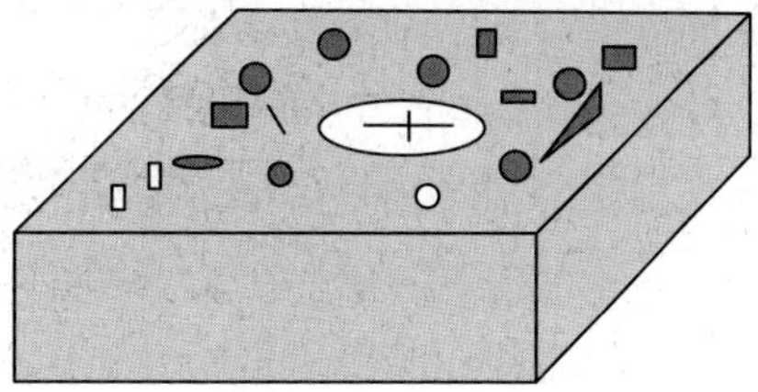

그림 10-47 터널 내 기준점

터널 내에서의 중심말뚝은 차량 등에 의하여 파괴되지 않도록 견고하게 표시하여야 한다. 설치장소는 작업상의 출입에 지장이 없고 측량기계를 세우기가 용이한 중심선상을 선정하여 설치한다. 기본다보는 100m 마다 보조다보는 20m 간격으로 설치하는 것이 보통이며 터널의 굴삭이 끝난 구간이나 복공이 끝난 구간에는 그림 10-47과 같은 천정다보를 천정에 설치한다.

이것에 가는 정(釘)을 연직으로 깊이 박든가 경우에 따라 정두(釘頭)를 남겨 놓는 때도 있지만 천정의 도벨은 터널의 굴삭이 완료된 구간 또는 복공이 완성된 구간 중 하부에 설치할 수 없는 경우에 사용된 경우는 데오돌라이트와 측량하는 사람이 움직일 수 있는 장소는 따로 만든다.

천정다보를 설치할 경우에는 기설콘크리트에 설치한 보조다보를 포함하여 최소 3점 이상으로부터 점의 위치를 확인해 둘 필요가 있다. 터널 내의 측량에는 특별한 조명을 사용할 필요가 있는데 간단한 경우에는 Pin 뒤에 백지를 세워 그 뒤로부터 전등이나 빛을 이용하는 방법을 취한다. 일반적으로 터널내의 중심측량은 데오돌라이트를 사용하여 B.S와 F.S를 계속 시준하여야 한다. 이때 기본다보를 B.S하고 반전시켜 a, b, c를 시준하는 것과 같이 실시한다. 이 경우 배수용의 도랑이 설치되어 있는 것이 많은데 그림 10-48과 같이 도랑의 양안을 콘크리트로 메우고 이것에 각재를 넣어 매입(埋込)하고 중심정을 박는다. 트럭에 의하여 불필요물을 반출하는 경우에는 중심선을 피하여 옆으로 도벨을 설치하는 것도 있다. 이 경우 맞지 않는 원인으로는 터널입구 부근에 설치한 터널 밖 기준점이 움직였을 때, 터널 내의 기준점이 불량할 때, 측량기계가 불량할 때, 지반이 변동했을 때 등의 경우가 있다.

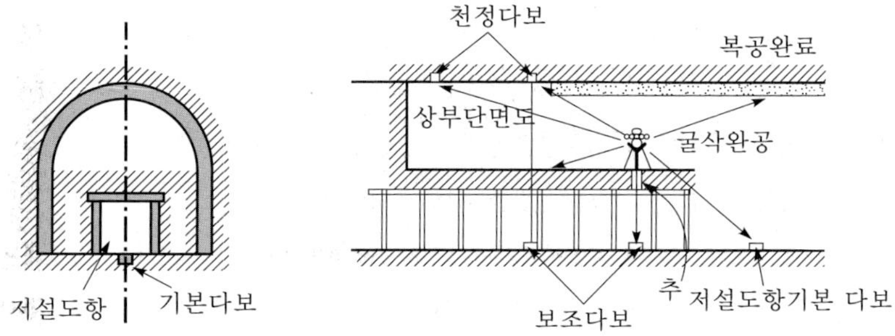

그림 10-48 단면 공법의 천정다보 설치

2) 터널 내 곡선설치

터널이 직선일 경우에는 데오돌라이트로 중심선을 연장하나 곡선일 때는 터널 내에 정확한 곡선설치를 하여야 한다. 이런 경우에는 지상에서 이용되는 곡선설치법을 실시하지만 터널 내가 좁아서 접선편거법과 현편거법에 의하여 측량한다. 트래버스측량을 할 때는 가능한 범위에서 현장(弦長)을 길게 잡고 기계를 세우는 횟수를 적게 하며 측각은 배각법으로 반복하고 거리측정도 기선측량에 준하는 방법으로 정확한 측량을 실시할 수 있으며 측량방법은 아래와 같다.

① 작업상의 절취중심을 내려면 현장을 될 수 있는 범위에서 길게 잡고 절선편거와 현편거를 계산하여 이에 따라 절선편거법과 현편거법을 적용시킨다. 또한 현편거법도 그림 10-49와 같이 옵셋(支距)을 이용하는 간략법을 하게 된다. 이렇게 하여도 R≥300m이면 l = 20m에 대해서 실제상의 오차는 생기지 않는다.

② 위의 방법으로는 오차가 누적될 위험이 있기 때문에 어느 정도 길게 되면 트래버스를 짜고 거리와 내각을 측정하여 정확한 위치를 정한다. 이 트래버스법에는 그림 10-50의 내접다각법과 그림 10-51 외접다각법의 두 가지가 있다.

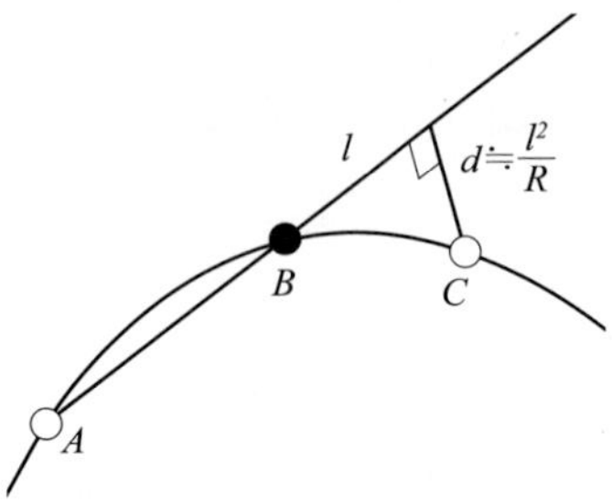

그림 10-49 현편거법

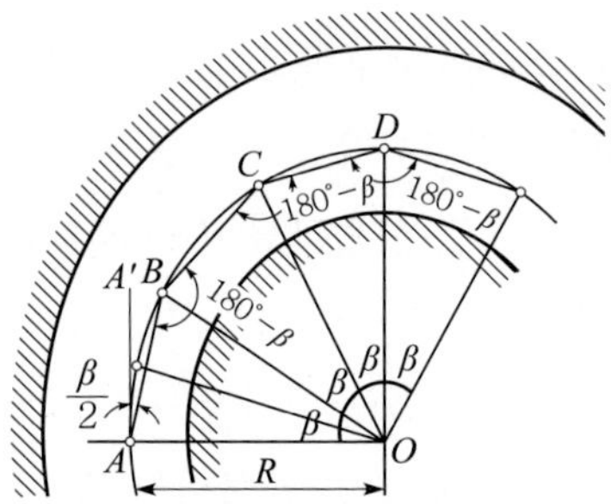

그림 10-50 내접 다각형법

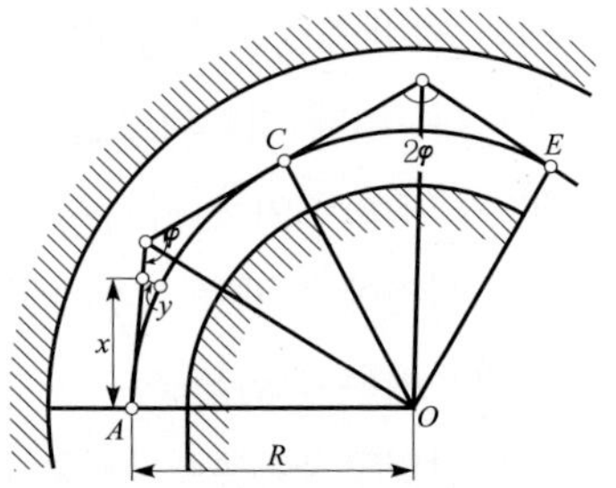

그림 10-51 외접 다각형법

터널 내의 중심선이 원곡선으로 구불어질 때는 내접다각형법 또는 외접다각형법이 사용된다. 완화곡선을 사용할 때는 미리 완화 곡선장에 맞는 각 점마다의 편각을 계산하고 이 각도를 현장에 측설한다. 그림 10-52 및 그림 10-53과 같이 원곡선의 공식을 응용하여 현의 편거리를 계산하는 방법은 $C \cdot L = R \cdot I = \frac{\pi}{180°} \cdot R \cdot I° = 0.01745 \cdot R \cdot I°$

현장 $\ell \fallingdotseq C = \frac{C^3}{24R^2}$

호장 $C = R \cdot \beta$

$$\text{호장 } \beta = \frac{360\times60}{2}\pi\times\frac{C}{\mathrm{R}} = 3437.74\frac{C}{\mathrm{R}}(\text{분})$$

$$\frac{\ell_1}{d_1} = \frac{R}{\frac{\ell_1}{2}} \qquad \frac{\ell}{R} \fallingdotseq \frac{d_2}{\ell}$$

$$d_1 = \frac{\ell_1^2}{2\ell} \qquad d_2 \fallingdotseq \frac{\ell_2}{R} \qquad d_3 \fallingdotseq \frac{\ell_2^2}{R} \qquad d'_3 \fallingdotseq \frac{\ell_2^2}{2R}$$

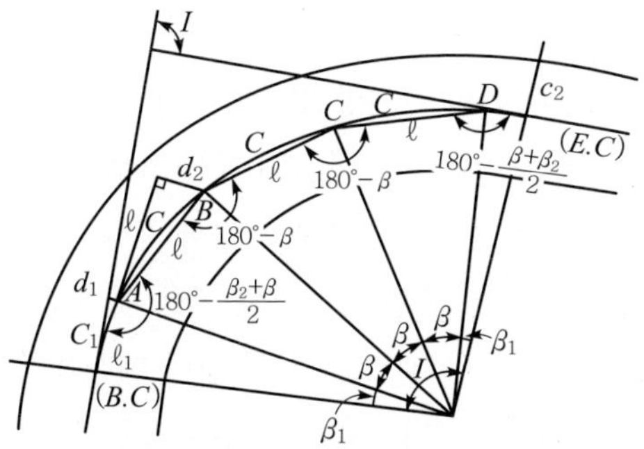

그림 10-52 현의 편거리를 사용하는 방법(a)

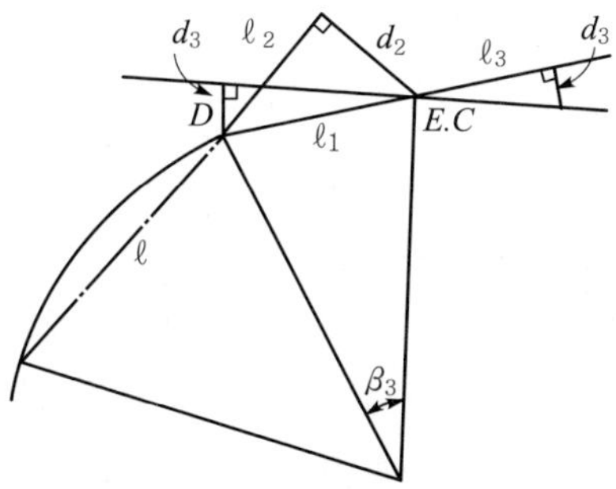

그림 10-53 현의 편거리를 사용하는 방법(b)

3) 터널 내 수준측량

터널 내의 ***B.M***은 터널작업으로 파손되지 않는 곳에 설치가 쉽고 측량에 편리한 장소를 택하면 된다. 터널의 굴삭이 진행됨에 따라 터널 입구에 설치된 수준점(***B.M***)을 이용하여 터널 내의 수준점을 설치하며 보통 중심점에 설치한다. 터널 내의 수준측량에 표척과 Level을 사용하는 것은 터널 밖과 동일하지만 먼지나 연기 등으로 흐릴 경우에는 조명이 달린 표척을 사용한다. 터널내의 수준점은 보통 중심점에 설치한다. 터널 내의 고저측량에 표척과 레벨을 사용하는 것은 지상측량과 같으나 데오돌라이트와 같이 레벨의 십자선과 표척을 조명할 필요가 있다. 또한, 터널 내에서 천정에 수준점(***B.M***)을 만든 경우는 표척을 거꾸로 사용하게 되므로 역표척이라고 하는데 표고를 구하는 방법은 표고=후시+전시+후시점의 표고가 된다. 터널 내의 고저를 구하기 위하여 지상과 마찬가지로 수준측량을 하지만 터널 내의 천정에 만든 측점을 관측할 때는 그림 10-54와 같이 비고계산의 부호가 반대로 되므로 주의할 필요가 있다.

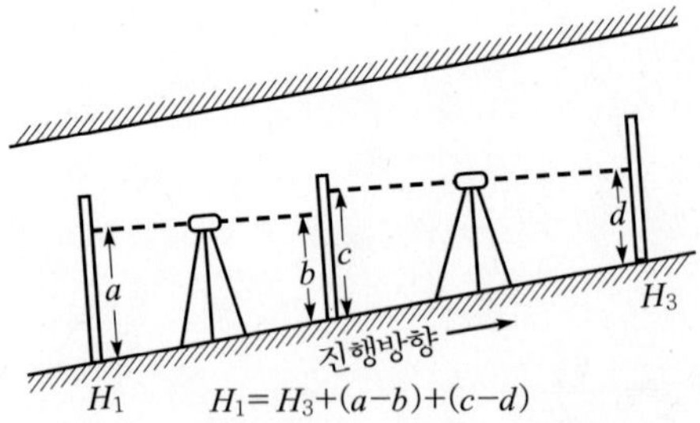

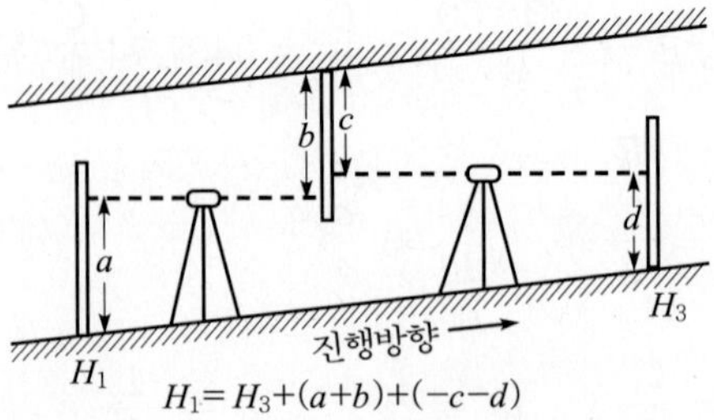

그림 10-54 터널 내 수준측량

(4) 터널 내외의 연결측량

터널 내와 터널 외의 측량을 연결하는 방법은 지상과 지하의 연결방법에 따라서 다르다. 수평에 가까운 터널 또는 30° 이상 35° 이하의 경사진 터널로 연결되어진 경우에는 특별한 방법을 이용할 필요는 없다. 보통 데오돌라이트는 삼각 대신에 특별한 방법으로 지지하고 경사가 급한 경우에는 보조망원경이 있는 데오돌라이트를 이용해야 한다. 단면이 대단히 작을 때 또는 양측의 지주나 갱목으로부터 적당한 지지대가 있을 때에는 데오돌라이트는 보통 삼각 대신에 3본의 짧은 Pin으로 지탱되는 지지대를 사용하는 것이 좋다. 터널이 지하로 굴착하는 경우 지상과 지하의 터널 내를 연결하는 방법으로서 경사갱에 의한 경우와 수직갱에 의한 경우가 있다. 지표로부터 기울어진 갱도를 경사갱이라고 말하며 지표로부터 수직으로된 갱도를 수직갱이라고 말한다.

1) 하나의 수갱에서 연결하는 방법

하나의 수갱에서 추를 달아 연직면을 결정하고 그 방위각을 지상에서 측정하여 지하측량에 연결하는 방법으로 추는 얕은 수갱일 경우 철선, 동선이 사용되며, 무게는 5kg 이하이다. 깊은 수갱은 피아노선이 사용되며, 50~60kg이고 수갱의 바닥에는 물이나 기름을 넣어 추의 진동을 감소하도록 하며 추의 진동을 10회 이상 관측하여 평균값을 정지점으로 한다.

2) 수직터널의 깊이 측정

지상의 수직터널 입구에 그림 10-55와 같이 강철 테이프의 한 끝을 고정시키고 다른 한 끝에 추를 달아 강철테이프를 수직터널 내부에 내린다. 지상에서 $B.M$(Bench Mark)에 세운 표척의 읽음 값을 a, 터널 내에서 강철 테이프의 읽음 값을 b, P점에 세운 표척의 읽음 값을 c , $B.M$의 표고를 H_{BM}이라고 하면 터널 내 P점의 표고는 식(10.15)와 같다.

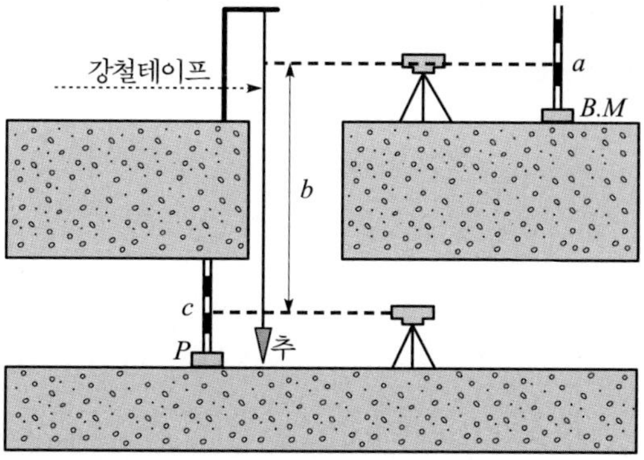

그림 10-55 수직터널 깊이 측정

$$H_P = H_{BM} + a - b - c \tag{10.15}$$

강철테이프의 온도 및 인장(引張)에 대한 보정은 기선측량에 준해야 하며, 측정시의 온도는 지상과 지하에서 측정하여 그 평균값을 사용한다.

3) 중심선의 연결

가. 데오돌라이트에 의한 방법

수직터널이 일정한 깊이에 도달했을 때 중심선 연결측량을 할 경우 그림 10-57에서 *CABD*를 지상의 중심선이라 하면 데오돌라이트를 *A*, *B*점에 세우고 *ADBC*의 시준선을 터널 내에 옮겨 *D*″, *C*″점을 설치하는데 *C*′*D*′ 선을 연결하면 터널의 중심선이 된다. 수직터널이 깊고 단면이 작을 때는 연직각 α가 크게 되고 *C*′*D*′ 의 간격이 가까워져 데오돌라이트의 조정이 충분하지 않으면 큰 오차가 생길 우려가 있다.

그림 10-56과 같이 수직갱 입구의 양쪽 *A*, *B*에 데오돌라이트를 설치하여 지상의 중심선 *C*,

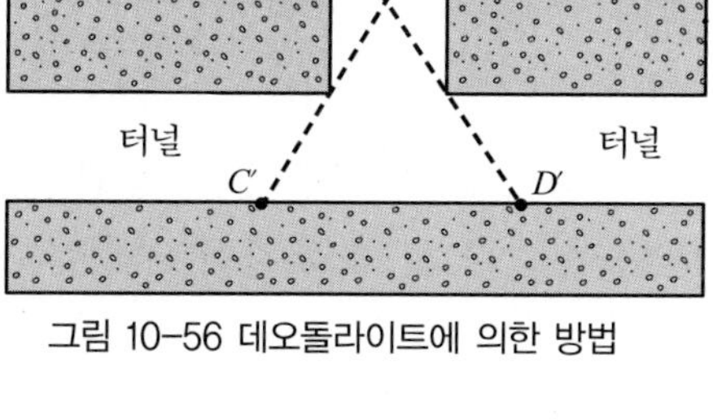

그림 10-56 데오돌라이트에 의한 방법

그림 10-57 추선을 이용하는 경우

D를 시준하고 각각 터널 내의 C', D'로 이동시키면 $\overline{C'Q}$가 지상의 $\overline{CD}$와 같은 방향으로 된다. 이때 내려본 각이 90°에 가까우므로 각도를 잴수 있도록 측위망원경이 부착된 데오돌라이트를 사용한다.

나. 추선에 의한 방법

수직터널이 깊을 때는 수직터널에 두 개의 추를 내려 이것으로 연직을 만들고 그 방위각을 지상에서 관측하여 지하측량에 연결하고 그림 10-57과 같이 작업을 실시한다.

① 지상의 터널 중심선 AB를 지지대상에서의 P, Q점으로 옮겨 잡는다.

② 추선을 P, Q에서 각각 내려 터널 내의 점 P', Q'를 결정하고 P', Q'에는 추의 진동을 방지하기 위하여 수조(水槽) 등에 추를 넣어 둔다.

③ 터널 내에서 P', Q' 직선상에 데오돌라이트를 설치한다. 이때는 두 추선이 데오돌라이트의 시준선에 꼭 일치되도록 수회 반복하여 터널 내에 두 개의 기준점을 설치한다.

④ 깊이 측정은 ①과 같은 방법으로 진행하고, 후시($B.S$)는 가능한 한 멀리 해야 정밀도를 높일 수 있으며 연직선 측설장비를 사용하면 좋다.

(5) 터널 완성 후의 측량

터널 완성 후의 측량에는 준공검사의 측량과 터널이 변형을 일으킨 경우의 조사측량이 있는데 방법은 동일하다. 중심선측량은 완성한 측벽간의 중심 C를 터널 단면의 중심으로 하는 한편 터널의 갱구로부터 소정의 중심선을 추입(追込)하여 중심 C'를 구하고 점C'가 C와 일치하면 그 터널의 중심은 소정의 중심선상에 있으며 만약 x만큼 떨어져 있다면 그만큼 터널이 횡으로 변위되어 있는 것이다. 간격은 보통 20m로 한다. 수로터널에서는 변위는 문제가 되지 않지만 철도터널과 같이 궤도를 소정의 중심선에 맞추어 정확히 부설해야 하는 터널에서는 이 최대 변위에 따라 그 부근의 궤도의 중심을 가감해야 한다. 도로터널의 경우 적은 변위는 노견의 부분으로 조정할 수 있지만 어느 정도 이상의 변위가 발생하면 철도와 같은 최대 변위량에 따라 도로 중심선을 적당히 고칠 필요가 있다. 터널이 지각변동 등의 원인으로 이동하고 있는 경우의 조사에서는 측량시 매번 20m 간격으로 C점을 설정하고, 이때의 x값의 변화과정을 관찰한다. 터널의 단면검사 및 변형검사에서 실시하는 측량으로 단면측량기를 사용한다. 터널이 곡선인 경우는 접선에 직각방향으로, 또한 기울기가 있는 경우는 그 기울기에 수직방향의 단면을 관측해야 한다. 단면 측량기에는 기연식(技研式) · 기록식 수도(隧道)단면측량기, MS식 자동기록터널 단면측량기 및 복부식 수도단면측량기 등이 있다.

10.5 건축물등록 측량

건축물이란 토지에 정착(定着)하는 공작물 중 지붕과 기둥 또는 벽이 있는 것과 이에 딸린 시설물, 지하나 고가(高架)의 공작물에 설치하는 사무소 · 공연장 · 점포 · 차고 · 창고 등을 말한다. 건축물의 등록이라 함은 건축물에 관한 사실 관계를 명확히 하여 건축물의 소유권을 보존하기 위하여 우선적으로 행정부의 공부에 등록하여 이를 공사 및 공증하는 공법상의 행위를 수행하는 것이다. 우리나라의 경우에는 토지조사사업에 의하여 작성된 토지대장과 지적도면은 있었으나 건축물에 대하여는 1980년대에 이르러 가옥대장이 건축물 관리대장으로 명칭이 변경되는 변화를 거쳐 건축물 대장으로 완성되었고 건축물의 대장제도가 법제화 된 것은 1992년 5월 31일 개정된 건축법에 의해서 법적근거를 마련하였다. 운영체제의 경우는 1994년 행정쇄신위원회의 결정에 의하여 행정자치부 주관으로 토지대장과 건축물대장의 창구 일원화를 이룩하였다. 등록의 기능은 2가지로 구분할 수 있는데 그 하나는 공적기능으로 국가목적에 관련된 것이고, 또 하나는 사적기관으로서 국민 개개인의 이익과 관련되어 있다. 건축물 등록에 있어서의 건축물의 개념은 본래 우리나라에서는 전통적으로 특수한 것으로 발달하였으며, 구미지역에서는 "지상물은 토지에 따른다."는 법원칙이 확립되어 있어서 건축물을 토지의 종속물로 파악하였으나 우리의 구 관습은 가옥을 거래함에 있어서 택지를 가옥의 종물로 보아 왔으며 그러나 우리나라의 현행 법체계는 일본, 대만과 함께 토지와 건축물을 분리된 독립한 부동산으로 하고 있다. 따라서 국가는 재산권에 대한 권리조사와 과세조사 등을 위하여 총괄, 체계적으로 최신자료를 기재하여 실제와 항상 부합하도록 노력하여야 한다. 그러나 우리나라에서는 행정부가 등록 공시한 건축물의 표시사항과 소유권 설정에 관한 사항을 사법부가 건물등기부에 재 공시함과 더불어 소유권 이전 및 소유권 이외의 용익물과 담보물권까지의 권리관계를 명확히 하기 위한 등기와 구별된다. 최근에는 세정업무부서에서 관리하던 건축물 등록 및 관리업무를 시 · 군 · 구지적과로 이관할 계획을 추진하고 있으며, 따라서 지적도에 건축물의 등록을 시도하여야 할 것이다.

10.5.1 건물등록제도

우리나라에서는 건축물등록제도의 성립 이전에 삼국시대부터 사유재산권이 인정되어 건축물에 대한 거래가 토지의 거래와 함께 이루어졌을 것으로 추측되고 있다. 조선이후에는 문기나 입안제도 등을 통하여 건축물의 등록제도를 확인할 수 있다. 특히 1893년 이후에는 가계제도가 실시되었으며, 1906년부터 가옥 증명제도가 시행되었고 1910년 한일합병으로 일본이 건물제도를 인용하여 건축물등록사항에 대한 등기제도가 시행되면서 그동안 부동산에 대한 개념이 건축물에 종속된 택지에서부터 토지와 건축물이 독립적으로 취급 되었다.

(1) 국내의 등록제도

1) 입안제도

경국대전에 의하면 건물의 등록이 토지의 등록과 함께 다루어진 것으로서 문기에 의하여 거래 대상에 대한 계약이 성립되면 100일 이내에 관에 신고하고 입안(현, 공증)을 받도록 하였다. 건물의 공증제도는 관계인이 관에 출두해야 하고 또한 과대한 수수료 납부 등의 문제와 행정력의 부족 등으로 오래 지속되지는 못하였다. 그러나 이 제도는 관에서 부동산 거래의 파악과 공증에 의한 등록관리라는 측면에서 볼 때 하나의 효시라고 할 수 있다.

2) 가계제도

가계제도(家契制度)는 입안제도 이후 전국의 중요 항구와 도시에서 외국인의 건물취득에 대하여 같은 효력을 나타낼수 있는 제도로 시행된 것이다. 가계제도는 조선시대의 토지, 건물 매매시에 시행한 관의 입증제도인 입안제도에 비하여 비교적 간편하였으나 널리 시행되지는 못하였다. 가계는 가옥의 소유에 대한 관의 인증으로서 한성부에서부터 발급되었으며 후에 각 도시에서도 발급하였다. 가계제도는 가옥의 양도시에 갱신할 수 있도록 한 일종의 공증제도인 동시에 건물의 등록제도인 것이다. 1903년에는 가계발급규칙이 공포되었고 이 규칙에 의하여 가옥의 신축, 매매, 상속, 전당의 경우에도 신가계를 발급하였으며 가계원부에 등록하도록 하였다. 근대적 공시제도라 말할 수 있는 새로운 토지가옥증명제도의 시행으로 가계제도는 중지되었다.

3) 토지가옥증명제도

1906년부터 가옥에 대한 증명제도가 시행되었으며 이 증명제도는 토지가옥증명규칙과 토지가옥소유권증명규칙에 의하여 시행되었다. 가옥의 거래 등에 대하여 주거지의 통수나 동장에게 인증을 받고 부윤 또는 군수에게 제출하여 실질적인심사를 거쳐 공부인 토지가옥명부에 등록하고, 열람을 실시하여 계약서에 소유권에 대한 증명을 하고 교부하였다. 1910년 한일합병으로 일본제도를 의용하여 건축물등록사항에 대한 등기제도가 시행되면서 그동안 부동산에 대한 개념이 건축물에 종속된 택지에서부터 토지와 건축물이 독립적으로 취급되게 된 전기가 되었다. 1912년에는 조선부동산증명령이 제정되었으며 그 후 토지조사사업의 시행으로 토지의 등록은 보다 완벽을 기할 수 있었으나, 건물등록제도는 차츰 소홀히 취급되기 시작하였고 건물등기부의 비치 운영에 의한 등기제도가 확립되기 시작하였다. 그림 10-58은 토지소유권 보존신청서이며 토지의 표시 사항으로 토지의 소재지와 자번호(현, 지번)와 종목(현, 지목), 면적(두락) 사표 및 가액을 기재하였다.

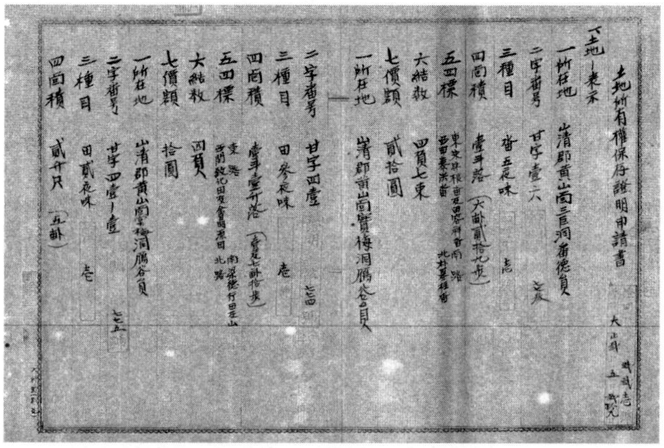

그림 10-58 토지가옥소유권증명신청서

가옥대장은 그림 10-59와 같이 동명, 지번, 가옥의 구조, 용도지역, 지상 및 지하층수를 기재하도록 하였으며 소유자의 주소와 성명을 기재하였다.

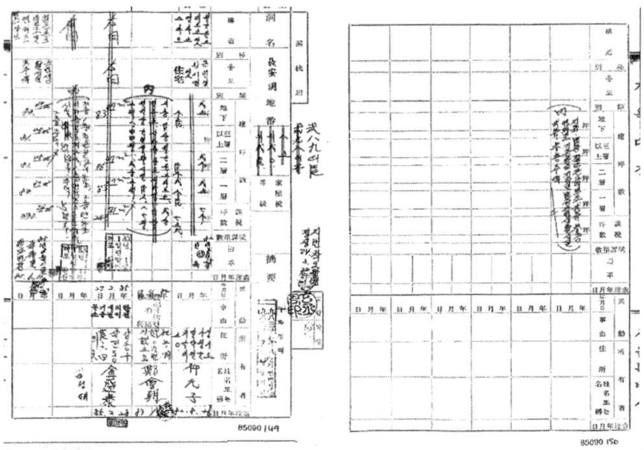

그림 10-59 가옥대장

4) 건물등록제도

현행 건물등록제도는 지방세법에 의한 건축물등록대장을 근거로 유지 · 관리되어 오고 있다. 따라서 지방행정관청의 세무공무원들이 현지조사를 실시하여 건축물의 면적을 측정하고 소유자를 조사하였으며 기등기건물은 등기부에 의하여, 그리고 미등기건물은 현지조사 결과를 기초로 최초의 가옥과세대장을 작성하였다. 이 당시에는 건축물의 크기만을 개략적으로 파악할 수 있도록 16절 크기의 방안지를 사용하여 건축물약도를 작성하고 이를 가옥과세대장의 부속서류로 관리하였다. 각 시 · 도에서는 과세대장 관리운영지침을 독자적으로 제정하여 건축물등록사항의 변경에 관한 공부정리에서 소유권에 관한 사항은 등기소로부터 부동산등기필통지서를 교부받아 수시로 정리한다. 건축허가 또는 신고와 관련된 사항은 변경이 완료된 경우 건축물 신축의 경우와 마찬가지로 지방세부과를 위하여 통보되는 이동통지서를 근거로 가제정정하거나 소유자의 자진신고로서 파악하고 있는 실정이다.

(2) 외국의 등록제도

건축물의 등록은 법지적제도를 채택하고 있는 나라에서는 대부분 시행하고 있으며, 스위스, 독일, 네덜란드, 영국, 스웨덴 등의 구미지역 국가에서는 지적도상에 건축물을 토지와 함께 표시하고 있다. 그러나 일본, 대만에서는 별도의 건축물대장과 도면을 비치하고 있어 토지의 경계와 관련된 정확한 측지학적인 위치표시가 불명확한 것이 특징이다.

일본은 1940년에 지조법을 개정 분리하여 가옥세법을 제정하여 가옥대장을 작성하게 되었고 1947년 도도부현세를 신설하는 조세제도의 개편에 의해 지조법을 폐지하고 지방세법이 시행되면서 가옥대장법을 제정하여 가옥에 대한 대장체제가 완비되어 건물의 정확한 등록관리가 수행하였다. 1960년 과세지적제도로 부터 법지적제도로 전환하면서 가옥대장법을 폐지하고 부동산등기법에 포함시켜 보다 구체적으로 규정하고 있다. 건축물은 토지와 분리하여 대장으로서 건축물등기부와 도면으로서 건물소재도, 건물도면 및 구분건물에 대한 각층 평면도를 작성한다. 건물등기부는 건축물소재와 건축물의 종류 및 투영면적, 가옥번호 또는 건축물의 번호와 부속건축물이 있을 때는 그 종류, 구조 및 투영면적을 등록하고 소유권 및 기타권리관계가 등기된다. 건물소재도는 건물의 위치를 알 수 있도록 지적도와 같은 축척과 크기로 작성되며 각급 등기소에서 비치한다. 각필지의 토지경계선과 지번, 가옥번호가 표시되어 건물의 특정 및 이중등기 방지의 기능을 갖는다. 건물소재도의 작성은 건물도면을 기초로 하여 행정구역별로 필요로 하는 사항을 기재하고 일필지 단위로 작성되며 도면축척은 1/500이다. 건축물 도면에는 주된 건축물과 부속건축물이 표시되고 방위와 인접지번 까지도 기재하며 각층 평면도는 구분건축물에 대한 각층의 형상, 투영면적을 명확히 하기 위하여 제출되는 도면으로서 축척은 1/200로 하지만 이 축척이 적당하지 못할 때에는 다른 축척으로 작성할 수 있다. 각층 평면도는 건물도면과 마찬가지로 부속건축물을 포함하여 1개의 건축물마다 각 1매의 고면용지를 사용하고 여백이 충분한 경우에는 건축물도면과 각층평면도를 병기할 수 있다.

건축물 등록제도를 별도로 두지 않고 토지대장에 포함시키고 있기 때문에 건축물의 위치나 형상은 지적도에 등록되고 면적이나 용도 또는 모든 권리관계가 토지등록부에 포함되어 있다. 건축물에 관한 표시사항은 토지등록부의 토지표시란에 기재되며 구분소유권에 대하여는 구분표시 도면을 첨부한 개별용지를 사용하여 등록하고 층별면적, 구분경계 및 구조등을 관련 보조장부에 기재하고 있다. 지적도에는 건축물의 정확한 측지학적 위치와 함께 주거표시로 쓰이는 건축물번호가 가로를 따라 기우식으로 부번되어 있으며 중요한 건축물에 대하여는 그 건축물의 명칭이 표시되어 있다. 또한 보조지적도가 있어 건축물의 이용구분과 각 건축물선의 길이가 정확히 표시되어 있다.

말레이시아의 국토법은 건축물의 등록과 집합건물의 등록방법 및 건물의 관리에 대하여 상세한 규정을 두고 있다. 특히 구분소유건물에 대한 등록과 관리는 각국에서 많이 인용 소개하고 있으며 2층 이상의 구분소유건물은 층별권원(Strata Title) 또는 권리의 수평분할로 체계적인 관리가 이뤄지고 있다. 집합건물의 도면은 평면도 이외에 보조도로서 입면도, 층별도(Strata Map)가 있으며 각층의 평면도가 복잡하지 않아 벽의 권리귀속 문제까지도 명시되어 있다.

10.5.2 건축물측량방법

(1) 건축물측량의 대상

지적도면에는 건축물의 위치, 건축물의 종류, 건축물번호, 정리도면의 번호 및 경우에 따라서는 건축물 굴곡점의 점번호 등을 이기한다. 도곽수치는 도면 내에 참조 표시하며 정리도면에서도 필요한 때에는 이를 인용한다. 도곽수치를 현장에서 측량도면상에 기재할 때에는 지적도가 측량도면의 사본으로서 작성되는 경우에도 이를 그대로 유지하며 도곽수치는 후에 지적측량에 의하여 부적합하게 된 때에만 지적도면에서 이를 해제하여 제거한다. 기타의 지형물과 지하시설물은 일반적으로 지적도면에 기재하지 않고 있다.

(2) 일반 건축물의 측량

건축물 등록을 위한 측량을 수행할 때에는 불필요한 작업을 피해야 하며 지거법에 의하거나 측량선 또는 경계선, 명확한 건축물열의 연장선, 건축물각의 결합선 등에 의한 연결법에 의하여 측량하거나 기초점 또는 경계점으로부터 극식법으로 측량하였다. 기지점의 위치가 변동되지 아니한 때에는 개략적인 방법으로 검사하거나 현장에서 확인하되 도상검사시에는 건축물의 제도시 행한 조정에 유의하여야 한다. 직각건축물은 일반적으로 건축물 모서리와 길이를 측정한다. 건축물이 육안으로 보아서 직각임이 분명한 때에는 이를 직각건축물로 보고 기타의 경우에는 일반적으로 직각프리즘을 직접 건축물벽에 부착시켜 검사하고 건축물의 증축부분은 일반적으로 이미 측량된 건축물에 부가한다. 여러 가지 건물번호 또는 건축물종류가 표시되어 있는 동일필지상에 위치한 건축물이나 건축물 부분사이의 분리선(예컨대, 주택과 이에 증축된 작업장 사이의 분계)은 가장 간단한 방법으로 조사하여야 한다.

집합건축물의 측량은 건축공사에 필요한 측량으로서 가옥을 신축할 경우는 우선 신축하여야 할 건축물의 위치를 넣기 때문에 부근의 토지를 측량하여 평면도를 만든다. 부지에 고저가 있어 땅 고르기를 하지 않으면 아니될 때 레벨측량에 의하여 절취, 성토의 토량을 구한다. 점의 모서리에 직각을 설정함에는 작은 건축물의 경우는 간단하나 큰 건축물에서는 데오돌라이트를 사용하고 집의 토대를 수평으로 하기 위하여 레벨을 사용하여 수평으로 한다. 건축이 준공되면 평면도와 준공도면을 작성하여 후일 증축 등에 사용할 수 있도록 보관한다.

(3) 경계거리의 확인

측량이 동일 지적도의 구역내에서 필지경계로부터 건축물까지의 거리가 약 0.5m 이하인 때에는 경계거리는 일반적으로 계산에 의하여 확인한 후 계산된 수치를 정리도면에 기재하고 이미 확인된 때에는 그 계산은 제외한다. 건축물과 필지경계 사이의 거리가 약 0.5m 이하인 때에는 경계에 관계되는 건축물 굴곡점을 측량하며 건축물의 경계가 시가지에서는 0.03m, 준시가지 및 기타지역에서는 0.05m 이상 초과한 때에는 지적공부에 표시하지 않는다. 밀집건축물의 경우에 건축물 사이의 분리벽은 필지경계를 측정하는데 필요하거나, 명확한 신청이 있는 때에만 이를 확인한다. 지적측량에서 기존의 건축물이 신규필지경계로부터 0.5m 이하로 떨어져 있는 때에는 경계거리를 측정하고 기타의 경우에는 일반적으로 경계측정을 하지 않는다. 건축물을 경계점으로부터 거리를 측정하지 않을 경우에는 건축물측량시 해당필지의 경계표지를 조사할 필요가 없다.

(4) 기타 지형물의 측량

지적도에 표시되지 아니한 기타 지형물을 지적도에 표시하기 위해서는 지적측량을 실시하여야 하며 일반적으로 10센티미터 단위로 측정한다. 대상 범위는 다른 규정이 없는 한 지적도에 관한 제도규정에 따르고 접근할 수 없는 필지내에 있는 건축물의 테라스, 사설수영장 및 기타 유사물은 측량에서 제외된다. 계단시설은 건축물 전체에 있어서 중요하므로 도상에 표시할 수 있는 때에만 측량한다. 주로 울타리로 이용되는 정원의 담벽은 측량하지 아니하며, 보호벽이 중요한 육교 또는 지하철용 경사로의 경우에는 이를 파악한다. 차도는 사도를 제외한 고속도로, 국도, 지방도 및 군도의 경우에만 측량하고 경사면은 그 폭이나 높이가 2미터를 초과하는 때에만 이를 측량한다.

10.5.3 건물측량도의 작성

법지적제도를 채택하고 있는 대부분 국가에서는 건축물 또는 중요한 지상물을 지적공부에 등록하여 관리하고 있으며 특히 지적도에는 정확한 건축물의 위치를 등록하여야 한다. 특히 유럽의 국가에서는 일찍부터 시행하고 있으며 스위스의 경우 지적조사 당시인 1800년대 말부터 건축물 측량을 지상측량에 의한 도해적 방법으로 실시하여 지적도에 등록 관리하여 왔다. 최근에는 지적측량에 항공사진을 이용함에 따라 정밀도화기상에서 손쉽게 도해적으로 작성할 수 있으며 해석적 방법으로 건축물의 좌표를 측정하여 자동도화하기도 한다. 스위스나 독일에는 건축물표시 지적도와 함께 사용되고 있는 별도의 보조도가 있으며 지적도에는 경계굴곡점 번호가 표시되지 않고 약도가 없으므로 보조도를 사용하고 있다. 그러나 보조도는 지번과 주거표시 번호 이외에도 도근점 및 경계 굴곡점의 번호, 점간거리 등이 기재되어 있어 활용에 편리하도록 되어 있다.

(1) 건물소재도

건물소재 도면은 건물의 위치 및 가옥번호를 명확히 하기 위한 목적으로 작성하여 등기소에 비치하고 있으며 각 필지의 토지경계선 및 지번이 기재되며 건물도면에 기초를 두고 단위구역마다 작성한다. 건물 소재도면은 축척 1/500로 작성하고 부속건물이 있는 경우에는 부속건물을 포함하여 1개의 건물 자체를 1도엽의 건물소재도면에 표시하며 기재사항은 건물의 위치 및 가옥번호, 지번지역의 명칭, 건물 소재도의 번호, 축척, 매필의 토지의 경계선 및 지번, 인접도와의 관계 및 작성연월일 등이며 건물도의 작성은 0.2mm 이하의 가는 선으로 제도한다.

(2) 건물도면

건물도면은 등기신청에 첨부되는 도면으로 건물의 위치와 형상을 명확히 함과 동시에 건물소재도상의 필요사항을 기재하기 위해 제출하는 것으로 건물 소재도와 동일하게 축척 1/500으로 작성한다. 건물도면의 기재사항은 건물의 위치 및 형상, 주된 건물 또는 부속건물별 부호, 방위, 부지의 경계, 지번, 인접지번이다. 건물의 부지 및 건물 1층의 형상을 실선으로 하고 건물의 위치를 특정하기 위해 인접지로부터 2점 이상의 거리를 기재한다. 또한, 건물이 지하건물인 경우에는 지상건물과 구별하기 위해 지하 1층의 형상을 작성한다.

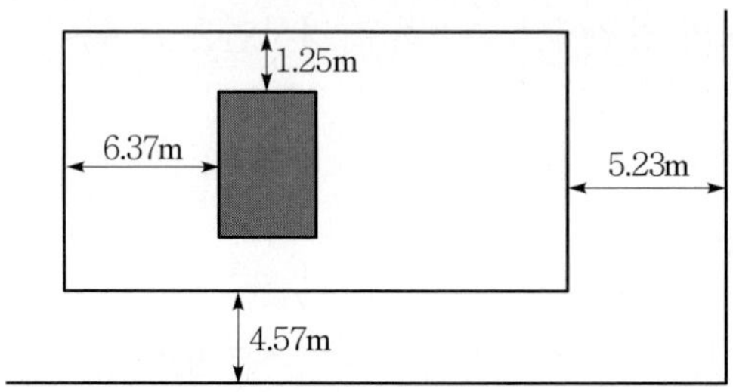

그림 10-60 건물위치도면

(3) 층별 평면도

건물 각 층의 형상과 투영면적을 명확히 하기 위해 제출하는 도면이며 축척을 1/200로 하고 이 축척으로 표시하기가 적합하지 못할 때에는 적당한 축척으로 변경 작성할 수가 있다. 그림 10-61과 같이 각 층마다에 건물의 형상을 실선으로 표시하고 건물 주위의 길이를 각 층마다 기재함과 동시에 여러 층의 건물로서 1층의 평면과 2층 이상의 평면이 다른 경우에는 1층의 평면을 점선으로 표시한다. 또한 여러 층의 건물로서 각 층의 형상이 같은 경우에는 그림 10-61과 같이 표시하기도 한다.

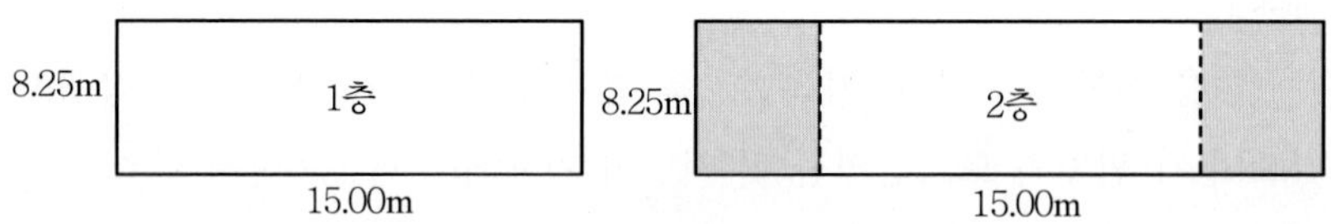

그림 10-61 각층 평면 표시방법

건물 평면을 결정하기 위해서는 등록의 기본 요소인 측지학적 위치부여 및 형태를 표시하기 위해 도면작성은 필수이므로 입체적인 건물을 평면으로 나타내기 위하여 그 건물의 형태를 잘 파악할 수 있는 기준모형을 설정하여 합리적으로 건물을 등록을 할 수 있도록 다음과 같이 기준을 설정하고 있다.

① 건축물에서 돌출된 발코니 추녀 및 창문과 같이 지면과 연결되지 않은 것은 등록시키지 않는다.
② 건물 본체에서 들어간 부분은 건물의 외측 경계를 따라 등록하며 건물에 0.5m이상 돌출하여 지면과 연결되어 있는 부분은 바닥면적에 포함시킨다.
③ 건물의 상·하가 서로 다를 경우에는 지면과의 접속된 면적을 등록한다.
④ 아케이드식 건물은 지붕면적으로 등록하며 아케이드가 일반대중에게 개방되어 있는 경우는 해당 건물부분과 구분하기 위하여 점선으로 별도로 표시한다.
⑤ 토지와 접속된 부분이 주된 건물체에서 0.5m이상 안쪽으로 들어간 경우에는 주된 건물의 외측한계로 등록하되 토지와 접속된 부분을 추가로 표시한다.
⑥ 건물 밑으로 통로가 있는 경우에는 중요한 의미가 있는 통로만을 표시한다. 그 예로서는 고가교통로 또는 고가통로 등이 있으며 구내통로는 고려하지 않는다.
⑦ 지하건물(차고, 지하실)은 지상에서 확인될 수 있는 가장 바깥쪽의 벽을 측정하되 지하부분은 내측치수를 확인하고 점선으로 추가하여 표시한다.
⑧ 서로 불규칙하게 위치한 각층의 형태로 인하여 상·하가 단일건물을 형성하지 못하는 경우에는 가장 넓은 단위로 건물의 윤곽을 표시한다.
⑨ 경사면에 새워진 테라스형 건물은 전체를 하나의 건물로 등록한다.
⑩ 1층이 없는 건물에서 지면과 접속하지 않은 부분은 건물의 하측선을 건물의 평면으로 표시하고 건물의 1층이 지면과 접속되는 부분이 있을 때는 등록대상이 되며 점선으로 표시한다.

(4) 층별도

최근에 여러 나라에서는 지상위치가 아닌 건물의 일부분을 소유하는 문제에 대한 입법조치가 이루어지고 있으며 층별도(Strata Map)는 층별권원(Strata Title)이라고 규정되는 것으로서 건물의 일부에 대한 권리의 보증이다. 층별도는 평면의 위치와 층별 구조가 측정되어 개략적으로 표시되고 벽은 단면도와 그 벽의 권리소속이 표현되어 있다. 영국에서는 부동산 등록부에 표시되는 파일형태이며 1필지가 붉은색으로 표시되고 저택 도로와 인접시설물인 차고 등이 한 블럭의 일부분으로서 표시되어 있다. 주 건물은 푸른색으로 표시되고 파일(File) 도면상에는 지하실 부분만이 표시되었으며 1층과 2층 및 3층은 분홍색으로 파일도의 보조도면상에 표시되었으며 주건물의 지붕 권원에 포함되어 있다. 그 구역은 원본상에 분홍색 그림자 형태로 나타나고 권원에 포함된 다른 층의 각 방의 크기와 위치를 표시하며 부번제도는 건물의 지하실에 있는 일련의 유류창고가 기준이 되는 방법이 쓰이고 있다. 이 부번은 건물을 임대차시에 주로 사용할 수 있으며 현재 이 건물의 권원에 대한 부번은 지하실에서 기번 되고 있다. 이 임차지의 상세도는 사용료 부과대장에 기재된다. 일본에서는 유럽국가와 같이 지적도상에는 건물을 등록하지 않고 있으나 별도의 건물소재도와 건물도면, 각층 평면도를 작성하여 부동산 등기목적으로 사용하고 있다.

(5) 건축물 대장

현행 건축법에서 건축물이란 토지에 정착(定着)하는 공작물 중 지붕과 기둥 또는 벽이 있는 것과 이에 딸린 시설물, 지하나 고가의 공작물에 설치하는 사무소 · 공연장 · 점포 · 차고 · 창고 등의 법률로 정하는 것을 말한다. 건축물대장은 특별자치도지사 또는 시장 · 군수 · 구청장은 건축물의 소유 · 이용 상태를 확인하거나 건축정책의 기초 자료로 활용하기 위하여 허가권자에게 사용승인신청을 받은 경우로 사용승인을 신청하여 허가내용과 일치 여부에 대한 검사를 실시하여, 검사에 합격된 건축물로 건축물대장에 건축물과 그 대지의 현황을 적어서 보관하여야 한다. 또한, 집합건물의 소유 및 관리에 관한 법률에 따른 건축물대장의 신규등록 및 변경등록의 신청이 있는 경우와 기존의 법령 등에 적합하게 건축되고 유지 · 관리된 건축물의 소유자가 그 건축물의 건축물관리대장이나 그 밖에 이와 비슷한 공부(公簿)를 건축물대장에 옮겨 적을 것을 신청한 경우가 있다.

건축물대장은 건축법에 의해 시장 · 군수 · 구청장이 관리하는 건축물 및 그 부지에 관한 현황을 관리하는 대장으로 건축물의 소유 · 이용 상태를 확인하거나 건축정책의 기초자료로 활용하고, 건축물 등기시 필수적 근거서류가 되며, 주택 · 건축 등 각종 행정자료 산출시 기본정보로 활용됨과 동시에 부수적으로 건축물의 매매 · 융자를 위한 담보제공 등에 이용하기 위해 필요하므로 내용을 등록하고 보관해야 한다. 건축물대장에 등록된 부동산에 관한 상황은 등기부에 기재되는 부동산의 표시 및 등기명의인의 표시의 기초가 되며 건축물의 사용승인에 따라 사용승인서를 내준 경우, 건축허가에 따른 건축허가 대상 건축물 외의 건축물의 공사를 끝낸 후 기재를 요청한 경우, 집합건물의 소유 및 관리에 관한 법률에 따른 건축물대장의 새로 등록 및 변경하여 등록을 신청한 경우로 건물에 변동 상황이 발생한 경우에는 건축물대장을 변경한 후에 등기변경을 신청해야 한다. 건축물대장은 그림 10-62와 같이 위치보다는 구조와 형태의 중요성을 인식하였으며 토지의 종속물로 관리되었던 과정으로 도면의 위치보다는 속성정보를 위주로 하였다. 건축물 대장의 관리가 허술하게 된 원인을 살펴보면 건축허가 및 신고대상 이외의 건축물에 대한 대장작성 및 관리에 대한 의무규정이 없었으며 건축물 담당 부서의 경우에는 건축인 · 허가업무에 주력하여 대장에 대한 체계적인 관리가 미흡하였다. 또한, 대장관리 인력의 부족으로 건축물의 변동사항에 대한 정리가 제대로 이루어지지 않았던 것도 원인이라 할 수 있다. 그리고 건축물대장의 변경사항에 대한 등기촉탁규정이 없어 대장과 등기부의 내용이 불일치 하는 경우가 많았으며 기존의 건축물대장에 기록된 내용이 한계가 있어 새로운 대장에 기재할 경우에도 현지조사를 실시하여야 하나 인력부족으로 과거의 내용만 기재한 경우가 대부분이었으며 최근에는 대장을 데이터베이스화 하여 전산시스템으로 구축하였다.

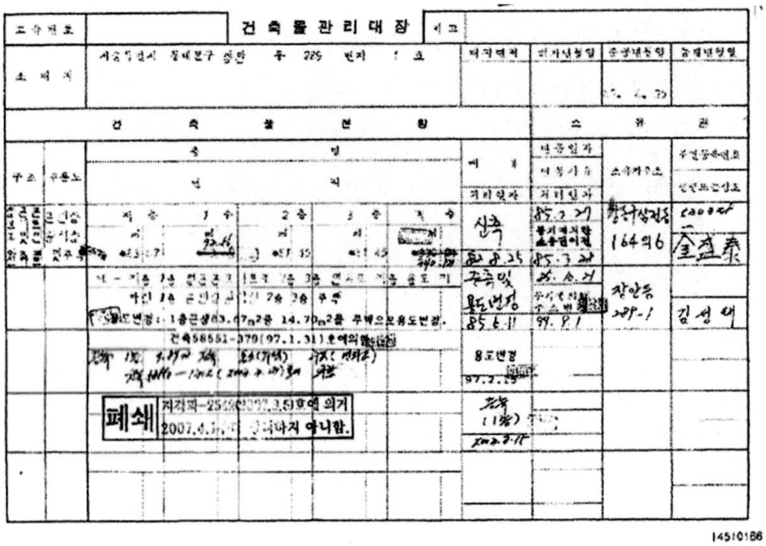
건축물관리대장

폐쇄

그림 10-62 전산화 이전 건축물대장

(6) 건물표시 지적도

우리나라에서는 현재 지방세법에 의한 가옥대장을 관리하고 지적도상의 위치와는 전연 연결되지 않는 방안지에 건축물 약도만이 작성되어 있으므로 각종 계획업무 등 지적도를 근거로 하여 많은 경비를 들여 필요 할 때마다 조사측량을 실시하고 있다. 건물조사측량을 실시할 경우에는 건축물의 위치를 기존지적도를 이용하거나 또는 별도의 건물도를 만들고 등록방법도 수치로 등록하거나 도해적인 방법중에서 선택하여 시행할 수 있다. 그리고 도면용지는 포리에스텔용지를 사용하여 기존의 평면지적도와 분리하여 관리하고 필요시에는 중첩하여 사용할 수 있도록 하고 있다. 이렇게 함으로써 각종 계획에 이용은 물론 무질서한 주거표시제도를 개혁시킬 수 있으며 정확한 국민의 재산권 보호가 가능하다.

그림 10-63의 경우는 토지조사사업 당시 목포지역의 일부에서 건축물을 측량하여 지적도에

등록한 도면이다. 하지만 현재는 지적도에 등록되지 않고 있어 전산화 된 지적도에 건축물을 등록하기 위해 다양한 방법으로 연구하고 있다.

그림 10-63 목포부 온금정 건물 표시측량원도

10.6 지하시설물측량

10.6.1 개요

지하시설물이란 상수도, 하수도, 가스, 난방, 전기, 통신, 지하도, 지하상가, 지하철, 지하주차장 등 인간생활을 영위하기 위하여 인위적으로 지하에 매설 또는 공중에 설치하였다. 그러나 문명의 발달과 도시의 급격한 팽창으로 시설물의 종류와 수량이 증가하여 공중과 지상공간에 설치할 수 있는 능력이 한계에 도달하게 되었다. 지하공간의 활용 형태는 지역별 또는 나라별로 그 지역의 문화적 특성, 사회·환경적 특성 및 지질적 특성 등에 따라 달라지며, 최근의 경우 국가마다의 지하공간 건설 기술력에 따라 활용 범위에 차이가 있다. 지하공간이라는 용어를 처음 사용한 곳은 미국의 지하공간협회(AUSA; American Underground Space Association)로 지하공간에 대해 "경제적 이용이 가능한 범위 내에서 지표면의 하부에 자연적으로 형성되었거나 또는 인위적으로 조성된 일정 규모의 공간자원"으로 규정하고 있으며 조성된 공간자원 내에 일정 목적의 시설이 첨가된 경우에 이를 지하시설 또는 지하시설 공간이라고 정의하고 있다.

현대도시는 도시의 생명선인 각종 공급체계를 원활히 유지하기 위하여 지하에 설치된 전화선, 전기선, 가스관, 상수도관, 하수도관 및 난방시설 등 수많은 시설물(Utilites)들의 효과적인 관리에 대한 필요성이 높아지고 있다. 특히 최근 전기시설물에 대하여는 도시미관, 전압의 증가, 유지보수의 용이성 및 위험 방지 등을 이유로 지하에 매설하는 경향이 증대되고 있다. 지하시설물은 매설 후 오랜 기간이 경과하면 지상현황의 변화에 의해 위치 파악이 곤란해지고, 매설관의 부식에 의한 누수, 지하시설물에 대한 정보 없이 행하여지는 지하공사 등으로 많은 장애와 위험에 노출되고 있다.

선진국에서는 80년대부터 지리정보체계를 도입하여 지하시설물을 통합적이고 체계적으로 관리하고 있으나 우리나라는 90년대부터 지방자치단체를 비롯하여 한국전력, 한국통신, 가스공사 등에서 각 기관별로 고유업무를 위해 전산화를 추진해 오고 있으며 지하시설물을 통합적으로 관리할 수 있는 체제를 갖추지 못하고 있는 실정이다. 유럽에서는 측량에 의하여 작성된 관리도면을 비치, 시설물 공사를 할 때마다 도면을 갱신하여 관리해오고 있는 반면, 우리나라에서는 지하시설물관리 전산화사업을 국가적 차원에서 일관성 있게 추진해야 할 필요성을 절감하고, 국가지리정보체계구축 기본계획에 따라 지하시설물도에 대한 수치지도화사업을 추진하고 있다.

현재의 지하시설물측량이란 지하에 설치·매설된 시설물을 효율적이고, 체계적으로 유지·관리하기 위하여 지하시설물에 대한 조사, 탐사 및 위치측량과 이에 따르는 도면제작 및 데이터베이스 구축까지를 말한다. 지하시설물 측량장비의 도입과 더불어 지적현황측량의 일환으로서 측량업무를 수행하고 있다. 그림 10-64 및 그림 10-65는 1980년대 대한지적공사에서 지하시설물 측량을 실시한 광경으로 이 당시 지하시설물 도면을 수작업으로 작성하였다.

그림 10-64 1980년대 지하시설물탐사측량

그림 10-65 1980년대 지하시설물탐사

(1) 지하시설물조사의 역사

유럽의 도시지역에서는 19세기 중반부터 지하시설물의 체계적인 등록관리에 대한 필요성이 인정되어 지하시설물측량을 실시해 오고 있다. 최초의 지하시설물 측량은 1875년 독일의 튜빙

겐시(Tubingen City)에서 1/500 축척의 신축 없는 복사 필름을 이용하여 실시하였다. 또한, 1975년부터 흙을 덮기전 시설물측량을 의무화 하고 자동기록처리장치를 이용하여 지하시설물 자료를 입력하고 교차로 및 밀집지역의 도면축척은 1/200, 시설물 중복지역은 단면도를 작성하여 보완하고 있다. 스위스는 1915년 올튼(olten)시, 1917년 바젤(Basel)시에서 지하시설물도면을 작성하여 관리하기 시작하여 1954년 스위스의 베른(Bern)시에서 지하시설물도면을 작성하면서 체계적으로 관리하였다. 또한, 1969년 전산화를 시작하고 1971년 좌표에 의하여 시설물 위치를 등록하였다.

폴란드는 1881년 수도 바르샤바의 시가지지역에 대하여 축척 1/250의 8절지 크기로 시설물 관리도를 제작하여 1887년 187km에 달하는 지하시설물 도면작성을 완료하고 1963년부터 지하시설물을 매설할 때 흙을 덮기 전에 위치측량에 의한 등록을 의무화 하였다. 일본은 세계 제2차 대전 이전부터 구시가지는 축척 1/250, 신시가지는 1/500의 관리도면을 작성하고 1967년에 기본법을 제정하였으며 1985년 도로관리센터를 설립하고 도로와 시설물(통신, 전기, 가스, 상·하수도, 지하철 등) 통합관리, 각종 도로관련시설물의 개설허가, 공사조정, 관리업무를 총괄하여 GIS의 일종인 도로정보관리시스템을 이용한 업무를 수행하였다.

1982년 서울시에서 처음으로 지하시설물 측량을 실시하고 인천, 대구, 대전, 광주 등으로 확산 시행되었다. 1995년 우리나라는 국가지리정보시스템(NGIS) 구축사업을 시작으로 지하시설물 도면을 전산화하기 시작하여 현재까지 지속적으로 시행하고 있다. 최근에는 세계각국 대부분의 도시가 지하시설물 종합관리 체제를 확립하고 있으며 이집트와 필리핀, 스웨덴 등의 국가에서도 이 측량을 추진하고 있다.

(2) 지하시설물측량 성격

지하시설물측량은 모든 지하 시설물을 대축척 지도상에 등록함으로써 도로공사시에 기존 지하시설물을 훼손하지 않고 합리적으로 통제할 수 있는 유지관리가 이루어지도록 하는데 목적이 있다. 지하시설물측량은 지적측량의 일부분으로 정의하고 지하시설물종합도 작성업무는 지하현황을 파악하기 위하여 지하에 매설된 상·하수도, 송·배수관, 전기, 전화, 가스선을 정밀 탐사하여 지적도를 근거로 관계위치 현황을 지적공부에 등록된 경계선과 대비하기 위한 것이므로 현황측량으로 집행하도록 하고 있다. 지적현황측량은 토지의 점유 및 이용 상태별 현황, 기타 필요에 따라 설정한 경계선 현황(필지), 건축물 및 구조물의 구획현황, 전주·도근점·수도전(水道栓) 현황, 전선·수도관·철조망 등 선현황 등으로 구분할 수 있다. 그러나 지하시설물에 대하여 측량을 할 경우 현재는 해당 지역의 정확한 건물경계와 토지경계선을 파악하기 위해 지형도와 지적도를 중첩하여 경계선을 비교하는 방법을 이용하는데 중첩할 경우 지형도와 지적도의 경계선이 일치하지 않아 위치를 파악하는데 많은 어려움을 겪고 있다. 지적도에는 지번 · 경계점 · 도로 · 철도 · 측량기준점 및 수준점 등이 등록되어 있으므로 지하시설물도는 지적도를 기본으로 지하시설물의 위치관계가 추가로 등록되어야 할 것이다. 지적도에 등록된 모든 필지에 지번을 부여하여 개별화함으로써 필지별 대장의 등록사항과 도면의 등록사항을 연계하거나 검색하는 등 필지에 관련된 모든 자료와 연계하여 사용하는 것이 가장 이상적이다. 지하시설물측량은 지적측량의 일부분으로서 공정성과 정확도를 확보하기 위하여 대한지적공사에서 1982년 지하시설물측량을 최초로 실시하였으며 향후 공간정보시스템 사업의 활성화에 지속적으로 실시하여야 할 것이다.

10.6.2 지하시설물 종류

시설물(Facility)이란 기반시설 · 하부구조 · 기초구조와 같은 의미이며 상수 · 전기 · 통신 · 가스 및 유류 · 난방의 공급과 우수 · 오수와 같은 하수의 처리, 제방 · 댐과 같은 자연재해 방지와 산업용수 확보에 필요한 설비, 도로 · 철도 · 교량 · 터널 · 항만 · 공항과 같은 교통시설 등 인간생활의 편의를 도모하기 위하여 설치한 제반 설비를 말한다. 지하시설물의 관리주체에 따라 필요로 하는 정보는 달라진다. 지하시설물은 도시 하부구조의 공공시설 또는 공공적 성격을 가진 시설로서 도시가 하나의 유기체적 기능이며 도시적 생활과 활동을 영위하는데 불가결한 물리적 시설이므로 지하시설물에 관한 계획으로 규모와 배치 및 체계는 도시의 효율성과 편리성을 좌우할 수 있는 중요한 요소들이다. 따라서 지하시설물의 관리는 기본적으로 도로를 중심으로 이루어진다고 볼 수 있으며, 이를 전산화된 시스템으로 관리하기 위해서는 먼저 도로가 실폭으로 정확히 입력된 수치지도를 기본도로 하고 그 위에 시설물별 레이어(Layer)로 올리는 작업이 필요하다. 한국가스공사 및 각 지역별 도시가스회사에서 관리하고 있는 중압가스관, 고압가스관, 가스맨홀, 가스수취기, 밸브, 보호관 등이 있다.

(1) 상수도

상수도는 도시시설물 중에서 가장 많이 매설된 것으로 수도라 함은 "도관 및 기타의 공작물로서 물을 사용하여 원수(原水) 또는 정수(淨水)를 공급하는 시설의 총체"라 규정하고 있다. 상수도 시설은 지방자치단체와 한국수자원공사에서 관리하고 있는데 수원지에서 수요자에 이르는 전체적인 상수도 시설물에 대한 관리는 상수도 사업본부에서 총괄하고 있으며, 배수지에서부터 각 수요자에 이르는 배수구역 내의 상수도시설물에 대한 관리는 각 지역의 수도사업소에서 관할하고 있다. 상수도 시설의 종류는 배수관, 송수관, 광역 상수관, 상수도 맨홀 제수변, 배기변, 소화전, 수압계실, 급수탑, 저수조, 가압장, 배수지, 취수장, 펌프장, 보호관, 유량계실 등이 있다. 상수도관에 사용되는 재질은 철관, 주철관, 시멘트, P.V.C관이 사용되고 있으며 그 내부 및 외부는 코팅되어 부식을 방지하도록 되어있다.

상수도 관련 업무는 상수도 시설계획에 관한 사항과 시설물관리와 관망관리, 배수지역 조정, 누수탐지 및 복구 등 상수도 시설물 유지관리 사항과 재해대책수립에 관한 사항 등이 있다. 상수도 사업본부에서 보유하고 있는 주요 도면은 배관망도, 일반도, 관로, 배급수관 종합정비도, 누수복구도, 지하시설물 일람도 등이 있다. 관련 장부자료는 공사대장, 변류대장, 가압장 관리카드, 배수지 관리카드, 공설소화시설물대장 등이 있다. 수도관의 매설위치와 깊이는 차도에서는 관경의 90cm 이상이며, 보도에서는 90cm 이상, 사도에서는 60cm 이상, 사유지에서는 30cm 이상 깊이에 매설하되 만약 노면하중을 고려할 필요가 있을 경우에는 그 이하도 가능하다. 또한, 관로정비사항 및 변경사항과 좁은 도로폭에 관한 자료가 누락되고 있으며 상수도 시설물 중 급수탑, 소화전, 저수조에 대한 관리는 소방본부에서 하고 있기 때문에 상수도 배관망도에는 기재되어 있지 않아 관망정보를 일원화하는 작업이 필요하며, 보다 정확한 자료를 얻기 위해서는 기존의 도면을 가지고 현장조사를 실시하여 자료를 보완하여야 한다.

(2) 하수도

하수도는 "하수를 배제(排除) 또는 처리하기 위하여 설치되는 하수관리, 하수종말처리시설, 기타의 공작물과 시설의 총체"라고 하며 가정과 공장에서 배출되는 오수 및 우수를 일정한 지점까지 운반 · 처리 · 방류하는데 필요한 모든 시설과 설비를 말한다. 하수도에서 오수와 우수를 처리하는 방식으로는 우수와 오수를 동일관에 수용하는 합류식(Combined System)과 우수와 오수를 별도의 하수관거로 수용하는 분류식(separate System)이 있다. 분류식을 채택하는 지역에서는 오수관과 우수관을 연결하지 않도록 하고 오수관은 일반적으로 도로의 중앙에 매설하며 매설되는 위치는 도로의 양쪽에 연결선에서 등거리 되는 도로의 중앙에 위치한다. 보통 도로의 경사면 중앙 사이에 위치하여 항상 상수도와는 도로의 반대편에 매설한다. 하수도시설은 지방자치단체에서 관리하고 있는 오수관거, 우수관거, 하수맨홀, 배수관거, 배수펌프장, 하수처리장, 배수장 등이 있다. 하수도 관련 업무는 크게 하수도 기본계획 및 재정비, 하수도 시설물유지관리, 하천현황관리, 하천용지관리 등이 있다. 하수도시설물을 관리하는데 사용되는 도면은 공공하수도관망도, 하수관망 기본계획도, 일반도, 위치평면도, 색인평면일람도, 지형평면도, 하천 종단도 등이 있으며 관련 장부는 공공하수도 현황서, 하천현황대장조서, 하천대장, 토지조서, 하천공작물 설치처리부 등이 있다. 또한 관로에 대한 정보가 체계적으로 기록되지 않아 관로의 연결상태가 불확실하며 시설물 누락, 고유번호의 일관성 결여 등의 문제점이 있다.

(3) 전기

한국전력에서 수행하고 있는 업무는 발전소에서 변전소, 변전소에서 변전소까지를 관리하는 송변전 업무와 변전소에서 변압기, 변압기에서 수요자까지를 관리하는 배전업무로 나누어진다. 전기업무는 송전관리 사업소와 배전관리 사업소로 분류되어 해당부분에 대한 자료를 따로 관리하고 있으며 배전선의 경우도 가공선과 지중선 그리고 CATV선로에 대한 관리를 서로 다른 부서에서 관리하고 있다. 도시 내에 건설되는 가공선로는 건물, 인가의 밀집으로 인해 경과지 확보가 어렵고 감전사고 위험, 도시미관, 시설보완, 유지보수 곤란 등의 관계로 지중화가 이루어지고 있다. 배전관리시스템의 주요기능은 설비자료관리, 도면관리, 배전설계 등이다. 한국전력에서는 전기관리체계를 구축하기 위하여 GIS를 이용한 데이터베이스를 구축하고 있으며, 강동 · 송파지역을 대상으로 배전관리시스템을 시범운용하고 있다. 전기시설물 관련 자료는 지형도, 지적도, 전국지도, 지세도 등이 있으며 시스템은 지적도를 사용하여 정보를 표시하는데 실제 현장내용과 일치하지 않는 경우가 많다. 또한, 업무가 분리되어 있어 현재 배전지중설비와 배전가공설비 그리고 송전선로 등이 따로 데이터베이스화 되고 있는데 통합관리 할 수 있는 체계가 구축되어야 한다.

(4) 통신

통신은 현대사회의 중요한 신경계통으로 최근 전자기술의 발달에 따라 정보통신이 급속히 확대되었다. 통신시설은 한국통신공사에서 관리하고 있는 시내통신 지하관로, 시외통신지하관로, 시내통신 맨홀, 시외통신맨홀, 통신구, 전화국, 공중전화부스, 직매단자함, CATV전력공급함, 접지시설, 시내통신주, 시외통신주, 시외통신표주, 고속도로 긴급전화 및 선로피해 복구, 공중전화 관리업무, 구내통신 선로의 준공검사 및 관리, 지하관로의 시설관리, 공기주입장치 관리 및 유지보수업무 등이 있다. 지하선로는 지하에 케이블을 포설하는 지하관로를 만들고 여기에다 케이블을 인입 매설한 것을 관로케이블 선로라 하고, 공동구를 만들고 여기에다 케이블을 인입포설한 것을 공동구 케이블선로라 한다. 통신관로는 대부분 도로하부에 매설하므로 외상을 방지하기 위해 관로상판에 경고표지 시트를 부착하고, 도로표면에 지중선로 표시기(황동)를 매설한다. 한국통신에서는 선로관리시스템을 구축하여 운영하고 있는데 주요기능은 시설물

데이터입력, 가입자시설 종합관리, 선로시설 자동검색, 데이터베이스 관리 등이 있다. 통신관련 자료로는 시내케이블도, 중계케이블도, 나선로도, 광케이블도, 관로도 등이 있다.

(5) 가스

가스는 원산지에서 액체 상태로 수송되어 평택의 LNG기지로 이동해서 가스관망을 통해 수요자에게 도달하게 되는데, 고압관은 한국가스공사에서 관리하고 중 · 저압관은 각 지역 도시가스회사에서 관리하고 있다. 가스와 난방 관련 시설물은 시도의 지역경제국 연료과 및 시군구의 산업과에서 관리하고 있으며 지방자치단체에서는 행정사항을 관리하고 시설물관리를 위한 모든 자료는 일반 도시가스회사에 의존하고 있다. 가스관련 업무는 가스관로 신설공사, 가스공급시설 도면작성, 배관 매설 위치 표시, 가스시설물 유지보수 등이 있다. 도면자료는 지형도와 지적도가 있고, 장부자료는 도면관리대장이 있다.

한국가스공사에서 관리하고 있는 주배관과 가스회사에서 관리하는 지역배관이 연계되어 있지 않고, 회사별로 다양한 기본도를 사용하여 시스템을 구축하고 있어 자료의 공동활용이 매우 어려운 실정이다. 또한, 도시가스는 공장에서 제조되어 지하에 매설된 가스배관을 통하여 가정 · 영업소 · 빌딩 · 공장 등 각 수용가에게 필요한 때는 언제라도 사용할 수 있는 일상생활에 없어서는 안될 에너지 공급선으로서 생활수준의 향상에 따라 가정 연료의 대부분을 차지하고 있다. LNG관과 LPG관은 도로를 따라 매설하며, 관 1개당 길이는 12m로 하고 용접을 하여 연결한다. 외부로부터 관을 보호하기 위해서 보호용 철판을 설치해야 하며, 도로 등을 횡단할 경우에는 흄관 등으로 보호하도록 하고, 타 시설과는 30cm이상 떨어지도록 매설해야 한다. 또한 타 공사로 인한 굴착시 피해방지를 위해 반드시 경고표지판을 설치해야 하고 일반적인 가스관의 지하매설 시설기준은 다음과 같다.

① 배관은 그 외면으로부터 다른 시설물과 0.3m 이상의 거리를 유지하고 깊이는 산과 들에서는 1m 이상, 그 밖의 지역에서는 1.2m 이상으로 하여야 한다.

② 배관 지반이 동결됨에 따라 손상을 받지 않도록 적절한 깊이에 매설하고 배관의 외면은 도로의 경계와 1m 이상의 수평거리를 유지하여야 한다.

③ 배관의 외경에 10cm를 더한 폭 이상의 폭으로 단단한 내구력을 갖는 판을 배관의 정상부로부터 30cm 이상 떨어져 배관의 직상부에 설치하고 시가지의 도로 노면 밑에 매설하는 경우에는 배관의 내면과 노면과의 거리는 1.5m 이상으로 하도록 하고 있다.

④ 시가지의 도로의 노면 아래에 매설하는 경우에는 배관의 외면과 노면과의 거리는 1.2m 이상으로 한다.

⑤ 전선, 상수도관, 하수도관, 가스관 그밖에 이와 유사한 것이 매설되었거나 매설할 계획이 있는 도로에 매설하는 경우에는 이들의 하부에 매설하도록 한다.

(6) 도로

도로에 대한 업무는 상당히 방대하지만 도로건설용역, 도로건설 예산편성, 도로현황관리, 도로시설물관리, 도로부속물관리, 도로점유물관리, 도로용지관리 등이 있다. 도로시설물 관리에 필요한 도면자료로는 도시계획도, 도시계획총괄도, 지번약도, 도로시설물 종합평면도, 현황도, 지하시설물도, 도로용 지도 등이 있고, 장부로는 도로대장, 미개설도로 현황조서, 도로건설사업계획 개별카드, 도로건설사업 관리카드, 공사대장, 용역대장, 단위사업 계획조서, 도로시설 현황, 도로시설물 관리카드 등이 있다. 도로는 모든 시설물에 대한 구심점 역할을 하고 있으며 도로시설물도상의 자료 정확도가 가지는 문제로 인하여 시설물들의 위치 정확도를 확보하기 어려운 문제점이 있다.

(7) 송유관

송유관은 지형별 특성에 따라 적정 깊이(1~4m)로 매설하며, 관 1개당 연장은 12m로 하고 용접을 하여 연결한다. 시가지 · 도로 · 하천 · 고수부지를 통과할 때는 보호용 철판 및 콘크리트 보호판을 설치해야 하고, 도로와 철도를 횡단할 경우에는 흄관으로 보호해야 한다. 대한송유공사 및 한국송유관에서 관리하고 있는 송유관, 저유조, 기타 송유시설 등이 있으므로 가스관과 동일하게 타 공사로 인한 굴착시의 피해 방지를 위하여 경고표지판을 설치해야 한다.

(8) 기타

철도청, 지하철공사, 도시철도공사, 지방자치단체 시설물 관리공단에서 관리하고 있는 신호 및 가로등과 관련된 지하시설, 지하철 및 ITS 관련 지하시설, 지하에 매설된 케이블 TV 및 유선선로, 공동구, 지하도 및 지하상가 시설, 기타 지하시설물과 관련이 있는 시설 등이 있으며 한국지역난방(주)에서 관리하고 있는 난방열관, 밸브, 기타 관망시설 등이 있다.

10.6.3 측량 작업 순서

지하시설물의 탐사법은 굴착하지 않고 탐사장비를 가지고 지표로부터 시설물의 수평, 수직위치를 탐사하는 것이다. 지하시설물측량 작업과정은 작업계획, 자료의 수집 및 작업준비, 지하시설물탐사, 지하시설물의 위치측량, 지하시설물 원도작성, 대장조서 및 속성 DB 작성, 지하시설물도 작성, 정위치편집, 구조화편집, 도면제작편집 및 도면출력, 성과 등의 정리의 순서로 작업이 진행된다.

(1) 작업계획및 작업준비

작업방법 및 품질관리 계획, 현장 답사 및 기초자료 수집, 세부공정, 인원과 기기의 투입, 보안 및 안전관리, 참조할 자료를 파악한다. 지하시설물 조사가 용이하도록 지하시설물 지도를 출력하거나 컴퓨터에 저장하고 지하시설물 관련 자료를 조사하고 수집하여 편집도면을 작성하는 것을 말한다. 지하시설물의 위치에 관한 정보, 지하시설물에 관한 각종 도면, 지하시설물 관리대장 자료의 종류, 수량과 관리기관을 파악 후 수집된 자료는 편집도의 축척과 동일하게 편집하여 사용한다. 지하시설물의 정확한 위치를 파악하기 위해서는 관로 및 변류탐지기, 유량·유압 측정기, 누수탐지기, 측량장비 등의 시설을 갖추어야 한다. 그러나 이러한 탐사장비는 관로의 평면위치나 심도, 누수정보 등 일부만을 확인할 수 있으므로 관종, 관경, 설치년도를 파악하기 위해서는 탐사 전에 각 유관기관으로부터 도면, 대장, 조서 등의 자료들을 수집하여 현장조사에 활용할 수 있도록 정리해야 한다.

지하시설물과 관련된 위치정보와 기타 탐사에 의해야 하는 것을 제외한 속성자료들은 각 시설물 관리부서에 보관된 각종 도면과 관리대장 조서를 수집하고 특히 시공 당시 설계도 및 준공도를 최대한 조사에 활용할 수 있도록 정비하여야 한다. 현지조사에 의해 조사측량 되어야 할 내용이 결정된 후에는 실제 현지 조사지역을 미리 답사하여 현장에 적합한 장비를 결정한다. 자료 수집은 지하시설물 조사 및 탐사와 작업조서 작성에 필요한 지하시설물의 위치에 관한 정보, 지하시설물에 관한 각종 도면, 지하시설물 관리대장 자료의 종류, 수량과 관리기관을 파악 후 수집한다. 관련 자료의 조사는 지하시설물 관리기관 및 측량작업기관은 지하시설물에 대한 자료를 사전에 조사, 수집하여 지하시설물측량 및 입력의 참고자료로 활용하여야 한다. 지하시설물 관리기관은 당해 지하시설물측량에 필요한 모든 자료를 측량작업기관에게 제공하도록 하고 있다.

(2) 지하시설물탐사

지하시설물 탐사는 지하시설물에 대하여 굴착하지 않고 탐사장비로 지하시설물의 위치 및 심도를 측정하는 방법으로 주로 전자유도탐사법 및 지중레이더 탐사법을 이용한다. 현지조사 사항은 기본도에 표시된 맨홀 및 지하시설물 관련 지상시설물을 기준점으로 기본도에 기재한다. 지하시설물 조사 및 편집은 지하시설물과 관련된 지상시설물의 현지조사와 현지보완측량을 실시하고, 지하시설물 도면을 재편집하는 작업을 말한다. 현황도와 지하시설물 편집도를 이용하여 탐사대상물별 사용탐사장비로 지하시설물의 위치 및 심도를 탐사한다.

지하시설물 탐사기는 관로의 위치와 심도만을 찾을 수 있으므로 추적하여 조사하고 지하시설물 탐지기에 의해 탐지된 도로시설물 관로는 도로상에 표시하고, 평판을 이용하여 위치측량을 실시한다. 하수도 맨홀은 개방하여 관로의 관저고, 구경, 재질, 유수방향 등을 조사하여 기재하고 수집된 자료와 현지에서 조사한 상·하수도 시설물 및 관망도를 이용하여 지하시설물도를 작성한다. 대장·조서 작성은 조사 측량된 시설물도는 정리·편집된 기존자료와 함께 대장으로 작성하고 기존의 대장·조서 자료는 속성자료의 형태로 입력 관리되도록 하는데, 입력된 시설물의 지형·지물에 고유번호를 부여하고, 고유번호에 맞추어 속성자료도 입력되도록 하여 시설물의 지형·지물에 속성자료가 데이터베이스로 관리되도록 한다. 지하시설물을 탐사, 측량하기 전에 지하시설물 편집도를 이용하여 육안으로 확인이 가능한 지상에 노출된 지상시설물의 명칭 및 제원 등 속성자료를 조사하여야 한다.

(4) 위치측량

지하시설물 위치측량은 지하시설물 탐사기기를 활용하여 맨홀, 접수구, 변압기, 소화전, 교환기, 전신주와 같은 것을 주로 기준점으로 측정하고 그 위치를 지상에 표시한 지하시설물의 위치에 대하여 측량하는 것을 말한다. 작업순서는 현장조사, 관련기관과 협의, 현장 안전대책, 작업안전시설 설치, 지하시설물 관로탐사, 위치측량에는 Total Station을 이용한다. 지하시설물은 시공 중 흙을 덮기 전에 직접법으로 측량할 수 있으며 금속관로, 비금속관로 및 케이블 등 지하시설물의 재질에 따라 적합한 지하시설물 측량방법을 선택한다. 실측방법은 우선 지하시설물 관리기관으로부터 기초자료를 수집하여 종합약도를 작성하며, 현장에서는 대상지역을 세분하여 소지역으로 나누어 탐사를 시작하고 시설물의 수평 및 깊이를 측정하여 지상에 표시하며 이를 기초로 평판측량을 실시하면서 토지경계선과 중요한 지형·지물을 측량한다.

지하시설물의 평면위치는 관로의 중심선을 기준으로 탐사하며 깊이측량은 지표면에서부터 지하시설물의 상단까지의 깊이를 탐사한다. 지하시설물에 대한 측량간격은 20m 이하로 하며 지하시설물이 교차·분기하거나 상태가 바뀌는 경우, 지하시설물이 곡선구간인 경우, 지하시설물에 각종 제어장치 또는 밸브가 있는 경우에는 측량간격에 관계없이 반드시 측량을 실시하여야 한다. 맨홀 및 변실을 조사할 때에는 관로의 재질, 지름 및 설치연도 등의 자료를 직접 또는 자료조사를 병행하여야 한다. 지형 · 지물에 의한 측량방법은 특정 지형 · 지물로부터 상대적 위치에 의한 측량방법으로 측량하고자 할 경우에는 상대적 기준이 되는 점의 수를 3개 이상 선정하여 3점이 교차되도록 하며 시오삼각형의 가장 큰 변이 정확도 이내이어야 한다. 직경이 100mm 이하인 비금속 관로는 시설물 관리기관별로 별도로 정할 수 있으며 시설물 위치의 탐사가 가능하도록 보조장치가 설치된 비금속관로를 보조장치로 이용하여 탐사한 경우에는 당해 비금속관로를 금속관로로 본다. 지거측량에 의하여 경계석으로부터 이격거리에 의하여 측량할 수 있으며, 경계석으로부터 이격거리라 함은 인도 경계석이 도로와 접한 면으로부터 수직이격거리를 말한다.

상대적인 측량의 정확도는 상대적인 거리를 확인하여 10cm 이내를 허용오차로 하고 지형 · 지물에 의한 측량인 경우에는 측량의 기준이 되는 특정 지형 · 지물 또는 경계석에 대한 상세한 점의 기록을 작성하여 제출하여야 한다. 기준점을 이용한 측량방법은 지하시설물의 위치에 대한 높은 정확도를 필요로 하는 경우에는 국가측량기준점을 이용하거나 또는 도엽별로 기준표석점(X, Y, Z)을 설치한다. 기준표석점은 직접측량방법에 의하여 시행하여야 하고 또한, 지하시설물의 주요 관로 및 맨홀 등의 위치는 이를 기준하여 직접측량법에 의하여 시행한다. 수준측량은 지하시설물 도면을 이용하여 지표면상의 표고를 측정하기 어려울 경우에는 지점마다 지표면의 표고에 대하여 별도의 수준측량을 실시하되 직접 또는 간접측량을 실시한다. 여러 종류의 지하시설물을 동시에 탐사할 경우에는 그 종류별로 구분하여 탐사하여야 한다.

(5) 현황도 및 원도작성

1) 지하시설물 현황도

지하시설물 현황도는 지적측량사가 수집된 자료나 측량성과를 이용하여 편집하고 일단 종합관리도가 작성된 이후에 추가 매설하는 경우에는 각 시설기관에서는 지적관서에 그 결과를 통보하여 정리하는데 통일된 기호를 사용하며 동일한 축척으로 성과를 통보하되 도면에는 평면도와 횡단면도, 상세도, 일람도 등이 있다. 평면도는 시가지에서 지적도와 동일한 축척과 크기로 작성하며 평면도의 기재사항에는 지적경계선, 지번 및 기초점, 건물 및 주요 지형 · 지물, 행정구역명칭 및 가로명, 지하시설물과 관련된 지상노출물, 수평위치 및 시설물 번호 등을 기재한다. 상세도는 일반적으로 지하시설물 종합관리도와 축척을 동일하게 작성하며 기재사항은 시설면도, 노선의 길이, 지상구조물까지의 거리, 시설물의 방향, 관리번호 등이다. 횡단도면은 지하시설물의 배치상태를 구별할 수 있도록 하되 도면의 축척은 1/100~1/300정도로 한다. 일람도는 축척을 1/3,000~1/10,000로 하고 도엽별로 번호를 식별할 수 있도록 도곽선으로 구획한다.

2) 원도 작성

지하시설물도 작성은 수치지도를 기초로 지하시설물에 대한 측량성과를 수치화 한 후 일정한 기호와 축척으로 입력하여 수치자료도면을 작성하는 것을 말한다. 지하시설물 관리기관은 지하시설물의 설치, 변경 또는 폐기 등의 사유가 발생한 때에는 지하시설물도를 작성 또는 수정하되 작성 또는 수정을 위한 지하시설물 측량은 지하시설물의 설치, 변경 또는 폐지 등의 공사가 완료되기 전 시설물이 노출된 상태에서 실측하여야 한다. 원도의 작성은 지상시설물 조사결과와 지하시설물 측량 결과를 기초로 입력이 용이하도록 성과를 편집도에 정리하여 원도를 작성한다. 원도 용지의 크기는 50×75cm를 표준으로 하며 용지는 신축이 0.05% 이하, 두께는 0.1mm 이하로 단면이 폴리에스테르 필름으로 피복 또는 동등 이상이어야 한다. 난외주기에 포함될 사항은 도엽명 및 축척, 인접도엽의 도엽번호, 수치지도 제작(촬영 및 조사)년도, 기타 지하시설물과 관련된 사항을 주기하여야 하며 지하시설물도는 표준코드(도엽코드 · 지형코드 · 지하시설물 레이어코드 및 속성코드)를 사용한다.

지하시설물 레이어코드 및 속성코드는 국가지리정보체계(NGIS)구축 기본계획에 따라 국가표준코드를 사용하고 시공년도, 관경, 재질은 조사 자료에 의해 표기하며 시설물관리번호를 기재하고 정리 및 편집은 판독이 용이하도록 한다. 또한, 전산으로 입력할 경우 혼동이 되지 않도록 색상별로 구분 · 정리하고 지하시설물이 일정 크기 이상인 경우는 외곽선을 기재하며 작은 경우는 시설물의 중앙을 기재하고 조사, 탐사 결과를 1/500으로 확대된 도면에 판독이 용이하도록 색상별로 구분하여 정리한다.

종이도면으로 된 지하시설물도는 자료의 최신화가 곤란하므로 기본도를 지적도로 사용하여 지형도가 결합된 도면으로 여러 시설물기관에 제공하는 방식을 이용하였다. 그러나 최근에는 전산기의 발달로 작성시에 자료를 수치화하여 CAD작업으로 작성할 수 있고 자료의 전산처리는 많은 융통성이 있는 관련 자료를 처리할 수 있도록 작성하여야 한다. 지하시설물도 등을 작성할 때 사용하는 출력기기는 자동제도기 및 플로터이다.

3) 표현방법

지하시설물의 표현방법은 국가지리정보체계(NGIS)구축 기본계획에 따른 레이어별로 표현하되 표현방법이 없는 경우에는 계획기관과 협의하여 별도로 정할 수 있다. 지하시설물 종류별 표시는 다색으로 착색하여 표현하고 각 매설관로 및 맨홀의 제원 표기방법은 시설물의 연장은 맨홀과 맨홀 사이의 거리를 기록하는 것을 원칙으로 하되 경우에 따라서는 분기점, 관경의 변화점, 매설년도의 상이점 등을 적용하여 기재할 수 있다.

2개 이상의 동일 공종관이 서로 교차하여 합류될 경우에는 합류와 같이 표시하며, 분리될 경우에는 분리기호(심벌)를 교차점에 별도로 표시하며 같은 지점에 동일 종류로서 2개 이상의 각기 다른 재질, 규격의 시설물이 매설되어 있을 경우에는 한 선분위에 그 제원을 2줄 이상으로 각각 기재한다. 동일한 제원으로 맨홀과 맨홀 사이의 거리가 협소할 경우에는 기록 제원의 연장만 표시하고 하수시설의 경우 유수방향을 관의 연결부나 끝부분 및 접합점에 화살표로 표시하여야 한다.

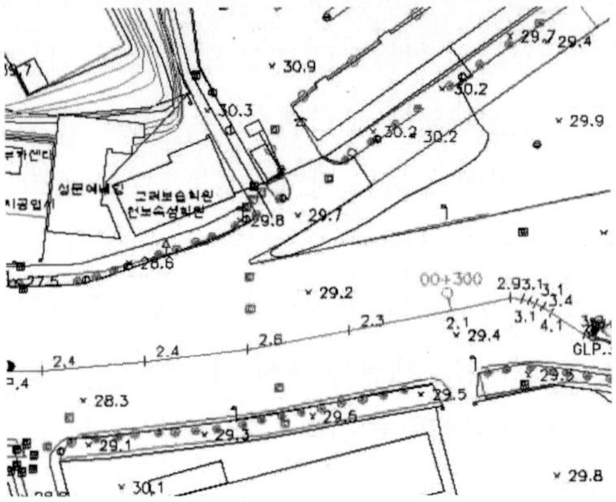

그림 10-66 지하시설물도면

4) 지하시설물 입력

지하시설물 입력은 기존의 지하시설물도에 입력 또는 현지에서 측정한 지하시설물에 대한 위치 및 속성자료를 수치데이터로 취득하여 입력하되 지하시설물 측량성과를 기초로 하여 각종 수집자료 및 작업조서를 참고하여야 한다. 또한, 관속 내용물의 흐르는 방향으로 입력하는 것을 원칙으로 하고, 그 흐름의 방향을 파악할 수 없는 경우에는 도면의 상단에서 하단, 좌측에서 우측방향의 순서로 입력한다. 지하시설물도에는 현지조사 및 탐사를 통하여 수집된 속성자료와 관계법령에 의하여 작성된 지하시설물 관리대장의 항목 중 필요한 사항을 입력하고 속성자료는 도형자료와 서로 연결될 수 있도록 입력되어야 한다. 지하시설물 입력방법은 지하시설물 원도로부터 입력할 때에는 신축이 허용한도를 초과하지 않는 원판을 사용하여야 한다.

관로를 입력할 때에는 시설물의 맨홀, 제수변, 밸브 등을 기준으로 관로를 분리하여 입력하며, 점형자료(맨홀, 제수변, 밸브)의 중앙에서 관로를 끊어준다. 관로의 위치정보 및 속성정보가 수정되거나 분리 또는 합쳐질 경우에는 접합점이 생성되도록 입력하며, 관로가 횡단할 경우에는 분리기호를 교차점에 별도로 표시하고 통과하도록 입력한다. 맨홀 및 심볼 등이 중복될 경우에는 중복하여 입력하며 관로가 변류 및 제어기 등과 만날 경우에는 접합점(NODE)을 형성하고, 변류 또는 제어기 등을 관로 위의 접합부에 심벌로 부여한다. 수동독취기를 이용하여 입력할 때에는 4점 이상의 기준점을 사용하여 독취하고 자동 입력작업은 표준코드에 따라 레이어별로 입력하는 것을 원칙으로 하며, 벡터라이징 할 때에는 왜곡을 보정할 수 있도록 4점 이상의 기준점을 사용하여 벡터데이터로 변환하여야 한다. 지하시설물도에 표시하는 지하시설물의 종류별 기본색상은 상수도 시설은 청색, 하수도 시설은 보라색, 가스시설은 황색, 통신시설은 녹색, 전기시설은 적색, 송유관 시설은 갈색, 난방열관 시설은 주황색으로 한다.

(6) 조서 및 속성 DB 작성

1) 조서작성

탐사가 완료되면 각 시설물 별로 속성연결, 시설물대장 및 작업 조서를 작성하며 작업조서 내용에는, 작업일자, 작업내용, 사용장비, 작업방법, 작업자의 인적사항, 탐사기의 탐사능력의 범위를 초과하는 등 지하시설물을 탐사하는 것이 기술적으로 곤란한 경우에는 그 지역의 위치와 사유를 작업조서에 명시한다. 각 시설물 관리기관이 관리하는 지하시설물을 조사측량한 후 위치 및 크기를 확인하고 시설물을 효율적으로 관리하기 위해 시설물별로 대장을 작성 배치한다. 지하시설물대장 작성방법의 주요항목을 보면 도면번호는 지하시설물 관리도와 대장이 서로 관련성을 유지하고 번호 순으로 카드를 보관 · 관리하며 도면에 포함된 시설물별로 분류하여 각각의 시설물대장을 보유함으로써 서로 독립된 체계적인 관리할 수 있다.

모든 시설물은 시작지점과 끝나는 지점이 있으며 시설물 등록번호는 시설물 관리의 전산화를 위하여 시설물별로 고유번호를 부여하여 시설물의 특성을 표시할 수가 있다. 시설물은 도로에 매설되기 때문에 그 노선명을 기재하여 시설물의 소재를 알 수 있도록 하여 즉시 출동 보수가 가능하도록 한다. 또한 시설물 관리도에는 여러 개의 도로가 있으므로 도로폭 순으로 기재하여 동일 시설물이라도 중요도를 파악할 수 있도록 한다. 즉, 지역간 도로, 간선도로, 보조간선도로 순으로 시설물대장을 작성하되 대장의 등록사항은 시설물의 소재, 시설물의 종류, 시설물의 크기 및 깊이, 가로명 및 가로번호, 노출물 수, 관리청 명칭 및 소재, 시공연월일, 도면번호, 기타 필요한 사항을 등록한다. 대장조서에는 작업일자, 작업내용, 사용기기, 작업방법, 작업자의 인적사항 및 지하시설물 탐사기기 성능의 범위를 초과하는 등 탐사하는 것이 기술적으로 곤란한 경우의 그 지역의 위치와 사유를 기재한다. 지하시설물 기기로 탐사가 불가능한 경우에는 작업

조서에 감독관의 확인을 받아 각종 조사 자료를 기준으로 지하시설물 원도에 탐사불가로 구분하여 명시하되 탐사 불가로 표시된 지역에 대한 탐사도 실작업 물량으로 인정하여야 한다.

2) 속성 DB 작성

속성 DB 작성은 지하시설물도의 도형정보와 관련된 구체적인 특성, 성질 등의 관련 속성정보를 일정한 규정에 의하여 DB를 작성하는 작업을 말한다. 지형 · 지물자료와 속성자료는 서로 연계될 수 있도록 입력되어야 한다. 식별자의 형태는 행정구역은 문자 10자리를 사용하되, 행정구역이 중복될 경우에는 상위 행정구역 코드까지만 사용하고 지형 · 지물코드는 문자 5자리로 지형 · 지물에 대한 표준코드를 사용하며 관리번호는 문자 6자리, 생성기관은 문자 1자리, 확인코드는 8비트 체크 섬(check sum)으로 1자리를 사용한다. 속성자료의 입력방법은 도형과 관계된 속성자료들을 ASCII 파일에 수록하여 작성하여야 하며, 구조화된 공간자료와 연결하여 사용할 수 있도록 한다. 도형자료와 속성자료를 연계할 때에는 시설물별, 도엽별 및 일련번호로 구분하며, 일련번호는 관속 내용물의 흐름 방향 및 흐름이 없는 경우에는 상에서 하로, 좌에서 우의 순으로 일련번호를 부여한다. 1/1,000 수치지도를 4등분하여 만나는 꼭지점에 대한 공통 모퉁이가 서로 중복되지 않았는지 확인한 후 입력하여야 한다.

(7) 편집

지하시설물 관련 자료조사에서 수집한 지하시설물에 관한 자료를 지하시설물에 편집, 정리하며 자료 편집은 유관기관으로부터 수집된 자료를 현장조사에 활용될 수 있도록 지역별, 시설물별로 정리하여 가편집 · 수집된 자료는 다양하다. 또한 다양한 축척의 지도 및 도면으로 기록되어 있으므로 편집도의 축척과 동일하게 편집하여 사용하되 측량 전에 관련기관에서 조사된 자료를 정리하여 지하시설물 편집도를 제작하고 지상시설물조사 및 측량에 활용하여야 한다.

1) 시설물상세도 편집

능률적이고 효율적인 지하시설물을 관리하기 위하여 1장의 도면에 모든 종류의 시설물에 관한 모든 정보를 포함하고 이해하기 쉽게 작성하여야 한다. 도면작성의 기본이 되는 도면의 구성은 도엽이며 구획하는 방법은 도로망을 기준으로 구획하는 가로형 도면(Street Section Map)과 평면을 기준으로 구획하는 격자형 도면(Grid Section Map)으로 구분할 수 있다. 가로형 도면은 유럽의 옛 도시에서 많이 사용된 것으로 지하시설물이 도로에 따라 매설되었으므로 도로를 중심으로 작성하는 방법이다. 도시가 팽창되고 도로가 확장되는 시설물의 변동이 많은 도시에서 격자형 도면이 적합한 방법이다. 또한, 장래의 도로확장과 시설물의 변화에 대처할 수가 있는 장점이 있으며 도면은 그 목적에 따라 기본도, 종합도, 상세도로 구분할 수가 있다.

기본도는 종합도와 상세도 제작을 위하여 기본이 되는 도면으로서 지적경계선, 건물, 도로경계선, 보도, 지명 등이 표시되어 있는 도면으로서 관리도면 제작의 기본이 된다. 종합도는 기본도와 모든 시설물망을 중첩하여 작성되며, 모든 시설물의 위치를 정확하게 표시하여 모든 시설물의 상대위치를 알 수 있는 도면이다. 상세도는 시설물별로 관리를 하기 위하여 작성되는 도면으로 하나의 시설물에 관한 모든 정보를 포함하는 것으로 시설물의 기능과 기하학적 특성을 알 수가 있는 도면으로 도면수량에 따라 도면 전체의 배치현황을 한 눈으로 볼 수 있도록 일람도를 작성 비치할 수 있다. 일람도는 도면종류별로 작성하고 일반적으로 도면의 수가 3매 이상일 때 작성되며 도엽구획선(도곽선), 도면번호, 지형 · 지물, 건축물, 도로, 지하도, 지하철, 육교, 고가도로, 철도 외에 지하시설물에 관련되는 수원지, 변전소, 전화국, 가스공장 등이 표시된다. 일람도의 축척은 관리도면 축척의 1/10로 작성하는데 도면의 축척은 지역 및 시설물의 복잡성에 따라 다르게 결정하며 도시지역은 1/500이 기준이 되나 시설물이 밀집된 도시지역은 정확한 위치관계를 표시하기 위하여 1/200로 제작되며 그 이외 지역은 1/1,000로 표시하고 있다. 도면의 크기는 작은 도면의 접합으로 인한 오차를 줄이기 위하여 60×80cm로 시설물의 전반적인 내용을 파악하고 취급하기에 편리한 크기로 한다.

2) 정위치편집

정위치편집은 지하시설물의 측량성과는 표준코드 등을 이용하여 편집하거나 지하시설물에 대한 현지조사 성과를 이용하여 지하시설물도를 수정 · 보완하는 것을 말한다. 정위치편집은 도엽단위로 하고, 표준 코드 및 심벌을 사용하고 정위치 편집이 완료되면 지하시설물의 정위치 편집된 파일은 별도 작성하여 보관하여야 한다. 입력된 지하시설물도가 지하시설물의 관경 또는 재질 등 속성자료가 변경되는 지점, 지하시설물이 교차 · 분리하거나 상태가 바뀌는 지점, 지하시설물에 각종 제어장치 또는 밸브가 있는 지점, 기타 지하시설물 관리상 필요하다고 판단되는 지점에 해당할 경우에는 반드시 접합점(NODE)을 형성하여야 한다. 주기는 대상물의 종류, 도면상의 면적 및 형상에 의하여 소대상물, 지역 및 선상대상물로 구분하여 표시하고 문자는 한글, 아라비아 숫자, 영문자를 기재하며 서체는 모두 고딕체로 하여야 한다. 표기사항의 전위 및 중복처리 방법은 지하시설물도를 출력할 때 지하시설물이 중복될 경우 또는 부득이한 경우에는 실거리 0.10m 이내로 전위할 수 있으며 관련 기관에서 입력한 지하시설물 관련 정보가 중복될 경우에는 용도에 따라 중복 또는 통합하여 입력할 수 있으며, 허용범위 내에서 표현방법을 일부 변경할 수 있다. 확인용 도면은 작업의 이상 유무를 점검한 후, 신축이 없는 폴리에스테르 필름과 신축오차 0.05% 이하인 용지를 이용하여 출력하여야 한다. 입력된 성과에 대해서는 지하시설물의 누락여부, 수평위치 및 시설물 입력 및 관로의 연결상태, 각 시설물별 코드분류, 도엽별 인접 및 분류의 적정여부와 관로인 입력 부분과 대장인 연장부분의 일치여부를 점검하여야 한다. 정위치편집 정확도는 지하시설물도의 작성된 내용과 일치하여야 하며, 수동독취기를 이용하여 입력할 때에는 4점 이상의 기준점을 사용하여야 한다.

3) 구조화편집

구조화편집은 데이터간의 상관관계를 파악하기 위하여 정위치편집된 지하시설물을 기하학적인 형태로 구성하여야 한다. 인접도면의 접합은 관로, 관경 및 심도 등의 도형을 확인하여야 한다. 구조화편집이 완료되면 데이터를 기록매체에 수록하여 구조화 편집 파일로 보관하여야 한다. 구조화편집은 정위치 편집된 지하시설물도에 대상을 점 · 선 · 면 및 네트워크 영역분할의 모델 또는 이를 조합한 기하모델로 편집하되 설명서가 작성되어야 한다. 또한 정위치편집 파일에 있는 자료가 충분하지 않은 경우에는 다른 점과 선을 이용하여 이를 보완하여야 한다.

(8) 성과 정리

정리점검에서는 사용 장비의 이상 유무 확인 및 조사된 내용을 현장과 대조 확인하여 검수 및 조서를 작성하고 조사할 경우에는 촬영하였던 사진첩을 이용하여 완료한다. 성과검사 목적은 각 검수기관 및 주관사업자의 작업환경 및 작업방법을 달리하여 발생되는 문제점들을 파악하여 일정한 작업기준을 제시하고, 현장검수 및 데이터검수를 수행하는 각 단계별로 오류경향을 분석하여 구축되는 지하시설물도에 대한 품질을 확보하여야 한다. 지하시설물을 탐사하거나 지하시설물도를 작성하고자 하는 자는 지하시설물 관련 자료를 효율적으로 이용하여 지하시설물에 대한 측량작업이 원활하게 완료될 수 있도록 성과를 정리하여야 한다.

(9) 성과의 검사

성과의 검사는 지하시설물 작업 단계별로 계획기관이 수행하는 중간검사와 지하시설물탐사 및 지하시설물도 제작이 끝난 후, 검사하는 완성검사로 구분하여 실시한다. 현지확인 및 실내검사를 병행하여 실시하여야 하며 사전검사로 현지 확인을 생략할 수 있다. 탐사에 대한 검수방법은 맨홀 내부조사 및 관로탐사(관종류, 관경, 심도, 연장, 이격거리) 등을 검수한다. 그 내용으로 맨홀 개폐후 관종, 관경, 심도, 이격거리를 측정하여 원도의 내용과 다른 경우 그 내용을 도면상에 표기하고, 맨홀과 관로의 이격거리는 도면상의 현황과 실제현황이 확인된 지형 · 지물의 기준선으로부터 맨홀 및 관로의 상대적 위치를 측정한다. 하수도 조사탐사 검수의 경우에는 유수방향을 확인하고 원도의 내용과 다른 경우 그 내용을 도면상에 표기한다.

10.6.4 지하시설물 탐사

(1) 탐사장비

지하시설물 탐사장비는 금속과 비금속을 분리하여 탐사할 수 있으며 일반적으로 금속으로 된 시설물의 탐사가 용이하나 최근에는 염화비닐관 등의 사용이 늘어남에 따라 이에 대한 탐사기술이 개발되고 있는 실정이며 수신기는 CCV안테나, SSV안테나, GRM안테나 등이 있다. 탐사장비는 미국, 서독, 일본 등지에서도 여러 가지 모형이 개발 되어 사용되고 있으며 CCV안테나는 시설물의 정밀측량(Pin-Point)에 사용하며 시설물의 정확한 위치에서는 신호가 없고 시설물로부터 멀어질수록 신호가 상승하며 GRM 안테나는 지하에 매설된 맨홀 또는 철 구조물의 탐사에 사용된다. 탐사작업은 전도체와 비전도체로 구분하여 시행되며 전화선, 전기선, 금속성 상수도관, 가스관 등의 전도체는 송신기와 수신기만으로 가능하나 하수도관 PVC등 비금속관의 탐사에는 여러 종류의 탐침(Probe)을 시설물속에 투입시켜 송신되는 신호를 수신기로 포착하여 위치를 결정한다. 전파탐사 장치인 GPR 404는 송신기와 수신기로 구분되고 송신기는 연속신호와 파동신호(Pluse)를 선택하여 저주파(Low Frequency)와 중주파(Medium Frequency)로 송신할 수 있도록 신호의 강도를 조절할 수 있다. 미국 Fisher 회사의 TW-770는 그림 10-67과 같이 신형으로 디지털과 기능이 보강된 제품이지만 1가지 모드만 제공하므로 사용법이 쉽고 단순하여 설비 및 건설현장에서 많이 이용되고 있다. 디지털 시설물의 심도 측정이 가능하며 특징은 자동게인 조절, 0.5W의 출력과 82KHz 주파수로 단거리 탐사시 유리, 시설물 방향 및 위치표시, 시설물 깊이표시로 기능이 단순하여 조작이 편리하다.

그림 10-68은 미국 GREENLEE회사의 BLL-200T 제품으로 디지털전자유도 방식의 탐지기로 저렴하면서 1가지는 송신기, 1가지는 수신기 PASSIVE 주파수를 갖추고 있고 깊이 측정도 가능한 모델이다. 특히 수신기 및 송신기가 가벼워 장시간 사용시 피로감이 적고 Active 1모드 및 Passive 모드지원, 시설물의 심도 측정이 가능하며 버튼으로 게인이 조절되어 편리하고 총 중량 1.7kg으로 휴대가 용이하다.

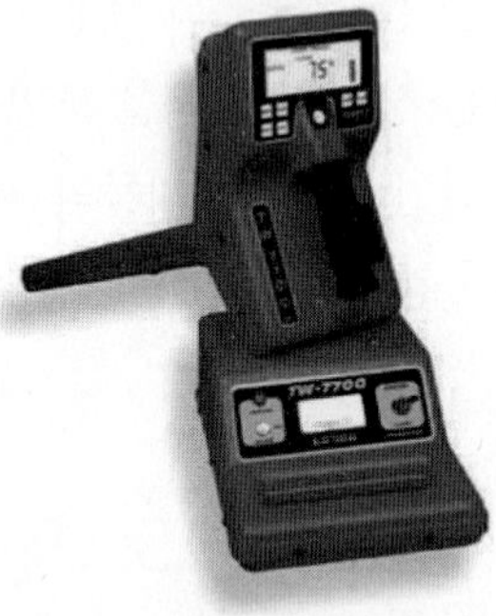

그림 10-67 TW-770

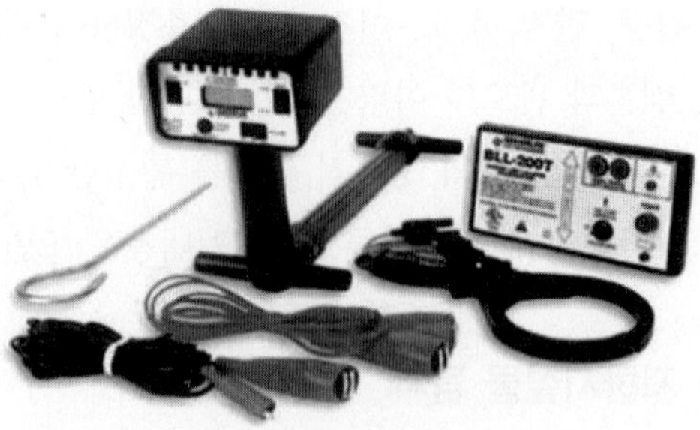

그림 10-68 BLL-200T

대성엔지니어링의 JC-400은 그림 10-69와 같고 소형배관 탐지기 제품으로 직접법을 이용하여 배관을 탐지할 수 있으며 사용방법이 쉽고 단순하며 가볍고 부피가 작아 옥내용 배관탐지기로 사용되고 있다. 또한,기능이 단순하여 조작이 쉽고 수신기의 피크법 및 널법 사용이 가능하며 이동 및 사용이 매우 편리하다.

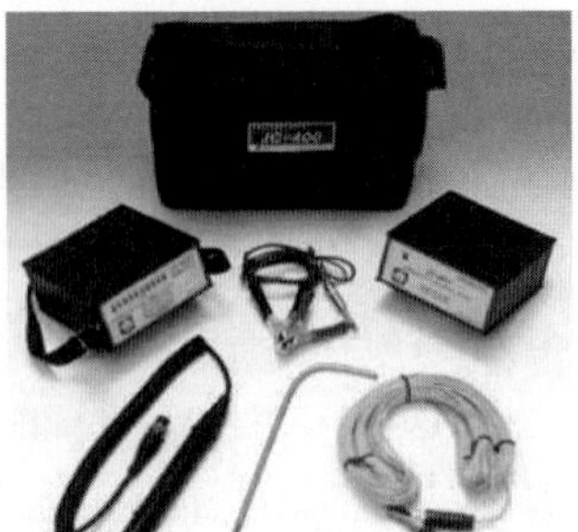

그림 10-69 JC-400

그림 10-70 GPR방식의 금속탐지기

그림 10-70은 독일제품의 송신기 안테나에서 발사된 주파수가 지하에 묻혀 있는 금속물체에 부딛혀 되돌아오는 원리를 이용한 GPR방식의 금속탐지기로 지하 19m까지 매장된 모든 금속류를 찾을 수 있다. 빠른 시간에 금속물의 위치와 금속의 크기 및 심도를 탐사함과 동시에 판독이 가능하다. Real Time이 완벽하게 지원되며 짧은 시간에 넓은 구역을 탐사할 수 있으며 사용이 편리한 장점이 있다. CCTV 카메라 조사는 라이트와 카메라가 장착된 TV 카메라를 원격조정이 가능한 차에 탑재하여 관의 내부에 투입하여 촬영하는 장치이다. 관의 내부를 육안으로 조사하는 것은 관경, 연장 등의 조건에 따라 한도가 있다. 기존 관의 내부 상황을 파악하는 방법으로는 최근 사용이 증가되고 있는 CCTV 카메라 조사가 있다.

(2) 탐사방법

지하탐사법에는 탐사코일과 시설물의 자장과의 교차각에 따라 탐사코일의 유도전류는 최대 또는 최소가 된다. 즉, 이러한 교차각이 직각이 되는 경우는 시설물이 매설된 위치에서 전류가 최대가 되므로 최대신호를 나타내게 되며, 시설물과 탐사코일이 서로 평행인 경우는 최소로 나타나게 되는 것이다. 지하시설물 탐사방법은 수평위치를 측정하는 방법과 깊이를 측정하는 방법으로 시행하여 위치를 파악한다. 지하시설물 측량방법은 전파탐사법(Electromagnetics), 음향탐사법(Acoustics), 적외선 탐사법(Infrared), 자장탐사법(Magnetics), 원자탐사법(Nuclear) 등이 있으나 가장 일반적으로 전파탐사 방법이 많이 이용되고 있다. 지하에 매설된 전도체에 전류가 흐를 때에는 그 에너지에 의하여 전도체를 중심으로 원통형의 자장이 자연적으로 형성된다. 탐사코일과 시설물의 자장과의 교차각에 따라 탐사코일의 유도전류는 최대 또는 최소가 되며 교차각이 직각이 되는 경우는 시설물이 이동된 위치에서 전류가 최대가 되므로 최대신호를 나타내게 되며, 시설물과 탐사코일이 서로 평행인 경우는 최소로 나타나는 것이다. 이와 같은 방법으로 시설물 상부와 시설물 양쪽위 신호의 대조로 시설물을 찾아낼 수 있으며 시간을 절감할 수 있고 신속하게 작업을 실시할 수 있다. 즉, 송신기의 한쪽은 시설물의 노출부(밸브, 소화전)에 연결시키며, 나머지 한쪽은 시설물 측면에서 최소한 2~3m 떨어진 곳에 접지하여 탐사할 수 있으나 시설물 사이의 연결고무 등으로 절선되는 경우는 곤란할 수 있다. 루프연결법은 시설물간의 연결을 위한 고무링 또는 많은 시설물이 복잡하게 얽켜있는 지역과 같이 많은 어려움이 있는 현황에서만 실제적으로 사용된다. 송신기를 매설된 시설물의 노출부 등에 직접 연결함으로써 다른 방법보다 더욱 많은 시간과 노력을 필요로 하지만 보다 정확하게 위치를 알 수 있다는 장점이 있다.

(3) 탐사원리

지하시설물 탐사기법을 탐사원리에 따라 분류해보면 전자유도탐사법, 레이더탐사법, 음파탐사법, 전기탐사법 등으로 나누어 볼 수 있다. 이 가운데 가장 많이 이용되는 방법은 전자유도탐사법이며 최근에는 레이더방식에 의한 기법이 부분적으로 사용되고 있다.

1) 전자유도탐사

지하에 매설된 전도체에 흐르는 전류에 의해 자장이 형성되는데 전파탐사 장비를 통해 자장에서 발생하는 에너지를 수신하여 시설물을 파악하는 방법이다. 자료처리 방법은 지하에서 발생한 자장을 전파탐사 수신기의 일차코일로 직각으로 끊어 주었을 때에는 수신기에 미세전류가 흐르는데 이를 다시 이차코일로 증폭시켜 가청주파수로 바꿔 헤드폰(Headphone)으로 청취한 후 검류계(Galvanometer)로 가장 강한 신호의 위치를 파악하여 그 지하시설물의 평면위치와 깊이 등을 측정한다. 전자유도탐사방법(Electromagnetic Induction Method)의 원리는 지하시설물관이나 케이블에 교류전류를 흐르게 하여 그 주변에 교류자장을 발생시켜 지표면에서 발생된 교류자장을 수신기의 측정코일의 감도 방향성을 이용하여 평면위치를 측정하고 지표면으로부터 전위경도에 대해 깊이측정 방법이다. 전류를 통과시키는 토질은 국지적으로 변하며 습기가 있는 토양은 건조한 모래보다 훨씬 좋은 도체이다.

장비의 구성은 송신기, 수신기, 시그널 크램프, 공관로 탐사용 탐침, 부속품인 접지봉, 접지선 등이 있다. 송신기로부터 매설관이나 케이블에 교류 전류를 흐르게 하여 그 주변에 교류 자장을 발생시켜 지표면에서 발생된 교류 자장을 수신기의 측정코일의 감도 방향성을 이용하여 평면위치를 측량한다. 지표면으로부터 전위경도에 대해 심도를 측량하는 방법과 탐사 하고자하는 금속 관로와 케이블로부터 자장을 발생시키는 것으로 그림 10-71과 같다.

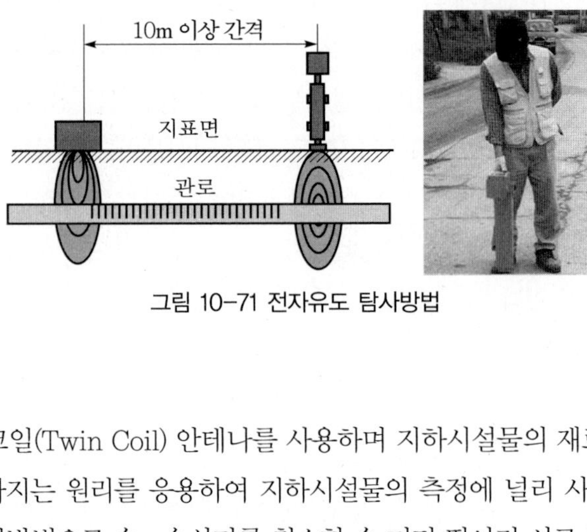

그림 10-71 전자유도 탐사방법

2) 전파탐사

전파탐사법은 쌍코일(Twin Coil) 안테나를 사용하며 지하시설물의 재료 및 부하된 전압에 따라 신호 강도가 달라지는 원리를 응용하여 지하시설물의 측정에 널리 사용되고 있는 방법이다. 송 · 수신기 분리탐사방법으로 송 · 수신기를 최소한 수 미터 떨어져 서로 독립적으로 이동시키는 방법과 송수신기가 함께 강체에 부착된 장비를 쓰는 것이다. 탐사원리는 자기유도에 기본원칙을 두고 있으며, 전도체에 자기가 흐르면 도체주위에 자기장이 형성된다는 자연법칙에 기본을 두고 있다. 즉, 도체를 중심으로 그림 10-72와 같이 동심원의 자장이 형성되며 이 자장의 강도는 전류의 강도와 측정점과 시설물 중심간의 거리에 따라 좌우된다. 그림 10-73과 같이 자장의 강도(H)는 전력에 비례하고 거리(r)에는 반비례한다는 원칙으로 중심의 물체가 전류가 통하고 있지 않지만 전기가 통할 수 있는 전도체로 가스관 또는 상수도관 등에도 적용된다.

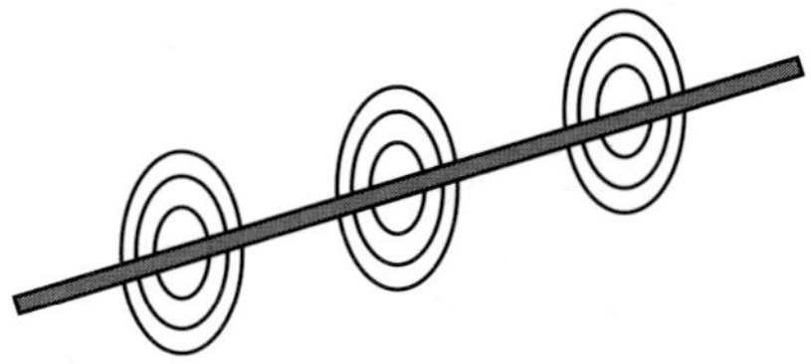

그림 10-72 전도체의 자장형성방향

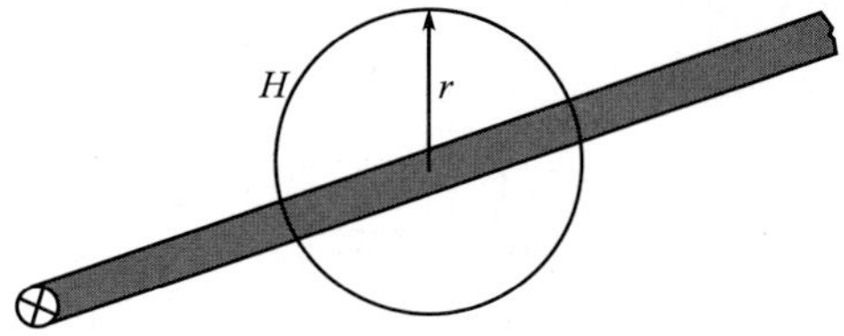

그림 10-73 자력선의 진행방향

만일 이 자기장을 유도한다면 자장 속에 있는 코일에 전압이 형성되어 코일에 유도된 전압은 수신기 극에서 더욱 강해져서 시설물탐사에 응용될 수 있다. 탐사코일과 시설물의 자장과의 교차각에 따라 탐사코일의 유도전류는 최대 또는 최소가 되므로 교차각이 직각인 경우에는 그림 10-74와 같이 시설물이 매설된 위치에서 전류가 최대신호를 나타내게 되며, 그림 10-75와 같이 시설물과 탐사코일이 서로 평행인 경우는 최소로 나타나므로 시설물 상부와 시설물 양쪽신호의 대비로 시설물을 찾아낼 수가 있다.

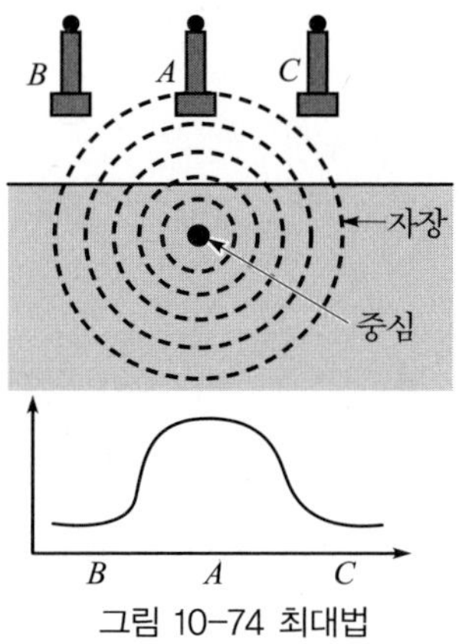

그림 10-74 최대법

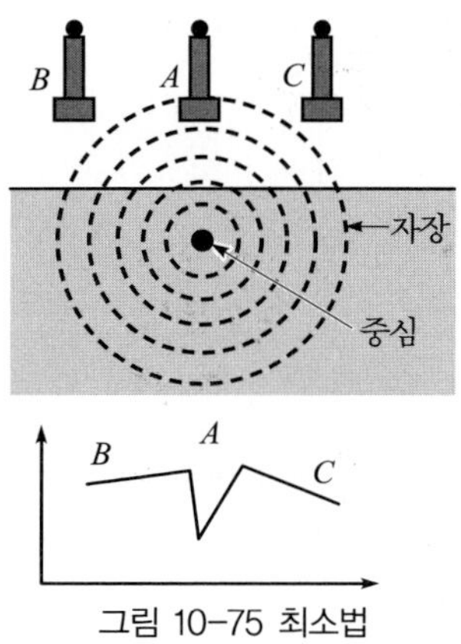

그림 10-75 최소법

3) 지중레이더 탐사

지중레이더탐사(Ground Penetration Rader Method) 시스템은 그림 10-76과 같이 안테나와 자료 표시부로 구성되어 안테나에서 전파를 송 · 수신하면 자료표시 부분에서는 수신한 신호를 처리하여 표시하는데 보통 안테나는 송 · 수신기가 하나로 되어 있다. 안테나에서 지하로 전파를 발사하여 지하의 여러 대상물에서 반사한 전자파를 수신하며 단면을 반사강도에 따라 8가지 컬러영상으로 표시하여 분석하고 CRT상에 순차적으로 표시하므로서 대상물의 위치와 깊이를 탐사하는 방법이다. 이 방법은 전자파의 지중전달에 있어 손실이 적은 10KHz 이하와 10KHz 이상 주파수대를 사용하는데 지하시설물 탐사에서 10KHz 이상의 주파수를 사용한다.

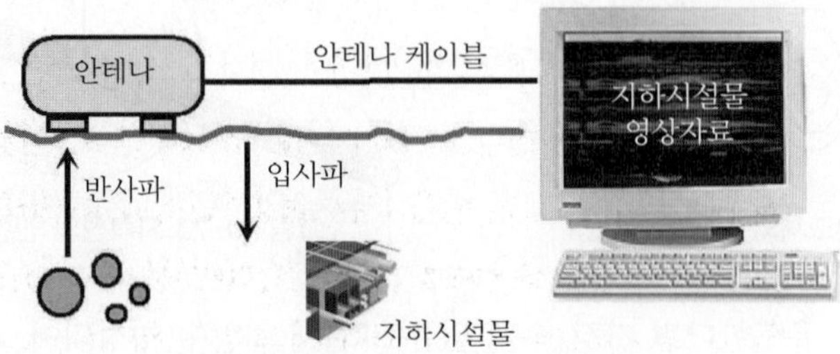

그림 10-76 지중레이더탐사법

안테나로부터 수신된 신호를 CRT상에 영상으로 나타낼 때 지하시설물 뿐만 아니라 다른 물체의 반사파도 나타나므로 영상처리를 통해 지하시설물을 정확하게 판독한다. 지중레이다 탐사법은 지하토질과 함수비가 일정하면 탐사가 양호하나 30cm 이상의 콘크리트 포장과 쓰레기 매립지 등에서는 탐사가 불량하며 탐사기술의 미숙으로 작은 매설관의 판독식별에 어려움이 따르는 단점이 있다.

4) 음파탐사

수도관 등의 물이 흐르는 관로에 음파신호를 보내어 관내에 발생된 음파를 탐지하게 하는 방법이다. 음파탐사법은 원래 누수를 찾기 위한 기술이었는데 현재는 이 기술을 이용하여 수도관로 중 PVC 또는 플라스틱 관을 찾는 데 이용되고 있다. 원리는 그림 10-77과 같이 물이 가득히 흐르는 관로(수도관)에 음파신호(Sound Wave Signal)를 보내 수신기로 하여금 관내에 발생된 음파를 탐지하는 방법으로 비금속(플라스틱, PVC 등) 수도관로 탐지에 유용하나 음파신호를 보낼 수 있는 소화전이나 수도 미터기 등이 필요하다.

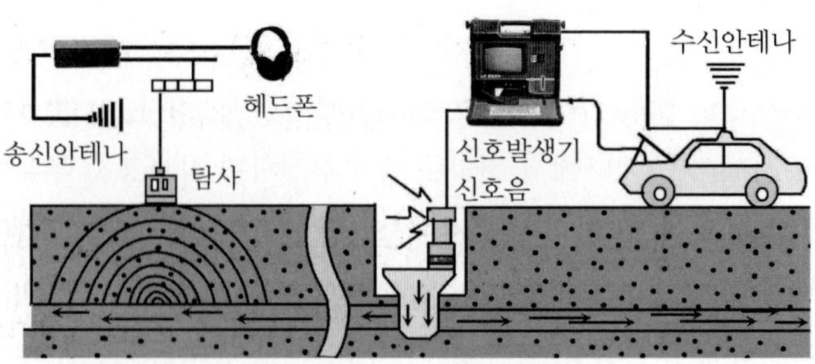

그림 10-77 음파탐사 원리

5) 전기탐사

전기탐사(Electric Resistivity Survey) 원리는 지반중에 전류를 흘려보내어 그 전류에 의한 전압을 측정하여 지반 내의 전기 비저항 값의 분포를 구하는 것으로 전류를 흘려보내는 순간의 전류 전극과 전압 강하를 측정한다. 비저항 값은 지반의 토질과 흙의 공극률(孔隙率), 함수율(含水率) 등에 의해 변화하기 때문에 비저항값 분포로부터 지반의 구조와 상태를 추정할 수 있다. 자료처리방법은 전류를 보내는 전압을 측정하여 지반내 비저항의 평면적 분포를 파악함으로써 토질과 지반상황의 변화를 측정한다. 전자탐사장치에는 탐사심도가 수 천미터에서부터 지표근접 수 미터를 대상으로 하는 것까지 다양하지만, 시설물 조사에는 층을 조사할 수 있는 간단한 것이 사용되고 있다.

6) 탄성파 측정

지하시설물이 아닌 일반적인 경우에는 탄성파에 의한 방법이 많이 사용되며 측정방법은 지상에서 폭발시키거나 지상의 판(Plate)을 해머로 두들겨서 충격파를 유도하여 파의 속도는 Geophone에서 움직이는 파의 시간경과를 기록함으로써 결정된다. 측량하는 순서는 원하는 선을 따라 충격발생장치를 움직이고 충격을 유도하는 거리의 주어진 간격으로 충격지점에서 Geophone까지 거리(d)와 충격파 운동시간(t)을 도면에 기록하면 그래프의 처음 부분의 기울기는 $\frac{t}{d} = \frac{1}{\text{속도}}$가 된다.

(1) 평면위치 탐사기법

수평위치의 측정정도는 ±5% 이내이며 지하에 매설된 시설물의 정확한 위치표시를 위하여 간접법(Passive Mode), 직접법(Active Mode), 유도법(Induction Mode) 등을 적용한다. 평면위치 탐사기법에는 직접법, 간접법, 유도법, 탐침법, 외부코일법 등이 있다

1) 직접법

직접법(Active Mode)은 저주파나 중주파를 사용하며 저주파를 사용할 경우는 시설물에 전파되는 신호의 감소율이 낮으며 다른 인접시설물에 미치는 영향이 적고 중주파는 시설물에 전파가 흐르도록 하고 송신기를 모두 사용하여 탐사한다. 지표면상에 노출된 맨홀, 취수전, 소화전 등을 통하여 탐사대상물의 일부를 송신기와 연결하여 신호를 보내고 수신기로 탐사한다. 송신기 단자의 한쪽을 탐지하고자 하는 지하시설물에 연결시키고 다른 한쪽 단자를 지하시설물과

직각 방향인 5~7m 지점의 땅에 접지시키는 방법이다. 그러나 시설물에 전파되는 신호의 감소율이 비교적 크며 지하시설물과의 신호 연결방법에는 일단결합(Single Ended Connection), 원거리에 접지를 사용하는 이단결합(Double Ended Connection) 및 이단접지 등이 있다. 또한, 고압선등에 원형송신기(Toroid)를 사용하며 가정용 벽선과 가로등 시설을 위한 지하전선의 위치탐사에는 플러그를 사용하여 송신한다.

2) 간접법

간접법(Passive Mode)은 수동형 탐사법이라고도 하며 지하시설물이 매설되어 있는 지상에 송신기 없이 수신기만으로 탐사하는 방법으로 전력케이블이나 통신케이블 탐사는 도선 내에서 흐르는 전류를 탐지하기 때문에 송신기 없이 수신기만으로 탐사한다. 수신기의 50~60KHz 신호를 이용하여 지면으로부터 5cm정도 떨어져 탐사하거나 RF(Radio-Frequency)를 이용하여 전화본선 및 고압전기선을 빠른 속도로 탐사할 수 있으며 단점은 개별적인 시설물의 위치를 찾아내기가 곤란한 경우가 있다. 수신기에 표시되는 고유 자장수를 이용하므로 장거리 탐지가 가능하고 작업방법이 간편하여 가장 많이 사용되는 방법이다.

3) 유도법

유도법은 송신기를 시설물의 일부에 연결하지 않고 예상되는 시설물의 방향과 일직선이 되게 지면에 설치하며 중파나 저주파를 사용하여 신호를 방사하고 송관에 유도되는 송신신호를 수신기로 탐사하여 신호를 파악한다. 이 방법은 시설물에 전류를 연결할 필요가 없으므로 작업이 간단하고 시간을 절약할 수 있으나 다른 시설물에서도 유도전류가 발생되므로 작업에 어려움이 있다. 그러나 연결부의 고무접촉 등으로 전도체를 형성할 수 없는 경우에 사용할 수가 있다. 사이의 간격은 최소한 30m 이상을 유지하지 않으면 도선이 자장의 영향을 받기 때문에 주의해야 한다. 시설물의 평면위치 측정은 검색, 추적 및 정밀측량의 순서로 작업을 진행한다. 검색은 최초로 지하시설물의 존재를 확인하기 위하여 탐사지역을 소지역으로 구획하고 CCV 안테나를 수신기에 연결하여 격자 형태로 탐색하는 작업이다. 추적은 일단 시설물의 존재가 확인되면 한 시설물을 따라서 이동하면서 집중적으로 시설물의 방향과 위치를 파악한다. 정밀측량 작업은 개략적으로 파악된 시설물의 위치에 대하여 SSV 안테나를 수신기에 바꿔 끼우고 보다 정확한 위치를 확인하는 것이다.

4) 기타

그림 10-78 탐침에 의한 방법

탐침에 의한 방법(Sonde/Probe Method)은 그림 10-78과 같이 전도체만을 탐지할 수 있어 비금속관로나 하수관로 탐사를 위해 특수한 센서인 탐침(Sonde)을 강선(Flexrod)에 연결시켜 밀어 넣거나 손으로 직접 가지고 들어가서 측정하려는 지점에 고정시켜 수신기를 이용하여 위치와 심도를 측정하는 방법이다. 외부코일법은 직경 10cm까지의 외부선로에 클램프(Clamp)를 부착하여 시설물에 유도 전류를 보내어 탐색하는 방식으로 대상물에 근접할 수 있을 경우 효과적이다. 수신기는 외부코일의 클램프로부터 5m 이상을 유지하여 자기장의 방해를 받지 않도록 주의해야 한다.

(3) 깊이측정법

깊이를 측정할 때에는 지하시설물의 인입구를 통하여 각 시설물별로 송신기를 연결하고 신호전류가 흐르게 한 후 CCV 안테나를 사용하여 측정할 수 있다. 지하시설물의 위치측정은 시설물의 측선이나 중심점을 측정하는 것으로 맨홀, 집수구, 변압기, 직화전, 교환기, 전신주 등을 기준점으로 측정하고 여기서부터의 각종 지하시설물의 위치를 표시하는 방법이다. 지하시설물의 깊이측정방법에는 버튼(Button)법, 45° 법, 수직법, 아날로그법, 삼각법 등이 있다.

① 버튼법은 GPR 404 수신기에 깊이를 측정할 수 있는 버튼을 사용하고 CCV 안테나를 이용하여 깊이를 측정할 수 있다. 수평위치를 확인한 후 측정된 위치에 안테나를 연직방향으로 한 후 버튼을 이용하여 검류계가 0이 되도록 조절하고 검류계의 깊이눈금을 읽은 값이다.

② 수직법은 수신기에 SSV 안테나를 끼워 수평위치를 결정하면 그 신호가 최소가 되는 위치에서 깊이 측정버튼을 누르고 검류계의 바늘이 상승을 중지할 때까지 시설물의 방향과 직각이 되게 수평으로 이동한 후 그곳까지의 거리를 측정하는 것이다.

③ 아날로그법은 탐사기에 따라 깊이 측정버튼으로 깊이를 측정하며 송신기의 주파수를 시설물의 특성에 따라 맞추고 시설물의 평면위치를 측정한 후 깊이측정 버튼을 누르면서 검류계가 0이 되도록 감도를 조절한 후 버튼을 놓고 검류계의 깊이눈금 버튼을 누르며 깊이 눈

금값을 측정한다.

④ 삼각법은 45° 법이라고도 하며 안테나의 기울기가 시설물의 정확한 위치로부터 45° 되도록 기울여 잡고, 검류계의 눈금이 0이 되도록 시설물의 방향과 직각이 되게 이동하여 그 지점을 표시한 후 시설물의 위치에서 그 지점까지의 거리를 측정한 후 시설물의 반대방향에서도 동일하게 반복하여 두 값의 평균값을 계산하고 시설물의 깊이를 측정한다.

(4) 측정방법 및 정확도

지하시설물의 위치측정은 시설물의 측선이나 중심점을 측정하는 것으로 지하시설물이 50cm 이상의 굵기를 가진 경우 그 가장자리에는 외부윤곽을 도면에 표시해야 한다. 지하시설물 축의 위치 측정 시에는 축이 수평 및 수직방향으로 변하는 모든 점의 위치를 측정해야 한다. 또한 여러 가닥의 케이블이 한선에 함께 묶여 있을 경우에는 중심선을 확인하여 측정하며 케이블의 수와 형태를 기재하고 측선이 전기나 전화선과 같이 불규칙적인 것일 경우에는 ± 20cm이내의 편차로 직선으로 표시할 수 있다. 그러나 신개발도시 등에는 최근 공동구의 설치가 이루어지며 여러 개의 서로 다른 지하시설물들이 함께 설치되므로 위치측정의 정도는 도시에 따라 서로 다르며, 시설물의 종류나 측정방법에 따라 수 cm에서 30cm까지 되어있고, 도면의 작성은 대부분 시설물의 축이 위치와 건물의 모서리, 도로경계석, 또는 측량기초점과 같은 지형점으로 부터 수평위치와 연직위치는 10cm 이내의 편차로써 식별될 수 있도록 한다. 지하시설물은 시공 중 흙을 덮기 전에 직접법으로 측량할 수 있다. 지하시설물의 위치측량 정확도는 기준점을 이용한 측량인 경우에는 지형 · 지물로부터 측량하는 경우의 정확도는 10cm 이내를 허용오차로 한다.

(5) 데이터베이스

1) 자료수집

자료는 상세설계 및 시범사업 수행시 확정한 절차에 따라 수집하며, 수집된 자료는 체계적으로 정리하여 둔다. 지하시설물과 관련된 도면 및 대장 등의 자료는 먼저 지하시설물 기본도를 정하고 자료를 정비해야 한다. 이때 모든 자료는 항상 정밀도를 유지할 수 있도록 하고 수집된 자료의 적합여부를 평가한 후 입력할 수 있도록 해야 한다. 지하시설물을 탐사하여 자료를 재조사하는 경우에는 먼저 기존의 자료를 조사하여 탐사를 통해 조사하고자 하는 내용 및 범위를 각 관리주체별로 업무분석을 토대로 결정하여야 한다. 탐사를 통해 조사되어야 할 내용 및 범위가 결정되면 현지 조사지역을 미리 답사하여 현장의 특성에 따라 사용될 장비와 조사방법을 결정한다. 지하시설물 탐사결과는 1/1,000 지하시설물 기본도상에 기록하여 측량원도를 작성하면 된다.

2) 자료입력

지하시설물 통합관리시스템을 설치하여 운영중 자료에 문제가 발생할 수 있으므로 지하시설물도를 제작하려면 먼저 원도면을 수치화하기 적합한 형태로 변환하는 작업을 선행해야 한다. 원도면을 지하시설물 기본도와 비교하여 정확하게 일치되도록 부분편집하거나 재작성할 경우 속성자료와 연결하기 위하여 각 도면요소마다 고유번호를 기재하여 찾기 편리하도록 한다. 새로 작성할 도면이 완성되면 다시 한 번 원도면과 비교하여 검사하고, 인접도면과 경계선 및 내용의 일치여부를 검사하며 실제 측량자료를 입력하는 경우에는 원도면과 서류를 비교하여 검사한다. 속성자료는 입력양식에 맞도록 정리 · 보완된 자료를 데이터베이스에 직접 입력하지만, 특별한 경우 디지타이저에서 입력할 수도 있다. 속성자료의 입력이 끝나면 속성자료의 입력항목별로 경계조건 등을 참조하여 검사하고, 도면자료와 연결하여 다시 정확히 결합되었는지 검사한다. 일부 속성자료는 기존 시스템에서 수치화되어 있는 경우도 있으므로 먼저 현 지하시설물 통합관리체계에서 사용할 수 있도록 변환한 뒤 자료점검 프로그램을 사용하여 검사한다.

3) 데이터베이스 구축

데이터베이스란 컴퓨터 시스템을 이용한 정보은행에 필요한 선별 자료들을 어떤 정해진 규정에 의하여 정리 · 보관 · 관리하여 이용자가 필요할 때에 적절한 절차를 거쳐서 필요한 형태로 효율적으로 검색하여 활용하는 시스템이다. 데이터베이스 구축에서 가장 중요한 것은 품질관리로 철저한 검사를 실시하여 입력하는 것이 비용을 절약할 수 있다. 시설물관리체계(Facility Management System)는 관리 객체의 특성에 따라 구축방법에 따라 달라지며 일반적인 데이터베이스의 구축 순서는 시스템의 목표설정, 데이터 시스템에 포함시킬 정보의 선별, 정보의 분류 및 수집, 수집정보의 처리, 처리된 정보의 보관 및 관리, 보존정보의 이용, 보존정보의 Update · 추가 및 삭제 등이다.

지하시설물 관리체계 개발에 가장 핵심적인 부분은 데이터베이스로 지하시설물은 물론 도로에 관한 모든 정보를 집중시켜 복잡한 지하공간의 효율적인 운영과 지하시설물 및 도로의 합리적인 관리를 목적으로 한 전형적인 시스템이다. 데이터베이스는 도형데이터와 속성데이터로 구성되며, 도형데이터는 각종 시설물의 위치와 형태를 나타내고, 속성데이터는 시설물의 재질 · 크기 · 매설연도 · 지명 · 지번 · 건물명칭 · 노출물 · 시설물의 등록번호 · 시설물의 기종점 등 시설물에 대해 문자로 나타내는 사항이 입력된다. 종합적인 정보관리를 위하여 효율적이고 강력한 DBMS(Data Base Management System)를 시스템에 채용하여 자료의 축적과 유지 · 관리를 함으로써 중복된 자료의 입력을 극소화시키고 정보의 자동 생성의 극대화를 도모하는 동시에 다른 시스템과 네트워크에 의한 연계가 가능하도록 데이터베이스를 설계함으로써 효율적인 자료공유를 가능하게 하고 광범위한 지역에 매설되어 있는 방대한 지하시설물의 정보를 효율적으로 관리할 수 있다.

10.6.6 지하시설물 관리

지하시설물 통합관리체계 유지관리는 하드웨어에 대한 유지관리와 데이터베이스에 대한 유지관리로 나눌 수 있다. 하드웨어의 유지관리는 일반적으로 유지보수 계약을 체결하여 관리하도록 하며, 데이터베이스 관리는 해당 기관에서 자체적으로 해야 한다. 데이터베이스 유지관리는 계속 변경되는 데이터베이스 정보를 실시간으로 수정 · 보완하는 작업이다. 지하시설물 관리주체기관에서 관리하고 있는 고유정보는 관리주체 기관에서 수정 · 보완하도록 하고, 지하시설물 기본도와 상호 공유하도록 규정된 정보는 별도의 기관을 지정하여 관리하도록 한다. 지하시설물 관리체계를 본격적으로 운영하게 되면 현재 작성되어 있는 데이터베이스를 기반으로 하여 새로운 정보수요가 발생하는 경우가 많으므로 수행할 수 있는 전문가를 미리 확보하여야 한다.

지하시설물의 안전관리의 필요성이 요구되어 정부와 지방자치단체, 관련기관들이 많은 예산과 인력을 투입하여 시설물관리시스템(Facility Management System)을 구축하여 보다 과학적인 방법으로 안전하고 정확한 시설물 종합관리에 노력하여야 한다. 시설물종합관리는 각종 시설물에 대한 종합적이고 정확한 정보를 제공하고 효율적인 관리를 가능하게 하며, 행정당국의 각종 계획 · 설계 · 시공에 필요한 시간과 비용절감, 신규시설물의 부설이나 기존시설물의 개보수 등에 있어 2차적인 피해를 최소화하며, 새로운 도시계획 및 재개발사업을 더욱 신속 · 정확 · 안전하게 집행하도록 하지만 우리나라에서는 지하시설물에 대한 종합관리 체계구축이 아직까지 미흡하다고 할 수 있다.

(1) 국내의 관리

많은 예산을 투입하여 구축한 다양한 종류의 지하시설물은 안전성과 경제성에서 체계적인 관리의 필요성이 요구되어 왔으나 아직까지 시설별, 관리주체별로 각각 따로 관리되고 있다. 주요 시설별 설치현황은 한국수자원공사의 팔당수도사무소, 과천수도사무소, 성남수도사무소에서 송수관로를 관리하고 있다. 또한, 지하굴착공사 시행과 관련하여 각 관련 기관마다 법령·시방서·기준·지침 등을 마련하여 시행 중에 있으나 그 적용범위가 광범위하며 지하시설물을 통합적으로 관리하기 위해서는 관련 제도에 대한 대폭적인 정비작업의 필요성과 시설물 매설 및 관리에 따른 표준의 제정이 요구되고 있다. 도시에서 시설물은 자연증가에 따른 체계적인 등록·관리와 도시미관상 지상에 설치되어 있는 기존시설물의 지하화 경향 등 인위적인 증가로 인한 지하공간의 이용이 날로 증가하고 있다. 그러므로 한정된 지하공간의 효율적인 활용 및 이에 매설된 여러 시설물의 위치 및 특성에 관한 정확한 자료로 효과적인 정보제도를 구축하여야 할 것이다. 이러한 종합관리제도는 새로운 시설물의 계획과 설계시 시간을 절약하고 시설물의 보수 및 건설을 위한 공사로 인한 기존시설물의 피해를 최소로 하면서 새로운 도시계획과 재개발사업을 더욱 신속하고 안전하게 진행시킬 수가 있다. 또한, 당해 지방자치단체와 각 시설물의 관리기관의 작업시기를 조정하여 빈번한 도로굴착으로 인한 경제적 손실 및 교통장애를 예방할 수가 있다. 각 시설물 관리기관은 시설물에 관한 새로운 정보제공 및 시설물 매설의 날짜를 측량기관에 통보하면 측량기관은 즉시 측량사를 보내어 시설물이 매설되기 전에 측량을 하여야 하며, 이에 소요되는 경비는 시설물 관리기관과 당해 지방자치단체가 공동으로 부담하게 된다.

우리나라의 지하시설물은 전산화하여 통합 관리할 수 있는 제도적 기반이 전혀 마련되 있지 못하므로 관련 법제를 정비해야 할 필요가 있다. 지하시설물 관리기관별로 도면을 별도로 관리하고 있어 자료의 일관성이 없고, 시설물을 표시하기 위한 기본도의 경우 한국통신은 1/5,000 지형도, 한국전력은 1/1,200 지적도, 지방자치단체는 1/500 항측도를 사용하여 시설물의 위치를 표시하기 때문에 자료를 통합 활용하기 어렵다. 우리나라의 지하시설물은 그 종류가 다양하고 매설상태가 복잡하여 지상 구조물에 비해 관리하기가 매우 어렵고, 관리비용이 많이 소요되며 관리가 부실할 경우에는 예기치 못한 인명이나 재산상의 피해를 가져오기도 한다. 따라서 지하시설물의 효율적인 관리방안이 절실히 요구되고 있으나 관리주체가 서로 다르며, 개별법에 의하여 관리되고 있으므로 이의 개선이 어려운 실정이다. 지하시설물관리 전산화사업은 각 기관별로 필요성에 따라 독자적으로 추진해 왔기 때문에, 국가에서 시설물의 종합적 관리라는 측면에서 완벽하게 시스템을 구축하여야 할 것이다. 지하시설물측량은 지하시설물도작성 작업규칙 등의 관련법령에 의하여 추진되고 있지만 통합관리를 위한 규정이 없으며, 지하시설물측량의 전담추진 등 제도적 뒷받침 없이 추진되고 있으며 분야별로 문제점을 정리하면 다음과 같다.

1) 행정조직

지하시설물관리는 각 기관의 필요에 따라 설치되어 관리체제가 다원화되어 있으며 서울특별시, 각지방자치단체 · 한국전력 · 한국전기통신공사 · 국방부 등 여러 기관으로 구분되어 각 기관 자체의 필요성과 시설물의 유지 보수를 위하여 독자적인 운영 체제를 갖추고 있다. 상하수도 및 배수관은 상하수국, 가스관은 도시가스 사업소에서 도로의 유지관리는 건설관리국, 지하철의 관리 건설보수는 지하철운영사업소 등에서 최소한의 도면과 대장을 유지하는 등 다원화되고 있어 지하시설물의 산발적인 운영이 이루어지고 있다. 따라서 지하시설물 전반에 대하여 총괄적으로 기획 · 관리 · 집행되고 조정 · 평가될 수 있도록 일관성 있는 업무처리가 필요한 실정이다. 각 기관별로 담당인력이 없어 기술적인 전문성이 없고 전문부서가 없으므로 인력을 고용할 수 없으며, 일부 지방자치단체에서 지리정보 관련조직을 갖추고 있으나 정부와 지방자치단체에 사업을 추진할 조직이 제대로 갖추어져 있지 않아 정보화의 목적이 불명확하다고 할 수 있다.

2) 자료관리

지방자치단체 및 정부투자기관에서 각 시설물에 대하여 전산화를 추진하고 있지만 지연되고 있는 실정이다. 각 기관에서 필요한 자료를 간편하게 취득할 수 없으며 자료를 취득하는데 많은 시간이 소요되고, 복잡한 행정절차를 거쳐야 한다. 또한, 취득한 자료에 대한 메타데이터가 없어 자료출처와 자료작성기관 등의 요소가 불명확하며 자료형식이 일정하지 않고 자료량이 방대하여 처리가 어렵고 자료의 내용, 코드, 좌표, 네트워크방식 등이 표준화가 되어 있지 않아 자료의 공유가 어렵다. 자료교환 형식과 자료교환 네트워크에 대한 표준규정이 없으며 자료의 위치 정확도와 속성정확도에 대한 정부의 통제가 부족하고 자료의 갱신이 실시간으로 이루어지지 않고 있다. 또한, 지하시설물 현황조사의 기초가 되는 기본도의 축척, 입력내용, 데이터구조 등이 기관별로 서로 달라 지하시설물 관련 정보의 공유가 어려워 관련업무의 유기적인 연계도 어렵다고 할 수 있다. 모든 지하시설물에 대한 현황도면을 비치하지 못하고 있으므로 지하공사를 위한 장비 투입 및 안전대책은 각 시공자가 관련 기관별로 개별적인 협의를 통해 이루어지고 있으나 대부분 지하시설물 기관의 경우 소관 지하시설물에 대한 약도 형식으로 부정확한 위치만 표시되어 있다. 지하시설물 관리대장과 도면의 상태가 부실하여 지하시설물 현황을 정확히 파악할 수 없다는 것도 큰 문제점이다. 자료품질, 자료갱신체계, 자료의 조사범위 등이 제도적으로 규정되어 있지 않고 각 관련 책임기관이 자료의 품질을 보증할 수 없으며 방대한 자료로 인해 현재의 인력으로는 제한된 시간내에 자료의 처리가 어려워 GIS 기능이 활발하게 진행되지 못하고 있는 실정이다.

3) 기술적인 측면

국내 전문인력이 부족하고 관련업계의 기술수준과 경험이 미숙하여 전문인력양성과 교육훈련부족으로 관련기술 협조체계를 마련하지 못함에 따라 자료작성과 자료품질관리, 처리분석에 대한 기술이 부족하여 효과적으로 사용하지 못하고 있다. 각 기관이 보유하고 있는 전문인력을 연수교육을 통하여 전문기술을 습득하도록 하여야 하며 지하시설물 통합관리체계를 운영하기 위해서는 운영요원에게 적절한 교육을 실시해야 한다. 운영요원은 시스템관리자, 시스템분석가, 자료관리자, 개발요원, 일반사용자 등으로 구분하여 해당 분야에 대한 알맞은 교육을 주기적으로 실시하는 것이 필요하다. 지하시설물 측량교육은 전산화 및 일제 등록업무를 보다 효율적으로 추진하기 위하여 전문과정을 편성하여 실시하며, 교육과정은 특수한 기술과 작업방법을 습득할 수 있도록 특성화 시켜야 한다. 또한, 지하시설물 조사측량은 실제 지하시설물을 탐사하여 도면을 작성하는 업무이기 때문에 이론보다는 실무교육이 중요시되어야 하지만 전문 교육기관이 없다는 것이다.

지하시설물 측량교육에 따른 이론과 실무교육의 비율을 1/3으로 하여 교육을 실시하는 것이 바람직하며 교육에 필요한 교안은 각종 해외 및 국내자료를 모집하고 요원의 국내외 업계 동향 파악을 위한 현지 연수교육을 실시하여 교수요원을 확보하고, 본 교육 실시를 위해서는 지적연수원에 특별교육과정을 설치하는 방법도 바람직한 방법이다. 교육시기는 업무개발의 진전과 사업계획에 의거 교육이 필요한 지역부터 우선적으로 실시하고 대도시 직원을 교육시켜 전국의 지하시설물 조사측량을 추진할 수도 있겠지만 지역사정에 밝고, 안정적으로 업무를 추진하기 위하여 지하시설물 조사측량을 실시할 지역에 근무하는 자를 대상으로 교육을 실시하여야 할 것이다. 교육과목 편성은 다른 측량보다 특수한 기술과 전문성이 요구되는 점을 감안하여 업무추진에 필요한 필수과목으로 편성하며 교과목과 내용은 최소한으로 탐사측량(탐사원리 및 이론교육)과 CAD를 활용하여 도면을 제작할 수 있는 능력, 각종 시설물의 설계도 이해, 각종 시설물의 관련법규, 지하시설물 설치공법, 탐사방법 및 장비 활용방법 등의 교육을 실시하여야 할 것이다.

4) 제도적인 측면

지하시설물 통합관리 및 전산화에 대한 관련법규가 매우 미비한 실정이다. 우리나라 지하시설물관리를 위한 관련 법령으로 지하시설물도작성작업규칙과 세부지침, 수치지도작성작업규칙이 있지만 체계적이고 일률적인 지하시설물 등록과 관리에는 미비하다. 특히 전력, 전화 등은 국가중추신경망이므로 이에 대한 기능을 충분히 발휘하지 못한다면 통신두절 및 생산성의 저하 등 심각한 문제가 대두될 것이다. 최근에는 도로의 지하에 사회 간접자본적 가치를 갖고 효용성이 높은 설비와 서비스의 조직망이 집중되고 있으나 이 조직망을 설계하거나 보수하는 경우 안전성 확보 및 효율적인 관리를 위하여 정확한 등록이 절실히 요구되고 있음에도 불구하고 현재 우리나라에는 지하시설물의 등록에 관한 체계적인 제도적 장치가 아직 마련되지 못하고 있다. 그러나 유럽지역에서는 오래 전부터 지하시설물의 등록에 관한 근거법규가 마련되어 확고한 법적 뒷받침 아래 지하시설물의 등록 및 관리가 활발히 이루어지고 있는 실정이다. 그런데 우리나라에서는 많은 시설물이 도로 아래에 매설되고 있으나 이들 시설물의 매설이나 보수에 따른 번잡한 도로의 굴착으로 도로의 유지관리 및 교통소통에 지장을 주는 점만을 고려하여 도로굴착에 관한 일부통제만을 하는 제도적 장치가 마련되어 있을 뿐이다.

외국에서는 전문분야별로 특수부분의 규정, 내부경영의 규칙 등의 형태로 지하시설물에 대한 기술적 자료에 대한 여러 가지 규정을 두고 있는 것에 비한다면 우리나라에서는 지하시설물에 관한 규정은 도로법시행령상의 규정이 전부로서 외국에 비하여 미비하다. 도로법시행령의 골자는 모두가 지하시설물의 매설이나 보수에 따른 도로굴착과 시설물의 시공 등을 통제하고 시설물의 파손 등 실체관리에 관한 사항만을 주대상으로 하고 있다. 그러나 지하시설물의 실체관리도 물론 중요하지만 이들 사회 간접자본적 가치를 갖는 시설물을 등록하여 대장화 및 도면화 함으로써 종합적으로 집중관리하기 위한 관련규정의 제정이 시급하다. 현재 각 관리기관별로 필요에 의하여 제작된 단위시설물 도면을 종합하면 서로 일치하지 않고 많은 부분에서 나타난 모순점을 해결하기 위하여 기관별로 운영하고 있는 개별법과 도로법, 측량법, 지적법 등에서 규정하고 있는 내용을 통합하여 시설물 등록법을 제정함으로 시설물 종합관리제도를 법적으로 뒷받침해야 할 것이다.

5) 전담측량기관

전반적으로 지하시설물 통합관리체계를 개발할 여건이 제대로 갖추어져 있지 못한 것도 사업추진상의 큰 걸림돌이다. 각 기관마다 지리정보시스템의 구축절차와 시스템이 상이하여 시스템구축과 장비구입의 혼란을 가져왔으므로 자료의 표준화 동향, 패키지 소프트웨어의 개발상황도 주시할 필요가 있을 것이다. 지하시설물측량은 지하시설물 관리기관 또는 지하시설물 측량업자가 실시하도록 규정하고 있으며 측량업체가 45개소에 이르고 있다. 또한 대한지적공사에서는 지적법 및 동법시행령, 공사 내부규정에 의거 지하시설물측량의 일환으로 다목적지적측량을 1982년부터 시행하였다. 오늘날 외국의 기관들은 자료수집단계에서부터 D/B구축에 이르기까지 전과정이 자동으로 처리하고 있다. 우리나라도 외국과 같이 지하시설물관리의 효율적인 관리를 위해서는 자료취득에서부터 관리까지 전담처리 하는 기관을 지정하여 체계적으로 DB를 구축하여야 할 것이다.

6) 정확한 시설물의 등록

시설물 종합관리제도를 도입하기 위해서는 모든 시설물 등록을 위한 일제 측량을 실시하여야 하며 시설물 일제 등록은 우선 각 시설물 관리기관으로부터 얻은 자료에 의하여 기존위치에 대한 개략도, 설계도 등을 기초로 작업을 착수하여야 한다. 그러나 현재의 자료들은 신뢰성이 결여되어 있으며, 특히 위치정보는 거의 신뢰할 수 없을 정도로 부정확하다. 따라서 시설물에 대한 자료의 수집은 현지측량을 실시하여야 하며 등록 대상은 지하에 매설된 시설물(전기 · 전화 · 상하수도 · 가스) 및 공공시설물(지하철 · 지하로 · 지하상가)을 포함하여 지상의 그 부대시설물(맨홀 · 가로등 · 소화전 · 취수구)을 포함하여야 한다. 시설물조사가 완료되면 지하시설물 종합도와 상세도를 작성하며 시설물 종합도는 지하에 매설된 모든 시설물을 통일된 부호로 표시하여 다른 시설물과의 관련성을 표시하고 전체 시설물에 대한 지하공간의 이용도를 이해할 수 있도록 하여야 할 것이다. 그리고 지하시설물의 상세도는 각각의 시설물의 종류별로 제작되어 대상 시설물에 관한 설계 · 보수 · 확장을 위한 계획 및 설계에 활용할 수 있고 종합도에 표시할 수 없는 사항을 표시하므로 그 시설물의 특성을 파악할 수가 있으므로 각종 지하시설물에 관한 기존정보를 포함하고 서로 보완적인 역할을 한다. 또한, 시설물등록을 보다 효율적으로 추진하기 위하여서는 항공사진측량을 이용할 수도 있으며 대도시는 1년에 1회씩 항공사진촬영을 하여 1/1,200도면을 작성하고 있으므로 이것을 활용하면 현황측량이 필요가 없고 탐사측량만 하면 되므로 경제적이면서 쉽게 작업을 할 수가 있다. 또한 도시계획 및 재개발사업으로 인한 시설물의 신설 및 지하철공사, 도로확장으로 시설물에 대한 변동사항이 발생하는 지역부터 우선적으로 시설물 등록을 착수하여 다른 지역으로 확산함으로서 단시간 내에 효율적으로 사업을 완료할 수가 있다.

(2) 외국의 관리

일본의 경우 조요시에서 건설, 세무, 농정, 소방 등의 시행정업무 중 특히 지리정보와 연계되어 처리되는 토지, 가옥, 도로, 상수도 등의 정보를 분석하여, 시의 특성과 행정수요에 가장 적합한 지리 정보체계 개발과 도입을 위한 기본 지침 마련을 목적으로 추진하였다. 계획을 수립할 때는 증대되는 도시지리정보를 효율적이고 유효하게 관리 · 이용하여 복잡해지는 주민 및 지역의 요망사항이나 도시가꾸기 사업에 대응하고, 지리정보체계로 공동 정보기반을 구축하였다.

미국은 캘리포니아주의 글랜데일(Glendale)시는 시의 각 부서들이 자료를 공유하고 분석할 수 있도록 GIS를 개발하여 각 부서기능의 효율증대, 부서간의 활발한 자료접속과 의사교환에 핵심적인 역할을 하고 있다. 글랜데일시의 부서들은 대다수는 공공업무의 책임 범위를 설정하기 위해서 행정경계를 필요로 한다. 공유 GIS 데이터베이스를 사용한다면 모두가 데이터베이스에 접근 할 수 있고, 자료의 정기적인 갱신과 정확성 유지는 해당자료를 취급하는 부서가 담당하게 되므로 각각의 부서가 개별적으로 관리할 필요가 없게 되었다.

공동 데이터베이스의 기준점 및 기본도에는 측량기준, 좌표기준 및 면적기준을 위해 개발된 레이어들을 포함하고 있다. 데이터베이스의 주요 기능은 모든 다른 데이터베이스 레이어들에 대해 등록 및 공간 참조 기능을 제공하며 기본도에는 지형, 수문자료 및 식물분포 레이어와 건물 및 교통레이어가 포함된다. 지형, 수문 자료 및 식물분포 레이어는 등고선자료, 호수와 강 자료 및 식물분포 자료를 등록하고 있다. 지적레이어는 도시 내의 모든 접근로, 송전선, 일반 상수로 및 보행자 도로 등을 모델화 하여 주소 레이어에서 각 주소의 개별적 지점을 수록하고 위치를 파악할 수 있도록 한다. 또한 지적자료 레이어에는 소유주, 행정, 기타 지적상의 지형 · 지물 및 하위 범주 레이어가 있다. 도로망 자료 부분은 거리 중심선, 교통신호 · 제어기기 및 일반 교통관련 지형 지물을 대표하는 레이어들로 기본 속성에는 형식, 도로의 구분 및 주소 범위 정보가 포함된다. 환경관련 자료는 지질, 지진지대, 토양, 가로수, 공원, 녹지 및 토지 이용과 범람원 등 환경에 관련된 자연적인 지형 · 지물 및 인공적인 지형 · 지물의 레이어로 구성될 수 있다.

유럽의 여러 국가들이 이미 체계적인 등록 및 관리를 하여 현재는 잘 운영되고 있어 관리기관, 지방자치단체와 시공회사 그리고 사용자를 만족시키고 있다. 또한 많은 국가들이 시설물에 관한 많은 연구와 실험측량을 실시하고 있으며, 국제측량사연맹(FIG)의 제6분과위원회(토목측량)에서도 국가가 시설물 종합관리정보제도에 몰두하고 있으며, 각 국가마다 지하시설물의 관리에 대해 중요하게 여기고 있음을 증명하고 있다. 스위스의 경우 지하시설물의 종합적 관리를 위한 정책적인 장치를 강구하여 과학적이며 자동화된 관리체계를 도입하므로써 신속한 파악이 가능하고 시설관리의 기능에 대한 일원화의 중요성을 실감할 수 있다.

찾아보기

영문

참고문헌

저서

- 강태석, 지적측량학, 형설출판사, 1994.
- 강현중, 민사소송법 법문사, 1988.
- 고동영, 단군조선47대사, 한뿌리, 1999.
- 곽윤직, 채권각론, 박영사/1986, 물권법, 박영사, 1989/부동산등기법, 박영사, 1987.
- 김기성, 광파거리측정기, 기공사, 1988.
  역, 측지, 지구물리학총론, 기공사, 1988.
- 김도창, 행정법론(상), 청운사, 1984.
- 김성균, 고체지구물리학, 교학연구사, 1996.
- 김소구, 지구과학, 청문각, 1997.
- 김시원 외3인, 삼정측량학, 일조각, 1988.
- 김옥근, 한국토지제도사연구, 대왕사, 1980.
- 김용섭, 한국후기농업사연구, 지식산업사, 1995.
  한국현대농업사연구, 일조각, 1995.
- 김용한, 물권법론, 박영사, 1987.
  재산법의 과제와 판례, 박영사, 1989.
- 김정호 외 2인, 지적확정측량(수치편), 신라출판사, 1991.
- 김홍식 외 , 대한제국기의 토지제도, 민음사, 1990.
- 농지개혁사 편찬, 농지개혁사(상)
- 대한지적공사, 지적기술교육연구원 50년사, 1989.
- 대한지적공사, 지적기술교육연구원 60년사, 2000.
- 대한지적공사연수원, Total System, 1993.
- 대한측량협회, 한국의 측량?지도, 1993.
- 래장, 토지행정학, 중국지적연구소, 1981.
- 류능환 외2인, 최신측량학 학문사, 1995.
- 류병찬, 지적법, 건웅출판사, 1996.
  최신지적학, 건웅출판사, 2001.
- 리진호 역, 삼각측량작업결료보고, 도서출판 우물, 2001.
- 박병호, 한국법제사고, 법문사, 1983.
- 박세희 역, 중국의 수학, 현대과학신서69, 전파과학사, 1976.
- 박순표 외 2인, 지적학개론, 형설출판사, 1993.
- 박시형, 조선토지제도사상, 신서원, 1994.
- 박찬수, 고려시대교육제도사연구, 경인문화사, 2001.
- 박흥수, 신라 및 고려의 양전법에 관하여 학술원논문집11, 학술원, 1972.
  한,중 도량형제도사, 성균관대 출판부, 1999.
- 법원행정처, 『북한의 부동산 제도』, 1997.
- 백은기 외 5인, 측량학, 청문각, 2000.
- 서울특별시, 서울지적연혁지, 한양출판사, 1993.
- 신재욱, 지구과학개론, 형설, 1984.
- 신용하, 조선토지조사사업연구, 지식산업사, 1982.
- 안철호, 최재화, 일반측량학, 문운당, 1986.
- 연상호, 컴퓨터 매핑 시스템, 건설기술연구원, 1992.
- 유근배, 지형공간정보론, 동명사, 1994.

- 유복모, 측량학원론(Ⅰ), 개문사, 1989.
  측량공학, 박영사, 1993.
  측지학, 동명사, 1997.
  측량학, 동명사, 1999.
  디지털공학 2판.
  개정증보판 측량공학.
- 윤웅, 북한의 지리여행, 문예산책.
- 이상규, 신행정소송법, 법문사, 1985.
- 이석찬, 표준측량학, 신성인쇄소, 1988.
- 이영학 외, 대한제국의 토지조사사업, 민음사, 1995.
- 이홍직, 국사대사전(상), 한국출판사, 1982.
- 이희관 역, 측지학 개론, 연세대학교 출판부, 1979.
- 원영희, 한국지적사, 보문출판사, 1968.
  한국지적사, 신라출판사, 1981.
  응용천문학, 보문출판사, 1975.
- 일본측량협회, 현대측량학(측지측량), 대일본인쇄주식회사, 소화63
- 장경학, 민법총칙, 법문사, 1986.
- 조규전, 표준측량학, 보성문화사, 1999.
  표준측량학, 보성출판사, 1996.
- 조선총독부 임시토지조사국, 조선토지조사사업보고서, 1913.
  조선토지조사사업보고서, 철판, 1918.
- 조선총독부 농림국, 조선임야사업보고, 대공사, 1938.
- 지구과학연구회, 지구환경의 이해, 지구문화, 1988.
- 지계성, "북한의 토지제도", 『지적』, 1993년 8월호, 대한지적공사, 1993.8. p.56
- 지적기술연수원, 조선토지조사사업보고서, 우리인쇄사, 1993.
- 지적연수원, 측지측량개론
- 지적기술교육연구원, 대한지적공사 지적기술교육연구원60년사, 2000.
- 최승언, 천문학의 이해, 서울대학교 출판부, 1992.
- 최재화, 안철호, 일반측량학, 문운당, 1998, pp.18~26.
- 최한영, 지적특론, 예문사, 2007.
  지적공간정보론, 도서출판 우리, 2009.
  항공사진측량, 구미서관, 2009.
  지적원론, 구미서관, 2011.
- 한국역사연구회, 대한제국의 토지조사사업, 민음사, 1995.
- 한국지구과학회, 지구과학개론, 교학연구사, 2,000, pp. 19~22
- 한국지적학회, 차세대 측량기술 GPS, 1995.
- 한국터널공학회, 한국의 터널과 지하공간, 도서출판 씨아이알, 2010.
- 촌송준부, 대한지적공사역, 경계확정의 소, 현대인쇄, 1995.
- 오다(小田省吾), 조선교육제도사 조선사강좌분류표, 조선사학회, 1924.

- 春日陸 伸昌, 測量木旣說, 東京法經學院出版, 昭和57.
- 原田實, 原田光男, 測量學通論, 技術書院, 昭和63.
- パソタツクス測量機圖書編集委員會, Total Station, 山海堂, 1990.
- 須田敎明, 電磁波測距儀, 森北出版株式會社, 1988.
- 日本測量協會, 現代測量學(地籍測量, 土地區劃整理, 土地改良事業), 1981

국내논문

- 강인준, 지상측량에 있어서 블록조정기법을 이용한 기준점설정에 관한 연구, 박사학위논문, 연세대학교 대학원, 1986.
- 강준묵, 송승호, 이은수, 김현철, SA가 중단 전후의 GPS C/A코드를 이용한 절대측위 정확도 비교, 대한토목학회 논문집, 제 4권, 2000.
- 강준묵, 이용욱, 이은수, GPS 반송파 위상 변화에 따른 코드 의사거리 보정, 대한토목학회 논문집, 제 20권, 제 4-D호, 2000.
- 강태석, 항공사진측정에 의한 지적도제작의 실용화에 관한 고찰, 대한토목학회 학술발표회, 1979.
  사진좌표및 기준점 관측값의 결합조정에 의한 사진측량의 정확도 향상, 박사학위논문, 1990.
- 김종현, 측량사의 법률상 역할과 책임, 지적지, 1995년 7권
  측량사의 법률상 역할과 책임(Ⅲ, Ⅳ), 지적지, 1992.9-11.
- 김동현, 실시간 GPS 정밀측량을 위한 이동중 위치결정에 관한 연구, 박사학위 논문, 서울대학교, 1997.
- 박필호, 박종욱, 조정호, GPS위성의 정밀궤도력에 의한 기선결정의 정밀도 향상에 관한 연구,한국측지학회지 제14권 제2호, 1996.
- 이정화, GPS와 GLONASS 인공위성측위시스템의 비교, 모스크바측지대 박사과정
- 조규전, TM투영에서의 좌표변환에 관한 연구, 한국측지학회지, 제14권 제2호, 1996.
- 최재화, 우리나라 평면직각좌표에 관한 연구, 한국측지학회지, 제1권 제2호, 1983.
- 최한영, 지적불부합지 정리의 효율성제고를 위한 지적측량기법에 관한 연구, 박사학위논문, 2004.

외국논문

- Ackermann, F.,Experience with Applications of Block Adjustment for Large Scale Surveys,Photogrammetric Record, Vol. 41, No. 7, 1973.
- Bartholomew Matthew Lousine,A GPS-derived horizontal Control network for HeibergMemorial Forest, 1992, State University of New York.
- Doyle, F. J.:Principle of Analitical Photogrammetry, International Conference and Workshop on Analytical Instrumentation, ISPRSCommission II/Working Group II/1 and ASPRS, 1987.
- Eric J. Stand, GIS thrives in three-tier enterprise environments, GIS World, Vol. 8, No. 6, June 1995.
- FIG, Statement on the Cadastre, Canberra, Australia, 1995, p.95
- N. M. Volkov, N. E. Ivanov, V. A. Salishev, V. V. Tubalin; Global Sputnik Navigation System GLONASS. Moscow. 1997.

보고서

- 강영옥, 서울시 수치정사사진 제작 및 활용방안 연구, 서울시정개발연구원, 1998.
- 건설교통부, 지하굴착공사 안전관리 편람, 1996.
  지하시설물 관리체계 개발 시범사업 보고서, 1997.
  지하시설물 안전관리 요령, 1995.
- 국가GIS추진위원회, 국가지리정보체계 구축 기본계획, 1995.
- 국토개발연구원, 지하시설물 관리체계 개발계획, 1996.
- 국토연구원, 지리정보시스템 감리제도 도입방안연구, 1999.
  98지하시설물도 전산화사업 지원과제 보고서, 1999.
- 김영표, 조윤숙, 지하매설물관리체계 설계 및 운영방안 연구, 국토개발연구원, 1996.
- 김재영, 신동빈, 지하매설물관리체계 개발계획, 국토개발연구원, 1996.
- 김종현, 지적의 어원에 대한 소고, 지적 Vo.l14, No.3
- 내무부 · 한국전산원, 한국종합토지정보시스템 구축방안, 1993.
- 대구직할시, 도로시설물 관리대장 작성용역 종합보고서, 1993.
- 대한지적공사, 항공사진측량보고서, 1980.
  지하시설물측량에 관한 연구, 1982.

항측수치지적측량 시험사업 연구보고서, 1990.
Total System을 이용한 지적측량 개선방안, 1993.
지적측량대행제도에 관한연구, 1995.
지하시설물 등록업무 추진방향에 관한 연구, 2000.
지적재조사사업추진기본계획, 2000.

- 대한측량협회, 지하시설물 측량 및 관리, 1998.
- 서울특별시, 서울지적연혁지, 1993.
- 서울시정개발연구원, 지하시설물의 효율적 관리를 위한 데이터베이스 구축방안, 1996.
- 지적기술연수원, 항측에의한 지적측량연구보고서, 1977.
  조선임야조사 보고서, 1997.
- 재정경제원, 국가지리정보체계구축 기본계획, 1995.
- 최윤수, 정밀 1차 기준점의 실용성과 결정, 국립지리원, 1998.
- 한국엔지니어링진흥협회, 지리정보시스템 활용기법, 과학기술처, 1993.
- 한국전산원, 국가지리정보체계(NGIS)의 국가기본도 표준버전1.0, 1996.
- 한국전산원, 국가지리정보체계(NGIS)의 국가기본도 표준버전1.1, 1998.
- 熊倉豊奇, 埋設物 サーナの 原理, 圖說電氣 vol. 18 No 9, 1977

관련법령집

- 대한제국, 조선총독부, 대한민국관보
- 대한제국 및 조선총독부 관보
- 삼림법 관보 제3979호(1908. 1. 24)
- 서울특별시, 광진구 통계보고자료
- 수치지도작성작업규칙
- 조선총독부 임시토지조사국 관제
- 지하시설물도 작성작업 규칙
- 지하시설물도작성 세부지침
- 지하시설물도 성과관리파일 작성요령
- 측량, 수로 및 지적에 관한 법률집
- GPS 측량규정
- 탁지부 양지국관제(量地局官制)
- 현종개수실록(顯宗改修實錄) 권(卷)14, 7년 2월 정미(丁未)
- 행정자치부 예규통첩
- 행정자치부, 지적통계연보, 2002.
- 대한지적공사, 지적측량용어집
- 강원도, 지적도복구 이동시 사무취급요령, 1965.4.10.
- 지적공부 복구 사무취급요령, 강원도 공문서, 1965. 4. 10.
- 황성신문, 1899년 4월 1일 잡보
- 독립신문 잡보, 1899년 4월 5일 잡보
- 황성신문, 1899년 4월 29일

관련 사이트

- http/// www.kari.re.kr
- http://www.landmuseum.co.kr
- http://www.rssi.ru/SFCSIC
- http://www.photolib.noaa.gov
- http:// www.photolib.noaa.gov

최 한 영

■ 저자약력

- 조선대학교 대학원 공학석사
- 조선대학교 대학원 공학박사
- 국토개발분야 지적기술사
- 토목분야 측량 및 지형공간정보기술사
- 대한지적공사 광주 · 전남본부 근무
- 대한지적공사 FIG 추진기획단 근무
- 한국지적정보학회 상임이사(전)
- 한양사이버대학교 지적과 겸임교수(전)
- 현) 서울특별시청 지방지적위원
- 현) 한국산업인력관리공단 자문위원
- 현) 대한지적공사 지적연수원 교수
- 현) 국립목포대학교 지적과 겸임교수
- 현) 국토지리정보원 심사평가 위원

저서

- 지적기술사(예문사), 지적실기해설(예문사)
- 지적특론 I (예문사), 지적특론 II (예문사)
- 기본지적측량(예문사), 핵심지적(구미서관)
- 지적공간정보론(도서출판 우리)
- 항공사진측량(구미서관)
- 지적원론(구미서관)

지적측량원론 정가 45,000원

2012년 5월 20일 초판 1쇄 인쇄
2012년 5월 30일 초판 1쇄 발행

저 자 : 최 한 영
발행인 : 임 해 진
발행처 : 구 미 서 관

주 소 : 서울시 마포구 동교동 174-7 구미빌딩
등 록 : 1979년 6월 29일 No. 9-6호
I S B N : 978-89-8225-854-1 [93530]

Tel: (대)333-1101 Fax: 335-2201
http://www.goomibook.com